Mensch im Stress

Ludger Rensing • Michael Koch
Bernhard Rippe • Volkhard Rippe

Mensch im Stress

Psyche, Körper, Moleküle

Ludger Rensing
Universität Bremen
Bremen, Deutschland

Michael Koch
Institut für Hirnforschung
Bremen, Deutschland

Bernhard Rippe
Bremen, Deutschland

Volkhard Rippe
Universität Bremen
Bremen, Deutschland

ISBN 978-3-642-35707-7
DOI 10.1007/978-3-642-35708-4

ISBN 978-3-642-35708-4 (eBook)

Die Deutsche Nationalbibliothek verzeichnet diese Publikation in der Deutschen Nationalbibliografie; detaillierte bibliografische Daten sind im Internet über http://dnb.d-nb.de abrufbar.

Springer Spektrum
© Springer-Verlag Berlin Heidelberg 2005. Softcoverausgabe 2013

Planung und Lektorat: Frank Wigger, Jutta Liebau
Copy-Editing: Christa Winter
Grafiken: Volkhard Rippe
Grafikbearbeitung: Medien Profis, Leipzig

Gedruckt auf säurefreiem und chlorfrei gebleichtem Papier

Springer Spektrum ist eine Marke von Springer DE. Springer DE ist Teil der Fachverlagsgruppe Springer Science+Business Media.
www.springer-spektrum.de

Inhaltsverzeichnis

Vorwort der Autoren

Ziel dieses Buches ist die Darstellung und Analyse der vielfältigen Formen von Stress und der dadurch bewirkten Reaktionen und Veränderungen in Psyche und Gehirn, im Körper wie auch · auf der Ebene der Zellen und Moleküle. Integrative Ansätze dieser Art gibt es durchaus schon in anderen Wissensbereichen, aber bisher kaum zum Thema „Stress". Die vielfältigen Reaktionen auf psychosoziale, körperliche oder zelluläre Stressoren dienen dem Ziel, das jeweils betroffene Teilsystem oder den gesamten Organismus wieder zu stabilisieren. Wir legen daher in diesem Buch einen Schwerpunkt auf die Analyse solcher endogener Stabilisierungsstrategien des Menschen. Darüber hinaus geben wir auch Hinweise auf die sozialen und therapeutischen Hilfen, die zur Stabilisierung eingesetzt werden können und die sowohl präventive wie auch psychotherapeutische und pharmakotherapeutische Maßnahmen einschließen.

Ein wichtiges Konzept der Darstellung der oben genannten Stressverarbeitungsmechanismen ist das Netzwerkkonzept. Netzwerke existieren sowohl in den sozialen Beziehungen des Menschen, in seiner Erlebniswelt, in seinen stresswahrnehmenden und -verarbeitenden neuronalen und neuroendokrinen Systemen wie auch im Immunsystem und den intrazellulären Signal- und Effektorsystemen. Die physiologischen Netzwerke dienen allgemein einer Optimierung der Informationsverarbeitung, einschließlich der Gedächtnisfunktionen sowie der Koordination und der Stabilisierung des Organismus. In zahlreichen Abbildungen sind daher Knotenpunkte dieses Netzwerks dargestellt, auf die Informationen/Prozesse einwirken oder von denen sie ausgehen. Diese Abbildungen sollen immer wieder auf die komplexe Kontrolle der Reaktionen auf Stress und auch auf die Komplexität der Krankheitsverursachung durch Stress hinweisen. Bei einer therapeutischen Beeinflussung dieser durch Stress gestörten Netzwerke ist es wichtig, sich der zahlreichen Einflussgrößen bewusst zu sein: Außer der therapeutisch genutzten Funktion gilt es in der Regel weitere wirksame Faktoren zu beachten.

Wir haben großen Wert auf die Darstellung der zellulären und molekularen Mechanismen gelegt, die letztlich für alle manifesten Stressreaktionen – von den Emotionen bis zur Synthese von antioxidanten Enzymen – verantwortlich sind. Dabei ist uns bewusst, dass Einsichten in diese Mechanismen zunächst allgemeiner naturwissenschaftlicher Art sind, d. h., dass sie an großen Stichproben, zahlreichen statistisch bearbeiteten Ergebnissen und auch durch Tierversuche gewonnen wurden. Es ist daher schwer, die individuellen genetischen Dispositionen und durch Lebenserfahrungen veränderten molekularen Netzwerkeigenschaften von einzelnen Menschen zu erfassen. Dies wäre eine optimale Voraussetzung für gezielte Therapiestrategien.

Da es uns bei dem integrativen Ansatz einerseits darum ging, die überaus umfangreiche – vor allem neue – wissenschaftliche Literatur zu sichten und auch in Details darzustellen, sind größere Teile des Buchs im Lehrbuchstil verfasst und bauen auf Vorkenntnissen der Psychoanalyse, der Neurobiologie oder der Molekularbiologie auf. Diese Teile sind daher hauptsächlich für Studenten/innen und Berufsgruppen dieser speziellen Fachgebiete gedacht, wie Psychotherapeuten, Psychiater, Mediziner anderer Fachdisziplinen, Pharmazeuten, Gesundheitswissenschaftler und Biologen, für die wir auch einen Teil der kaum zu überschauenden aktuellen Literatur zu den jeweiligen Themen angegeben haben. Auf der anderen Seite ist uns aber auch daran gelegen, dass Angehörige der verschiedenen

Fachgebiete sich über die Perspektiven der jeweils anderen Disziplinen informieren können. Für sie – aber auch für interessierte Nichtfachleute – haben wir daher einen kondensierten Überblick (Kapitel 9), sowie längere oder kürzere Einführungen und Übersichten zu den Kapiteln und Hauptabschnitten verfasst, die typographisch bzw. im Layout vom übrigen Text abgesetzt sind. Auch die Abbildungen mit ihren teilweise ausführlichen Legenden sowie das Glossar und Abkürzungsverzeichnis sollen helfen, den Einstieg in die oft sehr komplexen neurobiologischen und molekularen Stressreaktionen zu erleichtern.

Ein Problem, mit dem wir oft konfrontiert wurden, ist die Beziehung zwischen dem subjektiven Erleben von Stress und der wissenschaftlichen Analyse der zugrundeliegenden neuronalen, endokrinen und zelluären Prozesse. Die Erlebensprozesse sind zwar auch einer wissenschaftlichen Analyse zugänglich, doch die so gewonnenen kognitiven Erkenntnisse sind in ihrer Art und Weise grundsätzlich verschieden von den emotionalen, teils bewussten, teils unbewussten Erlebenswelten des betroffenen Subjekts. Diese subjektiven Erlebenswelten sind – allerdings begrenzt – nur durch Introspektion und Empathie zugänglich und auch durch eine sprachliche Darstellung nur annähernd erfassbar.

In der Gliederung des Buchs beginnen wir – nach einem Überblick über das Gesamtthema – mit einer kurzen Darstellung dessen, was uns Stress macht: angefangen von psychosozialem Stress und intrapsychischen Konflikten in Kindheit, Adoleszenz und Erwachsenenalter bis zu den körperlichen und zellulären Belastungen durch endogene Prozesse oder Umweltfaktoren. Im Kapitel 3 geht es um das individuelle und subjektive Erleben von Belastungen und Konflikten, die wir unter den Oberbegriff „Stress" gestellt haben. Dabei spielen psychotherapeutische Fallvignetten eine wichtige Rolle, die zeigen, wie einzelne Patienten von ihren individuellen Erfahrungen geprägt sind und wie sie sich in unterschiedlicher Weise zu ihren Belastungen und ihrem Konflikterleben verhalten und in Therapiesitzungen äußern und verändern. Diese individuelle Perspektive macht gleichzeitig den oben erwähnten Unterschied zwischen psychoanalytischer und naturwissenschaftlicher Erkenntnis deutlich.

In den Kapiteln 4 und 5 werden vor allem die psychosozialen Belastungen in Hinblick auf die neuronalen und endokrinen Stressverarbeitungs-

mechanismen dargestellt und die dabei wirksamen Signalnetzwerke mit ihren Kontrollsystemen analysiert. Darauf folgt in den Kapiteln 6 und 7 eine ähnliche Darstellung für die zellulären Stressoren, die in Form von reaktiven Sauerstoffspezies, in Form von Strahlung, chemischen Verbindungen oder von Bakterien und Viren unsere Körperzellen und damit unseren gesamten Organismus gefährden. Beide, psychosozialer Stress ebenso wie physischer und zellulärer Stress, konvergieren häufig auf der Zell- und Organebene und können sich so gegenseitig verstärken und gesundheitsgefährdende Schädigungen zum Beispiel im Herz-Kreislauf-System hervorrufen. Solche Gesundheitsrisiken, die sich vor allem bei starkem Stress (Trauma) oder chronischem Stress ergeben, können in eine empfindliche Einschränkung der Lebensqualität und in Krankheit münden, Risiken, auf die wir in Kapitel 8 eingehen. Dabei weisen wir sowohl auf psychotherapeutische wie auch auf neue pharmakotherapeutische Ansätze hin.

Bei allen Kapiteln war uns wichtig, auf die komplexen Interaktionen – den „Dialog" zwischen Psyche und Körper wie auch zwischen Zellen und in den Zellen – sowohl in der schnellen Reaktionsdynamik bei akutem Stress als auch in den oft jahrelang dauernden Prozessen bei frühen Traumata oder Dauerstress einzugehen. Die Darstellung dieser Prozese enthält jeweils längere oder kürzere Hinweise auf vielseitige präventive Maßnahmen gegen Stress als auch auf die Notwendigkeit von mehrdimensionalen Analysen der Stressfolgen. Multimodale Therapieansätze werden zunehmend bei manifesten Stressfolgeerkrankungen eingesetzt.

Dass durch Alter und Stress eine dieser Folgen – die Depression – jedoch kein unausweichliches Schicksal sein muss, ist die Botschaft, die wir als Bremer Autoren von den „Bremer Stadtmusikanten" gelernt haben und hier weitergeben möchten: Esel, Hund, Katze und Hahn befanden sich durch Stress am Arbeitsplatz und altersbedingt in depressiver Verstimmung, sie entschieden sich jedoch, offensiv damit umzugehen und sich ein neues Ziel zu setzen („komm mit nach Bremen, etwas Besseres als den Tod findest Du überall"). Damit hatten sie, wie man weiß, großen Erfolg – auch wenn sie Bremen nicht erreicht haben. Für sie hätten wir das Buch nicht schreiben müssen.

Bremen, im Juni 2005

Danksagung

Wir danken allen Freunden und Kollegen, die uns durch Kritik, Kommentare und auch durch Bestätigung bei dem Schreiben des Buches geholfen haben:

Prof. Dr. Detmar Beyersmann, Dr. Dietmar Borowski, Prof. Dr. Jörn Bullerdiek, PD Dr. Andreas Dotzauer, Prof. Dr. Heinz-Jürgen Engel, Dr. Alexander Gosslau, Prof. Dr. Petra Hampel, Prof. Dr. Andrea Hartwig, Dr. Marco Jost, Dr. Nicole Kühl, Prof. Dr. Dr. Björn Lemmer, Prof. Dr. Christiane Richter-Landsberg, Prof. Dr. Peter Ruoff und Frau Bärbel Witte. Ganz besonders bedanken wir uns bei Frau Linda Gust, ohne deren beständige und kompetente Handhabung der zahlreichen Versionen des Manuskripts und all seiner Änderungen das Buch nicht so reibungslos hätte fertiggestellt werden können. Last but not least bedanken wir uns bei unseren Frauen/Lebenspartnerin für die Toleranz, mit der sie den Stress in seiner theoretischen (Gesprächsthemen) und realen Form (Termindruck, Stimmungsschwankungen der Autoren) beim Schreiben des Buches begleitet, und für die Ideen und Diskussionen, die sie aktiv dazu beigesteuert haben.

Einführung 1

In diesem Buch *Mensch im Stress* versuchen wir, Antworten auf folgende Fragen zu geben:

- Welche Stressoren wirken auf uns?
- Wie erleben wir Stress und wie reagieren Psyche, Gehirn, Körper und Zellen auf die Belastungen?
- Wie verändern sie uns?
- Welche Risiken sind mit Dauerstress verbunden und was kann man gegen Stress und seine Folgen tun?

Der Titel soll auch andeuten, dass der Mensch ständig psychischen und physischen Stressoren ausgesetzt ist und dass es entscheidend wichtig ist, wie wir mit Belastungen umgehen oder sie vermeiden – entsprechend dem Motto „Stress beherrscht unser Leben", das Hans Selye – der Begründer der Stressforschung – seinem Hauptwerk vorangestellt hat (Selye 1991). Dass das Leben aus einer Kette von Stresssituationen besteht, wurde schon von Darwin in dem oft missverstandenen „Kampf ums Dasein" formuliert, der in der Evolutionstheorie eine entscheidende Rolle als Selektionsfaktor spielt (Darwin 1859). Dieser „Kampf" ist ja nicht im umgangssprachlichen Sinne zu verstehen, sondern als Auseinandersetzung mit der Umwelt, zur Sicherung von Nahrungsressourcen, Wasser, Licht und Raum sowie zur Durchsetzung gegenüber Feinden und Konkurrenten. Der erfolgreiche Umgang mit den sich ergebenden Stresssituationen durch die Entwicklung von Abwehr- und Anpassungsstrategien ist dabei die Voraussetzung für Überleben und Vermehrung (Loeschke und Bijlsma 1997).

Beim Menschen – und denjenigen Tieren, denen auch bewusstes Erleben unterstellt wird – kommen psychische Belastungen hinzu, die die Struktur des psychischen „Selbst" bedrohen und die ebenfalls Strategien zur Sicherung dieses Selbst erfordern. Oft gehen solche Belastungen von sozialen Interaktionen aus – wie bei dem oft untersuchten Stress am Arbeitsplatz oder in der Familie. Dabei sind die eigene Wahrnehmung und das eigene Erleben des Stresszustands und der damit gekoppelten Gefühle die *subjektive* Seite dieser Belastungen – eine Dimension, die grundlegend verschieden ist von der Dimension der *objektiven* naturwissenschaftlichen Beschreibung des Stresszustands (Prinz 2004). Ein Ziel des Buches ist daher auch, das Verhältnis dieser Dimensionen zueinander genauer zu beleuchten.

Das Gefühl, unter Stress zu stehen, nimmt in den Industriegesellschaften einen immer größeren Anteil am Lebensgefühl ein, weil die hohen Leistungsansprüche und die zahlreichen spezifischen Belastungen in der arbeitsteilig funktionierenden und informationsintensiven Arbeitswelt Konkurrenz, Neid und Versagensängste steigern (Fritsche 1998). Auf der anderen Seite hat eine Äußerung wie „ich stehe zur Zeit unter Stress" hohe Akzeptanz beim Zuhörer und vermittelt „ich werde dringend gebraucht". Diese soziale Akzeptanz kann das Selbstgefühl und damit die Stressverarbeitung verbessern – bei Dauerbelastung aber auch das Gesundheitsrisiko erhöhen. Der Begriff „Stress" wird in unserer Gesellschaft meist im Sinne der psychosozialen Belastung verstanden und bezeichnet alles das, was uns stört, irritiert, belastet oder Angst macht und uns in unserem psychischen Wohlbefinden beeinträchtigt. Dass chronische psychische Stresssituationen in großem Ausmaß auch unser körperliches Wohlbefinden beeinflussen und Gesundheitsrisiken erzeugen, wird zunehmend erkannt und führt vermehrt – aber noch nicht ausreichend – zu psychosomatischen Therapieansätzen. Es sollte dabei jedoch nicht vergessen werden, dass in vielen Ländern der sogenannten „Dritten Welt" existenzbedrohender Stress sehr viel häufiger in Form von Armut, Nahrungsmangel, Hitze/Kälte oder Krankheit auftritt.

Die Definition des Begriffs „Stress" in der Naturwissenschaft ist noch weiter gefasst und beinhaltet alle Beeinträchtigungen des Organismus durch physikalische, chemische oder biologische Belastungsfaktoren. Das Spektrum an Belastungen in der naturwissenschaftlichen Stressforschung ist entsprechend groß. Dagegen ist der Stressbegriff in der Terminologie der Psychologie, Psychoanalyse und Psychotherapie bisher weniger präsent, obwohl Begriffe wie Störung, Spannung oder Konflikt gleiche oder ähnliche Phänomene bezeichnen und stressbegleitende (oder -auslösende) Emotionen wie Angst/Furcht/Wut und Stressfolgeerscheinungen wie Hilflosigkeit und Depression im Mittelpunkt des psychoanalytischen und -therapeutischen Interesses stehen (Rudolf 2000).

In diesem Zusammenhang haben wir uns bei der Konzeption des Buches gefragt, was wir durch eine Ausdehnung des Begriffs „Stress" auch auf diese Formen der psychischen Belastungen gewinnen – außer einem noch größeren Spektrum von Stressoren. In der Einbeziehung dieser psychischen Störungen sehen wir den Vorteil, Stressantworten und „Coping"-Strategien auf physische und psychische Stressoren in ihrer Gesamtheit besser in den Blick zu bekommen und damit die enge Kopplung zwischen psychischen und physischen Zuständen deutlicher machen zu können – oder um es noch klarer zu formulieren: weil wir Psyche und Soma als eine untrennbare Einheit sehen.

Der belastete Zustand „Stress" erfasst in vielen Fällen den Organismus als Ganzes, sowohl die neuronalen Mechanismen von Wahrnehmung und Verhalten, sein subjektives psychisches Befinden und Erleben sowie seine somatischen und zellulären/molekularen Prozesse und Zustände (Abb. 1.1). Eine zentrale Frage ist daher: In welcher Weise werden die Stresszustände auf den verschiedenen Ebenen miteinander verbunden und die Stressreaktionen koordiniert? Um auf diese Frage eingehen zu können, müssen die neuen Erkenntnisse

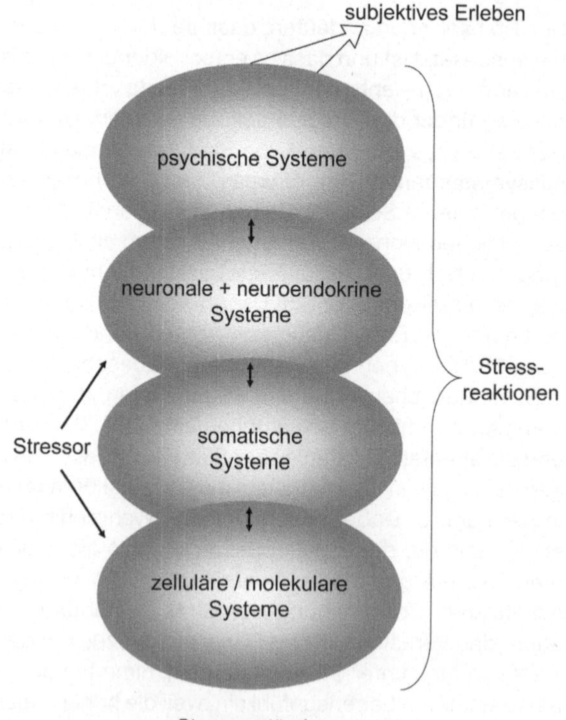

1.1 Organisationsebenen. Der Stresszustand erfasst oft alle Organisationsebenen des Organismus.

über psychologische, neuronale und molekulare Zusammenhänge bei Stress herangezogen werden, um vertiefte Einblicke in das komplizierte Geschehen zu gewinnen. Diese Einblicke wollen wir in den folgenden Kapiteln vermitteln. In anderen Teilbereichen der Psychophysiologie des Menschen, wie in der „Psychoneuroimmunologie" oder „Psychoneuroendokrinologie", werden diese Zusammenhänge schon seit Längerem untersucht.

Eine themenbezogene Zusammenarbeit zwischen Biologen und Psychologen ist heute nicht mehr ungewöhnlich, bedarf aber doch einer besonderen Begründung, da sie nicht – oder vielleicht noch nicht – selbstverständlich ist. Der Mensch wird dabei als ein **empirisches**, d. h. ein objektiv beschreibbares, und ein **epistemisches**, d. h. ein sich selbst erlebendes und interpretierendes Subjekt begriffen, und es besteht nicht mehr die Notwendigkeit, die unterschiedlichen Methodologien in ihrer Gleichberechtigung zu begründen. Vielmehr ist eine deutliche Bescheidenheit – manchmal aber auch ein neuer Optimismus – in der Zusammenarbeit eingetreten. Gesucht werden sinnvolle integrative Ansätze, die davon ausgehen, dass ein Mensch im Sinne einer biologischen, psychischen und sozialen Einheit nicht von einem einzelnen Zugang allein gesehen werden kann. Biologen und Psychologen erfassen in ihren Ansätzen jeweils Teile des Ganzen, sodass der Perspektivenwechsel sich eher der Ganzheit annähern wird als die jeweilige Einzelbetrachtung.

Wie bei jeder Themenstellung muss bei einer Analyse verschiedener Stressoren und der auf sie bezogenen Aktionen und Reaktionen eine Eingrenzung auf Schwerpunkte erfolgen, bei denen die Beziehungen zwischen den verschiedenen Ansätzen deutlich werden. Ein Schwerpunkt liegt in der Untersuchung der Zusammenhänge zwischen Stress und Emotionen. Emotionale Prozesse gehören zu den noch weiter zu entwickelnden Großthemen der Psychoanalyse; ihre Bedeutung für die psychische Gesundheit oder Krankheit eines Menschen, auch für die therapeutische Arbeit und den Therapieprozess ist allgemein anerkannt (Sapolsky 1996, Bauer 2002). Sie entstehen in der Auseinandersetzung mit Umwelt und Gesellschaft, aus intrapsychischen Konflikten und als existenzielle Ängste (Yalom 1989). Emotionen spielen auf der anderen Seite eine wichtige Rolle im motivationalen Handeln und basieren auf Änderungen in neuronalen, humoralen und molekularen Prozessen und Zuständen des Organismus.

Die psychophysischen Interaktionen werfen auch Fragen von direkter klinischer Relevanz auf (Steptoe 1991, Weiner 1992, Sapolsky 1996, v. Uexküll 2002, Bauer 2002). Ein Beispiel dafür ist das Krankheitsbild des Bluthochdrucks (Hypertonie), das als ein Paradebeispiel einer Stresserkrankung gelten kann. Manche Bluthochdruckpatienten verfügen nicht im normalen Maße über die Fähigkeit, Wut und Ärger emotional zu verarbeiten und geraten daher – aus psychoanalytischer Sichtweise – in einen pathologischen Verarbeitungs- und Verdrängungsmodus, der letztlich wiederum physische Störungen verursacht. Ihre Wut wird sich daher mehr in zwanghafte und depressive Störungen und damit verbundene physiologische Phänomene wie Bluthochdruck umwandeln. Auf der anderen Seite verursachen auch der Lebensstil (Rauchen, wenig Bewegung), Entzündungsprozesse und reaktive Sauerstoffspezies krankhafte Änderungen im Herz-Kreislauf-System. Hier ist es von weitreichender Bedeutung, die verschiedenen Wechselwirkungen zwischen psychischen und biologischen Vorgängen genauer zu analysieren, um sie beeinflussen zu können (Abschnitt 8.4).

Die für die Psychoanalyse besonders bedeutsame Ebene der biografischen Hintergründe ist heute in der Neurobiologie ein anerkanntes Faktum. Viele Untersuchungen haben bestätigt, dass frühkindliche Deprivation und Traumatisierung zu einer lebenslangen Hypersensitivität des Stressreaktionssystems führt (Egle et al. 2002), wodurch wiederum das Risiko für Herz-Kreislauf- und Autoimmun-Erkrankungen, Depressionen und möglicherweise auch Krebs steigt. Andererseits ist mittlerweile gut belegbar, dass Psychotherapie neuronale Plastizität in antipathogene Richtung in Bewegung setzen kann (Rüegg 2003).

Diesen psycho-physischen Zusammenhängen kommt man auch dadurch näher, dass man im neurobiologisch/somatischen Bereich von den frühen sehr vereinfachenden linearen Ansätzen und Vorstellungen von Wirkungsmechanismen zu der gegenwärtigen Betrachtung von komplex vernetzten Wirkungsgefügen und Signalketten übergeht. Die inzwischen gewonnenen Einsichten in das Zusammenspiel von neuronalen Netzen mit dem Netzwerk zahlreicher Hormone und Neuropeptide und anderer Signalsubstanzen auf der neurobiologischen und somatisch/systemischen Ebene sowie Einsichten in die ebenso komplexen Netzwerke der Signaltransduktion und Signalverarbeitungsmechanismen in der Zelle eröffnen neue analytische Perspektiven, weil so nicht nur lokale Funktionsänderungen, sondern Zustandsänderungen von Systemen und Entscheidungsmöglichkeiten für unterschiedliche Stabilitätsformen besser erfasst werden können (Alm und Arkin 2003, Breitkreutz et al. 2003). Im Zusammenhang mit Stress bedeutet das eine umfassendere Darstellung von stressbedingten Veränderungen im Gesamtsystem des Organismus, in bestimmten Hirnregionen, Organen oder Zellen (siehe Kapitel 4–7). Diesen veränderten Zuständen sind dann – in bisher noch wenig verstandener Weise – die Empfindungen und Gefühle in der psychischen Welt zugeordnet.

Eine übergreifende Darstellung dieser Zusammenhänge sieht sich mit großen Schwierigkeiten in der Vermittlung der gewonnenen Erkenntnisse konfrontiert: Die Psychoanalyse und Neurobiologie, besonders aber die molekularen Details der stressinduzierten Signalkaskaden und ihrer Wirkungen auf Effektormoleküle beinhalten eine enorme Fülle von Informationen. Für den nichtspezialisierten Leser ist dies – allein in Form der vielfältigen psychoanalytischen Konzepte und deren Terminologie, der hirnanatomischen Begriffe sowie der Akronyme für Gene, Kinasen und andere Moleküle – überwältigend; niemand außer den jeweiligen Fachwissenschaftlern findet sich in dieser Vielfalt an Funktionen und entsprechenden Namen und Abkürzungen zurecht. Deshalb haben wir den folgenden Kapiteln Einführungen und Übersichten vorangestellt, die jeweils die wichtigsten Inhalte in verständlicher Form und nur mit den allerwichtigsten Namen und Begriffen zusammenfassen. Auf der anderen Seite wollen wir aber auf die Fülle von wichtigen neuen Detailkenntnissen nicht verzichten, weil sie für den Zugang zu einer vertieften Kausalanalyse notwendig sind.

1.1 Stress bedeutet Belastung, Störung und Gefährdung des Organismus

Der Begriff „Stress" wird fast überall umgangssprachlich verwendet und verstanden. Man steht „unter Stress" oder ist „im Stress", eine Situation oder Arbeit ist „stressig" oder „macht Stress". Die Bedingungen, die als Auslöser für Stress genannt werden, sind zwar individuell verschieden – laute Discomusik wird beispielsweise von jüngeren Menschen meist weniger als stressig wahrgenommen als von Älteren –, doch versteht man unter Stress meist das gleiche, nämlich eine Belastung, Störung oder bei zu hoher Intensität eine Überforderung der psychischen und/oder physischen Anpassungskapazitäten (Vester 1976). Mit Stress ist der belastete oder gespannte Zustand gemeint, in dem man sich unter Stressoren wie hohem Lärmpegel, Verkehrsdichte oder Arbeitsüberlastung befindet und der mit Gefühlen von Ärger, Angst, Aggressivität, Hilflosigkeit und ihren physischen Korrelaten wie Herzklopfen, Magendrücken oder Schweißausbrüchen einhergeht (Henry 1992).

Diese umgangssprachliche Bedeutung des Begriffs „Stress" ist nicht grundsätzlich verschieden von der Definition in der Stressforschung und von der englischen umgangssprachlichen Bedeutung von *stress*, als Druck, Beanspruchung, Belastung, Zug, Spannung – Bedeutungen, die allerdings ursprünglich auf unbelebtes Material bezogen waren. Hans Selye (1936) übertrug diesen Terminus auch auf die Belastung von Organismen und den Menschen. Er gilt zusammen mit Cannon (1929), der schon sieben Jahre vorher die Reaktionen des Körpers auf Stressoren wie Schmerz, Hunger, Angst und Wut beschrieb, als Vater der Stressforschung. Selye unterschied später zwischen *distress* – englisch umgangssprachlich für Jammer, Verzweiflung, Erschöpfung, Elend, Schmerz für Fälle, in denen die physiologische Reaktionsbreite überschritten und ein krankheitsbegünstigender Zustand erreicht wird – und *eustress*,

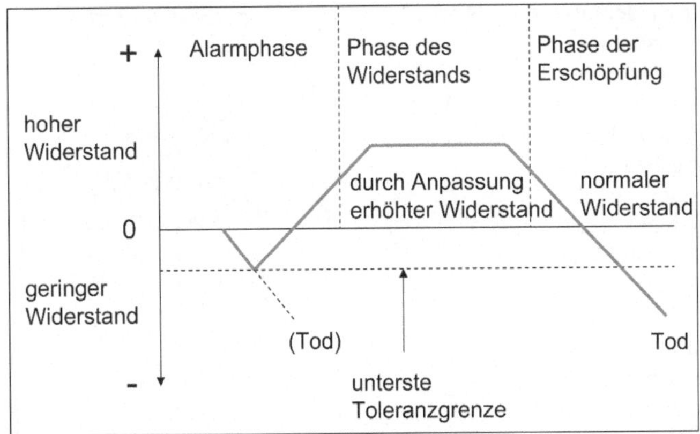

1.2   Stresssyndrom. Selye (1936) postulierte drei Phasen der Stressantwort: Alarmphase: Wahrnehmung des Stressors / Veränderung von Körperfunktionen durch Stressoren; Phase des Widerstands: Gegenreaktionen; Phase der Erschöpfung bei Dauerstress: unkontrollierbare Stresswirkungen.

einer Wortschöpfung, die die positiven, anregenden Aspekte von – kurzzeitigem – Stress kennzeichnen soll.

Selye verstand unter der Stressantwort ein generelles, unspezifisches Reaktionsmuster, das bei Mensch und Tier unter erhöhter Belastung auftritt und dessen Dynamik er in drei Phasen unterteilte: 1. eine Alarmphase, 2. eine Widerstandsphase und 3. eine Erschöpfungsphase (Abb. 1.2).

Heute stellen sich Stressreaktionen als wesentlich differenzierter dar: Auf der einen Seite gibt es zwar generelle Alarm- und Stressantworten, die bei zahlreichen Stresssituationen aktiviert werden – vergleichbar etwa der Bedeutung eines Alarms (Notstands) in menschlichen Gemeinwesen bei Naturkatastrophen, Epidemien oder Terroranschlägen. Zu dieser Gruppe der allgemeinen Stressantworten gehören auf der neurobiologischen Ebene eine erhöhte Aufmerksamkeit und Reaktionsbereitschaft, auf der Gefühlsebene Wut/Angst, auf der Neurohormonebene die Aktivierung der Sympathikus-Nebennierenmark-(SAM-) und der Hypothalamus-Hypophysen-Nebennierenrinden-(HPA-)Achse, auf der systemischen Ebene eine Stimulation von Kreislauf/Atmung und Stoffwechsel sowie auf der zellulären Ebene eine Aktivierung bestimmter Signalwege und Transkriptionsfaktoren, die allesamt darauf ausgerichtet sind, wieder einen Zustand von Stabilität und Wohlbefinden zu erreichen (Rudolf 2000, Schmidt et al. 2000).

Auf der anderen Seite gibt es neben den allgemeinen Stressantworten auch stressorspezifische Reaktionen; bei Kälte wird beispielsweise die Schilddrüsenachse, bei Wassermangel und Blutverlust das Renin-Angiotensin-Aldosteron-System mit aktiviert (Abschnitte 5.4 und 5.5). Das heißt, dass die zahlreichen Stressoren von außen und innen **Stresszustände unterschiedlicher Art** erzeugen: Angststress unterscheidet sich von Schmerzstress, Ärgerstress von Hungerstress, oxidativer Stress von Virusstress – um einige Beispiele zu nennen. Die Unterschiede liegen zum einen in der **Gefühlstönung** des Stresszustandes – wenn er neuronal wahrgenommen wird – und zum anderen in den darauf reagierenden Hirnregionen und Hormonen wie auch in den zellulären Veränderungen. Das ist insofern nicht erstaunlich, als die Reaktionen auf die verschiedenen Stresszustände unterschiedlich sein müssen: Bei Angststress sollte man fliehen oder kämpfen (wenn eine Erfolgschance besteht), bei Schmerzstress den Schmerz vermeiden, bei Ärgerstress aggressiv werden, bei Hungerstress Nahrung suchen, bei oxidativem Stress antioxidante Enzyme synthetisieren oder bei Virusstress Interferone produzieren und sich ins Bett legen. Es gibt eine Reihe von Ansätzen, unterschiedliche Gefühlstönungen bei Stress, beispielsweise bei Angststress und Ärgerstress, auch auf der physiologisch/molekularen Ebene zu charakterisieren (Stemmler 1996). Dabei zeigen sich sowohl eine Reihe von Übereinstimmungen in den Wirkungen auf das Herz-Kreislauf-System als auch Unterschiede im Ausmaß der jeweils aktivierten oder inaktivierten Signalketten.

Das Ziel und die Dynamik der Stressreaktion entspricht in vielen Fällen von physischem Stress der Reaktion eines Regelkreises auf eine Störung (Keidel 1989). Ein **Regelkreis**, der eine bestimmte Raumtemperatur aufrecht erhält, heizt bei Kälteeinbruch oder kühlt bei zu hoher Temperatur. Das Regelsystem versucht so, die Störung der Raumtemperatur wieder auszugleichen und einen bestimmten Zustand der Raumtemperatur zu stabilisieren. Die ersten beiden Phasen der Dynamik des Regelkreises stimmen gut mit den von Selye postulierten Phasen überein. Diese Phasen der störungsbedingten Abweichung von einem Grundzustand (in der Regeltechnik als Sollwert bezeichnet) wird auch als „Allostasis" bezeichnet (McEwen 2002). Der von Selye als „Erschöpfungsphase", von McEwen als *allostatic load* bezeichnete Zustand tritt bei nicht mehr regelbaren Stresssituationen auf, die auf psychischer und physischer Ebene zu gravierenden Veränderungen führen: zu Gefühlen von Hilflosigkeit und Depressionen, zu neuronalen Störungen (Gedächtnisverlust), einem erhöhten Niveau von Stresshormonen, wie Adrenalin und Cortisol, zu Herz-Kreislauf-Erkrankungen, zu Schwächung des Immunsystems und Verminderung der Proliferationskapazität von Zellen (Kapitel 8).

In dem jeweils belasteten System unterscheidet man den Stressstimulus oder **Stressor**, das dadurch veränderte System, das sich dann im **Stresszustand** befindet (einschließlich der subjektiven Wahrnehmung, wenn es sich um neuronale Stresssignale handelt) und eine Stressantwort oder Stressreaktion (Ursin und Olff 1993). Die **Stressreaktionen** werden vom gestressten Organismus in Gang gesetzt, gleichzeitig aber erfolgt oft – etwas verzögert – eine Dämpfung, um ein Überschießen der Reaktion zu verhindern (negatives *feedforward*). Der Stabilisierung dient auch ein negatives *feedback* von der Reaktion zu den stresswahrnehmenden Zentren. Erfolg oder Misserfolg entscheiden dann über das Fortbestehen des Stresszustands bzw. der Stressoreinwirkung (Abb. 1.3). Die Stressantwort lässt sich – ähnlich wie Selye es versucht hat – je nach Dauer des Stressors in unterschiedliche dynamische Phasen einteilen: in eine schnelle Anfangsreaktion, die oft ebenso schnell auf den Grundzustand zurückführt, und eine langsamere Reaktion bei Dauerstress, bei der der Grundzustand meist nicht wieder erreicht wird. Die erste Reaktion ist besonders typisch für die kontrollierbaren kurzen Stressexpositionen (Fallschirmabsprung, Kapitel 5), die zweite für die oft schädigenden und krankheitsfördernden Dauerbelastungen. Entsprechendes gilt auch für den Fall, dass es sich bei Stressoren um psychische Zustände/Emotionen, wie Angst oder Ärger/Wut, handelt, die im zentralen Nervensystem (ZNS) verarbeitet werden und zu Reaktio-

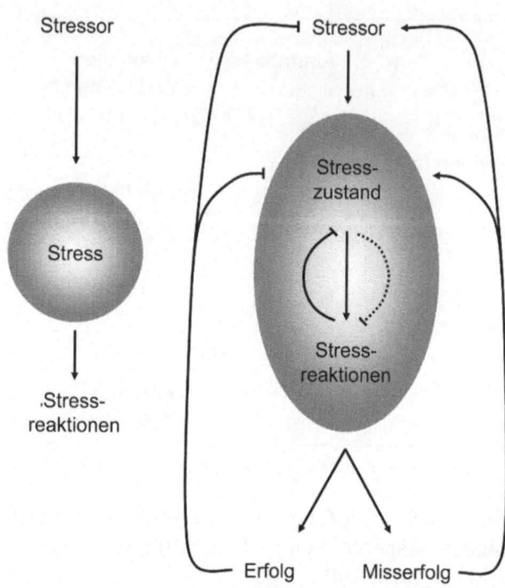

1.3 Stresssystem. Das basale Stresssystem besteht aus dem Stressor (aversiver Faktor), dem (belasteten) Stresszustand des Organismus und den Stressreaktionen. Der Erfolg der Reaktion eliminiert oder mindert den Stresszustand, beispielsweise bei Flucht vor einem Feind, während ein Misserfolg den Stresszustand (und eventuell den Stressor) aufrechterhält oder verstärkt.

nen wie Rückzug oder Aggression führen (Schwarzer 1993).

Die gleiche prinzipielle Unterteilung des Stressgeschehens trifft auch für Stressoren zu, die auf die Zelle einwirken, wie reaktive Sauerstoffspezies (Radikale), Strahlung, Nährstoffmangel, toxische Substanzen, Bakterien oder Viren: Auch hier gibt es zahlreiche unterschiedliche Stressoren als Störfaktoren, die auf unterschiedliche Zielmoleküle einwirken und Signale erzeugen, die wiederum je nach Stressorgruppe allgemeine und/oder spezifische Stressreaktionen hervorrufen, wie die Synthese von Stressproteinen oder Reparaturenzymen, die Aktivierung des Immunsystems oder bei starker Schädigung die Auslösung des programmierten Zelltods Auch hier sind die Reaktionen auf kurze und langdauernde Stressoreinwirkungen ganz unterschiedlich (Kapitel 6).

1.2 Klassifizierung von Stressoren nach Wahrnehmungsebenen und Herkunft

Stressoren – d. h. aversive Faktoren – gibt es in einer so großen Anzahl (Kapitel 2), dass hier zunächst ein Klassifizierungsversuch gemacht werden soll. Dabei gibt es mehrere Kriterien, nach denen man Stressoren unterscheiden und klassifizieren kann. Eines dieser Kriterien ist die Wahrnehmungsebene (Tab. 1.1): Auf der einen Seite gibt es Stressoren, die über neuronale Prozesse wahrgenommen werden („sensorisch/psychische" Stressoren), zu denen auch das psychische Erleben und Gefühle gehören, auf der anderen Seite gibt es Stressoren, die direkt auf den Körper und seine Zellen einwirken („physisch/zelluläre" Stressoren). Zur ersten Gruppe gehören beispielsweise als exogene Stressoren Feinde, Konkurrenten, aber auch Nahrungsmangel und Lärm, als endogene Stressoren die aversiven Gefühle Angst und Schmerz. Zur zweiten Gruppe zählen physikalisch/chemische und biologische Stressoren, wie Strahlung und Mikroorganismen als exogene und Entzündungen oder oxidativer Stress als endogene Stressoren. Zwischen den beiden Gruppen von psychischen und von physischen Stressoren kommt es über die Stresssignale im Organismus zu Wechselwirkungen: Die sensorisch/psychischen Stresssignale werden vom ZNS dem Körper übermittelt und wirken dort auf Zellen und Moleküle ein wie auch umgekehrt: physisch/zelluläre Stressoren wie Toxine oder Bakterien werden oft sensorisch/psychisch wahrgenommen und in Verhaltensmuster wie das „Krankheitssyndrom" Mattigkeit, Schlafbedürfnis, Appetitlosigkeit umgesetzt. Es findet so ein „Dialog" zwischen Gehirn, Psyche und Körper statt, der auch für therapeutische Maßnahmen von großer Wichtigkeit ist. Außerdem – und das scheint uns ebenfalls bedeutsam – konvergieren neuronale, hormonelle und physische/chemische Stresssignale oft auf die gleichen Signal- und Effektorsysteme in der Zelle (Abb. 1.4), das heißt, dass

Tabelle 1.1 Klassifizierung von Stressoren nach Wahrnehmungsebenen (psychisch-physisch) und nach Herkunft (exogen-endogen) anhand einiger Beispiele

exogene Stressoren	endogene Stressoren
sensorisch/psychisch	
Erwartungsdruck, Arbeitsbelastung, Termine, Verkehr, Flug, Fallschirmsprung, Reizüberflutung, Jetlag	aversive (unangenehme) Gefühle
	Schmerz/Angst/Furcht
Auseinandersetzungen/Aggressionen im sozialen Umfeld, Isolation	Hunger, Durst
	Krankheitsgefühl
Bedrohung durch Menschen, Tiere, Naturereignisse (Hitze, Kälte, Feuer, Wasser, Erdbeben etc.)	Versagensängste
	Wut/Scham
Nahrungs-, Wasser-, O_2-Mangel, Lärm, Verletzung, Blutverlust	Einsamkeit
	Aufregung/Anspannung
	intrapsychische Konflikte
	Schlafstörungen
	Desynchronisation von endogenen Rhythmen
physisch/zellulär	
körperliche Belastungen	Erschöpfungszustände
Verletzungen, Blutverlust	Entzündungen
Strahlung (UV, γ-Strahlen)	Autoimmunerkrankungen, Krebs
toxische chemische Verbindungen	oxidativer Stress bei Zellatmung
Übergangsmetalle	Zellschäden, Zellverluste
Nahrungs-, Wasser-, O_2-Mangel	
körperliche Belastungen	
krankmachende Viren, Bakterien, Einzeller, Parasiten	

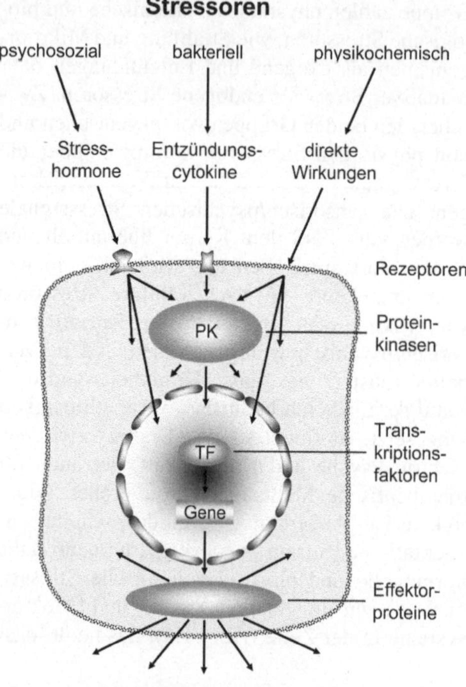

1.4 Konvergenz. Stresssignale bei Einwirkung unterschiedlicher Stressoren können auf der Signal- und Effektorebene der Zellen konvergieren. Gemeinsame Ziele sind die Signalsysteme der Zelle, vor allem zahlreiche Proteinkinasen (PK), die unter anderem verschiedene Transkriptionsfaktoren (TF) phosphorylieren. Diese regulieren wiederum verschiedene Gene, deren Produkte, die Proteine, ein Spektrum von Stressreaktionen realisieren.

ganz unterschiedliche Stressoren und Stressorklassen gemeinsam pathologische Entwicklungen verursachen können.

Eine weitere Unterscheidung von Stressoren basiert auf der Herkunft der Stressoren: entweder stammen sie von außerhalb des Organismus (exogen) oder aus dem Organismus selbst (endogen) (Tab. 1.1). Die exogene Gruppe ist dabei klar zu definieren und umfasst einerseits die sozialen Stressoren und andererseits die Stressoren aus der physikalischen, chemischen und biologischen Umgebung. Die inneren Stressoren bestehen aus psychischen Konflikten und aversiven Gefühlen, physiologischen Belastungen (Hochleistungen) und zellulären Stressoren wie reaktiven Sauerstoffspezies, die bei der Atmung entstehen. Sie können jedoch auch in Re-

aktion auf exogene Stressoren auftreten, wie etwa die körperlichen Symptome von Angst, wie Blutverlust oder Schmerz nach Verletzungen oder die Erschöpfungszustände bei Krankheit oder Flucht. Auch Herz-Kreislauf-, Autoimmun- oder Krebserkrankungen können teilweise durch exogene oder endogene Stressoren verursacht sein, ebenso der oxidative Stress, der aufgrund der Zellatmung, aber auch bei psychischem oder physischem Stress verstärkt auftritt (Abschnitt 6.1). Trotz dieser Unschärfe erscheint uns eine Kombination der beiden Unterscheidungskriterien psychisch/physisch und exogen/endogen heuristisch sinnvoll.

Ein weiterer wichtiger Aspekt bei der Klassifizierung von Stressoren ist ihre Dauer und Intensität. Beides sind quantitative Merkmale, die miteinander im Verhältnis stehen. Derselbe Stressor kann qualitativ dramatisch unterschiedliche Wirkungen haben und ganz andere Antworten hervorrufen, wenn er kurz oder niedrig dosiert ist, als bei einer lang andauernden oder intensiven Einwirkung.

Welcher Klasse der jeweilige Stressor auch angehören mag, das stressverarbeitende System und die Stressantworten betreffen oft den gesamten Organismus – angefangen von subjektiven Befindlichkeiten, vom ZNS über Nerven und Hormone zu den Organsystemen und deren Zellen, oder auch umgekehrt von den Zellen über Signalmoleküle bis zum ZNS und der Psyche (Abb. 1.1, Tab. 1.2).

1.3 Adaptive Bedeutung der Stressreaktionen für die Stabilisierung des Organismus

Die von den psychischen und physischen Stressoren ausgehenden Signale lösen im Organismus unterschiedliche Stresszustände aus, die als Alarmsignale jeweils angemessene Stabilisierungsprozesse in Gang setzen (Abb. 1.1, Tab. 1.2). Bei neuronal verarbeiteten Stresssignalen werden diese Signale zunächst in verschiedenen Bereichen des ZNS bewertet. Das kann bewusst oder unbewusst geschehen. Das Stresssignal, etwa das Bild eines zähnefletschenden Hundes, wird mit gespeicherten Erfahrungen über Hunde verglichen (meist spielt das eine wichtigere Rolle als das Wissen über Hunde). Jedenfalls bewertet das ZNS einen grö-

Tabelle 1.2   Wirkungen von Stress auf den unterschiedlichen Ebenen: Psyche, Gehirn, neuroendokrines System, Organsysteme, Zellen und Moleküle. Stress verändert zahlreiche Funktionen, die bei Langzeitstress zu pathologischen Zuständen und Alterung führen. Dagegen hat der Organismus zahlreiche Stabilisierungs-(Coping-)Mechanismen entwickelt, die von sozialen Interaktionen sowie von medikamentösen Physio- und Psychotherapien unterstützt werden können

Stressoren	**Stressziele** (primär, sekundär) im **Organismus**	durch Stress veränderte **Funktionen**	durch Langzeitstress induzierte **Zustände**	„Coping", **Stressantworten**, Stabilisierungsstrategien
	Psyche ↑↓	Gefühle wie Angst/Wut	Hilflosigkeit Unwohlsein „Stress"-Empfindungen Depressionen	Psychotherapie „Selbst"-stabilisierung ↑↓
bewusst oder unbewusst wirksame Stressoren von innen und außen →	Gehirn ↑↓	Aufmerksamkeit Verhalten Gedächtnis Schlaf/circadiane Rhythmen	Gedächtnisverluste Apathie Unruhe	Verarbeitung und Vermeidungsstrategien Unterstützung von außen Medikamente
	Hormonsystem ↑↓	Ausschüttung zahlreicher Hormone, wie Adrenalin und Cortisol	erhöhte Stresshormonkonzentration	↑↓
	Immunsystem, Organe und Gewebe ↑↓	Immunabwehr Herz-Kreislauf-Funktionen Atmung Verdauung Ausscheidung Hautfunktion Sexualität/Fertilität	Infektionen Organerkrankungen und -dysfunktionen wie Arteriosklerose	Entspannung Training Ernährung Impfung Medikamente ↑↓
physische Stressoren von innen und außen →	Zelle Moleküle	Proteinkinasen Proliferation DNA-Schäden Stoffwechsel Motilität Apoptose	Krebs Altern neurodegenerative Ausfallserscheinungen wie Alzheimer	Medikamente Stressproteine Antioxidantien antioxidante Enzyme Reparaturenzyme Metallothioneine

Hinzu kommt eine variable individuelle Suszeptibilität (genetische Konstitution, Erfahrung, Alter, Zustand)

ßeren zähnefletschenden Hund als gefährlich und gibt in der Regel einen Befehl zu erhöhter Wachsamkeit (*arousal*) und Flucht, wobei sich gleichzeitig ein Gefühl von Angst und Bedrohung einstellt. Ebenso werden Stresshormone ausgeschüttet, die Atmung, Kreislauf, und Energieversorgung aktivieren – und nach Bewältigung der gefährlichen Situation die Angst lösen und eine euphorische Stimmung erzeugen (Abb. 1.5).

In sozialen kompetitiven Situationen – Geschäftsabschlüsse, Konkurrenz, öffentliche Ansprache – werden ebenfalls die emotionalen Vorerfahrungen, die im limbischen System

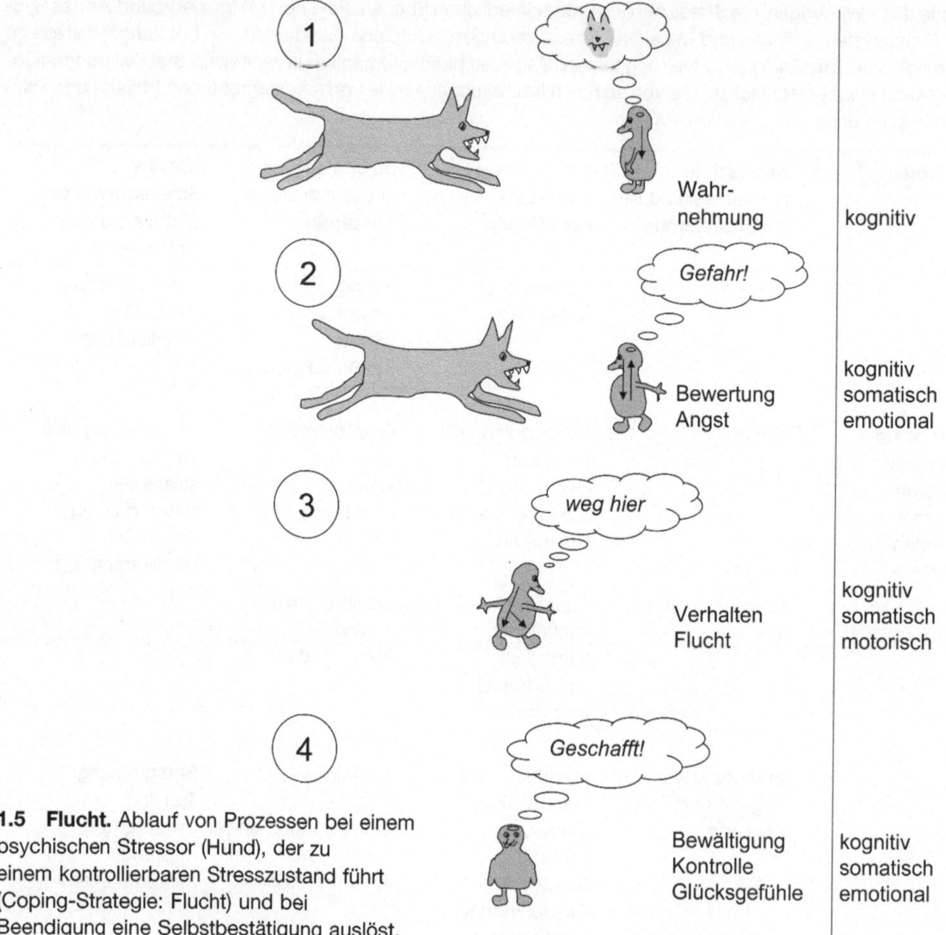

1.5 Flucht. Ablauf von Prozessen bei einem psychischen Stressor (Hund), der zu einem kontrollierbaren Stresszustand führt (Coping-Strategie: Flucht) und bei Beendigung eine Selbstbestätigung auslöst.

(Abschnitt 4.2) gespeichert sind, zur Bewertung und Entscheidung im präfrontalen Cortex herangezogen und das jeweilige Verhalten danach entschieden (Damasio 1995). Wenn das ZNS sich bei dieser Bewertung für einen Alarmzustand entscheidet, werden vom limbischen System der Hypothalamus und von dort aus hauptsächlich zwei Signalwege aktiviert, um die Stressreaktionen an den Körper zu vermitteln: Die beiden schon weiter oben erwähnten Stresshormonachsen und die dadurch hauptsächlich ausgeschütteten Hormone Adrenalin und Cortisol.

Dieses lineare Bild einer Signal- und Reaktionskette ist die frühere, sehr vereinfachende Art der Darstellung. Inzwischen ist das komplizierte Wechselspiel der Signale im Organismus wesentlich besser bekannt. Der Signalfluss erfolgt nicht nur unidirektional vom Gehirn zum Soma, sondern auch umgekehrt: Die somatischen Veränderungen bei Stress werden dem ZNS wieder zurückgemeldet, werden dort verarbeitet und lösen möglicherweise ebenfalls Gefühle wie Angst, Wut, Hilflosigkeit aus oder verstärken sie. Zugleich erreichen aber auch stressdämpfende Signale wie Opioide das Gehirn. Außerdem werden nicht nur die beiden „klassischen" Stresshormonachsen aktiviert, sondern darüber hinaus – je nach Stressorart und Intensität – zahlreiche weitere Neurohormone, Neuromodulatoren und Hormone, die untereinander ein Netzwerk bilden (Abb. 1.6, Kapitel 5).

Die Hormonsignale erreichen zahlreiche Zielsysteme, -organe und -gewebe, wie Herz-Kreislauf, Motorik, Verdauung und Ausscheidung, Immunsystem, Fortpflanzung und – nicht zuletzt – das Nerven- und Hormonsystem selbst.

Die Hormonmoleküle binden an ihre jeweils spezifischen Rezeptoren auf oder in den Zellen und setzen dann wiederum zahlreiche Signalketten/-kaskaden in Gang, die die eigentliche Stressreaktion in Organen, Geweben und Zellen aktivieren. Das geschieht beispielsweise in Form einer erhöhten Pumpleistung des Herzens und der Erweiterung von Arterien, in Form von Glucosemobilisierung in der Leber und im Muskel, in Form veränderter Wasserrückresorption in der Niere, der Konstriktion peripherer Gefäße, der Hemmung des Verdauungsapparats und vielen weiteren physiologischen Anpassungen (Schmidt et al. 2000). In zahlreichen Zielzellen wird die Aktivität bestimmter Gene verstärkt oder gehemmt und auf diese Weise eine Stressabwehr erreicht.

Neben diesen physiologischen Stressreaktionen stellen sich unter Stress meist ein allgemeines Unwohlsein oder Gefühle von Angst, Frustration, Ärger, Wut oder Depression ein. Warum werden diese Emotionen mobilisiert? Warum genügt es den Organismen, denen wir Bewusstsein zuschreiben, offenbar nicht, durch neuronale Programme und physische Effektoren auf Stressoren zu reagieren? Diese Fragen sind im Prinzip noch ungelöst. Einerseits dienen **Emotionen** als **Motivatoren**, die dafür sorgen, dass sich der gesamte Organismus um die Lösung der Stresssituation (Nahrungsmangel, Bedrohung, soziale Isolation) bemüht und die in Verhaltensweisen, wie Nahrungssuche, Flucht oder Sozialkontakte, umgesetzt werden. Zum anderen findet durch das Auftreten aversiver

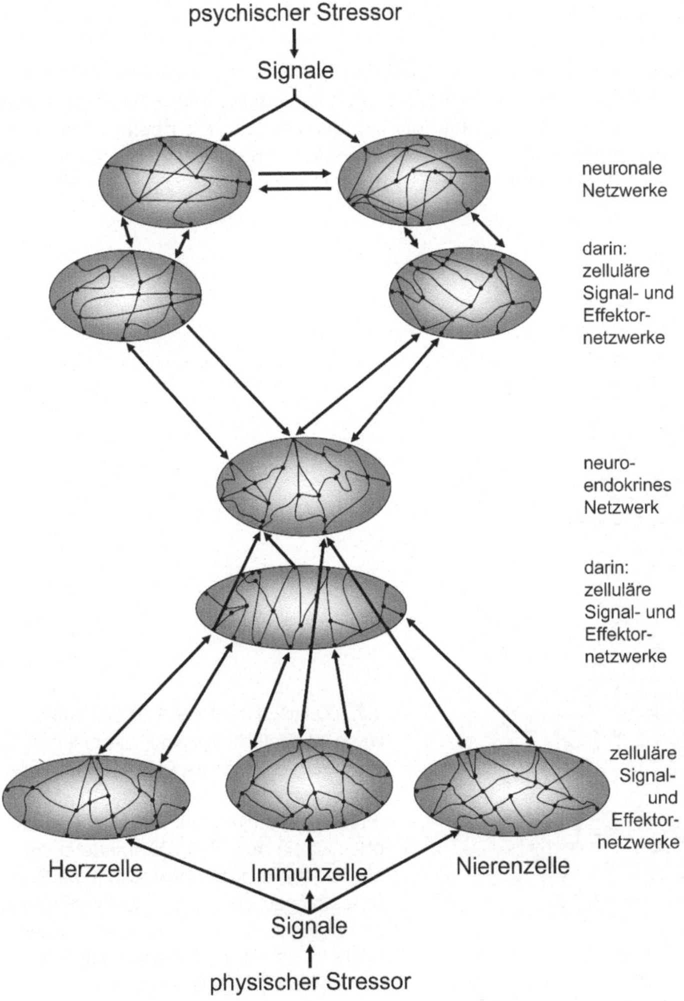

1.6 Netzwerke. Psychische Stressorsignale werden von zahlreichen neuronalen Netzen und deren zellulären Netzwerken verarbeitet. Von ihnen gehen Signale an das neuroendokrine Netzwerk, das ebenfalls aus zellulären Signal/Effektor-Netzwerken besteht. Die Signale des neuroendokrinen Netzes gehen an die zellulären Netzwerke des Zielgewebes. Umgekehrt verläuft der Signalweg bei der Einwirkung von physischen Stressoren, wie etwa bei der Infektion durch Bakterien.

Gefühle wie Furcht eine Markierung bestimmter Situationen im Gedächtnis statt, durch die gelernt wird, die Stressreize und den Kontext, die mit dem Auftreten der Stressreaktion assoziiert waren, schnell als aversiv wiederzuerkennen und die entsprechenden Defensivreaktionen antizipatorisch zu aktivieren. Dieses Lernen führt dazu, dass sich der Organismus in späteren Situationen an die Stressoren in diesem Kontext erinnert und sie so vermeiden kann (LeDoux 1996, Damasio 1995). Schließlich werden viele Gefühle wie Freude, Neugier, Wut, Angst, Trauer, Ekel und Verachtung in Form von Mimik, Verhalten oder Lautäußerungen an andere Mitglieder einer Gruppe kommuniziert – was sowohl für das Individuum wie für die Gruppe hilfreich sein kann.

Bei Stressoren, die direkt die Zellen erreichen, wie oxidativen Stressoren, Sauerstoff- und Nährstoffmangel, osmotischen Stressoren, toxischen chemischen Substanzen, Strahlung oder Mikroorganismen, werden die vom Stressor in der Zelle erzeugten Wirkungen einerseits direkt abgewehrt, andererseits werden oft Signale daraus generiert und in der Zelle wahrgenommen. Diese Signale setzen eine Anzahl von reaktiven Ab-

wehr- und Adaptationsprozesse in Gang, um die Zelle zu stabilisieren oder – bei großen Schäden – zu zerstören (programmierter Zelltod). Darüber hinaus signalisiert das Immunsystem dem Gehirn über hormonähnliche Signalmoleküle den Angriff von Bakterien oder Viren, worauf das Gehirn mit dem bekannten Krankheitssyndrom reagiert: Fieber, Ruhe- und Schlafbedürfnis, Appetitlosigkeit und Unwohlsein.

Als Beispiel für die Komplexität der beteiligten Systeme zeigen wir hier ein Bild zellulärer Stoffwechselwege ohne die Namen der Metabolite (Abb. 1.7). Auch dieses zelluläre Stoffwechselsystem reagiert auf Stress, etwa auf eine Verminderung der Sauerstoffzufuhr (Hypoxie) oder eine Verminderung des Glucoseangebots mit zahlreichen Veränderungen und dem Ziel, in diesem Fall den Energieverbrauch zu drosseln (Abschnitt 6.2).

Die Komplexität des Gesamtsystems „Organismus" ist natürlich noch wesentlich größer. Alle Ebenen der Stressverarbeitung – die psychisch-neuronale Ebene, die neurohormonelle und die zelluläre/molekulare Ebene – bilden jeweils Netzwerke (Abb. 1.6), deren Funktionsweise ein Brennpunkt neuer analytischer An-

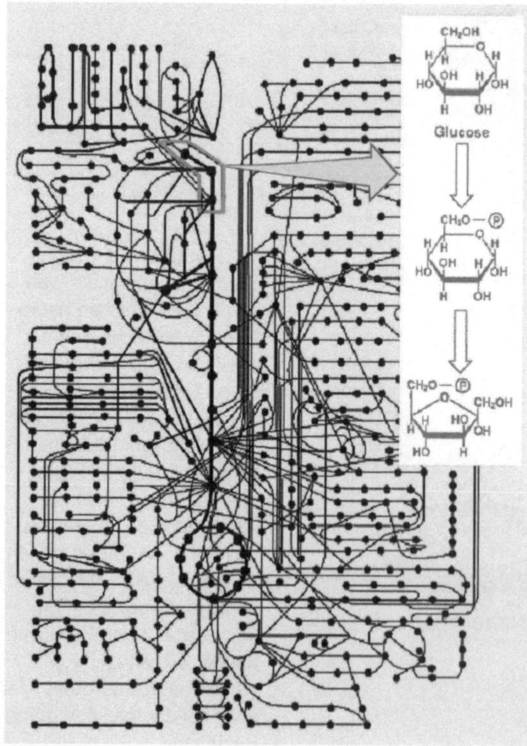

1.7 Zellstoffwechsel. Der Zellstoffwechsel besteht aus einer Vielzahl miteinander verbundener Prozesse (Striche). Die einzelnen Stoffwechselintermediate (Punkte) sind hier nicht benannt. Rechts oben ist ein Ausschnitt (umrandeter Teil oben Mitte) aus den Prozessen des Glucosestoffwechsels in chemischen Formeln wiedergegeben. Der fettgedruckte Kreis (Mitte unten) ist der bekannte Zitronensäurezyklus. [Nach Boehringer.]

sätze ist (z. B. Bhalla 2003). Allgemein gesagt haben Netzwerke oft die Fähigkeit, eingehende Signale als Gedächtnisinhalte zu speichern und Entscheidungen zwischen verschiedenen Reaktionsmöglichkeiten zu treffen.

Das psychische Erleben auf der anderen Seite stellt einen Aspekt der subjektiven Wahrnehmung dar. Diese Wahrnehmung ist – auf noch nicht genau bekannte Weise – mit den Prozessen auf den verschiedenen Ebenen und den darin realisierten Netzwerken integrativ verbunden ist (Tab. 1.2). In den Kapiteln 3–6 haben wir die Stressantworten auf den verschiedenen Organisationsebenen ausführlich behandelt und einige der beteiligten Netzwerke genauer dargestellt.

Welche Bedeutung haben diese Stressantworten für den Organismus? Offenbar sind sie zentrale Voraussetzungen für seine Stabilität und sein Überleben. Das lässt sich auf der zellulären Ebene beispielsweise von der universellen Verbreitung und der bei allen Lebewesen ähnlichen Struktur der Stressgene und -proteine ableiten: Die Aminosäuren in den Stressproteinen des Bakteriums *Escherichia coli* stimmen noch zu etwa 50 % mit denen der Stressproteine beim Menschen überein (Abschnitt 6.7). Auch die Verhaltensweisen Kampf/Flucht/Immobilität bei Konfrontation mit Feinden oder Artgenossen sind allgemein unter Tieren verbreitet und genetisch vorprogrammiert.

Diese Rolle der Stressreaktionen für Stabilität und Überleben gilt insbesondere für kurze Stressexpositionen. Bei Dauerstress, bei dem die Schäden durch die Belastung oft die Abwehrkräfte übersteigen, versucht der Organismus zwar, andere Stabilitätszustände zu erreichen, die Schäden zu minimieren oder die geschädigten Zellen über den programmierten Zelltod zu eliminieren, oft jedoch resultieren daraus Dysfunktionen, Erkrankungen und der Tod des Organismus.

Eine kurzzeitige Stressexposition entspricht der Störung in einem homöostatischen System. Die Stressreaktion wäre dann eine Gegenreaktion (Stellglied) in einem Regelkreis mit negativer Rückkopplung, durch die der ungestörte Zustand (Sollwert) wieder erreicht werden soll. Ein solches Modell ist auf viele Stressreaktionen anwendbar: etwa die Reaktion auf Kältestress, die Wärme durch erhöhte Stoffwechselprozesse und durch Muskelzittern erzeugt und so einer Störung der Temperaturhomöostase entgegenwirkt. Oft wird schon antizipatorisch eine

Meldung über den Kältestress an das Zentrum im Gehirn geleitet, das die Körpertemperatur reguliert (Störgrößenaufschaltung) (Abb. 1.8). Ein weiteres Beispiel ist die Konstanthaltung des Blutzuckerspiegels bei Nahrungsmangel oder hohem Verbrauch, an der zahlreiche Regelkreise beteiligt sind (Abschnitt 5.7). Solche Regelkreise stellen schon einfache Netzwerke dar, deren Dynamik bereits völlig verschieden ist von linearen Wirkungsketten.

Solche kybernetischen, aus der Technik stammenden, oft vereinfachenden Modelle (Keidel 1989) sind im Prinzip sinnvoll verwendbar, weil sie den Wirkungszusammenhang und die Dynamik von Stressreaktionen oft gut wiedergeben.

Bei furchteinflößenden Situationen, die Kampf/Flucht zur Folge haben können, wird vorsorglich ein erhöhtes Energieangebot durch vermehrte Sauerstoff- und Glucoseversorgung in Gehirn und Muskulatur schon vor (antizipierend, *feedforward*), aber auch während des Kampfes/Fluchtverhaltens (*feedback*) über verschiedene Mechanismen sichergestellt (Abschnitt 5.1). Ziel ist dabei primär, einen **stabilen Zustand** eines Organ-/Zell-Systems und damit des gesamten Organismus wieder herzustellen und dessen Bedrohung abzuwenden.

Bei diesen Stressreaktionen kann es auch – in Abhängigkeit von der Intensität und Dauer des Stresses – zu unkontrollierten/unkontrollierbaren Reaktionen kommen. Ein Beispiel dafür ist die Reaktion auf einen Unfall: Der Schreck, der durch den Unfall ausgelöst wird und der über Adrenalinausschüttung zum Blasswerden und anderen Kreislaufveränderungen führt, wird noch erhöht durch die nachfolgende Wahrnehmung dieser physischen Veränderungen, was die Angst weiter verstärkt (positive Rückkopplung). Diese Verstärkung kann zu einer Überreaktion (Panik, Schock) führen, in dem es zunächst nicht möglich ist, zu einem stabilen Zustand zurückzukehren. Selbstverstärkung in diesem Sinne kommt auch bei Kampfsituationen und Wutanfällen vor, insbesondere unter dem enthemmenden Einfluss von Alkohol.

Bei der Frage, welches psychoanalytische Grundkonzept dieser Stressthematik am nächsten steht, führt der Weg in erster Linie zur Psychologie des Selbst, das unter Stress zu Desorganisation und Fragmentierung neigt (Wallerstein 2001, S. 661). Joffe und Sandler haben bereits 1967 auf die besondere Bedeutung eines Regulationssystems hingewiesen, das der Aufrechter-

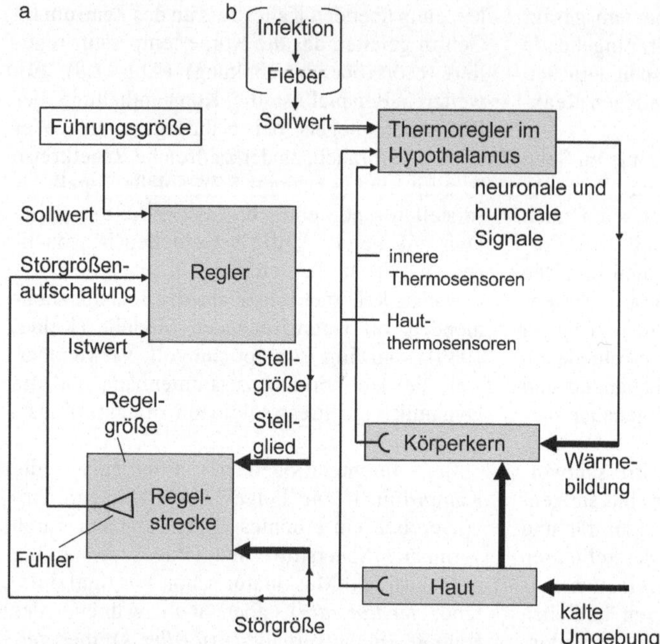

1.8 Regelkreis mit Störgrößenaufschaltung. a: Gegenüber einem Standardregelkreis ist hier die Störgrößenaufschaltung berücksichtigt, d. h. eine direkte Meldung von Störgrößen an den Regler und damit die regelungsmäßige Berücksichtigung, bevor sich die Störgröße auf die Regelgröße auswirkt. b: Schema der Temperaturregulation unter Berücksichtigung der Rückmeldungen der Kerntemperatur als Regelgröße über die inneren Thermosensoren sowie der Hauttemperatur als Störgröße über die Hautthermosensoren. Eine Infektion, die zu Fieber führt, wirkt als Führungsgröße und verschiebt den Sollwert der Körpertemperatur nach oben. Kalte Umgebung oder eine Infektion können so im Sinne einer *feedforward* Regulation wirken, wie sie bei zahlreichen Stresssituationen auftaucht (Kapitel 7).

haltung von Sicherheit, Selbstvertrauen, Kohärenz und Konstanz des Selbstbildes dient. In einer faktorenanalytischen Untersuchung zum Selbstsystem schreiben Deneke und Hilgenstock (1989): »Zu jedem Zeitpunkt und in jeder Situation muss die jeweils optimale narzisstische Balance neu gefunden oder durch aktive Regulationsprozesse aufrechterhalten werden. Diese Balance ist also keinesfalls immer identisch mit dem Erreichen eines mehr oder weniger statischen Gleichgewichts. Sie verändert sich fließend, ist zu einer Zeit mehr dem Ruhe-, zu einer anderen Zeit mehr dem Unruhepool näher. Gelingt es dem Selbstsystem nicht, sich optimal auszutarieren, sucht es die nächstbeste Organisationsform, bis es sich in der Folge von Des- und Reorganisation schließlich stabilisieren kann. Werden diese Zyklen anhaltend erfolglos durchlaufen, nähert sich das System in einem Prozess zunehmender Destabilisierung jenen Grenzzuständen psychischer Organisation, die uns in archaischen Phantasien zumindest ahnungsweise zugänglich sind: Das Selbst wird von Lähmungs- und Ohnmachtsgefühlen überflutet; jede Kontroll- und Abwehrtätigkeit bricht zusammen; die eigene Person und die Umwelt werden als unwirklich und fremd erlebt; das Selbst verliert seine zeitliche Kontinuität; es droht zu zerfallen; die gewohnheitsmäßig vertrauten raum-zeitlichen Strukturen oder sonstigen Ordnungen lösen sich auf. Parallel zu diesen Vorgängen entwickeln sich sehr intensive Ängste.« Diese Selbstverluststörungen und damit verbundenen Ängste bewegen sich in unterschiedlichen Dimensionen und führen im Extrem zu schweren Störungen wie Psychosen, in denen etwa die Kohäsion (Kohärenz) des psychischen Selbst sich in mehrere „Selbst" auflöst (Abb. 1.9). Der geschilderte Zusammenbruch des Selbst über viele Stabilisierungsversuche ist nur ein Beispiel von zahlreichen Möglichkeiten der psychischen Destabilisierung und ihrer Abwehr, die häufig

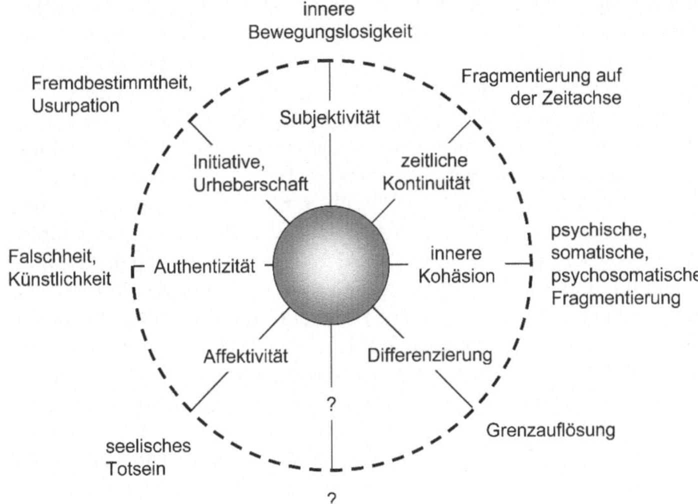

1.9 Störungen des Selbstgefühls. Die Dimensionen des Selbstverlustes umfassen neben dem Verlust der inneren Kohäsion (Kohärenz) weitere im Inneren des gestrichelten Kreises angegebene Dimensionen. Außerhalb dieses Kreises stehen extreme Störungen von Eigenschaften und Merkmalen unseres Selbst. Der rote Bereich im Zentrum entspricht dem Zustand, in dem das Selbstgefühl nicht in Frage gestellt ist (nach Orange et al. 2001).

Angststörungen, Panikattacken, Zwangshandlungen und Depressionszustände beinhalten (Kapitel 3, Abschnitt 8.1).

1.4 Subjektives Erleben von Stress

Bisher haben wir zumeist von objektiv darstellbaren Prozessen auf den verschiedenen Organisationsebenen gesprochen, wenig jedoch von einer ganz anderen Dimension, nämlich dem subjektiven Erleben.

Über das Verhältnis von subjektivem Erleben und objektiver Messung von körperlichen Prozessen ist so viel nachgedacht und publiziert worden, dass wir diese Fülle an Material hier nicht hinreichend zusammenfassen können. Wir möchten trotzdem einige Bemerkungen dazu machen, da wir beide Aspekte in ihrer Beziehung zueinander für außerordentlich wichtig halten und bei der Darstellung von „Mensch im Stress" mit dem subjektiven Erleben beginnen, das uns allen primär zugänglich und vertraut ist. Anschließend beschäftigen wir uns ausführlich mit den naturwissenschaftlichen Erkenntnissen über die neuronalen, hormonellen, physiologischen und molekularen Veränderungen, die damit verbunden sind und die zum Teil auf Experimenten und Analysen mit Tieren beruhen. Beide Perspektiven von Stress – das subjektive Erleben und die neuronalen und

anderen physischen Prozesse – sind die Grundlagen der Therapie von Stressfolgen: die Psychotherapie einerseits und somatische Therapieansätze (Pharmakotherapien, Körpertherapien bis hin zu chirurgischen Eingriffen, Transplantationen, Gen- und Stammzelltherapien) andererseits. Kombinationen von beiden Ansätzen werden zunehmend – nicht nur in psychosomatischen Kliniken – eingesetzt und sind von großer Bedeutung für positive Ergebnisse bei der Behandlung von Stressfolgen.

Das **subjektive Erleben** – etwa einer bedrohlichen Situation – ist dadurch charakterisiert, dass es nur von mir, d. h. von einer individuellen Person „Ich" erfahren wird, der etwas Bedrohliches zustößt. Welche bedrohliche Situation mir Angst macht, hängt wesentlich von meinen Vorerfahrungen ab, ob ich als Kind eine sichere Bindung an meine Eltern entwickeln konnte, ob ich Gewalt-, Missbrauchs-, Kriegs- und Verlusterlebnisse hatte, ob ich mich in einer stabilen sozioökonomischen Umgebung befinde – und auch welche genetische Konstitution ich mitbringe, um nur einige der wichtigen individuellen Variablen zu nennen, die die bedrohliche Situation und meine Angst und Verhaltensweise bestimmen.

Ich kann – soweit mir meine Angst bewusst ist – darüber sprechen und mein Erleben anderen schildern oder auch nonverbal durch Mimik, Körperhaltung oder andere bildliche und musikalische Formen ausdrücken. Andere Menschen, insbesondere solche, die sich darauf spezialisiert haben, wie Psychologen/Psychotherapeuten, können mein psychisches Erleben in gewissem Ausmaß aus eigenen Erfahrungen nachempfinden und sich in meine Lage versetzen (**Empathie**). Diese Fähigkeit, aus eigenen ähnlichen Gefühlserfahrungen die subjektiven Gefühlszustände eines Patienten nachzuempfinden, ist eines der wesentlichen Elemente von Psychotherapieverfahren. Da Gefühle, Wahrnehmungen, Träume, Phantasien oft nicht klar definierbar sind und zum Teil auf Unbewusstem basieren, findet zwischen Therapeut und Patient ein Austausch über diese inneren Zustände und die daran beteiligten unterschiedlichen Gefühlsanteile statt. Daran sind auch die gefühlsmäßigen Beziehungen zwischen Patient und Therapeut beteiligt. Dieser Austausch soll die Einsicht in die eigene Erlebniswelt (**Introspektion**) und die zugehörigen Gefühle vertiefen und intensivieren (Abb. 1.10). Das Ziel ist dabei oft die Akzeptanz unterschiedlicher Gefühle (beispielsweise Angst, Wut, Neid), ihre biografische Deutung und eine auf die gegenwärtige Situation bezogene verbesserte Strukturierung des Selbst und seiner Erlebniswelt (Kap. 3). Diese gemeinsame Sinnsuche (Deutung) des Erlebens und seiner überaus komplexen Facetten wird auch als **Hermeneutik** bezeichnet und von der naturwissenschaftlichen Ursache-Wirkungs-Analyse abgegrenzt.

Die individuelle Hermeneutik wird in psychoanalytisch begründeten Therapieverfahren jedoch durchaus durch allgemeine Erfahrungssätze ergänzt: Aus der Familiensituation und der Biografie des Patienten, seinen Aussagen und Verhalten lassen sich aufgrund von ähnlichen Erfahrungen Hypothesen entwickeln, die große Ähnlichkeit mit naturwissenschaftlichen Modellen haben. Bei anderen Psychotherapieansätzen, wie der kognitiven Verhaltenstherapie, wird das zu ändernde Verhaltensrepertoire in den Vordergrund gerückt, das mit Hilfe von naturwissenschaftlichen Methoden (Konditionierung) neu strukturiert wird. Auch in diesen Ansätzen wird die biographische Komponente berücksichtigt.

Wir möchten an dieser Stelle jedoch noch einmal hervorheben, dass das subjektive Erleben des Ich und seiner bedrohten Existenz unter Stress deutlich zu unterscheiden ist von der objektiven Beschreibung dieser Zustände und auch von der Empathie, die andere Personen dabei empfinden. Das gilt auch für die Fälle, in denen eine Person, die zusieht, wie eine ihr nahestehende Person sich in den Finger schneidet, ähnliche Schmerzempfindungen hat und in der gleichen für Schmerzwahrnehmung zuständigen Hirnregion Aktivität zeigt wie die betroffene Person selbst. Solche und über sogenannte „Spiegelneu-

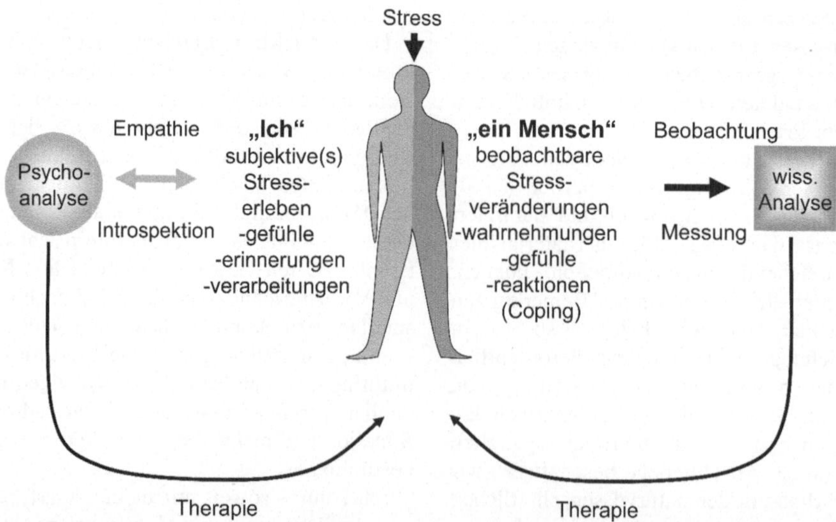

1.10 Subjektives Erleben und naturwissenschaftliche Beobachtung einer Stresssituation. Eine wichtige Schiene zur Erfassung des subjektiven Erleben, beispielsweise durch einen Psychotherapeuten, sind Empathie und Introspektion. Die Perspektive der naturwissenschaftlichen Analyse verwendet vor allem die Beobachtung und Messung. Beide Ansätze lassen sich auch benutzen, um eine gestörte Stressverarbeitung oder gestörte somatische Reaktion positiv zu beeinflussen.

ronen" hergestellten Gleichklänge von Verhaltensweisen und mimisch oder akustisch vermittelten Gefühlen sind ebenso wie die Erinnerung an eigene ähnliche Erlebnisse Näherungsansätze in der interpersonellen Kommunikation, vermitteln aber nur abgeschwächt das subjektive Erleben des Betroffenen. Besonders deutlich ist der Unterschied in der Intensität von Gefühlen zwischen der Bedrohung der eigenen Person und der Registrierung von Bedrohung, Leid und Tod unbekannter Personen, wie sie uns täglich in den Medien vermittelt werden. Bei den hier auftretenden Fragen ist die *Theory of Mind* von Bedeutung, die ein wesentliches neurowissenschaftliches Konzept von Empathie darstellt.

Deutlich verschieden von dem vom Ich erlebten Gefühl sind die von anderen Personen registrierten Änderungen in der Aktivität verschiedener Hirnregionen, die diesem Erleben zugrunde liegen, sowie von Änderungen in der Ausschüttung von Hormonen, der Herz-Kreislauf-Aktivierung oder von veränderten zellulären Prozessen. Das bedeutet jedoch *nicht*, dass diese **objektiv messbaren Variablen** irrelevant für das Verständnis des Zustandekommens – und besonders auch der Dysfunktion – der Gefühlserlebnisse und der darauffolgenden Reaktionen sind – im Gegenteil: Sie stellen die physiologische Grundlage dieser subjektiven Erlebnisse dar (Pöppel 1993). Darauf basiert ein wichtiger Teil therapeutischer Ansätze, wie die Phamakotherapie.

Das ist aus unserer Sicht jedoch kein Anlass, die naturwissenschaftliche Beschreibungsebene als präferentielle „Erklärung" für das subjektive Erleben zu betrachten. Es ist vielmehr notwendig, vor allem bei Defekten in der Verarbeitung des Erlebens – und der unbewussten neuronal/zellulären Prozesse –, sowohl naturwissenschaftliche Erkenntnisse wie auch subjektive Introspektion bei der Analyse heranzuziehen. Oder, um das Bild der zwei Seiten der Medaille zu benutzen: In der Regel ist es sinnvoll, die eine *und* die andere Seite der Medaille zu betrachten.

Bezogen auf Stressfolgen, wie verschiedene Formen von Depression, ist die subjektive Erlebnisseite wesentlich, um die komplexen früheren und gegenwärtigen Beziehungsgeflechte und Gefühlslagen subjektiv (und mit Hilfe eines Psychotherapeuten) aufzuspüren und gegebenenfalls zu aktivieren und zu verarbeiten (Kapitel 3). Auf der anderen Seite haben sich Antidepressiva, die in die komplexen Wirkungsmechanismen der Neurotransmitter eingreifen, als wirksam gegen Depressionen erwiesen. Zunehmend werden beide Ansätze genutzt, die zusammen offenbar eine weitere Verbesserung im Zustand des Patienten erzielen können (Pampallona et al. 2004).

Schließlich gibt es Stressorwirkungen, die völlig unseren bewussten oder unbewussten neuronalen Wahrnehmungen entgehen, sei es durch physikalisch/chemische Stressoren, wie etwa die Wirkung von reaktiven Sauerstoff- und Stickstoffspezies (ROS/RNS) oder die Wirkungen von Strahlung oder von manchen Bakterien und Viren.

Diese Stressoren und die von ihnen verursachten Schäden werden oft auf der zellulären Ebene „wahrgenommen", verarbeitet und abgewehrt. Auch hier werden Entscheidungen getroffen und Stabilisierungsstrategien eingesetzt, die ähnlich wie bei der Stabilisierung des Selbst der Erhaltung der Zelle (und damit des Organismus) dienen. Bei diesen Stressreaktionen spielen ebenfalls zahlreiche individuelle, genetische und erworbene Unterschiede in den zellulären Prozessen eine Rolle. Auch diese individuellen Faktoren müssen zunehmend bei der Therapie berücksichtigt werden. Darüber hinaus ist in jedem Fall bei psychosomatischen und zellulären Stressfolgen auch das körperliche und zelluläre Wohlbefinden durch richtige Ernährung und Lebensgewohnheiten zu stabilisieren, soweit notwendig auch durch die Möglichkeiten der Verwendung von Pharmaka.

1.5 Gesundheitsrisiken bei Langzeitstress

Stressoren von hoher Intensität oder von langer Dauer führen oft zu Zuständen, die sich von dem Spektrum der „normalen" Zustände langfristig entfernen und die wir als Krankheiten oder pathologische Zustände bezeichnen (Sapolsky 1996, Steptoe 1991, Weiner 1989, 1992, Rudolf 2000, Bauer 2002). Manche stressinduzierten Krankheiten betreffen die Dysfunktion von einzelnen Organsystemen wie Herz-Kreislauf, Verdauung, Immunsystem und Haut ebenso wie psychische Zustände wie Depression, Angst- oder Schuldgefühle. Der andauernde Stress, der zu Organerkrankungen führt, kann dabei psychischer Natur sein (Psychosomatik) oder auch auf Hunger, Diabetes, altersbedingten Schäden durch oxidativen Stress oder Umweltfaktoren – also physischen Stressoren – oder auf mehreren psychischen und physischen Stressoren beruhen (Kapitel 8).

Ein Beispiel für die Vielfalt der beteiligten Stressoren sind Erkrankungen des Herz-Kreislauf-Systems wie der Bluthochdruck (Deuschle et al. 2001). Oft ausgelöst durch Depressionen oder Arbeitsplatzstress, bewirkt der psychische Stress eine ständig erhöhte Ausschüttung von zahlreichen Stresshormonen wie Adrenalin, Cortisol, Angiotensin II und eine dauerhafte Erhöhung des Blutdrucks. Die sich entwickelnde Arteriosklerose wird von gefäßaktiven Substanzen wie Endothelin und von oxidativem Stress durch reaktive Sauerstoffspezies in den Gefäßwänden verstärkt, woran wiederum intrazelluläre Signalmoleküle wie Stickstoffmonoxid in diesen Zellen beteiligt sind. Bei einem eintretenden Gefäßverschluss in den geschädigten Gefäßen kommt es zu einer Sauerstoffunterversorgung (Hypoxie) in den betroffenen Herz- oder Hirnregionen, was sich wiederum als starker Stressor für die Region erweist und oft zum Tod zahlreicher Zellen führt. Gegen alle genannten Stresswirkungen im physischen Bereich gibt es Abwehrstategien der betroffenen Zellen, die aber bei Dauerstress oft nicht ausreichen, um die Stressschäden aufzuhalten oder zu reparieren (Abschnitt 8.3).

Wie oben schon angedeutet, ist die Bewertung von Stressoren (Lärm, Discomusik) altersabhängig oft verschieden. Hinzu kommen subjektive Erfahrungen mit einzelnen Stressoren, die – wenn sie negativ sind – zu einer erhöhten Alarmstufe und Stressreaktionen führen (siehe das Beispiel von unerfahrenen und erfahrenen Fallschirmspringern – Kapitel 5). Dasselbe gilt natürlich auch für die zahlreichen sozialen Interaktionen, die Stressreaktionen auslösen können: Die emotionale Markierung der Vorerfahrung mit bestimmten Personen ist von großer Bedeutung für deren Bewertung und daraus abgeleitete Entscheidungen über den Umgang mit ihnen (Damasio 1995).

Von ebenso großer Bedeutung ist die genetisch fixierte, aber auch erworbene Reaktionsweise auf Stressoren: Einige Menschen reagieren schneller und aktiver auf psychosoziale Stressoren als andere Menschen (Rozanski et al. 1999). Mit Sicherheit ist daher die genetische und erworbene individuelle Konstitution ein wichtiger Faktor in der unterschiedlichen Be-

wertung und Verarbeitung von Stress. Eine wichtige Rolle spielen auch die momentanen Gefühlslagen wie Zufriedenheit oder Unwohlsein, die jeweils eine modifizierende Funktion bei der Wahrnehmung und Verarbeitung von Stress haben.

1.6 Coping-Strategien und therapeutische Ansätze

Weil bei Traumata und Langzeitstress die organismuseigenen Abwehrkräfte und Anpassungsstrategien oft nicht mehr ausreichen, sind unterstützende Therapien notwendig. Diese können einmal im Bereich der sozialen Betreuung (Familie, Freunde, Sozialsystem) oder im medizinisch/psychotherapeutischen Bereich und über somatische Therapien wie richtige Ernährung, Bewegung, Entspannung geleistet werden. Je nachdem, welche Stressoren dominieren, kann die Unterstützung mehr auf die Stabilisierung der psychischen oder der physischen Funktionen und Zustände ausgerichtet sein – optimal auf beide. Die Art und Weise des Umgangs mit Stresssituationen im psychischen Bereich hängt auch von dem jeweils existierenden Menschenbild ab: bei dem Verlust von Angehörigen oder unserer Angst vor dem Tode, vor Isolation, Sinnlosigkeit oder absoluter Freiheit kann die Auseinandersetzung damit zu einem reiferen, einsichtsvolleren Verständnis des Lebens führen (Yalom 1989, Peters 2004). *Happyness* wird andererseits als oberstes Ziel zumindest in der Werbung postuliert, zu dessen Erreichen auch „Hightech"-Pharmaka empfohlen werden (siehe z. B. *Time Magazine*, Februar 2003).

Zahlreiche Vorschläge für Stresstherapien empfehlen kognitive Vermeidungsstrategien, Expositionstraining gegenüber den Stresssituationen oder Entspannungs-/Meditationsstrategien (Tausch 2002).

Die therapeutischen Hilfen, die bei Traumata oder sozialen Beziehungskonflikten, die ja häufig mit starken emotionalen Belastungen – Angst, Hilflosigkeit, Depression, Wut – einhergehen, liegen zum anderen im psychotherapeutischen Bereich, in dem es um die Möglichkeit der interaktionellen Beeinflussung und Therapie der Störungen im Selbstsystem geht, aber auch in psychiatrisch-medikamentösen Ansätzen oder in einer Kombination von beiden (Rudolf 2000). Pharmakotherapeutisch lassen sich sowohl Angst- wie Depressionszustände behandeln. Da es sich dabei häufig um Pharmaka handelt, die einzelne Neurotransmitter in ihrer Menge oder Wirkung beeinflussen, muss man sich jedoch auf der anderen Seite immer das komplexe Stresswirkungsgefüge bewusst machen, das durch Änderungen einzelner Signalmoleküle darin oft nur unzureichend verändert wird und zahlreiche Nebenwirkungen zur Folge haben kann.

Phänomene von Reizüberflutung, Termindruck, Jetlag, Schichtarbeit und daraus resultierende Unruhe, Schlaflosigkeit und Depression hängen vermutlich unter anderem mit Störungen der inneren (circadianen) Uhr (Rensing et al. 2001) zusammen, über deren Mechanismus und deren Kontrolle der inneren zeitlichen Ordnung im letzten Jahrzehnt wichtige Einsichten gewonnen wurden. Ob sich auch die therapeutischen Ansätze bei Winterdepression wie Lichttherapie auf mögliche Desynchronisationsphänomene der inneren Uhr beziehen, ist noch unklar (Magnusson und Boivin 2003).

Bei physischen exogenen Stressoren – wie γ-Strahlen, UV, Umweltgiften, hoher Verkehrsdichte, Lärm und Infekten – sind natürlich Vermeidungsstrategien des Individuums, aber auch die Gesundheitspolitik der Gesellschaft (Regierung) wichtig: Man muss sich als Einzelner vielen dieser Stressoren nicht aussetzen, muss das Handy nicht eingeschaltet lassen, nicht alle Fahrten mit dem Auto bewältigen oder sich ungeschützt der UV-Strahlung aussetzen. Ebenso wichtig sind gesetzliche Regelungen im Hinblick auf Umweltchemikalien, Lärm, Ozon, Rauchen und vieles mehr.

Bei physischen endogenen Stressoren, wie der unvermeidbaren Erzeugung von reaktiven Sauerstoffspezies bei der Zellatmung, können die schädlichen Auswirkungen der Radikale durch Zufuhr von Antioxidantien, wie der Vitamine C und E und andere, vermindert werden (Rensing und Gosslau 2004).

Was macht uns Stress? 2

Wie schon in Kapitel 1 diskutiert, ist eine grobe Einteilung der Stressoren, die „uns Stress machen", nach den Wahrnehmungsebenen (psychisch/neuronal oder physisch/zellulär) sowie nach der Herkunft (exogen oder endogen) möglich, aber mit zahlreichen Überlappungen verbunden. In den folgenden Unterkapiteln haben wir uns in etwa an diese Klassifizierung gehalten und beginnen mit einer Übersicht über psychosoziale und intrapsychische Stressoren (Abschnitt 2.1). Anschließend umreißen wir eine Reihe von körperlichen (systemischen) Belastungen und von physikalischen, chemischen und biologischen Stressoren (Abschnitt 2.2). In den dann folgenden Kapiteln 3 bis 8 werden Beispiele aus dem hier kurz skizzierten Spektrum von Stresssituationen vertieft dargestellt.

2.1 Psychosozialer und intrapsychischer Stress während der verschiedenen Entwicklungsphasen des Menschen

Psychosoziale Stressoren, Stressempfindungen und Stressreaktionen verändern sich in den verschiedenen Lebensabschnitten des Menschen. Ein Säugling empfindet andere Situationen als bedrohlich und belastend als ein Erwachsener und reagiert darauf auch anders. Schreien oder Abwenden ist bei ihm eine der wenigen Möglichkeiten der Verhaltensreaktion auf Stress, während erwachsene Menschen über ein großes Spektrum von Stressreaktionen (*coping*) verfügen, wozu neben verschiedenen Verhaltensweisen zahlreiche mentale, verbale und somatische Verarbeitungsmöglichkeiten gehören.

Die sozialen Beziehungen verändern sich ebenfalls drastisch. Im Säuglingsalter und in der Kindheit sind es wesentlich die Eltern und Geschwister, im Jugendalter, der Pubertät und der Adoleszenz darüber hinaus Freunde, Spiel- und Klassenkameraden und die erweiterte Familie. Als psychosoziale Stressoren stehen in diesen Entwicklungsphasen Konflikte mit den Familienangehörigen, vor allem mit Mutter und Vater, im Vordergrund, später auch Konflikte in der Schule, Identifizierung mit der *peer group* und gegebenenfalls Konflikte mit der Akzeptanz in dieser Gruppe. Traumatische Erfahrungen sowie täglicher geringfügiger Stress in diesen Entwicklungsphasen sind in Kombination mit der genetischen Disposition und den sich entwickelnden Coping-Strategien (Rückzug oder aktive Auseinandersetzung) oft ausschlaggebend für psychosomatische Symptome im Erwachsenenalter.

Im frühen Erwachsenenalter treten psychosoziale Konflikte in den Interaktionen mit Freunden und Sexualpartnern auf. Zudem können auch Berufsentscheidungen und erste Erfahrungen im Berufsleben psychische Belastungen mit sich bringen.

Im Leben des Erwachsenen stehen zum einen der Arbeitsplatzstress, zum anderen bei Ehegemeinschaften oder Lebenspartnerschaften die Konflikte mit Partner und Kindern im Vordergrund. Bei Frauen ist die Doppelbelastung von Beruf und Familie ein häufiger psychosozialer Stressor. Darüber hinaus gibt es geschlechtsspezifische Unterschiede in der Art der Stressoren, etwa in Form von Diskriminierung der Frauen im Beruf, in den subjektiven Empfindungen in der

und Behinderung führen zu Niedergeschlagenheit und Depressionszuständen (Abb. 2.1).

Entwicklungsübergreifende psychosoziale Stressoren sind die vielfachen Formen von Gewalt, denen Menschen aller Altersstufen ausgesetzt sind: in der Familie, in der Schule, auf der Straße, durch staatliche Unterdrückung oder Verfolgung von Minderheiten sowie durch Krieg und Terrorismus.

In all diesen entwicklungsabhängigen oder -übergreifenden Belastungen spielen die subjektiv erlebten Gefühle von Angst, Ärger, Wut, Scham, Trauer, oder Einsamkeit eine wesentliche Rolle, die zwar der Psyche zugeordnet, aber untrennbar mit somatischen (neuronalen, humoralen und zellulär/molekularen) Prozessen

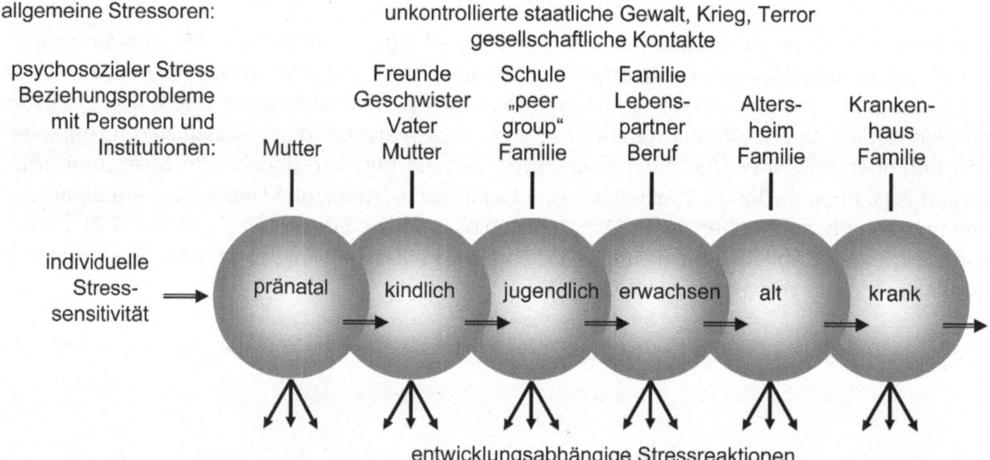

2.1 Entwicklungsabhängige psychosoziale Stressoren. Während unterschiedlicher Phasen der Entwicklung eines Menschen wirken verschiedene interpersonelle Konflikte als psychosoziale Stressoren und bewirken jeweils allgemeine und entwicklungsabhängige Stressreaktionen. Wichtig dabei ist die individuelle Stresssensitivität, die einerseits genetisch vorgegeben ist und andererseits stark durch die Erfahrungen in den einzelnen Entwicklungsphasen modifiziert wird.

Stressverarbeitung sowie in unterschiedlichen Coping-Strategien. Für Frauen und Männer kommen vor allem in Krisensituationen existenzielle Ängste vor Krankheit oder Tod und Fragen nach dem Sinn des Lebens hinzu (Yalom 1989).

Diese Ängste verstärken sich im Alter. Darüber hinaus findet oft eine soziale Isolierung insbesondere nach dem Ausscheiden aus dem Arbeitsleben statt. Belastende Gefühle wie Trauer um den Verlust des Lebenspartners, Gefühle der Hilflosigkeit bei der Pflege von nahen Angehörigen während Krankheit oder Demenz sowie Gefühle von Wut und Neid bei eigener Krankheit

gekoppelt sind und das Individuum psychisch und somatisch prägen (Kapitel 3). Diese Prägung beginnt schon in den ersten Lebensmonaten und -jahren und ist oft entscheidend für die sozialen Interaktionen und die Stressverarbeitung im Jugend- und Erwachsenenalter. Eine starke negative Rolle in dieser Entwicklungsphase spielen ein niedriger sozioökonomischer Status, emotionaler, körperlicher und sexueller Missbrauch und familiäre Konflikte.

Entwicklungsabhängig und oft mit psychosozialen Stressoren gekoppelt sind auch intrapsychische Konflikte zwischen:

- internalisierten Wertvorstellungen von Eltern und Gesellschaft und den eigenen Wünschen,
- Bindungsstrebungen und Autonomieansprüchen,
- Allmachtsfantasien des heranwachsenden Jugendlichen und den eigenen Möglichkeiten,
- regressiven Wünschen und der Übernahme von Verantwortung.

Ein Beispiel für die Komplexität von psychosozialen Stressoren, intrapsychischen Konflikten und somatischen Umbrüchen ist die Pubertät, in der auf allen Ebenen alte Strukturen aufgegeben und neue entwickelt werden müssen. Psychosoziale Konflikte entstehen vor allem bei der Ablösung von den Eltern, bei der sich auch intrapsychische Konflikte zwischen früheren Selbstvorstellungen und der noch zu findenden neuen (autonomeren) Rolle des Selbst ergeben. Hinzu kommen die hormonellen, neurophysiologischen und wachstumsabhängigen somatischen Veränderungen, die zahlreiche Körperfunktionen, neuronale Verknüpfungen und Gefühle betreffen und wesentlich an den intrapsychischen Konflikten der Selbstwahrnehmung beteiligt sind.

Insgesamt ergibt sich ein so umfangreiches Spektrum von psychosozialen, psychischen und physischen (Abschnitt 2.2) Stressoren, dass der Wunsch entstehen kann: zurück ins (stressfreie ?) Ei (Abb. 2.2).

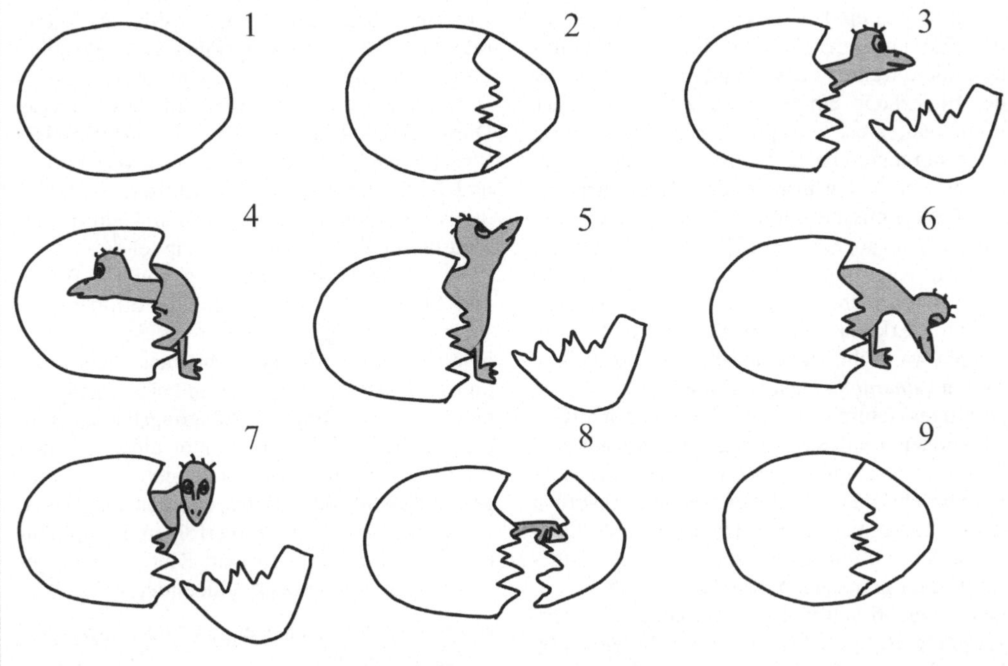

2.2 Küken. Der Wunsch nach Leben ohne Stress.

2.1.1 Stress in Kindheit und Jugend ist eine häufige Ursache für psychische und physische Probleme im Erwachsenenalter

Pränatale Phase und Geburt

Stress wirkt während der pränatalen Entwicklung nur indirekt über die Mutter auf den Embryo. Psychosozialer Stress, anstrengende physische Aktivität, Rauchen und Nahrungsmangel der Mutter sind beispielsweise unabhängige Risikofaktoren, welche die Wahrscheinlichkeit von Frühgeburten erhöhen (Hobel und Culhane 2003). **Frühgeburten** sind wiederum einer der Hauptgründe für perinatalen Tod und Gesundheitsgefährdung des Säuglings. Etwa 5–10 % aller Geburten sind früher als normal (Haram et al. 2003). Darüber hinaus kann es bei Stress der Mutter auch zu Fehlgeburten kommen. Früh- und Fehlgeburten beruhen vermutlich auf der stressbedingten Erhöhung der Menge von Cortisol, das die Produktion des Schwangerschaftshormons Progesteron hemmt. Progesteron verhindert vorzeitige Wehen und regt in Immunzellen die Sekretion eines Botenstoffs an (progesteroninduzierter Blockierfaktor, PIBF), der verhindert, dass das mütterliche Immunsystem den Fötus abstößt (Arck et al. 2004). Auch eine stressbedingte Erhöhung der Konzentration von *corticotropin-releasing hormone* (CRH), einem der zentralen Stresssignale, könnte Auswirkungen auf die Schwangerschaft haben. CRH stabilisiert diese zunächst, löst dann aber in einem komplizierten Wechselspiel mit Oxytocin und spezifischen Rezeptortypen die Geburt aus (Hillhouse und Grammatopoulos 2002).

Zahlreiche epidemiologische Studien zeigen, dass Störungen der Embryonalentwicklung, insbesondere während des 2. und 3. Trimenons, an der Entstehung einiger psychischer Störungen (Schizophrenien, Depressionen, Autismus, Suchtstörungen) beteiligt sind. Zu diesen primären Noxen zählen insbesondere Nahrungsmangel, Drogenmissbrauch und Strahlungseinflüsse auf die Schwangere sowie Hypoxie während der Geburt. Allerdings scheinen diese Ereignisse allein noch nicht zum Ausbruch der oben erwähnten Erkrankungen zu führen, sondern erzeugen wahrscheinlich zunächst ein für weitere Noxen *vulnerables Gehirn*. Ein solches störungsanfälliges Gehirn verarbeitet die weiteren Stresssituationen (und auch Drogenmissbrauch und Traumata) inadäquat, was zur Entgleisung wichtiger psychischer Funktionen und zum Ausbruch verschiedener psychischer Erkrankungen führen kann. Anhand von Tierversuchen wurde festgestellt, dass pränataler Stress bei den Nachkommen Überaktivität und gestörte negative Rückkopplung in der HPA-Achse zur Folge hatte. Das führte wiederum zu einer Erhöhung der Menge an CRH. Ebenfalls erhöht war die Aktivität des sympathischen Nervensystems und die Adrenalinausschüttung, während die Aktivität der Opioid-, GABA/Benzodiazepin-, Serotonin- und Dopaminsysteme reduziert war – was alles zusammen ein erhöhtes Risiko für psychopathologische Entwicklungen bedeutet (Huizink et al. 2004). Pränataler Stress führte bei Rhesusaffen außerdem zu einer Reduktion der Größe des Hippocampus und zur Hemmung der Neurogenese im *dentate gyrus* (Coe et al. 2003). Genaueres dazu in Kapitel 4.

Welche psychischen Auswirkungen der Geburtsstress auf den Säugling hat und welche Stressverarbeitungsstrategien dabei eine Rolle spielen, ist noch wenig bekannt.

Säuglings- und frühe Kindheitsphase

Die **frühe Bindung** des Säuglings an eine Bezugsperson – meistens die Mutter – ist von besonderer Bedeutung für die Bewertung und Verarbeitung von psychosozialem Stress in den später folgenden Entwicklungsphasen und im Erwachsenenalter. Die hier gemachten Erfahrungen und Gefühlsassoziationen bei Interaktionen mit den Eltern oder dem Pflegepersonal zeigen eine lang anhaltende bis permanente Auswirkung auf die **Entwicklung des Selbst**. Selbstbewusstsein, Selbstvertrauen, Sensitivität, Vulnerabilität und Anpassungsfähigkeit gegenüber Stress – besonders gegen psychosozialen Stress – entwickeln sich vor allem in dieser Phase. Diese frühe Determination der psychischen Struktur hängt mit der intensiven Vermehrung und Differenzierung von synaptischen Verbindungen zwischen den Neuronen im Gehirn während dieser Zeit zusammen (Kapitel 4).

Schwierig ist die Erfassung von Konflikten und Stress in dieser Phase. Die Erinnerungsspuren des Säuglings und des Kleinkindes im emotionalen Gedächtnis bleiben unbewusst und sind daher retrospektiv in späteren Phasen nicht explizit abrufbar. Säuglingsbeobachtungen, indirekte Testverfahren in einer späteren Entwicklungsphase und Tiermodelle (zeitweilige Entfernung der Mutter) werden eingesetzt, um diese Entwicklung zu verfolgen. Eltern können ihre Einstellung zu dem Kind über Fragebögen oder Interviews dokumentieren:

- ob es sich um eine ungewollte Schwangerschaft handelte,
- wie die gefühlsmäßigen Regungen und Einstellungen nach der Geburt, beim Stillen, bei der Beschäftigung mit dem Kind, bei Problemen (Schreien, Abwenden) oder bei familiären Auseinandersetzungen waren und
- ob das Kind unterschiedliche Formen von Gewalt, Trennungen, Umzügen etc. erlebt hat.

Dabei muss man jedoch davon ausgehen, dass die Erinnerungen der Eltern daran beschönigt oder verdrängt werden und daher nur ein ungenaues Bild vermitteln.

Mithilfe dieser und anderer Untersuchungsansätze sind Langzeitfolgen dieser frühen Bindungserfahrungen sehr gut belegt. Bei negativen Bindungserfahrungen treten oft Angststörungen, Depressionen und Persönlichkeitsstörungen im späteren Lebensalter auf (Egle et al. 2002).

Was aus dem genetisch festgelegten Bindungsbedürfnis eines Säuglings wird, hängt entscheidend von der Beziehung zur primären Bezugsperson ab. Deren Feinfühligkeit und angemessene Reaktionen auf die Signale des Säuglings bedingen wesentlich, ob das Kleinkind nach 12 bis 18 Monaten ein sicheres oder unsicheres Bindungsverhalten entwickelt hat. Dabei sind für den Säugling vor allem Gefühle einer positiven Bindung von zentraler Bedeutung, die er durch verschiedene sensorische Erfahrungen – über optische, akustische, Geschmacks- und Geruchsreize, wesentlich auch über taktile Reize – entwickelt. Reagiert die Bezugsperson auf die Bindungsbedürfnisse zurückweisend oder inkonsistent, so entwickeln sich ein **unsicheres Bindungsverhalten** oder sogar **Traumata**. Prospektive Langzeitstudien zeigen, dass diese früh determinierte Form des Bindungsverhaltens mit hoher Konstanz bis ins Erwachsenenalter die Gestaltung der Beziehungen zu anderen Menschen prägt. Frühe emotionale Vernachlässigung wird daher als Risikofaktor für Langzeitfolgen im Bindungsbereich und der Entwicklung dissoziativer Symptome betrachtet, ebenso als Risikofaktor für psychosomatische Störungen, Unfallrisiko und Übererregung – möglicherweise auch für das Aufmerksamkeitsdefizit- und Hyperaktivitätssyndrom (ADHS) (Brisch 2002). Eine transgenerationelle Weitergabe von psychischen Störungen wurde sowohl im Tierexperiment (Francis et al. 1999, Champagne und Meany 2001) als auch beim Menschen festgestellt (Egeland und Susman-Stillman 1996). Das bedeutet, dass eine psychisch gestörte Mutter oder ein depressiver Vater im Kleinkind wiederum Bedingungen für eine spätere erhöhte Stressempfindlichkeit verursachen kann (Abb. 2.3).

Ein nicht adäquat erwidertes Bindungsbedürfnis kann auch – und das ist in diesem Zusammenhang besonders wichtig – die individuelle Ausreifung des Stressverarbeitungssystems beeinträchtigen. Frühe Bindungsstörungen haben langfristige Folgen für die endokrinen Reaktionen auf Stress und für das Wachstum (Hofer 1996, Meaney et al. 1993). Trifft das Bindungsbedürfnis des Neugeborenen auf mütterliche Verfügbarkeit und **Empathie** in Form etwa der Mimik und Laute der Mutter, so werden dadurch dopaminerge Neuronen im Mittelhirn aktiviert (Schore 2000, Glaser 2000). Außerdem werden dann Endorphine ausgeschüttet, die dem Säugling soziale Kontakte als angenehm erscheinen lassen. Daraus entwickelt sich ein sicheres Bindungsverhalten. Darüber hinaus wird ein Schutz des Gehirns – vor allem des Hippocampus und des orbitalen Cortex – vor Schädigungen infolge von Stresshormonausschüttung (Cortisol, Noradrenalin) aufgebaut. Eine **sichere Bindung** führt so offenbar zu einer Erhöhung der Stressschwellen und zu einer Dämpfung der

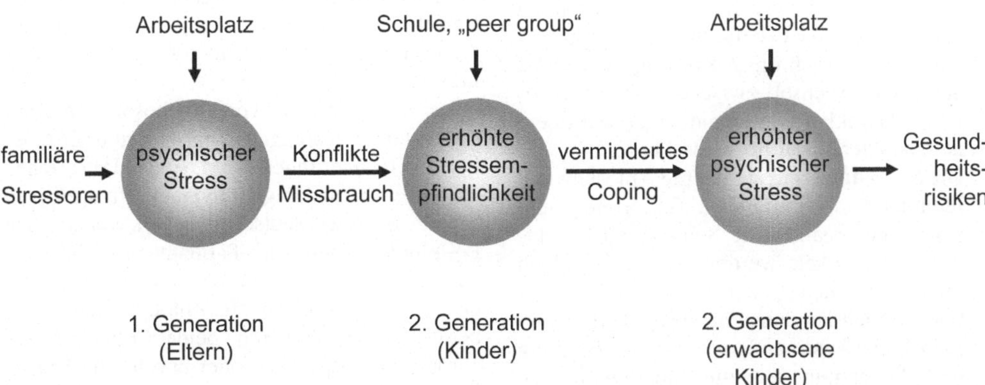

2.3 Transgenerationelle Stressweitergabe. Durch die Stressreaktionen der Elterngeneration wird die Stressempfindlichkeit der Kindergeneration mitgeprägt. Davon geht ein erhöhtes Gesundheitsrisiko der zweiten Generation im Erwachsenenalter aus.

Stressreaktion der Hypophysen-Nebennierenrinden-(HPA-) und Sympathikus-Nebennierenmark-(SAM-)Achsen. Früher Stress bei Kindern führt auf der anderen Seite zu einer Sensitivierung und erhöhten Reaktion des zentralen Stresshormons *corticotropin releasing hormone* (CRH), das beide Achsen aktiviert und unter anderem eine längerfristige Erhöhung des Cortisolspiegels bewirkt. Ein erhöhter Cortisolspiegel hat wiederum schädliche Folgen für Hippocampusfunktionen und Wachstum (Egle et al. 2002).

Späte Kindheitsphase (Latenzphase) und Pubertät (frühe, mittlere und späte Adoleszenzphase)

Diese Phasen umfassen ein wesentlich größeres Spektrum an sozialen Interaktionen und möglichen Konflikten: in der Familie, im Kindergarten, in der Schule, mit Freunden/Freundinnen und anderen Gleichaltrigen in der *peer group*. Sie beinhalten Ablösungsprozesse von den Eltern und Neuorientierung zu größerer Autonomie, Eigeninteressen und Selbstentwicklung im Zusammenhang mit der Pubertät und ihren neuronalen und hormonellen Umstellungen. Man kann diesen Umstellungsprozess in drei Phasen unterteilen (Streeck-Fischer 1994):

- Die **Frühadoleszenz**, in der erste Schritte der Ablösung und Distanzierung von den Eltern und dem in der Latenzphase vorherrschenden „Wir-Gefühl" stattfinden.
- Die **mittlere Adoleszenz**, in der sich der pubertäre Umbruch am stärksten auswirkt und Stabilisierungen des Selbst in narzisstischen Größenfantasien gesucht werden – vor allem bei erlebten oder befürchteten Versagenssituationen. Auch die Abwertung des Selbst oder der Wechsel zwischen widersprüchlichen Gefühlen von Grandiosität und Leere ist charakteristisch für diese Phase.
- Die **Spätadoleszenz,** in der die Ablösung und Identitätsfindung zu einem Teil erreicht sein sollten und realistische Selbst- und Objektbilder entwickelt werden. Das gilt jedoch im Wesentlichen für den Idealfall einer positiven frühen Bindung. In vielen Fällen sind jedoch die Auseinandersetzung mit Bindung und Autonomie und die Identitätsfindung ein lebenslanger Prozess.

Während der Pubertät (mittlere Adoleszenz) reagieren Jungen und Mädchen angesichts ihrer körperlichen Veränderungen mit unterschiedlichen Befürchtungen von Unzulänglichkeit (Beschämungsängsten). Anders als Jungen besetzen Mädchen nicht ihre Geschlechtsorgane sondern ihren Körper als Sexualorgan und sind so besonders starken Beschämungsängsten ausgesetzt. Das labilisierte Selbstgefühl von Jungen und Mädchen äußert sich in

- einer Überschätzung der eigenen Fähigkeiten und in Omnipotenz-Vorstellungen „Mir gehört die Welt"
- Rückzug und Abwertung des Selbst mit Leeregefühlen und depressiven Reaktionen, verbunden mit Tagträumen von Idolen
- einem Wechsel zwischen diesen Stabilisierungsversuchen, d.h. einem Pendeln zwischen Aufwertung und Abwertung

Die Innenwendungen (Internalisierung von Stresserfahrungen) von weiblichen Jugendlichen mit narzisstischem Rückzug und abgewertetem Selbst führen möglicherweise zu Depressionen, die bei Frauen öfter zu beobachten sind.

Bei männlichen Jugendlichen führen die Größenfantasien häufig zu aggressivem oder betont „coolem" Verhalten und Konflikten mit der sozialen Umwelt (Externalisierung). Gleichaltrige Freunde und Gruppen werden zu äußeren Quellen des Selbstwerts, während die Außenwelt holzschnittartig in Gute und Böse eingeteilt wird (Streeck-Fischer 1994). Während der psychisch-körperlichen Umstellung wird die **Destabilisierung des Selbst** und der sozialen Beziehungen offenbar mit großen Stabilisierungsanstrengungen beantwortet, die im positiven Fall zu einer realistischen Selbsteinschätzung und Stabilität im neuen psychosozialen Beziehungsgeflecht, in weniger positiven Verläufen aber zu Belastungen im Erwachsenenalter führen.

Bei der Erfassung von psychosozialen Konflikten und Belastungen in dieser Zeit ist es möglich, die Erinnerungen daran bei den Betroffenen später selbst zu erfragen. In einer retrospektiven Studie an einer deutschen psychosomatischen Poliklinik gaben die Patienten (n = 407) zu einem großen Anteil emotionales Desinteresse der Eltern, chronische familiäre Disharmonie, berufliche Anspannung beider Eltern sowie chronische körperliche oder psychische Krankheit eines Elternteils an. Seltener wurden der niedrige sozioökonomische Status, körperliche Misshandlung und schwerer sexueller Missbrauch genannt (Egle et al. 2002).

Tabelle 2.1   Risiken- und Schutzfaktoren während der Entwicklung

Risikofaktoren	kompensatorische Schutzfaktoren
– niedriger sozioökonomischer Status	– dauerhafte gute Beziehung zu mindestens einer primären Bezugsperson
– schlechte Schulbildung der Eltern	– sicheres Bindungsverhalten
– Arbeitslosigkeit	– Großfamilie, kompensatorische Elternbeziehungen
– große Familien und sehr wenig Wohnraum	– Entlastung der Mutter (vor allem wenn alleinerziehend)
– Kontakte mit Einrichtungen der „sozialen Kontrolle" (z. B. Jugendamt)	– gutes Ersatzmilieu nach frühem Mutterverlust
– Kriminalität oder Dissozialität eines Elternteils	– überdurchschnittliche Intelligenz
– chronische Disharmonie in der Primärfamilie	– robustes, aktives und kontaktfreudiges Temperament
– mütterliche Berufstätigkeit im ersten Lebensjahr	– internale Kontrollüberzeugungen, *self-efficacy*
– unsicheres Bindungsverhalten nach 12./18. Lebensmonat	– soziale Förderung (z. B. Jugendgruppen, Schule, Kirche)
– psychische Störungen der Mutter/des Vaters	– verlässlich unterstützende Bezugsperson(en) im Erwachsenenalter
– schwere körperliche Erkrankungen der Mutter/des Vaters	– Lebenszeitlich spätere Familiengründung (im Sinne von Verantwortungsübernahme)
– chronisch kranke Geschwister	– geringe Risikogesamtbelastung
– alleinerziehende Mütter	– Geschlecht: Mädchen weniger vulnerabel
– autoritäres väterliches Verhalten	
– Verlust der Mutter	
– längere Trennung von den Eltern in den ersten sieben Lebensjahren	
– anhaltende Auseinandersetzungen infolge Scheidung bzw. Trennung der Eltern	
– häufig wechselnde frühe Beziehungen	
– sexueller und/oder aggressiver Missbrauch	
– schlechte Kontakte zu Gleichaltrigen in der Schule	
– Altersabstand zum nächsten Geschwister < 18 Monate	
– hohe Risikogesamtbelastung	
– Jungen vulnerabler als Mädchen	

(aus Egle et al. 2002)

Zusammenfassend haben Egle und Mitarbeiter für diese Entwicklungsphase eine Reihe von empirisch gesicherten Risikofaktoren und kompensatorischen Schutzfaktoren aufgelistet, die auf der einen Seite mit dem niedrigen sozioökonomischen Status beginnt und viele in der frühen Kindheit geprägte Bindungsrisiken enthält, auf der anderen Seite die Schutzfaktoren aufführt, die wesentlich die positiven Bindungserfahrungen in der vorangegangenen Entwicklungsphase darstellen (Tab. 2.1). Die Frage einer unterschiedlichen Vulnerabilität bei Jungen und Mädchen scheint jedoch noch nicht definitiv geklärt zu sein.

In einer noch umfangreicheren amerikanischen Studie (n > 17 000) wurden von Erwachsenen (Durchschnittsalter 57 Jahre) belastende Faktoren in der Kindheit abgefragt und mit dem gegenwärtigen Gesundheitszustand in Beziehung gesetzt. Darüber hinaus wurden die Personen fünf Jahre prospektiv verfolgt (Felitti et al. 1998, 2002). Diese *Adverse Childhood Experience Study* (ACE) zeigte als wichtigstes Ergebnis, dass belastende Kindheitserfahrungen häufig sind und – obwohl sie oft nicht als belastend erkannt werden – gravierende körperliche und psychische Erkrankungen nach sich ziehen können. Abgefragt wurden Kategorien des kindlichen Missbrauchs (wiederholter körperlicher, emotionaler und/oder sexueller Missbrauch), sowie fünf Bereiche familiär-elterlicher Belastungen: ein Haushaltsmitglied im Gefängnis, Mutter erfuhr körperliche Gewalt, ein Familienmitglied alkohol- oder drogenkrank, ein Familienmitglied chronisch depressiv oder seelisch erkrankt und/oder Verlust eines Elternteils.

Ein Individuum, das keine dieser Kategorien erfüllte, erhielt den ACE-Wert „null", ein Individuum, das vier Bedingungen ausgesetzt war, den Wert „vier" und so fort.

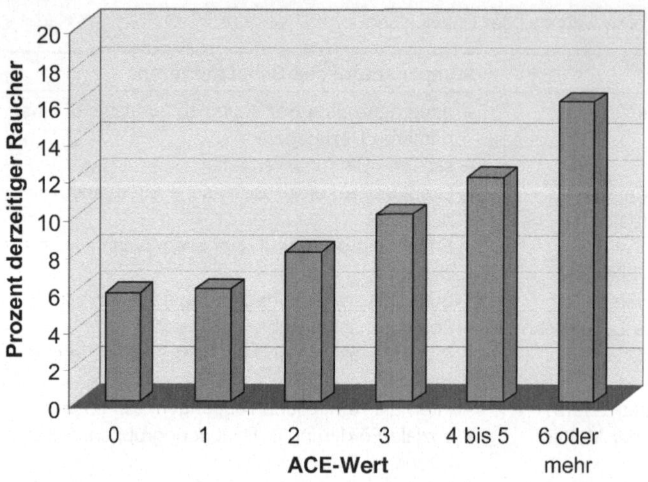

2.4 ACE-Werte und Rauchen (nach Felitti 2002).

Eine der „Selbstbehandlungen" nach Kindheitsbelastungen ist Suchtverhalten (Nikotin, Alkohol oder andere Drogen). Das gegenwärtige Rauchverhalten nimmt in dieser Studie linear mit den ACE-Werten zu (Abb. 2.4). Entsprechend steigen die Gesundheitsrisiken wie chronisch obstruktive Lungenerkrankungen, Hepatitis, Herzerkrankungen, Diabetes, Adipositas und sexuell übertragene Krankheiten (Felitti 2002).

Dasselbe gilt für psychische Erkrankungen: Patienten mit einem ACE-Wert von vier oder mehr haben ein um 460 % höheres Risiko an Depression zu erkranken. Noch höher (1220 %) war die Wahrscheinlichkeit eines Suizidversuchs in dieser Personengruppe. Diese Ergebnisse belegen, dass psychosoziale Belastungsfaktoren in der Kindheit häufig zerstörerisch sind und lebenslange Folgen nach sich ziehen. Oft werden in der ärztlichen Praxis nur die Folgen behandelt, wenig aber wird nach den Ursachen gesucht.

Ein entscheidender Faktor für die oben genannten Kategorien des körperlichen, emotionalen und sexuellen Missbrauchs sowie für die Kategorien der aversiven Familiensituation ist der **sozioökonomische Status**. Ein niedriger Status erzeugt oft mehrere dieser ungünstigen Bedingungen für die Entwicklung eines stabilen Selbstwertgefühls und positiver Anpassungsleistungen. Dieser Zusammenhang zwischen sozioökonomischer Benachteiligung und Entwicklungsrisiken geht aus zwei großen prospektiven Studien hervor, von denen eine 1958 (*National Child Development Study*, NCDS), die andere 1970 (*British Cohort Study* BCS70) gestartet wurden und die insgesamt über 15 000 Mädchen

bzw. Frauen umfasste. Die Kohorten mit unterschiedlichen sozioökonomischen Bedingungen wurden im Alter von 7, 11, 16, 23, 33 und 42 Jahren befragt und die daraus folgenden Daten analysiert (Shepherd 1995, Schoon 2002).

Die Ergebnisse zeigen, dass die Erfahrung sozioökonomischer Benachteiligung im Kindes- und Jugendalter einen nachhaltigen Einfluss auf die psychosoziale Anpassung hat, die sich bis ins Erwachsenenalter erstreckt und beispielsweise dann auch ein erhöhtes Depressionsrisiko nach sich zieht. Möglicherweise gibt es besonders sensible Phasen in der psychischen Entwicklung, jedoch ist der gesamte Lebenslauf entscheidend und nicht nur die frühe Kindheit (Clarke und Clarke 2000). Insgesamt handelt es sich oft um eine Kettenreaktion, bei der frühere Belastungen in der Entwicklung jeweils die nächstfolgende Entwicklungsphase ungünstig beeinflussen und so eine negative Kaskade von Ereignissen in Gang setzen, welche die gesamte Persönlichkeit bis ins Erwachsenenalter prägt (Abb. 2.1).

Ein in letzter Zeit besonders häufig beobachtetes Verbrechen an Kindern ist der sexuelle Missbrauch, der sich oft in der genannten Weise negativ auf die Persönlichkeitsentwicklung auswirkt. Die Häufigkeit dieses Missbrauchs ist nicht genau zu bestimmen, weil er stark schambesetzt ist und die Angaben daher eher zu niedrig sind. Außerdem ist die Definition nicht einheitlich, sie kann weit gefasst sein und beispielsweise den Anblick eines Exhibitionisten mit einschließen oder – enger gefasst – sich auf Manipulation und Penetration festlegen.

Eine Zusammenfassung aller Daten, die über sexuellen Missbrauch in europäischen Ländern verfügbar waren und die sowohl weite wie enge Definitionen einschlossen, kam bei den verschiedenen Ländern zu Häufigkeiten zwischen 6–36 % bei Mädchen unter 16 Jahren und zu einer Häufigkeit zwischen 1–15 % bei Jungen (Lampe 2002). Sexueller Missbrauch von Mädchen in der engeren Definition im Mittel aller Länder wird mit 6,2 % angegeben. Im Jahre 2003 wurden vom Bundesfamilienministerium etwa 20 000 Fälle von sexueller Gewalt gegen Kinder und Jugendliche in Deutschland registriert. Die Dunkelziffer wird aber 8-10 mal höher geschätzt.

Sexueller Missbrauch – aber auch körperliche Gewalt und emotionale Vernachlässigung – sind meistens von heftigen aversiven Gefühlen begleitet (Helfer et al. 2002). Aus diesen aversiven Gefühlen der Bedrohtheit und Angst entwickeln sich oft Gefühle von Abwehr und Aggression, die bei männlichen Jugendlichen zum Typ des Unruhestifters und Schlägers in der Schule führen können. Aus Opfern werden oft Täter. Unter bestimmten Bedingungen dominieren diese Gefühle die frühe Entwicklung der Psyche in einem Ausmaß, dass dies zu psychopathologischen Störungen führt, wie Psychosen, Borderline-persönlichkeitsorganisation, schweren Perversionen und psychosomatischen Störungen. Geschädigte Personen können Ausbrüche von grenzenloser undifferenzierter Wut zeigen, welche die Charakteristik des Hasses aufweisen und darauf gerichtet sind, das „böse" Objekt zu zerstören, zu quälen und zu kontrollieren (Kernberg 1996). Daraus ergibt sich die verhängnisvolle Entwicklung von „Gewalt erzeugt Gewalt" oder „Hass bewirkt Hass" – Entwicklungen, wie sie immer wieder im familiären Zusammenhang, aber auch in Bürgerkriegen auftreten.

Außer solchen **kritischen Lebensereignissen** (sog. „Makrostressoren") sind es auch **Alltagsstressoren** („Mikrostressoren"), die Kinder und Jugendliche belasten. In dieser Entwicklungsphase sind die Alltragsstressoren im Wesentlichen im schulischen bzw. leistungsthematischen und im familiären/gesellschaftlichen Kontext zu lokalisieren, wobei der Leistungsdruck nicht nur in der Schule auftritt, sondern in offener oder subtiler Form auch in der Familie (Hampel und Petermann 2001). Die aus diesen Belastungssituationen, z. B. **Schulstress**, resultierenden Symptome waren bei Dritt- und Viertklässlern Erschöpfung/Müdigkeit, Schlafstörun-

gen, Appetitlosigkeit, Kopf- und Bauchschmerzen (Lohaus et al. 1996). Nach einer neuen umfangreichen Studie von Kröner-Herwig und anderen in Göttingen leiden mehr als 10 % aller Kinder im Alter von 14 Jahren mindestens einmal in der Woche an Kopfschmerzen. Emotionale Beanspruchungssymptome sind Angst, Hilflosigkeit, Schüchternheit, Einsamkeit, Depression und Agitiertheit (Matheny et al. 1993). Diese oft stark ausgeprägten Symptome, hervorgerufen durch Schulstress und andere Belastungen, hängen möglicherweise mit einer noch geringen Entwicklung von **Stressbewältigungsstrategien** in diesem Alter zusammen (Lohaus 1990). Ein Wendepunkt zu effizienteren Coping-Strategien scheint in der mittleren bis späten Adoleszenz etwa im Alter von 15 Jahren einzutreten. Vermeidungs- und Rückzugsstrategien (*avoidance coping*, *withdrawal*) und aktive Auseinandersetzungsstrategien (*approach-oriented coping*) sind dabei zu beobachten. Bei Vermeidungs- und Rückzugsstrategien – in Zusammenhang mit traumatischen Lebensereignissen, aber auch mit täglichen Stressoren – sind spätere psychische Symptomentwicklungen häufiger. Vor allem das Depressionsrisiko nimmt bei dieser Coping-Strategie zu (Seiffge-Krenke 2000).

Da während des Studiums noch teilweise ähnliche Bedingungen wie an der Schule herrschen, sind auch in der Studienphase ähnliche Stresssituationen gegeben. Studenten/innen gaben in unserem Fachbereich vor allem Examensängste, Termindruck, Referate (freies Reden) und Beziehungsprobleme als Stressoren an.

2.1.2 Psychosozialer Stress bei Erwachsenen ist meist auf den Arbeitsplatz und die Familie bezogen

In den Industriestaaten ist vor allem der Stress am Arbeitsplatz (*workplace stress*) von großer ökonomischer Bedeutung, da er zu Krankheitsausfällen der Arbeitnehmer aber auch leitender Angestellter und damit zu großen Produktionsausfällen führt. Neue Schätzungen der Ausfälle aus dem Jahr 2000 kommen in den USA auf 550 Millionen Arbeitstage, in England auf 40 Millionen Arbeitstage. Es ist daher im Interesse der Arbeitgeber und der Krankenkassen, aber auch der Gewerkschaften, den Arbeitsplatzstress durch bessere Organisationsformen und Führungsstrategien sowie durch Verminderung der

Stresseinwirkungen am Arbeitsplatz (Lärm, Chemikalien, Informationsfluss) zu reduzieren. Entsprechend zahlreich sind die Befragungen und Analysen zum Thema Arbeitsplatzstress. Wohlbefinden am Arbeitsplatz hat außer ökonomischen Gesichtspunkten natürlich auch noch humanitäre Aspekte, die berücksichtigt werden sollten. Wichtig ist festzuhalten, dass die individuelle Vorerfahrung mit Konflikten und Stress und genetische Dispositionen von großer Bedeutung für die Stressverarbeitung auch in dieser Phase sind.

Stress am Arbeitsplatz

Was ist Arbeitsplatzstress? Eine Definition aus den USA (United States National Institute of Occupational Safety and Health, Cincinnati, 1999) lautet: »Job stress can be defined as the harmful physical and emotional responses that occur when the requirements of the job do not match the capabilities, resources or needs of the worker. Job stress can lead to poor health and even injury.« Bei dieser Definition stehen die Leistungsanforderungen im Vordergrund. Die Europäische Kommission hat den Begriff „Arbeitsplatzstress" daher weiter gefasst: »the emotional, cognitive, behavioural and physiological reaction to aversive and noxious aspects of work, work environments and work organizations. It is a state characterised by high levels of arousal and distress and often by feelings of not coping.«

Bei den Arbeitsplatzstressoren kann man die **Umgebungsstressoren** von **Arbeitsstressoren** und **sozialen Stressoren** unterscheiden (Abb. 2.5). Zu den Umgebungsstressoren gehören Luft, Lärm, Kälte, toxische Substanzen, Strahlung oder Notfallsituationen, zu den Arbeitsstressoren zu hohe Anforderungen, mangelnde Berufserfahrung, fehlende Eignung, Informationsüberfluss, unklare Aufgabenstellung, fehlende Entspannung, Zeit- und Termindruck, zu

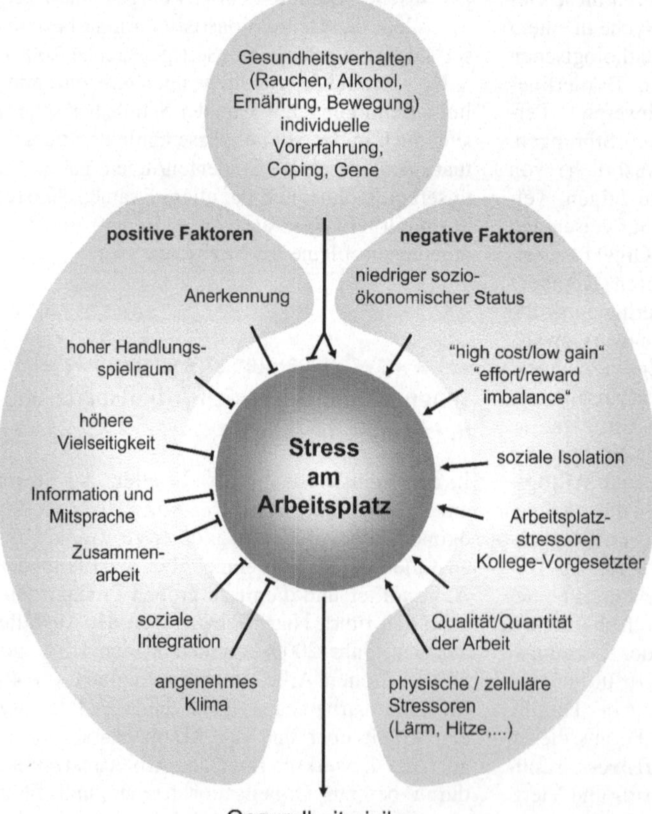

2.5 **Stress am Arbeitsplatz.** Wichtige Faktoren des Arbeitsplatzstresses und seiner Gesundheitsrisiken sind a) die individuellen Vorerfahrungen, genetische Konstitution und Gesundheitsverhalten, b) positive und negative psychosoziale Faktoren, c) positive und negative Umweltfaktoren.

hohes Arbeitstempo, fehlende Erholung sowie doppelte Belastung in Familie und Beruf. Soziale Stressoren sind das Konkurrenzverhalten unter Kollegen (Mobbing), fehlende Unterstützung, fehlende Anerkennung, Konflikte mit Vorgesetzten oder Angst vor Verlust des Arbeitsplatzes. Hinzu kommen bei alledem die individuell unterschiedliche Stressempfindlichkeit und unterschiedliche Formen des Umgangs mit Stress. Auf der anderen Seite gibt es mehrere wichtige positive Faktoren, wie Anerkennung, großer Handlungsspielraum, Vielseitigkeit der Arbeit, Mitsprache, Zusammenarbeit, soziale Integration und angenehmes Klima, die den Stress kompensieren oder bei Fehlen dieser Faktoren verstärken können.

Bei einer repräsentativen Befragung der Deutschen Angestellten Krankenkasse (DAK) von 1997, bei der über 1 000 Bundesbürger nach den Faktoren gefragt wurden, die bei ihnen Stress auslösen, wurden **Zeit- und Termindruck** am häufigsten genannt (Abb. 2.6). Darauf folgen Angst vor Krankheit oder Tod, Doppelbelastung in Haushalt und Beruf, private Probleme, Angst vor Arbeitsplatzverlust und andere Stressoren.

Bei einer entsprechenden Umfrage im Jahre 2002 stand die **Angst vor dem Verlust des Arbeitsplatzes** ganz oben (43 %), an zweiter Stelle folgte, vor allem bei Frauen, die Angst vor eigenen Fehlern (33 %). 20 % – auch eher bei Frauen – haben besonders vor Mobbing Angst. Vor Konflikten mit dem Chef oder den Kollegen fürchteten sich besonders junge Erwerbstätige (14 %). Neue Techniken und Anforderungen beunruhigen besonders die Älteren (9 %). Konkurrenz mit Kollegen macht 8 % der Beschäftigten Angst. Die Zunahme vor allem der Angst um den Arbeitsplatz ist auf die Globalisierung, die Wirtschaftskrise und die Entlassungswellen in den letzten Jahren in vielen Industriestaaten zurückzuführen. Im Vergleich zu Personen mit einem sicheren Arbeitsplatz litten Personen auf einem unsicheren Platz zweimal so häufig an körperlichen Krankheiten und dreimal so häufig an Depressionen.

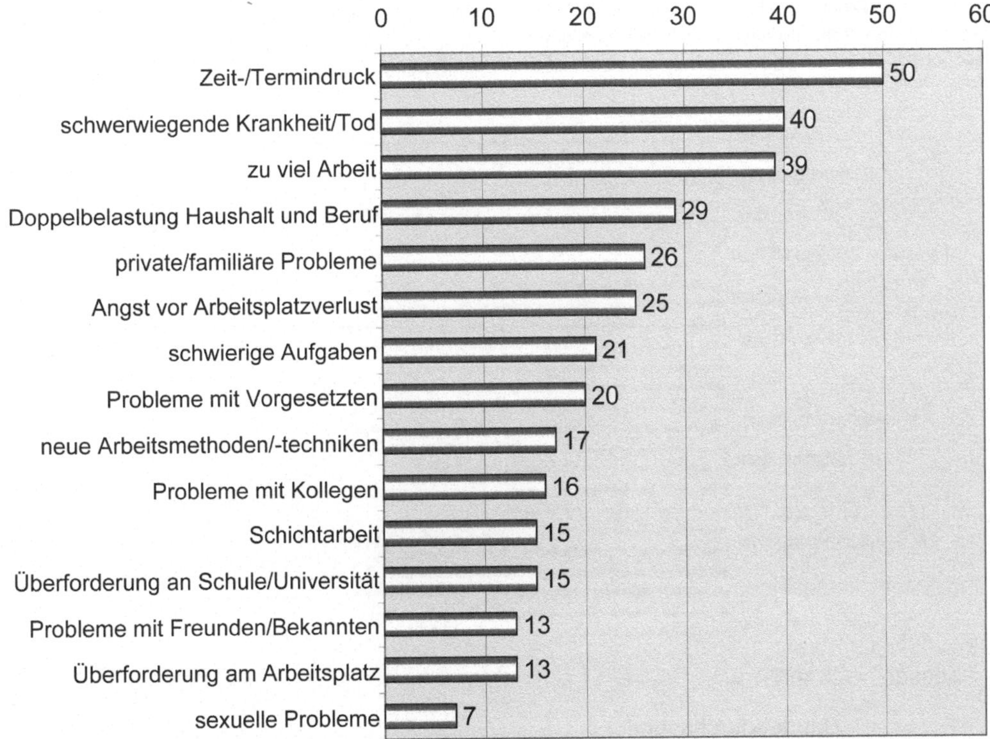

2.6 Psychosoziale Stressoren. Ergebnisse einer repräsentativen Befragung von über 1 000 Bundesbürgern zu den Faktoren, die bei ihnen Stress auslösen. Mehrfachnennungen waren möglich. Angaben in Prozent (DAK-Studie 1997).

Exkurs 2.1: Stress-Monitoring

In einer umfangreichen Studie der DAK wurden Fragebögen an Personen verschiedener Berufsgruppen verschickt und dabei folgende Fragen ausgewertet: a) Belastung, b) körperliche und allgemeine Beschwerden/psychosomatische Beschwerden, c) psychische und physische Gesundheit, d) Moderatoren der Stressreaktion (BGW-DAK-Stress-Monitoring, 2001).

Bei der Belastung wurden u. a. nach dem „Abschalten" nach der Arbeit sowie Ermüdung und Erschöpfung am Feierabend gefragt. Die Fragen wurden nach einer repräsentativen Umfrage im Rahmen der Deutschen Herz-Kreislauf-Präventionsstudie (DHP) durchgeführt (1988). Körperliche/psychosomatische Beschwerden wurden nach der Beschwerden-Liste von Zerssen abgefragt (1976), die psychische und physische Gesundheit mit dem SF-36-Fragebogen analysiert (Bullinger und Kirchberger 1998). Unter Moderatoren der Stressreaktion sind die Faktoren aufgelistet, die individuell die Stressreaktionen unterschiedlich beeinflussen, darunter wurden fünf ausgewählt, die bei der Auswertung berücksichtigt wurden: soziale Unterstützung durch Vorgesetzte, Zufriedenheit mit der Arbeit im allgemeinen, Leben in fester Partnerschaft, Zahl und Alter der Kinder und alleinerziehend.

Die Befragungswerte dieser Studie wurden bezogen auf den Mittelwert (100 %) von repräsentativen Umfragen bei allen Bevölkerungsschichten (Standardisierter Morbiditäts-Quotient SMQ eines Bundesgesundheitssurveys von 1998) und – für die Belastung – auf die Deutsche Herz-Kreislauf-Studie von 1990.

Bei der Belastung ergibt sich daraus die höchste Abweichung vom Durchschnittswert bei Altenpfleger/innen (133 %), Kindergärtner/innen, Erzieher/innen (131 %), Krankenschwestern, -pflegern (129 %), Raum-/Hausratpfleger/innen (127 %) (Abb. 2.7).

Betrachtet man alle Stressindikatoren zusammen, so zeigen sich acht Berufsgruppen, die in besonderem Maße unter Stress stehen: Altenpfleger/innen, Köche/innen, Hilfsarbeiter/Reinigungskräfte/Pförtner/innen, Sozialarbeiter/innen, Büro- und Verwaltungskräfte, Kindergärtner/innen, Erzieher/innen, Fach- und Berufsschullehrer/innen, Krankenschwestern/-pfleger.

Diese Befragung richtete sich vor allem an große Berufsgruppen. Nimmt man ein größeres Spektrum an Berufen, so sind Bergwerksarbeiter, Polizisten und Gefängnisaufseher, Bauarbeiter, Piloten, Journalisten, Werbefachleute, Zahnärzte und Schauspieler besonders durch Arbeitsplatzstress beeinträchtigt (University of Manchester, Institute of Science and Technology). Extrem belastet sind Fluglotsen, Fließbandarbeiter, Busfahrer in Großstädten, Arbeiter auf

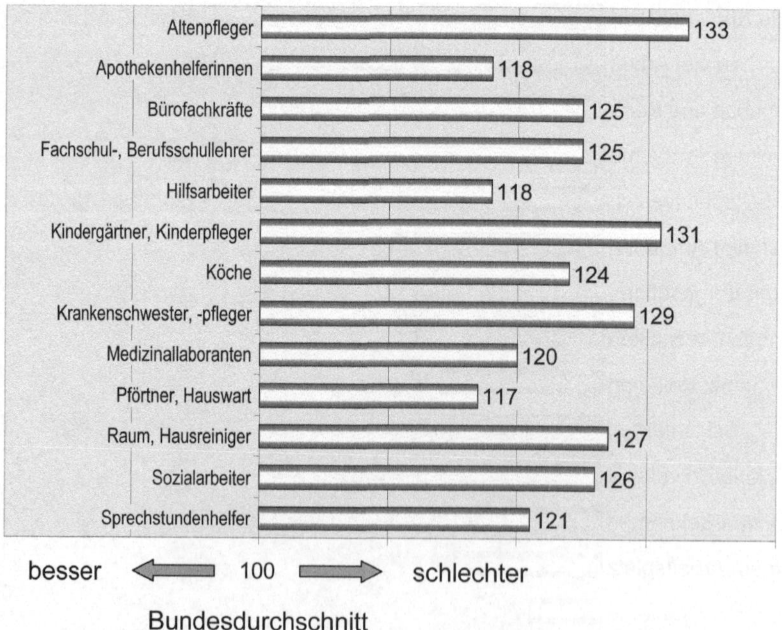

2.7 Belastung. Angaben zur Belastung verschiedener Berufsgruppen in Deutschland in Prozent im Vergleich zu einem Querschnittstandard (= 100 %) (aus BGW/DAK Stress-Monitoring 2001).

Ölbohrinseln und Krankenhausschwestern (International Hazard Datasheets on Occupation).

Das Ausmaß an Belastungen im Arbeitsleben wird jedoch nicht allein durch die oben genannten negativen Faktoren bestimmt, sondern auch durch positive Faktoren und deren Verminderung oder Mangel. Dazu sind der Handlungsspielraum, die Vielseitigkeit der Arbeit, ihre Ganzheitlichkeit, die soziale Rückendeckung, Zusammenarbeit, betriebliche Leistungen sowie Information und Mitsprache zu rechnen. Stellt man diese den negativen Belastungsfaktoren wie qualitative und quantitative Arbeitsbelastung, Arbeitsunterbrechungen und Umgebungsbelastungen gegenüber, so kann man multidimensionale Profile für verschiedene Berufsgruppen entwickeln, die jeweils die positiven und negativen Faktoren in Bezug auf den Mittelwert der Bevölkerung wiedergeben.

Die genannte DAK-Studie von 2001 hat dies für verschiedene besonders belastende Berufe ermittelt. Altenpfleger/innen, Köche/innen und Hilfsarbeiter/Reinigungskräfte/Pförtner/innen schneiden dabei am schlechtesten ab, weil sie bei den positiven Faktoren oft unter, bei den negativen Faktoren über dem Durchschnitt liegen (Abb. 2.8). Solch ein Profil zeigt eindringlich, dass durch Verbesserung der positiven Faktoren Anerkennung, Handlungsspielraum, Information und Mitsprache die Stressbelastung von Arbeitern und Angestellten deutlich verringert werden kann. Bei diesen Faktoren – auch bei den positiven – sollte man beachten, dass es jeweils individuelle Optima gibt. Der gewünschte Handlungsspielraum und das Ausmaß an Entscheidungsfreiheit haben individuelle Begrenzungen nach oben und unten.

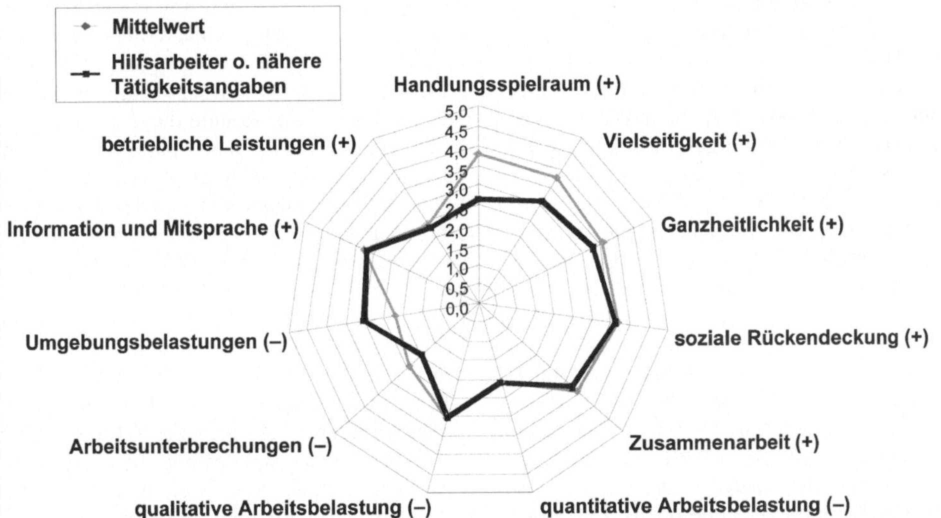

2.8 Profil Hilfsarbeiter/innen. Positive (+) und negative (-) Faktoren am Arbeitsplatz von Hilfsarbeitern/innen. Durchschnittswerte der Bevölkerung: rot, Werte der Hilfsarbeiter/innen: schwarz (nach BGW/DAK-Stress-Monitoring 2001).

Das Ergebnis dieser Studie (*Stress-Monitoring*) deckt sich im Prinzip mit Ergebnissen anderer Studien, etwa der Whitehall II Studie, die an einer großen Zahl britischer Angestellter im Öffentlichen Dienst durchgeführt wurde (Marmot et al. 1991). Entscheidend für Arbeitsplatzstress – und Gesundheit – ist die **Position einer Person in der Hierarchie der Arbeitsorganisation.** Dabei ist nicht nur die absolute, sondern auch die relative Position von Bedeutung, d. h. die „Entscheidungsträger" mit den höchsten Kontrollfunktionen schneiden am besten ab, die mit relativ geringen Kontrollfunktionen

schlechter. Wie ist dabei die Kausalität zu sehen? Verursacht der sozioökonomische Status Stress und Gesundheitsrisiken oder ist der unterschiedliche Umgang mit Stress (erlernt oder genetisch) der Grund für den sozioökonomischen Status (Marmot und Brunner 2001)?

Die erste Kausalbeziehung ist – auch im Tiermodell – gut belegbar, für die zweite – umgekehrte – Verursachung sprechen ebenfalls einige Daten. Dass ein niedriger sozioökonomischer Status mit höherem subjektiven Stress einhergeht, ist in der oben wiedergegeben DAK-Studie deutlich. Bei den Teilnehmern der Whitehall-II-

Studie wurden 1991–1993 eine Reihe von Stoffwechselgrößen gemessen, die zeigten, dass diese deutlich ungünstiger bei den Angestellten niedrigerer Positionen ausfielen. Bei diesen war die Konzentration von HDL (das positive *high density lipoprotein*, Kapitel 8) niedriger, die Triglycerid- und Fibrinogenmenge höher und der Taille/Hüften – Quotient größer. Zwei Stunden nach Aufnahme von 75 g Glucose war deren Blutglucosegehalt deutlich höher als bei den Angestellten in höherer Position, was auf Defekte in der insulinabhängigen Glucosespeicherung hinweist (Brunner et al. 1997). Das genannte Stoffwechselsyndrom ist gekoppelt mit Diabetes- und Herz-Kreislauf-Risiken und wird möglicherweise durch Störungen in der zentralen Stresshormon-(HPA-)Achse verursacht.

In Tierstudien an Pavianen fanden Sapolsky und Mott (1987) bei den dominanten Männchen höhere HDL-Konzentrationen und niedrigere Cortisolwerte als bei den untergeordneten Männchen, was die oben genannten Daten unterstützt. Dass auch der umgekehrte Kausalweg möglich ist, belegen Ergebnisse mit Makaken: Jungtiere, die ohne Mutter aufwuchsen, erwiesen sich als stressempfindlicher als diejenigen, die eine normale Entwicklung mit ihrer Mutter erlebt hatten. Die HPA-Achse der stressempfindlichen Tiere reagierte stärker und länger auf Stress. Interessanterweise befanden sich diese stressempfindlichen Tiere am untersten Ende der sozialen Hierarchie (Suomi 1997). Beim menschlichen Säugling und Kind werden durch die Erfahrungen mit den Eltern und Geschwistern ebenfalls die späteren Reaktionen auf Stress stark beeinflusst (siehe oben). Inwieweit sie auch das spätere Rollenverhalten in der Gesellschaft, in der Familie und am Arbeitsplatz beeinflussen, ist zwar noch nicht geklärt, eine solche Kausalität anzunehmen scheint aber plausibel.

Einer der oft genannten Gründe für Arbeitsplatzstress ist **Zeit- und Termindruck** (Abb. 2.6). Er kommt durch zu viele Termine und entsprechenden Mangel an Vorbereitungszeit zustande, was charakteristisch für die auf maximale Effizienz ausgerichtete Arbeitsweise von vernetzten Produktions- und Organisationssystemen der Industrieländer ist. Vor allem das Informationsangebot durch die verschiedenen Medien nimmt enorm zu. Nach einer Studie der University of Berkeley werden weltweit täglich etwa 30 Milliarden E-mails versandt. Daraus relevante Daten herauszufiltern wird zunehmend schwierig und zeitraubend. Der Versuch, durch *Multi-tasking*, d.h. gleichzeitige Verarbeitung mehrerer unzusammenhängender Informationsstränge, dieses Problem anzugehen, scheint offenbar wenig hilfreich. Ob hier computergestützte Strategien (*semantic web*) weiter helfen, bleibt abzuwarten.

Ein soziologischer Aspekt des Zeit- und Termindrucks ist die Geschwindigkeit der Lebensabläufe in verschiedenen Gesellschaften. Untersuchungen in verschiedenen Industrie- und Entwicklungsländern zeigen am Beispiel der Bewegungsgeschwindigkeit von Fußgängern in der Stadt, der Geschwindigkeit des Geldwechsels an Postschaltern und der Genauigkeit der öffentlichen Uhren, dass die Abläufe in den Industrienationen erwartungsgemäß viel schneller vor sich gehen (am schnellsten in der Schweiz, dann in Irland und Deutschland) als in Entwicklungsländern (Levine 1998).

Der Umgang mit der Geschwindigkeit im Ablauf von Ereignissen könnte durch Erfahrungen in der Kindheit aber auch später erlernt sein. Neuen Umfragen der Körber-Stiftung (2003) zufolge empfinden Deutsche heute den Ablauf von Lebens- und Berufsereignissen weniger schnell als 1975. Damals sagten 30 % der Befragten, dass die Zeit ihnen davonliefe, heute nur noch 18 % – was bedeuten könnte, dass wir uns an die gestiegenen Prozessgeschwindigkeiten gewöhnt haben.

Ein weiterer Aspekt von Zeitdruck und Stress ist **Schichtarbeit** und **Jet-Lag**. Schichtarbeiter leiden unter Arbeitsplatzstress und psychosomatischen Erkrankungen, weil ihre Arbeitszeit häufig von ihrer *inneren Uhr*, d.h. ihrem biologischen Tagesrhythmus, abweicht. Unsere psychische und physische Leistungsfähigkeit – wie auch die meisten psychischen und körperlichen Funktionen – werden von einer oder mehreren zentralen Uhren im suprachiasmatischen Nucleus tageszeitlich gesteuert. Man nennt die endogenen Tagesrhythmen auch *circadiane Rhythmen*, weil sie unter konstanten Bedingungen mit einer Periodenlänge von etwas mehr oder weniger als 24 Stunden weiterlaufen (bei Menschen meist etwa 24,5–25,5 Stunden), also mit ungefähr (*circa*) einer Tageslänge (*dies*) (Rensing et al. 2001).

Nach Umstellung der Arbeitsschichten oder nach Transmeridianflügen stellt sich die innere Uhr langsam (in etwa drei bis sieben Tagen) auf die neue Umweltperiodik ein. Diese Synchronisation der inneren Uhr mit der Umgebung erfolgt durch Licht-Dunkel und soziale Signale, sogenannte Zeitgeber. Bei Schichtwechsel ist das nur unvollkommen möglich, weil meist nur die Arbeitszeiten, nicht aber der tägliche Hell-Dunkel-Wechsel und die soziale Umgebung umgestellt werden. Aus dieser Diskrepanz resultieren einerseits zahlreiche Fehler im Arbeitsprozess in der Phase der geringsten Leistungsbereitschaft zwischen zwei und drei Uhr nachts sowie auf der anderen Seite Gesundheitsschäden der Schichtarbeiter (Costa 1997). Um die Gesundheitsrisiken zu minimieren, sind empfohlene Standards für Schichtarbeit entwickelt worden, welche die Richtung der Schichtwechsel (Früh- → Spät- → Nachtschicht), Länge der Schicht sowie das Verhalten im sozialen Umfeld betreffen (Knauth 1997).

Psychosozialer Langzeitstress aus einer sozioepidemiologischen Perspektive

Psychosozialer Stress entwickelt sich natürlich nicht nur im beruflichen Umfeld, sondern ebenso im familiären und gesellschaftlichen Bereich. Menschen im frühen und mittleren Erwachsenenalter versuchen, in diesen drei sozialen Bezugssystemen Rollen zu spielen, die ihnen Anerkennung in Form von Zuwendung, Geld und Positionen einbringen. Im positiven Falle verstärken sich die Gefühle des Selbstvertrauens, der Selbstverwirklichung und der Zufriedenheit sowie ein entsprechend gutes psychosomatisches Wohlgefühl. Im negativen Fall, etwa bei niedrigem sozioökonomischem Berufsstatus, entstehen Gefühle der Frustration, Gefühle von Wut, Neid, ungerechter Behandlung und Depression, die sich bis in die Familie und den Freundeskreis erstrecken und zu einer sozialen Abwärtsspirale führen können. Oft ist das Entkommen aus dieser Spirale schwer. Bei niedrig qualifizierten Arbeitnehmern oder Langzeitarbeitslosen gibt es heute geringe Chancen der beruflichen Reintegration. Das führt zu deutlich erhöhten Gesundheitsrisiken. Nach einem zusammenfassenden Überblick kann als gesichert gelten, dass chronischer Stress, niedriger sozioökonomischer Status, Depression, mangelnde soziale Unterstützung (wie auch bei manchen „Singles") und individuelle Faktoren Ursachen für Herzkoronarerkrankungen sind (Abschnitt 8.3) (Strike und Steptoe 2004).

Das positive Sozialverhalten resultiert oft aus vorher in der Kindheit und Adoleszenz erprobtem positiven Rollenverhalten und Coping-Strategien, während negative Erfahrungen in diesen Entwicklungsphasen weitere negative Resultate im psychosozialen Stressverhalten programmieren. Siegrist (2001) geht daher von zwei essenziellen Gründen für den psychosozialen Stress aus: zum einen von einer hohen **Belastung mit geringer Belohnung** (*high efforts/low gain*), zum anderen von einer individuellen Coping-Strategie, die zu einem Überengagement führt (Typ A-Verhalten). Beide Gründe sind offenbar auch für die gesundheitlichen Risiken verantwortlich. Dieses Ungleichgewicht von Anstrengung und Belohnung ist vermutlich auch häufig der Grund für Suchtverhalten (Nikotin, Alkohol, Kohlenhydrate, Kokain), welches die fehlende Stimulation dopaminerger Rezeptoren im Belohnungssystem des Gehirns ersetzen soll (Blum et al. 1996).

Bei Frauen ist die psychosoziale Belastung besonders hoch. Einerseits fällt berufstätigen Frauen meist die **Doppelrolle in Familie und Beruf** zu, andererseits ist die Anerkennung durch Position und Geld durchweg geringer als bei Männern. Ein großer Teil der Frauen arbeitet in weniger hohen Positionen als Männer, zudem ist meist die Unsicherheit des Arbeitsplatzes bei ihnen größer und der Anteil an Hochstressberufen – Kindergärtnerinnen, Altenpflegerinnen u. a. – besonders hoch. Oft ist auch die Arbeitsbelastung größer als bei Männern, so dass insgesamt mehr Frauen an *burnout* – Syndromen leiden (Stress at Workplace 2001). Die Rolle als Hausfrau und Mutter ist oft wenig anerkannt. Als Mutter beginnt der Stress schon mit der Schwangerschaft: in Form von ungewollter Schwangerschaft, Testkomplikationen und Angst vor der Geburt (Geller 2004). Zu den belastendsten Erlebnissen in Verbindung mit Schwangerschaft und Geburt gehören Totgeburten, Frühgeburten und die Geburt kranker oder behinderter Kinder. Auch nach normalen Geburten kann es zu postnatalen Depressionen kommen (Rohde 2004), ebenso nach einem Schwangerschaftsabbruch (Holthausen-Markou und Reimer 2004). Die Säuglingsphase ist ebenfalls durch Belastungen gekennzeichnet: viele nächtliche Unterbrechungen des Schlafs (Schreien, Stillen) und Sorgen um die normale Entwicklung des Kindes – auch wenn diese durch positive Gefühle der Zuwendung kompensiert werden können. In diesen Situationen ist der sozioökonomische Status wiederum von großer Wichtigkeit, da er oft mehr Zeit für positive Zuwendung ermöglicht. Die Gesundheitsrisiken von stressbelasteten Frauen sind verschieden von denen der Männer: Insgesamt hat man bei Frauen eine höhere Häufigkeit an unipolaren Depressionen gefunden (Tab 2.4, Kuehner 2003).

Der psychosoziale Stress innerhalb der Familie – zwischen Lebenspartnern, zwischen ihnen und ihren Eltern und Schwiegereltern, zwischen Eltern und Kindern, zwischen Geschwistern oder zwischen noch anderen Mitgliedern (Abschnitt 3.4) – ist oft ebenso stark wie der am Arbeitsplatz. Auf die zahlreichen Untersuchungen dazu können wir hier nicht eingehen (z. B. Buchholz 1995, Stierlin 2001). Hinweisen möchten wir auf Ergebnisse einer Befragung, die 2004 vom Bundesfamilienministerium durchgeführt wurde („Lebenssituation, Sicherheit und Gesundheit von Frauen in Deutschland"), die überraschend und erschreckend sind. Danach sind 37 % der deutschen und 49 % der osteuropäischen und türkischen Frauen Opfer physischer Gewalt, ein Großteil davon durch Mitglieder der engeren oder weiteren Familie oder durch getrennt lebende Partner.

Außerordentlich wichtig sind hier Ansätze, präventiv die psychosozialen Stressoren zu reduzieren, sowohl durch Familienberatung, was die gegenseitigen Beziehungen der Ehepartner oder der Eltern zu ihren Kindern betrifft, als auch durch Verbesserungen der sozialen Verhältnisse in der Schule, am Arbeitsplatz, im Altersheim und im Krankenhaus – vor allem durch **Förderung**, **Bestärkung**, **Anerkennung**, **Zuwendung**, d. h. durch positives menschliches Sozialverhalten. Schon in vielen Fällen genutzt wird in Deutschland das Programm „Faustlos", das in Kindergärten und Grundschulen zu mehr Empathie und Mentalisierungsprozessen, d. h. zu Vorstellungen, was psychisch in einem selbst und in einer anderen Person vorgeht, beitragen soll (Cierpka 2005). Der gleiche Bedarf an Prävention trifft auf die Konflikte zwischen religiösen, ethnischen oder politischen Gruppen oder Staaten zu: in der gegenwärtigen Terrorismusdebatte wird mit Recht auch auf die Defizite in Fairnis, in Anerkennung und Respekt gegenüber den Menschen in Entwicklungsländern und den Ländern der sogenannten Dritten Welt hingewiesen.

Ebenso wichtig sind die therapeutischen Ansätze, wie man mit diesen Traumata – vor allem bei Kindern – umgeht, da diese oft lebenslang die Lebensqualität beeinflussen. Dazu gehören einerseits psychotherapeutische Behandlungen der Ursachen, wie andererseits medikamentöse Therapien die Symptome der Stressfolgen lindern können.

2.1.3 Stress im Alter schließt existenzielle und materielle Ängste ein

Im späteren Erwachsenenalter etwa ab 60 Jahren und in höherem Alter gibt es stark belastende Situationen. Bei Männern ist der Abschied vom Beruf und die im Familienbereich meist schon früher erfolgte räumliche Trennung und Autonomie der erwachsenen Kinder problematisch. Traumatisch ist oft der Verlust des Ehepartners. Für Frauen ist die Familiensituation ähnlich, vor allem der Verlust der Mutterrolle mit der Autonomie der Kinder ist für sie meist einschneidender als für den Vater. Hinzu kommt für beide die abnehmende Sexualität, Altersbeschwerden, der Verlust der beruflichen Sozialkontakte, Krankheit und Tod von Freunden und der Ansehensverlust von alten Menschen in der Gesellschaft. Diese Situation kann wiederum die Konflikte zwischen den Ehe-/Lebenspartnern verstärken, ebenso die Konflikte mit den erwachsenen Kindern. Besonders belastend ist die Pflege eines demenzerkrankten Partners oder Elternteils – eine Belastung, die in den letzten Jahren durch die erhöhte Lebenserwartung erheblich zugenommen hat.

Verstärkt treten **existenzielle Ängste** vor Krankheit und Tod sowie Fragen nach dem Sinn des Lebens auf (Yalom 1989), aber auch **materielle Ängste** im Hinblick auf die Altersversorgung. Mit der Abnahme der sozialen Kontakte entwickeln sich Gefühle von Einsamkeit, Hilflosigkeit und Depression. In Heimen und bei anderen professionellen Altenpflegern/innen ist der Kontakt oft zu kurz und unpersönlich, um diesen Gefühlen entgegenzuwirken.

Bei Krankheit und Behinderung kommen Gefühle von Angst, Trauer, Scham, Depression aber auch Wut auf, die als psychische Stressoren das Lebensgefühl und die Gesundheit beeinträchtigen. Alter, Krankheit und Stress bewegen sich so auf einer selbstverstärkenden Abwärtsspirale, die nur durch soziale Betreuung und ein Selbstbewusstsein aufgefangen werden kann, das diese Krisen auch als Stärkungsmöglichkeiten des Selbst nutzt (Cordova and Andrykowski 2003).

Radebold (1992) formuliert acht wesentliche Aufgaben, denen sich der ältere Mensch stellen muss und die oft mit Belastungen und Kränkungen einhergehen, die aber auch positiv bewältigt werden können:

- Reagieren auf den sich verändernden eigenen Körper
- Umgehen mit den eigenen libidinösen, aggressiven und narzisstischen Strebungen
- Gestalten der intragenerativen Beziehungen
- Gestalten der intergenerativen Beziehungen
- Sich-Stabilisieren durch Beruf und Interessen
- Erhalten der sozialen Sicherheit/Versorgung
- Erhalten der eigenen Identität
- Einstellen auf die sich verändernde Zeitperspektive sowie auf Sterben und Tod.

Diese Aufgaben lassen sich aus der Perspektive der Selbstpsychologie interpretieren (Kutter 1997): Dabei geht es in den inter- und intragenerativen Beziehungen um schmerzliche **Einsichten in eigenes (Fehl-)Verhalten** in Bezug auf andere Menschen und eine entsprechende Korrektion des Selbstbildes. Ebenso schmerzlich ist oft die Bilanz der vergangenen Entscheidungsprozesse über Beruf, menschliche Beziehungen und Familie sowie der Vergleich der eigenen narzisstischen Zielvorstellung mit der Wirklichkeit und den nicht gelebten Möglichkeiten. Wichtig ist jedoch, diesen Schmerz in seine Identität aufzunehmen, d. h. zu verarbeiten und die eigenen Schwächen zu akzeptieren, das halbvolle Glas zu genießen und nicht das halbleere zu beklagen. Wie in den frühen Entwicklungsphasen ist auch die Altersphase durch bestimmte Gefühle geprägt, in diesem Fall oft durch Trauer, Einsamkeit, Hilflosigkeit/Depression, die wiederum intrapsychisch als Belastungen wirken (Wolfersdorf und Schüler 2005). Dasselbe gilt für den Krankheitszustand. Dieser Zustand wird oft als Stress wahrgenommen und beeinflusst dann die Erholung negativ.

2.1.4 Entwicklungsübergreifende psychosoziale Belastungen entstehen aus dem gesellschaftlichen Umfeld

Gewalt in Familien und Schule, bei staatlicher Unterdrückung, Folter und Kriegen

Erfahrungen mit Gewalt und die Angst davor sind allgegenwärtig (Schlösser und Gerlach 2002) und – so scheint es – kulturunabhängige Stressoren im Leben. Gewalt in der Familie, in der Schule und bei Verbrechen ist auch in Demokratien unübersehbar häufig und kann gerade bei Kindern und Jugendlichen zu posttraumatischen Belastungsstörungen (PTBS, Kapitel 4) und Angststörungen führen (Cohen et al. 2003). Darüber hinaus ist Gewalt in Form von staatlichen Übergriffen, Folter, Bürger- und Religionskriegen, Terroranschlägen und Katastrophen weltweit verbreitet, deren langfristige Folgen von einer Anzahl Faktoren wie Alter der Opfer, Geschlecht, Minderheitenstatus, psychosoziale Ressourcen (Familie) und sekundären Stressoren abhängen (Norris et al. 2002). In Deutschland liegen die grausame Verfolgung und Ermordung von Juden in Konzentrationslagern, die gewaltsame Unterdrückung der eigenen und der eroberten europäischen Völker, das Erleben von Luftangriffen über 60 Jahre zurück. Die als Kind erlebten Traumata der Kriegszeit und ihre Folgen werden erst in letzter Zeit genauer analysiert (Ermann 2004).

Allgemein ist die Menschheitsgeschichte eine Geschichte von Gewalt, Verfolgung und Unterdrückung von Schwächeren und Minderheiten, von Eroberungskriegen und Verbrechen gegen die Menschlichkeit. Die WHO (2002) schätzt, dass weltweit jedes Jahr mehr als 1,6 Millionen Menschen durch kriminelle Gewalt, bei kriegerischen Konflikten oder durch Selbstmord ums Leben kommen. Die Zahl der Misshandelten und Verletzten liegt um ein Vielfaches höher. Dabei wird immer wieder deutlich, dass der Mensch sein ärgster Feind ist – wie schon früh erkannt wurde (*homo homine lupus*). Verkehrsunfälle und Naturkatastrophen tragen zu den Traumata bei. Die Auswirkungen von Traumata und posttraumatischen Belastungsstörungen werden ausführlicher in den Kapiteln 3 und 4 behandelt.

Warum Macht- und Besitzansprüche, Gefühle von Neid und Hass solche exzessive Gewalt in menschlichen Gemeinschaften erzeugen, ist im Grunde nicht klar, zumal sie in dieser Form weder bei nicht-humanen Primaten noch sonst im Tierreich zu beobachten ist. Faktoren, die individuelle Gewalttaten fördern, sind genetische Dispositionen, frühe eigene Erlebnisse von Gewalt als Opfer, niedriger sozialer Statuts, niedrige Intelligenz und niedriges Selbstwertgefühl. Hinzu kommen gruppendynamische Prozesse, wie sie in Fußballstadien, bei Progromen, Religionskriegen u. a. zu beobachten sind. Physische Gewalt wird hauptsächlich von Männern angewandt, während Frauen eher ihre soziale Intelligenz einsetzen, um jemandem zu schaden.

Angst vor (Wahl-)Freiheit und Probleme des Überangebots

Yalom (1989) rechnet die Angst vor der Freiheit der Entscheidungen zu den existentiellen Ängsten, weil die Konsequenzen der Entscheidung und die Aufgabe anderer Möglichkeiten vom Individuum oft nicht übersehen werden können. Deshalb haben sich in allen Gesellschaften Rituale, Regeln und Gesetze herausgebildet, die die Möglichkeiten der Einzelentscheide im gesellschaftlichen Miteinander stark verringern, z. B. wie eine Ehe eingegangen wird, wo und wie ein Haus gebaut, ein Mensch begraben wird. Die Probleme bei der individuellen Entscheidung werden dramatisch deutlich bei der Berufswahl, der Partnerwahl und der Gestaltung des Lebens als Rentner/in.

Aber auch im täglichen Leben wirkt sich die **„Qual der Wahl"** auf die Lebensqualität aus (Schwartz 2004). Besonders Menschen, die sich nie mit dem Zweitbesten zufrieden geben (*maximizer*), verwenden viel Zeit für die Suche nach dem besten Produkt, dem geringsten Preis. Bei psychologischen Tests erwiesen sich die stärksten Maximizer häufig am wenigsten zufrieden mit den Früchten ihrer Entscheidungsfindung, vor allem weil negative Aspekte der Entscheidung viel stärker bewertet wurden als positive. Sie erwiesen sich insgesamt als weniger zufrieden, pessimistischer und deprimierter als die Genügsameren. Eine negative Konsequenz, die bei der Entscheidung entsteht, ist der Verlust der übrigen Möglichkeiten: wenn man ans Meer fährt, hat man eben keinen Alpenblick, und wenn das Wetter dann noch schlecht wird, bereut man die Entscheidung.

In den Industrieländern sind die Angebote und die Wahlmöglichkeiten an Konsumgütern inzwischen so groß geworden, dass die negativen Gefühle bei den Entscheidungen oft überwiegen. Das trifft auch auf andere Bereiche zu: neue Bestrebungen, die Wahl der Sozial- und Krankenversicherungen sowie der medizinischen Versorgung freier zu gestalten, bergen entsprechend große Probleme. Inwieweit die Probleme der Wahlfreiheit die Lebensqualität in den Industriestaaten schon jetzt beeinträchtigen, ist eine wichtige, noch ungelöste Frage.

2.1.5 Intrapsychischer Stress entsteht durch intrapsychische Konflikte sowie äußere und innere Belastungssituationen

Intrapsychische Belastungen und Konflikte

Während der oben genannten Entwicklungsphasen und -krisen sowie bei Traumata und Krisen während des Erwachsenenlebens und Alterns, entwickelt und verändert sich auch das psychische „Selbst", wie es heute häufig konzipiert wird – in Analogie zur körperlichen Person. Ebenso wie bei der körperlichen Entwicklung entwickeln sich psychische Strukturen zu einer „psychischen Organisation". Über affektgekoppelte Interaktionen mit seiner Umwelt und deren Speicherung im Gedächtnis bildet der Säugling Selbst- und Objektrepräsentanzen und Interaktionsrepräsentanzen aus, die sich aus entsprechenden intrapsychischen Strukturen entwickeln (Tyson und Tyson 2001). Mit diesen Strukturen entwickelt sich auch das Selbst zu einer psychischen Identität, die subjektiv erfahren wird (Selbstempfinden, Selbstbewusstsein). Diese Strukturen, die sich ja auch aus Konflikten mit Personen der Umwelt entwickelt haben, geraten immer wieder in neue Konflikte (Rudolf 2000, Kapitel 3).

Intrapsychische Belastungen und Konflikte entstehen durch einander widersprechende Strebungen, im klassischen Fall etwa zwischen dem internalisierten Wertesystem und den eigenen Motivationen (Trieben). Die von Freud analysierten Konflikte zwischen dem *Über-Ich*, der Repräsentanz dieses Wertesystems, und dem *Es*, dem individuellen Antrieb zu Sexualität und anderen Befriedigungen, waren zu seiner Zeit, Ende des 19., Anfang des 20. Jahrhunderts, eine bedeutende Quelle von intrapsychischen Belastungen. Heute spielen die Sexualkonflikte in vielen Ländern eine geringere Rolle. Nichtsdestoweniger gibt es weiterhin psychische Repräsentanzen für ethische Werte und Verstöße dagegen, welche je nach den verinnerlichten ethischen Werten zu intrapsychischen Konflikten führen können, die sich in **Schuld- und Schamgefühlen**, aber auch Angst und Wut manifestieren können. Auch der Konflikt zwischen frühen Selbststrukturen (*ich bin der Größte*) und späteren Erfahrungen der eigenen Begrenztheit führen zu Belastungen, die beim Kind mit Hilfe der Eltern oder später in der Adoleszenz durch eigene Stabilisierungsmechanismen verarbeitet werden können. Im Laufe der Adoleszenzentwicklung müssen diese Größenfantasien jeweils mit den realen Fähigkeiten und Möglichkeiten abgeglichen werden, was schmerzhafte Kränkungen einschließt. Dabei spielen Schamgefühle, Versagensängste, aber auch Neid und Wut eine wichtige Rolle.

Ein Fortbestand solcher frühen Strukturen über die Jugendphase hinaus kann zunehmende Konflikte mit der sozialen Umgebung bewirken und in Folge davon verstärkt Belastungen bis hin zu Depressionen erzeugen. Harvard-Studenten zum Beispiel, oft die Besten ihrer Schulklasse, leiden zunächst vielfach unter der Situation an der Universität, in der sie sich nicht mehr in dieser Rolle wiederfinden. Ähnliches ereignet sich in Familie und Beruf.

Störungen der sozialen Bedürfnisse sind in den verschiedenen Entwicklungsphasen unterschiedlicher Natur (Abschnitt 2.1.1). Zuwendung, Geborgenheit und Bindung sind elementare Bedürfnisse in allen Phasen, Distanz und Autonomie ist jedoch in der Phase der Adoleszenz und im Erwachsenenalter ebenfalls ein starkes Bedürfnis. Die bei den Konflikten auftretenden aversiven Gefühle sind wiederum mit Motivationen und Handlungen, die zur Erfüllung der Wünsche und Stabilisierung des Selbst führen sollen, gekoppelt. Wenn diese Strategien und Handlungen auf Dauer fehlschlagen, entsteht starker psychischer Stress, aus dem sich Depressionen entwickeln können (Kapitel 3).

Störungen der sexuellen Bedürfnisse – im weiteren Sinne Wünsche nach Erotik, Sensualität, Zärtlichkeit – stehen im engen Zusammenhang mit den sozialen Fähigkeiten und den Persönlichkeitsstrukturen auf der einen Seite, aber auch mit den verinnerlichten sozialen Wertesystemen auf der anderen Seite. Sexuelle Partnerschaft mit ihrem Treue-Untreue-Dilemma ist mit starken Schuld-, Scham-, Angst-, Eifersucht-, Trauer- und Wutgefühlen besetzt. Auch diese wirken teilweise als intrapsychische Stressoren. Auf der anderen Seite wird deutlich, dass eine exakte Trennung zwischen psychosozialem und intrapsychischem Stress oft nicht möglich ist.

Die Rolle aversiver Gefühle

Stress im allgemeinen und bezogen auf psychosoziale und intrapsychische Konflikte geht mit der Entstehung von aversiven Gefühlen einher. Wenn die elementaren physischen und psychi-

schen Bedürfnisse des Menschen (oder anderer Organismen) gestört sind und damit die Stabilität der Existenz in Frage gestellt wird, entstehen aversive Gefühle. Diese bewirken oder unterstützen die Motivation zu handeln, um die Bedürfnisse zu befriedigen. Die Störungen (Stressoren) betreffen unterschiedliche Bereiche von Bedürfnissen (Kapitel 3, Kutter 1997, Lichtenberg 1989).

Störungen der essenziellen **physischen Bedürfnisse** werden durch spezifische Gefühle markiert:

- Nahrungsmangel durch Hunger
- Wassermangel durch Durst
- Schlafmangel durch Müdigkeit
- schlechte Nahrungsmittel durch Ekel
- zu geringe Körperwärme durch Frieren
- Verletzungen und funktionale Störungen durch Schmerz
- Infektionen durch „Krankfühlen"
- Bedrohung der körperlichen Existenz durch Angst

Diese aversiven Gefühle sind offenbar wichtige Antriebskräfte (Motivationen) zu Verhaltensweisen, die diesen Störungen entgegen wirken: bei Hunger Nahrungssuche und -aufnahme, bei Durst Flüssigkeitsaufnahme und so fort. Erfolglosigkeit dieser Gegenmaßnahmen erzeugt Gefühle wie Angst, Wut, Hilflosigkeit und verursacht mit den zuerst genannten Gefühlen zusammen psychischen Stress.

Ebenso ist es bei den **Bedürfnissen nach Bindung und sozialer Integration**. Werden sie gestört, entstehen zunächst Gefühle von Angst und Wut, welche die Motivation zu Veränderungen liefern, bei weiteren Misserfolgen aber Gefühle der Einsamkeit, Verlassenheit und Depression hervorrufen.

Nicht befriedigte **Bedürfnisse** nach sinnlichem Vergnügen und sexueller Erregung haben ebenfalls zunächst aggressive Gefühle und daraus resultierende Aggression zur Folge, während langfristig ebenfalls Gefühle von Frustration, Demütigung und Depression auftreten. Dasselbe gilt für den Fall, dass **Bedürfnisse nach Exploration und Selbstbehauptung (Macht)** nicht erfüllt werden.

Schließlich wird ein Bedürfnis beschrieben, durch **Widerspruch** oder **Rückzug** zu regieren – was ein Teil des Autonomiebedürfnisses ist, dessen Unterdrückung in der Adoleszenz drastische Folgen im Erwachsenenleben haben kann (Abschnitt 3.5.2).

Aufgrund von langfristigen Störungen in der Befriedigung von Bedürfnissen oder durch Gewalt, Traumata und andauernde Stresssituationen kommt es oft zu **Angststörungen** und **Depressionen**. Als *Angst* wird das Gefühl vor einer drohenden (oder eingebildeten) Gefahr unterschieden von *Furcht* als dem Gefühl während einer akuten Bedrohung, das nach der Bedrohung wieder verschwindet. Im Leben eines von Angststörungen betroffenen Menschen sind Abwehr- und Vermeidungsstrategien hoch aktiviert, welche die oft eingebildeten Angstmacher in Schach halten sollen. Dazu gehören abergläubische Rituale, Talismane, zwanghafte Verhaltensnormen, Rückzug in das Haus oder auch aggressive Verhaltensmuster. Die Angstgefühle können an bestimmte Objekte, wie Spinnen, oder an Situationen, wie Ansammlungen von Menschen, oder an Zustände des eigenen Körpers, wie Herzrasen gebunden sein. In letzterem Fall wird der Körper oft auf kleinste Veränderungen geprüft, die dann mit großen Angstfantasien vor AIDS, Krebs oder Herzinfarkt besetzt werden. Wenn solche Ängste vor allem zu bestimmten Tageszeiten auftreten, kommt noch die Angst vor der Angst hinzu, also selbstverstärkende Elemente, die zu Panikzuständen führen können.

Schätzungsweise 17 Millionen Menschen leiden in deutschsprachigen Ländern unter behandlungsbedürftigen Angsterkrankungen, die bei vielen Ärzten oft nur auf das Vorhandensein von organischen Erkrankungen geprüft werden. Angst als Stressor verursacht jedoch oft eine große psychische Beeinträchtigung in der Lebensqualität, langfristig aber auch ein gesundheitliches Risiko in der Funktion der Organe.

Als Resultat repetitiver negativer Erfahrungen in der Befriedigung von Grundbedürfnissen sieht Rudolf (2000) die Entwicklung von Störungen und Dysfunktionen des Emotionssystems: einerseits in einem neurotischen Vorherrschen oder Ausfall von **adaptiven Emotionen** (Freude, Angst, Ärger, Schuld) und andererseits in der Reduktion (Nichtverfügbarkeit) von Affekten aufgrund meist früh in der Kindheit induzierter Strukturdefizite. Beide defizitären Gefühlswelten können einzeln oder zusammen einen Zustand herbeiführen, der durch depressiogene Gefühle, wie Enttäuschung, Verzweiflung, Hilflosigkeit oder Resignation charakterisiert ist, Gefühle, die Rudolf **maladaptiv** nennt, weil die Betroffenen meist nicht mehr in der Lage sind, eine aktive Änderung des Zustands herbeizuführen (Abschnitt 3.5.4).

2.2 Systemische und zelluläre Belastungen

Wie schon in Kapitel 1 dargestellt, sind exogene und endogene physische und zelluläre Belastungen starke Stressoren, auch wenn in den Industriegesellschaften die psychosozialen Stressoren eine dominierende Rolle im Bewusstsein der Menschen spielen. Unter physischen Stressoren verstehen wir hier einerseits systemische Belastungen des gesamten Körpers, wie bei Nahrungs-, Wasser- und Sauerstoffmangel, bei schweren Erkrankungen und Verletzungen, Blutverlust, starker körperlicher Arbeit sowie Adipositas (Abb. 2.9). Endogene entwicklungsbedingte physische Stressoren sind beispielsweise der Geburtsvorgang und seine Komplikationen sowie die Umstellung des Säuglings von der Uterusphase auf das autonome Leben. Auch in der Pubertät spielen sich drastische Veränderungen in Körper und

Psyche ab, die hohe Stabilisierungsanstrengungen sowohl seitens der körperlichen Funktionen wie des psychischen Selbst erfordern. Schwangerschaft und Geburt sind krisenhafte Phasen für die Mutter. Die Definition von systemischen Belastungen als physischen Stressoren ist ungenau, da diese Zustände einerseits mit Gefühlen wie Hunger, Durst, Müdigkeit, Frieren und Schmerz verbunden sind – also mit psychischen Zuständen – andererseits sich auch im zellulären Bereich manifestieren. Die Gesundheitsrisiken von systemischen Belastungen sind oft hoch. So ist nach einer neuen Studie der WHO (2004) und nach Untersuchungen der FAO (2004) der Nahrungsmangel (Untergewicht) weltweit eine der häufigsten Todesursachen.

Von den physisch-systemischen Belastungen haben wir physisch-zelluläre Belastungen unterschieden und sie in physikalische, chemische und biologische Stressoren unterteilt, obwohl

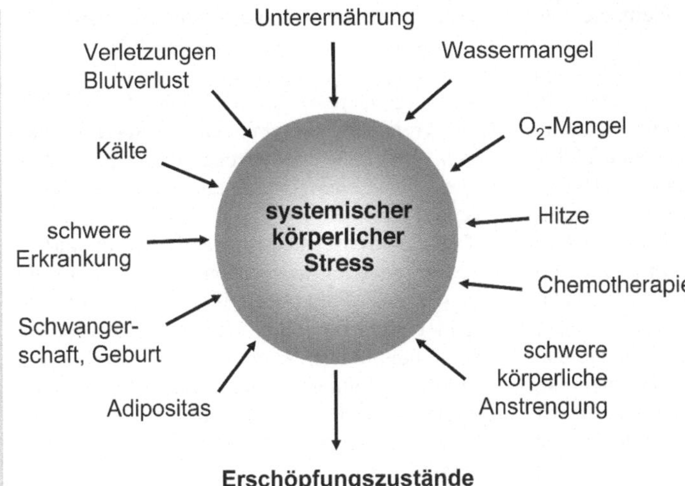

2.9 Systemische Belastungen. Allgemeiner körperliche Stress zeigt sich u. a. in Erschöpfungszuständen. Er wird durch eine Anzahl äußerer und/oder innerer Faktoren (Stressoren) erzeugt. Auch hierbei spielt die individuelle Konstitution eine wichtige Rolle.

auch diese Einteilung ungenau einzugrenzen ist, da viele physische Stressoren sowohl systemische wie zelluläre Änderungen induzieren. Wichtige physikalische Stressoren sind Strahlung, Lärm, mechanische Kräfte und unphysiologische Temperaturen.

Im Vergleich zu den physikalischen Stressoren ist die Zahl der chemischen Stressoren und toxischen Substanzen enorm hoch und umfasst alle Chemikalien und Pharmaka, die sich schädlich auf den Menschen auswirken können. Das sind bei genügend hoher Dosierung sehr viele. Es gibt aber auch zahlreiche Substanzen, die bei niedrigen Dosen und Langzeitexposition Gesundheitsrisiken darstellen. Das Spektrum von chemischen Stressoren in unserer Umwelt reicht dabei von Umweltchemikalien im Trinkwasser, über Belastung von Nahrungsmitteln, Auto- und Industrieabgasen, Kosmetikzusätzen bis zu Medikamenten und ihren Nebenwirkungen. In einer Reihe von Fällen tritt auch eine gegenseitige Verstärkung von mehreren chemischen und physikalischen Stressoren auf (Kombinationswirkung). Hinzu kommt, dass wir einige der schädigendsten Substanzen bei der Atmung und Signaltransduktion der Zellen selbst herstellen (endogene Stressoren): die reaktiven Sauerstoff- und Stickstoffspezies (ROS, RNS). Diese werden außerdem durch Einwirkung von physikalischen und chemischen Stressoren induziert oder bei Entzündungsprozessen freigesetzt (Kapitel 8). Die biologischen Stressoren umfassen schädigende Organismen und deren Gifte und Toxine: in erster Linie Viren und Bakterien, aber auch Pilze, Einzeller und mehrzellige Parasiten. Dass Viren stark gesundheitsgefährdend sein können, wird unter anderem am Beispiel der Grippeviren (Influenza) und vor allem HIV (AIDS) deutlich.

Bei manchen Erkrankungen gibt es auch endogene Ursachen, wie bei Autoimmunkrankheiten, Diabetes oder Krebs, deren Entstehung jedoch meist gemeinsam von äußeren und inneren Stressoren beeinflusst ist.

2.2.1 Auch systemische Belastungen können Gesundheitsrisiken verursachen

Untergewicht durch Mangel- und Fehlernährung ist das Hauptrisiko der Weltgesundheit. Vor allem Untergewicht von Müttern und Kindern haben negative Folgen für die Entwicklung und den Gesundheitszustand der Kinder. Schätzungsweise sind mehr als 170 Millionen Kinder in armen Ländern untergewichtig. Neben dem Quantitätsdefizit der Nahrung gibt es darüber hinaus Erkrankungen wegen der Qualitätsdefizite der Nahrung, wie dem Mangel an Vitaminen, essenziellen Aminosäuren, Spurenelementen u. a. Neue Methoden der Analyse der Genaktivität mit Hilfe von Microarrays zeigen, dass Vitaminmangel, wie der von Vitamin E, eine Anzahl von Genen in ihrer Aktivität beeinflusst (Azzi et al.

2003). Das gilt auch für Spurenelemente und Aminosäuren.

Ironischerweise leiden eine große Anzahl von Jugendlichen und Erwachsenen in Staaten mit mittlerem und hohem Einkommensniveau an **Übergewicht** (Adipositas), das in vielen Fällen wegen des dadurch erhöhten Risikos von Diabetes und Herz-Kreislauf-Erkrankungen zu vorzeitigem Tod führen kann. In den Industrieländern gibt es gesundheitliche Risiken mit Untergewicht hauptsächlich in Fällen von Magersucht, die überwiegend bei weiblichen Jugendlichen und jungen Frauen auftritt, aber manchmal auch bei jungen Männern zu beobachten ist. Auch bei Magersucht (*Anorexia nervosa*) ist das Gesundheitsrisiko hoch: neben bleibenden Entwicklungsschäden sterben in Deutschland etwa 5–20% der Erkrankten daran, je nach Dauer der Magersucht. Die Gründe dafür liegen in hormonellen und zellulären Störungen.

Schwere körperliche Arbeit, Langlauf, Marathon und anderen Dauersportarten, sowie Krankheiten, hohes Fieber und Sauerstoffmangel führen ebenfalls zu physischem Stress, der **Erschöpfung**. Langandauernde schwere körperliche Arbeit ist auch heute noch in vielen armen Ländern existent, in den Industrieländern war sie vor allem in den Bereichen der Schwerindustrie, in Zechen, bei Bauarbeiten und in der Landwirtschaft vorhanden.

Die Erschöpfung resultiert u. a. aus dem Verbrauch der Kohlenhydratspeicher, dem steigenden Sauerstoffdefizit und dem Überschreiten der Lactathomöostase, was bei gut trainierten Athleten weniger schnell erreicht wird als bei untrainierten Personen (Ozyener et al. 2003, Billat et al. 2003). Eine geringere O_2-Spannung in der Atemluft in größeren Höhen oder bei geringerer Aufnahme durch die Lunge begünstigt ebenfalls Erschöpfung. Schäden können im Muskel durch längerfristige Freisetzung von reaktiven Sauerstoffspezies (ROS) entstehen (Vina et al. 2000).

Bei Krankheiten wie Krebs stellt sich Erschöpfung teilweise durch die Entwicklung des Tumors, aber auch durch die Chemo-/Radiotherapie ein. In diesen oder anderen Erschöpfungszuständen kann das blutbildende Hormon Erythropoietin (EPO) zur Verbesserung des Sauerstofftransports angewandt werden (Zahner et al. 2001). Es wird im Ausdauersport allerdings auch als Dopingmittel missbraucht.

Zu den endogenen physischen Stressoren sind auch entwicklungsbedingte kritische Phasen wie Geburt, Pubertät – in gewissem Ausmaß auch das Altern – zu rechnen, ebenso wie schwere Erkrankungen – seien sie durch äußere Faktoren (Mikroorganismen), psychosozialen Stress (z. B. Herz-Kreislauf-Erkrankungen) verursacht oder durch endogene genetische Prädispositionen und exogene/ endogene Mutagene wie bei Krebs (Kapitel 8).

Die Geburt ist auch für das Kind ein starker Stressor, der zu gravierenden Störungen vor allem der ZNS-Funktionen führen kann, auf die wir hier nicht eingehen können (s. Lehrbücher der Gynäkologie). Hier sei nur ein Beispiel von Folgen fötaler und neonataler Hypoxie aus epidemiologischen Studien und Tierversuchen erwähnt: So scheint neonatale Hypoxie an der Entwicklung von Schizophrenie beteiligt zu sein. Dafür sind vermutlich Störungen der Entwicklung der mesolimbischen und mesocorticalen Dopaminsysteme verantwortlich. Geburtskomplikationen verändern die Art und Weise, in welcher die dopaminergen Funktionen bei Stress im Erwachsenenalter reguliert werden (Boksa und El-Khodor 2003).

2.2.2 Physikalische Stressoren, wie Strahlen, mechanische Belastungen, hohe oder niedrige Temperaturen, wirken meist direkt, Lärm indirekt auf Zellen

Strahlen

Strahlen können je nach Wellenlänge und Energie schädigende Wirkungen auf dem zellulären Niveau erzeugen. Man unterscheidet **ionisierende Strahlung** (IR, γ-Strahlung) – in einem bestimmten Bereich auch Röntgen-Strahlung genannt – als elektromagnetische Strahlung, Elektronen (**β-Strahlung**), Protonen- und Neutronen- sowie α-Strahlen und beschleunigte Ionen als **Teilchenstrahlung**. Zu den nichtionisierenden Strahlen gehören die **Ultraviolett- (UV-)Strahlen**, Radar-, Radio- und Mikrowellen sowie hoch- und niederfrequente Wechselfelder. Zu den hochfrequenten Wechselfeldern gehören die beim Mobilfunk genutzten Frequenzbereiche von 900 bzw. 1800 Megahertz (MHz), zu den niederfrequenten Feldern gehören die Frequenzbereiche von Hochspannungsleitungen und strombetriebenen Geräten (meist 50 Hz).

Die Strahlendosis in einem Objekt wird in Form der absorbierten Energie (Joule pro Kilogramm) mit der Einheit Gray (Gy) gemessen. Die biologische Wirksamkeit wird als Energie pro Längeneinheit der Strahlenspur, als linearer Energietransfer (LET), in keV/μm angegeben, und nach Wichtung der verschiedenen Strahlenarten wird eine Äquivalentdosis mit der Einheit Sievers (Sv) berechnet (Dörr et al. 2004). In Zellen können Strahlen Moleküle direkt oder indirekt durch die Produktion von Radikalen schädigen. Wichtig sind dabei vor allem die DNA-Moleküle, deren Schädigung zu Mutationen führen kann, wenn sie nicht repariert werden. Solche Mutationen können wiederum eine Zelle in eine Tumorzelle umwandeln (Abschnitte 6.6 und 8.5). Bei den verwendeten hochfrequenten Wechselfeldern sind bisher – außer geringen Temperaturerhöhungen – keine eindeutigen Schädigungen nachgewiesen worden.

Die normale Belastung durch ionisierende Strahlung (natürliche, kosmische und terrestrische Strahlung, Radon) und anthropogene Belastungen (Röntgen-Aufnahmen, Computer-Tomographie) sind gering – etwa 2-2,5 mSv (Dörr et al. 2004). Starke Belastungen resultierten aus den beiden Atombombenabwürfen in Japan und Atomkraftwerk-Unfällen, mit dem größten Unfall in Tschernobyl. Aber auch Krebspatienten sind nach der Strahlentherapie höher belastet, ebenso bei einigen Fällen von falsch eingestellten Röntgenapparaten.

In der Strahlenschutzverordnung über den Schutz vor Schäden in der Bundesrepublik Deutschland ist für die berufliche Strahlenbelastung eine maximale Jahresdosis von 20 mSv festgelegt worden. Für Teilkörperbestrahlungen gelten höhere Werte: für Haut, Hand und Fuß z. B. 500 mSv. Bei der Bestrahlung von Lebensmitteln zur besseren Haltbarkeit wurden bisher keine nachteiligen Wirkungen beobachtet.

Bei UV-B-Strahlen ist ein hohes mutagenes Potenzial vorhanden, das zu verschiedenen Arten von Hautkrebs führen kann. Primär kommt es zu Sonnenbrand, einer entzündlichen epi- und subdermalen Reaktion. Ozon (O_3) und Sauerstoff (O_2) in der Stratosphäre absorbieren die energiereichen Teile von UV-B- und die UV-C-Strahlung. Durch Verringerung der Ozonschicht (Ozon-Loch), vor allem in der südlichen Hemisphäre, kommt es dort zu verstärkten Strahlenschäden.

Lärm

Lärm (*noise*) von Straßen- und Luftverkehr, in Gewerbebetrieben, aus der Discothek, von Nachbarn etc. ist ein signifikanter Stressor. Jeder fünfte Bundesbürger fühlt sich dadurch – vor allem durch Autoverkehr – gestresst. Milde Auswirkungen davon sind Kopfschmerzen und Schlafstörungen, stärkere – ab 85 Dezibel (dB) – können Hörschäden erzeugen. Chronischer Lärm kann zu Bluthochdruck und einer Erhöhung des Herzinfarktrisikos führen, selbst dann, wenn er nicht mehr als störend wahrgenommen wird. Bei Kindern wirkt sich chronischer Fluglärm auf die Lebensqualität, auf kognitive Leistungen, Konzentration und Gedächtnis aus und führt zu somatischen Stressreaktionen und Ärger (Matheson et al. 2003). Die Empfindlichkeit gegen Lärm ist individuell und altersabhängig verschieden. Stabile und etwas extrovertierte Persönlichkeiten fühlen sich zumeist weniger durch Lärm belastet als neurotisch gestörte, introvertierte oder unter weiteren Stressoren leidende Personen (Belojevic et al. 2003).

Lärm von 90 dB(A) verursachte hauptsächlich eine Ausschüttung von Adrenalin aus dem Nebennierenmark, während Langzeitexposition den Noradrenalingehalt in den Synapsen des sympathischen Nervensystems erhöhte. Bei schlafenden Personen bewirkte Verkehrslärm von etwa 30 dB(A) bei chronischer Exposition sowohl eine höhere Noradrenalin- wie auch Cortisolausschüttung (Ising und Braun 2000).

Explosionen (*high-energy impulse noise*, BLAST) bei Sprengungen, bei Minenexplosionen oder im Krieg verursachen vor allem Schäden in der Lunge, da das Platzen der Alveolen zu Blutungen führt, ein Syndrom, das als *adult respiratory distress syndrome* (ARDS) bezeichnet wird. Dieses Syndrom führt zu Hypoxie, Verlust von Antioxidantien und zu oxidativen Schäden (Elsayed und Gorbunov 2003).

Mechanische Belastungen

Zu hohe mechanische Kräfte, wie erhöhter Druck, können eine Anzahl von Schädigungen in Geweben hervorrufen. Schwere Arbeit, Sport, hohes Körpergewicht führen oft zu Erosion der Gelenkknorpel, Mobilisation von Knorpelpartikeln und chronischer Entzündung (Arthrose). Längerfristige äußere Druckeinwirkung auf die

Haut mit Kompression von Gefäßen und einer dadurch hervorgerufenen Ischämie des Gewebes hat die Nekrose von Haut und Unterhaut zur Folge (*Dekubitus*) – was häufig bei Bettlägerigkeit an den Stellen auftritt, wo die Haut dem Knochen unmittelbar aufliegt. Bei Bluthochdruck entstehen nichtlaminare Scherkräfte besonders an Gefäßverzweigungen und verursachen dort Gefäßschäden (Plaques, Abschnitt 8.3).

Hohe und niedrige Temperaturen

Hitze und Kälte können beide – je nach Ausmaß und Dauer – Schäden hervorrufen oder tödlich sein. Hitzeerschöpfung ist die Folge starker Schweißverluste ohne ausreichende Flüssigkeitszufuhr nach langen Märschen oder Sport, Hitzschlag ist dagegen eine Störung der Wärmeregulation mit Symptomen wie Übelkeit, Bewusstlosigkeit und Kopfschmerz. Hitzekrämpfe entstehen bei schwerer Arbeit und hohen Umgebungstemperaturen (z. B. bei Hochöfen), die noch durch Flüssigkeitsverlust gefördert werden.

Kälte wirkt sich zunächst schädigend auf Nase, Ohren, Finger und Zehen aus (Blässe, Gefühllosigkeit), was durch individuelle Disposition gefördert wird (besondere Reaktionsbereitschaft des Gefäßnervensystems, Rauchen). Weitere Schäden sind Frostblasen, Nekrosen und Blutblasen. Plötzliche Temperaturabfälle um mehr als $5\,°C$ oder unter $-4\,°C$ können auch die Herz-Kreislauf-Risiken (Infarkte) erhöhen.

2.2.3 Toxische chemische Stressoren kommen in großer Zahl in der Umwelt von Industrieländern vor

Die Zahl der chemischen Substanzen, die beim Menschen toxische Wirkungen – je nach Dosis und Dauer der Exposition – entfalten können, ist enorm hoch. Wir verweisen daher auf Lehrbücher der Toxikologie (Marquard und Schäfer 2004). Um einen Eindruck davon zu vermitteln, haben wir die wichtigsten Aufnahmewege und Substanzgruppen aufgelistet (Tab. 2.2). Dabei haben wir tierische Gifte, Pflanzen-, Pilz- und Bakterientoxine nicht aufgeführt, da wir sie zu den biologischen Stressoren rechnen. Zu den chemischen Stressoren gehören auch Pharmaka,

die einerseits dazu dienen sollen, die durch Krankheit veränderten Prozesse wieder auf Normalwerte zu adjustieren, die dabei in der Regel jedoch Nebenwirkungen haben, die je nach Dosis und individueller Sensitivität Stresszustände darstellen können (Forth et al. 2001). Auch Überdosierung kann zu erheblichen Gesundheitsrisiken führen.

Toxische chemische Substanzen und Pharmaka verändern primär wichtige zelluläre Prozesse. Auf der einen Seite beeinflussen sie den laufenden Stoffwechsel durch Veränderungen der Genexpression und Enzymaktivität, durch Veränderungen von Rezeptoren für interzelluläre Signalmoleküle, von Elementen der Signalkaskaden in der Zelle und durch Veränderung der Membran- und Zelladhäsionseigenschaften sowie der Ionenkonzentrationen. Auf der anderen Seite verändern sie durch Induktion von Mutationen die „Blaupausen", d. h. die genetische Information. Das kann unter anderem Krebs zur Folge haben.

Sowohl chemische Substanzen, Pharmaka, wie auch endogene zelluläre Prozesse erzeugen freie Radikale in Form von reaktiven Sauerstoff- und Stickstoffspezies (ROS, RNS). Diese wirken schädigend auf alle wichtigen Makromoleküle der Zelle und sind daher an zahlreichen Krankheiten und – durch Akkumulation der Schäden – wesentlich am Altern von Zellen und Organismus beteiligt. Wir haben daher einen Schwerpunkt auf die Wirkung dieser Radikale gelegt (Abschnitt 6.1).

Hinzu kommen physikochemische Stressoren in Form von hyper- oder hypoosmotischen Zuständen um die Zellen, wie sie häufig in der Niere auftreten (Abschnitt 6.3).

2.2.4 Biologische Stressoren werden hauptsächlich durch Infektionen und andere Erkrankungen repräsentiert

Biologische Stressoren sind im wesentlichen Mikroorganismen, die in den menschlichen Organismus eindringen, sich dort verbreiten/vermehren, aber auch vielzellige Parasiten und schließlich beißende oder stechende Insekten sowie größere Wirbeltiere (Tab. 2.3).

In den Industrieländern sind einige krankheitserregende Viren das größere Krankheitsrisiko, nachdem Bakterien zumeist wirkungsvoll

Tabelle 2.2 Toxische Substanzklassen und Produkte, die damit kontaminiert sein können

– Kohlenwasserstoffe, beispielsweise aromatische Kohlenwasserstoffe wie Benzol, Xylol, polyzyklische Kohlenwasserstoffe (PAK) und aliphatische Kohlenwasserstoffe wie Alkane, Alkohole und Formaldehyd, die kanzerogen und allgemein gesundheitsschädlich wirken.

– halogenierte Kohlenwasserstoffe wie Dichlormethan, Chloroform, Tetrachlorkohlenstoff, Fluorchlorkohlenwasserstoffe (FCKW)

– endokrine Modulatoren, d. h. Umweltchemikalien mit endokriner Wirkung, die möglicherweise u. a. an der Zunahme von Brust-, Prostata- und Hodentumoren beteiligt sind

– Biozide und Pflanzenschutzmittel wie Fungizide, Herbizide und Insektizide, teilweise in Lebensmitteln

– polychlorierte Dioxine, Furane und Biphenyle, darunter das 2,3,7,8-Tetrachlordibenzo-p-Dioxin (TCDD), das als stärkste toxische Verbindung der Chlorchemie gilt und zelluläre Signalketten stark beeinflusst

– aromatische Amine, Nitroaromaten und heterozyklische aromatische Amine, unter den letzten wahrscheinlich kanzerogene Verbindungen

– N-Nitrosoverbindungen, darunter N-Nitrosamine, die bei vielen Säugetieren – wahrscheinlich auch beim Menschen – mutagen und kanzerogen wirken.

– Metalle – u. a. Blei, Cadmium, Chrom, Kupfer, Nickel und Quecksilber – sind in ihrer Toxizität gut untersucht (Abschnitt 6.5).

– gasförmige Verbindungen wie Kohlenmonoxid, Kohlendioxid, Cyanverbindungen, Schwefelwasserstoff, Phosphorwasserstoff, Stickstoffoxide

– Fasern, darunter mineralische Fasern wie Asbest und organische Fasern, Rußpartikel und Feinstaub induzieren Entzündungen vor allem in der Lunge, letztere auch im Herz-Kreislauf-System. Asbest und Feinpartikel sind auch an der Entstehung von Krebs beteiligt.

– chemische und biologische Kampfstoffe

– aktives und passives Rauchen – gehört mit zu den großen Gesundheitsrisiken, verantwortlich für etwa 5 Millionen Todesfälle in 2003 (Who-World Health Report 2003)

– Rauschmittel

– kosmetische Produkte und Inhaltsstoffe

– Kunststoffe

– Wasser spielt eine bedeutende Rolle in der Aufnahme von Fremdstoffen und toxischen Substanzen.

– Lebensmittel

(aus Marquardt und Schäfer 2004)

mit Antibiotika bekämpft werden können. In zahlreichen Ländern mit mittleren oder niedrigen medizinischen Standards sind vor allem Viruserkrankungen (AIDS) wie auch durch Bakterien und von Einzellern verursachte Krankheiten (Malaria, Schlafkrankheit) verbreitet und – wie im Falle von AIDS – ein zunehmend gefährliches Gesundheitsrisiko (WHO 2005). In den meisten Ländern der Welt hat die Lebenserwartung zugenommen. Ab dem Alter von 15 Jahren ist sie um 2-3 Jahre während der letzten 20 Jahre gestiegen, während sie in den Ländern mit hoher Mortalität (Afrika) um 7 Jahre, in Osteuropa/ehemalige Sowjetunion um 4,6 Jahre bei Männern und 1,6 Jahre bei Frauen abgenommen hat. Die Mortalität von Kindern unter

5 Jahren ist immer noch sehr hoch (etwa 10,5 Millionen). Vor allem in Afrika ist sie aufgrund von HIV/AIDS etwa acht mal so hoch wie in Europa (WHO 2002). In den Entwicklungsländern sind die häufigsten Ursachen für die Kindersterblichkeit die perinatalen Bedingungen (23,1 %), Atemwegserkrankungen (18,1 %), Durchfall (15,2 %), Malaria (10,7 %) und Masern (5,4 %).

Im Gegensatz dazu sind die häufigsten Erkrankungen der Erwachsenen global nicht ansteckende Krankheiten, die 70-80 % ausmachen. Trotzdem ist aufgrund der hohen Verbreitung in Afrika HIV/AIDS die höchste Krankheitsbelastung bei Männern weltweit (Tab. 2.4). Bei den nicht übertragbaren Krankheiten führen

Tabelle 2.3 Biologische Stressoren

Viren	AIDS, Influenza, Pocken, Herpes, Polio, Röteln, Gelbfieber, Mumps, Tollwut, Masern, Lassa-Fieber, onkogene Viren: Papilloma-Virus (Cervix Carcinom), Cytomegalie-Virus (Carcinome des Urogenitaltrakts, Karposi Sarkom), Hepatitis B-Virus (Leberzellkarzinom), HTLV (humane T-Zelllymphome)
Bakterien	Lungenentzündung, Tuberkulose, Diphtherie, Typhus, Pest, Cholera, Syphilis, Milzbrand, Scharlach, Tetanus und viele mehr
Hefen/Pilze	Candidamykose, Chromoblastomykose, Sporothrixmykose, Eumycetom, Aspergillusmykose, Coccioidesmykose u. a.
Einzeller	Schlafkrankheit, Malaria, Amöbenruhr
vielzellige Parasiten	Befall durch Nematoden, Bandwürmer, Trichinen u. a.
stechende/saugende Organismen	Befall von Mücken, Flöhen, Läusen, Milben
toxische Substanzen durch Biss/ Stich, Aufnahme mit der Nahrung, Verletzungen	Bisse/Stiche von Bienen/Wespen/Hornissen, Spinnen, Skorpionen, giftigen Fischen, Quallen, Giftschlangen, Verzehr von giftigen Pilzen und Pflanzen, Bisse und Angriffe von Hunden und anderen größeren Säugern, Krokodilen, Haien

bei den Männern ischämische Herzerkrankungen (6,8 %) und Schlaganfälle (5,0 %) die Liste an, gefolgt von unipolarer Depression, Verkehrsunfällen und Tuberkulose. Bei Frauen ist die unipolare Depression die häufigste Erkrankung (8,4 %), gefolgt von HIV/AIDS (7,2 %), ischämischen Herzerkrankungen (5,3 %) und Schlaganfällen (5,2 %).

Dabei sind die Schwangerschafts- und Geburtsrisiken von Frauen nicht berücksichtigt. Weltweit sind die hauptsächlichen Todesursachen HIV/AIDS und ischämische Herzerkrankungen. Bei älteren Menschen (über 60 Jahre) sind ischämische Herzerkrankungen und Hirngefäßerkrankungen (z. B. Schlaganfall) die hauptsächlichen Todesursachen, gefolgt von Erkrankungen der Atemwege, Lungenkrebs, Diabetes mellitus, Bluthochdruck, Magenkrebs, Tuberkulose und Darmkrebs (WHO).

Bei den 50 häufigsten Todesursachen in Deutschland im Jahre 2002 waren chronische ischämische Herzerkrankungen, akuter Herz-

Tabelle 2.4 Weltweite Krankheitsbelastungen 2002. Hauptursachen von Krankheitsbelastungen (Dalys = *disability-adjusted life years*) für Männer und Frauen im Alter von 15 Jahren und darüber

	Männer	%Dalys		Frauen	%Dalys
1	HIV/AIDS	7,4	1	Unipolare Depression	8,4
2	ischämische Herzerkrankungen	6,8	2	HIV/AIDS	7,2
3	Schlaganfall	5,0	3	ischämische Herzerkrankungen	5,3
4	unipolare Depressionen	4,8	4	Schlaganfall	5,2
5	Verkehrsunfälle	4,3	5	Katarakt	3,1
6	Tuberkulose	4,2	6	Hörverlust	2,8
7	Alkoholmissbrauch	3,4	7	chronische obstruktive Lungenerkrankungen	2,7
8	Gewalt	3,3	8	Tuberkulose	2,6
9	chronische obstruktive Lungenerkrankungen	3,1	9	Arthritis	2,0
10	Hörverlust	2,7	10	Diabetes mellitus	1,9

Quelle: Welt-Gesundheitsorganisation (WHO). Global Health: today's challenges (2003)

infarkt, Herzinsuffizienz und Schlaganfall vier dominierende Ursachen, gefolgt von Lungenkrebs, Darmkrebs, Lungenerkrankungen, Brustkrebs und Diabetes (Bundesamt für Statistik).

Diese Erkrankungen stellen in der Regel große psychische und physische Belastungen dar, die sich als chronischer Stress wiederum negativ auswirken und die Belastung so verstärken können. Inwieweit die Erkrankungen primär schon von psychosozialem Stress, physischen Belastungen oder Mangelernährung mitverursacht wurden, muss jeweils im Einzelfall herausgefunden werden (Kapitel 8).

Der Rückgang von ansteckenden Krankheiten in den entwickelten Ländern ist hauptsächlich eine Folge von hohen Hygienestandards in Trinkwasser, Nahrungsmitteln und Luft sowie von medizinischen Fortschritten in der Bekämpfung von Viren, Bakterien und anderen Krankheitserregern durch Impfung, Antibiotika und andere Medikamente, durch die Standards der medizinischen Versorgung sowie durch Aufklärung und Verhaltensweisen der Menschen.

Die übrigen Risiken durch Bisse, Stiche und toxische Substanzen, auch wenn es gelegentlich Todesfälle durch Schlangenbiss, Verletzungen durch Haie oder Kampfhunde gibt, sind eher als gering einzustufen (ein zähnefletschender Hund ist aber immer noch ein Paradebeispiel für eine angstauslösende Situation) (Abb. 1.5).

Psychischer Stress 3

Die psychische Ebene der Stresswahrnehmung ist von allen Menschen primär erfahrbar. Die vielfachen Äußerungen, dass man „sich im Stress fühlt", entspringen aus eben diesen primären Erfahrungen, die auch das Erleben der körperlichen Veränderung bei Stress einschließen. Alle weiteren Erkenntnisse über die neurobiologischen, physiologischen, zellulären und molekularen Prozesse bei der Wahrnehmung, Verarbeitung von Stressoren und Stresszuständen sind dagegen nur sekundär über den naturwissenschaftlichen Ansatz zugänglich.

Wie erfahren wir Stress in unserem persönlichen Erleben oder – umfassender ausgedrückt – in unserer Psyche? Der Versuch, den Begriff Psyche zu definieren, ist alles andere als einfach. Üblicherweise zählt man dabei Bestandteile der Psyche auf, die lebendig miteinander interagieren und die u. a. bewusste, unbewusste, emotionale, motivationale und kognitive Funktionen enthalten. Die Bedeutung dieser Differenzierung ist unbestritten, ohne dass jedoch heute daraus eine Gesamtheit „Psyche" abgeleitet wird, die von einer körperlichen Dimension zu trennen ist. Stattdessen hat sich seit ungefähr zehn Jahren zunehmend die Auffassung durchgesetzt, dass das Zusammenwirken von Genom, Erfahrungsgeschichte und aktueller Reizsituation in den Gehirnprozessen und ihrer Plastizität angelegt ist. Ein alter Wunschtraum Freuds ist also näher gerückt – die Verbindung einer Wissenschaft der Psyche mit einer Wissenschaft der Biologie bzw. der Neurobiologie. Da die subjektive Erlebensperspektive aber nicht objektiviert werden kann, gibt es zur Zeit (und wohl auch in der Zukunft) keinen Grund, auf eine weitere Erforschung psychischer Abläufe zu verzichten. Von daher ist unser Wissen perspektivisch und notwendigerweise immer in diese zwei Aspekte aufgeteilt.

Die Einsichten in das subjektive Stresserleben – aus dem psychoanalytischen Erfahrungs- und Theoriebestand – stehen in diesem Kapitel im Vordergrund. Stresserlebnisse beruhen wesentlich auf einem Mangel an Bedürfnisbefriedigung oder an Stabilität; sie sind oft durch Konflikte mit Personen und Umwelt gekennzeichnet und können zu einer Bedrohung der Existenz werden. Diese Belastungs- oder Frustrationserfahrungen sind mit aversiven Gefühlen gekoppelt: mit Gefühlen von Hunger, Durst, Müdigkeit und Schmerz bei der Erfahrung körperlicher Mangelzustände, mit Gefühlen von Ärger, Wut, Angst, Neid, Trauer und Einsamkeit bei sozialen Konflikten und Isolation, mit Gefühlen von Schuld und Scham bei ethisch-normativen Konflikten. Subjektiv, d. h. individuell verschieden geprägt werden diese Gefühle durch die jeweils eigenen teils unbewusst bleibenden emotionalen Vorerfahrungen, die wir in ähnlichen oder assoziierten Situationen erlebt haben und die in unserer psychischen Struktur verfestigt sind. Ebenso wirksam sind die Vorstellungen, die wir von uns selbst und der Umgebung entwickelt haben, sowie unsere unterschiedlichen genetischen Prädispositionen für die Aufnahme und Verarbeitung von aversiven Erlebnissen und Gefühlen.

Wie geht der Mensch mit solchen subjektiven Erfahrungen und Gefühlen von Stress um? Er versucht – wie alle Organismen bei Stress – diesem Zustand auszuweichen, sich dagegen zu wehren oder sich daran zu adaptieren. Er hat darüber hinaus einen Überbau von Mythen, Religion und Kunst entwickelt, die dem Leiden einen höheren Sinn geben, Erklärungen dafür liefern oder einen großen Erfahrungs- und Reflexionsansatz zu diesen leidvollen Erfahrungen anbieten. Tantalus, Sisyphus und Narziss etwa sind mythologische Gestalten, denen zur Strafe die Bedürfnisbefriedigung verwehrt wird. Eine solch lang andauernde Frustration und Unerreichbarkeit des Zieles ist es, die wir am wenigsten gut bewältigen können und die uns oft in Zustände von Verzweiflung und Depression versetzt.

Da alle diese Erfahrungen und dazu entwickelten Bewältigungsstrategien von der individuellen Vorgeschichte, den bewussten und unbewussten Erinnerungen und Gefühlen abhängen, gibt es therapeutische Ansätze, die bei der Bewältigung von psychischen Belastungen diese biografische Komponente mit einbeziehen. Der klassische Ansatz dazu, die auf Freud zurückgehende Psychoanalyse, steht im Mittelpunkt dieses Kapitels, da er unserer Meinung nach diesen wichtigen individuellen Aspekt besonders berücksichtigt. Im Folgenden werden deshalb auch einzelne Fallbeispiele mit ihrer Vorgeschichte vorgestellt, an denen sich Sinnvermittlung, emotionale Aufarbeitung und neue Beziehungserfahrungen nach schweren psychischen Belastungen aufzeigen lassen. Die Auswahl dieses Ansatzes soll jedoch in keiner Weise eine negative Aussage zu anderen psychotherapeutischen Verfahren, medikamentösen Therapien oder einer Kombination verschiedener Konzepte implizieren. Bereits der Vergleich der unterschiedlichen psychoanalytischen Therapieansätze wäre ein eigenständiges Thema.

In der Darstellung des Stresserlebens und seiner Verarbeitung – aus der psychoanalytischen Perspektive betrachtet – setzen wir die folgenden Schwerpunkte. Zuerst geht es um die sprachliche Mitteilung des Erlebens, die von einem Zuhörer (Therapeuten) aufgenommen wird, und die in einer empathischen und introspektiven Suchbewegung ergänzt und vertieft wird. Die psychoanalytische Metapsychologie stellt hierbei eine Abstraktionsebene zur Verfügung, in die auch wichtige Gesichtspunkte der verschiedenen psychoanalytischen Schulen eingehen. Zum Abschluss werden zwei Aspekte besonders hervorgehoben – die Emotionen und die Motivationen. Ohne die Beachtung dieser beiden Komponenten ist kein Stressgeschehen verstehbar.

3.1 Das Stresserleben in der sprachlichen Mitteilung

Bitte stellen Sie sich einen kleinen Ausschnitt einer psychoanalytischen Sitzung vor, in der P. als Patientin und T. als Therapeut miteinander arbeiten.

P. sieht T. bei der Begrüßung etwas länger als üblich an. „Merkwürdig, auf dem Weg hierher habe ich plötzlich gedacht, Sie sind bestimmt noch genauso verschnupft und erkältet wie am Freitag, aber das stimmt ja wohl nicht. Eigentlich hätte ich gar nichts zu sagen brauchen." Nach einer Pause fährt P. fort: „Die Nacht von Freitag auf Samstag war ganz furchtbar, ich bin um vier Uhr aufgewacht, total angespannt, mein Herz raste, ich schwitzte überall, und trotzdem war mir kalt. Sofort bin ich in das Zimmer unserer Tochter A. gegangen, sie war natürlich nicht da." A. ist 18 Jahre alt und war vor einem halben Jahr auf dem nächtlichen Heimweg aus der Disco mit dem Auto verunglückt. Ein Freund wurde schwer verletzt, sie selbst hatte Glück im Unglück. Als die Unfallnachricht aus dem Krankenhaus kam, war P. zunächst wie gelähmt; dann kamen starke Ängste und Schuldgefühle, in der Erziehung und Fürsorge A. gegenüber total versagt zu haben. In dieser Nacht zum Samstag war die Angst ähnlich schlimm. Völlig zittrig und kaum in der Lage zu sprechen weckte P. ihren

Mann D. Dieser war sofort hellwach und versuchte P. zu trösten und zu beruhigen. P. berichtet weiter: „Für einen kurzen Augenblick fühlte ich mich beruhigt und dachte, vielleicht hat A. ja ihren alten Freund wieder getroffen, sie hat einfach die Zeit vergessen und kommt gleich erfüllt und fröhlich nach Hause und schimpft ein bisschen über mein Theater. Dann kam schon die nächste Welle der Angst. Ich sah mich als Kind, völlig allein und verlassen, schreiend im Bett, die Eltern kamen viel zu spät von einem Spaziergang zurück. Ich fühlte mich dann wieder scheinbar sicher, aber seitdem ist irgendwie mein ganzes Lebensgefühl zerstört. Die Angst kommt immer wieder, manchmal sogar schon, wenn jemand geht und die Tür hinter sich schließt. Früher habe ich zum Beispiel gebetet, ein Gebet nach dem anderen. Später habe ich manchmal gleich ein Beruhigungsmittel genommen, aber irgendwie hilft das alles nicht.“

Unterbrechen wir diesen Ausschnitt eines Stresserlebens und versuchen in einigen Grundzügen zu zeigen, wie ein Psychoanalytiker mit diesem Erleben umgeht. T. versucht, sich in P. einzufühlen, in einer Pendelbewegung zwischen Introspektion und Empathie.

3.2 Die introspektive Wahrnehmung des Erlebens

Kann man sich überhaupt in das Innenleben einer anderen Person einfühlen und es verstehen? Und wenn ja, mit welchen Möglichkeiten? Eine vorsichtige und wahrscheinlich realistische Antwort ist, dass es sich hier um eine Annäherung handelt, die von den beteiligten Personen als mehr oder weniger stimmig erlebt wird. Um überhaupt zwischen sich und einer anderen Person unterscheiden zu können, bedarf es der Introspektion, der Einfühlung in die eigenen Fantasien, Gefühle und körperlichen Prozesse. Diese lassen sich dann versuchsweise zuordnen als partielle Identifikation mit dem anderen, als Möglichkeit eines gleichen oder ähnlichen Erlebens. Diese Annahme bedarf einer fortlaufenden Überprüfung, nicht unbedingt in der Vorstellung, zu einer richtigen Position zu kommen, sondern um einen Prozess der vertieften Erforschung des Innenlebens (von beiden Beteiligten) zu fördern. Diese Relativierung ist für die Kenntnis des Innenlebens durchaus angemessen, da jeder von uns erlebt, dass es Gefühle als abgrenzbare Kategorie – wie nur Angst oder Wut – überwiegend nicht gibt, sondern lediglich in einer manchmal sehr undeutlichen Mischung verschiedener Empfindungen und obendrein noch in einer wechselhaften Intensität. Ein Gefühl von Frustration oder Enttäuschung könnte aus Komponenten wie Trauer, Angst und Wut bestehen, die unterschiedlich bewusstseinsnah erlebt werden und auch sprachlich schwer zu differenzieren sind. Die introspektive Wahrnehmung bleibt also eine Annäherung und in einer Therapie eine intersubjektive Konstruktion zwischen zwei Personen.

Der Begriff der **Introspektion** umschreibt den Versuch, sich in die eigene innere Welt einzufühlen. Bezogen auf das vorangestellte Beispiel achtet T. auf seine Gefühle, Fantasien und Handlungsimpulse, die sich im Zusammenhang mit P. einstellen. Gut vorstellbar ist, dass T. gegenüber P. Versorgungs- und Schutztendenzen empfindet, um P. in ihrer Panik zu helfen. T. stellt sich vor, P. wolle ihm mitteilen, wie einsam und hilflos sie sich häufig fühle, nicht nur in der aktuellen Paniksituation, sondern auch – auf der unbewussten Ebene – in der Therapie. Dieses Gefühl stellt sich immer wieder ein, nachdem die Therapiesitzung beendet ist und bei den verlängerten Pausen zwischen den Sitzungen etwa am Wochenende oder bei Unterbrechungen. T. bemerkt aufkommende Schuldgefühle und vermutet, dass diese mit einer unbewussten Vorwurfshaltung von P. zusammenhängen könnten. Auf diesem Wege versucht T., Fragen und Interventionen zu entwickeln.

Wie ist das ursprüngliche Freudsche Verständnis dieser Interpretation? Im Mittelpunkt der spezifisch psychoanalytischen Wahrnehmung stehen die so genannten **Übertragungs- und Gegenübertragungsprozesse**, die während des Therapieverlaufs als **Zentren der emotionalen Konfliktdarstellung** verstanden und bearbeitet werden. Hinsichtlich der Übertragung geht Freud (1905, 1912) dabei von zwei grundsätzlichen Überlegungen aus:

- Jeder Mensch erwirbt in seiner Kindheit bestimmte, für sein Affektleben charakteristische Merkmale, die im Laufe seines Lebens strukturell verfestigt wiederkehren.
- Die unbewusst fixierte libidinöse Erwartung kann sich – insbesondere in Mangelsituationen – an alle Beziehungspersonen binden.

Anschließend an diese Grundpositionen formuliert Freud die entscheidende Auswirkung der Übertragung für die psychoanalytische Therapie: »Jedes Mal, wenn wir einen Nervösen psychoanalytisch behandeln, tritt bei ihm das befremdende Phänomen der so genannten Übertragung auf, das heißt, er wendet dem Arzt ein Ausmaß an zärtlichen, oft genug mit Feindseligkeit vermengten Regungen zu, welches in keiner realen Beziehung begründet ist, und nach allen Einzelheiten seines Auftretens von den alten und unbewusst gewordenen Fantasiewünschen des Kranken abgeleitet werden muss. Jenes Stück seines Gefühlslebens, das er sich nicht mehr in die Erinnerung zurückrufen kann, erlebt der Kranke also in seinem Verhältnis zum Arzt wieder, und erst durch ein solches Wiedererleben in der ‚Übertragung‘ wird er von der Existenz wie von der Macht dieser unbewussten sexuellen Regungen überzeugt. Die Symptome, welche, um ein Gleichnis aus der Chemie zu gebrauchen, die Niederschläge von früheren Liebeserlebnissen (im weitesten Sinne) sind, können auch nur in der erhöhten Temperatur des Übertragungserlebnisses gelöst und in andere psychische Produkte übergeführt werden.« (Freud 1900, Freud 1905).

Fünf Jahre später – nach den ersten zusammenfassenden Formulierungen über die Übertragung (Freud 1905) – entwickelt Freud sein Konzept der Gegenübertragung (Freud 1910, 1912), das seitdem ausführlich und teilweise kontrovers diskutiert wird (Moeller 1977). Heute sieht man in der Gegenübertragung übereinstimmend ein Instrument, »das dem Analytiker eine bedeutsame Verständnishilfe für den verborgenen Sinn der Mitteilungen des Patienten bietet. Der entscheidende neue Gedanke besagt, dass der Analytiker Wahrnehmungs- und Verstehenselemente für die sich im Patienten abspielenden Vorgänge besitzt, und dass diese Elemente nicht unmittelbar bewusst sind, aber vom Analytiker entdeckt werden können, wenn er seine eigenen Assozia-

tionen beobachtet, während er dem Patienten zuhört.« (Sandler et al. 1973).

Bei diesem intrapsychischen Vorgang wird die Gegenübertragung in zwei Informationsbereiche aufgeteilt, nämlich in die Wahrnehmung der sogenannten Subjekt- und Objektrepräsentanzen, denen gegenüber eine doppelte Identifikation zu leisten ist. Im ersten Fall – der Subjektdimension – empfindet T. wie P., im zweiten Fall – der Objektdimension – wie eine wesentliche Beziehungsperson von P. (Moeller 1977).

In der Subjektdimension (der konkordanten Identifizierung nach Racker 1993) fragt sich T., wie fühle ich selbst die Angst von P., was habe ich in vergleichbaren Situationen erlebt, wie waren meine Wünsche und Erwartungen an meine nächsten Beziehungspersonen? In der Objektdimension (der komplementären Identifizierung nach Racker) fragt sich T., wie fühlt wohl der Partner von P., oder die Tochter, oder auch andere wichtige Personen in der früheren und aktuellen Umgebung?

Im heutigen Verständnis der psychoanalytischen Interaktion beziehen sich Übertragung und Gegenübertragung weniger auf eine Rekonstruktion der Vergangenheit, sondern mehr auf einen gemeinsamen schöpferischen Prozess: »Wenn ich mich bemühe zu verstehen, was ich in der Übertragung bin, also wie ich durch die vom Analysanden in mir angesprochene Funktion definiert werde, dann kann ich mit der Zeit vielleicht herausfinden, wer ich bin, selbst wenn diese Figur sich aus Mutter, Vater und früherem Kind-Selbst des Patienten zusammensetzen sollte.« (Bollas 1997).

Die schwierigen Verhältnisse zwischen Übertragung und Gegenübertragung werden in vielen psychoanalytischen Arbeiten differenziert dargestellt und diskutiert (Bohleber 1999). Insbesondere geht es um die Frage der Wahrheit der psychoanalytischen Interpretation. Die kann es nach der gegenwärtigen Erkenntnistheorie nicht geben, sondern lediglich eine Konstruktion von Bedeutungen, die relativ bzw. vielgestaltig ist und nicht endgültig festgelegt werden kann. P. ist kein Objekt der Erkenntnis von T., sondern es handelt sich um die Begegnung von zwei Individuen mit subjektiven Erfahrungen, die einen Bedeutungszusammenhang erforschen.

3.3 Die empathische Wahrnehmung des Erlebens

Die Fähigkeit zur Empathie gilt als eine Grundvoraussetzung der psychoanalytischen Praxis. Der Therapeut wechselt zwischen einer Beobachtung von außen (was nehme ich wahr, was beobachte ich in mir?) und einer Einfühlung in das Innenleben des Patienten (was nehme ich wahr, wie er sich wahrnimmt?). Dieser Modus der Einstimmung nutzt sowohl kognitive, perzeptuelle und affektive Signale, um mit dem Patienten zusammen seine innerpsychischen Vorgänge zu erforschen. Dadurch soll eine Stärkung des Selbstgefühls und der Selbstwahrnehmung gefördert werden, die letztlich auf die Sehnsucht nach der Einheit einer frühen Mutter-Kind-Symbiose zurückzuführen ist. Der Therapeut wird dabei erlebt als ein idealisierbarer Anderer, der gleichzeitig in das eigene Selbst aufgenommen wird. Diese Vorgehensweise beruht auf einer allgemeinen menschlichen Fähigkeit (Empathie), die einzelnen Personen in unterschiedlicher Weise eigen ist, die aber – z. B. durch eine psychotherapeutische Ausbildung – gefördert und differenziert werden kann.

Der Begriff der **Empathie** (Einfühlung) wird in der Psychoanalyse häufig wie selbstverständlich verwandt und oft in Zusammenhang mit Introspektion gebraucht (z. B. empathisch-introspektives Verstehen). Besonders in der Selbstpsychologie hat die Empathie eine prinzipielle Bedeutung, um die innerpsychischen Prozesse eines anderen Menschen verstehen zu können. Zwei Schritte lassen sich unterscheiden (Milch 2001), die wir wieder am Beispiel von P. und T. beschreiben.

Zuerst achtet T. auf die eigene affektive Resonanz zum nächtlichen Angstanfall von P. Zum Beispiel könnte es sein, dass er sich vorrangig mit der Tochter A. identifiziert. Er denkt an einige Situationen aus seiner eigenen Jugendzeit, in denen er immer viel zu spät und mit einigen Bieren zu viel nach Hause kam. Er erlebte die Gefühle seiner Mutter als eine Mischung aus Panik und Wut, weil sie sich in ihrer Sorge nicht verstanden fühlte. Von diesen Einfällen muss sich T. aber auch distanzieren können, um sich auf die Gefühlslage von P. einzustimmen. Dabei

versucht T. zu den folgenden Fragen zu wechseln: Wie könnte die augenblickliche emotionale Verfassung von P. sein (der berichtete Angstanfall liegt ja schon einige Zeit zurück)? Gibt es einen Schwerpunkt, den P. bearbeiten möchte? Gibt es dafür verschiedene Signale oder Markierungen?

In der psychoanalytischen Praxis ist es grundsätzlich wichtig, die Signale eines Patienten zu erkennen, die er selbst setzt für die Problembereiche, die er andeutungsweise ahnt und erkennt, die er aber nicht genau formulieren kann. Hier geht es zunächst darum, den Patienten zu unterstützen, sein unklares inneres Empfinden zu erforschen. Das „Erforschen" ist wichtig, oder – mit anderen Worten – das Schaffen des „inneren Raumes", eine Verbesserung „der Intimität mit dem eigenen Selbst". Psychotherapeuten erwarten nicht das vollständige Verstehen, die „richtige" Deutung, sondern versuchen die Introspektionsfähigkeit zu fördern.

Gehen wir zu unserem Eingangsbeispiel zurück: P. beginnt mit Assoziationen zur Erkältung von T., die aber eigentlich keine Rolle mehr spielt, nicht angesprochen zu werden braucht, aber überraschenderweise trotzdem zur Sprache kommt. P. signalisiert ihre Irritation über ihren eigenen Einfall und setzt somit eine Markierung für eine gemeinsame empathisch-introspektive Arbeit. T. unterstützt P. in dem Versuch, sich selbst tiefer zu explorieren. Er geht davon aus, dass dieser Einfall zu ihm nicht zufällig entstanden ist, sondern einen wichtigen aktuellen Aspekt des Erlebens von P. fokussiert. Dieser wiederum kann gut geeignet sein, dass P. – in der aktuellen Situation – mit ihren Gefühlen in Kontakt kommt.

In der psychoanalytischen Literatur haben wir keine Zusammenfassung über solche Marker des empathischen Erforschens gefunden, wohl aber bei einer Forschungsgruppe um Greenberg (2003), die sich selbst zwischen den psychodynamischen und den behavioralen Theorien und Therapieschulen einordnet. Greenberg et al. benennen für die Marker sechs unterschiedliche Ebenen:

- die irritierte Reaktion über ein Ereignis (1)
- das mangelhafte Selbstverständnis (2)
- die konflikthafte Selbstbewertung (3)
- der Selbstunterbrechungskonflikt (4)
- die unerledigte Gefühlsarbeit (5)
- die große Verletzbarkeit (6)

Zur Veranschaulichung dieser Ebenen berichte ich über Kurzbeispiele der Patientin P., die jeweils das aktuelle Stresserleben und dessen nicht gelingende Verarbeitung markieren.

1. P. schildert eine Reaktion oder ein Gefühl, das ihr selbst als problematisch, irritierend, ungewohnt auffällt, ohne dass sie von sich aus die Zusammenhänge weiter klären kann. Die angesprochene Erkältung wird in dieser Weise markiert.
2. P. beschreibt ein inneres Empfinden, das für sie fehlt oder ganz undeutlich ist. Kurzbeispiel: „Seitdem unsere Tochter verunglückt ist, weiß ich überhaupt nicht mehr, was ich für meinen Mann D. empfinde. Irgendetwas scheint in mir los zu sein, ich weiß nicht, was es ist, es geht alles durcheinander."
3. P. beklagt eine Zerrissenheit ihrerseits – eine Selbstbewertungsspaltung. Kurzbeispiel: „Ich bin so total ängstlich. Ich müsste aber aktiv sein, viele Pflichten erledigen. Stattdessen sitze ich herum und warte auf den nächsten Angstanfall."
4. P. beschreibt eine Gefühlsblockade - eine selbstunterbrechende Spaltung. Kurzbeispiel: „Die Liebe und Bindung zu meiner Tochter ist da, aber diese Gefühle werde ich nie wieder einem anderen Menschen gegenüber zulassen, ich will nichts mehr fühlen oder brauchen oder mein Herz an jemanden hängen."
5. Es geht um eine unabgeschlossene emotionale Angelegenheit. Kurzbeispiel: „Ich spüre auch viel Wut auf meine Tochter. Aber ich habe immer das Gefühl, es geht dabei um meine Mutter. Der konnte ich ja nie etwas sagen, noch heute habe ich den Wunsch, sie mal richtig anzuschreien. Aber was macht das für einen Sinn, das ist doch schon ganz lange her."
6. P. zeigt sehr schmerzhafte Gefühle, bezogen auf die eigene Person. Kurzbeispiel: „Eine Sache habe ich noch nie jemandem erzählt, davor habe ich die größte Angst, ich könnte vor Scham versinken."

Alle genannten Beispiele können wahrscheinlich in ersten Ansätzen verdeutlichen, wie eng das Stresserleben mit intensiven Gefühlen und Motivationen zusammenhängt. Darauf kommen wir später ausführlich zurück (Abschnitte 3.5.3 und 3.5.4). Zunächst sollen aber die klassischen „Theorienmodelle" zum intrapsychischen und interpersonellen Geschehen vorgestellt werden, welche die lange Tradition der Psychoanalyse hervorgebracht hat und die sich in allmählicher Veränderung befinden (Übersichten bei Mertens 1990a, 1990b, 1991, Sandler und Dreher 1999, zu einzelnen Teilproblemen siehe auch Rippe 1995a, 1995b, Martin et al. 2003).

3.4 Die psychoanalytische Metapsychologie – wie kann sie ein Stresserleben erfassen?

Bestimmt durch eine naturwissenschaftlich orientierte Grundhaltung entwickelte Freud seine zentralen psychoanalytischen Theorien im Sprachgebrauch eines physiologischen genauer gesagt physikalischen Modells. Dieser systematische Aufbau wurde insbesondere ab 1970 aus wissenschaftstheoretischer Perspektive verstärkt diskutiert, da der ursprüngliche Ansatz zu mechanistisch erschien und durch die stärkere Beachtung einer Beziehungsdimension (z. B. Kind – Eltern – Umwelt oder Patient – Therapeut) abgelöst oder zumindest ergänzt werden sollte. Aus der heutigen Perspektive lassen sich – als wichtiges heuristisches Prinzip – einige Grundannahmen zusammenfassen, nach denen jedes psychische Phänomen, also auch jede Form der Stressentstehung und -verarbeitung, untersucht und interpretiert werden kann.

Der *topische Gesichtspunkt* unterscheidet unbewusste und bewusste Qualitäten psychischer Prozesse. Geht es um die Persönlichkeitsstruktur (*struktureller Gesichtspunkt*) werden Es, Ich, Überich und Ichideal unterschieden. Das Es erfasst die Triebpotenziale (Libido und Aggression), das Ich die gnostischen Funktionen, die Realitätsprüfung und die Abwehrmechanismen. Überich und Ichideal enthalten die Bewertungen und Zielvorstellungen. Der *dynamische Gesichtspunkt untersucht das intrapsychische Kräftespiel zwischen den beteiligten Instanzen. Bei der psychoökonomischen Perspektive geht es um die Stärke der Triebimpulse und Abwehrvorgänge und die darin gebundenen Motive und*

Gefühle. Der entwicklungspsychologische (psychogenetische) Ansatz untersucht den Entwicklungsaspekt, der adaptive Ansatz die Anpassungsvorgänge zwischen Person und Umwelt.

Psychische Phänomene können nur dann einigermaßen verstanden werden, wenn alle genannten Gesichtspunkte Beachtung finden. Führt etwa chronifizierter Stress zu einer Depression, lässt sich die folgende kurze Skizze entwerfen: Libidinöse Strebungen werden fru-

striert, die Aggression wendet sich gegen die eigene Person. Das Überich ist zu streng, das Ichideal ist von unbewussten Größenfantasien erfüllt. Die gnostischen Funktionen, die Aktivität und die Motorik sind gehemmt, verschiedene Abwehrmechanismen dominieren, die Wirkung nach außen ist aggressiv geprägt durch Verschlossenheit und Schwermut. Es stellt sich die Frage, wie dieses Symptombild biografisch entstanden ist?

3.4.1 Die topische Perspektive fragt nach den unbewussten Determinanten eines Verhaltens

Freud unterschied drei psychische Systeme, das Bewusste, das Vorbewusste und das Unbewusste. Die oft aus dem Unbewussten aufkommenden Wünsche (sexueller oder aggressiver Art) werden Ausgangspunkt für Konflikte und Symptombildungen. Aus diesem Blickwinkel liegt folgende Hypothese für den nächtlichen Angstanfall unserer Patientin P. nahe: P. hat eine weiterhin sehr enge Bindung zur Tochter A., die sich in einem Lösungsprozess von ihr befindet. P. ist innerlich erfüllt mit Ärger und Wut, dass sich A. ihrem mütterlichen Einfluss entzieht und ihren eigenen Weg geht. Diese Aggressionen sind P. unbewusst und werden dort gehalten, um die bewusste liebevolle Nähe nicht zu gefährden. Aus dieser inneren Spannung entwickelt sich die Angst als Resultat eines intrapsychischen Notzustandes.

3.4.2 Die strukturelle Perspektive fragt nach der Funktionsweise der Psyche

Die psychische Struktur besteht nach Freud aus drei Instanzen, dem **Es** (primäre Triebbedürfnisse der Sexualität und der Aggression), dem **Überich** (moralische Forderung und Idealbildung) und dem **Ich** (Vermittlungsfunktion, Realitätskontrolle). Das Ich hat verschiedene Möglichkeiten der Anpassungsarbeit, z. B. kann es Bedürfnisse befriedigen, sie verschieben, verdrängen, sublimieren oder auch vor ihnen flüchten.

Gehen wir auf unser Beispiel P. zurück, bekommen wir wichtige Hinweise zu einer Ein-

schätzung der Ichfunktionen. In der beschriebenen Stresssituation wird das Ich von P. durch die Angst „ überschwemmt" und kann seine regulierende Funktion nicht sicher aufrechterhalten. Auch in ihrer Lebensgeschichte spielte die Angst immer wieder eine große Rolle und veranlasste sie, sich immer wieder Schutzpersonen, sogenannte *steuernde Objekte* zu suchen, denen sie allerdings nie abgrenzend oder ärgerlich-wütend begegnen durfte (König 1981, Mentzos 1983, Rehberger 1999). In dieser Fixierung zeigt sich die eingeschränkte Ichstruktur von P. Ihre emotionale Reagibilität ist reduziert, insbesondere gegenüber den aggressiven Gefühlen Ärger, Wut und Hass, aber auch bei einem Trennungserleben (Schmerz, Trauer). Diese Gefühle können weder ausgedrückt noch affektiv kommuniziert werden.

Der Blick auf die Struktur des Ich, insbesondere auf seine Steuerungsleistungen gegenüber der realen Außenwelt und der Innenwelt, macht deutlich, in welcher Weise das Ich Stresserleben und seine Verarbeitung organisiert und reguliert. Häufig kritisiert an dieser Freudschen Betrachtungsweise von verschiedenen psychischen Instanzen (Strukturen) wurde die mechanistische Reduzierung dieses Modells, eine „Maschinensprache", die letztlich dazu führte, dass ein weiteres Konzept „Das Selbst" eingeführt wurde, das wesentlich unter dem adaptiven Gesichtspunkt dargestellt wird. In dieser Diskussion geht es nicht nur um die Frage der grundsätzlichen Notwendigkeit einer objektiv-distanzierten Theoriensprache, sondern um die Überlegung, ob nicht Modelle bevorzugt werden sollten, in denen das Erleben und die Geschichte eines Patienten möglichst wenig verloren gehen (erlebnisnahe Modelle).

3.4.3 Die dynamische Perspektive fragt nach den psychologischen Kräften, nach ihrer Richtung und Stärke

Dieser Gesichtspunkt betont zwei Aspekte:

- Emotionale Grundbedürfnisse verlangen ihre Befriedigung
- Ein stark verletztes „narzisstisches Ich " sucht die Wiederherstellung des Selbstwertgefühles bzw. der Selbstkohärenz.

Diese Zweiteilung ist Ausdruck der gewachsenen pluralistischen Tendenzen in der Psychoanalyse, einer Entwicklung, die etwa ab 1970 begonnen hat (z. B. Habermas 1968, Lorenzer 1970, 1971, 1973, 1974, Ricouer 1969, Thomä und Kächele 1973, Rippe 1995, 1996).

Vier Hauptströmungen (Schulen) stehen heute nebeneinander, von denen keine ein Machtmonopol erreicht hat: **Triebpsychologie, Ich-Psychologie, Objektbeziehungstheorie, Selbstpsychologie**. Die hier dargestellte Zusammenfassung der Metapsychologie versucht die unterschiedlichen Positionen schwerpunktmäßig einzuarbeiten.

Bei unserer Patientin P. können wir die beiden genannten Aspekte – die unterdrückte Aggression und das verletzte Ich – entdecken. P. kann die wachsende Autonomie ihrer Tochter nicht integrieren und nicht die damit verbundenen libidinösen und aggressiven Spannungen. Stattdessen muss P. die Funktion eines „steuernden Objektes" aufrechterhalten, um nicht in ein psychisches Ungleichgewicht zu geraten. Dieser Anteil der Beziehung (z. B. zwischen P. und ihrer Mutter) zwischen P. und ihrer Tochter A. wird verstanden als Wiederholung einer alten Beziehungsdynamik mit neuen Objekten (siehe Abschnitt 3.4.5).

3.4.4 Die psychoökonomische Perspektive fragt nach den psychoenergetischen Bewegungen und Veränderungen

Innere Spannungen können zu- oder abnehmen, wobei die Kapazität der Psyche individuell unterschiedlich fähig ist, diese Spannungszustände zu ertragen. Unsere Patientin P. hat in Hinblick auf Trennungs- und Verlassenheitssituationen eine hohe Sensibilität entwickelt. Sie hatte bereits als Kind nächtliche Angstanfälle, konnte

nie gut allein sein und fühlte sich häufig instabil und verletzlich. Die Nähe und Verfügbarkeit der Bezugsperson vermochte die Affektstürme zu mildern, daraus entwickelte sich jedoch nur eine geringe eigene psychische Stärke. Diese Zusammenhänge lassen sich mit Hilfe von Begriffen, wie dem Funktionsniveau der Persönlichkeit, der Leistungsfähigkeit des Ich oder der Ich-strukturellen Störung beschreiben. In der weitergehenden und aktuellen Entwicklung der Psychoanalyse werden diese Positionen überwiegend in ein umfassendes Konzept des Selbst und der Objektbeziehung eingearbeitet.

3.4.5 Die entwicklungspsychologische Perspektive fragt nach den biografischen Entstehungsbedingungen eines Verhaltens

Zusammen mit dem dynamischen Ansatz liegt im entwicklungspsychologischen Denken ein wichtiges Potenzial für ein Stressverständnis. Stabilität und Vulnerabilität des Ich bzw. Selbst (Abschnitt 3.4.6) werden aus einer Entwicklungsperspektive verstanden. Rudolf (2000a, 2000b) formulierte ein integratives Modell der Entstehung psychischer Störungen, das in der folgenden Übersicht zu den einzelnen Entwicklungsschritten und Störungsfolgen hier zusammengefasst wird.

Die angeborene biologische Ausstattung

Es gibt viele Hinweise, dass die körperliche Konstitution, Ausprägungen des Temperaments, der Begabung, der Impulsivität oder der Schmerzempfindlichkeit genetisch mitbestimmt sind. Auch im Hinblick auf die Entstehung psychischer und körperlicher Erkrankungen ist eine partielle psychische und körperliche Disposition nachgewiesen, die somit zu einem familiär höheren Risiko führen kann.

Die intrauterine Entwicklung

Verschiedene Substanzen aus dem Blut der Mutter (z. B. Nikotin, Medikamente) wirken auf den Fötus ein. In seinem Ausmaß nicht exakt belegbar ist der Einfluss mütterlicher Stresshormone oder auch lang anhaltender aversiver emotionaler Zustände der Mutter (Angst, Verzweiflung, Wut, Abschnitt 2.1.1, Kapitel 4). Aus der psychologischen Sicht ist durch eine Reihe von Studien (Dornes 1997) gut belegbar, dass eine sozial und psychisch stabile Frau zu dem noch ungeborenen Kind eine personale Beziehung – mit vielen Gefühlen und Fantasien – aufnehmen kann. Die Art der Beziehungsrepräsentanz ermöglicht eine Einschätzung der späteren Bindung zwischen Kind und Mutter. Demgegenüber entwickelt eine sozial und psychisch stark belastete Mutter deutlich weniger personale Fantasien zum ungeborenen Kind, sondern eher ein Schwangerschaftserleben, das als einschränkend und fremd empfunden wird. Diese Hinweise und Hypothesen bedürfen einer weiteren Beachtung hinsichtlich ihrer Einwirkung auf Gesundheit, Stressbelastbarkeit und Erkrankung des Kindes (Kapitel 4).

Für die weiteren Entwicklungsabschnitte unterscheidet Rudolf (2000b) vier Segmente, die besonders wichtige reifende Funktionen auf der körperlichen, der intrapsychischen und der sozialen Ebene eines Kindes und deren Störungen erfassen. Zusammen mit den angeborenen Anlagen bildet sich ein individueller Persönlichkeitsstil heraus, der aus einem Zusammenwirken der Reifungs- bzw. Lerngeschichte und spezifischen Störfaktoren entsteht. Die Übersicht von Rudolf wird hier verkürzt wiedergegeben (2000b).

Der Aufbau des Kommunikationssystems

Die wechselseitige Näheregulierung zwischen Mutter und Kind ist abhängig von der Vitalität oder Störbarkeit des Kindes und der ruhigen Zuwendung und Einfühlung der Mutter (Tab 3.1). Auf der Seite der Mutter können eine Vielzahl

Tabelle 3.1   Der Aufbau des Kommunikationssystems

Das erste Vierteljahr	
körperlich	– körperlich-vitale Abhängigkeit (Nahrung, Wärme, Reizschutz)
intrapsychisch	– körpernahe Affekte
sozial	– symbiotische Beziehung, Synchronisierung des Kontaktes
Störung	– fehlende Abstimmung, Kommunikationsabriss, Affektstürme

(aus Rudolf 2000b)

von Faktoren bewirken, ob überwiegend Gelassenheit oder Erregung und Spannung dominieren. Nicht nur die psychische Belastbarkeit der Mutter durch ihre eigene Lebensgeschichte spielt dabei eine große Rolle, sondern auch der aktuelle sozioökonomische Status und die Stressbelastung in den persönlichen Beziehungen und im Beruf (Abschnitte 2.1.1 und 2.1.2).

Der Aufbau des Bindungssystems

Kind und Mutter haben in ersten Schritten gelernt, sich voneinander zu unterscheiden und einen Weg der Näheregulierung zu finden (Tab. 3.2). Für das Kind geht es jetzt darum, positive Beziehungserfahrungen zu internalisieren und positive Selbstaspekte aufzubauen. Dazu gehört die Differenzierung der verschiedenen Basisgefühle, die von Geburt an präsent sind und in der mütterlichen Dyade beantwortet werden (Freude, Angst, Ärger, Trauer). Die Folgen eines Ungleichgewichts in der Affektdifferenzierung werden in einem späteren Beispiel ausführlich dargestellt.

Tabelle 3.2   Der Aufbau des Bindungssystems

Das erste Lebensjahr	
körperlich	– motorische Entwicklung, Fokussierung der optischen und akustischen Aufmerksamkeit
intrapsychisch	– Anfänge des Körperselbst, Differenzierung von Selbst und Objekt, Affektdifferenzierung
sozial	– Einübung der Kommunikation
Störung	– fehlende Passung, ängstliche Erwartung von Verlust und Enttäuschung

(aus Rudolf 2000b)

Der Aufbau des Autonomiesystems

Das kindliche Autonomiesystem entwickelt sich insbesondere im zweiten und dritten Lebensjahr (Tab. 3.3). Eigenwilligkeit, Aktivität und Initiative beginnen zu wachsen. Ist das Kind zu eng gebunden, entstehen schwer lösbare Konflikte zwischen den Bindungswünschen und den aktiv-aggressiven Tendenzen. Wie bereits erwähnt vermuten wir diese Dynamik bei der Patientin P. Verschiedene Kontrollmechanismen werden zur

Tabelle 3.3 Der Aufbau des Autonomiesystems

Das 2. und 3. Lebensjahr	
körperlich	– Differenzierung der Motorik
intrapsychisch	– frühes Selbstbild, kindliches Größenselbst, Explorationslust
sozial	– affektintensive Auseinandersetzung mit der Objektwelt, beginnende Über-Ich-Entwicklung, Selbstständigkeitsversuche und Wiederannäherung
Störung	– aggressive Unterdrückung oder Mangel an Steuerung, ängstliche Abhängigkeit, angestaute Aggressivität

(aus Rudolf 2000b)

Angstvermeidung eingesetzt, insbesondere das Festhalten an „steuernden Objekten". In dieser Weise wird die Angst vor der eigenen Aktivität und Aggressivität unterdrückt. Versagt die Steuerungsfunktion, kommt es zu einer Spannungssteigerung und häufig zu einer überflutenden Angst.

Das Identitätssystem

Das Kind (zwischen dem 4. und 6. Lebensjahr) entwickelt die eigene sexuelle und soziale Ein-

Tabelle 3.4 Die psychosexuelle und soziale Identität

Das 3. bis 6. Lebensjahr	
körperlich	– Differenzierung der sensomotorischen Koordination, Anklänge von Erotisierung
intrapsychisch	– Selbstbewusstheit und Realitätsprüfung, Angst vor antizipierbaren Gefahren
sozial	– gleich- und gegengeschlechtliche Beziehung zu den Eltern und Anderen (ödipale Triangulierung), Position in der Familie
Störung	– Erotisierung der Eltern-Kind-Beziehung, Ablehnung der Geschlechtsrolle, persistierende Elternbindung, starke narzisstische Ansprüche und Selbstzweifel

(aus Rudolf 2000b)

deutigkeit in der Beziehung zwischen den Eltern und den Geschwistern (Tab. 3.4). Ein häufiger Konflikt liegt in der partiellen Rollenzuschreibung, Partnerersatz für ein Elternteil darzustellen oder Erwachsene in kindlichen Wünschen und Forderungen zu versorgen. Dadurch wird das Kind in seiner Identitätsentwicklung sehr verunsichert. Es entwickelt ein starkes Bemühen, die zugedachte Rolle zu erfüllen und die eigenen Bedürfnisse zurückzustellen.

In den weiteren Entwicklungsschritten und Lebensschwellen müssen sich die bisher erworbenen Fähigkeiten in immer wieder auftauchenden Belastungssituationen, in der Adoleszenz, bei der Familiengründung, in Beziehungskrisen, bei Krankheiten, in der Auseinandersetzung mit dem Älterwerden usw. bewähren. Bringt ein Kind viel Kompetenz mit, können auch schwerere Belastungen bewältigt werden, ist die Basis nur wenig tragfähig, reichen kleine Krisen aus, um das Selbst in Not zu bringen.

3.4.6 Die adaptive Perspektive fragt nach der Anpassungsfunktion eines Verhaltens

Dieses Modell beinhaltet Überlegungen, inwieweit heute eine Verhaltensweise schlecht angepasst ist, die vielleicht früher eine adäquate Reaktion auf die damaligen Verhältnisse bedeutete. Diese Entwicklung verdankt die Psychoanalyse in erster Linie Erikson und gilt als wesentlicher Versuch, das Problem der formelhaften Verkürzung und Beschreibung psychischer Prozesse dadurch zu lösen, dass anstelle der klassischen Strukturtheorie eine weitere alternative Instanz eingeführt wird, das sogenannte „Selbst" (Erikson 1956, Jacobson 1973, Kohut 1973, Kernberg 1979. Henseler 1974). Das Selbst gilt als **Zentrum des narzisstischen Regulationssystems** und umfasst die Gefühle des Selbstwerts, der Sicherheit und des Wohlbehagens. Die Beziehung zwischen den Begriffen Selbst und Ich wird in der Psychoanalyse kontrovers diskutiert (Ludwig-Körner 1993). Für eine Stressdiskussion erscheint es jedoch vorteilhaft, das Selbst als eine übergeordnete reflexive Struktur aufzufassen, die alle übrigen Elemente der psychischen Struktur (also auch das Ich) in sich integriert (Rudolf 2000b). Über den Weg der Objektbeziehung entwickelt das Selbst sein eigenes Bild von sich und versucht diese Identität aufrecht zu erhalten, aber auch im Sinne eigener Wunschvorstellungen zu verändern. Dieses ganzheitliche Geschehen wird durch einen starken oder lang anhaltenden Stressvorgang destabilisiert, bei dem die einzelnen Substrukturen unterschiedliche Aufgaben erfüllen können. In einem Angstanfall z. B. kann das Ich nicht mehr ausreichend verdrängen, es ist geschwächt, muss vielleicht andere Ressourcen aktivieren, das Überich wird vielleicht noch strenger und verurteilender und das Versagen am Ich-Ideal ist unausweichlich nahe. Insgesamt entsteht vielleicht ein Bild, das als ein „ohnmächtiges Selbst" erlebt und bezeichnet werden kann. Diese Regulierungsprozesse basieren auf einem frühkindlichen Entwicklungsgeschehen, das auch die Phase einer erst beginnenden Trennung von Selbst und Objekt erfasst. Dabei wird der Versuch gemacht, die Selbst-Definition einer jeden frühkindlichen Entwicklungsstufe sprachlich verkürzt zu erfassen, z. B. gilt für die orale Phase das Lernen von Urvertrauen: „Ich bin, was man mir gibt." Jede Phase hat ihre spezifischen Krisen, die durch die Störung des frühen Einigungsprozesses zwischen Mutter und Kind hervorgerufen werden (Tab. 3.5). Für die Regulation in der oralen Phase beschreibt Erikson:»Wo das misslingt, zerfällt die Situation in eine Vielfalt von Versuchen, durch Zwang oder in der Fantasie zu herrschen statt durch Wechselseitigkeit. Der Säugling wird versuchen, durch ziellose blinde Aktivität zu

Tabelle 3.5 Das epigenetische Entwicklungsmodell

I	Säuglingsalter	Urvertrauen vs. Misstrauen
II	Kleinkindalter	Autonomie vs. Scham und Zweifel
III	Spielalter	Initiative vs. Schuldgefühl
IV	Schulalter	Werksinn vs. Minderwertigkeitsgefühl
V	Adoleszenz	Identität vs. Identitätsdiffusion
VI	Frühes Erwachsenenalter	Intimität vs. Isolierung
VII	Erwachsenenalter	Generativität vs. Selbstabsorption
VIII	Reifes Erwachsenenalter	Integrität vs. Lebens-Ekel

(aus Erikson 1971)

kriegen, was er durch zentrales Saugen nicht bekommen kann, er wird sich erschöpfen oder seinen eigenen Daumen entdecken und auf die Welt pfeifen. Auch die Mutter kann versuchen, die Angelegenheit zu forcieren, wenn sie dem Kind die Brustwarze in den Mund drängt, nervös die Fütterungszeiten und Nahrungszusammensetzung wechselt und außerstande ist, sich während der anfangs unter Umständen schmerzhaften Stillprozedur zu entspannen.« (Erikson 1968). Die Vorstellung, dass der Säugling sich und die Gaben der Mutter als eins empfindet, beides zu einer diffusen Urerfahrung zusammenfasst, führt zu unterschiedlichen psychoanalytischen Auffassungen über die frühkindliche Entwicklung. Einigkeit besteht darüber, dass durch eine nicht „genügend gute" Regulation zwischen Kind und Mutter eine intrapsychische Struktur gebildet wird, die gegenüber der zunehmenden Wahrnehmung der Trennung von Selbst und Objekt sehr störanfällig sein kann. Dieser „Primärschaden im Selbst" und seine Folgeerscheinungen lassen sich durch verschiedene Differenzierungen der narzisstischen Entwicklung darstellen. In der symbiotischen Phase (Primärzustand) erlebt das Kind – ausgedrückt in der Sprache des Erwachsenen – Gefühlsqualitäten wie Sicherheit, Geborgenheit, Omnipotenz usw.. Die fortschreitende Entwicklung führt durch die Trennung der Selbst- und Objektrepräsentanzen zu grundlegenden Erschütterungen dieser Basisgefühle. Die Aufgabe, das Selbstwertgefühl dabei zu sichern, löst das Kind über die Zwischenstufen der Selbst-Idealisierung und der Idealisierung der Eltern. Diese narzisstischen Positionen werden allmählich realitätsgerechter abgebaut und führen lediglich bei pathologischen Entwicklungen zu Fixierungen auf verschiedenen Stufen. Gegenüber den traditionellen Modellen der Psychoanalyse hat Erikson (1971) seinen Entwicklungszyklus über die Kindheit und Jugend hinaus fortgesetzt.

Dadurch wird betont, dass Integration und Individuation in der Gruppe und in der Gesellschaft stattfindet und lebenslang in kritischen Phasen durchlaufen wird.

Kommen wir erneut zu unserer Patientin P. zurück. In kurzen Abschnitten sind wir bisher auf einige Zusammenhänge zu ihrer Kindheit eingegangen, aber nicht auf spätere Entwicklungsstadien. Hier können wir auch über eine stabilisierende Konstellation berichten. P. ist ausgebildete Lehrerin. Sie hat jedoch wegen ihrer Angstsymptomatik, wegen ihrer vielfältigen

Verpflichtungen als Mutter von drei Kindern und als Familienmittelpunkt ihre Berufstätigkeit aufgegeben. Als die Kinder größer wurden, stand sie vor der schwierigen Aufgabe, eine neue berufliche Aufgabe und auch persönliche Nische zu finden (Willi 1996). Dies ist P. nach einigen Versuchen auch überwiegend gelungen. Sie arbeitet stundenweise als Pädagogin mit Ausländern, behinderten Kindern und Erwachsenen. Dort ist sie selbst ein „steuerndes Objekt" und muss sich mit einer Vielfalt von Störungen, Widersprüchen und völlig unterschiedlichen Zielvorstellungen auseinandersetzen. Sie erlebt sich zeitweise hilfreich und effektiv und sie hat einen Platz gefunden, eine Perspektive, die in der gegenwärtigen Sicht der Welt nur schwer zu erreichen ist.

Über die Bedeutung dieser „Stärkung des Selbst" für unsere Patientin P. können wir nur spekulieren. Sie leidet unter einer langwierigen und zur Zeit der Therapie eher phobisch -strukturierten Angststörung. Diese ist – trotz einer allgemein ängstlichen Grundstimmung - begrenzt auf Stresssituationen, in denen die Funktion des „steuernden Objekts" versagt oder zu versagen droht. Es gibt also kompensatorische Schutzfunktionen in den Beziehungsmöglichkeiten von P. und auch in der geschilderten beruflichen Nische. Wie würde ihr Selbstzustand wohl aussehen, wenn die Stärkungen nicht genutzt werden könnten? Eine Ausweitung der Symptomatik wäre möglich, vielleicht auch eine Vermischung von ängstlichen und depressiven Zuständen.

3.5 Erleben und Struktur – die motivationalen und emotionalen Komponenten

Erlebt ein Individuum Stress und seine Folgen, dann steht die subjektive Wirklichkeitserfahrung im Vordergrund. Stress kann nur jemand haben, der lebt, der etwas wünscht, begehrt, sucht und hofft, also in einer unterschiedlichen Weise auf sein Innenleben und seine Umwelt ausgerichtet ist. Motivation und Emotion gehören im Erleben zusammen: Wir sind motiviert wegen unserer Gefühle und wir haben Gefühle, weil wir motiviert sind. Beide Komponenten werden in den folgenden Abschnitten nur wegen ihrer gedanklichen Darstellbarkeit voneinander getrennt.

Es gibt viele Versuche, Motivationen und Emotionen systematisch zu erfassen.Wir folgen hier weiterhin der psychoanalytischen Perspektive und - in den Grundstrukturen - der Übersicht von Rudolf (2000b).

Die vielen verschiedenen Grundbedürfnisse des Menschen lassen sich zusammengefasst in drei Gruppen einordnen:

- die Beziehungswünsche (Versorgung, Sicherheit, narzisstische Bestätigung)
- die Triebwünsche (Selbsterhaltung, Sexualität)
- die Bedürfnisse des Selbst (Selbsterfüllung ohne äußere Bedrohung)

Werden diese Grundbedürfnisse eingeschränkt, kann sich ein Konfliktpotenzial entwickeln, das unter den dann auftretenden Stressbedingungen zu einer psychischen oder psychosomatischen Symptomatik führt. Diese Verläufe sind ohne die Einbindung emotionaler Prozesse nicht vorstellbar. Dabei enthalten vermutlich die folgenden Konstellationen das höchste Stressrisiko:

- Positive Gefühle können nicht gewahrt und wiederholt werden (Freude, Hoffnung, Sehnsucht).
- Negative Gefühle dominieren (Wut, Trauer, Angst).
- Depressive Gefühle (z. B. Verzweiflung, Hoffnungslosigkeit) erweitern und chronifizieren sich.

Ob ein Individuum die Stressbelastung bestehen kann oder letztlich erkrankt, hängt von der lebensgeschichtlich entwickelten Stärke der Selbststruktur und dem Ausmaß der Bedrohung ab. Um diese Dynamik zu veranschaulichen, beginnen wir mit einem längeren Beispiel aus der Abschlussphase einer psychoanalytischen Therapie. Es handelt sich dabei um eine Art Rückblick des Patienten A., der die Entwicklung seiner Selbststruktur in einigen Ausschnitten darstellt (Rippe 1998, 2003). Die Reflektion weiterer zentraler Behandlungskonzepte, wie Übertragung und Gegenübertragung, steht dabei nicht im Vordergrund. Allerdings soll noch einmal betont werden, dass es sich bei der Stressverarbeitung aus der psychoanalytischen Perspektive nicht um die Darstellung eines psychischen Faktums handelt, sondern um einen Erkundungsprozess, der zu einer empathisch - introspektiven Vertiefung führt (wie in den Eingangsbeispielen näher beschrieben, Abschnitte 3.1.3 und 3.2.3).

3.5.1 Die Entwicklung der Selbststruktur in einem Ausschnitt aus einer psychoanalytischen Therapie

In dem Bericht gibt es zwei Schwerpunkte: die Sichtweise des Patienten (A. genannt) und die Fragen und Interventionen seines Therapeuten (T. genannt).

A. ist 1944 geboren, Ingenieur von Beruf, lebt weitgehend isoliert, war früher kurze Zeit verheiratet, hat keine Kinder, einige Familienmitglieder wohnen weit entfernt. Er leidet an Asthma, Hautsymptomen und Bluthochdruck. In Belastungssituationen kommt es zu Blutdruckkrisen und Notfallmaßnahmen.

Zur Lebensgeschichte: A. wurde in einem Randgebiet einer süddeutschen Großstadt geboren, mitten hinein in einen Familienclan aus Bauern und Handwerkern, die recht eng aufeinander wohnten. A. hat drei ältere Geschwister und lebte mit seiner Familie im Haus der Eltern der Mutter. Gerade diese Wohngegend wurde zum Zeitpunkt seiner Geburt permanent bombardiert, weil deutsche Soldaten in der Nähe vermutet wurden. Einige Männer der Großfamilie waren an der Front, einer wurde vermisst, zwei waren in Russland gefallen, darunter auch der ältere Bruder von A.'s Mutter. Dessen Tod wurde nicht verarbeitet, das depressive Familienklima hat sich nie deutlich verändert.

Im Verlauf der Therapie fragt T, ob A. trotzdem **Heimweh** nach seiner Familie habe. A. reagiert zuerst ratlos. Dann sagt er spöttisch: „Glauben Sie wirklich, dass bei den vielen Bombenangriffen und den vielen Toten so ein positives Lebensgefühl bei mir entstanden ist? An die ersten Jahre kann ich mich zwar nicht erinnern, die kenne ich nur vom Erzählen, aber ich bin immer ein angespanntes Angstbündel gewesen."

T. nachdenklich: Beschämt gestehe ich ein, dass mein Gedanke an Heimweh wohl nicht sehr sensibel ist. Auch in den folgenden Sitzungen bin ich wiederholt mit meinen Scham- und Peinlichkeitsgefühlen beschäftigt, noch dadurch verstärkt, dass mir A. die Absurdität meiner Vorstellungen noch weiter vorführen will.

A.: „Also, erinnern kann ich mich, na, ich würde sagen, an die ersten drei Jahre meines Lebens nicht, aber wenn ich mir so vorstelle, was alles in der Familie erzählt worden ist, z. B. über die Bombenangriffe: Die ganze Verwandtschaft rannte in den Keller, der war wohl am sichersten, und trotzdem, die Dachpfannen flogen weg, die Scheiben sprangen raus, ich glaube unser Haus ist mehr als zehnmal neu gedeckt worden. Eine Geschichte wurde immer wieder erzählt. Ich war wohl gerade ein paar Wochen alt, da kam wieder so ein Angriff, und ich lag bei meiner Großmutter im Arm, im Keller. Kurz vorher hatten die Großeltern die Nachricht erhalten, dass ihr ältester Sohn gefallen war, in den Kopf geschossen. Plötzlich krachte es wohl laut, die halbe Decke kam runter. Meine Oma hat mich in die Arme meiner Mutter geworfen. Dann kam der Schutt runter, wohl fast auf meinen Platz. Später wurde erzählt, dass die Oma mich geworfen hat, dass meine Mutter mich wenigstens im Tod haben sollte. Ja, so bin ich wohl auf die Welt gekommen, mit den Bomben und mit den toten Söhnen. Aber den anderen Kindern ging es auch nicht anders, jedenfalls in unserer Familie, wir haben alle erst einmal ein paar Särge inhaliert, ich glaube, der älteste der Gefallenen bei uns war 25 Jahre."

T. geht auf dieses Trauma ein: Ich frage P, ob er sich eigentlich genauer vorstellen könne, wie man die „Särge inhaliert", also die Toten von damals verinnerlicht. Ich wisse zwar, dass er sich an die erste Zeit mit der depressiven Oma und der sehr ängstlichen Mutter nicht erinnern könne, aber vielleicht gebe es Einfälle dazu, unter anderem frage ich auch, ob er eine Idee, eine Fantasie, eine Beschreibung darüber finden könne, wie seine beiden Mütter sich verhalten hätten, wenn er z. B. auf dem Arm saß, hungrig war, gestillt wurde ...

A.: „Darüber habe ich mir nie Gedanken gemacht, später hat meine Mutter immer gesagt, sie könne keine kleinen Kinder auf den Arm nehmen, aber das habe ich schon öfter mal gehört, dass Mütter sagen, dass es nicht so leicht ist, Babys zu mögen."

T.: „Wie könnte es bei Ihnen gewesen sein?"

A.: „Gemocht hat sie mich wahrscheinlich schon, ich weiß nicht, vielleicht auch nur manchmal, aber vor ihrer Mutter hat sie Angst gehabt."

T.: „Warum wohl? Gibt es Gründe, die Sie kennen?"

A.: „Sie ist am Leben geblieben, hat auch noch Kinder gekriegt. Es ist ja viel über diese Überlebensschuld geschrieben worden."

T.: „Sie glauben nicht so recht daran?"

A.: „Doch schon, es war bestimmt schwer für meine Mutter, sich über mich zu freuen, wenn meine Großmutter in der Nähe war, wie soll das auch gehen, in der Zeit der Toten. Wahrscheinlich hat sie mich schnell der Großmutter in die Hand gedrückt."

T.: „Wann wurde Ihnen diese Stellvertreterrolle für den Bruder der Mutter deutlich?"

A.: „Richtig gemerkt habe ich es erst mit so ungefähr 16, als die Großeltern auffallend drängten, dass ich den gleichen Beruf lernen sollte wie ihr Sohn. Vorher war alles viel undeutlicher für mich, ich dachte wohl, das ist normales Interesse, normale Liebe, aber manchmal war das schon sehr übertrieben. Nicht so sehr, dass mein zweiter Vorname der Name des Toten war, das geht ja noch, aber wenn meine Oma mit strahlenden Augen sagte: ‚Da ist ja unser A', nur wenn ich in das Zimmer kam, da war mir schon sehr komisch. Oder wenn sie mir voller Stolz erlaubte, was meine Mutter gerade verboten hatte, irgendwie war das gut, aber ich fühlte mich nicht wohl dabei."

T.: „Wenn man an die vielen Todesfälle in der Familie denkt, dann ist es wahrscheinlich sehr schwer nachzufühlen und zu unterscheiden, wie die einzelnen in der Familie diese Verluste verarbeitet haben."

A.: „Doch, sagen kann ich schon etwas dazu, ich habe auch mal so eine Familienrekonstruktion mitgemacht, ich habe einiges behalten, ob es mich überzeugt hat, das weiß ich nicht so genau. Meine Großmutter könnte ihren ältesten Sohn sehr geliebt haben, oder sie war sehr stolz auf ihn, ich glaube zu meiner Mutter war sie sehr beherrschend und streng, die Liebe habe ich nicht gemerkt. Vielleicht war sie innerlich tot, als der Sohn gestorben ist, vielleicht auch schon früher. Jedenfalls ihren Stolz mir gegenüber habe ich immer deutlich gemerkt. Andere Gefühle spielten keine Rolle. Wenn ich mal wieder krank war, dann kam sie nie zu mir, da war eher meine Mutter zuständig. Ich glaube schon, dass ich wie eine Wiedergeburt war, kann sein, dass das Interesse in der Nachkriegszeit langsam abnahm. Viel-

leicht wurde meine Großmutter erst dann so depressiv."

T.: „Woran denken Sie?"

A.: „Mir kommt es so vor, dass irgendwann alle wie verschwunden waren. Real kann das gar nicht sein, die waren doch meistens da, aber nicht lebendig. Das Haus war wie leer. Die Oma tauchte mal mit verweinten Augen auf, meine Mutter war nicht da, alles eher unheimlich."

T.: „Es ist also durchaus vorstellbar, dass die Großmutter, vielleicht auch die Mutter erst in den Jahren nach dem Krieg – als Sie vier oder fünf Jahre alt waren – stärker erkrankten. Nachdem die äußere Bedrohung nicht mehr da war."

A.: „So könnte es gewesen sein, oder als andere Möglichkeit, dass erst dann meine Erinnerung richtig zunimmt. Aber über den Tod des Sohnes bzw. des Bruders wurde nie gesprochen, über ihn als Person schon. Aber vielleicht wurde es wirklich erst leer, als der Krieg vorbei war. Aber die Männer, mein Vater und mein Großvater waren in diesen Jahren auch nicht in Sicht, mein Großvater erst später, mit sieben oder acht, mein Vater noch später. Vorher ist alles so vage."

T.: „Wie sind denn Ihre ersten klaren Erinnerungen?"

A.: „Ich glaube, die ersten Erinnerungen kommen noch aus der Zeit, in der alle da waren. Wir hatten die Toilette in einem kleinen Nebengebäude, ich hatte schon immer Angst, wenn ich alleine hin musste, wenn es dunkel wurde. Und dann ging auf einmal eine Sirene los, Feueralarm. Ich bekam riesige Angst, das Herz klopfte bis zum Hals, so als ob die Bomben schon auf das Haus fielen. Ich glaube, das sind meine ersten Erinnerungen. Aber dann kommt schon dieses Verlassenheitsgefühl, das war eine andere Angst, da klopfte das Herz nicht. Da war es – das kam auch wie ein Anfall – fremd, unheimlich, so als ob etwas passieren könnte, keine Bomben, aber so als ob ich nicht mehr richtig da bin, mich vielleicht in eine andere Person verwandle, oder in ein Tier. Kann ich gar nicht richtig beschreiben."

T.: „Konnten Sie etwas dagegen tun?"

A.: „Ich bin hin- und hergelaufen, zuerst habe ich wohl auch andere im Haus gesucht, aber nicht gefunden. Dann habe ich das gemacht, was ich dann mit 9 oder 10 Jahren auch immer wieder getan habe. Dauernd hatte ich einen Taschenspiegel bei mir, immer habe ich in meinem Gesicht rumgedrückt, als ob ich nur Pickel hätte, ich habe wahllos gemalt, Dreiecke, Vierecke, Kreise, immer nach einem bestimmten System. In den Schränken habe ich rumgesucht, Tabletten ausprobiert, die da rum lagen. Ich mag da nicht gerne dran denken. Als ob diese Zeit zurückkommt. Am schlimmsten wurde es, wenn ich anfing, meine Hände zu bearbeiten, die Haut an den Fingernägeln, oder wenn ich jede kleinste Hornhaut aufbohrte, das wurde blutig und schmerzte wie verrückt. Auf der Haut habe ich dann herumgekaut. Und dann fing es auch schon mit dem Alkohol an. In meiner Familie trank eigentlich niemand, aber es gab eine Kammer, in der der Alkohol rumstand, ganz viele Flaschen, die als Geschenk mitgebracht wurden. Und ich fing an zu probieren, die fehlende Menge habe ich dann mit Wasser aufgefüllt, manchmal fühlte ich mich stark. Erleichternd war auch, wenn ich trotz der Angst fantasieren konnte. Meistens waren es irgendwelche Heldenfantasien aus dem Krieg, als tapferer Offizier, als jemand, der andere Menschen retten kann, einer der es zu hohen Ordenszeichen bringt und von den andern bewundert wird. Das tat gut, aber auch das ging nur bis zu einer Grenze, dann wurde das Gefühl irgendwie ekelig, ich habe mich verachtet, ich glaube, dass ich dann sogar froh war, die depressive Stimmung zu haben, nicht die Angst, die war schlimmer. Also irgendwie war das ein Kreislauf: Angst, Hautschneiden, Fantasien, Alkohol."

T.: „Spielen bei diesen Heldenfantasien eigentlich auch Ihre Väter, Ihr Vater und Ihr Großvater eine Rolle?"

A.: „Ich glaube, weit weniger als die Mütter. Die Väter waren ja viel weiter weg, da war die Distanz größer. Ich denke auch, als Helden haben sie sich wenig geeignet, die Großmutter hatte sowieso alle im Griff. Später war wohl ganz hilfreich, wenn der Großvater mal gesagt hat, ich glaube auch der Vater, ‚Nun lasst doch mal den Jungen in Ruhe', wenn die beiden Frauen wieder so viel auf mich einredeten, als ob sie im Wettkampf stünden, wer nun eigentlich am meisten über mich zu sagen hätte. Merkwürdig, dass daraus entstanden ist, dass ich mich später mit Männern viel besser verstanden habe, obwohl ich ja für die Frauen viel wichtiger war."

T.: „So wie wir Ihre Entwicklung jetzt verstehen können, waren Sie auf der einen Seite der wertvolle Stellvertreter, der ‚Held', der die Lücken wieder schließen und die Depressionen mildern sollte, auf der anderen Seite sind Sie der mehrfach abgewiesene Junge. Diese Zurückweisung hat aber wohl ganz verschiedene nur schwer überschaubare Gründe."

A.: „Ja, irgendwie wichtig war ich für alle, besonders wohl für die Mutter und die Großmutter. Vielleicht so wie ein Hoffnungsträger oder einer, der etwas retten soll. Aber ich war auch immer eine Enttäuschung, jemand, der nie einen richtigen und sicheren Platz hatte. Sonst kann es doch gar nicht sein, dass ich mich so verlassen fühlte."

T.: „Und wie ging es dann weiter?"

A.: „Ich denke, es ging immer mehr in den Rückzug. Die Angstanfälle waren immer wieder da, eigentlich wohl ganz verschiedene Ängste. Ich suchte die Krokodile unter dem Bett, die Einbrecher und Mörder stiegen durch das Fenster, ein Düsenjäger stürzte auf das Haus und noch viele andere Erschütterungen. Ich ritzte weiter an den Händen und Armen, konnte aber auch kaum ein Kartoffelschälmesser in der Nähe haben. Einmal hat meine Mutter mich angesprochen, als ich vor dem Küchenschrank stand. Sie sagte: ‚Ich weiß ganz genau, was in dir vorgeht'. Ich habe mich abgewandt, nur noch wenig gesprochen, habe zu ihr immer gesagt: ‚Lass mich in Ruhe, ich mache das schon'. An mein Innenleben wollte ich keinen heranlassen, dann schon lieber die Angst haben, obwohl die auch schrecklich war. Nur auf meine sportlichen Leistungen hätte ich stolz sein können, im Laufen, im Schwimmen und in der Fußballmannschaft. Mich wollten sie immer, ich war ein richtig Guter, nicht so gut wie in meinen Fantasien, aber ich hatte einen Haufen Urkunden und Pokale, war Auswahlspieler, andere Vereine kamen auf mich zu. Aber das Schlimmste waren die Siegerehrungen, wenn ich aufgerufen wurde, andere Leute sahen mich und klatschten. Manchmal habe ich gedacht, es sei viel besser zu verlieren. Häufig habe ich die Straßenseite gewechselt, wenn mir Sportbekannte entgegenkamen. Bestimmt wäre ich rot geworden oder hätte angefangen zu schwitzen vor Verlegenheit. Ich konnte nicht fühlen, dass ich irgendeinen Wert hatte. Besonders schwierig wurde es zu Beginn des Studiums. Alles war ungewohnt und fremd, die Universität, mein Zimmer, die Stadt, ich hatte nur ganz wenige Bekannte. Dann kamen auch gleich einige Prüfungen. Irgendwie ging es schnell bergab. Einen Mitstudenten hatte ich etwas kennen gelernt, er wohnte ganz in meiner Nähe. Eines Nachmittags hatte ich wieder so einen Unruhe-Angst-Anfall. Halbwegs benommen bin ich zu ihm hingegangen und habe geklingelt. Als sich nichts rührte, steigerte sich die Angst. Mein Herz klopfte wie wild und ich dachte, jetzt ist es so weit, jetzt wirst du sterben. Ich bin in die nächste Arztpraxis gerannt und habe eine Spritze bekommen."

T.: „Was konnten Sie gegen diese Ängste tun?"

A.: „Zuerst wurde ich mehrfach gründlich untersucht, auch in der Universitätsklinik. Vermutet wurde einiges, auch ein Nebennierenrindentumor. Und dann blieb ich an den Medikamenten hängen, in erster Linie an Valium. An zwei Studenten habe ich mich ganz dicht angeschlossen, ich war dann immer deren Begleiter, oder sie waren meine. Wir haben fast alles zusammen gemacht und hatten auch später eine Wohngemeinschaft."

T.: „War die Talfahrt eigentlich aufzuhalten oder ging es weiter bergab?"

A.: „Aus der heutigen Sicht ging es weiter bergab. Das Studium habe ich gerade geschafft, eine unbefriedigende Arbeit gefunden, die Freunde aus der Uni verloren und für ein Jahr eine Ehefrau gewonnen. Die war aber die Begleiterinnenrolle schnell über, jemand, der einigermaßen in Ordnung ist, will ja auch mehr partnerschaftliche Beziehung und nicht eine, die so unlebendig ist."

T.: „Die Trennungen und die Verluste nahmen also weiter zu."

A.: „Kann man so sagen. Dafür wurden die Herzattacken weniger, stattdessen kamen Hautsymptome und Bluthochdruck hinzu. Wenn ich mir das so ansehe, was mein Körper schon alles produziert hat, ich wollte, ich wäre in anderen Bereichen so kreativ. Aber dadurch dass mein Körper so wichtig wurde, bin ich erstmalig auch mit Psychotherapie in Beziehung gekommen, zuerst mit Körpertherapie. Das war wohl nicht schlecht, weil ich mehr Gefühl oder Wahrnehmung für meinen Körper bekam. Ich konnte dann besser Spannungen fühlen, nicht nur die Schmerzen, wenn z.B. die Haut aufgesprungen ist. Ich konnte auch mehr die einzelnen Regionen unterscheiden, den Kopf, den Nacken, die Knie. Als ich zu einer Dienstreise in die USA musste, habe ich meinen Urlaub gleich rangehängt und bin in eine Klinik gegangen, die die Zusammenhänge zwischen Blutdruck, psychischen Konflikten und Sprache untersucht. Da habe ich gemerkt, dass der Blutdruck allein schon durch den Sprechkontakt enorm steigt. Haben Sie etwa gewusst, dass die langjährigen Gefängnisinsassen die besten Werte haben ... mit den chronisch Schizophrenen zusammen?"

Dieses Beispiel wird in den folgenden Abschnitten immer wieder herangezogen, um die grundlegenden Zusammenhänge zwischen Emotionen, Motivationen und Stress zu begründen. Dabei gehen wir davon aus, dass jeder Stressvorgang auf eine lebensgeschichtlich mitgebrachte Struktur trifft. Diese wird im Laufe der Entwicklung ständig überarbeitet, befindet sich somit in einer Entwicklung, die zu Verfestigungen, aber auch zu Veränderungen führen kann. Im individuellen Erleben zeigen die emotional-motivationalen Komponenten, ob die Struktur bzw. ihre Tragfähigkeit gestärkt, bedroht oder geschwächt ist. Auf diese Dynamiken gehen wir jetzt näher ein.

3.5.2 Das Konzept der motivationalen Systeme organisiert die motivationalen Komponenten des Erlebens

In der Übersicht wurde bereits die große Zahl wichtiger Wünsche und Bedürfnisse auf drei Basismotive zurückgeführt (Beziehungswünsche, Triebwünsche, Wünsche des Selbst). Daneben und darüber hinausgehend gibt es eine Reihe von Systematisierungskonzepten, die auf klinischen Beobachtungen, auf der Säuglings- und Kleinkindforschung und auch auf empirischen Untersuchungen basieren (Deneke 1999, 2001).

Die verschiedenen psychotherapeutischen Schulen bevorzugen einzelne Modelle, die praktizierenden Therapeuten verwenden überwiegend persönliche Varianten, die sie selbst als passend und förderlich erleben. Für die psychotherapeutische Praxis gut anwendbar ist das Konzept von Lichtenberg, der zwischen fünf motivational-funktionalen Systemen unterscheidet. Diese entwickeln sich seit der frühesten Kindheit und werden durch die weiteren Erfahrungen ständig überarbeitet und modifiziert. Lichtenberg unterscheidet folgende Systeme (1991), in denen im Unterschied zu den oben genannten drei Gruppen Bedürfnisse nach Befriedigung physischer Wünsche und Rückzug explizit genannt werden:

1. die Notwendigkeit, physiologische Bedürfnisse zu regulieren
2. der Wunsch nach Bindung und Integrität

3. das Bedürfnis nach Selbstbehauptung und Exploration
4. das Bedürfnis, durch Widerspruch oder Rückzug zu reagieren
5. das Bedürfnis nach sinnlichem Vergnügen und sexueller Erregung

Im Hinblick auf die empathisch-introspektive Wahrnehmung empfiehlt Lichtenberg, sich an den Motivationen zu orientieren, die in ganz spezifischen Situationen (auch besonders in der Übertragung) dem generellen Bedürfnis eines Menschen entsprechen, die Stabilität seines Selbst zu erhalten oder wiederherzustellen. Am Beispiel des Patienten A. beschreiben wir diese fünf Kategorien.

1. Die Regulation physischer Bedürfnsse.
   Hier geht es um die vitalen, körpernahen Bedürfnisse, etwa Hautkontakte und Zärtlichkeit, um das Stillen von Hunger und Durst, um die körperliche Wärme und Entspannung, die Möglichkeit leicht zu atmen und gut schlafen zu können. Auch die Ausscheidungsvorgänge wollen sorgsam aufgenommen und beantwortet werden. Eine große Erwartung, die sicher nicht ausschließlich, aber zentral abhängig ist von der Koordination zwischen dem Kind und seinen nächsten Beziehungspersonen. Was können wir über A. und seine Familie vermuten und sagen? Er wurde als „Stellvertreter" für den Bruder der Mutter eingesetzt. Er stand zwischen zwei konkurrierenden Müttern, der ängstlich-abhängigen eigenen Mutter und der depressiven Großmutter. Wahrscheinlich konnte ihn keine genügend halten, ihm Zärtlichkeit geben, Spontaneität und Unbefangenheit im Körperkontakt sicher anbieten. A. entwickelte eine unerfüllte Sehnsucht und ein inneres Wissen, dass es, auch wenn du für einen Augenblick angenommen wirst, ein untröstliches Trennen geben wird. Sozusagen modellhaft erinnert er sich an seine nächtlichen Angstanfälle als Kind, in denen er von seinen Eltern und Großeltern nicht geschützt wurde. Bei leichten körperlichen Erkrankungen, bei Hautsymptomen, Mandelentzündungen, dem zeitweisen nächtlichen Einnässen, wurde er schnell an den Hausarzt abgegeben, der manchmal täglich konsultiert wurde. Körperlich krank zu sein und (nur) dabei geschützt zu werden, wurde zu einer chronifizierten Lebenserfahrung. Dieses dysfunktionale Schema wirkt in vielen Stresssituationen. Eine von mehreren bedeutsamen Erinnerungen von A. ist die folgende: Er ist auf dem Heimweg von der Schule – im Alter von etwa 9 Jahren – als er einen Angstanfall bekommt und seinen Stuhlgang nicht mehr halten kann. Er hat eine Angstfantasie, dass sein Elternhaus explodiert bzw. zerbombt worden ist, er also eine Ruine zu erwarten hat. Wegen seiner Verschmutzung wird er kritisiert und beschämt, er sei doch zu groß für einen solchen Rückfall. Verstehen und Trost in seiner Sehnsucht, physisch gehalten zu werden, wäre wahrscheinlich die gewünschte Antwort gewesen.

2. Bindung und Zugehörigkeit
   Als Kind hat A. wohl kein ausreichend gutes mütterliches Objekt erlebt, das ihn in ruhiger und ordnender Weise geführt hat. Er selbst fasst seine frühe Entwicklung bis hin zur Ödipalität über die ersten Jahre zusammen: „Ich denke, mit der Geburt bin ich erst einmal weggegeben worden, an die Großmutter. Die hat mich wohl eine Zeit lang behalten, oder vielleicht auch nur eine bestimmte Phase ihrer Trauer, oder vielleicht auch nur so lange, wie ich sie nicht gestört habe. Aber bestimmt wollte ich lieber zu meiner Mutter. Schlafen durfte ich wohl im Bett des Großvaters, aber zu meiner Oma, da rührte sich nichts. Ein Kind denkt sicher nicht so, aber heute würde ich sagen, sie war viel zu alt, zu faltig, zu streng, eben keine, auf die man groß Lust hat. Meine Mutter war mehr so ein Mädchen-Typ, blass, zart, starke Stimmungsschwankungen, meistens Migräne. Zu ihr habe ich mit fünf Jahren gesagt: ‚Du, ich bleibe immer bei dir', und sie hat nur geantwortet: ‚Du verlässt mich doch sowieso'. Ihr bin ich nachgestiegen, um sie zu sehen, und meinem Vater habe ich dann doch wohl mehr Unglück gewünscht als meinem Großvater. Also, erst habe ich die Mutter verloren, dann die Großmutter, und dann noch mal die Mutter."
   Die Bedeutung einer Zwei-Mütter-Kindheit war bereits für Freud ein ganz wichtiges psychoanalytisches Thema, wie seine Auseinandersetzung mit Moses, Ödipus, Leonardo und Michelangelo zeigt. Die auch darauf zurückzuführende Spaltung zwischen den guten und bösen Selbst – und Objektbildern bleibt bis heute ein zentrales psychoanalytisches Konzept (Überblick bei Heising et al. 2002). Im Erleben von A. wiederholten sich – in seiner Beziehung zu Partnerinnen – zwei Stressab-

läufe direkt nacheinander. Voller Anspannung und diffuser Wünsche versuchte er seine Nähe- und Bindungsbedürfnisse zu zeigen, erfuhr dann den Wechsel von Darauf-Eingehen und Zurückweisung und fühlte sich dann verlassen. Er entwickelte ein *„Verlassenheitssyndrom"*, wie es von Guex (1950, 1982) anschaulich beschrieben wurde (diskutiert auch von Rippe 1995). Kleinere Konflikte und Kränkungen reichten aus, um ein Kernthema (das Verlassensein) zu aktualisieren, das sich wie ein Subsystem der Persönlichkeit verselbstständigt hatte und kaum zu mildern und zu beeinflussen war.

3. Das Bedürfnis nach Selbstbehauptung und Exploration
   Gemeint sind die häufig misslungenen Versuche, etwas neugierig erforschen zu können und sich selbst als kompetent zu erleben. In diesem Bereich erfuhr Patient A. zunächst außerordentlich wenig Unterstützung durch seine beiden Mütter. Teddys, Spielzeug, Fußbälle, Bastelmaterial waren unliebsame Konkurrenten und eine Bedrohung für die symbiotischen Vereinnahmungen. Der Großvater bot eine gewisse Alternative an. Einerseits verhinderte er zwar, dass A. in seiner Werkstatt „übte", ließ somit auch keine partiell erfolgreichen Versuche zu, indem er ihm das Werkzeug aus der Hand nahm: „Das lass mal, das geht nur kaputt". Andererseits durfte A. ihn häufig begleiten oder nur in seiner Nähe sein, um ihm zuzugucken. Dadurch verfestigte sich das Gefühl der eigenen Unterlegenheit und die Idealisierungsneigung gegenüber machtvollen Autoritäten. In der weiteren Entwicklung konnte A. seine Möglichkeiten nur mit sehr großem Energieaufwand nutzen und sich auch nur begrenzt über seine Erfolge freuen. Standen ihm größere Aufgaben bevor, entwickelte er enormen Leistungsdruck, quälte sich mit rigiden Anforderungen und verzichtete vorschnell auf positive Rückmeldungen: „Ich kann doch nicht gemeint sein."

4. Das Bedürfnis, durch Widerspruch oder Rückzug (aversiv) zu reagieren
   Die Fähigkeit, wütend zu sein und sich wehren zu können, erfordert Eltern, die sowohl nahe und verbündet sind, aber auch Widersacher sein können. Auch hier erfuhr A. nur vereinzelt entwicklungsfördernde Unterstützung, wie aus den bisherigen Beispielen deutlich wird.

Manchmal konnte A. seinen Großvater wahrnehmen als jemanden, der zu seinen Müttern sagen konnte: „Nun lass doch mal den Jungen in Ruhe." Ähnlich wehrte er sich als Vierzehnjähriger gegen seine Mutter, als sie ihm Vorwürfe wegen schlechter Schulleistungen machte: „Nun lass mich mal, ich mache das schon!" Überwiegend zog er sich chronisch schweigend zurück. Auch in späteren Konflikt- und Stresssituationen waren Flucht und Schweigen seine Schutzmittel, die ihn von einer positiven Resonanz und einem Gelingen seiner Nähewünsche zusätzlich fernhielten. Immer dann, wenn A. sich nicht mehr gegen seine Zuwendungswünsche wehren konnte, missachtete er die Grenzen seiner eigenen Belastbarkeit. Eigene Bedürfnisse konnte er kaum noch erkennen, so dass er sich auch viel zu viele Aufgaben in seinem beruflichen Arbeitsfeld zuschieben ließ (siehe auch den wahrscheinlich dadurch mitbedingten Bluthochdruck, Abschnitt 8.3). So war er wenigstens ein gern gesehener Mitarbeiter bei der erfolgreichen beruflichen Entwicklung anderer.

5. Das Bedürfnis nach sinnlichem Vergnügen und sexueller Erregung
   Diese Ebene hat insbesondere mit den Möglichkeiten und Schwierigkeiten zu tun, sinnliches Vergnügen, Genuss und Entspannung zu finden. In der klassischen psychoanalytischen Theorie liegt in diesem Triebaspekt ein stärkeres Gewicht als in der vorgestellten Motivationstheorie von Lichtenberg. Hier kommt zusätzlich hinzu, dass Sinnlichkeit und Sexualität nicht nur primär gesucht werden, sondern auch als Mittel, ein gefährdetes oder erschöpftes Selbst zu vitalisieren. A. kann sich gut erinnern, dass er als Kind und auch als Jugendlicher in Situationen totaler Einsamkeit fantasierte, ein unglaublich attraktiver Mann zu sein, der die schönsten Frauen haben konnte, denen nichts wichtiger war, als ihm alle erotischen und sexuellen Wünsche zu erfüllen. In diesen Augenblicken fühlte er sich stark und voller Kraft, so lange bis ihn sein verzweifelter Bindungs- und Nähewunsch wieder einholte und er sich wieder verlassen fühlte. Diese in der Grundtendenz nicht lösbare Spaltung zwischen der Sicherheit auf der einen Seite und der Erotisierung bzw. Idealisierung auf der anderen ist bis heute ein zentrales Thema der Psychoanalyse geblieben (Heising et al. 2002, Rippe 2005).

3.5.3 Motivationen und Stress

In den vorausgegangenen Abschnitten wurden fünf Motivationssysteme voneinander getrennt dargestellt und durch kurze Beispiele illustriert. Bei einer gelungenen Entwicklung dieses Systems bildet sich ein stabiles und vitales Selbst. Wird diese Organisation dagegen entscheidend gestört (durch Krankheit, Traumata, negative Bindungserfahrung) entsteht ein verletztes Selbst, das in Belastungssituationen stärker regrediert. Dieser Prozess kann aus verschiedenen Perspektiven untersucht werden, durch biologische Forschung, Säuglings- und Kleinkindbeobachtung oder auch durch faktorenanalytische Untersuchungen (wie von Deneke 2001). Hier soll im Mittelpunkt die spezifisch psychoanalytische Ebene, die empathisch-introspektive Wahrnehmung stehen. Dabei stellen die fünf motivationalen Systeme ein Modell zur Verfügung, in das der Analytiker einordnen kann, in welcher Weise ein Patient im Augenblick seine Selbstkohärenz aufrechterhalten oder wiederherstellen will. Dieser Interpretationsversuch geht auf die gemeinsame Konstruktion von „ Modellszenen" zurück, wie sie in der Patienten-Therapeuten-Interaktion gefunden werden kann. Lichtenberg (1989) formulierte zu den Modellszenen u. a. die folgenden Hypothesen:

1. Die Essenz der Kommunikation eines Analysanden kann in Form einer „Szene" oder Repräsentation wahrgenommen werden, die einen Auszug aus signifikanten vergangenen und gegenwärtigen Erfahrungen darstellt.
2. Analytiker können Modellszenen ermöglichen, durch ihr Wissen über spezifische Lebenserfahrungen, die z. B. zu bedeutsamen Übertragungsdispositionen führen.
3. Jedes der genannten fünf motivationalen Systeme kann Modellszenen verschiedener Lebensphasen darstellen.
4. Modellszenen können immer wieder neu bearbeitet und korrigiert werden.

Bezogen auf unseren Patienten A. haben wir einige Male darauf hingewiesen, dass Verabschiedungen und Trennungen von ihm wie ein traumatisches Stressgeschehen erlebt wurden. Ein „Prototyp" ist die folgende Erinnerung: Häufig abends, als auch der Vater von A. nach Hause kam, und A. sehr gerne mit seinen Eltern Abendbrot gegessen hätte, schickte ihn die Mutter zu der depressiven Großmutter mit dem Auftrag, sie zu trösten bzw. aufzumuntern. Seinem Bedürfnis nach Nähe und Bindung folgend, protestierte A. zaghaft, um bei den Eltern bleiben zu können. Er erkennt den Widerstand der Mutter, vielleicht ist er ansatzweise traurig oder wütend. Sein aversives System übernimmt die Führung, er zieht sich in sich zurück und geht wie ein Automat in das Wohnzimmer der Großeltern. Dort sitzt er lange wortlos, er erlebt einen schmerzhaften Spannungszustand. „Dann gehe ich jetzt wieder nach oben", sagt er zum Abschluss. Ob er nun bei den Eltern willkommen ist, kann er nicht fühlen. Sein emotionales Leben verläuft in wichtigen Situationen somatisch, undifferenziert und nonverbal. Hypothetisch lässt sich vermuten, dass das Motivationssystem „Bindung und Nähe" das Selbst von A. in einer destruktiven Weise beherrscht, da es ständig aktiviert ist, aber einen chronisch negativen und desorganisierten Verlauf nimmt.

Die Frage nach der Wirksamkeit einer psychoanalytischen Therapie lässt sich in diesem Zusammenhang etwa so beantworten: A. und T. erkennen in den Modellszenen wichtige Belastungen der Selbststruktur. A. stellt seine zentralen Motivationen dar, die T. empathisch und introspektiv annehmen und beantworten soll. Dadurch verbessert sich die Komplexität des Selbsterlebens von A. und seine Ordnungs- und Integrationsfähigkeit. Der abschließende Rückblick von A. könnte veranschaulichen, dass auch in schwierigen Therapien positive Veränderungen möglich sind.

A.: „Nach den gemachten Erfahrungen muss ich sagen, es ist überwiegend alles beim Alten. Die Ängste und die verschiedenen Symptome sind immer wieder gekommen, die alten Wunden sind sozusagen immer wieder aufgebrochen. Aber immer hat es auch Besserung oder Veränderung gegeben, wohl auch durch das, was ich therapeutisch gemacht habe. Frühere Therapien haben mir geholfen, bei Ihnen habe ich Halt gefunden, weil ich meine Lebensgeschichte, meine Entwicklung klarer einordnen kann."

T.: „Ist das etwas anderes als eine intellektuelle Leistung?"

A.: „Kann ich nicht sagen. Sicher kann ich über einiges besser reden, aber es ist auch eine andere Form der Existenz, ich fühle mich klarer, wenn ich mir bei einem Angstzustand erklären kann: ,Siehst du, jetzt ist es genauso wie vor 14 Tagen, als du vor Peinlichkeit am liebsten verschwunden wärest.' Sagen wir so, die Symptome sind da, aber ich habe zurzeit mehr Kraft, um mit ihnen umzugehen. Dann ist noch etwas passiert, was ich nicht richtig beschreiben kann. Vielleicht erinnern Sie sich noch an unsere Diskussion über das **Heimweh**. Zuerst habe ich auch zu Hause oft gedacht, das ist der absolute Schwachsinn, ich denke auch heute noch manchmal daran. Aber merkwürdigerweise sind mir doch einige Erinnerungen gekommen, über die Dinge, die auch schön waren. Zum Beispiel, wenn die Großfamilie auf die Felder gefahren ist, oder zum Heuen oder Torfstechen, und ich dabei sein durfte, auf dem Wagen oder beim gemeinsamen Frühstück. Da war ich ganz ruhig, mir war wohl. Oder - merkwürdigerweise - auch auf dem Dorffriedhof sieben Kilometer von uns entfernt. Da stand ein riesiger Baum und wenn die Zweige und Blätter sich leise bewegten, dann bin ich nahe an den Stamm gegangen, ich fühlte mich sicher und beschützt „unter den Fittichen". Aber da ist auch wieder die Nähe zu den Toten. Ob das auch etwas Mütterliches und Gutes ist? Aber da werden meine Gefühle wieder unruhig und angespannt. Und dann kommen auch die Tränen. Ich könnte sofort zu diesem Friedhof fahren, die Gräber suchen und mich unter den Baum stellen. Und dann weiß ich auch genau, das wird nie mehr weggehen, manchmal denke ich, muss ja auch nicht, oder lohnt sich sowieso nicht mehr in meinem Alter. Mehr kann ich eigentlich nicht sagen, an der Liebes- oder Arbeitsfähigkeit hat sich nichts geändert, das ist, wie es immer war. Vielleicht weiß ich auch nicht was Liebesfähigkeit ist, vielleicht ist das ja das gleiche wie Heimweh. Ich habe es auch nicht schaffen können, die Gräber regelmäßig in Pflege zu geben. Es zieht mich immer wieder hin. Die Therapie mit Ihnen ist wie ein Spaziergang, eine **Wanderung durch meine Lebensgeschichte**, und ich muss auch den Toten nicht mehr aus dem Weg gehen. Konkret konnte ich das ja sowieso nicht, aber ich konnte mich innerlich nicht mit ihnen beschäftigen, mit ihnen in der Fantasie sprechen, das war wie abgeschnitten. Die Schwelle merke ich heute noch, so als ob ich die Gedanken abbrechen will, dann nimmt der Druck im Körper zu. Sie sind mit mir mitgegangen, nein, Sie sind vorausgegangen, Sie haben mich getragen, obwohl ich zuerst dachte, Sie würden mich mitschleifen. So wie in einer ungewollten Schwangerschaft. Deprimierend, wenn man so zurücksieht, auf die vertanen Chancen, auf die Möglichkeiten, gut leben zu können. In normale Bahnen kommt mein Leben wohl nicht mehr; obwohl ich nicht mehr ganz so autistisch bin. Aber gegen meine Wün-

sche nach anderen, wie man so schön sagt, nach Nähe, da muss ich mich wehren, das bekommt mir nicht."

3.5.4 Emotionen und Stress

Es gibt kein subjektives Stresserleben, das sich nicht auch als als emotionale Bewegung verschiedener Gefühle beschreiben lässt. Dabei ist zu beobachten, dass dieser Prozess auf unterschiedlichen Ebenen abläuft, die nicht alle bewusstseinsnah wahrgenommen werden können. Rudolf z. B. (2000b) unterscheidet zunächst sieben verschiedene Ebenen (vgl. auch Krause 1997, 2000).

1. Bewusste Eigenwahrnehmung von psychischem und körperlichem Erleben.
2. Aktivierung der Mimik, die von anderen als Emotionsausdruck wahrgenommen wird.
3. Aktivierung von Gestik und Körperhaltung, die den mimischen Emotionsausdruck begleitet.
4. Aktivierung motorischer Handlungsbereitschaften zur Regulierung unlustvoller und lustvoller Situationen (abwehren und festhalten).
5. Physiologische Aktivierung des vegetativen und endokrinen Systems (somatischer Anteil des Affekts).
6. Psychophysiologische Abläufe und ihre Wahrnehmung (Herzklopfen, Schwindel, Atemnot).
7. Sprachliche Benennung der psychisch und körperlich erlebten Emotionen.

Die Verknüpfung dieser Ebenen ist außerordentlich kompliziert, wie das folgende Kurzbeispiel zeigt.

C sagt zu D: „Du siehst total angestrengt und verkrampft aus. Du hast wohl reichlich Stress" und D antwortet überrascht: „Ich fühle mich aber ganz ruhig". Zur Kontrolle holt D sein häusliches Blutdruckmessgerät hervor und stellt erschrocken fest, der Blutdruck ist höher als üblich (170 / 100) Was nun?

Orange (2004) gibt eine Antwort zur Komplexität und zur häufig schnellen Veränderung des emotionalen Erlebens, die ich als eine wesentliche Zusammenfassung der psychoanalytischen Tradition verstehe, die auch die verschiedenen Schulen verbindet (vertiefende Diskussion im Sonderheft der Psyche, Bohleber (Hrsg.) 1999):

»Wenn wir versuchen, einen »Affekt« aus der Kontinuität und der Komplexität eines emotionalen Lebens herauszufiltern und diesen Affekt benutzen, um etwas zu erklären, machen wir zwei Fehler. Zuerst abstrahieren und extrahieren wir etwas, das unüberschaubar ist. Zum Zweiten können wir die Integrität des Erlebens einer Person verletzen. Obwohl einige dieser Verletzungen unvermeidlich sind, weisen Patienten uns oft darauf hin. Wenn wir versuchen, einem Patienten dabei zu helfen, ein Gefühl zu artikulieren, hören wir oft: »Aber das ist nicht alles...« Oder: »Es ist mehr als das...« Oder: » Es ändert sich weiter...«

Komplexität, Geschichte und Bezogenheit sind demnach die drei zu unterscheidenden Merkmale des emotionalen Erlebens. Der biografische Hintergrund – die frühe Beziehungsvergangenheit – bildet den Kern des **emotionalen Gedächtnisses** (Kapitel 4). Dieser große Anteil unserer Erfahrung ist körpernah, nur teilweise organisiert in der kognitiven Verarbeitung, aber außerordentlich wirksam in der Gegenwart. Bollas (1997) spricht vom „existentiellen Gedächtnis" oder vom „ ungedachten Bekannten". Er meint damit, dass ein Kind die Besonderheiten in der Beziehung zu den Eltern (die Art der Sorge, der Ängste, der affektgeladenen Erlebnisse) in einer tiefen persönlichen Struktur verinnerlicht. Diese Art des Gedächtnisses ist nicht repräsentational und erinnernd und bleibt deshalb außerhalb des Bewusstseins, ohne unbewusst (d. h. verdrängt) zu sein. Für die Stresswahrnehmung und -verarbeitung spielt das emotionale Gedächtnis eine besondere Rolle, da es wegen seiner unmittelbaren und stark affektiven Wirkung durch kognitive Prozesse nicht gut bzw. auch gar nicht zu erreichen ist. In anderen Terminologien wird von „Vorboten der Abwehr" gesprochen oder wie z. B. von Fraiberg (2003) von biologischen Formen der Abwehr, die der Struktur bestimmter Abwehrmechanismen unterliegen. Fraiberg unterscheidet bei drei bis acht Monate alten Kleinkindern Abwehrreaktionen wie Vermeiden, Erstarren und Kampf als Versuche, sich gegen traumatisierende und desintegrative Zustände zu wehren (schwere Persönlichkeitsstörungen der Eltern, Deprivation, Missbrauch). Diese Prozesse behindern entscheidend die Entwicklung einer emotionalen Differenziertheit.

Die auch darauf zurückzuführende eingeschränkte Wahrnehmung der eigenen Emotionen in Belastungssituationen wird als wesentlicher prädisponierender Faktor für die somatische Symptombildungen angesehen. Dieser Zusammenhang wird seit Jahrhunderten mit unterschiedlichen Begriffen dargestellt (Alexithymie, *pensée opératoire*, fundamental psychosomatisch usf., Studt et al. 1999) Nach wie vor werden zwei Entstehungsmodelle für psychosomatische Symptome diskutiert, zum einen ein Defizit aufgrund einer unzureichenden Affektdifferenzierung, zum anderen ein konflikthafter Abwehrprozess bei einer eigentlich hohen Sensibilität für Gefühle. Beides führt zu einem Persistieren körperlicher Spannungszustände und Missempfindungen. In welcher Mischung sie nun im emotionalen Gedächtnis verankert oder bereits kognitiv repräsentiert sind bleibt eine schwierige Frage. Auf einige Vermutungen zu unserem Pat. A sind wir bereits eingegangen, weitere Überlegungen werden folgen.

Der Schwerpunkt unserer Überlegungen zur Stressverarbeitung liegt bei der subjektiven Wahrnehmung der Gefühle und es erscheint uns daher nicht sinnvoll, aber auch nach neuen Erkenntnissen nicht berechtigt, diese auf einen traditionellen theoretischen Dualismus (Liebe und Hass) zu reduzieren. Es ist vielmehr davon auszugehen, dass ein Kleinkind in seinem emotionalen Spektrum bereits gut ausgestattet ist. Mindestens vier Gefühlsbereiche (Wut, Angst, Trauer, Freude) sind präsent und relational in der Beziehung ansprechbar. Scham- und Schuldgefühle kommen etwas später hinzu, nachdem sich zumindest Kerne des Überichs bzw. Ichideals gebildet haben.

Fragen wir jetzt nach den zentralen Gefühlen, die in unserem Beispiel A. zum Ausdruck gebracht werden, kommen wir in erster Linie auf drei, nämlich Angst, Ärger bzw. Wut, und auf Trauer, Depressivität. Beginnen wir mit der Angst. A. wird in eine massive Bedrohungs- und Vernichtungssituation hinein geboren. Zum einen sind es die Bombenangriffe, zum anderen die schwerwiegenden Verluste in der Familie und in der näheren Umwelt, die eine psychische Verarbeitungsmöglichkeit der Eltern und Großeltern völlig in Frage stellen. Der familiäre Rettungsversuch über die Stellvertreterrolle für den toten Bruder der Mutter misslingt, A. kann weder zur Mutter noch zur Großmutter eine stabile und sichere Verbindung aufbauen und internalisieren. Von daher haben Vernichtungsängste und Angst vor Objekt- und Liebesverlust eine zentrale Bedeutung. Auch eine ausreichende Differenzierung der Ärger- Wutgefühle, die entscheidend wichtig für eine gelingende Autonomieentwicklung sind, kann in der Familie nicht geleistet werden, da A. in seiner fragilen Ersatzrolle weder als eigenständige Person gemeint ist, stattdessen aber überfürsorglich versorgt und kontrolliert wird. Auch die unbewusste Ambivalenz der Eltern und Großeltern seiner „nicht gemeinten Existenz" gegenüber, wird eine entscheidende Wirkung gehabt haben, dass sich die kindliche Aggressivität nicht auf einer sicheren Grundlage entwickeln konnte. Hinzu kommt weiter die familiäre Dominanz der traurig depressiven Gefühle und eine Verleugnung der Lebensfreude. So erinnert sich A., dass er seinen sechsten Geburtstag nicht zusammen mit den anderen Kindern feiern sollte, da die Großeltern massiv ablehnten mit den Worten: „das geht nicht, wir sind ein Haus in Trauer". Wir können vermuten, dass die gesamte emotionale Differenzierung von A. entscheidend von depressiogenen Gefühlen mitgestaltet wurde.

Manche Autoren unterscheiden in diesem Zusammenhang zwischen adaptiven und maladaptiven Gefühlen (Rudolf 2000b). Alle Gefühle können adaptiv (beziehungsregulierend) sein, mit Ausnahme der Gefühle, die darauf beharren, dass ein Negativgeschehen unabänderlich ist. Ausgeliefert sein, schmerzliche Verzweiflung, Hoffnungslosigkeit bestimmen dann die affektive Verfassung. Diese Basisemotionen sind frühkindliche Erfahrungen von seelischem Schmerz, seelischer Verletzung, wie etwa starke Gefühle des Alleinseins, des Verlassenwerdens, der Wertlosigkeit, der Beschämung, der unkontrollierbaren Wut.

Ist das kleine Kind diesen Gefühlen hilflos ausgeliefert, d. h. erfährt es diese Zustände durch die Personen, auf deren Schutz es zugleich angewiesen ist, bleiben diese Gefühle als unintegrierte, so genannte maladaptive Zustände zurück und werden umschlossen bzw. abgewehrt und vermieden durch sekundäre Emotionen, die wie ein Schutz vor den primären Gefühlen liegen.

Adaptive Gefühle haben dagegen eine Entwicklungschance, wie die beiden folgenden Kurzbeispiele zeigen:

Beispiel 1
Meine Patientin war Mitte 20, sie verletzte sich häufig an beiden Unterarmen, und hatte zwei Suizidversuche hinter sich. Nach etwa 120 schwierigen Sitzungen passierte folgendes.

Nach einer heftigen Kränkung durch den Bruder rief die Patientin mich abends an. Sie hätte sich die Pulsadern aufgeschnitten und stünde auf dem Balkon eines Hochhauses in der Vahr und würde wohl runterspringen. Ich hätte sofort zu ihr zu kommen, allein, sonst würde sie springen (hier zeigt sich die verzweifelte Vermischung der Zerstörung und der Objektsuche). Das Hinfahren, das kurze Reden mit der Patientin, das Anrufen des Notarztes habe ich wie ein Automat abgewickelt. Als die Patientin aus dem Krankenhaus zurück war, ging es natürlich ausführlich um den berichteten Abend. Dabei sagte ich der Patientin auch, wie ich mich bei der Abwicklung gefühlt hätte: „wie ein Automat", und ich sei ziemlich sicher, dass ich ein zweites Mal nicht zu ihr fahren würde und vielleicht auch gar nicht könnte. Meine Patientin sagte spontan: „ Dazu kommt es nicht, ich weiß jetzt, dass Sie auf meiner Seite sind". Ich war ziemlich verärgert und habe dies nicht für mich behalten. Seit dieser Begegnung haben wir dann besser zusammengearbeitet.

Beispiel 2
Steffen wird regelmäßig von seiner Mutter zur Therapie gebracht, er ist ängstlich, zurückgezogen und hin und wieder nässt und kotet er ein. Zu Beginn einer Stunde - Steffen ist bereits in mein Zimmer vorausgegangen – sagt mir seine Mutter, dass sie heute nicht im Wartezimmer auf ihn warten würde, wie sie es versprochen hat, sondern zum Einkaufen ginge. Während der Stunde, in der Steffen ziemlich angespannt spielt, geht er plötzlich zur Toilette, stellt fest, dass seine Mutter nicht mehr im Wartezimmer sitzt, kommt zurück, sieht mich wütend an und sagt: „Da hat sie mich schon wieder angeschissen". Nach ganz kurzer Pause, aber eigentlich noch recht spontan, muss ich ziemlich kräftig lachen. Nach kurzer Zeit fängt Steffen auch an zu lachen, er wirkt wie befreit und wir haben eine lebendige Stunde.

Beide Beispiele illustrieren, dass in einer Bewegung zwischen maladaptiven und adaptiven Emotionen die Gefühlsgruppen Ärger – Wut – Zorn eine ganz besondere Bedeutung hat.

Sie stellt die Schwelle dar, an der die Entscheidung fällt, ob es zu einer Abwendung bzw. zu einem Rückzug oder zu einer Progression kommt. Ärger – Wut – Zorn ist die einzige Emotion, die über diese doppelte Dynamik verfügt und somit ein Motor sein kann, eine „emotionale Blockade" aufzulösen.

In vielen Teilbereichen der Psychoanalyse werden diese Zusammenhänge besonders gewichtet, hier können nur einige Merksätze genannt werden:

- Ohne Aggression gibt es keine Intentionalität und keinen Willen (als Fähigkeit zum emotionalen Austausch und zur Veränderung).
- Ohne Aggression ist eine ödipale Entwicklung nicht möglich (konkurrieren zu können und die Begrenzung zu integrieren).
- Ärger und Wut statt Ekel und Verachtung ist ein Fortschritt im Therapieprozess und veranlasst eine Bewegung zur Neugier, zur Bezogenheit und zur Aktivität.

In unserem ausführlichen Fallbeispiel – der Interaktion zwischen A und T – kann und muss diese Reduzierung auf die verändernde Kraft der adaptiven Emotionen allerdings erheblich differenziert werden. Während in den beiden Szenen der letztgenannten Kurzbeispiele die maladaptive Ausrichtung der Dimension Ärger-Wut- Zorn deutlich transformiert werden konnte, entwickelte sich zwischen A und T eine Dynamik, in der die Thematisierung des Heimwehs zum Kulminationspunkt einer Veränderung wird. Mit den Kurzbeispielen wäre noch am ehesten vergleichbar die zu Beginn beschriebene Szene, als T das Heimweh anspricht und A zunächst abweisend, dann jedoch emotional engagiert reagiert. Heute aktuelle Konzepte wie „Enactment", „Implizites Beziehungswissen" oder auch „Moments of Meeting" bieten solche kreativen Verstehensmöglichkeiten (Übersicht bei Heisterkamp 2002). Im Mittelpunkt steht jeweils die Entwicklung einer neuen Organisation in den interagierenden Personen und damit eine Art der Beziehungsmöglichkeit (mit anderen sein zu können). Aber die tragende Rolle der Veränderungsdynamik zwischen A und T liegt in der prozesshaften Vertiefung der emotionalen Erinnerung. Diese ist nur möglich durch die empathische Einstimmung und Responsivität von T. Dadurch wird ein Raum geschaffen für die Wirksamkeit des „ungedachten Bekannten", für das beschriebene emotionale Gedächtnis.

»Das emotionale Gedächtnis verstehen hilft auch zu erklären, warum Symptome selten vollkommen verschwinden und unter Stress wieder auftreten können. Unsere Geschichte ruht in unserem ganzen Sein. Einsicht – sogar emotionales Verständnis – kann die Auswirkungen von Geschichte lindern, sie langsam beherrschbar und tolerierbar machen, aber die emotionale Geschichte an sich bleibt. Was heilsam ist, ist die Beziehungserfahrung von sicherer Bindung und wechselseitiger Suche nach Verständnis. Solche Erfahrung schafft neue emotionale Erinnerungen, neue Traditionen (Stern 1991) und neue Möglichkeiten. Aber keine Analyse beseitigt die Auswirkungen von Vergewaltigung oder Kindesmissbrauch vollkommen oder heilt den Kriegsveteran von seinem Schrecken, wenn er Knallkörper explodieren hört. Wir dürfen nicht das Gefühl haben, dass Psychoanalyse versagt, weil Einsichten emotionale Erinnerungen nicht beseitigen. Wir können nicht erwarten, dass Psychoanalyse dies können sollte.« (Orange 2004).

Zum Abschluss unserer Überlegungen über die Zusammenhänge von Emotionen und Stress stellen wir noch einmal das Konzept des Selbst in den Vordergrund. Eine anschauliche Möglichkeit, die Regulation und die Störung des Selbstwertgefühls darzustellen, zeigt das Dreisäulenmodell von Mentzos (2001). Ist das Zusammenwirken der drei Komponenten gestört, dann sind Entwicklungen bis zur schwersten Depression möglich (Abb. 3.1).

- Größenfantasien – Selbstvertrauen (I)
- Idealisierungen (II)
- Akzeptanz durch das Überich (III)

Wird die „Statik" dieses Modells durch Konflikte und Krisen erschüttert, mobilisiert das Selbst seine „Reserven", so lange bis die maladaptiven bzw. depressiven Gefühle dominieren und das Selbst seine Kompetenz und Selbstachtung verliert und nicht wiederherstellen kann.

Zur Illustration dieser Zusammenhänge ein Ausschnitt von Yalom über Hemingway (2003, 51f):

»Während seines ganzen Lebens machte Hemingway immer wieder den Versuch, die Diskrepanz zwischen seinem realen Selbst und den verschiedenen Erscheinungsformen seines idealisierten Selbst aufzuheben. An dem idealisierten Selbst konnten keine Änderungen vorgenommen werden; es gibt keinen Beleg dafür, dass Hemingway gegenüber seinen eigenen Ansprüchen je zu Kompromissen bereit gewesen wäre oder sie zurückgeschraubt hätte. Die gesamte Arbeit musste an seinem realen Selbst geleistet werden; er zwang sich dazu, sich intensiveren Gefahren zu stellen, körperliche Leistungen zu versuchen, die seine Fähigkeiten überschritten, während er sich gleichzeitig zurücknahm und unauffälliger machte. Alle Spuren von Merkmalen, die nicht zu seinem idealisierten Selbstbild passten, mussten eliminiert oder unterdrückt werden. Die weichere feminine Seite, die ängstlichen Teile, das abhängige Verlangen – all das musste ver-

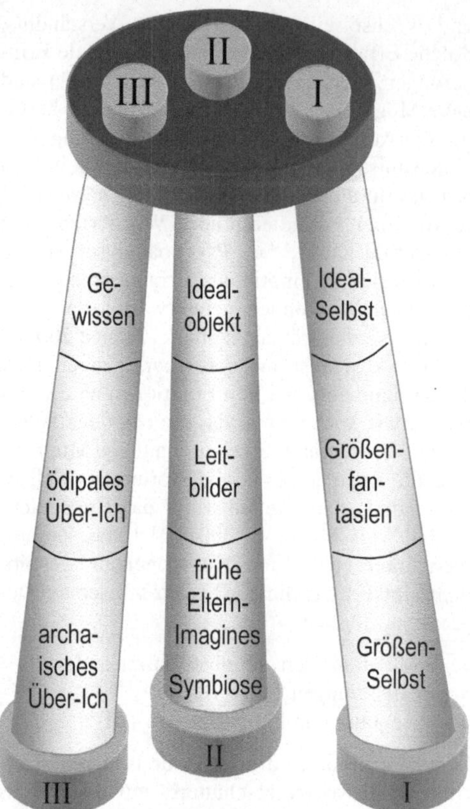

3.1 Die drei Säulen der Selbstwertgefühl-Regulation. Die erste Säule zeigt die Entwicklung des Größen-Selbst über die Größenfantasien bis zu einem realistisch korrigierten Ideal-Selbst. Die zweite Säule symbolisiert die Entwicklung von den frühen symbiotischen Prozessen bis zu den reiferen partiellen Idealisierungen. Die dritte Säule stellt die Stufen der strafenden und anerkennenden Gewissensaspekte dar (nach Mentzos 2001).

schwinden.… Harte Männer sind harte Trinker.« Hemingway witzelte und prahlte über sein Trinken im wirklichen Leben und glorifizierte es in seinen Romanen. Es steht jedoch außer Zweifel, dass Hemingway im Lauf der Jahre immer stärker im Alkohol Zuflucht suchte, um sich Erleichterung von seiner intensiven Angst und seinen Depressionen zu verschaffen. Seine Frau Mary, die dazu neigt, Hemingways Fehler herunterzuspielen, bemerkt, dass er in seinen letzten Lebensjahren den größten Teil seiner Nahrung eher aus Alkohol als aus Lebensmitteln bezog. Hemingway begann »mit einem Training«, wenn er ernsthaft mit der Arbeit an einem neuen Buch begann. Die Trainingsregeln besagten,

dass er sich in eine gute körperliche Form bringen und bis zwölf Uhr mittags auf Alkohol verzichten musste (er schrieb immer nur am Vormittag). Lanham berichtet, dass Hemingway am Morgen in seinem sehr großen Swimmingpool achtzig Bahnen schwamm, als er ihn während des ›Trainings‹ für *Der alte Mann und das Meer* besuchte. Von Zeit zu Zeit schwamm Hemingway an den Poolrand, um auf die Armbanduhr zu schauen. Um elf Uhr vormittags kam sein Diener mit einem Zwei-Liter-Krug Martinis aus dem Haus. Hemingway grinste breit und sagte: ›Was soll's, Buck, in Miami ist es schon zwölf Uhr mittags.‹ Damit war das Schwimmen für diesen Tag beendet. Lanham konnte zwei dieser starken Martinis trinken, seine Frau etwa 1½ Hemingway übernahm des Rest des Krugs. Gegen Ende seines Lebens. als seine Gesundheit immer mehr nachließ und sein Blutdruck immer höher wurde, versuchte sein Internist mit nur mäßigem Erfolg, ihn vom Trinken abzuhalten. Die Mechanismen, die Hemingway einsetzte, um die nervöse Unruhe abzuwehren – Alkohol, das Schreiben, intensive körperliche Anstrengungen – all die frenetischen Versuche, das Image zu bewahren, das er geschaffen hatte, verketteten sich miteinander und bildeten einen nur teilweise wirkungsvollen Damm gegen eine unerbittliche Flut von Qualen.«

Yalom erzählt in einer lebendigen Weise über Hemingway, über seine Gefühle, Ängste und Wünsche. Zwischendurch nimmt er Bezug auf eine metapsychologische Theoriensprache, die häufig als abstrakt und erlebensfern kritisiert wird. Aber seine Darstellung ist anschaulich, obwohl – ausgesprochen oder implizit verarbeitet – es fortwährend um die Theorie des Selbst, die Auswirkung intrapsychischer Konflikte, um die Abwehrmaßnahmen des Ich und seine adaptiven Funktionen geht. Dieses Beispiel zeigt – und dies ist auch die Absicht der eigenen Illustrationen –, dass die psychoanalytische Metapsychologie nicht mechanistisch sein muss, obwohl sie in ihrer Verdichtung allgemein und abstrakt ist. Auch die Ergänzung durch die emotionalen und motivationalen Komponenten löst das grundsätzliche Problem der Reduzierung und Vereinfachung nicht. Jedes menschliche Phänomen – aus verschiedenen Perspektiven betrachtet – ist in nicht überschaubarer Weise komplex und befindet sich in einer permanenten Veränderung. Dies ist aus unserer Sicht der Grund für die zunehmenden Integrationsversuche auch im Bereich der biopsychosozialen Untersuchungen und Diskussionen.

Neurobiologische Grundlagen von Stress- reaktionen 4

Stressreaktionen des Organismus werden von vielen verschiedenen physiologischen Prozessen und Faktoren gesteuert und sind dementsprechend komplexe Vorgänge (Kapitel 1 und 2). Infolgedessen sind auch die grundlegenden neurobiologischen Steuerprozesse, die für die Wahrnehmung von Stressoren, die sich daran anschließende integrative Reizverarbeitung und die Auslösung adaptiver Stressreaktionen zuständig sind, höchst komplex. Die neurobiologischen Grundlagen der Stressreaktionen lassen sich deshalb nur als Netzwerkeigenschaften angemessen verstehen.

Stressoren sind weitgehend identisch mit Reizen und Bedingungen, die dem Organismus schaden, d. h. evolutionsbiologisch gesprochen, die seiner **„Fitness-Maximierung"** entgegen stehen. Diese Feststellung gilt entlang der gesamten Linie der stammesgeschichtlichen Entwicklung von den Einzellern bis zum Menschen. Infolgedessen haben sich im Verlauf der Evolution Mechanismen entwickelt, die zur Vermeidung von Stress oder der Anpassung (*Coping*) an Stress dienen (Huether 1996, Fuchs und Flügge 2003). Diese Anpassungsmechanismen unterscheiden sich im Detail auf den verschiedenen evolutionären Organisationsstufen, gehen aber grundsätzlich darauf zurück, Stressoren zu erkennen und entsprechende Vermeidungs- und Verarbeitungsreaktionen zu aktivieren. Vermeidungsreaktionen findet man schon bei Bakterien und bei Einzellern wie Pantoffeltierchen und Amöben. Bei höher entwickelten Wirbeltieren, aber auch bei wirbellosen Organismen, die komplexe Nervensysteme oder Gehirne besitzen, kommt es dabei zu bemerkenswert differenzierten Verhaltensweisen. Es ist eindrucksvoll zu sehen, mit welch differenzierten Strategien der Organismus auf **Störungen der Homöostase** reagiert, um seine knappen Ressourcen stets optimal zu nutzen und seine Existenz zu sichern. Ob während der Aktivierung von Abwehr- und Vermeidungsreaktionen Gefühle der Aversion im Sinne bewusster Ich-Zustände auftreten, hängt natürlich davon ab, ob ein Organismus Bewusstsein besitzt. Für uns Menschen wissen wir dies durch subjektives Erleben und Empathie, für Tiere muss diese Frage zwar letztlich unbeantwortet bleiben, doch gibt es zahlreiche Homologien (hirnphysiologische Ähnlichkeiten – siehe „limbisches System" – aber auch Verhaltensähnlichkeiten zwischen Menschen und nichthumanen Primaten, sowie Hunden und Katzen bei Stress, wie beispielsweise der Gesichtsausdruck), die dem Menschen vergleichbare Gefühle zumindest bei höheren Vertebraten als wahrscheinlich erscheinen lassen (Dalgleish 2004).

Bei der Untersuchung der neurobiologischen Grundlagen von Stressreaktionen spielen **Tierexperimente** eine wichtige Rolle. Als Stressoren werden dabei meist verlässlich quantifizierbare Reize (Elektroschocks, Lärm, grelles Licht, Hitze, Kälte, hyperosmotische Störungen,

Ethergeruch) oder Stresssituationen (forciertes Schwimmen, Festhalten) verwendet oder solche Situationen, die äquivalent zu psychosozialen Stresssituationen beim Menschen sind (z. B. der *Resident-Intruder-Test*, bei dem die Revieransprüche von Tieren durch das Einbringen eines Konkurrenten herausgefordert werden, oder sozialer Stress, der beispielsweise durch Trennung von der Gruppe – *social isolation* – oder von der Mutter – *maternal separation* - herbeigeführt wird).

Viele der neuesten Erkenntnisse zur Stress-Pathophysiologie gehen auf das Modell von chronischem Stress zurück, wie er bei Tieren mit ausgeprägtem Territorialverhalten (wie es übrigens auch Menschen zeigen) infolge anhaltender sozialer Konkurrenz auftritt. Spitzhörnchen (Ordnung *Scandentia, Tupaia belangeri*), die in Südostasien heimisch sind, bilden Territorien, welche die Männchen gegen Eindringlinge vehement verteidigen. Wenn männliche Tupaias in ständigem visuellen und olfaktorischen Kontakt mit männlichen Artgenossen sind, gegen die sie in einem Kampf unterlegen sind, zeigen sie typische Stresssymptome, wie eine Hyperaktivität der HPA-Achse, Gewichtsverlust, Schlafstörungen, und eine verminderte motorische Aktivität. Im Gehirn der Verlierer findet man eine verminderte Neurogenese, Schrumpfung der Dendriten im Hippocampus und eine Hochregulation von Noradrenalinrezeptoren im limbischen System (Fuchs und Flügge 2003, Fuchs und Flügge 2004).

Interessante Erkenntnisse zur Neuropathobiologie von Stresswirkungen ergaben sich auch aus Untersuchungen, bei denen zwei Gruppen von Ratten schmerzhafte Elektroschocks bekamen.Die eine Gruppe konnte die Schocks aber durch Betätigung eines Hebels sofort abschalten, während die andere Gruppe als *yoked control* diente (zum Verständnis: engl. „yoke" = Joch – diese Kontrolltiere waren an die Partnertiere also experimentell quasi „angejocht"). Sie erhielt die gleiche Anzahl und Stärke von Elektroschocks wie die erste Gruppe, mit dem Unterschied, dass sie keine Kontrollmöglichkeit über den Stressor hatte. Hier zeigte sich, dass die angejochten Kontrolltiere weitaus höhere Stresswerte (Ausschüttung von Stresshormonen und Bildung von Magengeschwüren) zeigten als diejenigen Tiere, die Kontrolle über die Schocks hatten. Aus solchen Befunden können wir schließen, dass die negativen Stressfolgen nicht so sehr durch die aversiven Elektroschocks, sondern eher durch den **Kontrollverlust** ausgelöst wurden.

Ebenfalls zum Konzept des „Kontrollverlustes über die Umgebung" als Stressor passen Untersuchungen, bei denen Tiere über die Steuerung von Reiz-Reaktions-Beziehungen komplett durch den Experimentator kontrolliert werden. Ein Beispiel hierfür ist das sogenannte *schedule-induced behaviour* (Mittleman et al. 1990). Damit sind bestimmte Formen von **Übersprungsverhalten** gemeint, die Tiere zeigen, wenn sie einem unkontrollierbaren, starren Muster von Tätigkeiten oder Reizen unterworfen sind. Werden hungrige Ratten beispielsweise in einer Skinner-Box nach einem fixierten Zeitmuster (z. B. alle 60 Sekunden) mit einem Futterstück gefüttert, ohne dass sie irgendeinen Einfluss darauf haben, so steigen die Plasmakonzentrationen von Corticosteron stark an. Gleichzeitig zeigen die Tiere nach kurzer Zeit Übersprungsverhalten (z. B. Herumrennen, Hebeldrücken, was aber nichts am Fütterplan ändert, und Verhaltensstereotypien oder exzessives Wassertrinken). Interessanterweise wird durch dieses Übersprungsverhalten die Stressreaktion deutlich reduziert (Mittleman et al. 1988, Mittleman et al. 1991). Die Schlussfolgerung daraus ist, dass der Kontrollverlust über Vorgänge in der Umwelt einerseits Stress induziert, andererseits aber Übersprungsreaktionen auslöst, die den Stress mindern. Aufgrund dieser Befunde kann man durchaus verstehen, warum Menschen, die es eilig haben und beispielsweise auf einen Fahrstuhl warten, wiederholt auf den Fahrstuhlsschalter drücken, obwohl ihnen klar ist, dass er dadurch nicht schneller kommt. Offenbar dient ein solches Übersprungsverhalten zur Verminderung von Stress, der sich aus dem Kontrollverlust und dem Gefühl der Machtlosigkeit in dieser Situation ergibt.

Um die Übertragbarkeit der Befunde von Tierversuchen auf den Menschen zu gewährleisten, müssen möglichst äquivalente Reaktionsparameter untersucht werden. Dazu gehören vor allem die Messung der primären physiologischen Stressreaktionen, wie Herzfrequenz- und Blutdruckerhöhung, endokrine Reaktionen (Freisetzung von Hormonen und Neurotransmittern sowie deren Messung im Blutplasma bzw. im Hirngewebe oder in der Cerebrospinalflüssigkeit), Hautleitfähigkeit, aber auch eine Vielzahl von Verhaltensreaktionen. Bei der Messung von Verhaltensreaktionen bei Stress ist die *Operationalisierung* von menschlichen Reaktionen entsprechend denen im Tierversuch eine besondere Herausforderung. Sie gelingt, indem man zum einen einfach *dasselbe* Verhalten beim Tier misst wie beim Menschen. Ein gutes Beispiel hierfür ist die Schreckreaktion, die bei Mensch und Tier völlig gleich ausgelöst wird, durch die gleichen neuronalen und muskulären Strukturen vermittelt wird und durch Stress erhöht wird. Hierbei kann die Potenzierung der Schreckreaktion durch Stress *direkt* als operationales Maß für das Ausmaß an Stress verwendet werden (Koch 1999). Gut operationalisierbar sind auch Vermeidungsreaktionen (aktive oder passive Vermeidung von Stressoren, wie z. B. Elektroschocks) und Konflikttests. Schließlich wird bei Nagern häufig das sogenannte *Freezing*-Verhalten zur Messung von Stress verwendet (Fendt und Fanselow 1999). Es handelt sich dabei um eine völlige Bewegungslosigkeit der Tiere bei erhöhtem Muskeltonus. Dieses Verhalten ist beim Menschen nicht zu beobachten, sondern stellt eine spezies-spezifische Reaktion dar, die dennoch als verlässliches Verhaltensmaß für Stress eingesetzt werden kann.

Die *Validierung* der eingesetzten Tiermodelle zur Analyse von Stress erfolgt zum einen über das Kriterium der **Abbildvalidität** (d. h. gleiche Stressoren führen zu gleichen Reaktionen, wie bei der Schreckreaktion), zweitens über das Kriterium der **Konstruktvalidität** (d. h. an der Reaktion der Versuchstiere sind nachweislich diejenigen hirnphysiologischen Mechanismen und Strukturen – „Konstrukte" – beteiligt wie beim Menschen, also z. B. die HPA-Achse), und schließlich drittens über die **prädiktive Validität**, die ein psychopharmakologisches Kriterium darstellt. Hier geht es darum, die Veränderung eines Stressverhaltens bei Versuchstieren nach Gabe von beim Menschen bereits eingesetzten Psychopharmaka *vorherzusagen*. So validiert man Tiermodelle für Stress beispielsweise durch Verabreichung von Valium (ein klassisches, beim Menschen anxiolytisch oder sedativ wirkendes Psychopharmakon aus der Klasse der Benzodiazepine), das im betreffenden Tiermodell ebenfalls die Stressreaktion vermindern sollte.

Neben den eben kurz skizzierten tierexperimentellen Untersuchungen ermöglichen seit etwa 15 Jahren die verschiedenen **bildgebenden Verfahren** beim Menschen die indirekte Messung der Hirnaktivität im Zusammenhang mit Stress.

4.1 Neurophysiologische, neurochemische und neuroanatomische Grundlagen von Stress

Welche neurobiologischen Mechanismen steuern Stressreaktionen? Grundlegende Voraussetzungen dafür, in Anwesenheit von Stressoren die entsprechenden Verhaltensprogramme zu aktivieren sind zunächst:

1. Die Fähigkeit zur Wahrnehmung des Stressors. Das Sensorium zur Aufnahme der physikalisch-chemischen Qualitäten des Stressors, also beispielsweise das visuelle System, um einen Feind zu sehen, das olfaktorisches System, um ihn zu riechen, oder Chemosensoren, die eine Glucoseverminderung oder die Zunahme von Kohlendioxid im Blut (als Zeichen der Atemnot) signalisieren, ist die erste Verarbeitungsstufe.

2. Die Fähigkeit diese Wahrnehmungen zu verarbeiten und gegebenenfalls in die Aktivierung motorischer Systeme (Skelettmuskulatur, aber auch Herzmuskel und glatte Muskulatur des Gefäßsystems) sowie metabolischer Effektoren umzusetzen.

Der Organismus braucht daher ein sensomotorisch-metabolisches Interface um die Stressreaktionen auszuführen. Im Falle der Verhaltenssteuerung, vor allem in komplexen Nervensystemen, müssen zusätzlich zur Aktivierung bestimmter motorischer Programme andere konkurrierende Programme unterdrückt oder gehemmt werden, um Verhaltensinterferenzen zu vermeiden. Dasselbe gilt auch für die Steuerung metabolischer Prozesse. Allgemein betrachtet wird ein Stressreaktionssystem benötigt, welches aufgrund von eintreffenden sensorischen Signalen, im Abgleich mit internen physiologischen Sollwerten (Vitalparameter wie Sauerstoff- und Nährstoffbedarf, Wasser- und Säure-Base-Gleichgewichte, Fortpflanzungsstatus und dementsprechende hormonelle Signalen) eine Verhaltensauswahl (*response-selection*) trifft.

Das Kontrollsystem, das wir aufgrund dieser einfachen theoretischen Vorüberlegungen fordern, soll noch eine weitere Eigenschaft haben, für deren Herleitung wir noch eine zusätzliche Dimension in Betracht ziehen müssen: Wenn ein Regelsystem wirklich adaptiv sein und den

Organismus vor Gefahren schützen soll, dann muss es – zumindest zum Teil – antizipatorisch funktionieren, d. h. die Schutzreaktionen bereits dann aktivieren, wenn Gefahr droht, und nicht erst dann, wenn ein Schaden eingetreten ist. Dies bedingt aber, dass aus früheren, ähnlichen Gefahrensituationen gelernt wird und ein Gedächtnisinhalt darüber angelegt wird, der dann bedarfsgerecht reaktiviert werden kann und die Stressreaktion mitsteuert. Das heißt, dieses Kontrollsystem muss auch lernen können und über ein Gedächtnis verfügen.

Die neurobiologischen Grundlagen der Stressreaktionen beinhalten also sensorische Systeme, verschiedene modulatorische Transmitter- und neuroendokrine Systeme, sowie das limbische System zur Verhaltenssteuerung, für die Bewertung und für das Lernen und Gedächtnis, die in engen Wechselwirkungen miteinander stehen.

4.1.1 Sensorische Systeme, die Stressreize verarbeiten: Stressoren werden über Thermo-, Chemo- und Mechanorezeptoren vermittelt

Eine erste Gruppe von Stressreaktions-Kaskaden besteht aus denjenigen sensorischen Systemen, die **unmittelbare Stressoren** (Schmerz, Atemnot, Wasser- und Nahrungsmangel) perzipieren, sowie aus den neuroendokrinen Systemen des Hypothalamus und der Hypophyse, welche die Interaktion von Gehirn und Körperperipherie koordinieren und integrieren. Außerdem gehören dazu die Transmittersysteme des Gehirns und zwar insbesondere die Monoaminsysteme (Noradrenalin, Dopamin und Serotonin) und Neuropeptide, welche für die Feinabstimmung der Stressreaktion entscheidend sind. Für die angemessenen körperlichen Reaktionen auf Stress und das Speichern der Erinnerung daran, ist schließlich ein Systemkomplex interagierender Hirnstrukturen verantwortlich, der als das „limbische System" bezeichnet wird.

Unmittelbare (primäre) Stressoren sind zunächst physikalische oder chemische Reize, wie Druck, Temperatur (Hitze, Kälte), Verletzung (Blutverlust) und metabolische Veränderungen (Glucose-, Sauerstoff- oder Wassermangel), die sich erst subjektiv als Schmerz (Druckschmerz, Verbrennung, Verkühlung), Hunger, Atemnot und Durst manifestieren. Aber auch au-

ditorische, visuelle und olfaktorische Reize können Stress auslösen. Zum einen, wenn sie sehr intensiv und langanhaltend, somit stark überschwellig sind. Zum anderen, wenn sie mit unmittelbaren Stressoren zusammen auftraten und damit zu erlernten, sekundären Stressoren wurden (Maren 1999, Calder et al. 2001). Hier beschränken wir uns auf die ausführliche Besprechung der primären Stressoren und verweisen für Grundlagen der visuellen, auditorischen und olfaktorischen Systeme auf Lehrbücher der Sinnesphysiologie.

Für die Wahrnehmung verschiedener **Schmerzreize** ist ein Teil des somatosensorischen Systems zuständig (Abb. 4.1).

Verschiedene Propriorezeptoren in der Haut, in Muskeln und Sehnen sind an der Wahrnehmung von Berührungsreizen beteiligt und – abhängig von der Aktivierungsschwelle – auch an der Vermittlung von Hitze, Kälte Dehnungs- und Druckschmerz. Das Ganglion der dorsalen Wurzel (**Dorsalhorn**) des Rückenmarks ist die erste Umschaltstation für alle somatosensorischen Afferenzen. Die Neuronen dort sind pseudounipolar, d. h. sie senden dendritische Fortsätze in die Peripherie (freie Nervenendigungen) und projizieren mit ihren Axonen in verschiedene Schichten des Dorsalhorns des Rückenmarks. Für die Stressreaktion sind diejenigen Afferenzen relevant, die starke Sollwertabweichungen registrieren, also die hochschwelligen Mechanorezepto-

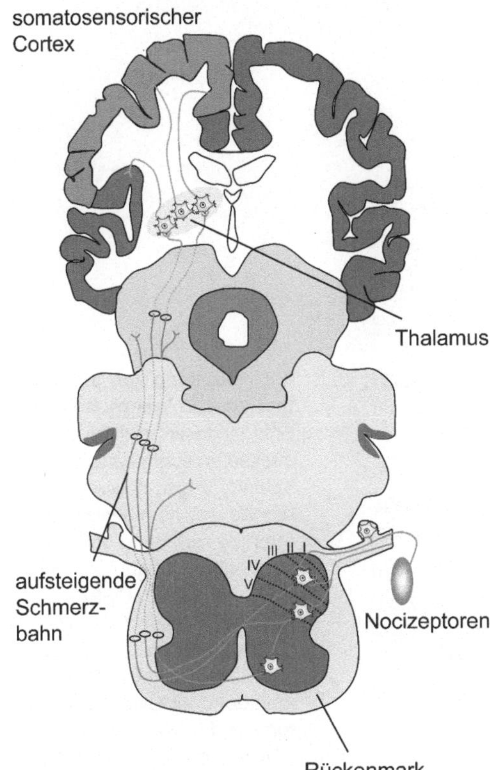

4.1 Schmerzbahnen. Nocizeptoren übertragen Schmerzreize (intensive, möglicherweise gewebsschädigende Zug-, Druck-, oder Temperaturreize) in die verschiedenen Schichten des Dorsalhorns des Rückenmarks. Dort wird die Information über mehrere kontralaterale aufsteigende Stränge von Axonen (spinoretikulärer, spinomesencephaler und spinothalamischer Trakt) in verschiedene Kerne des Hirnstammes und des Thalamus weitergegeben. Von dort werden der somatosensorische, der insuläre und der anteriore cinguläre Cortex innerviert (nach Fields 2004).

ren (freie Nervenendigungen in der Haut und in der Nähe von Blutgefäßen; **Nocizeptoren**) und die **Thermorezeptoren**. Die nociceptiven Dendriten liegen im Parenchym in der Nähe von Hautzellen und der Epithelien innerer Organe und weisen auffallend große Vesikel auf. Man nimmt an, dass diese Vesikel Neuropeptide und Gewebshormone enthalten, die an lokalen Gewebsreaktionen (wie z.B. einer verstärkten Durchblutung und Entzündungsreaktionen) beteiligt sind und diese noch verstärken. Die Informationsübertragung der Nocizeptoren auf die Neuronen des Rückenmarks erfolgt über Gluta-

mat und über Neuropeptide, vor allem Substanz P. Intrazellulär ist in den Neuronen eine Zunahme von Calcium- und Natriumionen zu registrieren, verbunden mit einer Aktivierung der Stickstoffmonoxidsynthase (NO-Synthase). Dadurch kommt es zu einem Anstieg der intrazellulären Konzentration von reaktiven Sauerstoff- und Stickstoffspezies sowie von cGMP und Proteinkinase C (Abb. 4.2, siehe auch Abschnitt 5.1). Die weitere Verarbeitung der Schmerzinformation wird durch eine Vielzahl von fördernden und hemmenden Modulatoren modifiziert. Fördernd wirken Faktoren, die in entzündetem oder verletztem Gewebe auftreten (z.B. Prostaglandine, Histamin, Cytokine), sowie Neuropeptide (vor allem Substanz P) und Neurotransmitter (z.B. Glutamat über NMDA-Rezeptoren). Hemmend wirken die Opioide (β-Endorphin, Endomorphin 1,2, Met-Enkephalin, das durch CCK gehemmt wird, Dynorphine und Nociceptin, siehe Abb. 4.3) sowie GABA, Serotonin und Noradrenalin über α2-Rezeptoren und γ[2]MSH).

Die ins Rückenmark projizierenden Schmerzfasern werden aufgrund ihrer Leitungsgeschwindigkeit und Morphologie in langsam leitende unmyelinierte C-Fasern und etwas schneller leitende, dünn myelinierte Aδ-Fasern eingeteilt. Viele Nocizeptoren sind peptiderge Neuronen, die *calcitonin-gene-related peptide* (CGRP) oder Substanz P ausschütten und selbst Tyrosinkinase-A-Rezeptoren tragen. Diese Neuropeptide können sowohl an den Axonterminalen im Rückenmark als Transmitter ausgeschüttet werden als auch lokal aus den freien Nervenendigungen ins Gewebe abgegeben werden, um dort in parakriner Weise die Verletzungs- oder Entzündungsprozesse zu beeinflussen.

Thermorezeptoren gehören mindestens sechs Klassen von Trp-Rezeptoren (*temperature-activated-transient receptor potential*) an, die durch Hitze oder Kälte, aber auch durch bestimmte chemische Substanzen aktiviert werden. Die Temperaturschwelle für die Wahrnehmung schmerzhafter Temperaturreize (und für die Aktivierung von Aδ-Fasern) liegt bei 45 °C. Diese Temperatur wird über Trpv1- und -2-Rezeptoren vermittelt – das sind Kationenkanäle, die übrigens auch auf *Capsaicin* (dem aktiven Inhaltsstoff von Chilischoten, dessen Geschmackseindruck im Englischen daher zutreffend als „hot" bezeichnet wird) ansprechen. Die Aktivität dieser Rezeptoren wird durch ein leicht saures Milieu und durch Signalmoleküle wie Prostaglandine erhöht. Kälterezeptoren gehören zur

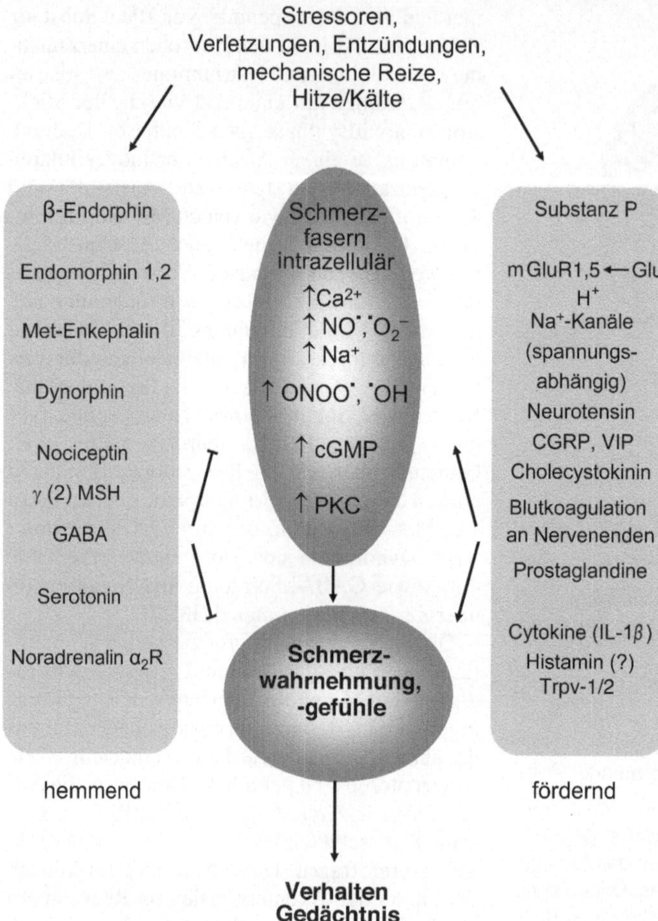

4.2 Induktion von Schmerz und dessen Wahrnehmung. Schmerzfasererregung durch stressorerzeugte intrazelluläre Veränderungen sowie fördernde und hemmende Faktoren der Erregung und deren Verarbeitung (Wahrnehmung). α_2R-α_2-Rezeptor; CGRP-*calcitonin-gene-related peptide*; GABA-γ-Aminobuttersäure; Glu-Glutamat; mGlu-R1,5-metabotroper Glutamatrezeptor 1 und 5; γ(2)MSH-γ(2)-Melanocyten-stimulierendes Hormon; Trpv-1,2-R-*temperature-activated transient receptor potential*-1,2-Rezeptoren; VIP-vasoaktives intestinales Polypeptid; PKC-Proteinkinase C.

Trpm8-Klasse und sprechen auf Temperaturen unter 25 °C an. Sie sind auch durch Menthol und Eucalyptol erregbar (daher deren „kühlend" erfrischende Wirkung). Die Wahrnehmung schmerzhafter Kälte wird von einem verwandten Rezeptormolekül, *Anktm 1*, vermittelt.

Entzündungsschmerz, beispielsweise chronische Schmerzen bei rheumatoider Arthritis (Abschnitt 8.4), wird offenbar durch das Verhältnis der Untereinheiten von AMPA-Glutamatrezeptoren (GluR) beeinflusst, die auf postsynaptischen spinalen Neuronen sitzen (Abschnitt 4.1.2). Mäuse mit gentechnisch ausgeschalteten GluR-A Untereinheiten der AMPA-Rezeptoren zeigen eine verminderte akute Schmerzempfindlichkeit gegen Entzündungsschmerz. Die Wirkung wird offenbar durch die veränderte Calciumpermeabilität der Nervenzellmembran vermittelt (Hartmann et al. 2004).

Die Weiterleitung der entsprechenden peripheren Temperatur- und Schmerzreize über das dorsale Ganglion ins Rückenmark erfolgt dabei wahrscheinlich nicht durch Frequenzcodes, sondern in Form von *labelled lines*, d. h. jeder Rezeptor für eine bestimmte Reizqualität und -stärke hat seine eigene Projektion und Umschaltstation im Dorsalhorn des Rückenmarks, wobei die Reizintensität auch hier in der Frequenz der Aktionspotenziale kodiert ist. Von dort nimmt die aufsteigende Schmerzbahn ins Gehirn ihren Ausgang. Neuronen im Dorsalhorn des Rückenmarks erhalten also die primären nozizeptiven Afferenzen (Aδ- und C-Fasern) und projizieren glutamaterg über den spinothalamischen Trakt in den Thalamus, innervieren aber gleichzeitig über Axonkollaterale noch den Sympathikus und spinale Motoneuronen (autonome und motorische Schmerzreflexzentren).

Die nocizeptiven Systeme des Gesichts und des Kopfbereichs werden nicht im Rückenmark, sondern im sensorischen Trigeminuskern in der Medulla und Pons verarbeitet und vereinigen sich mit dem spinothalamischen Projektionssystem. Diese erregenden glutamatergen Projektionen werden im Thalamus vor allem in den dorsolateralen Kernen, den posterior-intralaminaren und ventromedialen Kernen verarbeitet und zum somatosensorischen Cortex (Areale S I und S II), sowie zum insulären und anterioren cingulären Cortex weitergeleitet, wo die bewusste Schmerzwahrnehmung erfolgt. Gleichzeitig projizieren sowohl die nocizeptiven Thalamuskerne als auch der somatosensorische Cortex massiv in Teile des limbischen Systems (vor allem in die Amygdala). Des weiteren gibt es Projektionen aus dem Rückenmark zum anterioren Hypothalamus und zur präoptischen Region (Schmidt und Thews 1995).

Eine faszinierende Studie mit bildgebenden Verfahren zeigte kürzlich, dass beim Menschen nicht nur physikalische Schmerzreize die Schmerzbahn stimulieren, sondern dass auch das Gefühl der „schmerzhaften Verletzung" durch sozialen Stress die corticalen Anteile der Schmerzbahn aktiviert. Menschen, die in einer Spielsituation ungerechterweise aus einer Gemeinschaft ausgeschlossen wurden und sich dadurch psychisch verletzt fühlten, zeigten eine deutliche Erhöhung der Aktivität im anterioren cingulären Cortex (Eisenberger et al. 2003).

Die Schmerzwahrnehmung wird wesentlich durch Opioide beeinflusst. Im Zusammenhang mit Stress infolge der Aktivierung des Schmerzsystems ist von besonderer Bedeutung, dass es ein ausgedehntes absteigendes System gibt, das vom Cortex über den Thalamus und Hypothalamus das zentrale Höhlengrau und die medulläre Formatio reticularis innerviert und deren Aktivität durch die Freisetzung von endogenen Opioiden kontrolliert. Dadurch wird die Schmerzverarbeitung auf spinaler und trigeminaler Ebene über analgetisch (schmerzdämpfend) wirkende Opioide kontrolliert (Abb. 4.2, Abschnitt 4.1.4).

In extremen Stresssituationen (starke mentale oder physische Anspannung) ist die Schmerzschwelle deutlich erhöht. Zahlreiche Untersuchungen in den vergangenen 35 Jahren haben gezeigt, dass vor allem die endogenen Opioide (eine wichtige Klasse von Neuropeptiden, die als Neurotransmitter fungieren, Abschnitt 4.1.4) die Schmerzbahn (Abb. 4.1) über absteigende Projektionen auf mehreren Ebenen hem-

men (Fields 2004) und zwar weitgehend antizipatorisch, also noch bevor der bewusste Schmerz eintreten kann (Abb. 4.2 und 4.3). Die vier verschiedenen Opioidrezeptortypen sind in allen Kerngebieten der Schmerzbahn vorhanden und sind damit ein wesentliches Element des Schmerzkontrollsystems. Starke Stressreize aktivieren das zentrale Höhlengrau im Mittelhirn über den anterioren cingulären Cortex, die Amygdala und den Hypothalamus. Das zentrale Höhlengrau kontrolliert über eine Projektion in

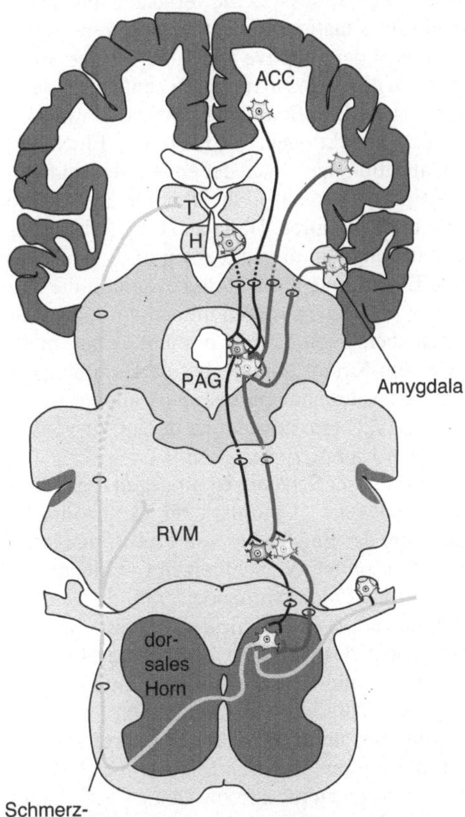

4.3 Modulation der Schmerzbahn. Corticale und limbische Areale sowie der Hypothalamus regulieren die Schmerzverarbeitung über absteigende Bahnen vom cingulären Cortex und der Amygdala über das zentrale Höhlengrau und die rostroventrolaterale Medulla. Die Modulationen können erregend oder hemmend sein (siehe auch Abb. 4.2). Die Hemmung der Schmerzverarbeitung bei Stress erfolgt über die Wirkung von endogenen Opioiden. ACC-anteriorer cingulärer Cortex, H-Hypothalamus, PAG-*periaqueductal grey* (zentrales Höhlengrau), RVM-rostroventrale Medulla, T-Thalamus (nach Fields 2004).

die rostrale ventrolaterale Medulla direkt die Neuronen des Dorsalhorns im Rückenmark. Sowohl die Neuronen im Dorsalhorn als auch die Neuronen in der Medulla und im zentralen Höhlengrau werden durch endogene Opioide (Endorphine, Endomorphine, Enkephaline und Dynorphine) vor allem über μ-Opioidrezeptoren gehemmt.

Dieses Phänomen der stressinduzierten Unterdrückung von Schmerz belegt eindrucksvoll die vielfältigen Signalwege (in diesem Fall eine negative *feedforward*-Kontrolle), welche die zentralen Regulationssysteme vernetzen und in ihrer Funktion situationsgerecht modulieren. Außerdem wird der adaptive Charakter dieser Stressreaktion deutlich. Noxen lösen zunächst eine unangenehme Empfindung (Schmerz), sowie einige Schutzreaktionen (Vermeidung, Flucht und Vokalisation) aus. Nach der ersten Vermeidungsreaktion ist der adaptive Wert dieser Reaktion aber meist verloren. Dann setzt die Schmerzunterdrückung ein, die zum einen dazu führt, dass eine Beruhigung einsetzt und eventuell die Pflege der Verletzung vorgenommen wird. Zum anderen aber, wenn die Flucht nicht gelang und es zu einem Kampf kommt, ist die Hemmung der Schmerzwahrnehmung ebenfalls angepasst, um alle verfügbaren Ressourcen darauf zu verwenden, den Kampf zu bestehen.

Chronischer Schmerz ist hingegen nicht durch das endogene Opioidsystem kontrollierbar. Auch bei der Entstehung von **Phantomschmerzen** (d. h. subjektive Schmerzen in Gliedmaßen, die gar nicht mehr vorhanden sind, da sie durch Unfälle verloren oder chirurgisch amputiert wurden) spielt das Versagen der Schmerzkontrolle durch Opioide eine Rolle. Phantomschmerzen entstehen nämlich vor allem dann, wenn die Gliedmaßen unter Schmerzen verloren wurden.

Ein weiterer primärer Stressor ist Atemnot. Wie werden **Atemreize** im Gehirn verarbeitet? Die Zufuhr von Sauerstoff ist ein entscheidender Schritt für die Gewinnung von Energie aus der Nahrung (siehe Abschnitt 6.1 und Lehrbücher der Biochemie). Sauerstoffmangel (*Hypoxie*) ist ein starker Stressor sowohl für die Zelle (Abschnitt 6.2) als auch für den Gesamtorganismus und wird auch psychisch als extrem unangenehm empfunden. Die physiologischen Mechanismen für die Messung der Sauerstoffkonzentration im Blut, sowie die neuronalen Verschaltungen, die bei Hypoxie entsprechende Gegenmaßnahmen einleiten, sind daher von herausragender Bedeutung für den Organismus.

Für die Messung von Sauerstoff im Blut sind zwei verschiedene Systeme von **Chemorezeptoren** zuständig. Einerseits zentralnervöse Rezeptoren in medullären Hirnstammkernen und andererseits arterielle Rezeptoren im Aortenbogen und in den beiden Carotidenplexus (kleine chemo- und barorezeptive Organe in den *Arteriae carotidae*, den Hauptgefäßen, die von der Aorta abzweigen und das Gehirn mit Blut versorgen). Von diesen peripheren Rezeptoren wird die Information über den arteriellen Sauerstoffgehalt von den IX. (*N. glossopharyngeus*) und X. (*N. vagus*) Hirnnerven zum *Nucleus tractus solitarius* in der Medulla weitergeleitet. Von dort kann direkt der Sympathikus aktiviert werden, sodass sofort eine Erhöhung der Atemfrequenz eingeleitet wird. Über die zellulären und molekularen Mechanismen der Sauerstoffmessung ist bereits recht viel bekannt (Sharp und Bernaudin 2004). Offenbar spielt der Transkriptionsfaktor HIF-1 (*hypoxia-inducible factor 1*) eine entscheidende Rolle dabei. Dieses Protein kommt praktisch in allen Zellen des Organismus vor, wird aber normalerweise in der Anwesenheit von Sauerstoff sofort abgebaut. Bei Sauerstoffmangel jedoch bleibt HIF1 vor allem in Neuronen und Astrocyten des Gehirns präsent und aktiviert als Transkriptionsfaktor eine Reihe von Genen (über *hypoxia response elements*), sodass die Zelle vor den Folgen der Hypoxie geschützt wird: Vermehrung von Glucose-Transportern sowie Glycolyse-Enzymen sorgen dafür, dass die Zelle genügend Energie in Form von ATP bekommt und die Aktivierung der Stickstoffmonoxid (NO)-Synthase sorgt für eine Verbesserung der Gewebedurchblutung. Zusätzlich gehört noch der β-adrenerge Rezeptor (Adrenalin und Noradrenalin, siehe 4.1.2) zu den durch HIF-1 aktivierten Genprodukten, sodass die vasomotorische Kontrolle durch Adrenalin und Noradrenalin erhöht wird. Wahrscheinlich ist die Zunahme der Empfindlichkeit des Gehirns für Noradrenalin auch für die aversiven psychischen Erfahrungen von Sauerstoffmangel verantwortlich.

Neben der Messung von Sauerstoff als lebenswichtigem Teil der Zellatmung spielt Kohlendioxid – als Endprodukt des Energiestoffwechsels – sowie der damit zusammenhängende niedrigere pH-Wert des Gewebes eine wichtige Rolle bei der Steuerung der Atmung. Kohlendioxid dissoziiert in der Anwesenheit von Wasser rasch zu Hydrogencarbonat und einem Proton (Wasserstoffion). Da bereits ein Anstieg der Protonenkonzentration um 0,1 μM im Gewebe cytoto-

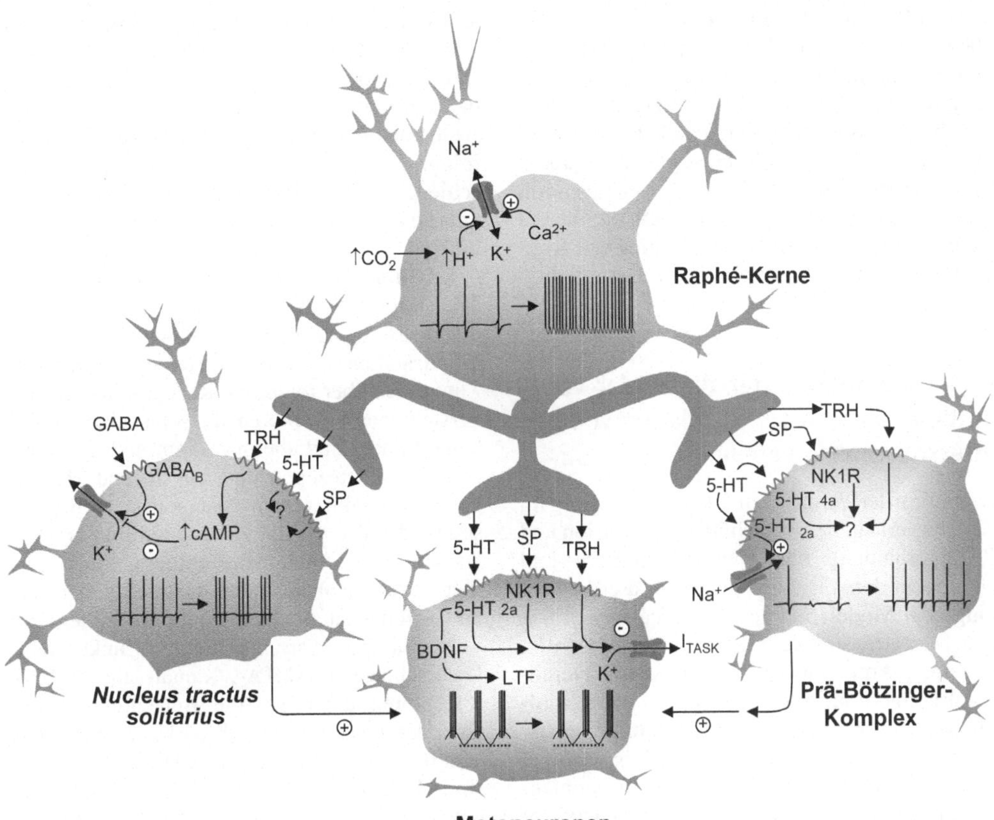

4.4 Periphere und zentralnervöse Strukturen, die für die Messung von Sauerstoff und Kohlendioxid, bzw. pH-Wert im arteriellen Blut, sowie für die respiratorische Kontrolle wichtig sind BDNF-*brain-derived neurotrophic factor*, 5-HT-5-Hydroxytryptamin (Serotonin), I-Strom, LTF-Langzeitfazilisierung, NK1R-Neurokinin-1-Rezeptor, SP-Substanz P, TASK-*TWIK-related acid-sensitive potassium channels*, TRH-*thyreotropin releasing hormone* (nach Richerson 2004).

xisch sein kann, müssen sowohl Kohlendioxid als auch der pH-Wert rasch gemessen werden können. Dies geschieht im Gehirn vor allem in Neuronen der ventrolateralen Medulla, die zu den caudalen Raphé-Kernen gehören. Diese Neuronen haben die anatomisch interessante Besonderheit, dass ihre Dendriten direkten Kontakt mit den an der Hirnbasis entlangführenden arteriellen Blutgefäßen haben. Zahlreiche physiologische Untersuchungen belegen, dass die Neuronen der caudalen medullären Raphé-Kerne besonders empfindlich auf Veränderungen des pH-Wertes reagieren. Über eine pH-abhängige Aktivierung von Natrium- und Calciumkanälen werden diese Neuronen depolarisiert. Sie projizieren in ein Netzwerk respiratorischer Kontrollkerne und aktivieren diese über die Freisetzung von Serotonin (5-HT, Abschnitt 4.1.2), *thyreo-*

tropin releasing hormone (TRH) und Substanz P: Neuronen des *Nucleus tractus solitarius* feuern unter der Wirkung dieser drei Transmitter Salven von Aktionspotenzialen und aktivieren so respiratorische Motoneurone, die sofort die Atmungsmotorik (Zwerchfell und Zwischenrippenmuskulatur) in Gang setzen. Über die Projektionen zu Neuronen des *Prä-Bötzinger-Komplexes* in der ventrolateralen Medulla werden noch weitere respiratorische Motoneurone, sowie Motoneurone des Schlundes und der Zunge aktiviert. Außerdem hat das freigesetzte Serotonin noch vasoaktive Funktionen.

Störungen der Kohlendioxid- und pH-Messung durch die medullären Raphé-Kerne werden auch als Ursachen für den plötzlichen Kindstod (*sudden infant death syndrome, SIDS*), für bestimmte Formen der Migräne und für das Auftreten von Panikattacken angenommen (Richerson 2004). Die plötzliche Erhöhung der Kohlendioxidkonzentration in der Atemluft ist ein experimentell oft eingesetzter hocheffizienter Stressreiz bei Mensch und Tier. Panikattacken sind im Zusammenhang mit Stressstörungen (Kapitel 8) besonders relevant und zeigen, welche enorm wirksamen psychophysischen Stressoren starke Atemreize (Sauerstoffmangel, Anstieg von Kohlendioxid und niedriger pH-Wert) darstellen.

4.1.2 Neurotransmitter, die an der Vermittlung oder an der Regulation von Stressreaktionen beteiligt sind

Jede Form der chemischen Signalübertragung im ZNS basiert auf der Ausschüttung, Diffusion und Rezeptorbindung von Neurotransmittern und Neuropeptiden. Insofern spielen für die Vermittlung oder Modulation von Stressreaktionen fast alle Neurotransmitter (Glutamat, Acetylcholin, Glycin, γ-Aminobuttersäure, Dopamin, Noradrenalin, Serotonin und einige mehr) sowie zahlreiche Neuropeptide eine Rolle. Einige Transmitter haben allerdings eine besonders wichtige Funktion, da sie entweder nur im Zusammenhang mit Stress aktiv sind oder an besonders vielen Stressreaktionen beteiligt sind. Im Folgenden werden die verschiedenen Neurotransmitter im Bezug auf ihre Beteiligung bei Stressreaktionen besprochen. Noradrenalin ist für die Detektion und Verarbeitung (Regulation des Signal-Rausch-Verhältnisses) von verhaltensrelevanten Reizen, sowie für *Arousal* und *Vigilanz* wichtig. Dopamin und Serotonin sind dagegen für das situationsgerechte Abrufen von Verhaltensweisen, insbesondere in emotionalen Kontexten, und für die Steuerung der Intensität von Stressreaktionen sowie für die Affektkontrolle zuständig.

Die interneuronale Signalübertragung im ZNS erfolgt meist über chemische Synapsen, also Kontaktstellen zwischen Neuronen, an denen präsynaptisch ein Transmitter (oder ein Peptid) ausgeschüttet wird, der nach Diffusion zur postsynaptischen Membran dort mit spezifischen Rezeptoren interagiert und damit eine Veränderung der physiologischen Eigenschaften der postsynaptischen Zelle bewirkt. Im Folgenden besprechen wir einige der klassischen Transmitter. Dazu gehören die Aminosäuren L-Glutamat und γ-Aminobuttersäure (GABA), Acetylcholin,

sowie die Monoamine. Da die *stressspezifische* Rolle der Transmitter kleiner wird, je größer ihre allgemeine Bedeutung für die Funktion des ZNS ist, beschränken wir uns hier auf die Besprechung der direkt stressrelevanten Transmitter. Für die ausführliche Erklärung der verschiedenen Transmittersysteme verweisen wir auf die einschlägigen Lehrbücher (Cooper et al. 2003).

L-Glutamat ist der wichtigste erregende Transmitter im ZNS. Glutamat wird im Intermediärstoffwechsel gebildet und wirkt über zwei grundsätzlich verschiedene Rezeptorenklassen. Zum einen über *ionotrope* Rezeptoren (darunter versteht man Rezeptoren, die selbst einen Ionenkanal bilden) und über *metabotrope* Rezeptoren (hier ist der Rezeptor über ein Second-Messenger-System mit einem Ionenkanal verbunden, sodass die Transmitterwirkung indirekt erfolgt). Die ionotropen Glutamatrezeptoren bestehen aus vier zusammenhängenden Untereinheiten, die einen Ionenkanal (Membranpore) bilden. Sie werden aufgrund struktureller und funktioneller Unterschiede in AMPA-, Kainat- und NMDA-Rezeptoren unterteilt (die Benennung erfolgt nach den pharmakologisch wirksamsten Agonisten für diese Rezeptortypen). Diese Rezeptoren sind ligandengesteuerte Kationenkanäle, die eine hohe Durchlässigkeit für Natriumionen aufweisen und daher meist depolarisierende (erregende) Wirkung haben. Eine Besonderheit ist der NMDA-Rezeptor (auf den wir im Zusammenhang mit Lernen und Gedächtnis noch gesondert eingehen werden), da dieser sowohl liganden- als auch spannungsgesteuert ist und zusätzlich zu Natrium- auch Calciumionen in die Zelle einlässt. Die Aktivierung von NMDA-Rezeptoren hat deshalb besonders nachhaltige Wirkung auf die Funktion der Zelle, weil Calcium an der Regulation von zahlreichen intrazellulären Prozessen beteiligt ist (Abschnitt 5.1). Auch von den metabotropen Glutamatrezeptoren gibt es verschiedene Klassen und Typen, die ebenfalls meist erregend auf die Zelle wirken. Eine Ausnahme bilden die Gruppe-2-metabotropen Rezeptoren, welche als präsynaptische Autorezeptoren die Freisetzung von Glutamat drosseln. Glutamat und seine Rezeptoren kommen praktisch im ganzen ZNS vor, sodass es nicht möglich ist, ein „glutamaterges System" zu definieren.

Glutamat ist insofern an einer Vielzahl von Stressreaktionen beteiligt, als es der wichtigste erregende Botenstoff im Gehirn ist. Seine spezifische Rolle im Zusammenhang mit Stress ist darin zu sehen, dass Glutamat für das Lernen und das Abspeichern aversiver stressrelevanter Ereignisse wesentlich ist.

GABA ist – zusammen mit Glycin – der wichtigste **inhibitorische Transmitter** im ZNS. Vor über 50 Jahren entdeckten der Amerikaner Eugene Roberts und der Österreicher Ernst Florey unabhängig voneinander, dass GABA ein inhibitorischer Transmitter im Nervensystem ist. GABAerge Interneuronen sind häufig im Cerebellum, im Thalamus, im gesamten Cortex, im Hippocampus und in der Amygdala. GABAerge Projektionsneuronen finden sich im Striatum (*Nucleus caudatus/Putamen* und *Nucleus accumbens*), im retikulären Thalamuskern, in der *Substantia nigra pars reticulata* und im *Globus pallidus* (Pirker et al. 2000, Margeta-Mitrovic et al. 1999, Pirker et al. 2000). Auch GABA-Rezeptoren sind im ZNS ubiquitär verbreitet. GABA vermittelt seine inhibitorische Wirkung zum einen über einen aus fünf Untereinheiten bestehenden, also *pentameren* Chloridkanal (GABA$_A$-Rezeptor), der den Einstrom von Chloridionen in die Zelle und damit eine Hyperpolarisation (Hemmung) verursacht. Die Zusammensetzung der GABA$_A$-Rezeptoren aus den fünf verschiedenen Untereinheiten ($2a$-, 2β-, 1γ-Stöchiometrie) ist für deren Pharmakologie und Physiologie sehr wichtig. Außer über den GABA-Chloridkanal wirkt GABA noch über einen metabotropen GABA$_B$-Rezeptor, der über G-Proteine den Calciumeinstrom in die Zelle reduziert und den Kaliumausstrom fördert und damit ebenfalls hemmend auf die Zelle wirkt.

Die Synthese von GABA erfolgt aus Glutamat durch die Glutamat-Decarboxylase (GAD), die in zwei Isoformen vorliegt (GAD 65 und GAD 67).

Während GABA an die β-Untereinheiten des GABA$_A$-Rezeptors bindet, stellt die a-Untereinheit den Rezeptor für Benzodiazepine dar, welche die Öffnung des Kanals allosterisch fördern. Fast dreiviertel der GABA$_A$-Rezeptoren enthalten eine solche Bindungsstelle für Benzodiazepine. Seit etwa 1960 werden synthetische Benzodiazepine wie Chlordiazepoxid („Librium") und Diazepam („Valium") als **Anxiolytika** (Angstlöser) und zur Stressbehandlung verwendet. Es besteht ein großes Interesse daran, die sedierenden Effekte der Benzodiazepine von deren anxiolytischen Wirkungen zu trennen, um möglichst nebenwirkungsarme Anxiolytika zu entwickeln.

Offenbar sind die $a2$-Untereinheiten des GABA$_A$-Rezeptors für die Anxiolyse durch Benzodiazepine verantwortlich, ohne sedierend zu wirken. $a1$-und $a3$-Untereinheiten vermitteln die Sedation, bzw. Muskelrelaxation, während $a5$-Untereinheiten für die amnestischen Effekte von GABA und Benzodiazepinen verantwortlich sind. Inverse Agonisten der Benzodiazepin-Bindungsstelle (also Pharmaka, die wie ein Agonist an den Rezeptor binden, in der Zelle aber das Gegenteil des normalen Agonisten bewirken, wie beispielsweise die *Beta-Carboline*) wirken anxiogen, was darauf hindeutet, dass es eine endogene anxiolytische und stressmindernde Aktivität durch GABA im Gehirn gibt, die durch inversen Antagonismus blockiert wird.

Die Stöchiometrie der GABA-Rezeptor-Untereinheiten in den verschiedenen Hirnarealen bestimmen das physiologische Wirkungsprofil des Rezeptors auf den Organismus (Anxiolyse, Sedation, Muskelrelaxion, Gedächtniskontrolle), wobei natürlich in den meisten Hirnarealen, in denen GABA-Rezeptoren vorkommen, eine Mischung der einzelnen Untereinheiten vorkommt.

Alkohol, Anästhetika, Barbiturate, und neuroaktive Steroide binden dagegen an die β-Untereinheiten des GABA$_A$-Rezeptors und verstärken die inhibitorische Wirkung des Kanals (Rupprecht und Holsboer 1999). Steroidhormone wie die Glucocorticoide wirken über intrazelluläre Rezeptoren, die als Transkriptionsfaktoren fungieren. Daneben haben diese Steroide auch nichtgenomische Effekte auf die Aktivität von Nervenzellen, die von kürzerer Dauer sind (im Bereich von Sekunden, im Gegensatz zu den genomischen Effekten, die oft Stunden dauern) und werden durch allosterische Modulation von Ionenkanälen oder G-Proteinen vermittelt (Abschnitt 5.2). Die Modulationen der Rezeptorfunktion durch neuroaktive Steroide betreffen viele Funktionen, z. B. neuroprotektive Effekte, Sedation, Anästhesie und Anxiolyse. Teilweise zeigen die Neurosteroide über die Aktivierung von GABA-Rezeptoren auch hypnotische und antidepressive Wirkung. Interessanterweise hat bei Ratten ein Metabolit des Stresshormons Corticosteron (und zwar Allo-Tetrahydro-Deoxycorticosteron) stressmindernde Wirkung durch Bindung an die $a1$-und $a3$-Untereinheit des GABA-Rezeptors.

GABA$_B$-Rezeptoren sind nicht mit Chloridkanälen verbunden, sondern sind metabotrope, Gi-Protein-gekoppelte Rezeptoren, die die Adenylylcyclase hemmen, die Leitfähigkeit von Ca^{2+}-Kanälen reduzieren und die Durchlässigkeit von K^+-Kanälen erhöhen. (unter „metabotropen" Rezeptoren versteht man in der Pharmakologie ganz allgemein G-Protein-gekoppelte Rezeptoren, zur Unterscheidung von „ionotropen" Rezeptoren, die identisch sind mit Ionenkanälen. Mit metabotrop ist also *nicht* gemeint, dass diese Rezeptoren den Zellstoffwechsel fördern, sondern lediglich, dass diese Rezeptoren an verschiedene intrazelluläre *second messenger* angekoppelt sind). $GABA_B$-Rezeptoren bestehen im Gegensatz zu vielen anderen metabotropen Rezeptoren aus Homodimeren, d. h. aus zwei strukturell ähnlichen Untereinheiten mit jeweils sieben Transmembrandomänen. Diese sind in der Plasmamembran über Protein-Protein-Wechselwirkungen stabil miteinander verbunden und aktivieren ein Gi-Protein. Die aktivierte a-Untereinheit hemmt die Adenylylcyclase, während der Komplex aus $\beta\gamma$-Untereinheiten Ca^{2+}-Kanäle hemmt und einwärts gleichrichtende K^+-Kanäle aktiviert. Die Wirkung von GABA an $GABA_B$-Rezeptoren ist eine langsame Hyperpolarisation des Neurons. $GABA_B$-Rezeptoren können auch als präsynaptische Autorezeptoren die Freisetzung von GABA und als Heterorezeptoren die Freisetzung von Acetylcholin, Glutamat und Monoaminen sowie von Neuropeptiden regulieren.

Insgesamt besteht die Bedeutung von GABA für Stressreaktionen in einer Dämpfung und Kontrolle der an der Stressreaktion beteiligten Hirnstrukturen.

Acetylcholin ist vor allem durch seine Beteiligung an Aufmerksamkeitsprozessen für die Steuerung von Stressreaktionen wichtig. Acetylcholin war die erste Substanz, die als Transmitter identifiziert wurde (ca. 1920 zeigte Otto Loewi, dass Acetylcholin des *Nervus vagus* die Herztätigkeit vermindert). Die Synthese dieses Transmitters aus „aktivierter Essigsäure" (Acetyl-Coenzym A) und Cholin wird von der Cholinacetyltransferase katalysiert. Auch Acetylcholin wirkt über zwei unterschiedliche Klassen von Rezeptoren: Erstens über den nikotinischen Rezeptor (benannt nach seinem Agonisten Nikotin, einem Alkaloid aus der Tabakpflanze), der ein pentamerer Kationenkanal ist (durchlässig für Natrium und Kalium). Zweitens über den muskarinischen Rezeptor (benannt nach dem Pilzgift Muskarin), der metabotrop ist und in verschiedenen Subtypen vorkommt. Sie sind entweder über Gq-Proteine an den IP_3-Signalweg gekoppelt oder

entfalten ihre Wirkung über Gi-Proteine und das Senken des cAMP-Spiegels. Während Acetylcholin an nikotinischen Rezeptoren stets erregend wirkt, ist die Wirkung über muskarinische Rezeptoren entweder erregend oder hemmend. Der Abbau von Acetylcholin erfolgt durch das Enzym Acetylcholinesterase. Anders als bei Glutamat und GABA kann man für Acetylcholin anatomisch definierte Systeme im Gehirn beschreiben. Im basalen Vorderhirn (*Nucleus basalis* und *Septum*) befinden sich große cholinerge Neuronen, die vor allem die Großhirnrinde und das limbische System mit Acetylcholin versorgen. Daneben gibt es cholinerge Zellgruppen im dorsalen Mittelhirn (*Tegmentum*), die in den Thalamus und in pontine und medulläre Bereiche der *Formatio reticularis* projizieren. Überdies spielt Acetylcholin eine entscheidende Rolle als Transmitter von Motoneuronen an den neuromuskulären Endplatten und natürlich im autonomen Nervensystem als postganglionärer Transmitter des Parasympathikus.

Acetylcholin ist über seine Rolle im Parasympathikus als Gegenspieler von Adrenalin und Noradrenalin (Sympathikus) an einer Vielzahl peripherer, viszeraler Stressreaktionen (Regulation von Herz- und Kreislauffunktionen, Tätigkeit von Magen und Darm, sowie zahlreichen Drüsen) beteiligt. Im ZNS ging man lange Zeit nicht von einer spezifischen Rolle von Acetylcholin bei aversiven, stressbezogenen Vorgängen aus. Allenfalls war klar, dass Acetylcholin über seine allgemeine Beteiligung an Aufmerksamkeitsprozessen (Everitt und Robbins 1997) auch für die Verarbeitung von Stressreizen wichtig ist. In den letzten Jahren gelang es jedoch zu zeigen, dass Stress im Gehirn von Mäusen zur Induktion einer normalerweise seltenen Spleissvariante der Acetylcholinesterase führt. Diese Form der Acetylcholinesterase baut Acetylcholin nur ineffizient ab und sorgt für die Zunahme der Proteinkinase $C\beta II$ in Teilen des limbischen Systems, sowie für eine verstärkte Furchtreaktion der Tiere (Birikh et al. 2003, Nijholt et al. 2004).

4.1.3 Monoaminsysteme (Noradrenalin, Dopamin und Serotonin)

Monoamine (biogene Amine) spielen eine entscheidende Rolle als Transmitter bei Stress. Zu den Monoaminen gehören die Katecholamine

Adrenalin, *Noradrenalin* und *Dopamin* sowie das Indolamin *Serotonin* (auch 5-Hydroxytryptamin oder 5-HT genannt) und das Imidazolderivat *Histamin* (von Bohlen und Halbach und Dermietzel 2002, dort Kapitel 3.2, 3.6–3.8. Cooper et al. 2003, dort Kapitel 8–10). Katecholamine bestehen aus einer Katecholgruppe und einer Aminogruppe, während die Indolamine sich aus Benzopyrol und einer Aminogruppe ableiten. Die Biosynthese der Katecholamine erfolgt im Gehirn, in den Chromaffinzellen der Nebennierenrinde und im sympathischen Nervensystem aus der Aminosäure Tyrosin. Serotonin wird aus der Aminosäure Tryptophan gebildet.

Meist haben die Monoamine Dopamin, Noradrenalin und 5-HT eine modulierende Wirkung auf die Funktionen von Glutamat, GABA und Acetylcholin bei der Umsetzung von Exekutivfunktionen wie Handlungssteuerung und -kontrolle, sowie bei Aufmerksamkeitsprozessen. Außerdem spielen sie eine entscheidende Rolle bei der Affektkontrolle. Damit sind sie auch an allen Stressreaktionen wesentlich beteiligt. Über die Rollen der einzelnen Monoamine bei der Regulation von Stressreaktionen wird bei den einzelnen Vertretern dieser Stoffklasse genaueres gesagt (Carrasco und Van de Kar 2003, Millan 2003, Fuchs und Flügge 2003).

Exkurs 4.1: Biosynthese, Aufnahme und Abbau der Katecholamine

L-Tyrosin wird aus L-Phenylalanin gebildet und durch Tyrosinhydroxylase zu Dihydroxy-Phenylalanin (L-DOPA) hydroxyliert, und dann durch DOPA-Decarboxylase in Dopamin (3,4-Dihydroxy-Phenylethanolamin) umgesetzt. Unter der Wirkung von Dopamin-β-Hydroxylase wird daraus Noradrenalin, welches unter Abspaltung eines Methylrestes von der Aminogruppe zu Adrenalin umgewandelt wird. Dieser Schritt wird von der Phenylethanolamin-N-Methyltransferase katalysiert (Abschnitt 5.1).

Wichtig für die Untersuchung der Verteilung von Katecholaminen als Transmitter im ZNS und im peripheren Nervensystem war ein um 1960 von Falck und Hillarp entwickeltes histochemisches Nachweisverfahren. Durch Bedampfen des Gewebes mit Aldehyden entstehen aus den Katecholaminen fluoreszierende Reaktionsprodukte, die sich durch Fluoreszenzmikroskopie im Gewebe nachweisen lassen. Damit ließen sich neuroanatomische Karten der Verteilung von Katecholaminen im peripheren Nervensystem und im ZNS erstellen.

Die Wiederaufnahme von Transmittern aus dem synaptischen Spalt in die präsynaptische Nervenendigung erfolgt durch cytoplasmatische Transporter, die von elektrochemischen Gradienten (Na^+ und Cl^-) getrieben werden. Intrazelluläre Signale regulieren die Wiederaufnahme über Phosphorylierung und Dephosphorylierung, Oligomerisierung (Zusammenschluss mehrerer Transportermoleküle in der Membran) und Internalisierung (Aufnahme in Endosomen). Neben den cytoplasmatischen Transportern in präsynaptischen Neuronen und in Gliazellen, gibt es im Zellinnern noch vesikuläre Transporter, die den Transmitter in synaptische Vesikel aufnehmen. Die vesikulären Transporter sind ATPase-Protonenpumpen, die den Transmitter unter ATP-Verbrauch im Symport mit H^+-Ionen in den Vesikel schleusen.

Die pharmakologische Manipulation von Monoamin-Transportern spielt eine wichtige Rolle bei der Behandlung von einigen stressbezogenen Störungen. Insbesondere bei der Behandlung von Depressionen werden Pharmaka (tricyclische Antidepressiva) eingesetzt, welche die Transporteraktivität reduzieren. So ist beispielsweise das Antidepressivum Reboxetin ein Noradrenalin-Wiederaufnahmehemmer (*noradrenaline reuptakei nhibitors*, NRIs), und Fluoexetin gehört zu den selektiven Serotoninwiederaufnahmehemmern (*selective serotonin reuptake inhibitors*, SSRIs).

Den Abbau der Monoamine katalysieren die Monoaminoxidase (MAO) und die Catechol-ortho-methyltransferase (COMT). MAO findet sich in der äußeren Mitochondrienmembran sowie in der postsynaptischen Membran und oxidiert die Katecholamine zu den entsprechenden Aldehyden, die dann weiter abgebaut werden. COMT ist in der postsynaptischen Membran verankert und methyliert die Katecholamine, wodurch diese zu Substraten für weitere Abbaureaktionen werden.

Durch die Blockade der Abbauenzyme wird die synaptische Wirkung der Katecholamine verlängert und verstärkt. Dies macht man sich in der Psychopharmakologie zunutze. Einige Antidepressiva (z. B. Moclobemid) bewirken als MAO-Hemmer eine Verminderung des Abbaus von Noradrenalin, Serotonin und Dopamin. Durch die damit einhergehenden Erhöhung der Monoaminkonzentrationen wirken sie stimmungsaufhellend und antriebssteigernd. Nebenwirkungen wie Bluthochdruck, Tachycardie, Hypervigilanz und Ängstlichkeit treten dabei häufig auf.

Noradrenalin und **Adrenalin** sind schon lange als Transmitter im sympathischen Nervensystem bekannt. Noradrenalin ist biochemisch der Vorläufer von Adrenalin und wurde zunächst nur als Synthesevorstufe, aber nicht als eigenständiger Transmitter betrachtet. 1946 gelang der Nachweis, dass Noradrenalin im peripheren Nervensystem von Säugern als Transmitter ebenso wie Adrenalin vorkommt. Im ZNS spielt Noradrenalin eine größere Rolle als Adrenalin.

Exkurs 4.2: Besonderheiten der noradrenergen Neurotransmission

Die Freisetzung von Noradrenalin ist ein Ca^{2+}-abhängiger Exocytoseprozess der von präsynaptischer Autorezeptoren reguliert wird. Noradrenalin wirkt über metabotrope G-Protein-gekoppelte Rezeptoren, die aufgrund ihres pharmakologischen Wirkungsprofils und Sequenzhomologien in verschiedene Klassen eingeteilt werden: a_1-Rezeptoren sind über ein Gq-Protein aktivierend an die Phospholipase C gekoppelt, wodurch die intrazelluläre Ca^{2+}-Konzentration erhöht wird. a_2-Rezeptoren sind über ein Gi-Protein hemmend an die Adenylylcyclase gekoppelt, während β-Rezeptoren über ein Gs-Protein die Aktivität der Adenylylcyclase erhöhen (Abschnitt 5.1).

Besonders wichtig sind die noradrenergen Autorezeptoren, die dem a_2-adrenergen Typ angehören und die Noradrenalinfreisetzung hemmen. a_2-Antagonisten wie Yohimbin und Rauwolscin können also in Hirngebieten, in denen a_2-Rezeptoren überwiegend als präsynaptische Autorezeptoren vorkommen (z. B. in der Amygdala), durch Blockade dieser Autorezeptoren die Noradrenalinfreisetzung erhöhen und damit funktionell wie ein Agonist wirken.

Wichtig für das Verständnis von Noradrenalin und Adrenalin als stressvermittelnde Transmitter ist auch die Kopplungsstärke der Rezeptoren zu ihrem G-Protein. Die Kopplungsstärke von Rezeptor und G-Protein ist nämlich variabel und nimmt bei einem Überangebot von Noradrenalin oder eines Agonisten ab (*Desensitivierung*). Auch die Affinität der verschiedenen Noradrenalinrezeptoren ist nicht konstant und wird bei einem Überangebot von Noradrenalin reduziert (beispielsweise nach Gabe von MAO-Hemmern oder Noradrenalinwiederaufnahmehemmern), während sie bei einem Mangel an Noradrenalin (z. B. nach einer Läsion noradrenerger Zellgruppen) heraufreguliert wird (*Denervations-Supersensitivität*).

Noradrenalin spielt im Gehirn eine wichtige Rolle bei Stressreaktionen im Zusammenhang mit Arousal und Vigilanz, aber auch mit Furcht und Angst. Stresssituationen verschiedenster Art führen bei Versuchstieren sofort zu einer Erhöhung der Aktivität noradrenerger Neurone und zur vermehrten Freisetzung von Noradrenalin in den verschiedenen Zielgebieten. Noradrenalin wird deshalb auch als „Alarmtransmitter" bezeichnet. Auch die Aktivität der Tyrosinhydroxylase (eines der wichtigsten Enzyme für die Synthese von Noradrenalin) wird durch Stressoren gesteigert. Noradrenalin bewirkt eine **Erhöhung der Aufmerksamkeit** (Arousal, Vigilanz), eine allgemeine **Verhaltensaktivierung**, die **Verbesserung des Signal-Rausch-Verhältnisses** von Neuronen und die **Konsolidierung von aversiven Gedächtnisinhalten** (Robbins et al. 1985, Duman und Charney 1999). Zu letzterem Phänomen wird später noch ausführlicher berichtet. Noradrenalin-Agonisten verstärken die Stressreaktion. Der a_2-Rezeptor Antagonist Yohimbin wurde als Aphrodisiakum eingesetzt, ruft aber bei manchen Menschen – insbesondere bei Vorliegen einer ängstlichen Persönlichkeit – extreme Angst- und Stresszustände hervor. a_2-Rezeptoren kommen vor allem im limbischen System (siehe Exkurs 4.5) ausschließlich als präsynaptische Autorezeptoren vor, welche die Freisetzung von Noradrenalin regulieren. Ihre Blockade durch Yohimbin führt also zu einer unkontrollierten Freisetzung von Noradrenalin.

Innerhalb der Monoamine nimmt Noradrenalin insofern eine Sonderstellung ein, als die Verknüpfung mit dem neuroendokrinen Stresssystem besonders eng ist. Es bestehen prominente reziproke Verbindungen zwischen den CRH-haltigen Neuronen des paraventrikulären Hypothalamuskern und dem noradrenergen *Locus coeruleus*. CRH-haltige Neuronen im Hypothalamus sind dicht mit a_1-Rezeptoren besetzt. Außerdem tragen die ACTH-produzierenden Zellen in der Adenohypophyse noradrenerge a_2- und β-Rezeptoren. Stimulation der a_2-Rezeptoren vermindert die ACTH- und β-Endorphinfreisetzung, während die Stimulation von β-noradrenergen Rezeptoren in der Adenohypophyse die Proopiomelanocortin-(POMC-)Synthese aktiviert und die Freisetzung von ACTH und β-Endorphin er-

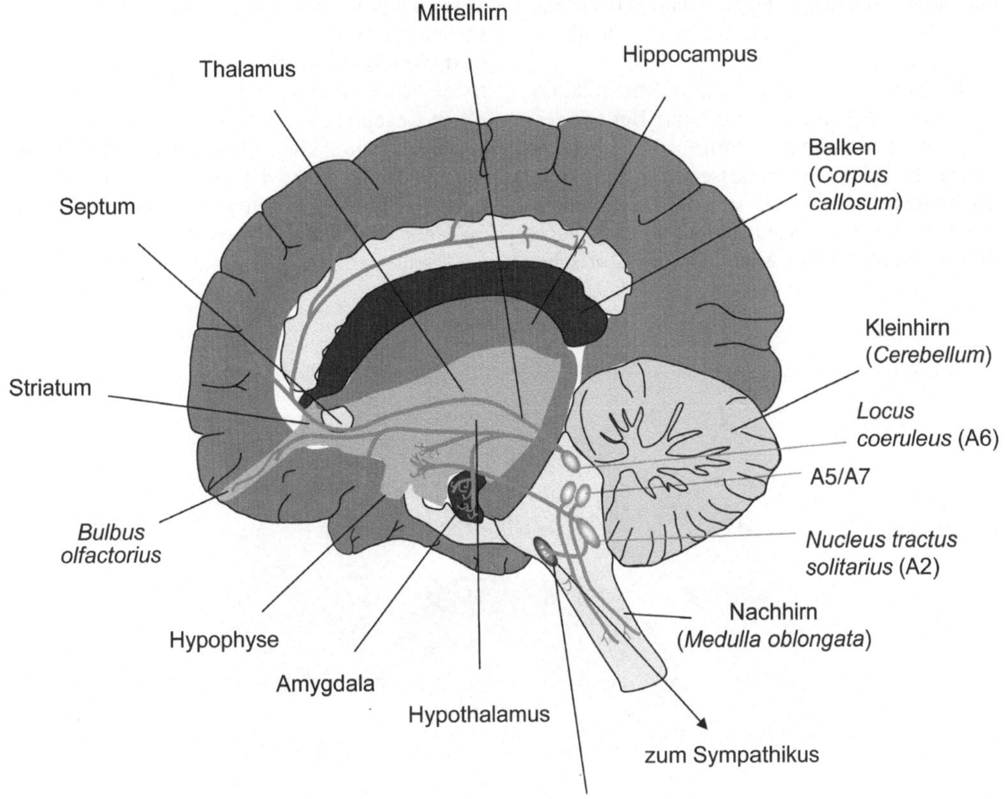

4.5 Das noradrenerge System. Noradrenerge Neuronengruppen sind vor allem im pontinen und medullä-.
ren Hirnstamm zu finden. Der prominenteste noradrenerge Kern ist der *Locus coeruleus* (A6), der über ein
dorsales und ein ventrales noradrenerges Bündel Projektionen ins Vorderhirn aussendet. Der *Locus coeruleus*
innerviert den *Bulbus olfactorius*, den Cortex, die Amygdala, das Septum und den Hippocampus sowie den
Hypothalamus, den Thalamus und Teile des Tektums. Der *Nucleus tractus solitarius* (NTS, A2-Zellgruppe) projiziert vor allem in die Medulla, aber auch in den Hypothalamus (insbesondere den paraventrikulären Kern),
ebenso wie die Neuronen der A1-Gruppe in der Medulla. Die Zellgruppen A5 und A7 werden als „laterales
tegmentales Feld" bezeichnet und projizieren ins Rückenmark. Der NTS projiziert teils direkt, im Wesentlichen
aber indirekt über die rostrolaterale ventrale Medulla zum sympathischen Nervensystem.

höht. CRH fungiert seinerseits als Neurotransmitter im *Locus coeruleus* und erhöht die Aktivität der Neuronen dort. Offenbar werden dadurch vor allem coeruleocorticale Neuronen
aktiviert, denn sowohl Stressoren als auch die
lokale Infusion von CRH in den *Locus coeruleus*
bewirken eine massive Freisetzung von Noradrenalin im Frontalhirn. Neuere Untersuchungen
zeigen übrigens, dass endogene Opioide die
Wirkung von CRH im *Locus coeruleus* antago-
nisieren. Damit können Opioide neben der oben
beschriebenen schmerzdämpfenden Wirkung
auch den CRH-vermittelten Aspekt der noradre-

nergen Stressreaktion (Vigilanz und Arousal)
dämpfen.

Der ***Locus coeruleus*** ist nicht direkt (neuro-
anatomisch) an der Regulation des Sympathikus
beteiligt. Kerngebiete in der ventrolateralen *Medulla oblongata* projizieren exzitatorisch auf
präganglionäre Neuronen des Sympathikus.
Diese medullären Neuronen werden von Neuronen aus dem paraventrikulären Hypothalamus
und direkt noradrenerg vom *Nucleus tractus solitarius* (A2-Kerngruppe) innerviert. Der *Locus
coeruleus* kann die medullären sympathikotoni-
schen Neuronen aber über seine Projektion in

den paraventrikulären Hypothalamus beeinflussen und damit in die Aktivität des Sympathikus eingreifen.

Noradrenalin nimmt bei vielen Stressreaktionen eine Schlüsselstellung ein. Bei akutem Stress wird Noradrenalin freigesetzt und steuert zahlreiche adaptive Prozesse im Gehirn. Bei Dauerstress jedoch – der zu einer langanhaltenden Noradrenalinkonzentration an der Synapse führt – kommt es zu einer kompensatorischen

Verminderung (*down-regulation*) oder zu einer Desensitivierung von Noradrenalinrezeptoren in den Projektionsgebieten noradrenerger Neuronen. Und zwar nehmen erst die postsynaptischen Rezeptoren und dann die präsynaptischen (die Freisetzung kontrollierenden) Autorezeptoren ab. Dadurch ist die Freisetzungshemmung noradrenerger Synapsen gestört, und es kommt zu einer dauerhaften Überaktivität noradrenerger Neuronen. Dauert der Stress noch weiter

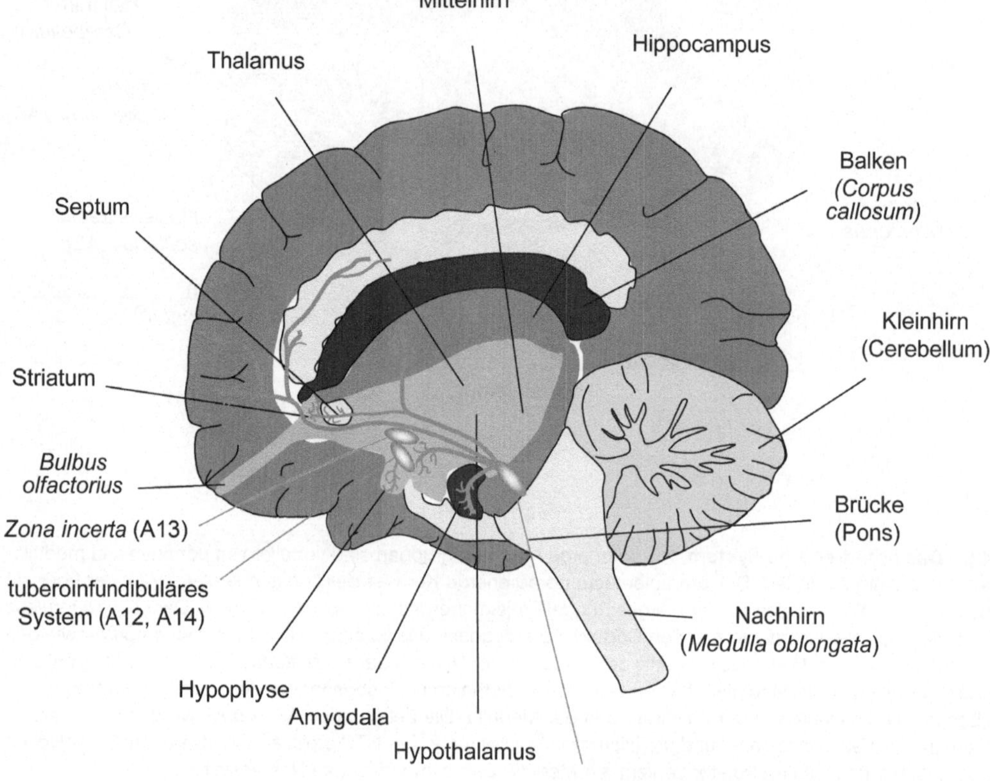

4.6 Das dopaminerge System. Die A8-Zellgruppe (retrorubrales Feld) projiziert in das dorsale und ventrale Striatum (*Nucleus caudatus*, das *Putamen* und den *Nucleus accumbens*), den perirhinalen und piriformen Cortex und in die Amygdala. Die A9-Zellgruppe (*Substantia nigra pars compacta*) projiziert in das dorsale Striatum (*Nucleus caudatus* und *Putamen*). Die A10-Zellgruppe (ventrales tegmentales Areal) projiziert in den präfrontalen Cortex (mesocorticales System), den *Nucleus accumbens*, das *Tuberculum olfactorium*, die Amygdala, den Interstitialkern der *Stria terminalis*, den Hippocampus, in die Kerne des Septum und in die Habenula (mesolimbisches System). Neben diesen dopaminergen Projektionssystemen gibt es auch noch dopaminerge Subsysteme, die topographisch begrenzt sind, wie die periglomerulären Neuronen des *Bulbus olfactorius* (A16) und Zellen in der Retina (A17), sowie das tuberoinfundibuläre Dopaminsystem, welches von hypothalamischen Neuronen (A12- und A14-Zellgruppe) und Neuronen in der *Zona incerta* (A13) in die Hypophyse projiziert, wo Dopamin die Prolaktinfreisetzung hemmt. Neuronen der A14-Zellgruppe innervieren außerdem noch den Thalamus. Die A11-Zellgruppe des Hypothalamus (nicht eingezeichnet) projiziert ins Rückenmark.

an, so sind diese Neuronen schließlich nicht mehr in der Lage, genügend Noradrenalin zu produzieren (Fuchs und Flügge 2004). Dann ist ein Zustand erreicht, in dem das noradrenerge System gar nicht mehr adäquat auf Stressoren reagieren kann und es stellt sich der pathologische Zustand einer **Depression** ein (Abschnitt 8.1). Durch diese Zusammenhänge wird klar, wieso Noradrenalin und Adrenalin einerseits als Stresshormone fungieren, andererseits aber Depressionen als Folgeerkrankung von Dauerstress zum Teil durch einen Mangel an Noradrenalin bedingt sind. So wird auch klar, warum Substanzen, die das Noradrenalinsystem fördern (Reuptakeinhibitoren oder MAO-Hemmer) als Antidepressiva wirken. Interessanterweise führt die stressbedingte und durch Noradrenalin vermittelte Überaktivierung der Proteinkinase C im präfrontalen Cortex zu einer Beeinträchtigung des Arbeitsgedächtnisses (Birnbaum et al. 2004) bei Affen und Ratten. Diese tierexperimentellen Befunde könnten erklären, wieso wir in Stresssituationen Ereignisse nicht gut im Kurzzeitgedächtnis speichern können.

Dopamin wurde lange Zeit nicht als eigenständiger Transmitter, sondern als Synthesevorstufe von Adrenalin angesehen. Erst um 1958 wurde die Funktion von Dopamin als Transmitter im Gehirn und seine Bedeutung bei der Verhaltenssteuerung nachgewiesen (Carlsson 1998). Die Rolle von Dopamin bei Stress ist nicht so prominent wie die von Noradrenalin und Adrenalin (die ja bereits im Volksmund gebräuchlich sind als Äquivalent für Stress, wenn Kinothriller mit dem Untertitel „100 % Adrenalin!" angekündigt werden). Dopamin ist aber insgesamt wichtig für die **Auswahl von Verhaltensweisen**, für die **Verhaltensflexibilität** und für die **Detektion von neuen Reizen**. Insofern findet man stets auch eine Veränderung des Transmitters Dopamin bei Stressreaktionen, beispielsweise eine Erhöhung der Dopaminfreisetzung im Frontalhirn gestresster Ratten (Feenstra et al. 1999).

Exkurs 4.3: Besonderheiten der dopaminergen Neurotransmission

Dopamin wirkt über metabotrope G-Protein-gekoppelte Rezeptoren mit sieben Transmembrandomänen, die postsynaptisch und als präsynaptische Autorezeptoren vorkommen (Missale et al. 1998). Stimulation von präsynaptischen Autorezeptoren vermindert die Dopaminsynthese und -freisetzung.

Dopaminrezeptoren werden in zwei Klassen, D1 und D2, eingeteilt. Durch Klonierungsstudien wurden zwei D1-Rezeptorsubtypen identifiziert, die sehr ähnliche pharmakologische Eigenschaften haben. Zur Klasse der D1-Rezeptoren gehören D1- und D5-Rezeptoren, die über ein Gs-Protein mit der Adenylylcyclase gekoppelt sind, die Bildung von cAMP fördern und meist depolarisierend auf die postsynaptische Zelle wirken. Wahrscheinlich haben D1-Rezeptoren zusätzlich noch über Gq-Proteine Zugriff auf intrazelluläre Calciumspeicher. D1-Rezeptoren sind in den dopaminergen Terminationsgebieten (Basalganglien, Cortex), sowie in der Retina und auf glatten Muskeln der Blutgefäße weit verbreitet.

Zur Klasse der D2-Rezeptoren gehören D2 (2 Subtypen: „long" und „short")-, D3- und D4-Rezeptoren, die über ein Gi-Protein die Adenylylcyclase und die cAMP-Bildung hemmen. Auch D2-Rezeptoren sind postsynaptisch in den Basalganglien, im Cortex, im limbischen System, sowie in der Retina und der Hypophyse verbreitet. Sie kommen außerdem in den meisten Regionen als Autorezeptoren vor. D3-Rezeptoren sind besonders häufig in limbischen Strukturen des Gehirns und zeichnen sich durch eine hohe Affinität für den Agonisten Quinpirol aus. D4-Rezeptoren haben ebenfalls eine andere Verteilung im Gehirn als die übrigen D2-Rezeptortypen: sie sind selten in den Basalganglien, dafür aber zahlreich im frontalen Cortex und in der Amygdala.

Autorezeptoren für Dopamin sind nur vom D2-Typ und befinden sich sowohl auf Axonterminalen als auch auf dopaminergen Somata und Dendriten. Ihre Affinität zu Dopamin ist höher als die der postsynaptischen D2-Rezeptoren. Die Aktivierung von D2-Autorezeptoren führt zu einer Verminderung der Dopaminsynthese in der Präsynapse und zu einer Reduktion der Dopaminfreisetzung.

Interessanterweise sind D1- und D2-Rezeptoren funktionell gekoppelt, sodass manche D2-Rezeptor-vermittelte Effekte bei gleichzeitiger Stimulation von D1-Rezeptoren stärker ausfallen. Dies könnte durch Rezeptordimerisierung oder durch intrazelluläre Wechselwirkungen der Second-Messenger zustande kommen.

Für die intrazellulären Effekte von Dopaminrezeptoren ist das Phosphoprotein DARPp 32 (*dopamine and cAMP-regulated phosphoprotein of 32 kDa*) besonders wichtig. D1- und D2-Rezeptoren sind mit der Adenylylcyclase gekoppelt, deren Aktivierung zur Synthese von cAMP führt. DARPP 32 wird von einer cAMP-abhängigen Proteinkinase aktiviert und inhibiert im aktiven Zustand eine Proteinphosphatase 1. Durch die Hemmung dieser Phosphatase ist DARPP 32 an der Regulation des Phosphorylierungsgrades vieler Proteine (z. B. Ionenkanälen und Transkriptionsfaktoren) beteiligt und spielt so eine Schlüsselrolle bei zahlreichen physiologischen Vorgängen in Zellen, die Dopaminrezeptoren besitzen (Greengard et al 1999).

Die verschiedenen dopaminergen Subsysteme lassen sich funktionell unterscheiden:

- Nigrostriatales System: Dopamin im dorsalen Striatum spielt eine wichtige Rolle bei der Bewegungsinitiation (Lokomotion, Greifbewegungen) und bei der Auswahl von Verhaltensprogrammen. Ein Mangel an Dopamin im nigrostriatalen System ist für die charakteristischen motorischen Symptome der Parkinson'schen Erkrankung (Rigidität und Akinesie) verantwortlich.

- Mesolimbisch-mesoaccumbales System: Auch im ventralen Striatum (*Nucleus accumbens*) besteht die Rolle von Dopamin darin, motorische Verhaltensabläufe zu steuern, allerdings hauptsächlich im Kontext von Belohnung (*„reward"*), wobei vor allem die appetitive Komponente von

Belohnungsverhalten (z. B. die Annäherung an begehrtes Futter, Sexualpartner etc.) und die Beantwortung von neuartigen Reizen im Vordergrund steht.

- Mesocorticales System: Dopamin-D1- und -D2-Rezeptoren finden sich in verschiedenen Teilgebieten des präfrontalen Cortex und zwar sowohl auf den Somata glutamaterger Ausgangsneuronen als auch auf GABAergen Interneuronen. Im Cortex hat Dopamin eine große Bedeutung für das Arbeitsgedächtnis (*working memory*) und andere kognitive Funktionen wie Aufmerksamkeit und Verhaltensflexibilität. Insbesondere bei der Unterdrückung nichtadaptiver oder situativ unangemessener Verhaltensweisen und im Zusammenhang mit Stress spielt mesocorticales Dopamin eine wichtige Rolle.

- Tuberoinfundibuläres System: Dopaminerge Neuronen des tuberoinfundibulären Systems stehen unter der Kontrolle von Prolaktin und steuern ihrerseits die Ausschüttung von Prolaktin aus der Adenohypophyse (zur Rolle von Prolaktin siehe Kapitel über Neuropeptide).

Dopamin ist zwar im wesentlichen an der Steuerung von appetitiven Verhaltensweisen, sowie an der Vermittlung von **Belohnung** und **positivem Affekt** beteiligt, spielt aber auch eine wichtige Rolle bei Stress. Wie bei den anderen Monoaminsystemen beobachtet man auch beim dopaminergen System eine unmittelbare Aktivierung durch Stressoren. Insbesondere die Ausschüttung von Dopamin im Frontalhirn ist massiv. Die Stimulation der *Substantia nigra pars compacta*, sowie die lokale Infusion von Dopamin D1–Rezeptor-Agonisten ins dorsale Striatum bewirken bei Versuchstieren eine erhöhte Schreckhaftigkeit. Elektrische Reizung des ventralen tegmentalen Areals führt zur Dopaminfreisetzung in den Zielstrukturen des mesolimbischen Systems und fördert das aversiv motivierte Lernen. Diese Effekte lassen sich durch Blockade von Dopaminrezeptoren in der Amygdala hemmen, sodass man von einer wichtigen Rolle des mesoamygdaloidalen Dopaminsystems bei der Verarbeitung von Stressoren ausgehen muss. Tatsächlich findet man bei chronisch gestressten Tupaias eine veränderte Zahl von Dopamin-D2-Rezeptoren in limbischen Kerngebieten und im Striatum (Fuchs und Flügge 2004). Wahrscheinlich spielt Dopamin eine wichtige modulatorische Rolle beim Lernen

stressbezogener Reize, Kontexte und Reaktionen. Neuere tierexperimentelle Studien zeigen, dass Dopamin wahrscheinlich für die differenzielle Auswahl von Stressreaktionen durch unterschiedliche Stressoren verantwortlich und damit derjenige Transmitter ist, der die Spezifität von Stressreaktionen steuert. Insbesondere Dopamin im präfrontalen Cortex scheint die **Auswahl von Stressreaktionen** in subcorticalen Hirnregionen (Verhaltensreaktionen, autonome und endokrine Reaktionen) bei unterschiedlichen Stressoren zu steuern. Verschiedene Stressoren (z. B. die Simulation einer schweren Infektion durch Injektion von Interleukinen im Gegensatz zu einem psychischem Stressor wie Lärm) aktivieren das Dopaminsystem des präfrontalen Cortex und damit dessen Kontrolle über den Hypothalamus in unterschiedlicher Weise. Physikalische Stressoren wie Verletzungen und Infektionen aktivieren sowohl Dopamin-D1- als auch -D2-Rezeptorsysteme im präfrontalen Cortex, während psychische Stressoren anscheinend nur das D2-System aktivieren (Spencer et al. 2004). Offenbar kontrolliert der präfrontale Cortex genau diejenigen Neuronen des Interstitialkerns der *Stria Terminalis* (BNST – ein Teil der *extended amygdala*, siehe Exkurs 4.5), welche die stresssensitiven Neuronen des paraventrikulären Hypothalamus-

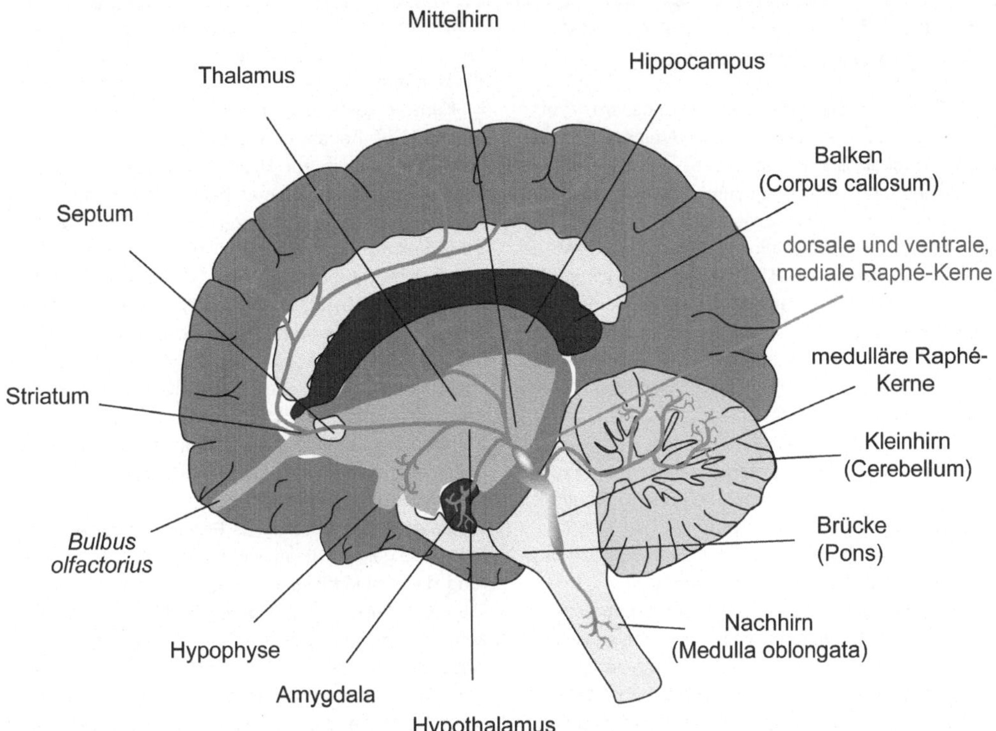

4.7 Das serotonerge System. Serotonin (5-HT) findet sich in Zellgruppen des Mittelhirns, der Pons und der Medulla. Für die dichte Innervation des Vorderhirns (Cortex, Amygdala, Hippocampus, Striatum) mit 5-HT sorgen die Raphé-Kerne im medialen Teil des Mittelhirns (B7–9). Der dorsale Anteil der Raphé-Kerne (B7) projiziert in den Cortex, das Neostriatum, Cerebellum, das zentrale Höhlengrau und den Thalamus, während der mediane Raphé-Kern (B8) limbische Hirngebiete (Amygdala und Hippocampus) mit 5-HT versorgt. Die caudalen medullären Raphé-Kerne (*Raphé pallidus, obscurus* und *magnus*) projizieren in medulläre Gebiete, die für die zentrale autonome Kontrolle und für die Steuerung der Atmung essenziell sind: in den *Nucleus tractus solitarius*, den *Nucleus ambiguus*, den Bötzinger- und Prä-Bötzinger-Komplex, den *Nucleus hypoglossus* und den *Nucleus phrenicus*.

kerns aktivieren (Spencer et al. 2005). Diese Befunde geben einen ersten deutlichen Hinweis darauf, wie und über welche neuronalen und neurochemischen Systeme differenzielle Verhaltensantworten auf verschiedene Stressoren abgerufen und gesteuert werden.

Die wichtige Rolle von **Serotonin** (5-Hydroxytryptamin, 5-HT) für die Stressreaktion erkennt man – im Sinne einer „pharmakologischen Phrenologie" – bereits an der Bedeutung von 5-HT-Rezeptorliganden für die Behandlung von stressbedingten **Depressionen** und **Angststörungen**. Pharmaka wie Prozac® (Fluoxetin) gehören derzeit zu den wichtigsten Stimmungsaufhellern und „Stress-Killern". Sie verstärken die serotonerge Signalübertragung durch selektive Hemmung der Wiederaufnahme von 5-HT in den synaptischen Spalt. Aber auch funktionellanatomische Betrachtungen des 5-HT-Systems legen eine wichtige Rolle bei Stress nahe. So sind die serotonergen Kerne mit Funktionen wie Aggression, Arousal, Aufmerksamkeit und Schmerz, sowie mit der Regulation kardiovaskulärer und respiratorischer Zentren betraut.

Das Indolamin 5-HT wurde 1947 in Eingeweiden und im Blutserum als vasokonstriktiver Botenstoff nachgewiesen (daher der Name „Serotonin"). Wenig später wurde die strukturelle Ähnlichkeit von 5-HT mit dem psychedelischen Alkaloid LSD (Lysergsäurediethylamid) erkannt, woraufhin die Rolle von 5-HT als Neurotransmitter im Gehirn intensiv untersucht wurde.

Exkurs 4.4: Besonderheiten der serotonergen Neurotransmission

5-HT wird aus der essenziellen Aminosäure Tryptophan (Trp) gebildet, die durch einen Aminosäuretransporter über die Blut-Hirnschranke ins Gehirn gelangt. Der Abbau von 5-HT erfolgt durch Desaminierung und Oxidation durch MAO, sowie durch Aldehyddehydrogenase zu 5-Hydroxyindolessigsäure. Übrigens ist das erste Enzym der 5-HT-Synthese, die Tryptophanhydroxylase unter normalen Ernährungsbedingungen mit Substrat gesättigt, sodass eine erhöhte Zufuhr von Trp kaum zu einer vermehrten 5-HT-Bildung führt. Insofern sind die gelegentlich zu lesenden diätetischen Vorschläge, durch Trp-reiche Kost (z. B. Bananen und Schokolade) die 5-HT-Spiegel im Gehirn zugunsten einer stimmungsaufhellenden Wirkung zu erhöhen, nicht wissenschaftlich begründet. Richtig ist jedoch, dass es bei einer Trp-armen Diät zu Störungen des 5-HT-Stoffwechsels und damit auch zu psychischen Beeinträchtigungen kommt.

Die synaptische Freisetzung von 5-HT an der präsynaptischen Membran folgt den allgemeinen Prinzipien der bereits beschriebenen Ca^{2+}-abhängigen Exocytose. Neben dem Abbau von 5-HT ist die Wiederaufnahme aus dem synaptischen Spalt in die Präsynapse der wichtigste Mechanismus zur Beendigung der Wirkung von 5-HT. Für diese Wiederaufnahme sorgen spezifische Serotonintransporter (SERT), Proteine mit 12 Transmembrandomänen, deren Aktivität von einem elektrochemischen Na^+- und Cl^--Gradienten abhängt. 5-HT spielt eine wichtige Rolle bei der Regulation des Affekts. Ein 5-HT-Mangel führt zur Antriebslosigkeit und zu depressiven Störungen. Hemmer der SERT spielen eine wichtige Rolle bei der Pharmakotherapie von Depressionen.

5-HT-Rezeptoren kommen in großer Vielfalt an Subtypen vor. Neben den metabotropen Rezeptoren der 5-HT1-Familie (Subtypen 5-HT1A,B,D,E,F,P,S), der 5-HT2-Familie (Subtypen 5-HT2A-C) und den 5-HT4S,L, 5-HT5A,B, 5-HT6, 5-HT7 gibt es noch eine Klasse ionotroper 5-HT3-Rezeptoren. 5-HT1-Rezeptoren sind an Gi-Proteine gekoppelt und führen über die Hemmung der Adenylylcyclase durch Öffnen von K^+-Kanälen (G-Protein gekoppelte einwärts gleichrichtende K^+-Kanäle oder „GIRKs") oder Schließen von Ca^{2+}-Kanälen zur Hyperpolarisation der Zelle. 5-HT1-Rezeptoren kommen häufig als axonale oder somatodendritische Autorezeptoren vor, welche die 5-HT-Freisetzung regulieren. 5-HT2-Rezeptoren bewirken eine Depolarisation von Neuronen. Über Gq-Proteine und die Aktivierung von Phospholipase C erfolgt die Hydrolyse von Phosphoinositol und eine damit verbundene Depolarisation der Zelle durch Hemmung der K^+-Leitfähigkeit und Aktivierung von Na^+- und Ca^{2+}-Kanälen. 5-HT3-Rezeptoren sind ionotrope Kanäle, die aus fünf Transmembranprotein-Untereinheiten bestehen und selektiv durchlässig sind für Na^+, somit eine Depolarisation der Zelle bewirken. 5-HT4-Rezeptoren sind über ein Gs-Protein mit der Adenylylcyclase gekoppelt und wirken über eine Verminderung der K^+-Leitfähigkeit erregend auf das Neuron. Die intrazelluläre Kopplung der 5-HT5A- und -B-Rezeptoren erfolgt wahrscheinlich an die Adenylylcyclase. 5-HT6- und 5-HT7-Rezeptoren aktivieren die Adenylylcyclase und wirken ebenfalls depolarisierend durch Verminderung der K^+-Leitfähigkeit (Hoyer et al. 2002).

5-HT1-Rezeptoren befinden sich als somatodendritische Autorezeptoren in den Raphé-Kernen und als axonale Autorezeptoren im Hippocampus. Außerdem kommen sie in den Basalganglien vor. 5-HT2-Rezeptoren sind häufig im Cortex und im limbischen System. 5-HT3-Rezeptoren befinden sich im entorhinalen Cortex, in der *Area postrema* und im peripheren Nervensystem. 5-HT4- und 5-HT5-Rezeptoren sind häufig im Hippocampus, sowie im Cerebellum. 5-HT6-Rezeptoren wurden im Striatum und Cortex nachgewiesen, und 5-HT7-Rezeptoren kommen im Thalamus und Hypothalamus sowie im limbischen System vor.

Die enorme Vielfalt von 5-HT-Rezeptoren und ihre ausgedehnte Verteilung im Gehirn machen verständlich, wieso 5-HT an so vielen verschiedenen physiologischen Funktionen und Störungen beteiligt ist. Die wichtigsten Funktionen sind Lernen, Gedächtnis, Schmerzverarbeitung, Sexualverhalten, Nahrungsaufnahme, Stimmung und Affekt, Impulskontrolle, Schlaf-Wach-Rhythmus, respiratorische Kontrolle und Aggression. Störungen der verschiedenen serotonergen Systeme werden mit Depressionen, Angst- und Furchtstörungen (Panikattacken), Ess- und Schlafproblemen, Schizophrenie, Aggression und Migräne in Zusammenhang gebracht. Diese Phänomene werden durch die mesencephalen Raphé-Kerne und deren telencephale Projektionsareale vermittelt. Stressstörungen und Depressionen gehen teilweise auf einen Mangel an 5-HT in diesen Systemen zurück und lassen sich durch selektive Serotoninwiederaufnahmehemmer (SSRIs, Fluoxetin, Paroxetin, Sertralin oder Citalopram) behandeln (Abschnitt 8.1).

Für die Steuerung von Stressreaktionen durch 5-HT ist vermutlich die Projektion der medianen Raphé-Kerne zum Hypothalamus, mit Axonkollateralen zur Amygdala entscheidend. Jedenfalls zeigen Mikrodialysestudien (bei welchen durch eine lokal im Gehirn eingesetzte Mikrodialysesonde am wachen freibeweglichen Tier die Freisetzung von Neurotransmittern ins neuronale Parenchym gemessen wird) in der Amygdala, im Hypothalamus, im Hippocampus und im Frontalhirn die stärkste Serotoninfreisetzung in Stresssituationen. Stressrelevant sind aber auch die medullären Raphé-Kerne, die in die zentralen autonomen Kontrollzentren projizieren (*vide supra*). In diesen Projektionen werden neben 5-HT noch Substanz P und *thyreotropin releasing hormone* (TRH) als Cotransmitter ausgeschüttet. Die medullären Raphé-Neuronen schmiegen sich mit ihren Dendriten eng an die wichtigsten Blutgefäße des Gehirns an. Sie sind dadurch zur Messung des pH-Wertes und des CO_2-Gehaltes des Blutes fähig. Außerdem kontrollieren sie die Atem- und kardiovaskulären Zentren des Gehirns. Stress durch Atemnot (Sauerstoffmangel oder CO_2-Überschuss) wird im Wesentlichen über die medullären Raphé-Kerne und ihre Projektionen vermittelt. Störungen der medullären 5-HT-Systeme sind vermutlich auch an der Entstehung von Panikattacken beteiligt. Dabei handelt es sich um spontan auftretende schwerste Angststörungen, die durch ein Erstickungsgefühl ausgelöst werden.

Die Gabe von 5-HT2A-, aber auch von 5-HT1A-Agonisten führte bei Ratten zu einer Erhöhung von ACTH, Corticosteron und Renin. Neuronen im paraventrikulären Hypothalamus tragen sowohl 5-HT1A- wie auch 5-HT2A-Rezeptoren, die aber – wie oben bereits besprochen – gegensätzliche Wirkungen auf die Zelle haben. Dieser scheinbar paradoxe Befund deutet bereits an, dass die Rolle von Serotonin bei der Kontrolle von Stress kompliziert ist und von einer Vielzahl von Parametern abhängt. So zum Beispiel von der Grundstimmung des Organismus (hierzu das anekdotische Beispiel, dass der Serotoninfreisetzer MDMA, oder „Ecstasy" in Abhängigkeit von der Grundstimmung der Konsumenten erholsame oder angstauslösende Wirkung haben kann). Die Wirkung hängt aber auch von den jeweiligen Systemen ab, die durch diese Transmitterrezeptoren angesprochen werden. Menschen (und Knockout-Mäuse) mit einem angeborenen (oder experimentell induzierten) Mangel an postsynaptischen 5-HT1A-Rezeptoren zeigen einen ängstlichen Phänotyp, und 5-HT1A-Agonisten wirken stressmindernd und anxiolytisch. 5-HT1A-Rezeptoren vermindern die Freisetzung des inhibitorischen Transmitters GABA in Teilen des limbischen Systems (vor allem im Hippocampus).

Serotonerge Autorezeptoren vom 5-HT1A-Typ – die hauptsächlich auf Neuronen der Raphé-Kerne sitzen und deren Aktivität hemmen – spielen eine wichtige Rolle bei der langanhaltenden Exposition mit Stressoren. Dauerstress führt zu einer Desensitivierung dieser Rezeptoren (darunter versteht man, vereinfacht gesprochen, die Reduktion der Kopplungsstärke zwischen Rezeptor und seinem G-Protein), wodurch die Serotoninfreisetzung erhöht wird.

Die 5-HT2A-Rezeptoren stimulieren auch die Zellen der hypophysären Stresssysteme (HPA-Achse). Zusätzlich wirken sie noch sympathikotonisch und aktivieren den *Locus coeruleus*. 5-HT2A-Antagonisten wirken stressmindernd und anxiolytisch. Indes gibt es auch für diesen Serotoninrezeptor-Subtyp teilweise widersprüchliche Befunde (z. B. anxiogene Effekte von 5-HT2A-Antagonisten durch Blockade der stimulierenden Wirkung von Serotonin auf GABAerge Interneuronen in der Amygdala!). Das heißt Serotonin ist auf vielfältige Weise in die Stressreaktion eingebunden, und seine tatsächliche Wirkung hängt von der Rezeptorsubtypenverteilung in den jeweiligen Hirngebieten ab. Da Neuronen der Raphé-Kerne CRH-Rezeptoren tragen, kann der zentrale Stressmediator CRH die Aktivität dieser Neuronen modulieren.

Interessanterweise spielt Serotonin auch während der frühen Gehirnentwicklung eine Rolle als trophischer Faktor. In diesem Zusammenhang ist wichtig, dass die Blockade der Serotoninwiederaufnahme über spezifische Serotonintransporter während der frühen postnatalen Hirnentwicklung bei Mäusen zu einer erhöhten Stressanfälligkeit und vermehrtem Angstverhalten im Erwachsenenalter führt (Ansorge et al. 2004). Diese tierexperimentellen Befunde zu Entwicklungsstörung durch Serotoninüberschuss raten zur Vorsicht bei der Einnahme von Serotoninwiederaufnahmehemmern (z. B. Fluoxetin oder Prozac) während der Schwangerschaft oder bei der Verabreichung solcher Medikamente an Kinder.

Tabelle 4.1 Pharmakologie der monoaminergen Systeme: Alle drei Monoamine spielen als Neurotransmitter und -modulatoren bei der Vermittlung von Stressreaktionen, aber auch bei der Entstehung von Depressionen eine wichtige Rolle. Die Tabelle gibt die wichtigsten Rezeptortypen, deren intrazelluläre und physiologische Wirkung, sowie die wichtigsten Agonisten und Antagonisten an.

Transmitter	Rezeptor	G-Protein und Second-Messenger	Effekt	Agonist	Antagonist
Noradrenalin	α_1 (A, B, C, D)	G_q-Protein, Phospholipase C, IP_3, DAG	Depolarisation, $[Ca^{2+}]\uparrow$	Phenylephrin	Prazosin
Noradrenalin	α_2 (A, B, C)	G_i-Protein, Adenylylcyclase, cAMP	Hyperpolarisation, $[Ca^{2+}]\downarrow$, $K^+\uparrow$	Clonidin	Yohimbin
Noradrenalin	β (1, 2, 3)	G_s-Protein, Adenylylcyclase	Depolarisation	Isoproterenol	Propranolol
Dopamin	$D_{1(1,\,5)}$	G_s-Protein, Adenylylcyclase, cAMP, DARPp-32	Depolarisation	SKF-82526	SCH-23390
Dopamin	$D_{2(2,3,4)}$	$G_{i/o}$-Protein, Adenylylcyclase	Hyperpolarisation	Quinpirol	Sulpirid
Serotonin	5-HT_1 (A, B, D, E, F)	G_i-Protein, Adenylylcyclase, cAMP	Hyperpolarisation, $K^+\uparrow$	8-OH-DPAT	Spiperon
Serotonin	5-HT_2 (A, B, C)	G_s-Protein, Adenylylcyclase, cAMP, Phospholipase C, Protein kinase C, IP_3, DAG	Depolarisation	DOI	Ketanserin
Serotonin	5-HT_3	Kationenkanal	Depolarisation	α-Methyl-5HT	Zacoprid
Serotonin	5-HT_4	G_s-Protein, Adenylylcyclase, cAMP	Depolarisation	SC-53116	SDZ-205557
Serotonin	5-$HT_{5,\,6,\,7}$	$G_{s/o}$-Protein, Adenylylcyclase, cAMP	gemischt	LSD	Clozapin

4.1.4 Neuropeptide spielen eine wichtige Rolle bei der Vermittlung verschiedenster Stressreaktionen

Von den über vierzig verschiedenen Neuropeptiden sind viele in der einen oder anderen Art an der Regulation von Stressreaktionen beteiligt: entweder als Cotransmitter oder Modulatoren von klassischen Transmittern oder unmittelbar. Besonders wichtig für die Koordination der Stressreaktionen im Gehirn, sowie für die Integration von zentralnervöser und viszeraler Stressreaktionen ist das *corticotropin releasing hormone* (CRH) aus dem Hypothalamus und der Amygdala, sowie adrenocorticotropes Hormon (ACTH), welches in der Adenohypophyse gebildet wird und die Synthese und Freisetzung von Cortisol (oder Corticosteron bei Nagetieren) aus der Nebennierenrinde steuert.

Neuropeptide sind viel zahlreicher als die klassischen Neurotransmitter und entfalten ein reichhaltigeres Wirkungsspektrum. Inzwischen sind über 40 Neuropeptide bekannt und charakterisiert. Substanz P wurde um 1930 durch die Pharmakologen von Euler und Gaddum als erstes Neuropeptid entdeckt. Wir besprechen hier einige prominente Vertreter dieser Neuropeptide, da sie einerseits Elemente der neuronalen Übermittlung von Stresssignalen darstellen und zusätzlich wichtige Rollen bei der endokrinen Vermittlung der Stressreaktionen spielen.

Es gibt einige prinzipielle Unterschiede zwischen Neuropeptiden und klassischen Transmittern, die hier kurz erläutert werden sollen: erstens ist die Konzentration von Neuropeptiden in den synaptischen Vesikeln geringer als die der klassischen Transmitter, zweitens werden Neuropeptide nicht in den Axonterminalen sondern im Soma gebildet, dort in Vesikel verpackt, und durch axonalen Transport zur Synapse transportiert. Drittens ist die Wirkdauer auf die postsynaptische Zelle länger als die von klassischen Transmittern – sie liegt oft im Sekundenbereich. Weitere Unterschiede sind: Neuropeptide werden aus Vorläuferpeptiden durch spezifische Proteasen gebildet, was bedeutet, dass aus ein- und demselben Vorläufer durch verschiedene Proteasen unterschiedliche Neuropeptide erzeugt werden. Ein prominentes Beispiel hierfür ist die Synthese des adrenocorticotropen Hormons (ACTH), a-Melanocyten-stimulierendes Hormon (a-MSH) und von β-Endorphin aus Präproopiomelanocortin (POMC). Die Anzahl der Aminosäurereste, aus denen die Peptide aufgebaut sind, variiert von vier bei Cholecystokinin, über 41 beim *corticotropin releasing hormone* bis zu 198 bei Prolaktin. Neben ihrer Transmitterwirkung entfalten einige Neuropeptide auch hormonelle Effekte auf Zielzellen, die entfernt vom Ort der Freisetzung der Neuropeptide liegen, da diese über ein Pfortadersystem in der Adenohypophyse verteilt werden oder direkt in den systemischen Blutstrom gelangen. Die Neuropeptidrezeptoren sind – soweit bekannt – metabotrope Rezeptoren. (Ahmed et al. 1994, Hökfelt et al. 2000, von Bohlen und Halbach und Dermietzel 2002, dort: Kapitel 4; Cooper et al. 2003, dort: Kapitel 11).

Die für die Stressreaktion entscheidenden Neuropeptide sind *corticotropin releasing hormone* und adrenocorticotropes Hormon. Da sie die wichtigsten Vermittler zwischen Nerven- und Hormonsystem sind, haben wir sie sowohl in diesem Kapitel – hauptsächlich in ihrer neurobiologischen Funktion – als auch in ihrer hormonellen Steuerfunktion (Abschnitt 5.2) vorgestellt.

Das **corticotropin releasing hormone** oder **Corticotropin-Releasing-Hormon (CRH)** wurde 1981 von Vale und Mitarbeitern als dasjenige Neuropeptid charakterisiert, das über die Freiset-

zung von ACTH entscheidend an der Steuerung der hormonellen Stressreaktionen (Kapitel 5) beteiligt ist. CRH besteht aus 41 Aminosäureresten und wird in den parvozellulären Neuronen des PVN aus dem 196-Aminosäurerest-Vorläuferpeptid Prä-Pro-CRH gebildet und über die Hypophysenpfortader zur Adenohypophyse geleitet. CRH steuert allerdings nicht nur die Freisetzung von ACTH aus der Adenohypophyse, sondern ist auch in Neuronen des Gehirns, vor allem der Amygdala und des Hippocampus nachgewiesen worden, wo es als Neurotransmitter verschiedene Verhaltensweisen im Kontext von Stress und Angst steuert. Dazu gehören Defensiv- sowie *„fight-or-flight"*-Reaktionen. Die postsynaptische Wirkung von CRH wird über zwei verschiedene Gs-Protein-gekoppelte Rezeptorproteine, CRH R1 und R2 vermittelt. CRH-1-Rezeptoren findet man vor allem in der Adenohypophyse, im Cortex, Hypothalamus, *Bulbus olfactorius*, Cerebellum und *Locus coeruleus*, während CRH-2-Rezeptoren in Neuronen des PVN, des Septums, der Amygdala, des Interstitialkerns der *Stria terminalis*, des Hippocampus und der pontinen *Formatio reticularis* vorkommen. CRH-1-Rezeptoren sind für die schnelle, akute Stressreaktion (Aktivierung der HPA-Achse) verantwortlich, während CRH-2-Rezeptoren für die nachfolgenden Erholungseffekte sorgen. Die komplette Sequenz endokriner Reaktionen und von Angstverhalten ausgelöst durch Stress kann durch den hochspezifischen CRH-1-Rezeptor-Antagonisten *Antalarmin* blockiert werden. CRH-Rezeptoren sind auch an der Entstehung depressiver Störungen beteiligt. So zeigen depressive Patienten eine verminderte Hemmung der ACTH-Freisetzung nach intravenöser CRH-Gabe, was auf eine Desensitivierung der CRH-Rezeptoren hinweist (siehe unten). Neben CRH spielen noch die Peptide Urocortin I–III eine Rolle als CRH-Rezeptorliganden, wobei Urocortin I an CRH-1- und CRH-2-Rezeptoren, während Urocortin II und III mehr an CRH-2-Rezeptoren binden (Abschnitt 5.2).

CRH scheint tatsächlich das Schlüsselmolekül für die Integration der hormonellen und der neurobiologischen Stressreaktion zu sein, denn es wird sowohl vom neuroendokrinen Anteil des Hypothalamus als auch von zahlreichen übergeordneten neuronalen Systemen gebildet – vor allem von Neuronen des limbischen Systems und des Cortex. CRH – aus den Neuronen des paraventrikulären Hypothalamus in die Hypophysenpfortader sezerniert – bewirkt in den corticotropen-sekretorischen Zellen der Adenohypophyse die Produktion und Sekretion von ACTH (Abschnitt 5.2). CRH führt im Gehirn zu anxiogenen Reaktionen und zu Stressreaktionen auf den verschiedenen Integrationsniveaus. So wird die Noradrenalinfreisetzung aus dem *Locus coeruleus* durch CRH erhöht. Freigesetzt aus Neuronen des limbischen Systems verstärkt CRH eine Vielzahl von Verhaltensweisen, die den Organismus vor Gefahren schützen, so zum Beispiel eine verstärkte Schreckreaktion und Furchtkonditionierung, erhöhte Vorsicht im Offenfeld, im *elevated-plus-maze* und bei Konflikttests.

CRH-Antagonisten wie a-helicales-CRH oder *Antisauvagin* (SSR125543A) und Antalarmin vermindern diese Reaktionen. CRH-1-Rezeptor-Knockout-Mäuse haben eine verminderte hormonelle und emotionale Stressreaktion. Im Unterschied zu den CRH-1-Rezeptoren vermitteln CRH 2-Rezeptoren eher anxiolytische Effekte von CRH. So scheinen CRH-2-Rezeptor-Agonisten die Freisetzung von Serotonin zu fördern, während CRH-2-Rezeptor-Knockout-Mäuse vermehrt anxiogene Reaktionen bei Stress zeigen. Dagegen sind CRH-1-Rezeptor-Knockout-Mäuse weniger ängstlich und zeigen verminderte neuroendokrine Stressreaktionen (Timpl et al. 1998). Die CRH-induzierte Potenzierung der Schreckreaktion ist interessanterweise bei laktierenden Rattenweibchen deutlich vermindert, was einer neuen Untersuchung zufolge auf die stressmindernde Wirkung von Prolaktin, Progesteron bzw. dessen Metaboliten Allopregnanolol zurückgeht (Toufexis et al. 2004). Dies deutet auf einen neuroendokrinen Mechanismus hin, der Rattenmütter während der Jungenaufzucht vor übermäßigem Stress schützt.

Zusammenfassend kann man sagen, dass das CRH-System eine entscheidende Rolle bei der Vermittlung der Stressreaktion spielt. CRH hat dabei zwei Funktionen. Zum einen ist CRH der zentrale Orchestrator der hormonellen Stressreaktion durch die HPA-Achse (und – wie oben ausgeführt – anderer hormoneller Systeme), zum anderen ist CRH ein Neurotransmitter, der an der Vermittlung psychischer und emotionaler Reaktionen auf Stressoren entscheidend beteiligt ist.

Diese beiden verschiedenen Reaktionskaskaden (hormonell-autonome Stressreaktion und psychotrope Angstreaktion) werden durch unterschiedliche CRH-Systeme vermittelt: CRH-1-Rezeptoren im limbischen System und im Striatum vermitteln vor allem die psychische, anxio-

gene Komponente von CRH, wie sich bei gewebsspezifischen CRH-1-Rezeptor-Knockout-Mäusen zeigte. Interessanterweise war die hypophysäre Reaktion (ACTH-Freisetzung durch CRH) auf Stress bei diesen Tieren verstärkt, was darauf schließen lässt, dass die Rückkopplungsschleife von CRH über limbische Strukturen auf den Hypothalamus erfolgt (Mayer und Fanselow 2003). Wahrscheinlich vermitteln CRH-2-Rezeptoren, die im ZNS und im peripheren Nervensystem gleichfalls weitverbreitet sind, eher einen stressdämpfenden Effekt.

Adrenocorticotropes Hormon (ACTH, Corticotropin) besteht aus 39 Aminosäureresten und wird in der Adenohypophyse unter der Kontrolle von CRH (und Cortisol; Corticosteron bei Nagetieren) gebildet. ACTH gelangt von dort über den Blutkreislauf zur Nebennierenrinde, wo es die Bildung von Gluco- und Mineralocorticoiden steuert, die an den adaptiven Reaktionen auf Stress (Stimulation des Energiestoffwechsels und des Kreislaufsystems, sowie die Dämpfung des Immunsystems, aber auch zentralnervöse Effekte auf Lernen und Gedächtnis) beteiligt sind. ACTH-Rezeptoren sind an Gs-Proteine gekoppelt und erhöhen die cAMP-Bildung in den Zielzellen. Die Bildung von ACTH erfolgt durch Abspaltung aus dem Vorläuferpeptid Pro-Opiomelanocortin (POMC).

POMC besteht aus 241 Aminosäureresten und enthält außer ACTH noch die Sequenzen von a-Melanocyten-stimulierendem Hormon (MSH) und von β-Endorphin. Dass große Vorläuferpeptide die Ausgangsstoffe für mehrere verschiedene Signalpeptide darstellen, ist in der Biochemie nicht ungewöhnlich und wird als Ökonomieprinzip des Stoffwechsels von Signalmolekülen interpretiert. Durch Spezifizierung der posttranslationalen Mechanismen kann die Spaltung des Vorläuferpeptids so gesteuert werden, dass nicht immer alle in einem Vorläuferpeptid enthaltenen Neuropeptide in gleichen Mengen und biologisch aktiver Form entstehen. Dennoch treten auch gemischte physiologische Effekte auf: So ist beispielsweise ACTH an der Regulation der Stressantwort des Körpers beteiligt, das gleichzeitig anfallende MSH steuert katabole Stoffwechsel-Funktionen im Hypothalamus und das ebenfalls bei der Spaltung von POMC gebildete β-Endorphin wirkt schmerzlindernd und euphorisierend. Damit lässt sich verstehen, weshalb es bei bestimmten Stressreaktionen zu euphorischen Zuständen (*runner's high*) kommen kann.

Die CRH-Freisetzung, sowie die daran gekoppelte ACTH-Freisetzung aus der Adenohypophyse, stehen unter der Feedback-Kontrolle von Corticosteroiden (beim Menschen vor allem Cortisol). Die für dieses Feedback notwendigen Glucocorticoid- und Mineralocorticoidrezeptoren finden sich daher in praktisch allen CRH-produzierenden Neuronen des Hypothalamus, aber auch in Neuronen des Cortex und limbischen Systems, wo Cortisol oder Corticosteron das Lernen und das Gedächtnis im Kontext von Angst, Furcht und Stress beeinflussen (Carrasco und Van de Kar 2003).

Substanz P ist an der integrativen Reaktion auf Schmerz und Entzündungsprozesse beteiligt Substanz P (SP) besteht aus 11 Aminosäureresten und gehört zusammen mit Neurokinin A und B, sowie den Endokininen A, B, C und D zur Familie der Tachykinine. SP wurde um 1930 aus Hirn- und Eingeweidegewebe isoliert und hat zahlreiche zentrale und periphere Effekte. In Neuronen des Rückenmarks ist SP mit Glutamat co-lokalisiert und an der Schmerzverarbeitung beteiligt. Im ZNS ist SP mit Serotonin (in Neuronen der Raphé-Kerne) und mit Acetylcholin (in Neuronen von mesopontinen Kernen) vor allem in den Projektionen zum Cortex co-lokalisiert. SP findet sich in den Projektionen von den Mammillarkörpern zum Hippocampus und vom *Nucleus parabrachialis* in die Amygdala. Wichtig ist noch die Co-Lokalisation von SP in GABAergen Neuronen des Striatums, die die "direkte Bahn" der striatopallido-thalamischen Schleife bilden. Auch der *Locus coeruleus* wird von SP-haltigen Nervenfasern innerviert. Daneben kommt SP noch im enterischen Nervensystem, im Unterhautgewebe und in Makrophagen im Blut vor.

Rezeptoren für SP sind die NK-1-Rezeptoren (G-Protein-gekoppelte Rezeptoren, die die Phospholipase C aktivieren und die intrazelluläre Ca^{2+}-Konzentration erhöhen). NK-1-Rezeptoren finden sich im ZNS in der Amygdala, im Septum, Hippocampus, zentralen Höhlengrau, in der pontinen *Formatio reticularis*, im Cortex und im Hypothalamus. Diese Rezeptorverteilung zeigt, dass SP an einer Vielzahl von zentralnervösen Funktionen beteiligt ist. Es spielt eine Rolle bei Stress wie **Angst** und **Schmerz**. Zudem erhöht SP die Empfindlichkeit aller Sinnessysteme (Otsuka und Yoshioka, 1993). NK-1-Rezeptor-Knockout Mäuse zeigen eine verminderte Stressreaktion auf eine ganze Reihe von Stressoren. NK-1-Rezeptor Antagonisten wirken beim

Menschen anxiolytisch und antidepressiv. Diese neueren Befunde sind noch nicht eindeutig zu interpretieren, da frühere Arbeiten gezeigt haben, dass SP bei Ratten (intracerebroventrikulär verabreicht) die ACTH- und Corticosteron-Freisetzung vermindert (Carrasco und Van de Kar 2003).

Die HPA-Achse wird durch SP direkt oder über Aktivierung der Arginin-Vasopressin-Abgabe stimuliert – vor allem bei somatosensorischem Stress wie Schmerz, Kälte, Opiatentzug. Ebenso wird die SAM-Achse stimuliert, was sich in der Ausschüttung von Adrenalin und den Herz-Kreislauf-Veränderungen durch Aktivierung des sympathischen Nervensystems bemerkbar macht. SP vermittelt also eine integrative Reaktion auf Schmerzreize und Stress in Form von Verhaltensänderungen, Lernen und Gedächtnis, Hormon- und Kreislaufreaktionen sowie von neurogenen Entzündungen (Culman et al. 1995). SP und Vasoaktives Intestinales Peptid (VIP) als Antagonist spielen eine wichtige Rolle bei der Entstehung psychosomatischer Erkrankungen – wie Arthritis, Colitis ulcerosa (Darmentzündung), Ekzeme und Asthma, wobei Darmentzündungen anscheinend u. a. durch vermehrte Ausschüttung von SP entstehen (Collins 2001). Diese entzündungsfördernde Wirkung von SP beruht auch auf seiner stimulierenden Wirkung auf die Ausschüttung von IL-1, IL-6 und TNF-a (siehe Abschnitt 8.4). Außerdem bewirkt SP über NK-1 und -3-Rezeptoren auf den Thrombozyten deren Aggregation.

Arginin-Vasopressin (AVP), auch bekannt als **antidiuretisches Hormon (ADH)**, und **Oxytocin.** Beide Neuropeptide bestehen aus jeweils neun Aminosäureresten und werden vor allem in Neuronen des paraventrikulären hypothalamischen Nucleus (PVN) gebildet. Der PVN ist aus einem magnozellulären und einem parvozellulären Anteil zusammengesetzt. Über die Axone magnozellulärer Neuronen werden Oxytocin und Vasopressin zur Neurohypophyse transportiert und dort direkt in den systemischen Blutkreislauf abgegeben, und gelangen so in ihre peripheren Zielgebiete (glatte Muskulatur in Arteriolen und im Uterus, Niere). Die parvozellulären Neuronen des PVN bilden ebenfalls beide Neuropeptide und regulieren damit zusammen mit CRH (siehe Abschnitt 5.3) nach Freisetzung in das Pfortadersystem der Hypophyse, die Bildung und Freisetzung von ACTH in der Adenohypophyse. Oxytocin ist ein ringförmiges Peptid und stimuliert peripher die Muskulatur von Uterus und Brustdrüsen (bei der Milchausschüttung und bei Uteruskontraktionen im Zusammenhang mit den Geburtswehen, sowie beim Orgasmus der Frau). Die Freisetzung von Oxytocin erfolgt nach mechanischer Stimulation von Brust, Muttermund (Cervix) und Vagina, aber auch durch kondtionierte auditorische und visuelle Reize (z. B. bei stillenden Müttern durch die mäkelnden Laute des Säuglings). Es gibt zwei verschiedene Oxytocinrezeptoren, die entweder die Phospholipase C oder die Adenylylcyclase und deren nachgeschaltete Effektoren stimulieren. Beide Rezeptortypen wurden im Hypothalamus und in der Amygdala nachgewiesen. Untersuchungen an Knockout-Mäusen haben gezeigt, dass Oxytocin wahrscheinlich **stress- und angstlösende Funktionen** hat. Beim Menschen wirkt Oxytocin dämpfend auf corticotrope Zellen und auf die Aktivierung der HPA-Achse. Vor allem Frauen werden dadurch vor starkem oder lang andauerndem Stress geschützt – möglicherweise auch im Zusammenhang mit einer Verstärkung des sozialen Verhaltens. Oxytocin wirkt also antagonistisch zu dem sehr ähnlichen Vasopressin, das mit CRH einen synergistischen positiven Einfluss auf die ACTH-Produktion hat. Auch im Hinblick auf Gedächtnisleistungen hat man einen Antagonismus zwischen den Wirkungen der beiden „Schwesterpeptide" postuliert. Oxytocinpräparate werden derzeit versuchsweise zur Behandlung milder Stressstörungen, wie z. B. Sozialphobien eingesetzt.

AVP wirkt vor allem auf die Nieren und erhöht dort die **Wasserrückresorption**. Das Peptid bindet an V1A, V1B und V2 Rezeptoren, wobei im ZNS nur V1-Rezeptoren (die über Gq-Proteine die Phospholipase C aktivieren) zu finden sind. In der Hypophyse führt die V1B-Aktivierung zur Freisetzung von ACTH. V1-Rezeptoren sind häufig im Cortex und im limbischen System, sowie im Striatum, den Raphé-Kernen und im *Locus coeruleus*. Vasopressinerge Neuronen finden sich vor allem im paraventrikulären Hypothalamuskern, aber auch in der Amygdala und im zentralen Höhlengrau. Der Knockdown von V1A-Rezeptoren im Septum durch lokale Infusion von Antisense-Oligonukleotiden (einzelsträngige Nucleinsäurefragmente, die an die mRNA für ein bestimmtes Proteins binden und so dessen Translation verhindern) führt zu **anxiolytischen Reaktionen**.

Vasoaktives intestinales Polypeptid (VIP) besteht aus 28 Aminosäureresten und wurde zuerst im Darm (enterisches Nervensystem) gefunden, wo es die lokale Durchblutung, die Aktivität der glatten Muskulatur (Peristaltik), und die Sekretion reguliert. Später wurde VIP auch im parasympathischen Nervensystem mit Acetylcholin (postganglionär) co-lokalisiert nachgewiesen, wo es an der Innervation von Blutgefäßen und Drüsen beteiligt ist. Schließlich findet sich VIP auch in Neuronen des ZNS, vor allem im Cortex. VIP-1- und VIP-2-Rezeptoren sind mit Gs-Proteinen gekoppelt, die die Adenylylcyclase stimulieren. VIP und seine Rezeptoren finden sich in praktisch allen Komponenten der HPA-Achse, im Nebennierenmark und im limbischen System.

VIP spielt unter anderem eine Rolle bei verschiedenen Stress- und Schmerzreaktionen. So führt VIP zur Freisetzung von ACTH, Corticosteron und Aldosteron bei Ratten, während die Verabreichung von VIP-Antagonisten die ACTH-Freisetzung durch natürliche Stressoren verhinderten. Allerdings scheint die VIP-Freisetzung durch Stress relativ langsam zu erfolgen (sie ist erst nach 1–4 Stunden messbar und bis zu 14 Tagen anhaltend!), was auf eine Rolle von VIP bei der zeitlichen Ausdehnung der physiologischen Stressreaktion hinweist. So fördert VIP auch die Katecholaminsynthese durch Erhöhung der Tyrosinhydroxylase-Expression bei langanhaltendem Stress. VIP wirkt auch auf das Immunsystem ein: Ähnlich wie das strukturell verwandte *pituitary adenylate cyclase activating polypeptide* (PACAP) modifiziert es Prozesse in Immunzellen, die Entzündungscytokine abgeben. Beide Peptide hemmen die Produktion entzündungsfördernder Substanzen (IL-1β, IL-6, TNF-α, NO) und fördern antiinflammatorische Cytokine durch regulatorische Wirkungen auf die Expression von NFκB, *cAMP-response element binding protein* (CREB), c-Jun und *interferone regulatory factor 1* (IRF-1, siehe Abschnitt 7.3) (Ganea und Delgado, 2001).

Ähnlich wie Substanz P, NT und CCK kann VIP auch die Entladungsfrequenz nozizeptiver Neuronen erhöhen. VIP kommt oft gemeinsam mit Acetylcholin in parasympathischen Fasern von Blutgefäßen, exokrinen Speichel- und Schweißdrüsen vor. Im Magen-Darm-Trakt führt es zusammen mit NO zur Erschlaffung von Ringmuskulatur und Sphinktern und erhöht – zusammen mit Dynorphin und Galanin – die Darmsekretion von Cl$^-$, Na$^+$ und H$_2$O. Die Blutversorgung des Verdauungstrakts wird nach dem Essen durch Fasern erhöht, die Acetylcholin und VIP ausschütten (Vasodilatation). Die Vasokonstriktion durch die SAM-Achse bei Stress wirkt dem entgegen. Insofern ist VIP kein stressförderndes, sondern eher ein stressdämpfendes, entzündungshemmendes Peptid, das auch an der Reaktion auf Schmerz beteiligt ist.

Prolaktin besteht aus 198 Aminosäure-Resten und wird in den laktrotropen Zellen des Hypophysenvorderlappens bei Stress und bedingt durch den Saugreiz an den Brustspitzen laktierender Säugetierweibchen und Mütter gebildet. Außerdem bilden Zellen im Immunsystem, Uterus und in den Milchdrüsen der Brust teilweise beträchtliche Mengen dieses Hormons. Induziert wird die Prolaktinfreisetzung durch TRH, aber auch durch eine Anzahl weiterer Neuropeptide und Transmitter (VIP, Angiotensin II, Serotonin, Opioide, Histamin, Neurotensin, Prostaglandin, Östrogen, SP, IL-1), die entweder direkt auf die prolaktinproduzierenden Zellen einwirken oder deren Hemmung durch den Transmitter Dopamin beeinflussen. Die Hemmung der laktotropen Zellen erfolgt durch das tuberoinfundibuläre Dopaminsystem (Dopamin wirkt als Prolaktin-Inhibitionsfaktor). Prolaktin spielt eine wichtige Rolle während der Schwangerschaft und der Stillphase bei Frauen und hat anxiolytische, stressmindernde und analgetische Wirkungen. Prolaktin hemmt dabei die HPA-Achse an verschiedenen Stellen und reduziert somit die Cortisolproduktion. Dadurch und durch Erhöhung der NO-Synthese bewirkt es eine Stimulation der Proliferation von T-Zellen. Außerdem aktiviert Prolaktin Immunreaktionen, wie die Produktion von Zink-Thymulin, IL-2 und Antikörpern. Erhöhte Prolaktinkonzentrationen im Blut und im Gehirn während Schwangerschaft und Stillphase hemmen auch die Entstehung von Magengeschwüren bei stressexponierten Ratten. Prolaktinrezeptoren kommen in peripheren Organen und im Gehirn vor und gehören zur Klasse der Rezeptortyrosinkinasen. Außerdem stimuliert Prolaktin intrazelluläre Januskinasen (JAK) über einen noch unbekannten extrazellulären Rezeptor.

Erhöhte Prolaktinkonzentrationen fanden sich auch bei Patienten mit Verbrennungen – gleichzeitig mit einer erhöhten Menge an IL-6, IL-8 und IL-10 (Dugan et al. 2004). Auch Prolaktinpräparate werden neuerdings zur pharmakotherapeutischen Behandlung von Stress- und Angstsyndromen eingesetzt.

Neurotensin ist ein Neuropeptid, das im Gehirn und im Verdauungstrakt vorkommt. Im PVN des Hypothalamus kann Neurotensin direkt die HPA-Achse über eine Stimulation von CRH aktivieren. Ebenso ist es im Nebennierenmark vertreten und eng mit der Stressreaktion der SAM-Achse verbunden. Im Verdauungstrakt wird es im Dünndarm und Colon synthetisiert und bewirkt einerseits eine Hemmung der Magensaft- und eine Erhöhung der Pankreas-Sekretion, andererseits bei Stress eine erhöhte Motilität des Colons und Darmentleerung sowie eine Erhöhung der COX-2-Expression (dem limitierenden Enzym der Prostaglandinproduktion). Letzteres hat mit der entzündungsfördernden Wirkung dieses Neuropeptids zu tun – die es oft zusammen mit Substanz P entfaltet. Im ZNS (limbisches System und Rückenmark) reduziert es die Körpertemperatur, die motorische Aktivität und die Nahrungsaufnahme. Neurotensin wirkt zellulär über die Aktivierung der Phospholipase C und die Erhöhung von IP_3, DAG und Calcium.

Neuropeptid Y (NPY), benannt nach dem terminalen Tyrosin (= Y), besteht aus 36 Aminosäureresten und findet sich häufig in Neuronen des *Nucleus arcuatus* des Hypothalamus, die zum PVN projizieren. NPY kommt im Gehirn als Co-Transmitter (von Glutamat oder GABA) im Cortex, Striatum und im limbischen System vor (Hippocampus, Septum und Amygdala). NPY-Rezeptoren (Y1–6) sind mit inhibitorischen G-Proteinen gekoppelt und hemmen die Adenylylcyclase. NPY ist an der Steuerung des Tag-Nacht-Rhythmus, des Sexualverhaltens, der Nahrungsaufnahme und an der Regulation des Blutdrucks beteiligt. Im sympathischen Nervensystem ist NPY mit Noradrenalin co-lokalisiert und an einigen Komponenten der Stressreaktion (z. B. an der Blutdrucksteigerung) beteiligt. Wir müssen demnach zwischen den zentralen und den peripheren Aspekten der NPY-Wirkung unterscheiden. Die NPY-Konzentration im Blut steigt bei Stress, insbesondere bei Blutverlust, stark an. NPY wirkt vasokonstriktorisch und verstärkt die Blutdruck-steigernde Wirkung von Noradrenalin. Auch im ZNS findet man bei Stress deutliche Veränderungen von verschiedenen Markern für NPY (NPY-Peptid und -mRNA, Vorläuferpeptid, Rezeptoren) in hypothalamischen Kernen, im Cortex und in Kernen des limbischen Systems. Interessanterweise zeigen transgene Mäuse die NPY überexprimieren, verminderte Stress- und Angstreaktionen, die sich durch CRH-Antagonisten verringern lassen – d. h. NPY vermittelt seine stressbezogenen Effekte zumindest teilweise über CRH. Insgesamt scheint NPY eher verantwortlich zu sein für starke periphere Stressreaktionen (Blutdruckerhöhung, Makrophagenreaktionen und Leukocytenaktivierung), sowie in geringerem Maße für anxiolytische Reaktionen auf Stressoren im ZNS.

Thyreotropin-Releasing Hormone (TRH) war das erste Releasing-Hormon das isoliert und charakterisiert wurde. Es besteht aus nur drei Aminosäureresten und wird aus einem Vorläuferpeptid (das fünf Kopien von TRH enthält) in Neuronen des PVN, der Amygdala und einigen Hirnstammgebieten gebildet. Es ist der wichtigste Regulator für die Schilddrüsenhormone. Die Synthese und Freisetzung von TRH erfolgt vor allem bei Kältestress und zwar gesteuert durch eine noradrenerge Projektion vom *Locus coeruleus*. Die Rückkopplungskontrolle der TRH-Freisetzung durch die Schilddrüsenhormone T3 und T4 ist dagegen relativ schwach. In das Pfortadersystem des Hypophysenvorderlappens sezerniert, bewirkt es dort die Synthese und Freisetzung von Thyreoida-stimulierendem Hormon (*thyroid stimulating hormone*, TSH, Thyreotropin), das seinerseits die Schilddrüse zur Bildung von T3 und T4 - und damit die Stoffwechselaktivität – anregt, sowie die Synthese und Freisetzung von Prolaktin. TRH-Rezeptoren sind stimulierend mit Gq-Proteinen gekoppelt. TRH ist außerdem als Co-Transmitter in serotonergen Neuronen der medullären Raphé-Kerne vorhanden und ist damit an der Übertragung der Information über respiratorische Parameter (pH-Wert und Kohlendioxidgehalt des Blutes) an die Kerne des Atemzentrums beteiligt. Stress infolge von tatsächlicher oder vermeintlicher Atemnot ist sehr häufig; daher ist TRH vermutlich ebenfalls relevant für das Verständnis der Stressreaktion.

Cholecystokinin (CCK) wurde vor etwa 80 Jahren in Verdauungssekreten entdeckt, welche die Motilität der Gallenblase und die Sekretion von Enzymen der Bauchspeicheldrüse steuern. Erst vor 30 Jahren wurde es als eines der ersten Intestinalpeptide im Gehirn nachgewiesen. CCK wird aus einem 115 Aminosäure-Vorläuferpeptid gebildet und posttranslational in verschiedene Fragmente gespalten, die als Neuropeptide wirken. Besonders die kurzen Fragmente CCK-4 und CCK-8 spielen im Gehirn eine Rolle bei der Steuerung des Appetits (CCK unterdrückt die Nahrungsaufnahme), bei der Thermoregulation, und im Zusammenhang mit Angst-Schmerz- und Stressreaktionen. Auch Entzündungsfaktoren wie TNF-α und IL-1β steuern die Produktion von Neuropeptiden wie CCK, NPY, VIP und β-EN.

CCK wirkt über seine Rezeptoren (CCK-R1 und CCK-R2) im Hypothalamus und beeinflusst das Essverhalten, Angstgefühle und Stresszustände. CCK-immunoreaktive Neuronen findet man im ZNS besonders im limbischen System, im olfaktorischen System, im Septum, im Thalamus und Hypothalamus, in den Basalganglien (*Substantia nigra*, dorsales und ventrales Striatum), im ventralen tegmentalen Areal und im zentralen Höhlengrau. CCK ist meist co-lokalisiert mit GABA oder Dopamin. Die beiden CCK-Fragmente unterscheiden sich in ihrer Affinität zu den beiden CCK-Rezeptorsubtypen: CCK-8 hat eine höhere Affinität zum CCK1(a)-Rezeptor (häufig im Verdauungstrakt, etwas seltener im Gehirn), während CCK-4 eher an CCK2(b)-Rezeptoren (häufiger im Gehirn, vor allem im limbischen System, aber auch im *Nucleus tractus solitarius* – dem Blutdruckzentrum in der Medulla) bindet. CCK wirkt anxiogen und scheint die aversiven Aspekte von Stress zu vermitteln. CCK2- (und CCK1-) Antagonisten wirken in vielen Stresssituationen (Konflikttests, Schreckreaktion) anxiolytisch. Die zelluläre Wirkung von CCK wird z. T. durch Gq-Protein-gekoppelte Stimulation der Phospholiphase C und die Erhöhung von IP$_3$, DAG und Calcium vermittelt.

Somatostatin (SOM, SS) kommt im Gehirn in zwei Varianten vor, die aus 14 oder 28 Aminosäureresten bestehen. Es wurde vor etwa 30 Jahren entdeckt, als Hypophysenextrakte auf ihre Wirkung auf die Freisetzung von Wachstumshormonen untersucht wurden. Im Körper wird SOM vor allem im Pankreas gebildet, während im Gehirn SOM-produzierende Neuronen als Projektionsneuronen und als lokale Interneuronen weitverbreitet sind. Sie kommen unter anderem im Hypothalamus, im limbischen Systems (vor allem in der Amygdala), in den Basalganglien und im zentralen Höhlengrau, sowie im *Nucleus tractus solitarius* und im *Locus coeruleus* vor. Auch die fünf verschiedenen SOM-Rezeptor-Subtypen (Sst1–5) sind im Gehirn weit verbreitet. Sie sind an Gi-Proteine gekoppelt und hemmen die Aktivität der Adenylylcyclase. SOM moduliert die Wirkung klassischer Transmitter wie Noradrenalin, Dopamin und Acetylcholin, und spielt dabei eine Rolle bei der Motorik, beim Schlaf und auch bei Angst- und Stressreaktionen. Sst2-Rezeptor-Knockout-Mäuse verhalten sich verglichen mit normalen Tieren ängstlicher in Stresssituationen, was den Schluss erlaubt, dass SOM normalerweise anxiolytisch und stressmindernd wirkt (siehe auch Abb. 5.6).

Opioide: Extrakte aus der Schlafmohnpflanze werden schon seit langer Zeit zur Schmerzbekämpfung und als Rauschdrogen verwendet. Der pharmakologische Wirkstoff des Schlafmohns wurde vor 200 Jahren von dem deutschen Apotheker Friedrich Sertürner als **Morphin** identifiziert. Daran schlossen sich pharmakologische Forschungen an, um die endogenen Morphin- oder Opioidsysteme zu identifizieren. Um 1970 herum wurden verschiedene Opioidrezeptoren charakterisiert. Kurz darauf wurden die endogenen Liganden für Opioidrezeptoren entdeckt und deren Rezeptoren differenziert. Die bekanntesten endogenen Opioide entstammen drei verschiedenen Familien von Vorläuferpeptiden: Proopiomelanocortine (POMC), Proenkephaline und Prodynorphine. Alle endogenen Opioide binden mit jeweils etwas unterschiedlicher Affinität an vier verschiedene Gi/Go-Protein-gekoppelte Rezeptorsubtypen (μ-, δ-, κ- und ε-*opioid receptor-like*-Rezeptoren). Die Opioidrezeptoren wurden erst um 1990 kloniert, sodass die zellphysiologischen Effekte von Opioid-Rezeptoren noch nicht genau bekannt sind. Bindung von Opioiden führen meist zu einer Hyperpolarisation der Zelle, und zwar durch Hemmung der Adenylylcyclase, und eine dadurch bewirkte Verminderung der Ca^{2+}-Leitfähigkeit oder Erhöhung der K^+-Leitfähigkeit.

Neben ACTH ist das wichtigste Proteolyseprodukt des POMC-Peptids das **β-Endorphin**, das aus 31 Aminosäureresten besteht. β-Endorphin bindet vor allem an ε-, sowie an μ-, δ- und κ-Rezeptoren, die im ZNS (vor allem in Teilen der zentralen Schmerzbahn) und im peripheren Nervensystem verbreitet sind (Tseng 2001). Zahlreiche Neuronen, die β-Endorphin als Neuropeptid einsetzten, sind im Hypothalamus lokalisiert, und senden weitreichende Projektionen in andere Bereiche des Gehirns. β-Endorphin hat ganz ähnliche Wirkungen wie Morphin (Euphorie, Analgesie, Blutdrucksenkung und Atemdepression). Die analgetisch-antinocizeptive Wirkung von Endorphinen wurde bereits im Zusammenhang mit der Schmerzbahn ausführlicher besprochen (siehe Abschnitt 4.1.1).

Enkephaline sind Pentapeptide, die durch den fünften Aminosäurerest in Methionin-(Met-)Enkephalin und Leucin-(Leu-)Enkephalin unterschieden werden. Sie sind im ZNS weit verbreitet, vor allem in Neuronen des Cortex, des limbischen Systems, basalen Vorderhirns, der Basalganglien, im zentralen Höhlengrau, des Hypothalamus und der Medulla. Enkephaline haben eine hohe Affinität für δ-Rezeptoren, binden aber weniger stark an μ- und κ-Rezeptoren. Sie dämpfen den Schmerz auf spinaler Ebene nach stressbedingter Aktivierung von medullären Neuronen und sind damit ebenso wie die Endorphine und deren μ-Rezeptoren an der Stressanalgesie beteiligt. Die Funktion von Enkephalinen in Vorderhirnarealen wird auch im Zusammenhang mit den euphorischen Aspekten von Belohnung gesehen.

Das Pro-Dynorphin-Vorläuferpeptid enthält drei Leu-Enkephalinketten und wird durch verschiedene Peptidasen in **Dynorphin** A (drei Spleissvarianten mit 8-17 Aminosäureresten), Dynorphin B (13 oder 29 Aminosäurereste) und Neurodynorphin-alpha (10 Aminosäurereste) oder -beta (9 Aminosäurereste) gespalten. Leu-Enkephalin ist in allen diesen Neuropeptiden als Fragment enthalten. Neuronen, die Dynorphine enthalten, finden sich im Cortex, Striatum und Globus pallidus, Hippocampus und Hypothalamus. Dynorphine haben eine hohe Affinität zu κ-Rezeptoren und eine niedrige Affinität zu μ- und δ-Rezeptoren.

Dynorphine spielen eine Rolle bei der Steuerung der Nahrungsaufnahme, der Atmung, der Nocizeption und der Freisetzung von Hypophysenhormonen. Offenbar können Dynorphine auch über eine Aktivierung von Glutamatrezeptoren vom NMDA-Typ zur Erhöhung der Schmerzempfindung (Allodynie, Hyperalgesie) beitragen. Im Hippocampus wurde ein hemmender Effekt auf die Langzeitpotenzierung gefunden, was auf eine Beteiligung von Dynorphinen beim Lernen und bei der Gedächtnisbildung schließen lässt.

Die **Endomorphine** 1 und 2 (EM 1, 2), die erst in den letzten 10 Jahren entdeckt wurden, sind kurze Peptide (Tyr – Pro – Trp – Phe bzw. Tyr – Pro – Phe – Phe), die in Neuronen produziert werden, und im Gehirn (Endomorphin 1) oder im Rückenmark (Endomorphin 2) an der Schmerzwahrnehmung und -verarbeitung beteiligt sind. Endomorphine binden relativ spezifisch an μ-Opioidrezeptoren (MOPR), die zur Klasse der 7-Transmembrandomänen-Gi-Protein-gekoppelten Rezeptoren gehören. Supraspinal bewirken Endomorphine über diese Rezeptoren eine Ausschüttung von Noradrenalin, Serotonin, Dynorphin und Met-Enkephalin im Rückenmark, die jeweils auf a_2-, 5HT-, κ- und δ_2-Rezeptoren wirken. Beide Endomorphine können auch auf μ-Opioid-Rezeptoren im Rückenmark direkt einwirken. Endomorphine sind ebenfalls schmerzdämpfend. Nociceptin ist ein weiteres Peptid, das aus einer Vorform (Pronociceptin) entsteht, im Cortex, Hippocampus, Hirnstamm, Hypothalamus, Thalamus und Rückenmark vorkommt und anscheinend über einen *orphan opioid like receptor 1* (ORL-1) wirkt. Die Wirkungen sind offenbar dosisabhängig schmerzdämpfend oder -fördernd.

Heroin ist ein synthetisches Morphinderivat, das starke Euphorie auslöst und ein extrem hohes Suchtpotenzial hat. Bei der Entstehung der Opioidsucht spielen sowohl die euphorisierende Wirkung des Opioidsystems als auch dessen Beteiligung an der Stresskontrolle eine entscheidende Rolle (De Vries und Shippenberg 2002). Man geht davon aus, dass ein Teil der Therapieresistenz von Heroinabhängigen auf die Vermeidung der entzugsbedingten Stressreaktion zurückgeht.

4.1.5 Das limbische System ist der zentrale Integrator der verschiedenen Stressreaktionen

Stressreaktionen sind ungemein vielgestaltig und variabel. Es ist deshalb kaum vorstellbar, dass es für jeden Einzelaspekt von Stress, d. h. für jede denkbare Stresssituation und die daran anschließenden Reaktionen, ein jeweils eigenens und spezifisches neurophysiologisches Korrelat gibt. Tatsächlich hat die Natur das Problem der Vielgestaltigkeit und Unvorhersagbarkeit von Stress anders gelöst: Die Vielzahl von Stressreaktionen werden durch ein mehr oder weniger einheitliches System im Gehirn orchestriert, welches als „limbisches System" bezeichnet wird. Es ist ein stammesgeschichtlich relativ alter Teil des Gehirns, welcher vor allem das Zusammenwirken von Stressreaktionen und emotionalen Verhaltensweisen koordiniert. Dieses komplex vernetzte System von Kerngebieten (Amygdala, „extended Amygdala" und Hypothalamus, Thalamus, zentrales Höhlengrau, septohippocampales System) und Cortex-

arealen ist über anatomische Verbindungen mit sensorischen Systemen, den exekutiven Zentren im Hirnstamm, der HPA-Achse und den Kernen der zentralen autonomen Kontolle verbunden. Es ist als die neurobiologische Schaltzentrale der Stressreaktion anzusehen. Nur durch ein solches integratives System ist es möglich, aus den vielen verschiedenen primären Stresssituationen („gemeinsame Anfangsstrecke") einerseits spezifische, situationsgerechte und damit adaptive Verhaltensweisen (Angriff, Flucht, Änderungen im Sozialverhalten – Beschwichtigung, etc.) zu aktivieren und gleichzeitig andere – nicht angepasste – Reaktionen zu unterdrücken (was als Verhaltensselektion oder Handlungskontrolle bezeichnet wird). Andererseits kann dieses System aber auch auf der systemischen, zellulären und molekularen Ebene Prozesse in Gang setzen, die zusammen mit Verhaltensreaktionen – oder auch ohne sie – die Homöostase des Organismus unter sehr unterschiedlichen Stressbedingungen wiederherstellen.

Wichtige Verhaltensreaktionen, die durch Stress ausgelöst werden sind die durch Angst und Furcht motivierte **Vermeidungsreaktionen** und **Flucht**. Wie eingangs erwähnt, erfordert die Bewältigung von Stress auf systemischer Ebene die Wahrnehmung von Stressoren (oder von Reizen, die Stressoren vorhersagen) und die Auslösung einer angepassten Verhaltensreaktion, sowie die Unterdrückung möglicherweise konkurrierender Reaktionen. Im Gehirn von Wirbeltieren und des Menschen gibt es ein stammesgeschichtlich altes, evolutionär konservatives System von interagierenden Hirngebieten, das die geforderten Eigenschaften besitzt. Historisch spricht man dabei vom „**limbischen System**" (Abb. 4.8). Es ist das wichtigste Kontroll- und Steuerzentrum der zentralnervösen Stressantwort auf Verhaltensebene.

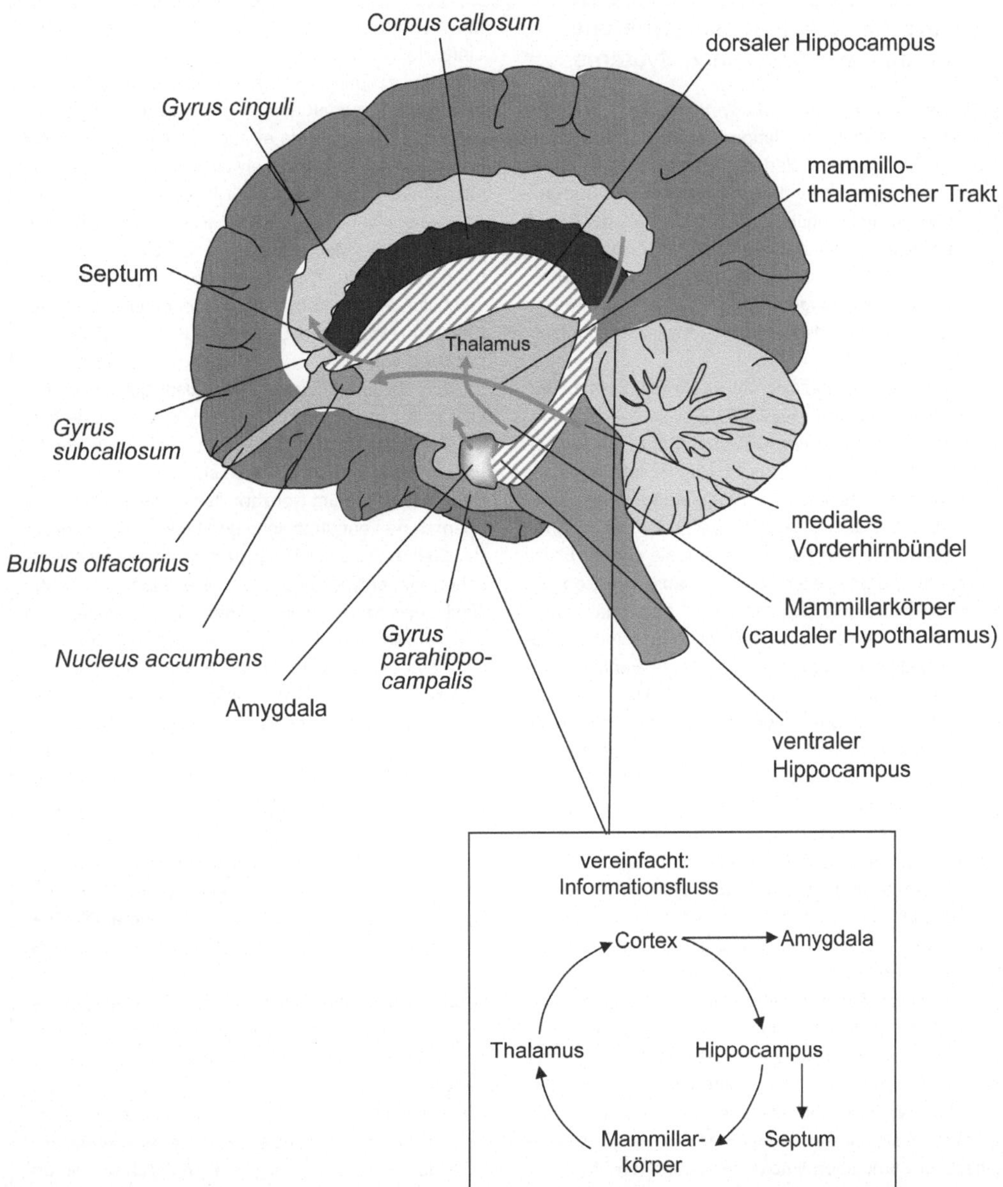

4.8   Limbisches System. Das limbische System ist das neurobiologische Substrat zahlreicher Stressreaktionen. Ein Schaltkreis von Hirnstrukturen, der den cingulären Cortex über den Hippocampus mit dem Hypothalamus und dem Thalamus verbindet. Die Amygdala ist das Kernstück des limbischen Systems und ist mit allen anderen Strukturen des limbischen Systems, sowie mit Kontrollkernen des autonomen Nervensystems verbunden. Eine detaillierte anatomische Beschreibung findet sich in Exkurs 4.5.

Exkurs 4.5: Begriffsgeschichte und Anatomie des limbischen Systems

Der Begriff des „limbischen Systems" hat in den Neurowissenschaften eine lange Tradition und erfuhr in dieser Zeit mehrere Bedeutungswechsel, die meist auf unterschiedliche Definitionskriterien (anatomische versus funktionale) zurück gingen. Da der Begriff wegen seiner scheinbaren Beliebigkeit gelegentlich in die Kritik gerät und dem Vorwurf ausgesetzt ist, unseriös zu wirken (Flügge und Koch, 1996), soll im Folgenden die Begriffsgeschichte etwas ausführlicher dargestellt werden.

Im Jahre 1878 bezeichnete der französische Neurologe Paul **Broca** (1824–1880) diejenigen Hirnrindenanteile, die sich wie ein Saum (Saum = lateinisch *„limbus"*) um die subcorticalen Hirngebiete legen, als „Le grande Lobe limbique". Von anterior nach posterior sind dies der prägenuale, paraspleniale, cinguläre, perirhinale und parahippocampale Gyrus. Broca bemerkte, dass dieser corticale Saum bei allen von ihm untersuchten Säugerarten – also unabhängig von der Größe oder Entwicklungshöhe – eine äquivalente Lage hat. Über die spezifische Funktion des „Lobe limbique" war sich Broca nicht klar, er spekulierte jedoch aufgrund der Nähe dieser Cortexareale zum olfaktorischen System, dass ihre Hauptfunktionen in der Geruchswahrnehmung bestehen. Dieser „Saum" corticaler Gebiete ist interessanterweise auf charakteristische Weise mit subcorticalen Gebieten verbunden, die gleich besprochen werden.

Die Vorstellung, dass das limbische System für die Entstehung von Emotionen wesentlich ist, wurde explizit erst 1937 von James **Papez**, einem amerikanischen Neurologen, in seiner Arbeit *A proposed mechanism of emotion* (Arch Neurol Psychiatry 38, 725–743) entwickelt. In dieser Arbeit weist Papez darauf hin, dass Erkrankungen dieses Systems zu emotionalen Störungen führen. Insbesondere die Tatsache, dass das Tollwut-Virus offenbar durch einen präferentiellen Befall dieses Systems zur vorübergehenden Stimulation limbischer Strukturen führt, bestärkten Papez in seiner Annahme. Papez erweiterte Brocas Begriff des limbischen Systems noch um den Hypothalamus (insbesondere die Mammillarkörper), die anterioren thalamischen Kerne, und den Hippocampus. Und zwar deshalb, weil diese Strukturen durch anatomische Verbindungen zu einer Schleife miteinander verbunden sind. Diese erweiterte Version des limbischen Systems ist unter dem Begriff „Papez-Kreis" bekannt.

Eine entscheidende Rolle bei der Etablierung des modernen Begriffes des limbischen Systems spielte der amerikanische Neurologe und Psychiater Paul **MacLean**, der diesen im Jahre 1952 in die Literatur einführte. MacLean hatte über die Integration intero- und exterozeptiver Informationen, insbesondere olfaktorischer, gustatorischer und viszeraler Systeme gearbeitet. Dabei hatte er auch Vorstellung über die Entstehung von Emotionen entwickelt und sah die strukturelle Grundlage hierfür in einem System, das im Wesentlichen dem Papez-Kreis entsprach. Zunächst dachte MacLean daran, sein System *visceral brain* zu nennen, kam davon aber ab, weil er Verwechslungen mit dem Eingeweidenervensystem befürchtete. Nach einem Besuch bei Papez und der Entdeckung von Broca's Vorarbeiten, entschied er sich für den Namen *limbic system*. Zusätzlich erweiterte er das Konzept des limbischen Systems, indem er die Amygdala und das Septum noch dazu zählte. Für MacLean spielte das limbische System eine wichtige Rolle in seinem Konzept des *triune brain* in welchem er neuroanatomische und funktionelle Aspekte des Gehirns zu einer Theorie der stammesgeschichtlichen Hirnentwicklung integrierte (MacLean 1990). Nach diesem Komplex bilden die Basalganglien und der Hirnstamm das „Reptiliengehirn", das limbische System repräsentiert das Gehirn einfacher Säugetiere und die höheren corticalen Areale entsprechen dem letzten Schritt der Primatenentwicklung. MacLean's wissenschaftliches Konzept setzte sich kaum durch und wurde von den Neurowissenschaften vor allem deshalb nicht angenommen, weil eine strenge funktionelle Trennung von drei Einzelteilen (Reptilien-, Paläomammalier- und Mammaliergehirn) nicht sinnvoll ist. Überdies stehen die Reptilien natürlich nicht in der Ahnenreihe der Säugetiere. Die Therapsiden, aus denen sich die Säugetiere entwickelt haben, sind bereits in der Trias ausgestorben und deshalb ist die Vorstellung eines „Reptiliengehirns" im Säugergehirn unsinnig. Unbestritten ist jedoch der entscheidende Beitrag MacLean's zur neurowissenschaftlichen Ideengeschichte (MacLean 1990).

Der Begriff des limbischen Systems erfuhr nach den Arbeiten von MacLean noch eine weitere entscheidende Erweiterung, vor allem durch die niederländischen Neuroanatomen Walle Nauta und Rudolf Nieuwenhuys, die durch verbesserte anatomisch-histologische Techniken für den Nachweis spezifischer Konnektivitäten im Gehirn, nun zusätzlich noch bestimmte Mittelhirnkerne (zentrales Höhlengrau, Raphé-Kerne, ventrales tegmentales Areal und Substantia nigra) zum limbischen System zählten, da sie prominente Verbindungen mit den bisher etablierten limbischen Vorderhirnstrukturen aufweisen. Die jüngste Modifikation des limbischen Systems geht auf Lennart Heimer zurück, der den Begriff der *extended amygdala* geprägt hat (Dalgleish 2004).

Der Hypothalamus bildet zusammen mit dem präoptischen Areal die Basis des End- und Zwischenhirns. Rostrodorsal schließt sich das Septum an, mit dem eine funktionelle Kopplung besteht. Caudal schließen sich die ventralen tegmentalen Kerne und das zentrale Höhlengrau an. Das präoptisch-hypothalamische Gebiet wird in drei Längszonen eingeteilt und zwar in die periventrikuläre, die mediale und die laterale Zone. Die periventrikulären Kerne projizieren vor allem in die Hypophyse und steuern über die Freisetzung von Releasing-Hormonen deren sekretorische Aktivität. Die verschiedenen Bereiche des Hypothalamus unterscheiden sich funktionell (vor allem von anterior nach posterior und von lateral nach medial findet man teilweise unterschiedliche Funktionen); insgesamt kann man jedoch feststellen, dass der Hypothalamus das zentrale Integrationsgebiet für die Steuerung und Aufrechterhaltung der Homöostase zahlreicher Körperfunktionen ist. Herz- und Kreislauf, Reproduktionsverhalten (Sexual- und Brutpflegeverhalten), Wärmeregulation, Nährstoff- und Flüssigkeitsaufnahme, sowie biologische Rhythmen (circadiane Rhythmen, Ovarialzyklus) werden von dort geregelt. Entsprechend vielfältig sind die Konnektivitäten der einzelnen Hypothalamuskerne und die Ausstattung der Neuronen mit Neuropeptiden. Im lateralen Hypothalamus verläuft das mediale Vorderhirnbündel welches auf- und absteigende Fasern von zahlreichen Zellgruppen enthält. Zu beachten ist, dass der Hypothalamus zum einen wie jedes andere Hirngebiet über die Freisetzung von Neurotransmittern mit anderen Hirngebieten und auch mit dem vegetativen Nervensystem kommuniziert, zum anderen jedoch auch humoral agiert und zwar über die Ausschüttung von Releasing-Hormonen in das Pfortadersystem der Adenohypophyse und über direkte Sekretion von Hormonen und Neuropeptiden (z. B. Oxytocin) aus der Neurohypophyse in den Blutkreislauf.

Das Septum bildet den rostralen Teil des limbischen Systems. Es besteht aus zwei lateralen und einer medialen Kerngruppe unterhalb des vorderen Teils des Balkens (*Corpus callosum*) und oberhalb der anterioren Kommissur. Seitlich wird das laterale Septum von den Vorderhörnern der Seitenventrikel begrenzt. Die Neuronen im lateralen Septum sind vornehmlich GABAerge Interneuronen, während sich im medialen Septum cholinerge Projektionsneuronen befinden, die den Hippocampus mit Acetylcholin versorgen. Im Gegenzug projiziert der Hippocampus massiv in die lateralen Septumkerne. Das mediale Septum projiziert außerdem noch zum paraventrikularen und supraoptischen Kern des Hypothalamus, zu den Mammillarkörpern, sowie zum zentralen Höhlengrau und zu den Raphé-Kernen im Mittelhirn. Ausgeprägte Verbindungen des Septums gibt es auch mit der Amygdala. Funktionell sind Septum und Amygdala weitgehend antagonistisch. Schließlich laufen viszerale und autonome Informationen über den dorsalen Vaguskern und den *Nucleus tractus solitarius* ein. Das Septum ist reich an Neuropeptiden, die an der Stressreaktion beteiligt sind, und zwar Substanz P, CRH, Somatostatin, Vasopressin, Neurotensin, Met-Enkephalin, Dynorphin B, Cholecystokinin und Neuropeptid Y. Die Peptide finden sich sowohl in den septalen Neuronen als auch in den afferenten Axonterminalen. Das septo-hippocampale System spielt eine wichtige Rolle beim Lernen und Gedächtnis, aber auch bei der Kontrolle vegetativ-autonomer und affektiver Funktionen (Aggression, Elektrolythaushalt, Thermoregulation). Läsionsstudien lassen den Schluss zu, dass die affektiven Funktionen des Septum denjenigen der Amygdala entgegengesetzt sind (Treit 1991). Das mediale Septum projiziert cholinerg in den Hippocampus und hat dort zumeist erregende Wirkung, GABAerge Neuronen aus dem lateralen Septum projizieren auf GABAerge hippocampale Neuronen. Hippocampale Neuronen projizieren zurück ins mediale Septum, wo vor allem inhibitorische GABAerge Interneuronen kontaktiert werden, welche wiederum die Aktivität im medialen Septum kontrollieren. Durch diesen Schaltkreis kontrollieren sich Septum und Hippocampus wechselseitig (Smythe et al. 1992).

Die Amygdala (Mandelkern) ist kein einheitliches Kerngebiet, sondern ein Komplex aus etwa zehn verschiedenen Unterkernen. Sie wurde erstmals von Burdach um 1820 beschrieben und liegt im medialen Bereich des Temporallappens, bzw. medial des entorhinalen Cortex. Nach dorsal wird die Amygdala vom Striatum und nach medial von der Capsula interna begrenzt. Eine ausführliche aktuelle Beschreibung von Physiologie und Anatomie des Amygdalakomplexes findet sich in Sah et al. (Sah et al. 2003).

Wie oben bereits angedeutet, wurde von Heimer zusammen mit Alheid vor etwa 15 Jahren das Konzept der „erweiterten Amygdala" (*extended amygdala*) entwickelt. Zu dieser neuroanatomisch-funktionellen Konstrukt zählen neben den eigentlichen Kernen der Amygdala (siehe unten) noch der Interstitialkern der *Stria terminalis* (englisch „bed nucleus of the stria terminalis", BNST; ein Kerngebiet das mit einem Ausläufern der anterioren Commissur, der *Stria terminalis* verknüpft ist). Sowohl die Heterogenität der Amygdala *„proper"* (d. h. im engeren Sinne) als auch das Konzept der erweiterten Amygdala gehen darauf zurück, dass die Unterkerne dieses Komplexes in ihrer stammesgeschichtlichen Herkunft, zellulären Morphologie und ihren funktionellen Eigenschaften oft ihren unmittelbaren Nachbarn ähneln, weshalb manche Neurowissenschaftler vorschlagen, auf dieses Konzept zu verzichten (Swanson und Petrovich 1998). So haben die lateralen – cortexnahen – Amygdalakerne eher corticale Morphologie und Funktion, während die zentralen Bereiche morphologische und funktionelle Verwandtschaft mit dem Striatum zeigen und die medialen Anteile Ähnlichkeiten mit dem rostralen Hypothalamus und dem olfaktorischen System haben.

Die corticale Amygdala erhält Afferenzen aus dem olfaktorischen Bulbus und dem piriformen Cortex. Der anteriore corticale Kern der Amygdala bildet zusammen mit dem Nucleus des lateralen olfaktorischen Traktes den rostralen Pol der Amygdala. Dieses Gebiet erhält auch Eingänge von den Raphé-Kernen und vom *Nucleus parabrachialis*, sowie von frontalen Cortexarealen. Die Projektionen der rostralen Amygdala gehen vor allem in den frontalen und temporalen Cortex und in den Hippocampus. Zwischen der medialen Amygdala und dem Subiculum/ventralen Hippocampus liegt die amygdalo-hippocampale Übergangszone, die Schnittstelle zwischen Amygdala und Hippocampus, die zusätzlich hypothalamische und septale Verbindungen hat, sowie mit dem BNST kommuniziert. Die centromediale Amygdala ist ein Teil der erweiterten Amygdala. Sie besteht aus dem rostralen Teilen der medialen und centralen Kerne der Amygdala, der ventralen *Substantia innominata* (incl. des *Nucleus basalis*) und dem BNST. Außerdem werden noch die caudomedialen Anteile des *Nucleus accumbens* und Anteile der Kerne der Schenkel des diagonalen Bandes von Broca hinzu gezählt. Haupteingänge in diesen Komplex stammen vom olfaktorischen System (*Bulbus olfactorius* und piriformer Cortex), vom frontalen Cortex und vom Hypothalamus. Dieser Teil der erweitereten Amygdala projiziert zum *Nucleus accumbens*, aber auch in hypothalamische Kerne und in Hirnstammgebiete, die mit gustatorischen Funktionen, mit neuroendokrinen Funktionen, mit der Kontrolle der Gesichtsmuskulatur und der Nahrungsaufnahme betraut sind. Der dorsale Anteil des Zentralkerns der Amygdala bekommt außerdem noch thalamische Eingänge. Die Haupteingänge aus dem Hirnstamm in den centromedialen Kern kommen vom *Nucleus tractus solitarius* und vom *Nucleus parabrachialis*. Diese Projektionen sind reich an Neuropeptiden wie Somatostatin, Dynorphin, Enkephalin, Neuropeptid Y, Substanz P, Neurotensin und *calcitonin-gene-related peptide*. Außerdem sind die monoaminergen und cholinergen Hirnstammsysteme massiv an der Innervation des centromedialen Komplexes beteiligt.

Die Efferenzen des centromedialen Komplexes laufen über die ventrale amygdalofugale Bahn und die *Stria terminalis* zum BNST, Septum, Hypothalamus, sowie in die Pons, das zentrale Höhlengrau, das Tegmentum und in die Medulla zum *Nucleus parabrachialis* bzw. *Nucleus tractus solitarius*. Interessanterweise

enthalten auch die Projektionsneuronen im lateralen Teil der centralen Amygdala Corticotropin-Releasing-Hormon, Neurotensin oder Somatostatin (Fendt et al. 1997).

Die basolaterale Amygdala ist die größte Kerngruppe innerhalb des Amygdala-Komplexes. Sie besteht aus einem lateralen, einem basolateralen, und einem akzessorischen basalen Kern. Der laterale Kern wird lateral von der *Capsula externa* und medial vom zentralen Kern und vom unteren Rand des Putamen begrenzt. Wie alle Kerne der basolateralen Kerngruppe zeigt er eine cortexartige Cytoarchitektur, mit Pyramidenzellen und nicht-pyramidalen GABAergen Interneuronen. Der laterale Kern ist die Haupteingangsstruktur für Afferenzen aus dem Cortex, dem Hippocampus, dem Hypothalamus und aus dem Thalamus. Auffallend sind die starken intra-amygdaloidalen Projektionen des lateralen Kernes. Der basolaterale Kern liegt ventromedial vom lateralen Kern und weist eine dem lateralen Kern ähnliche Cytoarchitektur auf. Ebenso ähneln die Afferenzen und Efferenzen denjenigen des lateralen Kerns, d. h. sie stammen vom präfrontalen, orbitofrontalen, anterioren cingulären, insulären, entorhinalen und perirhinalen Cortex, sowie von primär-sensorischen Cortexarealen (vor allem auditorisch, somatosensorisch und visuell). Weitere prominente Afferenzen kommen vom Hippocampus, Thalamus, vom Tegmentum und aus pontinen und medullären Hirnstammkernen. Der basolaterale Kern projiziert seinerseits zurück zum frontalen, insulären und temporalen Cortex sowie zum Hippocampus. Wichtig ist noch die Efferenz zum *Nucleus accumbens* (Shell-Region), sowie die intra-amygdaloidalen Projektionen zum zentralen Kern, die eine entscheidende Rolle bei der Furchtkonditionierung spielen.

Wie bereits angedeutet, gibt es eine enge intra-amygdaloidale Verschaltung der Unterkerne, wobei generell gesagt werden kann, dass der laterale und basolaterale Kern – als Empfänger der meisten externen Afferenzen – ihrerseits fast alle Unterkerne der Amygdala innervieren, insbesondere den Zentralkern. Der Zentralkern wiederum ist die wichtigste Ausgangsstation aus der Amygdala, insbesondere was die absteigenden Projektionen zu den autonom-vegetativen, motorischen und viszeralen Zentren des Mittelhirns, der pontinen *Formatio reticularis* und der *Medulla oblongata* angeht.

Neueste Untersuchungen zeigen, dass genaugenommen die Afferenzen der basolateralen Amygdala zwar in den Zentralkern projizieren, dort aber nicht in direktem Kontakt mit den Projektionsneuronen in den Hirnstamm stehen. Vielmehr liegt zwischen dem lateralen und basolateralen Kern einerseits und dem Zentralkern andererseits noch ein schmaler Streifen sogenannter „intercalierender Neuronen". Diese erhalten direkte Eingänge von Neuronen der lateralen Amygdala und projizieren direkt auf die Ausgangs-Neuronen des Zentralkerns, welche die o.a. Hirnstammkerne innervieren (Paré et al. 2004).

Von besonderer Bedeutung für die spätere Besprechung der neuronalen Grundlagen von konditionierten Furchtreaktionen nach Stresserlebnissen sind die primär-sensorischen Afferenzen der Amygdala, die durch Stress als „unkonditioniertem Stimulus" die Eigenschaft von „konditionierten Stressoren" erlangen können. Deshalb werden diese anatomischen Verbindungen hier besonders ausführlich besprochen.

Für das Verständnis der Stressreaktion sind die Verschaltungen der Amygdala mit dem Cortex und Thalamus besonders wichtig. Visuelle und auditorische corticale Eingänge der lateralen und basolateralen Amygdala kommen vom inferioren temporalen Cortex, vom perirhinalen Cortex , direkt vom posterioren intralaminären Kern oder indirekt über den auditorischen Assoziationscortex, der Eingänge vom medialen Kniehöckerkern (entspricht dem auditorischen Thalamus) bekommt. Die corticalen auditorischen, somatosensorischen und visuellen Eingänge in die Amygdala stammen ausschließlich von assoziativen sensorischen Arealen und nicht von primären und sekundären sensorischen Arealen, d.h. die Amygdala erhält bereits vom Cortex vorverarbeitete sensorische Informationen. Dies ist im Zusammenhang mit Stress relevant, weil der Cortex eine gewisse Zensorfunktion der eingehenden Information vornimmt, sodass die cortical vorverarbeiteten Eingänge möglicherweise eher zu einer Abschwächung der Stressreaktion in der Amygdala beitragen. Diese Zusammenhänge beschreibt LeDoux vereinfacht so: thalamische sensorische Eingänge erreichen die Amygdala sehr schnell und aktivieren innerhalb weniger Millisekunden bereits Stressreaktionen wie Blutdruckerhöhung, Beschleunigung des Herzschlages und erhöhten Muskeltonus. Diese Vorgänge laufen so schnell ab, dass sie uns nicht bewusst werden. Dieselbe sensorische Information erreicht die Amygdala kurze Zeit später, nachdem sie durch corticale Areale geschickt und dort genauer analysiert wurde. Die corticalen Afferenzen melden nun der Amygdala, ob die schnelle Information vom Thalamus tatsächlich Gefahr signalisierte – dann wird die Stressreaktion aufrecht erhalten – oder ob es „falscher Alarm" war. In diesem Falle wird die Stressreaktion durch die Amygdala beendet (LeDoux 1996).

Da die cortico-amygdaloidalen Verbindungen bei der Kontrolle des Affektes im Zusammenhang mit Stress wichtig sind, sollen diese hier noch genauer betrachtet werden: der orbitofrontale, der cinguläre, der insuläre und der präfrontale Cortex projizieren

zum Teil massiv zur basolateralen Amygdala. Auch der entorhinale Cortex und der Hippocampus (CA1-Region und Subiculum) senden Afferenzen zur Amygdala. Die meisten dieser Verbindungen sind reziprok. Diese Verbindungen sind offenbar für die bewusste Erfahrung der Stressreaktion wichtig, wie neuere Untersuchungen mit bildgebenden Verfahren belegen (Phelps et al. 2001).

Die mediale und zentrale Amygdala sowie der BNST haben starke reziproke Verbindungen mit dem Hypothalamus. Der BNST erhält Eingänge vom paraventrikulären Kern und projiziert zum ventromedialen und lateralen Hypothalamus sowie zum präoptischen Areal. Projektionen vom Hirnstamm – aus den monoaminergen Mittelhirnarealen, dem zentralen Höhlengrau, den Raphé-Kernen und von *Locus coeruleus*, sowie aus den viszeralen Hirnstammkernen (*Nucleus parabrachialis*, dem dorsalen Vagus-Kern und vom *Nucleus tractus solitarius*) – terminieren vor allem im Zentralkern und BNST. Diese Afferenzen sind reich an Neuropeptiden (Somatostatin, Dynorphin, Enkephalin, Neuropeptid Y, Substanz P, Neurotensin oder *calcitonin-gene-related peptide*, Cholecystokinin).

Neben den direkten prämotorischen und vegetativen Projektionen ist für die Steuerung von adaptiven Verhaltensweisen in Stresssituationen noch der Zugriff auf diejenigen Hirnareale wichtig, die für die Verhaltensauswahl maßgeblich sind. Deshalb ist für unsere Thematik noch der Ausgang der Amygdala in das Striatum wichtig. Die Amygdala innerviert das gesamte ventrale Striatum (*Nucleus accumbens*). Der parvozelluläre Teil des basalolateralen Kerns projiziert dabei zur Shell- und Core-Region, während der magnozelluläre Teil zur ventralen Shell-Region und zum ventromedialen *Caudatus-Putamen* projiziert. Das Striatum ist ganz entscheidend an der Initiation und Ausführung von motorischen Verhaltensweisen beteiligt. Explorationsverhalten, zielgerichtete Annäherung an prokreative Verhaltensziele (Nahrung, Sexualpartner), die Vermeidung von gefährlichen Orten und Situationen, sowie das Erlernen einfacher Bewegungsabläufe („Habit-Learning") laufen über das Striatum ab (Graybiel et al. 1994).

Auf die Funktion der Amygdala beim Lernen von Stressreaktionen wird bei der Besprechung der Mechanismen stressbedingter Furcht- und Angstreaktionen noch genauer eingegangen. Hier sei nur kurz zusammengefasst, dass die Amygdala an der Regulation somato-viszeraler und autonom-vegetativer Funktionen (Herz- und Kreislaufregulation, Atmung, Stoffwechsel, Tag-Nacht-Rhythmus, Sexual- und Brutpflegeverhalten, Schmerz) sowie bei der Verarbeitung olfaktorischer, gustatorischer, und nozizeptiver Informationen entscheidend beteiligt ist.

Der limbische Cortex setzt sich aus frontalen Arealen (orbital, prälimbisch, infralimbisch, cingulär), sowie aus temporalen Arealen (insulär, piriform, perirhinal und entorhinal) zusammen. Neben thalamischen und corticalen Eingängen, wird der limbische Cortex von Afferenzen aus dem Riech- und Geschmackssystem, von subcorticalen limbischen Projektionen aus der Amygdala und dem Hippocampus), aus medullären und pontinen Hirnstammkernen (*Nucleus tractus solitarius, Nucleus parabrachialis*), von monoaminergen Kerngebieten aus der Pons (*Locus coeruleus*) und Mittelhirn (Raphé-Kerne, ventrales Tegmentum), sowie von cholinergen Kerngruppen des basalen Vorderhirns (*Nucleus basalis*) und des pontinen Hirnstamms (pedunkulopontiner und laterodorsaler Kern) innerviert. Die verschiedenen monoaminergen (d.h. von Noradrenalin, Serotonin und Dopamin vermittelten) und cholinergen Signale aus dem Hirnstamm sind besonders wichtig für die Regulation von Arousal und Vigilanz im Zusammenhang mit Stressreaktionen.

Die Hippocampusformation besteht aus dem Hippocampus *„proper"* (d.h. im engeren anatomischen Sinn) mit dem Ammonshorn (*Cornu ammonis* CA1–CA4), dem *Gyrus dentatus* und dem *Subiculum*, sowie dem *Gyrus parahippocampalis* (entorhinaler und perirhinaler Cortex). Der *Gyrus dentatus* ist eine wichtige Eingangsstruktur der Hippocampus-Formation für Afferenzen aus dem entorhinalen Cortex. Neben limbischen und corticalen Afferenzen spielen noch die cholinergen Eingänge aus dem Septum, die serotonergen Afferenzen aus den Raphé-Kernen und die histaminergen Projektionen aus den Mammillarkörpern eine wichtige Rolle bei der Funktion des Hippocampus. Das *Subiculum* und der ventrale Hippocampus sind die wichtigsten Ausgangsstationen des Hippocampus.

Aus der Begriffsgeschichte und der anatomischen Beschreibung des limbischen Systems wird deutlich, dass es sich hierbei um ein System von komplex interagierenden neuronalen Schaltkreisen handelt, welches externe Reize mit internen Zuständen (**Motivationen** und **Emotionen**) vergleicht, bewertet und daraus Reaktionen auf der Verhaltensebene und auf der physiologischen Ebene generiert. Besonders wichtig ist – und dieser Aspekt wurde bereits von MacLean besonders betont – dass dieses System direkten Zugriff auf die Kontrollzentren des vegetativen (viszeralen) Nervensystems, sowie des neuroendokrinen Systems des Hypothalamus hat. Damit ist die direkte Umsetzung der Reizbewertung in vegetative, metabolische und molekulare Anpassungsreaktionen einerseits und in angepasste Verhaltensweisen andererseits gegeben (Abb. 4.9).

4.2 Sekundäre neurobiologische Stressreaktionen, die der akuten Wirkung von Stress folgen

Wir unterscheiden hier die unmittelbar auf einen Stressor „primär" einsetzenden Reaktionen (also z.B. die Vermeidungsreaktionen bei Schmerz oder die Reaktionen des Immunsystems nach einer Infektion) von den damit verbundenen oder den daran anschließenden „sekundären" Reaktionen, die dazu dienen, den erlebten Stressor künftig zu vermeiden. Im Wesentlichen handelt es sich dabei um Lern- und Gedächtnisphänomene, die den Stressreiz selbst oder die Situation, in welcher er erlebt wurde abspeichern, mit einer aversiven Motivation und einer Defensivreaktion verknüpfen und somit dafür sorgen, dass künftig solche Reize und Situationen vermieden werden.

Neben den direkten Wirkungen von Stress auf Verhalten, Physiologie und molekulare Prozesse von Organismen werden Stressoren und Stresssituationen mit den nachfolgenden organismischen Reaktionen gelernt und im Gedächtnis gespeichert. Dabei sind Wechselwirkungen zwischen dem noradrenergen System und Glucocorticoiden in der Amygdala und im Hippocampus von besonderer Bedeutung. Diese Wechselwirkungen sind entscheidend an der Konsolidierung aversiver Gedächnisinhalte, also der Erinnerung an Stress, beteiligt. Das Stressgedächtnis hat hohen adaptiven Wert, da es vor wiederholtem Stress warnt und schützt.

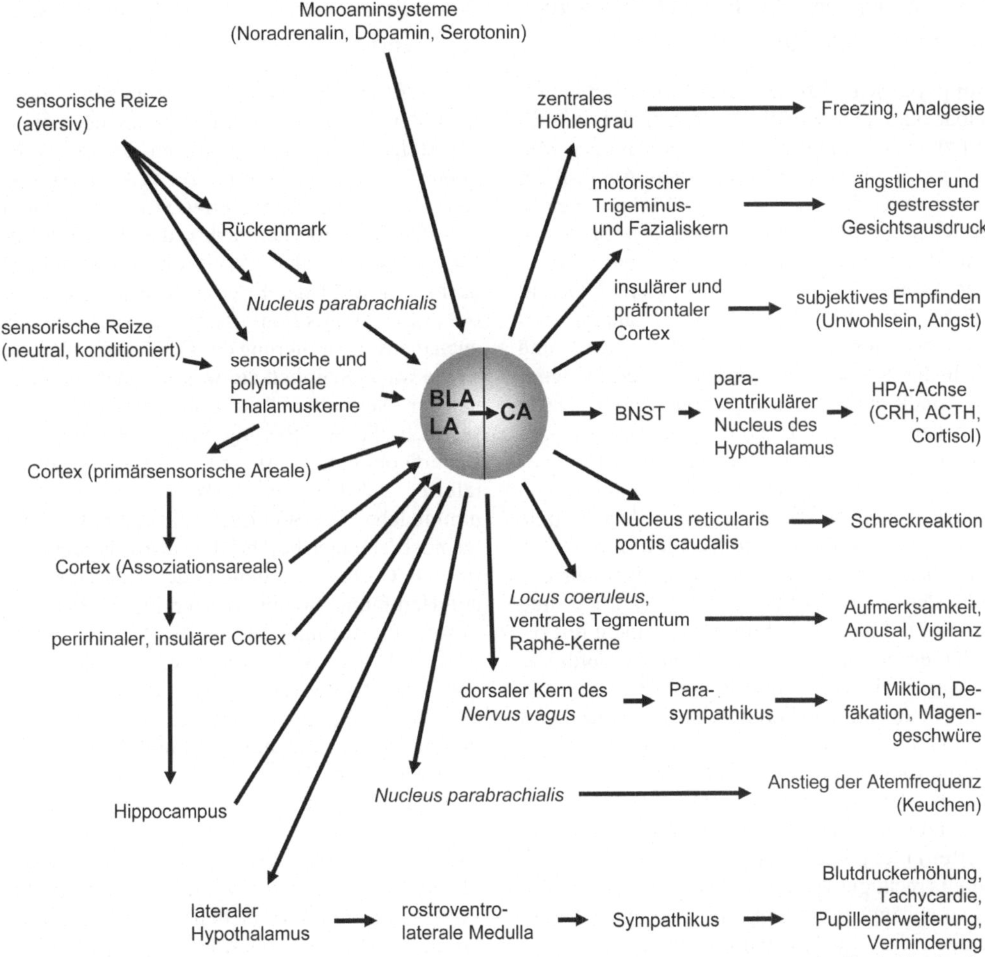

4.9   Modell der Eingänge und Ausgänge der neuronalen stressverarbeitenden Systeme. Es scheint einem Ökonomieprinzip der Natur zu folgen, dass für die vielfältigen Stressoren, die uns möglicherweise bedrohen und auf die wir teilweise sehr differenziert reagieren, nicht ebenso viele Einzelsysteme zur Verfügung stehen, sondern *wenige* flexibel modulierbare zentrale Systeme. Das schematisch gezeigte limbisch-hypothalamo-hypophysio-adrenerge System („LHPA-Achse" siehe Abschnitte 4.1.1 und 4.1.5) ist sicher eines der wichtigsten. Kernstück ist die Amygdala. Dieses System integriert eine Vielzahl von sensorischen Eingängen und orchestriert die ebenso vielfältigen Stressreaktionen. Die Spezifität der Reaktionen, die von der Amygdala (LA – lateraler Amygdalakern; BLA – basolateraler Amygdalakern; CA – centraler Amygdalakern; BNST – Interstitialkern der *Stria Terminalis*) aktiviert werden, ist das Resultat der Funktion eines Netzwerks aus Signalketten mit Feedback- und Feedforward-Schleifen, die mit dem Amygdala-Komplex als Entscheidungsmodul in Wechselwirkungen stehen. Dadurch ist eine Feinabstimmung der Stressreaktion an variable innere und äußere Zustände gegeben (LeDoux 1994, LeDoux 1995, Davis 1997, Lanuza et al. 2004).

4.2.1 Angst- und Furchtreaktionen sind fast immer mit Stress assoziiert

Auf psychischer Ebene führen Stressoren unmittelbar oder über somatische Reaktionen vermittelt zu aversiven Gefühlen (Angst, Hunger, Müdigkeit). Interessanterweise ist das Ausmaß der aversiven Gefühle zwar variabel, aber dennoch meist proportional zur Stärke des Stressors, d. h. die reizbewertenden neuronalen Systeme sind zu einer Skalierung der möglichen Gefahr fähig. Zusätzlich können alle während des Stressors anwesenden neutralen Reize und auch der Kontext, in dem Stress erlebt wird, als konditionierte Reize gelernt werden. Da es sich dabei um das Erlernen einer spezifischen Kontingenz zwischen einem Reiz (oder Kontext) und dem Stressor handelt, spricht man hier von Furcht-Konditionierung (in der Psychologie wird meist noch eine Unterscheidung getroffen zwischen „Angst" als einem ungerichteten Gefühl des Unwohlseins, der Unsicherheit und der Befürchtung und „Furcht" als einem reizgerichteten und spezifischen aversiven Gefühl in Anwesenheit eines bestimmten Stressreizes). Die Entstehung von Furcht lässt sich dabei durch die klassische Pavlov'sche Konditionierung konzeptualisieren und experimentell untersuchen. Durch solche Untersuchungen sind die neuronalen und neurochemischen Grundlagen konditionierter Furcht, wie sie durch Stress erzeugt wird, bereits recht gut verstanden. Bevor wir diese Zusammenhänge schildern, soll nochmals betont werden, dass die Assoziation von neutralen Reizen und Kontexten mit einem aversiven Ereignis (Stress) an sich ein höchst adaptiver und sinnvoller Schutzmechanismus darstellt, der den Organismus dazu in die Lage versetzt, künftig gefährliche Situationen zu vermeiden. Die Konditionierung ermöglicht es uns, Reize und Kontexte einzuschätzen und ihr mögliches Gefahrenpotenzial vorherzusagen. Neben den emotionalen Konotationen von Angst und Furcht stellen diese Zustände aber auch wichtige **Motivationsfaktoren** dar, die entsprechende Verhaltensreaktionen auslösen (meist Flucht und andere Vermeidungsreaktionen, aber auch Abwehr und Kampf, *fight or flight*). Im Falle von anderen stressbezogenen Gefühlen ist entsprechendes Verhalten zu beobachten: bei Hunger wird die Nahrungssuche und -aufnahme stimuliert, bei Isolation die Suche nach Sozialkontakten oder bei Müdigkeit das Aufsuchen von Schlafstätten.

4.2.2 Lernen und Gedächtnis im Zusammenhang mit Stress

Die zeitlich überlappende Präsentation eines neutralen Reizes (z. B. eines Tones oder eines Lichtreizes) mit einem primären Stressor (z. B. einem Schmerzreiz) führt dazu, dass der neutrale Reiz zu einem konditionierten Stressor wird und dieselbe Reaktion hervorruft, die sonst nur der Stressor selbst (als unkonditionierte Reaktion) auslöst. Sowohl der Erwerb (also das Erlernen oder die Akquisition) dieser Assoziation, als auch die Konsolidierung des Gedächtnisinhaltes, sowie wahrscheinlich die wesentlichen Funktionen der „Verwaltung" des aversiven Gedächtnisses (d. h. die Speicherung und das Aufrufen bei Bedarf) obliegt der Amygdala, Teilen des Frontalhirns und dem Hippocampus. Die Amygdala nimmt dabei eine Schlüsselstellung ein. Wie später noch genauer beschrieben wird, ist der präfrontale Cortex vor allem an der bedarfsgerechten Hemmung konditionierter Furcht beteiligt (also: „Entwarnung, wenn die Gefahr vorbei ist"), während der Hippocampus räumliche und kontextuelle Information – also Informationen über die Situation, in der der Stress auftrat – im Zusammenhang mit der Furchtkonditionierung vermittelt.

In der basolateralen und lateralen Amygdala gibt es Neuronen, auf denen primärsensorische Afferenzen von den verschiedenen sensorischen Thalamuskernen (lateraler Kniehöckerkern für visuelle Information, medialer Kniehöckerkern für auditorische Informationen), aus dem olfaktorischen System (*Bulbus olfactorius*), sowie vorverarbeitete sensorische Afferenzen über den Cortex (vor allem aus dem insulären und perirhinalen Cortex) mit sensorischen Afferenzen aus Kernen konvergieren, welche direkt die Stressreize vermitteln (z. B. Blutdruckreize vom *Nucleus tractus solitarius*, Schmerzreize aus den thalamischen Kernen der Schmerzbahn und Reize aus dem Eingeweidenervensystem vom *Nucleus parabrachialis*). Zusätzlich konvergieren hier die modulatorischen Eingänge von den monoaminergen Systemen (Noradrenalin aus dem *Locus coeruleus*, Dopamin aus dem ventralen Mittelhirn und Serotonin aus den Raphé-Kernen). Diese *Triaden* von Afferenzen an Neuronen der Amygdala stellen das primäre neuronale Substrat konditionierter Furcht dar. Dabei wurden im lateralen Amygdalakern Neuronen gefunden, welche die Speicherung der aversiven Information übernehmen (*storage cells*) und andere Neuronen (*trigger cells*), welche die entsprechenden Stressreaktionen auslösen (Repa et al. 2001). Außerdem gibt es in der lateralen Amygdala zwei unterschiedliche Populationen von Ausgangsneuronen für passive und aktive Reaktionen auf Stress (Amorapanth et al. 2000). Die Aktivierung von Stressreaktionen durch die Amygdala geschieht wahrscheinlich über eine intraamygdaloidale Verschaltung von Neuronen der lateralen Amygdala, über die intercalierende Zellschicht zu Neuronen des Zentralkernes, der verschiedene Kerngruppen in Pons, Medulla, Hypothalamus und im zentralen Höhlengrau aktiviert (Paré et al. 2004).

Eine entscheidende Rolle bei der Assoziation von neutralen und aversiven Reizen spielt eine besondere Variante der ionotropen Glutamatrezeptor und zwar der NMDA-Rezeptor. Dabei handelt es sich um einen Ionenkanal aus vier Untereinheiten, der für Natrium- und Calcium-Ionen durchlässig ist. NMDA ist das Akronym für *N-Methyl-D-Aspartat*, dem effektivsten Agonisten dieses Rezeptorkanals. Der NMDA-Rezeptor hat eine Besonderheit, die ihn in die Lage versetzt, die Koinzidenz von zwei gleichzeitig aktiven Afferenzen zu detektieren: er ist ein sowohl liganden- wie auch spannungsgesteuerter Ionenkanal. Bis zu einem Membranpotenzial von etwa -30 mV ist die Ionenpore nämlich durch ein Magnesiumion verschlossen und damit für Natrium und Calcium undurchdringlich. Erst bei einer stärkeren Depolarisation verlässt das Magnesium die Kanalpore und ermöglicht den Einstrom von Natrium und Calcium in die Zelle. Der Magnesiumblock des NMDA-Rezeptors führt also dazu, dass der Rezeptor erst bei starker Erregung der Zelle aktiv wird, wie beispielsweise nach tetanischer elektrischer Reizung des Neurons oder beim gleichzeitigen erregenden Eingang von zwei Afferenzen. Neben den NMDA-Rezeptoren spielen auch noch spannungsabhängige Calciumkanäle (*voltage-gated calcium channels, VGCC*) eine Rolle beim Lernen. Das durch NMDA-Kanäle und *VGCC* einströmende Calcium ist das Schlüssel-Ion für eine Reihe von intrazellulären Signalkaskaden. Insbesondere die Calcium/Calmodulin-abhängige Proteinkinase II (CaMKII), die Proteinkinase C sowie die Familie der Mitogen-aktivierten Proteinkinasen (MAPK) (darunter die *extracellular signal regulated kinases* ERK1 und 2; Abschnitt 6.8) vermitteln vielfältige Veränderungen in der postsynaptischen Zelle, die zu einer Verstärkung der synaptischen Transmission führen

(Schafe et al. 2000, Schafe et al. 2001, Weeber et al. 2000, Weeber et al. 2001, Rattiner et al. 2004, Thomas und Huganir 2004). Ein weiterer auch für die Speicherung der Stresserfahrung entscheidender intrazellulärer Signalweg führt zum *cAMP-response-element-binding-protein* (CREB), das als Transkriptionsfaktor an einer Vielzahl von langfristigen Veränderungen der Eigenschaft von Neuronen beteiligt ist (Kida et al. 2002). Die wichtigsten funktionellen Konsequenzen, die die calciumabhängigen Kinasen bewirken, sind die Neusynthese und das Einwandern von weiteren Glutamat-Rezeptoren (vom AMPA-Typ), die Vergrößerung und/oder die Vermehrung der dendritischen Dornfortsätze an der postsynaptischen Seite (und zwar selektiv an derjenigen Synapse, die durch die Koinzidenz der Eingänge gestärkt wurde). Zusätzlich stimuliert Calcium die Stickstoffmonoxid-Synthase (NO-Synthase). Das enstehende NO diffundiert zur Präsynapse und erhöht dort die Freisetzung von Glutamat, wodurch die Übertragung an der aktiven Synapse weiter verstärkt wird (Abb. 4.10). Damit sind die strukturellen Grundlagen des Langzeitgedächtnisses für dieses aversive Ereignis gelegt, sodass künftig bereits das Auftreten des CS (oder eines konditionierten Kontextes) die Stressreaktion hervorruft (Rodrigues et al. 2004, Thomas und Huganir 2004).

Die Inhalte stressbezogener Erinnerungen werden aber nicht nur in einem einzigen Hirngebiet – der Amygdala – abgelegt. Vielmehr zeigen neuere physiologische Untersuchungen, dass dafür das Zusammenspiel eines Netzwerkes von limbischen Strukturen eingesetzt wird. So zeigte sich in einer neuen Arbeit bei der elektrophysiologischen Ableitungen an wachen, freibeweglichen Mäusen, die mit einem klassischen Furchtkonditionierungs-Paradigma kombiniert wurden, dass die Synchronisation der Theta-Aktivität (elektroencephalographisch gemessene Wellen in Frequenzbändern von 4–8 Hz und 8–12 Hz) in einem Netzwerk aus Amygdala und Hippocampus mit dem Abruf des Furchtgedächtnisses und der Aktivierung defensiver Verhaltensweisen (Freezing) gekoppelt ist. Mäuse, die gelernt hatten, dass ein Ton von einem Elektroschock begleitet wird, zeigten eine konditionierte Stressreaktion bereits beim Hören des Tones. Gleichzeitig wurde in diesen Experimenten gezeigt, dass in der Amygdala Theta-Aktivität von 4–8 Hz auftritt und dass dieser amygdaläre Theta-Rhythmus auf den mit 8–12 Hz schwin-

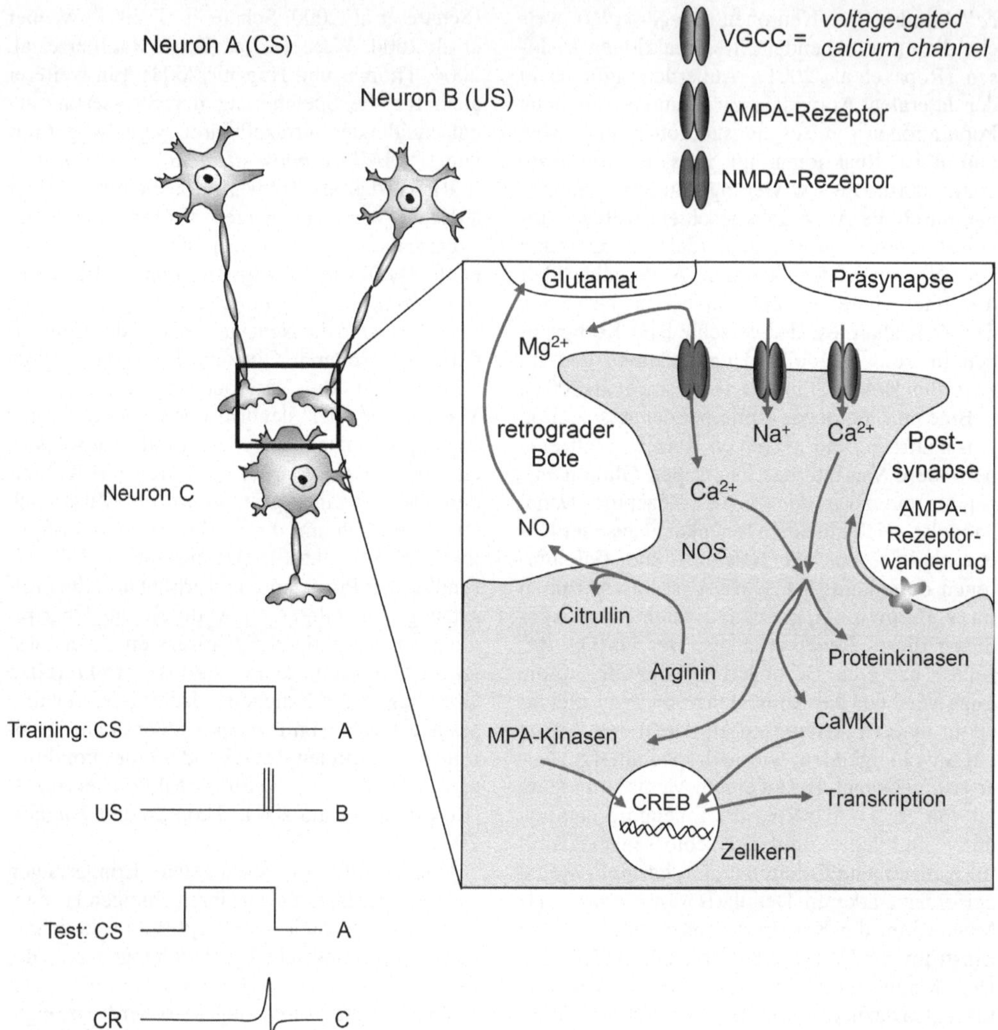

4.10 Schematische Darstellung der synaptischen Vorgänge beim assoziativen Lernen, z. B. bei der Furchtkonditionierung. Im Training wird ein aversiver Reiz (B) zeitlich überlappend mit einem neutralen Reiz (A) präsentiert. Die synaptischen Eingänge von Neuronen (A und B), die den neutralen Reiz (z. B. ein Ton, der als konditionierter Stimulus, CS, verwendet wird) und den aversiven Reiz (z. B. ein Schmerzreiz, der als unkonditionierter Stimulus, US, verwendet wird) konvergieren auf einem dritten Neuron (C). Bei zeitlicher Koinzidenz der synaptischen Aktivitäten von A und B öffnen sich zusätzlich zu den glutamatgesteuerten AMPA-Kanälen noch NMDA-Kanäle und *VGCC*. Das einströmende Calcium bewirkt in der postsynaptischen Zelle C eine Reihe von plastischen Veränderungen (siehe Text). Dazu gehören die Aktivierung der NO-Synthase, durch die der retrograde Botenstoff NO die präsynaptische Glutamatfreisetzung weiter verstärkt. Außerdem werden zahlreiche intrazelluläre Kinasen und Transkriptionsfaktoren aktiviert. Letztlich bewirken diese Vorgänge die Phosphorylierung, Synthese und Wanderung von AMPA-Rezeptoren, sowie die Vergrößerung und/oder Vermehrung der postsynaptischen Dendriten. Diese Veränderungen verstärken teils kurz- und mittelfristig (d. h. im Sekundenbereich), teils auch langfristig (Stunden bis viele Tage) die Informationsübertragung an dieser Synapse. Nach der Konditionierung (Training) führt die Präsentation des CS (A) zu einer starken Antwort (cR = konditionierte Reaktion) von Neuron C.

genden Hippocampus übertragen wird. Diese Übernahme des Amygdala-Rhythmus neuronaler Aktivität durch den Hippocampus und die damit einhergehende Synchronisation der Rhythmen führt zu Oszillationen in einem Frequenzband, das auch vom Menschen dafür bekannt ist, für die Enkodierung und den Abruf von Gedächtnisinhalten verantwortlich zu sein (Seidenbecher et al. 2003, Richardson et al. 2004). Auch bei Humanstudien zeigte sich, dass die Amygdala das hippocampale Gedächtnissystem fördert und so dazu führt, dass emotionale Ereignisse besser gelernt werden als neutrale (Dolcos et al. 2004).

An der Konsolidierung aversiver Gedächtnisinhalte (dem „Stressgedächtnis") in der Amygdala, aber auch im Hippocampus und im Cortex sind einige neuroendokrine und neurochemische Faktoren beteiligt, von denen in diesem Kapitel bereits die Rede war. Glucocorticoidrezeptor Agonisten im Hippocampus verbessern das Lernen und Erinnern von Stressereignissen, jedoch wird dieser Effekt durch Infusion von β-adrenergen Antagonisten (β-Blocker, wie z.B. Propranolol) in die Amygdala verhindert. β-adrenerge Rezeptoragonisten wie Clenbuterol hingegen förden das Lernen aversiver Ereignisse. Zusätzlich zu den β-adrenergen Rezeptoren spielen auch α_1-Rezeptoren noch eine Rolle für die Wirkung von Noradrenalin in der Amygdala (Roozendaal 2002, Roozendaal et al. 2004, McGaugh 2002, Ferry et al. 1999). Diese Befunde zeigen zunächst einen kooperativen Effekt von Glucocorticoiden und Noradrenalin in zwei getrennten, aber interagierenden Hirnstrukturen. Die Amygdala und der Hippocampus bekommen noradrenerge Afferenzen vom *Locus coeruleus* und vom *Nucleus tractus solitarius*. Neben getrennten Wirkungen von Noradrenalin (in der Amygdala) und Glucocorticoiden (im Hippocampus) gibt es auch noch eine direkte Interaktion beider Systeme in der Amygdala (Abb. 4.11). Wahrscheinlich verbessern Glucocorticoide über eine nichtgenomische Wirkung der Glucocorticoidrezeptoren die funktionelle Kopplung von β- und α_1-Rezeptoren in der Amygdala und fördern so das Lernen von Stressereignissen (Roozendaal 2002). Dabei ist allerdings nicht ganz klar, ob einige Effekte von Glucocorticoiden auf Neuronen des limbischen Systems über die intranucleären Rezeptoren (Transkriptionsfaktoren) wirken oder über spezifische Protein-Protein-Wechselwirkungen (also über nicht-

genomische Mechanismen) vermittelt werden (McGaugh 2004).

Interessanterweise hängen die Effekte von Glucocorticoiden und Noradrenalin auf das aversive Lernen im Zusammenhang mit Stress von der Phase des Lernprozesses ab, in welcher sie zusammenwirken. Das unmittelbar nach oder während Stress ausgeschüttete Noradrenalin verbessert das Lernen in vielfältiger Weise (durch verbesserte Reizwahrnehmung und direkte Förderung von Assoziation und Konsolidierung). Gleichzeitig ausgeschüttete – oder exogen zugeführte – Glucocorticoide (z.B. Cortisol oder der synthetische Agonist Dexamethason) fördern diesen Effekt auf die Bildung und Konsolidierung des Gedächtnis für das Stressereignis (McGaugh 2002). Werden Glucocorticoide dagegen beim Abrufen des gespeicherten Gedächtnisinhaltes freigesetzt oder verabreicht, so wird der Prozess gestört, d.h. das Gelernte kann nicht wiedergegeben werden und die gelernte Abwehrreaktion kann nicht abgerufen werden. Diese amnestischen Effekte von Glucocorticoiden kommen aber nur durch ihre Wirkung im Hippocampus – aber nicht in der Amygdala – zustande. Daher ist bei Versuchstieren nach erhöhter Freisetzung von Stresshormonen auch hauptsächlich der Abruf von Raum-Zeit-Information (für die der Hippocampus zuständig ist) gestört.

Beim Menschen wirken sich die stressbedingten Störungen beim Abruf von Gedächtnisinhalten vor allem auf das deklarative Gedächtnis aus (de Quervain et al. 2000). Dabei ist die Aktivität des Hippocampus – beispielsweise nach einer einmaligen Verabreichung von 25 mg Corticosteron – herabgesetzt und das Gedächtnis für zuvor Gelerntes beeinträchtigt (de Quervain et al. 2003). So kommt es, dass Menschen unter Stress zwar sehr gut lernen können, dass sie aber vor allem deklarative Gedächtnisinhalte in Stresssituationen nicht oder nur falsch abrufen können. Diese Zusammenhänge führen leider dazu, dass unter Stress das implizite Lernen über die Amygdala verbessert ist, aber die Wiedergabe gelernter Gedächtnisinhalte aus dem Hippocampus und dem Cortex verhindert ist. Dies führt zu dem unangenehmen Umstand, dass in Prüfungen oder ähnlichen Situationen, die Aktivierung gespeicherter nicht stressrelevanter Gedächtnisinhalte blockiert ist, und man möglicherweise versagt, dass andererseits aber das Lernen in dieser Situation verbessert ist, sodass die Situation in der man versagt hat, sich besonders gut einprägt.

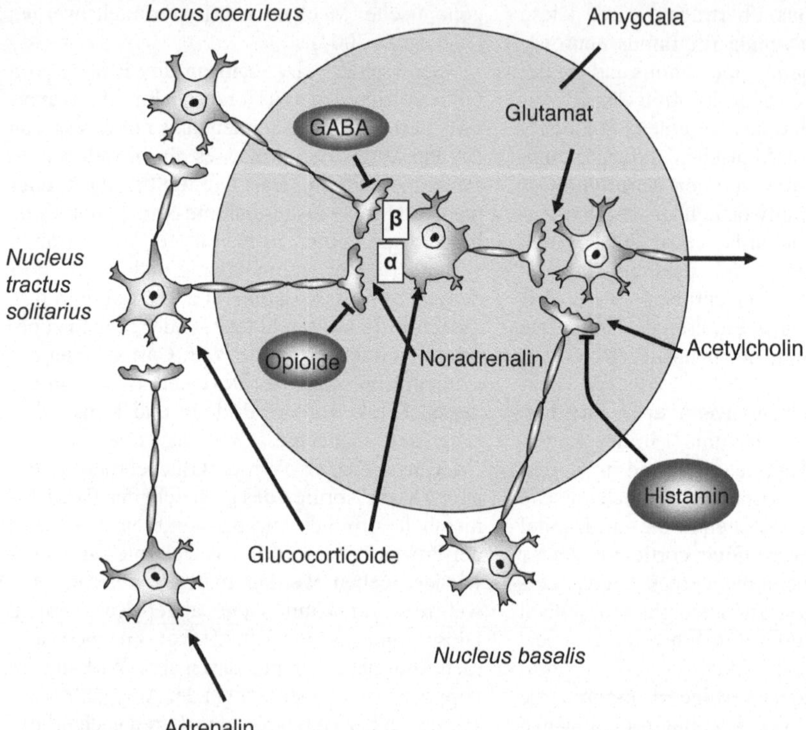

4.11   Neuromodulatorische Interaktionen bei der Gedächtniskonsolidierung in der Amygdala. Adrenalin (aus dem Nebennierenmark) stimuliert über den Vagusnerv den *Nucleus tractus solitarius* der direkt oder indirekt über den *Locus coeruleus* die Freisetzung von Noradrenalin in der Amygdala erhöht. Opioide und GABA hemmen die Freisetzung. Die Wirkung von Noradrenalin in der Amygdala erfolgt an α- und β-adrenergen Rezeptoren, mit welchen die intrazellulären Glucocorticoidrezeptoren wechselwirken. In weiteren Schritten spielen noch Acetylcholin, das vom Nucleus basalis freigesetzt wird und Glutamat, sowie möglicherweise Histamin eine Rolle (McGaugh 2004).

Besonders wichtig für das Verständnis von stressbedingten Störungen beim Menschen sind die Mechanismen, die die Stressreaktion auf konditionierte Stressoren kontrollieren. Selbstverständlich können Reize und Kontexte, die mit Stress assoziiert waren, ihre aversive Bedeutung als konditionierte Stressoren wieder verlieren und wieder ihren neutralen, unbedrohlichen Charakter annehmen. Experimentell wird dieses Phänomen (**Extinktion**) durch ein sogenanntes Extinktionstraining verwirklicht, in welchem der konditionierte Reiz wiederholt in *Abwesenheit* eines aversiven Stressreizes präsentiert wird. Der Organismus wird in diesem Training lernen, dass der ehemals Gefahrsignalisierende Reiz (oder Kontext) nunmehr keine Gefahr mehr bedeutet. Zahlreiche Versuche haben indes gezeigt, dass ein solches Extinktionstraining nicht auf Vergessen beruht, sondern

tatsächlich auf das Erlernen einer neuen Konstellation zurückgeht, wie man daran sieht, dass NMDA-Rezeptor Antagonisten das Extinktionslernen verhindern (Falls et al. 1992). Außerdem wird die Vorstellung, dass Extinktion nicht auf ein Vergessen der konditionierten Furcht zurückgeht, auch dadurch bestätigt, dass ein einmal erworbener aversiver Gedächtnisinhalt jederzeit durch sehr starke Stressoren wieder aktiviert werden kann.

Die psychotherapeutische Behandlung von Angststörungen durch **Expositionstherapie** beruht übrigens gerade auf dieser Form von Extinktionslernen. Bei der Extinktion des Stressgedächtnisses werden durch die Aktivierung des Botenstoffes Calcineurin Phosphatasen aktiviert, welche die durch den Stressor bewirkte Phosphorylierung von Transmitterrezeptoren und anderen zellulären Effektoren rückgängig machen (Lin et al. 2003a, Lin et al. 2003b). Damit ist eine funktionell-strukturelle Basis für die Kontrolle des aversiven Gedächtnis gegeben. Die Frage ist nun, welche kognitiven Prozesse die Kontrolle der stressbezogenen Gedächtnisinhalten steuern.

Tierexperimentelle Untersuchungen haben gezeigt, dass die Extinktion konditionierter Stressreaktionen auf einen NMDA-Rezeptor-abhängigen Lernprozess in der Amygdala zurückgeht, durch den die gelernte Repräsentation des Stressors durch eine neutrale Repräsentation ersetzt wird (Walker et al. 2002). Offenbar spielen auch Endocannabinoide, also endogene Liganden von Cannabinoidrezeptoren, eine wichtige Rolle bei der Extinktion von konditionierter Furcht (Marsicano et al. 2002). Endocannabinoide (z. B. Anandamid) sind lipidartige Moleküle, die in der postsynaptischen Membran von Neuronen aus dem Membranbestandteil Phosphatidylethanolamin gebildet werden und die als retrograde Botenstoffe regulierend auf die präsynaptische Transmitterfreisetzung wirken (Piomelli, 2003). Die Arbeiten von Davis und Mitarbeitern zur Rolle von NMDA-Rezeptoren bei der Extinktion sind von besonderer Bedeutung für die pharmakotherapeutischen Unterstützung der Psychotherapie von stressbedingten Störungen. Durch die systemische oder intra-amygdaloidale Gabe des NMDA-Rezeptor-Partialagonisten (eine Substanz, die zwar mit hoher Affinität an den Rezeptor bindet, aber nicht die volle physiologische Wirkung auslöst) D-Cycloserin während des Extinktionstrainings wurde die Lernleistung bei Ratten – also das Überlernen der Furcht – deutlich gesteigert (Davis 2002). Die Frage ist, durch welche übergeordneten Hirnstrukturen diese Stressextinktion normalerweise (also ohne exogene Zuführung von Pharmaka) vermittelt wird. Hier deutet einiges darauf hin, dass der präfrontale Cortex – über seine direkte Projektion zur Amygdala – daran entscheidend beteiligt ist (Moghaddam und Jackson 2004). Die Afferenzen vom präfrontalen Cortex terminieren in der basolateralen Amygdala ausschließlich auf inhibitorischen GABAergen Interneuronen und kontrollieren dadurch den amygdaloidalen Ausgang durch Pyramidenzellen (Rosenkranz und Grace, 2002, Rosenkranz et al. 2003, Mascagni et al. 1993). Überdies zeigen elektrophysiologische Arbeiten und Läsionsstudien an Ratten und Mäusen, dass das Gedächtnis für Extinktion im präfrontalen Cortex situiert ist (Quirk et al. 2000, Milad und Quirk 2002) und die Extinktion gelernter Stressreaktionen durch Läsionen des präfrontalen Cortex gestört ist (Morgan et al. 2003).

Auch beim Menschen lassen sich durch bildgebende Verfahren mit Patienten, die an Posttraumatischer Stressstörung leiden, eine veränderte Kommunikation zwischen präfrontalem Cortex und Amygdala nachweisen (Shin et al. 2004a). Studien mit funktioneller Magnetresonanztomografie belegen, dass die kognitive Kontrolle von Stress und stressbedingter Furcht über eine Wechselwirkung des präfrontalen Cortex mit der Amygdala erfolgt (Hariri et al. 2003). Wie wir aus den bereits besprochenen tierexperimentellen Studien wissen, hat das Frontalhirn inhibitorische Wirkung auf die Amygdala (Grace und Rosenkranz 2002, Milad et al. 2004), sodass man aus den oben erwähnten Befunden ableiten kann, dass die erfolgreiche verstandesmäßige Kontrolle der subcorticalen Stresszentren, in deren strategischer Mitte die Amygdala liegt, über das Frontalhirn abläuft. Diese Annahme wird noch weiter unterstützt durch die zahlreichen Befunde der neurotraumatologischen Literatur, die zeigen dass es durch Schädigung des Frontalhirns („Frontalhirnsyndrom") zu weitreichenden Störungen der Stressreaktionen (Überreaktionen, Fehlen der Impulskontrolle, aber auch Apathie) kommt (Fuster 2001, Fuster 2003).

4.3 Neuropathologische und psychiatrische Folgen von Stress

Werden Stresssituationen unkontrollierbar, weil sie zu lange andauern (Dauerstress) oder zu heftig sind (Trauma), so werden die bisher beschriebenen neuronalen Systeme geschädigt und es entwickeln sich Krankheiten, wie Posttraumatische Belastungssyndrome oder Depressionen. Solche stressbedingten Erkrankungen des Organismus können vorübergehend sein oder irreversibel. Stress bei werdenden Müttern kann sich darüber hinaus auch auf das sich entwickelnde Kind auswirken und es für spätere Stressverarbeitung und Krankheiten (z. B. Autismus oder Schizophrenie) vulnerabel machen.

Bevor wir auf weitere neuro- und psychopathologische Aspekte von Stress eingehen, muss nochmals ausdrücklich daran erinnert werden, dass die primäre Wirkung von Stresshormonen nützlich und adaptiv ist (siehe Abschnitt 5). So führt beispielsweise die Entfernung der Nebennieren – und damit die Blockade des letzten exekutiven Schrittes der HPA-Achse – bei Versuchstieren zu einer verstärkten Apoptose nach Gabe von Neurotoxinen. Ein weiteres Beispiel, das die Bedeutung der Stressreaktion für die Homöostase belegt ist, dass Corticosteroide (Cortisol oder dessen synthetischer Agonist Dexamethason) zur akuten Behandlung von Entzündungen (u. a. auch Rheuma) oder Hirnödemen eingesetzt werden (Abraham et al. 2001). Wie wir in Abb. 4.11 außerdem gesehen haben, kann Stress bzw. Glucocorticoide das Lernen und das Gedächtnis fördern und verbessern. Allerdings gilt auch hier die Toxikologenweisheit *Dosis facit venenom* („Die Dosis macht das Gift"), denn ein Zuviel an Stresshormonen, wie es bei akutem sehr starken Stress (**Trauma**) oder bei langanhaltender Wirkung von Stress (**Dauerstress**) auftritt, führt zu weitreichenden Störungen der an der Stressverarbeitung beteiligten neuronalen und neuroendokrinen Systeme (Sapolsky 2000). So zeigt sich im Tiermodell, dass langanhaltender Stress (chronische Enge – *restraint* oder Corticosteronbehandlung von Ratten für 21 Tage) zu einer Reduktion der Verzweigung und Gesamt-

länge des apikalen Dendritenbaumes (dem Haupteingangsbereich für die Afferenzen von Neuronen) in der CA3- und CA1-Region des Hippocampus führt. Der basale Dendritenbaum ist dagegen unverändert (Abb. 4.12). Ganz ähnliche Veränderungen finden sich übrigens auch im präfrontalen Cortex (Trentani et al. 2004), d. h. die hier beschriebenen Veränderungen beschränken sich nicht auf dem Hippocampus.

Aufgrund der neurobiologischen Bedeutung von Dendriten für die synaptischen Kontakte und damit für die Kommunikation innerhalb des Nervensystems wird klar, dass diese strukturellen Veränderungen weitreichende Beeinträchtigungen von Lernen, Gedächtnis und weiterer kognitiver Funktionen bewirken. Die Verkleinerung der Primärdendriten ist teilweise reversibel und zwar durch Glucocorticoid-Rezeptor Antagonisten, durch NMDA-Rezeptor Antagonisten und durch das Antikonvulsivum Phenytoin – ein Calciumkanalblocker – sowie durch Benzodiazepine, die bekanntlich als GABA$_A$-Rezeptor Agonisten wirken.

Auch der chronische soziale Stress bei Tupaias (28 Tage Subordination) bewirkt derartige Veränderungen der Neuronennmorphologie und sorgt außerdem noch für eine Hemmung der *Neuroneogenese* im *Gyrus dentatus* dieser Tiere. Dieser hemmende Effekt kann durch An-

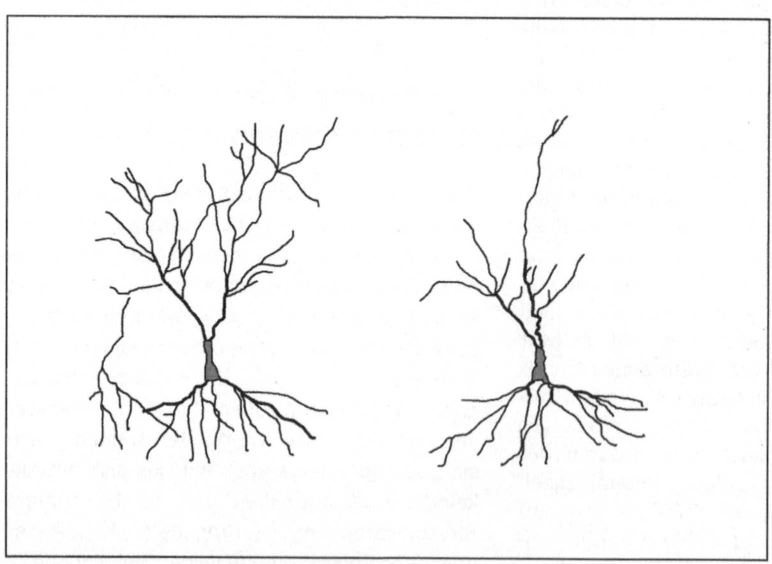

4.12   Verkleinerung apikaler Dendritenbäume von Pyramidenzellen in der CA3-Region des Hippocampus von dauergestressten Ratten. Man beachte, dass der basale Dendritenbaum und auch das Pericaryon der Zelle normal ausgebildet sind (nach McEwen 1999).

tidepressiva verhindert werden (McEwen 1999). Zum Verständnis: viele Jahre herrschte das Dogma, dass Nervenzellen nach ihrem Tod nicht ersetzt werden können, obwohl um 1960 eine Arbeit von Altman gezeigt hat, dass es im Gehirn erwachsener Säugetiere und Vögel noch eine Neubildung von Neuronen gibt. In den letzten Jahren wurde eindeutig belegt, dass auch im Gehirn erwachsener Säuger in bestimmten Hirnregionen unter dem Einfluss von Wachstumsfaktoren neue Nervenzellen entstehen (van Praag et al. 2000, Horner und Gage 2000). Zu diesen Regionen gehört die subgranuläre Zone des *Gyrus dentatus* im Hippocampus. Hohe Glucocorticoidspiegel, wie sie durch chronischen Stress erreicht werden, vermindern die Neubildungsrate von Neuronen im Hippocampus und führen dadurch zu einer schweren Beeinträchtigung hippocampaler Funktionen.

Warum sind gerade die corticalen und hippocampalen Neuronen so vulnerabel gegenüber Störungen der Neurogenese und gegenüber der stressinduzierten Reduktion der Dendritenbäume? Die reichhaltigen neuronalen Verknüpfungen im Hippocampus sind hervorragend dafür geeignet, langanhaltende neuronale Erregung auszubilden. Daher ist der Hippocampus eine der wichtigsten Hirngebiete für Lernen und Gedächtnis. Grundlage dafür sind Feedforward-Schaltkreise zwischen der CA3- und der CA1-Region (CA steht für *Cornu ammonis*, dem lateinischen Ausdruck für Ammonshorn), sowie den Moosfaserprojektionen zur CA3-Region aus dem *Gyrus dentatus*. Ironischerweise machen gerade diese besonderen Verschaltungsmuster im Hippocampus, welche die Grundlage für höhere kognitive Funktionen sind, das System besonders anfällig gegenüber stressinduzierten neurotoxischen Effekten. Glucocorticoide erhöhen die Effektivität von Glutamat als erregendem Transmitter an NMDA-Rezeptoren und verstärken dadurch den Calcium-Einstrom in Hippocampusneuronen. Außerdem nehmen sie Einfluss auf das Serotoninsystem im Hippocampus und führen insgesamt zu einer vermehrten Exzitation (McKittrick et al. 2000).

Zunächst dienen diese Mechanismen einer Verbesserung des Lernens. Bei zu starker oder zu langer Aktivierung schaden sie jedoch dem Hippocampus. Fatalerweise führen die hippocampalen Schäden in einen Teufelskreis. Der Hippocampus ist unter normalen Umständen in der Lage, die Aktivität der HPA-Achse zu dämpfen, sowie Stress kognitiv zu bewältigen. Nach

einer Verminderung der Aktivität hippocampaler Pyramidenzellen fällt diese wichtige Kontrollfunktion weg und verstärkt die Stressanfälligkeit. Eine neue tierexperimentelle Studie erbrachte noch einen weiteren Befund, der erklärt, wieso Dauerstress so nachhaltig negative Folgen für die Emotionen hat: Pawlak und Mitarbeiter haben Mäuse einer Dauerstressbehandlung unterzogen, die zur Reduktion hippocampaler Dendriten führte. Gleichzeitig stellten sie fest, dass bei diesen Tieren eine Serinprotease (und zwar der *tissue-plasminogen factor*) in der Amygdala vermehrt exprimiert wurde, was zu einer Vergrößerung der Amygdala und damit zu einer verstärkten Ängstlichkeit der Mäuse führte (Pawlak et al. 2003). Diese tierexperimentellen Befunde stellen nun einen interessanten Zusammenhang zu stressbedingten Störungen beim Menschen her und zwar zu Angst- und Furchtstörungen (wie beispielsweise Posttraumatische Belastungsstörungen, Phobien, generalisierte Angststörungen, Panikattacken) und zu Depressionen. Diese Störungsbilder haben zusammengenommen eine durchschnittliche Häufigkeit (*lifetime morbid risk*) in der Bevölkerung von etwa 25 %, d. h. jeder Vierte wird einmal in seinem Leben unter einer solchen Störung leiden. Epidemiologische Untersuchungen belegen, dass Stress eine entscheidende Rolle bei der Ätiopathogenese dieser beiden psychischen Erkrankungskomplexen spielt (Tölle 1996). Aufgrund der beschriebenen tierexperimentellen Befunde können wir also davon ausgehen, dass die stressbedingten strukturellen Veränderungen im Gehirn direkt zur Entwicklung von psychischen Störungen beitragen.

Die molekular- und zellbiologischen Mechanismen, die zu den eben beschriebenen strukturellen Schäden des Hippocampus (und wahrscheinlich auch anderer Hirnareale) führt, sind inzwischen recht gut untersucht. Und zwar sind bei chronischem Stress vor allem Zelladhäsionsmoleküle verändert. Diese zur Immunglobulinfamilie gehörenden Proteine spielen bei der Entwicklung des Nervensystems, aber auch bei allen plastischen Vorgängen im Gehirn erwachsener Organismen eine entscheidende Rolle. Sie vermitteln den Kontakt zwischen Zellen (z. B. zwischen prä- und postsynaptischem Neuron) und haben auch eine wichtige Funktion als Signalmoleküle. Die Atrophie des Hippocampus durch chronischen Stress geht wahrscheinlich auf eine Reduktion der Transkription des Zelladhäsionsmoleküls NCAM-140 (*neural cell adhesion molecule* mit dem Molekulargewicht 140 Kilodalton) zurück. Dies geschieht vermutlich über eine Störung der Transkriptionsfaktoren AP-1 (*activator protein 1*) und NFκB (*nuclear factor κB*), die normalerweise die Transkription des NCAM-Gens fördern, durch Glucocorticoide. Es gilt als sicher, dass der stressbedingte Mangel an NCAM-140 für die morphologischen Veränderungen im Gehirn verantwortlich ist (Sandi 2004).

4.3.1 Trauma und posttraumatische Belastungsstörungen (engl.: *posttraumatic stress disorders*, PTSD)

PTSD sind mit einer Lebenszeitprävalenz von etwa 10 % eine der häufigsten psychiatrischen Störungen. Sie werden durch direkte physische Gewalt (Körperverletzung, vor allem bei Vergewaltigung, Überfällen, Folter und Kriegshandlungen) ausgelöst, können aber auch bei Augenzeugen oder Androhung dieser Körperverletzung auftreten. PTSD ist charakterisiert durch das quälende, ununterdrückbare Wiederauftreten der Erinnerungen an die erlittenen Vorgänge. Dabei gibt es eine Vielzahl von Auslösern und

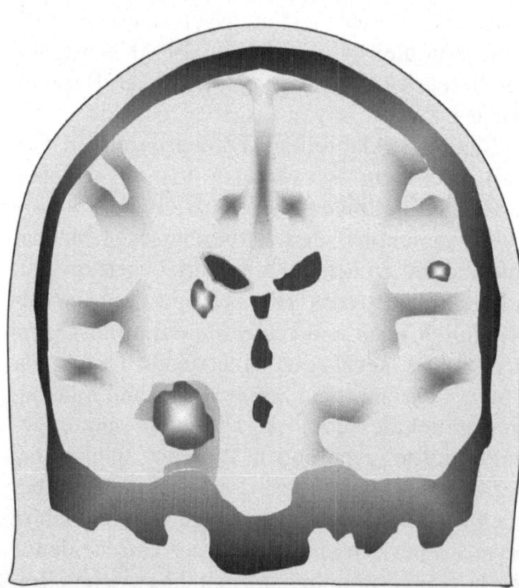

4.13 Eine Studie mithilfe funktioneller Bildgebung (PET) zeigt die verstärkte Aktivierung des linken Hippocampus bei PTSD (Coronalschnitt durch das Vorderhirn). Die Patienten erlebten während der Tomographie die Erinnerung an das traumatisierende Ereignis (Shin et al. 2004a)

von Faktoren, welche die Manifestation und Ausprägung dieser Affektstörung beeinflussen. Patienten, die unter PTSD leiden, zeigen verminderte Volumina und Aktivität im Frontalhirn, bei gleichzeitig gesteigerter Aktivität in der Amygdala und im Hippocampus (Abb. 4.13) (Shin et al. 2004a, Shin et al. 2004b), was sich durch die oben beschriebenen Daten aus Tierversuchen damit erklären ließe, dass langanhaltender starker psychischer Stress zu einer Umstrukturierung von Hippocampus und Amygdala führt.

Für die Pathogenese der verschiedenen Formen von PTSD ist in jedem Fall die **HPA-Achse** (siehe Abschnitt 5.2) von entscheidender Bedeutung. Wie alle hochintegrativen Steuer- und Regelungssysteme des Gehirns, hängt auch die HPA-Achse nicht isoliert „in der Luft", d. h. ist in ihrer Funktionalität nicht autonom, sondern ist in ein Netzwerk exzitatorischer und inhibitorischer Afferenzen eingebunden. Von therapeutischem Interesse für die Behandlung von PTSD ist dabei insbesondere das GABAerge System.

Da die HPA-Achse und das limbische System unter starker inhibitorischer Kontrolle durch GABA steht, wurden diese Systeme im Zusammenhang mit Angst-, Furcht- und Stressstörungen intensiv untersucht. Patienten, die unter Panik-Attacken leiden, zeigen eine globale Verminderung von GABA-Rezeptoren im Vorderhirn (Malizia et al. 2000). Interessanterweise zeigte sich außerdem, dass Personen, bei denen unmittelbar nach einem traumatischen Erlebnis (z. B. ein Verkehrsunfall oder ein Gewaltverbrechen) relativ niedrige Plasmakonzentrationen von GABA gemessen wurden, eine deutliche Erhöhung von PTSD auftrat als bei Personen, die nach einem solchen Ereignis einen Anstieg von GABA zeigten (Vaiva et al. 2004). Offenbar schützt die GABA-Freisetzung vor den langfristigen pathologischen Konsequenzen einer starken Erregung der HPA-Achse. In diesem Zusammenhang muss man erwähnen, dass Alkohol (Ethanol), Barbiturate und Benzodiazepine ihre beruhigende und allgemein sedierende Wirkung durch eine Verstärkung der Wirkung von GABA erreichen.

Depressionen sind häufig die Folgen von chronischem Stress

Sie gehören mit einer Lebenszeit-Prävalenz von 5–15 % zu den häufigsten und schwersten psychiatrischen Störungen in Industrieländern. Neben kardiovaskulären Erkrankungen, Krebs und Angststörungen gehören die Depressionen schon jetzt mit zu den häufigsten Krankheit der westlichen Zivilisationen. Dabei besteht eine deutliche Korrelation von Depressionen mit kardiovaskulären Störungen (siehe Abschnitt 8.3). Chronischer Stress scheint – zusammen mit einer genetischen Vulnerabilitätskomponente – die wichtigste Ursache von Depressionen zu sein. Zusätzlich muss man die weiteren Folgeschäden von chronischem Stress (Essstörungen, Suchterkrankungen, Eingeweideschmerz, Angststörungen) noch berücksichten, sodass Stressstörungen als eines der größten medizinischen Probleme unserer Zeit betrachtet werden können und dies – wie Prognosen der WHO bis zum Jahr 2020 ergeben – mit steigender Tendenz (Mayer und Fanselow 2003). Insbesondere die Stresshormone CRH und Cortisol, bzw. deren Rezeptoren, sind an der Entstehung von Depressionen beteiligt (Akil 2005). Depressionen werden im Abschnitt 8.1 ausführlich behandelt.

4.3.2 Entwicklungsneurobiologische Aspekte von Stress

Neben der akuten Stresswirkung auf den erwachsenen Menschen, kann Stress bei schwangeren Frauen auch schwere Folgen für die Entwicklung des Embryos und Fetus haben. Solche ontogenetisch frühen, stressbedingten Entwicklungsstörungen sind **Vulnerabilitätsfaktoren** für die Entstehung psychischer Erkrankungen wie beispielsweise Schizophrenie, Depressionen, Angststörungen und Autismus (hier insbesondere das Asperger-Syndrom).

Unterschiedliche Entwicklungsprozesse (Zellmigration, Differenzierung, Ausbildung von Verbindungen zwischen Nervenzellen) laufen in verschiedenen Hirnregionen während bestimmter Phasen der Schwangerschaft ab. Man geht dabei grob davon aus, dass zuerst die Stammhirnregionen und gegen Ende der Schwangerschaft das Vorderhirn, vor allem die Hirnrinde entstehen (Hatten 1999, Johnson 2001, Lambert de Rouvroit und Goffinet 2001). Daher betreffen Störungen der Migration und Differenzierung in den frühen Embryonalphasen wichtige physiologische Vitalfunktionen (und führen oft zum Verlust des Keimes), während Störungen durch Stress der werdenden Mutter während des zweiten und dritten Trimesters

der Schwangerschaft nicht unmittelbar lethal wirken, sondern eher höhere kognitive und mentale Fähigkeiten des Kindes beeinträchtigen.

Stress während entwicklungsbiologisch etwas späterer Phasen, wie beispielsweise die frühe Kindheit und Pubertät – die insbesondere durch eine verstärkte Plastizität in cortico-limbischen Schaltkreisen charakterisiert ist – verändert die entwicklungsprogrammatische Festlegung von Schwellenwerten für die Stressreaktion und kann dadurch zu pathologisch veränderten Reaktionen auf Stressoren im späteren Leben führen. Ähnlich wie bei der Entstehung von Krebs (siehe Abschnitt 8.5) haben wir es bei der Entstehung von Schizophrenie und Autismus mit einer mehrstufigen Ätiopathogenese zu tun (Maynard et al. 2001, McAlonan et al. 2002).

In den Gehirnen von Patienten mit neuropsychiatrischen Störungen finden sich zahlreiche neuropathologische Veränderungen. Eine für die Entstehung schizophrener und depressiver Erkrankungen möglicherweise wichtige Entdeckung war die einer Verminderung des Glykoproteins *Reelin* im Frontalhirn und Hippocampus schizophrener Patienten und von Patienten mit manisch-depressiven Störungen. *Reelin* ist ein extrazelluläres Matrixprotein, das bereits seit über 50 Jahren im Zusammenhang mit der frühen Entwicklung geschichteter Hirnstrukturen wie Cortex, Hippocampus und Cerebellum untersucht wird (Tissir und Goffinet 2003). Überraschenderweise zeigten Arbeiten aus der Gruppe von Erminio Costa seit 1998, dass *Reelin* erstens auch in *erwachsenen* Gehirnen vorkommt und zwar insbesondere in GABAergen Neuronen und dass dieses Protein bei schizophrenen und depressiven Patienten im Frontalhirn vermindert ist (Impagnatiello et al. 1998, Pesold et al. 1998). Die Untersuchung von haploinsuffizienten *Reelin*-Knockout Mäusen zeigte eine schizophrenie-äquivalente Neuropathologie (Vergrößerung der Seitenventrikel, Schrumpfung des Neuropil im Frontalhirn) und Verhaltensstörungen (Defizite der Präpulsinhibition, einer experimentell gut operationalisierbaren Form der Reaktionsunterdrückung), die eine Rolle von *Reelin* bei der postnatalen Reifung des Gehirns nahe legte und die Möglichkeit eröffnete, dass ein Defekt im *Reelin*-Gen an der Entstehung von Schizophrenien beteiligt sein könnte (Tueting et al. 1999, Guidotti et al. 2000, Liu et al. 2001) und zwar wahrscheinlich durch die damit einhergehende Störung der GABAergen Neurotransmission (Lewis et al. 2005).

Dann aber ergaben molekulargenetische Untersuchungen, wie Microarray-Studien, dass das *Reelin*-Gen bei schizophrenen Patienten wahrscheinlich nicht verändert ist (Mirnics et al. 2000). Daraufhin wurde die Hypothese favorisiert, dass der Verlust von *Reelin* im Gehirn schizophrener Patienten wahrscheinlich eher über einen epigenetischen Mechanismus erfolgt. Die Annahme war die, dass eine – möglicherweise durch virale Infektionen induzierte – Hypermethylierung (und damit das Ausschalten oder *silencing*) des *Reelin*-Promotors zum Verlust von *Reelin* führt (Tremolizzo et al. 2002, Costaet al. 2003, Veldic et al. 2004). Da *Reelin* als neurotropher Faktor für die Aufrechterhaltung dendritischer Spines und möglicherweise auch des Phänotyps von Neuronen angesehen wird (Guidotti et al. 2000), geht man davon aus, dass ein durch pränatalen Stress induzierter Verlust dieses Glycoproteins womöglich ein Vulnerabilitätsfaktor der Schizophrenie ist.

In den meisten Fällen führen diese frühen Störungen der Hirnentwicklung indes nicht zu wirklich gravierenden Beeinträchtigungen des erwachsenen Organismus. Erst wenn während der Pubertät weitere Beeinträchtigungen der Hirnreifung hinzukommen (z.B. durch Stress), entgleist die Funktion der vulnerablen Hirngebiete (Cortex und Hippocampus), und es kommt zum Ausbruch der psychischen Störung (Harrison 1995, Weinberger 1995, Ellenbroek et al. 1998, Ellenbroek und Cools 1998, Pearce 2001, Arnold und Rioux 2001, Walker und Bollini 2002, Koenig et al. 2002, Lewis und Levitt 2002, Fatemi et al. 2002).

CRH ist wie oben schon dargestellt (siehe Abschnitt 4.1.4), der Schlüsselbotenstoff bei zahlreichen Stressreaktionen. Eine Sensitivierung der CRH-Reaktion während früher Phasen der Entwicklung, wie der Prä- und Postnatalzeit, aber auch der Pubertät, kann zur Entstehung von vulnerablen Schaltkreisen beitragen. Zahlreiche Studien haben die Hypothese unterstützt, dass die durch frühkindliche Traumata (sexueller Missbrauch und andere Formen der Gewalt) ausgelösten psychischen Störungen auf einer Veränderung der physiologischen Eigenschaften der HPA-Achse zurück gehen. Die Hypersekretion von Stresshormonen wie CRH, ACTH und Cortisol führt durch Veränderungen an deren Rezeptoren zur Verminderung der negativen Feedback-Schleifen auf den jeweils übergeordneten Integrationsebenen. Mit anderen Worten: die chronische Überfunktion von CRH führt durch eine Cortisolrezeptor-Desensitivierung zu einer Abschwächung der Hemmung der CRH- und ACTH-Sekretion aus der Adenohypophyse durch Cortisol und etabliert damit deren Überfunktion.

Entwicklungsbiologisch früh auftretende Stresssituationen erhöhen die Empfindlichkeit der HPA-Achse, was die adaptive Reaktivität dieses Systems beeinträchtigt. Dadurch können Stresssituationen schlechter gemeistert werden und es kommt zu psychischen Störungen (Angststörungen, Depressionen, Autismus, Schizophrenie). Eine kürzlich veröffentliche Studie belegt dies eindrücklich: Depressive Frauen, die als Kinder sexuell missbraucht wurden und daher früh traumatisiert wurden, zeigen eine verminderte Reaktivität im Dexamethason-Suppressions-Tests im Vergleich zu Kontrollen, d.h. gesunden und depressiven Patientinnen ohne Missbrauchsvorgeschichte oder Frauen mit Missbrauchsvorgeschichte ohne anschließende Depression (Newport et al. 2004).

Der Dexamethason-Suppressions-Test ist ein wichtiges Hilfsmittel bei der klinischen Diagnose von Stressstörungen. Der synthetische Glucocorticoid-Rezeptor Agonist Dexamethason führt auf den verschiedenen Ebenen der HPA-Achse zur Abschwächung der jeweiligen neuroendokrinen Reaktion. Diese Effekte sind bei Stressstörungen, Depressionen (aber auch bei *Morbus Cushing*, einer Stoffwechselstörung, die zur Überproduktion von Cortisol führt) wegen der oben erwähnten Rezeptor-Desensitivierung vermindert. So ist eines der verlässlichsten Zeichen von Depressionen der Mangel an Unterdrückung der Cortisolfreisetzung aus der Nebennierenrinde durch Dexamethason. Glucocorticoidrezeptor-Knockout-Mäuse weisen deutliche Verhaltensäquivalente depressiver Symptome auf, die sich durch Gabe von Antidepressiva lindern lassen (Akil 2005).

Zunächst scheint eine erhöhte Stressreaktivität in traumatisierten depressiven Patientinnen eine Hyperadaptation wiederzuspiegeln, andererseits zeigt sich eine verstärkte psychologische Stressanfälligkeit bei diesen Frauen (Newport et al. 2004). Tierexperimentelle Untersuchungen aus der gleichen Arbeitsgruppe können diesen scheinbaren Widerspruch aufklären. Ratten, die kurz nach der Geburt wiederholt von ihrer Mutter getrennt werden (*maternal separation*) zeigen eine Reihe von Verhaltensstörungen als erwachsene Tiere (van den Buuse et al. 2003). Unter anderem haben diese Tiere eine übertrieben starke HPA-Achsen-Aktivität. Allerdings nur bei akutem Stress, nicht aber was die normale Fluktuation der Aktivität der HPA-Achse angeht. Die Befunde der tierexperimentellen Studie aus dem Labor von Charles Nemeroff zeigen, dass nach entwicklungsbiologisch frühem Stress zwar die normale diurnale Feedback-Regulation der HPA-Achse (die über die Mineralocorticoidrezeptoren vermittelt wird) nicht gestört ist, dass dagegen die über Glucocorticoidrezeptoren geregelte akute Stressantwort übertrieben erfolgt (Ladd et al. 2004).

Fazit

Die neurobiologischen Grundlagen der Stressreaktionen sind durch den Einsatz moderner tierexperimenteller Untersuchungsmethoden (genetisch veränderte Tiere und spezifische Pharmaka) und durch die verschiedenen bildge-

bende Verfahren beim Menschen bereits recht gut verstanden. Es zeigt sich, dass die Vielzahl verschiedener Stressreaktionen durch ein stark vernetztes System neuronaler Schaltkreise gesteuert und koordiniert werden. Insbesondere die Verzahnung von zentralnervösen und autonomen Bereichen des Nervensystems sowie den endokrinen Systemen ist für die Auslösung einer den ganzen Körper betreffenden situationsangepassten Stressreaktion essenziell.

Störungen in einzelnen Teilen dieses Gesamtsystems führen daher leicht zu schwerwiegenden Beeinträchtigungen im Umgang mit Stress und dadurch schließlich zu vielfältigen Erkrankungen (siehe Kapitel 8). Wichtig ist indes zu betonen, dass die Komplexität der Stressreaktionen nicht nur auf der Ebene integrativer Systeme (wie des Gehirns und den Hormondrüsen) zu finden ist, sondern dass auch die inter- und intrazellulären Stressreaktionskaskaden komplex interagierende Systeme darstellen (siehe Abschnitt 6.8)

Die zentrale Rolle des neuroendokrinen Systems bei der Übermittlung von Stresssignalen

5

Das neuroendokrine System spielt eine zentrale Rolle bei der Vermittlung von Stresssignalen an funktionelle Systeme des Körpers, wie die des Kreislaufs, des Energiestoffwechsels, der Immunabwehr, der Atmung, Verdauung, Ausscheidung, Sexualität, aber auch bei der Beeinflussung der neuronalen Verarbeitung von Signalen, der Gedächtnisfunktionen und der Entstehung von Emotionen. Diese zentrale Rolle ergibt sich aus der Verknüpfung von neuronalen mit hormonellen Kommunikationsnetzwerken. Im vorangehenden Kapitel lag der Schwerpunkt auf dem neuronalen Verarbeitungsmechanismus von Stresssignalen, wobei schon wichtige Funktionen von Signalsubstanzen – wie *corticotropin releasing hormone* (CRH), Arginin-Vasopressin (AVP), Substanz P und anderen Neuropeptiden und -hormonen – dargestellt wurden, die sowohl als Neurotransmitter wie auch – über das Blutgefäßsystem – als Hormone wirken. In diesem Kapitel geht es vor allem um das hormonelle Kommunikationssystem, das andere Eigenschaften der Signalübermittlung hat als das neuronale System.

Warum haben tierische Organismen überhaupt zwei – zwar eng verknüpfte, aber unterschiedlich wirkende – Kommunikationsnetzwerke, in diesem Fall für die Übermittlung von Stresssignalen, entwickelt? Ein Beispiel aus den technischen Kommunikationssystemen in Gemeinwesen mag das verdeutlichen: Angenommen eine Stadt an der Nordsee hätte Alarmsysteme für Hochwasser, die einerseits Telefonkabel und -anschlüsse der Stadtverwaltung und andererseits ein Sirenenwarnsystem enthielten. Nachrichten über eine bevorstehende Flut würden von einer Messstation, die das Hochwasserrisiko aufgrund von Wetterdaten, Flutzyklen etc. bewertet, über Telefonleitungen sofort an bestimmte dafür zuständige Stellen in der Stadtverwaltung übermittelt. Die Personen in diesen Stellen entscheiden nun aufgrund der Bedrohungslage, ob sie die Bewohner alarmieren, welche Kräfte sie einsetzen, um die Dämme zu sichern, ob Bewohner zu evakuieren und andere Maßnahmen zu ergreifen sind. Die beschlossenen Maßnahmen werden ebenfalls telefonisch in Gang gesetzt, das heißt über die Telefonkabel nur an bestimmte Adressaten versandt, um diese schnell und gezielt zu informieren. Dieses System ähnelt dem neuronalen Kommunikationssystem, das schnell Signale verarbeitet und gezielt an Effektoren, wie Muskeln, Herz u. a., vermittelt, die auf diese Signale reagieren sollen. Müssen jedoch die Bewohner der fiktiven Stadt insgesamt mobilisiert werden, um Sandsäcke zu füllen, zu transportieren, aufzuschichten u. a. mehr, so wird ein Kommunikationssystem eingesetzt, das allgemein wahrgenommen wird, wie etwa ein Sirenenton – oder früher das Läuten der Kirchenglocken. Notwendig für die Wahrnehmung ist allerdings, dass ein funktionierender Rezeptor, das Ohr, für das akustische Signal existiert. Aufgrund von früher festgelegten Aufgabenbereichen arbeiten verschiedene Bewohnergruppen bei dem Ertönen der

Sirene an unterschiedlichen Aufgaben. Ein derartiges System funktioniert ähnlich wie das Hormonsystem, bei dem die Signale in Form der Änderung der Hormonkonzentration im Blut überaus zahlreiche Körperzellen erreichen. Diejenigen Zellen und Gewebe, die Rezeptoren für das Hormon aufweisen, reagieren auf die Konzentrationsänderung des Hormons mit zell- und gewebsspezifischen Prozessen, die während der Differenzierung der Gewebe für sie genetisch vorprogrammiert wurden.

Wie alle Vergleiche ist auch dieses nicht ganz zutreffend, weil die Vielfalt der Hormonrezeptoren und der neuronalen und humoralen Vernetzungen oft sehr viel höher ist als die in dem dargestellten Beispiel. Das gilt vor allem auch in Hinblick auf zahlreiche Rückkopplungen und in Hinblick auf Signale, die im Soma generiert werden. Der Vergleich mag aber den Unterschied zwischen den schnellen und spezifisch gerichteten neuronalen Signalsystemen und dem etwas langsameren, allgemeiner ausgerichteten und oft nachhaltigeren hormonellen System verdeutlichen.

Äußere und innere Stresssignale werden vom Zentralnervensystem (ZNS) bewusst oder unbewusst wahrgenommen, bewertet und verarbeitet (Kapitel 4). Die daraufhin vom ZNS in Gang gesetzten Stressreaktionen im Soma, das heißt in den Körperorganen, werden von Teilen des neuroendokrinen Systems übermittelt.

Das neuroendokrine System besteht zum einen aus Teilen des ZNS und dem autonomen Nervensystem sowie aus deren Transmittern und Neuropeptiden, zum anderen aus den Hormondrüsen, deren Hormonen sowie weiteren Hormonen und Signalmolekülen, die in unterschiedlichen Geweben, beispielsweise auch in Leukocyten, gebildet und über das Blutgefäßsystem übermittelt werden. Die bei Stress vermehrt oder vermindert ausgeschütteten Neurotransmitter und Neuropeptide wurden im vorangehenden Kapitel vor allem in Hinblick auf ihre neuronalen Funktionen dargestellt. Dieselben Neuropeptide, Hormone und anderen Signalmoleküle werden oft auch über das Blutgefäßsystem transportiert und binden an Rezeptoren von Zielzellen in den Geweben. Sie setzen dort intrazelluläre Signalketten in Gang und verändern oder initiieren so zahlreiche Prozesse in den Zellen, die die Basis darstellen für die körperlichen – aber auch für weitere psychische Stressreaktionen.

Durch die unterschiedlichen Rezeptoren und intrazellulären Effektoren in den verschiedenen Geweben wird dieser Informationsfluss in unterschiedliche Bahnen gelenkt. Das ermöglicht eine große Vielfalt von Stressreaktionen des Organismus auf Belastungssituationen mit dem Ziel, den Stress zu meistern. Ein derart komplex vernetztes und durch eine Vielzahl von Rezeptoren und intrazellulären Effektoren diversifiziertes Kommunikationssystem ist auf der anderen Seite extrem schwer in seinen Wirkungsmechanismen zu analysieren. Es gibt im neuroendokrinen System jedoch sogenannte Hormonachsen, von denen einige eine zentrale Rolle bei der Vermittlung von Stresssignalen spielen.

Von der Stresswahrnehmung im Gehirn führen insbesondere **zwei Signalwege**, die auch **Neurohormonachsen** genannt werden, über Neuronen und das Gefäßsystem zu den Körperorganen und -geweben und kontrollieren dort die physiologischen Aktionen des Organismus. Die beiden Achsen sind in ihrer Wirkung entscheidend wichtig für das Überleben unter Stress (Abb. 5.1): zum einen das schnell reagierende sympathische Nervensystem mit dem Nebennierenmark (*sympathetic adreno-medullary (SAM) axis*), die **SAM-Achse**, die hauptsächlich Noradrenalin und Adrenalin als Neurotransmitter/Hormone aber auch Neuropeptide für die Auslösung von Stressreaktionen benutzt, und zum anderen die etwas langsamer reagierende Achse aus Teilen des Hypothalamus, der Hypophyse und der Nebennierenrinde (*hypothalamicpituitary-adrenocortical (HPA) axis*), die **HPA-Achse**.

Besonders wichtig für zahlreiche akute Stressoren (Schreckreaktion, Angst, akuter Schmerz, Fallschirmsprung, Prüfungssituationen und andere psychosoziale Stressoren, aber auch körperliche Anstrengungen) ist die SAM-Achse. Die dabei freigesetzten Katecholamine (Noradrenalin, Adrenalin) und Neuropeptide wirken auf Herz, Kreislauf, Blutgefäße, Atmung, Skelett-

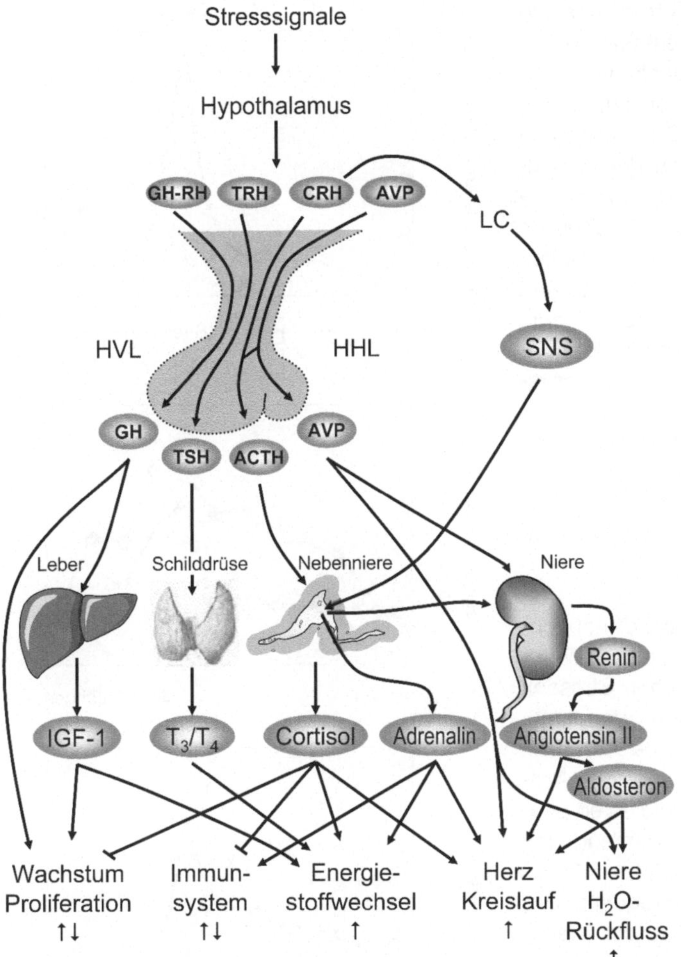

5.1 Wichtige Stresshormonachsen, ihre Aktivierung durch Stressoren und ihre Wirkungen. Die SAM- und HPA-Achsen werden durch psychosoziale Stressoren, Verletzungen, Schmerz, Angst/Furcht, körperliche Hochleistungen, Blutverlust, Blutdruckabfall, Hitze, Sauerstoff-Nährstoffmangel und Verbrennungen aktiviert. Die Hypothalamus-Hypophysen-Schilddrüsen-(HPT-)Achse ist an der Reaktion auf Stressoren wie Kälteschock, Schmerz und Blutverlust beteiligt, die Wachstumshormonachse an der Reaktion auf körperliche Leistungen, Kälteschock, Hunger und Blutverlust, während Arginin-Vasopressin (AVP) und das Renin-Angiotensin-II-Aldosteron-System (RAAS) auf zahlreiche Stressoren, insbesondere auf Blutverlust und Blutdruckabfall, sowie auf psychosoziale Stressoren (Kapitel 2 und 3) reagieren.

Die HPT-Achse setzt über die Schilddrüse Trijodthyronin/Thyroxin (T₃/T₄) frei, die Wachstumshormonachse produziert das Wachstumshormon in der Hypophyse und Wachstumsfaktoren in der Leber. Wichtig sind auch AVP und RAAS, die beide das Blutvolumen vergrößern, indem sie die Natriumretention und Wasserrücktransport in der Niere erhöhen, die Gefäßweite in der Peripherie verringern und damit den Blutdruck steigern. Die Endhormone dieser Stresshormonachsen erhöhen oft gemeinsam den Energiestoffwechsel und die Herz-Kreislauf-Leistungen sowie Blutvolumen und -druck, beeinflussen aber auch die Proliferation von Zellen, die Aktivität des Immunsystems und zahlreiche weitere Prozesse.

ACTH – adrenocorticotropes Hormon, CRH – *corticotropin releasing hormone*, GH – Wachstumshormon (*growth hormone*), GH-RH – *growth hormone releasing hormone*, HHL – Hypophysenhinterlappen, HVL – Hypophysenvorderlappen, IGF-1 – *insulin-like growth factor 1*, LC – *Locus coeruleus*, SNS – sympathisches Nervensystem, TRH – *thyrotropin releasing hormone*, TSH – Thyreoidea-stimulierendes Hormon.

muskulatur, Leber, Darm und Fettgewebe und erhöhen so die physische Reaktionsbereitschaft und -kapazität des Organismus.

Ebenso wichtig für die Antwort auf akuten Stress und die Reaktion auf Dauerstress ist die vermehrte Cortisolsekretion der Nebennierenrinde über die HPA-Achse. Cortisol erhöht ebenfalls die Glucosekonzentration im Blut und die Bereitstellung von Fettsäuren für den Energiestoffwechsel und verstärkt die Wirkungen der Katecholamine auf Herz und Kreislauf. Es hemmt jedoch Entzündungsreaktionen und Teile des Immunsystems. Es ist noch nicht klar, inwieweit die SAM-Achse eine erste, die HPA-Achse eine zweite Abwehr- und Anpassungsstrategie gegen Stress darstellt oder ob die HPA-Achse die Erholung von Stress und die Rückkehr zum unbelasteten Zustand unterstützt. Vermutlich trifft beides zu.

Die Dynamik der beiden Stresshormonachsen (SAM und HPA) lässt sich gut vor, während und nach einem psychischen Stressor, wie einem Fallschirmabsprung, verfolgen. Dabei wurden die Stresshormone Adrenalin und Cortisol, die psychophysiologische Aktivierung, die Furcht auf einer subjektiven Skala und die Herzfrequenz vor, während und nach dem Sprung gemessen (Abb. 5.2). Es zeigt sich, dass Furcht, Herzfrequenz und Adrenalinkonzentration im Blut ein steiles Maximum im Augenblick des Absprungs erreichen, während das Maximum des Cortisols erst etwa 20–30 min danach eintritt.

Aufgrund der zahlreichen negativen Rückkopplungsschleifen innerhalb der Signalketten von Hormonen/Neurotransmittern und innerhalb der zellulären und molekularen Wirkungen ist bei einem zeitlich begrenzten Stress, wie dem Fallschirmabsprung, eine ebenso zeitlich begrenzte Stressreaktion auf der Ebene der Hormone und Neurotransmitter und auch bei den dadurch in Gang gesetzten molekularen Wirkungen zu beobachten.

Es ist an dieser Stelle wichtig festzuhalten, dass im Gegensatz zu früheren Vorstellungen von Selye und anderen (Kapitel 1) die Stressreaktion nicht unspezifisch bei allen Stressoren in gleicher Weise abläuft: Psychosoziale

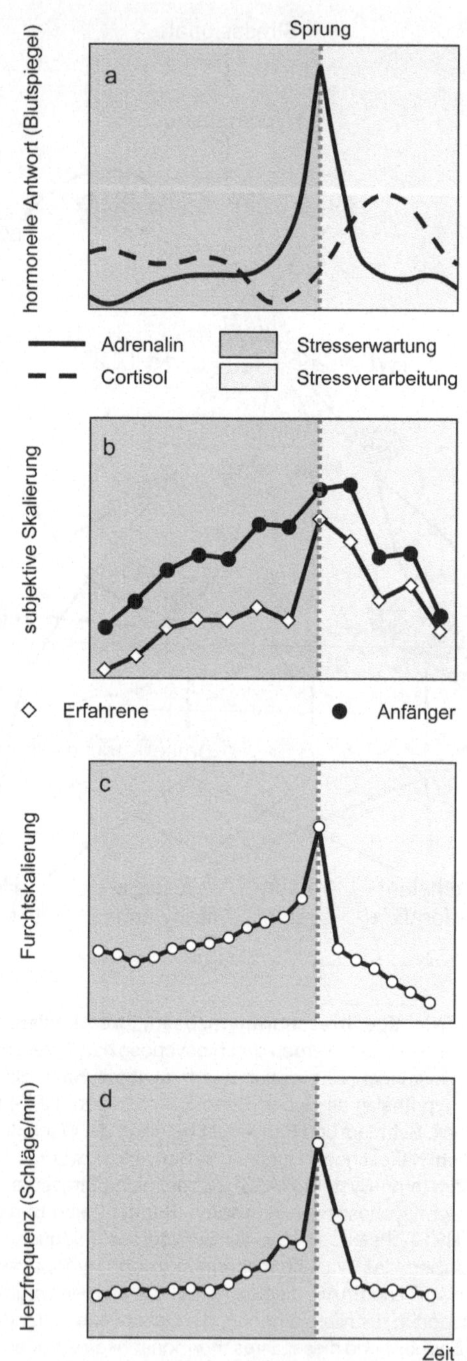

5.2 Stressdynamik. Fallschirmsprung und die damit verbundenen Veränderungen von a) Stresshormonen, b) psychophysiologischer Aktivierung, c) Furcht und Herzfrequenz (nach Schedlowski 1994)

Stressoren, Schmerz, Glucosemangel, Kälteschock, physische Leistungen oder Blutverlust lösen jeweils Antworten aus, die sich durch eine unterschiedliche Aktivierung der Hormonsignalketten, Zielorgane und molekularen Effektoren charakterisieren lassen. An dieser Differenzierung der Stressreaktion sind in unterschiedlicher Weise auch andere Hormonachsen beteiligt (Abb. 5.1): das **Arginin-Vasopressin (AVP)**, das **Renin-Angiotensin-II-Aldosteron-System (RAAS)**, die **Hypothalamus-Hypophysen-Schilddrüsen-(HPT-)Achse** und die **Wachstumshormonachse**.

Ziel der Stresshormonsignale bei oder nach Stress ist die Wiederherstellung eines stabilen Zustands – oft im Sinne eines **Regelkreises** (Kapitel 1 und Abschnitt 5.7): Beispiele dafür sind Regelungen von Hormonkonzentrationen im Blut, von Blutvolumen und -druck, von Körpertemperatur, Blutglucose und Sauerstofftransportkapazität. Häufig werden Stresshormone jedoch, etwa bei furchteinflößenden Situationen, antizipatorisch als *feedforward*-Signale ausgeschüttet.

Um das Stabilisierungsziel zu erreichen, muss in allen intrazellulären Signalkaskaden eine **Signalverstärkung** oder **Amplifikation** stattfinden. Ein Beispiel dafür ist die hormonstimulierte Bereitstellung von Glucose in der Muskelzelle: Eine Adrenalinkonzentration im Blut von nur 10^{-10} M bewirkt über eine mehrstufige Aktivierungskaskade eine Glucosekonzentration von etwa 10^{-2} M in der Muskelzelle. Das bedeutet eine Verstärkung um den Faktor 10^8. Diese Signalverstärkung ist ein allgemeines Prinzip der Nachrichtentechnik und dient dazu, mit geringem Energieaufwand (z. B. Knopfdruck) große Wirkungen zu erzielen.

Um diese Verstärkung zu kontrollieren, werden gleichzeitig oder etwas verzögert mit den aktivierenden Stresshormonen **signaldämpfende Hormone** abgegeben, etwa Opioide, die die Konzentrationen und Wirkungen der Stresshormone begrenzen. Dieses Prinzip von Aktivierung und anschließender Begrenzung ist auch auf der Ebene der zellulären stressinduzierten Prozesse zu beobachten.

Das **neuroendokrine System** besteht nicht nur aus den oben erwähnten Hormonachsen, die miteinander durch Wechselwirkungen verknüpft sind, sondern umfasst auch zahlreiche Neuropeptide, Cytokine und andere Signalsubstanzen, die insgesamt ein **Netzwerk von Interaktionen** bilden und so unterschiedliche Stresszustände und -reaktionen kontrollieren und koordinieren können (Abschnitt 5.8). In diesem Netzwerk gibt es zahlreiche Knotenpunkte, von denen Signale ausgehen (**Divergenz**) oder auf die verschiedene Signale konvergieren (**Konvergenz**). Dazu zwei Beispiele:

Das sympathische Nervensystem und das vom Nebennierenmark ausgeschüttete Adrenalin divergieren zu zahlreichen Zellen, Geweben und Organen, unter anderem auch zu zahlreichen hormonproduzierenden Zellen (Abb. 5.3a). Diese überaus breit gefächerten Signalwege konvergieren in ihren Wirkungen wiederum auf einige globale Stressreaktionen, wie die Erhöhung von Reaktionsbereitschaft, Sauerstofftransport, Kraftentfaltung und Energiebereitstellung. Entsprechend verhält es sich mit den intrazellulären Signalen: Die Wirkung eines einzelnen Hormons (oder mehrerer) divergiert auf verschiedene zelluläre Prozesse. In der Leberzelle zum Beispiel bewirkt eine Stimulation durch Adrenalin die Erhöhung der *second messenger*-Konzentration von cAMP und Calcium, die beide wiederum eine Verringerung der Glykogensynthese bewirken, zugleich erhöhen sie die Glucosephosphatfreisetzung aus Glykogen. Beide Wege gemeinsam bewirken eine Glucosefreisetzung aus der Leber, die außerdem durch weitere bei Stress ausgeschüttete Hormone wie Cortisol, Trijodthyronin und Wachstumshormon verstärkt wird Konvergenz (Abb. 5.3b). Dasselbe gilt auch für den Blutdruck, der ebenfalls durch zahlreiche Stresshormone erhöht wird (Abb. 5.1, Abschnitt 8.3). Durch Divergenz und Konvergenz wird erreicht, dass verschiedene Signalketten gleiche oder ähnliche Wirkungen ausüben und dadurch die Stressreaktion mehrfach abgesichert wird. Bei Ausfall eines Signalwegs können die Signale über andere Wege die Reaktion auslösen. Insgesamt erhöht ein Netzwerk so die Stabilität eines Systems.

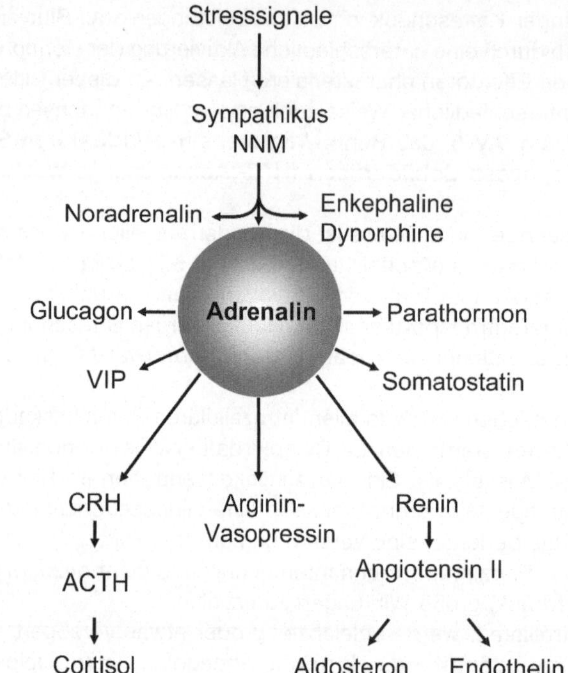

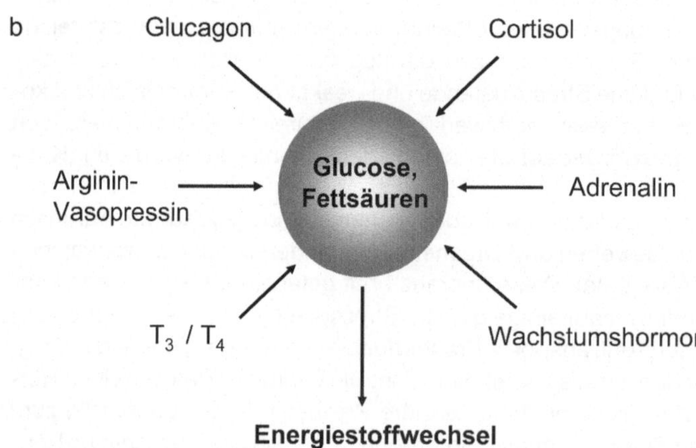

5.3   Divergenz und Konvergenz. a) Divergierende Adrenalinwirkungen auf andere Hormone: Das durch Stressoren aktivierte sympathische Nervensystem setzt aus dem Nebennierenmark (NNM) Adrenalin frei. Adrenalin bewirkt direkt oder indirekt die Aktivierung zahlreicher weiterer Hormone, Neuropeptide oder Transmitter. b) Konvergierende Hormonwirkungen auf die Produktion und Freisetzung von Glucose und/oder Fettsäuren. ACTH – adrenocorticotropes Hormon, VIP – vasoaktives intestinales Polypeptid.

Die Wirkungen der SAM- und der HPA-Achse werden über zahlreiche unterschiedliche Rezeptoren auf Zellmembranen der Zielgewebe in die Zellen hinein vermittelt. In der Zelle werden diese Signale wiederum über komplex vernetzte Signalkaskaden an die Zielmoleküle weitergegeben: an das kontraktile Actin-Myosin-System der glatten Muskelzellen und des Herzmuskels, an Enzyme in Leber und Muskel, die Glucose aus der Speicherform Glykogen freisetzen, oder an Fettzellen, die freie Fettsäuren in das Blut abgeben. Auch die Expression von Genen, die für den Stresszustand von Bedeutung sind und die Zellen bei Stress stabilisieren, wird über diese Systeme gesteuert.

Die Verringerung der Stresshormonkonzentration nach einem Stress wie dem Fallschirmabsprung kommt durch mehrere Mechanismen zustande: Zum einen sind vielfache **negative Rückkopplungen** in diese Hormonachsen eingebaut. So wirkt Cortisol negativ auf seine eigene Aktivierung zurück, indem es die Bildung von CRH und ACTH hemmt. Auch auf der zellulären Wirkebene der Hormone gibt es zahlreiche Mechanismen, die kurz nach der Aktivierung der zellulären Signalkette durch das Hormon die Signale wieder löschen, um wieder auf neue Signale reagieren zu können. Zum anderen werden durch Stressoren nicht nur Stresshormone ausgeschüttet, sondern auch die oben genannten dämpfenden Hormone, die ein Überschießen der Stressreaktion und deren zu lange Dauer verhindern.

5.1 Vermittlung von schnellen Stressreaktionen durch das sympathische Nervensystem und Adrenalinausschüttung

Am Beispiel des Fallschirmsprungs (Abb. 5.2) zeigt sich, dass Adrenalin genau zum Zeitpunkt des Sprungs aus dem Flugzeug maximal ausgeschüttet wird. Wie kommt die schnelle Körperreaktion auf den Stressor Fallschirmsprung oder auf zahlreiche weitere Stressoren zustande? Sie erfolgt durch eine kombinierte Aktivierung von neuronalen und humoralen Signalen. Die neuronalen Signale gehen vom Hirnstamm aus (*Locus coeruleus*), der wiederum von stresswahrnehmenden Teilen des ZNS stimuliert wird (Abschnitt 4.1, Abb. 5.4). Die neuronalen Signale werden von dort über das sympathische Nervensystem an viele innere Organe geleitet und bewirken außerdem eine ebenfalls schnell erfolgende hormonelle Stressantwort, nämlich die Ausschüttung von Adrenalin/Noradrenalin und Neuropeptiden aus dem Nebennierenmark in den Blutkreislauf. Dieses stressübermittelnde Signalsystem wird im Englischen als *sympathetic adreno-medullary (SAM) axis* bezeichnet.

Um welche Stressoren handelt es sich bei der Aktivierung der SAM-Achse? Es sind einerseits psychosoziale Stressoren, wie sie in zahlreichen Situationen am Arbeitsplatz, im Straßenverkehr oder in der Familie auftreten (Kapitel 2 und 3): Machtkämpfe, Konkurrenzdruck, Mobbing, Auseinandersetzungen, die sich oft auch in Gefühlen wie Wut, Ärger und Angst manifestieren. Außerdem sind physische Stressoren wirksam wie hohe Arbeits- oder Sportbelastungen, Blutdruckerniedrigung, Sauerstoff- und Nährstoffmangel, Kälte, Hitze, Verbrennungen und Schmerzen. Bei Ratten wirkt ein ähnliches Spektrum von Stressoren über diese Achse: psychoemotionale Stressoren wie die Konfrontation mit einem Feind, Isolation, Immobilisierung, überfüllte Käfige, neue Umgebung sowie physische Stressoren wie erzwungenes Laufen oder Schwimmen, Blutverlust, Glucoseverarmung durch Insulin, elektrische Schocks (Schmerzen), Hitze und Kälte.

Ziel der neuronal über Noradrenalin und der durch Adrenalin über den Blutkreislauf vermittelten Wirkungen ist, bei Bedrohung oder bei freiwilligen Anstrengungen physisch kraftvoll zu reagieren: Atmung und Blutfluss und damit der Sauerstofftransport zu Muskulatur, Herz und Gehirn werden erhöht, während die Blutversorgung des Verdauungstrakts und der Peripherie gedrosselt wird. Gleichzeitig werden die für die Tätigkeit der stressrelevanten Organe notwendigen Energieträger (Glucose, Fettsäuren) aus Glykogenspeichern im Muskel und in der Leber sowie Fettsäuren aus Fettgewebe freigesetzt, die zusammen mit der höheren Durchblutung und dem schnelleren Sauerstoffangebot in diesen Organen (Herz, Muskulatur) höhere Arbeitsleistungen ermöglichen. Dass diese ursprünglich lebensrettende Unterstützung der dynamischen Leistungen des Organismus bei heutigen Stresssituationen im Verkehr, bei verbalen Aggressionen oder Lärm nicht mehr abgerufen werden, ist anscheinend einer der Gründe für die Schädigungen des Organismus bei wiederholtem oder andauerndem Stress.

5.1.1 Struktur und Wirkungen der SAM-Achse

Die SAM-Achse (Abb. 5.4) wird durch Stresssignale – vor allem über das *corticotropin releasing hormone* (CRH) – aktiviert, wie schon in Kapitel 4 dargestellt. Sie besteht aus dem **sympathischen Nervensystem** (SNS) einerseits und dem **Nebennierenmark** andererseits. Durch das SNS werden die Stresssignale (über den Neurotransmitter Noradrenalin und einige Co-Transmitter) direkt an innere Organe übermittelt, während durch das Nebennierenmark Adrenalin, Noradrenalin und andere Signalmoleküle ausge-schüttet werden und über das Blutgefäßsystem an die Gewebe und Organe gelangen.

Sympathisches Nervensystem (Sympathikus) mit Nebennierenmark (NNM), parasympathisches Nervensystem (Parasympathikus) und das Darmnervensystem bilden zusammen das autonome oder vegetative Nervensystem. Dieses Nervensystem innerviert die glatte Muskulatur aller inneren Organe, das Herz, Drüsen und lymphatisches Gewebe und regelt so wichtige Körperfunktionen wie Herztätigkeit, Gewebedurchblutung, Atmung und damit Sauerstoffversorgung, Verdauung, Drüsentätigkeit und Stoffwechsel, sowie Körpertemperatur, Immunreak-

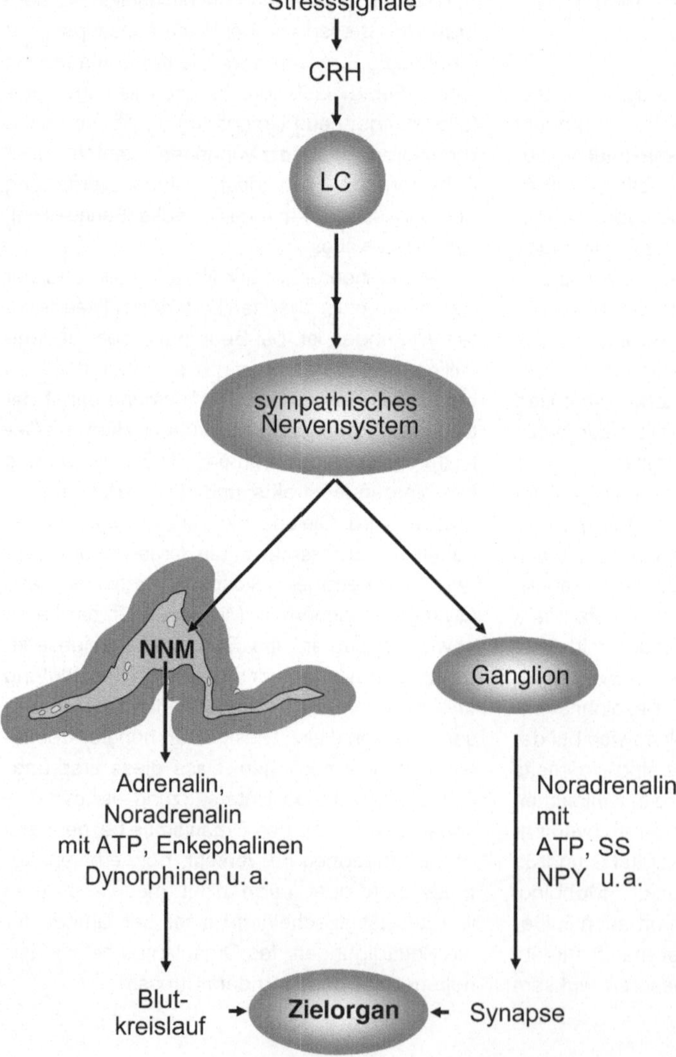

5.4 SAM-Achse. Stresssignale aktivieren über zentralnervöse Zentren (limbisches System, Hypothalamus; Kapitel 4) den *Locus coeruleus* (LC) und das sympathische Nervensystem, dessen Neuronen am Zielorgan vor allem Noradrenalin freisetzen. Als Cotransmitter werden oft Adenosintriphosphat (ATP), Somatostatin (SS) und Neuropeptid Tyrosin (NPY) ausgeschüttet. Im Nebennierenmark (NNM) wird hauptsächlich Adrenalin, aber auch Enkephaline, in den Blutkreislauf abgegeben. Das sympathische Nervensystem und das Adrenalin im Blut bewirken eine Aktivierung des Kreislaufs, sowie der Energieversorgung der Muskeln und der Lungenkapazität. CRH – *corticotropin releasing hormone* (= Corticoliberin).

tionen und Fortpflanzung. Sympathikus und Parasympathikus, zahlreiche unterschiedliche Rezeptoren für deren Neurotransmitter, Neuropeptide und freigesetzte Hormone sowie vielfältige intrazelluläre Signalkaskaden erlauben durch ein fein abgestimmtes Hoch- oder Herunterfahren der Funktionen eine optimale Anpassung an die jeweilige Situation und die jeweiligen Bedürfnisse des Organismus. Unter normalen Bedingungen überwiegt der Einfluss des Parasympathikus, während der Sympathikus bei Belastungen (Stressoren) aktiviert wird.

Die Aktivierung des sympathischen Nervensystems führt über direkte neuronale Verbindungen zu einer Erhöhung der Herzleistung, zur Abnahme der Darmmotilität und Erschlaffung der Gallenblase, zur Entspannung der glatten Muskulatur (das heißt Erweiterung) der Bronchien, der Muskel- und Koronargefäße auf der einen Seite, sowie auf der anderen Seite zur Kontraktion der glatten Muskulatur der Gefäße in der Peripherie und im Verdauungstrakt und der – verzögerten – Schließung der Magen-Darm-Sphinkter.

Ein weiteres wichtiges Ziel der SNS-vermittelten Stressreaktion ist das Nebennierenmark. Dabei handelt es sich entwicklungsgeschichtlich um ein Ganglion, das heißt um Nervengewebe, das vom SNS innerviert wird. Das Nebennierenmark sezerniert unter psychischem oder physischem Stress etwa 80 % Adrenalin und 20 % Noradrenalin in den Blutkreislauf. Bei hoher Stressaktivierung kann die Konzentration dieser Signalmoleküle um mehr als das 10fache des Normalwerts ansteigen. Bei länger anhaltendem Stress muss vermehrt Noradrenalin und Adrenalin in den Neuronen und im Nebennierenmark gebildet werden. Das geschieht durch Aktivierung der Gene für die Enzyme, die die Synthese dieses Neurotransmitters/Hormons katalysieren. Dauerstress kann zur Erschöpfung der Synthesekapazität führen (Abschnitt 4.1.3).

Adrenalin kommt über den Blutkreislauf mit allen Geweben in Kontakt und steuert über membranständige Rezeptoren auf den Zellen der zu beeinflussenden Organe zum Teil die gleichen Funktionen, wie sie vom SNS über Neuronen und die Ausschüttung von Noradrenalin direkt angesteuert werden, aber auch Funktionen weiterer Organe und Gewebe (Abb. 5.5): Die Bronchien werden erweitert, die Herzfrequenz und Kontraktionskraft des Herzens werden erhöht, die Venen, Haut- und Eingeweidegefäße verengt, die Muskel- und Herzgefäße erweitert

und Glucose aus der Speicherform (Glykogen) in Leber und Muskel für den Energiestoffwechsel vor allem in Gehirn und Muskel, freigesetzt. Ebenso wird im Fettgewebe die Lipolyse aktiviert, die über die Freisetzung von Fettsäuren ebenfalls den Energiestoffwechsel von Zellen mit Substrat versorgt.

Die chromaffinen Zellen des Nebennierenmarks synthetisieren und speichern außerdem eine Zahl von **Opioiden**, die ebenfalls bei Stress ausgeschüttet werden und für Stressbewältigungen, wie die von Schmerz, von großer Bedeutung sind (Abschnitt 4.1.4).

Die Rückmeldung dieser körperlichen Reaktionen auf Stress zum ZNS ist von großer Bedeutung für die weiteren Verhaltensweisen: Über Mechanosensoren, Chemosensoren und Nocizeptoren (Schmerzsensoren) werden die Zustände der Organe wie des Verdauungssystems und des Kreislaufs zum Gehirn zurückgemeldet, wo diese einerseits regulierende Reaktionen auslösen, die meist unbewusst ablaufen, aber möglicherweise auch das bewusst wahrgenommene Gefühl von Angst erzeugen. Die Wahrnehmung der körperlichen Stressreaktionen oder gespeicherte Erinnerungen daran sind einer Hypothese zu Folge der eigentlich als „Stress" empfundene Zustand. Wenn dieser nicht durch Handlungen „aufgelöst", werden kann, bleibt die Bereitschaft dazu und das zugehörige Gefühl länger bestehen und kann so anhaltende Belastungen verursachen.

Die Rezeptorsignale treffen in unterschiedlichen Geweben auf unterschiedliche Effektorproteine: in glatten Muskelzellen etwa auf Muskelproteine, in Leberzellen auf Enzyme, die Glykogen zu Glucose abbauen. Bei Neuronen bewirken die Signalketten je nach Rezeptor eine Aktivierung oder Inaktivierung über die Öffnung oder Schließung von Ionenkanälen (Kapitel 4).

5.1.2 Stressignale induzieren die Ausschüttung und Produktion von Adrenalin/Noradrenalin

Noradrenalin bzw. Adrenalin werden in sogenannten „chromaffinen" Vesikeln gebildet, die ihren Inhalt durch Verschmelzung mit der Plasmamembran (Exocytose) in den synaptischen Spalt bzw. in das Blutgefäßsystem ausschütten. Das geschieht auf neuronale Stresssignale hin durch Depolarisation des Membranpotenzials

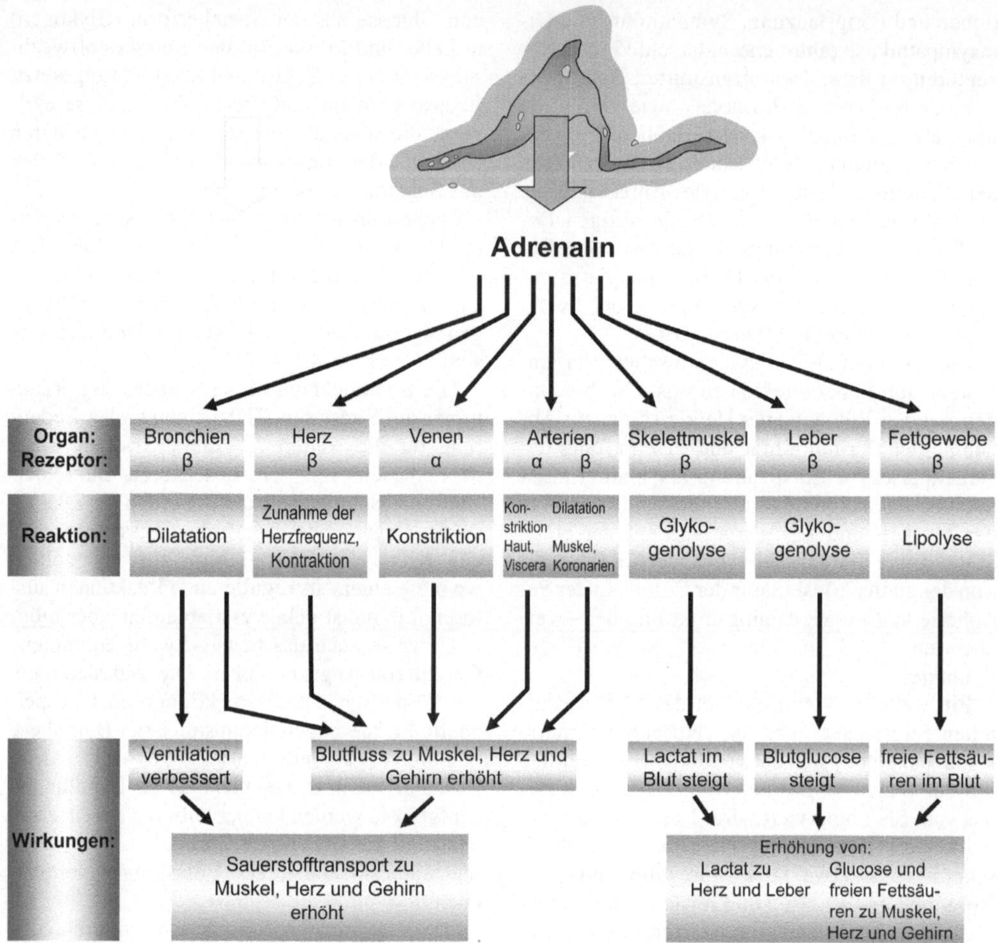

5.5 Adrenalinwirkungen. Adrenalin wirkt über verschiedene Adrenorezeptoren (a, β) auf verschiedene Organe (Herz-Kreislauf, Lunge, Leber, Muskel, Fettgewebe) in unterschiedlicher Weise ein. Ziel ist die Erhöhung der motorischen Kapazitäten des Organismus, etwa bei Kampf- oder Fluchtverhalten (nach Schmidt/Thews/ Lang 2000).

und Einstrom von Calcium. Adrenalin kann die Ausschüttung von Noradrenalin verstärken (positive Rückkopplung, Amplifikation).

Die vier enzymatisch katalysierten Syntheseschritte, die aus Tyrosin, zunächst L-Dopa, daraus Dopamin, dann Noradrenalin und schließlich Adrenalin herstellen, wurden schon im vorangehenden Kapitel 4 erwähnt und sind hier in (Abb. 5.6) ausführlicher dargestellt.

Bei kurzzeitigen Stressepisoden genügt der in den Vesikeln gespeicherte Vorrat an NA und A, um die gewünschten Wirkungen auf die Effektororgane zu erzielen, bei mittleren und langen Stressdauern oder häufig wiederholtem Stress muss jedoch die Synthese von beiden Signalmolekülen hochgefahren werden. Diese Erhöhung der Syntheserate geschieht einerseits durch Aktivierung der beteiligten Enzyme, wie etwa der AAD durch Phosphorylierung. Das kann unter anderem durch die cAMP-aktivierte Proteinkinase (PKA) geschehen, wenn Adrenalin über β_2-Rezeptoren den cAMP-Gehalt der Zellen erhöht (positive Rückkopplung).

Bei noch längeren Stressepisoden (Stunden/ Tage) reicht auch diese Erhöhung der Syntheserate nicht mehr aus, sodass zusätzliche Enzym-

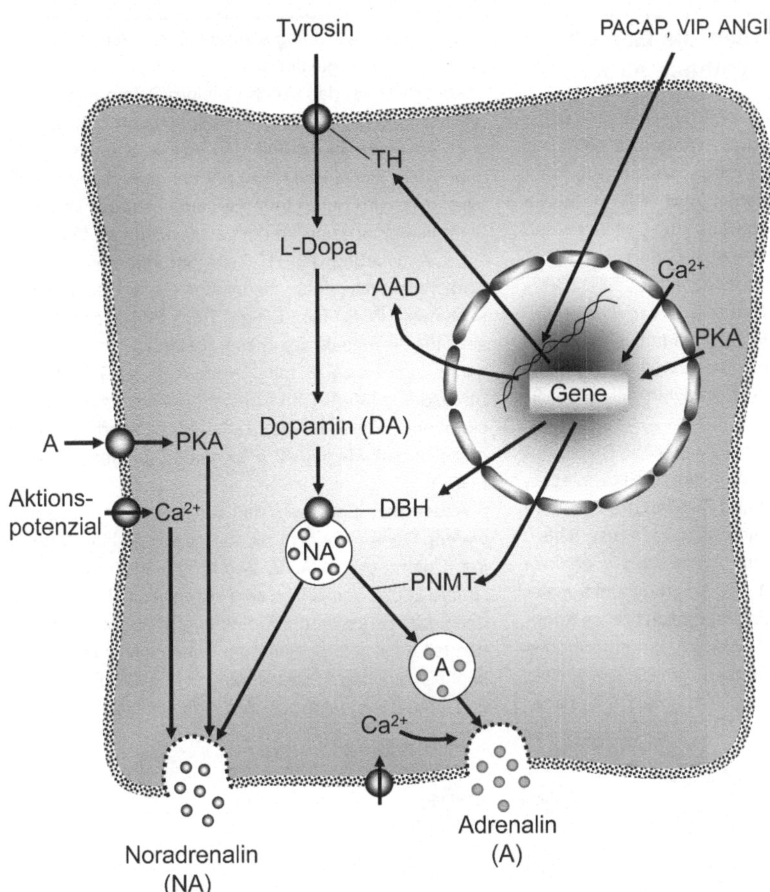

5.6 Adrenalin/Noradrenalin-Synthese. Tyrosin wird von Neuronen/Nebennierenmarkzellen aufgenommen und durch drei enzymkatalysierte Schritte in Noradrenalin (NA) umgewandelt. Der letzte Schritt findet an der Vesikelmembran statt, die bei Aktivierung von noradrenergen Zellen mit der Plasmamembran verschmelzen und NA freisetzen. Durch einen weiteren enzymkatalysierten Prozess wird NA in Adrenalin (A) umgewandelt. Bei längerem oder wiederholtem Stress werden die Gene für die jweiligen Enzyme aktiviert. AAD – aromatische L-Aminosäure-Decarboxylase, ANGII – Angiotensin II, DBH – Dopamin-β-Hydroxylase, PACAP – *pituitary adenylyl cyclase activating polypeptide*, PKA – Proteinkinase A, PNMT – Phenylethanolamin-N-Methyltransferase, TH – Tyrosinhydroxylase, VIP – *vasoactive intestinal polypeptide*.

proteine über die Aktivierung der Genexpression synthetisiert werden. Bei Ratten wirkt Immobilisierung als starker Stressor, der bei zwei Stunden Dauer eine transiente Erhöhung der Tyrosinhydroxylase-mRNA bewirkt, die aber nach einem Tag wieder auf Basalebene zurückfällt. Erst wenn ein zweiter Immobilisierungsstress folgt, hält die mRNA-Erhöhung länger an, die sich dann in einer verstärkten Enzymmenge und -aktivität bemerkbar macht (Sabban und Kvetnansky 2001). Das zeigt, dass hier eine Art „Stressgedächtnis" besteht, das die Reaktio-

nen auf wiederholte Stresssituationen verstärkt. Dasselbe gilt auch, wenn verschiedene Stressoren wie Kälte und Immobilisierung oder neue Umgebung miteinander kombiniert werden. Auch Neuropeptide wie das vasoaktive intestinale Polypeptid (VIP) und ein ähnliches Peptid (*pituitary adenylyl cyclase activated polypeptide*, PACAP) sowie das Hormon Angiotensin II stimulieren die Expression des Tyrosinhydroxylase-Gens.

Exkurs 5.1: Wie werden die Gene für Enzyme der NA/A-Synthese aktiviert?

Bekannt sind vor allem die Promotoren der TH-, DBH- und PNMT-Gene (Sabban und Kvetnansky 2001). Als Beispiel für die Regulation möge hier der Promoter des wichtigen TH-Gens dienen (Abb. 5.7): In diesem Promoter sind Bindungsstellen für Calcium- und cAMP-Signalwege in Form von CRE-Sequenzen vorhanden, woran der Transkriptionsfaktor CREB (*CRE-binding protein*) und Heterodimere von CREB/ATF (*activating transcription factor*) binden. Das macht Sinn insofern, als Calcium durch häufige neuronale Signale erhöht ist und CREB aktiviert (siehe Calcium-Signalweg).

Eine AP-1-(*activator protein 1*-)ähnliche Bindungsstelle vermittelt die Stimulation durch Phorbolester, NGF (*nerve growth factor*) und Stress. Stress könnte auch über eine EGR1-(*early growth response gene*-)Sequenz wirken, die mit Sp1 (*stimulatory/specificity protein*) überlappt. EGR1 ist ein multifunktionaler Transkriptionsfaktor, der ein erstaunlich breites Spektrum von Genen reguliert. Weitere Promotormotive sind AP-2-ähnliche Sequenzen, *hypoxia inducible factor*-(HIF-1-)Motiv, E-box, Octamer, Heptamer und *bicoid-type binding element* (BBE), deren Rollen aber noch nicht geklärt sind.

Außer CREB, das durch Calcium/Calmodulin und cAMP-abhängige Kinasen phosphoryliert und aktiviert wird, werden c-Jun und ATF-2 durch die *c-Jun-N-terminal kinase* (JNK) phosphoryliert und aktiviert. JNK wird durch Immobilisierungsstress im Nebennnierenmark und im *Locus coeruleus* erhöht.

Die Aktivierung des HT-Gens und anderer an der Katecholaminsynthese beteiligter Gene erfolgt anscheinend in Stufen: Einige Transkriptionsfaktoren sind für die basale Synthese zuständig, andere für kurze Stressreize (3 min), weitere für eine mittlere Stressdauer (30–120 min) und schließlich einige Transkriptionsfaktoren für Langzeitstress (wiederholte Immobilisation) wie FRA-2 (*Fos-related antigen-2*) und EGR-1.

Außer den Enzymen der Katecholaminsynthese werden Gene stimuliert, die für intravesikuläre Proteine (Chromogranin A, B, Secretogranin II) codieren (Trifaro 2002). Schließlich sind in den Vesikeln des Nebennierenmarks noch Opioide vorhanden. Dabei handelt es sich zum einen um Enkephaline: Met-Enkephalin aus den Aminosäuren Tyr, Gly, Gly, Phe, Met und Leu-Enkephalin aus den Aminosäuren Tyr Gly,

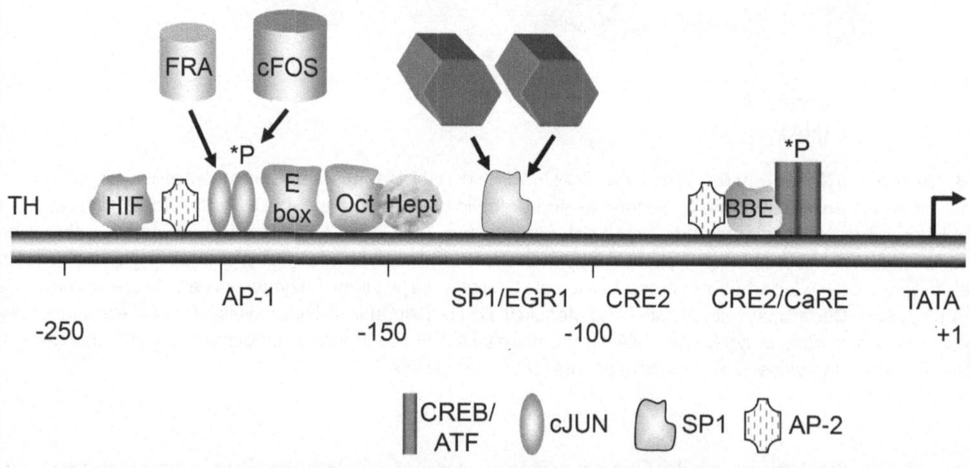

5.7 TH-Genregulation (Promotor). Der Promotor des TH-Gens enthält eine Anzahl von Bindungsorten (Motiven) auf der DNA. Die Entfernung vom Transkriptionsstart ganz rechts (TATA/+1) ist in der Zahl der Basenpaare nach links mit negativem Vorzeichen angegeben. Darüber sind die Transkriptionsfaktoren angegeben, die im Nebennierenmark dieses Gen regulieren.
Basale Faktoren; kurzer Stress (3 min): Phosphorylierung von CREB-1 und Jun; mittlerer Stress (30–120 min): *de novo*-Synthese von Transkriptionsfaktoren wie c-fos und EGR1; langdauernder Stress: Aktivierung von EGR1 und FRA2.
HIF – *hypoxia inducible factor*, FRA – *Fos-related antigen*, E-box – E-box-bindende Faktoren, Oct – Octamer, Hept – Heptamer, BBE – *bicoid-type binding element*, AP-1 – *activator protein 1* (aus cJun/c-fos oder anderen Kombinationen), AP-2 – *activator protein 2*, SP – *stimulatory/specificity protein*, EGR1 – *early growth response gene 1*, CRE/CaRE – cAMP/*calcium response element* (nach Sabban and Kvetnansky 2001).

Gly, Phe, Leu. Diese Pentapeptide werden durch proteolytische Spaltung aus einer Vorform (Proenkephalin A) hergestellt. Weitere Opioide werden ebenfalls vom Nebennierenmark, aber auch von Nerven als Transmitter ausgeschüttet: Dynorphine mit 8, 17 oder 29 Aminosäuren, die auch aus einer Vorform (Prodynorphin) freigesetzt werden. Diese Opioide tragen zur Dämpfung der Stressreaktion sowie zur Hemmung der Schmerzwahrnehmung bei (Kapitel 4). Letzteres ist besonders bei Verletzungen, Unfällen, aber auch langen Kraftanstrengungen wichtig.

5.1.3 Wie vermitteln Adrenalin und Noradrenalin unterschiedliche Stressreaktionen in verschiedenen Geweben?

Um die unterschiedlichen, gewebsspezifischen Stressreaktionen auf die Ausschüttung *eines* Hormons bzw. Neurotransmitters, wie Adrenalin oder Noradrenalin, zu verstehen, ist es wichtig sich die molekularen Mechanismen der Signaltransduktion von Hormonen in unterschiedlich differenzierten Zellen klar machen (Krauss 2003). Im folgenden Abschnitt sind daher diese Mechanismen kurz zusammengefasst. Außerdem wird dadurch deutlich, dass Stresshormone und direkt wirkende Zellstressoren oft dieselben intrazellulären Signalsysteme und Transkriptionsfaktoren aktivieren und damit dieselben Effektoren beeinflussen. Das ist für das Verständnis der Folgen von unterschiedlichem Langzeitstress von besonderer Wichtigkeit (Kapitel 8).

Unterschiedliche Adrenorezeptoren und heterotrimere G-Proteine kontrollieren in verschieden differenzierten Zellen unterschiedliche Signalkaskaden

Für die **zellspezifischen Wirkungen** von Noradrenalin/Adrenalin (Abb. 5.5) sind zum einen unterschiedliche Rezeptoren, sowie deren Zahl und Kombination auf der Zellmembran verantwortlich, zum anderen sind es die zellspezifischen Signalketten und Zielproteine, die die unterschiedlichen Reaktionen bewirken.

Adrenorezeptoren gehören zu einer großen Rezeptorfamilie, deren Mitglieder durch ein Plasmamembranprotein mit sieben Transmembrandomänen (a-Helices) charakterisiert sind. Die Adrenorezeptoren weisen mehrere Untergruppen mit unterschiedlichen Signalketten und physiologischen bzw. molekularen Wirkungen auf: Bisher kennt man a_1-, a_2- und β-Adrenorezeptoren, wobei die a_1-, a_2- und β-Rezeptoren wiederum jeweils mehrere (zurzeit 3) Varianten aufweisen (Guimaraes und Moura 2001). Viele davon sind auf zahlreichen Zielgeweben verteilt, manche hauptsächlich auf einem Organ oder Gewebe: So ist β_1 charakteristisch für den Herzmuskel und β_3 für Fettgewebe.

Hauptsächlich a_1-, aber auch a_{2B}-Rezeptoren regulieren den Tonus der glatten Muskulatur um die Blutgefäße in der Haut, um die Gefäße des Verdauungstrakts und der Nieren. Bei Bindung von Noradrenalin/Adrenalin bewirken sie eine Kontraktion der glatten Muskelzellen und damit eine Verengung der Gefäße. Außerdem befinden sich a_1-Rezeptoren im ZNS, in Speicheldrüsen und Leber, in der Niere, im Uterus und in den Harnblasen-, Magen- und Darmsphinktern. a_2-Rezeptoren sind an den präsynaptischen Nervenendigungen zu finden und bewirken nach Noradrenalinbindung eine Hemmung der Neurotransmitterausschüttung (negative Rückkopplung); sie sind außerdem an der zentralen Kontrolle des Blutdrucks im ZNS im Sinne einer Erniedrigung beteiligt. Außerdem hemmen sie in den Speicheldrüsen die Sekretion, im Pankreas die Insulinausschüttung, in Fettzellen die Lipolyse und in Thrombozyten die Aggregation, das heißt sie wirken in der Regel antagonistisch zu den durch a_1- und β-Rezeptoren vermittelten Prozessen.

β_1-Rezeptoren übertragen die Wirkung von Noradrenalin und Adrenalin auf Herzfrequenz, Kontraktionsstärke und damit auf den systolischen Blutdruck. β_2-Rezeptoren reagieren mehr auf Adrenalin als auf Noradrenalin. Sie regulieren den Tonus der glatten Muskulatur in den Herzkranzgefäßen, Arterien und Bronchien im Sinne einer Entspannung und damit Erweiterung der Gefäße bzw. Bronchien, was die Atmungstätigkeit und die Blut- und Sauerstoffzufuhr zum Herzen erhöht. β_2-Rezeptoren auf Leber- und Skelettmuskelzellen bewirken nach Hormonbindung die Freisetzung von Glucose aus der Speicherform Glykogen und die Aktivierung von glykolytischen Enzymen. Eine weitere Wirkung von Adrenalin über die β-Adrenorezeptoren besteht in der Verringerung der Muskeltätigkeit des Magen-Darmtraktes, der dadurch vorübergehend in seiner Funktion gehemmt wird. Diese Wirkung wird unterstützt durch die gleichzeitige Freisetzung eines Neuropeptids, des Somatostatins. Der β_2-Rezeptortyp erhöht außerdem die basale Freisetzung von Renin in der Niere. β_3-Rezeptoren auf den Fettzellen setzen nach Adrenalin-Bindung die Spaltung von Triglyceriden (Lipolyse) in Gang, die zur Ausschüttung von freien Fettsäuren in den Blutkreislauf führt. Bei braunen Fettzellen erhöhen diese Rezeptoren die Wärmeproduktion.

Die verschiedenen Adrenorezeptoren, die in unterschiedlichen quantitativen Relationen auf den Membranen vieler Zielorgane vorkommen, lösen teils antagonistische, teils synergistische Effekte in der Zelle aus. Sie stehen am Anfang eines überaus komplexen Signal- und Wirkungsgefüges, das zurzeit nur in Teilen bekannt und verstanden ist. Vermutlich garantiert diese Komplexität eine Feinabstimmung der Stressreaktionen je nach der Art und Intensität des Stresses und sichert das Reaktionssystem durch parallele Signalwege gegen mutative oder anders bedingte Ausfälle ab.

Die Adrenorezeptoren stehen auf der cytosolischen Seite der Membran mit sogenannten **G-Proteinen** in Verbindung, einem trimeren Proteinkomplex aus jeweils einer α-, β- und γ-Untereinheit (Abb. 5.8). Die α-Untereinheit bindet Guaninnucleotide (GDP/GTP), wovon sich der Name G-Protein ableitet – wie auch der Name der Rezeptorklasse als G-Protein-gekoppelte Rezeptoren (GPCR).

Die unterschiedlichen Wirkungen, die Adrenalin/Noradrenalin bei Bindung an die verschiedenen Rezeptortypen auslösen, beruhen auf unterschiedlichen, an den cytoplasmatischen Teil des Rezeptors andockenden G-Proteinen (Krauss 2003). Sobald ein Hormon an den Rezeptor gebunden hat, verändert sich die Konformation auch des cytoplasmatischen Teils des Rezeptors und die des andockenden G-Proteins. Durch diese Konformationsänderung im G-Protein wird GDP gegen GTP in der α-Untereinheit ausgetauscht und die α-Untereinheit von der zusammenbleibenden β- und γ-Untereinheit getrennt. Alle Teile des G-Proteins bleiben jedoch durch Lipidanteile in der α- und γ-Untereinheit an die Membran gebunden, in der sie diffundieren und an membrangebundene Enzyme binden können. Diese Enzyme werden dadurch, vor allem durch Ankopplung der α-Untereinheiten, aber in einigen Fällen auch der β-/γ-Untereinheiten, in ihrer Aktivität, intrazelluläre Signalmoleküle zu produzieren, gefördert oder gehemmt

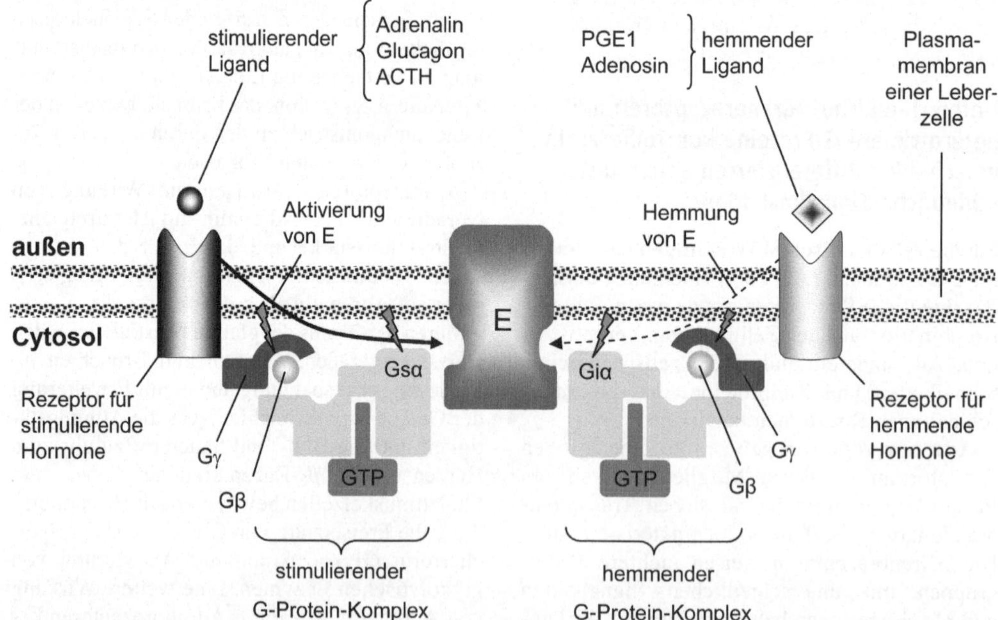

5.8 G-Proteine. Heterotrimere G-Proteine bestehen aus drei Untereinheiten (UE): α, β, γ. Zwei von ihnen sind durch Lipidmoleküle an die Plasmamembran gebunden. Nach Bindung eines Signalmoleküls an den Rezeptor wird in der Gα-Untereinheit GDP durch GTP ersetzt, dadurch dissoziieren die α- und β-/γ-UE. Die Gα-UE bindet an die Adenylylcyclase. Eine G$_s\alpha$-UE stimuliert dieses Enzym, das den *second messenger* cyclisches Adenosin-3',5'-Monophosphat (cAMP) herstellt. Eine G$_i\alpha$-UE inhibiert das Enzym (nach Lodish et al. 2000).

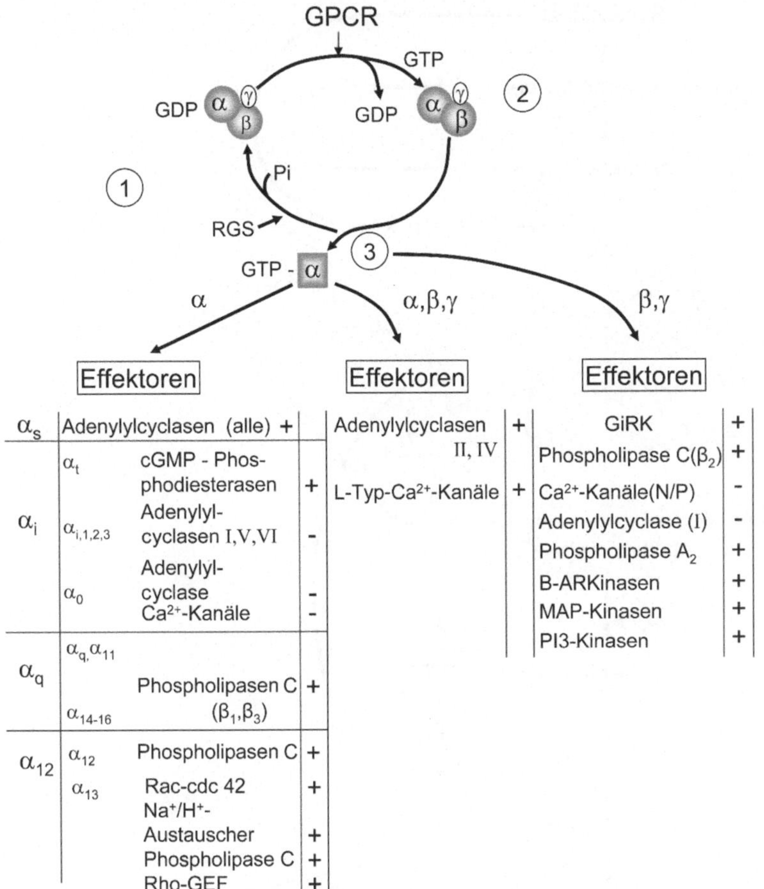

α_s	Adenylylcyclasen (alle)	+
	α_t cGMP - Phosphodiesterasen	+
α_i	$\alpha_{i,1,2,3}$ Adenylylcyclasen I,V,VI	–
	α_0 Adenylylcyclase Ca^{2+}-Kanäle	–
α_q	α_q, α_{11} / $\alpha_{14\text{-}16}$ Phospholipasen C (β_1,β_3)	+
α_{12}	α_{12} Phospholipasen C	+
	α_{13} Rac-cdc 42	+
	Na$^+$/H$^+$-Austauscher	+
	Phospholipase C	+
	Rho-GEF	+

Adenylylcyclasen II, IV		+
L-Typ-Ca^{2+}-Kanäle		+

GiRK	+
Phospholipase C(β_2)	+
Ca^{2+}-Kanäle(N/P)	–
Adenylylcyclase (I)	–
Phospholipase A$_2$	+
B-ARKinasen	+
MAP-Kinasen	+
PI3-Kinasen	+

5.9 G-Protein-abhängige Effektoren. G-Protein-gekoppelte Rezeptoren sind die zahlreichsten und diversesten Rezeptoren. Kleinste Partikel bis zu großen Proteinhormonen binden daran. Das heterotrimere G-Protein aus α-, β- und γ-Untereinheiten bindet an den Rezeptor und nach Aktivierung an ein Effektormolekül. Der Aktivierungszyklus des heterotrimeren G-Proteins verläuft in folgenden Phasen: Nach Austausch von GDP gegen GTP wird das G-Protein aktiviert. Entweder alle drei UE zusammen oder die α-UE allein oder die β-γ-UE aktivieren oder hemmen dann verschiedene Effektoren – je nach der Familie der Gα-Untereinheiten. Anschließend wird GTP mithilfe von RGS (*regulator of G-protein signalling*) zu GDP und anorganischem Phosphat (P$_i$) hydrolysiert. (*β-ARKinasen (BARK) – β-adreno-receptor kinases*, GIRK – *G-protein-activated inwardly rectifying K$^+$ channel*, MAP – *mitogen-activated protein*, PI3 – *Phosphoinositol3*, Rac/Cdc42 – *Mitglieder der GTPase Superfamilie, RhoGEF – guanin-nucleotide-exchange factor* (nach Bockaert et al. 2002).

(Abb. 5.9). Je nach den α-Untereinheiten werden die G-Proteine in mehrere Unterfamilien aufgeteilt, die verschiedene Proteine (Enzyme) und davon ausgehende Signalketten in Gang setzen (Bockaert et al. 2002). Diese Signalwege münden häufig in der Aktivierung von Proteinkinasen als Effektormolekülen, die jeweils gewebsspezifisch unterschiedliche Zielproteine phosphorylieren und dadurch in ihrer Funktion verändern (Krauss 2003).

Der cAMP-(cyclisches Adenosin-3′,5′-Monophosphat-)Signalweg

Eine Unterfamilie der G-Proteine – G$_s$ (s von stimulierend) initiiert die Signalkette mit der cAMP-abhängigen Proteinkinase (PKA) als wichtigem Effektor, während eine andere Unterfamilie – G$_i$ – (i von inhibierend) diesen Signalweg hemmt (Abb. 5.9) aber auch andere Signalketten bedient. Die G$_q$-Unterfamilie initiiert

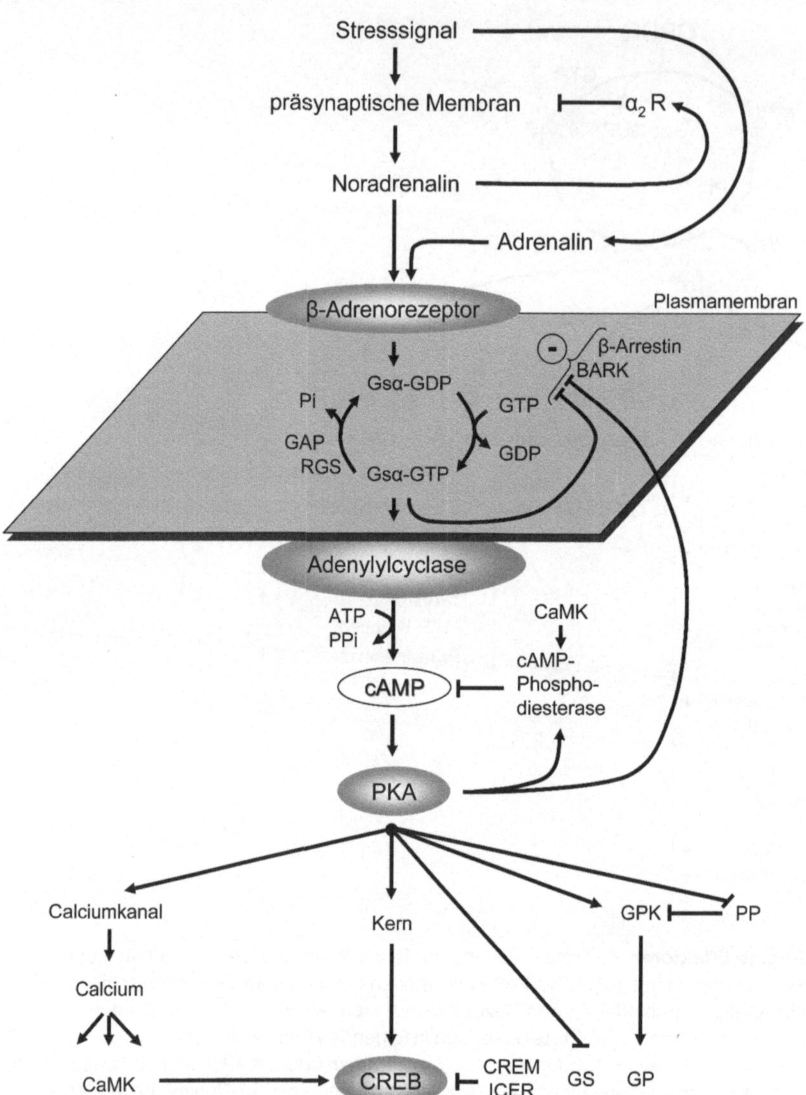

5.10 Adrenalin/Noradrenalin-Signalfluss. Der Signalfluss von Adrenalin und Noradrenalin zur Regulation unterschiedlicher Funktionen in den verschiedenen Zielzellen schließt zahlreiche negative Rückkopplungsschleifen ein, die das Signal in eine pulsförmige Form bringen. Noradrenalin wirkt über α_2-Rezeptoren negativ auf seine weitere Ausschüttung in der präsynaptischen Membran zurück. Auf den β-Adrenorezeptor wirken hemmend ein: β-Arrestin, eine β-Adrenorezeptor-Kinase (BARK) und negative Rückkopplungen von $G_S\alpha$-GTP und der cAMP-abhängigen Proteinkinase (PKA). $G_S\alpha$, die GTP-aktivierte α-Untereinheit des stimulierenden G-Proteins, wird durch eigene GTPase-Aktivität (GAP) und assoziierte Proteine – *regulators of G-protein signaling* (RGS) – in eine inaktive Form umgewandelt. PKA und Calcium/Calmodulin-abhängige Kinasen (CaMK) stimulieren die cAMP-Phosphodiesterase, ein cAMP-abbauendes Enzym, das eine weitere negative Rückkopplungsschleife herstellt. Je nach Gewebe reguliert die PKA verschiedene Funktionen: in Neuronen Calciumkanäle, in zahlreichen Geweben die Transkription von Genen über die Phosphorylierung des Transkriptionsfaktors *cAMP-response element binding protein* (CREB), der teils durch CREM (*cyclic AMP response element modulator*) und ICER (*inducible cyclic AMP early repressor*) gehemmt wird. In Leber und Muskelgeweben aktiviert die PKA die Glykogenphosphorylase-Kinase (GPK), die die Glykogenphosphorylase (GP) aktiviert. Die PKA hemmt auf der anderen Seite die Glykogensynthase (GS) und Phosphoproteinphosphatasen (PP).

einen Signalweg mit Inositoltrisphosphat (IP₃), Calcium und Diacylglycerol (DAG) als *second messenger* und mehreren calciumabhängigen Kinasen als Effektoren, während die G_{12}-Unterfamilie von Thromboxan- und Thrombinrezeptoren aktiviert wird und noch nicht genau bekannte Signalwege initiiert. Da es zahlreiche Varianten der G-Protein-Untereinheiten gibt, ist auch die Zahl der möglichen Kombinationen und der aktivierten Signalwege äußerst komplex und noch nicht klar.

Der G_s-Signalweg wird durch β-Adrenorezeptoren, aber auch durch zahlreiche weitere Hormonrezeptoren stimuliert. Die aktivierte a-Untereinheit der G_s-Unterfamilie bindet an ein Membranenzym, die **Adenylylcyclase**, die ATP in **cyclisches Adenosin-3',5'-Monophosphat (cAMP)** und anorganisches Diphosphat umwandelt. Zwei Moleküle cAMP binden jeweils an die zwei regulatorischen Untereinheiten der **cAMP-abhängigen Proteinkinase (PKA oder cAPK)**. Sie bewirken so die Freisetzung der katalytischen Untereinheiten von den regulatorischen Untereinheiten und damit die Aktivierung der zwei katalytischen Untereinheiten der PKA (Abb. 5.10). Die aktivierte PKA phosphoryliert je nach Zelltyp unterschiedliche Proteine: Stoffwechselenzyme, Proteinkinasen, Ionenkanäle und Transkriptionsfaktoren. Die komplexe Regulation dieses Signalwegs wird weiter unten genauer dargestellt.

In der Leber phosphoryliert und aktiviert die PKA die Glykogenphosphorylase-Kinase, die wiederum die Glykogenphosphorylase phosphoryliert und aktiviert, die Glykogen zu Glucosephosphat abbaut (Glykogenolyse). Die PKA hemmt gleichzeitig durch Phosphorylierung das Enzym der Glykogensynthese sowie die Phosphoproteinphosphatase, die die Dephosphorylierungen dieser Enzyme katalysiert. Im Fettgewebe aktiviert die PKA eine Lipase, die Triglyceride in Fettsäuren und Glycerol spaltet. Im Sinusknoten des Herzens, dem Schrittmacher des Herzkontraktionsrhythmus, aktiviert die PKA verschiedene Ionenkanäle und bewirkt so eine höhere Frequenz (Gauss und Seifert 2000), während die PKA im Herzmuskel Calciumkanäle öffnet, die die Kontraktionskraft erhöhen.

Die Entspannung von Arterien speziell auch der Koronargefäße durch die SAM-Achse ist komplex geregelt (Guimaraes and Moura 2001). In der glatten Muskulatur der Herzkoronargefäße und der Arterien bewirken meist β_2-Rezeptoren über den cAMP-Weg und noch nicht im Detail bekannte Mechanismen eine Öffnung von K^+-Kanälen in der Plasmamembran. Durch den Ausstrom von K^+ werden die Zellen hyperpolarisiert, was wiederum hemmend auf die intrazelluläre Erhöhung der Calciumkonzentration und damit auf die calciumabhängige Kontraktion der glatten Muskelzellen wirkt.

Ein anderer Weg zur Entspannung der glatten Muskulatur von Arterien verläuft ebenfalls über β-Rezeptoren auf den Endothelzellen, die daraufhin Stickstoffmonoxid (NO) freisetzen und dadurch cyclisches Guanosin-3',5'-Monophosphat (cGMP) als *second messenger* in den glatten Muskelzellen erhöhen, das zur Muskelentspannung führt. Möglicherweise spielt die Phosphorylierung von kleinen Stressproteinen dabei auch eine Rolle.

Exkurs 5.2: cAMP-abhängige Genregulation

Ein Ziel der PKA ist auch die Steuerung bestimmter Genaktivitäten. Es gibt zahlreiche Gene, die auf ihrem Promotor eine DNA-Sequenz aufweisen (TGACGTCA), ein sogenanntes *cAMP-response element* (CRE), an das ein Transkriptionsfaktor CREB (*CRE-binding protein*) als Dimer bindet. Wenn die PKA ein Serin (133) des CREB phosphoryliert hat, wird CREB aktiv und fördert die Transkription des an dem Promotor befindlichen Gens. Es wird dabei wesentlich unterstützt durch ein weiteres Protein, das an das phosphorylierte CREB bindet, das *CREB-binding protein* (CBP/p300, Lachtman 1998). Über CBP/p300 wird CREB indirekt mit der RNA-Polymerase II verbunden, während CREB selbst über den Kontakt mit dem allgemeinen Transkriptionsfaktor TF II B mit der TATA-Box zusammenhängt (Abb. 5.11, Shaywitz and Greenberg 1999).

Außerdem wirken CREB-komplexierende Proteine als Histonacyltransferasen und verändern so die Chromatinstruktur um die Promotorenkomplexe und erleichtern damit den Zugang für die aktivierenden Faktoren. CBP/p300 binden auch an andere Transkriptionsfaktoren wie c-Jun, Myb und Elk-1. In manchen Fällen muss CREB mit anderen Transkriptionsfaktoren kooperieren, zum Beispiel bei der Expression des Gens für die Phosphoenolpyruvat Carboxykinase (PEPCK), bei der u. a. der Faktor C/EBP (*CAAT-enhancer binding protein*) und der Cortisolrezeptor (Abschnitt 5.3) mitwirken.

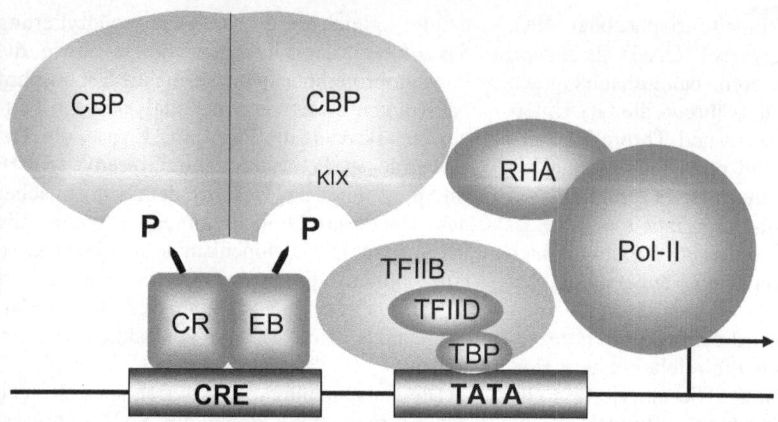

5.11   Der Transkriptionsfaktor CREB (cyclic AMP response element binding protein). In der aktiven Form ist der Transkriptionsfaktor CREB phosphoryliert und dimerisiert. Er bindet dann an die CRE-Sequenz in einem Promotor. Er bindet außerdem an das CREB-*binding protein* (CBP/p300) und ist damit in Kontakt mit der RNA-Polymerase II. Außerdem bindet CREB an die allgemeinen Transkriptionsfaktoren TF II B und TF II D, die über das *TATA-binding protein* (TBP) an die TATA-Box binden. Eine *kinase-inducible domain* (KID) enthält mehrere Phosphorylierungsorte. CBP bindet an diese Domäne mit seiner *KID-interacting domain* (KIX). CBP ist über die RNA-Helicase (RHA) mit der RNA-Polymerase II (Pol II) gekoppelt (nach Shaywitz and Greenberg 1999).

Über einen anderen Signalweg werden Calcium-Calmodulin-abhängige Kinasen aktiviert, die ebenfalls CREB phosphorylieren, sodass von beiden Signalwegen synergistische Wirkungen ausgehen. Auch Signalwege, die von Wachstumsfaktoren in Gang gesetzt werden, können über die MAP-Kinasen (ERK1/2) CREB aktivieren (Abschnitt 6.8). Dasselbe gilt für eine durch verschiedene Stressoren aktivierte Kinase (p38). Als Beispiel für diese Konvergenz verschiedener Signalwege auf bestimmte Zielmoleküle ist hier die komplexe Steuerung von CREB zusammengefasst (Abb. 5.12). Durch cAMP und/oder Calcium-abhängige und andere Kinasen und durch deren Aktivierung von CREB werden eine Reihe von Genen vermehrt exprimiert (Montminy 1997): c-fos zum Beispiel ist Bestandteil eines dimeren Transkriptionsfaktors (AP-1, Abschnitt 6.8), der auch durch Stress und Mitogene aktiviert wird und u. a. die Apoptose oder Proliferation stimuliert. Desweiteren werden Gene aktiviert, die Enzyme des Energiestoffwechsels wie Phosphoenolpyruvat-Carboxy-Kinase (PEPCK) zur Gluconeogenese, Lactatdehydro-genase (LDH) sowie Tyrosinaminotransferase *codieren*, außerdem Gene für αA Crystallin, ein Protein, das zur Gruppe der kleinen Stressproteine gehört, sowie für Neuropeptide, wie *brain-derived neurotrophic factor* (BDNF), Enkephalin, *vasoactive intestinal polypeptide* (VIP), Somatostatin und Parathormon (PTH) (Shaywitz and Greenberg 1999). Insgesamt ist aktiviertes CREB

an wichtigen zellulären Prozessen wie Proliferation, Differenzierung und neuronaler Adaptation beteiligt. Mitglieder der CREB-Familie beeinflussen darüber hinaus offenbar auch Lernen und Gedächtnis (Silva et al. 1998).

Die CREB-Phosphorylierung spielt beispielsweise eine wichtige Rolle bei der Furchtkonditionierung von Mäusen (Kapitel 4). Bei einer Konditionierung mit „foot shock" und Ton, das die Mäuse mit Erstarren beantworteten, wurde der experimentellen Gruppe vor dem Training Inhibitoren verschiedener Proteinkinasen in den Hippocampus injiziert. Inhibitoren der PKA und PKC hemmten die Furchtkonditionierung und die Phosphorylierung von CREB, Elk-1, p90-RSK und ERK1/2 (Ahi et al. 2004). Auch ein α_2-Adrenorezeptor-Agonist, (Dexmedetomidin), der vor dem Training injiziert wird und der die PKA-Aktivität reduziert, blockiert ebenfalls die Furchtkonditionierung auf bestimmte Zeichen – ohne die Kontexterinnerung zu verändern. Der α_2-Agonist bewirkte gleichzeitig eine Reduktion der c-fos-Expression und CREB-Phosphorylierung in verschiedenen Bereichen der Amygdala (Frances-Davies et al. 2004). Die CREB-Phosphorylierung in Striatum-Neuronen hängt dagegen offenbar von einem Dopamin- und cAMP-regulierten Phosphoprotein ab (DARPP-32).

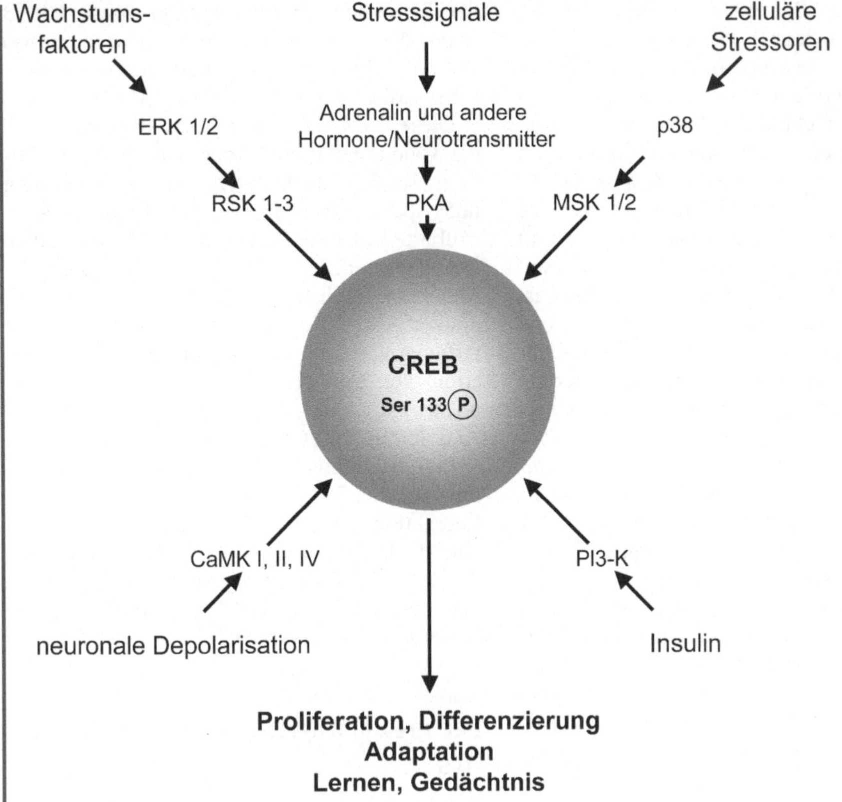

5.12   Regulation von CREB. CREB wird durch eine Anzahl extrazellulärer Signale reguliert, die über unterschiedliche intrazelluläre Signalketten CREB am Serin (Ser) 133 phosphorylieren: PKA – cAMP-abhängige Proteinkinase A, p38 – stressaktivierte Proteinkinase, MSK1,2 – *mitogen and stress activated kinase 1,2*, PI3-K – *Phosphatidylinositol 3-Kinase, CaMK I, II, IV – Calcium/Calmodulin-abhängige Proteinkinasen, ERK 1/2 – extracellular regulated protein kinase 1/2, RSK1-3 – ribosomal S6 kinase (Abschnitt 6.8)*

Der Calcium/Calmodulin-Signalweg

Von α_1-Rezeptoren für Adrenalin/Noradrenalin (α_1-Adrenorezeptoren) und vielen weiteren Hormonrezeptoren wird eine Signalkette in der Zelle ausgelöst, die über verschiedene *second messenger* vor allem die Calciummenge im Cytoplasma erhöht und über calciumabhängige Kinasen zahlreiche Prozesse beeinflusst.

Die Familie der α_1-Rezeptoren übermittelt Hormon/Neurotransmitter-Signale ebenfalls über spezifische heterotrimere G-Proteine (G_q), die an diesen Rezeptor binden. Aktivierte G_q-Untereinheiten docken an ein membrangebundenes Enzym an, die Phospholipase Cβ (PLCβ), die Phosphoinositide spaltet (Rhee 2001). Diese bestehen aus Glycerol, zwei Fettsäuren und phosphoryliertem Inositol, das über eine Phosphosäurediesterbindung mit dem Glycerol verbunden ist. Die Spaltung dieses Moleküls in dreifach phosphoryliertes Inositol (meist Inositol-1,4,5-Trisphosphat, IP_3) und 1,2-Diacylglycerol (DAG) liefert zwei *second messenger* Moleküle. IP_3 ist frei im Cytoplasma diffusibel und bindet an Rezeptoren in den Membranen des endoplasmatischen Reticulums (ER), die daraufhin Calciumkanäle öffnen. Aus dem Calciumspeicher ER fliesst daraufhin Calcium in das Cytoplasma und beeinflusst als weiterer *second messenger* eine große Anzahl von Prozessen (Krauss 2003).

DAG ist dagegen ein Membranlipid, das membrangebundene Moleküle der **Proteinkinase C (PKC)** aktiviert, die zudem von Calcium stimuliert wurden. Bei der Membranbindung der PKC spielen bestimmte Rezeptorproteine (*receptors for activated protein kinase C*, RACK) eine Rolle. Die Proteinkinase C ist eine der wichtigen Effektormoleküle des Calcium/Calmodulin-Signalwegs, die relativ langandauernd nach der Stimulierung aktiv bleibt (Krauss 2003). Sie phosphoryliert unter anderem eine Gruppe von membrangebundenen Proteinen, die mit der Zellmobilität, Sekretion und dem Membrantransport zu tun haben. Auf der anderen Seite ist sie auch an der Regulation der Genexpression beteiligt und mit anderen Signalwegen verbunden, beispielsweise über die Phosphorylierung von Raf, einem Element des MAPK-Signalwegs (Abschnitt 6.8).

Die Signalfunktion einer erhöhten Calciumkonzentration im Cytoplasma wird in vielen Fällen über einen Calcium/Calmodulin-Komplex vermittelt (Calmodulin ist ein kleines Protein, das 4 Calcium-Atome binden kann). Dieser Calcium-/Calmodulinkomplex bindet vor allem an **Calcium/Calmodulin-Proteinkinasen (CaM-Kinasen)**, die praktisch in allen Zellen vorkommen. Nach ihrem Wirkungsspektrum kann man sie in spezifische und multifunktionelle Kinasen unterteilen.

Eine spezifische CaM-Kinase ist die *myosin-light-chain-kinase* (MLCK), die die leichte Kette von Myosin phosphoryliert und so die Kontraktion der glatten Muskulatur initiiert. Auf diese Weise wirkt Adrenalin über a_1-Adrenorezeptoren und G_q-Proteine auf die Kontraktion der glatten Muskulatur um die Gefäße des Magen-Darmtrakts, der Nieren und in der Peripherie.

Die multifunktionellen CaM-Kinasen werden auch als CaM-Kinasen von Typ II bezeichnet, von denen es mehrere Subtypen gibt, einige davon nur im Gehirn, die möglicherweise dort mit Gedächtnisfunktionen zu tun haben, weil sie über längere Zeit eine Aktivierung speichern können (*memory switch* beispielsweise durch die Phosphorylierung von CREB). Die Aktivierung von CaM-Kinasen erfolgt durch Autophosphorylierung und Ca^{2+}/Calmodulin.

Unter den zahlreichen Substraten von multifunktionellen CaM-Kinasen befinden sich auch die Glykogensynthase, die durch diese Kinasen ebenso wie durch die PKA in ihrer Aktivität gehemmt wird (synergistischer Effekt von Calcium und cAMP), die NO-Synthase, die NO als messenger produziert, die cAMP und cGMP spaltende Phosphodiesterase, die zur Reduktion der Menge von beiden *second messenger* nach

der Signalübermittlung beiträgt sowie CREB (Abb. 5.12), das durch diese Kinasen ebenso wie durch PKA phosphoryliert wird (synergistischer Effekt von Calcium und cAMP).

Diese CaM-Kinasen werden nicht nur durch die Calciumerhöhung über den IP_3-Weg aktiviert, sondern auch durch den Calciumanstieg über spannungsabhängige oder Liganden kontrollierte Calciumkanäle (Abb. 5.12) und andere Mechanismen, zum Beispiel Schädigung der Membran durch ROS (Abschnitt 6.1). Die Calciumerhöhung im Cytoplasma kann über eine Öffnung von weiteren Calciumkanälen den Einstrom von Calcium verstärken (Amplifikation, positive Rückkopplung) und unter anderem die Aktivierung von CREB erhöhen (Abb. 5.13).

Beim Herzmuskel führt die Calciumausschüttung zu einer Entblockierung der Actin-Myosin-Interaktion und damit zur Kontraktion. Das ist eine wichtige Funktion der β_1-Rezeptoren und des davon stimulierten Signalwegs im Herzmuskel, der Calciumkanäle öffnet und damit die Kontraktionskraft erhöht.

Der stressaktivierte Proteinkinase-Signalweg

Das durch a_1-Rezeptoren und Gq-Proteine ausgelöste Calciumsignal ist, wie oben erwähnt, mit einer Hauptsignalkaskade der Zelle verbunden, und zwar mit verschiedenen Formen der **MAP-Kinase** (*mitogen activated protein kinase*), nämlich ERK1/2, aber auch mit dem stressaktivierten Kinasen dieser Familie, p38 und JNK (*c-Jun-N-terminal kinase*) (Kyriakis und Avruch 2001). Dadurch üben Adrenalin und andere Hormone eine Wirkung auf zahlreiche weitere Zellfunktionen aus, wie auf die Transkriptionsfaktoren AP-1, NFκB, HSF-1 und andere (Abschnitt 6.8).

Ein weiterer Signalweg von Adrenalin/Noradrenalin führt ebenfalls zur Aktivierung dieser Kinasen (ERK1/2, p38, JNK), und zwar über die G-Proteinspezies $Ga12$, $Ga13$, $G\beta_1\gamma_1$, die das monomere G-Protein (Ras) aktivieren. Dabei spielt auch die PI3-Kinase γ eine Rolle.

Der Mechanismus der MAPK-Signalketten-Aktivierung ähnelt der Aktivierung durch Entzündungsfaktoren (TNF-a) und oxidativem Stress (Abschnitt 6.8, Kapitel 7). Als Zielprotein dieser Signalketten ist in vielen Fällen die Aktivierung eines Transkriptionsfaktors, des *nuclear factors* κB (NFκB), in verschiedenen Zellen und Geweben beobachtet worden, der die Expression

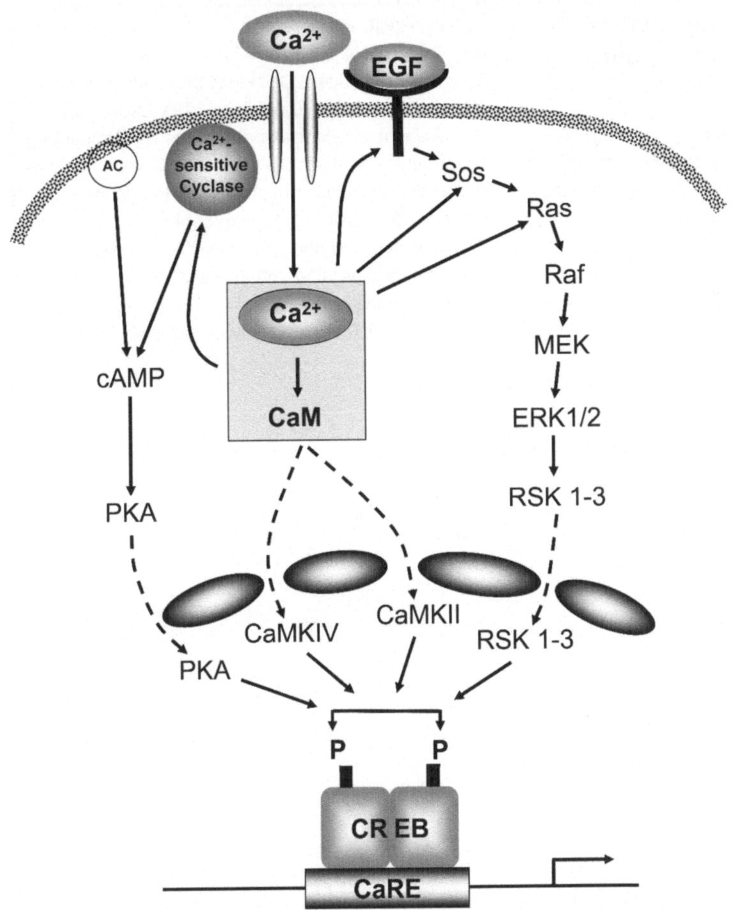

5.13 Calcium und CREB. In Neuronen führt die Erregung durch Neurotransmitter zu Membrandepolarisation, Öffnung von Spannungs-abhängigen Ca^{2+}-Kanälen (VGCC) in der Plasmamembran und zum Einstrom von extrazellulärem Calcium. In der Zelle aktiviert der höhere Calciumspiegel zusammen mit Calmodulin (CaM) viele Kinasen, von denen einige CREB direkt am Ser 133 phosphorylieren. Ca^{2+}/CaM kann Ca^{2+}-sensitive Adenylylcyclasen aktivieren, die cAMP produzieren und so die PKA stimulieren. Diese wird in den Kern transloziert und phosphoryliert dort CREB. Ca^{2+}/CaM aktiviert auch Mitglieder der Ca^{2+}/Calmodulin-abhängigen Kinase-Familie, die ebenfalls CREB phosphorylieren (CaMKII, CaMKIV). Darüberhinaus aktiviert Ca^{2+}/CaM die Ras/MAPK (*mitogen-activated protein kinase*) Signalkaskade: Einerseits kann Calcium den *epidermal growth factor*-(EGF-)Rezeptor stimulieren, der dann über den *guanine-nucleotide-exchange factor* (Sos), die Kaskade Ras-Raf-MEK-ERK1/2 aktiviert. ERK1/2 stimuliert dann RSK-3 (*ribosomal S6-kinase-3*), die in den Kern transloziert wird und CREB phosphoryliert. Auf der anderen Seite kann Ca^{2+}/CaM auch direkt den *guanine-nucleotide-exchange factor* aktivieren und so die ERK-Kaskade in Gang setzen (nach Shaywitz and Greenberg 1999).

zahlreicher Gene kontrolliert. Bei psychosozialem Stress wurde bei Säugetier und Mensch eine verstärkte NFκB Aktivierung in Monocyten, Lymphocyten und in der Hirnrinde beobachtet. Bei Menschen wurde ein solcher Stress durch Testsituationen mit arithmetischen Aufgaben und freier Rede induziert. In diesem psychoso-

zialer Stresstest hat sich die Aktivierung von NFκB eindeutig auf die Adrenalinsignalkaskade zurückführen lassen, indem man einzelne Schritte dieser Kaskade (α_1- und β_2-Rezeptoren) blockierte und dann keine NFκB-Aktivierung mehr fand (Bierhaus et al. 2003).

Exkurs 5.3: Steuerung der Gefäßweite über Stickstoffmonoxid (NO) und Endothelin

Ein für die Stressreaktion wichtiger Signalweg, der indirekt mit der SAM-Achse zusammenhängt, ist der Stickstoffmonoxid-(NO-)Signalweg. NO bewirkt eine Erschlaffung der glatten Muskulatur um die Arterien und damit eine Erweiterung der Gefäße (Vasodilatation) in der Skelettmuskulatur, die bei Kampf/Flucht gut durchblutet sein muss. NO wird von verschiedenen Isoformen der NO-Synthase (NOS) aus Arginin und

O_2 hergestellt, wobei Arginin in Citrullin umgewandelt wird (Abb. 5.14). Zwei konstitutive Formen der NO-Synthase benötigen Calcium/Calmodulin zur Aktivierung, wobei das Calcium in den Endothelzellen von Skelettmuskelarterien durch aus der Umgebung stammendes Acetylcholin freigesetzt wird (Acetylcholin ist der Neurotransmitter, der von motorischen Neuronen an die Muskelzellen abgegeben wird, um diese zur Kontraktion zu bringen). Dieser ersten Aktivierung der endothelialen NO-Synthase (eNOS) folgt eine spätere Aktivierung durch Phosphorylierung über die Proteinkinasen PKB und PKA sowie durch Bindung eines

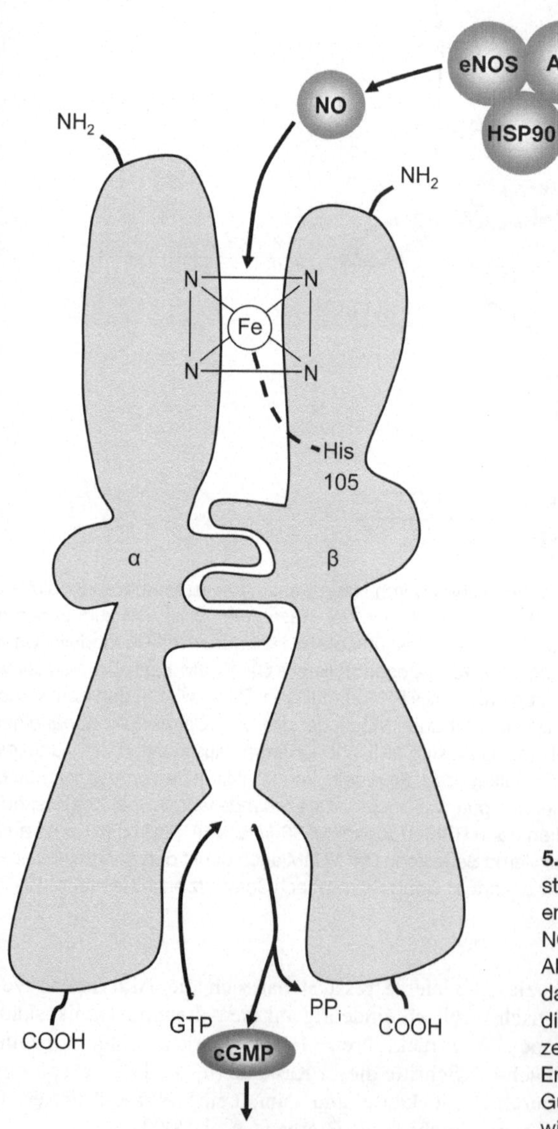

5.14 Guanylylcyclase. Schematische Darstellung der löslichen Guanylylcyclase. Die endotheliale NO-Synthase (eNOS) erzeugt NO. Sie wird durch Calcium und später durch Akt, das heißt die Proteinkinase B (PKB) und das Chaperon HSP90, aktiviert. NO bindet an die Häm-Gruppe der Guanylylcyclase (mit zentralem Eisen, Fe) und stimuliert so die Enzymaktivität zur Bildung von cyclischem Guanosin-3',5'-Monophosphat (cGMP), das wiederum die Proteinkinase G (PKG) aktiviert (nach Hobbs 1997 aus Lodish et al. 2000).

Chaperonproteins (HSP90). HSP90 bindet auch an die lösliche Guanylylcyclase und koppelt so die NO-Synthase an ihr Rezeptorenzym (Nedvetsky et al. 2002). Von der Endothelzelle diffundiert das NO in die benachbarten glatten Muskelzellen und stimuliert dort eine Guanylylcyclase. Die Wirkung von NO ist dabei zeitlich kurz begrenzt auf etwa 2–30 sec. Die cytoplasmatische Guanylylcyclase besteht aus zwei Untereinheiten mit einer Häm-Gruppe, an die NO bindet und dadurch das Enzym zur Bildung von cGMP aus GTP anregt (Abb. 5.14). Die erhöhte cGMP-Konzentration führt über die Stimulation einer Protein-Kinase (PKG) zu einer Aktivierung von Calciumpumpen und zur Verringerung der zellulären Calciumkonzentration. Das hat die Erschlaffung der glatten Muskelfasern und Erweiterung der Arterien zur Folge (Abb. 5.15). cGMP aktiviert seinen eigenen Abbau durch Stimulation einer Phosphodiesterase. Die NO-abhängige Erweiterung der Koronargefäße wird in der Medizin durch

Nitroverbindungen oder Medikamente mit entsprechenden Wirkungen genutzt (ausführliche Darstellung der Regulation in Abschnitt 8.3.

Die membrangebundene Form der Guanylylcyclase wird von einem Peptidhormon (*atrial natriuretic peptide*, ANP) aktiviert, das auch bei Stress ausgeschüttet wird. Sie besitzt auf ihrer Cytoplasmaseite eine katalytische Domäne, die cGMP synthetisiert. Diese Signalkette führt ebenfalls zur Erschlaffung der Gefäßmuskulatur und spielt bei der Regulation des Blutvolumens eine Rolle (Abschnitt 8.3). Antagonistisch zu NO wirken die Endotheline: Sie werden ebenfalls von Endothelzellen gebildet und führen über eine Calciumfreisetzung zur Kontraktion der glatten Gefäßmuskeln in den Arterien. Indirekt ist die SAM-Achse daran insofern beteiligt, als sie über mehrere Schritte Angiotensin II aktiviert, das – ebenso wie Arginin-Vasopressin – die Endothelinsynthese erhöht (Abschnitt 8.3).

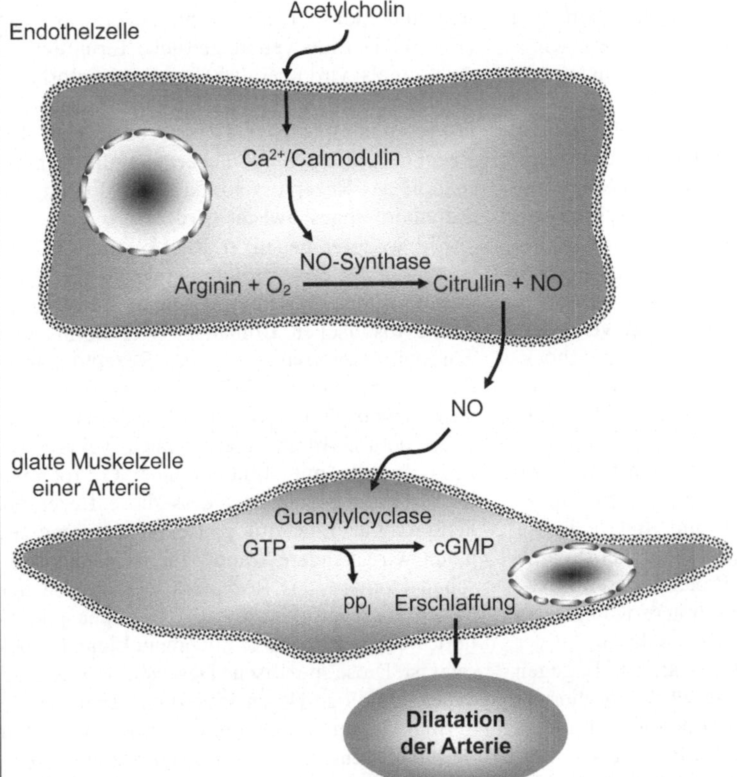

5.15   NO-Synthese und cGMP-Wirkung. NO wird durch die endotheliale NO-Synthase (eNOS) aus Arginin gebildet, wenn der Ca^{2+}-Spiegel ansteigt. Das entstandene NO diffundiert zu benachbarten glatten Muskelzellen und aktiviert dort die Guanylylcyclase. cGMP aktiviert über die Proteinkinase G Calciumpumpen, die den Ca^{2+}-Gehalt der Muskelzelle senken und sie so zum Erschlaffen bringen (nach Löwenstein et al. 1994, aus Lodish et al. 2000).

Induktion und Phosphorylierung von Stressproteinen

Bei Ratten, die entweder physisch durch anhaltendes Schwimmen, durch Elektroschocks oder Immobilisierung gestresst wurden, fanden sich erhöhte Mengen von Stressproteinen (Abschnitt 6.7), vor allem in den glatten Muskelzellen der Aorta und Arterien. Dabei handelt es sich vor allem um die kleinen Stressproteine HSP27 und αB-Crystallin, sowie um das häufigste Stressprotein (HSP70). Die kleinen Stressproteine liegen normalerweise als Multimere vor und erfüllen in dieser Form ihre Chaperonfunktion in Form der Faltung und Stabilisierung von Proteinen, während HSP70 mit HSP40 zusammen an zahlreiche neusynthetisierte, zu transportierende oder zu degradierende Proteine bindet und deren Konformation beeinflusst. Ein weiteres Mitglied der Familie der kleinen Stressproteine (HSP20) wird unter Stress phosphoryliert, und zwar besonders in den durch cyclische Nucleotide entspannten glatten Muskelzellen um die arteriellen Gefäße (Kato et al. 2002).

Den Induktionsmechanismus der kleinen Stressproteine kennt man noch nicht genau. Arachidonsäure scheint eine stimulierende Wirkung zu haben, ebenso die PKC und die stressaktivierten Proteinkinasen wie p38 (Abschnitt 6.8). Bei HSP70 scheint die Aktivierung über α_1-Adrenorezeptoren und von dort möglicherweise über den Calcium- oder p38-Signalweg zu verlaufen. Außer der Aktivierung über den Hitzeschocktranskriptionsfaktor (HSF-1) werden die Stressproteingene offenbar auch durch CREB stimuliert.

Die Phosphorylierung der kleinen HSPs wird durch Aktivierung der PKC, durch den Tumornekrosefaktor α (TNF-α) und Interleukin 1 (IL-1) induziert – wesentlich über den Signalweg der stressaktivierten Proteinkinasen (JNK/p38). Dadurch wird der multimere Komplex in Monomere aufgelöst, deren Funktion in der Stressreaktion noch nicht geklärt ist. Dagegen scheint die PKA-abhängige Phosphorylierung von HSP20 zu einer Assoziation dieses Proteins mit kontraktionsregulierenden Proteinen zu führen, die mit der Entspannung der glatten Muskelfasern möglicherweise im direkten Zusammenhang stehen.

5.1.4 Die zeitliche Regulation von Signalketten erfolgt meist über negative Rückkopplung

Die Ausschüttung des Stresshormons Adrenalin sowie die zelluläre Reaktion auf das Hormon ist – wie bei vielen Signalmolekülen – zeitlich eng terminiert (Abb. 5.2). Für die schnelle Termination des Signals sind zahlreiche negative Rückkopplungsschleifen (negatives feedback) verantwortlich, die die Aktivitäten von Signalproteinen und die Konzentrationsveränderungen der *second messenger* wieder auf ein normales Niveau zurückführen. Die kurzzeitige Beendigung des Signals beginnt oft schon bei der Ausschüttung des Transmitters, wie etwa bei Noradrenalin, das durch Bindung an präsynaptische α_2-Rezeptoren die weitere Ausschüttung hemmt (Abb. 5.10). Hinzu kommt der enzymatische Abbau von Noradrenalin und Adrenalin durch die Monoaminooxidase (MAO) und andere Enzyme (Kapitel 4). Eine weitere zeitliche Terminierung des Signals wird über den Hormonrezeptorkomplex erreicht: Sobald die α-Untereinheit des G-Proteinkomplexes GTP gebunden und den Rezeptor verlassen hat, ändert sich die Konformation des Rezeptors so, dass die Bindung an Adrenalin abgeschwächt wird.

Ein weiterer negativer Rückkopplungseffekt besteht in der Desensitivierung des β-Adrenorezeptors durch Phosphorylierung an verschiedenen cytosolischen Domänen. Vier Serin- und Threonin-Aminosäurereste des Rezeptors werden von der durch cAMP aktivierten Proteinkinase A phosphoryliert. Die PKA desensitiviert außer dem β-Adrenorezeptor noch weitere Rezeptoren, die mit stimulierenden G-Proteinen in Verbindung stehen, sodass diese Rezeptorhemmung auch heterologe Desensitivierung genannt wird. Andere Aminosäuren der cytosolischen Domäne des Rezeptors werden von der β-Adrenorezeptorkinase (BARK) phosphoryliert, wenn der Rezeptor mit einem Liganden besetzt ist. Diese spezifische Desensitivierung wird daher homologe Desensitivierung genannt.

Eine längere Adrenalinexposition von Zellen führt daher zu einer verminderten Signalübertragung durch den Rezeptor, was noch durch ein an den phosphorylierten Rezeptor bindendes Protein (β-Arrestin) verstärkt wird, das sterisch die Interaktion zwischen Rezeptor und stimulierendem G-Protein behindert. β-Arrestin vermittelt außerdem die Anbindung und Aufnahme in Vesikel, die den inaktiven β-Adrenorezeptor durch

Endocytose in das Cytoplasma transportieren wo er durch Abspaltung von β-Arrestin entweder wieder aktiviert und an die Plasmamembran zurück transportiert oder abgebaut wird (*down regulation*).

Ein weiterer Mechanismus der **Signaltermination** besteht in der Hydrolyse des G-Protein-gebundenen GTP zu GDP nach der Bindung und Stimulation der Adenylylcyclase. Daran ist einerseits eine GTPase-Funktion der a-Untereinheit selbst beteiligt (GAP), aber auch assoziierte Proteine (*regulators of G-protein signaling*, RGS), die die GTPase-Aktivität auf allosterische Weise verstärken (Ross, Wilkie 2000). Ein Abbau von cAMP erfolgt durch eine cAMP-Phosphodiesterase, deren Aktivität durch eine CaM-Kinase und eine PKA-abhängige Phosphorylierung gesteigert wird.

Die durch die PKA phosphorylierten Proteine werden durch Phosphoproteinphosphatasen wieder dephosphoryliert, wobei diese vorübergehend durch eine PKA-abhängige Phosphorylierung inaktiviert wurden.

Auch bei der Aktivierung des Transkriptionsfaktors CREB (*cAMP response element-binding protein*) gibt es eine negative Rückkopplung: Ein weiteres Protein, das an CRE binden kann (*cyclic AMP response element modulator*, CREM), wird durch die PKA phosphoryliert und aktiviert und kann dann mit CREB kooperieren. Ihm kann allerdings durch alternatives Splicen die Domäne fehlen, die eine Transkription des zugehörigen Gens stimuliert. CREM wirkt dann als kompetitiver Inhibitor von CREB. CREM-Gene enthalten auch CRE im Promotor und codieren kleine Proteine, die ICER (*inducible cyclic AMP early repressor*) genannt werden. Sie binden ebenfalls CRE und verhindern so die Bindung von CREB und CREM kompetitiv. Auf diese Weise findet eine zeitlich begrenzte Expression der cAMP-abhängigen Gene nach Adrenalinstimulation statt (Lachtman 1998).

Bei Langzeitstress oder oft wiederholtem Stress sind die Reaktionen daher meist erniedrigt: Bei den schon erwähnten Fallschirmsprüngen (Abb. 5.2) ist bei erfahrenen Springern die subjektive Angst, die Herzfrequenz und Hormonausschüttung geringer als bei unerfahrenen (Schedlowski 1994). Trotzdem wird weiterhin auch bei wiederholtem Stress die SAM-Achse aktiviert. Das gleiche gilt für ständigen sozialen Stress: Werden subdominante Rattenmännchen mit dominanten Männchen konfrontiert, so ist nach zwei Tagen Stress die Adrenalinkonzentration im Blut noch immer erhöht (Stefanski 2001). Auf die pathologischen Folgen von Langzeiterhöhung und späterer Erniedrigung des Noradrenalin/Adrenalinspiegels von allem für Verhalten, Immun- und Herz-Kreislauf-System gehen wir in Kapitel 4, 7 und 8 ein.

5.2 Die Hypothalamus-Hypophysen-Nebennierenrinden-Achse

Ein zentraler Weg der Stressvermittlung ist die Hypothalamus-Hypophysen-Nebennierenrinden-Achse (*hypothalamic pituitary adrenocortical (HPA) axis*). Das wichtigste hormonelle Stresssignal stammt aus dem Hypothalamus in Form des *corticotropin releasing hormone* (CRH), weitere Hormonsignale werden aus der Hypophyse (adrenocorticotropes Hormon, ACTH) und aus der Nebennierenrinde in Form von Glucocorticoiden freigesetzt, beim Menschen hauptsächlich in Form von Cortisol. Glucocorticoide weisen ein großes Wirkungsspektrum im gesamten Organismus auf und erhöhen unter anderem die Glucoseproduktion – daher der Name Glucocorticoide. Bei einem Stressor wie einem Fallschirmsprung oder ähnlichen angstauslösenden Situationen wird diese Achse gegenüber der SAM-Achse etwas verzögert aktiviert (Abb. 5.2), begrenzt deren Wirkung und dominiert die funktionellen Veränderungen bei Dauerstress. Die HPA-Achse ist wesentlich an pathologischen Entwicklungen unter Dauerstress beteiligt.

Welche Stressoren wirken über diese Achse auf den Körper – aber auch auf das Zentralnervensystem? Es sind im Wesentlichen die Stressoren, die auch die SAM-Achse aktivieren: psychosoziale und emotionale Stressoren wie Belastungen am Arbeitsplatz und in der Familie, traumatische Erlebnisse, Angst und depressive Zustände. Ebenso wirken auch physische Anstrengungen und Belastungen wie ein schneller Lauf, eine Bakterieninfektion und Fieber als Stressoren. Bei Ratten sind es Stressoren wie Immobilisierung, Blutverlust, Kälte, durch Insulin erzeugte Unterzuckerung, Äther-Exposition, elektrische Schocks (Schmerz) oder Behandlung mit einem Entzündungssignal (Interleukin-1*β*).

Der Signalweg zur HPA-Achse führt von der Aufnahme und Bewertung von Stresssignalen im Cortex und dem limbischen System zum Hypothalamus. Dort werden daraufhin von bestimmten Neuronengruppen Signalpeptide sezerniert. Die Hauptsignalpeptide sind das *corticotropin releasing hormone* (CRH) und Arginin-Vasopressin (AVP), die auf unterschiedlichen Wegen in der Adenohypophyse die Produktion und Sekretion des adrenocorticotropen Hormons (ACTH) aktivieren. CRH stimuliert auch die SAM-Achse, moduliert die Parasympathikusaktivität und wirkt im Gehirn auf Emotionen und Verhalten (Kapitel 4). Die Produktion von CRH wird seinerseits durch zahlreiche Signale aus dem ZNS und dem Körper reguliert. ACTH wird über Blutgefäße zur Nebennierenrinde transportiert, wo es die Synthese und Ausschüttung vor allem von Glucocorticoiden stimuliert, die dann wiederum über das Gefäßsystem Effektorzellen mit Glucocorticoidrezeptoren erreichen und darüber die Stressreaktion in diesen Zellen/Geweben/Organen in Gang setzen. Diese Signalkette ist über mehrere Wege mit negativen Rückkopplungsschleifen versehen.

Trotzdem ist auch bei Dauerstress ein erhöhter Glucocorticoidspiegel zu beobachten, der durch Defekte in der Rückkopplung zustande kommen kann und der wesentlich für viele – auch pathologische – Veränderungen verantwortlich ist (Kapitel 8).

Die Wirkungen der Glucocorticoide werden über intrazelluläre Rezeptoren vermittelt. Im Gegensatz zu den Proteinhormonen und anderen wasserlöslichen Hormonmolekülen, wie Adrenalin, die an Rezeptoren an der Außenseite der Membran andocken müssen, diffundieren die lipidlöslichen Steroidhormone durch die Zellmembranen hindurch und binden in den Zellen an ihre jeweiligen spezifischen Proteinrezeptoren. Sobald der Rezeptor Cortisol gebunden hat, aktiviert oder unterdrückt er Gene, die auf ihrem regulatorischen Teil (dem Promotor) den Hormonrezeptorkomplex binden. Dazu gehört beispielsweise ein Gen für ein wichtiges Enzym bei der Neusynthese von Glucose. In anderen Fällen ist die Wirkung von Cortisol hemmend und verhindert so eine überschießende Stressreaktion.

Das funktionelle Verhältnis der beiden hauptsächlichen Stresshormone Adrenalin und Cortisol ist unterschiedlich. Aus den teilweise synergistischen, teilweise antagonistischen Wirkungen von Cortisol zu denen von Adrenalin und den spezifischen Wirkungen der Glucocorticoide kann man ableiten, dass Glucocorticoide eine zweite, langsamere Welle der Reaktion auf den Stressor in Gang setzen, die zwar die schnelle SAM-Reaktion teilweise verstärkt, aber diese auch begrenzt und neue, längerfristige Anpassungsziele ansteuert. Sapolsky et al. (2000) unterscheiden zwischen den *permissiven* Wirkungen von relativ niedrigen Konzentrationen von Glucocorticoiden, die schon vor dem Stress vorhanden sind und die die Stressreaktionen der SAM-Achse unterstützen, und den *suppressiven* Wirkungen etwa eine Stunde nach Beginn des Stresses, die diese Reaktion am Überschießen hindern. Außerdem unterscheiden sie *stimulierende* Wirkungen, die bestimmte Stressreaktionen fördern, sowie *vorsorgliche* Wirkungen, die eine antizipatorische Antwort des Organismus auf einen weiteren Stress vorbereiten. Dabei handelt es sich um eine Balance zwischen positiven und schädlichen Wirkungen: Beispielsweise ist es vorteilhaft für den Organismus, wenn er nicht zu stark auf Entzündungssignale und -prozesse reagiert, auf der anderen Seite macht die Hemmung der Enzündungsreaktionen durch Cortisol auf die Dauer anfälliger gegen Infektionen.

Letzten Endes sind die Adaptationsmechanismen beider Systeme begrenzt: Eine hohe Dauerbelastung ist vom Organismus in vielen Fällen nicht mehr zu kompensieren und führt – wie schon von Selye (1936) formuliert – zu Erschöpfungszuständen und Krankheit.

5.2.1 Die Signalwege der HPA-Achse werden durch zahlreiche Modulatoren kontrolliert

Der prinzipiell gut bekannte und in der Übersicht dargestellte Signalweg der HPA-Achse (Norman and Litwack 1989, Brown 1991, Spinas und Fischli 2001) ist inzwischen durch eine Fülle weiterer Signalmoleküle erweitert worden, die an dieser Achse konzentrationsabhängig, positiv oder negativ modulierend an der Signalweiterleitung, Dämpfung oder Rückkopplung beteiligt sind. Hinzu kommen wichtige neue Erkenntnisse über die Regulation der Genexpression, weitere Syntheseorte und Ziele der HPA-Signalmoleküle sowie über ihre komplexen intrazellulären Signaltransduktions- und Effektormechanismen. Ausgangspunkt der HPA-Achse sind die durch das Limbische System aktivierten CRH-Neuronen im Hypothalamus, deren zentralnervöse Bedeutung in Kapitel 4 dargestellt ist. In diesem Kapitel steht die Rolle von CRH als Neurohormon im Vordergrund

Corticotropin releasing hormone (CRH), sein Signalweg und seine Modulatoren

CRH ist ein Peptidhormon aus 41 Aminosäuren, das in den parvozellulären Regionen des paraventrikulären Nucleus (PVN) im Hypothalamus, aber auch in Neuronen des limbischen Systems, Hirnstamms und Rückenmarks gebildet wird (Drolet and Rivest 2001). CRH ist ein zentraler Mediator für Reaktionen auf zahlreiche Stressoren (Übersichten bei: Antoni 1986, Fisher 1989, Bissette 1991, Reul et al. 1998).

Die CRH-Neuronen im PVN erhalten Stresssignale aus höheren Zentren (serotonerge und cholinerge Fasern). Diese bewirken unter anderem eine erhöhte Expression des CRH-Gens sowie des Gens für seinen eigenen Rezeptor (CRH-Rezeptor-1). CRH hat offenbar – über diesen Rezeptor – eine positive Wirkung auch auf die eigene Syntheserate und stellt so eine sehr kurze positive Rückkopplung her (Drolet und Rivest 2001).

Weitere, die CRH-Synthese stimulierende Signale sind Angiotensin II, Neuropeptid Y sowie die Cytokine Interleukin 1, 2 und 6 sowie *tumor necrosis factor a* (TNF-*a*), während Noradrenalin/Adrenalin, Stickstoff- und Kohlenstoffmonoxid (NO und CO) sowohl stimulieren wie hemmen können (Kasckow et al. 2003). Neuro-

tensin (NT), *bombesin-like peptides* (BN-LP, Merali et al. 2002), Prostaglandine und *C-type natriuretic peptide* (CNP) wirken offenbar direkt oder indirekt positiv auf CRH-Neuronen ein (Wiedemann et al. 2000). Die Ausschüttung von CRH wird im Hypothalamus (PVN) auch durch Orexine gefördert, die den Wachzustand positiv beeinflussen.

Wie die verschiedenen positiven Signale und Modulatoren auf die **Expression des CRH-Gens** einwirken, ist Gegenstand intensiver Analyse und noch nicht in allen Details bekannt. Die Regulationsmechanismen in CRH-Neuronen der Amygdala sind offenbar verschieden von denen im PVN. Eine Aktivierungskette der PVN-Neuronen verläuft über eine Erhöhung von cAMP, Aktivierung der Proteinkinase A und Phosphorylierung von CREB (Abschnitt 5.1). Jedenfalls ist ein entsprechendes Bindungselement (CRE) im Promotor des Gens vorhanden. Eine weitere Signalkette verläuft vermutlich über eine Calciumerhöhung und eine Aktivierung von CREB über Calcium-Calmodulin-abhängige Kinasen. Phorbolester und die dadurch stimulierte Proteinkinase C induzieren ebenfalls das CRH-Gen, in diesem Fall über die Aktivierung von AP-1-Transkriptionsfaktoren (Kasckow et al. 2003, Brunson et al. 2001) (Abb. 5.16).

Insbesondere Cortisol, aber auch ACTH wirken als negative Signale auf die CRH-Neuronen und stellen so eine negative Rückkopplung her, die nach einer Stressaktivierung zu deren nachfolgender Dämpfung notwendig ist. Auch Opioide (*β*-Endorphine, Dynorphin, Palkovits 2000) wirken dämpfend auf die CRH-Ausschüttung. Ein weiterer negativer Regulator von CRH ist das *CRH-binding protein* (CRH-BP, Potter et al. 1991, Seasholtz et al. 2001). Dieses Glykoprotein wird in der Nähe der CRH-Synthese und -Ausschüttung gebildet (Limbisches System, basales Vorderhirn, corticotrope Zellen der Hypophyse) und hemmt durch seine Bindung an CRH dessen Andocken an CRH-Rezeptoren. CRH-BP wird durch Stress, durch CRH selbst und Corticosteroide induziert und dient so ebenfalls einer zeitlichen Begrenzung der HPA-Achsen-Aktivierung (Levine 2002). Das *atrial natriuretic peptide* (ANP) hemmt die HPA-Achse auf allen regulatorischen Ebenen (Wiedemann et al. 2000), ebenso wie Prolaktin.

Gehemmt wird die Stressaktivierung der CRH-Neuronen und damit die HPA-Achse auch durch GABAerge Neuronen. Der GABA-A-Rezeptorkomplex, der einen zentralen Cl⁻-

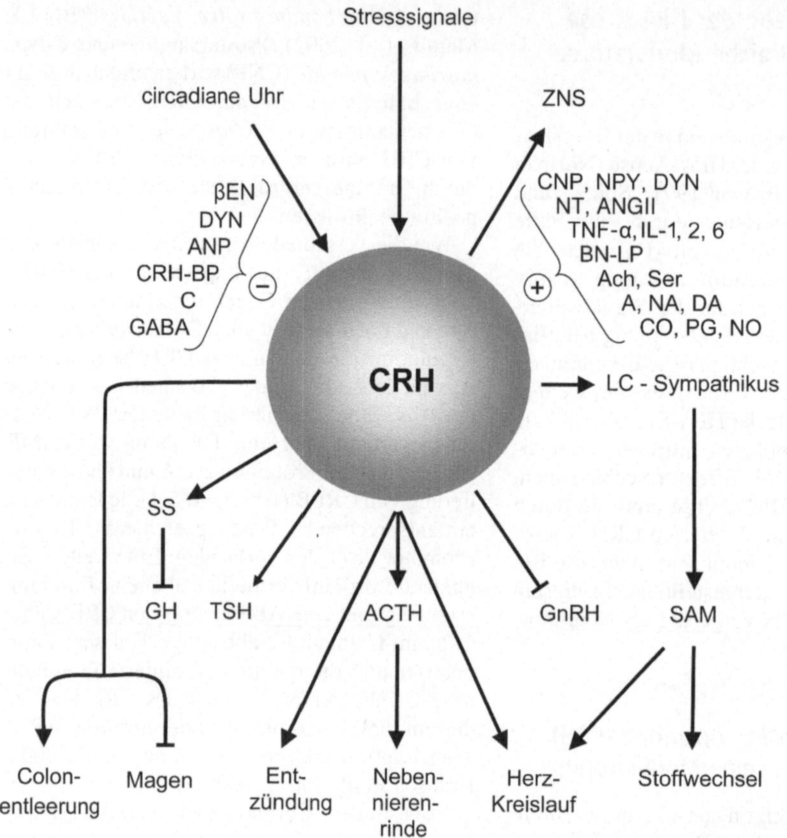

5.16 *Corticotropin releasing hormone* (CRH). Stressoren unterschiedlicher Art werden im Gehirn wahrgenommen und aktivieren CRH-Neuronen im Hypothalamus über Neurotransmitter wie Acetylcholin (Ach), Noradrenalin (NA), Dopamin (DA), Serotonin (Ser) sowie über Stickstoffmonoxid (NO) und Kohlenmonoxid (CO). Prostaglandine (PG) und Adrenalin (A) modulieren diese Aktivität. Stimulierend wirken Angiotensin II (ANGII), Signalpeptide wie *C-type natriuretic peptide* (CNP), Neuropeptid Tyrosin (NPY), Dynorphin (DYN) (wirkt anscheinend konzentrationsabhängig positiv oder negativ), Neurotensin (NT), *bombesin-like peptides* (BN-LP) und Cytokine wie *tumor necrosis factor* α (TNF-α) und Interleukine 1, 2 und 6 (IL-1, 2, 6). Eine tagesperiodische (circadiane) Kontrolle erfolgt durch die „Innere Uhr„ im Suprachiasmatischen Nucleus (SCN) des Hypothalamus. Hemmend auf die CRH-Neuronen, wirken β-Endorphin (β-EN), Dynorphin (siehe oben), *atrial natriuretic peptide* (ANP), *CRH binding protein* (CRH-BP), Cortisol, das Neurosteroid Allopregnanolon und gamma Aminobuttersäure (GABA). Die Wirkungen von CRH erstrecken sich auf das Gehirn und haben dort u. a. mit der Entstehung des Gefühls „Angst" zu tun (Kapitel 3 und 4). Außerdem aktiviert CRH über den *Locus coeruleus* (LC) die SAM-Achse und beeinflusst über den Parasympathikus die Magen-Darmtätigkeit. Eine Hauptwirkung von CRH besteht in der Synthese von ACTH im Hypophysen-Vorderlappen, in der Stimulation der Herz-Kreislauf-Tätigkeit und von Entzündungsprozessen. Hemmend wirkt es auf die Abgabe von *gonadotropin releasing hormone* (GnRH) und Wachstumshormon (GH) über eine Aktivierung von Somatostatin (SS). Bei TSH wird eine stimulierende Wirkung beobachtet.

Kanal enthält und diesen nach Bindung von GABA öffnet (was auch von anderen Liganden, wie Benzodiazepinen, beeinflusst wird), ändert sich anscheinend nach Stress: Die Zahl der Rezeptorkomplexe und ihre Bindungsaffinität zu Benzodiazepinen steigt an. Diese Veränderung ist vermutlich auf die Wirkung von Corticosteroiden oder deren Metabolite zurückzuführen, die ja nach Stress vermehrt gebildet werden und an den GABA-Rezeptor binden oder seine Synthese steuern (Kapitel 4). Auf diese Weise könnte eine Verstärkung der negativen Rückwirkungen von Glucocorticoiden auf die HPA-Achse erfolgen (Sutanto und de Kloet 1993).

Die **physiologische Kontrolle** der CRH-Produktion – und damit auch der nachfolgenden ACTH-Ausschüttung – erfolgt pulsativ mit erhöhter Ausschüttung im Abstand von etwa zwei bis drei Stunden und tagesrhythmisch: Dabei werden die höchsten Werte beim Menschen morgens erreicht. Die tagesrhythmische Kontrolle geht von der zentralen circadianen Uhr im suprachiasmatischen Nucleus (SCN) im Hypothalamus aus. Es könnte sein, dass die Belastungen während der dann folgenden Aktivität am Tage ein Grund für die am Morgen (antizipatorisch?) erhöhten CRH-, ACTH- und Cortisolwerte sind. Dauerstress modifiziert diesen rhythmischen Verlauf oder überlagert ihn vollständig, während die Reaktion auf Stress jedoch oft tageszeitabhängig bleibt.

Ein weiterer wichtiger Aspekt der Regulation der HPA-Achse geht von der Interaktion mit der Geschlechtshormonachse aus: Im Prinzip hemmen die beiden Achsen sich gegenseitig, das heißt bei Stress wird die Sexualität unterdrückt, während Sexualität – in Grenzen – die Stressreaktion der HPA-Achse hemmen kann. Dabei ist bei Ratten ein Geschlechtsunterschied beobachtet worden: Im Proöstrus von weiblichen Tieren findet eine Erhöhung der CRH-Synthese durch Östrogen statt, gefolgt von einer Erhöhung der CRH-BP-Produktion, während bei männlichen Tieren die CRH-Synthese durch Testosteron gehemmt wird. Umgekehrt hemmt CRH das *gonadotropin releasing hormone* (GnRH) und Glucocorticoide die Geschlechtshormonsynthese (Levine 2002). CRH hemmt über die Stimulation von Somatostatin auch die Wachstums- und Schilddrüsenachse (Neeck 2000).

Wirkungen von CRH

Das *corticotropin releasing hormone* der PVN-Neuronen wird über die Eminentia mediana in das Gefäßsystem des Hypophysenvorderlappens abgegeben und erreicht darüber die corticotropen Zellen (Bissette 1991), die daraufhin ACTH und andere Hormone synthetisieren und abgeben. Der auf den Membranen dieser Zellen lokalisierte CRH-Rezeptor-Typ 1 (CRH-R1) ist in seiner

Menge reguliert: Stress vermehrt seine Anzahl, während die Injektion von Glucocorticoiden bei Ratten zu einer Verminderung führt (negative Rückkopplung) (Aguilera et al. 2001).

CRH aktiviert außerdem die SAM-Achse durch eine **Stimulierung des sympathischen Nervensystems** über den *Locus coeruleus*. Injektion von CRH in die Cerebrospinalflüssigkeit erzeugt bei Ratten alle die Reaktionen der SAM-Achse, die bei verschiedenen Stressoren beobachtet werden (Brown 1991). CRH beeinflusst auch die Aktivität des Parasympathikus und hemmt vor allem über seinen CRH-Rezeptor-Typ 2 (CRH-R2) die Magenentleerung, erhöht aber die Colonmotorik über CRH-R1 (Tache et al. 1999). **CRH wirkt außerdem direkt auf Organe in der Peripherie:** Beim Herzen wird die Kontraktilität und der Arteriendruck erhöht (was eine Verstärkung der Wirkungen von Adrenalin/Noradrenalin und Cortisol bedeutet). Auf der anderen Seite aktiviert CRH die Ausschüttung des stressdämpfenden *atrial natiuretic peptide* (ANP), das eine erhöhte Wasserausscheidung in der Niere und damit eine Blutdruckverminderung bewirkt und auch negativ auf die CRH-Neuronen zurückwirkt. Unterstützt wird CRH bei der Wirkung auf das Herz durch verwandte Peptide (Urocortine, Ucn) (Coste et al. 2002). CRH wird auch in entzündeten Gewebsbereichen gefunden und aktiviert dort die Entzündung durch Stimulierung von Mastzellen (Theoharides et al. 2004). Es induziert außerdem die Apoptose der Zellen über Fas-Liganden und die Aktivierung des Transkriptionsfaktors NFκB (Zbytek et al. 2004).

Im Gehirn wirkt CRH über CRH-R1 auf Verhalten und Gefühle ein. Es erzeugt Angst (Kellendonk et al. 2002) ebenso wie Verzweiflungsverhalten bei Affen, erhöhte Aufmerksamkeit, Wachheit und akustische Wahrnehmung, Appetitlosigkeit, während es die Libido, den *slow wave*-Schlaf und soziale Interaktionen unterdrückt. Bei Patienten mit Depressionen (*major depression*) zeigte sich in vielen Fällen ein erhöhter CRH-Spiegel in der cerebrospinalen Flüssigkeit (Bissette 1991). Neuerdings mehren sich die Hinweise, dass eine erhöhte HPA-Aktivität und Cortisolkonzentration der Depression vorangeht (Abschnitt 8.1).

Diese erhöhte Aktivität wird offenbar durch eine Verringerung der Corticoidrezeptor-Sensitivität verursacht, die eine zu geringe negative Rückkopplung auf die CRH-Produktion nach sich zieht. Das führt zu überhöhten CRH-Konzentrationen, die wiederum die oben genannten Gefühle und Verhaltensweisen, vor allem Angst und Depressivität erzeugen (Holsboer 2001). Viele der derzeitig verwendeten Antidepressiva, die Neurotransmitter und deren *second messenger* wie cAMP und Calcium beeinflussen, scheinen bei längerer Einwirkung die Aktivität eines cAMP- und calciumabhängigen Transkriptionsfaktors (CREB, Abschnitt 5.1) zu senken, der das CRH-Gen aktiviert (Holsboer 2001). Bei einem anderen Typ von Depression (*atypical depression*), bei dem die Menschen lethargisch und müde sind, viel essen und schlafen, scheint die HPA-Achse dagegen herunter reguliert zu sein (Gold and Chrousos 2002).

CRH und verwandte Peptide binden an die zwei bisher bekannten **Transmembranrezeptoren: CRH-R1** und **CRH-R2**, die beide über G-Proteine die Adenylylcyclase aktivieren (Dautzenberg et al. 2001, Coste et al. 2002). CRH-R1 wird hauptsächlich im ZNS gefunden und weniger in der Peripherie, während CRH-R2 hauptsächlich in der Peripherie – wo der Rezeptor auch die Urocortine bindet – und nur in bestimmten Regionen des ZNS vorkommt. CRH-R2 scheint zum Teil antagonistische Wirkungen, wie Angstlösung, im Vergleich zu CRH-R1 zu haben, außerdem scheint es Lernen zu hemmen, während R1 stressinduziertes Lernen fördert (Hashimoto et al. 2001). Die Regulation der CRH-R1 Rezeptormenge und Bindungsaktivität in corticotropen Zellen der Hypophyse ist komplex: CRH und Corticosteroide erhöhen die Bindungsaffinität, führen aber zu einer verminderten Syntheserate (*down regulation*), während Arginin-Vasopressin die Synthese erhöht (Aguilera et al. 2001). Auch im Herzen wird die Synthese der CRH-R2-Rezeptoren durch Stresshormone (Corticosteron, ACTH) und Immunmediatoren (Interleukin-1, Tumornekrosefaktor *a*) herunter reguliert (Coste et al. 2002).

Urocortine (Ucn) I, II, III sind CRH-verwandte Hormone

Urocortine sind Peptidhormone, deren Aminosäuresequenzen Homologien zu CRH aufweisen. Sie werden in bestimmten Regionen des ZNS exprimiert, u. a. in solchen, die an der Steuerung des autonomen Nervensystems beteiligt sind. Außerdem findet man eine hohe Ucn II-Transkription im Herzen, während Ucn III in verschiedenen peripheren Organen (Haut, Lunge,

Verdauungstrakt, Herz und Niere) vorkommt. Die Ucn II und III Wirkungen, wie Gefäßerweiterung in der Peripherie, Kontraktilitätssteigerung des Herzens, Ausschüttung von ANP, sind ähnlich wie die von CRH über seinen CRH-Typ-2-Rezeptor.

Ein weiteres CRH-ähnliches Peptid ist **Stresscopin**. CRH, Urocortine und Stresscopin binden beispielsweise auch an Rezeptoren auf Fettzellen (meist CRH-R2) und scheinen dort an der Regelung der Stoffwechselhomöostase – im Sinne eines anorexischen Effekts – beteiligt zu sein (Seres et al. 2004).

Das adrenocorticotrope Hormon (ACTH)

CRH ist der wichtigste Aktivator der ACTH-Synthese in den corticotropen Zellen des Hypophysenvorderlappens (Abb. 5.17). Ein weiteres wichtiges Neurohormon für die Aktivierung der ACTH-Synthese ist das Arginin-Vasopressin (AVP), das über den Hypophysenhinterlappen freigesetzt, aber auch in CRH-Neuronen gebildet wird (Sapolsky 1992). AVP dockt über seinen V-R1-Rezeptor ebenfalls an corticotrope Zellen an und stimuliert dann über Inositoltrisphosphat (IP_3), Diacyclgycerol (DAG) und Calcium ebenfalls die Expression des Proopiomelanocortin-(POMC-)Gens, aus dessen großem Vorläuferprotein das ACTH gebildet wird. CRH und AVP haben dabei offenbar synergistische Wirkungen: Am Morgen, wenn die CRH-Konzentration am höchsten ist, aktivieren Injektionen von AVP die Abgabe von ACTH am stärksten.

Eine Anzahl weiterer Signalmoleküle modulieren diesen Teil der HPA-Achse: Adrenalin wirkt über β_2-Rezeptoren und cAMP – also über den gleichen Mechanismus wie CRH – aktivierend auf die ACTH-Sythese und verstärkt so die Stressreaktion der HPA-Achse. Diese zunächst erfolgende gegenseitige Verstärkung der beiden Achsen – auch Cortisol erhöht die Wirkung von Adrenalin – ist ein Charakteristikum der frühen Reaktion auf Stress. Stimulierend auf die HPA-Achse wirken außerdem Cholecystokinin (CCK), Cytokine wie TNF-a IL-1 und LIF sowie Leptin und Fieber.

Neben negativen **Rückkopplungsschleifen von Cortisol** gibt es weitere negative Signale, die möglicherweise einer Feinjustierung und einer Abpufferung von zu hohen Antworten dienen. So puffert Oxytocin die positive Wirkung von AVP auf die corticotropen Zellen ab (Legros

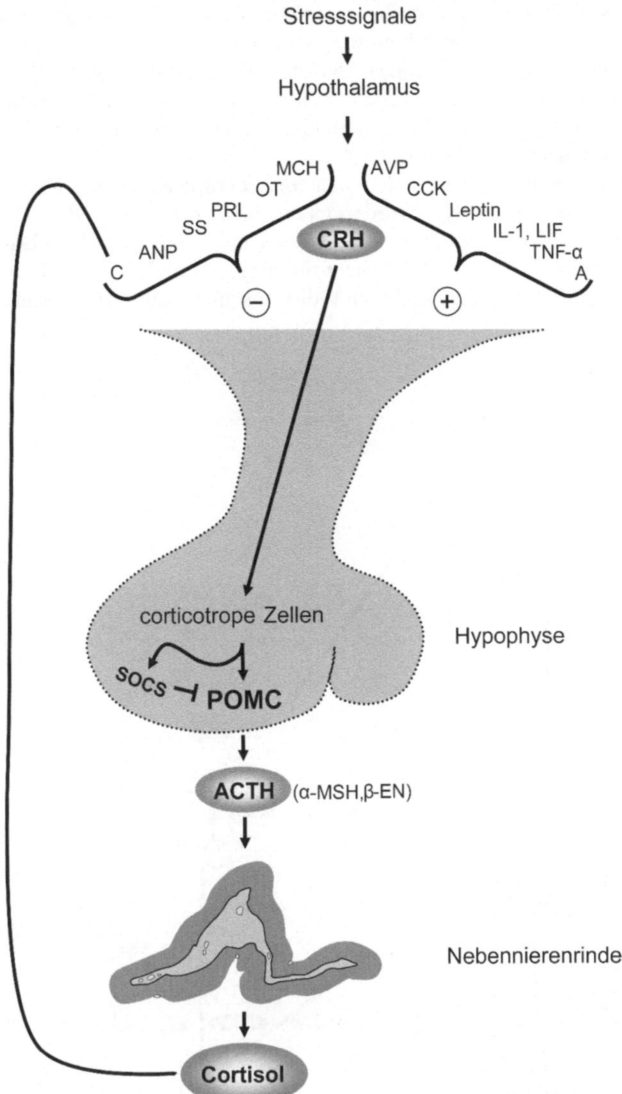

5.17   Die HPA-Achse. Ein Hauptfaktor in der Stressvermittlung ist das *corticotropin releasing hormone* (CRH), das hauptsächlich in der parvozellulären Region des paraventrikulären Nucleus (PVN) im Hypothalamus gebildet und in das Gefäßsystem des Hypophysenvorderlappens ausgeschüttet wird. Dort bindet es an Rezeptoren (CRH-R1) von corticotropen Zellen und bewirkt über einen Anstieg von cAMP die Expression des Proopiomelanocortin(POMC)Gens. Aus dem POMC-Protein werden durch proteolytische Spaltung die Hormone Adrenocorticotropes Hormon (ACTH), α-Melanocyten-stimulierendes Hormon (α-MSH) und β-Endorphin (β-EN) gebildet. Diese werden in das Gefäßsystem sezerniert. ACTH bindet an Rezeptoren in der Nebennierenrinde und aktiviert dort ebenfalls über eine Erhöhung der cAMP-Menge die Synthese von Glucocorticoiden (Cortisol und Corticosteron).

Die CRH-Wirkung auf die POMC- bzw. ACTH-Synthese wird von zahlreichen Faktoren moduliert. Positiv auf die ACTH-Synthese wirken Adrenalin (A), Arginin-Vasopressin (AVP), Cholecystokinin (CCK), Entzündungssignale wie Tumornekrose Faktor α (TNF-α), Interleukin-1 (IL-1), *leukemia inhibitory factor* (LIF), Leptin und Fieber. Negativ wirken Glucocorticoide, *atrial natriuretic peptide* (ANP), *melanin-concentrating hormone* (MCH), Oxytocin (OT), Somatostatin (SS) und Prolaktin (PRL). In den corticotropen Zellen werden zudem Proteine (*suppressor of cytokine signalling*, SOCS) gebildet, die die POMC-Synthese hemmen.

2001). Oxytocin ist offenbar ein Antistresshormon, das u. a. durch Saugreize an der Brust aktiviert wird und eine beruhigende Wirkung und Hinwendung zum Säugling bei der Mutter auslöst. Allgemein hat OT eine positive Wirkung auf das Sozialverhalten (bisher bei Tieren nachgewiesen) und funktioniert möglicherweise als Gegenspieler zu dem sehr ähnlich aufgebauten Arginin-Vasopressin. Auch die negativen Einflüsse von Prolaktin, Melanin-konzentrierendem Hormon (MCH), Somatostatin, ANP und Adre-

nomedullin auf die HPA-Achse mögen als Stressdämpfung zu verstehen sein. Parakrine Interaktionen zwischen den corticotropen Zellen führen offenbar zu einer gegenseitigen Kontrolle der Empfindlichkeit gegenüber den Signalen (Sapolsky 1992).

CRH dockt an **corticotrope Zellen** des Hypophysenvorderlappens an und aktiviert über stimulierende G-Proteine die Adenylylcyclase. Daraus folgt die Erhöhung des cAMP-Spiegels in der Zelle und die anschließende Aktivierung

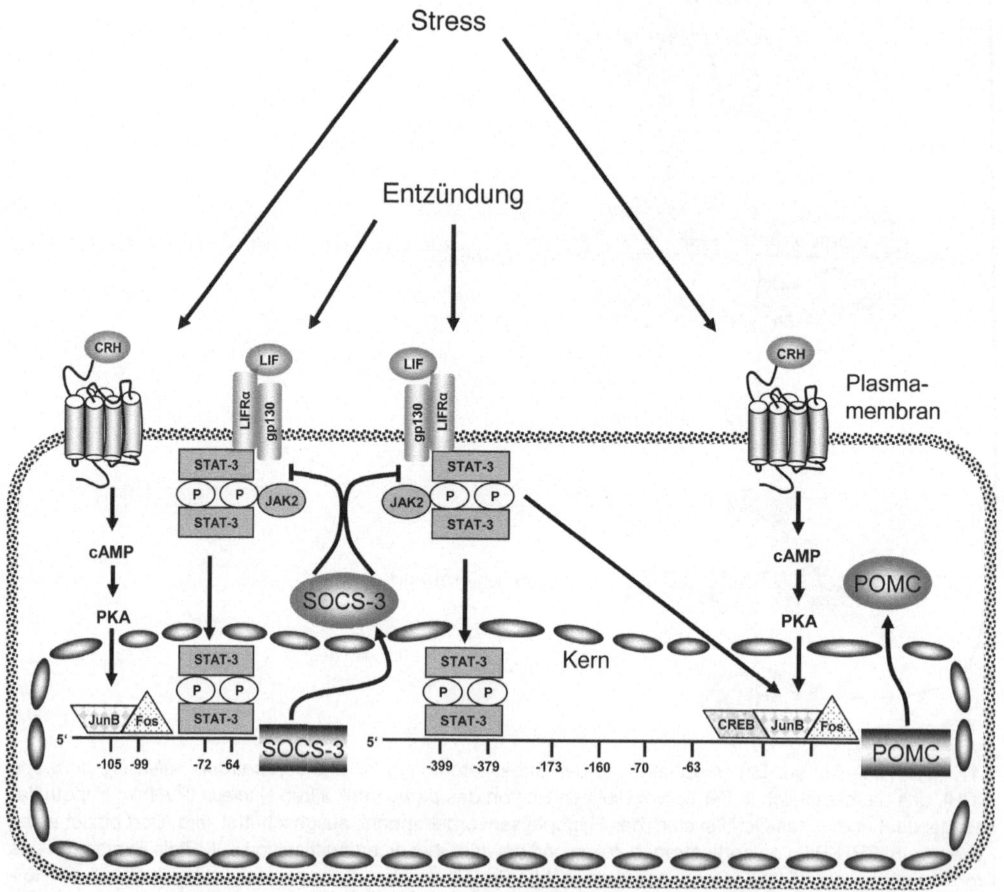

5.18   Modell der Kontrolle der ACTH- und SOCS-3-Synthese in corticotropen Zellen der Hypophyse durch Stress und Entzündungsfaktoren. Stress bewirkt die Abgabe von *corticotropin releasing hormone* (CRH), das über den cAMP-Signalweg und die Aktivierung von Transkriptionsfaktoren (*cAMP-response element binding protein*, CREB und JunB/Fos) die Expression von Proopiomelanocortin (POMC) und daraus die Entstehung des adrenocorticotropen Hormons (ACTH) fördert. Zugleich wird auch die Expression eines Proteins *suppressor of cytokine signaling-3* (SOCS-3) stimuliert, das die Signalkette hemmt. Mitglieder der Entzündungs-Cytokin-Familie (z. B. *leukemia inhibitory factor*, LIF) binden an Rezeptoren der corticotropen Zellen und stimulieren über Januskinase (JAK 2) und *signal transducer und activator of transcription 3* (STAT-3) ebenfalls die Expression von POMC und SOCS-3 (nach Bousquet et al. 1999, aus Chesnokova und Melmed 2002).

der Proteinkinase A und des Transkriptionsfaktors CREB-CBP (Abschnitt 5.1). CREB stimuliert die Genexpression für ein Hormonvorläuferprotein, das Proopiomelanocortin (POMC) (Abb. 5.18). Ebenfalls an der Signalübertragung von CRH beteiligt ist nach neuen Ergebnissen der *second messenger* cyclische ADP-Ribose (cADPR) (Soares et al. 2005). Das Vorläuferprotein wird dann proteolytisch in mehrere Proteine gespalten – in das adrenocorticotrope Hormon (ACTH), β-Endorphin (β-EN) und das α-Melanocyten-stimulierende Hormon (α-MSH). Das POMC-Gen wird außer durch Stress durch Entzündungssignale aktiviert, wie TNF-α, Interleukin 1β (IL-1β), *leukemia inhibitory factor* (LIF), die Interleukine 6 und 11 (IL-6, IL-11), *ciliary neurotrophic factor* (CNTF) und *oncostatin M* (OSM). Diese binden an Rezeptoren, die über den sog. JAK/STAT-Signalweg (*janus associated kinase / signal transducer and activator of transcription*) das POMC-Gen aktivieren. Parallel werden von CRH und den Cytokinen ein Gen aktiviert, das für einen *suppressor of cytokine signalling*-3 (SOCS-3) codiert. Dieses Protein hemmt – im Sinne einer Begrenzung – die Synthese von POMC und die Ausschüttung von ACTH (Chesnokova und Melmed 2002). Die genannten Hormone werden von den corticotropen Zellen in das Gefäßsystem abgegeben und gelangen darüber zu den Zielgeweben, das ACTH vor allem (aber auch α-MSH) zu den Zellen der Nebennierenrinde.

5.2.2 Corticosteroide haben ein breites Wirkungsspektrum

Die Nebennierenrinde (NNR) besteht aus drei unterschiedlichen Regionen, die verschiedene Corticosteroide produzieren: Die äußere *Zona glomerulosa* erzeugt vorwiegend Mineralcorticoide wie Aldosteron, die mittlere *Zona fasciculata* Glucocorticoide wie Cortisol und die innere *Zona reticularis* Dehydroepiandrosteron und sein Sulfat sowie andere Sexualhormone. Alle Regionen reagieren auf ACTH, am intensivsten jedoch die cortisolproduzierende Schicht. Ausgangssubstanz für die Synthse der Steroidhormone ist das in der Leber und NNR synthetisierte Cholesterol, das in geringen Mengen gespeichert werden kann und daher bei Bedarf synthetisiert wird. Über mehrere Schritte wird daraus Pregnenolon, das wiederum in den verschiedenen Re-

gionen der Nebennierenrinde in unterschiedliche Steroidhormone umgebaut wird. Die unterschiedlichen Veränderungen des Vorläufermoleküls hängen einerseits von der Rezeptorausstattung der verschiedenen NNR-Regionen und andererseits von den in diesen Zellen dominierenden Genen bzw. Enzymen ab. Die aktivierende Wirkung von ACTH auf die Syntheseprozesse von Cortisol verläuft über Membranrezeptoren, G-Proteine, Adenylylcyclase, cAMP und die PKA.

Die produzierten Glucocorticoidmoleküle Cortisol und Corticosteron werden in das Gefäßsystem ausgeschüttet und binden im Blut an ein Transportprotein, das Transcortin. Die Steroidhormone können von dort aufgrund ihrer Lipidlöslichkeit durch die Zellmembranen in die Zellen diffundieren, wo sie an spezifische **cytoplasmatische Rezeptoren** binden. Dieser Hormonrezeptorkomplex wird in den Kern transloziert und entfaltet dort gewebsspezifische genrregulatorische Aktivitäten. Außerdem können die Hormonrezeptorkomplexe anscheinend direkt oder indirekt an Proteine, wie Rezeptoren, Signalmoleküle und Transkriptionsfaktoren, binden.

Während die Glucocorticoide sich in der Zelle befinden, können sie enzymatisch inaktiviert – aber auch wieder reaktiviert werden: **11β-Hydroxysteroid-Dehydrogenasen** (11β-HSD) sind Enzyme, die aktive Glucocorticoide (Cortisol und Corticosteron) in ihre inaktiven 11-Ketoprodukte (Cortison und 11-Desoxycorticosteron) oder umgekehrt die inaktiven in die aktiven Formen umwandeln können (Sandeep und Walker 2001). Zwei Isoenzyme sind dabei vor allem in Epithelgeweben und Hirnregionen tätig: Das eine (11β-HSD-Typ 1) ist eine Reduktase, die inaktive Glucocorticoide in aktive umwandelt, während das andere Enzym (11β-HSD-Typ 2), eine Dehydrogenase, aktive in inaktive Glucocorticoide umwandelt. Der Ausfall von einem dieser Enzyme durch Mutation verändert das Gleichgewicht zwischen der aktiven und der inaktiven Glucocorticoidform und kann zu Erkrankungen (Fettsucht, Bluthochdruck, Osteoporose) führen (Stewart et al. 2001, Sandeep und Walker 2001). Der 11β-HSD-Typ 1 wird komplex reguliert, und zwar durch CRH und Glucocorticoide. Eine Inaktivierung von 11β-HSD-Typ 2 wurde bei verschiedenen Signalen und Stressoren beobachtet: durch Angiotensin II und TNF-α einerseits und durch Hypoxie und Scherstress andererseits (Frey et al. 2004).

Exkurs 5.4: Wirkungen von Cortisol

Die Wirkungen von Cortisol sind vielfältig, insbesondere nach einer stressinduzierten Erhöhung, die bis zum 10fachen der normalen Plasmakonzentration (gemittelt über 24h) betragen kann (Tab. 5.1). Sie betreffen wichtige Organ- und Funktionssysteme und unterstützen auf der einen Seite die Wirkungen der SAM-Achse, von denen sie einige – vor allem bei längerer Dauer – begrenzen und hemmen. Eine Unterstützung der SAM-Wirkungen wird deutlich bei der Verstärkung der Adrenalinsekretion aus dem Nebennierenmark, ebenso bei der Verstärkung der adrenergen Wirkungen auf das Herz und auf den peripheren Gefäßwiderstand. Auch die adrenalinabhängige Erhöhung des Glucose- und Fettsäuregehalts im Blut wird direkt durch Cortisol verstärkt. Diese sogenannten „permissiven„ Wirkungen von Glucocorticoiden sind vor allem bei (noch) relativ niedrigen Konzentrationen in der frühen Stressreaktion zu beobachten

Tabelle 5.1 Wirkungen von Glucocorticoiden

fördernd	hemmend
Stoffwechsel	**Stoffwechsel**
Gluconeogenese	periphere Glucoseaufnahme in Muskel-/Fettgewebe, Neuronen, Glia-Zellen
Phosphoenolpyruvat Carboxykinase (PEPCK), Glucose-6-Phosphatase (G-6-P), Glykogensynthese (Glykogensynthetase), permissive Wirkung auf gluconeogenetischen Effekt von Glucagon und Adrenalin.	**Haut, Epithelien, Bindegewebe, Knochen**
Hyperglykämie, Insulinresistenz, Aminosäurestoffwechsel (Tyrosinaminotransferase), Proteinabbau, Lipolyse, Freisetzung von Fettsäuren	Knochenaufbau
	Calciumaufnahme im Darm
Cholesterol, *low density lipoprotein* (LDL); Apoprotein B, Adipositas	Fibroblasten, Hautzell-Proliferation, Kollagen
Haut, Epithelien, Bindegewebe, Knochen	Mukosaschutz,
Osteolyse, Osteoporose	Gefäßwandstärke
Immunsystem, Entzündungsmechanismen	**Immunsystem, Entzündungsmechanismen**
Akute-Phase-Proteine (APP): *C-reactive protein* (CRP), Serum-Amyloid A (SAA), Fibrinogen u. a. (permissive Wirkung)	Migration von Entzündungszellen
	Aktivität von *natural killer*-(NK-) und T-Zellen, Lymphocytenzahlen,
Rezeptoren für Interleukine (IL-1, IL-6)	Prostaglandin-, Leukotrien-Thromboxan-, Eicosanoid-Synthese (Hemmung Phospholipase A2 und Cyclooxygenase 2)
Interferon (IFN-γ)	Phagocytoseaktivität von Neurophilen
Aktivität von AP-1, NFκB in bestimmten Geweben	Resistenz gegen Infektionen
Herz-Kreislauf	Immunkontrolle von Krebszellen
Herzleistung, peripherer Gefäßwiderstand	Entzündungscytokine,
Blutdruck (permissive Wirkung auf Adrenalin- und Angiotensin II-Effekte), Erhöhung der Affinität von β-adrenergen Rezeptoren	Histaminfreisetzung, Allergie
	Aktivität von *activating protein* (AP-1)
Arteriosklerose, Hypertonie	*nuclear factor* κB (NFκB) *cAMP-responsive element binding protein* (CREB) u. a. Transkriptionsfaktoren im Immun/Entzündungsbereich
Niere	
renale Wasser-, Calcium- und Phosphatausscheidung	**Endokrines System**
mineralcorticoide Effekte,	Ausschüttung: β-Endorphin, Gonadotropin, thyreotropes Hormon (TSH), T_4-T_3-Konversion,
Ausscheidung von Harnstoff	*insulin-like-growth factor* (IGF-1)
Endokrines System	Arginin-Vasopressin (AVP)
Ausschüttung von Adrenalin, Glucagon, Insulin	*corticotropin releasing hormone* (CRH)
Sekretion von atrial natriuretic peptide (ANP)	adrenocorticotropes Hormon (ACTH)
ZNS, Verhalten, Psyche	Sexualhormone
Depressionen, Psychosen	**ZNS, Verhalten, Psyche**
Appetit, Nahrungsaufnahme	Gedächtnis (Hippocampus-Funktionen)
(basale Konz): Hippocampus Erregbarkeit	Libido, Schlaf
	Zellfunktionen
	DNA, RNA, Proteinsynthese

(aus Sapolsky 1992, Sapolsky et al. 2000, Spinas und Fischli 2001, Black 2002, Riad et al. 2002)

(Sapolsky et al. 2000). Glucocorticoide erhöhen in einer späteren Stressreaktionsphase die Gluconeogenese in der Leber und Lipolyse in Fettzellen. Vor allem bei längerem Hungerstress wird der Glucosespiegel – auf den vor allem die Neuronen angewiesen sind – durch Proteinabbau (Muskelschwund) und Umwandlung der Aminosäuren in Glucose aufrechterhalten.

Auf der anderen Seite erfolgen aufgrund vor allem langfristig erhöhter Glucocorticoidkonzentrationen eine Reihe von Änderungen, die von denen der SAM-induzierten Änderungen verschieden – oder sogar gegenläufig zu ihnen sind. Gegenläufig sind die negativen Wirkungen auf eine Reihe von Hormonen wie auf CRH, AVP, ACTH, β-Endorphin, TSH, Interleukine und auf andere Funktionen des Immunsystems ebenso die negativen Wirkungen auf den Transkriptionsfaktor AP-1, auf die Protein- und DNA-Synthese. Allgemein wird die Proliferation von Fibroblasten und anderen Zellen gehemmt.

Eine besonders wichtige – **suppressive** – **Wirkung der Glucocorticoide** betrifft das **Immunsystem**, das während der späteren Stressreaktionsphase in verschiedenen Funktionen gehemmt wird (Tab. 5.1): Das betrifft die Interleukin- und Interferon-Produktion (IL-1β, TNF-α, INF-γ – Elenkov und Chrousos 2002), die Migration von Entzündungszellen, die Prostaglandin- und Thromboxan-Synthese und die Histaminfreisetzung, um nur einige Prozesse zu nennen. Ein weiterer wichtiger Aspekt der Cortisolwirkung auf das Immunsystem ist die Hemmung der *natural killer* (NK) Zellen. Diese Zellen sind auch an der unspezifischen Erkennung und Beseitigung von Tumorzellen beteiligt. Auf der anderen Seite wird die Produktion von antiinflammatorischen Cytokinen (IL-10, IL-4, *transforming growth factor β* (TGF-β) stimuliert (ausführliche Darstellung der Cortisolwirkungen auf das Immunsystem, Abschnitt 7.4). Diese Wirkungen werden in der Medizin oft für die Therapie von Entzündungsprozessen genutzt, was jedoch mit erheblichen Nebenwirkungen gekoppelt ist (Tab. 5.1). Welche adaptive Bedeutung diese hemmenden Wirkungen von Cortisol auf die Proliferation von Zellen und auf Entzündungsprozesse haben mag, ist noch unklar, anscheinend ist es längerfristig vorteilhafter, die durch mikrobielle Attacken – oder auch spontan auftretenden – Entzündungsprozesse zu dämpfen, als sie ungebremst weiter expandieren zu lassen und damit das Risiko eines septischen Schocks einzugehen.

Viele der durch Cortisol veränderten Funktionen, die in der Tab. 5.1 aufgelistet sind, werden erst bei Langzeitstress – einem ja eher unphysiologischen Zustand – beobachtet: Das gilt für Muskelschwund, Hyperglykämie, Fettansatz im Gesicht, Nacken, Stamm und Abdomen, dünne brüchige Haut, schlechte Wundheilung, Osteoporose, Nierensteine, erhöhte Infektionsanfälligkeit, Hypertonie, Erregbarkeit, Depressionen, Psychosen, Appetit-, Libido- und Schlafstörungen, Impotenz, Amenorrhoe und Gedächtnisstörungen. Die zuletzt genannten cortisolinduzierten Veränderungen im Gehirn betreffen besonders den Hippocampus und dortige Gedächtnisleistungen (Kapitel 4).

Als Gegenspieler der Glucocorticoidwirkungen im Gehirn gelten das **Dehydroepiandrosteron (DHEA)** und sein Sulfat (**DHEAS**), die auch als Neurosteroide bezeichnet werden, weil sie außer in der Nebennierenrinde in Hirnzellen gebildet werden. Sie modulieren Verhalten, indem sie u. a. die Neurotransmitter GABA und Glutamat sowie deren Rezeptoren modulieren (Engel und Grant 2001). Da die DHEA-Konzentrationen im Gegensatz zu Cortisol im Alter stark abnehmen, verändert sich das Verhältnis Cortisol/DHEA, sodass möglicherweise die schädigende Wirkung von Cortisol auf den Hippocampus im Alter verstärkt ist (Ferrarie et al. 2001). Bisher sind jedoch keine eindeutigen Daten verfügbar, die eine positive Wirkung von DHEA(S) auf das menschliche Gehirn belegen (Huppert und van Niekerk 2001).

5.2.3 Unterschiedliche Stressoren aktivieren die HPA-Achse unterschiedlich und in Abhängigkeit von ihrer Intensität und Dauer

Was bisher wenig untersucht und verstanden ist, wie die HPA-Achse jeweils von der Qualität des Stressors, das heißt von Angst, Erschöpfung, Kälte und von deren Intensität beeinflusst wird und welche Dynamik sich daraus für die HPA-Achse ergibt. Verschiedene Stressoren aktivieren offenbar unterschiedliche Kombinationen von Signalen: Blutverlust und Hypoglykämie werden im Gehirn in unterschiedlichen Bereichen wahrgenommen und verarbeitet, weil die Antworten darauf unterschiedlicher Natur sein müssen: Blutdruck- und Blutvolumenänderungen einerseits und Mobilisierung von Energiereserven andererseits. Diese werden jeweils durch unterschiedliche Kombinationen von Signalen der verschiedenen Hormonachsen aktiviert, deren genaue Zusammensetzung allerdings bisher wenig untersucht wurde. Dasselbe gilt auch für die Dynamik. Die ACTH-Menge im Plasma ändert sich als Antwort auf die verschiedenen Stressoren proportional (meist nichtlinear) mit der Intensität des Stressors, wie beispielsweise Glucose-, O_2- oder Blutdruckerniedrigungen. Die Antwort der CRH- und ACTH-Ausschüttung auf Stress erfolgt relativ schnell in wenigen Sekunden, während die Cortisolausschüttung wegen der für die Synthese erforderlichen Zeit im Bereich von Minuten erfolgt. Höhere ACTH-Mengen scheinen die Dauer der Cortisolproduktion zu verlängern (Sapolsky 1992). Unklar sind auch die Wechselwirkungen der unterschiedlichen Einflüsse auf der molekularen Ebene, das heißt innerhalb der corticotropen Zellen oder der CRH-produzierenden Neuronen. Es ist mit ziemlicher Sicherheit anzunehmen, dass alle Signalwege ein komplexes regulatorisches Netzwerk bilden, um die HPA-, SAM- und anderen Hormonachsen je nach Art der Belastung adäquat einsetzen zu können (Abschnitt 5.8).

Bei **Langzeitstress** und bei häufig wiederholtem Stress ist die Cortisolkonzentration dauerhaft erhöht: Psychosozialer Stress erzeugt bei untergeordneten Pavian-Männchen einen erhöhten Cortisolspiegel, der mit niedrigerem *high density lipoprotein* (HDL), dem „guten" Lipoprotein-Cholesterol korreliert (Sapolsky und Mott 1987). Gleiche Ergebnisse sind auch bei psychosozialem Stress bei Menschen gefunden worden. Die dabei entwickelten regulatorischen/adaptiven Mechanismen auf der molekularen Ebene sind komplex: Bei dauernden sozialem Stress, wie Konfrontation mit dominanten Männchen, zeigte sich bei den untergeordneten Männchen von Tupaias eine signifikante Abnahme der Zahl von Rezeptoren für CRH in zahlreichen Arealen des Gehirns und der Hypophyse, allerdings ausbalanciert durch eine höhere Affinität. Ein signifikanter Anstieg der Rezeptorenzahl war dagegen in Cortex- und Amygdala-Arealen zu beobachten, zusammen mit sinkender Affinität. Diese Unterschiede könnten mit den unterschiedlichen Koordinations- und Adaptati-

onsfunktionen dieser Regionen bei Dauerstress zu tun haben (Fuchs und Flügge 1995).

Bei depressiven Patienten ist oft ein erhöhter Spiegel von Cortisol und CRH zu beobachten (Abschnitt 8.1). Zusätzliche CRH-Injektionen bewirken bei diesen Patienten nur eine geringe weitere Erhöhung der ACTH-Produktion. Das bedeutet, dass die Stimulation schon vorher die Obergrenze erreicht hat. Patienten mit multipler Sklerose (MS), deren Cortisolspiegel ebenfalls permanent erhöht ist, zeigten dagegen eine normale ACTH-Reaktion nach Injektion von CRH, die ACTH-Antwort war jedoch bei AVP-Injektionen stark reduziert (Michelson and Gold 1998). Diese Ergebnisse zeigen, dass überhöhte Cortisolkonzentrationen bei Depression hauptsächlich über CRH, bei MS aber über AVP erzeugt werden.

Die erhöhte CRH-und Cortisolkonzentrationen bei depressiven Patienten könnten mit einer erniedrigten Konzentration von Neurosteroiden, wie Allopregnanolon, zusammenhängen, die einen hemmenden Einfluss auf die Expression des CRH- und des AVP-Gens haben. Selektive Serotoninwiederaufnahme-Hemmer (SSR1) erhöhen die Menge an Allopregnanolon und vermindern die depressiven Symptome. Auch die Gabe von DHEA wirkt sich positiv auf die Symptome aus – anscheinend über eine Aktivierung der Noradrenalin- und Serotoninsignaltransmission (von Broekhoven and Verkes 2003, Kapitel 4 und 8).

5.2.4 Die molekularen Wirkungen von Cortisol werden über intrazelluläre Rezeptoren vermittelt

Steroidhormone wie Cortisol diffundieren durch die Plasmamembran in das Cytoplasma von Zellen. Dort liegen die jeweiligen Rezeptoren in einem inaktiven Komplex (Aporezeptorkomplex) vor. Im Falle des Cortisolrezeptors besteht dieser Komplex aus einem Homodimer des Rezeptors, zwei Chaperonmolekülen (HSP90), einem HSP56 und einem p23-Molekül, wobei die Funktion der Begleit(Chaperon)moleküle anscheinend darin besteht, den Rezeptor in einer Konformation zu stabilisieren, in der er inaktiv, aber cortisolbindungsfähig ist (Abb. 5.19). Unterstützt wird diese Funktion durch weitere Chaperonmoleküle, nämlich HSP70 und HSP40 (Krauss 2003). Welche Rolle die Chaperone bei der anschließenden Translokation in den Kern, der DNA-Bindung und Konformation der transaktivierenden Domäne spielen, ist noch nicht ganz geklärt. Glucocorticoide binden nicht nur an den Glucocorticoidrezeptor (GR), sondern – mit noch höherer Affinität – auch an den Mineralcorticoidrezeptor (MR), der daher manche der Wirkungen von niedrigen Cortisolkonzentrationen übermittelt.

Der Glucocorticoidrezeptor bindet an *glucocorticoid hormone responsive elements* (GRE) auf Promotoren von cortisolaktivierbaren Genen. Wie die Aktivierung des Transkriptionsapparates erfolgt, ist noch nicht vollständig geklärt, möglicherweise mithilfe eines Coaktivatorproteins. Der Glucocorticoidrezeptor scheint auch mithilfe eines weiteren Komplexes und der darin befindlichen Histonacetylase die Chromatinstruktur in der Promotorregion zu lockern. Dadurch wird die Bildung eines Transkriptionsinitiationskomplexes erleichtert. Steroidrezeptoren interagieren oft mit anderen Transkriptionsfaktoren und/oder Rezeptoren in aktivierender oder reprimierender Weise. Neuerdings hat man eine zunehmende Zahl von Glucocorticoidisoformen beim Menschen (hGR) entdeckt, die aus einem Gen durch alternatives Spleissen oder alternative Initiation der Translation entstehen. Unterschiedliche Reaktionen verschiedener Zellen auf Cortisol könnten darauf beruhen (Lu und Cidlowski 2004).

Als Beispiel für eine synergistische Wirkung von Cortisol zu der von Adrenalin ist hier das *pep-CK*-Gen der Ratte gezeigt, das für das Enzym **Phosphoenolpyruvat-Carboxy-Kinase** codiert, ein zentrales Enzym der **Gluconeogenese**. Dieses Gen wird von mehreren Hormonen reguliert: von Glucocorticoiden, Glucagon/Adrenalin, *retinoic acid* und Insulin (Abb. 5.20). Die Glucocorticoidrezeptoren binden an zwei DNA-Bindungssequenzen (GRE 1 und 2), die von Bindungssequenzen für akzessorische Faktoren umgeben sind (AF1, AF2, AF3). Das geschieht anscheinend deshalb, weil die GRE

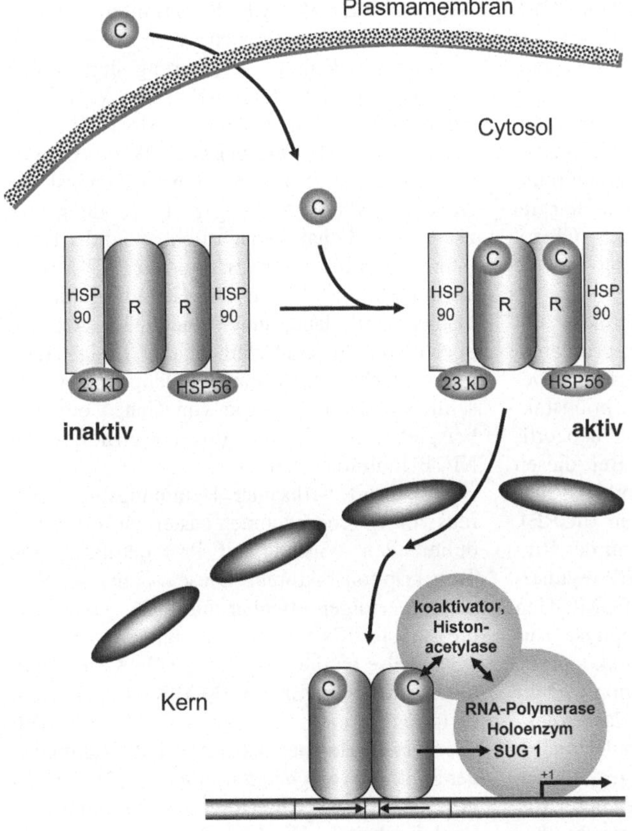

5.19   Signaltransduktion durch Steroidhormonrezeptoren. Die dimeren Steroidrezeptoren (R) befinden sich als inaktiver Komplex mit den Chaperonen HSP90, HSP56 und p23 im Cytosol. Nach Bindung des Steroidhormons (C) wird der Rezeptor aktiviert und in den Kern transloziert, wo er an Hormonbindungselemente (GRE) bindet. Dort interagiert der Rezeptor direkt oder indirekt mit Komponenten des RNA-Polymerase Holoenzyms (SUG-1). Häufig wird auch eine Histonacetylase aktiviert (nach Krauss 2003).

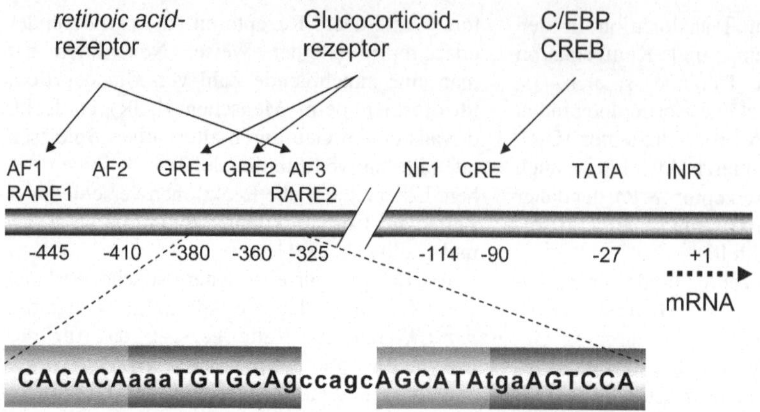

5.20 Regulation der Genexpression der Phosphoenolpyruvat-Carboxykinase (PEPCK), einem Enzym der Gluconeogenese. Regulatorische Elemente auf dem Promotor des *pepck*-Gens sind Glucocorticoid-Response-Elemente (GRE1 und GRE2), die von 3 Bindungssequenzen für akzessorische Faktoren umgeben sind (AF1, AF2, AF3), wovon AF1 und AF3 identisch mit *retinoic acid response elements* (RARE1 und RARE2) sind. Außerdem enthält der Promotor ein *cAMP response element* (CRE), der das *cAMP-response element binding protein* und das *CAAT-enhancer binding protein* (C/EBP) bindet. TATA – TATA-Box, INR – Beginn der mRNA-Transkription (nach Mount 2001).

hier nicht genau dem kanonischen GRE (TGTTCT) entsprechen. Außerdem ist ein *cAMP-response element* (CRE) auf dem Promotor vorhanden, an das der CREB-CBP-Komplex bindet, der durch die Proteinkinase A phosphoryliert und aktiviert wird. cAMP ist der *second messenger* für Glucagon- und Adrenalinwirkungen (siehe Abschnitt 5.1). An diesem Beispiel wird die gleichgerichtete Wirkung von Glucocorticoiden, Adrenalin und Glucagon auf die Glucosebereitstellung deutlich.

Steroidhormone können jedoch nicht nur Gene aktivieren, sondern sie auch reprimieren. So wird die transkriptionelle Aktivität von Genen, die Bindungsorte für die Transkriptionsfaktoren AP-1 oder NFκB haben, von Glucocorticoidrezeptorkomplexen gehemmt. Bei diesen negativen Wirkungen von GR-Komplexen binden sie an negative GRE-Sequenzen (nGRE), die positive Transkriptionsfaktoren an der Bindung hindern. Zu den negativ durch GR regulierten Genen gehört zum Beispiel das POMC-Gen in den corticotropen Zellen der Hypophyse. Auf diese Weise kommt die negative Rückkopplung von Cortisol auf die ACTH-Produktion zustande. Auch die negative Wirkung auf das Prolaktin-Gen erfolgt auf diese Weise (Sapolsky et al. 2000). Dabei wirkt Cortisol oft gegenläufig zu Adrenalin und zahlreichen Signalen, wie TNF-α, IL-1, die ihre Entzündungssignale über

AP-1, NFκB oder CREB vermitteln (Aljada 2001). Es gibt jedoch auch Daten, die eine glucocorticoidinduzierte Aktivierung der Genexpression von IL-1α durch NFκB und AP-1 in bestimmten Zelltypen beschreiben (Miyazaki 2000).

Die **antiinflammatorische Wirkung** von Cortisol, die das Hormon zu einem der meist verwendeten Pharmaka gegen Entzündungsprozesse gemacht hat, beruht offenbar auf der Hemmung dieser Entzündungsfaktoren (TNF-α, IL-1) auf molekularer Ebene. Die Hemmungsmechanismen sind dabei unterschiedlicher Art und noch nicht in jedem Detail bekannt. Einige Hemmungsmechanismen brauchen längere Zeit und schließen die Expression von Genen ein, wie beispielsweise die Induktion der Synthese des NFκB-Inhibitors IκB.

Ein sofort wirksamer Hemmungsmechanismus von Glucocorticoiden basiert auf einer modulierenden Wirkung auf Proteinkinasen und Transkriptionsfaktoren. Diese schnellen Wirkungen erfolgen offenbar durch GR-Komplexe, die an spezifische Proteine binden, wie beispielsweise an die Stresskinase (JNK) oder Mitogen-aktivierte Kinasen (MAPK) und an Transkriptionsfaktoren wie Jun/Fos (AP-1), CREB oder NFκB (Herrlich 2001). Auch die Hemmung der Synthese von *gonadotropin releasing hormone* (GnRH) durch GR erfolgt offenbar durch eine **Protein-Protein-Wechselwirkung** mit einem

Transkriptionsfaktor für das GnRH-Gen (Oct-1). Solche Wechselwirkungen funktionieren oft auch umgekehrt; das heißt, die Protein-Protein Komplexe mindern auch die Cortisolwirkung.

Schließlich binden GR auch an allgemeine Transkriptionsfaktoren, wie an das *TATA-box-binding protein* (TBP) oder das *CREB-binding protein* (CBP) sowie an Histonacetylasen.

Die negative Rückwirkung auf die HPA-Achse und ein Teil der permissiven Wirkung von Cortisol auf die Adrenalinrezeptoren, scheinen ebenfalls nicht über eine DNA-Bindung des Glucorticoidrezeptors zu erfolgen, sondern über Protein-Proteinwechselwirkungen. Neue Ergebnisse zeigen eine Phosphorylierung des Glucocorticoidrezeptors, die möglicherweise bei der cytoplasmatischen (nicht genomischen) Wirkung eine Rolle spielt (Ismaili and Garabeniada 2004).

5.3 Arginin-Vasopressin (AVP) und seine Wirkungen auf Blutvolumen und Blutdruck

Arginin-Vasopressin (AVP) ist ein Stresshormon, das in Neuronen des Hypothalamus gebildet wird. Als Stresssignale wirken dabei psychosozialer Stress, Depression, Entzündungsfaktoren und Endotoxine von Bakterien – also Signale, die auch die CRH-Abgabe stimulieren, außerdem Blutverlust und niedriger Blutdruck (Bissette 1991, Chikanza et al. 2000, Beishuizen and Thijs 2003).

Eine adrenalinähnliche Wirkung von AVP besteht in der Verengung von Blutgefäßen (Vasokonstriktion). Sie erfolgt über die Ausschüttung des Hormons Endothelin und dessen Einfluss auf die Kontraktion der glatten Muskelzellen um die Gefäße. AVP erhöht den Blutdruck darüberhinaus, indem es die Na^+-Rückresorption in der Niere fördert, was wiederum einen Wasserrückfluss aus dem Harn in das Blut ermöglicht. Dieser erhöhte Wassertransport wird durch vermehrte Bereitstellung von Wasserkanälen (Aquaporine) in den Tubulizellen der Niere unter den Einfluss von AVP erzielt. Das erhöht das Blutvolumen und damit den Blutdruck, der über Drucksensoren in den Gefäßen gemessen wird. Bei erhöhtem Druck drosseln die Drucksensoren über neuronale Wege die Produktion von AVP.

AVP stimuliert – ähnlich wie CRH – Entzündungsprozesse und ebenfalls synergistisch mit CRH die HPA-Achse und erhöht damit die Cortisolkonzentration im Blut, die unter anderem den Entzündungsreaktionen entgegenwirkt und sie so begrenzt.

Arginin-Vasopressin ist ein ringförmiges Nonapeptid, das hauptsächlich von Neuronen im PVN des Hypothalamus gebildet wird, ebenso in Neuronen, die CRH exprimieren. Es wird dann über den Hypophysenhinterlappen, aber auch über die *Eminentia mediana* in den Hypophysenvorderlappen abgegeben. Die Stimulation der AVP-Abgabe erfolgt einerseits über neuronale Signale von stresswahrnehmenden Zentren des ZNS (Kapitel 4). Andererseits wird die AVP-Sekretion durch Erhöhung der Osmolalität des Blutes ausgelöst, die über Osmorezeptoren im Hypothalamus wahrgenommen wird, sowie durch Erniedrigung des Blutdrucks – signalisiert durch Barorezeptoren im *Sinus caroticus*. Diese verschiedenen sensorischen Eingänge werden im Falle der osmotischen Änderungen über glutaminerge, im Falle von Blutdruckänderungen über katecholaminerge Fasern mit Beteiligung von Neuropeptiden wie Neuropeptid Y (NPY), Galanin (GAL), Substanz P (SP), Angiotensin II und ATP übermittelt (Sawchenko 1991, Onaka 2000, Sladek 2004). *Bombesin-like peptides* (BN-LPs) scheinen sowohl CRH wie AVP zu stimulieren (Merali et al. 2002), ebenso Entzündungscytokine wie die Interleukine 1 und 6 (IL-1, IL-6) und der *tumor necrosis factor a* (TNF-*a*) (Abb. 5.21). AVP wird teilweise, wie CRH, durch höhere Cortisolkonzentrationen und *atrial natriuretic peptide* (ANP) in seiner Synthese gehemmt.

Eine wichtige Wirkung von AVP ist die **Vasokonstriktion** von Arteriolen und die dadurch erzielte Erhöhung des systemischen Blutdrucks. Diese Wirkungen, die denen von Adrenalin über den a_1-Rezeptor vermittelten Wirkungen entsprechen, werden über die V_1-Rezeptoren von AVP erzeugt. Durch die intrazellulären Si-

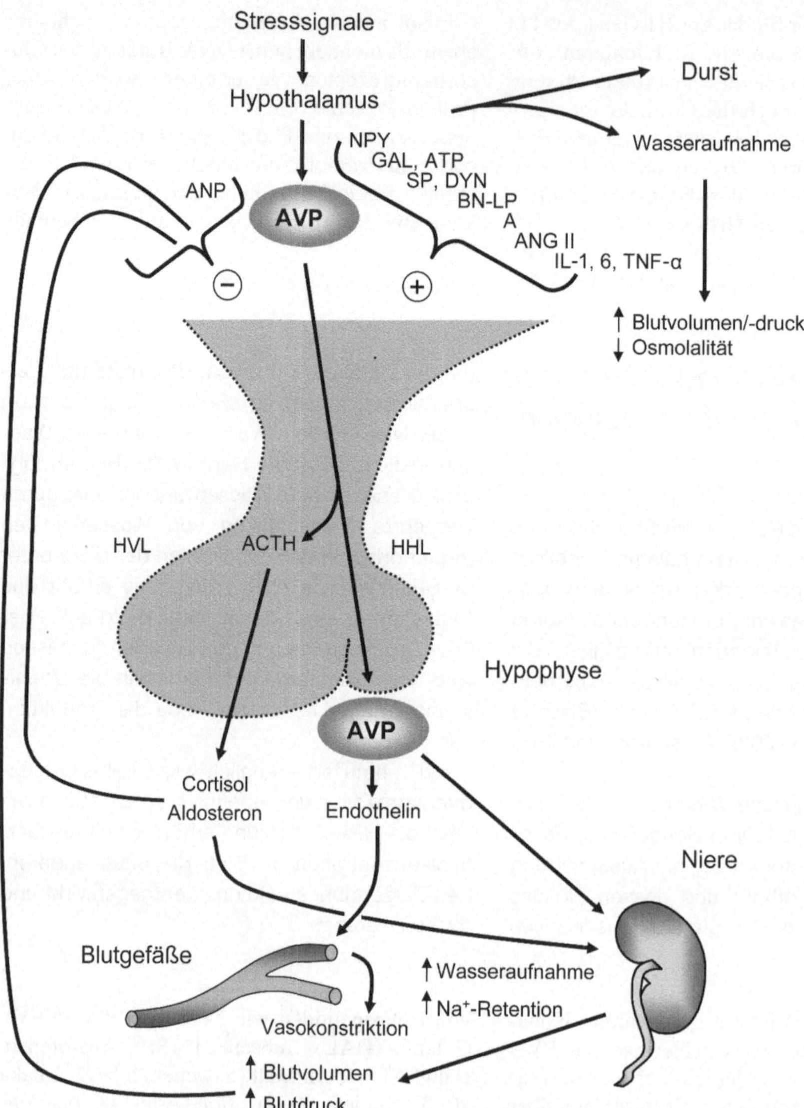

5.21   Arginin-Vasopressin (AVP). Bei psychosozialem Stress, Depression, Entzündungen und bei verringertem Blutdruck, bei Blutverlust, Wassermangel und erhöhter Blutosmolalität wird AVP in Hypothalamusneuronen gebildet und im Hypophysenhinterlappen (HHL) in ein arterielles Gefäßnetzwerk freigesetzt. AVP gelangt auch in den Hypophysenvorderlappen (HVL) und stimuliert dort die Freisetzung von adrenocorticotropem Hormon (ACTH). Stimuliert wird die Produktion von AVP durch Neuropeptide wie Neuropeptid Tyrosin (NPY), Galanin (GAL), Substanz P (SP), ATP, *bombesin-like peptide* (BN-LP) sowie durch die Hormone Adrenalin (A), Angiotensin II (ANGII) und Entzündungscytokine wie IL1-, IL-6 und TNF-α. Gehemmt wird die Produktion und Abgabe von AVP durch erhöhten Blutdruck, verringerte Osmolalität, Cortisol und *atrial natriuretic peptide* (ANP). AVP bewirkt einerseits über V_1-Rezeptoren eine Aktivierung von Endothelin und über deren ET_A-Rezeptoren eine Vasokonstriktion durch die glatten Gefäßmuskelzellen und andererseits über V_2-Rezeptoren eine erhöhte Waserresorption. Beides erhöht den Blutdruck, während die Wasserresorption auch die Blutosmolalität senkt. Diese Veränderungen wirken negativ zurück auf die AVP-Produktion. Die Osmorezeptoren bewirken bei erhöhter Osmolalität zudem das Gefühl „Durst„ und so eine orale Wasseraufnahme, über die ebenfalls das Blutvolumen erhöht und die Osmolalität verringert wird.

gnale (IP$_3$, Calcium) wird Endothelin in den Endothelzellen der Gefäße freigesetzt, das seinerseits über Rezeptoren (ET$_A$) der glatten Muskelzellen die Phospholipase C aktiviert und den Calciumspiegel in den Muskelzellen erhöht. Das bewirkt deren Kontraktion und die Verengung der Gefäße. Außerdem stimuliert AVP die Glykogenolyse in der Leber.

Eine weitere wichtige Funktion von AVP ist die vermehrte **Rückresorption von Wasser** in der Niere durch vermehrten Einbau von **Wasserkanalmolekülen** (Aquaporinen) in die luminale Zellmembran der Nierenzellen. Diese Wirkung wird über V$_2$-Rezeptoren vermittelt, die die Adenylylcyclase aktivieren und so den cAMP-Spiegel erhöhen. Die daraufhin aktivierte Proteinkinase A wird von Ankerproteinen (*PKA anchoring proteins*, AKAP) in bestimmten Kompartimenten der Zelle fixiert und sorgt dort für die Translokation der Wasserkanäle über Vesikel zur apikalen Plasmamembran (Klussmann und Rosenthal 2001).

Die Wirkungen von AVP auf die Vasokonstriktion der Arteriolen und die Erhöhung der Wasserrückresorption erhöhen den Blutdruck und das Blutvolumen und senken die Osmolalität – jeweils im Sinne einer negativen Rückkopplung (Abb. 5.21). Das Vasopressin steht im Kontakt mit dem funktionell ähnlichen Renin-Angiotensin-Aldosteron-System (RAAS) indem es ACTH und a-MSH stimuliert, die positiv die Cortisol- aber auch Aldosteronproduktion beeinflussen (Wiegant and Sweep 1991). Das RAA-System (Abschnitt 5.4) erhöht bei Blutver-

lust und Wassermangel ebenfalls Blutdruck und Blutvolumen. Angiotensin II und Adrenalin wirken ihrerseits positiv auf die Ausschüttung von AVP. Möglicherweise moduliert AVP auch katecholaminerge Neurone in verschiedenen Hirnregionen und beeinflusst Lernen und Gedächtnis (Norman und Litwack 1987) sowie das Vermeidungsverhalten von Ratten (De Wied et al. 1984). Über die Wahrnehmung der Osmolalitätserhöhung und Druckabfall im Blut wird über Hirnregionen auch die Wasseraufnahme (mit dem Gefühl „Durst„) erhöht und damit ebenfalls das Blutvolumen vergrößert und die Osmolalität gesenkt.

AVP wirkt aktivierend auf die ACTH-Synthese, die es zusammen mit CRH um das Zwei- bis Dreifache steigert (Antoni 1986). Vor allem bei chronischem Stress wird die Anzahl der AVP-Rezeptoren (V$_1$b) in den corticotropen Zellen der Hypophyse deutlich erhöht (Volpi et al. 2004).

AVP wirkt außerdem entzündungsfördernd und erhöht die erste Antikörper-Reaktion. Es dämpft dann aber – zusammen mit a-MSH, ACTH und Cortisol – das Fieber, das heißt es verhindert ein Überschießen der pyrogeninduzierten Temperaturerhöhung auf der Ebene der hypothalamischen Temperaturregelung (Roth et al. 2004). Bei Patienten mit rheumatoider Arthritis wurden eine erhöhte Konzentration von AVP im Blut beobachtet (Chikanza et al. 2000), was auch dessen entzündungsfördernde Funktion wahrscheinlich macht. Auch bei Depression ist die Konzentration von AVP oft erhöht (Scott und Dinan 2002).

5.4 Das Renin-Angiotensin-Aldosteron-System (RAAS)

Das Renin-Angiotensin-Aldosteron-System besteht wesentlich aus zwei Hormonen: dem Proteinhormon Angiotensin II und dem Steroidhormon Aldosteron. Renin ist das Enzym, das durch proteolytische Spaltung Angiotensinogen in Angiotensin I umwandelt. Renin wird in der Niere (und auch in Zellen des ZNS) synthetisiert, wenn der Blutdruck und der Na$^+$-Fluss abnehmen, aber auch unter dem Einfluss von erhöhtem Adrenalin, das bei zahlreichen Stresssignalen ausgeschüttet wird (Abschnitt 5.1). Angiotensin I wird im Blut durch ein weiteres Enzym,

das *angiotensin converting enzyme* (ACE), proteolytisch in das aktive Angiotensin II umgewandelt, das auf mehreren Signalwegen den Blutdruck erhöht. Daher werden bei Bluthochdruck oft ACE-Hemmer therapeutisch angewandt.

Die Blutdruckerhöhung erfolgt a) über die Aktivierung der Synthese von Aldosteron in der Nebennierenrinde – einem sog. Mineralcorticoid, das die Na$^+$-Resorption in der Niere und im Enddarm erhöht. Das wiederum bewirkt einen erhöhten Wasserrückfluss und damit eine Zunahme des Blutvolumens und Blutdrucks; b) über die gefäßverengende Wirkung von Angiotensin II. Angiotensin II aktiviert dabei ein weiteres Hormon – das Endothelin – in den Endothelzellen der Gefäße. Dieses Hormon bringt die glatten

Muskelzellen um die Gefäße zur Kontraktion; c) über eine Aktivierung von Vasopressin und die Noradrenalin-Freisetzung aus dem sympathischen Nervensystem. Bei Dauerstress kann RAAS mit anderen Faktoren zusammen Bluthochdruck, Arteriosklerose, zu hohe K^+-Konzentrationen im Blut, Hypertrophie der linken Herzkammer und andere Herz-Kreislauf-Erkrankungen verursachen (Abschnitt 8.3).

Bei Senkung des Blutvolumens und -drucks sowie durch niedrigen Na^+-Flux in den distalen Nieren-Tubuli erfolgt die Ausschüttung von Renin durch die juxtaglomerulären Zellen der Niere. Adrenalin verschiebt über a_1-Rezeptoren die Schwelle der Reaktion auf diese Reize nach unten und erhöht über β-Rezeptoren die basale Freisetzung von Renin. Renin ist eine Aspartylproteinase, die aus Angiotensinogen, das in der Leber produziert wird, das Dekapeptid Angiotensin I abspaltet. Angiotensin I wird wiederum durch das *angiotensin converting enzyme* (ACE), das u. a. in der Lunge vorkommt, durch Abspaltung von 2 Aminosäuren in das aktive Angiotensin II umgewandelt (Abb. 5.22).

Angiotensin II (ANGII) bewirkt eine **Blutvolumenerhöhung**, indem es die **Aldosteronsynthese und -abgabe** in den *Glomerulosa*-Zellen der Nebennierenrinde fördert. Die Aldosteronsynthese und -abgabe wird außerdem durch ACTH und a-MSH stimuliert, das heißt über die HPA-Achse. Die Aktivierung der Aldosteronsynthese über die verschiedenen Hormonsignale erfolgt einerseits durch ANGII über eine IP_3-ausgelöste Zunahme der Calciumkonzentration, andererseits durch ACTH über eine Zunahme von cAMP (Spat and Hunyady 2004). Somatostatin (SS) und *atrial natriuretic peptide* (ANP) hemmen dagegen die Synthese. ANP wird bei erhöhtem Vorhofdruck im Herzen gebildet und wirkt so als negatives Rückkopplungssignal blutdruckmindernd auf die Aldosteronsynthese. Wie bei AVP trägt die Wahrnehmung der Veränderungen der Blutparameter mit dem Gefühl „Durst" zur Wasseraufnahme und dadurch zu Erhöhung von Blutvolumen und -druck bei. Aldosteron bindet in den Zielzellen der Niere und des Enddarms an intrazelluläre Mineralcorticoid Rezeptoren (MR), die als Transkriptionsfaktoren an entsprechende Promotorelemente binden. MR und Glucocorticoidrezeptoren (GR) aktivieren die Expression einer Kinase (*serum and glucocorticoid-regulated kinase 1*, SGK-1), die die **Translokation von Na^+-Kanälen** an die apikale Membran der Epithelzelle fördert (Bhargava und Pearce 2004), ebenso wie es erhöhte zelluläre Na^+-Konzentrationen tun. Die Translokation dieses epithelialen Na^+-Kanals (EnaC) wird negativ durch eine Ubiquitin-Ligase (Nedd4-2) und positiv über die SGK kontrolliert, die die Ligase phosphoryliert und dadurch die Hemmung durch diese Ligase aufhebt (Pearce 2003). Der Na^+-Kanal in der apikalen Membran erhöht den Na^+-Fluss aus dem Harn in die Epithelzelle. Aus der Epithelzelle wird Na^+ durch Na^+/K^+-ATPasen in der basolateralen Membran in das Blutgefäßsystem gepumpt. Die Menge der Na^+/K^+-ATPasen wird ebenfalls durch Aldosteron erhöht, das mit seinem Rezeptor an den Promotor des Na^+/K^+-ATPase-Gens bindet – was sich nach etwa einer Stunde bemerkbar macht. An der Translokation an die Membran ist möglicherweise auch SGK-1 beteiligt (Verrey et al. 2003). Vasopressin erhöht dagegen sehr schnell (in wenigen Minuten) die Aktivität der Na/K-Pumpe durch Translokation (Feraille et al. 2003). Aldosteron erhöht so die Na^+-Retention in den Nierentubuli und im Enddarm (im Austausch gegen K^+- und H^+-Ionen). Damit werden auch die Wasseraufnahme und das Blutvolumen erhöht. Dadurch und durch seine sensitivierende Wirkung für blutgefäßverengende Signale, wie die von Adrenalin, erhöht es den Blutdruck (Brook und Marshall 2001).

Aldosteron spielt auch eine Rolle bei der Hypertrophie des Herzens und der Arteriosklerose der Gefäße bei Bluthochdruck: Über schnelle nicht-transkriptionelle Wirkungen bewirkt es eine Phosphorylierung und Aktivierung der MAPK/ERK-Signalkette, ebenso der stressaktivierten Proteinkinasen (JNK) (Fiebeler und Haller 2003).

Angiotensin II bewirkt über die Aldosteronsynthese und Erhöhung des Blutvolumens hinaus eine direkte **Erhöhung des Blutdrucks** durch eigene intensive Verstärkung der **Vasokonstriktion**. ANGII erhöht zum einen in den sympathischen Neuronen der glatten Gefäßmuskulatur die Noradrenalinsynthese und -freisetzung aus den Vesikeln und hemmt die Wiederaufnahme von NA. Aufgrund der dadurch verstärkten Bindung von NA an a_1-Rezeptoren der glatten Muskelzellen kommt es zur Vasokonstriktion (Abschnitt 5.1). Zum anderen wirkt

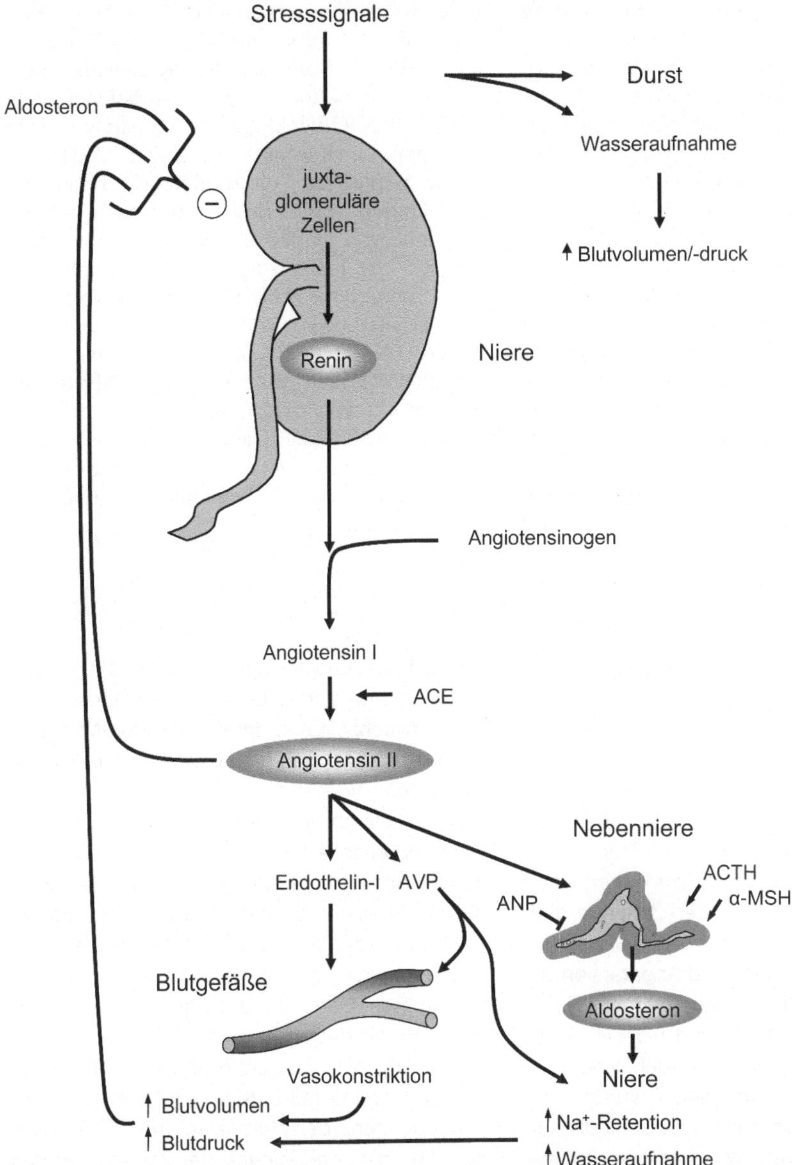

5.22   Das Renin-Angiotensin-Aldosteron-System (RAAS). Bei niedrigem Blutvolumen, Blutdruck und Na^+-Fluss im distalen Tubulus der Nierenkanälchen (*macula densa*), bei Blutverlust, Wassermangel, aber auch bei psychosozialen Stressoren – vermittelt über die SAM-Achse – wird in den juxtaglomerulären Zellen der Niere Renin freigesetzt. Über eine Aktivierungskaskade entsteht Angiotensin II (ACE – *angiotensin converting enzyme*). Angiotensin II (ANGII) stimuliert die Aldosteronsynthese in der Nebennierenrinde, zusammen mit ACTH (adrenocorticotropes Hormon) und α-MSH (Melanocyten-stimulierendes Hormon). *Atrial natriuretic peptide* (ANP) wirkt dagegen hemmend auf die Aldosteronsynthese. ANGII wirkt außerdem stimulierend auf die Ausschüttung von Adrenalin aus dem Nebennierenmark. ANGII bewirkt eine Vasokonstriktion über Endothelin-1, Verstärkung der SAM-Achse und Aktivierung von Arginin-Vasopressin (AVP). Erhöhtes Blutvolumen und erhöhter Na^+-Gehalt des Bluts sowie ANGII und Aldosteron wirken negativ zurück auf die Reninproduktion. ANGII und andere Faktoren bewirken das Gefühl „Durst" und Wasser- und Salzaufnahme. Wasser- und Salzaufnahme wirken ebenfalls negativ auf die Reninproduktion in der Niere.

ANGII über das Endothel auf die **Freisetzung von Endothelin**. Dieses Hormon erhöht in den glatten Muskelzellen die Aktivität der Phospholipase C und damit die Calciumkonzentration, die zur Kontraktion führt. Außerdem stimuliert ANGII auch die Ausschüttung von AVP (Abschnitt 5.3), das in gleicher Richtung wie das RAAS den Blutdruck und das Blutvolumen regelt. Dies geschieht anscheinend durch Bindung an Rezeptoren in einer Hirnregion (*lamina terminalis*), die daraufhin sowohl die Sekretion von AVP in Gang setzt wie auch das Gefühl von Durst erzeugt (McKinley et al. 2004).

Angiotensin II wirkt zellulär über **zwei Rezeptoren**, den AT1- und AT2-Rezeptor. AT1 verstärkt die genannten Funktionen – Aldosteron- und Vasopressinausschüttung und sympathische Signalverstärkung aber auch Zellproliferation, Hypertrophie der linken Herzkammer und der vaskulären Media sowie eine Verstärkung der Arterioskleroseprozesse und Thrombose (Kon und Jabs 2004, Abschnitt 8.3). Der AT2-Rezeptor spielt eine Rolle bei Herz-Kreislauf-, Hirn- und Nierenfunktionen, aber auch bei Zelldifferenzierung, -entwicklung und -reparatur sowie bei Apoptose (Kaschina und Unger 2003).

Die Wirkungen von Angiotensin II auf die Proliferation von Zellen – aber auch auf die Zunahme von oxidativem Stress – wird offenbar über die Freisetzung von ROS durch eine ANGII-aktivierte NAD(P)H-Oxidase vermittelt (Cai et al. 2003). ROS aktivieren wiederum die MAPK- und JNK/p38-Kaskade und Transkriptionsfaktoren wie AP-1 und NFκB, die die Abwehr von oxidativem Stress – auch im Herzen – verstärken (Das et al. 2004, Abschnitt 6.8), ROS verursachen aber gleichzeitig oxidative Schäden in den Gefäßendothelien und glatten Muskelzellen.

5.5 Aktivierung der Schilddrüsenachse bei Kälteschock und anderen Stressoren

Die Schilddrüsenachse besteht aus dem *thyrotropin-releasing hormone* (TRH) im Hypothalamus, das die Abgabe von *thyroid stimulating hormone* (TSH) aus thyreotropen Zellen in dem Hypophysenvorderlappen auslöst. TSH stimuliert wiederum die Synthese und Abgabe von Trijodthyronin (T_3) und Tetrajodthyronin (T_4, Thyroxin) aus der Schilddrüse. T_4 wird in der Peripherie in das wirksame T_3 umgewandelt. Änderungen in TRH-Konzentrationen wurden in mehreren Hirnregionen nach unterschiedlichen Stressarten beobachtet, oft zusammen mit der SAM- und HPA-Achse: bei Ratten vor allem bei Kälteschock, aber auch Elektroschock (Schmerz), Immobilisierung (Angst) und Blutverlust. Eine Erhöhung von TRH ist auch in der cerebrospinalen Flüssigkeit von Patienten mit *major depression* gefunden worden. Die allgemeinen Wirkungen von T_3 sind – neben den Einflüssen auf die Entwicklung – die Erhöhung des Grundumsatzes, das heißt des zellulären Energiestoffwechsels und damit auch der Wärmeerzeugung wie auch eine Stimulation der Proteinsynthese.

Die zellulären Wirkungen von T_3/T_4 erfolgen – wie bei Cortisol – über intrazelluläre Rezeptoren, da die Schilddrüsenhormone durch die Membran diffundieren können. Mit den Rezeptoren zusammen binden sie an DNA-Sequenzen in einem regulatorischen Bereich (Promotor) vor bestimmten Genen und beeinflussen die Expression der betreffenden Gene. T_3/T_4 kontrolliert so die Aktivität zahlreicher (> 350) Gene, die für Proteine mit unterschiedlichen Funktionen codieren, beispielsweise für ein Protein, das die Energieerzeugung der Zelle zugunsten der Wärmeproduktion umstellt – was den Ruhestoffwechsel steigert und die Körperwärme erhöht. Außerdem werden Gene stimuliert, die das Angebot an Energiesubstraten (Glucose und Fettsäuren) und den Sauerstofftransport erhöhen. Neue Befunde zeigen, dass T_3/T_4 die Proliferation von Zellen hemmt.

5.5.1 Die Struktur der Schilddrüsenachse und die Wirkungen der Schilddrüsenhormone

Der Signalweg der Schilddrüsenachse und ihre Modulatoren sind in (Abb. 5.23) dargestellt. Er besteht aus folgenden Hormonen:

Thyrotropin-releasing hormone (**TRH**) ist ein Tripeptid, das in Neuronen des Hypothalamus (PVN), der präoptischen Region, dem Septum, Hippocampus und mehreren Hirnstammregionen vorkommt (Bissette 1991). TRH aus hypothalamischen Neuronen wird an das Gefäßsystem des Hypophysenvorderlappens abgegeben, bindet dort an Rezeptoren der thyreotropen Zellen und wirkt anscheinend sowohl über cAMP wie IP_3 und Calcium auf die Synthese von TSH. Es fördert außerdem die Synthese von Prolaktin (Neeck 2000). Stimuliert wird die TRH-Abgabe durch Noradrenalin und Histamin.

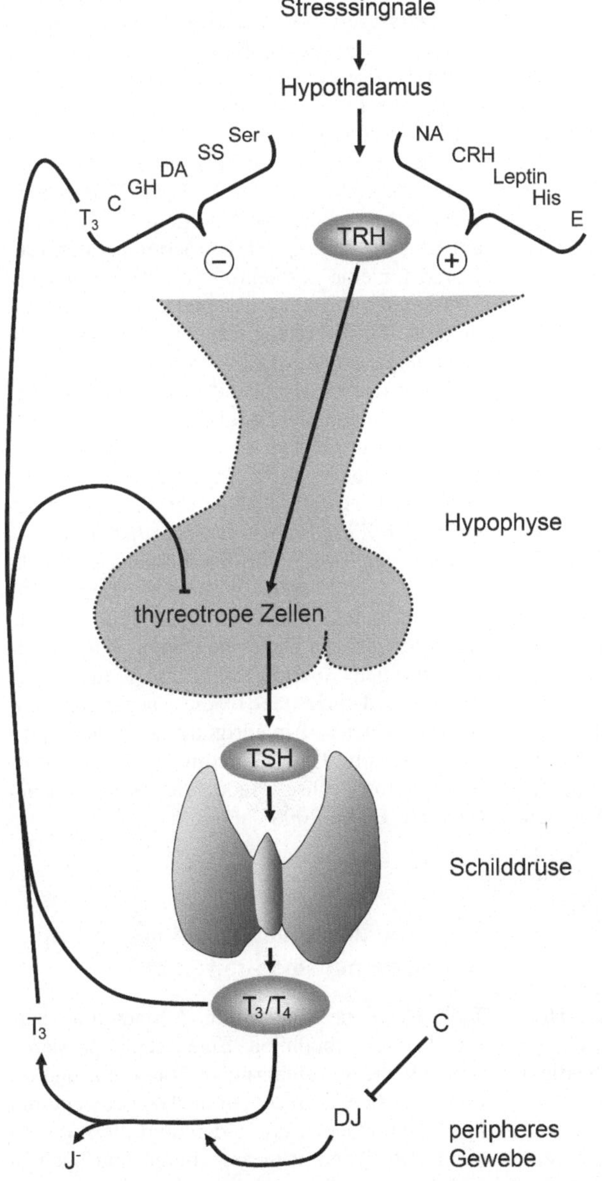

5.23 Hypothalamus-Hypophysen-Schilddrüsenachse. Stressoren wie Kälte, Blutverlust, Schmerz und Depression induzieren in Hypothalamus-Neuronen das *thyrotropin-releasing hormone* (TRH), das im Hypophysenvorderlappen in das kapillare Gefäßnetzwerk freigesetzt wird. Aktiviert wird die Abgabe von TRH durch Noradrenalin (NA), Histamin (His), Östrogen (E), Leptin und CRH, gehemmt wird sie durch Serotonin (Ser), Somatostatin (SS), Dopamin (DA), *growth hormone* (GH) und Cortisol (C). TRH stimuliert die thyreotropen Zellen zur Bildung und Freisetzung von *thyroid stimulating hormone* (TSH), das in der Schilddrüse die Synthese und Ausschüttung von Schilddrüsenhormonen (Thyroxin (T_4) und Trijodthyronin (T_3)) bewirkt. Im peripheren Gewebe wird T_4 mithilfe einer Dejodinase in das wirksame T_3 überführt, wobei Jodid (J^-) abgespalten wird. Die Dejodinase wird durch Cortisol gehemmt. T_3 wirkt negativ auf die Abgabe von TSH zurück.

Neuere Befunde haben eine Stimulation des TRH-Gens durch Leptin und Melanocortin aufgezeigt, die über den JAK/STAT- bzw. den CREB-Signalweg wirken (Guo et al. 2004). Gehemmt wird die TRH-Abgabe durch Somatostatin, Dopamin und Serotonin (Tsigos and Chrousos 2002).

***Thyroid-stimulating hormone* (TSH)** ist ein Protein aus 211 Aminosäuren mit zwei Untereinheiten (α,β), das strukturell mit dem follikelstimulierenden Hormon (FSH) und luteinisierenden Hormon (LH) verwandt ist: Die α-Untereinheiten sind gleich. Die β-UE bindet an den TSH-Rezeptor der Schilddrüse und bewirkt in den Thyreocyten über G-Proteine eine Erhöhung von cAMP und Calcium. Über diese Signale wird die Jodaufnahme, die Expression des Thyreoglobulins und die Synthese und Freisetzung von T_3 und T_4 gesteuert. Stimuliert wird die TSH-Sekretion durch TRH und auch CRH (De Groef et al. 2003), während Glucocorticoide, Östrogene und Wachstumshormon die Sensitivität der Zellen für TRH modifizieren können (Abb. 5.23). Eine negative Rückkopplung besteht über eine Hemmung der TRH- und TSH-Sekretion durch T_3.

Die Schilddrüsenhormone Trijodthyronin und Thyroxin T_3/T_4 erhöhen die Stoffwechselrate und Temperatur

Die **Synthese der Schilddrüsenhormone** T_3 und T_4 ist kompliziert und findet teils in den Thyreozyten, teils außerhalb der Zellen im Follikellumen, dem „Kolloid" statt. Dort hinein werden von den Thyreocyten Jodidionen und die Thyreoidea-Peroxidase (TPO) abgegeben, die mithilfe von H_2O_2 das Jodid oxidiert. Ebenfalls in das Lumen abgegeben wird das Thyreoglobulin (Tg), ein Protein, dessen zahlreiche Tyrosin-Moleküle dort mithilfe von TPO iodiert werden. Die einfach oder zweifach iodierten Tyrosine werden zu T_3 oder T_4-Molekülen verbunden, und zwar nicht in Form eines Dipeptids, sondern über die OH-Gruppe des Tyrosins. Anschließend wird das Thyreoglobulin durch extrazelluläre Kathepsine gespalten (Friedrichs et al. 2003) und durch Endocytose wieder in die Thyreozyten aufgenommen. Dort wird Tg durch Lysosomen weiter in Peptide und unterschiedlich iodierte Tyrosin- oder T_3/T_4- Moleküle aufgespalten, wobei letztere sezerniert werden. Ein Teil der T_4-Moleküle wird schon in den Thyreo-

zyten von einer Dejodinase in T_3 umgewandelt, während die meisten T_4-Moleküle erst in der Peripherie dejodiert werden (Brook and Marshall 2001, Spinas und Fischli 2001). Die 5'-Dejodinase wird durch Glucocorticoide gehemmt (Tsigos und Chrousos 2002) – ein Beispiel für die hemmenden Einflüsse der Glucocorticoide auf die Schilddrüsenfunktionen.

Die **Wirkungen der Schilddrüsenhormone** T_3/T_4 (Tab. 5.2) ähneln in manchen Aspekten denen der Stresshormone Adrenalin/Noradrenalin und Cortisol: eine Erhöhung der Herztätigkeit verbunden mit einer Stimulation der Glucose- und Fettsäurefreisetzung. Hinzu kommt eine Erhöhung des Energiestoffwechsels und der Wärmeproduktion der Zelle, eine Erhöhung der Erythrozytenzahl und O_2-Bindungskapazität sowie eine Stimulation der Darmmotilität und des Verdauungs- und Resorptionsvermögens. Eine vermehrte Ausschüttung von T_3/T_4 bei Kälteschock verändert so zahlreiche Funktionen in Richtung auf eine Erhöhung der Körpertemperatur. Der Grund für eine vermehrte Abgabe bei anderen Stressoren, wie zum Beispiel bei Blutverlust, liegt in der Erhöhung des O_2-Transports und der Energieversorgung.

Bei kritischen Krankheitszuständen, die über längere Zeit anhalten, wie bei Patienten auf einer Intensivstation, findet eine Reduktion der pulsatilen Abgabe von ACTH, LH, GH, PRL und auch von TSH statt, die eine verminderte Stimulation der Zielgewebe zur Folge hat. Eine Reduktion von T_3 scheint den Körper bei Krankheitsstress vor einem zu hohen Energiestoffwechsel (Katabolismus) zu bewahren, könnte sich aber auf die Dauer negativ in Form eines zu niedrigen Energiestoffwechsels auswirken. Zurzeit wird untersucht, ob diese negativen Konsequenzen der T_3-Erniedrigung durch Infusionen von TRH (und GHRH) verhindert und ein normaler Stoffwechsel induziert werden kann (van den Bergh 2000).

5.5.2 Die molekularen Wirkungen von Trijodthyronin sind breit gefächert

T_3/T_4-Hormone können die Zellmembran aufgrund ihrer lipophilen Eigenschaft passieren (ähnlich wie Steroidhormone, Vitamin D und *retinoic acid*). Sie binden an nucleäre Rezeptoren (TR) die im Gegensatz zu den Steroidrezeptoren nicht mit Chaperonen assoziieren und auch in

Tabelle 5.2 Wirkungen von T_3/T_4

Grundumsatz	Erhöhung des Energiestoffwechsels, des O_2-Verbrauchs und der Wärmeproduktion Stimulation der Na^+/K^+-ATPase (außer Gehirn, Milz, Hoden) und glucoseabbauender Enzyme
Herz/Kreislauf	Erhöhung der Sensitivität des Herzens für Adrenalin/Noradrenalin durch Erhöhung der Anzahl β-adrenerger Rezeptoren Erhöhung von Herzfrequenz, Herzminutenvolumen, Blutdruck
Erythrocyten	Erhöhung der Erythropoetin-(EPO-)Konzentration und Erythropoese Erhöhung der 2,3-DPG-Konzentration
Magen-Darm-Trakt	Stimulation der Darmmotilität
Knochen	Stimulation des Knochenturnover: Anstieg der Calciumkonzentration in Blutplasma und Urin
Kohlenhydrat-Lipid- und Protein-stoffwechsel	Erhöhung der Gluconeogenese und Glykogenolyse in der Leber und der Glucoseabsorption im Darm Erhöhung von Cholesterolsynthese und -abbau (Erhöhung der LDL-Rezeptoren in der Leber) Stimulation der Lipolyse und Freisetzung von Fettsäuren Erhöhung der Proteinsynthese und Proteinabbau (im Muskel)
Proliferation	Hemmung der Zellteilungsrate

(nach Spinas und Fischli 2001)

der ligandenfreien Form an DNA binden. TR bilden Dimere, die an DNA-Elemente (HRE) binden, die Sequenzhomologien zu den anderen lipophilen Signalmolekülen aufweisen (Krauss 2003). Es gibt Proteine, die mit THR Heterodimere bilden können und sowohl negative wie positive Kontrollfunktionen wahrnehmen.

Die **Wirkungen von Trijodthyronin** (T_3) auf die Zelle, vor allem auf die Genexpression, war lange unklar. Neue Techniken wie die Microarray-Ansätze haben jetzt ergeben, dass T_3 ein großes Spektrum von zellulären Funktionen beeinflusst – meist über eine positive oder negative Kontrolle der Genexpression: Glucose- und Lipidstoffwechsel, Membranproteine, wie Rezeptoren, und der Na^+/K^+-ATPase, Proteindegradation, Signaltransduktion, Entzündungsantwort, Proliferation und Apoptose. Von 4400 Genen eines Microarrays wurden 358 durch T_3 zum Teil aktiviert oder auch reprimiert (Miller et al. 2001, Viguerie et al. 2002). So wurde bei Fettzellen eine Erhöhung der Expression des β-adrenergen Rezeptors gefunden, was die Verstärkung der adrenalininduzierten Lipolyse erklärt, während die mRNA für den α-adrenergen Rezeptor erniedrigt wurde.

Eine wichtige Funktion von T_3 ist die **Regulation der Stoffwechselrate** und damit auch der **Körpertemperatur**, beispielsweise bei einem Kältestress. Diese Regulation erfolgt anschei-

nend über die Synthese eines Proteins, das die Mitochondrien „entkoppelt", das heißt die Effizienz der ATP-Synthese drosselt und die Wärmeproduktion steigert (*uncoupling protein 3*). Dieses Protein ist ein mitochondrialer Transporter und nur in metabolisch relevanten Geweben wie Skelettmuskel und Herz vorhanden. Durch Injektion von T_3 in Ratten mit Schilddrüsenunterfunktion wird es in diesen Geweben maximal um den Faktor 12 erhöht und bewirkt dadurch eine Steigerung des Ruhestoffwechsels um 45 % sowie der nicht-ATP-erzeugenden Respiration der Mitochondrien um 40 % (de Lange et al. 2001).

Die Wirkung von T_3 auf die **Proliferation** ist offenbar überwiegend negativ: So wurde die Proliferation von Brustdrüsenepithelien in Kultur gleichzeitig mit der Expression der Gene für Cyclin D1 und T1 (einem Gen, das in menschlichen Adenocarcinomen überexprimiert ist) gehemmt (Gonzalez-Sancho 2002). Diese Hemmung erfolgt über die Unterdrückung des Transkriptionsfaktors AP-1, der auch durch Cortisol negativ reguliert wird. Auch β-Catenin, das als wichtiges Mitglied des Wnt-Signalwegs (ausgesprochen: wint – *wingless type MMTV integration site*) das onkogene Cyclin D1 und damit die Proliferation stimuliert (Koesters und Knebel Doeberitz 2003), wird durch Erhöhung von T_3 in Kombination mit einem seiner Rezeptoren (THR β1) reprimiert (Natsume et al. 2003). Diese Befunde werden durch Versuche unterstützt, die bei T$_3$-Behandlung von Zellkulturen eine Hemmung auch des Transkriptionsfaktors E2F-1 ergaben, einem Faktor, der entscheidend für den G1/S-Übergang während des Zellzyklus ist und Gene für die S-Phase stimuliert (Nygard et al. 2003). Die Frage der Wirkung von T$_3$ auf die Zellproliferation ist jedoch noch nicht endgültig geklärt (Miller et al. 2001).

Außer diesen genomischen Wirkungen von T$_3$ zusammen mit seinen Rezeptoren (TRa, TRβ) gibt es anscheinend – wie bei Steroidhormonen auch (Abschnitt 5.2) – **nichtgenomische Wirkungen**. Diese erfolgen durch direkte Wechselwirkungen der Schilddrüsenhormone und ihrer Rezeptoren mit G-Protein-gekoppelten Rezeptoren, die dann über Calciumfreisetzung die MAP-Kinase-Kaskade aktivieren. Durch diese nichtgenomischen Mechanismen können auch die im Kern befindlichen eigenen Rezeptorproteine phosphoryliert und dadurch aktiviert werden (Davis et al. 2002).

5.6 Die Wachstumshormonachse und Somatostatin

Die Wachstumshormonachse besteht aus mehreren hypothalamischen Releasing-Hormonen, hauptsächlich dem *growth hormone releasing hormone* (GHRH) und auch dem *thyrotropin releasing hormone* (TRH), die in der Hypophyse an somatotrope Zellen andocken und dort das Wachstumshormon (*growth hormone*, GH) freisetzen.

Die Wachstumshormonachse ist in einige Stressantworten eingebunden, so bei körperlicher Anstrengung, Aufregung, Kälte, Nahrungsmangel (Hypoglykämie), Operationen, Anästhesie, Blutverlust. Bei anderen Stressantworten wie bei Angst und Schmerz wird diese Hormonachse dagegen durch CRH und Cortisol gehemmt; im Übrigen ist sie an der Kontrolle des Längenwachstums von langen Knochen durch Zellproliferation wesentlich beteiligt.

Das Wachstumshormon wirkt einerseits direkt auf den Energiestoffwechsel, vor allem auch auf den Aufbaustoffwechsel (Proteinsynthese), andererseits aktiviert es die Synthese von sogenannten Somatomedinen, das heißt Wachstumsfaktoren wie den *insulin-like growth factor-1* (IGF-1), die die Proliferation von Zellen stimulieren. GH und IGF-1 fördern die Vermehrung von Zellen auch des Immunsystems und wirken so dem hemmenden Einfluss von Cortisol entgegen.

Ein wichtiger Gegenspieler von GH ist das Somatostatin (SS), das die Abgabe von GH sowie von TSH, Prolaktin und Insulin hemmt.

5.6.1 Die Struktur der Wachstumshormonachse und die Wirkungen von Wachstumshormonen und Somatomedinen

Die Komponenten der Wachstumshormonachse und ihre Modulatoren sind in (Abb. 5.24) dargestellt. Die Achse besteht aus folgenden Hormonen:

Growth hormone releasing hormone **(GHRH)** ist ein Neuropeptid, das vor allem in hypothalamischen Neuronen gebildet und in das Pfortadersystem des Hypophysenvorderlappens abgegeben wird. Dort dockt es an somatotrope Zellen an und stimuliert über einen G-Protein-gekoppelten Rezeptor den cAMP/PKA-Weg und damit die Synthese und Abgabe von Wachstumhormon (GH). Im ZNS stimuliert GHRH die Nahrungsaufnahme. GHRH-Neuronen werden ihrerseits durch Glucosemangel im Blut (Hunger) sowie durch physische Hochleistungen und Operationsstress über katecholaminerge (NA) Neuronen sowie β-Endorphin und Serotonin stimuliert.

Das **Wachstumshormon** ist ein Proteinhormon aus 191 Aminosäuren (22 kDa), das im Hypophysenvorderlappen gebildet und in das Blutgefäßsystem abgegeben wird. Es zeigt dabei sowohl pulsatile, wie tageszeitliche Veränderungen (Maxima während des Schlafs). Eine Zunahme von GH ist vor allem während der Pubertät zu beobachten.

Die **Regulation der GH-Ausschüttung** erfolgt positiv einerseits über GRH und das kürzlich entdeckte *GH-releasing peptide* (*Ghrelin*) (Kato et al. 2002). **Ghrelin** ist ein Peptid, das hauptsächlich im Magen aber auch anderen Geweben produziert wird und anscheinend eine wichtige Rolle in der allgemeinen Regulation der Energiehomeostase des Organismus spielt (Korbonits et al. 2004). Ghrelin stimuliert die GH-Sekretion über den *GH secretagogue (GHS)-receptor* (GHSR). Bei Magersuchtspatienten ist die Ghrelinmenge erhöht, vermutlich weil der Körper unter Nahrungsdefiziten leidet

(Broglio et al. 2004). Auch Leptin stimuliert die GH-Ausschüttung (Saleri et al. 2004). Das *thyrotropin releasing hormone* (TRH) hat ebenfalls eine stimulierende Wirkung auf die GH-Abgabe und wird seinerseits durch serotonerge und β-endorphinerge Neuronen aktiviert. Negativ wird die GH-Produktion hauptsächlich durch Somatostatin beeinflusst, das seinerseits durch Neurotensin und CRH aktiviert zu werden scheint (Norman und Litwack 1987). Ebenfalls negativ wirken Cortisol und Orexigen A. GH selbst hemmt die GHRH-Produktion, ebenso wie IGF-1 negativ auf die GH- und GHRH-Syn-

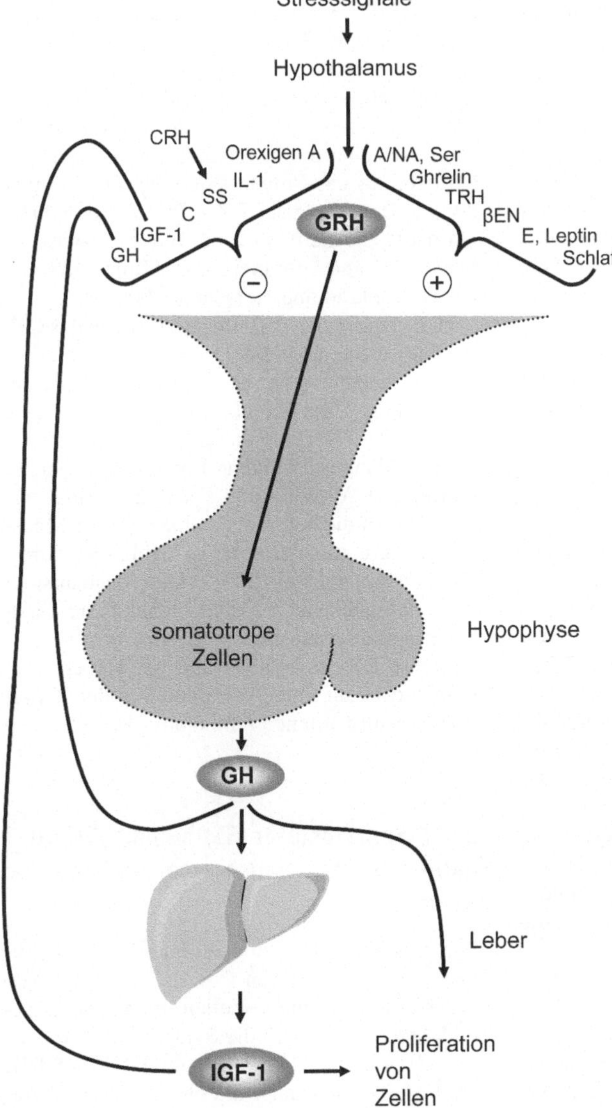

5.24 Wachstumshormonachse. Bei Stressoren wie Hypoglykämie, Proteinmangel, Kälte, physischen Hochleistungen und Blutverlust wird *growth hormone releasing hormone* (GHRH) in Hypothalamusneuronen gebildet und in das kapillare Gefäßnetz im Hypophysenvorderlappen (HVL) freigesetzt. Aktiviert wird die Wachstumshormonachse durch Serotonin (Ser), Adrenalin und Noradrenalin (A, NA), β-Endorphin (β-EN), *thyrotropin-releasing hormone* (TRH), Östrogen (E) und Schlaf sowie durch Leptin und Ghrelin. Gehemmt wird sie durch *corticotropin releasing hormone* (CRH), Cortisol (C), Interleukin-1 (IL-1), Orexigen A und Somatostatin (SS). GHRH stimuliert die somatotropen Zellen zur Abgabe von Wachstumshormon (GH). GH bewirkt vor allem in der Leber die Freisetzung von Somatomedinen, wie des *insulin-like growth factor-1* (IGF-1), wirkt jedoch auch direkt auf Gewebezellen ein. Sowohl GH wie IGF-1 hemmen die GHRH-Synthese, IGF-1 auch die GH-Produktion im Sinne einer negativen Rückkopplung.

these wirkt (negative Rückkopplungen) (Abb. 5.24). Auch IL-1 scheint die GH-Sekretion über eine Stimulation von Somatostatin zu hemmen (Lumpkin 1991, Honegger et al. 1991). Das bedeutet, dass Entzündungen und Trauma Zellproliferation und Wachstum hemmen, was die Entwicklungsstörungen durch Krankheit und Stress während der Kindheit erklären würde. IGF wird in seiner Aktivität durch IGF-Bindungsproteine (IGFBP) reguliert, die je nach Stoffwechselstatus, der Menge anderer Hormone und Stress ausgeschüttet werden (Kelley et al. 2002).

GH wirkt einerseits direkt auf verschiedene Gewebe und andererseits indirekt über die Stimulation der **Synthese und Freisetzung von Somatomedinen** *(insulin-like growth factor-1* und 2, IGF-1 und 2) hauptsächlich aus der Leber aber auch aus der Hypophyse und Fibroblasten. Die direkten Wirkungen können langfristig in Zusammenhang mit Glucosemangel (Hypoglykämie) gesehen werden: GH aktiviert die Lipase im Fettgewebe und dadurch die Abgabe von freien Fettsäuren und hemmt die periphere Glucoseaufnahme (Insulinresistenz, cortisolähnliche Wirkungen). GH steigert auf der anderen Seite den Aminosäuretransport in Muskel, Leber und Fettgewebe sowie die Proteinsynthese. Letzteres wirkt positiv auf die Proliferation von Zellen. Auch die Differenzierung von Fibroblasten wird gefördert. Außerdem wirkt GH anscheinend aktivierend auf die Wasserretention der Niere – möglicherweise im Zusammenhang mit Blutverlust.

Direkt oder zusammen mit IGF-1, Prolaktin und Schilddrüsenhormon wirkt GH konzentrationsabhängig positiv auf Immunzellen. Es stimuliert die T-Zellproliferation, Interleukin-2 Synthese, Aktivität cytolytischer Zellen wie T-Zellen und NK-Zellen und schränkt so die hemmende Wirkung von Glucocorticoiden auf das Immunsystem ein (Cocchi et al. 1991, Dorshkind und Horseman 2001). GH/IGF-1 hemmen außerdem das Enzym, das inaktives Cortison in aktives Cortisol umwandelt (11-β-Hydroxysteroid-Dehydrogenase-1) (Stewart et al. 2001) und hemmen damit auch die Folgen eines erhöhten Cortisolspiegels. Kurzfristig wird ein insulinähnlicher Effekt erzielt.

GH bindet an seine Rezeptoren (GHR) und bewirkt ihre Dimerisierung. Dadurch wird eine Membran-gebundene Januskinase (JAK-2) aktiviert, die über STAT (*signal transducer und activator of transcription*) und/oder über die MAP-Kinasekaskade die Expression von Genen, wie AP-1, steuert. Es gibt außerdem noch lösliche GH-Bindungsproteine (GHBP), die aus dem gleichen Rezeptorgen durch alternatives Splicen entstehen. IGF-1 Rezeptoren sind dagegen ähnlich wie Insulinrezeptoren mit cytoplasmatischen Tyrosinkinasedomänen versehen und stimulieren darüber die MAP-Kinasekaskade und die Expression von Genen, die die **Proliferation** stimulieren.

IGF-1 ist ein **Wachstumsfaktor**, der die Proliferation von Zellen und damit auch das Wachstum des Organismus stimuliert. Diese Wirkung ist nicht als Reaktion auf Stress zu sehen und findet teilweise zu Ruhezeiten (Schlaf) statt. GH und IGF-1 fördern das Wachstum von langen Knochen, von Gonaden und inneren Organen sowie die klonale Expansion von Chondrocyten. Andererseits wird GH und IGF-1 auch bei manchen Stressoren vermehrt produziert. Es schränkt dabei die hemmenden Wirkungen von Cortisol auf das Immunsystem ein und vermindert die Hemmung der T-Zell Proliferation durch Cortisol. Es stellt so eine Balance zwischen Dämpfung und Stimulierung des Immunsystems her (Dorshkind and Horseman 2001).

IGF-1 und der IGF-1-Rezeptor sowie das GH-Bindungsprotein sind, wie Versuche an Mäusen ergeben haben, an der Festlegung des Lebensalters beteiligt: Bei Knockout-Mäusen, denen ein Gen für diese Rezeptoren fehlte, war die Lebensdauer verlängert. Während Energiestoffwechsel, motorische Aktivität und Fertilität normal waren, zeigten die heterozygoten Knockout-Mäuse eine höhere Resistenz gegen oxidativen Stress (Holzenberger et al. 2003). Der Mechanismus dieser Resistenz ist jedoch noch nicht klar. Möglicherweise beruht die durch *caloric restriction* erreichte Lebensverlängerung bei Ratten (Abschnitt 6.1) auf einer Verminderung der IGF-1- (bzw. Insulin-)Menge (Anisimov 2003).

5.6.2 Somatostatin (SS) hemmt die Abgabe von Wachstumshormon und anderen Hormonen

Somatostatin gehört zu einer Familie von Peptiden, die in zahlreichen Geweben, u. a. im Magen-Darm-Trakt und δ-Zellen des Pankreas gebildet werden und die die Synthese und Abgabe von GH (Abb. 5.24), Prolaktin, TRH und TSH (Abb. 5.23) aber auch die Noradrenalin-/Adrenalinausschüttung im sympathischen NS und Nebennierenmark hemmen. SS kann auch die Vasopressin- und Oxytocinabgabe beeinflussen. Eines der SS-Peptide verändert die parasympathische Stimulation der Magensaftsekretion (Brown 1991). Erhöhte Glucosekonzentrationen im Blut führen im Pankreas durch SS14 zu einer parakrinen Hemmung der Insulinproduktion (über einen Gi-Protein-gekoppelten Rezeptor) aber ebenso zu einer Hemmung der Glucagon-

produktion. Bei Glucosemangel wird der letztgenannte Effekt dadurch aufgehoben, dass freigesetzte Katecholamine die SS-Produktion hemmen. Somatostatin wirkt intrazellulär über inhibitorische G-Proteine negativ auf die cAMP-Produktion. Insgesamt ist SS daher ein Hormon, das die meisten Stressantworten hemmt, die ja häufig – wie im Falle von CRH, ACTH, Adrenalin u. a. – über eine Stimulation der Adenylylcyclase laufen.

5.7 Kontrolle des Nahrungsflusses und Störungen durch Nahrungsmangel und -überangebot

Eine adäquate Nährstoffversorgung ist eine der fundamentalen Voraussetzungen unserer Existenz. Daher ist die Nahrungsaufnahme und Verdauung, der Transport von Nährstoffen über das Blutgefäßsystem und die relativ gleichmäßige Versorgung der Gewebe mit Nährstoffen äußerst wichtig. Der Organismus versucht insbesondere, den Gehalt von Glucose im Blut konstant zu halten, weil vor allem das Gehirn Glucose zur Aufrechterhaltung des Energiestoffwechsels braucht, aber auch, weil zu hohe Werte schädlich, ja tödlich sein können (Zuckerkrankheit, Diabetes). Man spricht daher auch von einer Blutglucosehomöostase, einem Fließgleichgewicht oder *steady state*. Im Zusammenhang mit dem Thema „Stress" ist die Blutglucose ein gutes Beispiel dafür, dass alle Abweichungen von einem Normal- oder Sollwert (Kapitel 1) je nach Ausmaß und Dauer geringere oder höhere Belastungen für den Organismus bedeuten, die der Organismus durch ein kompliziertes Regelwerk auszugleichen versucht.

Das Regelwerk um den Blutglucosespiegel besteht einerseits aus der Kontrolle von Zuflüssen: der Nahrungsaufnahme, Verdauung und Resorption, der Freisetzung aus Glykogenspeichern in Leber und Muskel und der Neusynthese (Gluconeogenese) aus kleineren Bausteinen, andererseits aus der Kontrolle des Verbrauchs durch den Energiestoffwechsel der Zellen sowie durch den Einbau in den Glucosespeicher (Glykogen). An der Regelung der Zu- und Abflüsse

von Blutglucose sind insbesondere Glucagon und Insulin, aber auch zahlreiche andere Hormone und neuronale Mechanismen beteiligt.

Um die Blutglucose auf einen bestimmten Wert einstellen zu können, muss der Organismus diesen Wert messen. Das geschieht durch Glucosesensoren in bestimmten Hirnregionen (Hypothalamus, Hirnstamm), die bei zu geringen Werten das Gefühl „Hunger" und bei erhöhten Werten das Gefühl „Sättigung" erzeugen, Gefühle, die wiederum die Nahrungsaufnahme fördern oder hemmen. An den Gefühlen „Hunger„ und „Sättigung" sind auch zahlreiche Hormone beteiligt, an dem Sättigungsgefühl zum Beispiel das Hormon „Leptin", das in Fettgewebe erzeugt wird, sowie Opioide, Insulin und andere Hormone, die nach der Nahrungsaufnahme verstärkt freigesetzt werden. Als weitere Signale für die Nahrungsaufnahme dienen auch Mechano- und Chemorezeptoren im Magen-Darm-Trakt, sinnliche Wahrnehmungen, wie angenehmer Geruch von Kuchen oder Braten, oder dem Gegenteil – den unangenehmen Geruch von Angebranntem oder Verschimmeltem. Hinzu kommen soziale Signale bei gemeinsamem Essen ebenso wie Signale von der „inneren Uhr".

Nach dem Essen steigt der Glucosegehalt im Blut an – ebenso der von Fettsäuren und Aminosäuren – die als Endprodukte der Verdauung vom Darmepithel in die Blutgefäße transportiert werden. Die Erhöhung der Blutglucose und andere Signale bewirken in den Langerhans-Inseln der Bauchspeicheldrüse die Freisetzung von Insulin und die Hemmung der Ausschüttung von Glucagon, des Gegenspielers von Insulin. Insulin erhöht in den Geweben, die Insulinrezeptoren aufweisen (vor allem in Muskel, Leber und Fettgewebe), den Glucosetransport in die Zellen und fördert dort die Überführung von Glucose in ihre Speicherform Glykogen bzw. den Umbau zu Fett. Glykogen ist – wie die pflanzliche Stärke – ein Glucose-Polymer. Ähnlich wie bei der Glucose fördert Insulin auch bei den aufgenommenen Fettsäuren die Überführung in Fett (Triglyceride) im Fettgewebe und von Aminosäuren in Proteine. Diese von Insulin stimulierten Prozesse werden auch anabol genannt, während die umgekehrte Richtung, das heißt der Abbau der Speicher, der von Insulin gehemmt wird, als katabole Prozesse bezeichnet werden.

Wenn auf diese Weise die nach dem Essen aufgenommenen Nahrungsbestandteile zum Teil mithilfe von Insulin in Speicher überführt worden sind, geht die Blutglucose wieder auf den Normalwert zurück. Bei der dann anschließenden Phase des Fastens und Arbeitens sinkt er aufgrund des Verbrauchs im Stoffwechsel und löst dadurch die Ausschüttung von Glucagon aus, das wiederum die Freisetzung von Glucose aus den Speichern fördert. Glucagon fördert auch die Neusynthese von Glucose aus Bausteinen wie Milchsäure, Glycerol, Aminosäurederivaten und den Fettsäureumsatz. Bei Angst auslösenden Situationen (*fight or flight*) werden vor allem Stresshormone wie Adrenalin und Cortisol aber auch Glucagon ausgeschüttet, die schon vorausschauend für Kampf oder Flucht Glucose aus den Speichern (Leber, Muskel) freisetzen, um die Energieversorgung bei höherer Muskelar-

beit zu sichern. Auch bei Kältestress, der durch erhöhte Stoffwechselraten kompensiert wird, bewirken Schilddrüsenhormone eine höhere Glucosezufuhr.

Diese relativ geringfügigen Abweichungen vom Sollwert der Glucosemenge im Blut, die im Laufe eines normalen Tages durch Nahrungsaufnahme und Glucoseverbrauch auftreten, sind nicht als Stress zu bezeichnen. Kurzfristigere hohe Arbeits- und Sportbelastungen können jedoch zu Unterzuckerung (Hypoglykämie) und damit verbundenen neurobiologischen/psychischen Veränderungen führen. Ständige Unterernährung stellt dagegen einen Existenz bedrohenden Stresszustand dar, der zu starken körperlichen und psychischen Veränderungen und im Extremfall zum Tode führt. Unter Hungerbedingungen werden zunächst alle Glykogen- und Fettreserven verbraucht. Dann werden zunehmend Muskelproteine zu Aminosäuren abgebaut und diese zur Produktion von Glucose eingesetzt, um den für das Gehirn notwendigen Anteil bereitzustellen. Auch bei Magersucht sind diese körperlichen Symptome zu beobachten – oft zusammen mit psychischen Veränderungen in der Selbstwahrnehmung.

Eine gravierende Veränderung der Glucosehomöostase erfolgt, wenn die Insulinproduktionoder die Insulinwirkungskette gestört ist. Die daraus resultierende Zuckerkrankheit (*Diabetes mellitus* Typ 2) wird ausführlicher in Abschnitt 8.4 vorgestellt.

5.7.1 Ein adäquates Nährstoffangebot an Zellen und Gewebe ist essenziell für die Selbsterhaltung des Organismus

Um die lebenswichtige Nährstoffversorgung der Zellen und Gewebe unseres Organismus zu gewährleisten, gibt es komplexe Regelsysteme bei der Nahrungsaufnahme, der Verdauung, Resorption und dem Nährstoffgehalt im Blut (insbesondere der Konzentration von Glucose, auf die wir hier fokussieren). Dasselbe gilt für die Regulation des Nährstoffverbrauchs in den Zellen, zum Beispiel in Form des Energiestoffwechsels, bei dem als energiereiche Substanz zumeist ATP produziert wird. Wenn dieses System der Nährstoffversorgung gestört wird, resultieren daraus je nach Ausmaß der Störung gravierende bis zu tödliche Konsequenzen.

Exkurs 5.5: Die Nahrungsaufnahme wird von zahlreichen Signalen gesteuert

Meist wird die Nahrung je nach den Gefühlen „Hunger" oder „Sattheit" aufgenommen oder verweigert. Diese Gefühle entstehen offenbar aufgrund von zahlreichen Signalen, die je nach Stärke auch die Intensität der Gefühle modulieren. Welche Signale einzeln oder zusammen diese Gefühle erzeugen und wie das geschieht, ist noch nicht im Detail bekannt. Stimuliert wird die Nahrungsaufnahme, wenn der Blutglucosegehalt sinkt, was von Glucosesensoren in Gefäßen und Zentren im Hypothalamus und Hirnstamm wahrgenommen wird. Auch fehlende mechano- und chemorezeptorische Signale aus dem Magen-Darm-

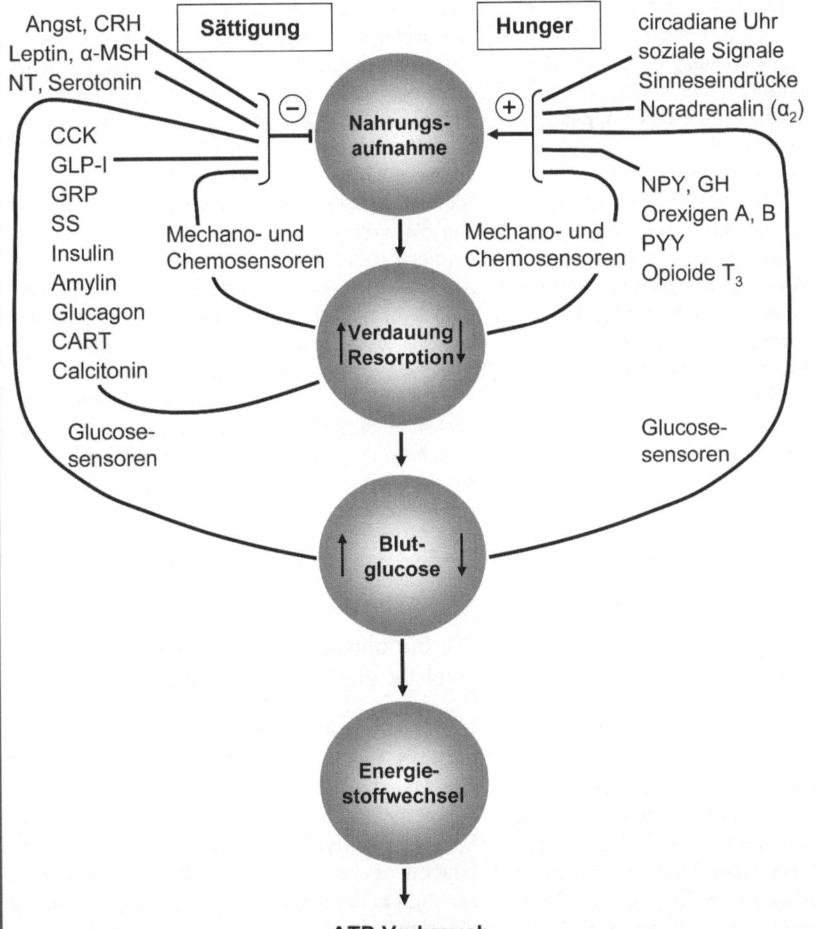

5.25 Kontrolle des Nahrungsflusses (Nahrungsaufnahme). Stimuliert wird die Nahrungsaufnahme durch niedrige Blutglucose (über Glucosesensoren) und niedrige Erregungsniveaus der Mechano- und Chemorezeptoren im Magen sowie durch soziale Signale, Sinneseindrücke und Signalmoleküle, wie NPY-Neuropeptid Tyrosin, Peptid YY (PYY), Orexigen A, B, Opioide, Ghrelin, GHRH (*growth hormone releasing hormone*), T_3-Trijodthyronin. Gehemmt wird die Nahrungsaufnahme durch erhöhte Blutglucose und Erregungsniveaus von Mechano- und Chemorezeptoren im Magen sowie durch Stress und Hormone/Signalpeptide, die zum Gefühl „Sattheit" beitragen: CRH – *corticotropin releasing hormone*, α-MSH – α-Melanocyten-stimulierendes Hormon, CCK – Cholecystokinin, GLP-1 – *glucagon-like peptide amide*, GRP – *gastrin-releasing peptide*, NT – Neurotensin, SS – Somatostatin. Leptin, Insulin, Amylin, Calcitonin und CART – *cocain and amphetamin-regulated transcript*.

trakt tragen dazu bei, ebenso wie positive olfaktorische und optische Reize (appetitanregende Gerüche, stimulierende, farbige Nahrungsmittel), positive Erinnerungen an deren Geruch und Geschmack, eine angenehme Gesellschaft beim Essen und schließlich Signale von der „inneren Uhr" im Hypothalamus (Abbildung 5.25). Die Nahrungsaufnahme stimulierende neuronale Signale werden unterstützt durch Neuropeptide wie Neuropeptid Tyrosin (NPY), Peptid YY (PYY), Ghrelin (Wu and Kral 2004), *growth hormone releasing hormone* (GHRH), Orexigen A und B sowie durch Schilddrüsenhormone (T$_3$/T$_4$). Letztere erhöhen auch den Umsatz/Verbrauch von Nahrung, woraus sich die positive Wirkung auf die Aufnahme erklärt. Opioide (hauptsächlich über den μ-Rezeptor, Wilson et al. 2003) erhöhen offenbar den Appetit, das heißt die Lust vor und beim Essen.

Eine Erhöhung des Blutglucosegehalts, die ebenfalls von den Glucosesensoren wahrgenommen wird, hemmt dagegen die Nahrungsaufnahme ebenso wie Signale von Dehnungs- und Chemorezeptoren des Magens oder ekelerregende Geruchs- oder Geschmacksreize. Zum Gefühl „Sattheit" trägt auch ein Hormon bei, das **Leptin**, das in Fettzellen gebildet wird und dessen Plasmakonzentration die Füllung dieses Speichers und damit auch das Körpergewicht signalisiert. Dieses Proteinhormon (16kDa) bindet an Leptinrezeptoren vom Typ b (Ob-Rb) im Hypothalamus, der bei höherer Leptinkonzentration die Nahrungsaufnahme hemmt, bei niedrigerer dagegen stimuliert. Leptin wirkt stimulierend auf die Abgabe von α-MSH aus der Hypophyse, das die Nahrungsaufnahme hemmt, es wirkt dagegen hemmend auf das die Nahrungsaufnahme fördernde NPY. Außerdem stimuliert Leptin die Synthese von TRH und damit die Schilddrüsenachse, die den Energieumsatz erhöht (Bjorbaek and Kahn 2004).

Eine weitere **hemmende Gruppe von Peptiden** wird bei der Verdauung bzw. der Resorption von Glucose aktiviert, wie Cholecystokinin (CCK), *glucagon-like peptide amide* (GLP-1), *gastrin-releasing peptide* (GRP). Außerdem hemmen Insulin und Amylin, Glucagon (kurzzeitig) und Somatostatin (SS) die Nahrungsaufnahme. Amylin ist ein erst kürzlich entdecktes Hormon aus 37 Aminosäuren, das zusammen mit Insulin von β-Zellen des Pankreas produziert wird (Rushing 2003). Diese Hormone, zusammen mit der Glucosezunahme im Blut, stellen eine negative Rückkopplung her, das heißt aufgenommene und verdaute Nahrung und die dadurch aktivierten Hormone bremsen die weitere Aufnahme. *Corticotropin releasing hormone* (CRH) ist der wichtigste Signalgeber bei Angst auslösendem Stress, der alle Tätigkeiten unterdrückt, die nicht der Rettung aus einer Gefahrensituation dienen, und dabei auch die Nahrungsaufnahme sowie die Tätigkeit des Magen-Darmtrakts hemmt (Kapitel 4) – wie das auch über die SAM-Achse geschieht. Auch CART (*cocain and amphetamine regulated transcript*) hemmt die Nahrungsaufnahme. Arginin-Vasopressin und Oxytocin sind ebenfalls an dieser Regulation beteiligt.

Bei **Magersucht** (*Anorexia nervosa*) sind die zahlreichen Neuropeptide und Neurotransmitter (Serotonin, Dopamin, Noradrenalin) gestört, die die Nahrungsaufnahme regulieren. Dabei ist jedoch schwierig zu unterschieden, was Ursache und Folge der Magersucht ist. Veränderte Serotoninaktivitäten wurden bei Patienten auch nach einer Gewichtsnormalisierung gefunden (Barbarich et al. 2003). Genetische Defekte in diesem System, beispielsweise in der Bildung von Leptin oder des Leptinrezeptors, führen zu frühzeitiger **Adipositas**.

Die zahlreichen neuronalen und humoralen Kontrollmechanismen bei der Verdauung können hier nicht besprochen werden (siehe Lehrbücher der Physiologie).

Die Blutglucoseregelung ist ein Paradebeispiel für die Einhaltung von Sollwerten

Der Glucosegehalt im Blut wird bei einem Normalwert von etwa 3,5–6 mmol/L eingeregelt. Die Hauptzufuhr erfolgt durch die Resorption aus dem Darmtrakt, durch die Freisetzung aus Speichern (Glykogen) in der Leber und durch Gluconeogenese, während der Abfluss hauptsächlich in den Energiestoffwechsel zur Energetisierung von Arbeit (chemische, mechanische, osmotische) geht. Wichtig dabei ist vor allem der Glucoseverbrauch durch insulinabhängige Gewebe (Leber, Fettgewebe, Muskel) und insulinunabhängige Gewebe (Gehirn, Niere). Andererseits erfolgt ein Abfluss von Glucose in die Speicher in Form der Glykogensynthese (Abb. 5.26).

Glucose wird in der Zelle über die Glykolyse und die mitochondriale oxidative Phosphorylierung wesentlich zur Energiegewinnung in Form von ATP und anderen Nucleotid-Triphosphaten verwendet. ATP wird bei zahlreichen biochemischen Prozessen als chemische Energiequelle genutzt, ebenso bei Prozessen der Signaltransduktion (chemische Arbeit). Ein großer Energiebedarf entsteht bei anhaltender körperlicher Arbeit durch die Tätigkeit der Muskeln (mechanische Arbeit), ebenso bei Transport von Substanzen gegen ihren Konzentrationsgradienten, etwa in der Niere, aber auch zur Aufrechterhaltung des Membranpotenzials, vor allem von Neuronen im Gehirn (osmotische Arbeit). Diese je nach Bedarf unterschiedlichen Abflüsse von Glucose, aber auch anderer energiehaltiger Substanzen wie Fettsäuren, werden über Zuflüsse aus Speichern, Nahrungsaufnahme und Neusynthese annähernd konstant gehalten.

Exkurs 5.6 Blutglucoseregulierende Hormone

Glucagon ist ein wichtiger Regler, der bei Sinken der Blutglucose (Hypoglykämie) den Abbau von Glykogen in Glucose und die Gluconeogenese in der Leber stimuliert und bei steigender Blutglucose wieder abgeschaltet wird. Glucagon ist ein Proteinhormon, das in den α-Zellen der Langerhans-Inseln im Pankreas gebildet wird und seine zellulären Wirkungen über G-Proteine und cAMP entfaltet.

Die Ausschüttung von Glucagon wird durch das sympathische NS (Noradrenalin) und Stresshormone (Adrenalin, Cortisol) verstärkt, durch Somatostatin, GABA und Fettsäuren gehemmt. Glucagon fördert den Abbau des Glykogenspeichers der Leber zu Glucose nach demselben Mechanismus wie Adrenalin das über β-Adrenorezeptoren, G-Proteine und Stimulation der cAMP-Synthese tut (Abschnitt 5.1). Diese Wirkung von Adrenalin wird von Cortisol und T_3 (vermutlich über Aktivierung der β_2-Rezeptoren) und auch vom Wachstumshormon (GH) unterstützt. Außerdem fördern Glucagon, Adrenalin und Cortisol die Gluconeogenese. Im Muskel wird der Glykogenspeicher bei Stress und körperlicher Anstrengung durch Adrenalin angezapft, sodass die freiwerdende Glucose an Ort und Stelle für die ATP-Gewinnung verbraucht werden kann. Das bei der Glykolyse dort entstehende Lactat kann in der Leber wiederum als Substrat der Gluconeogenese genutzt werden.

Der andere wichtige Regler bei der Homöostase der Blutglucose ist das **Insulin**, das bei Erhöhung der Blutglucose nach Mahlzeiten die Aufnahme von Glucose in bestimmte Gewebe und dort dessen Speicherung in Glykogen stimuliert und das bei sinkender Blutglucose wieder abgeschaltet wird. Insulin ist ein Proteinhormon aus zwei Ketten, A und B, die durch Disulfidbrücken zusammenhängen. Es wird in den β-Zellen der Langerhans-Inseln im Pankreas gebildet. Seine Ausschüttung wird durch den erhöhten Blutglucosespiegel über den Parasympathikus (Acetylcholin) und Hormone stimuliert, die mit der Verdauung assoziiert sind: Gastrin, Sekretin, Cholecystokinin, *glucose-dependent insulino-trophic peptide* (GIP) sowie durch freie Fettsäuren. Die letztgenannten Signale bereiten antizipatorisch eine Insulinausschüttung vor *(feed-forward)*. Zur Dämpfung und Feinabstimmung dieser Insulinfreisetzung wird von den δ-Zellen des Pankreas **Somatostatin** ausgeschüttet – initiiert sowohl durch erhöhte Blutglucose wie durch *calcitonin gene-related peptide* (CGRP). Gehemmt wird die Insulinsekretion außerdem durch Stress und körperliche Anstrengung – sowohl über das sympathische NS (Noradrenalin) wie über das ins Blut ausgeschüttete Adrenalin, die beide über β_2-Adrenorezeptoren hemmend wirken.

Insulin fördert in Leber und Muskel die Aufnahme von Glucose und deren Einbau in Glykogen. Beim Muskel wird die Aufnahme bei Stress und Anstrengung durch Adrenalin unterstützt. Außerdem fördert Insulin die Aufnahme von Aminosäuren in Leber und Muskel und deren Verwendung bei der Proteinsynthese sowie die Aktivität der Lipoproteinlipase, die Fettsäure aus Lipoproteinen freisetzt, damit diese in Fettzellen in Triglyceride umgewandelt werden können. In der Leber fördert Insulin außerdem die Glykolyse, was auch der vorübergehenden Eliminierung von Glucose dient. Auf der anderen Seite hemmt Insulin die Gluconeogenese in der Leber, die Glykogenolyse in Leber und Muskel sowie die Lipolyse in Fettzellen.

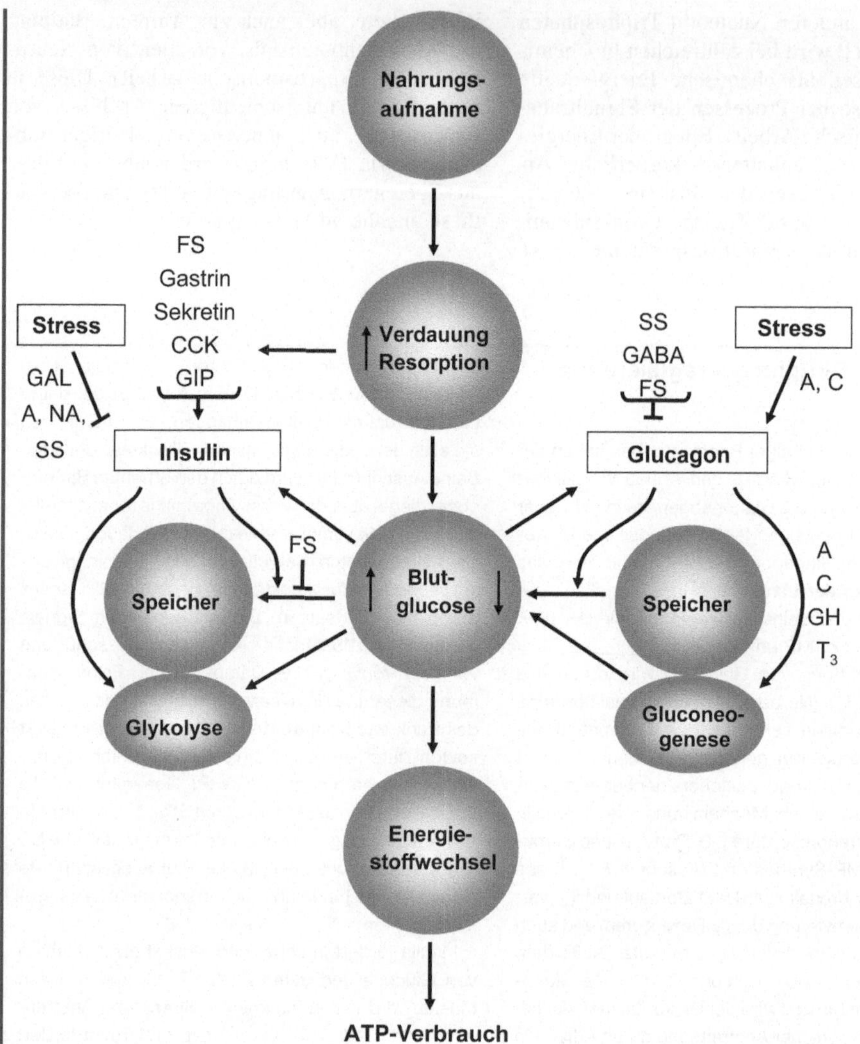

5.26 Kontrolle des Nahrungsflusses (Blutglucose). Die Blutglucose wird durch Resorption aus dem Darm, durch Freisetzung aus Speichern und Neusynthese (Glugoneogenese) erhöht. Die Freisetzung aus Speichern wird durch Glucagon und Adrenalin stimuliert, wobei niedrige Blutglucose sowie Stress (über Adrenalin und Cortisol) die Glucagonausschüttung fördern, Somatostatin, γ-Aminobuttersäure (GABA) und freie Fettsäuren dagegen hemmen. Die Neusynthese (Gluconeogenese) wird durch Adrenalin, Cortisol, Wachstumshormon (GH) und Schilddrüsenhormon (T$_3$) stimuliert.

Eine Verringerung der Blutglucose findet zum einen durch Verbrauch im Energiestoffwechsel der Zellen sowie durch Aufnahme, Speicherung und Glykolyse statt. Speicherung und Glykolyse wird durch Insulin stimuliert. Die Insulinausschüttung wird durch erhöhte Blutglucose (über den Parasympathikus und Acetylcholin, Ach) sowie Hormone aus dem Darmtrakt (Gastrin, Sekretin, Cholecystokinin (CCK)) und *glucose-dependent-insulinotropic peptide* (GIP) sowie durch freie Fettsäuren (FS) stimuliert und durch Stress (Adrenalin, Noradrenalin), Galanin und Somatostatin (SS) gehemmt. Die Aufnahme in den Speicher wird durch freie Fettsäuren beeinträchtigt.

5.7.2 Mangel und Überangebot von Nahrung stellen zentrale Gesundheitsrisiken dar

Stress durch Unterernährung

Bei längerem Nahrungsmangel werden zunächst die Glykogenspeicher, dann die Fett- und Proteinreserven geleert. Die hauptsächlich Glucose verbrauchenden Hirnzellen sowie Erythrocyten und Leukocyten werden in der späten Unterernährungsphase über die Gluconeogenese aus Glycerol (aus Fettabbau) und Alanin (Proteinabbau hauptsächlich im Muskel) in der Leber versorgt. Außerdem werden freie Fettsäuren in der Leber in Ketonkörper umgewandelt, die zum Energiestoffwechsel von Neuronen, aber auch von Herz, Niere und Muskel beitragen. Die drei letztgenannten Gewebe gewinnen dann aber über Fettsäureoxidation ihre Energie. Wenn die Fettreserven verbraucht sind, kommt es vermehrt zum Proteinabbau in Muskeln und drastischem Abmagern – wie es bei **Hungerkatastrophen** zahlreicher Länder der 3. Welt auftritt – aber auch bei magersüchtigen Personen, hauptsächlich weiblichen Jugendlichen. Die Unterversorgung mit Glucose verursacht Zellschäden und Apoptose, die schließlich zu Organversagen und Tod führen können. Auch bei kurzfristiger starker Absenkung des Glucosespiegels durch zu hohe Insulinzugabe kommt es zu einem Schockzustand (hypoglykämischer Schock). Hypoglykämie kann auch eine Anzahl weiterer Gründe haben wie exzessive körperliche Aktivität, Anorexie, Blutverlust, Medikamente, Mangel an ACTH, Cortisol, GH (Spinas und Fischli 2001). Als Symptome für **Hypoglykämie** treten Kopfschmerzen, verschwommenes Sehen, Doppelbilder, Schwindel, Verwirrtheit, Aphasie, Krämpfe und schließlich Koma auf. Der Organismus reagiert auf Hypoglykämie (3,7–3,2 mmol/L Glucose) als starkem Stressor mit der Ausschüttung von Glucagon, Adrenalin und Wachstumshormon. Die veränderte Wahrnehmung beginnt bei etwa 2,7 mmol/L, Koma bei 1,6 mmol/L, permanente Schädigung/Tod bei 0,5 mmol/L.

Stress durch Überernährung

Adipositas (Fettsucht) ist in hohem – und zunehmendem – Maße in den industrialisierten Ländern zu beobachten und nimmt mit dem Alter zu (bei Frauen etwa ab 40 Jahren, bei Männern schon ab 25 Jahren), ist aber oft auch bei Jugendlichen zu beobachten. Die Überernährung, oft gekoppelt mit Bewegungsmangel, hat sowohl genetische Ursachen wie Gründe in der Ernährung. Genetische Ursachen könnten in Defekten der Leptinregulation liegen (bisher nur in seltenen familiären Formen mit massivem Übergewicht gefunden), aber auch an anderen Defekten im System des „Sattheitsgefühls" oder des Fettstoffwechsels.

Das Nahrungsangebot – fetthaltiges „Fastfood", Süßigkeiten – wird aus verschiedenen psychischen/sozialen Gründen in höherem Ausmaß konsumiert als zur Erhaltung der Energiebalance notwendig. Der Körper stellt sich dann auf einen höheren Sollwert des Körpergewichts ein und regelt entsprechend Sattheit- und Hungergefühl. Kohlenhydrate sollen darüber hinaus wegen der dadurch vermehrten Serotoninsynthese im Gehirn beruhigend wirken. Das könnte über die dann erhöhte Insulinausschüttung zustande kommen, die die Konzentration von verzweigtkettigen Aminosäuren (Leu, Ile, Val) im Blut senkt, die mit Tryptophan um Transporter in Neuronen konkurrieren. So wird der Import von Tryptophan, der Vorstufe von Serotonin, bevorzugt (Spinas und Fischli 2001). Da das Substrat Tryptophan wahrscheinlich nicht der limitierende Faktor bei der Serotoninsynthese ist, kann dieser Mechanismus noch nicht als gesichert gelten. Auch funktionelle Dysregulationen in dem komplexen Regelwerk der Nahrungsaufnahme, Speicherung und Verbrauch (Abb. 5.25) mögen zur Adipositas beitragen.

In jedem Falle stellt Adipositas ein erhöhtes Krankheitsrisiko dar, das sich auch in einer erhöhten Mortalität bemerkbar macht: Es treten vermehrt Stoffwechselkomplikationen auf wie Diabetes mellitus, kardiovaskulare Erkrankungen wie Hypertonie, Arteriosklerose und venöse Insuffizienz, Gallensteinleiden, Brustkrebs und statische Komplikationen wie Arthrosen und Rückenbeschwerden. Bei den Folgen von Adipositas spielt ein aus Adipocyten abgegebenes Signalpeptid – **Resistin** – eine wichtige Rolle: Es steigt mit dem Grad der Adipositas an und fördert Insulinresistenz und Diabetes Typ 2 (Steppan et al. 2001). Als Therapie wird zum einen eine Umstellung der Essgewohnheiten – weniger Fett, Zucker, Alkohol, wenige kleine Mahlzeiten – empfohlen, zum anderen körperliche (und geistige!) Aktivität. Zahllose Kurzzeit-Diäten haben meist nur vorübergehend Erfolg, da der Organismus zunächst an dem hohen Körpergewicht als Sollwert festhält. (Weiteres über den Stress durch Defekte in der Insulinkontrolle Abschnitt 8.4).

5.7.3 Insulin spielt eine wesentliche Rolle in der Glucosehomöostase

Ein wichtiger Teil der Insulinwirkung beruht auf der Aktivierung der **Glykogensynthase**, die die in den Muskel und Leber einströmenden Glucosemoleküle in die Speicherform Glykogen überführt. Dazu wird die Glucose zunächst durch die Glucokinase (Hexokinase II) in Glucose-6-Phosphat überführt. Die Glucokinase wird dabei durch Insulin stimuliert. Nach einer Umwandlung in Glucose-1-Phosphat und UDP-Glucose wird Glucose durch die Glykogensynthase zu Glykogen polymerisiert. Wie Insulin die Glykogensynthase durch Dephosphorylierung aktiviert, ist noch nicht ganz klar. Das könnte einerseits durch die Aktivierung des MAP-Kinasewegs erfolgen, der ebenfalls an die Phosphorylierung von Insulinrezeptorsubstrat (IRS) gekoppelt ist. Innerhalb dieses Weges wird u. a. die p90 ribosomale S6 Kinase 2 (p90 RSK-2) aktiviert, die wiederum eine Glykogen-gebundene Proteinphosphatase 1 (GPP1) stimuliert, die die Glykogensynthase dephosphoryliert und so stimuliert.

Eine weitere Möglichkeit zur Aktivierung der Glykogensynthase besteht in einer Hemmung der **Glykogensynthasekinase 3** (GSK-3) durch die Proteinkinase B (Taha and Klip 1999) sowie durch Stimulierung einer Phosphatase, die die Glykogensynthase durch Dephosphorylierung aktiviert. Defekte in diesem Stoffwechselweg können Typ-2-Diabetes-Symptome erzeugen.

Weitere insulinkontrollierte Enzyme

Insulin beeinflusst eine größere Anzahl von weiteren Stoffwechselprozessen: In der Leber wird die Glykolyse durch Aktivierung der Phosphofructokinase, der Pyruvatkinase und des Pyruvatdehydrogenase-Komplexes stimuliert sowie die Glykogenolyse und Gluconeogenese unterdrückt. Außerdem wird die Synthese von Triglyceriden durch Aktivierung der Acetyl-CoA-Carboxylase gesteigert, was ebenfalls über eine Dephosphorylierung dieses Enzyms über eine Phosphatase geschieht. Im Muskel wird die Glucoseaufnahme und die Glykogensynthese gesteigert, gleichzeitig die Glykogenolyse gehemmt. Außerdem wird die Aufnahme von Aminosäuren und die Proteinsynthese verstärkt. Im Fettgewebe wird die gesteigerte Glucoseaufnahme über α-Glycerolphosphat zur Triglyceridsynthese genutzt.

Exkurs 5.7: Molekulare Wirkungsmechanismen von Insulin

Der molekulare Wirkungsmechanismus von Insulin ist zwar immer noch nicht in allen Details bekannt, doch es gibt inzwischen gut begründete Modellvorstellungen (Abb. 5.27).

Der **Insulinrezeptor** besteht aus 2 α-Untereinheiten, die sich extrazellular befinden, durch Disulfidbrücken miteinander verbunden sind und Insulin binden sowie aus 2 β-Untereinheiten, die eine Ectodomäne aufweisen, an die die α-UE durch S-S-Brücken gekoppelt ist, sowie jeweils eine Transmembrandomäne und eine cytoplasmatische Domäne mit einer Tyrosinkinase. Durch Bindung von Insulin wird die Konformation des Rezeptorkomplexes so verändert, dass die Tyrosinkinase aktiviert wird und eine Autophosphorylierung dieser Domäne stattfindet. Die cytoplasmatische Domäne des Rezeptors weist weitere Aminosäurereste auf (Thr, Ser), die phosphoryliert werden, und so das Signal vermutlich hemmen können (Abbildung 5.27). Eine solche Phosphorylierung könnte von Isoformen der Proteinkinase C (β-PKC) durchgeführt werden, die vermehrt im Muskel von adipösen, insulinresistenten Personen gefunden wurde. Ob Änderungen in der Tyrosinkinase des Rezeptors für Diabetes Typ 2 verantwortlich sein könnten, ist noch nicht klar (Krook et al. 2000).

Als erstes Substrat des Insulinrezeptors wurde das Insulinrezeptor-Substrat-1 (IRS-1) gefunden, inzwischen sind vier bekannt (IRS-1-4). Diese Proteine besitzen Bindungsregionen, mit denen sie an den phosphorylierten Rezeptor binden können. Die tyrosinphosphorylierten IRS ermöglichen die weitere Ankopplung von Proteinen an diesen Komplex, wie zum Beispiel die Ankopplung der Phosphoinositol-3-Kinase (PI3-K).

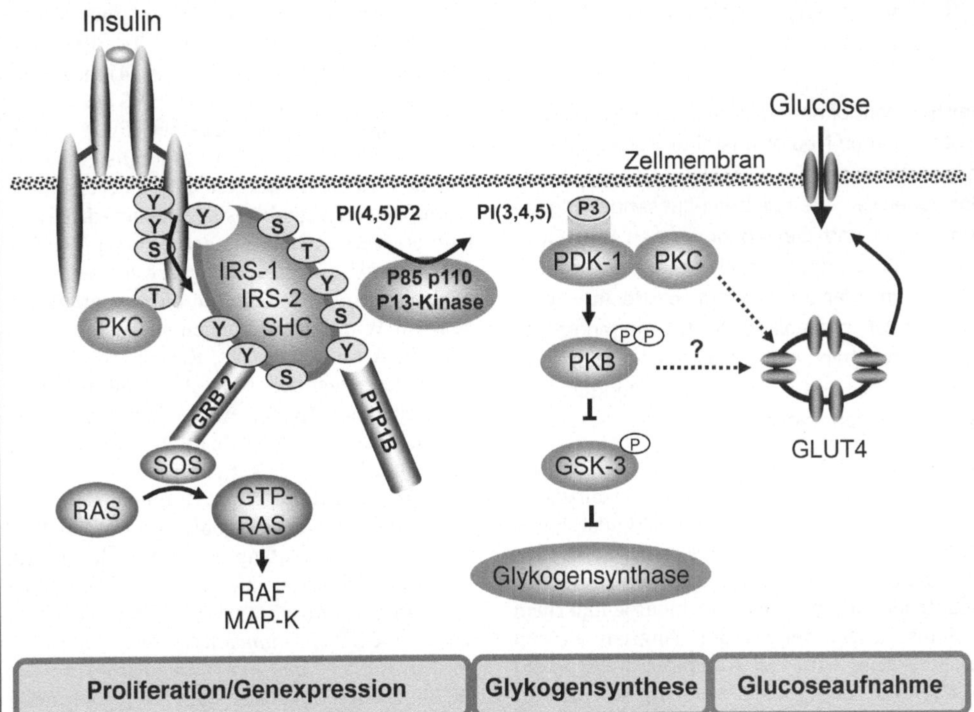

5.27   Molekulare Insulinsignalkette. Insulin stimuliert die Glucoseaufnahme, die Glykogensynthese und Proteinsynthese/Proliferation. IRS-1 und 2 – Insulinrezeptorsubstrat 1 und 2. SHC – src-Homolog und Collagen. PI3-Kinase – Phosphoinositol 3-Kinase. PI – Phosphoinositol. PDK-1 – *phosphoinositol-dependent protein kinase-1*, PKB – Proteinkinase B, GSK-3 – Glykogensynthasekinase 3, PKC: Proteinkinase C, GLUT4 – Glucosetransporter 4. GRB-2 – *growth factor receptor binding protein 2*, Sos – *son of sevenless*, RAS – *rat sarcoma protein* (monomeres G-Protein), RAF – MAP-Kinase-Kinase-Kinase, MAPK – Mitogen-aktivierte Proteinkinase, Y – Tyrosin, S – Serin, T – Threonin.

Ein Adapterprotein, das an den phosphorylierten Rezeptor bindet, ist das SHC-Protein (src-Homolog und Collagen), das das Insulinrezeptor-Signal mit der MAP-Kinase-Kaskade verbindet (Abb. 5.27).

Die **PI3-Kinase** besteht aus einer regulatorischen Untereinheit (p85) mit mehreren Isoformen und einer katalytischen Untereinheit (p110). Durch Bindung von p85 an IRS wird die katalytische UE aktiviert und phosphoryliert Inositollipide in der Zellmembran: Vor allem Phosphatidylinositol-4,5-Phosphat (PIP$_2$) zu Phosphatidylinositol-3,4,5-Phosphat (P/P3). Die PI3-Kinase verfügt außerdem über eine Serin-Kinase Aktivität und könnte so möglicherweise IRS-1 negativ modulieren. Über welchen Signalweg die PI3-Kinase den Glucosetransport aktiviert, ist in manchen Details noch nicht klar.

Ein möglicher Weg geht über die **Proteinkinase B** (PKB). Diese wird an zwei Phosphorylierungsstellen (Thr^{308}, Ser^{473}) durch eine Kinase (3-Phosphoinosit-

ol-abhängige Proteinkinase 1, PDK-1) phosphoryliert, die an PIP$_3$ bindet. Ein weiterer Weg könnte über atypische Proteinkinasen C (PKC λ und ζ) führen, die nicht durch Calcium und Diacylglycerol, sondern durch Insulin aktiviert werden (Toker und Newton 2000). Die Aktivierung des Glucosetransports im Skelettmuskel erfolgt primär durch eine Translokation von Glucosetransportern (GLUT4) aus cytoplasmatischen Membranvesikeln an die Plasmamembran. Alle Elemente dieses Signalwegs könnten potenziell bei Typ-2-Diabetikern gestört sein (Abschnitt 8.4). Die Steigerung der Aktivität der *Glykogensynthase* durch Insulin erfolgt durch Hemmung der inhibitorischen *Glykogensynthasekinase-3* (GSK-3) durch PKB (Abb. 5.27).

Phosphatasen beeinflussen die Signalweiterleitung dadurch, dass sie die IRS-Phosphorylierung reduzieren, zum Beispiel über die Phosphotyrosinphosphatase 1B (PTP-1B) (Abb. 5.27).

5.8 Das neuroendokrine System als Netzwerk

Das neuroendokrine System besteht aus a) Neuronen mit ihren Neurotransmittern und Cotransmittern/Neuropeptiden, b) Neurohormonen und Hormonen samt den sie beeinflussenden Signalsubstanzen und Gewebshormonen und Cyto/Chemokinen. Immer neue Signalsubstanzen werden in diesem System entdeckt, deren Zahl längst dreistellige Werte angenommen hat. Entsprechend steigt die Zahl der Interaktionen zwischen den signalaussendenden und -aufnehmenden Instanzen.

Weil es oft notwendig ist, bei Stress den gesamten Organismus auf die Stresssituation einzustellen, und zwar in einer genau auf die Qualität und Stärke des Stressors angepassten Form, werden bei Stress zahlreiche aktivierende, aber auch dämpfende Komponenten des neuroendokrinen Systems ausgeschüttet. Bei Angstsituationen beispielsweise wird viel Adrenalin und Cortisol in das Blut abgegeben, um den Körper auf Kampf und Flucht vorzubereiten. Gleichzeitig werden auch Opioide produziert, die den Organismus vorübergehend schmerzunempfindlich machen aber auch die Stresshormonausschüttung dämpfen (Kapitel 4). Um die große Anzahl von stressbeeinflussten Neurotransmittern, Neuropeptiden und Hormonen vor Augen zu führen, haben wir Signalmoleküle zusammengestellt, die auf Stress mit einer Erhöhung oder Erniedrigung ihrer Konzentration reagieren. Diese Liste ist jedoch keineswegs vollständig (Tab. 5.3). Darin sind in den meisten Fällen nur die Änderungen erfasst, die unmittelbar nach einem kurzzeitigen Stress, wie Schmerz oder Angst oder nach physischen Hochleistungen, auftreten. Die Dynamik dieser Änderungen über längere Zeit, bei wiederholter Einwirkung der Stressoren oder bei Dauerstress ist weniger gut untersucht und schwerer zu erfassen. Auch die Bedeutung der verschiedenen Neuropeptide und Hormone als Stressmediatoren ist unterschiedlich: Viele aktivieren stressrelevante Prozesse und manche dämpfen sie. Weitere Hormone werden durch Stress in ihrer Menge und Wirkung vermindert. Einige Hauptwirkungen sind ebenfalls aufgeführt; das Wirkungsspektrum der angegebenen Signalmoleküle ist jedoch wesentlich größer. Schließlich sind auch die zellulären Signalkaskaden von Bedeutung, da sich daraus Wirkungs-

mechanismen erschließen lassen. Eine Anzahl von Neuropeptiden in dieser Tabelle wurde schon im vorangehenden Kapitel (4) im Zusammenhang mit den Prozessen im ZNS besprochen.

Als Stressoren werden bei Ratten meist Schmerz (*foot shock*) und Immobilisierung verwandt. Gemessen werden die Änderungen der Hormone und Signalsubstanzen kurz (d. h. innerhalb etwa einer Stunde) nach Stressapplikation. Die hier für die Änderung verwendeten Pfeile sind ein grober Anhalt für die Änderungstendenz, in Wirklichkeit können sie nach Stressintensität, Art des Stressors, Körper- oder Hirnregion unterschiedlich sein. Als Funktionen der Hormone sind stressrelevante Wirkungen angegeben, die jedoch in der Realität weitaus vielfältiger sind. Die Signalketten, die bei der zellulären Signaltransduktion der Hormone/Neuropeptide aktiviert werden (Signalweg), werden durch die Enzyme am Anfang der Kette oder die Rezeptoren gekennzeichnet: AC – Adenylylcyclase, PLC – Phospholipase C, TK – Tyrosinkinase, JAK/STAT – *janus associated kinase, signal transducer and activator of transcription*, GC – Guanylylcyclase, cytR – cytoplasmatischer Rezeptor, nucR – nuclearer Rezeptor, IRAK – *interleukin receptor associated kinase*, JNK – *c-Jun N-terminal kinase*, p38 – *stress-activated kinase*, NIK – *NFκB inducing kinase*, teilweise oder stark stressdämpfende Hormone/Signalpeptide weisen häufig ein G-Protein im Signalweg auf, das die Adenylylcyclase hemmt.

Beispiele für die aktivierenden und hemmenden Interaktionen im neuroendokrinen System, vor allem bei Stress, haben wir in (Abb. 5.28) zusammengefasst, eine Darstellung die keineswegs vollständig ist, aber deutlich macht, dass es sich um ein Netzwerk handelt. Außerdem erkennt man, dass Störungen vor allem von zentralen Signalmolekülen Wirkungen in dem gesamten Netz haben können.

Aus der Abbildung geht ebenfalls hervor, dass es Knotenpunkte (*nodes*) unterschiedlicher Stärke gibt, so etwa CRH, das wir wegen seiner besonders hohen Zahl von funktionellen Interaktionen in eine zentrale Position gesetzt haben, während andere Knotenpunkte, wie die des gonadotropen Systems für die Stress-bedingten Interaktionen in der Peripherie liegen. Ein weiterer wichtiger Aspekt dieses Netzwerks ist die Tatsache, dass Informationen über Stressoren und Stresssituationen des Organismus sowohl von neuronalen Systemen (ZNS, SNS) wie von Hor-

Tabelle 5.3   Hormone und Signalpeptide, die auf Stressoren reagieren

Signalmolekül	Abkürzungen Synonyme	Funktionen	Stress-reaktion	Signalweg
SAM-Achse				
Adrenalin	A, Epine-phrine, EN	↑ Blutdruck, ↑ Glucose- ↑ Fettsäurekonzentration im Blut	↑	↑ AC, ↓ AC ↑ PLC
Dynorphine	DYN A,B	↓↑ Schmerz	↑	↓ AC
Enkephaline	Met-/Leu-ENK	↓ Schmerz ↓ Stress	↑	↓ AC
HPA-Achse				
corticotropin releasing hormone (factor)	CRH, CRF Corticoliberin	↑ HPA, ↑ Herz, ↑ SAM ↑ Angst ↑ Entzündung	↑	↑ AC
Urocortin *stresscopin*	Ucn I, II, III,	↑ Herzkontraktilität, ↑ Coronargefäßdilatation ↑ Herz-ANP	↑	↑ AC
adrenocortico-tropes Hormon	ACTH	↑ Synthese und Aus-schüttung von Cortisol	↑	↑ AC
α-Melanocytenstimu-lierendes Hormon	α-MSH Melanocortin	↑ Glucocorticoidsynthese ↓ Entzündung	↑	↑ AC
β-Endorphin	β-EN, β-EP	↓ Schmerz ↓ Stress	↑	↓ AC
Cortisol	C, Hydrocortison	↑ Adrenalinwirkungen ↓ Immunreaktion und Entzündungen	↑	cytR
Vasopressin				
Arginin-Vaso-pressin	AVP, VP Adiu-retin, ADH	↑ Na^+-Wasser-resorption ↑ Blutdruck, ↑ HPA	↑	↑ AC, ↑ PLC
RAA-System				
Angiotensin II	ANGII, ATII	↑ Vasokonstriktion ↑ Aldosteron	↑	↑ PLC, ↓ AC
Aldosteron		↑ Na^+-Resorption H_2O-Rückfluss ↑ κ^+-Ausscheidung	↑	cytR
Endotheline	ET	Vasokonstriktion	↑	↑ PLC
Schilddrüsenachse				
thyrotropin releasing hormone	TRH, Thyroliberin	↑ TSH ↓ HERG-K^+ ↑ 5-HT1A-Rezeptoren	↑	↑ AC
Thyreoida-stimulierendes Hormon	TSH Thyrotropin	↑ Synthese und Abgabe von T_3, T_4 ↓ GH	↑	↑ AC
Schilddrüsen-hormone	Trijodthyronin Thyroxin T_3, T_4	↑ Energiestoffwechsel ↑ Temperatur	↑	nucR

Tabelle 5.3 Hormone und Signalpeptide, die auf Stressoren reagieren (Forts.)

Signalmolekül	Abkürzungen Synonyme	Funktionen	Stress-reaktion	Signalweg
Wachstumshormonachse				
growth hormone releasing hormone	GH-RH Somatoliberin	↑ GH	↑↓	↑ AC
Wachstums-hormon	*growth hormone*, GH, somatotropes Hormon, STH	↑ Proteinsynthese ↑ Somatomedine ↑ Glucose	↓↑	JAK/STAT
insulin-like growth factor 1	IGF-1	↑ Proliferation von Zellen	↑	TK
Somatostatin	SS, SIH, SOM GHRH-IH	↓ GH ↓ TSH ↓ Insulin	↑	↓ AC, ↑ PLC
Geschlechtshormonachse				
gonadotropin releasing hormone	GnRH	↑ FSH, LH	↓	↑ AC, ↑ PLC
luteinisieren-des Hormon	LH, Lutropin	↑ Ovulation, Gelbkörper	↓	↑ AC, ↑ PLC
Testosteron		Muskel ↑ Proteinsynthese	↓	cytR
Östrogen	Estrogen (E)	Ovarialzyklus	↓	cytR
Nahrungsfluss				
Glucagon		↑ Glucose und freie Fettsäuren im Blut	↑	↑ AC
Insulin		↑ Aufnahme und Speicherung von Glucose, Wachstum	↓	↑ TK
Weitere Hormone und Signalpeptide				
Prolaktin	PRL	stressdämpfend ↑ Proliferation	↑	↑ TK, JAK
Oxytocin	OT	HPA dämpfend	↓↑	↑ AC, ↑ PLC
Substanz P	SP	schmerz-/entzündungs-fördernd	↑	↑ PKC ↑ ERK1/2
Neurotensin	NT	↑ neurogene Entzündung ↑ CRH-Stimulation ↑ SAM	↑	↑ PLC
vasoaktives intestinales Peptid	VIP	↓ Entzündung Schmerzreize, gastrische Motilität, ↑ Vasodilatation	↑	↑ AC
Neuropeptid Tyrosin	NPY	↑ HPA-Achse ↑ AVP, Blutdruck ↑ Nahrungs-/Wasser-aufnahme angstlösend	↑	↓ AC

Tabelle 5.3 Hormone und Signalpeptide, die auf Stressoren reagieren (Forts.)

Signalmolekül	Abkürzungen Synonyme	Funktionen	Stress-reaktion	Signalweg
Cholecysto-kinin	CCK	Essverhalten Verdauungsprozesse	↑	↑ PLC
(cardiac) atrial natriuretic peptide	ANP, ANF Atriopeptin	↓ Blutvolumen, ↓ Aldosteronabgabe ↑ Na$^+$-Ausscheidung	↑	↑ GC
melanin-con-centrating hormone	MCH	↓ ACTH (POMC)	↑↓ milder/starker Stress	↓ AC, ↑ AC, ↑ PLC
Bombesin-like peptides	BN-LP	stressvermittelnd ↑ Proliferation	↑	↑ TK ↑ IP$_3$
nerve growth factor	NGF	↑ neuronales Wachstum Stress-Coping	↑	TK
Entzündungscytokine				
Interleukin 1β	IL-1β	↑ Entzündung, ↑HPA	↑	IRAK
Interleukin 6	IL-6	↑↓ Entzündung, ↑HPA	↑	JAK/STAT
tumor necrosis factor α	TNF-α	↑ Entzündung ↑ HPA	↑	JNK/p38 NIK
Interferon γ	IFN-γ	↑ Entzündung	↓	JAK/STAT
weitere Signalmoleküle				
Prostaglandine	PG	↑ Schmerz	↑	↑ AC, ↑ PLC
Eikosanoide	PGE2 u. a.	↑ Schmerz ↑ Metalloproteinasen	↑	↑ AC
Stickstoffmonoxid	NO	Vasodilatation	↑	↑ GC

monen, Signalpeptiden und Cyto/Chemokinen (Soma) in das Netzwerk eingegeben werden, das diese Signale verarbeitet und an Ziel/Effektorsysteme weiterleitet. Verschaltungsstrukturen sind etwa Konvergenz und Divergenz von Signalen, negative/positive Rückkopplungen, *feedforward* und Parallel-Schaltungen.

Biologische Netzwerke gibt es auf zahlreichen Ebenen – gut untersucht und modellhaft analysiert beispielsweise bei neuronalen Netzwerken (Martin et al. 2001, und zahlreiche weitere Arbeiten), metabolischen Netzwerken (Kapitel 1 und Abschnitt 6.8, Stelling et al. 2002) und Protein-Protein-Interaktionen (Schwikowski et al. 2000). Solche Netzwerke haben Eigenschaften, die für den Organismus vorteilhaft sind: Das betrifft zum einen die Stabilität gegen Störungen, das heißt auch die Möglichkeit der Plastizität und Adaptation an unterschiedlichen Bedingungen, sowie die Möglichkeit der Nachrichtenverarbeitung und -speicherung.

Es gibt inzwischen zahlreiche Arbeiten über die Stabilität von Netzwerken – sowohl von theoretischen (Albert et al. 2000) wie experimentellen Ansätzen her, wie etwa am Beispiel von metabolischen Systemen, die relativ stabil nach einem knockout einzelner Gene bleiben (Wagner 2000). Während es sich bei dem zuletzt genannten Ansatz um die Zerstörung einzelner Knotenpunkte handelt, können auch die Signalverbindungen (*edges*) gestört werden (Kaiser und Hilgetag 2004), was auch insbesondere für das hier dargestellte neuroendokrine Netzwerk gilt: Es gibt sowohl genetisch bedingte Störungen der Signalketten (z. B. Rezeptorpolymorphismen) als auch erworbene Störungen etwa bei der Desensitivierung von Insulinrezeptoren (*Diabetes mellitus* Typ 2) oder Cortisolrezeptoren (bei geschädigten Endothelzellen von Gefäßen bei Arteriosklerose, Abschnitt 8.3). Die Vulnerabilität des Netzwerks bei derartigen Störungen ist unterschiedlich – je nach der Struktur des

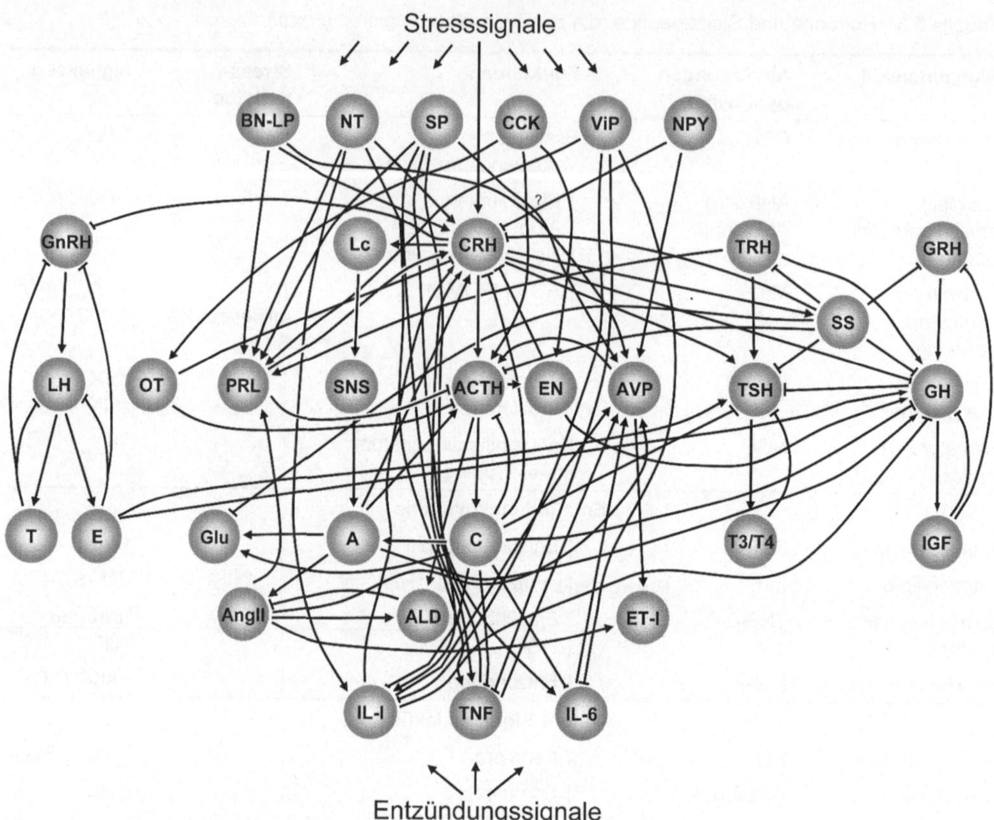

5.28   Neuroendokrines Netzwerk. Dargestellt sind die positiven (→) und negativen (—┤) Wirkungsbeziehungen zwischen den in diesem Kapitel und Kapitel 4 behandelten Signalsubstanzen (Abkürzungen: Tabelle 5.3). Stresssignale werden hier vor allem durch das ZNS (oben) und durch das Immunsystem (unten) in das Netzwerk eingegeben. Das neuroendokrine Netzwerk übermittelt die Stresssignale an die verschiedenen Effektoren, die die Stressantworten umsetzen.

Netzwerks – und kann im negativen Fall zu Fragmentierung des Netzwerks führen (Kaiser und Hilgetag 2004, Keinan et al. 2004). Solche Ansätze sind aus unserer Sicht äußerst wichtig bei der Analyse von stressbedingten Störungen, die das Netzwerk oft von mehreren Seiten (neuronal/somatisch) verändern.

Zellulärer Stress und die Stabilisierungssysteme der Zelle 6

Zellen sind die essenziellen lebenden Bausteine des Organismus, deren gutes Funktionieren oder Schädigung von entscheidender Bedeutung für unsere Gesundheit sind.

Auch für die Zelle gilt die weiter oben in Kapitel 1 gegebene Definition von Stress: Alles, was die Zelle über ein zellspezifisches Maß hinaus belastet oder schädigt, erzeugt zellulären Stress. Die Belastungen/Schädigungen können von innen oder außen kommen. Im Zellinneren entstehende Stressoren sind vor allem die **reaktiven Sauerstoffspezies (ROS)**, die bei der Zellatmung und durch Enzyme (Oxidasen) entstehen, sowie **reaktive Stickstoffspezies (RNS)** wie Stickstoffmonoxid (NO), das als Signalmolekül fungiert, und Derivate davon. Von außerhalb der Zelle kommende Stressoren sind Sauerstoff- und Nährstoffmangel, hyper- und hypoosmotische Konzentrationen von Substanzen oder Ionen, Scherkräfte, mechanische Belastung, Hitze, Kälte, chemische Agentien wie Schwermetalle, mutagene Substanzen oder Strahlung (UV, Röntgenstrahlen) sowie biologische Faktoren: Viren, Bakterien, Parasiten – aber auch körpereigene Stresshormone und Entzündungsfaktoren (Abb. 6.1). Über die hier aufgezählten Stressoren hinaus gibt es zahlreiche weitere toxisch wirkende Substanzen, die bestimmte Enzyme blockieren, die Membraneigenschaften in der Zelle verändern oder mutagen wirken – wie das krebsverursachende Benzpyren, das beim Rauchen entsteht –, die wir hier aber nicht im Einzelnen abhandeln können.

Äußere und innere Stressoren aktivieren direkt oder durch die von ihnen verursachten Schäden in der Zelle oft dieselben Signalkaskaden und Transkriptionsfaktoren. Diese schalten dann Gene an, deren Proteine entweder positiv, stabilisierend oder negativ auf die Vermehrung (Proliferation) der Zellen wirken oder solche, die den programmierten Zelltod fördern. Die von den Stressoren direkt oder indirekt aktivierten Signalsysteme bestehen häufig aus Enzymen, die Phosphorgruppen auf Proteine übertragen und dadurch aktivieren oder inaktivieren. Diese Enzyme heißen **Proteinkinasen** und sind oft so hintereinander geschaltet, dass vielfach verästelte Signalkaskaden entstehen. Mehrere solcher Signalkaskaden sind darüberhinaus noch miteinander verbunden – was man auch als *cross talk* bezeichnet und Anlass ist, sie als ein **Netzwerk** darzustellen (Abschnitt 6.8).

Wichtige Zielmoleküle dieser Signalketten sind die Transkriptionsfaktoren. Das sind Proteine, die an bestimmte DNA-Sequenzen binden (meist vor einem Gen) und dadurch die Aktivität des betreffenden Gens steuern. Durch Phosphorylierung dieser Transkriptionsfaktoren können die Signalkaskaden wiederum einzelne Gene oder auch Gruppen von Genen in ihrer Aktivität kontrollieren, etwa solche, welche die Vermehrung der Zelle (Proliferation), die Stabilität oder den Zelltod betreffen. Der **programmierte Zelltod**, auch **Apoptose** genannt, ist eine Art zel-

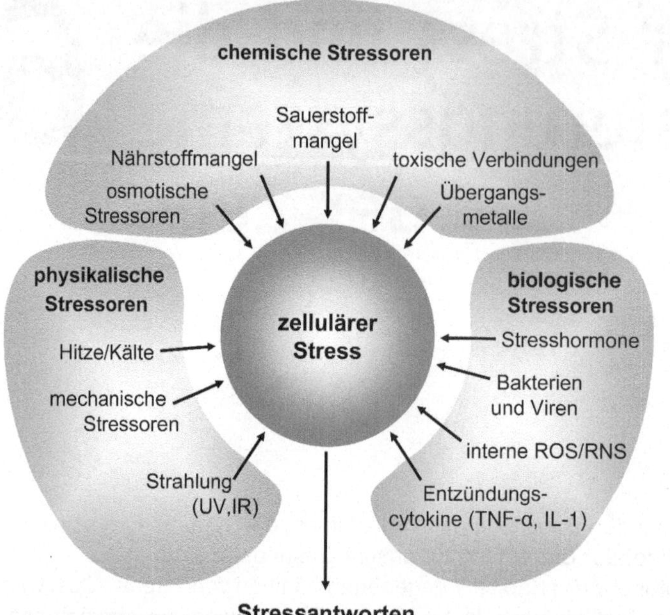

6.1 Zellstressoren. Die Zelle wird sowohl von internen Stressoren, aber auch von zahlreichen äußeren Stressoren verändert oder geschädigt. Darauf reagiert sie mit einer Anzahl von Abwehr- und Stabilisierungsmaßnahmen (Stressantworten).
IL-1 – Interleukin 1,
IR – ionisierende Strahlen,
TNF-α – *tumor necrosis factor* α, UV – ultraviolette Strahlen.

lulärer Selbstmord, der unter anderem dann eingeleitet wird, wenn eine Zelle so stark geschädigt wird, dass sie nicht mehr repariert werden kann und so zu einer Gefahr – etwa als Krebszelle – für den Gesamtorganismus wird. Die Entscheidung, welche Richtung – Proliferation, Stabilisierung oder Zelltod – dann eingeschlagen wird, hängt von der Stärke und Dauer des Stresses sowie von den Stabilisierungskapazitäten der Zelle ab, die oft mit dem Alter abnehmen. Wir möchten im Folgenden am Beispiel von einigen besonders häufigen Stressoren die von ihnen verursachten Zellschäden sowie die zahlreichen Abwehrmechanismen und Reaktionen der Zellen darstellen und prüfen, ob dabei Übereinstimmungen und Regelmäßigkeiten in den Stressantworten im Sinne von allgemeinen *Notstandsmaßnahmen* nach Selye (Kapitel 1) auftreten.

Wir beginnen mit der Besprechung von reaktiven Sauerstoff- und Stickstoffspezies (ROS/RNS), die zahlreiche Strukturen und Funktionen der Zelle schädigen können. Innerhalb der Zelle entstehen die reaktiven Sauerstoffspezies durch die mitochondriale Atmung, aber auch durch zahlreiche enzymkatalysierte Reaktionen, in denen Elektronen auf Sauerstoff übertragen werden. Von außen kommende Stressoren, die ROS erzeugen, sind Metalle, Strahlung und Sauerstoffmangel, aber auch Umweltchemikalien und Medikamente. Hinzu kommen ROS-induzierende Signale vom Organismus selbst wie Entzündungs- und Wachstumsfaktoren oder Hormone. Reaktive Stickstoffspezies (RNS) werden häufig als intrazelluläre Signalmoleküle von der Zelle selbst produziert, vor allem Stickstoffmonoxid (NO), das unter anderem die Entspannung von glatten Muskelzellen um die Blutgefäße kontrolliert. ROS/RNS schädigen die Zelle, werden aber durch zahlreiche Abwehrmechanismen in Schach gehalten. Falls das nicht gelingt oder wenn im Alter die Schäden akkumulieren, wird oft der programmierte Zelltod eingeleitet. Weitere umfassende Schadensprofile ergeben sich durch Stressoren wie Nahrungs- und Sauerstoffmangel, osmotischen Stress, mechanische Belastung, Temperaturstress sowie Schwermetalle oder Strahlung, die die Strukturen von Proteinen, der DNA oder der Membran beeinflussen oder schädigen und dadurch zahlreiche weitere Funktionen verändern.

DNA-Schäden werden einerseits durch ROS/RNS induziert, die, wie oben dargestellt, durch mitochondriale Atmung, Strahlung oder Metalle und viele andere Stressoren erzeugt werden können oder aber direkt durch verschiedene gentoxische Agentien, Cytostatika und Strahlung (Abb. 6.2). Außerdem gibt es immer wieder Fehler bei der Verdopplung der DNA (Replikation), die bei der ersten Prüfung von der Replikationsmaschinerie „übersehen" worden sind. Diese auf verschiedene Weise entstandenen Schäden werden durch Reparaturenzymkomplexe entdeckt und weitgehend eliminiert, vor allem dann, wenn die Proliferation der Zellen vorübergehend blockiert wird und dadurch Zeit zur Reparatur verfügbar ist. Wenn die Reparatur nicht alle DNA-Schäden beseitigt hat, entstehen bleibende Schäden (Mutationen) in den Zellen. Mehrere solcher Mutationen können zu einer Transformation der Zelle zu einer Krebszelle führen.

Zahlreiche Stressoren führen zu einer Schädigung von **Proteinen**, die dadurch auch funktionell verändert werden. Das geschieht durch physikalische Stressoren (Hitze/Kälte, mechanische Scherkräfte, Strahlung), durch chemische Stressoren (Sauerstoff-, Nährstoff-, ATP-Mangel, osmotische Veränderungen in der Zelle, durch Metalle, Atmungsdefekte und ROS/RNS) sowie durch biologische Stressoren wie Virusinfektionen. Solche Änderungen in der Proteinstruktur bewirken u. a. eine vermehrte Synthese von **Stressproteinen**, die denaturierte Proteine wieder in ihre richtige Form bringen können oder sie bei zu großen Schäden eliminieren. Stressproteine stabilisieren die Zelle, fördern die Proliferation und schützen sie zunächst vor dem Zelltod.

Die **Lipide** in der Membran werden ebenfalls durch reaktive Sauerstoffspezies oxidiert und durch eine selbstverstärkende Lipidperoxidationskaskade geschädigt. Außerdem werden die Permeabilitätseigenschaften der Membran durch lipidlösliche Substanzen wie längerkettige Alkohole, Dimethylsulfoxid (DMSO) und zahlreiche weitere Agentien verändert mit der Folge, dass der Ionenfluss von außen nach innen und umgekehrt zunimmt, was gravierende Folgen für die Zelle hat, da die Ionenkonzentrationen für viele Funktionen der Zelle ausbalanciert sein müssen.

Zellen reagieren – wie oben dargestellt – auf zahlreiche unterschiedliche Stressoren von außerhalb und innerhalb der Zelle, auf die dadurch verursachten Schäden sowie auf Stresssignale wie Stresshormone und Entzündungssignale mit einem definierten Spektrum von Reaktionen. Diese Reaktionen liegen zwischen den beiden Polen Zelltod und Proliferation und schließen auf der einen Seite Möglichkeiten des langsamen Alterns und Absterbens ein. Auf der anderen

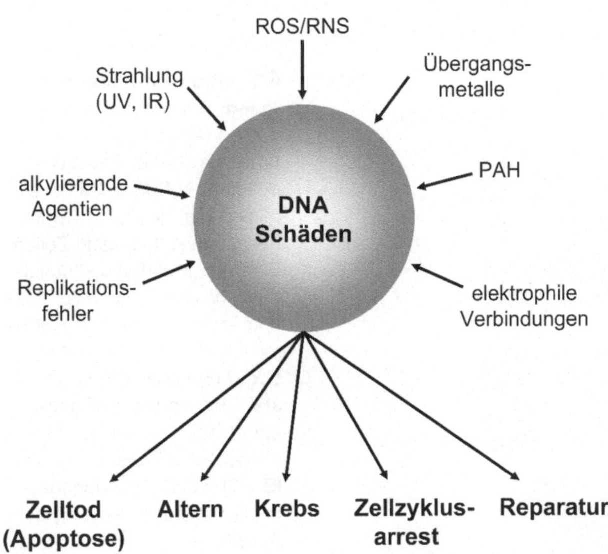

6.2   DNA-Schäden. Reaktive Sauerstoff- und Stickstoffspezies (ROS/RNS) und andere Stressoren schädigen die DNA, d. h. sie erzeugen Mutationen. Diese Schäden können repariert werden oder aber der Reparatur entgehen und zu Krebs, Altern oder Zelltod führen. PAH – *polycyclic aromatic hydrocarbons*.

Seite kann die Zelle die Proliferation anhalten und sich differenzieren oder die Proliferation wieder aufnehmen oder sogar steigern. In Fällen der Dysregulation von Genen können normale Zellen zu Krebszellen werden.

Wie wird nun bei einem spezifischen Stress die richtige Zielgruppe von Genen in dem Spektrum zwischen Zelltod und Proliferation gefunden? Das ist ein noch wenig gelöstes Problem. Die verschiedenen durch Stresssignale aktivierten Transkriptionsfaktoren haben die Fähigkeit, sowohl Gene für den einen wie den anderen Reaktionspol zu stimulieren. Eine Hypothese besagt, dass es auf die Intensität des Stressors oder des Signals und deren Dauer ankommt, ob Proliferation oder Zelltod resultieren; eine andere These legt die Entscheidung hauptsächlich auf den jeweils unterschiedlichen Zustand der Zelle: Proliferierende Zellen werden durch dieselben Signale arretiert, die ruhende Zellen zur Proliferation stimulieren, während vorgeschädigte Zellen (mit akkumulierten Protein- bzw. DNA-Schäden) zum Altern oder zum Zelltod gebracht werden. Die Entscheidung zwischen Altern und Zelltod könnte wiederum, in Abhängigkeit von Alter und Vorstresserfahrung, mit dem Verhältnis von gebundenen zu freien Stressproteinen sowie den unterschiedlichen Stressintensitäten in Beziehung stehen. Diskutiert wird auch ein integrativer multidimensionaler Mechanismus, der dafür verantwortlich ist, dass die Zelle aus der Kombination von qualitativen und quantitativen Stresssignalen und dem Status der Zelle die „richtige" Entscheidung trifft (Blagosklonny 2003). Vergleichbar ist dieses Konzept mit einem Computerprogramm, das zahlreiche Signale und deren Intensität verrechnet, um jeweils unterschiedliche Strategien zu realisieren.

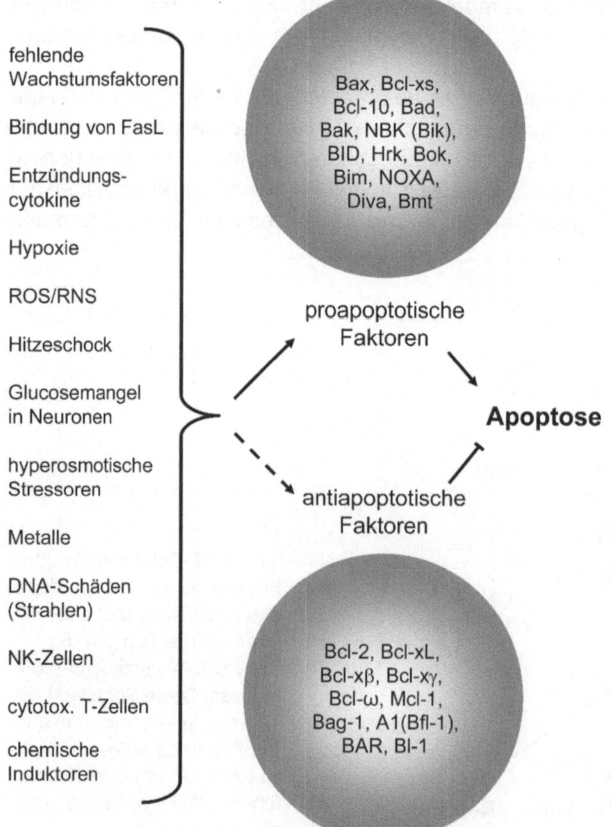

6.3 Stressoren und Apoptosen. Der programmierte Zelltod (Apoptose) ist oft das Ergebnis starker Stressorexposition. Auf diese Weise eliminiert der vielzellige Organismus dysfunktionale Zellen. Eine Art „Mehrheitsentscheidung" in der Balance von pro- und antiapoptotischen Faktoren ergibt dann Signale für Tod oder Leben der Zelle. Aufgelistet sind die pro-und antiapoptotisch wirkenden Mitglieder einer Faktorenfamilie (Bcl-2). FasL – Fas-Ligand, ein Signal zur Auslösung der Apoptose.

Präventiv und über die stressorinduzierten Schäden sowie über die geschilderten Signalwege und Transkriptionsfaktoren haben Zellen ein großes Arsenal von Abwehrmechanismen gegen Stressbelastungen entwickelt: auf der einen Seite Kompensations- und Adaptationsstrategien, die die Stressoren eliminieren, die Schäden vermindern, wichtige Prozesse stabilisieren und andere Prozesse – wie die Proliferation bis zur Schadensbeseitigung – blockieren. Auf der anderen Seite wird bei größeren Schäden oft der programmierte Zelltod (Apoptose oder auch Nekrose, eine andere Art des Zelltods) eingeleitet. Eine beträchtliche Anzahl von physikalischen/chemischen Stressoren wie Strahlung, Metalle, hyperosmotischer Stress, Hypoxie, Hitzeschock, ROS/RNS können die Apoptose einleiten, ebenso Entzündungscytokine, fehlende Wachstumsfaktoren oder cytotoxische T-Zellen (Abb. 6.3). Die Apoptose ist im Sinne des vielzelligen Organismus ebenfalls eine Schutzmaßnahme, die ihn vor dysfunktionalen Zellen schützt. Apoptose muss aber die „ultima ratio" bleiben, um nicht zu viele Zellen zu verlieren.

Daher geht es bei diesen beiden Verteidigungsstrategien – Stabilisierung oder Zelltod – um eine Abwägung der Zellschäden gegenüber den Reparaturchancen. Die Balance wird durch die jeweilige Menge und Aktivität von pro- und antiapoptotischen Faktoren erzielt, wobei die Entscheidung von dem Grad der Schädigung, der Dauer der Stressoreinwirkung, der Empfindlichkeit der Zelle und eventuellen Vorschädigungen und dem Alter des Organismus abhängt.

Wie bei den stressorabhängigen neurohormonellen Reaktionen und Strategien, bei denen ein Netzwerk von Mechanismen mit zahlreichen Rückkoppelungen und Querverbindungen in Gang gesetzt wird, die aber einige Hauptachsen von Signalen und Reaktionen aufweisen, so ist es auch in der Zelle: Auch hier reagiert ein komplexes Netzwerk auf verschiedene Stressoren oder hormonelle Stresssignale mit der Aktivierung einiger Hauptsignal- und Reaktionsachsen: einerseits die Superfamilie der *mitogen activated protein kinases* (MAPK/JNK, p38), andererseits die Transkriptionsfaktoren Aktivatorprotein-1 (AP-1), *nuclear factor κB* sowie der Hitzeschocktranskriptionsfaktor (HSF-1), der die Stressgene aktiviert (Tab. 6.1, Abschnitt 6.8).

Ein derartig komplexer Mechanismus ist medikamentös schwerer zu beeinflussen, als wenn es – wie man früher annahm – eine mehr oder minder lineare Beziehung zwischen Stress und Stressreaktion gäbe. Zurzeit wird daher intensiv darüber nachgedacht und geforscht, wie man Zellen bei Krebswachstum oder Altern zur Apoptose veranlassen oder aus Ruhestadien zur Proliferation bringen kann. Dabei könnten sich ganz neue – multifaktorielle – Therapien entwickeln.

Tabelle 6.1   Einige wichtige Stressoren, ihre Schäden an Molekülen (DNA, Proteine, Lipide) der Zellen und die Aktivierung von stressinduzierbaren Transkriptionsfaktoren: *nuclear factor kappa B* (NFκB), *activator protein 1* (AP-1) und *heat shock transcription factor 1* (HSF-1), UV – ultraviolettes Licht, IR – ionisierende Strahlen, ATP – Adenosintriphosphat.

	reaktive Sauerstoff-/Stickstoffspezies ROS/RNS	Strahlung (UV, IR)	Schwermetalle	Sauerstoff- und ATP-Mangel	Hitze/Kälte	mechan. Kräfte	Virusinfektionen
DNA	+	+	+				+
Proteine	+	+	+	+	+	+	+
Lipid	+	+			+		
NFκB	+	+	+	+		+	+
AP-1	+	+	+	+		+	
HSF-1	+	+	+	+	+	+	+

6.1 Oxidativer Stress der Zelle und seine Folgen für Altern und Krankheit

Bei den von innen kommenden (endogenen) zellulären Stressoren handelt es sich in der Hauptsache um reaktive Sauerstoffspezies (*reactive oxygen species*, ROS), die als unausweichliches Nebenprodukt bei der normalen mitochondrialen Zellatmung entstehen. Darüberhinaus gibt es eine Anzahl von Enzymen in der Zelle (Oxidasen), die Prozesse katalysieren, bei denen ROS entstehen. Vor allem bei Entzündungen werden durch Immunzellen erhöhte Mengen von ROS in den betroffenen Geweben produziert. Von außen wird die Menge an ROS in der Zelle durch Stressoren wie Metalle, Strahlung, Hypoxie u. a. induziert (Abb. 6.4). Unter diesen reaktiven Sauerstoffspezies befinden sich äußerst reaktive Radikale wie das •OH-Radikal oder das Superoxidanion-Radikal ($\cdot O_2^-$), die die wichtigen Makromoleküle der Zelle, wie die DNA im Kern und Mitochondrien, Proteine und Membranlipide, oxidieren und so schädigen. Deshalb nennt man diese Wirkung auch oxidativen Stress. Je nach Stoffwechselintensität und den gewebs-

und artspezifischen Abwehrmechanismen ist dieser Stress unterschiedlich stark. Vor allem in nicht mehr teilungsfähigen Zellen und Geweben wie Nerven- und Muskelzellen akkumulieren die stressabhängigen Schäden in DNA, Proteinen und Lipiden mit dem Alter des Organismus. Solche Schäden, aber auch die Signalwirkungen von ROS, können den *programmierten Zelltod* (Apoptose) auslösen, der zu altersabhängigen Zellverlusten im ZNS, Herz- und Muskelgewebe führt. Alzheimer- und Parkinson-Erkrankungen sowie Arteriosklerose, Herzmuskelschäden und zahlreiche weitere Erkrankungen sind mit eine Folge der Lipid/Protein/DNA-Schäden und der Zellverluste. Allgemein bedingen die akkumulierten Zellschäden im Alter eine erhöhte Anfälligkeit für Krankheiten, auch für Krebs, und führen letztlich zum Tode des vielzelligen Organismus.

Um die Schäden durch ROS zu verhindern oder zumindest zu reduzieren, haben Zellen zahlreiche oft komplex miteinander vernetzte Abwehrstrategien entwickelt, die sich je nach Art des Organismus und den verschiedenen Geweben unterscheiden. Man kann präventive und reaktive Strategien unterscheiden: Die erstgenannten zielen darauf ab, ROS nicht entstehen

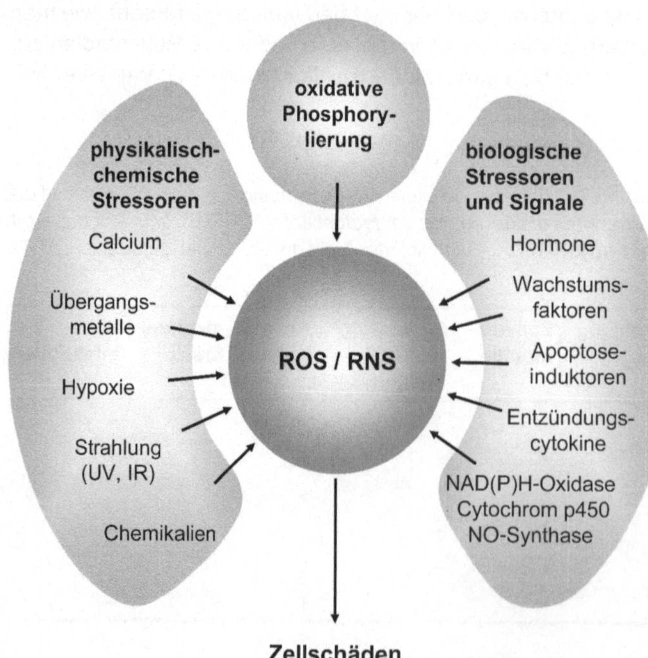

6.4 Physikalisch-chemische und biologische Stressoren, die in der Zelle ROS/RNS erzeugen. NO – Stickstoffmonoxid.

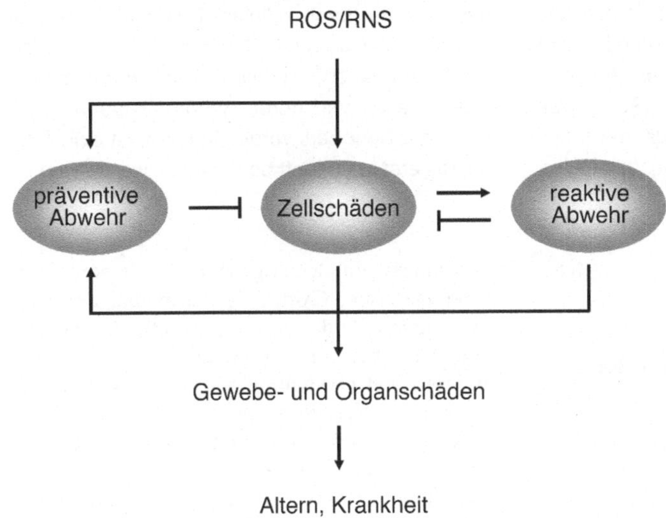

6.5   Schema der Beziehungen zwischen oxidativen Stressoren (reaktive Sauerstoffspezies, ROS, und reaktive Stickstoffspezies, RNS) und den von ihnen verursachten Zellschäden vor allem in DNA-, Protein- und Lipidmolekülen. Dadurch werden Gewebe- und Organschäden, Altern und Krankheit verursacht. Gegen die Stressoren und die von ihnen verursachten Schäden sind zahlreiche präventive und reaktive Abwehrmechanismen in den Zellen entstanden, die zu einer Reparatur der Schäden oder aber zu Apoptose führen können.

zu lassen oder bei ihrer Entstehung unschädlich zu machen und sie in unschädliche oder weniger schädliche umzuwandeln, während die reaktiven Strategien darauf ausgerichtet sind, die Zelle zu stabiliseren, die eingetretenen Schäden zu reparieren oder geschädigte Moleküle oder Zellen zu beseitigen (Abb. 6.5). Da ROS während der Zellatmung in den Mitochondrien durch eine „Leckage" von Elektronen aus der Atmungskette entstehen, sind in der Evolution außerdem Mechanismen entwickelt worden – z. B. bei Vögeln und Primaten –, die diese Leckage vermindern.

Dass die Lebenszeit von tierischen Organismen sich oft invers zur Stoffwechselaktivität verhält, ist schon lange – etwa seit Beginn des letzten Jahrhunderts – bekannt. Als man dann den Zusammenhang zwischen Stoffwechsel und Entstehung von Sauerstoffradikalen entdeckte, formulierte Harman 1956 die „freie Radikal-Theorie des Alterns", die zumindest einen Teil der Altersprozesse erklärt. Harman verglich die altersabhängige Akkumulation von Zellschäden mit einer Sanduhr, die Altern und die maximale Lebensspanne des Organismus in artspezifischer Weise mitbestimmt (Harman 1972). Als weitere biologische Uhr, die die maximale Lebensdauer beeinflusst, funktioniert anscheinend die Länge und Struktur der Chromosomenenden (Telomere), die in den meisten Geweben bei jeder Zellteilung verkürzt werden und bei einer bestimmten Zellteilungszahl „verbraucht" sind. Da-

nach können diese Gewebe nicht mehr proliferieren und werden dadurch dysfunktional.

Es ist jedoch noch nicht klar, ob die Apoptose von Zellen wesentlich für Alterserscheinungen veranwortlich sind. Wichtig in diesem Zusammenhang ist, dass einzelne Arten während der Evolution die maximale Lebenszeit offenbar nach bestimmten Optimierungsstrategien eingestellt haben: Bei einer hohen Nachkommenszahl, kleiner Körpergröße und hohem Stoffumsatz ist meist eine geringere maximale Lebensdauer zu beobachten, während bei niedriger Nachkommenszahl, großer Körpermasse und niedrigerem Stoffwechsel oft eine längere Lebensdauer resultiert.

Der Mensch hat im Vergleich zu etwa gleich großen Säugern wie Pferd oder Rind eine höhere maximale Lebenserwartung. Da er diese trotzdem noch weiter erhöhen möchte, wird intensiv nach lebensverlängernden Möglichkeiten gesucht. Im Tierversuch haben sich mehrere Maßnahmen als wirkungsvoll erwiesen: zum einen eine vitamin- und antioxidantienhaltige Kost und/oder eine mäßige Supplementierung der Nahrung mit Vitaminen (z. B. Vitamine E und C) und Antioxidantien, zum anderen eine reduzierte Nahrungsmenge (*caloric restriction*). Über den Sinn einer zusätzlichen Anreicherung der Nahrung mit Antioxidantien wird zurzeit kontrovers diskutiert: Ein Übermaß an von außen zugeführter Antioxidantien könnte die Synthese der zellulären Antioxidantien herabsetzen und so auch kontraproduktiv wirken. Bei Tieren konnte man durch Erhöhung der Menge an antioxidanten Enzymen, durch Überexpression der mitochondrialen Superoxiddismutase (SOD) oder Katalase, die Lebensdauer verlängern. Ob beim Menschen altersabhängige Ausfallerscheinungen, die durch zelluläre Dysfunktionen und Zelltod in bestimmten Geweben (Nerven, Muskeln) entstehen, mithilfe von embryonalen Stammzellen und deren Abkömmlinge vermindert oder behoben werden können, ist eine Frage, die erst in Zukunft beantwortet werden kann.

6.1.1 Oxidativer Stress induziert zahlreiche Zellschäden

Oxidative Stressoren werden von der Atmungskette und von Oxidasen erzeugt

Oxidativer Stress (OS) entsteht bei einem Ungleichgewicht zwischen der Bildung und Abbau von verschiedenen reaktiven Sauerstoffspezies (*reactive oxygen species*, ROS, Alfassi 1999). Ausgehend vom Sauerstoffmolekül (O_2) entstehen folgende zunehmend reduzierte ROS: das Superoxidanionradikal ($^{\cdot}O_2^-$), Wasserstoffperoxid (H_2O_2) und das Hydroxylradikal ($^{\cdot}OH$). Dabei ist das Hydroxylradikal wegen seiner äußerst starken Oxidationskraft die reaktivste Sauerstoffspezies. Auf der anderen Seite ist das membranpermeable Wasserstoffperoxid ein wichtiges Molekül, weil es relativ stabil ist und daher weite Diffusionsstrecken zurücklegen kann. Die stärkste Quelle von intrazellulären ROS sind die Mitochondrien, weil sie fast den gesamten Elektronentransfer auf das Sauerstoffmolekül für die oxidative Phosphorylierung (ATP-Synthese) tätigen. Durch die dabei aus der Atmungskette stets in geringem Maß (schätzungsweise 1-3 %) entweichenden Elektronen (Elektronenlekkage) entstehen zunächst Superoxidanionradikale (Abb. 6.6). Dabei wird ein Elektron aus dem Komplex I – vermutlich bei der Semichinonbildung – auf O_2 übertragen.

Von phagocytierenden Zellen wie Makrophagen und von Mikroglia werden Superoxidanionradikale und Wasserstoffperoxid über das NADPH-Oxidase-System produziert und dann zur Immunabwehr genutzt. Dasselbe Enzym kann auch von Rezeptoren wie dem Fasrezeptor, der die Apoptose induziert, aktiviert werden und $^{\cdot}O_2^-$ produzieren, das in der Zelle als Signal zur Induktion von Signalketten dient (Curtin et al. 2002, Abschnitt 6.8). Darüberhinaus entstehen Superoxidanionradikale und Wasserstoffperoxid durch die Aktivität sauerstoffverarbeitender Enzyme wie der Xanthinoxidase, des Cytochromp450-Systems, das bei der Entgiftung toxischer Substanzen eine wichtige Rolle spielt, sowie der Lipoxigenasen, Cyclooxigenasen und der peroxisomalen Oxidation von Fett- und Aminosäuren. Auch bei der Autoxidation von Katecholaminen, von Oxyhämoglobin und Oxymyoglobin können freie Radikale entstehen.

Neben diesen endogenen Prozessen führen auch zahlreiche exogene Stressoren, wie UV-Strahlung, Röntgenstrahlen, Schwermetalle, Ozon und verschiedene Umweltgifte zur Entstehung von reaktiven Sauerstoffverbindungen. Hitze und Ansäuerung scheinen ebenfalls oxidativen Stress zu verursachen – ebenso Immunreaktionen bei Entzündungsprozessen (Kapitel 8).

Aus dem zunächst entstehenden Superoxidanionradikal $^{\cdot}O_2^-$ wird spontan und durch die katalytische Aktivität der Superoxiddismutasen (SOD) Wasserstoffperoxid:

$$^{\cdot}O_2^- + {}^{\cdot}O_2^- + 2H^+ \xrightarrow{\text{SOD}} H_2O_2 + O_2$$

Toxisch für die Zelle wird Wasserstoffperoxid erst nach Sekundärreaktionen wie der Produktion des sehr reaktiven Hydroxylradikals ($^{\cdot}OH$) in der „eisenkatalysierten Haber-Weiss-Reaktion":

$$^{\cdot}O_2^- + H_2O_2 \rightarrow O_2 + OH^- + {}^{\cdot}OH$$

Diese Reaktion setzt sich aus 2 Einzelreaktionen zusammen: In der ersten Reaktion reduziert das Superoxidanionradikal Fe^{3+} zu Fe^{2+} ($Fe^{3+} + {}^{\cdot}O_2^- \rightarrow Fe^{2+} + O_2$). In der zweiten (Fenton) Reaktion kommt es zur reduktiven Spaltung von Wasserstoffperoxid durch reduziertes Eisen (Fe^{2+}), wodurch das Hydroxylradikal, sowie Hydroxylanion (OH^-) und oxidiertes Eisen (Fe^{3+}) entsteht ($Fe^{2+} + H_2O_2 \rightarrow Fe^{3+} + {}^{\cdot}OH + OH^-$). Dabei ist zu beachten, dass die reduktive Spaltung von H_2O_2 in der Fenton-Reaktion nicht nur mit Fe^{2+}, sondern auch mit anderen reduzierten Übergangsmetallen abläuft, etwa mit Kupfer, Chrom und Vanadium.

Ein weiteres sehr reaktives Molekül ist das Stickstoffmonoxid (NO), das in verschiedenen Formen (NO^-, $NO^{\cdot}$, NO^+) vorkommt und primär

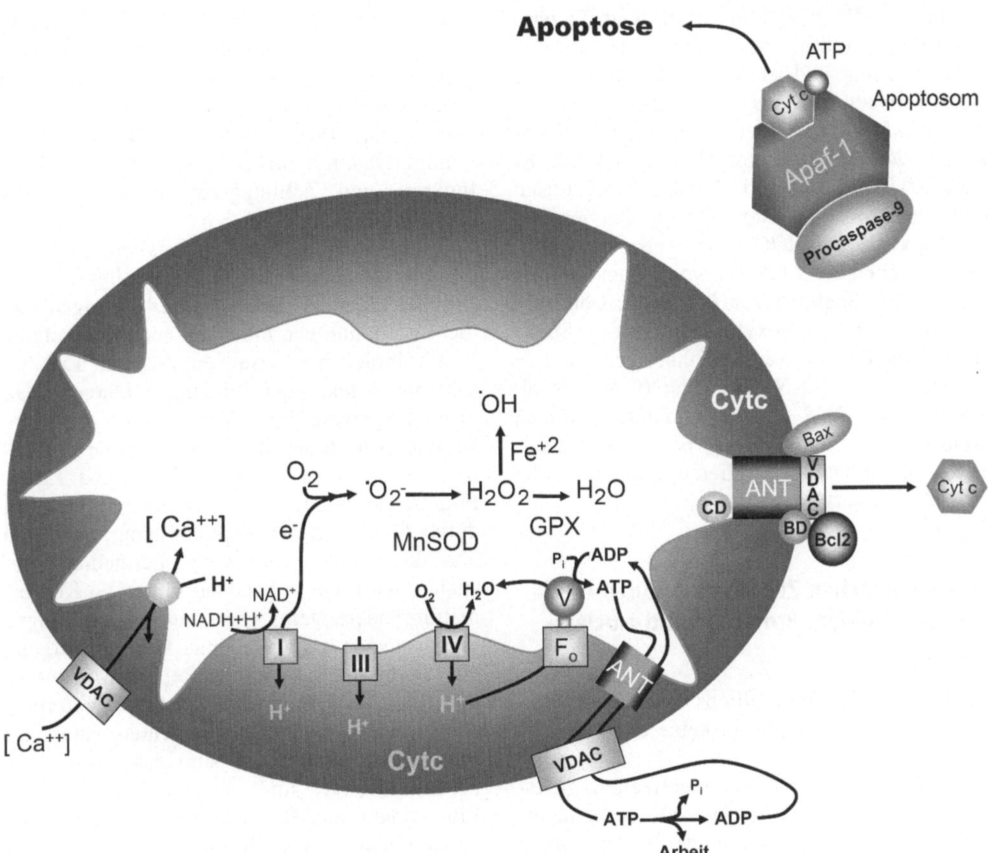

6.6   Mitochondrium. Schnittbild eines Mitochondriums mit innerer (gefalteter) und äußerer Membran. In der inneren Membran sind die Komplexe I, III und IV der Atmungskette dargestellt, die Elektronen von reduziertem Nicotinsäureamidadenindinucleotid (NADH) über mehrere Stufen auf O_2 übertragen und dabei Protonen von innen nach außen pumpen. Dieses elektrochemische Protonenpotenzial an der inneren Mitochondrienmembran liefert bei dem Rückfluss der Protonen durch den ATP-Synthase-Komplex (V) die Energie für die Synthese von Adenosintriphosphat (ATP) aus Adenosindiphosphat und anorganischem Phosphat. Bei dem Elektronentransport wird ein kleiner Anteil von einzelnen Elektronen von dem Komplex I auf O_2 übertragen und führt dadurch zur Entstehung des Superoxidanion-Radikals ($\cdot O_2^-$). $\cdot O_2^-$ wird von der mitochondrialen manganabhängigen Superoxiddismutase (MnSOD) in H_2O_2 und O_2 umgewandelt. Aus H_2O_2 kann mithilfe von Eisen^{2+} (Fe^{2+}) das Hydroxylradikal $\cdot OH$ und das Hydroxylanion OH^- entstehen (Fenton-Reaktion). H_2O_2 wird durch die Glutathionperoxidase (GPX) oder Katalase in H_2O und O_2 umgewandelt. Bei Schädigung der inneren Mitochondrienmembran, Zusammenbruch des H^+-Potenzials sowie erhöhter Ca^{2+} Konzentration entsteht die mitochondriale *permeability transition pore* (mtPTP) unter Beteiligung verschiedener Proteinkomplexe an einer Kontaktstelle zwischen äußerer und innerer Membran (rechts): der VDAC-Komplex (*voltage dependent anion channel* oder Porin), der ANT-Komplex (Adenin-Nucleotid-Translokator), der proapoptotische Bax-Faktor, der an der Pore andockt und mit dem antiapoptotischen Bcl-2-Faktor reagiert, Cyclophilin D (CD) und der Benzodiazepinrezeptor (BD). Die Öffnung der PTP oder das Aufreissen der äußeren Mitochondrienmembran geht einher mit der Freisetzung von apoptoseinduzierenden Faktoren wie Cytochrom c und AIF (*apoptosis inducing factor*), die die Apoptose einleiten (siehe Abb. 6.7) (nach Wallace 1999).

als intrazelluläres Signalmolekül dient. Es wird aus Arginin mithilfe der *nitric oxide synthase* (NOS) erzeugt und ist bei der Regulation des Herz-Kreislauf-Systems, der Entspannung der glatten Muskulatur, Neurotransmission, Blutkoagulation und Immunregulation wirksam. Es kann sowohl antiapoptotisch wie proapoptotisch und pronekrotisch wirken. Mit $'O_2^-$ reagiert NO zu Peroxynitrit ($ONOO^-$), das von phagocytierenden Zellen zur Abtötung von Zellen genutzt wird. Durch Spaltung von Peroxynitrit entsteht wiederum das Hydroxylradikal. Diese Stickstoff-Verbindungen werden daher auch *reactive nitrogen species* (RNS) genannt (Curtin et al. 2002). ROS, RNS wie auch andere Radikale können durch ihre starke Elektronegativität alle Makromoleküle oxidieren und so starke Zellschäden verursachen.

ROS verursachen Zellschäden durch Oxidation von Lipiden, Proteinen und Nucleinsäuren

Die für die Zelle empfindlichsten Ziele der ROS sind die Membranlipide, Proteine und Nucleinsäuren.

Die **Lipide** stellen einen wichtigen Angriffspunkt von ROS dar, wobei vor allem die mehrfach ungesättigten Fettsäuren der Phospholipide von Zellmembranen leicht oxidiert werden. Dieser Prozess wird als Lipidperoxidation bezeichnet und ist durch Radikal-Kettenreaktionen charakterisiert. Das auslösende Ereignis der Lipidradikal-Kettenreaktionen ist die Oxidation am C-Atom der Doppelbindungen von ungesättigten Fettsäuren. Bei der Lipidperoxidation entstehen verschiedene Endprodukte wie Malondialdehyd, das beim Nachweis der Lipidperoxidation durch den Thiobarbitursäuretest herangezogen wird, sowie Isoprostane und 4-Hydroxynonenal (HNE). HNE ist offenbar einerseits ein Signalmolekül, das verschiedene Proteinkinasen, Transkriptionsfaktoren wie c-Jun und Enzyme wie Cyclooxygenase 2 aktivieren, aber andererseits auch Schäden durch Entzündungen und Apoptose auslösen kann (Yang et al. 2003).

Durch die Lipidradikal-Kettenreaktionen entstehen Schäden in Plasma- und Organellmembranen, was wiederum membrangebundene Proteine beeinflusst und eine Veränderung der Fluidität, der Membranpermeabilität und von Ionengradienten bewirkt. Dieses führt unter anderem zu einem Ca^{2+}-Einstrom in das Cytosol, wodurch

es zu einer weiteren ROS-Produktion durch Aktivierung der NO-Synthase und der Xanthin-Oxidase, aber auch zu degenerativen Prozessen durch Ca^{2+}-abhängige Aktivierung von Phospholipasen, Proteasen und Endonukleasen kommt. Dadurch entstehen Störungen der Zellfunktion und Zellintegrität, die letztendlich zum Zelltod führen können.

Bei den **Proteinen** stellen vor allem die Thiolgruppen der Cysteinreste eine Achillesferse gegenüber reaktiven Sauerstoffverbindungen dar, die die Bildung von intra- und intermolekularen Disulfidbrücken verursachen. Zusätzlich zu diesen intermolekularen Bindungen können ROS Proteinaggregate über Tyrosinreste erzeugen. Besonders ROS-sensitive Aminosäuren sind außerdem Histidin, Prolin, Arginin und Lysin. Fragmentierungen von Proteinen entstehen durch Oxidation der Peptidbindung, die dann über die Bildung von Peroxylintermediaten gespalten wird. Diese Schäden führen zu Konformationsänderungen und Funktionsstörungen von Proteinen und so zu einer Beeinträchtigung von Synthese-, Abbau- und Reparaturprozessen und einer Veränderung zahlreicher Strukturproteine wie etwa von Mikrofilamenten. Parameter für die Proteinoxidation sind das Ausmaß an Proteincarbonyl und Protein-3-Nitrotyrosin. Ein Addukt aus ROS-geschädigten Proteinen und Lipiden ist das **Lipofuscin**, ein Alterspigment, das zusammen mit oxidierten Proteinen vor allem in postmitotischen Zellen im Laufe des Lebens akkumuliert.

Die **Nucleinsäuren** (DNA und RNA) werden ebenfalls durch oxidativen Stress geschädigt (Marnett 2000). Dabei kommt es zu Einzel- und Doppelstrangbrüchen, Bildung von DNA-DNA-, DNA-Protein- und DNA-Lipid-Addukten, als auch zur Entstehung von Basenmodifikationen. Die Strangbrüche entstehen durch Oxidation der Desoxyribose. Vermutlich gibt es mehr als 100 verschiedene oxidative Basenmodifikationen, am häufigsten 8-Hydroxyguanin, 5-Hydroxymethyluracil und Thyminglykol. Schätzungsweise finden in der Zelle zwischen 10^4 und 10^5 ROS-induzierte Reaktionen pro Tag in der DNA statt, die nicht immer vollständig durch DNA-Reparatursysteme beseitigt werden können, sodass es bei postmitotischen Zellen altersabhängig zu einer Akkumulierung von DNA-Schäden kommt.

Auch die extrazelluläre Matrix aus Glykolipiden und Glykoproteinen kann durch ROS geschädigt werden (Dröge 2002).

Mitochondrien werden besonders stark geschädigt

Da die genannten reaktiven Sauerstoffspezies, insbesondere die Superoxid- und Hydroxylradikale, hauptsächlich an der inneren Mitochondrienmembran entstehen, sind in deren Umgebung auch die stärksten Schäden zu beobachten. Das Superoxidanionradikal wird an der inneren Mitochondrienmembran gebildet, weil schon bei physiologischer Stoffwechselaktivität stets ein kleiner Anteil von Elektronen (1–3 %) entweicht und jeweils als einzelnes Elektron auf das Sauerstoffmolekül übertragen wird. Daraus folgt eine oxidative Schädigung der mitochondrialen DNA, die sich in engem Kontakt mit der Atmungskette in der inneren Mitochondrienmembran befindet. Durch diese Schädigungen (Punktmutationen, Strangbrüche, Deletionen, Abb. 6.12) von Genen sind auch Gene betroffen, die für Proteine der Atmungskettenkomplexe kodieren, die dadurch defekt werden. Das führt zu einer erhöhten Elektronenleckage und dadurch zu vermehrter ROS-Erzeugung, wodurch ein „Teufelskreis" mitochondrialer Zerstörung entsteht (Abb. 6.7). Diese „Autokatalyse" oder positive Rückkopplung der ROS-Schäden erklärt vermutlich einen

teil der exponentielle Zunahme der Schäden mit der Zeit. Der oxidative Stress führt außerdem zu einer Lipidperoxidation, da die mitochondrialen Innenmembranen einen hohen Anteil an vielfach ungesättigten Fettsäuren aufweisen. Dadurch kommt es zu einer Permeabilitätserhöhung der Mitochondrienmembranen auch für Calcium, die in Apoptose und Nekrose münden kann. Interessanterweise zeigen Mitochondrien langlebiger Organismen eine starke Resistenz gegenüber Lipidperoxidation, was möglicherweise auf einer Verringerung des Anteils an vielfach ungesättigten Fettsäuren beruhen könnte.

Auch eine Erhöhung der Mitochondrienzahl könnte zu einer Reduzierung von mtDNA Deletionen pro Zelle führen und damit vielleicht erklären, warum eine mitochondriale Proliferation nach mitogenen Stimuli und oxidativem Stress beobachtet wird. In diesem Zusammenhang ist interessant, dass oft ein verzweigtes mitochondriales Reticulum in den Zellen vorliegt und nicht ellipsoide Einzelmitochondrien, wie sie oft auf elektronenoptischen Bildern erscheinen. Ob ein derartig verzweigtes Mitochondrienkompartiment zu einem progressiven Fortschreiten oxidativer mtDNA-Schädigungen führt oder den Prozess eher verlangsamt, ist noch unklar.

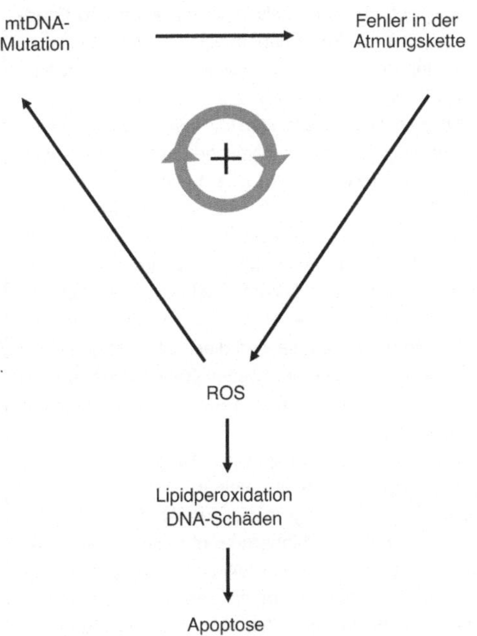

6.7 Teufelskreis. Die durch ROS verursachten Mutationen in der mitochondrialen (mt)DNA bedingen Dysfunktionen in der Atmungskette, die wiederum die Elektronen-Leckage und damit die ROS-Produktion erhöhen. Diese Beziehungen stellen eine positive Rückkopplungsschleife bzw. autokatalytische Verstärkung oder „Teufelskreis" dar, der zu einer exponentiellen Erhöhung der ROS-Schäden – etwa bei der Lipidperoxidation und Apoptosehäufigkeit – führen kann.

Oxidativer Stress induziert den programmierten Zelltod (Apoptose)

Der programmierte Zelltod wird durch eine Anzahl morphologischer und biochemischer Änderungen in der Zelle charakterisiert, die ihn von der Nekrose, dem Tod der Zelle durch stärker wirkende schädigende Einflüsse unterscheidet. Eine Unterscheidung, die allerdings fließende Übergänge aufweist, unter anderem darin, dass auch die Nekrose „programmierte" Anteile,

d. h. Signal- und Effektorkaskaden, aufweist. Apoptose wird durch extrazelluläre Signalmoleküle oder intrazelluläre Veränderungen – etwa aufgrund der Einwirkung von oxidativen Stressoren – über verschiedene Signalwege ausgelöst. Diese Signalwege aktivieren am Ende sogenannte Caspasen (Proteasen), die essentielle Proteine, wie Cytoskelett- und Kernproteine sowie DNA-Reparaturenzyme degradieren und Nucleasen aktivieren, die die DNA in Fragmente bestimmter Größenabstufung zerlegen (Exkurs 6.1).

Exkurs 6.1: Der mitochondriale Weg zur Apoptose

Der wichtigste Signalweg von oxidativem Stress zur Apoptose geht von Mitochondrien aus, vermutlich über die Schädigung ihrer Membranen im Zusammenhang auch mit einer Verschiebung des Gleichgewichts zwischen pro- und antiapoptotischen Faktoren (zu den proapoptotischen Proteinen der Bcl-2-Familie gehören Bax, Bid, Bik, Bim und Bad, zu den antiapoptotischen Bcl-2, Bcl-x, Bfl-1 und Bad-P (Abb. 6.3), auf die wir hier nicht näher eingehen können). Hinzu kommen noch Ceramid und andere proapoptotische Faktoren. Diese schädigenden Wirkungen von ROS führen zu einer Öffnung der *mitochondrial permeability transition pore* (mtPTP), die sich an den Kontaktstellen zwischen innerer und äußerer Mitochondrienmembran befinden und anscheinend aus mehreren Komponenten besteht: dem *voltage dependent anion channel* (VDAC), dem *adenine nucleotide translocator* (ANT) sowie Cyclophilin (CD) und dem Diazepin Rezeptor (DR) (Abb. 6.6). Ihre Öffnung führt zu einem Zusammenbruch des elektrochemischen Protonengradienten an der inneren Membran. Dieser Gradient ist ein wesentlicher Teil in der Übertragung von chemischer Energie zur Synthese von ATP. Ein Zusammenbruch dieses Gradienten führt daher auch zum Zusammenbruch der ATP-Synthese und letztlich zu einer Energiekrise der Zelle (Abb. 6.2). Die Öffnung der Pore befördert den Wasser- und Protoneneinstrom in das Mitochondrium, dessen Schwellung schließlich zum Reißen der äußeren Membran führt. Durch die Ansäuerung wird in der Mitochondrienmatrix die Caspase-2 aktiviert (Takahashi et al. 2004), die anscheindend auch an der Permeabilisierung der Membran beteiligt ist. Diese Membranschäden bewirken die Ausschüttung von proapoptotischen Faktoren wie Cytochrom c, dem *apoptosis protease activating factor* (Apaf-1),

Procaspasen, Endonuclease-G und von *apoptosis inducing factor* (AIF) (Abb. 6.8).

Cytochrom c, Apaf-1, ATP und Procaspase-9 bilden dann das sog. „Apoptosom", das autokatalytisch zu einer Aktivierung der Caspase-9 führt. Die Caspase-9 setzt – genauso wie der ligandenabhängige Signalweg (Abschnitt 6.8) – letzten Endes eine Aktivierung der Caspase-3 in Gang, die als eine der wichtigsten Ausführungsenzyme (*central executioner*) der Apoptose gilt. Diese degradiert Cytoskelettproteine und aktiviert andere Caspasen und eine DNAse (*caspase activated DNAse*, CAD). Letzteres geschieht durch proteolytische Zerstörung des Inhibitors (ICAD) dieses Enzyms. Danach wird die DNAse in den Kern transloziert, wo sie die DNA in Fragmente definierter Länge schneidet – ein Charakteristikum der Apoptose. *Apoptosis inducing factor* und Endonuclease-G wirken unabhängig von den Caspasen und gehören möglicherweise einem alten Weg zum Zelltod an.

Die Familie der Caspasen (*cystein aspartate specific proteases*) zeigt proteolytische Spezifität für Aspartatreste in Proteinen. Die bisher bekannten Caspasen (-1, -2, -3, -6, -7, -8, -9, -10, -12) werden bei der Apoptose sequentiell aus inaktiven Vorstufen (Procaspasen) aktiviert. Diese Aktivierung wird durch *inhibitors of apoptosis protein* (IAP) gehemmt, die auch die Aktivität von aktivierten Caspasen unterdrücken. Während der Apoptose wird diese inhibitorische Wirkung jedoch von einer „zweiten Generation" von aus Mitochondrien freigesetzten Aktivatoren der Caspasen neutralisiert (Smac).

Die stressinduzierte Apoptose kann auch durch höhere Mengen an Stressproteinen vermindert werden (Abb. 6.9). Diese lagern sich an Apaf-1 und Cytochrom c an und verhindern so die Bildung eines aktiven Apoptosoms. Bei zellulärem Stress werden solche Stressproteine vermehrt gebildet und hemmen auf diese Weise eine Zeit lang die Auslösung der

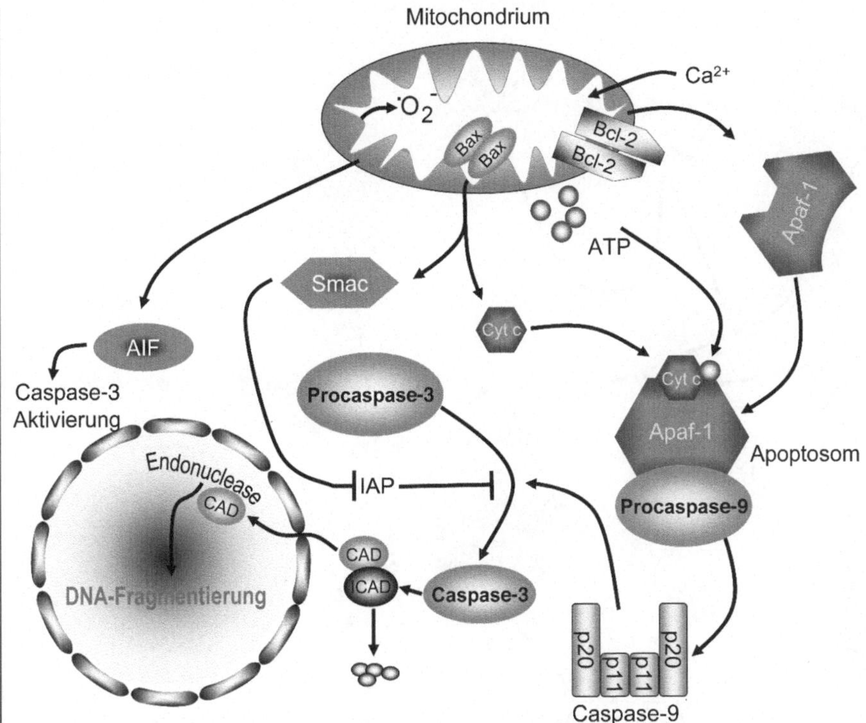

6.8 Apoptose. Durch ROS-abhängige Schädigung der mitochondrialen Membran und Öffnung der mtPTP mithilfe von Bax treten Apaf-1 (*apoptosis protease activating factor*), Cytochrom c (Cyt c) und eine inaktive Vorstufe einer Cystein-Protease (Procaspase-9) mit ATP zu einem Komplex zusammen, der auch *Apoptosom* genannt wird. Dadurch aktiviert sich die Procaspase-9 autokatalytisch zu Caspase-9. Diese aktiviert wiederum proteolytisch die Procaspase-3 zu Caspase-3, die als ein wichtiges ausführendes Enzym der Apoptose gilt: sie degradiert u. a. den Inhibitor einer DNAse (ICAD), sodass diese DNAse (*caspase activated DNAse*, CAD) in den Kern transportiert werden und dort die DNA fragmentieren kann. Die Umwandlung der Procaspase-3 in ihre aktive Form wird von einem Inhibitor (*inhibitor of apoptosis protein*, IAP) gehemmt, der wiederum von einem Protein gebunden wird, das aus dem Intermembranraum des Mitochondriums stammt (*second generation mitochondrial activator of caspases*, Smac). Ein weiteres Protein aus diesem Raum ist AIF (*apoptosis inducing factor*), der unabhängig von Cytochrom c die Caspase-3 aktivieren kann. Viele chemotherapeutischen Agentien induzieren die Ausschüttung von AIF aus den Mitochondrien, während das antiapoptotische Bcl-2 ihn zurückhält.

Apoptose. Sie gehören somit zu den reaktiven Abwehrmechanismen (siehe weiter unten). Auch die Balance zwischen proapoptotischen und antiapoptotischen Mitgliedern einer Protein-Super-Familie (Bcl-2) kann nach einem Stress zunächst zugunsten der antiapoptotischen Proteine verschoben werden – was ebenfalls eine Apoptose unmittelbar nach Stress verhindert und dadurch Reparaturmechanismen und andere reaktive Abwehrmechanismen zum Zuge kommen lässt (Gosslau und Chen 2004).

Wenn die Reparaturmechanismen den Schaden nicht beseitigen können, wird die Zelle oft zerstört, weil sie wahrscheinlich in der defekten Form und den damit verbundenen Dysfunktionen eine höhere Gefahr für den vielzelligen Organismus darstellt. Die Apoptose ist daher prinzipiell, ähnlich wie der Abbau geschädigter Moleküle, auch ein Abwehrmechanismus gegen stressgeschädigte Zellen. Eine weitere Funktion der Apoptose liegt in der Vernichtung nicht mehr gebrauchter Zellen während der Entwicklung, nicht optimal funktionierender Zellen des Immunsystems, von infizierten Zellen (Kapitel 7) sowie von stark durch äußere Stressoren geschädigten Zellen, etwa bei Hitze, die die Faltung von Proteinen im ER verändert (Abschnitt 6.8).

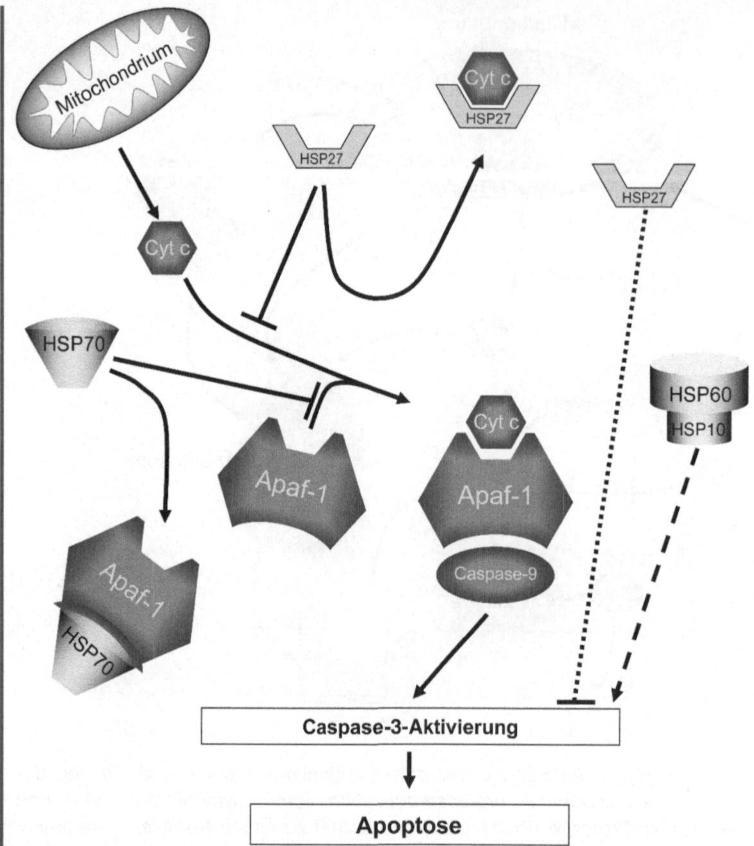

6.9   Apoptose und Stressproteine. Modell der hemmenden Wirkung von Stressproteinen auf die Apoptose. Stressproteine (*heat shock protein* HSP70 und -90) lagern sich an Apaf-1 an, während ein kleines Stressprotein (HSP27) das Cytochrom c (Cytc) bindet: Durch beide Reaktionen wird die Bildung des Apoptosoms und damit die Induktion der Apoptose gehemmt. Ein anderes (mitochondriales) Stressprotein (HSP60) mit seinem Partner (HSP10) fördert die Aktivierung der Caspase-3 während sie von HSP27 anscheinend durch einen weiteren Mechanismus gehemmt wird (nach Xanthoudakis und Nicholson 2000).

Oxidativer Stress verursacht Hirnschäden

Neuronen, insbesondere Neurone im Gehirn, sind sehr empfindlich gegen oxidativen Stress (Leutner et al. 2001). Diese Empfindlichkeit beruht auf der hohen Stoffwechselaktivität tätiger Neurone, dem höheren Gehalt der Membranen an Lipiden mit ungesättigten Fettsäuren, sowie dem Gehalt an Eisen. Neurotransmitter wie Dopamin und Glutamat, wie auch das Signalmolekül NO erhöhen noch die Menge von reaktiven Sauerstoff- und Stickstoffspezies. Sauerstoffunterversorgung aufgrund von Gefäßblockaden nach einem Schlaganfall (ischämische Defekte) führt zu einer intrazellulären Ansäuerung und daraufhin zu einer Freisetzung von Eisen aus eisenbindenden Proteinen wie Ferritin und Metallothionein. Bei einer dann folgenden Wiederdurchblutung verursacht dieser erhöhte Eisenspiegel eine vermehrte Erzeugung von HO·-Radikalen durch die Fenton-Reaktion.

Ein weiterer Grund für die besondere Empfindlichkeit gegen oxidativen Stress ist ein relativ schwaches Abwehrsystem gegen ROS. Das gilt für antioxidante Enzyme, wie die Superoxiddismutase und Katalase, die in geringeren Mengen vorhanden sind, als auch für Antioxidantien wie Glutathion, Vitamin E, Transferrin und Coeruloplasmin, sowie für Stressproteine, die nicht so stark wie in anderen Geweben induziert werden.

Die antioxidative Abwehr von Hirnneuronen wird jedoch durch die umgebenden Astrocyten unterstützt: diese verfügen über eine höhere Aktivität an Glutathionperoxidase und Glutathion-S-Transferase, sowie über größere Mengen an Coeruloplasmin, Vitamin C und E sowie Glutathion. Außerdem synthetisieren sie das induzierbare Metallothionein, mitochondriale und cytoplasmatische Superoxiddismutase, Katalase und Glutathionperoxidase mit höherer Geschwindigkeit als die Neuronen. Ebenso ist die Kapazität der Stressproteininduktion drastisch gegenüber den Neuronen erhöht. Astrocyten besitzen ein effizientes System für den Transport und das Recycling von Vitamin C sowie hohe intrazellulare Konzentrationen dieses Vitamins. Insgesamt sind Astrocyten daher resistenter gegen oxidativen Stress. Sie geben nach oxidativem Stress Vitamin C nach außen ab, was die Regeneration von oxidiertem Vitamin E und Glutathion in Neuronen zu verbessern scheint. Außerdem versorgen sie diese anscheinend mit den Glutathionbestandteilen Cystein, Glutamat und Glycin (Wilson 1997).

6.1.2 Die antioxidativen Abwehrmechanismen in der Zelle sind zahlreich, vernetzt und wirken präventiv und reaktiv

Zum Schutz vor oxidativem Stress verfügen die Zellen über zahlreiche Abwehrsysteme, die präventiv oxidative Schäden verhindern oder auf eingetretene Schäden reagieren und diese verringern oder eliminieren (Davies 2000, Sies 1993). Die Prävention verringert den oxidativen Stress zum einen durch Chelatierung oder Inaktivierung von Substanzen (vor allem von oxidierbaren Übergangsmetallen), die katalytisch zur Bildung von ROS beitragen (Fenton-Reaktion) oder über andere Mechanismen oxidativ wirken. Darüber hinaus werden die reaktiven Sauerstoffspezies entweder durch antioxidativ wirkende Enzyme reduktiv abgebaut oder nicht enzymatisch durch Antioxidantien direkt reduziert. Die beiden antioxidativen Vitamine E und C, sowie das von der Zelle selbst synthetisierte Glutathion spielen eine Hauptrolle bei der reduktiven „Entschärfung" von ROS-induzierten Lipidradikalen in den Zellmembranen und von ROS allgemein. Bei der reaktiven Abwehr werden die präventiven Abwehrmechanismen verstärkt, ROS-geschädigte Makromoleküle entwe-

der regeneriert (Reparatur) oder abgebaut und geschädigte Zellen durch Apoptose eliminiert.

Proteine binden oder oxidieren Fenton-reaktive Metallionen

Ein Mittel der Prävention gegen oxidativen Stress ist die Inaktivierung von Fenton-reaktiven Übergangsmetallionen, vor allem von Eisen und Kupfer, durch Proteine wie Transferrin, Ferritin, Coeruloplasmin und Metallothionein (Tab. 6.2).

Dabei werden die Übergangsmetalle entweder gebunden (chelatiert) oder oxidiert. Transferrin ist ein Transportprotein im Blutplasma, das zwei Fe^{3+}-Ionen binden kann, während Ferritin ein multimeres, cytosolisches Speicherprotein

Tabelle 6.2 Komponenten der präventiven Abwehr

A	metallbindende und oxidierende Proteine
	Metallothionein
	Coeruloplasmin
	Transferrin
	Ferritin
B	Antioxidantien
	Tocopherole (Vitamin E)
	L-Ascorbat (Vitamin C)
	Vitamin A
	Vitamin K
	Biliverdin, Bilirubin
	Glutathion
	Thiolgruppen von Proteinen
	Metallothionein
	Flavonoide
	Ubichinol
	Dihydroliponsäure
	Thioredoxin
	Melatonin
	Cholesterol
	Harnsäure
	Zink
C	antioxidante Enzyme
	Superoxiddismutase (SOD) (Mn-, Cu/Zn- oder Ni-abhängig)
	Katalase (eisenabhängig)
	Glutathionperoxidase (selenabhängig)
	GSSG-Reduktase
	Thioredoxinreduktase
	Hämoxigenase

ist, das bis zu 4500 Fe^{3+}-Ionen chelatiert. Bei Bindung von Transferrin an den Transferrinrezeptor kommt es zur endocytotischen Aufnahme von Eisen und Bindung an Ferritin. Der Eisenstoffwechsel läuft über eine posttranslationale Kontrolle der mRNA vom Transferrinrezeptor und Ferritin durch eisenregulatorische Proteine (IRPs), die ihrerseits durch Eisen und ROS reguliert werden. Coeruloplasmin fungiert als eine Ferroxidase, die Fe^{2+} zum weniger toxischen Fe^{3+} oxidiert und es so als Katalysator der Fenton Reaktion unbrauchbar macht. Metallothioneine sind kleine, cysteinreiche Proteine, die sowohl Übergangsmetalle binden als auch Hydroxylradikale inaktivieren (Abschnitt 6.5). Durch die Bindung (Chelatierung) von Übergangsmetallen wird die Entstehung des Hydroxylradikals in der Fenton Reaktion vermindert (Viarengo et al. 2000).

Antioxidantien reagieren direkt mit ROS

Es gibt eine Reihe von Antioxidantien, die die freien Radikale direkt reduzieren (Tab. 6.2). Dabei zeigen vor allem die essenziellen (d. h. mit der Nahrung aufzunehmenden) Antioxidantien Tocopherol (Vitamin E) und L-Ascorbat (Vitamin C), sowie das nicht essenzielle (d. h. selbst synthetisierte) Glutathion deutliche Wirkungen gegen den oxidativen Stress. Besonders bei erhöhtem oxidativen Stress (körperliche Anstrengung, Sport, Überernährung, Rauchen, Alterungsprozesse, Krankheiten) ist eine maßvolle Supplementierung dieser essenziellen Antioxidantien empfehlenswert, auch wenn bisher therapeutische Wirkungen dieser Substanzen bei Erkrankungen, die mit oxidativem Stress einhergehen (siehe unten), umstritten sind.

Zur lipophilen Vitamin-E-Gruppe gehören die **Tocopherole** und Tocotrienole (Brigelius-Flohe und Traber 1999). Unter den Molekülen dieser Gruppe weist a-Tocopherol die höchste antioxidative Aktivität auf und wird vom Darm am besten resorbiert. Von a-Tocopherol gibt es 8 Stereoisomere, von denen die D-a-Isoform (auch RRR-a-Tocopherol genannt) die höchste biologische Aktivität zeigt. Die Hauptaufgabe von Tocopherol besteht in der Unterbrechung der Lipidradikal-Kettenreaktionen, wodurch die Lipidperoxidation in den Zellmembranen stark vermindert wird. Hierbei reduziert Tocopherol mittels der phenolischen Hydroxylgruppe die Lipidradikale (Liebler 1998).

Bei der reduktiven Entgiftung wird Tocopherol seinerseits zum Tocopheroxylradikal oxidiert, das nicht nur antioxidativ unwirksam ist, sondern in Abwesenheit von hydrophilen Antioxidantien (z. B. Vitamin C) sogar prooxidativ wirkt, also andere Moleküle oxidiert. Neben der antioxidativen Funktion ist a-Tocopherol bei der Regulation sowohl von Signaltransduktionswegen als auch der Genexpression beteiligt.

Bei **Vitamin C** (L-Ascorbat) bilden die beiden Hydroxylgruppen am Lactonring die funktionellen antioxidativen Gruppen. Die biologisch aktive Form von Ascorbat ist das L-Ascorbat-Anion. Bei der Reduktion von freien Radikalen oder von Tocopherol wird das L-Ascorbat-Anion zum Semidehydroascorbat-Radikal oxidiert. Bei weiterer Oxidation entsteht das zweifach oxidierte Dehydroascorbat. Die Hauptaufgabe von Vitamin C besteht in der Inaktivierung der im Cytosol entstehenden freien Radikale sowie in der Regeneration von Tocopherol und Glutathion.

Neben der antioxidativen Wirkung kann auch Vitamin C bei einer pathologischen Konzentrationserhöhung vor allem von Eisen und Kupfer prooxidative Effekte aufweisen und somit cytotoxisch wirken. Dieser prooxidative Effekt kommt durch eine Reduktion von Übergangsmetallen zustande, die dann die Fenton-Reaktion unterstützen können. Bei einer starken Akkumulierung von Eisen und Kupfer infolge von genetischen Defekten, wie Hämochromatose und Thalassämie, bei zunehmendem Alter oder bei erhöhter Aufnahme von diesen Metallen kann daher eine starke Anreicherung der Nahrung mit Vitamin C toxisch wirken.

Carotinoide haben ebenfalls eine hohe antioxidative Kapazität, darunter z. B. die in Tomaten vorkommenden Lycopine. Gemessen wird die antioxidative Kapazität in relativen Einheiten *Trolox equivalent antioxidant capacity* (TEAC) (Böhm et al. 2002).

Glutathion (GSH) kommt in hohen intrazellulären Konzentrationen vor. Die Funktion von Glutathion (GSH) besteht in der Reduktion von Peroxiden als Cofaktor der Glutathionperoxidase, sowie der nicht enzymatischen Reduktion der freien Radikale und oxidierten Moleküle sowie der Regeneration von Antioxidantien (Dringen et al. 2000, Anderson 1998). Unter normalen Bedingungen sind etwa 95 % der GSH der Zelle reduziert, was das zelluläre Milieu insgesamt stark reduzierend macht. Das ist wichtig für die zahlreichen Thiolgruppen von Proteinen u. a. auch von Cysteinproteasen, wie den Caspasen, die bei der Apoptose eine zentrale Rolle spielen. Eine Verminderung der GSH-Menge und Verschiebung des Redoxgleichgewichts hat beachtliche schädigende Wirkungen für die Zelle.

Ein wichtiges Antioxidans ist die **Liponsäure** (*a-lipoic acid*, LA), eine Dithiolverbindung, die direkt freie Radikale reduziert, Übergangsmetalle bindet und den intrazellulären Gehalt von Glutathion erhöht (Smith et al. 2004). LA wird daher auch als mögliche therapeutische Substanz gegen ROS-/RNS-beeinflusste Erkrankungen getestet.

Die Regeneration von antioxidanten Vitaminen (E und C) und von Glutathion ist äußerst wichtig, um die antioxidative Abwehr aufrechtzuerhalten. Dabei wird das oxidierte Glutathion (GSSG) vor allem über die GSH-Reduktase regeneriert bzw. über die γ-Glutamylcysteinsynthetase und die GSH-Synthetase neu synthetisiert. Dabei spielt es auch eine Rolle, dass über eine adäquate Proteinernährung genügend Aminosäuren, vor allem Cystein, für die Synthese zur Verfügung steht (Wu et al. 2004). Auch zur Reduktion von oxidiertem Vitamin E und C verfügt die Zelle über umfangreiche Regenerationssysteme, die enzymatisch oder nicht enzymatisch erfolgen. Bei der Regeneration werden verschiedene Elektronentransportketten benutzt, wobei NADPH und NADH als Elektronendonatoren dienen und über den Pentosephosphatzyklus bereitgestellt werden. Eine Anzahl weiterer Moleküle können antioxidative Aufgaben übernehmen, wie Ubichinol, Thioredoxin, Melatonin, Cholesterol, Flavonoide und andere. In Gemüse, Früchten, Tee und Wein sind eine Reihe von Substanzen, die Polyphenole, Theaflavindigallat oder Quercitin enthalten, die hohe TEAC-Werte aufweisen. Zudem wirken einige Stoffwechselprodukte der Zelle, wie Harnsäure, Biliverdin und Bilirubin, antioxidativ. Darüberhinaus wurde gezeigt, dass die Thiolgruppen der Proteine als Antioxidantien dienen können, wenn die antioxidativen Reserven der Zelle erschöpft sind (Tab. 6.2).

Zunehmend werden in der Medizin weitere antioxidante Moleküle verwandt, um oxidative Schäden in Geweben – etwa bei Magen- und Darmentzündungen – einzuschränken. Dazu gehören beispielsweise *oligomeric procyanidins* (OPC) (Banan et al. 2001).

Antioxidante Enzyme reduzieren reaktive Sauerstoffspezies (ROS)

ROS werden durch antioxidante Enzyme reduziert, vor allem durch Superoxiddismutasen, Katalasen und Glutathionperoxidasen, die in einem genau regulierten Gleichgewicht exprimiert werden (Tab. 6.1). Die Superoxiddismutase (SOD) katalysiert die Reduktion von $^{\cdot}O_2^-$ zu H_2O_2 und kommt in 4 verschiedenen Isoformen vor. Während die manganabhängige Form (MnSOD) in den Mitochondrien lokalisiert ist, liegt die kupfer- und zinkabhängige Superoxiddismutase (CuZn-SOD) als cytosolisches Enzym und sekretorisches Isoenzym vor (Inoue et al. 2003). Außerdem gibt es noch eine nickelabhängige SOD im Cytoplasma. Die eisenabhängige Katalase katalysiert die Reaktion von H_2O_2 zu H_2O und O_2. Aufgrund der Lokalisation in den Peroxysomen scheint die Katalase bei der Entgiftung von Peroxiden nicht sehr effektiv zu sein; es wurden darüberhinaus jedoch auch eine Katalase in Herzmitochondrien und eine sekretorische Isoform in T-Lymphocyten beschrieben. Das wichtigste Enzym zur Reduktion von H_2O_2 und Lipidperoxiden ist die selenabhängige Glutathionperoxidase (GPX), die sowohl im Cytosol als auch in den Mitochondrien vorkommt und reduziertes Glutathion (GSH) als Cofaktor benötigt. Ein weiteres antioxidantes Enzym ist die Thioredoxinreduktase, die SH-Gruppen von Thioredoxin bei reduzierendem Milieu reduziert. Reduziertes Thioredoxin hemmt eine apoptosestimulierende Kinase (*apoptosis signal regulating kinase*, ASK1), und gibt sie nach Oxidation seiner eigenen SH-Gruppen durch ROS frei (Kyriakis und Avruch 2001). Dieser Prozess über die aktivierte ASK1 ist ein weiterer Weg, wie reaktive Sauerstoffspezies die Apoptose auslösen können.

Reaktive Abwehrmechanismen

Da das präventive Abwehrsystem die Bildung von ROS nicht vollständig verhindern kann, verfügt die Zelle über Systeme, die für die Reparatur oder den Abbau von oxidativ geschädigten Makromolekülen, wie Nucleinsäuren, Lipiden und Proteinen, sorgen. Die wichtigsten Reparatursysteme sind DNA-Reparaturenzyme, Phospholipasen, Proteinreparaturenzyme und Stressproteine. Während die DNA-Reparaturenzyme Nucleinsäureschäden beseitigen, spalten die

Phospholipasen oxidativ geschädigte Lipide (Lipidhydroperoxide), die dann mittels der membrangebundenen Glutathionperoxidase zu Alkoholen reduziert werden. Ein wichtiges Proteinreparatursystem wird durch die Gruppe der Stressproteine repräsentiert, die denaturierte Proteine entweder renaturieren oder nicht renaturierbare Proteine dem Abbau zuführen. Stressproteine können auch durch oxidativen Stress induziert werden. Zudem verstärkt das reaktive Abwehrsystem antioxidativ wirkende Enzyme, die an der Prävention mitwirken (siehe weiter oben). Schließlich kann man auch den programmierten Zelltod (Apoptose) zu den reaktiven Abwehrmechanismen rechnen, da er stark geschädigte und damit dysfunktionale Zellen beseitigt.

Die DNA-Reparatur erfolgt über mehrere Reparatursysteme

Die Zelle verfügt über mehrere DNA-Reparatursysteme, die auf verschiedenen Ebenen wirken. Diese Reparatursysteme sind in Abschnitt 6.6 zusammengefasst. An dieser Stelle sei nur darauf hingewiesen, dass erhebliche DNA-Schäden über die Aktivierung von p53 den Zellzyklus arretieren können, sodass Zeit für die DNA-Reparatur zur Verfügung steht, bevor die nächste Replikationsrunde stattfindet. p53 kann bei zu umfangreichen Schäden auch die Apoptose auslösen – was einen weiteren Weg zur Eliminierung von geschädigten Zellen darstellt.

Die Lipidreparatur ersetzt oder reduziert peroxidierte Fettsäuren

Bei der Reparatur geschädigter Lipide spielen mehrere Enzyme eine Rolle. Die potenziell toxischen Lipidhydroperoxide werden oft zunächst durch Phospholipasen gespalten, bevor das abgespaltene Lipidhydroperoxid durch die Glutathionperoxidase zum Alkohol reduziert werden kann. Das restliche Lysophospolipid kann durch Reacetylierung mit einer anderen Fettsäure zum intakten Phospholipid regeneriert werden. Insofern hängt die Reduktion von Lipidhydroperoxiden durch die GPX von der Aktivität der Phospholipasen ab. Bei Säugern existiert neben der GPX noch die Phospholipid-Hydroperoxid-GPX, die in den Membranen lokalisiert ist und Lipidhydroperoxide *in situ* reduziert, ohne dass eine vorhergehende Spaltung durch eine spezifi-

sche Phospholipase (PLA2) nötig ist. Ein weiteres effizientes Entgiftungsenzym stellt die membrangebundene Gluthation-S-Transferase dar, die reaktive Moleküle mit dem Tripeptid Gluthation zu inaktiven Konjugaten komplexiert.

Oxidierte Proteine werden repariert oder degradiert

Auch für geschädigte Proteine gibt es verschiedene Reparaturproteine. Ein direktes Reparaturenzym ist die Disulfidreduktase, die die Oxidation von Cysteingruppen durch reduktive Spaltung der Disulfidbrücken beseitigt. Eine ähnliche Funktion besitzt die Methioninsulfoxidreduktase, die oxidierte Methioninreste reduziert. Nicht renaturierbare Proteine werden in der Zelle über ein spezielles Proteindegradationssystem (Proteasom) abgebaut. Dieser Multi-Enzymkomplex existiert im Cytosol und im Kern eukaryotischer Zellen. Außerdem werden denaturierte Proteine von Stressproteinen gebunden und in Lysosomen transferiert, wo sie abgebaut werden. Stressproteine sind außerdem ein wichtiges Reparatursystem, weil sie teilweise denaturierte Proteine renaturieren können.

Induzierte Stressproteine dienen der Stabilisierung der Zelle bei Stress

Stressproteine werden auch als Hitzeschockproteine (HSP) bezeichnet, da zunächst eine transkriptionelle Aktivierung von Stressgenen durch Hitze beobachtet wurde. Mittlerweile sind zahlreiche weitere Stressoren beschrieben worden, die Stressgene aktivieren können, sodass die allgemeine Bezeichnung Stressproteine geeigneter erscheint (ausführliche Darstellung in Abschnitt 6.7). Manche Stressproteine werden auch durch oxidativen Stress induziert und dienen zur Renaturierung denaturierter Proteine durch Interaktion mit hydrophoben Regionen der geschädigten Proteine (De Maio 1999). In energieabhängigen Prozessen kommt es dann zur Renaturierung dieser geschädigten Proteine. Nicht renaturierbare Proteine werden der Proteolyse zugeführt. Stressproteine sind sowohl bei der lysosomalen Proteolyse, als auch beim ubiquitinabhängigen Abbau von Proteinen beteiligt. Höhere intrazelluläre Konzentrationen von Chaperonen/ Stressproteinen erhöhen die Resistenz gegen oxidativen Stress und Apoptose.

Induktion von antioxidanten Enzymen verstärkt die Präventivabwehr

Mehrere antioxidante Enzyme werden durch oxidativen Stress induziert, d. h. vermehrt synthetisiert: die Katalase, die manganabhängige Superoxiddismutase (MnSOD) und die Glutathion Peroxidase (GPX). Dabei sorgt der höhere Gehalt dieser Enzyme für eine höhere Resistenz der Zelle gegen oxidative Stressoren. Es ist interessant, dass sportliche Aktivität diese Enzyme ebenfalls induziert und so möglicherweise die erhöht produzierten ROS eliminieren kann. So wurde in tierexperimentellen Modellen gezeigt, dass Ausdauertraining vor allem in der Muskulatur, aber auch im Endothel, die Aktivität von antioxidativen Enzymen, wie der Glutathionperoxidase und der Superoxiddismutase sowie den Gehalt an Glutathion steigert. Das geschieht bei den Enzymen auch über eine Steigerung der Genexpression (Rush et al. 2003).

Ein weiteres Enzym, die induzierbare Hämoxigenase (HO-1), wird ebenfalls durch oxidativen Stress vermehrt exprimiert (Takahashi et al. 2004). Dieses Enzym und zwei konstitutive Isoformen, HO-2, HO-3, katalysieren den Abbau der zyklischen Hämgruppe in das lineare Biliverdin, freies Eisen und Kohlenmonoxid. Biliverdin wird danach durch die Biliverdinreduktase in Bilirubin umgewandelt. Beide Produkte zeigen deutliche antioxidative Eigenschaften. Die Hämoxigenase scheint auch an dem Export von Eisen beteiligt zu sein, was auch die präventive Abwehr unterstützt.

Bei der Induktion mehrerer antioxidanter Enzyme bei Stress spielt der Transkriptionsfaktor NFκB eine wichtige Rolle (Wang et al. 2002).

6.1.3 Altern, Krankheiten, Tod sind oft Folgen der durch oxidativen Stress entstandenen Schäden

Die durch oxidativem Stress entstandenen Schäden in der Zelle – insbesondere der DNA – wirken sich mit der Zeit am stärksten in den Geweben aus, in denen die Zellen sich nicht mehr vermehren können, d. h. in sogenannten postmitotischen Geweben, wie Nerven- und Muskelzellen. In diesen Zellen findet seit der frühen Kindesentwicklung keine DNA-Synthese und die damit verbundene verstärkte Reparatur statt, sodass DNA-Schäden mit zunehmendem Alter akku-

mulieren. Insbesondere sind die Mitochondrien und ihre DNA betroffen, die sich zwar weiterhin replizieren kann, aber mit der Zeit zunehmend Mutationen aufweist. Hinzu kommt, dass Neurone zeitweise hohe Stoffwechselaktivitäten aber relativ geringe Abwehrmechanismen gegen ROS aufweisen.

Die durch oxidativen Stress bedingten Schäden verursachen insbesondere Fehlfunktionen der Mitochondrien, die dann zu weiteren zellulären Fehlfunktionen führen oder den programmierten Zelltod auslösen. Diese Schäden sind offenbar wesentliche Faktoren für eine Anzahl von Alterskrankheiten, die letztlich auch den Tod herbeiführen können. Eine Akkumulation von somatischen Mutationen durch chemische, physikalische und auch oxidative Stressoren in sich teilendem Gewebe ist der Grund für eine altersabhängige Zunahme der Wahrscheinlichkeit von Krebs. Ausführlicher wird dieser Zusammenhang in Abschnitt 8.5 besprochen. Die Lebenserwartung, Altersprozesse und Ausfallerkrankungen sind daher in großem Ausmaß von oxidativem Stress und seinen Folgen abhängig.

Stoffwechselaktivität, Entstehung von ROS und Altern

Schon zu Anfang des 20. Jahrhunderts beobachtete man eine inverse Korrelation zwischen maximaler Lebenserwartung von Tieren und ihrer Stoffwechselintensität (Rubner 1908, Pearl 1928). Mäuse haben eine relativ kurze Lebenserwartung von 2–3 Jahren und eine hohe Stoffwechselintensität, während bei Elefanten die maximale Lebenserwartung bei etwa 50–60 Jahren liegt, verbunden mit niedrigerem Energiestoffwechsel. Es gibt aber auch gewisse Ausnahmen von dieser Regel, etwa bei Vögeln und Primaten, die eine relativ lange Lebenserwartung und hohe Stoffwechselaktivität aufweisen. Bei diesen Organismen scheinen die Leckströme von Elektronen aus der Mitochondrienmembran reduziert zu sein.

1956 formulierte Harman die **freie Radikaltheorie des Alterns**, die die bei der Atmung entstehenden reaktiven Sauerstoffspezies (ROS) für die altersabhängige Akkumulation von Schäden veranwortlich macht. Eine derartige Akkumulation von Schäden könne wie eine Sanduhr die maximale Lebensdauer bestimmen (Harman 1972). Diese Theorie hat viel Zuspruch und experimentelle Unterstützung erfahren, auch wenn es noch viele offene Fragen dazu gibt (Beckman und Ames 1998). Die wesentlichen Stützen der Theorie liegen in folgenden Befunden:

- negative Korrelation zwischen ROS Produktion und Lebensdauer

Trägt man die H_2O_2-Produktion der Leber pro Minute und mg Protein gegen die maximale Lebensdauer der zugehörigen Tiere auf (Abb. 6.10), so ist deutlich eine negative Korrelation zu erkennen (Barja 2004). Auch ein Vergleich von Ratten und Tauben, die ein etwa gleiches Körpergewicht aufweisen, zeigt eine höhere Lebensdauer der Tauben (~35 Jahre) im Vergleich zu Ratten (~4 Jahre), korreliert mit einer um etwa 2/3 niedrigeren Produktion von H_2O_2 durch die Herzmitochondrien von Tauben (Barja 1998).

- positive Korrelation zwischen ROS-Resistenz und Lebensdauer

Sowohl bei dem Nematoden *Caenorhabditis elegans* wie bei der Taufliege *Drosophila melanogaster* (Orr und Sohal 1994) konnte man durch Erhöhung der Expression der mitochondrialen MnSOD die Lebensdauer der Tiere verlängern. Umgekehrt resultierte bei Mäusen, bei denen die Gene für dieses Enzym zerstört wurden (*knockout*) eine extrem verkürzte Lebensdauer auf etwa eine Woche nach der Geburt und zahlreiche Schäden wie Herzmyopathie, Lipiderhöhung in der Leber, erhöhte Ketonmengen und oxidative DNA Schäden (Melov 2002). Ausschaltung der Gene für die cytosolischen oder extrazellulären SOD resultierten dagegen nicht in Verkürzungen der Lebensdauer, was die besondere Rolle der mitochondrialen SOD unterstreicht und die fatalen Folgen eines Defekts in der antioxidativen Abwehr.

Versuche, durch Supplementierung der Nahrung mit Antioxidantien, wie Vitamin E und C oder anderen (Tab. 6.2), haben nur teilweise eine deutliche Lebensverlängerung erbracht, was jedoch im einzelnen jeweils kritisch zu interpretieren ist (Halliwell 1996, Ishige et al. 2001, Pryor 2000, Yu et al. 1998, Fang et al. 2002). Insbesondere sind Studien am Menschen mit vielen methodischen Schwierigkeiten behaftet.

- altersabhängige Zunahme von DNA- und anderen zellulären Schäden

Ein besonders empfindliches Ziel von ROS ist, wie weiter oben beschrieben, die mitochondriale DNA (mtDNA), die keine Introns und keine Histone enthält und in direkter Nachbarschaft zur inneren Mitochondrienmembran liegt, an der die Radikale entstehen. In postmitotischem Gewebe findet man beim Menschen altersabhängig eine exponentielle Zunahme von mutativ veränderten Nucleotiden (Abb. 6.11), die bei der Maus höher ausfällt (Wang et al. 1997).

Darüberhinaus findet man in verschiedenen Hirnregionen des Menschen eine altersabhängige Zunahme einer großen Deletion der mtDNA (*common deletion*, Lee et al. 1994, Abb. 6.12 und 6.13), eine Zunahme, die in abgeschwächter Form auch im Herzmuskel und Skelettmuskeln

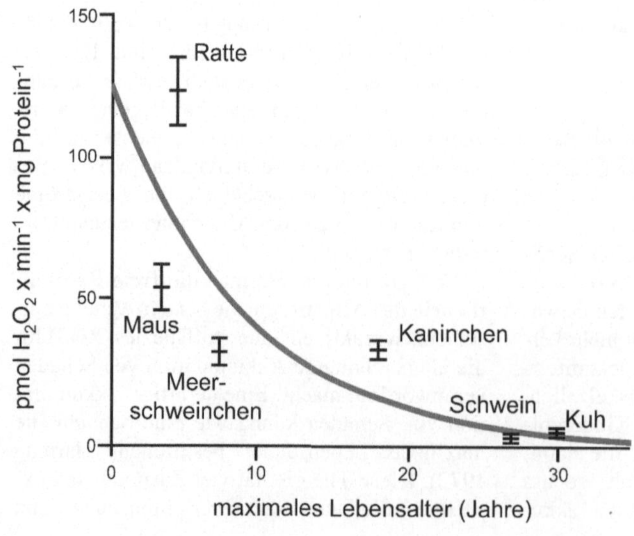

6.10 H_2O_2-Produktion und Lebensalter. Negative Korrelation zwischen H_2O_2-Produktion von Zellen (Leber) und maximaler Lebensdauer der zugehörigen Tierspezies (nach Barja 1998).

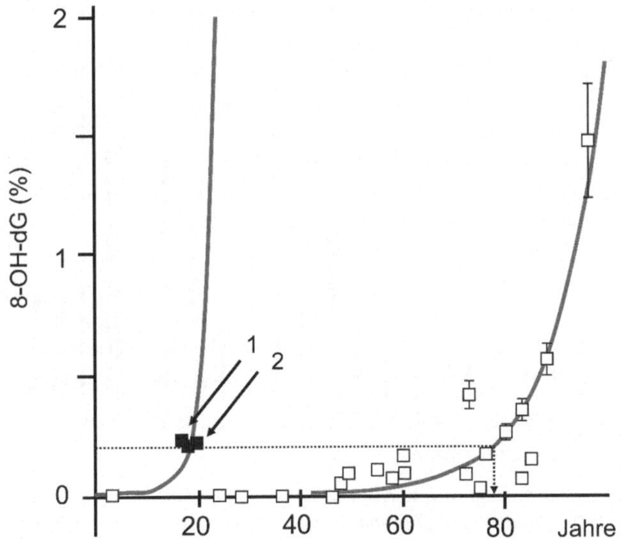

6.11 Altersabhängige Akkumulation von Basenmodifikationen in der mitochondrialen DNA des Herzmuskels. Daten von autopsierten herzgesunden Personen (% 8-OH-dG von dG). Pfeile 1 und 2: Patienten, die früh an Herzmuskelmyopathien gestorben sind. 8-OH-dG – 8-Hydroxy-Desoxyguanin, dG – Desoxyguanin (nach Ozawa 1998).

nicht aber in mitotischen Zellen im Blut zu beobachten ist. Die *common deletion* entsteht offenbar nicht gleichmäßig, sondern focal nur in bestimmten Hirn- oder Muskelfasern. Als Erklärung dafür wird eine schnellere Replikation des kleineren (deletierten) mtGenoms diskutiert. Anscheinend sind Deletionen und andere Mutationen der mtDNA für den Verlust von Muskelmasse im Laufe des Alters verantwortlich. Inwieweit diese Deletionen eine Folge von ROS-induzierten Schäden sind, ist jedoch noch nicht geklärt.

Die Akkumulation von Schäden in postmitotischen Geweben geht einher mit einer Verringerung des mitochondrialen Elektronentransports und mit einer Erhöhung der ROS-Produktion im Laufe des Alterns. Auch andere alterabhängige Schäden, das Auftreten von **Lipofuscin**

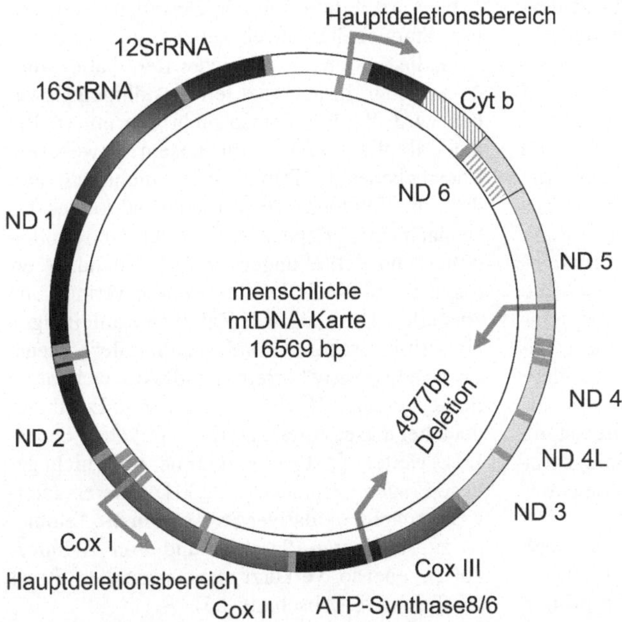

6.12 Mitochondriales Genom des Menschen. Das zirkuläre menschliche Genom der Mitochondrien enthält Gene für die ATP-Synthase (ATPase), den Komplex-I, Transfer-RNA (tRNA), Cytochrom b, ribosomale RNA (rRNA). Der Komplex-I enthält Gene für Untereinheiten der NADH-Dehydrogenase (ND-1-5), der Komplex-4 Untereinheiten der Cytochromoxidase. Pfeile bezeichnen die Hauptdeletionszone der DNA sowie die „Große Deletion" von 4977 Basenpaaren.

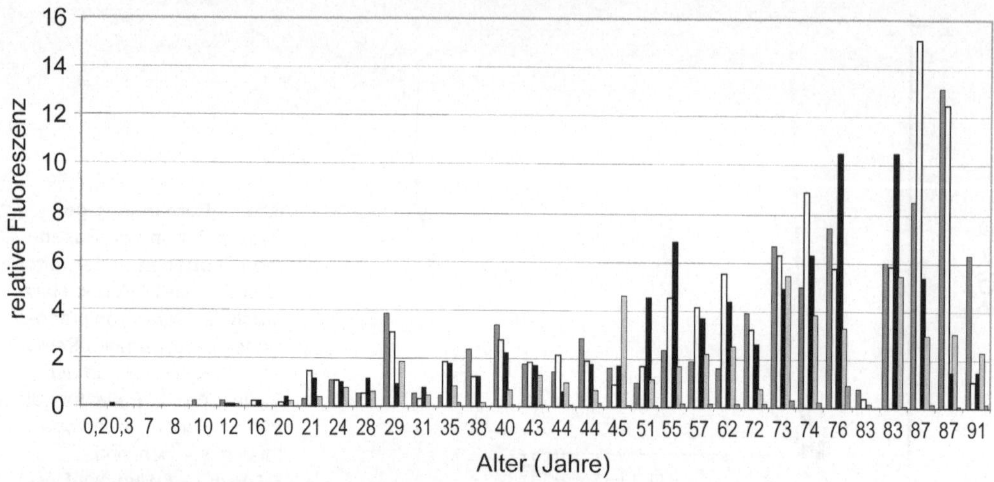

6.13 *Common deletion* und Alter. Altersabhängige Akkumulation der 4977 bp Deletion (*common deletion*) der mtDNA in fünf verschiedenen Hirnarealen (*Substantia nigra, Putamen, Nucleus caudatus*, Großhirn, Kleinhirn) von 33 hirngesund gestorbener Personen. Ordinate: relative Fluoreszenz eines DNA-Fragments, das durch zwei Primer rechts und links der *common deletion* in der PCR produziert wird und das Auftreten der *common deletion* anzeigt (nach Salah Mohamed in Rensing und Gosslau 2004).

(*Alterspigment*) in Zellen und die weiter unten besprochenen Organ- und Gewebsdysfunktionen sind – wenigstens zum Teil – auf die Wirkungen von ROS zurückzuführen. Lipofuscin ist ein Aggregat aus Proteinen (30–70 %), Lipiden (20–50 %), Kohlenhydraten (~ 7 %) und Eisen in Lysosomen, das z. T. aus nicht verdaubaren Bestandteilen von Mitochondrien besteht (Szweda et al. 2003). Diese Aggregate nehmen mit dem Alter zu und beeinträchtigen den weiteren Abbau von geschädigten Mitochondrien. Dieser lysosomale Defekt zusammen mit den alters- und ROS-abhängigen Replikations- und Funktionsdefekten von Mitochondrien führen anscheinend zu einer Vergrößerung der Mitochondrien, die wiederum noch weniger durch Lysosomen aus dem Verkehr gezogen werden können (Brunk und Terman 2002). Offenbar blockieren entsprechend durch ROS vernetzte Proteine auch die Proteasomen und damit die wichtigsten proteinabbauenden Strukturen der Zelle (Grune et al. 2004). Das im Alter veränderte und fragilere Gleichgewicht zwischen protektiven und schädlichen Wirkungen von körperlicher Belastung macht es notwendig, individuelle Trainingsprogramme – unter Umständen mit Supplementierung von Antioxidantien – zu entwerfen.

Es ist in diesem Zusammenhang wichtig, noch auf eine mögliche andere biologische Uhr hinzuweisen, die ebenfalls nach dem Sanduhrprinzip die maximale Lebensdauer bestimmt: die Telomerlänge (McEachern et al. 2000). Telomere bilden die Enden der DNA in den linearen Chromosomen und enthalten repetitive Nucleotidsequenzen, damit der DNA-Replikationskomplex bei jeder Replikation bis zum Ende der informationshaltigen DNA laufen und diese korrekt verdoppeln kann. Die Telomerstücke werden bei unbegrenzt teilungsfähigen Geweben (Keimzellen, Stammzellen, Krebszellen) durch ein Enzym, die Telomerase, bei jeder Replikationsrunde angefügt. In begrenzt teilungsfähigen Geweben wird die Telomerase nicht exprimiert. Bei jeder Replikation wird in diesem Gewebe ein Endstückchen der Telomer-DNA nicht repliziert, d. h., die Telomere werden jedesmal kürzer, bis sie nach einer artspezifischen Zahl von Replikationen und Zellteilungen eine Minimallänge erreichen, und die Zellen ihre weitere Vermehrung einstellen. Die maximale Zahl von Zellteilungen eines (mitotischen) Gewebes ist mit der Lebenserwartung positiv korreliert und wird nach ihrem Entdecker auch *Hayflickzahl* genannt. Es gibt jedoch bei dieser Alterstheorie (replikative Seneszenz) weitere Faktoren und immer noch nicht gelöste Fragen (Itahana et al. 2004). Interessanterweise scheint oxidativer Stress auch die Telomere zu schädigen (Saretzki und von Zglinicki 2002), ebenso verkürzt psychosozialer Stress die Telomere (Abschnitt 8.5).

Viele Krankheiten resultieren direkt oder indirekt aus den Zelldefekten durch oxidativen Stress

Die weiter oben beschriebenen Schäden von Zellen und Mitochondrien und die dadurch hervorgerufenen Dysfunktionen in postmitotischen Geweben, wie Gehirn und Herz, haben eine große Anzahl von Krankheiten und Ausfallserscheinungen zur Folge oder sind zumindest an deren Auftreten beteiligt. Dazu gehören Alzheimer, Parkinson, Huntington, Multiple Sklerose, Arteriosklerose, Herzinfarkt, rheumatoide Arthritis, chronische Entzündungen, Diabetes mellitus Typ 2 u. a. (Ames et al. 1993, Floyd 1999, Knight 1998, Wallace 1999). ROS-assoziierte Erkrankungen sind mit einem Krebsrisiko behaftet. Auf einige dieser Erkrankungen, die durch die Wirkungen von ROS/RNS mit verursacht werden, gehen wir in den Abschnitten 8.3 und 8.4 genauer ein.

Präventive Maßnahmen gegen oxidativen Stress

In einer Anzahl von Studien – wenn auch nicht allen – wurden signifikante vorbeugende oder therapeutische Wirkungen von zusätzlichen Gaben von Vitamin E und C bei Erkrankungen wie Arteriosklerose, Krebs, Katarakt u. a. beschrieben. Schützende Wirkungen von Vitamin E allein oder mit Vitamin C zusammen wurden auch im Zusammenhang mit Alzheimer festgestellt. Die zugesetzten Vitamine scheinen die oxidativen Schäden in Mitochondrien zu reduzieren – wie vor allem Versuche an Zellkulturen deutlich machen, obwohl die Rolle von Vitamin E für die Stabilität des Genoms oder bei der Prävention von Arteriosklerose noch kontrovers dis-

kutiert wird (Fang et al. 2002). Die Dosierung dieser Vitamine sollte nicht zu hoch gewählt werden, zumal wenn eine ausgewogene Diät schon nahezu ausreichende Mengen enthält. Ebenso werden Antioxidantien in der Nahrung empfohlen, die in verschiedenen Formen dort vorkommen, wobei z. B. die Flavonoide in Rotwein und Tee noch ihren kritischen *in vivo* Test bestehen müssen.

Reduktion der Kalorien (*caloric restriction*, CR) reduziert den oxidativen Stress und bewirkt eine Verlängerung der maximalen Lebenserwartung in zahlreichen Tierversuchen (Sohal und Weindruch 1996) neuerdings auch bei Affen. Der genaue Mechanismus von CR ist noch nicht bekannt. Es wird einerseits eine Verringerung des Elektronenlecks in der mitochondrialen Membran für wichtig gehalten (Yu 1996), andererseits scheint CR die Wachstumskapazität von mitotischen Zellen (und damit auch möglicherweise deren Reparaturkapazität) zu erhöhen. Jedenfalls ist die Aktivität der ERK/Akt Proteinkinasen bei alten Tieren unter CR höher als bei alten Tieren mit freiem Zugang zur Nahrung (Holbrook und Ikeyama 2002).

Zurzeit wird darüber diskutiert, ob das verringerte Nahrungsangebot über den Insulin- bzw. *insulin-like growth factor 1* – IGF-1-Rezeptor (Abschnitt 5.7) wirkt, zumal Defekte des IGF-Rezeptors (Knockout-Mäuse mit heterozygoten *Igf*-1r (+/–) Genen) zur Lebensverlängerung beitragen (Holzenberger et al. 2003). Die Verringerung der IGF-Rezeptoraktivität scheint die Stressresistenz der Zellen zu erhöhen und so zur Stabilisierung der Zellen beizutragen.

Schließlich wird zurzeit an Tiermodellen untersucht, ob die Injektion von Stammzellen und ihren Abkömmlingen möglicherweise Schäden und Verluste von Hirn- oder Herzzellen wieder ausgleichen können (Mattson 2000).

6.2 Sauerstoff-, Nährstoff- und ATP-Mangel – der zelluläre Umgang mit der Energiekrise

Durch Mangel an Sauerstoff (Ischämie, Hypoxie), Mangel an zu veratmenden Substraten wie Glucose oder Fettsäuren (Hypoglykämie, Nährstoffmangel), Störung der mitochondrialen Atmung durch ROS oder Hitzeschock sowie durch hohen ATP-Verbrauch (physische Hoch-

leistungen) wird der zellulare ATP-Spiegel erniedrigt. Der hypoxische Zustand beispielsweise nach Gefäßverschlüssen im Gehirn oder Herzen ist eine starke Belastung (Stress) für die Zelle, die dagegen eine Anzahl von Abwehrmechanismen entwickelt hat.

Intrazellulär bewirkt O_2-Mangel eine Aktivierung der Glykolyse, die in beschränktem Umfang das fehlende ATP bereitstellt und dabei größere Mengen an Milchsäure produziert. Ein zentraler Transkriptionsfaktor für die Adaptation der

Zelle an den Sauerstoffmangel ist der *hypoxia inducible factor 1* (HIF-1), der eine Art „Sauerstoffsensor" besitzt und bei O_2-Mangel zahlreiche Gene für Enzyme der Glykolyse und den Glucosetransport stimuliert. Auch Krebszellen und solide Tumoren entwickeln hypoxische Zustände – entweder durch Schäden der mitochondrialen DNA oder mangelnde O_2-Versorgung durch zu wenige Kapillaren. Außer durch Sauerstoffmangel kann HIF-1 durch Entzündungsmediatoren (Cytokine) und Stickstoffmonoxid (NO) aktiviert werden.

Eine Verminderung der Nährstoffzufuhr, bei Neuronen speziell die der Glucose, führt wie der Sauerstoffmangel zu einer „Energiekrise" der Zelle, d. h. zu einer geringeren ATP-Produktion und auch zu einer geringeren Menge an Stoffwechselprodukten, die für andere Zwecke benötigt werden. ATP-Mangel ist ein starker Stressor für die Zelle, weil eine große Anzahl lebenswichtiger Prozesse von chemischer Energiezufuhr (ATP) abhängt: aufbauende (anabole) chemische Prozesse und Proliferation, osmotische Arbeit, wie aktiver Transport, mechanische Arbeit, wie Muskelkontraktionen, und die Informationsflüsse, etwa in Form von G-Proteinen, second messengern oder Proteinkinasekaskaden, verbrauchen ATP oder GTP. ATP-Mangel in der Zelle ist vergleichbar einem Haushalt ohne Elektrizität: erstaunlich viele Funktionen – wie Wärme, Licht, Küchengeräte, Kommunikationsmittel sind dann nicht mehr verfügbar, so-

dass ein längerer Ausfall erhebliche Schwierigkeiten mit sich bringt.

Der geringeren Menge an ATP entspricht auf der anderen Seite die Zunahme von AMP, dem energieärmsten der Adenosinphosphate. Eine Erhöhung der AMP-Konzentration bewirkt über die Aktivierung einer Proteinkinasekaskade eine Hemmung von Enzymen, die ATP-verbrauchende biochemische Reaktionen (anabole Prozesse) oder die ATP-verbrauchende Proliferation von Zellen betreiben, gleichzeitig wird der energieliefernde Abbau von Fettsäuren in den Mitochondrien gesteigert.

Reaktionen auf Sauerstoffmangel stellen einen *feed forward* Mechanismus dar, d. h. Sauerstoffmangel dient als Signal um ein vorhersehbares Energiedefizit schon präventiv aufzufangen, während die Reaktion auf ATP-Mangel ein klassischer *feed back* Mechanismus ist, der bei Eintritt der Störung reagiert, um die Balance von ATP-Synthese und -Verbrauch aufrechtzuerhalten.

Als systemische Antwort auf Hypoxie erfolgt eine Erhöhung der Atmungs- und Herz-Kreislauf-Leistungen sowie die Produktion von Erythropoetin (EPO) in der Niere, das die Zahl der Erythrocyten und damit die O_2-Aufnahme und Transportkapazität erhöht. Bei Nahrungsmangel werden über Hormone (Trijodthyronin, Adrenalin, Glucagon) die zelluären Nahrungsspeicher (Glykogen, Fett, Eiweiße) mobilisiert (Abschnitt 5.7)

6.2.1 Sauerstoffmangel (Ischämie, Hypoxie) ist lebensbedrohlich für Zellen und Organismus

Sauerstoffmangel tritt ein, wenn sich der Organismus in einer Atmosphäre mit zu geringer Sauerstoffspannung aufhält, wie etwa im Hochgebirge, wenn die O_2-Transportkapazität des Organismus nicht ausreicht, wie bei Lungenemphysemen oder bei zu geringen Mengen an Erythrocyten, bei Herz-Kreislauf-Versagen oder Hochleistungssport, oder wenn einzelne Gewebsregionen nicht ausreichend durchblutet werden (Ischämien). Ischämien treten nach **Gefäßverschlüssen** (Thrombosen, Infarkten), in der Uterusschleimhaut am Ende der Lutealphase, nach Transplantationen oder bei **soliden Tumoren** auf. Auch ein starker ATP-Verbrauch z. B. bei hohen aktiven Transportleistungen, wie in bestimmten Nierenzellen, kann zu einer zeitweiligen Hypoxie führen. Die neuronalen und systemischen Antworten auf Sauerstoffmangel, der als sehr beängstigend erlebt wird, sind in Kapitel 4 dargestellt.

Exkurs 6.2: Eine wichtige zelluläre Reaktion auf Sauerstoffmangel besteht an der Aktivierung eines Transkriptionsfaktors (*hypoxia inducible factor 1*, HIF-1).

Bei Sauerstoffmangel wird der Transkriptionsfaktor HIF-1 (*hypoxia inducible factor 1*) aktiviert. Er besteht aus zwei Untereinheiten (HIF-1α und HIF-1β, wobei HIF-1β identisch ist mit ARNT (*aryl hydrocarbon receptor nuclear translocator*) und konstitutiv vorkommt, während HIF-1α drei verschiedenen Formen aufweist (Semenza 1999, Wenger 2002). Sie weisen als zusätzliches Dimerisierungsmotiv eine sog. PAS-Domäne auf sowie eine Domäne, die an eine DNA-Sequenz (*hypoxia response element*, HRE) bindet.

Bei Sauerstoffmangel nimmt vor allem die Menge an HIF-1α stark zu: etwa um den Faktor 10 bei einer Erniedrigung des Sauerstoffanteils von 6 % auf 0,6 %. Diese HIF-1α-Untereinheit wird unter normalen Sau-erstoffspannungen schnell von Proteasomen degradiert, bei Sauerstoffmangel jedoch stabilisiert. Die Degradation von HIF-1α wird von Prolylhydroxylasen eingeleitet, die mit Sauerstoff (das ist der „Sensormechanismus"!), Eisen^{2+}, Vitamin C und 2-Ketoglutarat-HIF-1α hydroxylieren (beim Menschen gibt es drei Isoenzymmitglieder dieser Enzymfamilie). Außerdem wird ein Asparaginylrest am Carboxylende bei O_2-Anwesenheit durch einen *factor inhibiting* HIF-1α hydroxyliert, was eine Interaktion mit dem Coaktivator p300/CBP verhindert. HIF-1α bindet nach der Prolyl-hydroxilierung an den Tumorsuppressor pVHL (von Hippel-Lindau) und wird danach an einer spezifischen Domäne (ODD) ubiquitiniert und in Proteasomen abgebaut. Bei Hypoxie oder Anwesenheit von NO findet diese Hydroxylierung und Degradation nicht oder in geringerem Maße statt. Außerdem kann die Translation von HIF-1α durch Modifikation von Translationsfaktoren sowie von HIF-1α selbst durch Phosphorylierung aktiviert werden (Metzen und Ratcliffe 2004, Hewitson et al. 2004, Lee et al. 2004). Das geschieht

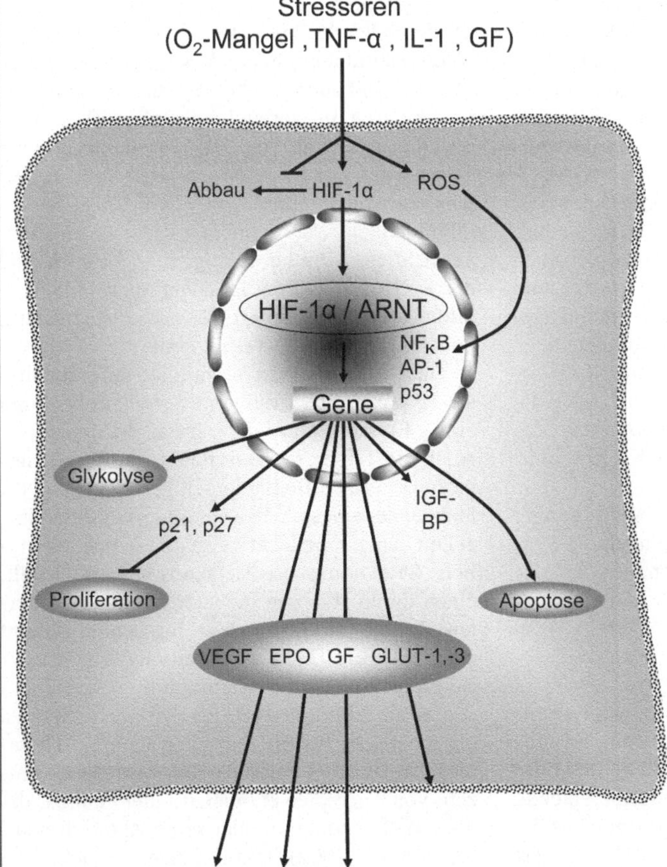

6.14   Energiekrise, Sauerstoffmangel. Bei Sauerstoffmangel werden zahlreiche Energie-verbrauchende Prozesse gehemmt und zellstabilisierende Funktionen oder aber die Apoptose aktiviert. HIF-1α – *hypoxia inducible factor 1α*, ARNT – *aryl hydrocarbon receptor nuclear translocator*, TNF-α – *tumor necrosis factor α*, IL-1 – Interleukin-1, GLUT-1, -3 – Glucose-Transporter 1 und 3, GF – Wachstumsfaktor, p21, p27-Proliferationshemmer, EPO – Erythropoetin, VEGF – *vascular endothelial growth factor*, IGF-BP – *insulin-like growth factor binding protein*, NFκB – *nuclear factor kappa B*, AP-1 – *activator protein 1*.

beispielsweise durch hormonstimulierte Kinasen, wie PI3-K, MAPK, Src und PKC. Einige dieser Kinasen und die Aktivierung von HIF-1 spielen auch bei der Krebsentstehung eine wichtige Rolle (Harris 2002).

Die HIF-1α-Synthese wird außerdem durch die Cytokine IL-1β und TNF-α erhöht, sodass die HIF-abhängigen Gene auch bei Entzündung stimuliert werden (Jelkmann und Hellwig-Burgel 2001). Die Frage nach weiteren zellulären Sensoren für den O_2-Mangel und dem Signalweg vom Sensor zur Aktivierung von HIF-1 ist noch nicht ganz geklärt, möglicherweise spielt die mitochondriale Produktion von ROS dabei eine Rolle, die überraschenderweise auch bei Hypoxie zunimmt.

HIF-1 bindet an eine größere Anzahl von Genen (> 50), die zu einem Teil für Enzyme der Glykolyse, für Glucosetransporter und die Adenylatkinase kodieren, die in beschränktem Maße einen Energiestoffwechsel und ATP-Produktion ohne Sauerstoff gewährleisten. Insgesamt stellt das HIF-System für die Energieversorgung ein *feedforward*-System dar, das bei O_2-Mangel die vorhersehbaren Engpässe in der ATP-Synthese durch erhöhte Glykolyseraten zu mindern sucht (Depre et al. 1998) (Abb. 6.14). Unter den stimulierten Glykolyse-Enzymen befindet sich z.B. die Glycerolaldehyd-3-Phosphat-Dehydrogenase (GAPDH, Graven und Farber 1998). Außerdem werden aber auch Wachstumsfaktoren und Apoptosesignale stimuliert (Harris 2002). Bei starker Hypoxie wird – wie auch bei Glucosemangel – Apoptose durch Stabilisierung von p53 in Gang gesetzt (Abschnitt 6.7), was aber möglichereise von HIF-1 gedämpft wird (Zhon und Brüne 2004).

Gene für Erythropoetin, das für eine Erhöhung der Erythrocytenzahl sorgt, und der *vascular endothelial growth factor* (VEGF), der eine vermehrte Kapillarbildung stimuliert (Semenza 1999), werden ebenfalls durch HIF-1α/ARNT stimuliert. HIF-1 ist auch an einer Abschwächung der Entzündungsreaktion beteiligt (Lukashev et al. 2004).

Hypoxie (Ischämie) aktiviert außerdem stressaktivierbare Kinasen, vor allem p38 und damit den Transkriptionsfaktor AP-1, der entweder die Zelle stabilisiert oder Apoptosegene stimuliert. Außerdem wird CREB und ein CREB-homologes Protein (CHOP) bzw. das damit identische *growth arrest and DNA damage*-(GADD-153-)Protein aktiviert, das Stressgene induziert und den Zellzyklus an der G1/S-Grenze anhält (Kyriakis und Avruch 2001). Dazu dient auch die Erhöhung der Konzentration von p21 und p27, die den Zellzyklus an verschiedenen sogenannten *checkpoints*, d.h. an Kontrollstellen arretieren. Hypoxie induziert außerdem NFκB sowie den Metalltranskriptionsfaktor (MTF-1), wodurch weitere Stressgene wie etwa das Metallothioneingen stimuliert werden (Abschnitt 6.5).

Möglicherweise wird über die Verringerung der zellulären ATP-Konzentration auch die Synthese von Stressproteinen angeschaltet.

Hypoxie bei Tumorzellen

Wie schon angedeutet, weisen Tumorzellen oft Sauerstoffmangelzustände auf, die auf Schädigung der Mitochondrien durch ROS und/oder mangelnde Sauerstoffversorgung durch fehlende Kapillaren beruhen können. Entsprechend ist die Menge an HIF-1α in zahlreichen Tumoren erhöht, anscheinend aber auch allgemein bei proliferierenden Zellen (Harris 2002). Damit in Übereinstimmung steht, dass Onkogenproteine wie Ras und auch solche, die mit Rezeptor-Tyrosinkinasen in Verbindung stehen (Src, PI3-K), die Aktivität von HIF-1α durch erhöhte Translation erhöhen können. HIF-1α aktiviert wiederum die Synthese von VEGF – also des gefäßbildenden Wachstumsfaktors, was zu einer vermehrten Kapillarbildung führt. Ein Mittel der Krebsbekämpfung ist daher, diese Kapillarbildung durch Hemmstoffe – wie Angiostatin und Endostatin – zu verhindern.

Viele Tumore zeigen vermutlich aufgrund dieser Hypoxie eine Erhöhung der Glykolyse und eine Erniedrigung des intrazellulären pH. Auch die Telomeraseaktivität wird offenbar unter hypoxischen Bedingungen gesteigert und erlaubt daher eine höhere Zellteilungszahl. Tumorzellen haben möglicherweise durch eine anfängliche Selektionsphase Mechanismen entwickelt, einen durch Hypoxie induzierten programmierten Zelltod zu vermeiden. Insgesamt scheint eine höhere HIF-1α Aktivität die Metastasierungseigenschaften von Tumoren zu verstärken (Le et al. 2004), sodass die HIF-1α Menge als prognostische Eigenschaft aber auch als Therapieansatz benutzt wird. Zurzeit werden eine Anzahl von Therapien entwickelt oder genutzt, die die HIF-1α-Induktion oder seine Aktivität hemmen (Harris 2002). Dazu zählen Versuche, die

Expression von HIF-1a durch *small interfering* RNA zu blockieren, die über Adenoviren in die Tumorzellen transferiert werden. Das hatte eine Steigerung der hypoxieinduzierten Apoptose zur Folge (Zhang et al. 2004) (Abschnitt 8.5).

Hypoxie nach Gefäßverschlüssen (Thrombosen, Infarkte)

Der Verschluss eines Gefäßes hat eine Ischämie/Hypoxie des Gewebes zur Folge, das von diesem Gefäß versorgt wird. Besonders dramatisch sind die Folgen im Gehirn und im Herzmuskel, weil der Zelltod wichtige Funktionen der Hirnregionen oder des Herzmuskels schädigt. In kurzer Zeit sind die Reserven – vor allem in Neuronen – verbraucht und die ATP Menge auf das Minimum gesunken. Außerdem steigen der intrazelluläre Gehalt an Ca^{2+}, langkettigen Fettsäuren und ROS an, die zusammen dazu beitragen, dass in den Mitochondrien die Permeabilität der *transition pore* bei Reperfusion stark erhöht und dadurch die Apoptose der Zelle ausgelöst wird (Weiss et al. 2003).

Bei Hypoxie von Gehirnzellen steigt die Menge an Milchsäure (Laktat) stark an – und damit auch die Protonenmenge, d. h. im Cytoplasma entwickelt sich ein saurer pH (Acidose), der die Glykolyse unterstützt. Die Frage, ob erhöhte Laktatmengen schädlich für die Zelle sind, wird kontrovers diskutiert, es gibt aber neuerdings viele Befunde, die eher eine positive Rolle des Laktats – z. B. bei dem aeroben Abbau nach Ende der Hypoxie nahelegen (Schurr 2002). Auch bei diesen Hypoxien werden eine Stabilisierung von HIF-1a und andere adaptive Mechanismen in Gang gesetzt, wobei es medizinisch wichtig ist, diese Prozesse zu verstärken und Apoptose zu verhindern.

6.2.2 Nährstoff-/Glucosemangel (Hypoglykämie) verursacht ebenfalls ein zelluläres ATP-Defizit

Nährstoff- bzw. Glucosemangel äußert sich in der Zelle, ähnlich wie Hypoxie, in einer **Verringerung der ATP-Produktion**, aber auch in einer **vermehrten Produktion von ROS** (Spitz et al. 2000). ROS stimulieren wiederum die stressaktivierten Proteinkinasen (JNK, Abschnitt 6.8) und möglicherweise HIF. Bei Neuronen, die auf Glucose als energielieferndes Substrat angewiesen sind, führt Glucosemangel – wie auch Hypoxie – nach kurzer Zeit zum neuronalen Tod (Martin et al. 1994).

Der apoptotische Zelltod bei Glucosemangel wird dabei über mehrere Wege eingeleitet: zum einen durch ATP-Mangel und vermehrte ROS-Produktion und den damit verbundenen mitochondrialen Apoptoseweg (Abschnitt 6.1), zum anderen durch ROS-induzierte Aktivierung des JNK-Signalwegs und die daraus folgende Stimulierung des Transkriptionsfaktors AP-1, der Gene für den Fasrezeptor/Fasliganden stimuliert – sowie auch über eine Aktivierung von HIF-1a und den Weg über p53 (Moley und Mueckler 2000).

Zelluläre Reaktionen auf Nährstoff-/Glucosemangel sind zu einem Teil identisch mit den Reaktionen auf ATP-Mangel (siehe unten), der ja als Folge dieser Unterversorgung auftritt. Bei starkem Glucoseverbrauch durch Beanspruchung des Skelettmuskels wird zudem der Glucosetransport verstärkt, indem cytosolische Vesikel mit dem Glucosetransporter 4 (GLUT4) an die Membran gebracht werden. Glucosemangel verstärkt und verlängert diese Reaktion (Hayashi et al. 1997).

ATP-Erniedrigung und eine damit verbundene AMP-Erhöhung entsteht durch Sauerstoffmangel, Nährstoffmangel, Hitzeschock, Arsenit, Entkopplung der oxidativen Phosphorylierung von Mitochondrien, durch Schäden an der inneren mitochondrialen Membran etwa durch ROS, Entkoppler oder Hemmung der Atmungskette sowie durch starken ATP-Verbrauch etwa bei anhaltender Muskelarbeit oder osmotischer Arbeit in der Niere.

Exkurs 6.3: ATP-Mangel

Zelluläre Reaktionsmechanismen auf den Stressor ATP-Mangel sind vielfältig. Als Signal für diesen Mangel dient in der Zelle oft das Ansteigen von AMP bzw. des AMP/ATP-Verhältnisses. Vor etwa 30 Jahren entwickelte Atkinson (1977) das Konzept des *adenylate energy charge*, was dem AMP/ATP-Verhältnis entspricht und als regulierende Größe eingeführt wurde. Dabei standen Veränderungen von Enzymaktivitäten – vor allem in der Glykolyse, im Citrat- und Pentosephosphatzyklus – unter dem Einfluss von verschiedenen AMP- und ATP-Verhältnissen im Vordergrund dieses Konzepts. Dieses beruhte auf der Idee der Homöostase: je höher der Verbrauch von ATP, desto aktiver die ATP-generierenden Enzyme und umgekehrt.

Inzwischen gibt es genauere Einsichten in das System, das auf Änderungen des AMP/ATP-Verhältnisses (Abb. 6.13) reagiert: Es handelt sich dabei um eine Proteinkinasekaskade (*AMP-activated protein kinase*, AMPK), die aus einem trimeren Proteinkomplex besteht. Die AMPK wird aktiviert dadurch, dass die AMP-Kinase-Kinase (AMPKK) allosterisch durch AMP stimuliert wird und daraufhin die AMPK phosphoryliert. Außerdem kann AMP offenbar die Autophosphorylierung von AMPK erhöhen sowie deren Dephosphorylierung durch eine Phosphatase hemmen (Abb. 6.15).

Die aktivierte AMPK phosphoryliert und inaktiviert auf der einen Seite eine Anzahl von Enzymen, die zentral an anabolischen Prozessen beteiligt sind, wie die HMG-CoA-Reduktase für die Synthese von Isopre-noiden und Sterolen, die Acetyl-CoA Carboxylase für die Fettsäuresynthese und die Glykogensynthase für die Glykogensynthese. Außerdem scheint die AMPK eine Kinase (Raf1) zu hemmen, die über die Aktivierung der MAPK die Proliferation stimuliert – d. h. einen ebenfalls stark ATP-verbrauchenden Prozess.

Die AMPK-induzierte Hemmung der Acetyl-CoA Carboxylase durch Phosphorylierung führt zu einer Verringerung des Produkts (Malonyl-CoA) dieses Enzyms. Malonyl-CoA hemmt seinerseits die Aufnahme von Fettsäuren in die Mitochondrien über die Carnitin-Palmitoyl-Transferase-1 (CPT1). Durch Hemmung der Hemmung durch AMPK wird die Aufnahme von Fettsäuren, deren anschließende Oxidation in den Mitochondrien und die daraus folgende oxidative Phosphorylierung (ATP-Synthese) vor allem in Muskel und Herz gefördert (Abb. 6.15). Die AMPK ist somit ein zentraler Sensor und Stellglied in der Energiehomöostase der Zelle (Hardie et al. 1998).

Durch Hypoxie und vermutlich durch den dadurch bedingten ATP-Mangel, werden auch Stressgene und -proteine induziert. ATP wird nämlich für die Herstellung der richtigen Konformation neusynthetisierter Proteine – mithilfe von Chaperonen – benötigt. Nicht korrekte Proteinkonformation, vor allem exponierte hydrophobe Domänen, binden Stressproteine/Chaperone und können so eine verstärkte Expression von Stressproteinen induzieren (Abschnitt 6.7). ATP-Mangel stimuliert jedenfalls den *heat shock transcription factor 1* (HSF-1), der die Expression vieler Stressproteine steuert (Van Why et al. 1994).

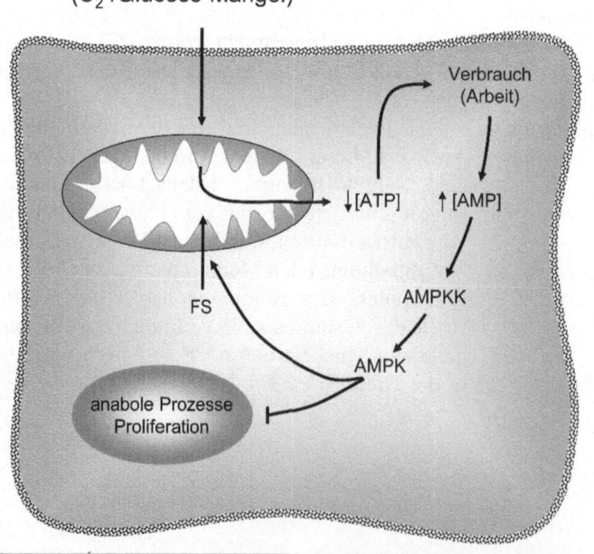

6.15 ATP-Mangel. ATP-Mangel aktiviert die *AMP activated protein kinase* (AMPK) über die allosterische Stimulation der AMPKK und hemmt damit anabole Prozesse und die Proliferation. Durch Hemmung der Acetyl-CoA-Carboxylase durch AMPK wird die Aufnahme von Fettsäuren (FS) in die Mitochondrien und der Abbau von FS gesteigert.

6.3 Osmotischer Stress

Hyperosmotischer bzw. hypoosmotischer Stress entsteht u. a. durch erhöhte oder erniedrigte Salz- oder Glucosekonzentrationen in der Umgebung der Zelle, die zu einer Wasserabgabe oder -aufnahme und so auch zu intrazellulären Veränderungen des ionalen Milieus führen. Besonders bei Wassermangel und hoher Na^+-Rückresorption – auch aufgrund der Wirkung von Vasopressin (Abschnitt 5.3) – kommt es in der Niere zu hyperosmotischem Stress. Die Nierenzellen reagieren darauf mit der erhöhten Synthese von mehreren allgemeinen Stressproteinen (HSP) sowie spezifischeren Stressproteinen wie HSP100 und von *osmotic stress protein* (OSP94), die die Zellen resistenter gegen osmotischen Stress machen. Ebenso werden bei hyperosmotischem Stress Signalketten über die *c-Jun N-terminal kinases* (JNK) in Gang gesetzt, die Transkriptionsfaktoren wie AP-1 aktivieren und damit eine Stabilisierung der Zellen bewirken oder die Apoptose auslösen können. Längerfristig werden auch cytoprotektive Osmolyte wie Sorbitol, Betain, Inositol, Taurin und Glycerophosphorylcholin vermehrt synthetisiert. Diese Substanzen erhöhen die Osmolalität der Zelle und vermindern den Wasserverlust in einer hyperosmolaren Umgebung. Auch infolge von *Diabetes mellitus* kann die Osmolalität in der Umgebung von Zellen durch hohe Glucosekonzentrationen ansteigen, die Hirn- und Nierenschäden (Koma, Schock) zur Folge haben können. (Zur Definition von Osmolalität siehe Glossar.)

Veränderungen im ionalen Milieu der Zelle

Im Gegensatz zu Bakterien, Einzellern, Pflanzen und manchen Invertebraten ist das ionale Milieu um die meisten menschlichen Zellen relativ konstant: Die Osmolalität des Blutes wird durch Osmorezeptoren, die über Hormone eine entsprechende ausscheidende oder resorbierende Tätigkeit der Nieren regulieren, in relativ engen Grenzen konstant gehalten (Abschnitt 5.3, 5.4). Dagegen sind die Zellen im Inneren der **Nierenmedulla** fast ständig einem hyperosmotischen interstitiellen Milieu ausgesetzt, dessen Osmolalität zwischen 50 und 1200 mOsm schwanken kann. Außerdem arbeitet die Niere aufgrund des hohen Energiebedarfs für die Reabsorption und Transport von löslichen Substanzen und Flüssigkeit aus dem Primärharn oft an der Grenze zur Hypoxie. Die Nierenzellen sind daher mehreren starken Stressoren ausgesetzt: osmotischem Stress sowie Sauerstoffunterversorgung und ATP-Mangel; hinzu kommen oft noch Toxine, wie toxische Metallionen oder zu hohe Glucosekonzentrationen (Borkan und Gullans 2002).

Weitere ionale Änderungen, beispielsweise von H^+, ergeben sich bei starker Muskeltätigkeit im Muskel, bei Hypoxie nach Gefäßverschlüssen (Infarkten) und bei soliden Tumoren. Aufgrund der dann verstärkt ablaufenden Glykolyse kommt es zu einer Ansäuerung (Acidose) im Gewebe. Bei osmotischem Stress werden vermehrt Stressproteine und lösliche Substanzen in der Zelle synthetisiert.

Nierenzellen, die einem akuten hypo- oder hyperosmotischen Stress ausgesetzt sind, zeigen Veränderungen im Cytoskelett und bei Membrantransportern sowie DNA-Schäden und eine Stimulation der Apoptose. Bei Makrophagen resultiert hyperosmotischer Stress in der Bildung von TNF-α (*tumor necrosis factor α*), die durch die Stresskinase p38 stimuliert wird. TNF-α kann dann durch autokrine/parakrine Effekte die Apoptose auslösen (Lang et al. 2002). Gegen diesen Stress exprimieren Zellen vermehrt Stressproteine – in der Niere zunehmend vom Cortex zur Medulla, wo der höchste osmotische Stress auftritt (Santos et al. 1998).

Mehrere Stressproteingruppen werden durch hyperosmotischen Stress induziert: HSP25, 60, 72, 78, 110, 200 und das osmotische Stressprotein OSP94 (ein Mitglied der HSP110-Familie). Ein solcher osmotischer Stress wird bei Mäusen entweder *in vivo* durch Dehydrierung oder in Zellkulturen durch hyptertonische NaCl-Lösungen erzeugt (Borkan und Gullans 2002). Eine vorangehende Induktion dieser Stressproteine, vor allem eine höhere Menge an HSP70, OSP94 und HSP110, macht die Zellen resistenter gegen hyperosmotischen Stress (Abb. 16.6).

Die **Induktion der Stressgene** mag zum einen über eine Störung der zellulären Proteinkonformationen und der damit verbundenen Aktivierung des Hitzeschocktranskriptionsfaktors (HSF-1) erfolgen (Abschnitt 6.7), zum anderen ist eine Induktion von HSP70 über stressaktivierte Proteinkinasen (p38) gezeigt worden

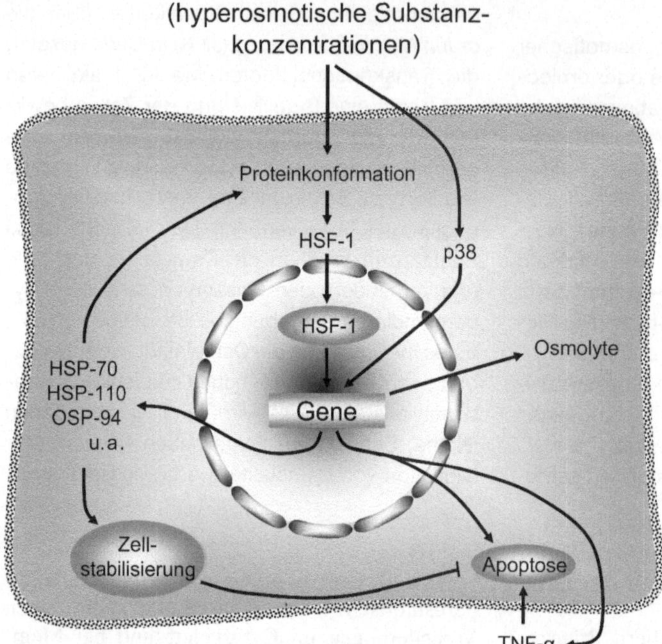

6.16 Hypersosmotische Stressoren. Hyperosmolare Konzentrationen von löslichen Substanzen in der Umgebung erzeugen eine Dehydratation in der Zelle und damit Stress, der sich auch auf die Konformation von Proteinen auswirkt. Dadurch wird HSF-1 und die Synthese von Stressproteinen aktiviert, die die Zelle stabilisieren und die Apoptose hemmen. HSF-1 – *heat shock transcription factor 1.* HSP – *heat shock protein,* OSP – osmotisches Stressprotein, p38 – stressaktivierte Kinase, TNF-α – *tumor necrosis factor α.*

(Sheikh-Hamad et al. 1998). Außerdem wird HSF-1 durch Arginin-Vasopressin (über seinen V_2-Rezeptor) und möglicherweise über die dadurch erhöhte cAMP-Konzentration aktiviert.

Durch die HSP-Induktion wird das Cytoskelett der Zelle sowie Proteinkonformationen stabilisiert und der mögliche Zelltod durch osmotischen Stress gehemmt. Erniedrigung und Erhöhung der zellulären H^+-Konzentration bewirkt ab einer bestimmten Schwelle ebenfalls eine Induktion von Stressgenen (Skrandies et al. 1997). Intrazelluläre cytoprotektive Osmolyte, wie Sorbitol, Betain, Inositol, Taurin und Glycerophosphorylcholin, werden bei osmotischem Stress ebenfalls erhöht, allerdings relativ langsam (Burg 1995).

Hyperosmotischer Stress bewirkt bei Muskel- und Fettzellen eine Aufnahme von Glucose über Mechanismen, die nicht denen von Insulin entsprechen und sogar Zellen gegen Insulin resistent machen (Gual et al. 2003). In Zellen der Nierenmedulla induzieren höhere NaCl-Konzentrationen Doppelstrangbrüche und einen vorübergehenden Zellzyklusarrest.

6.4 Temperaturstress und mechanische Beanspruchung

Normalerweise erreicht unsere Körpertemperatur nicht die Werte von 42–44 °C, die für die Hitzeschockinduktion von Stressproteinen bei Säugerzellen in Kultur notwendig sind. Ob solche Temperaturen lokal bei intensiver Sonnenbestrahlung der Haut oder bei starker Muskeltätigkeit auftreten, ist nicht klar, zumal der menschliche Organismus mehrere Mechanismen der Temperaturregulation (Wärmeabgabe über die Haut, Schwitzen) aufweist. Bei hyperthermischer Behandlung von Krebszellen werden jedoch noch höhere Temperaturen angewandt, um die Zelle durch Apoptose abzutöten. Da Stressproteine die Apoptose hemmen (Abschnitt 6.1), ist deren Menge für diese Art der Therapie von großer Bedeutung.

Starke mechanische Belastung von Skelettmuskel, Herz, Aortawänden oder Gelenkkapseln wirkt als Stressor und induziert ebenfalls eine erhöhte Synthese von Stressproteinen und eine Phosphorylierung der kleinen Stressproteine

(HSP27), die an der Stabilisierung der Actinfilamente beteiligt sind.

Durch Bluthochdruck wird ein mechanischer Scherstress in den Endothelien der Gefäße erzeugt, der die NO-Synthese aktiviert, die wiederum eine Entspannung der glatten Gefäßmuskulatur bewirkt. Das hat eine Verringerung der Scherkräfte zur Folge – funktioniert also im Sinne einer negativen Rückkopplung.

Hitze und mechanische Beanspruchung als Stressoren

Trotz der Temperaturhomöostase von Säugern hat man bei Studien an Ratten in hohen Umgebungstemperaturen eine Induktion von HSP70 vor allem in Leber- und Darmzellen beobachtet (Flanagan et al. 1995). Im Prinzip ist eine solche Induktion auch in mehreren anderen Studien an Nagern gezeigt worden, wobei die Reaktion bei alternden Tieren abnimmt – zusammen mit der Resistenz gegen die Hitzeexposition (Kregel 2002).

In Tierversuchen, aber auch beim Menschen, ist eine erhöhte Expression von HSP70 im Skelettmuskel nach längerer Beanspruchung gemessen worden, dasselbe wurde im Tierversuch und für die Herzmuskel bestätigt – aber auch in Leber und Niere (Kregel 2002). Inwieweit im Muskel dabei eine erhöhte Temperatur, mechanischer Stress, Ansäuerung oder hormonelle Signale die verstärkte Expression von Hitzeschockproteinen bewirken, ist noch unklar.

Außer den höhermolekularen HSP sind die niedermolekularen HSP25/27, αB-Crystallin und ein HSP20 im Skelettmuskel, Herzmuskel und in glatter Muskulatur stark vertreten und spielen dort eine wichtige Rolle, so bei der Entspannung der glatten Arterienmuskulatur nach Stimulation von β-adrenergen Rezeptoren und Aktivierung der cAMP-abhängigen Proteinkinase. Diese regulative Rolle der kleinen HSPs erfolgt wesentlich über die Phosphorylierung/Dephosphorylierung dieser HSP, die wiederum von den stressaktivierten Proteinkinasen (p38) gesteuert wird (Kato et al. 2002).

Mechanische Belastungen treten in verschiedenen Organsystemen auf: mechanische Scherkräfte entstehen etwa durch die strömende Blutflüssigkeit vor allem in den arteriellen Gefäßen, Zug- und Druckbelastungen treten im Muskelgewebe, Druck und Scherkraft in Knorpelgewebe und Gelenkkapseln auf. Durch den Transport der Nahrungsstoffe existieren diese Belastungen vermutlich auch in Speiseröhre, Magen- und Darmepithelien. Ein besonderes Interesse gilt den Folgen des Scherstresses für Endothelzellen von arteriellen Gefäßen im Hinblick auf ein **Arterioskleroserisiko** (Abschnitt 8.3). Bei den Endothelzellen kann man zwischen niedrigem und hohem, sowie oszillierendem Scherstress unterscheiden, die offenbar unterschiedlich wirken (Barakat und Lieu 2003).

Zelluläre Reaktionen auf mechanischen Stress

Scherstress hat bei Endothelzellen von Blutgefäßen eine **Aktivierung der endothelialen Stickstoffmonoxid(NO)-Synthase (eNOS)** zur Folge, die NO aus dem Umsatz von Arginin zu Citrullin gewinnt und freisetzt. NO bewirkt wiederum eine Entspannung der glatten Gefäßmuskulatur und damit eine Gefäßerweiterung (Vasodilatation) und einen erhöhten Blutdurchfluss. Diese Reaktion auf Scherstress wird offenbar durch eine vermehrte Assoziation von eNOS mit einem Stressprotein (Hitzeschockprotein (HSP90) in Gang gesetzt, das möglicherweise allosterisch oder durch weitere Assoziationen von Proteinen eNOS aktiviert (Garcia-Cardina et al. 1998) (Abb. 6.17). Es ist noch nicht klar, über welche Mechanismen die Scherkräfte von den Endothelzellen wahrgenommen werden und zu einer vermehrten Bindung von HSP90 an eNOS führen. Möglicherweise sind Veränderungen im Actincytoskelett, von Zell-Zell-Kontakten oder Caveolen (Faltungen der Plasmamembran) bzw. des dort befindlichen Proteins Caveolin sowie dehnungsbeeinflusste Rezeptoren (für PDGF, Integrin) und Kationenkanäle (Shaw und Xu 2003) daran beteiligt. Auf jeden Fall sind Phosphorylierungen von eNOS für die Aktivierung wichtig – wobei noch unklar ist, welche Proteinkinasen (PKA, PKB oder andere) dafür verantwortlich sind (Boo und Jo 2003).

Diese Form der eNOS-Aktivierung unterscheidet sich von der durch Rezeptoren und Calcium/Calmodulin stimulierten Form, über die eine Reihe von Faktoren (Acetylcholin, Histamin, Bradykinin) gefäßerweiternd wirkt. In der Abwesenheit von L-Arginin produziert eNOS das Superoxidanion-Radikal ($^{\cdot}O_2^{-}$), erhöht so den oxidativen Stress in der Endothelzelle und trägt dadurch vermutlich auch zu Arteriosklerose und Bluthochdruck bei (Fleming und Busse 1999).

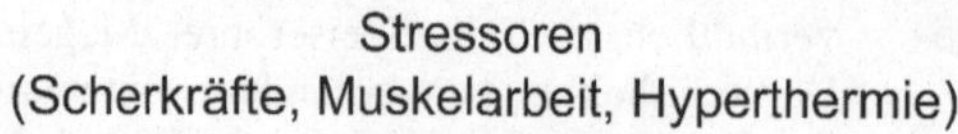

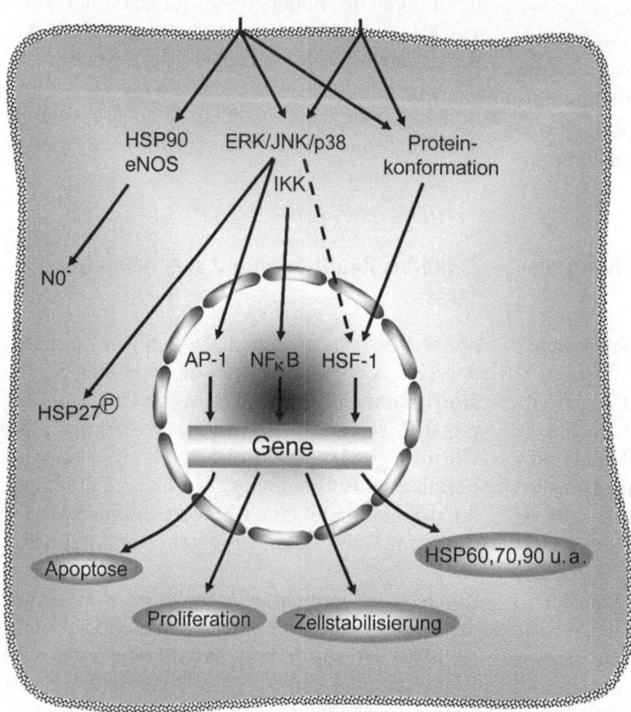

6.17 Scherstress. Die Stressoren Scherkraft, Muskelarbeit und Hyperthermie aktivieren Transkriptionsfaktoren wie AP-1 – *activator protein"*, *NFκB – nuclear factor kappa B*, HSF-1 – *heat shock transcription factor 1* z. T. über die *mitogen activated protein kinase* (MAPK) oder die stressaktivierten Kinasen p38 und *c-Jun N-terminal kinase* (JNK). Deren Aktivierung führt über mehrere Schritte zur Phosphorylierung des kleinen Hitzeschockproteins (HSP27 (P)). Durch Assoziation von Hitzeschockprotein 90 (HSP90) mit der NO-Synthase (NOS) wird vermehrt Stickstoffmonoxid NO˙ und/oder Superoxidanion ˙O_2^- gebildet. Vermutlich über Änderungen der Proteinkonformation wird der Hitzeschocktranskriptionsfaktor-1 (HSF-1) und damit die Synthese von mehreren Hitzeschockproteinen aktiviert (HSP60, 70, 90).

Außer der erhöhten NO-Synthese bewirkt Scherstress in Endothelzellen eine **Phosporylierung kleiner Stressproteine** (HSP27), die auch bei anderen Stressarten zu beobachten ist (Abschnitt 6.7, Abb. 6.17) und die bei der Stabilisierung von Actinfilamenten eine wichtige Rolle spielt (Li et al. 1996). Deren Menge wird dabei anscheinend wenig verändert, während sie bei einem anderen Stressprotein (HSP60) deutlich gesteigert wird (Hochleitner et al. 2000). Eine maximale Induktion dieses Stressproteins wurde nach 12 Stunden Scherstress beobachtet. Möglicherweise spielen diese HSP als Autoantigene auch eine Rolle bei Autoimmunerkrankungen, wie rheumatoider Arthritis oder bei Arteriosklerose (Abschnitt 8.3).

Scherstress induziert darüberhinaus eine vermehrte Synthese von c-fos, *platelet derived growth factor* (PDGF) und *vascular cell adhesion molecule 1* (VCAM-1). Er aktiviert auch die mitogen- bzw. stressaktivierten Kinasen (ERK/JNK) und den Transkriptionsfaktor AP-1 (Hochleitner et al. 2000). Die Aktivierung von MAPK durch mechanischen Stress stimuliert offenbar die Proliferation von glatten Muskelzellen (Zou et al. 1998) und ist so an verschiedenen Herz-Kreislauf-Erkrankungen, wie Arteriosklerose, beteiligt (Force et al. 2004, Abschnitt 8.3).

Scherkräfte sind auch in der Gelenkkapsel z. B. durch fließende Gelenkflüssigkeit entlang der synovialen Zellschicht wirksam.Mechanischer Stress bewirkt in synovialen Zellen eine Induktion von Stressproteinen (HSP70) über den Hitzeschockfaktor (HSF-1), die der Induktion durch Hitze entspricht, außerdem wird auch in diesen Zellen eine Aktivierung des MAP-Kinasesignalweges und des *nuclear factor κB* (NFκB) beobachtet (Schett et al. 2001, Abb. 6.17). Insbesondere bei rheumatoider Arthritis kommen außerdem Entzündungscytokine und oxidativer Stress hinzu (Abschnitt 8.4).

6.5 Zelluläre Schäden und funktionelle Störungen durch toxische Metalle

Metalle wie Eisen (Fe), Nickel (Ni), Kupfer (Cu), Zink (Zn), Selen (Se), Mangan (Mn) und andere sind lebenswichtige Elemente und essenzielle Bestandteile von Enzymen, Transkriptionsfaktoren und Signalproteinen (Beyersmann und Haase 2001). In zu hohen Konzentrationen können sie und andere Metallionen wie Arsen (As), Cadmium (Cd), Quecksilber (Hg), Blei (Pb) oder Chrom VI (CrVI) schwere Vergiftungssymptome hervorrufen. Es gibt einige spektakuläre Fälle von Metallvergiftungen; eine davon war die Cadmiumvergiftung von 350 Personen in Japan, die Reis und Wasser zu sich genommen hatten, die durch Cadmium aus Industrieabwässern stark kontaminiert waren. Diese sog. Itai-Itai-Erkrankung war durch starke Schmerzen, Knochenbrüche und Eiweiß im Urin charakterisiert und führte in etwa 100 Fällen zum Tode. Bleivergiftungen wurden bei Arbeitern in Bleihütten, bei Akkufabriken und Arbeiten mit Bleifarben und Bleistabilisatoren in der Kunststoffindustrie beobachtet, die sich bei niedriger Dosierung durch Anämie, Müdigkeit, Magendruck, Kopf- und Gliederschmerzen ankündigten und in schweren Fällen zu Schrumpfnieren, Angina-pectoris-Anfällen und Encephalopathie führten. Eine allgemeine Bleibelastung war durch den früher häufigen Bleizusatz im Benzin gegeben.

Wo genau die Schwellenkonzentration eines Metalls liegt, bei der es toxisch wirkt, ist schwer genau zu bestimmen, weil das von der Form der Verbindung und des Ladungszustandes, den gewebespezifischen Aufnahmekanälen, der Dauer der Exposition, der individuellen Empfindlichkeit und Abwehrkapazität und von weiteren schädigenden Einflüssen abhängt. Trotzdem war und ist es sinnvoll, maximale Arbeitsplatzkonzentrationen (MAK-Werte) vorzugeben. Dadurch sind in den Ländern, in denen diese Vereinbarungen umgesetzt werden, Metallvergiftungen seltener geworden. Das schließt nicht aus, dass durch Leckagen in Sondermülldeponien oder Industrien, durch Unfälle oder biologische Akkumulation von Metallen in bestimmten Organen von Nutztieren, in Nahrung, Wasser und Luft toxische Konzentrationen von Metallen und Metallverbindungen erreicht werden können. In zahlreichen Entwicklungsländern und Ländern der dritten Welt ist das häufig, gelegentlich sogar in hohen Konzentrationen, der Fall, zum Teil ohne menschliche Aktivität – wie der Arsengehalt im Brunnenwasser in Teilen von Bangladesh.

Metallionen und -komplexe werden positiv oder negativ geladen oder als neutraler Komplex, am besten als Komplex mit hydrophoben Liganden, durch die Zellmembran transportiert. Sie schädigen die Zelle vor allem dadurch, dass sie Proteine denaturieren und in ihrer Aktivität verändern und so die Abwehr gegen reaktive Sauerstoffspezies (ROS) und die DNA-Reparatur vermindern. Gleichzeitig erhöhen sie direkt durch Abgabe und Aufnahme von Elektronen oder indirekt durch die Schwächung der Abwehr die Menge an reaktiven Sauerstoffspezies (ROS) und damit deren Schäden (Abschnitt 6.1). So können Schwermetallionen sowohl einen programmierten Zelltod (Apoptose und Nekrose) wie auch Mutationen und Krebstransformationen auslösen. Eine besonders starke pathogene Funktion haben Störungen in der Kupfer-, Eisen- oder Zinkhomöostase bei der Entstehung von neurodegenerativen Erkrankungen wie Alzheimer (Abschnitt 8.4).

Die zelluläre Abwehr gegen Schwermetalle besteht u. a. aus einer vermehrten Synthese von Metallothionein, das die Metalle bindet und so ihre Wirkung oder auch die von ROS verringert, aus der Synthese von antioxidanten Enzymen und von Stressproteinen, die die Stabilität von Proteinen und Proteinstrukturen verstärken und die Apoptose hemmen sowie aus der Aktivierung von Metallionen exportierenden Proteinen.

Als präventive Maßnahmen gegen Metalltoxizität sind Richtlinien/Vorschriften/Gesetze wichtig, die die Kontamination von Luft, Wasser und Lebensmitteln mit Übergangsmetallen regeln. Da das häufig nicht ausreicht bzw. nicht umfassend kontrolliert wird, ist es Sache der Betroffenen und von Kontrollinstanzen, Belastungsanalysen am Arbeitsplatz, in der Luft oder in Lebensmitteln einzufordern und möglichst keine kontaminierten Lebensmittel zuzulassen und zu kaufen. Da ein größerer Teil der Metalltoxizität im Organismus über höhere Mengen von ROS verursacht wird, werden generell Antioxidantien in der Nahrung empfohlen, die sich zumindest in Tierversuchen als wirksam erwiesen haben. Bei Zusatz von antioxidanten Vitaminen, wie Vitamin E oder C, ist es wichtig, eine Überdosis zu vermeiden (Abschnitt 6.1).

Aufnahme von Metall und Metallverbindungen in die Zelle

Metalle können als Kationen, neutrale Komplexe, Anionen oder organische Komplexe durch die Zellmembran in das Cytosol und in die Organellen der Zelle gelangen (Dawson und Ballatori, 1995). Als Kationen können Metalle (wie Cd, Zn, Mn) sowohl spannungsabhängige wie rezeptorabhängige Calciumkanäle benutzen, obwohl sie diese Kanäle andererseits auch blockieren können. Die Aufnahme als neutrale Komplexe z. B. von Zink in Gegenwart von Thiocyanat oder Salicylat ist vom Mechanismus her noch nicht genau bekannt, während die Permeation als Oxyanion mithilfe der Sulfat- oder Phosphattransporter erfolgt. Das ist etwa bei Chromat, Selenat, Molybdat und Vanadat der Fall, während Anionenaustauscher offenbar für den Eintransport von Cd, Cu, Pb und Zn, z. B. in Form von Anionenkomplexen wie [Cd(OH)(H-CO$_3$)$_2$]$^-$ verantwortlich sind. Glutathion- oder Aminosäurekomplexe von Metallen werden darüber hinaus als Glutathion-S-Konjugat bzw. mithilfe von Aminosäurecarriern in die Zelle transportiert.

Metallinduzierte Schäden

Metallinduzierte Schäden in der Zelle sind – wie immer bei Stressoren – konzentrations- und zeitabhängig. Direkte Schäden von Schwermetallionen und ihren Verbindungen entstehen durch Komplexe mit Proteinen, vor allem mit den Thiolgruppen und dadurch bedingte Konformationsänderungen. Metallionen, wie Cd^{2+}, können außerdem andere Metalle wie Ca^{2+} oder Zn^{2+} in Metalloproteinen ersetzen und freisetzen und so entweder eine höhere oder niedrigere Aktivität des Enzyms bewirken wie beispielsweise bei einer Ca^{2+}-induzierten calmodulinabhängigen Phosphodiesterase. Zu diesen metallmodulierbaren Proteinen zählen auch Transkriptionsfaktoren. Solche Aktivitätsmodulationen von Enzymen/Transkriptionsfaktoren führen dann zu sekundären Wirkungen: Veränderungen von Trans-

portproteinen können eine erhöhte Ca^{2+}-Permeation ergeben, Hemmung der antioxidanten Enzyme SOD, Glutathionperoxidase oder Katalase erhöhen die Menge an ROS – ebenso wie das bei einer Konzentrationszunahme von Fenton-aktiven Metallen der Fall ist (Abschnitt 6.1). ROS erhöhen wiederum die Mutationsrate und damit die Krebswahrscheinlichkeit. Carcinogene Metalle sind As, Be, Cd, Cr und Ni, möglicherweise auch Co, Cu, Fe und Pt, deren Komplexe eine Reihe von Redoxreaktionen – wie die Fenton-Reaktion – in der Nähe der DNA katalysieren und dabei Mutationen als Folge von modifizierten Basen (vor allem 8-Hydroxyguanin), DNA-Protein-Addukten und Einzel- und Doppelstrangbrüchen induzieren (Bal und Kasprzak 2002). Außerdem wird die Karzinogenese durch eine Hemmung von Reparaturenzymkomplexen, etwa durch Cd^{2+} verstärkt (Hartwig und Schwerdtle 2002). Das *Xeroderma pigmentosum protein A* (XPA) beispielsweise, das an der Detektion von DNA-Läsionen bei der Exzisionsreparatur beteiligt ist, wird durch Cd^{2+}, As^{3+}, Cu^{2+}, Ni^{2+} und Co^{2+} gehemmt, ebenso wie die H$_2$O$_2$-induzierte *poly(ADP ribose)polymerase* (PARP), die an der Detektion von DNA-Strangbrüchen beteiligt ist (Hartwig et al. 2002, 2003).

Durch eine metallinduzierte Erhöhung der intrazellulären Ca^{2+}-Konzentrationen – und auch durch eine Erhöhung der ROS-Menge – können wiederum Transkriptionsfaktoren wie c-fos, c-Jun (Bestandteile von AP-1) sowie CREB und c-myc stimuliert werden, die die Proliferation der Zellen verstärken – und damit unter Umständen die Karzinogenese unterstützen. Eine Stimulation der Proliferation geht auch von einer Cd^{2+}-induzierten Aktivierung des ERK-Signalwegs aus. Das Cytoskelett und die Zell-Zellverankerung (Adhäsion) durch E-Cadherin kann durch Metallionen wie Cd^{2+} modifiziert werden und zur **Transformation von Zellen** beitragen (Waisberg et al. 2003). Metallionen wie beispielsweise Cd^{2+} können schließlich **Apoptose** auslösen, wahrscheinlich über den mitochondrialen Weg, weil dabei die Aktivierung der Caspase-9 beobachtet wurde (Wätjen 2002, Kondoh et al. 2002, Abschnitt 6.1). Arsenverbindungen können ebenfalls die Apoptose von Zellen auslösen – über den Weg, den Fas-Ligand oder TNF-α benutzen (Bajenova et al. 2004).

Genetische Störungen der Kupferhomöostase – wie bei Menkes- und Wilson-Erkrankungen – sind vor allem durch neurodegenerative Prozesse gekennzeichnet. Auch bei anderen neurodegenerativen Krankheiten, wie Alzheimer, Parkinson, und familiäre amyotrophe Lateralsklerose (ALS) finden sich Kupferproteinkomplexe, die an einer erhöhten ROS-Produktion beteiligt sind (Rossi et al. 2004). Bei ALS handelt es sich um eine Mutation der Cu/Zn-Superoxiddismutase.

Bei **Alzheimer** zeigen neue Befunde, dass Kupfer- und Eisenionen an das Amyloid β (*Abeta peptide*) binden und dessen Eigenschaften so modulieren, dass es pathogen wird: die postmortem gewonnenen Amyloidplaques enthalten abnormal hohe Mengen an Cu, Fe und Zn. Abeta bewirkt in der Zelle zusammen mit den Metallionen eine erhöhte Produktion von ROS, die wesentlich an der Pathogenese spezifischer Neuronen beteiligt sind (Huang et al. 2004, Abschnitt 8.4).

Ein Metallkomplex ist Cisplatin. Es wird häufig als chemotherapeutisches Mittel gegen Krebs eingesetzt und bildet unter anderem DNA-Addukte, von denen einige nur schwer repariert werden können. Dadurch, aber auch über andere Wege (Stimulation von Fas/FasL) induziert Cisplatin Apoptose und Nekrose in einer dosisabhängigen Weise (Borkan und Gullans 2002). Darüber hinaus fand man auch eine Aktivierung von JNK und p38 (La Rochelle et al. 2001), d. h. von stressaktivierten Kinasen, die ebenfalls positive Signale zur Auslösung der Apoptose liefern können. Wegen ihrer multiplen Zielmoleküle in Zellen ist anzunehmen, dass Metalle auch unspezifisch über unterschiedliche Mechanismen die Apoptose/Nekrose induzieren.

Präventive und reaktive Abwehr

In die Zelle eingedrungene erhöhte Mengen von Metallionen können direkt eliminiert oder unschädlich gemacht werden, indem sie durch **Metalltransporter** nach außen exportiert werden, die vor allem bei Bakterien gut untersucht sind (Rensing et al. 1999), aber auch bei Säugern vorkommen. Bei der Maus gibt es beispielsweise vier Zinktransporter (ZnT-1-4), die sechs Membrantransferdomänen aufweisen und den Austransport von Zink bewerkstelligen. ZnT-1 ist in der Plasmamembran, ZnT-2 in der Endosomenmembran und ZnT-3 in synaptischen Vesikeln in Hirnneuronen lokalisiert, während ZnT-4 hauptsächlich in Membranen der Milchdrüsen vorkommt (Andrews 2001). Auch freie Kupferionen kommen in der Zelle in äußerst niedriger Konzentration vor. Cu^{2+}-Ionen, die durch ein Transportprotein in der Plasmamembran (Ctr-1) in die Zelle gelangen, werden sofort an spezifische Kupfer-Chaperon-Proteine gebunden, die Cu^{2+} wiederum an bestimmte Enzyme, wie die Cu/Zn-Superoxiddismutase, abgeben. Auch Metallothionein und das Amyloidvorläuferprotein (APP, Abschnitt 8.4) funktionieren vermutlich als Cu^{2+}-Chaperone (Prohaska und Gybina 2004).

Die reaktiven Abwehrmaßnahmen gegen erhöhte freie Metallionen-Konzentrationen bestehen aus mehreren Prozessen. Einer der wichtigsten davon ist die Induktion der Metallothioneinexpression. **Metallothionein (MT)** gehört zu einer Superfamilie von intrazellulären metallbindenden Proteinen, die in allen Organismen vorkommt und mehrere Funktionen hat: Aufrechterhaltung der Zinkhomöostase, Schutz gegen Schwermetalle (vor allem gegen Cd und Hg) und oxidative Stressoren sowie möglicherweise eine Mitwirkung an der Kontrolle des Redoxzustands der Zelle und der Hemmung der Apoptose (Coyle et al. 2002). Metallothioneine haben ein niedriges Molekulargewicht (~7 000 Da) und enthalten 18–23 Cysteinaminosäuren. Wie sich bei Knockout-Mäusen ohne MT-Gene gezeigt hat, spielen MT eine wichtige Rolle nicht nur bei Metallstress, sondern auch bei bei Stresssituationen, wie erhöhten ROS-Konzentrationen, Entzündungen, Infektionen und Zinkmangel, aber auch bei einer Anzahl toxischer Agentien wie Chloroform, chemotherapeutischen Substanzen sowie UV- und ionisierender Strahlung (Abb. 6.18). Die Speicherfunktion von MT für Zink ist wichtig bei Zinkmangel, da Zink ein strukturelles oder katalytisches Element in über 300 Enzymen/Proteinen der Zelle ist.

MT binden Cu^+ und Cd^{2+} mit höchster Affinität, gefolgt von Zn^{2+}. Auch Pb^{2+}, Hg^{2+} und weitere Metalle werden stark gebunden. Ein Molekül MT bindet 7 divalente Metalle oder 12 monovalente Metallatome. Der Mensch hat mindestens 10 funktionelle MT-Gene auf dem Chromosom 16, die für verschiedene Isoformen codieren und in verschiedenen Geweben in unterschiedlicher Menge exprimiert werden. Am häufigsten sind MT-1 und MT-2 in höchster Kon-

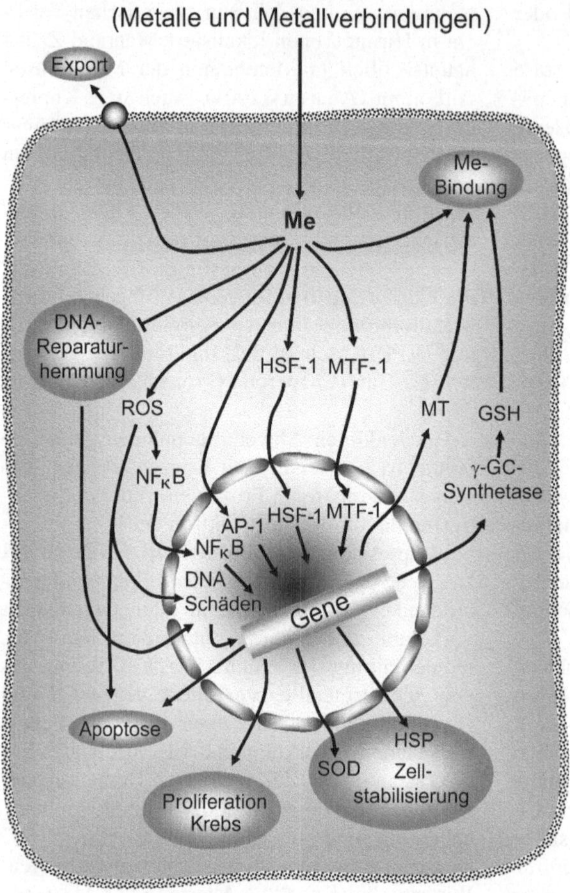

6.18 Metallstress. Viele Metalle und Metallverbindungen wirken als Stressoren und schädigen die Zelle. Sie aktivieren mehrere Transkriptionsfaktoren: den *metal transcription factor 1* (MTF-1), der Gene für Metallothionein (MT) sowie für ein Enzym der Glutathion-(GSH-)Synthese aktiviert, den *heat shock transcription factor 1* (HSF-1), der Gene für Hitzeschockproteine (HSP) stimuliert, das *activator protein 1* (AP-1), das Proliferation (Krebs) oder Apoptose induzieren kann, sowie den *nuclear factor kappa B* (NFκB), der für zahlreiche stabilisierende Proteine (u. a. die Superoxiddismutase, SOD) verantwortlich ist. Viele Metalle erhöhen die Konzentration von reaktiven Sauerstoffspezies (ROS) und induzieren damit DNA-Schäden, Krebs oder Apoptose. Sie hemmen außerdem oft die DNA-Reparatur. γGC – γ-Glutamylcystein.

zentration in der Leber, Niere, Darm und Pankreas, während MT-3 hauptsächlich im Gehirn, MT-4 nur in bestimmten Epithelien vorkommt. Eine Induktion der MT-Gene erfolgt durch erhöhte Mengen einer Anzahl von Metallen (Zn, Cu, Cd, Hg, Au, Bi), wobei Zink der physiologische Induktor ist. Außerdem werden die Gene durch einige Cytokine (IL-1, IL-6, TNF-a) und Stresshormone (Cortisol, Adrenalin) sowie durch ROS aktiviert (Abb. 6.18).

Für die Aktivierung der **MT-Expression** durch Metalle ist der *metal transcription factor* (MTF-1) verantwortlich, der z. B. nach Assoziation mit Zn an spezifische *metal responsive elements* (MRE) auf dem Promotor des MT-Gens bindet (Abb. 6.19) (Koropatnik und Leibbrandt 1995). MTF-1 ist ein Zinkfingertranskriptionsfaktor, dessen einer Zinkfinger nach Bindung von Zink anscheinend eine Konformationsänderung des Transkriptionsfaktors bewirkt, der da-

durch in den Kern transloziert wird und mit hoher Affinität an *metal responsive elements* (MRE) bindet (Haq et al. 2003). Andere Übergangsmetalle, wie Cd, scheinen diesen Weg der Aktivierung von MTF-1 nicht benutzen zu können, sondern realisieren offenbar andere, noch nicht genau bekannte Wege zur Stimulation der MT-Gen-Expression (Andrews 2001).

MTF-1 aktiviert außer den MT-Genen noch die Gene für die Zinktransporter (ZnT1-4) sowie für das Gen, das für das limitierende Enzym bei der Glutathionsynthese (*γ glutamylcysteine synthase heavy chain*, γ-GCS$_{hc}$) codiert. Beides verstärkt die Abwehr gegen toxische Konzentrationen von Übergangsmetallen. Weitere Bedeutungen von MTF-1 werden in der Resistenz gegen Tumortherapien, in der Regulation des Blutdrucks und im Schutz gegen neurologische Erkrankungen gesehen (Lichtlen und Schaffner 2001).

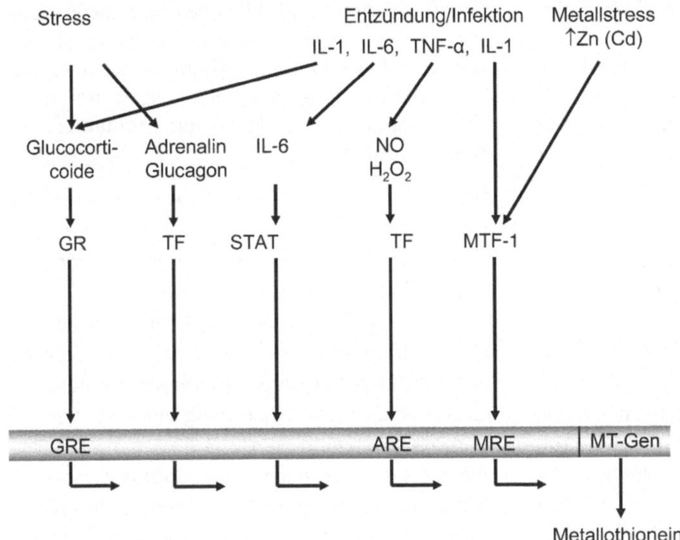

6.19   Metallothionein-Induktoren. Das Metallothionein-(MT-)Gen wird durch mehrere Transkriptionsfaktoren aktiviert. GR – Glucocorticoidrezeptor, GRE – Glucocorticoid Responseelement, TF – Transkriptionsfaktor, IL-1,6 – Interleukine 1 und 6, TNF-α – Tumornekrosefactor α, STAT – *signal transducer und activator of transcription*, ARE – *antioxidant responsive element*, MTF-1 – *metal transcription factor 1*, MRE – *metal responsive element* (nach Coyle et al. 2002).

Cisregulatorische Elemente auf dem MT-Gen-Promotor sind außer MRE noch GRE (*glucocorticoid response element*), ARE (*antioxidant response element*) und regulatorische Elemente für cAMP- und Ca^{2+}-Calmodulin-abhängige Transkriptionsfaktoren sowie für STAT (*signal transducer and activator of transcription*), der Entzündungssignale übermittelt (Abb. 6.19).

Die erhöhte Menge an MT schützt nicht nur gegen die induzierenden Metalle, sondern auch gegen **oxidativen Stress** – etwa in Endothelzellen, die durch Hyperglykämie bei Diabetes einem solchen Stress ausgesetzt sind. MT schützt auch vor Apoptose, indem es die Cytochrom-c-abhängige Aktivierung der Caspase-3 hemmt (Abschnitt 6.1). MT-3 kommt vor allem in Neuronen des Hippocampus vor und schützt dort vor oxidativem Stress und vor Glutamatneurotoxizität. Es vermindert anscheinend den hemmenden Effekt von Amyloid-*β* bei Alzheimer und beeinflusst aber auch die Neurotransmission (Coyle et al. 2002).

Weitere durch Metallionen induzierbare Gene werden durch Aktivierung von Transkriptionsfaktoren wie NFκB, *upstream stimulatory factor* (USF), NFE2 *related factor* (NRF2) und AP-1 stimuliert oder durch Hemmung von HIF-1α (Abschnitt 6.2) unterdrückt (Waisberg et al. 2003). Eine weitere wichtige reaktive Abwehr wird durch metallinduzierte **Aktivierung des Hitzeschocktranskriptionsfaktors (HSF-1)** erreicht, der eine erhöhte Expression von Stress-(Hitzeschock-)Genen und damit eine höhere

Menge an Stressproteinen bewirkt (Abschnitt 6.7). Durch Cd werden HSP10, HSP40, HSP60, HSP70, HSP89, HSP90 und HSP110 und Hämoxigenase vermehrt synthetisiert (Lee et al. 2002). Auch Arsenit, Zn, Cu, Hg, Pb, Ni, Fe und Au induzieren Stressgene, wobei noch nicht klar ist, ob sie alle die für Cd genannten HSP stimulieren (Goering und Fisher 1995, Abb. 6.18). Der Aktivierungsmechanismus der Stressgene durch Metalle ist noch nicht ganz abgesichert. Verschiedene Stressgene können über ROS induziert werden, die von Metallen wie Cd, Hg, Ni, As, Cu, Fe und Pb erzeugt oder am Abbau gehindert werden. Auch die Verminderung des freien Thiolpools der Zelle durch Metallionen kann an der Induktion beteiligt sein, ebenso wie eine Phosphorylierung von HSF-1. Zu der Gruppe der Stressproteine gehören auch *glucose regulated proteins* (GRP78 und GRP94), die für den Membrantransport und die Faltung von Proteinen im endoplasmatischen Reticulum (ER) verantwortlich sind. Auch sie werden durch Metalle induziert.

Die Stressproteine stabilisieren bzw. reparieren die Konformation von Proteinen und hemmen eine metallinduzierte Apoptose. Hinzu kommt die vermehrte Expression der Hämoxygenase und von antioxidanten Enzymen wie SOD, Glutathionperoxidase und Katalase, die die metallinduzierten ROS abbauen (Abschnitt 6.1). In dem genannten Abschnitt wurde schon die vermehrte Synthese von Ferritin bei Eisenüberschuss erwähnt, die über eine Translationkontrolle erfolgt.

Wie bei allen Stressoren ist auch die Wirkung von Metallionen von den spezifischen Einflüssen der unterschiedlichen Metalle, von der Konzentration der Metallionen, der Dauer der Exposition sowie von der Art und gewebsspezifischen Empfindlichkeit und Alter des Organismus abhängig. Von diesen Faktoren hängt es ab, ob die Abwehr der Zellen erfolgreich ist und sich die Zellen stabilisieren können oder ob sie in die Apoptose oder Tumortransformation gedrängt werden.

6.6 DNA-Schäden durch ultraviolette und ionisierende Strahlen sowie durch gentoxische Agentien

Als Zellstressoren sind hauptsächlich ultraviolette Strahlen UV-B (280–320 nm), UV-C (100–280 nm) und γ (Röntgen)-Strahlen relevant, während α- und β-Strahlen uns seltener erreichen (Kernkraftunfälle/Atombombenexplosionen). Zusammen mit den γ-Strahlen gehören die α- und β-Strahlen zu den ionisierenden Strahlen (IR) (Abschnitt 2.2). Die genannten Strahlen wirken gentoxisch und verändern das Genom durch Mutationen ebenso wie das eine Anzahl gentoxischer Agentien tut. Die Wirkungen von den genannten Strahlen und gentoxischen Substanzen sind damit auch carcinogen, d. h. krebsauslösend. Welche Rolle längerwellige Strahlen (Radar, UMTS) als zellulare Stressoren spielen, ist noch nicht genau bekannt. Kosmische Strahlen, denen vor allem Vielflieger und Flugpersonal ausgesetzt sind, haben anscheinend keine Erhöhung der Tumorhäufigkeit zur Folge, wie ein neue Studie gezeigt hat.

Schäden durch ultraviolettes Licht (Sonnenbrand, Hautkrebs) nehmen zu, weil die Ozonhülle der Erdatmosphäre – vor allem in der Nähe der Pole – dünner geworden ist (*Ozonlöcher*), aber auch, weil die Tendenz, sich diesen Strahlen auszusetzen, ungebrochen ist. Röntgenstrahlen werden dagegen vorwiegend im medizinischen Bereich eingesetzt (Röntgenaufnahmen, Computertomographie), die meist niedrig dosiert sind, aber auch dann oder bei häufiger Exposition mutagen wirken können. Strahlen induzieren sowohl direkte Schäden in der DNA als auch indirekte durch eine erhöhte Produktion von reaktiven Sauerstoffspezies (ROS). Eine intensive – meist auf Tumorzellen fokussierte γ-Strahlenexposition erfolgt bei Strahlentherapien, die in der Regel auch gesunde Zellen erfassen.

Gentoxische Agentien (Cytostatika) werden in der Chemotherapie von Krebszellen eingesetzt, die empfindlicher darauf reagieren als normale Zellen. Andere gentoxische Agentien sind im Zigarettenrauch enthalten (z. B. Benzpyren), in verschimmelten Lebensmitteln (Aflatoxin) oder in Baumaterialien (Asbest) und Treibstoffen (Benzol). Strahlen und gentoxische Substanzen erzeugen vor allem Schäden in der DNA (Veränderungen von einzelnen Bausteinen, Strangbrüche), die zur Dysfunktion von Genen führen. Darunter können auch solche Gene sein, die die Vermehrung der Zellen (Proliferation) kontrollieren und die nach solchen Mutationen in ihrer Aktivität verändert sind. Das kann zur Entwicklung von Krebszellen führen.

Gegen diese DNA-Schäden, die auch spontan bei der DNA-Verdopplung (Replikation) auftreten, haben die Zellen mehrere Reparatursysteme entwickelt, die die Schäden entdecken, herausschneiden und durch ein Stück neuer DNA ersetzen. Auch Strangbrüche werden wieder geheilt. Einzelstrangbrüche werden in der Regel schnell und fehlerfrei repariert, Doppelstrangbrüche können sowohl fehlerfrei als auch fehlerhaft verbunden werden. Da die Reparatur von DNA-Schäden möglichst vor ihrer Verdopplung geschehen sollte, gibt es ein Signalsystem in der Zelle, das bei DNA-Schäden die Proliferation anhält. Dieses System (p53) reagiert auch auf eine Reihe weiterer Stressoren (Abb. 6.20). Es ist in der Lage, die Zellen, die zu große Schäden aufweisen, in den programmierten Zelltod (Apoptose) zu schicken. Das hat für den vielzelligen Organismus den Vorteil, dass dysfunktionale Zellen oder potenzielle Krebszellen eliminiert werden. Bei vielen Tumorzellen ist das p53-System defekt (bei über 50 % der menschlichen Tumore), sodass es diese Wächterfunktion nicht mehr ausüben kann.

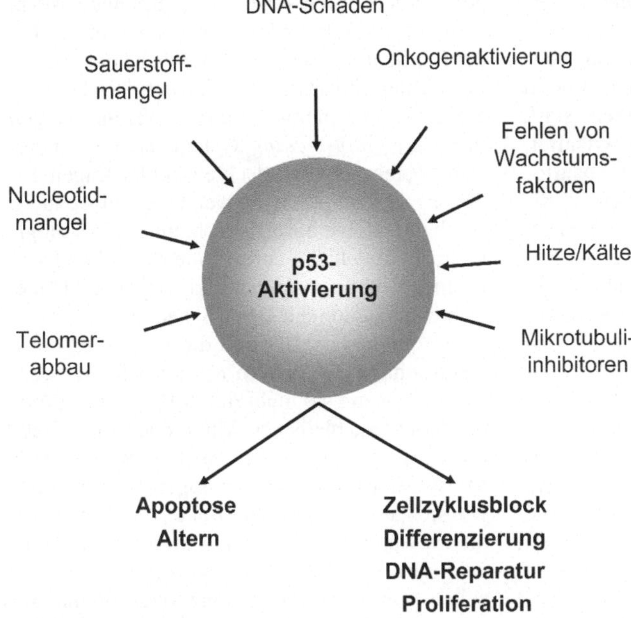

6.20   Aktivierung von p53. Der Transkriptionsfaktor p53 wird von stressorinduzierten DNA-Schäden, aber auch durch andere stressorabhängige Signalketten aktiviert. p53 stimuliert die Expression von Genen, deren Proteine an der Zellstabilisierung, Proliferationskontrolle, DNA-Reparatur, aber auch an Altern und Apoptose beteiligt sind.

Strahlen aktivieren außerdem Signalketten, die zum Zelltod führen, aber auch Signalketten, die ein Überleben fördern. Die Entscheidung über Leben und Tod der Zelle ist abhängig von dem Ausmaß der Schäden, die die Stressoren erzeugt haben, von der Art der Zelle und ihrem Zustand. Der Schutz vor diesen Stressoren beginnt – als erste Verteidigungslinie – wiederum im Gehirn, d. h. mit rationalen Maßnahmen: gegen UV beispielsweise durch Schutz vor Exposition oder Verwendung von Hautcremes mit hohen Lichtschutzfaktoren, längerfristig natürlich auch durch Maßnahmen zum Erhalt der Ozonschicht. Bei Röntgenstrahlen sollten Patient und Arzt die Häufigkeit der Röntgenexpositionen besprechen, und der Arzt die genaue Dosierung regelmäßig überprüfen.

6.6.1 Wirkungen von ultravioletter (UV) und ionisierender (IR) Strahlung

UV- und IR-Strahlen können je nach Intensität und Dauer die Zellen schädigen und durch Apoptose oder Nekrose abtöten (Sonnenbrand, Strahlungsschäden bei überdosierter Röntgenbestrahlung oder gezielt gegen Krebszellen eingesetzte Strahlentherapie). Der Zelltod wird dabei durch verschiedene Signalketten induziert, sowohl durch den Fas- und TNF-Rezeptor wie durch Stresskinasen, die den mitochondrialen Weg aktivieren sowie durch DNA-Schäden, die p53 stabilisieren. p53 induziert bei größeren DNA-Schäden den Zelltod – ebenfalls auf mehreren Wegen. Hinzu kommt die durch UV und IR stimulierte Bildung von reaktiven Sauerstoffspezies (ROS), die ihrerseits zahlreiche zelluläre Schäden verursachen und ebenfalls Apoptose hauptsächlich über den mitochondrialen Weg fördern (Abschnitt 6.1). Die Schädigungen durch UV und IR beruhen vor allem auf ihren Wirkungen auf die DNA, Proteine, Rezeptoren, K^+-Kanäle u. a. (Wang et al. 1999, Dent et al. 2003), die einerseits zum Zelltod, aber auch zu Stabilisierungs- und Schutzmaßnahmen führen können. Die Wirkungen auf die DNA und dadurch hervorgerufene Schäden sollen hier zunächst dargestellt werden.

DNA-Schäden

Durch äußere Stressoren wie Strahlung (UV, IR), chemische Substanzen und freie Radikale (ROS) werden veränderte Nucleotide, Thymindimere,

Einzel- und Doppelstrangbrüche, Quervernetzung der Doppelstränge und 3'Desoxyfragmente erzeugt (Tab. 6.3). Manche chemische Substanzen verändern direkt oder indirekt Nucleotide in der DNA. Die direkt wirkenden sind meist stark elektrophile Verbindungen wie Dimethylsulfat, Methylnitrosoharnstoff oder Ethylmethansulfonat (EMS), die mit Stickstoff- oder Sauerstoffatomen der Nucleotide reagieren und so die normale Basenpaarung bzw. -erkennung bei der Replikation stören. EMS alkyliert Guaninbasen zu O^6-Ethylguanin, das bei der folgenden Replikation den Einbau von Thymin anstelle von Cytosin bewirkt.

Die indirekt wirkenden Substanzen sind dagegen primär wenig reaktive, wasserunlösliche Substanzen, die erst durch Metabolisierungsenzyme wie das Cytochrom-P-450-System und Epoxidhydrolase in der Leber in wasserlösliche, aber auch sehr reaktive Epoxide umgewandelt werden, die stabile DNA-Addukte bilden. Dazu gehören einige der stark krebsinduzierenden polyzyklischen Aromaten *polycyclic aromatic hydrocarbons* (PAH) wie 3, 4-Benzpyren (im Zigarettenrauch), 2-Naphtylamin, Aflatoxin-B_1 (im Schimmelpilz *Aspergillus flavus*), aber auch Dimethylnitrosamin oder Vinylchlorid.

Schließlich treten bei der Replikation auch ohne Stressoren Fehler in der Nucleotidsequenz des neuen Stranges auf, die aber in der Regel durch einen Korrekturmechanismus des DNA-Replikasekomplexes entdeckt und beseitigt werden. Solche *mismatches*, d.h. falsche Nucleoti-

de, werden durch eine 3'→5'-Exonuclease in dem Replikasekomplex eliminiert, sodass bei der Replikation von *E. coli* nur noch ein Replikationsfehler pro etwa 10^9 Nucleotidbindungsereignissen vorkommt. Mutative Veränderungen in diesem *proof-reading* System und die von diesem System nicht entdeckten Fehler tragen endogen zu den DNA-Schäden bei (Tab. 6.3). Auch durch eine normale, d.h. unter physiologischen Bedingungen auftretende Abspaltung von Purinen, verstärkt durch niedrigen pH und Hitze, entstehen zahlreiche DNA-Schäden.

Strahlung (UV, IR) und die genannten stark elektrophilen Substanzen erzeugen DNA-Schäden, die, wenn sie nicht durch Reparatur eliminiert werden, bleibende Mutationen und Krebs erzeugen können. Die **Mutagenität** dieser Stressoren ist mit der **Carcinogenität** korreliert, wie sich aus Versuchen an Bakterien (Mutagenitätstest) und Säugerzellen (Carcinogenität) gezeigt hat. Die Wachstumskontrolle der Säugerzellen war nach Bestrahlung oder Inkubation mit diesen Substanzen gestört. Bei einer Krebszelle sind Gene durch Mutation verändert, die die Proliferationsrate entweder erhöhen (**Onkogene**) oder erniedrigen (**Tumorsuppressorgene**). Eines der Tumorsuppresserproteine ist das so genannte „p53", ein Phosphoprotein, das bei DNA-Schäden die Zellen in der G_1-Phase vor der Replikation arretiert und so die Möglichkeit zur Reparatur der Schäden verbessert aber auch selbst die Expression von Enzymen stimuliert, die, wie die Ribonucleotidreduktase, an der

Tabelle 6.3 DNA-Schäden und ihre Ursachen

DNA-Schäden	Beispiel / Ursachen
fehlende Base	Beseitigung von Purinen durch Säure und Hitze (unter normalen Bedingungen etwa 10^4 Purine/Tag/Zelle bei Säugern Entfernung von veränderten Basen durch DNA-Glycosylasen
veränderte Base	ionisierende Strahlung, alkylierende Agentien (z.B. Ehylmethan Sulfonat)
falsche Base	Mutation der 3'→5' Exonuclease für *proof reading*
Deletion oder Insertion eines Nucleotids	erzeugt durch interkalierende Agentien (z.B. Acridine) während der Rekombination oder Replikation
verbundene Pyrimidine	meist Thymin-Dimere erzeugt durch UV-Bestrahlung
Einzel- oder Doppelstrangbrüche	Brüche der Phosphodiesterbindung durch ionisierende Strahlung oder chemische Agentien (z.B. Bleomycin)
cross-linking von Strängen	erzeugt durch bifunktional alkylierende Agentien (z.B. Mitomycin)
3'-Desoxyribose Fragmente	erzeugt durch freie Radikale, führt zu Strangbrüchen

(nach Kornberg und Baker 1992)

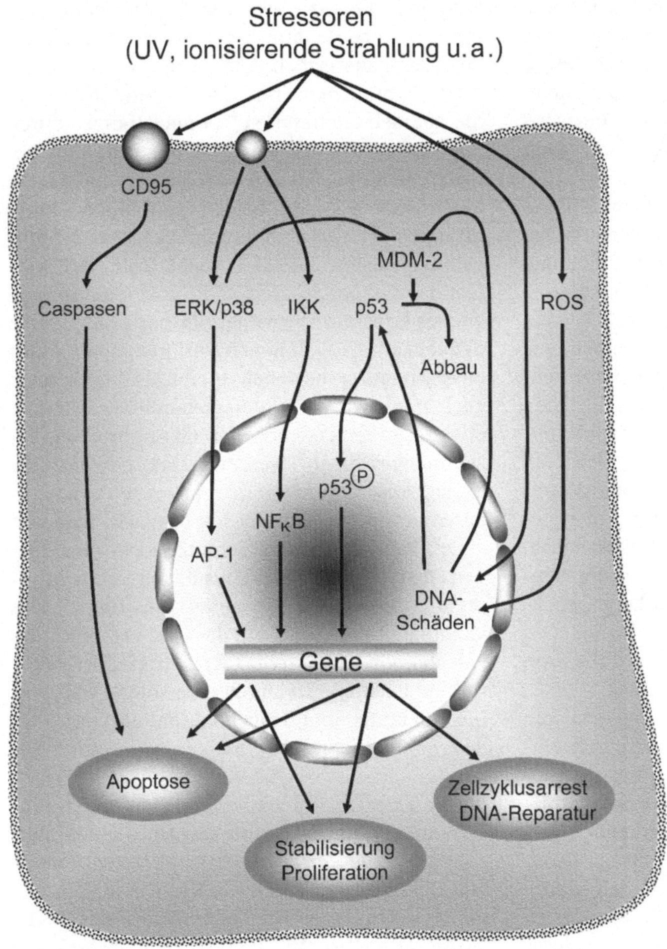

6.21   Strahlen (UV, ionisierende Strahlung) und ihre Wirkungen. Vor allem UV-B/C-Strahlen, aber auch γ-Strahlen induzieren über eine Aktivierung von Rezeptoren (CD95=FasR) oder über die Bildung von reaktiven Sauerstoffspezies (ROS) die Apoptose. Über direkt induzierte oder indirekt über ROS erzeugte DNA-Schäden wird der Transkriptionsfaktor p53 aktiviert (über Phosphorylierung von p53, Hemmung von MDM2, über eine rezeptorabhängige Aktivierung von ERK (*extracellular regulated protein kinase*) oder eine stressaktivierte Proteinkinase (p38). Zum Teil über die letztgenannte Kinase wird auch der Transkriptionsfaktor AP-1 (*activator protein 1*) stimuliert. Über die *inhibitor of kappa B kinase* (IKK) wird der Inhibitor von NFκB (*nuclear factor kappa B*) phosphoryliert und dann abgebaut, sodass dadurch NFκB aktiv werden kann. Alle drei Transkriptionsfaktoren können je nach Stressintensität zahlreiche Gene aktivieren, die entweder Zellzyklusarrest, Reparatur der DNA-Schäden, Stabilisierung und Proliferation der Zelle oder Apoptose einleiten.

Reparatur beteiligt sind. Bei zu vielen DNA-Schäden leitet p53 den programmierten Zelltod ein. Eine mutative Veränderung in dem p53-Gen führt zu einem Ausfall der Zellzyklusarretierung und damit zu erhöhten Replikationsfehlern. Dieser Defekt und die dann ebenfalls fehlende Fähigkeit, geschädigte Zellen durch Apoptose zu eliminieren, führt dazu, dass p53-Mutationen oft in Krebszellen gefunden werden (Abb. 6.21).

6.6.2 Abwehrstrategien gegen DNA-Schäden bestehen wesentlich aus Reparatursystemen

Einer der wichtigsten Abwehrmechanismen gegen spontane oder durch Strahlen und mutagene Substanzen induzierte DNA-Schäden sind verschiedene DNA-Reparatursysteme. Veränderungen der Nucleotide werden durch direkte Reparatur hauptsächlich aber durch die Exzisionsreparatur beseitigt, die man in die Nucleotidexzisionsreparatur (NER) und die Basenexzisionsreparatur (BER) unterteilt (Sancar et al. 2004).

Nucleotidexzisionsreparatur ist das verbreitetste System, um strukturelle Veränderungen, wie Addukte (Benzpyren), Thymindimere (UV) und andere Störungen der Doppelhelix zu beseitigen. Es besteht in Säugerzellen nach dem gegenwärtigen Stand des Wissens aus etwa 30 verschiedenen Proteinen. Die Reparatur lässt sich in 4 Hauptprozesse untergliedern: Schadenserkennung, Durchschneiden des defekten DNA-Strangs zu beiden Seiten der Schädigung und der Entfernung des defekten Strangs, Neusynthese eines korrekten Strangs und schließlich dessen Verbindung mit den beiden geschnittenen Enden. Die Reparatur kann an allen geschädigten Stellen des Genoms eingesetzt werden, findet aber bevorzugt an Stellen statt, die gerade transkribiert werden.

Patienten, die einen Defekt in diesem Reparatursystem aufweisen, sind besonders hautkrebsgefährdet und empfindlich gegen UV-Strahlung. Dieser Defekt wird als *Xeroderma pigmentosum* (XP) bezeichnet. Eine Untergruppe von XP-Patienten, XP-Varianten (~20 %) zeigt jedoch eine unveränderte NER-Aktivität. Bei ihnen ist offenbar eine Polymerase defekt, die bei UV-Schäden trotz dieser Störung der DNA-Struktur die Replikation fortsetzen kann. Diese erst kürzlich entdeckte DNA-Polymerase η ist in dem Replikationskomplex enthalten und gehört zur sogenannten „Y-Familie" von DNA-Polymerasen, die mit der *translesion synthesis*, also der Synthese nach der Schädigung, zu tun haben (Lehmann 2002). Der UV-induzierte DNA-Schaden wird dann nach der Replikation mithilfe von NER repariert.

Die Basenexzisionsreparatur bewirkt die Beseitigung von veränderten Basen durch einzelne Enzyme (Glykosylasen), die diese Veränderung – die vor allem durch reaktive Sauerstoffspezies (ROS) verursacht wird – erkennen und beseitigen. Diese Nucleotide ohne Basen (*apurinic, apyrimidinic nucleotides*) werden durch Endonucleasen erkannt und durch Schnitte zu beiden Seiten des Nucleotidrests beseitigt. Nach Erweiterung dieser Lücke durch eine Exonuclease und Neusynthese der „richtigen" Nucleotidsequenz durch eine Polymerase sowie der Verbindung mit den benachbarten Nucleotiden an den Schnittstellen wird dieser Schaden behoben. Da die Bindung des „richtigen" Nucleotids durch die DNA-Polymerase β nicht ganz ohne Irrtümer verläuft, führt diese Reparatur auch gelegentlich zu Mutationen (Lindahl 2000).

Nicht homologes *end joining* oder homologe Rekombinationsreparatur erfolgt bei Doppelstrangbrüchen (DSB), wie sie als Folge von ionisierender Strahlung, ROS oder Cytostatika wie Bleomycin auftreten (Valerie und Povirk 2003). Auch bei Doppelstrangbrüchen reagiert die Zelle durch Reparatur des Schadens, Arretierung des Zellwachstums oder mit programmiertem Zelltod (Apoptose). Das Reparatursystem für Doppelstrangbrüche liegt in einem Multiprotein-

komplex (*Repairosom*) vor. In Mitochondrien gibt es eigene Reparatursysteme für die mtDNA, deren enzymatischen Anteile bei der Reparatur ATP verbrauchen. Bei der Reparatur werden die beiden getrennten Doppelstränge durch eine Helicase entwunden, d. h. einzelsträngig gemacht und mit kurzen aufeinander passenden Sequenzen auf den beiden getrennten DNA-Strängen wieder über homologe Basenpaarungen hybridisiert. Die nichtgepaarten Enden werden dann abgeschnitten und die beiden Stränge wieder kovalent verbunden. Dabei gehen kleine Sequenzen als Deletionen verloren, sodass dort eine Mutation bestehen bleibt. Dabei können auch zwei Brüche an unterschiedlichen Stellen, etwa in zwei verschiedenen Chromosomen, zusammengekoppelt werden. Das bewirkt die Translokation eines Chromosomenfragments an ein anderes Chromosomenstück, wodurch neue Nachbarschaftsbeziehungen zwischen Genen entstehen, die unter Umständen zu einer dysregulierten Aktivierung eines Gens führen. Das kann dadurch geschehen, dass der Promotor des Nachbargens mitaktiviert wird. Einige Krebsgene sind bekannt, die durch eine solche *end joining* Reparatur und Translokation aktiviert wurden. Schließlich gibt es noch eine *cross-link*-Reparatur, durch die Quervernetzungen zwischen beiden Doppelsträngen beseitigt werden. Keimbahnmutationen in Genen von DNA-Reparaturenzymen oder den mit ihnen assoziierten Proteinen führen oft zu vererbten Krebsprädispositionen, wie Nijmegen Breakage Syndrom (NBS1), Brustkrebs (BRCA1, BRCA2) und Darmkrebs (MSH, MLH). Durch weitere somatische Mutationen in den die Proliferation regulierenden Genen nimmt die Wahrscheinlichkeit der Krebsentstehung altersabhängig weiter zu.

Die verschiedenen DNA-Reparatursysteme werden vermutlich – wie bei anderem Stress auch – durch die induzierten Schäden aktiviert: In Hefezellen lassen sich durch Strahlung Gene stimulieren, die für DNA-Synthese und das Umgehen von Replikationshindernissen, für Basen- und Nucleodidexzisionsreparatur, insbesondere globale Genomreparatur und für wichtige Schritte in der Doppelstrangbruchreparatur verantwortlich sind. Auch bei Säugerzellen ist das wahrscheinlich der Fall (Eckardt-Schupp und Klaus 1999). Darüber hinaus werden eine größere Anzahl von weiteren Aktivitäten und Signalkaskaden in der Zelle durch Strahlung induziert – besonders gut untersucht im Fall von UV.

Da strahlungs- oder carcinogeninduzierte DNA-Schäden möglichst repariert werden sollen, bevor die DNA in der S-Phase des Zellzyklus repliziert wird, wird der Zellzyklus angehalten. Das geschieht wesentlich durch das p53-System, das über die Stimulation der Expression von Zellzyklusinhibitoren (p21, 14-3-3σ) die G1/S- und G2/M-Checkpoints blockiert (Abschnitt 6.8). Die daran beteiligte *checkpoint kinase 1* (Chk-1) sorgt anscheinend auch für die DNA-Integrität während des Zellzyklusarrests, wie Versuche mit *small interfering* (si) RNA zur Hemmung der Expression des Chk-1-Gens gezeigt haben (Cho et al. 2005). Ionisierende Strahlen bewirken über die ATM-Kinase (Exkurs 6.4) eine Phosphorylierung des Transkriptionsfaktors ATF-2 (*activating transcription factor 2*) und dessen Translokalisation an IR-induzierte Foci. Dort spielte er offenbar eine wichtige Rolle ohne Transkriptionsaktivität.

6.6.3 Das p53-System reagiert auf DNA-Schäden mit Zellzyklusarrest oder Apoptose

Das p53-Tumorsuppressorprotein wird durch unterschiedlichen Stress aktiviert, wie durch Strahlen und mutagene Substanzen induzierte DNA-Schäden, Hypoxie, Nucleotidmangel, Onkogenaktivierung u. a. (Abb. 6.20). Aktives p53 induziert als Transkriptionsfaktor eine Anzahl von Genen, die den Zellzyklus arretieren und dadurch die Reparatur der Schäden ermöglichen. Es stimuliert eventuell auch die Proliferation oder Differenzierung und leitet bei größeren Schäden die Apoptose ein (Sionov und Haupt 1999). Inzwischen sind mehr als 100 Gene bekannt, die durch p53 aktiviert oder reprimiert werden (Sionov et al. 2001). In mehr als 50 % menschlicher Tumoren ist das p53-System durch Mutationen gestört, sodass es die Tumorzellen nicht mehr arretieren oder apoptotisch eliminieren kann.

Exkurs 6.4: Induktion von p53

P53 ist ein tetramerer, sequenzspezifischer Transkriptionsfaktor, dessen Aktivität durch posttranslationale Modifikation des Proteins kontrolliert wird. Normalerweise ist die Menge an p53 in der Zelle klein – aufgrund der Aktivität seines negativen Regulators MDM-2, der p53 für den nucleären Export und zum Abbau durch Proteasomen bestimmt (MDM-2 wirkt dabei als Ubiquitinligase). Ein Weg zur Aktivierung von p53 ist daher die Inaktivierung von MDM-2: Gentoxischer Stress kann MDM-2 hemmen und so p53 stabilisieren. Außerdem wird p53 extensiv phosphoryliert und dadurch in seiner Aktivität modifiziert. Phosphorylierung von Serin 20 blockiert die MDM-2-Interaktion mit p53 und erhöht dadurch die Menge von p53 im Kern und seine Lebenszeit.

Welche Mechanismen führen von der DNA-Schädigung zur Aktivierung von p53? Obwohl die Antwort noch nicht vollständig bekannt ist, gibt es Hinweise auf die Beteiligung auch der MAP-Kinasefamilie (siehe Abschnitt 6.8). Das Aufspüren der DNA-Schäden erfolgt über mehrere Kinasen: ATM (*ataxia telangiectasia, mutated*), ATR (*ATM and Rad3 related*) und DNA-PK (*DNA dependent protein kinase*) (Yang et al. 2003) (Abb. 6.22). *Ataxia telangiectasia* ist eine erbliche Krankheit des Menschen, bei der die ATM-Kinase mutiert ist. Die Erkrankung zeigt sich in erhöhter Empfindlichkeit gegen Strahlung und erhöhter Wahrscheinlichkeit von Krebs. Bei dem Aufspüren von DNA-Schäden durch ATM und ATX spielen Histon H2AX und andere Adapterproteine (Motoyama und Naka 2004) sowie Schadenssensoren (RAD-17-RFC-Komplex, 9-1-1-Komplex) eine wichtige Rolle (Sancar et al. 2004). Über eine Phosphorylierung weiterer Kinasen (*checkpoint kinase* Chk-1 und Chk-2) durch die genannten Kinasen wird MDM-2 inaktiviert und p53 aktiviert.

Die Phosphorylierung des Serin-46 von p53 ist offenbar für die Auslösung der Apoptose wichtig: Nach Bestrahlung mit UV wurden Proteinkinasen aktiviert, z. B. eine *homeodomain interacting protein kinase 2* (HIPK-2) und/oder die stressaktivierte Proteinkinase p38, die dafür anscheinend verantwortlich sind (Vousden und Lu 2002). Darüber hinaus scheint UV auch eine Phosphatase (WIP-1) zu aktivieren, die p38 inaktiviert und somit die p53-Phosphorylierung am Serin-46 und die Apoptoseauslösung hemmt.

Auch die Aktivierung von MDM-2, des Gegenspielers von p53, durch Phosphorylierung über eine von Überlebensfaktoren stimulierten Kinase (Akt) kann die p53-Aktivität im Hinblick auf die Apoptoseinduktion negativ beeinflussen.

Bei Stress wird die transkriptionelle Aktivität von p53 außerdem durch Acetylierung verstärkt und später durch Deacetylierung vermindert (Gu et al. 2004).

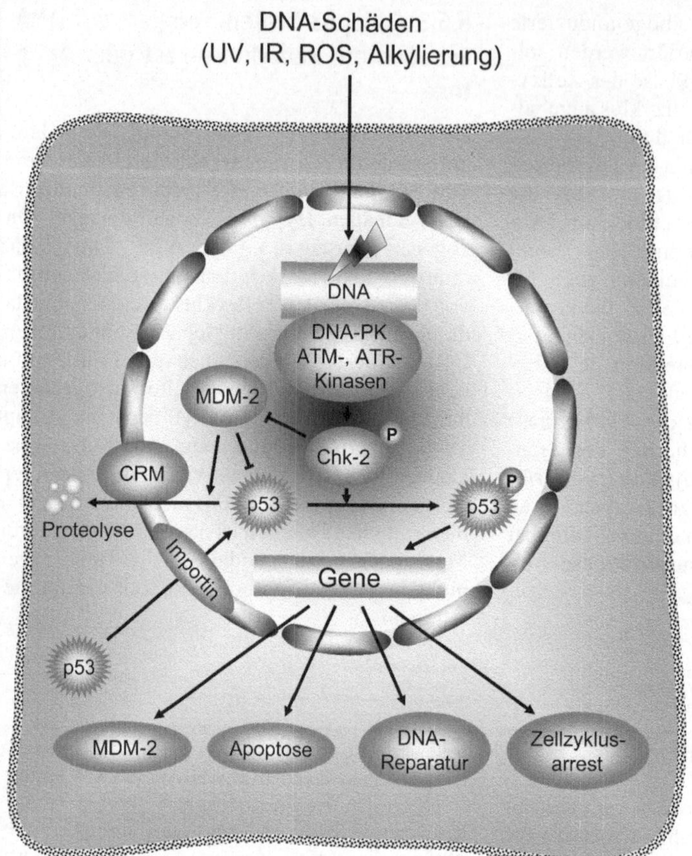

6.22 p53-Induktoren durch DNA-Schäden. DNA-Schäden entstehen durch die Einwirkung von ultravioletten/ionisierenden Strahlen (UV; IR), durch reaktive Sauerstoffspezies oder durch Replikationsfehler. Sie aktivieren p53 durch einen Komplex aus DNA-PK (*DNA dependent protein kinase*), ATM (*ataxia telengiectasia mutated*), ATR (*ATM and Rad3 related*). Über die Phosphorylierung von *downstream*-Proteinkinasen wie Chk-2 (*checkpoint kinase 2*) aber auch über andere Proteinkinasen wird bei Stress, vor allem bei DNA-Schäden, p53 phosphoryliert (an Ser-15, Ser-20 und – anscheinend bei starkem Stress – an Ser-46). Dieses verhindert die hemmende Bindung von MDM-2 (negativer Regulator von p53) und dessen Funktion als Ubiquitinligase, sodass p53 nicht proteolytisch abgebaut, sondern stabilisiert wird. Chk-2 wirkt außerdem hemmend auf MDM-2 ein. Als aktivierter Komplex mit anderen Proteinen, die hier nicht gezeigt sind, bindet p53 an Promotoren zahlreicher Gene, die den Zellzyklus arretieren und Reparaturenzyme exprimieren oder (vermutlich nach Phosphorylierung von Ser-46) Apoptosewege aktivieren. p53 aktiviert schließlich auch seine eigene negative Kontrolle über eine Stimulation des MDM-2-Gens. Die Lokalisation von p53 wird durch Import- (Importin) und Exportproteine (CRM-1) sowie durch die Phosphorylierung von Serin-35 kontrolliert.

Regulation von Genen durch p53

p53 aktiviert verschiedene funktionelle Gruppen von Genen: a) Gene, die mit Apoptose und Überleben zu tun haben wie die für Bax, Fas oder Apaf-1, b) Gene, die bei dem Zellzyklusblock und bei der DNA-Reparatur involviert sind wie die für p21, 14-3-3σ und GADD-45, 153,

c) Gene für Angiogenese und Tumorzellinvasion wie Thrombospondin-1 und d) Gene zur Autoregulation wie das Gen für MDM-2.

p53 kann auch als trimerer Proteinkomplex mit MDM-2 und dem Retinoblastomprotein pRb zusammen Gene reprimieren, wie etwa antiapopotisch wirkende Gene. Diese Wirkung zusammen mit der Induktion proapoptotischer Gene **stimuliert die Apoptose** – anscheinend über mehrere Wege: zum einen über den *death receptor* Weg, z. B. über die erhöhte Expression von Fas, über die Hemmung von Überlebenssignalen und über den mitochondrialen Weg (Apaf-1, Bax, Abschnitt 6.1).

Die Entscheidung darüber, ob p53 den Zellzyklus arretiert oder die Apoptose auslöst, wird offenbar auch über die Menge von p53 getroffen: Die Promotoren der Gene für einen Zellzyklusblock scheinen eine höhere Affinität für p53 zu haben – d. h. bei niedrigeren Konzentrationen schon anzusprechen, während die Promotoren von Genen für proapoptotische Faktoren erst bei höheren Konzentrationen von p53 aktiviert werden. Außerdem hängt die Entscheidung darüber, wie p53 auf die Zelle wirkt – zellzyklusarretierend oder apoptoseinitiierend – vom Stresstyp und der individuellen Charakteristik des Zellzustands ab. Dieser Zustand äußert sich in der Regulation der p53-abhängigen Gene und in der Zusammensetzung der Proteine, die mit p53 interagieren (Slee et al. 2004).

Defekte im p53-System und Krebs

Defekte im p53-System wurden, wie gesagt, in über 50 % menschlicher Tumore gefunden. Diese Defekte können im Gen für p53 (TP53) selbst und/oder in den dieses Gen aktivierenden oder hemmenden Faktoren auftreten. Die tumorassoziierten Mutationen im TP53-Gen sind hauptsächlich Punktmutationen, wobei einige *hot spots*, d. h. Codons für bestimmte Aminosäuren, unerwartet hohe Mutationshäufigkeiten aufweisen. Diese mutanten p53 Proteine sind stabiler als die normalen (Wildtyp) Proteine und sind in Tumorzellen in größerer Menge vorhanden. Sie können als **dominant negativer Inhibitor** die normalen p53-Proteine hemmen. Auf der anderen Seite hat man bei bestimmten Darmkrebszellen den Verlust eines kleinen Proteins (ARF) gefunden, das MDM-2-hemmt und dadurch p53 aktiviert. Der Verlust von ARF steht im Zusammenhang mit dem Ausfall eines weiteren Tumorsuppressorproteins, nämlich des *adenomatous polyposis coli* (APC). Eine Aktivierung von p53 ist aber vermutlich nur in der Anfangsphase der Tumorentstehung zu beobachten, in der p53 möglicherweise den Zellzyklus stabilisiert. In späteren Phasen ist es für das Überleben der Krebszellen oft essenziell, dass p53 durch

Mutation ausgeschaltet worden ist, da sonst die Stresszustände der Tumorzelle (z. B. Hypoxie, DNA-Schäden u. a.) über eine Aktivierung von p53 die Apoptose auslösen würden. Das bedeutet, dass vermutlich zahlreiche Krebszellen so auch abgetötet werden und nur die Zelle als Krebszelle überlebt, in der eine TP53-Mutation stattgefunden hat (Vousden und Lu 2002) (Abschnitt 8.5).

6.6.4 Weitere durch UV und IR induzierte Apoptosewege und Stabilisierungsmaßnahmen

Außer über DNA-Schäden und p53-Aktivierung führt UV-B-Bestrahlung auch durch Aktivierung von *death receptors* der TNF-Rezeptorfamilie und von CD95, dem Fasrezeptor (FasR, APO-1) zu Apoptose (Kulms und Schwarz 2002). Diese Rezeptoren werden durch die Bestrahlung auch ohne Liganden komplexiert und dadurch aktiviert und stimulieren dann die Caspase-8, die wiederum die ausführende Caspase-3 proteolytisch aktiviert. Außerdem stimuliert die Caspase-8 ein proapoptotisches Mitglied der Bcl-2-Familie (Bid), das an der Kontrolle des mitochondrialen Apoptosewegs beteiligt ist. Schließlich werden von UV-B-Strahlen reaktive Sauerstoffspezies (ROS) induziert, die über Lipidperoxidation u. a. die Mitochondrienmembranen schädigen und so die Cytochrom c-Abgabe fördern, die wiederum ein wichtiger Faktor des mitochondrialen Apoptosewegs ist (Abschnitt 6.1).

Außer diesen proapoptotischen Wirkungen werden von UV und IR jedoch auch **stabilisierende Signalwege** angeschaltet. UV stimuliert beispielsweise die Rezeptoren für die Wachstumsfaktoren EGF (*epidermal growth factor*) und IGF (*insulin-like growth factor*), die dann über das monomere G-Protein Ras und die Proteinkinase Raf die *mitogen activated protein kinase* (MAPK/ERK) aktivieren. Außerdem werden die Phosphoinositol-3-Kinase (PI3-K), die stressaktivierten Kinasen *e-Jun N-terminal protein kinase* (JNK) und p38 aktiviert. p38 und MAPK (ERK) produzieren einerseits über MSK (*mitogen and stress activated kinase*) einen antiapoptotischen Faktor (Bad-P). Zum anderen aktivieren sie verschiedene Transkriptionsfaktoren wie c-fos, c-Jun und AP-1 (*activator protein*) sowie NFκB (*nuclear factor kappa B*). Diese Transkriptionsfaktoren haben oft eine stabilisierende Funktion: c-fos z. B. fördert die Erholung von einem Zellzyklusblock und NFκB stimuliert antiapoptotische Gene. Ein Protein der AP-1-Transkriptionsfaktorfamilie, c-Jun, das durch UV und ionisierende Strahlung stark induziert wird, fördert die Proliferation von Zellen einerseits durch Aktivierung der Expression von wichtigen Zellzyklusproteinen wie Cyclin D1, Cyclin A und Cyclin E, andererseits durch Hemmung von inhibitorischen Zellzyklusproteinen wie p21 und p16. Ein anderes Protein der AP-1-Familie, Jun-B, übt wiederum eine antagonistische Wirkung zu c-Jun aus, hemmt die Expression von CyclinD1 und fördert die von p16. Wie diese Balance der unterschiedlichen Wirkungen sowohl von p53 wie von AP-1 und NFκB erfolgt, ist noch nicht genau geklärt. NFκB und AP-1 können jedoch unter bestimmten Bedingungen, z. B. bei starken Schäden, auch die Apoptose unterstützen (Kaina et al. 1999, Wang et al 2002, Dent et al. 2003, Caron et al. 2005).

6.7 Schutz von Zellen durch Stressproteine

Als Stressproteine werden mehrere Gruppen von Proteinen bezeichnet, die bekannteste Gruppe sind die Hitzeschockproteine (HSP), die man zunächst nach Einwirkung von Temperaturerhöhungen entdeckt und danach benannt hat. Die Proteine dieser Gruppe unterscheidet man nach ihrem Molekulargewicht in Kilodalton, z. B. HSP25/27, 32, 40, 60, 70, 78, 90, 96, 110 u. a. Sie sind phylogenetisch hochkonserviert und universell bei allen Organismen zu finden. Ihre Expression ist einer der wichtigsten Bestandteile der zellulären Antwort auf unterschiedliche Belastungen (Abb. 6.23). Sie oder ähnliche Isoformen werden auch konstitutiv, d. h. unter normalen Bedingungen exprimiert, jedoch unterschiedlich stark bei Differenzierungs- und Entwicklungsvorgängen.

Viele Stressproteine und konstitutiv synthetisierte verwandte Proteine sind für die korrekte Faltung, Zusammenlagerung, Stabilisierung, den Transport sowie den Abbau von Proteinen

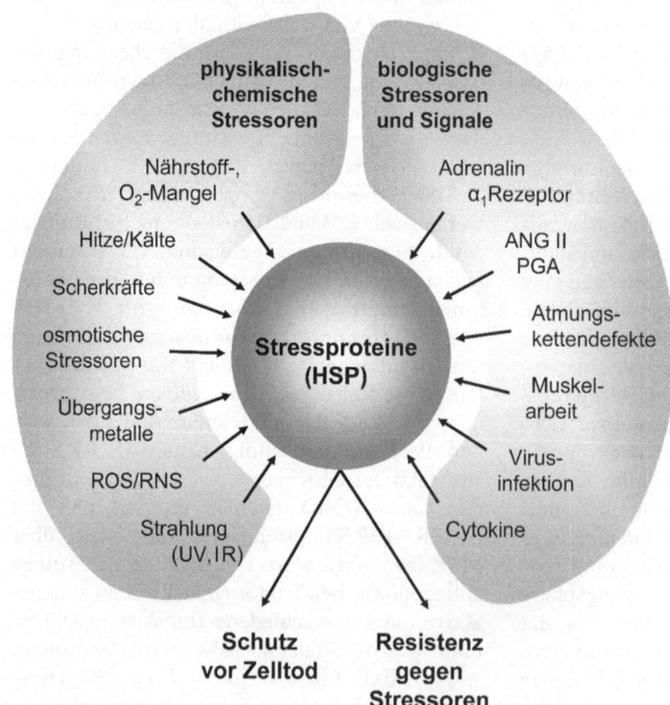

6.23 Stressprotein-Induktoren. Stressproteine (HSP) funktionieren als zentraler Bewältigungsmechanismus der Zelle gegen Stress. Zahlreiche Stressoren induzieren die Neusynthese von Stressproteinen, die die Zelle resistenter machen und vor der Apoptose schützen. ANG II – Angiotensin II, PGA – Prostaglandin A.

essenziell. Sie erfüllen häufig Schutzfunktionen und wirken somit einer Schädigung der Zellen entgegen. Aufgrund dieser Funktion werden sie als molekulare Chaperone (Gouvernanten) bezeichnet. Hohe intrazelluläre Proteinkonzentrationen können über hydrophobe Wechselwirkungen zu unerwünschten Aggregationen führen. Diese Proteinaggregationen werden durch unterschiedliche Belastungen, wie erhöhte Temperaturen, verstärkt. Stressproteine können die Tendenz zur Aggregation vorhandener und neugebildeter Proteine verringern, indem sie an hydrophobe Teile der Proteine binden und so deren korrekte Faltung aufrechterhalten oder erst ermöglichen (HSP70/60). Bereits aggregierte oder denaturierte Proteine werden wieder dissoziiert oder der Degradation zugeführt (HSP70). HSP70 ist außerdem am Transport intakter Proteine in den Zellkern und andere Kompartimente (Mitochondrien, endoplasmatisches Reticulum) beteiligt, wobei die zu transportierenden Proteine partiell entfaltet werden (Morimoto et al. 1994). Schließlich halten sie Proteine oder Proteinkomplexe, wie die Glucocorticoidrezeptoren, in einer bestimmten Konformation fest, die bei den Rezeptoren den Transport in den Kern solange verhindert, bis die Bindung an Cortisol erfolgt ist.

6.7.1 Chaperone und Stressproteine dienen der Faltung, Stabilisierung, dem Transport und dem Abbau von Proteinen

Aus den Arbeiten der letzten Jahre ergibt sich die wichtige Erkenntnis, dass die Hauptchaperone (HSP60 und HSP70) nur in Kooperation mit Helferproteinen ihre Aufgabe effizient erfüllen (Abb. 6.24). Wegen dieser Kooperation mehrerer Komponenten spricht man auch von **Chaperonmaschinen**. Mitglieder der HSP70-Genfamilie sind die wichtigsten Chaperone in der Zelle. Sie kommen im Cytoplasma, in Mitochondrien und Chloroplasten, im ER und im Zellkern vor. Einige werden konstitutiv, andere bei Einwirkung verschiedener Stressoren exprimiert. Sie kooperieren spezifisch mit einem kleineren Protein (HSP40), sind aber auch an vielen anderen Kooperationen zum Zwecke der Faltung, der Translokation und des Abbaus von Proteinen beteiligt. HSP70 bindet einerseits ATP und andererseits **ungefaltete Proteine (U)** oder intermediär oder **missgefaltete Proteine (I)** (Abb. 6.24). In diesem Komplex wird ATP mithilfe von HSP40 hydrolysiert, der so in den ADP-haltigen Komplex übergeht und eine hohe Affinität zum Proteinsubstrat hat. Dieser Komplex kann durch Aufnahme von ATP das Protein wieder abgeben oder durch Bindung an Hip (*HSP70 interacting protein*) stabilisiert werden. Andere Faktoren wie Hop (*HSP70/HSP90 organizing protein*) und Bag können dann diesen Komplex mithilfe von ATP auflösen, sodass das teilgefaltete Protein an weitere Chaperone wie HSP90 oder an ein sogenanntes Chaperonin (TriC/CCT – siehe unten) weiter gegeben werden kann. Es gibt offenbar auch die Möglichkeit, dass das freigesetzte Protein gleich in einem 26S-Proteasom zerstört wird. Hauptfunktion von HSP70 ist, un- oder teilgefaltete Protein zu stabilisieren, vor Aggregation zu schützen und durch Membranen zu transportieren (Frydman 2001). Außer diesen Funktionen sind aber weitere wichtige bekannt, wie der Schutz gegen eine mitochondriale Apoptoseinduktion (Abschnitt 6.1) oder gegen cytotoxische Wirkungen von TNF-α.

HSP90 interagiert mit bestimmten Konformationen von Signalproteinen wie Tyrosinkinasen und Steroidrezeptoren, wobei auch ATP, HSP40 und Hip mit an der Komplexbildung beteiligt sind. Die große Menge von HSP90 in der Zelle (~ 2 % der cytosolischen Proteine) legen weitere wichtige Funktionen nahe, z.B. soll durch HSP90 eine zu große polymorphe Diversität in der Konformation von Proteinen verhindert werden (Rutherford und Lindquist 1998).

Die Faltung von Proteinen erfolgt im wesentlichen im Cytoplasma (für cytoplasmatische Proteine) oder im endoplasmatischen Reticulum (für membranassoziierte und sezernierte Proteine). In beiden Kompartimenten der Zelle herrscht ein unterschiedlicher Redoxzustand: im Cytoplasma ein reduzierender, im ER ein eher oxidierender. Das macht es notwendig, die Faltung der Proteine im Cytosol (cytosolische Faltung) mit anderen Chaperonnetzwerken durchzuführen als die Faltung von Proteinen im ER (oxidante Faltung), weil die Redoxzustände in den beiden Kompartimenten, u. a. die Etablierung von Cystein-Cystein-Bindungen (Disulfidbrücken), in Proteinen stark beeinflussen (Sitia und Molteni 2004).

GRP78 (*glucose regulated protein* = BIP) befindet sich im **endoplasmatischen Reticulum**

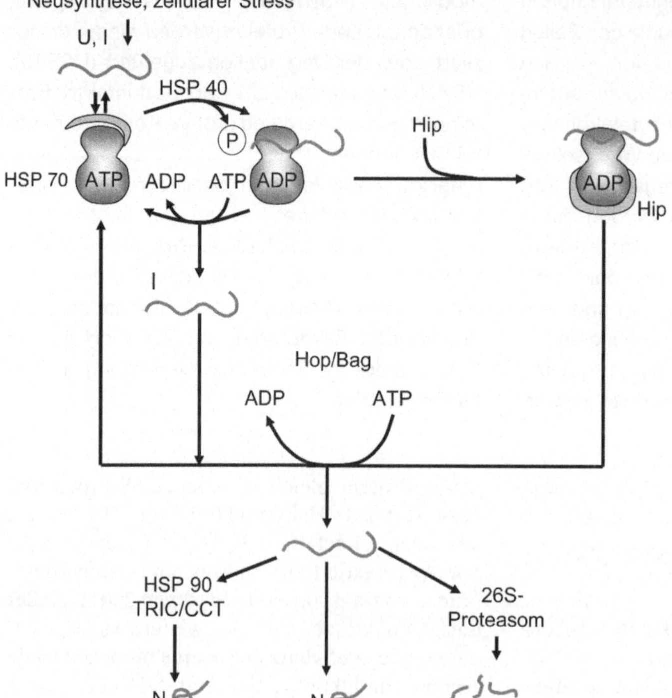

6.24 HSP70. HSP70 bindet mit ATP locker ein ungefaltetes/teilgefaltetes Protein (U, I). Durch HSP40 wird ATP in ADP + Pi überführt und dadurch HSP70 stärker mit dem Protein verbunden. Einerseits wird das Protein durch ATP-ADP Austausch weiter gefaltet und freigesetzt. Dann kann der Zyklus von Neuem beginnen. Alternativ dazu bindet Hip und stabilisiert den HSP70-ADP-Proteinkomplex, der dann mithilfe von Hop/Bag aufgelöst wird, sodass das zu faltende Protein an andere Chaperonmaschinen (HSP90, TRIC/CCT) weitergegeben werden kann und dort seine weiteren Konformationsschritte macht. Es kann auch spontan seine „richtige" Konformation finden oder im 26S-Proteasom abgebaut werden (nach Frydman 2001).

(ER) und ist dort am Membrantransport von Proteinen in das ER beteiligt. Wenn Proteine im ER nicht korrekt gefaltet sind, werden offenbar die Disulfidbrücken wieder reduziert, das Protein wieder zurück in das Cytoplasma transportiert (*retro-translocated*) und dort durch cytosolische Proteasomen abgebaut. Durch oxidativen Stress wird diese Retrotranslokation verhindert und so eine Akkumulation von falsch gefalteten Proteinen im ER erzeugt (ER-Stress). Auch bei anderen Stressoren, wie Hitze, Glucosemangel oder Inkubation mit Tunikamycin, bei dem es zu Falschfaltungen oder Entfaltungen von Proteinen kommt, entsteht ER-Stress. Dieser Stress führt zu dem *unfolded protein response* (UPR), an dem GRP78 beteiligt ist (Schneider und Kaufman 2005). GRP78 ist an der cytoplasmatischen Seite des ER jeweils mit einer Kinase/Endonuclease (IRE-1), mit einem Transkriptionsfaktor (ATF-6) oder mit einer Kinase (*PKR-like ER kinase*, PERK) und oft mit HSP90 gekoppelt, die bei ER-Stress freigesetzt und aktiviert werden. PERK unterdrückt vorübergehend die Proteinsynthese durch Phosphorylierung von elF-2a, ATF-6 erhöht die Aktivität von Genen, deren Proteine unter anderem an der Proteinfaltung be-

teiligt sind. IRE-1 aktiviert einen Transkriptionsfaktor (XBP1), der die Expression von Faktoren fördert, die bei der Degradation von ER-Proteinen (*ER-associated degradation, ERAD*) eine Rolle spielen. Bei zu hohen ER-Schäden initiiert der UPR die Apoptose über die Aktivierung von *apoptosis signal regulating kinase 1* (ASK1) (Abschnitt 6.8) und JNK sowie über eine Stimulation der Caspase-12. Diese aktiviert wiederum die Caspasen-3 und -9 (Rao et al. 2004). ER-Stress ist an Krankheiten wie *Diabetes mellitus*, Ischemien und neurodegenerativen Erkrankungen beteiligt (Abschnitt 8.4). Antiapoptotisch wirken HSP78, Calreticulin oder Proteindisulfidisomerase.

HSP60 befindet sich in Mitochondrien und Chloroplasten und bildet zwei Ringe aus je sieben identischen Untereinheiten, an die sich Helferproteine (HSP10) anlagern. Ein entsprechender Komplex wurde auch im Cytoplasma entdeckt. Dieser Komplex wird TriC genannt (*tailless complex polypeptide 1 (TCP1) ring complex*) oder CCT (*chaperonin containing TCP1*). Er ist ebenfalls ringförmig mit einem inneren Hohlraum und besteht aus acht unterschiedlichen aber homologen Untereinheiten.

Das zu faltende Protein wird ATP-abhängig in dem inneren Hohlraum gebunden – ohne zusätzliches Helferprotein. Der Mechanismus der Faltung ist noch wenig bekannt.

Während die Hauptchaperonmaschinen nur unter Verbrauch von ATP arbeiten, scheinen die „Junior"-Chaperone (HSP25) ihre Funktion ohne ATP erfüllen zu können (Jakob und Buchner 1994). Durch Stress, einige Wachstumsfaktoren, Cytokine u. a. wird HSP25 phosphoryliert. Es bildet unter nativen Bedingungen hochmolekulare rotationssymmetrische Komplexe – bis zu vier gestapelte Ringe aus je acht identischen Untereinheiten, die nach **Phosphorylierung** anscheinend zerfallen. Unter anderem spielen sie offenbar eine wichtige Rolle bei der **Stabilisierung des Cytoskeletts**.

Exkurs 6.5: Die Aktivierung des Hitzeschocktranskriptionsfaktors (HSF-1) erfolgt über verschiedene Signalwege

Neben AP-1, CREB, NFκB und p53 ist der Hitzeschocktranskriptionsfaktor (HSF-1) ein zentraler Faktor für die Stabilisierung der Zelle. Wie oben dargestellt, spielen die von ihm aktivierten Gene und deren Expression von Stressproteinen eine wichtige Rolle bei dem Schutz vor Stressschäden. HSF-1 liegt nach einer schon länger vertretenen Auffassung als Komplex mit Hitzeschock/Stressproteinen vor, der durch Stress aufgelöst wird und dadurch den HSF-1 freigibt. Dieser bildet dann ein Homotrimer und wird dadurch, dass dann auch die Kernlokalisationssequenz (NLS) freigelegt ist, in den Kern transportiert, wo er an Promotoren bindet, die Hitzeschockelemente (HSE) aufweisen. Nach neueren Befunden liegt HSF-1 als Komplex mit HSP90, RalBP-1 (*Ral-binding protein 1*) und α-Tubulin vor. Bei Hitzeschock und anderen Stressoren wird der Ral-Signalweg aktiviert. Ral-Proteine sind Mitglieder der Ras-Superfamilie von kleinen GTP-bindenden Proteinen, die eine Regelungsfunktion bei Veränderungen des Cytoskeletts, beim Zellzyklus und Zelltransformation sowie beim Vesikeltransport haben. RalGTP bindet an das Bindungsprotein in dem Komplex und setzt so den HSF-1 frei (Hu und Mivechi 2003). Anscheinend gibt es noch weitere Proteine, wie das *heat shock factor binding protein 1* (HSBP-1), die an den HSF-1 binden können, deren Funktion aber noch unklar ist (Tai et al. 2002).

Möglicherweise wirken auch Steroidhormone und ihre Rezeptoren auf diesen Komplex, jedenfalls wurde eine Induktion von HSP70 in Herzmyocyten gefunden, die mit Dexamethason, Östrogen oder Progesteron behandelt wurden (Knowlton und Sun 2001).

Auf der anderen Seite ist die Phosphorylierung von HSF-1 vor allem an Threonin-142 wesentlich für seine Aktivierung. Ersetzt man das Threonin durch Alanin, so erfolgt keine Aktivierung und keine HSP70-Synthese. Für die Phosphorylierung ist anscheinend die Proteinkinase Caseinkinase-2 (CK-2) verantwortlich (Soncin et al. 2003).

Die Stresskinase JNK-2 ist offenbar auch an einer Aktivierung der Phosphorylierung von HSF-1 beteiligt, jedenfalls gibt es eine gute Korrelation zwischen der Aktivierung von JNK durch Hemmung des Proteinabbaus durch Proteasomen oder durch Hitzeschock und der Phosphorylierung von HSF-1. Diese Aktivierung erfolgt anscheinend erst bei 45 °C, nicht bei 42 °C, d. h. unter sehr starken Stressbedingungen (Park und Liu 2001).

6.7.2 Stressproteine sind auch aus medizinischer Sicht von großer Bedeutung

Wegen der vielfältigen Bedeutung der HSP als molekulare Chaperone ist es nicht verwunderlich, dass sich die Expression von Stressproteinen bei bestimmten pathologischen Zuständen und verschiedenen Krankheiten wie Ischämie, Hypertrophie, Fieber, Entzündungen, Infektionen, Zell- und Gewebetrauma sowie beim Alterungsprozess und neurodegenerativen Erkrankungen ändert. Erhöhte Antikörpertiter gegen bakterielle und zelluläre HSP sind bei verschiedenen Infektions- und einigen Autoimmunkrankheiten, z. B. bei rheumatoider und adjuvansinduzierter Arthritis und Diabetes, beobachtet worden (Kaufmann und Schoel 1994, Gause et al. 1992, Morimoto et al. 1990).

Eine allgemeine Komponente vieler Infektionen und Gewebeschädigungen ist eine Entzündungsreaktion. Daher liegt die Frage nahe, ob die Induktion von Stressproteinen direkt oder indirekt auch mit der Entzündungsreaktion gekoppelt ist. Ein Beispiel dafür ist die Aktivierung von HSF-1 durch Arachidonsäurederivate (wie Prostaglandine), die auch an der Auslösung der Entzündungsreaktion beteiligt sind (Kapitel 7).

Stressproteine in Immunologie und Autoimmunologie

Obwohl stark konservierte Proteine eigentlich schlechte Immunogene sind, bilden viele HSP (vornehmlich solche aus den HSP60- und HSP70-Familien) wirksame Ziele für Antikörper und T-Zellen bei Bakterien-, Virus-, Protozoen- und Wurminfektionen sowie bei einigen antimikrobiellen Impfungen. HSP60 gehört zur Gruppe der *common antigens*. Verschiedene Infektionen lassen sich durch das Auftreten bestimmter Anti-HSP-Antikörper gut diagnostizieren. Die mikrobielle Invasion eines Wirtsorganismus bedeutet sowohl für die Mikroben als auch für die Zellen des Wirtsorganismus Stress. Infolgedessen werden von beiden Stressproteine gebildet. Mikrobielle HSP sind als **Immunogene** für das Immunsystem attraktiv, da sie bei allen Mikroben in großer Menge vorhanden sind. Das Erkennen solcher weit verbreiteten, hochkonservierten Antigene kann zu einer vorbeugenden Immunität beitragen und eine Früherkennung und Abwehr ermöglichen. Der ständige Kontakt gesunder Individuen mit Mikroorganismen geringer Virulenz führt so zur Fokussierung der Immunantwort auf mikrobielle konservierte Regionen der HSP und zu einer schnellen Anwort bei einer Invasion.

Ist die Fokussierung des Immunsystems auf mikrobielle konservierte HSP-Regionen unzureichend, werden auch HSP-Regionen erkannt, die auf wirtseigenen HSP vorkommen. Dies könnte eine Verbindung von Infektion und **Autoimmunität** herstellen, sofern wirtseigene Zellen auch Selbst-HSP-Peptide präsentieren. Eine solche Präsentation von Selbst-HSP-Peptiden durch die Haupthistokompatibilitätskomplexe (MHC-I+II), aber auch direkt auf der Zelloberfläche, wurde bei vielen Zellen nachgewiesen (Fracella und Rensing 1995).

Autoantikörper gegen Stressproteine wurden beispielsweise in Plaques bei Patienten mit Arteriosklerose gefunden. Das ist vermutlich darauf zurückzuführen, dass die meisten Risikofaktoren für Arteriosklerose – oxidiertes *low density lipoprotein* (oxLDL), Bluthochdruck, Infektionen und oxidativer Stress (Abschnitt 8.3) – Stressproteine in den Endothelzellen, den glatten Muskelzellen und Makrophagen induzieren (Mandal et al. 2004).

Stressproteine bei Ischämie

Ischämie ist die Folge einer Blutunterversorgung von Geweben (Sauerstoff- und Nährstoffmangel) und kommt bei Arteriosklerose, Infarkt oder Schlaganfall im Herzmuskel und im Gehirn vor. Die Unterversorgung selbst und vor allem die Reperfusion (Wiederdurchblutung) führen zu erhöhter HSP-Synthese, deren Stärke mit dem Grad der Schädigung korreliert. Eine Quantifizierung von Stressproteinen im geschädigten Gewebe könnte Aufschluss über die Stärke der Schädigung und die Schwere des Infarkts geben. HSP70-Überexpression oder Vorbehandlungen, die zu erhöhter HSP70-Expression führen, mindern den schädigenden Effekt einer nachfolgenden Ischämie (Fracella und Rensing 1997). Eine künstlich, medikamentös oder durch Vorbehandlung, erzielte Erhöhung der HSP-Konzentration vor Operationen oder Transplantationen bietet möglicherweise zusätzlichen Schutz vor Schädigungen, wie bei Sauerstoffmangel.

Stressproteine, das endokrine System und Altern

Eine interessante Beobachtung zur Aktivierung von Stressgenen in intakten Organismen stammt von Blake und Mitarbeitern (Blake et al. 1991). Danach reicht eine einstündige physische Bewegungseinschränkung bei Ratten aus, um die Induktion einzelner Stressproteine in der Nebennierenrinde und der glatten Muskulatur arterieller Gefäße auszulösen. In der Nebennierenrinde wird nur HSP70, in der glatten Arterienmuskulatur außerdem HSP27 induziert. Bei Säugern wurde schon früher gezeigt, dass Stress durch Immobilisierung zu einer raschen Aktivierung der Hypothalamus-Hypophysen-Nebennieren-Achse und des sympathischen Nervensystems führt (Abschnitte 5.1, 5.2). Durch Eingriffe in dieses System mit Substanzen wie Dexamethason (einem synthetischen Glucocorticoid), die zu einem reduzierten ACTH-Spiegel führen, konnte die Induktion von HSP70 in der Nebennierenrinde auf ein Viertel reduziert werden. Nach vollständiger Eliminierung des endogenen ACTH durch Hypophysektomie kommt die Expression von HSP70 bei der Ratte ganz zum Erliegen. ACTH-Injektion allein führt bei diesen Tieren zur Induktion von HSP70 in der Nebennierenrinde. Während dieser Behandlung blieb die HSP70-Expression in der glatten Arterienmuskulatur unbeeinflusst. Bei diesen Zellen scheint die HSP70-Expression von der Aktivierung des sympathischen Nervensystems über noradrenerge Hormonrezeptoren abzuhängen. Eine spezifische Blockierung des a_1-adrenergen Rezeptors vor der Immobilisierung unterdrückte die HSP70-Expression in der glatten Arterienmuskulatur fast vollständig. Auf die HSP70-Expression in der Nebennierenrinde hatte eine solche Behandlung keinen Einfluss. Die Induktion von HSP70 in beiden Geweben wird durch die Aktivierung von HSF-1 vermittelt und nimmt mit zunehmendem Alter der Versuchstiere ab. Sowohl die Menge an HSF-1 als auch an ACTH oder anderen Hormonen bleibt trotz zunehmendem Alter unverändert. Daraus lässt sich ableiten, dass entweder HSF-1 selbst oder eine Komponente des Aktivierungsmechanismus altersabhängig verändert wird (Holbrook und Udesman 1994).

Weitere Versuche an Ratten zeigten, dass Cortisol die Synthese von HSP70 hemmt (Bitar et al. 1999), während die SAM-Achse nach körperlicher Anstrengung, die HSP70-Menge auch im Herzmuskel steigert – eine Induktion, die aber im Alter abnimmt (Demirel et al. 2003). Auch Prostaglandine vom TypA (PGA) induzieren Stressproteine im Herzmyocyten der Ratte (HSP70 und HSP32 = Hämoxigenase) (Cornelussen et al. 2001), ebenso wie Angiotensin-II und Blutdrucksteigerung durch Noradrenalininfusion die Menge an HSP32 in der Aortawand erhöhen (Ishizaka et al. 1997).

Stressproteine, Hyperthermie und Krebs

Wird in Tumoren durch die Hitzebehandlung eine Stressantwort ausgelöst, sind diese Zellen anschließend resistenter gegenüber Bestrahlung oder Chemotherapeutika. Eine erhöhte Menge an HSP70 in Tumoren führt auch zu erhöhter Resistenz gegenüber Lyse durch den Tumornekrosefaktor (TNF-a) (Singh et al. 2002). Viele Chemotherapeutika (Cisplatin, Daunomycin, Doxorubicin, Cytosinarabinosid, 3'-Fluorodeoxythymidin, Colchicin und Vincristin) lösen auch ihrerseits schon bei den therapeutisch wirksamen Konzentrationen eine Stressantwort beim Tumor aus und bewirken in den überlebenden Zellen Resistenz gegen ihre eigene Wirkung. Wenn möglich sollten also Chemotherapeutika verabreicht werden, die zumindest in den üblichen Konzentrationen keine Stressantwort auslösen (5'-Fluorouracil, Aminopterin, Ametho-

pterin, Mithramycin und Cycophosphamid) und damit Anpassungsvorgänge anschalten. Der Gehalt an Stressproteinen in Tumorzellen gibt Aufschluss über ihre Empfindlichkeit gegenüber einer Therapie. Andererseits wurde beobachtet, dass eine erhöhte Expression von Stressproteinen nach Hyperthermie-Behandlung mit einer verstärkten Oberflächenpräsentation der induzierten Form von HSP70 einhergeht und mit einer erhöhten Immunogenität der Tumorzellen korreliert. Sowohl $\gamma\delta$-T-Zellen als auch $a\beta$-T-Zellen sind an der Lyse von Tumorzellen beteiligt. Durch die erhöhte HSP70-Präsentation wird hauptsächlich die Lyse durch $a\beta$-T-Zellen verstärkt (Fracella und Rensing 1997). Neuerdings werden Impfstoffe gegen HSP-Komplexe aus Tumoren entwickelt, die zumeist das HSP-Glykoprotein-96 verwenden und sich in der Phase klinischer Studien befinden (Oki und Younes 2004).

Ein Zusammenhang scheint zwischen Stressproteinsynthese, verschiedenen onkogenen Proteinen und der malignen Transformation zu bestehen. Einerseits führen verschiedene Stressoren außer zu erhöhter Stressproteinsynthese auch zu Veränderungen der Menge einiger zellulärer onc-Proteine (c-fos, c-myc), andererseits stimuliert neben verschiedenen viralen onc-Proteinen (T-Antigen, Adenovirus E1A) auch c-myc die Expression von Stressproteinen, wie HSP70. Interessant ist, dass HSP70 und c-myc im Zellkern koakkumulieren; möglicherweise wird c-myc hier durch eine Bindung an HSP70 in einem inaktiven Zustand gehalten. Für das Tumorsuppressorprotein p53 wurde eine Unterdrückung der Expression von HSP70 durch Interaktion mit dem CCAAT-bindenden Faktor beschrieben (Agoff et al. 1988).

Unterschiedliche Syntheseraten und Mengen an Chaperonen in proliferierenden und differenzierten Zellen sowie ihre Assoziaiton mit regulatorischen Proteinen des Zellzyklus legen Funktionen auch in diesem Bereich nahe (Helmbrecht et al. 2000). HSP70 bindet auch an ein Co-Chaperon (Bag-1), das auf der anderen Seite an die Raf-1-Kinase bindet und sie aktiviert. Raf-1 ist eine der *upstream*-Kinasen, die die ERK1/2-Kaskade und damit die Zellproliferation stimuliert (Abschnitt 6.8). Durch die stressinduzierte Erhöhung der HSP70-Menge wird mehr Bag-1 gebunden und der Raf-1-Kinase entzogen, wodurch eine Hemmung der S-Phase und damit der Zellproliferation bei Stress resultiert (Song et al. 2001).

6.8 Wirkung von Stressoren und Cytokinen auf Proteinkinasen und Transkriptionsfaktoren

In diesem Kapitel werden einige wichtige Aspekte der Stresssignalübertragung in der Zelle zusammengefasst, die in den vorangehenden Teilen des Buchs erwähnt und in einigen Details schon angesprochen wurden. Stressinduzierte Neurotransmitter, Stresshormone, proinflammatorische Cytokine (Kapitel 7) sowie extrazelluläre und intrazelluläre Stressoren aktivieren intrazelluläre Signalübertragungssysteme. An diesen Systemen sind zahlreiche Proteinkinasen beteiligt, zwischen denen vielfältige Wechselwirkungen bestehen. Von zentraler Bedeutung für die Übermittlung von zahlreichen Signalen sind, drei bzw. vier sogenannte *Proteinkinasemodule*. Diese Kinasen gehören zu der großen Familie der *mitogen acitvated protein kinases* (MAPK), zu der die *extracellular signal regulated protein kinases* (ERK) gehören, die hauptsächlich von Mitogenen, d. h. von Wachstumsfaktoren, aktiviert werden. Zur MAP-Kinasefamilie gehören auch

die *c-Jun N-terminal kinases* (JNK), die *p38 Proteinkinasen* sowie die erst kürzlich entdeckte ERK5. Diese Proteinkinasen übermitteln unter anderem zahlreiche Stresssignale. Alle Mitglieder der MAPK-Familie werden in charakteristischer Weise durch Phosphorylierung an einem Threonin- und einem Tyrosinrest stimuliert.

Die ER-Kinasen-1 und -2 sind wesentlich an der Kontrolle der Proliferation beteiligt und werden durch verschiedene Wachstumsfaktoren aktiviert. Die stressaktivierten Proteinkinasen dieser Familie werden dagegen von vasoaktiven Peptiden, Entzündungscytokinen der *tumor necrosis factor* (TNF)-Familie, Interleukin-1 (IL-1) und äußeren/inneren Stressoren wie osmotischem Schock, Hitzeschock, UV, ionisierender Strahlung, oxidativem Stress, Hypoxie (Ischämie), Arsenit, Proteinsyntheseblockern und bakteriellen Endotoxinen stimuliert (Abschnitte 6.1–6.6, Kapitel 7) (Abb. 6.25). Diese Proteinkinasen regulieren unter anderem den Zellzyklusarrest, den programmierten Zelltod (Apoptose), das Cytoskelett, Morphogenese und Immunität. Das geschieht dadurch, dass Mitglieder der MAP-Kinasefamilie bestimmte Proteine direkt

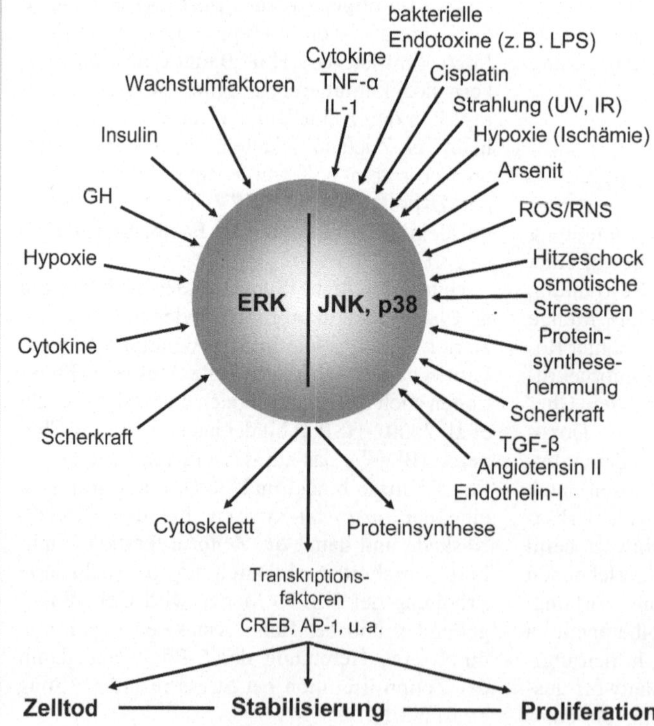

6.25 Faktoren, die die unterschiedlichen Mitglieder der MAP-Kinasefamilie stimulieren. AP-I – *activator protein1*, CREB – *cAMP response element binding protein*, IL-1 – Interleukin 1, LPS – Lipopolysaccharid, TGF-β – *transforming growth factor β*, TNF-α – *tumor necrosis factor α*.

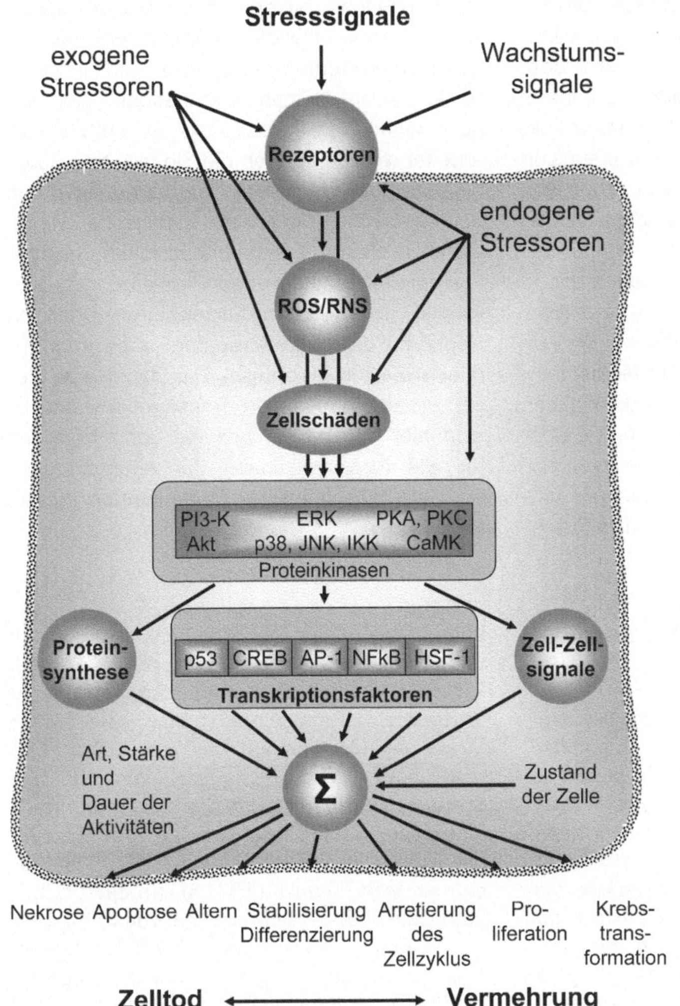

6.26   Übersicht über wichtige stressermittelnde Signalketten und zellulare Stressreaktionen. Exogene und endogene Stressoren wirken teils auf Rezeptoren der Zelle, teils erzeugen sie reaktive Sauerstoff- oder Stickstoffspezies (ROS/RNS), teils bewirken sie direkt Zellschäden (insbesondere in den Molekülen von DNA, Proteinen und Lipiden), teils stimulieren sie direkt Proteinkinasen. Stresssignale wie Stresshormone oder Cytokine und Wachstumssignale aktivieren über Rezeptoren die Proteinkinasen. Über erhöhte ROS/RNS-Konzentration und Zellschäden (z. B. DNA, Protein) können die Proteinkinasen und die Transkriptionsfaktoren ebenfalls aktiviert werden. Als stressaktivierbare Proteinkinasen sind hier einige wichtige Vertreter angegeben, ebenso wie einige der wichtigsten stressinduzierbaren Transkriptionsfaktoren (Abkürzungen siehe Text). Außerdem wirken die Proteinkinasen auf die Proteinsynthese und Zell-Zellkommunikation ein. Die Zusammensetzung dieser Signale, ihre Stärke und Dauer sowie der Zustand der Zelle ergeben die Reaktion der Zelle auf Stress im Spektrum zwischen Zelltod (Nekrose, Apoptose) und Zellvermehrung. Ob es dabei zu einer quantitativen Integration dieser Signale kommt (Σ), über die dann die Entscheidungen getroffen werden, ist noch nicht geklärt (nach Kregel 2002, Kovacic et al. 2002, Vousden und Lu 2002, Shaulian und Karin 2001, Wang et al. 2002, Blagosklonny 2003).

phosphorylieren oder weitere *down stream*-Proteinkinasen aktivieren, die die Motilität, die Proteinsynthese, Zell-Zell-Kommunikation oder Transkriptionsfaktoren in ihrer Aktivität steuern. Die unterschiedlichen von den MAP-Kinasen aktivierten Transkriptionsfaktoren steuern ein weites Spektrum von Genen, deren Funktion von der Initiation des programmierten Zelltods über Zellstabilisierung (*survival*) und Differenzierung bis zur Stimulation der Proliferation reicht.

Beide Gruppen von Kinasen (ERK und JNK/p38) werden von den verschiedenen Wachstums- und Stresssignalen über zum Teil gemeinsame, zum Teil über spezifische Proteinkinasen aktiviert. Sowohl die Signalkaskaden, die über zwei bis drei Lagen von *upstream*-Proteinkinasen zur Aktivierung der MAP-Kinasefamile führen, wie auch die von der MAPK-Familie fortge-

leiteten Signale bilden ein komplexes Signal- und Wirkungsnetzwerk, das die jeweils passende Reaktion steuert. Es ist dabei noch nicht klar, ob in diesem Netzerk Informationen der verschiedenen Signalketten ausgetauscht und verarbeitet werden oder ob die Signalketten durch Gerüstproteine isoliert sind und so quasi durch Leitungsbahnen die jeweils spezifischen Reaktionen auslösen. Die grundsätzlichen Reaktionen der Zelle sind entweder Proliferation (Zellzyklusaktivierung), Zellzyklusarrest (gekoppelt mit Reparatur oder Differenzierung) oder programmierter Zelltod (Apoptose). Die Signalwege dieser Proteinkinasen und Transkriptionsfaktoren sind hier dargestellt, weil sie hohe Relevanz für alle Stressreaktionen, für Altersprozesse und stressbeeinflusste Erkrankungen haben (Abb. 6.26).

6.8.1 Die zentralen Stresskinasemodule und ihre Aktivierungssignale

Die zentralen Stresskinasen kommen in mehreren Isoformen vor wie JNK-1,-2 und-3, p38 α, β, γ, δ sowie ERK5 und werden sowohl von extrazellulären Stresssignalen (Hormonen, Entzündungscytokinen, Endotoxinen) aktiviert, wie auch von intrazellulär wirksamen Stressoren. Die extrazellulären Stresssignale binden an verschiedenartige Rezeptoren – Angiotensin-II und Endothelin etwa an Rezeptoren, die heterotrimere G-Proteine als Vermittler zur Aktivierung von Phospholipase (β und der *second messenger* IP$_3$ und Ca^{2+}) benutzen (Abschnitt 5.1). Die Cytokine TNF-α und IL-1 und Endotoxine, die an Toll-Rezeptoren (TLR) andocken, aktivieren jeweils über rezeptorgebundene Proteinkinasen *TGF-β-activated kinase* (TAK-1 und MEK-6) die Aktivierungskaskade der JNK/p38-Familien. Signalmoleküle, die an Rezeptortyrosinkinasen (RTK) binden, aktivieren über deren Adapter und daran gebundene, monomere G-Proteine (Ras, Rho) wiederum Proteinkinasen (A-Raf, B-Raf, Raf-1). Diese Kinasen setzen dann Kaskaden in Gang, die schließlich in der Aktivierung der mitogenaktivierten Proteinkinasen münden. Wenn man die drei großen Module der MAP-Kinasen, **ERK-Modul**, **p38-Modul**, **JNK-Modul** (Abb. 6.27), auf ihre wichtigsten stimulierenden Signale durchgeht, so sind es bei dem ERK-Modul, das in allen Geweben vor-

kommt, vor allem Wachstumsfaktoren, Serum und Phorbolester sowie in geringerem Ausmaß Liganden von Rezeptoren mit gekoppelten heterotrimeren G-Proteinen, Cytokine, osmotischer Stress und Mikrotubuli-Desorganisation. Das p38-Modul wird von physikochemischen Stressoren wie oxidativem Stress, UV-Strahlung und Hypoxie (Ischämie) sowie von verschiedenen Cytokinen wie Interleukin-1 (IL-1) und *tumor necrosis factor α* (TNF-α) stimuliert (Chen 2001), das JNK-Modul vor allem von Cytokinen, UV-Strahlung, Mangel an Wachstumsfaktoren, DNA-schädigenden Agentien und in geringerem Maß von G-Protein-gekoppelten Rezeptoren und Wachstumsfaktoren (Kyriakis und Avruch 2001, Roux und Blenis 2004). Ausgehend von diesen Signalen werden diese drei Module generell durch zwei sequentiell zwischengeschaltete Ebenen von Proteinkinasen, den MAPK-Kinase-Kinasen (MAPKKK) und MAPK-Kinasen (MAPKK) stimuliert (*upstream*-Proteinkinasen). Die MAPKKK sind dabei Ser/Thr-spezifische, die MAPKK Thr/Tyr-spezifische Kinasen, MAKKK werden auch als MEKK, MAPKK als MEK bezeichnet (MEK – *mitogen activated ERK activating kinase*) (Abb. 6.27).

Allen bisher bekannten stresskinaseaktivierenden Signalwegen sind außer der Fülle von aufeinanderfolgenden Aktivierungsschritten sowohl divergierende wie konvergierende Signalwege gemeinsam, die ein komplexes Netzwerk bilden. (Abb. 6.27). Die Interaktionen im Einzel-

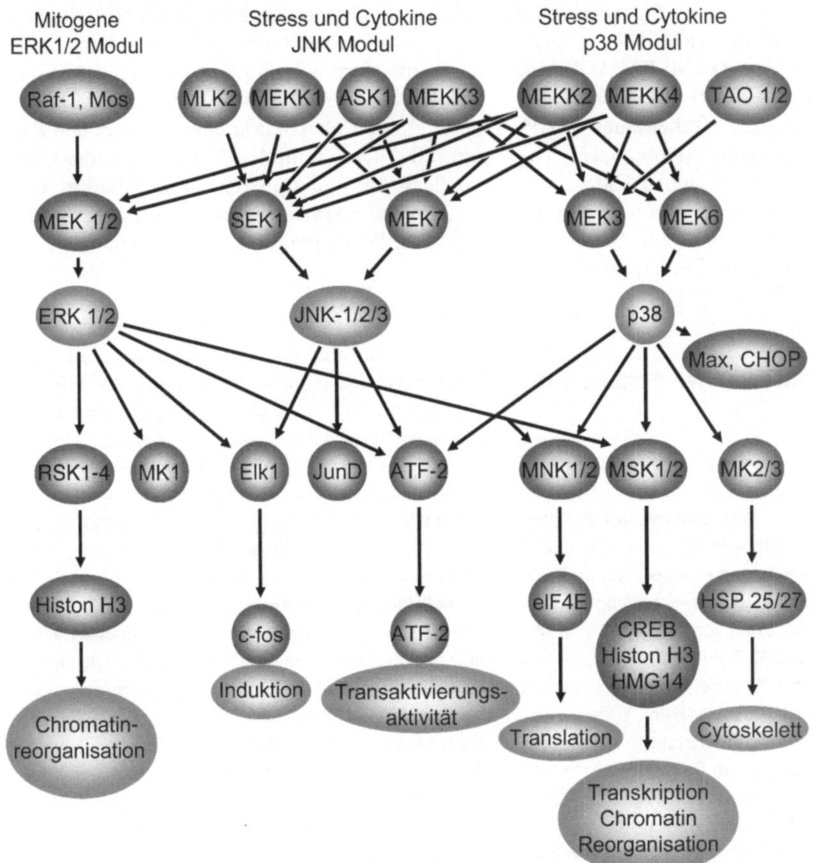

6.27   MAP-Kinase-Aktivierungs-Netzwerk. Zahlreiche Faktoren aktivieren entweder die stressaktivierten Mitglieder dieser Familie (JNK und p38) oder auf der anderen Seite die *extracellular regulated kinases* (ERK1/2), in vielen Fällen auch beide Gruppen (*cross talk*) SEK1 = MEK4, Elk-1-, JunD, ATF-2 – Transkriptionsfaktoren, HMG14 – *high mobility group 14*, c-fos – *immediate early gene*, CHOP = GADD 153 – *growth arrest and DNA damage*, Max–Transkriptionsfaktor, an c-myc gebunden, MLK2 – *mixed lineage kinase 2*, Mos-, Raf-1 – Proteinkinasen der MEKK-Gruppe, MEK – *mitogen-activated*, ERK – *activating kinase*, ASK1 – *apoptosis signal regulating protein kinase*, MK2/3 – *MAP kinase-activated protein kinases 2/3*, MNK1/2 – *MAPK interacting kinases 1/2*, MSK1/2 – *mitogen and stress-activated kinases 1/2*, RSK1-4 – *ribosomal S6-kinases 1-4*, TAO1/2 – *thousand and one amino acid 1/2*, HSP25/27 – *heat shock protein 25/27* (nach Cowan und Storey 2003).

nen zu besprechen, würde den Rahmen dieses Buches sprengen, zumal die divergierenden/konvergierenden Beziehungen zwischen den Proteinkinasen – wie sie als Pfeile in der Abb. 6.27 dargestellt sind – keineswegs gleich starke Wirkungen wiedergeben. Die Beziehungen sind vielmehr durch z. T. noch unbekannte Steuermechanismen, wie durch Gerüstproteine und Phosphatasen sowie durch unterschiedliche Substrataffinitäten und Kinetiken, reguliert.

Um in der Fülle der zu den zentralen Kinasemodulen (ERK bzw. JNK und p38) führenden (afferenten) Signalketten, die häufig miteinander quervernetzt sind, gezielte Signalleitungsbahnen herzustellen, sind offenbar Signalleitgerüste entwickelt worden. Diese Multiproteinkomplexe wurden zuerst in der Hefe entdeckt, sind aber auch in Säugerzellen vorhanden und bestehen einerseits aus Kinasen – also Bestandteilen der Signalkette –, andererseits aus Phosphatasen und Gerüstproteinen.

Aktivierte ERK, p38 und JNK-Module vermitteln ihre Wirkungen durch Phosphorylierung von Proteinen entweder direkt und/oder über die

Aktivierung von *down stream* Proteinkinasen (*90 kDa ribosomal S6 Kinase* (RSK1-4), *mitogen and stress activated kinases* (MSK1/2), *MAPK interacting kinases* (MNK1/2) *MAPK activated protein kinases* (MK 2,3) (früher auch MAP-KAP-Kinasen 1, 2 genannt) (Abb. 6.27). Die Spezifität der Interaktion zwischen Kinase und Substratproteinen bzw. Gerüstproteinen wird durch spezifische Andockorte auf Seiten der Substrate und Kinasen und Gerüstproteine ga-

rantiert. Die zentralen Proteinkinasen wie auch die „down stream" Proteinkinasen können sowohl im Kern wie im Cytoplasma lokalisiert sein. Bei ihrer Aktivierung verändern sie die ursprüngliche Lokalisation häufig (Roux und Blenis 2004). Die Zielmoleküle sind entweder selbst an der Stressreaktion der Zelle beteiligt oder steuern die Expression von Genen, deren Produkte die Stressreaktionen umsetzen.

Exkurs 6.6: Effektoren der Stresskinasemodule

Mitogen and stress activated kinases 1,2 (MSK1/2). MSK1/2 sind vorwiegend im Kern lokalisiert und werden sowohl von Wachstumsfaktoren über ERK1/2 wie von stressaktivierten Kinasen (p38) phosphoryliert. In der so aktivierten Form phosphorylieren sie das *cAMP response element binding protein* (CREB), das wesentlich auch von der cAMP-aktivierten PKA aktiviert wird. CREB-P funktioniert daraufhin als Transkriptionsfaktor für eine Anzahl von Genen (Abschnitt 6.1). MSK1/2 aktivieren zudem den CREB-verwandten Transkriptionsfaktor ATF-1, die beide an der Stimulierung von mehreren *immediate early*-Genen, wie *c-fos*, *jun-B* und *egr-1* beteiligt sind und diese bei Stress aktivieren. c-fos und Jun-B sind wiederum Bestandteile des Transkriptionsfaktors AP-1 (siehe unten).

MSK1/2 sind auch an der Aktivierung des Transkriptionsfaktors NFκB sowie von ER-81 und STAT-3 beteiligt (Roux und Blenis 2004). Außerdem phosphorylieren diese Kinasen das Histon H-3 und das *high mobility group protein* HMG14, was beides die Struktur des Chromatins auflockert und so den Zugang von Transkriptionsfaktoren zu ihren jeweiligen Promotoren erleichtert. Phosphorylierte Transkriptionsfaktoren können ihrerseits Histonacetylierungsenzyme einschleusen, die ebenfalls den Zugang der Faktoren zu den Genen erleichtern. Diese Veränderungen der Chromatinstruktur verstärken so die Wirkung der Transkriptionsfaktoren auf die Expression jeweils unterschiedlicher Sätze von Proliferationsfördernden oder auf Stress antwortenden Genen.

MAPK interacting kinases 1,2 (MNK1/2). Diese Gruppe von *down stream*-Proteinkinasen werden ebenfalls von den ERK- und p38-Modulen aktiviert – d.h. sowohl durch Mitogene wie durch Stress stimuliert. Sie beeinflussen vor allem die Proteinsynthese über die Phosphorylierung von Proteinen des eukaryotischen Initiationskomplexes und damit auch die Proliferation von Zellen.

Der Initiationskomplex, der den Start der mRNA-Translation an den Ribosomen ermöglicht, wird durch mehrere Phosporylierungsschritte reguliert, die zum einen durch Hemmung eines Inhibitors und zum anderen durch Modulierung eines eukaryotischen Initiationsfaktors (eIF-4E) wirken. MK-1/2 scheinen durch diese Phosphorylierung eine Verminderung der Proteinsynthese zu bewirken (Knauf et al. 2001).

MAP kinase activated protein kinases 2, 3 (MK 2,3). MK2 und 3 werden von p38 α,β Stresskinasen aktiviert und dabei aus dem Kern exportiert (in einem Komplex mit p38). MK2 ist eine zentrale Proteinkinase für die Synthese von Cytokinen (TNF-α, IL-6, IFN-γ) nach Stimulation durch Bakterienendotoxine (Kapitel 7). Diese Wirkung beruht offenbar auf der Stabilisierung der jeweiligen mRNA. Außerdem regeln MK2 und 3 die Elongation der Proteinsynthese über den eukaryotischen Elongationsfaktor eEF-2.

Auf der transkriptionellen Ebene aktivieren sie CREB, den *serum response factor* (SRF) und damit die Expression der *immediate early*-Gene, ebenso aktivieren sie die Transkriptionsfaktoren E-47 und ER-81. Schließlich phosphorylieren sie kleine Stress-(Hitzeschock-)Proteine (HSP27).

Die kleinen HSP liegen normalerweise als hochmolekulare Multimere vor, die Chaperonfunktion aufweisen, d.h. die Proteinfaltung unterstützen (Abschnitt 6.7). Phosphorylierung von HSP27 durch Stresskinasen scheint zur Dissoziation dieser Multimere und zu einer Beteiligung an der Reorganisation von F-Actin zu führen, was wiederum Auswirkungen auf die Mobilität der Zelle hat.

In Reaktion auf DNA-Schädigung – z.B. durch γ-Strahlen – und Entzündungsstressoren wird ein weiteres Protein aus der CREB-Familie über p38 aktiviert, das in diesem Fall als Repressor von cAMP-regulierten Genen und Aktivator von einigen Stressgenen wirkt. Dieses Protein (*growth arrest and DNA damage* – GADD-153) ist auch an der Blockierung des Zellzyklus am G1/S-Übergang beteiligt und ermöglicht so eine Reparatur der DNA vor ihrer Verdopplung in der S-Phase. p38 scheint auch über andere Wege die Proliferation zu hemmen: so werden p53 und Rb-abhängige (negative) Einflüsse verstärkt und Cdc25-abhängige (positive) Wirkungen verringert (Bulavin und Fornace 2004). Bei der Wundheilung der Cornea bewirkt der *transforming growth factor β* (TGF-*β*) eine Aktivierung von p38, das daraufhin ebenfalls die Zellproliferation hemmt, aber die Zellmigration verstärkt, was den Heilungsprozess fördert (Saika 2004).

6.8.2 Eine Regulation der MAPKinasen erfolgt durch Phosphatasen und Gerüstproteine

Jede Signalkette muss nach einem Signal wieder inaktiviert werden, um gegebenenfalls wieder weitere Signale übermitteln zu können. Daher sind auch in biologischen Signalketten Inaktivierungsmechanismen eingebaut – wie beispielsweise bei den Stresshormonachsen (Abschnitte 5.2, 5.3). Dieses Prinzip ist auch bei den Proteinkinasen allgemein und den MAPKinase-Kaskaden im Besonderen realisiert: Zahlreiche Phosphatasefamilien dephosphorylieren die aktivierten Kinasen und Effektorproteine.

Aktivierte MAPKinasen weren durch eine Familie von **dual specificity MAPK-Phosphatasen (DS-MKP)** dephosphoryliert und damit inaktiviert. *dual specificty* deshalb, weil sie sowohl Phosphatgruppen an Tyrosin – als auch an Threonin-Serin-Aminosäuren abspalten können. Die Substratspezifität dieser Phosphatasen wird sowohl durch eine Phosphatasedomäne am C-terminalen Ende wie auch durch eine N-terminale Bindungssdomäne hergestellt. Erst die Bindung an das Substrat, d. h. an eine MAP-Kinase, aktiviert die Phosphatase (Farooq und Zhou 2004). Im Falle der MAPKinase ERK2 wurde ein Komplex aus ERK2, MKP3 und einer weiteren Kinase (*casein kinase 2* – CK2) gefunden. CK2 phosphoryliert die Phosphatase und scheint sie so zu inaktiveren (Castelli et al. 2004). MKP3 und 4 sind hoch selektiv für ERK1 und 2, MKP1 und MKP3/6 für p38 und JNK und MKP2 für ERK1/2 und p38. Mehrere DS-MKP-Gene werden durch Stress oder Wachstumsfaktoren aktiviert.

Eine weitere wichtige Phosphatase (*protein phosphatase 2A* – PP2A) bindet an MEK1 und deaktiviert diese *upstream*-Proteinkinase und damit den ERK-Weg. Auch hier wurde eine Assoziation der Phosphatase mit der Caseinkinase-2*a* gefunden, die in diesem Fall anscheinend die Phosphataseaktivität erhöhte. Die Komplexität wird noch erhöht durch die Bindung an Gerüstproteine (*scaffold proteins*), die möglicherweise Signalleitbahnen durch die Zelle herstellen (Exkurs 6.7).

Exkurs 6.7: Gerüstproteine

Es gibt inzwischen zahlreiche Ergebnise, die Gerüstproteine als Leitstrukturen für Signalkaskaden belegen. Besonders gut fundiert sind diese Befunde bei der Hefe (*Saccharomyces cerevisiae*), weil man dort zahlreiche Mutationen analysieren konnte, bei denen einzelne Gerüstproteine Defekte aufwiesen und wo man ausgiebig Protein-Protein-Bindungen mithilfe des *two hybrid*-Systems untersucht hat (Schwartz und Madhani 2004).

Bei der Hefe gibt es drei Module: eines, das auf Pheromone hin den *mating type* entwickelt, ein anderes, das filamentöses Wachstums bei Nahrungsmangel initiiert (dabei bleiben die sich teilenden Zellen aneinander haften und bilden so lange Ketten/Filamente aus) und ein Modul, das bei osmotischem Stress aktiviert wird und Gene anschaltet, die Enzyme für osmotisch wirksame Substanzen, wie Glycerol, herstellen. Die zentrale MAPKinase des ersten Moduls (Fus-3) ist dem ERK1,2 der Säuger homolog, ebenso wie Kss-1, die MAPKinase für filamentöses Wachstum, während die zentrale Kinase (Hog-1) homolog zu p38 ist. Die drei Module benutzen bei den *upstream* gelegenen MEK und MEKK-Enyzmen oft dieselben Signalwege. Trotz dieses *cross talks* kommt es normalerweise nicht zu falschen Signalwegen oder Entscheidungen. Erst wenn man einzelne Gerüstproteine, wie beispielweise Ste5 mutiert, bekommt man bei *mating*-Pheromonen nicht mehr eine Diferenzierung zum *mating-type*, sondern filamentöses Wachstum (Schwartz und Madhani 2004). Anscheinend verhindert das Gerüstprotein den unspezifischen *cross talk* zwischen den Modulen. Wahrscheinlich sind daran noch weitere Proteine und Mechanismen beteiligt. So wurde gezeigt, dass das eine Modul (Hog-1) Phosphatasen aktiviert, die die anderen Module (Fus-3, Kss-1) inhibieren. Auch unterschiedliche Dauer eines Signals kann unterschiedliche Aktivierungen von Fus-3 und Kss-1 zur Folge haben.

Eine besonders interessante Funktion des Gerüstproteins Ste-5 wurde kürzlich beobachtet (Flotho et al. 2004): Wenn *mating*-Pheromone an ihre Rezeptoren gebunden haben, wird an der Plasmamembran ein G-Protein-MAPK-Kaskadekomplex gebildet, unterstützt von Ste-5. Das Gerüstprotein wird dazu an diesen Stellen konzentriert. Dabei wird Ste-5 von verschiedenen Mitgliedern der MAPKinase-Kaskade phosphoryliert, was zu einer weiteren Akkumulation von Ste-5 an der Plasmamembran führt. Es findet also eine positive Rückkopplung in der Weise statt, dass erhöhte MAPK-Aktivitäten erhöhte Ste-5-Phosphorylierung und -Synthese und damit erhöhte räumliche Konzentration und Aktivität des Gerüstproteins bewirken. Das hat wiederum eine Steigerung der Signaltransduktion des Pheromonwegs zur Folge. Ein derartiger Mechanismus hat Ähnlichkeit mit der Bahnung (*facilitation*) in neuronalen Systemen, in der ebenfalls Reizdauer oder Reizhäufigkeit bestimmte Signalverbindungen verstärken. Dieser Mechanismus würde auch zur Entscheidung und Gedächtnisbildung in der Zelle beitragen können.

Deshalb sei auch an dieser Stelle noch einmal auf die wichtige Rolle der MAPKinasen bei synaptischer Plastizität und Gedächtnis bei neuronalen Systemen hingewiesen (Sweatt 2004 und Kapitel 4). Dasselbe gilt auch für Bahnungsprozesse und Plastizität bei *Aplysia* (Ormond et al. 2004, Sharma und Carew 2004) und die Konsolidierung des Furchtgedächtnisses in der Amygdala (Duvarci et al. 2005).

6.8.3 Der Transkriptionsfaktor Aktivatorprotein-1 (AP-1) wird von MAPKinasen und anderen Proteinkinasen aktiviert

Ein universell verbreiteter und besonders wichtiger Transkriptionsfaktor ist das *activator protein 1* (AP-1), das sowohl von physiologischen Signalen (Wachstumsfaktoren, Hormone) über mitogenaktivierte Kinasen wie von einer großen Zahl von Stressoren über Stresskinasen stimuliert wird. AP-1 ist kein einzelnes Protein, sondern eine Menagerie von unterschiedlich zusammengesetzten Dimeren, die über *basic leucine zipper* (bZIP) aneinander binden. Die verschiedenen Proteine gehören den Unterfamilien Jun (c-Jun, JunB, JunD), Fos (c-fos, FosB, Fran-1 und Fran-2), Maf (c-Maf, MafB, MafA, Mafg/F/K and Nrl) und ATF (ATF-2, LRF-1, ATF-3, B-ATF, JDP-1, JDP-2) an und bilden sowohl Homo- wie Heterodimere untereinander. Diese erkennen und binden z. B. die Phorbolester-(TP-)*response*-Elemente (TRE) oder *cAMP response*-Elemente (CRE) auf Promotoren.

Die Wirkung dieser AP-1-Transkriptionsfaktoren hängt einmal von ihrer jeweiligen Aktivität und Menge und der Zusammensetzung der beiden Komponenten ab, sodass ein Heterodimer aus c-Jun/c-fos den Zellzyklus fördert, indem es hemmende Faktoren (p53, p21) inhibiert und stimulierende Faktoren (Cyclin D1) aktiviert, während Heterodimere mit JunB offenbar das Gegenteil bewirken, nämlich eine Arretierung des Zellzyklus (Shaulian und Karin 2002). Auch durch Phosphorylierung der AP-1-Proteine durch mitogen- oder stressaktivierte Kinasen kann die Aktivität des Transkriptionsfaktors verändert werden. Die Induktion von AP-1 über Wachstumsfaktoren verläuft über die Aktivierung der *extra cellular signal regulated kinase*-(ERK-)Untergruppe, die in den Kern transloziert werden und dort durch Phosphorylierung den *ternary complex factor* (TCF) aktivieren, der an den *fos*-Promotor bindet.

Die Induktion von AP-1 durch entzündungsfördernde Cytokine (TNF-α und IL-1), durch den *Toll-Receptor 4* (TLR-4), durch UV-induzierte Genschäden u. a. wird dagegen durch die JNK- und p38-Stresskinasen vermittelt. JNK phosphoryliert und aktiviert im Kern c-Jun und ATF-2, die als Heterodimer dann an den *c-jun*-Promotor binden. Diese *c-jun*-Induktion ist wesentlich dauerhafter als die durch Wachstumsfaktoren.

6.8.4 AP-1 beeinflusst den Zellzyklus und damit die Proliferation.

In den voranstehenden Unterkapiteln wird oft die Wirkung von Stressoren auf AP-1 und den Zellzyklus erwähnt, insbesondere in Abschnitt 6.6 in bezug auf die strahleninduzierte Krebstransformation von Zellen. Daher fassen wir hier einige wichtige Erkenntnisse über die Regulation des Zellzyklus zusammen.

Der Zellzyklus von Eukaryonten wird in vier große Phasen eingeteilt: die G1-Phase (von englisch *gap*-Lücke) vor der S-Phase (Synthesephase), in der die DNA repliziert wird, die G2-Phase vor der M-Phase (Mitosephase), in der die in der S-Phase verdoppelten Chromosomen auf die beiden Tochterzellen aufgeteilt werden (Abb. 6.29). In diesem Zyklus gibt es mehrere Kontrollpunkte, sog. *„checkpoints"*, an denen die Zelle sozusagen prüft, ob alle Voraussetzungen für den Übergang in die nächste Phase erreicht sind. Ein zentraler Checkpoint existiert vor dem Übergang von der G1- in die S-Phase, ein weiterer zentraler Checkpoint vor dem Übergang von G2 nach M.

Wesentliche Kontrollmechanismen dieser Checkpoints bestehen wiederum aus Proteinkinasen, den *cyclin-dependent kinases* (Cdk), die als regulatorische Untereinheiten jeweils phasenspezifische Cycline aufweisen. Der G1-S Checkpoint wird durch die Aktivität von zwei CdK bestimmt: Cdk4/6 mit Cyclin D und Cdk2 mit Cyclin E. Cdk4/6/Cyclin D wird über eine vermehrte Expression von Cyclin D1 aktiviert – als Resultat der Stimulation von c-Jun/c-fos durch MAP-Kinasen wie oben dargestellt. Cdk4/6/Cyclin D phosphorylieren das Retinoblastomprotein (pRb), das in der niedrig phosphorylierten Form den für die S-Phase entscheidenden Transkriptionsfaktor E2F hemmt. In der danach höher phosphorylierten Form

löst er sich von E2F und ermöglicht E2F die Aktivierung von zahlreichen Genen, unter anderem von E2F selbst und von Cdk2/Cyclin E. Diese Cyclin-abhängige Kinase phosphoryliert verstärkt das pRb und setzt dadurch weiter aktives E2F frei (positive Rückkopplung), was so zum unwiderruflichen Eintritt in die S-Phase führt. Für die S-Phase ist außerdem die Expression von Cyclin A notwendig, das dann in dieser Phase mit Cdk2 assoziiert. Der G2-M Checkpoint wird wesentlich durch den dann aktivierten Cdk1/Cyclin B-Komplex kontrolliert (Abb. 6.28).

An beiden Checkpoints greifen inhibitorische Proteine in die Aktivität der CdK-Komplexe ein: vor allem ein Inhibitor (p21/CIP – *Cdk inhibitory protein*), dessen Expression durch p53 stimuliert wird. Wie oben (Abschnitt 6.6) dargestellt, wird p53 durch Schäden in der DNA stabilisiert und sorgt dann für eine Arretierung des Zellzyklus an beiden Checkpoints. c-Jun unterbindet das und

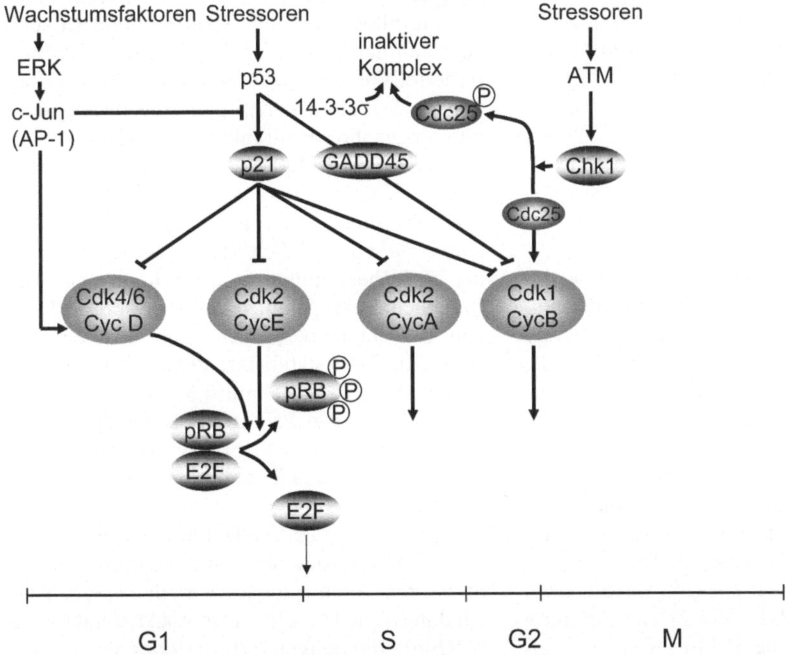

6.28. Zellzyklus. Aktivierung und Inaktivierung durch Stressoren. Insbesondere die Übergänge der Zellzyklus-Phasen von G1 nach S und von G2 nach M werden durch positive und negative Signale kontrolliert. Positive Signale kommen beispielsweise über die MAPK/ERK-Familie und den AP-1 Transkriptionsfaktor, negative Signale von dem Transkriptionsfaktor p53. Einer der positiven Signalketten stimuliert die Synthese von Cyclin D1, das mit den zyclinabhängigen Kinasen 4 und 6 (Cdk4/6) das Retinoblastomprotein (pRb) phosphoryliert und damit den vorher blockierten Transkriptionsfaktor E2F freisetzt und aktiviert. Negative Signale werden durch die p53-abhängige Synthese eines Cdk-Hemmers (p21) vermittelt. p53 stimuliert außerdem die Synthese eines Hemmproteins (14-3-3σ), das eine Phosphatase (Cdc25) inhibiert. Cdc25 beseitigt eine hemmende Phosphatgruppe der Cdk1.

wirkt so proliferationsfördernd. Ein anderes Mitglied der Jun-Familie, JunB, scheint dagegen ein Inhibitorprotein von Cdk4/6/Cyclin D zu stimulieren, das p16/INK genannt wird. So wirkt JunB offenbar antagonistisch zu c-Jun (Shaulian und Karin 2002). Auch TGF-β wirkt u. a. über p16 hemmend auf den Zellzyklus.

Eine weitere **Regulation der Cdk-Aktivität** erfolgt durch **Phosphorylierung**. Phosphorylierung an bestimmten Aminosäureresten führt zu erhöhter, an anderen Aminosäureresten zur Erniedrigung der Aktivität. Inkomplette DNA-Replikation und DNA-Synthesehemmer bewirken über eine Phosphorylierung eine Hemmung der Phosphatase, die das hemmende Phosphat von der Cdk abspaltet. Diese Phosphatase wird nach ihrer Phosphorylierung außerdem noch durch einen Inhibitor (14-3-3σ) gehemmt, was auch zu einer Blockade des G2-M Checkpoints führt. Die Menge von 14-3-3σ wird durch p53 erhöht (Abb. 6.29) (Nebert 2002). Auch andere Stressoren, wie Hitzeschock, arretieren den Zellzyklus vorübergehend (Kühl und Rensing 2000) u. a. durch eine Hemmung des Transkriptionsfaktors E2F (Gerullis et al. 2003).

6.8.5 Weitere Proteinkinasen sind an Entscheidungen über Proliferation und Apoptose beteiligt

Weitere wichtige Proteinkinasen sind an der Signaltransduktion in der Zelle und an Entscheidungen über die zellulären Reaktionen beteiligt. Dabei handelt es sich vor allem um die PKA, die im Abschnitt 5.1 ausführlich dargesteltl wurde, die Proteinkinase-B (PKB = Akt) und die Proteinkinase-C (PKC, Abschnitt 5.1).

Die **Proteinkinase-B** (PKB/Akt) ist eine Serin/Threoninkinase mit drei Isoformen (α, β, γ), die unter anderem von Insulin aktiviert wird (Abschnitt 5.7). Die Hormonaktivierung erfolgt über die PI3-K und *phospho inositide-dependent kinase 1 and 2* (PDK-1,2). Die aktivierte Aktkinase unterstützt die Stabilisierung der Zelle, indem sie die Proteinsynthese steigert (über eIF-4E) und die Apoptose hemmt (durch die Hemmung des proapoptotischen Faktors BAD und der Caspase-9, Abschnitt 6.1). Sie stimuliert die Proliferation durch Hemmung von p21 und p27, den Inhibitoren des Zellzyklus. Wegen dieser Wirkungen werden die Signalwege, die von Akt ausgehen, auch *survival pathways* genannt (Brazil et al. 2002).

Die **Proteinkinase-C**-(PKC-)Familie besteht aus einer Anzahl unterschiedlich regulierter Proteinkinasen (PKC α, β, γ, δ, ε, η, ι, λ, μ, τ, θ, ξ). Sie werden von Rezeptoren für Wachstumshormone und Chemokine sowie von T-Zell- und G-proteingekoppelten Rezeptoren, aber auch durch reaktive Sauerstoffspezies, aktiviert. Die Aktivierung durch diese Rezeptoren wird über die Phospholipasen Cβ, γ, δ vermittelt, die als *second messenger* IP$_3$, Ca^{2+} und Diacylglycerol produzieren. Die atypische PKC-ι/λ, ξ wird auch durch die PI-3-K aktiviert. Mitglieder der PKC-Familie wirken oft über die MAPK-Kaskade und die Transkriptionsfaktoren AP-1, NFκB, NFAT und c-Myc positiv auf den Zellzyklus ein.

6.8.6 Der programmierte Zelltod (Apoptose) ist eine wichtige Entscheidung des zellulären Signalnetzwerks

Apoptose ist nicht nur eine Folge von ROS-induzierten mitochondrialen Schäden, sondern auch eine von der Zelle oder von externen Faktoren initierte Aktivität, wenn es um die Eliminierung von geschädigten Zellen geht, die im Organismus wegen ihrer Fehlfunktionen – oder einer bevorstehenden Nekrose – Schaden anrichten könnten. Der Weg zur Apoptose – auch nach oxidativem Stress – ist jedoch mit zahlreichen *check-and-balance*-Schritten versehen, die nur bei einer bestimmten Schadenshöhe den Weg freigeben. Bei reparablen Schäden werden dagegen die antiapoptotischen Mechanismen verstärkt, die Zelle stabilisiert und die Reparatursysteme aktiviert (Abschnitt 6.6).

Man kann zwei Pole der Entscheidungen der Zelle unterscheiden: Stabilisierung und Proliferation auf der einen Seite oder Apoptose auf der anderen.

Stabilisierend und zellzyklusaktivierend wirken Wachstumsfaktoren und niedrig dosierte Stressoren. Proapoptotisch wirken dagegen Entzündungssignale wie Tumornekrosefaktor α (TNF-α), Interleukin-1 (IL-1) oder Fas-Ligand (FasL) sowie hoch dosierte Stressoren (ROS, osmotischer Schock und ionisierende Strahlung). Diese beiden entgegengesetzt wirkenden Signalgruppen werden über verschiedene Rezeptoren und vermittelnde Signale auf die ERK, p38, JNK-Module und *inhibitor of kappa B kinase* (IKK) sowie auf noch nicht genau bekannten weiteren Wegen zu den Effektormolekülen geleitet (Abb. 6.29).

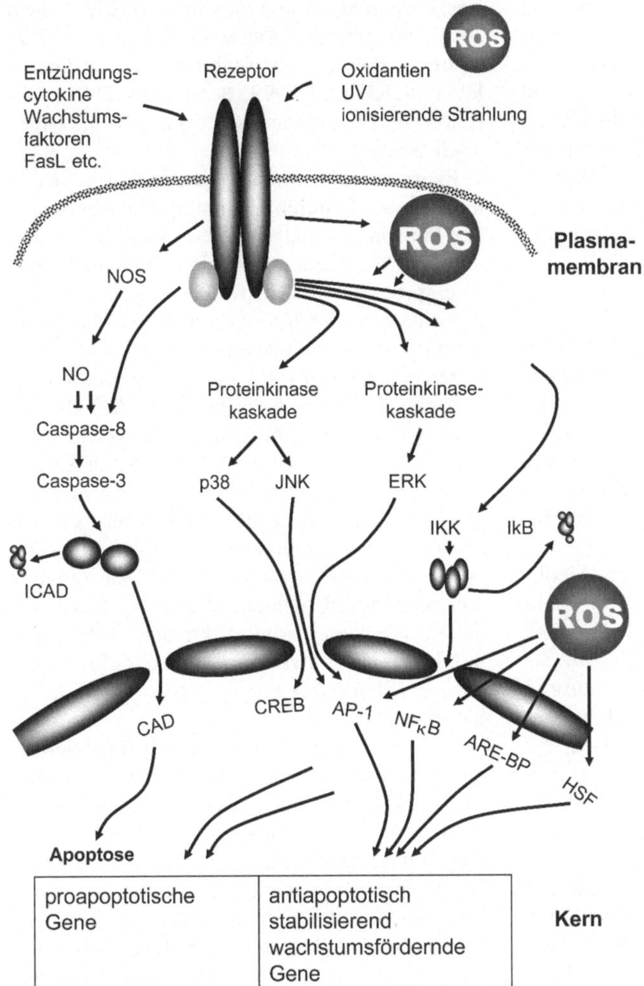

6.29 ROS und Proteinkinasen. Wirkungen von reaktiven Sauerstoffspezies (ROS) und Stickstoffmonoxid (NO) führen auf direkten und indirekten Signalwegen zur Apoptose. In der Plasmamembran ist ein (allgemeiner) Rezeptor dargestellt, der verschiedene Rezeptoren symbolisieren soll, die entweder durch ihre spezifischen Liganden, aber auch durch ROS, UV oder ionisierende Strahlung aktiviert wird. Durch den Fas-Liganden oder Entzündungsfaktoren werden über Rezeptorassoziierte Proteine Caspasen aktiviert, die über eine Proteolyse von Zellproteinen und des Inhibitors (ICAD) einer DNAse (*caspase-activated DNAse*, CAD) die Apoptose einleiten (links). Von dem Rezeptor wird auch eine *nitric oxide synthase* (NOS) aktiviert, die NO erzeugt, das bei niedrigen Konzentrationen positiv, bei höheren Konzentrationen negativ auf die Caspasen wirkt.

Mehrere Rezeptoren sind auch in der Lage, über eine Aktivierung einer NADPH-Oxidase in der Zelle ROS zu erzeugen. Zugleich gehen von den verschiedenen Rezeptoren über G-Proteine oder andere assoziierte Proteine jeweils unterschiedliche Signalketten aus: zur Phospholipase-C-γ1 (PLC-γ1), zur Phosphoinositid 3-Kinase (PI3-K) oder zu verschiedenen Proteinkinaseketten. ROS scheint als Signal mehrere dieser Signalwege beeinflussen zu können. Die stressaktivierten Proteinkinasen (c-*Jun N-terminal kinase*, JNK und p38) sowie *extracellular regulated protein kinase 1,2* (ERK1/2) wirken zum Teil gemeinsam zum Teil spezifisch auf die Aktivierung von Transkriptionsfaktoren wie *activating protein 1* (AP-1), *cyclic AMP responsive element binding protein* (CREB) sowie *antioxidant response element binding protein* (ARE-BP) oder *heat shock transcription factor* (HSF). Der *nuclear factor* (NFκB) wird durch Phosphorylierung und anschließenden Abbau eines Inhibitors (IκB) über eine Proteinkinase (IKK) aktiviert. AP-1, NFκB, ARE-BP und HSF können anscheinend durch ROS auch direkt beeinflusst werden (nach Holbrook und Ikeyama 2002, Wang et al. 2002, Scandalios 2002).

Einige Rezeptoren können die Synthese von ROS/RNS stimulieren: der Fas-Rezeptor aktiviert die NADPH Oxidase, die $\cdot O_2^-$ Radikale liefert, während die Bindung von TNF-α an seinen Rezeptor eine NO-Synthase aktiviert, die NO erzeugt, das wiederum an der Regulation der Apoptose – positiv oder negativ – beteiligt ist (Curtin et al. 2002). Bei vielen Zellen höherer Organismen löst das Fehlen von Wachstumsfaktoren Apoptose aus. Bei neuronalen Zellen erfolgt das durch das Fehlen von *nerve growth factor* (NGF), der anscheinend über seinen Rezeptor die NADPH-Oxidase hemmt. Durch Mangel an NGF wird so ROS erzeugt, und damit möglicherweie die Apoptose in Gang gesetzt. Bei EGF- und PDGF-Rezeptoren hat man dagegen nach Bindung ihrer Liganden eine Erhöhung von ROS beobachtet. Auch die mitochondriale Produktion von ROS wird anscheinend von Rezeptoren stimuliert.

Die diversen Rezeptoren setzen unterschiedliche Signalkaskaden in Gang (Abb. 6.27). Mehrere dieser vermittelnden *upstream*-Kinasen sind sensitiv für den Redoxzustand der Zelle, wie die *apoptosis signal regulating protein kinase 1* (ASK1), die durch die Oxidation des inhibierenden reduzierten Thioredoxin aktiviert wird.

Ein wichtiger Transkriptionsfaktor für eine Stabilisierungsstrategie aber auch von Apoptose ist der *nuclear factor* κB (NFκB), der vor allem bei Einwirkung von Stressoren wie ROS und Enzündungssignalen wie TNF-α und IL-1 aktiviert wird. Dies geschieht über die Phosphorylierung des NFκB-Inhibitors (IκB), der danach abgebaut wird und so NFκB den Transport in den Kern freigibt. Dort bindet NFκB an Promotoren zahlreicher Gene u. a. solche, die die Abwehr gegen oxidativen Stress verstärken, wie die Gene für MnSOD, Metallothionein oder für Proteine, die die Apoptose verhindern, wie *inhibitor of apoptosis protein 1* (IAP1). Es können aber auch – möglicherweise durch höhere ROS-Dosierungen und andere Zusammensetzungen von NFκB – proaptoptische Gene, wie das für den Fasliganden oder für TNF-α, aktiviert werden. Neuerdings hat sich gezeigt, dass NFκB (und IL-8) auch durch den Fasliganden (FasL) induziert werden kann – ebenfalls über eine Aktivierung von IKK aber offenbar über die Caspase-8, ohne Apoptose zu verursachen (Imamura et al. 2004).

Anscheinend wirken ROS (H_2O_2)-Moleküle auch direkt als Signale auf Transkriptionsfaktoren wie NFκB, AP-1, ARE-BP (*antioxidant response element binding protein*) und HSF-1 (*heat shock transcription factor-1*), sodass man ROS heute auch eine Signalfunktion zuweist (Gamaley und Klyubin 1999, Scandalios 2002), obschon die zugrunde liegenden Mechanismen noch wenig bekannt sind.

Es ist interessant, dass Hitzestress die Stresskinasen (JNK) durch Hemmung einer hemmenden Phosphatase aktiviert, dass aber gleichzeitig durch die hitzestressinduzierte Synthese von Stressproteinen (HSP70) diese Hemmung der Phosphatase aufgehoben wird. HSP70 hat daher auch auf diesem Wege eine protektive Wirkung gegen eine frühzeitige Apoptose (Abschnitt 6.1).

Außer diesen biologischen Signalen, die zur Apoptose führen, gibt es heute zahlreiche Substanzen, die in den Stoffwechsel oder in Signalketten der Zelle eingreifen und so pharmakologisch die Apoptose auslösen. Zu diesen Substanzen gehören beispielsweise RNA- und Proteinsynthesehemmer (Actinomycin, Anisomycin, Cycloheximid, Colchicin, Cisplatin), Cortisolanaloge (Dexamethason), Aktivatoren der Adenylylcyclase (Forskolin) und der Proteinkinase-C (Phorbolester) sowie Staurosporin, Tamoxifen und andere.

Apoptose, Zellzyklusarrest, Differenzierung und Proliferation der Zelle werden von dem Netzwerk der Signal- und Effektormolekülen in der Zelle so reguliert, dass eine offenbar (im Sinne der Evolution) optimale Antwort auf die Stressoren entsteht. Die dabei wirksamen Entscheidungen von der Mehrheit pro- und antiapoptotischer Faktoren oder zellzyklusstimulierender und -hemmender Kontrollmechanismen sind zurzeit wegen ihrer Komplexität noch nicht genau bekannt (Blagosklonny 2003). Wichtig ist, dass auch Lern- und Gedächtnisprozesse in der Zelle von diesem Netzwerk geleistet werden, die sich beispielsweise in der Dauer der Phosphorylierung von Signalmolekülen und deren Bindung über Dockingdomänen sowie ihrer Lokalistation im Kern und Cytoplasma manifestieren. Diese Prozesse finden auch in Neuronen statt, in denen etwa der Phosphorylierungszustand von CREB ein wichtiger Teilaspekt für Lernen und Gedächtnis zu sein scheint (Davies et al. 2004, Chang et al. 2003). Einen Zugang zum Verständnis dieser intrazellulären Netzwerke bieten theoretische Netzwerkanalysen (Steffen et al. 2002), welche die besonderen Eigenschaften von Netzwerken wie Stabilität, Gedächtnisfunktionen und Entscheidungsmöglichkeiten darstellen (Abschnitt 5.8).

Das Immunsystem und seine Störungen durch psychosozialen Stress 7

Die Gefährdung des Menschen durch Mikroorganismen war und ist bei weitem höher, als sie je durch Raubtiere und andere Großtiere war. Der Mikrobendschungel, in dem wir uns bewegen, ähnelt einem *Jurassic Park* oder anderen Science-Fiction-Welten mit zahlreichen Ungeheuern, die wir nur deswegen nicht als so schrecklich wahrnehmen, weil sie für unser Auge unsichtbar sind. Geschätzt werden weltweit 17 Millionen Todesfälle durch Infektionskrankheiten. Nur menschliche Gewalt in Form von Kriegen, Bürgerkriegen, Revolutionen und Unterdrückung erfordern eine ähnliche Zahl von Opfern. Gegen die Invasion von Mikroorganismen haben sich im Laufe der Evolution bei Wirbeltieren, insbesondere bei Säugern und Mensch, ungemein komplexe und in der Regel effektive Abwehrsysteme entwickelt.

Da eine Infektion mit einem pathogenen Mikroorganismus oft eine starke Belastung mit den typischen Krankheitssymptomen wie Fieber, Mattigkeit, Unwohlsein, Übelkeit, Appetitlosigkeit und Schlafbedürfnis bedeutet, trifft für diesen Zustand der Begriff *Stress* besonders zu, obwohl er in diesem Zusammenhang wenig verwendet wird. Zahlreiche Komponenten des Abwehrsystems gegen Mikroben wie Stresshormone, stressaktivierte Proteinkinasen und Transkriptionsfaktoren sind mit den Komponenten des Stressreaktionssystems gegen psychosoziale und zelluläre Stressoren identisch oder mit ihnen verbunden, sodass wir es wichtig und notwendig fanden, die große Gruppe von mikrobiellen Stressoren mit in unsere Darstellung von zellulären Stressoren und Abwehrmechanismen aufzunehmen. Das stellte uns jedoch vor das Problem, das Gebiet der Immunologie, das in umfangreichen Lehrbüchern dargestellt ist, in einem relativ kurzen Kapitel zusammenzufassen. Wir haben dabei versucht, die für den Stresszusammenhang wichtigen Aspekte zu skizzieren, wie beispielsweise die Signalmoleküle des Immunsystems, während wir bei zahlreichen Gesichtspunkten auf Lehrbücher (z. B. Janeway et al. 2002) und auf zusammenfassende Artikel verweisen müssen.

Wenn man die Abwehrstrategien gegen Mikroben anschaulich darstellen will, bieten sich menschliche Gemeinwesen – früher Burgen und Städte, heute Staaten und Staatenverbände – als Vergleich an. Auch sie entwickelten zahlreiche Abwehrstrategien wie Befestigungen, Waffen, Polizei und Soldaten, die dieses Gemeinwesen vor eindringenden Feinden schützen sollten. Wir finden die Parallelen hilfreich, um die verschiedenen Strategien und Verteidigungslinien zu verdeutlichen.

Der Organismus versucht zunächst, den Feind (pathogene Organismen) nicht auf das eigene Territorium zu lassen, wie es bei menschlichen Gemeinwesen in früheren Zeiten durch Burg- und Stadtmauern oder heute durch Stacheldraht und Minen versucht wird. Die Körperoberfläche des Menschen – sowohl die Epidermis der Haut wie die Epithelien des Verdauuungstrakts, der Lunge und des Urogenitaltrakts – sind der erste (und präventive) Schutz gegen Mikroben. Oft sind es kleine Hautdurchlässe wie Haarbälge oder Schweiß- und Talgdrüsen, die Eingangspforten für Mikroben darstellen. Allgemein sind die inneren Epithelien leichter durchgängig, obwohl hier oft Schleimschichten die Bakterien aufhalten. Das Abschilfern der verhornten und abgestorbenen äußeren Hautschichten, aber auch der rasche Ersatz der Epithelien tragen zur Abwehr von pathogenen Mikroorganismen bei, ebenso wie die Besiedlung mit harmlosen Mikroben, die den Pathogenen den Lebensraum streitig machen. Schließlich gibt es sozusagen „Minen" wie Lysozym, ein Enzym, das Bakterienwände auflöst, oder „Fallen" wie die im Epithelschleim befindlichen Antikörper, die an die Bakterien binden und sie immobilisieren (Abb. 7.1).

Weitere Abwehrsysteme gegen Mikroorganismen sind uns über unsere Gene angeboren (*innate immunity*). Eine Art „Grenzpolizei" in Form von lymphoiden Zellen, die eventuell die Eindringlinge gleich unter der Epidermis oder den inneren Epithelien identifiziert, sorgt dafür, dass Pathogene zumindest nicht unerkannt eindringen können. Die eindringenden Pathogene werden zunächst unspezifisch, d. h. allgemein als „körperfremde" Partikel (Viren, Proteine) oder Zellen (Bakterien, Einzeller, mehrzellige Parasiten), verfolgt und eliminiert. Die eigenen Körperzellen demonstrieren auf ihrer Membran jeweils ihre „Staatsangehörigkeit" oft in Form von Glykoproteinen mit Sialin als Endgruppe der Zuckeranteile im Gegensatz zu Bakterienwänden, die aus „fremden" Bestandteilen wie Lipopolysacchariden bestehen und am Ende oft Mannose aufweisen, über die sie von Immunzellen identifiziert werden können. Außerdem sind körpereigene Zellen an Proteinkomplexen (*major histocompatibility complex I*, MHC-I) zu erkennen, die körpereigene Proteinfragmente auf ihrer Plasmamembran präsentieren.

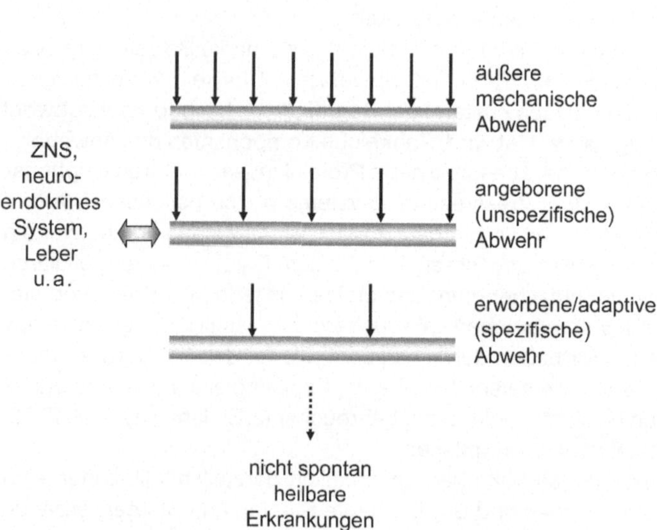

7.1 Abwehrsysteme gegen pathogene Mikroorganismen. Man kann mehrere Abwehrsysteme gegen pathogene Mikroorganismen unterscheiden: zunächst einen hauptsächlich mechanischen Schutz vor dem Eindringen durch Haut und Epithelien und eine weitere unspezifische (angeborene) Immunabwehr, die schätzungsweise 95 % der eingedrungenen Mikroorganismen vernichtet. Die damit eng verbundene erworbene (adaptive) Immunabwehr ist vor allem gegen bestimmte Arten von pathogenen Organismen ausgerichtet, gegen die spezifische Antikörper gebildet werden oder – wenn sie in Körperzellen eingedrungen sind – gegen die dann cytotoxische Zellen aktiviert werden, die diese Zellen zerstören. Die Immunabwehr steht in intensiver Wechselwirkung mit dem Gehirn, dem neuroendokrinen System, der Leber und anderen Geweben.

Die körperfremden Eindringlinge werden von Fresszellen (Phagocyten), die zu den weißen Blutkörperchen (Makrophagen, polymorphkernige Leukocyten) gehören, als fremd erkannt und eliminiert (verdaut). Soweit die Mikroben schon in Zellen eingedrungen sind, wie etwa Viren und intrazelluläre Bakterien, werden die Wirtszellen von „natürlichen Killerzellen" (NK-Zellen) zerstört. Die befallenen Wirtszellen werden daran erkannt, dass ihr „Personalausweis" in Form des MHC-I-Komplexes durch Proteine der Eindringlinge verändert wurde. Schließlich gibt es das *Komplementsystem* aus zahlreichen Proteinen, das durch Moleküle, wie die Lipopolysaccharide (LPS) von Bakterien, aktiviert wird. Es heftet sich an das Bakterium und erzeugt Löcher in dessen Membran – vergleichbar mit der Wirkung menschlicher Waffen –, die zur Abtötung des Bakteriums führen. Vom Komplement gehen auch Alarmsignale aus, die Phagocyten aus der Blutbahn zum Ort der Infektion führen.

Alarmsignale werden auch von Abwehrzellen (Phagocyten) in Form von hormonähnlichen Proteinen (Cytokine, Chemokine) abgegeben. Deren Signale gelangen über das Blut und Neuronen auch in das Gehirn und beeinflussen dort Zentren, die darauf mit den bekannten Krankheitssymptomen reagieren wie Fieber, Mattigkeit, Schlafbedürfnis, Appetitlosigkeit, Unwohlsein, eventuell auch Schmerz. Dieses sind Symptome, die offenbar die Abwehr unterstützen sollen: Verminderung aller übrigen Tätigkeiten und Konzentration auf die Bekämpfung der Invasoren. Gleichzeitig werden dadurch die Hauptstresshormonachsen aktiviert, die über Adrenalin die Abwehr gegen Mikroben verstärken. Im Vergleich mit einem menschlichen Gemeinwesen entspräche das der Auslösung eines Alarmsignals. Cytokine und Chemokine dienen auf der anderen Seite der Aktivierung von Immunzellen bei der Abwehr von Mikroorganismen. Viele von ihnen sind dabei am Zustandekommen von Entzündungsprozessen beteiligt, die oft am Ort der Infektion mit der Tätigkeit der angeborenen Abwehr einhergehen.

Langanhaltende entzündliche Prozesse durch Bakterien – ebenso wie neurogen, d. h. durch Nervenendigungen induzierte Entzündungen – wirken sich schädigend auf das betroffene Gewebe aus, etwa in Form von Arteriosklerose, Magengeschwüren, rheumatoider Arthritis u. a. (Abschnitte 8.3 und 8.4). Eine ungebremste Reaktion auf Bakterien, die große Teile des Gefäßsystems erfasst, kann zu einem oft tödlichen „septischen Schock" führen, bei dem die Abwehrmaßnahmen des Körpers in einer Katastrophe münden. Im Zuge dieser Abwehr wird die Durchlässigkeit der Gefäße überall erhöht, sodass der Blutdruck und damit die Sauerstoffversorgung der Organe zusammenbricht.

Ein zweites Abwehrsystem wird meist etwas verzögert eingesetzt. Es besteht aus einer spezifischeren Abwehr gegen Mikroorganismen und wird auch „erworbene oder adaptive Immunität" genannt (*adaptive or acquired immunity*). Es richtet sich zielgenau gegen bestimmte Arten von Bakterien, wie beispielsweise Pneumokokken, die Lungenentzündung verursachen, gegen bestimmte Viren, wie das Influenzavirus, und erfordert einen komplizierten Erkennungs- und Bekämpfungsmechanismus von Seiten des Wirtsorganismus. In einem menschlichen Gemeinwesen entspräche dem eine Suche nach suspekten Personen mithilfe von Steckbriefen, Fingerabdrücken oder DNA-Analyse. Bei den Mikroorganismen dienen bestimmte Molekül-(Protein)fragmente, Epitope genannt, als „Fingerabdrücke". Diese Fragmente entstehen in Fresszellen (Makrophagen), die Fremdpartikel, wie Bakterien aufnehmen, verdauen und Teile davon auf ihrer Oberfläche präsentieren. Entsprechendes tun B-Lymphocyten, die aber nur die Partikel aufnehmen, die jeweils auf ihre nach außen gerichteten Antikörper passen und dort binden. Unter den zahlreichen Lymphocyten, die durch genetische Rekombination jeweils unterschiedliche Antikörper aufweisen, sind nur jeweils wenige, deren Antikörper auf das fremde Epitop wie Schlüssel zum Schloss passen. Wenn das der Fall ist, wird das Bakterium/Antigen in die Zelle aufgenommen, verdaut und ebenso wie bei den Fresszellen auf Proteinkomplexen (MHC-II) der Oberfläche präsentiert. T-Helferzellen suchen nun mithilfe ihrer Rezeptoren einerseits nach dem „Fingerabdruck", d. h. Identifikationsmerkmal auf der Oberfläche von Makrophagen. Die „passenden" T-Helferzellen werden dann durch Signale aus den Makrophagen zur

Teilung angeregt, sodass danach zahlreiche T-Helferzellen ausschwärmen können, um die entsprechenden B-Zellen zu finden, die dasselbe Identifikationsmerkmal des gesuchten Mikroben aufweisen. Daran binden sie dann und senden Vermehrungssignale an diese Zelle, die sich stark vervielfacht und dann den auf dieses Epitop passenden Antikörper produziert und ins Blut abgibt. Diese Antikörper binden an das Epitop etwa eines Bakteriums, das daraufhin besser von Fresszellen (und Komplement) erkannt und unschädlich gemacht wird. Ein kleiner Teil dieser aktivierten B-Zellen bleibt auch nach der überstandenen Infektionskrankheit als „Gedächtniszelle" erhalten, die bei einer erneuten Infektion sehr viel schneller vermehrt und einsetzbar sind. Das ist der Grund für die Immunität nach einer Krankheit oder Impfung mit vermehrungsunfähigen Bakterien oder Viren oder Molekülfragmenten von ihnen.

Eine andere Gruppe von T-Zellen, die cytotoxischen T-Zellen, bekämpfen spezifisch Mikroben (Viren, Bakterien), die in Körperzellen eingedrungen sind. Das ist insofern schwierig, weil sie diese ja nicht mehr außerhalb der Zellen identifizieren können. Befallene Körperzellen werden daran erkannt, dass sie in den Proteinkomplexen (MHC-I) auf ihrer Zelloberfläche nicht nur die eigenen, sondern auch Proteine der Eindringlinge präsentieren. Dieser andersartige Komplex wirkt dann so ähnlich wie ein gefälschter Personalausweis, der der Kripo einen Hinweis auf einen gesuchten Eindringling gibt. Die cytotoxischen T-Zellen, die diesen veränderten „Personalausweis" von Körperzellen mithilfe ihres spezifischen Rezeptors erkennen können, wurden vorher – ähnlich wie die T-Helferzelle – an einen durch das Mikrobenprotein entsprechend veränderten MHC-I eines Makrophagen zur Vermehrung stimuliert. Bei der T-Zellattacke auf die infizierte Körperzelle wird deren Membran durch Proteinkanäle durchlöchert und dadurch und andere Signale deren „programmierter Zelltod" ausgelöst. Viren können sich dann nicht mehr vermehren bzw. zu fertigen Viruspartikeln entwickeln. Bakterien werden bei dem Angriff ebenfalls getötet oder durch Phagocyten eliminiert.

Wie so oft, gehen solche Aktionen jedoch auch mit eigenen Verlusten einher. „Kollateralschäden", wie sie jetzt oft euphemistisch genannt werden. Eiter besteht beispielsweise zu einem großen Teil aus zerstörten Körperzellen und Leukocyten in der Umgebung einer Infektion. Eine weitere Gefahr besteht darin, dass die Unterscheidung zwischen den Zelloberflächen der eigenen unbefallenen Zellen und der infizierten nicht mehr richtig gelingt und eigene unbefallene Zellen attackiert werden, was zu Autoimmunerkrankungen wie multiple Sklerose, rheumatoider Arthritis und vielen weiteren Erkrankungen führt.

Die beiden Verteidigungssysteme unseres Organismus gegen Mikroben – das angeborene und das adaptive System, die sich gegenseitig ergänzen und unterstützen – werden heute zunehmend durch hygienisch/medizinische Maßnahmen verstärkt. Seit der Arzt Semmelweis in Wiener Frauenkliniken die wichtige Rolle der Hygiene zur Verhinderung von Kindbettfieber entdeckte und seit Robert Koch Bakterien als Pathogene identifizierte und nach vielen weiteren Entdeckungen von Krankheitskeimen und ihren Infektionskanälen ist es zunehmend gelungen, präventiv Infektionen durch Sterilisation von Wasser, Instrumenten, Räumen oder durch Schutzkleidung und Atemmasken zu vermeiden. Vor einer Infektion kann die körpereigene spezifische Abwehr durch vorangegangene Impfung so verstärkt werden, dass keine Vermehrung der Mikroben mehr erfolgen kann. Antibiotika unterstützen die unspezifische Abwehr gegen Bakterien – soweit diese nicht antibiotikaresistente Stämme entwickelt haben. Schließlich wird unser Immunsystem auch dadurch gestärkt, dass wir uns weniger Stress aussetzen – was, wie bei all den zuvor genannten Maßnahmen, den funktionierenden Verstand als wesentlichen Faktor bei den Abwehrmechanismen zur Voraussetzung hat.

Im letzten Teil dieses Kapitels (Abschnitt 7.4) behandeln wir die Wirkungen von psychosozialem Stress auf die angeborene und erworbene Abwehr. Dabei zeigt sich, dass kurzzeitige kontrollierbare Stresszustände eher stimulierend auf Komponenten der Abwehr (Immunsystem) wirken, Dauerstress jedoch die Abwehr schwächt. Umgekehrt wirken Infektionen auch über Cytokine stressinduzierend auf das Gehirn sowie auf die nachgeordneten neuroendokrinen Reaktionen.

7.1 Präventive angeborene Abwehr

Eine erste Verteidigungslinie gegen pathogene Organismen ist der mechanische Schutz durch die Körperoberfläche. Wenn dieser Schutz durchbrochen wird, reagiert zunächst das angeborene Immunsystem. Es enthält als wesentliche Komponenten

- das Komplementsystem, d. h. einen Proteinkomplex, der Mikroorganismen erkennt, sich an sie bindet und so auch zerstören kann,
- mehrere Zelltypen, wie Makrophagen, dendritische Zellen, polymorphkernige Leukocyten, die ebenfalls Mikroorganismen in Blut oder Gewebe erkennen und diese in sich aufnehmen (phagocytieren) und zerstören,
- *natural killer*-(NK-)Zellen, die eigene von Mikroorganismen befallene Gewebezellen erkennen und diese abtöten.

Diese Komponenten interagieren miteinander und mit anderen Zellen des Immunsystems über Signalmoleküle (Cytokine, Chemokine, Interferone, Wachstumsfaktoren u. a.), die sie produzieren und die die Immunzellen zum Ort der Infektion leiten sowie ihre kooperativen Aktivitäten, etwa von Komplement und Makrophagen,

koordinieren. Ebenso benachrichtigen sie das Gehirn, das neuroendokrine System, Blutgefäße, Leber, Muskeln und Fettgewebe, die jeweils mit angeborenen Mechanismen darauf reagieren. Das Gehirn reagiert mit Fieber und Krankheitssymptomen, das neuroendokrine System mit der Aktivierung der HPA-Achse, die Gefäße mit erhöhter Durchlässigkeit für Immunzellen, die Leber mit der Produktion von Akute-Phase-Proteinen (Komplement, Transferrin, C-reaktives Protein), Muskeln und Fettgewebe mit der Erhöhung des Energiestoffwechsels. Ziel dieser angeborenen Abwehrsysteme ist es, eingedrungene Mikroorganismen zu lokalisieren, Abwehraktionen dort zu bündeln und zu koordinieren und nach Möglichkeit die Fremdorganismen abzutöten. An lokalisierten Infektionsherden ist oft ein Entzündungsprozess zu beobachten, der bei gelungener Abwehraktion durch andere Signalmoleküle wieder abklingt, der aber unter bestimmten Bedingungen, etwa bei anhaltendem Stress, chronisch werden kann. Das angeborene Abwehrsystem alarmiert und aktiviert in der Regel auch das erworbene (adaptive) Abwehrsystem.

7.1.1 Epithelien schützen als Zellschichten der Haut (Epidermis) oder als einschichtiges Epithel des Verdauungstraktes (Mucosa) vor dem Durchtritt von Mikroorganismen

Die Abwehr der Haut besteht außen aus Keratinocyten, die Keratin erzeugen, dann absterben und abgestoßen werden, d. h. die Haut bildet eine Schicht von toten Zellen mit saurem pH und einer Besiedlung mit meist harmlosen Mikroben, was zusammen eine Ansiedlung von pathogenen Mikroorganismen erschwert. Haarfollikel, Schweiß- und Talgdrüsen sind mögliche Eingangspforten für Keime. Diese Eingangspforten werden aber von für Bakterien toxischen Lipiden und von Enzymen geschützt, die Zellwände von Bakterien auflösen können (Lysozyme). Die untere Zellschicht (Dermis) enthält Zellen (Langerhans-Zellen bzw. dendritische Zellen), die Mikroben phagocytieren, verdauen und die erworbene (adaptive) Abwehr aktivieren

(*skin associated lymphoid tissue*, SALT). Verletzungen reißen eine Lücke in diesem Abwehrsystem auf, die oft von pathogenen Mikroorganismen genutzt wird.

Die Abwehr der Mucosa (d. h. der inneren Epithelien) besteht zum Lumen hin meist aus einer Schleim-(*Mucus*-)Schicht, die nachgebildet und abgestoßen wird. Sie hält Bakterien fest und enthält antibakterielle Proteine wie Lysozym, eisenbindende Proteine, die Bakterien das notwendige Eisen entziehen, Defensine (in Mund und Dünndarm), die Kanäle in der Bakterienmembran bilden, sowie spezifische Antikörper (sekretorisches Immunglobulin A, sIgA). Eine Besiedlung erfolgt durch meist harmlose Mikroben. Unter der Mucosa befinden sich ebenfalls Zellen, die Mikroben phagocytieren, verdauen und die adaptive Abwehr aktivieren (*mucosa associated lymphoid tissue*, MALT).

7.1.2 Das Komplementsystem bindet an Bakterien, zerstört sie oder macht sie für Phagocyten angreifbarer

Das Komplementsystem besteht aus einem Komplex von zunächst neun Proteinen, die vor allem in der Leber synthetisiert und sezerniert werden – zusammen mit anderen Akute-Phase-Proteinen. Es wird von Pathogenen, die durch die Körperoberfläche oder inneren Epithelien in den Körper eingedrungen sind, auf unterschiedliche Weise aktiviert:

- über den klassischen Weg durch Bindung an Antigen-Antikörperkomplexe oder direkt an die Pathogenoberflächen,
- über den Mannanbindungs-(MB-)Lektin-Weg durch Bindung des MB-Lektins an Mannose auf der Pathogenoberfläche,
- über den alternativen Weg durch Bindung der Komplementproteine an die Pathogenoberfläche.

Das Komplementsystem wird durch die Bindung an derartige Komplexe und durch die daraus folgende Kaskade von proteolytischen Schritten aktiviert, bei denen jeweils inaktive Proteasen bzw. Proteine mit bestimmten Wirkungen durch proteolytische Spaltung in ihre aktive Form umgewandelt werden. Die drei genannten Aktivierungswege konvergieren auf eine Protease (C-3-Konvertase), die die weiteren Funktionen des Komplementsystems in Gang setzt. Die wichtigsten Funktionen bestehen in der Abgabe von Cytokinen und der Anlockung von Phagocyten, der Opsonisierung von Pathogenen und der Bildung eines membranangreifenden Komplexes (*membrane attack complex*, MAC), der bestimmte membranumhüllte Pathogene lysiert (Abb. 7.5, siehe Lehrbücher der Immunologie, z. B. Janeway et al. 2002).

Die Proteine des klassischen Komplementsystems werden mit C bezeichnet und von 1-9 nummeriert, a und b kennzeichnen jeweils das kleinere bzw. größere Fragment nach der proteolytischen Spaltung. Die hier aufgeführten Proteine haben beispielsweise folgende Funktionen:

C-3-a stimuliert Mastzellen zur Ausschüttung von Histamin.

C-5-a desgleichen, wirkt als Chemoattraktor für die Phagocyten.

C-3-b bindet an Bakterien (Opsonisierung) und Komplementrezeptoren auf den Phagocyten und erleichtert dadurch die Aufnahme durch Phagocyten.

C-5-b zusammen mit C-6, C-7, C-8 und C-9 bilden einen membranangreifenden Komplex (MAC), der in Membranen von Bakterien und membranumhüllten Viren Kanäle bildet.

7.1.3 Phagocyten umschließen Mikroben und töten sie

Sind Mikroorganismen durch die Körperoberfläche oder Verletzungen in das Gewebe oder Blutgefäßsystem eingedrungen, werden sie auch von speziellen Blutzellen attackiert. **Makrophagen** sind sowohl für das angeborene wie für das adaptive Immunsystem von zentraler Bedeutung. Sie befinden sich sowohl im Blut wie im Gewebe und sind eng verwandt mit den dendritischen Zellen (Langerhans-Zellen in der Haut, Kupffer-Zellen in der Leber, Makrophagen der Lunge, Milz und Lymphknoten). Sie entwickeln sich aus Monocyten und erkennen und phagocytieren Bakterienzellen, besonders solche, die schon einen äußeren Belag von Antikörpern und/oder Komplementpeptiden, eine sogenannte **Opsonisierung**, aufweisen. Polymorphkernige (PMN) Leukocyten sind die häufigsten und kurzlebigsten Phagocyten. Diese und andere Leukocyten verlassen Blutgefäße in Richtung auf Entzündungsherde (Transmigration) im Gewebe, indem sie zunächst an Adhäsionsmoleküle der Endothelien binden (siehe unten) und sich dann chemotaktisch über Konzentrationsgradienten von Komplementpeptiden, Cytokinen und Chemokinen orientieren und zum Enzündungs(Infektions)herd bewegen. Dort phagocytieren sie Bakterien. Mastzellen sammeln sich um Blutgefäße in der Nähe des Infektionsherds und produzieren dort Histamin. Histamin bewirkt eine Gefäßerweiterung und erleichtert so Phagocyten und natürlichen Killer-(NK-)Zellen, das Blutgefäß zu verlassen und in das infizierte Gewebe einzudringen.

Phagocyten schließen Mikroorganismen in endocytotische Vesikel ein, die mit Lysosomen fusionieren und einen sauren pH aufweisen. Durch den sauren pH werden Verdauungsenzyme aktiviert, die Oberflächenkomponenten z. B. von Bakterien zerstören; außerdem werden Kanäle (*Defensine*) in die Bakterienmembran eingebaut, die unter anderem den Zusammenbruch des Membranpotenzials bewirken und damit lebenswichtige Prozesse blockieren. Myeloperoxidasen in den Phagocyten produzieren reaktive Sauerstoffspezies (ROS), die bakterielle DNA, Proteine und Lipide schädigen. Makrophagen und andere Zelltypen erzeugen außerdem oft Stickstoffmonoxid (NO), das als reaktive Stickstoffspezies (RNS) ebenfalls bakterielle Moleküle schädigt, aber auch als Signalmolekül in den Phagocyten und Zellen des spezifischen Abwehrsystems funktioniert.

7.1.4 Natürliche Killerzellen (NK-Zellen) bilden gegen intrazelluläre Infektionen eine früh einsetzende Abwehr

NK-Zellen sind etwas größer als T- und B-Lymphocyten und sind gekennzeichnet durch die Fähigkeit, infizierte Körperzellen (und auch bestimmte Tumorzellen) unspezifisch zu erkennen und abtöten zu können. Sie erkennen solche infizierten Zellen sehr früh und eher als die cytotoxischen T-Zellen, die Zellen erkennen und abtöten, die von einem spezifischen Virus oder Bakterium befallen sind. NK-Zellen werden durch Interferone (a und β) oder Cytokine (vor allem IL-12) von Makrophagen aktiviert – was unter anderem auch eine Sekretion von Interferon γ durch die NK bewirkt.

Wie die NK-Zellen infizierte von nichtinfizierten Zellen unterscheiden können, ist noch nicht genau bekannt. NK-Zellen besitzen mehrere Gruppen von Rezeptoren, darunter eine Gruppe, die Unterschiede in der Menge an MHC-I-Molekülen auf den befallenen Körperzellen erkennt. Da Viren in den Körperzellen die Proteinsynthese umfunktionieren oder den Transport von MHC-I-Molekülen an die Membran hemmen, ist ein verringerter Besatz der Plasmamembran mit MHC-I-Molekülen ein Kennzeichen von infizierten Zellen. Auf der anderen Seite besitzen NK-Zellen Rezeptoren, die eine normale MHC-I-Ausstattung der Zellen erkennen und dann die Tötungsmechanismen hemmen (*killer inhibitory receptors*, KIR). Auf diese Weise wird verhindert, dass nichtinfizierte Zellen abgetötet werden. Der Mechanismus der Abtötung von Zellen verläuft wie bei den cytotoxischen Zellen. NK-Zellen eliminieren die infizierten Zellen mit tödlichen Proteinen: Perforin, das Kanäle in der Membran bildet und Proteasen (Granzyme), die durch die Kanäle in die Zellen eindringen und Apoptose in den befallenen Zellen induzieren. Die Granzyme A und B sind besonders gut untersuchte Enzyme, die den programmierten Zelltod auslösen. Granzym A ist eine Protease mit zwei gleichen Teilen und katalytischen Zentren um ein Serin, die Untereinheiten von großen Proteinkomplexen abspaltet. Dabei hält der eine Teil jeweils das Substrat und präsentiert es dem anderen zum Durchtrennen (Hink-Schauer et al. 2003). Granzym B spaltet vor allem Procaspasen in die aktiven Caspasen, denen die Ausführung der Apoptose obliegt (Abschnitt 6.1).

7.1.5 Immunzellen haben ein angeborenes Aufspür- und Signalsystem für typische bakterielle Moleküle (Endotoxine)

Als Signale einer erfolgten Infektion nehmen Immunzellen (Makrophagen, dendritische Zellen) typische Moleküle von Bakterien, wie Lipopolysaccharide (LPS) von gramnegativen Bakterien, Lipoproteine, Peptidoglycane, *lipoteichoic acid* u. a. wahr. Diese bakteriellen Moleküle werden auch *pathogen associated molecular pattern* (PAMP) genannt und dienen den Immunzellen dazu, darauf sofort mit Immunantworten, vor allem mit der Ausschüttung von Cytokinen, zu reagieren. Diese Signale aktivieren einerseits die angeborenen Abwehrmechanismen und bereiten aber auch die adaptive Immunantwort vor, d.h. die Aktivierung von spezifischen T- und B-Lymphocyten (Beutler und Rietschel 2003).

Rezeptoren, die diese Fremdmoleküle erkennen, sogenannte *pattern recognition receptors* (PRR), gibt es in sezernierter Form, auf der Zelloberfläche und im Cytoplasma (Medzhitov 2001). Besonders gut untersucht sind die Zelloberflächenrezeptoren auf Makrophagen und dendritischen Zellen – aber auch auf anderen Zellen –, die Homologien zu Rezeptoren bei *Drosophila* aufweisen (Tollrezeptor) und daher als *Toll-like receptors* (TLR) oder jetzt meist als Tollrezeptoren bezeichnet werden (Abb. 7.2).

Exkurs 7.1: TLR-Signalkette

Bei Säugern kennt man inzwischen über 10 etwas verschiedene Tollrezeptoren (TLR), die außen an jeweils verschiedene bakterielle und andere pathogenspezifische Moleküle binden, eine Transmembrandomäne aufweisen und im Zellinnern eine Domäne haben, die der des Interleukin 1 Rezeptors (IL-1R, siehe unten) ähnelt.

TLR-2 zum Beispiel bindet Peptidoglycane, di- und triacylierte Lipoproteine und LPS bestimmter Bakterien und ist nur als Dimer aktiv. TLR-4 reagiert mit LPS und dem F-Protein des RS-Virus sowie mit dem Hitzeschockprotein/Chaperon HSP60, sobald der Rezeptor mit anderen Proteinen (MD2, CD14, CD55) einen Komplex gebildet hat. TLR-3 bindet an doppel-

strängige RNA, TLR-7 und -8 an einzelsträngige RNA, TLR-5 an ein bakterielles Flagellenprotein (Flagellin), TLR-9 an unmethylierte CpG-DNA – jeweils als Rezeptormonomer. Außerdem gibt es intrazelluläre *pattern recognition receptors* (NOD-1 und -2), die in der Lage sind, spezifische Teile des Peptidoglycans zu erkennen – einem Zellwandbestandteil gramnegativer und -positiver Bakterien. Schließlich kommen TLR auch in der Endosomenmembran vor (TLR-3, -7,-8, -9), die ja mit phagocytierten Mikroorganismen in Kontakt kommt.

Die Signaltransduktion vom TL-Rezeptor zu Transkriptionsfaktoren und der Abgabe von Cytokinen gleicht der Signaltransduktion des IL-1 Rezeptors (Abb. 7.2): die cytosolische Rezeptordomäne bindet an Adapterproteine und Kinasen (*myeloid differentia-*

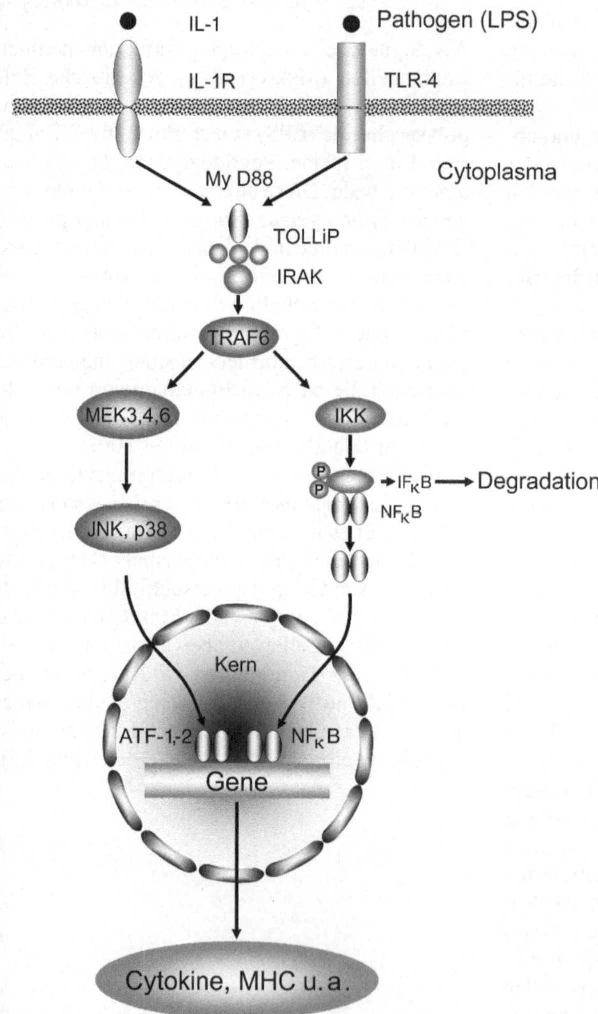

7.2 Vereinfachtes Modell der TLR- und IL-R-Signalkette.
Nach Bindung eines Pathogenmoleküls (z. B. LPS) bindet der Tollrezeptor-4 (TLR-4) an ein Adapterprotein (MyD-88). MyD-88 komplexiert dann mit einer Proteinkinase (*IL-1R associated kinase* – IRAK), einem Protein (*Toll interacting protein* – TOLLIP) und einem weiteren Adapter (*TNF receptor-associated factor 6* – TRAF6). TRAF6 induziert die Aktivierung von *mitogen activated ERK activating protein kinases 3,4,6* (MEK3,4,6) und von einem IKK-Komplex (*Inhibitor of kappa B kinase*). MEK3,4,6 aktivieren wiederum die Stressproteinkinase p38, die die Transkriptionsfaktoren ATF-1,-2 stimuliert. IKK phosphoryliert das Hemmprotein eines weiteren Transkriptionsfaktors (*nuclear factor κB*, NFκB), das dadurch abgebaut wird. NFκB wird dadurch frei und im Kern aktiv. Der Rezeptor für Interleukin-1 (IL-1R) benutzt den gleichen Signalweg nach Bindung von Interleukin-1 (nach Akira et al. 2001).

tion factor 88, MyD88, *Toll interacting protein* (TOL-LIP), *IL-1R associated kinase* (IRAK) und *TNF receptor associated factor 6* (TRAF6). Darüber werden dann *TGF-β activated kinase* (TAK) zusammen mit TAB-1 und -2 aktiviert, die einerseits die *inhibitor of kappa B kinases* (IKK$a,β,γ$) und damit über die Phosphorylierung des Inhibitors IκB den *nuclear factor kappa B* (NFκB) stimulieren, andererseits über die *mitogen activated ERK activating protein kinases* 3, 4, 6 (MEK3, 4, 6), die Stresskinasen JNK und p38 aktivieren (Abschnitt 6.8). Letztere Kinase stimuliert über die Aktivierung von MK2 (früher MAPKAP-Kinase2) die Synthese von Tumornekrosefaktor a, Interleukin-6 und

Interferon $γ$ durch die Stabilisierung ihrer mRNA (Kotlyarow et al. 1999). LPS-aktivierte Makrophagen synthetisieren vor allem Interleukin-1β (IL-1β), das als zentrales proinflammatorisches Cytokin wirkt. Es wird zunächst als inaktive Proform synthetisiert, die durch die Caspase-1 proteolytisch gespalten und aktiviert wird. Zur Aktivierung der Caspase ist offenbar ein weiteres Signal (ATP?) notwendig, das über einen Rezeptor (P2X7) einen Ionenkanal für kleine Kationen öffnet (Na^+, K^+, Ca^{2+}). Anscheinend gibt es aber noch weitere Signalwege zur Cytokinsynthese, die MyD88-unabhängig funktionieren (O'Neill 2003).

Durch die im Exkurs 7.1. beschriebenen Signalketten werden die antigenpräsentierenden (APC) Zellen in die Lage versetzt, bei Kontakt mit Mikroorganismen vermehrt Signalproteine zu synthetisieren, die bei der Entzündungsreaktion, Fieber und der Produktion von Akute-Phase-Proteinen eine zentrale Rolle spielen und bei der Aktivierung vor allem von „naiven" T-Helferzellen mitwirken: IL-1, TNF-a, IL-6, MHC-II-Komplexe, CD80, CD86 und Interleukin-12 und -18. Letztere bewirken eine Differenzierung der naiven T-Zellen zu T_H1-Zellen, die wesentlich Interferon $γ$ produzieren und bei der zellulären adaptiven Immunität eine wichtige Rolle spielen (Abb. 7.6) (Akira et al. 2001). Insgesamt bezeichnet man diese Signalproteine als Cytokine während eine andere Gruppe Chemokine genannt werden, die vor allem der Orientierung von Zellen zu Entzündungsherden dienen.

7.1.6 Cytokine/Chemokine spielen eine entscheidende Rolle bei Entzündungen und der Koordination der angeborenen und erworbenen Abwehrsysteme

Die Signalmoleküle werden in mehrere Gruppen eingeteilt, die allerdings oft heterogene Untergruppen enthalten. Die **Cytokine** umfassen Wachstumsfaktoren wie verschiedene *colony stimulating factors* (CSF) und spezifische proliferationsfördernde **Interleukine**, wie auch Interleukine, die eine Differenzierung von T- oder B-Lymphocyten induzieren, und solche, die bestimmte Gene (für MHC-Proteine, Rezeptoren, Signalproteine) anschalten. Weitere Cytokine,

wie **tumor necrosis factor a** (TNF-a), können die Apoptose auslösen, andere, wie die **Interferone**, vor allem die Virusabwehr verstärken Cytokine sind kleine Signalproteine (~ 20-25 kDa), die sowohl auf die produzierende Zelle zurückwirken (autokrin), in der Nachbarschaft der Signalproduzenten (parakrin) aber auch weit entfernt wie Hormone (endokrin) wirken können. Die Signale des Immunsystems beeinflussen ein großes Spektrum von Prozessen (Abb. 7.3). Im Immunsystem werden nach einer Infektion auch Signale zur Dämpfung der Entzündungsreaktion produziert. Außer Interleukin-10 und *transforming growth factor β* gehört dazu auch die Synthese eines Interleukin-1-Rezeptorantagonisten (IL-1Ra).

Chemokine sind kleine Proteine, die ebenfalls bei Infektionen induziert und sezerniert werden. Sie wirken in der Regel proinflammatorisch und kontrollieren vor allem die Zellwanderung zu den Infektionsherden. Innerhalb dieser Superfamilie gibt es vier Untergruppen, die sich durch einen unterschiedlichen Abstand der zwei N-terminalen Cysteine unterscheiden und mit zwei anderen Cysteinen Disulfidbrücken bilden. Inzwischen kennt man ungefähr 50 Chemokine, die untereinander etwa 20-50 % Homologien in ihrer Aminosäuresequenz aufweisen (Laing und Secombes 2004).

Prostaglandine sind wie die **Leukotrine** Lipidprodukte des Arachidonsäurestoffwechsels. Sie wirken unter anderem als Entzündungs- und Schmerzmediatoren.

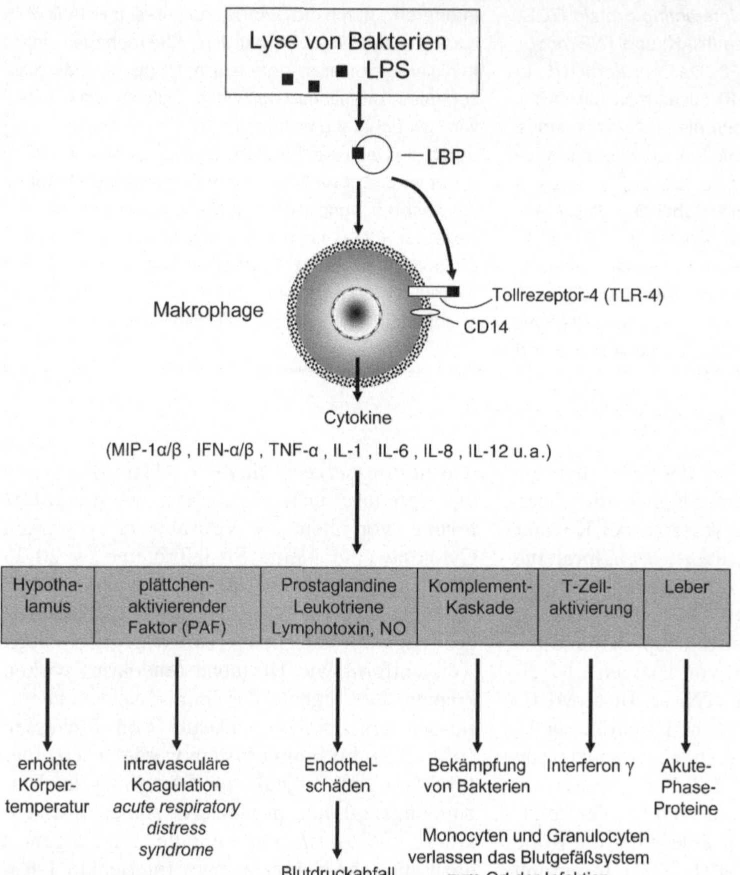

7.3 Cytokinausschüttung nach bakterieller Infektion. Durch die Lyse von Bakterien durch Komplement-system und Makrophagen werden beispielsweise Lipopolysaccharide (LPS) freigesetzt. Diese binden an ein Protein (LPS-bindendes Protein, LBP), das LPS zu einen Rezeptor auf Makrophagen transportiert (Tollrezep-tor-4, TLR-4), der mit einem weiteren Membranprotein (CD14) über eine Signalkaskade die Synthese von Cytokinen aktiviert (*macrophage inflammatory protein 1* – MIP-1, Interferon-*α/β* – IFN-*α/β*, *tumor necrosis factor α* – TNF-*α*, Interleukine-1, -6, -8, -12 (IL-1, IL-6, IL-8, IL-12). Von diesen Cytokinen gehen wiederum Wirkungen auf andere Zellen aus. NO – Stickstoffmonoxid (nach Beutler und Rietschel 2003).

Exkurs 7.2: Molekulare Wirkungswei-sen von Cytokinen und Chemokinen

Die Rezeptoren der verschiedenen Cytokine benut-zen unterschiedliche Signalwege – einige , wie IL-6, IL-11, benutzen ein Rezeptordimer, der durch Bin-dung des Liganden aneinander bindet. Der aktivierte Rezeptor stimuliert dann den JAK/STAT-Signalweg und darüber die Aktivität u. a. von Cyclin D1, c-myc und Bcl-xL und VEGF. Ein weiterer Weg führt über die Aktivierung von ERK1/2 zur Mitogenese. Eines der zentral wichtigen Interleukine – IL-1 – bindet an ein Rezeptordimer, dessen cytosolische Domäne,

wie bei dem Tollrezeptor (Abb. 7.2), Adapterproteine und Proteinkinasen bindet. Darüber werden u. a. die Stresskinasen (JNK, p38) und der Transkriptionsfak-tor NFκB aktiviert sowie Histon 3 phosphoryliert.

Der Rezeptor für TNF-*α* ist ein Trimer, der ebenfalls an seiner cytoplasmatischen Domäne eine größere Anzahl von Proteinen und Kinasen bindet (Abb. 7.4). Darüber werden einerseits Procaspasen (2 und 8) und damit der Apoptoseprozess aktiviert. Anderer-seits werden der Transkriptionsfaktor NFκB stimuliert (durch Phosphorylierung seines Inhibitors) ebenso wie die MAP-Kinasen (ERK, JNK, p38) und darüber die Phosphorylierung von HSP27 (Abschnitt 6.7).

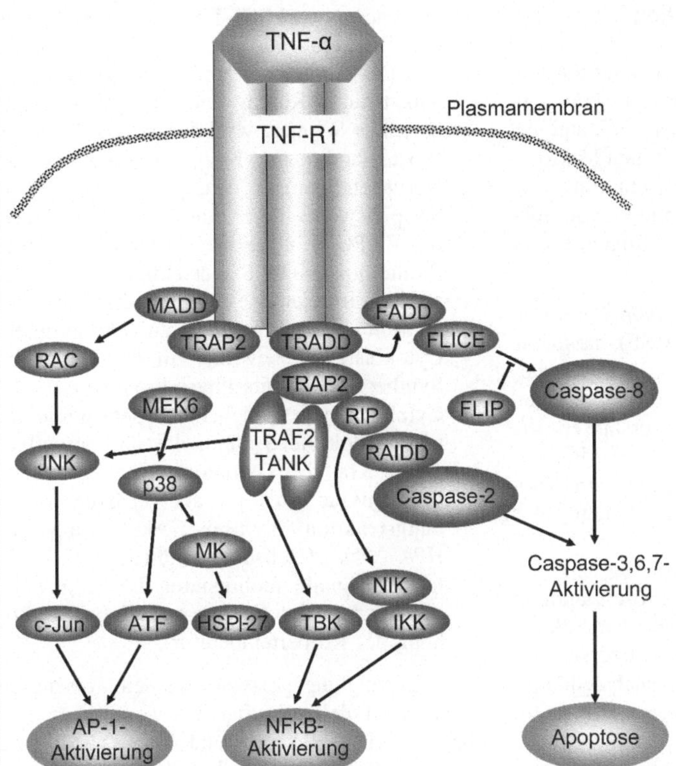

7.4   Modell der TNF-α-Signalkette. Nach Bindung von TNF-α an den TNF-Rezeptor-1 (TNF-R-1 ist ein Trimer) werden zahlreiche an die cytosolische Domäne des Rezeptors gebundene Proteine aktiviert. Sie können die Apoptose stimulieren und/oder Transkriptionsfaktoren wie AP-1 und NFκB aktivieren sowie das Stressprotein HSP27 phosphorylieren. ATF – *activating transcription factor*, FADD – *Fas associated death domain*, FLICE – *FADD-like ICE (Interleukine 1β converting enzyme)*, HSP27 – *heat shock protein 27*, JNK – *c-Jun N-terminal kinase*, MADD – *MAPK activating protein containing death domain*, MKK6 – *mitogen activated protein kinase kinase 6 (= MEK6)*, MK – *mitogen activated protein kinase activated protein kinase =* MAPKAPK, NIK – *NFκB inducing kinase*, RAC – *small molecular weight GTPase superfamily*, RAIDD – *RIP associated* ICH-1/CED-3 *homologous protein with a death domain* (ICH = Caspase-2), RIP – *receptor interacting protein*, TANK – *TNF receptor activating factor (= TRAF1)*, TBK – *TANK binding kinase*, TRADD – *TNF receptor associated death domain protein*, TRAF6 – *TNF receptor associated factor 6*, TRAP2 – *Tumor necrosis factor related activation protein 2*.

Es hat sich gezeigt, dass bei zahlreichen Immun- und Enzündungsreaktionen vor allem die p38-Stresskinase eine zentrale Rolle spielt. Sie ist involviert in die Reaktionen von Makrophagen und Neutrophilen (Chemotaxis, Exocytose, Anhaftung und Apoptose), vermittelt T-Zelldifferenzierung und γ-Interferon-Produktion und reguliert die Expression und Aktivität von zahlreichen Cytokinen, Transkriptionsfaktoren (ATF-1 und -2, MEF-2-A, Sap-1, Elk-1, NFκB, Ets-1 und p53) und Membranrezeptoren (Ono und Han 2000). NFκB ist ebenfalls stark in die Expression von Interleukinen (TNF-α, IL-1β, IL-6, -8, -12, -18) involviert.

Die Rezeptoren von Chemokinen sind einerseits – wie bei MCP-1 (*monocyte chemotactic protein 1*) und RANTES – mit G-Proteinen und PLCβ gekoppelt, die dann über p38- und PI3-K-Aktivierung die Chemotaxis und über ERK1/2 die Adhäsion (Integrinsynthese) aktivieren. Andererseits wird neben G-Proteinen auch der JAK/STAT-Signalweg zur Kontrolle der Genexpression benutzt. Die Wanderung von Makrophagen in die Gefäßwand von Arterien – ein wichtiger Schritt bei der Entwicklung von Arteriosklerose (Abschnitt 8.3) – wird beispielsweise von den Chemokinen MCP-1, Interleukin-8 (IL-8) und Fractalkine kontrolliert (Boisvert 2004).

Ablauf der Entzündungsreaktion

Im folgenden charakterisieren wir kurz die Dynamik der Enzündungsreaktion, die jedoch in vielen Apekten noch nicht genau bekannt ist. Nach dem Eindringen von pathogenen Mikroorganismen, aber auch nach Ausschüttung von proinflammatorischen Neuropeptiden, wie Substanz P und Neurotensin, laufen folgende Prozesse ab:

- Frühe Cytokine (*granulocyte, monocyte colony stimulating factor* (GM-CSF) *monocyte colony stimulating factor* (M-CSF), *granulocyte colony stimulating factor* (G-CSF) und die Interleukine-1,-3,-6,-12 verstärken die Produktion von Granulocyten und Monocyten (Vorläufer der Makrophagen) im Knochenmark durch Erhöhung der Hämatopoese aus Stammzellen.
- Synthese und Abgabe weiterer Signalmoleküle (Cytokine, Chemokine, Prostaglandine) werden im Sinne einer Selbstverstärkung weiter aktiviert. Entzündungsprozesse werden ebenfalls aktiviert, aber danach gedämpft (durch pro- und antiinflammatorische Cytokine).
- Spezifische Gene und Proteine für Rezeptoren, MHC-Proteine, zellstabilisierende sowie apoptotische Mechanismen werden aktiviert.
- Synhetisiert werden chemotaktisch wirkende Cytokine und Chemokine, die die Orientierung von Immunzellen zum Herd der Infektion ermöglichen.
- Chemokine wie MCP-1, Interleukin-8 und Fractalkine veranlassen Monocyten und Granulocyten, das Blutgefäßsystem zu verlassen und zum Ort der Infektion zu wandern. Sie stimulieren die Endothelzellen der Blutgefäße, Proteine (Selectine) zu produzieren, die die rollende Bewegung von PMN-Granulocyten in den Gefäßen bremsen, während die Granulocyten veranlasst werden, ihrerseits Proteine zu bilden (Integrine), die wiederum an Endothelzellen haften und so die Granulocyten bremsen und abflachen. Mithilfe von Histamin und anderen vasoaktiven Substanzen verlassen die PMN die Gefäße und bewegen sich chemotaktisch in Richtung auf die höchste Konzentration des Komplementfragments C-5-a und von Chemokinen (Infektionsherd) hin.
- Charakteristika der Entzündung sind Komplementaktivierung, Cytokin- und Histamin-ausschüttung, PMN-Transmigration durch das Blutgefäßendothel und die Produktion von Prostaglandinen und Leukotrienen (von außen durch Rötung und Schwellung sichtbar). Der Schmerz wird dort durch Cytokine, Prostaglandine und Koagulation von Blut an Nervenendigungen erzeugt. IL-1 induziert beispielsweise die Synthese von Prostaglandin E (PGE). Cytokine aktivieren auch die Produktion von ROS in den Phagocyten, während die Interleukine-4, -10, und -13 die Produktion von TNF-α wieder zurückregulieren.
- Cytokinsignale bewirken in der Leber die Synthese von Akute-Phase-Proteinen
- Cytokinsignale erreichen das Gehirn und das neuroendokrine System, die darüber allgemeine Krankheitssymptome (Fieber, Schlafbedürfnis etc.) auslösen, aber auch die Enzündungsreaktion bremsen (Aktivierung der HPA-Achse, Cortisolausschüttung).
- Cytokinsignale mobilisieren in Fettgewebe und Muskeln den Energiestoffwechsel (Erhöhung der Körpertemperatur).

Die Entzündungsprozesse werden wesentlich auch von T-Zellen initiiert und perpetuiert, wobei der CD40-Rezeptor und der CD40-Ligand wichtige Rollen spielen. T-Zellen werden durch dendritische Zellen und proinflammatorische Cytokine aktiviert. Sie aktivieren wiederum Monocyten/Macrophagen, Endothelzellen, glatte Muskelzellen und Fibroblasten zur Bildung von proinflammatorischen Cytokinen (TNF-α, IL-6), Chemokinen (IL-8, MCP-1), *tissue factor*, d.h. die wesentliche Komponente der Gerinnungskaskade sowie Matrix-Metalloproteinasen, die für die Gewebezerstörung bei Entzündungen verantwortlich sind. Der CD40-Ligand aktiviert außerdem Fibroblasten und Monocyten zur Produktion von VEGF, der die Angiogenese stimuliert, was wiederum den chronischen Entzündungsprozess fördert (Monaco et al. 2004).

Cytokine wie TNF-α und IL-1 aktivieren über eine Kinasekaskade auch den *nuclear factor kappa B* (NFκB), der wiederum proinflammatorische Gene stimuliert. Das Cytokin IL-6 stimuliert die Leber zur Produktion der genannten *Akute-Phase-Proteinen*, nämlich die Komplementproteine, LPS-bindende Proteine, zwei allgemeine Opsonine (mannosebindendes Protein, C-reaktives Protein) und Transferrin umfassen, letzteres zur Bindung von Eisen, einem vermehrungsnotwendigen Element für Bakterien (Abb. 7.5).

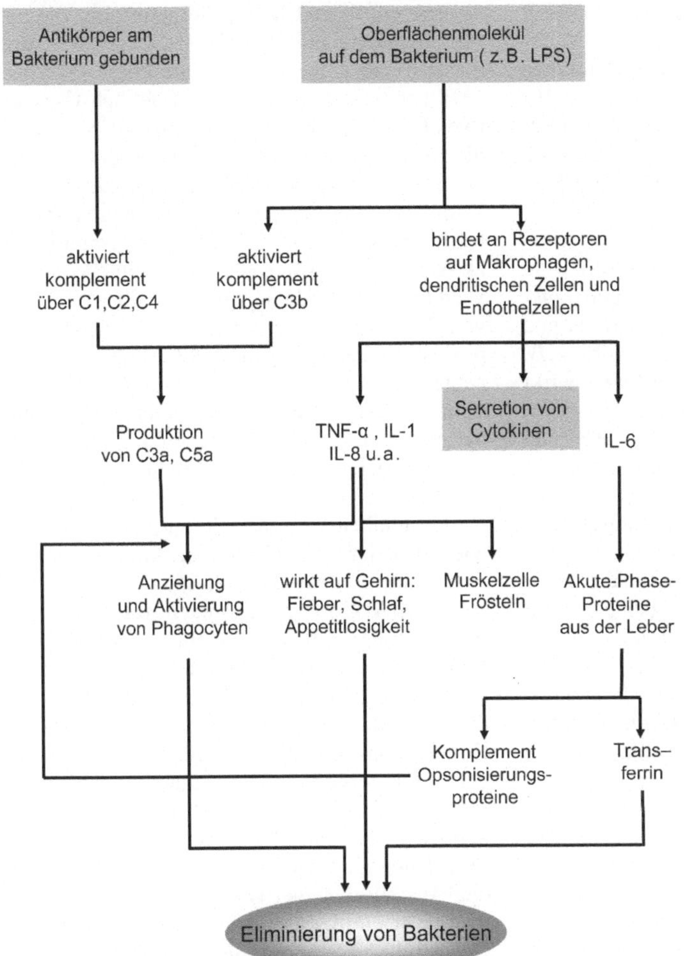

7.5 Wichtige Bestandteile und Reaktionen der angeborenen Immunabwehr. Oberflächenmoleküle auf den Bakterien und an Bakterien gebundene Antikörper lösen eine Anzahl von Reaktionen aus, die schließlich zur Eliminierung des Bakteriums führen sollen (nach Salyers und Witt 2002).

7.1.7 Vor allem vom angeborenen Abwehrsystem werden Signale an das Nerven- und neuroendokrine System gesandt

Entzündungsreize und die dabei entstehenden Cytokine, wie IL-1, TNF-α, können auch Stresshormone, wie die HPA-Achse und SAM-Achse, aktivieren und umgekehrt (Black 2002). Ein wichtiger Entzündungsreiz, Lipopolysaccharid (LPS), ist ein Bestandteil der Zellwand gramnegativer Bakterien und kann auf diese Weise über die Aktivierung von CRH beide Achsen zu einer allgemeinen Stressantwort veranlassen. Diese besteht – außer den in den Abschnitten 5.1 und 5.2 beschriebenen systemischen und zellulären Antworten – auch in einer Stimulierung von Cytokinen und Akute-Phase-Proteinen, d.h. in einer Verstärkung der angeborenen Abwehr. Diese Kombination von systemischen, zellulären und inflammatorischen Antworten ist insofern sinnvoll, als Gefahrsituationen mit Verletzungen oft auch bakterielle Infektionen nach sich ziehen. Die HPA-Achse, vor allem Cortisol, begrenzen auf der anderen Seite die Entzündungsreaktionen. Ein Weg von der Entzündungsreaktion zu der Aktivierung von Stresshormonen könnte aus folgenden Teilschritten bestehen: LPS bindet an lymphoides Gewebe in der Leber (Kupfer-Zellen) und veranlasst es zur Abgabe von Cytokinen. Diese werden wiederum von Rezeptoren in der Pfortader perzipiert, und deren Nachricht über afferente Parasympathikusfasern zum Gehirn (medulläre katecholaminerge Kerne) geleitet, von denen Fasern zum paraventrikulären Nucleus ziehen und dort die Ausschüttung von CRH veranlassen (Black 2002). Wahrscheinlich handelt es sich bei den Cytokinen der Kupffer-Zellen u. a. um Interleukin-6 (IL-6), das auch bei noradrenerger Stimulation dieser Zellen freigesetzt wird. Es werden jedoch auch andere Aktivierungsmöglichkeiten von CRH-Neuronen diskutiert.

Ein anderer Weg zur Stimulierung der HPA-Achse besteht in der Induktion von ACTH in der Hypophyse durch Entzündungssignale *(leukemia inhibitory factor* LIF, IL-1, IL-6, IL-11 und andere, siehe Abschnitt 5.2). LIF wird z. B. durch Lipopolysaccharide induziert und wirkt bei längeren Entzündungen (auch bei septischem Schock) über eine Stimulierung der ACTH- und Cortisolausschüttung dämpfend auf die Entzündungsreaktion.

Ein charakteristisches Verhaltensmuster, das aus diesen Nachrichten über Entzündungsherde im Körper aktiviert wird, ist das „Krankheitsverhalten". Dieses Verhalten ist auch bei Tieren zu beobachten und besteht aus der Induktion von Fieber, der Reduktion von Bewegung oder Erkundung, Verringerung von sozialen Interaktionen, der Nahrungsaufnahme und von sexueller Aktivität und der Zunahme von Schlaf.

Noradrenalin (NA) ist vermutlich der wichtigste Mediator der Stressreaktion, wenn Cytokine im Gehirn induziert oder gebunden werden. Eine IL-1-Applikation erhöht zum einen die NA-Konzentration im paraventrikulären Nucleus und erhöht zum anderen auch eine NA-Ausschüttung im präoptischen Nucleus, einem thermoregulatorischen Zentrum, das wahrscheinlich für die stressinduzierte Temperaturerhöhung verantwortlich ist (was durch Natriumsalicylate verhindert werden kann).

Der umgekehrt funktionierende Signalweg von psychosozialem Stress oder anderen Stressoren wie Schmerz, Kälte u. a. über die Hauptstresshormonachsen (HPA, SAM) auf das Immunsystem wird im Abschnitt 7.4 ausführlicher besprochen und ist Gegenstand der „Psychoneuroimmunologie". Hier nur soviel, dass das Nervensystem sowohl über die neuronalen Kontakte als auch über Stresshormone den Entzündungsprozess fördern, aber auch hemmen kann. Bei der Regulation von Entzündungen sind sowohl Neurohormone wie CRH, Neurotransmitter und Hormone wie Noradrenalin, Adrenalin, ACTH und Cortisol involviert ebenso auch Neuropeptide, wie Substanz P (SP), Neurotensin (NT), *calcitonin gene related peptide* (CGRP),

Neurokinin A und B und Somatostatin, die an Nervenendigungen freigesetzt werden. Auf diese Weise können die Akute-Phase-Proteine (APP) induziert werden, hauptsächlich C-reaktives Protein (CRP), Serum-Amyloid A (SAA), die beide um den Faktor 1 000 erhöht werden können, aber auch Fibrinogen, *tissue factor*, Komplementbestandteile, Plasminogenaktivator-Inhibitor (PAI-1) und Gewebs-Plasminogenaktivator. Corticosteroide und Katecholamine verstärken außerdem zunächst die Wirkung von Cytokinen. Hemmend auf den Entzündungsprozess wirken dagegen a-MSH (eine Komponente der HPA-Achse), längere Cortisolausschüttung und efferente Parasympathikusstimulierung (Black 2002). Es zeigt sich also, dass psychosozialer Stress und Entzündungen z. T. die gleichen Signalwege benutzen und auch gleiche Gesundheitsrisiken nach sich ziehen können, wie beispielsweise in Form von Arteriosklerose, Arthritis u. a. mehr (Kapitel 8).

Ein „GAU" des angeborenen unspezifischen Abwehrsystems tritt dann ein, wenn sich die Bakterieninfektion und vor allem die Abwehrreaktionen nicht lokalisieren lassen, sondern sich über das Blut verbreiten. Dann wird überall im Gefäßsystem die Weite und Durchlässigkeit der Gefäße erhöht, was zu einem dramatischen Blutdruckabfall führt: dem „Septischen Schock". Der septische Schock ist oft durch innere Blutungen und Blutkoagulationen sowie den Ausfall einzelner Organe durch Sauerstoffmangel (Gehirn, Herz, Nieren) gekennzeichnet. Der Septische Schock endet oft tödlich und tritt wegen der Antibiotikaresistenz der dort existierenden Bakterien vielfach in Krankenhäusern auf. Als Gegenmaßnahmen haben sich mehrere gefäßkontrahierende Hormone, wie Adrenalin/Noradrenalin oder Angiotensin II, als wirkungslos erwiesen, während Arginin-Vasopressin (AVP) den Blutdruck wieder erhöhte (Landry und Oliver 2004).

7.2 Erworbene (adaptive) Abwehr

Die erworbene Abwehr besteht zum einen aus B-Zellen und deren Produktion und Abgabe von spezifischen Antikörpern, die bestimmte Komponenten der eingedrungenen Mikroben erkennen und binden, zum anderen aus cytotoxischen Zellen, die Körperzellen erkennen und abtöten, in die Viren oder Bakterien eingedrungen sind. Diese spezifischen Antworten werden durch Makrophagen, dendritische Zellen und B-Lymphocyten ermöglicht, die Antigene fragmentieren und auf ihrer Oberfläche präsentieren. T-Zellen unterstützen dabei die Proliferation der B-Lymphocyten, die die zu dem Antigen passenden Antikörper liefern. Sie unterstützen außerdem die Aktivität von Makrophagen und cytotoxischen Zellen, die Bakterien bzw. mikrobeninfizierte Körperzellen abtöten.

Antikörper (AK) werden von B-Lymphocyten produziert und binden spezifisch nur an bestimmte fremde Moleküle (Antigene) bzw. Teile von Molekülen (Epitope). Sie bestehen aus 2 schweren und 2 leichten Proteinketten in Form eines Y und enthalten an den beiden Y-Enden variable Teile (Fv), die an die Fremdmoleküle nach dem Schlüssel-Schloss-Prinzip binden, während das untere Ende des Y aus dem konstanten Teil (Fc) besteht, der an Komplementproteine bzw. Phagocytenrezeptoren bindet. T-Zellen binden mit ihrem Rezeptor an Zellen, die Antigen präsentieren. B- und T-Zellen erkennen Antigene mithilfe von unterschiedlichen, aber strukturell ähnlichen Molekülen. Das Antikörpermolekül von B-Zellen ist primär membrangebunden und bindet dann an ein Epitop eines Antigens, wird aber später nach Aktivierung der B-Zelle sezerniert (humorale Antwort). Demgegenüber bleibt der T-Zellrezeptor immer membrangebunden und erkennt ein Antigen in Verbindung mit körpereigenen Proteinen, den Haupt-Histokompatibilitäts-Komplexen (MHC-I und II).

7.2.1 B-Zellen produzieren mehrere Klassen von Antikörpern (AK)

Immunglobulin G (IgG) ist der häufigste Antikörpertyp und weist 4 Subtypen auf: IgG1 bis 4. IgG1 und 3 sind opsonisierende AK, die an die Bakterienoberfläche binden und so die Phagocytose erleichtern. IgG1-3 aktivieren das Komplement durch ihre Fc Regionen. Mütterliche IgG-AK können die Plazenta passieren und bilden zunächst (bis zum Alter von 6 Monaten) die adaptive Abwehr des Embryos. IgG vermitteln auch die Bindung von unspezifischen cytotoxischen Zellen (NK-/PMN-Zellen) an infizierte Zellen (*antibody-dependent cell-mediated cytotoxicity*, ADCC).

Immunglobulin M (IgM) ist ein Pentamer aus fünf AK-Molekülen, das die frühe Antikörperreaktion dominiert und effektivster Aktivator des Komplementsystems ist. IgG und IgM neutralisieren Toxine und verhindern die Bindung von Mikroben an Wirtszellen. **Immunglobulin E** (IgE) spielt eine Rolle bei der Abwehr von Vielzellern (Parasiten), indem es mit eosinophilen Granulocyten interagiert. Es ist aber auch bei der Entstehung von Allergien beteiligt, indem es an Mastzellen bindet und sie aktiviert. **Immunglobulin A** (IgA) ist ein AK-Monomer im Serum bzw. kommt als sekretorisches (sIgA) als Dimer im Mucus vor. Es wird auch in die Milch sezerniert (siehe Lehrbücher der Immunologie).

7.2.2 Cytotoxische T-Zellen töten infizierte Wirtszellen

Cytotoxische T-Zellen besitzen ein CD8 genanntes Bindungsprotein und T-Zellrezeptoren aus 2 Untereinheiten (*α*, *β*) auf der Membran, die spezifisch die Gewebszellen erkennen, die durch Viren oder intrazelluläre Bakterien infiziert wurden. Das geschieht durch Bindung des T-Zellrezeptors an mikrobielle Antigene, die auf wirtszelleigenen Membranproteinen (MHC-I, *major histocompatibility complex-I*) präsentiert werden. MHC-I-Moleküle existieren auf fast allen Körperzellen (Abb. 7.6). Die Population der cytotoxischen T-Zellen im Blut weist eine große Vielfalt an unterschiedlichen T-Zellrezeptoren auf. Diese Vielfalt entsteht – wie die Vielfalt der Antikörper – durch genetische Rekombination bei der Entstehung der T-Zellen im Knochenmark. Um an eine infizierte Zelle binden zu können, muss der Rezeptor auf

MHC-I und das daran befindliche Antigenfragment passen.

Eine Unterklasse von cytotoxischen T-Zellen löst die Apoptose der Wirtszelle aus, tötet aber nicht die Bakterienzellen, die von Phagocyten zerstört werden. Eine andere Unterklasse schüttet Granula mit Proteinen aus, die Kanäle in der Membran bilden (Perforin) und ein weiteres Protein, das durch die Kanäle in die Zellen eindringt (Granulysin).

7.2.3 Die Produktion von spezifischen Antikörpern und die Entstehung von spezifischen cytotoxischen T-Zellen

Antigenpräsentierende Zellen (APC), wie Makrophagen und dendritische Zellen, phagocytieren Mikroben, verdauen sie und präsentieren deren Proteinfragmente (Epitope) auf Proteinkomplexen (MHC-I und MHC-II) auf der Membranoberfläche. Lipide und Glykolipide von Mikroorganismen werden auf einem anderen Komplex präsentiert (CD1). Präsentation von löslichen Epitopen auf MHC-II-Komplexen von APC stimulieren die Proliferation von T-Helferzellen, die u. a. mit einem Bindungsprotein (CD4) an MHC-II binden. Partikelförmige Mikrobenepitope, die auf MHC-I-Komplexen präsentiert werden, aktivieren die Proliferation der passenden cytotoxischen T-Zellen mit ihren T-Zellrezeptoren.

MHC-II-Epitop-Komplexe können auch die Produktion von Interferon-γ (IFN-γ) stimulieren, das wiederum Makrophagen und cytotoxische Zellen aktiviert. Die Proliferation von T-Helferzellen wird nach deren Bindung an den MHC-II-Epitopkomplex durch die Ausschüttung von IL-1 und TNF-α angeregt.

Zur Entstehung der überaus zahlreichen unterschiedlichen Antikörper in jeweils individuellen B-Lymphocyten und zu den Aktivierungsmechanismen des B-Lymphocytenklons, der einen auf das präsentierte Antigen passenden Antikörper aufweist (siehe Janeway et al. 2002).

Exkurs 7.3: Das T$_H$1/T$_H$2-Modell

Es gibt hauptsächlich zwei Typen von T-Helferzellen: T$_H$1 und T$_H$2 (Abb. 7.6). Beide stammen von einer „naiven" Vorläuferzelle, T$_H$0 ab. Die Entscheidung, ob diese sich zu T$_H$1 oder T$_H$2 differenziert, hängt von den Konzentrationen von Cytokinen in der Umgebung ab. Wenn ein Pathogen (LPS oder Bakterienprotein) auf eine dendritische Zelle stößt, so bindet einerseits LPS oder andere Bestandteile des Pathogens an einen Tollrezeptor (TLR) und stimuliert dadurch über eine Signalkette die Synthese von Interleukinen-12 und -18, sowie von kostimulatorischen Proteinen (CD80/86) und MHC-II. Zugleich wird das Phathogen endocytotisch aufgenommen, verdaut und als Fragment auf dem MHC-II präsentiert. Eine „naive" T-Zelle, deren T-Zellrezeptor auf MHC-II und sein Pathogenfragment passt, bindet an die dendritische Zelle, unterstützt von einer CD28-Bindung an CD80/86 und differenziert dann entweder zu einer T$_H$1 oder zu einer T$_H$2-Zelle. T$_H$1 Zellen produzieren IFN-γ; das Makrophagen, NK-Zellen und cytotoxische Zellen aktiviert. Es werden auch B-Zellen aktiviert, jedoch solche, die wenig Opsonisierungskapazität aufweisen. T$_H$1-Zellen dirigieren die Immunantwort, vor allem die cytotoxischen T-Zellen, gegen intrazelluläre Pathogene (Viren, intrazelluläre Bakterien). Bei Überwiegen von IL-4 in der Umgebung differenzieren die naiven T-Zellen dagegen zu T$_H$2-Zellen. Diese aktivieren Eosinophile und stimulieren B-Zellen zur Produktion von IgG1, das die höchste Opsonisierungskapazität aufweist. Ebenso wird auch die Produktion von IgE angeregt (Antivielzeller, allergische Reaktion). T$_H$2-Zellen dirigieren daher die Immunantwort hauptsächlich gegen im Blut befindliche Antigene, die von den Antikörpern gebunden und von Phagocyten beseitigt werden. Außerdem produzieren T$_H$2-Zellen IL-10 und IL-13, die eine Herunterregulierung von Zellen (vor allem T$_H$1) des Immunsystems und von IFN-γ bewirken.

Außer T$_H$1 und T$_H$2 ist eine dritte Gruppe von T$_H$-Zellen beschrieben worden (T$_H$3), die hauptsächlich TGF-β sezerniert, die Produktion von IgA fördert und T$_H$1-Zellen inhibiert (Weiner 2001). Außerdem existieren noch regulatorische T-Zellen (T$_{reg}$1/T$_r$1), die immunsuppressive Eigenschaften haben und sowohl TGF-β, wie das antiinflammatorische Cytokin IL-10, ausschütten. Sowohl T$_H$3-Zellen, wie T$_H$1-Zellen, stammen von CD4-T-Zellen ab. Beide hemmen Autoimmunerkrankungen, wie entzündliche Darmerkrankungen oder chronische Entzündungen, wie *Colitis* (Jonuleit und Schmitt 2003).

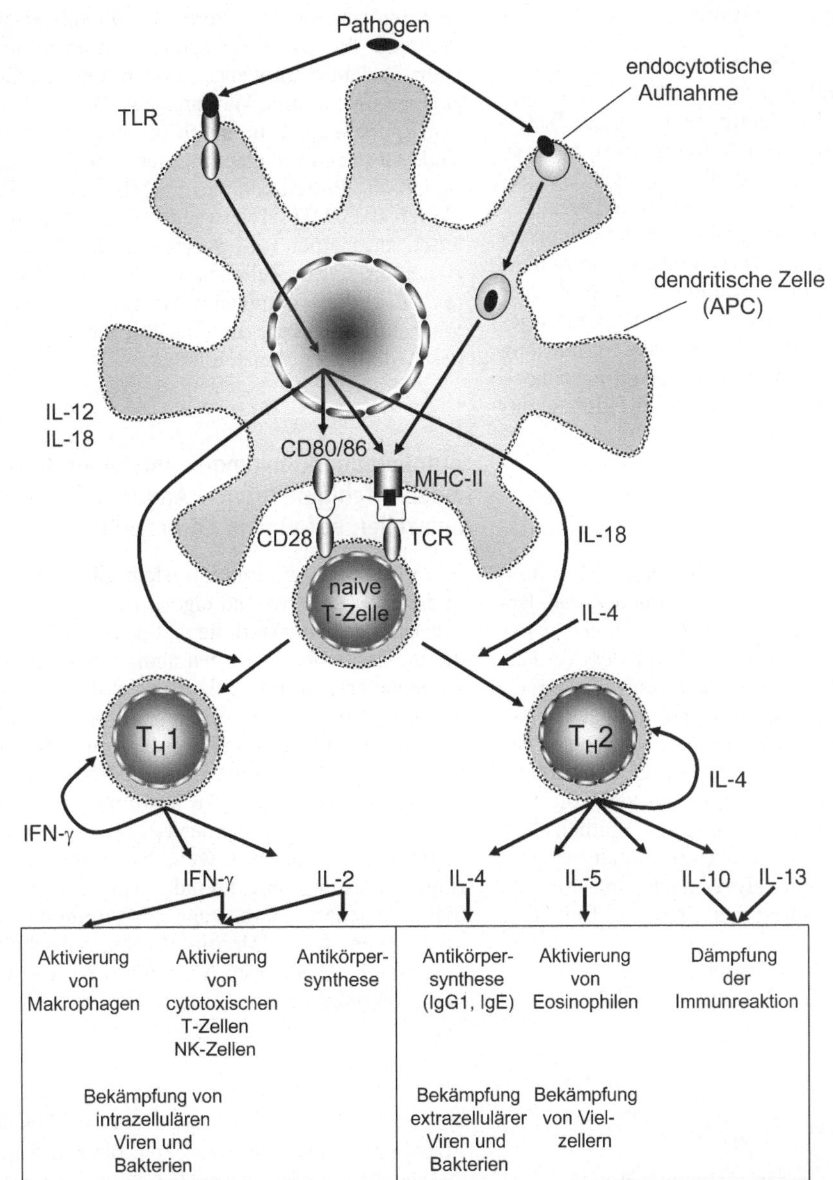

7.6   T-Zellentwicklung. Pathogene Molekülmuster werden von Tollrezeptoren (TLR) gebunden. Über eine intrazelluläre Signalkette bewirken sie im Kern einer dendritischen Zelle (antigenpräsentierende Zelle, APC) die Synthese von kostimulierenden Membranproteinen (CD80/86), von *major histocompatibility complex II* (MHC-II) und von Interleukinen-12 und -18 (IL-12, IL-18). Pathogene Moleküle werden außerdem endocytotisch aufgenommen, fragmentiert und auf den MHC-II-Molekülen präsentiert. „Naive", d. h. noch nicht auf ein Cytokinprogramm festgelegte T-Zellen, binden an die APC mithilfe von Membranproteinen (CD28) und dem T-Zellrezeptor (TCR). Je nach der Menge der durch TLR-induzierten Interleukine-12 und -18 differenziert die naive T-Zelle zu einer T-Helferzelle-1 (T_H1), die Interferon-γ (IFN-γ) synthetisiert und vor allem die Bekämpfung von intrazellulären Viren und Bakterien unterstützt (zelluläre Abwehr durch Aktivierung von Makrophagen und CTL). Bei Überwiegen von Interleukin-4 (IL-4) differenziert die naive T-Zelle zu einer T-Helferzelle-2 (T_H2), die vor allem die Interleukine-4, -5, -10 und -13 (IL-4, -5, -10, -13) ausschüttet, B-Zellen stimuliert und so extrazelluläre Pathogene bekämpft (humorale Abwehr) (nach Medzhitov 2001).

T-Zell-unabhängige Immunantwort

Während die Immunantwort gegen Proteinantigene über T-Zellen verläuft, gibt es auch Polysaccharid- und Lipidantigene, die direkt B-Zellen zur Produktion von Antikörpern stimulieren können. Sie legen sich an die nach außen gerichteten Antikörper von B-Zellen an und erzeugen so eine Quervernetzung der membranverankerten Antikörper. Diese Quervernetzung stimuliert die Produktion und Ausschüttung der Antikörper dieser spezifischen B-Zelle. Die Antwort ist jedoch nicht so effektiv wie bei der Vermittlung durch T-Helferzellen und bei Säuglingen noch nicht vorhanden (wichtig z.B. bei Hirnhautentzündung).

Immunität der Mucosa

Eine wichtige – noch nicht so genau bekannte – Immunantwort findet in den Epithelien und darunter liegenden lymphoiden Zellen (*mucosa associated lymphoid tissue* MALT) des Verdauungstrakts und der Bronchien statt. Zellen im Epithel nehmen Bakterien auf und geben sie an Makrophagen weiter, die sie verdauen und deren Fragmente sie präsentieren. Über T-Helferzellen werden dann B-Zellen aktiviert, die IgA produzieren. Dieses IgA wird von Epithelzellen aufgenommen und durch Umwandlung in eine sekretorische Form (sIgA) nach außen in die Schleimschicht abgegeben, wo sie Bakterien binden.

An der Mucosa des Verdauungstrakts befinden sich auch T-Zellen, die statt der α-, β-T-Zellrezeptoren andere Rezeptoren (γ, δ) aufweisen. Während die α-, β-Rezeptoren tausende und mehr Varianten aufweisen, bilden die γ-, δ-Rezeptoren nur wenige Varianten aus. Diese erkennen Epithelzellen, die durch Infektion gestresst sind. Gestresste Zellen präsentieren auf ihrer Membran Proteinkomplexe (MICA, MICB), die mit dem MHC-1 verwandt sind. γ-, δ-Zellen leiten anscheinend α-, β-cytotoxische T-Zellen zu den infizierten Zellen und produzieren Faktoren, die die Immunantwort beenden sowie Wachstumsfaktoren, die eine Regeneration des geschädigten Epithels einleiten.

Autoimmunerkrankungen entstehen durch einen – fehlgeleiteten – Angriff von Immunzellen auf eigene Körperzellen

Auch im adaptiven Immunsystem gibt es Fälle, in denen es sich irrt und eigene Zellen angreift. Das kann durch bakterielle Antigene geschehen, die menschlichen Proteinen ähnlich sind. Impfstoffe gegen derartige Bakterien würden die Autoimmunantwort noch verstärken, sodass große Sorgfalt darauf verwandt werden muss, solche Impfstoffe nicht zu verwenden. Ein Übergewicht der T_H1-Antwort kann zu Autoimmunerkrankungen, ein Übergewicht der T_H2-Antworten dagegen zu Allergien beitragen. Auch eine zu geringe Belastung mit Fremdorganismen durch hohe Hygienestandards kann zu Autoimmunerkrankungen (z.B. Morbus Crohn, Abschnitt 8.4) führen. (Siehe auch Abschnitt 6.7 zur Rolle von Stressproteinen bei Autoimmunreaktionen.)

7.3 Die Abwehr gegen Viren

Viren gehören zu den gefährlichsten Verursachern von Krankheiten – angefangen von der häufigen Grippe (Influenza) bis zu AIDS – hervorgerufen durch das *human immunodeficiency virus* (HIV), das weltweit die höchste Mortalität durch Krankheiten verursacht. Viren sind biologische Partikel bzw. Organismen. Sie enthalten DNA oder RNA als genetische Information, die in Form von wenigen bis über hundert Genen organisiert ist und die sich nur mithilfe der Proteinsynthesemaschinerie und Energieversorgung von Wirtszellen replizieren kann. Die Wirte und Wirtszellen haben gegen Viren zahlreiche Abwehrmechanismen entwickelt, die allerdings von den Viren immer wieder unterlaufen werden. In der virusinfizierten Zelle vermehrt sich das Virus mithilfe von Wirtsproteinen und von viruscodierten Proteinen, wobei oft doppelsträngige RNA (dsRNA) entsteht. Bei RNA-Viren ist dsRNA obligatorisch oder entsteht zumindest bei der Replikation, bei DNA-Viren kann sie bei der Transkription beider DNA-Stränge oder auch bei Faltungen eines RNA-Strangs auftreten.

Interferone spielen bei der Virusabwehr eine wichtige Rolle. Sie gehören zu den Cytokinen, d.h. regulatorischen Proteinen, die von Zellen nach einer Virusinfektion vermehrt abgegeben werden und hauptsächlich in benachbarten Zellen, aber auch in der produzierenden Zelle, einen Antivirusstatus etablieren. Es gibt 2 Gruppen von Interferonen: Die erste Gruppe besteht einerseits aus Interferon a, das hauptsächlich in Leukocyten gebildet wird, andererseits aus Interferon β, das in den meisten Körperzellen, vor allem in Fibroblasten synthetisiert wird. Die zweite Gruppe besteht aus Interferon γ, das in aktivierten T-Zellen und *natural killer*-Zellen produziert wird.

dsRNA stimuliert die Transkription von Interferon a/β-Genen durch die Aktivierung einer Proteinkinase, die wiederum Transkriptionsfaktoren, vor allem den *nuclear faktor kappa B* (NFκB) stimuliert. Das in der Zelle gebildete Interferon a/β wird sezerniert und bindet an die extrazellulären Domänen von Interferon a/β-Rezeptoren von Nachbarzellen, aber auch auf der eigenen Oberfläche. Durch die Bindung wird ein Signalsystem in der Zelle aktiviert, das die Transkription von zahlreichen Genen initiiert. Zu den über 100 Interferon a/β-induzierbaren Genen gehören Gene für die MHC (*major histocompatibility complex*)-Proteine, die nach außen sozusagen den „Personalausweis" für Körperzugehörigkeit dokumentieren und der durch Virusinfektion verfälscht wird. Der „virusverfälschte" MHC-I wird von cytotoxischen T-Lymphocyten und NK-Zellen erkannt, die dann über die Abgabe von Porenproteinen (Perforin) und die Ausschüttung von Signalmolekülen und Enzymen den Zelltod auslösen und damit die Virusvermehrung blockieren (Abb. 7.8). Die NK-Zellen erkennen dabei virusinduzierte, aber unspezifische Veränderungen in der Zahl oder Eigenschaften der MHC-I.

Auch ganz spezifische Gene, die auf bestimmte Viren wirkende Proteine codieren und so z.B. die Proliferation von Influenzaviren hemmen, werden durch Interferon stimuliert.

Besonders wichtig bei der Virusabwehr ist eine Proteinkinase, die durch die doppelsträngige RNA des Virus aktiviert wird. Diese Proteinkinase stimuliert die weitere IFN-a/β-Synthese (positives Feedback). Außerdem hemmt diese Kinase die Proteinsynthese der Zelle. Dadurch wird die Vermehrung des Virus gehemmt, das auf die Proteinsynthese des Wirts angewiesen

ist. Schließlich kann diese Kinase auch die Apoptose – also den Zelltod – auslösen und damit ebenfalls dem Virus seine Vermehrungsgrundlage entziehen.

Die molekulare Abwehr über Interferone, die Immunabwehr über Antikörper oder NK- und cytotoxische T-Zellen hindern aber viele Viren nicht daran, uns erfolgreich zu infizieren. Viren haben einen ingeniösen „Erfindungsreichtum" entwickelt, unsere Abwehrmechanismen zu unterlaufen. Eingangspforten für Viren sind die verletzte Haut, die Lunge, der Magen-, Darm- und Genitaltrakt und auch gelegentlich das Auge (Abb. 7.7). Insofern gilt auch für Viruserkrankungen, dass die erste Verteidigungslinie das Gehirn ist, d.h. die Entwicklung von Vermeidungsstrategien (Hygiene, Reisebeschränkungen) und Impfprophylaxe (Flint et al. 2000).

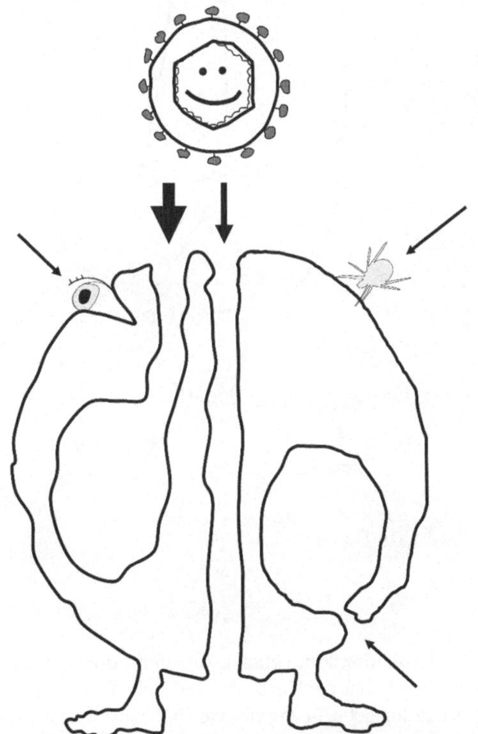

7.7 Mensch aus der Sicht des Virus. Eingangspforten für Viren sind die Körperoberfläche (insbesondere durch Zeckenbiss), Augen und die inneren Epithelien von Magen, Darm, Lunge und Urogenitaltrakt (mit freundlicher Genehmigung von PD Dr. Stephan Ehl).

Die Vermehrung von Viren wird vor allem von dem Interferonsystem blockiert

Für das Verständnis des molekularen Mechanismus der Virusabwehr haben wir im Folgenden einige wichtige Erkenntnisse zusammengefasst (ausführliche Darstellungen in Stark et al. 1998, Goodburn et al. 2000, Sen 2001). Die **Interferone** α und β (IFN-α, IFN-β) gehören zu einer Gruppe (Typ I). Sie werden von Zellen als direkte Antwort auf Virusinfektionen von der Multigenfamilie IFN-α (hauptsächlich in

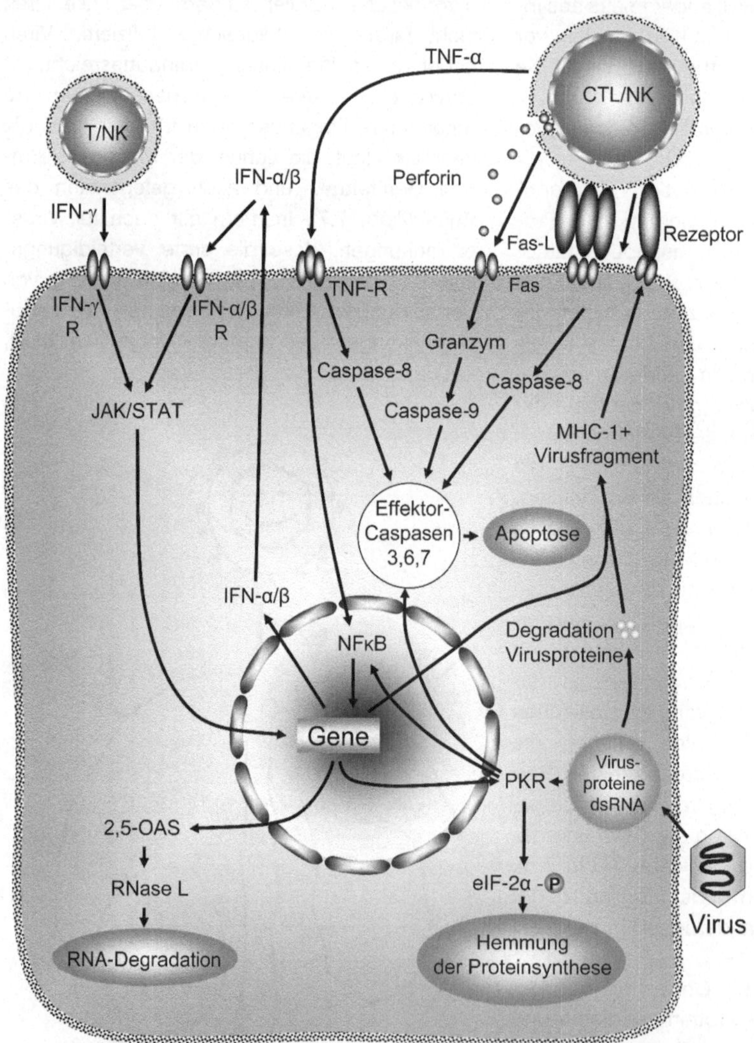

7.8 Virusinfektion. Virusinfektion führt über Virusproteine und virale doppelsträngige RNA (dsRNA) zu zahlreichen Abwehrmechanismen der Zelle. Die degradierten Virusproteine werden auf dem MHC-I präsentiert, das cytotoxische T-Lymphocyten (CTL) und natürliche Killerzellen (NK) andocken lässt. Diese Zellen aktivieren den Apoptosemechanismus der virusinfizierte Zelle über den Fas-Liganden, Perforin/Granzyme und TNF-α (*tumor necrosis factor* α). Außerdem bewirkt TNF-α Entzündung und Fieber. Die doppelsträngige Virus-RNA aktiviert die dsRNA-abhängige Kinase (PKR), die ebenfalls die Apoptose unterstützt, die Proteinsynthese durch Phosphorylierung von eukaryotischem Initiationsfaktor-2α (elF-2α) hemmt und den nucleären Faktor kappa B (NFκB) aktiviert. NFκB zusammen mit AP-1 transkribieren die Gene für die Interferone α und β (IFN-α/β). Diese induzieren autokrin und parakrin über Januskinasen (JAK) und *signal transducer and activator of transcription* (STAT) die Gene u.a. für MHC-I, die PKR und 2',5'-Oligoadenylatsynthasen (2',5'-OAS).

Leukocyten) oder des IFN-β-Gens in den meisten Zellen, vor allem in Fibroblasten synthetisiert. Typ II (Interferon-γ) zeigt keine strukturellen Homologien zu IFN-α/β und wird nicht direkt durch Viren induziert, sondern in cytotoxischen T-Zellen und NK-Zellen, die an infizierte Zellen gebunden und so aktiviert wurden. Beide Typen induzieren einen „antiviralen Status" in der Zelle, indem sie eine größere Zahl von Genen induzieren, die die Vermehrung des Virus blockieren, das Wachstum der Zellen verlangsamen und sie empfindlich für Apoptose machen.

Gut untersucht ist die **Induktion von IFN-β**, die wesentlich von viraler doppelsträngiger RNA (dsRNA) ausgeht (Abb. 7.8). Über dsRNA wird eine Proteinkinase (*dsRNA dependent kinase*, PKR) aktiviert, die wiederum den Inhibitor von NFκB phosphoryliert und den Inhibitor damit zum Abbau durch Proteasomen prädestiniert. NFκB wird danach in den Kern transloziert und bindet an den IFN-β-Promotor als Teil eines Multiproteinkomplexes (*Enhanceosome*) aus HMG14, ATF-2-Homodimeren (AP-1) und einem Faktor, der an die positive regulatorische Domäne-I (PRD-I) bindet und zu der Gruppe *interferon regulatory factor* (IRF) gehört.

Die Induktion des IFN-γ-Gens ist dagegen weniger gut bekannt. Sie wird durch die Cytokine (IL-12, IL-18) aus Makrophagen und auch durch IL-1, IL-2 und IFN-γ ausgelöst und durch Cortisol, TGF-β und IL-10 gehemmt.

Exkurs 7.4: Interferonrezeptoren, Signaltransduktion und Geninduktion

Der IFN-α/β-Rezeptor besteht aus zwei Untereinheiten (IFNAR-1 und IFNAR-2), die nach Bindung des Interferons aneinander binden und über die assoziierten Januskinasen (Tyrosinkinase-2, Tyk-2) und JAK-1 im Inneren der Zelle den Rezeptor und STAT Proteine (*signal transducer and activator of transcription*) an Tyrosin-Resten phosphorylieren (Abb. 7.8). STAT-1 und STAT-2 dissoziieren von dem Rezeptorkomplex ab, werden in den Kern transloziert und binden dort an ein DNA-bindendes Protein (p48), ein Mitglied der IRF (*interferon regulatory factor*)-Familie. Dieser Komplex bindet an die Promotorelemente (ISRE) von IFN-α/β-induzierbaren Genen. Über den IFN-α/β-Rezeptor wird offenbar auch der MAP-Kinase-(ERK-)Signalweg aktiviert. Der IFN-γ-Rezeptor besteht aus IFNGR-1 und IFNGR-2, deren cytoplasmatische Domänen mit den Januskinasen JAK-1 und JAK-2 assoziiert sind. Bindung des dimeren IFN-γ löst die Dimerisierung des Rezeptors aus. Die Dimerisierung bewirkt durch Transphosphorylierung von JAK deren Aktivierung. JAK phosphorylieren Tyrosine am C-Terminus des Rezeptors und schaffen damit die Voraussetzung für die Bindung von STAT-1 und dessen Tyrosinphosphorylierung. STAT-1 dissoziiert daraufhin von dem IFN-Rezeptor ab und bildet ein Homodimer, das in den Kern diffundiert und an Promotorsequenzen (*GAS elements*) von IFN-γ-induzierbaren Genen bindet. STAT-1 bindet dabei offenbar auch das *CREB binding protein* (CBP/p300). Weitere Transkriptionsfaktoren wie CIITA für die Transkription von MHC-II-Genen werden ebenfalls aktiviert, ebenso die Expression von *c-myc* und *c-jun*.

IFN-induzierbare Gene. Die beiden IFN-Gruppen I und II aktivieren teils unterschiedliche, teils gleiche Gene. Insgesamt können sie die Synthese von mehr als 300 zellulären Proteinen induzieren. Diese umfassen Enzyme, Signalproteine, Chemokine, antigenpräsentierende Proteine, Transkriptionsfaktoren, Stressproteine (HSP) und Apoptoseproteine. Auf einige wichtige Proteine gehen wir im Folgenden kurz ein (Abb. 7.8).

2'-5'-Oligoadenylat-Synthetasen (2'5'-OAS) bilden eine Familie von Enzymen, die die Umsetzung von ATP in 2',5'-gekoppelte Oligoadenylate unterschiedlicher Länge katalysieren. Die durch IFN-induzierten Enzyme müssen jedoch anschließend von dsRNA aktiviert werden. Die 2',5'-Adenylate aktivieren wiederum die latent vorhandene Ribonuclease L (RNaseL), die einerseits die viralen (und zellulären) RNA-Moleküle degradiert und damit antiviral wirkt, gleichzeitig aber auch an der Einleitung von Apoptose mitwirkt.

Die **dsRNA-abhängige Proteinkinase** (PKR) ist eine Serin/Threonin-Proteinkinase, die durch Autophosphorylierung aktiviert werden muss. Der bekannteste Aktivator ist die dsRNA, außerdem gibt es zwei aktivierende Proteine (p76 und PACT, ein Protein, das möglicherweise zellulären Stress auf PKR überträgt). PKR hemmt die Proteinsynthese durch Phosphorylierung des Translationsfaktors eIF-2α und unterbindet damit vor allem die hohe Proteinsyntheserate viraler Proteine. PKR ist außerdem in der Signaltransduktion von TNF-α und verschiedenen äußeren Stressoren beteiligt, indem es den *nuclear factor* κB (NFκB) durch Phosphorylierung seines Inhibitors aktiviert. Außerdem ist PKR nach viraler Stimulation für die Induktion der Apoptose über einen Fas-abhängigen Weg verantwortlich.

> Das induzierte **p56-Protein** scheint die Initiation der Proteinsynthese zu blockieren – und hat damit auch eine negative Wirkung auf das Wachstum der Zellen.
>
> **p200-Proteine** werden stark durch IFN induziert und beeinflussen die Zellproliferation durch Hemmung verschiedener Faktoren wie NFκB, E2F, p53, c-fos, c-Jun, MyoD, Myogenin, c-myc und Rb.

Verschiedene Viren haben eine große Anzahl unterschiedlicher Mechanismen entwickelt, um sich vor den Abwehrmaßnahmen der Wirtszellen zu schützen

Einer der wichtigsten Mechanismen zur Blockierung der Virusvermehrung ist die Vernichtung der befallenen Zelle durch Apoptose. Daher blockieren verschiedene Viren die Auslösung der Apoptose an unterschiedlichen Stellen (Übersichten: Barry und McFadden 1998, Teodoro und Branton 1997, Roulston et al. 1999).

So blockieren Baculoviren den Caspaseweg, einige Adenovirusarten, Epstein-Barr Virus und andere den Fas/TNF-Rezeptorsignalweg.

Kaposi-Sarcoma-Herpesvirus und andere produzieren Bcl-2-ähnliche Inhibitoren der Apoptose, Papillom-Virus (E-6) des Menschen bindet und degradiert p53, Vaccinia-Virus (E32) blockiert die PKR-aktivierte Apoptose, Herpes-simplex-Virus (Us3) produziert eine Kinase, die die virusinduzierte Apoptose hemmt - um nur ein paar Beispiele zu nennen. Einige Viren scheinen die Apoptose zu fördern und sie als Ausbreitungsmechanismus zu nutzen. Die gegenwärtige Forschung versucht, aus diesen viralen Mechanismen Faktoren zu gewinnen, die unerwünschte Apoptose hemmen oder blockierte Apoptose, etwa bei Krebszellen, stimulieren können.

7.4 Psychosoziale Stresswirkungen auf das Immunsystem und seine Abwehrfunktionen (Psychoneuroimmunologie)

Viele Arten von Stress wirken auf das Immunsystem ein, das ja seinerseits eine Abwehr gegen biologische Stressoren wie Viren und Bakterien darstellt. Psychosozialer Stress, physische Belastungen aber auch Umweltfaktoren und endogene Stressoren, wie reaktive Sauerstoff- und Stickstoffspezies, können kurzzeitig das Immunsystem aktivieren, längerfristig aber hemmen. Bei andauerndem Stress steigt die Anfälligkeit gegen Infektionen, die Häufigkeit von Autoimmunerkrankungen wie rheumatoide Arthritis und die Aktivierung von latent vorhandenen Viren wie Herpes-simplex-Virus (HSV) oder Epstein-Barr-Virus (EBV). Außerdem sinkt die Wundheilungsgeschwindigkeit. Inwieweit auch das Risiko ansteigt, an Krebs zu erkranken, ist noch nicht endgültig geklärt (Abschnitt 8.5).

Da psychosozialer Stress und die damit verbundenen aversiven Emotionen ganz wichtige Anteile an diesen Stresswirkungen auf das Immunsystem ausmacht, und da diese Wirkungen über das neuroendokrine System vermittelt werden, sind in den letzten Jahrzehnten große Anstrengungen unternommen worden, um die Wirkung von psychischen Stresszuständen auf das neuroendokrine System und das Immunsystem aufzuklären. Besonders wichtig ist dabei auch die Erkenntnis, dass Stresssignale nicht nur unidirektional vom Gehirn über Neurone und Hormone auf die Immunzellen wirken, sondern dass es einen Dialog, einen bidirektionalen Signalaustausch gibt: Immunzellen senden ihrerseits Botschaften an das Gehirn/die Psyche. Das neuroendokrine System besteht aus Netzwerken von interagierenden Neuronen und hormonproduzierenden Zellen (Abschnitt 5.8). Diese Netzwerke sind mit dem ebenfalls Netzwerke bildenden Immunsystem durch zahlreiche Signalverbindungen vernetzt. Zusammen stellen sich diese Systeme von Netzwerken als überaus komplex dar. Diese Komplexität wird noch dadurch verstärkt, dass die wechselseitig ausgetauschten Signale über intrazelluläre Netzwerke verarbeitet werden (Abschnitt 6.8). Das Forschungsgebiet, das sich mit diesen Interaktionen beschäftigt, wird als *Psychoimmunologie* (Kaschka und Aschauer 1990), *Psychoneuroimmunologie* (Schedlowski und Tewes 1996, Durana 2004) oder *Neuroimmunomodulation* (McCann et al. 1998) bezeichnet. Die zitierten Veröffentlichungen und ein kürzlich erschienener Übersichtsartikel (Glaser und Kiecolt-Glaser 2005) geben gute Zusammenfassungen über dieses Gebiet.

Die Komplexität dieses Forschungsgebiets und die überaus zahlreichen beeinflussenden Funktionen machen es oft schwierig, Ergebnisse zu vergleichen und eindeutige Schlussfolgerungen zu ziehen. Einige Beispiele dieser beeinflussenden Größen sind nachstehend aufgeführt:

- Die unterschiedlichen Qualitäten der psychosozialen Stressoren – wie Arbeitsplatzstress, Trauma, Examina, Depression – wirken wahrscheinlich unterschiedlich auf das Immunsystem.
- Die Intensitäten der Stressoren – Lärm, existentielle Ängste, Partnerverlust – spielen eine wichtige Rolle.
- Die Dauer des Stresszustands ist von großer Bedeutung: Wirkungen von Kurz- und Langzeitstress unterscheiden sich oft diametral. Zu welcher Kategorie eine bestimmte Stressdauer gehören, ist manchmal unklar.
- Die individuelle Bewertung und Sensitivität gegenüber unterschiedlichen Stressoren ist von der genetischen Konstitution, Lebenserfahrung, Alter, Geschlecht und Ethnie abhängig.

Wegen dieser zahlreichen beeinflussenden Größen gibt es auf dem Gebiet der Psychoneuroimmunologie neben übereinstimmenden auch zahlreiche widersprüchliche Ergebnisse. Trotzdem sind wichtige Erkenntnisse erzielt worden, die medizinisch-therapeutische Relevanz haben.

Betrachten wir zunächst die Einflüsse von psychosozialem Stress auf das Immunsystem: Wie in Kapitel 5 dargestellt, leitet das sympathische Nervensystem und mehrere Stresshormonachsen, zahlreiche weitere Hormone sowie Neuromodulatoren Stresssignale vom Gehirn zu Organen, Geweben und auch zum Immunsystem weiter. Das sympathische Nervensystem innerviert u. a. die Lymphknoten (Weihe et al. 1996). Ein zentraler Vermittler der hormonellen Stressantwort ist das *corticotropin releasing hormone* (CRH), das sowohl die SAM- wie die HPA-Achse aktiviert, aber auch selbst zahlreiche

Stresssignale übermittelt. Die Effektorhormone der Achsen, Adrenalin und auch das CRH zeigen zu Beginn des (milden oder kurzen) Stresses aktivierende Wirkungen, bei längerer Stressdauer dominiert jedoch der hemmende Einfluss vor allem von Cortisol, aber auch von Adrenalin.

Weitere Stresssignale werden von Neuropeptiden, wie dem Peptidhormon Substanz P (SP) übermittelt. SP wirkt auf Immunzellen, wie Makrophagen, die darauf mit der Freisetzung von Entzündungssignalen (proinflammatorische Cytokine) reagieren. Diese Signale setzen sie auch bei bakteriellen Infektionen frei, d. h., das Immunsystem kann in gleicher Weise auf ein Stresshormon wie auf den direkten Stressor (Bakterien) reagieren.

Stresshormone, Neurotransmitter und Entzündungscytokine aktivieren Zellen des Immunsystems und bewirken eine Umverteilung mancher Immunzellen vom Blutkreislauf in die angrenzenden Gewebe, unter anderem in die Haut. Diese anfängliche Aktivierung des Immunsystems und die Umverteilung der Zellen in Richtung auf mögliche *battlefields* wie die Haut, erscheinen plausibel im Hinblick auf die physische Konfrontation mit Feinden, bei Kampf- und Fluchtsituationen, in denen Verletzungen und damit Infektionen wahrscheinlich sind. Trotz der Plausibilität dieser Annahme sind noch viele Fragen offen im Hinblick auf diese ersten Reaktionen des Immunsystems auf Stress. Die entzündungsaktivierende Phase darf nicht zu lange dauern, da sonst ein Kreislaufkollaps droht (septischer Schock, Abschnitt 7.1). Daher werden von Makrophagen auch anti-inflammatorische Cytokine ausgeschüttet, die die aktivierende Reaktion dämpfen. Außerdem stimulieren die proinflammatorischen Cytokine die HPA-Achse und erhöhen so den Cortisolgehalt im Blut (Chesnokova und Melmed 2002). Cortisol wirkt ebenfalls stark hemmend auf die Entzündungsprozesse – und wird daher häufig als entzündungshemmendes Medikament benutzt (wegen der gravierenden Nebenwirkungen mit Vorsicht). Sowohl psychosozialer Stress wie auch der Infektionsstress selbst werden somit durch mehrere Inhibitoren in ihren Wirkungen auf den Entzündungsprozess gedämpft (negatives *feed forward* und negative Rückkopplung) (Abb. 7.9). An der Ausbalancierung des Immun-

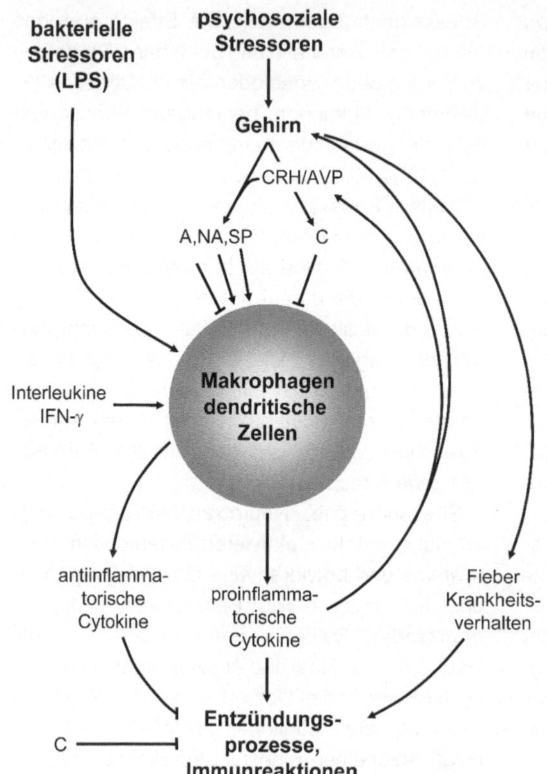

7.9 Psychosozialer Stress und Infektion. Bakterien und Viren induzieren in Makrophagen/Monocyten u. a. Immunzellen die Produktion von proinflammatorischen Cytokinen. Diese Cytokine stimulieren das Immunsystem bei seiner Abwehr gegen die biologischen Stressoren und aktivieren auf der anderen Seite Stresshormone. Diese wirken anfangs stimulierend, während Cortisol bei längerer Dauer die proinflammatorischen Cytokine hemmt (negative Rückkopplung). Außerdem stimulieren die proinflammatorischen Cytokine über Einflüsse auf das ZNS Krankheitsverhalten und Fieber. Psychosozialer Stress wirkt über die Stresshormonachsen zunächst stimulierend, bei längerer Dauer hemmend auf die Produktion von Cytokinen. A – Adrenalin, AVP – Arginin-Vasopressin, C – Cortisol, CRH – *corticotropin-releasing hormone*, IFN-γ – Interferon γ, NA – Noradrenalin, SP – Substanz P.

systems in seiner Antwort auf psychosoziale und Infektionsstressoren sind neben Adrenalin/Noradrenalin und Cortisol noch weitere Hormone, wie Wachstumshormon, Wachstumsfaktoren (IGF-1), Prolaktin u. a. beteiligt.

Wie wirkt sich Langzeitstress und damit oft einhergehende Depressionen auf das Immunsystem aus? Vor allem der durch Depressionen oft langfristig erhöhte Cortisolspiegel hemmt die Vermehrung der Immunzellen und die Synthese von Cytokinen und Substanzen, mit denen Immunzellen virus- oder bakterienbefallene Körperzellen abtöten. Eine vielfach untersuchte Gruppe des angeborenen Immunsystems sind die sog. *natural killer cells* (NK-Zellen), die Oberflächenveränderungen von Zellen durch eingedrungene Viren oder Bakterien erkennen und diese Zellen dann zerstören. Das gilt möglicherweise auch für die Erkennung von Krebszellen, vor allem von metastasierenden Krebszellen (Abschnitt 8.5). Kurzzeitstress, wie ein Fallschirmsprung oder sportliche Belastung des Körpers, aktivieren die NK-Zellen (Abb. 7.10), während Trauma, mehrere Prüfungswochen und Depression sie hemmen. Die Folgen von Kurzzeit- und Langzeitstress werden wiederum durch verschiedene Hormone und Cytokine auf die NK-Zellen übermittelt, die Hemmung erfolgt hauptsächlich durch höhere Konzentrationen von Cortisol.

Langzeitstress stört darüberhinaus die spezifischen cytotoxischen T-Zellen, die Bildung von Antikörpern nach Impfung sowie die Wundheilung und ermöglicht häufigere Ausbrüche von Viren, die in Körperzellen ruhen, wie etwa von Herpes-simplex-Viren.

Obwohl Cortisol bei Dauerstress erhöht ist und Entzündungsprozesse hemmt, kommt es bei Langzeitstress oft zu chronischen Entzündungen. Das ist beispielsweise bei arteriosklerotischen Prozessen der Fall, bei Entzündungen im Magen-Darm-Trakt und der Haut (Abschnitte 8.3, 8.4). Die Ursachen dafür sind noch nicht klar; möglicherweise werden die Cortisolrezeptoren herunterreguliert.

7.4.1 Kurzer Stress stimuliert Funktionen vor allem des angeborenen Immunsystems

Bei kurzem psychischem Stress, wie er in Testsituationen beispielsweise durch eine kurze Rede, vor einem Publikum zu lösende arithmetische Aufgaben oder Beschallung mit 100 dB ausgelöst wird, reagieren Studenten mit einer individuell unterschiedlichen Erhöhung der Herzfrequenz und einer entsprechend unterschiedlichen Aktivierung des sympathischen Nervensystems und der HPA-Achse.

Bei der Analyse der Immunfunktionen wurden vor allem bei den stärker auf Stress reagierenden Probanden eine höhere Anzahl cytotoxischer T-Zellen und NK-Zellen und eine Erhöhung der NK-Zellaktivität gefunden (Cacioppo et al. 1998). Die Erhöhung der Zahl kann dabei auf eine Rekrutierung dieser Zellen aus Speicherorganen resultieren, die Aktivierung ist jedoch auf die Wirkung von Stresshormonen und Cytokinen zurückzuführen. Nach akutem Stress durch öffentliche Rede fanden sich bei den Probanden eine erhöhte Zahl von T-Zellen und Monocyten, die Chemokinrezeptoren exprimierten, die also potenziell zu Entzündungsherden, u. a. im Endothel, geleitet werden (Bosch et al. 2003). Akuter Stress beeinflusst auch die verzögerte Hypersensitivitätsreaktion (*delayed type hypersensitivity* (DTH) *reaction*) der Haut, die bei Nagern als Test für die Immunreaktion auf Injektionen von Antigenen entwickelt wurde. Zweistündiger Stress der Tiere vor den Injektionen erhöhte die Zahl der infiltrierten Leukocyten, das Ausmaß der Genexpression von Cytokinen und bewirkte eine stärkere Rötung der Haut nach den Injektionen (Dhahbar 2002).

Sportliche Leistungen induzieren ebenfalls eine Steigerung der NK-Zellaktivität unmittelbar nach der Belastung (Abb. 7.10). Außerdem ist eine vermehrte Produktion von IL-1, IL-6, TNF-α und Interferonen zu beobachten, was eine Aktivierung von Makrophagen induziert (Lötzerich et al. 1996).

Eine Metaanalyse von mehr als 300 empirischen Studien bestätigte kürzlich die oben genannten positiven Wirkungen von Kurzzeitstress auf die angeborene Immunreaktion, registrierte aber einen negativen Effekt auf die adaptive Immunabwehr (Segerstrom und Miller 2004).

7.4.2 Tiefe Lebenseinschnitte, chronischer Stress und Depressionen hemmen oft Funktionen des Immunsystems

In den vergangenen 20 Jahren sind zahlreiche longitudinale Studien gemacht worden, die die Hemmung des Immunsystems durch langanhaltenden Stress mit nur kleineren Unterschieden in den Resultaten absichern (Übersichten: Kiecolt-Glaser et al. 1998, Schüßler und Schubert 2001, Glaser und Kiecolt-Glaser 2005).

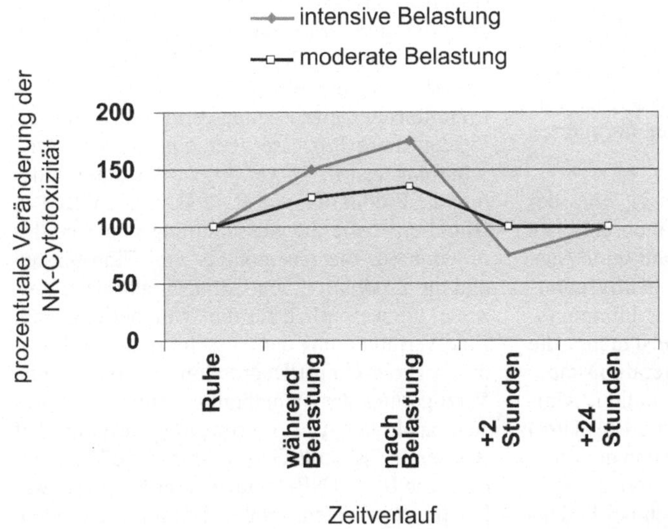

7.10 NK-Zellen und Belastung. NK-Aktivität während und nach sportlichen Belastungen (nach Lötzerich et al. 1996).

Als Messparameter zur Einschätzung von Wirkungen auf das angeborene und erworbene Immunsystem wurden einerseits Parameter, wie die Zahl der T- und B-Lymphocyten oder NK-Zellen verwendet, die oft keine Veränderungen zeigen und andererseits funktionelle Parameter, die nach starkem andauernden Stress und/oder Depressionen bzw. aversiven Gefühlen oft verringert waren.

Als funktionelle Parameter werden dabei meist gut messbare Prozesse, wie die folgenden, gewählt:

- die **Proliferationskapazität von Lymphocyten** in Kultur, die mithilfe von pflanzlichen Lectinen (Phytohämagglutinin (PHA), Concanavalin A (ConA) oder Pokeweed Mitogen (PWA) zur Proliferation angeregt wurden sowie die Differenzierung von Vorläuferzellen
- die **Aktivität von NK-Zellen** bei der Zerstörung von infizierten Zellen oder Krebszellen in Kultur – bei beiden handelt es sich um *in vitro* (Zellkultur) Messungen
- die **Produktion von Antikörpern** (AK-Titer) gegen virale Antigene, wie beispielsweise gegen Herpes-simplex-Virus (HSV), Epstein-Barr-Virus (EBV), die sich latent in Zellen des Körpers befinden. Bei Stress werden sie offenbar weniger blockiert – was sich an vermehrten Herpesbläschen auf der Haut bemerkbar macht – und zu einem erhöhten Antikörpertiter führt.
- **Impfung mit einem Antigen** und Messung des sich danach entwickelnden Antikörpertiters
- **Injektion eines Antigens** in die Haut und Messung der verzögerten Hypersensitivitätsreaktion (Entzündung), deren Stärke die Kapazität der zellulären Immunität wiedergibt
- **Wundheilungsdauer** nach einer normierten Hautbiopsie.

Der **Verlust des Lebenspartners** ist eine der gravierendsten Belastungen im menschlichen Leben und ist daher auch in bezug auf seine Auswirkungen auf das Immunsystem häufig untersucht worden. In den Zellzahlen des Immunsystems änderte sich in den Studien meist nichts, die funktionellen Messgrößen (Proliferationskapazität von Lymphocyten nach Stimulation, Aktivität von NK-Zellen sowie IgM- und IgA-Titer) verringerten sich vor allem dann, wenn der überlebende Partner hohe Depressionswerte angab (Schüßler und Schubert 2001). Auch bei Patienten mit Zwangsstörunen wurde eine signifikante Erniedrigung in der Produktion von TNF-α und in der Aktivität von NK-Zellen gefunden (Denys et al. 2004).

Bei der **Pflege von dementen Angehörigen**, die ebenfalls oft mit Depressionen einhergeht, sind bei den pflegenden Personen funktionelle Störungen des Immunsystems zu beobachten. Sie zeigen nach Impfung gegen Influenzaviren niedrigere Antikörperkonzentrationen gegen das Virus und einen schnelleren Abfall der AK-Menge, eine niedrigere NK-Zellaktivität nach Stimulation mit IL-2 und IFN-γ, sowie eine erhöhte Menge an NPY im Blut, das eine hemmende Wirkung auf die NK-Zellen hat. Die Produktion von Wachstumshormon (GH) in den Monocyten ist dagegen verringert, ebenso die Produktion von IL-1β nach Stimulation mit einem bakteriellen Endotoxin (LPS). Insgesamt ergibt sich eine höhere Krankheitsanfälligkeit der Pflegepersonen. Darüber hinaus wurde bei Personen, die Angehörige über sehr lange Zeiträume (im Mittel über 7, 8 Jahre) gepflegt hatten, eine um neun Tage verzögerte Wundheilung nach einer 3,5 mm großen Hauptbiopsie festgestellt (Kiecolt-Glaser et al. 1995). Diese Verzögerung der Wundheilung durch Stress, Angst oder Depressionen beruht offenbar auf der stress/angstinduzierten Verringerung von Cytokinen, die entscheidend für die Wundheilung sind. Bei einer Verwundung werden eine Anzahl proinflammatorischer Cytokine (IL-1α/β, TNF-α) und Chemokine (IL-8, jetzt auch *CXC chemokine ligand 8* (CXCL-8) genannt) sowie Wachstumsfaktoren, wie *platelet derived growth factor* (PDGF), *vascular endothelial growth factor* (VEGF) und *transforming growth factor β* (TFG-β) gebildet, die die Aggregation von Immunzellen an der Wunde und eine erhöhte Proliferation der Gewebszellen vermitteln. Zum Teil werden diese Prozesse über eine erhöhte Ausschüttung von IL-1β vermittelt, das unter anderem die Produktion von IL-2, IL-6 und CXCL-8 stimuliert sowie die Ausschüttung von Metalloproteinasen, die Chemotaxis von Fibroblasten und die Produktion von Collagen aktiviert, Prozesse, die wesentlich für die Wundheilung sind. Eine Verminderung der Ausschüttung von IL-1β durch Stress/Angst/Depression hat daher eine Verzögerung der Wundheilung zur Folge, was sich auch bei Tierexperimenten bestätigt hat (Glaser und Kiecolt-Glaser 2005). Die Verringerung von IL-1, TNF-α und anderer Faktoren, wie PDGF, ist zu einem großen Teil auf die erhöhte

Cortisolausschüttung unter Stress/Angst und Depressionen zurückzuführen (Abschnitt 5.2).

Es hat sich außerdem gezeigt, dass Angst vor Operationen den nachfolgenden Heilungsprozess verzögert und eine längere Hospitalisierung und postoperative Komplikationen zur Folge hat, sodass empfohlen wird, Patienten vor solchen Eingriffen psychologisch zu betreuen und die Angst zu verringern.

Bei **Scheidung, Trennung und Eheproblemen** ergaben sich inverse Korrelationen zwischen dem Ausmaß der Depressionen und Funktionswerten des Immunsystems, wie erhöhte Antikörpertiter gegen EBV und verminderte Proliferationsfähigkeit von Lymphocyten. Auch Auseinandersetzungen zwischen jung verheirateten Paaren haben Auswirkungen auf das Immunsystem. Paare, die in einer Klinik 30 Minuten über Konfliktfragen diskutierten, zeigten danach erhöhte Blutdruckwerte, erhöhte Adrenalin/Noradrenalin-, ACTH- und Wachstumshormonkonzentrationen und erniedrigte Prolaktinwerte. Vermindert war danach die NK-Zellaktivität und die Antwort auf Wachstumsfaktoren, während die Menge an T-Helferzellen und der Antikörper gegen latente Epstein-Barr-Viren (EBV) erhöht war (Kiecolt-Glaser et al. 1998). Dieses Ergebnis lässt die Deutung zu, dass bei diesen Paaren ein länger anhaltender psychischer Stress wirksam war. Auch neunmonatige **Arbeitslosigkeit** hatte eine Verringerung der Proliferation von Lymphocyten nach PHA-Stimulation zur Folge (Arnetz et al. 1987).

Als grundsätzlich gesichert gelten kann ein Zusammenhang zwischen hohen emotionalen Belastungen – beispielsweise klinischer **Depression** – auf der einen Seite und **verringerten Immunaktivitäten** auf der anderen Seite. Das trifft besonders für ältere Personen ($>$ 40 Jahre) zu, da das Immunsystem auch einen deutlichen altersabhängigen Aktivitätsverlust zeigt. Dieser altersabhängige Aktivitätsverlust könnte mit dem Altern von Immunzellen zu tun haben. Zelluläres Altern hängt u. a. von der Länge der Telomere an den Enden der Chromosomen ab, die mit jeder Zellteilung verkürzt werden und von der Aktivität der Telomerase, die die Telomere wieder verlängert. Die **Verkürzung der Telomere** und damit der Alterungsprozess von Zellen werden offenbar von psychosozialem Stress beschleunigt. Versuche an Leukocyten (*peripheral blood mononuclear cells* – PBMC) von Frauen mit chronisch kranken Kindern ergaben eine deutliche Verkürzung der Telomere der gestress-

ten Frauengruppe im Vergleich zur Kontrollgruppe. Je nach Dauer des psychosozialen Stresses entsprach diese Verkürzung mindestens einem Jahrzehnt zusätzlicher Alterung. Auch der oxidative Stress in der belasteten Frauengruppe nahm zu, die Telomeraseaktivität dagegen ab (Epel et al. 2004).

Eine unter chronischen Stress **erhöhte Produktion** wurde dagegen **bei Interleukin-6** (IL-6), einem proinflammatorischen Cytokin, bei altersabhängigen Krankheitszuständen, wie Herz-Kreislauf-Erkrankungen, Osteoporose, Arthritis, Diabetes-Typ 2, bestimmten Krebsarten und auch bei älteren Personen beobachtet, die einen dementen Lebenspartner pflegen und gepflegt hatten (Kiecolt-Glaser et al. 2003). IL-6 wird von T-Zellen, B-Zellen, Monocyten und nicht lymphoiden Zellen produziert und ist ein wichtiges Signalmolekül bei der Induktion von C-reaktivem Protein (CRP) in der Leber (Abschnitt 8.3). Die Erhöhung von IL-6 erfolgt durch physische und psychische (Angst, Depression) Stressoren wesentlich über eine Ausschüttung von Adrenalin und dessen Aktivierung von β-adrenergen Rezeptoren. Insgesamt ist die stressbedingte Erhöhung von IL-6 ein Gesundheitsrisiko, das die Lebenszeit durch höhere Krankheitsanfälligkeit und Alterung des Immunsystems verkürzen kann (Glaser und Kiecolt-Glaser 2005).

Im Tierversuch erwies sich Stress (Immobilisierung) bei Mäusen als negativ für die Expression von Chemokinen (MIP-1*a*, MCP-1) und von Cytokinen (IL-12 und IL-15), die für die Aktivierung von NK-Zellen eine wichtige Rolle spielen. Vermutlich vermehrte sich dadurch das Influenzavirus, mit denen die Tiere infiziert wurden, stärker als in den nicht gestressten Mäusen (Hunzeker et al. 2004). Auch Personen mit überwiegend negativen Stimmungen (Depressionen), die anscheinend mit einer stärkeren Aktivität im rechten präfrontalen Cortex einhergehen (mit starken individuellen Unterschieden) bilden nach Grippeimpfung weniger Antikörper, als Personen mit mehr positiven Stimmungen und höherer Aktivität im linken präfrontalen Cortex (Rosenkranz et al. 2003).

7.4.3 Sind Stresshormone ausschlagge-bend für die Stresswirkungen auf das Immunsystem?

Stresshormone spielen eine wichtige Rolle bei der Modulierung der Immunantwort – diese allgemeine Aussage ist durch viele Befunde gesichert. Viele Details der dabei beteiligten Hormone und Wirkungsmechanismen sind allerdings noch nicht klar, außerdem gibt es eine Reihe von widersprüchlichen Befunden. Eines der noch unklaren Felder ist die Kinetik der Wirkungen von Hormonen, angefangen von positiven Einflüssen bei Kurzzeitstress bis zur Hemmung bei Langzeitstress. Diese Unsicherheit liegt an den beteiligten unterschiedlichen Stressoren und Hormonen, ihren komplexen Interaktionen mit den verschiedenen Immunzellen und -funktionen, den individuellen Unterschieden in der Sensitivität, den z. T. noch nicht bekannten Wirkfaktoren sowie in der Produktion von zahl-reichen Hormonen durch Zellen des Immunsystems selbst. Schließlich sind eine Reihe von Befunden nicht ausreichend quantifiziert (Pruett 2001).

In Tab. 7.1 sind eine Anzahl von Hormonen in ihrer Wirkung auf die Aktivität von T- und B-Zellen sowie auf die der NK-Zellen, Monocyten und Makrophagen aufgeführt. Es zeigen sich dabei stimulierende Wirkungen durch Katecholamine, Serotonin, Wachstumshormon (und IGF-1), Prolaktin, Substanz P und überwiegend hemmende Wirkungen durch Glucocorticoide und Neuropeptid Y. Bei der Wirkung von Glucocorticoiden muss man allerdings beachten, dass sie im normalen (d. h. nicht stresserhöhten) Konzentrationsbereich auch positive (*permissive*, Abschnitt 5.2) Wirkungen auf das Immunsystem haben können (Sapolsky et al. 2000).

Weitere Hormone, wie Thyreotropin, Schilddrüsenhormone (T_3, T_4), luteinisierendes Hormon (LH), Follikelstimulierendes Hormon

Tabelle 7.1 Interaktionen von Hormonen mit Immunzellen

Hormon	Expression von Rezeptoren	Beispiele für Wirkungen auf Zellfunktionen
Katecholamine, Adrenalin, Noradrenalin	T- und B-Zellen, NK-Zellen, Monocyten, Makrophagen	Verschiebung zu einer T_H2-Antwort (Abschnitt 7.2)
Serotonin	T- und B-Zellen, NK-Zellen, Monocyten, Makrophagen	Modulierung der IFN-γ-Synthese durch NK-Zellen; Stimulierung der Produktion von IL-16 (chemotaktischer Faktor) durch T-Zellen
Substanz P	T- und B-Zellen, Eosinophile, Mastzellen, Monocyten, Makrophagen	Stimulierung von mitogeninduzierter Blastogenese, von Zellbewegungen aus Lymphknoten in die Peripherie und der Produktion von Cytokinen, wie IL-1, IL-6 und TNF-a, durch Monocyten
corticotropin releasing hormone (CRH)	T-Zellen, Monocyten, Makrophagen	erhöhte Produktion von IL-1 durch Monocyten, Modulation der Entzündung
Prolaktin	T- und B-Zellen, Granulocyten, NK-Zellen, Monocyten, Makrophagen	klonale Expansion von lymphoiden Zellen, Co-Mitogen für NK-Zellen und Makrophagen
Wachstumshormon	T- und B-Zellen, NK-Zellen, Monocyten, Makrophagen	hilft dem Kompetenzerhalt von T- und B-Zellen sowie Makrophagen, stimuliert Antikörperproduktion und NK-Zellaktivität
Glucocorticoide	T- und B-Zellen, Neutrophile, Monocyten und Makrophagen	Hemmung der Entzündung und der Produktion von proinflammatorischen Cytokinen sowie von IL-12 durch antigenpräsentierende Zellen; Verschiebung zu einer T_H2-Antwort
Neuropeptid Y (NPY)	T- und B-Zellen, dendritische Zellen, Monocyten, Makrophagen	Herunterregulation der Antikörperproduktion durch Wirkungen auf dendritische Zellen, T- und B-Zellen

(Glaser und Kiecolt-Glaser 2005)

(FSH) und Endorphin haben ebenfalls stimulierende Wirkungen auf Immunzellen (Schedlowski und Benshop 1996).

Betrachtet man die Einflüsse von Hormonen und Cytokinen auf eine einzelne Immunfunktion wie die häufig untersuchte NK-Zellaktivität, so findet sich hier das oben skizzierte Bild von stimulierenden und hemmenden Wirkungen in etwa wieder. Die Aktivität der NK-Zellen lässt sich in Kultur durch die Lysegeschwindigkeit beispielsweise von Krebszellen messen. Beeinflusst wird die Aktivität durch die stimulierenden Wirkungen von Interleukinen 12, 15, 18 und 23 und der hemmenden Wirkungen der Interleukine 4 und 10. Hinzu kommen die stimulierenden und hemmenden Einflüsse der Stresshormone. Wachstumshormon (GH), melanocytenstimulierendes Hormon (a-MSH), β-Endorphin (β-EN), Enkephaline (Leu, Met ENK), *vasoactive intestinal peptide* (VIP) und adrenocorticotropes Hormon (ACTH) stimulieren, Cortisol (C), *pituitary adenylyl cyclase activating polypeptide* (PACAP) und Neuropeptid Tyrosin (NPY) hemmen die Aktivität der NK-Zellen, während Adrenalin/Noradrenalin anscheinend sowohl stimulierend wie hemmend wirken kann. Allerdings sind die stimulierenden Wirkungen meist bei Kurzzeitstress, die hemmenden bei Langzeitstress gewonnen worden.

Injektion von Adrenalin oder Noradrenalin hat beim Menschen einen Anstieg der NK-Aktivität zur Folge, die etwa 30-60 min danach ihr Maximum erreicht, nach 120 min jedoch wieder Kontrollwerte zeigt (Schedlowski und Benschop 1996). Auch die oben schon erwähnte Hypersensitivierung der Haut wird nicht nur durch kurzzeitigen Stress, sondern auch durch Injektion von Adrenalin und/oder Corticosteron verstärkt. Adrenalektomie verhindert die Wirkung von Stress – was die Funktion dieser Hormone bestätigt (Dhabhar 2002). Vor allem die mit Noradrenalin ausgeschüttete Substanz P (SP) wirkt aktivierend auf verschiedene Variablen von Immunzellen: erhöhte Proliferationsrate von T-Lymphocyten nach ConA/PHA-Stimulation, vermehrte Produktion von IgM-, IgA- und IgG-Antikörpern durch B-Lymphocyten, vermehrte Abgabe von IL-1, IL-6, TNF-a, PGE-2, Thromboxan B-2 und Superoxidionen durch Monocyten und von IL-2 durch CD4$^+$-Zellen (Heijnen und Kavelaars 1996, Black 2002). SP fördert darüber hinaus zahlreiche proinflammatorische Prozesse, wie die Erweiterung von Gefäßen und deren Permeabilität für Monocyten

sowie die Ausschüttung von Histamin durch Mastzellen (die auch durch CRH verstärkt wird). Insgesamt ist SP daher einer der stärksten Aktivatoren der Entzündungsreaktion (Black 2002). Die stimulierenden Wirkungen von GH auf das Immunsystem werden heute oft auch als Gegengewicht gegen eine (zu starke) Hemmung durch Glucocorticoide angesehen (Dorshkind und Horseman 2001).

Die Aktivierung der NK-Zellen ist Teil der angeborenen Abwehrmechanismen gegen Infektionen und Teil der darauf erfolgenden Entzündungsreaktionen (Abschnitt 7.1). Entzündungsprozesse werden durch Bakterien und ihre Endotoxine (beispielsweise Lipopolysaccharide, LPS), Viren und andere Fremdorganismen ausgelöst. Durch deren Kontakte mit Monocyten/ Makrophagen und dendritischen Zellen über Tollrezeptoren (TLR) werden pro- aber auch antiinflammatorische Cytokine ausgeschüttet (Abb. 7.11). Diese Signalproduktion, aber auch die sich daraus ergebenden Proliferations- und Migrationsprozesse werden ebenfalls von

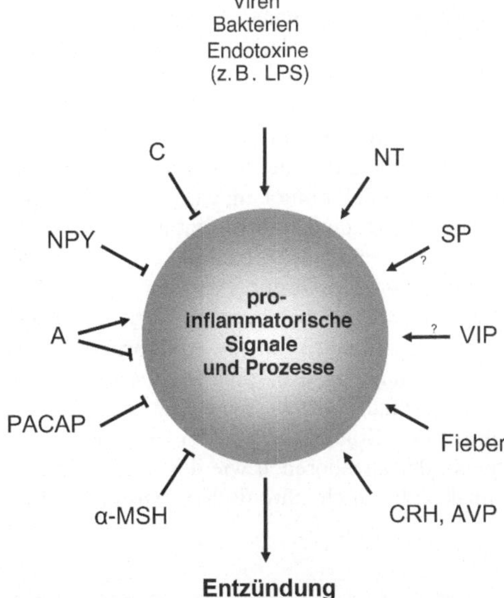

7.11 Hormoneinflüsse auf Entzündungsprozesse. Die von Mikroorganismen ausgelösten Entzündungssignale können von Hormonen ebenfalls initiiert oder modifiziert werden. A – Adrenalin, a-MSH – a-Melanocyten-stimulierendes Hormon, AVP – Arginin-Vasopressin, C – Cortisol, CRH – *corticotropin releasing hormone*, NT – Neurotensin, PACAP – *pituitary adenylyl cyclase activating polypeptide*, SP – Substanz P, VIP – *vasoactive intestinal polypeptide*.

Hormonen positiv oder negativ beeinflusst. Vor allem Substanz P wirkt stark fördern, aber auch Neurotensin und vasoaktives intestinales Polypeptid (Black 2002), ebenso Fieber, das indirekt über Hirnregionen durch Infektion ausgelöst wird. Stark hemmend auf Entzündungsprozesse wirken Cortisol, α-melanocytenstimulierendes Hormon (α-MSH) und *pituitary adenylyl cyclase activating polypeptide* (PACAP), während Adrenalin/Noradrenalin wiederum hemmende und stimulierende Eigenschaften zugeschrieben werden.

Die hemmende Wirkung von Glucocorticoiden bei längerem Stress soll die Unterdrückung der Synthese von pro- aber auch von antiinflammatorischen Cytokinen, wie der Interleukine 1, 2, 3, 4, 5, 6, 8, 10, 13 u. a. sowie von GM-CSF, TNF-α und IFN-γ betreffen. Es wird jedoch andererseits eine überwiegende Hemmung der proinflammatorischen Cytokine (TNF-α, IL-1β, IL-2, IL-8 und IFN-γ) und eine Stimulation von antiinflammatorischen Cytokinen (IL-4, IL-10 und von *transforming growth factor β* (TGF-β) berichtet (Wilder 1998, Elenkov und Chrousos 2002).

Noch nicht ganz geklärt ist auch das Konzept der glucocorticoidabhängigen Verschiebung von der T_H1- zur T_H2-Kaskade (Abschnitt 7.2). T_H1-Zellen stimulieren NK-Zellen und cytotoxische T-Zellen, d. h. die zelluläre Abwehr, während die T_H2-Zellen die Proliferation von spezifischen B-Zellen, d. h. die humorale Abwehr, fördern. Ein Modell nimmt an, dass Cortisol hauptsächlich die Bildung und Aktivität von T_H1-Zellen hemmt, während Adrenalin die Bildung und Aktivität von T_H2 fördert (Webster et al 1998). Wie schon weiter oben gezeigt, wirkt sich Dauerstress jedoch auch auf die Antikörperbildung nach Impfung aus, d. h. auch auf die Hemmung der humoralen Abwehr. Eine Metaanalyse von zahlreichen Studien ergab eine Verminderung sowohl der angeborenen wie der adaptiven Immunabwehr durch chronischen Stress (Seger-

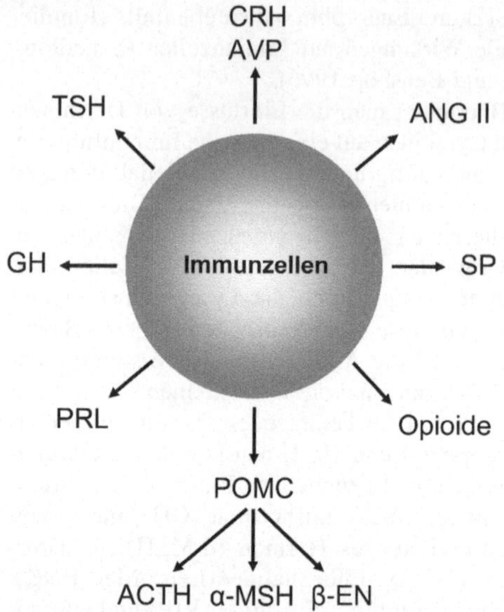

7.12 Hormonsynthese von Immunzellen. Zahlreiche Hormone werden von Immunzellen selbst synthetisiert und abgegeben. CRH – *corticotropin releasing hormone*, AVP – Arginin-Vasopressin, ANGII – Angiotensin II, SP – Substanz P, POMC – Proopiomelanocortin, ACTH – Adrenocorticotropes Hormon, α-MSH – α-Melanocyten-stimulierendes Hormon, β-EN – β-Endorphin, PRL – Prolaktin, GH – Wachstumshormon, TSH – *thyroid stimulating hormone*.

strom und Miller 2004). Die erwähnten Diskrepanzen gehen möglichereise auf die meist nicht genau bekannte Kinetik der Kurz- und Dauerstresswirkungen zurück.

Ein weitere Problematik liegt darin, dass Immunzellen selbst eine Anzahl von Hormonen synthetisieren (Abb. 7.12). Diese gehen dann zum Teil mit den Hormonen aus Hormondrüsen in den Blutkreislauf ein, könnten jedoch in Lymphorganen, d. h. bei Ansammlungen von Immunzellen, andere Konzentrationen erreichen, die bisher jedoch nicht erfasst werden.

Exkurs 7.5: Die molekularen Mechanismen der Hormoneinflüsse auf das Immunsystem konvergieren häufig auf die Transkriptionsfaktoren CREB, AP-1 und NFκB

Bei der Besprechung der molekularen Mechanismen von Stresshormoneinflüssen auf Immunzellen fokussieren wir auf die Mechanismen, die den Wirkungen der Katecholamine und Cortisol als Hauptvertreter der Stresshormone zugrunde liegen.

Katecholamine

Ob Katecholamine, vor allem Adrenalin/Noradrenalin die Aktivität von Immunzellen, wie Makrophagen, T-Zellen und NK-Zellen fördern oder hemmen, ist noch nicht völlig geklärt. Das hängt vermutlich von den zahlreichen oben genannten beeinflussenden Faktoren ab. Es gibt jedoch gut gesicherte Befunde

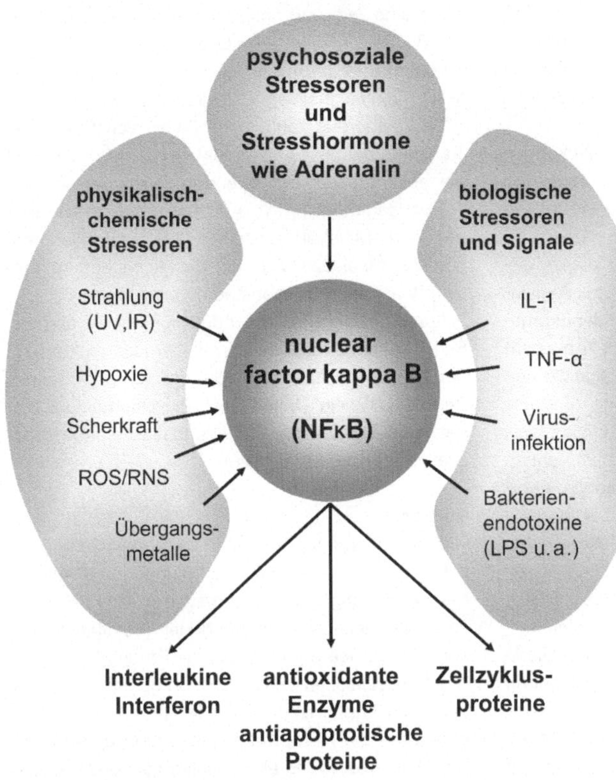

7.13 NFκB-stimulierende Stressoren. NFκB-stimulierende Stressoren (a) und ein sterisches Modell des Transkriptionsfaktors (b). Die Stressoren wirken über unterschiedliche Signalwege und beeinflussen sich zum Teil. Im Modell von NFκB sind die DNA und DNA-Bindungsdomänen des Proteins zu erkennen. IL-I – Interleukin 1, LPS – Lipopolysaccharid, NFκB – *nuclear factor* κB, TNF-α – *tumor necrosis factor* α.

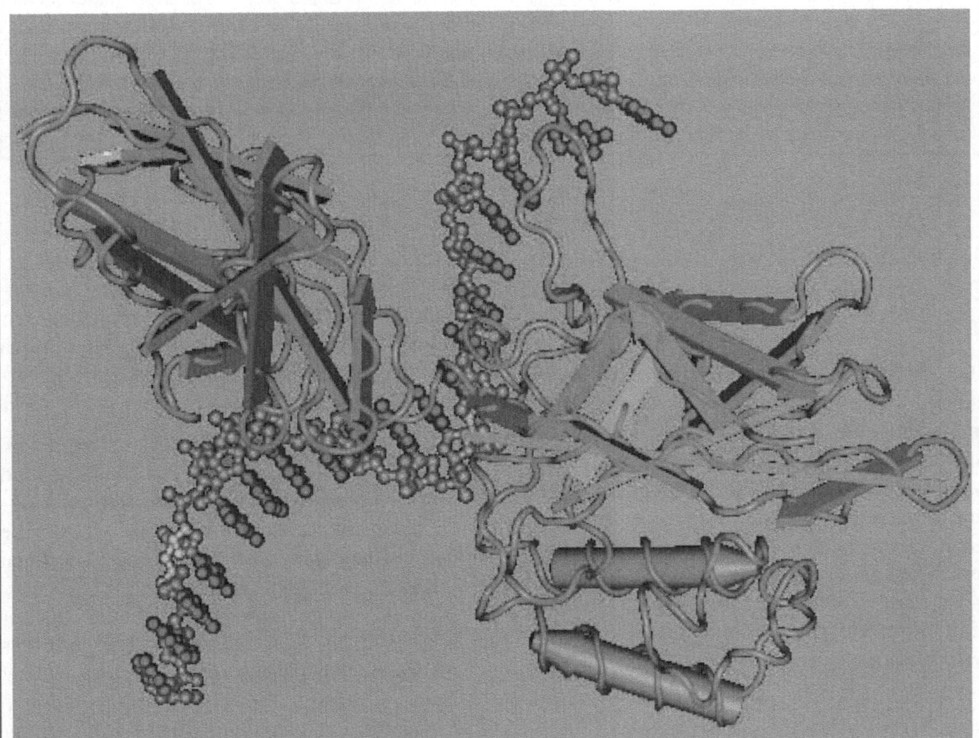

über aktivierende Wirkungen auf NK-Zellen (Schedlowski et al. 1993) oder auf die Produktion von Cytokinen durch Makrophagen (Black 2002). Ebenso ist eine Verstärkung der T_H2-Antwort beobachtet worden.

Übereinstimmend werden die positiven Wirkungen von Adrenalin/Noradrenalin den β_2-Adrenorezeptoren zugeschrieben, da deren Blockierung die Produktion von IL-6, IL-8, TNF-α u.a. hemmt (Adams 1994).

β_2-Rezeptoren stimulieren intrazellulär die cAMP-Signalkette, die über die Proteinkinase A zur Aktivierung des Transkriptionsfaktors CREB und der Expression von CREB-aktivierten Genen führt (Abschnitt 5.1). Diese Signalkette ist mit anderen Signalketten verbunden, die durch Bakterienprodukte (Endotoxine) und durch Cytokine (IL-1, TNF-α) aktiviert werden und die die Transkriptionsfaktoren der *immediate early* Gene, c-fos, c-jun und CREB-verwandte Faktoren wie ATF-2 sowie NFκB stimulieren. Durch diese Transkriptionsfaktoren werden in den Makrophagen wiederum Gene aktiviert, die für Cytokine, chemotaktische Substanzen, Entzündungsmediatoren (PGE$_2$, NO), Gerinnungsfaktoren und Proteasen kodieren.

Psychosozialer Stress beim Menschen (freie Rede und arithmetische Aufgaben vor einem Auditorium) führt 10 min danach zu einer Erhöhung von Katecholaminen und Cortisol im Blut und einer Aktivitätserhöhung von NFκB in Leukocyten (*peripheral blood mononuclear cells*, PBMC). Diese Aktivierung geht eine Stunde danach wieder auf Kontrollwerke zurück. Bei der Frage nach den dabei wirksamen Signaltransduktionsmechanismen wurden Versuche an menschlichen Promonocyten (THP) in Kultur gemacht, die mit Katecholaminen inkubiert wurden. Noradrenalin induzierte eine zeit- und dosisabhängige Aktivierung von NFκB. Die Signalkette umfasste offenbar α_1- und β-adrenerge Rezeptoren, die PI3-Kinase und den MAP-Kinasesignalweg (Bierhaus et al. 2003).

Da in überaus zahlreichen Fällen von Stress der Transkriptionsfaktor NFκB aktiviert wird, haben wir die bekanntesten aktivierenden Stressoren in Abb. 7.13 zusammengestellt. Außerdem soll das Modell des NFκB-Moleküls mit seinen DNA-Bindungsdomänen die molekulare Struktur dieses wichtigen Transkriptionsfaktors demonstrieren.

Adrenalin/Noradrenalin induzieren auf der anderen Seite – offenbar zusammen mit Corticosteroiden – in der Leber ein Lipopolysaccharid (LPS)-bindendes Protein (LBP) ein Akute-Phase-Protein, das LPS bindet und damit dessen entzündungsauslösende Kapazität reduziert (Berczi 1998).

Cortisol

Glucocorticoide sind die stärksten antiinflammatorischen Agentien, die bei Entzündungen und Autoimmunerkrankungen wie rheumatoider Arthritis eingesetzt werden. Die Hemmung der proinflammatorischen Prozesse erfolgt über eine Protein-Protein-Interaktion zwischen dem Glucocorticoidrezeptor (GR) und Transkriptionsfaktoren wie AP-1 und NFκB – ohne dass der Rezeptorkomplex an die DNA bindet. Da AP-1 und NFκB als Transkriptionsfaktoren wesentlich für die Expression von proinflammatorischen Cytokinen wie IL-1β und TNF-α verantwortlich sind, werden durch Glucocorticoide die Entzündungsprozesse aber auch die stimulierende Wirkung dieser Cytokine auf die HPA-Achse gehemmt (Neeck et al. 2002).

7.4.4 Neue therapeutische Ansätze über Cytokingaben werden gegenwärtig erprobt

Um die Risiken einer stressinduzierten Schwächung des Immunsystems zu vermindern, ist in erster Linie die Reduktion der Stressoren und Stresszustände sinnvoll und notwendig. Möglichkeiten dafür sind in den Kapiteln 2 und 3 aufgeführt. In den Fällen, in denen das nicht oder nicht so schnell möglich ist, sind weitere Strategien zur Stärkung des allgemeinen, geistigen und körperlichen Zustands durch soziale Kontakte, Psychotherapie, Stärkung des Selbstbewusstseins, Entspannung, richtige Ernährung und Bewegung wichtig.

Auf die Unterstützung des Immunsystems gegen Infektionen durch Hygiene, Impfungen, Antibitotika und antivirale Agentien haben wir schon weiter oben hingewiesen. Hier seien noch einige Ansätze zusammengefasst, die zurzeit analysiert und getestet werden:

- Fettsäuren wie γ-Linolensäure unterdrücken bei Ratten die Leukotrin-B-4-Synthese und fördern die Immunglobulinproduktion. Möglicherweise könnten die Fettsäuren so eine antiinflammatorische Wirkung ausüben (Kaku et al. 2001, Yaqoob 2003).
- Granulocytenkolonie-stimulierender Faktor (G-CSF), den es als rekombinant hergestelltes menschliches Protein gibt (Filgrastim), hat sich in ersten Versuchen bei Operationen als antiinfektiös und vor allem als antiinflam-

matorisch erwiesen. Damit wäre eine Bekämpfung postoperativer septischer Komplikationen möglich (Hartung et al. 2003, Schneider et al. 2004).

- Die glucocorticoidabhängige Hemmung des Immunstystems etwa der CD4$^{(+)}$-Proliferation konnte durch gleichzeitige Stimulation des MAPK-Signalwegs durch IL-2 und CD28 überwunden werden (Tsitoura und Rothman 2004). Inwieweit jedoch Interleukine schon therapeutisch anwendbar sind, ist umstritten. Das gilt auch für IL-12, das beispielsweise von dendritischen Zellen besonders bei Ratten mit Tumoren gebildet wird und die cytolytische Aktivität von NK-Zellen stark erhöht (Alli und Khar 2004).

Allgemein ist erkennbar, dass die Beeinflussung der Cytokinproduktion über Aktivatoren/Inhibitoren, wie beispielsweise *suppressors of cytokine signaling* (SOCS) und über die Cytokine selbst, in Zukunft eine wichtige Rolle in der Behandlung des stressgeschädigten Immunsystem spielen könnte (Ahmed et al. 2002).

Stress und Gesundheitsrisiken 8

Die gesundheitlichen Risiken sowohl von psychosozialen/intrapsychischen Belastungen als auch von physischen/zellulären Stressoren betreffen fast das gesamte Spektrum von psychischen und somatischen Erkrankungen. Das gilt insbesondere für Dauerstress, aber auch für kurzfristige traumatische und andere intensive Stresssituationen. Ein wichtiger Aspekt, insbesondere von psychischen Belastungen, ist die Entstehung psychischer Störungen (Abb. 8.1). Unter den zahlreichen psychischen Belastungsreaktionen gehen wir genauer auf den depressiven Zustand ein, ebenso auf Schlafstörungen als Symptom für zahlreiche psychische Stressoren; andere Störungen sind schon in den Kapiteln 3 und 4 angesprochen worden (siehe auch Lehrbücher der Psychiatrie, Psychoanalyse und Psychotherapie).

Das große Spektrum von stressbeeinflussten Erkrankungen ist nicht zuletzt darin begründet, dass wir von einem umfassenden Stressbegriff ausgehen, der auch physische Stressoren, wie Unterernährung, schwere körperliche Arbeit, Strahlenbelastung, infektiöse Viren und Bakterien sowie die körpereigene Produktion von Radikalen mit einschließt (Kapitel 2). So sind in Abb. 8.2 nicht nur die Erkrankungen von Organsystemen aufgeführt, die zum klassischen Bestand der Psychosomatik gehören (von Uexküll 2002), sondern auch neuronale Erkrankungen wie Parkinson und Alzheimer oder Krebs sowie das Altern – Prozesse, die stark von Radikalen (ROS) mit verursacht werden. Außerdem sind dort Infektionskrankheiten, Gelenkerkrankungen und Stoffwechselanomalien aufgeführt, die auf Viren/Bakterien, Arbeitsbelastung, Autoimmun-

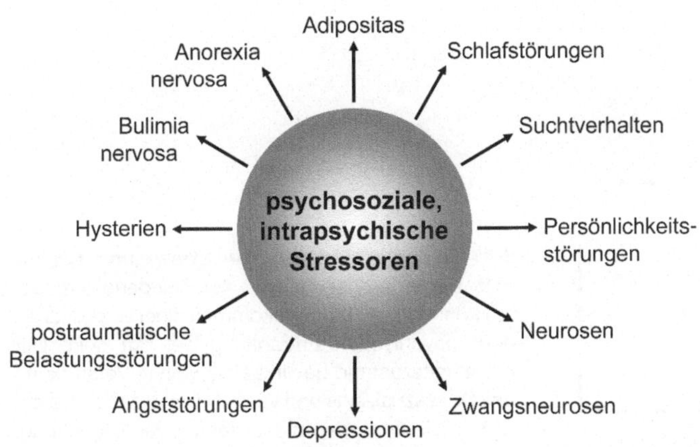

8.1 Stress und psychische Störungen. Einzelne oder mehrere psychische Stressoren (Belastungen) können bei hoher Intensität und/oder Dauer psychische Störungen verursachen. Einige besonders häufige sind hier dargestellt. Welche Störungen auftreten, hängt von genetischen und entwicklungsgeschichtlichen (biografischen) Faktoren ab.

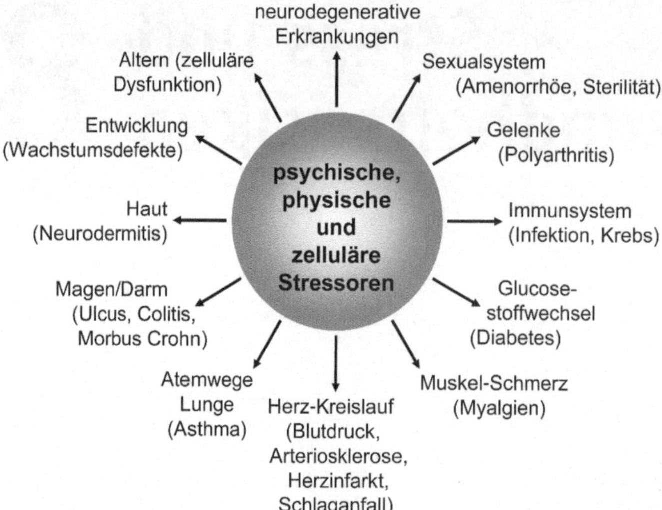

8.2 Stress und somatische Gesundheitsrisiken. Einzelne oder mehrere Stressoren können bei hoher Intensität und/oder langer Dauer verschiedene Organfunktionen beeinträchtigen oder zu Dysfunktionen und Erkrankungen führen. Einige besonders häufig betroffene Systeme sind hier dargestellt. Welches Organsystem betroffen ist, hängt von genetischen und entwicklungsgeschichtlichen Faktoren ab.

erkrankungen oder Ernährungsproblemen basieren, aber gleichzeitig auch durch psychische Belastungen beeinflusst werden.

Ein gutes Beispiel für eine derartige Kombinationswirkung ist das Magengeschwür (*Ulcus gastri*), das einerseits durch das Bakterium *Helicobacter pylori* andererseits durch psychosozialen Stress verursacht wird. Die dabei zu beobachtenden entzündlichen Prozesse können sowohl durch das Bakterium und/oder durch Neuropeptide (Substanz P) hervorgerufen werden, die u. a. von Neuronen freigesetzt werden. Dieses Zusammenwirken von psychosozialen und physischen/zellulären Stressoren ist einer der Gründe, warum wir beide Stressorgruppen in diesem Buch zusammenführen. Hinzu kommt, dass man heute die Entstehung von stressbeeinflussten Erkrankungen sehr viel komplexer sieht als früher. Man betrachtet sowohl die psychosomatischen wie auch die somatopsychischen Wechselwirkungen, d. h. die Rückwirkungen der somatischen Erkrankung auf die Psyche. Solche Rückwirkungen haben beispielsweise zur Folge, dass nach Herzinfarkt, Krebs oder auch nach Asthmaanfällen und Neuroder-

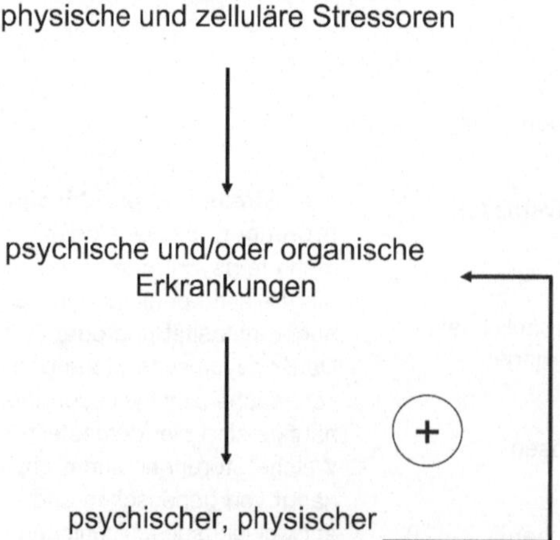

8.3 Selbstverstärkung von Stress und Krankheit. Einzelne oder mehrere verschiedene Stressoren können am Zustandekommen einer organischen oder psychischen Erkrankung beteiligt sein. Der Krankheitszustand bewirkt eine weitere Verstärkung des Stresszustands und verstärkt so das Risiko einer Chronifizierung oder Intensivierung der Erkrankung.

mitisschüben Angst- und Depressionszustände eintreten, die wiederum somatische Auswirkungen haben können (*circulus vitiosus* oder Selbstverstärkung) (Abb. 8.3). An Stelle der vereinfachenden früheren Modelle versucht man heute die sozialen, psychischen und somatischen (zellulären/molekularen) Wechselwirkungen bei der Entstehung von Krankheit zu berücksichtigen (Küchenhofin, Rudolf 2000).

Unter den zahlreichen psychosomatischen Erkrankungen haben wir als besonders wichtiges Zielsystem das Herz-Kreislauf-System genauer im Hinblick auf das Zusammenwirken von psychosozialen und zellulären Stressoren behandelt (Abschnitt 8.3). Die Folgen von Stress auf das Immunsystem haben wir bereits in Kapitel 7 zusammengefasst. Die Stressfolgen können zusammen mit mutagenen Stressoren auch an der Entstehung von Krebs (Abschnitt 8.5) beteiligt sein. Kursorisch gehen wir auf einige der in Abb. 8.2 genannten Organsysteme ein, die häufig durch Stress verändert und beeinträchtigt werden. Eine noch ungelöste Frage dabei ist, warum bei verschiedenen Individuen unter äußerlich gleichen Stressoren unterschiedliche Organfunktionen oder Neuronen betroffen sind und welche Konflikt-/ Belastungszustände über welche Dynamik auf welche somatischen Funktionen einwirken. Daran sind vermutlich genetisch bedingte geringfügige Unterschiede in der Empfindlichkeit von Hormonrezeptoren, Signaltransduktionsmechanismen und Zielproteinen ebenso beteiligt wie in der Entwicklung erworbene Unterschiede in der neuronalen Regulation der Organsysteme und der Schmerzsensitivität. Sehr wichtig erscheint uns die Tatsache, dass Entzündungsprozesse und oxidative Schäden durch reaktive Sauerstoff- und Stickstoffspezies (ROS/RNS) bei zahlreichen stressbeeinflussten Erkrankungen von Herz/Kreislauf, Nieren, Stoffwechsel (Diabetes), Magen/Darm, Haut- und Atemwegen eine zentrale Rolle spielen (Abschnitt 8.4 und Abschnitt 6.1). Es handelt sich dabei um dieselben Schäden, wie sie durch zelluläre Stressoren, wie beispielsweise UV-Strahlen, Rauchen, endogene ROS/RNS und Infektionen, verursacht werden. Gegen diese Erkrankungen werden auf der Symptomebene medikamentöse Therapien, beispielsweise entzündungshemmende Medikamente, eingesetzt, zunehmend aber auch Antioxidantien erprobt. Psychische Belastungen als mögliche Ursachen, aber auch als Folge der Erkrankungen, müssen unserer Meinung nach mehr als bisher berücksichtigt und mithilfe von Psychotherapien behandelt werden. Wegen der komplexen Interaktionen zwischen Psyche und Soma erschei-

8.4 Psychosomatik. Hat er Recht?
(aus Feld und Rüegg 2004).

nen uns auch Therapien hilfreich, die über positive Körpergefühle wirken, wie Entspannungstechniken, Massage, diverse Bewegungstherapien und richtige Ernährung.

Die kursorische Betrachtung von einigen wichtigen Gesundheitsrisiken, die durch verschiedene Stressoren verursacht werden, zeigt, dass (fast) alle Krankheiten multifaktoriell, d. h. durch das Zusammenwirken von verschiedenen Stressoren entstehen. Selbst der Witz über einen Patienten, der offenbar nach einem Verkehrsunfall unter „psychosomatisch" eingestuft wird (Abb. 8.4), mag einen wahren Kern enthalten.

8.1 Angst- und Depressionszustände

Jeder kennt Zustände von Verstimmung, Niedergeschlagenheit, Traurigkeit oder Depression bei entsprechenden Anlässen, aber auch ohne offensichtliche akute Ursachen. Zeitweilige Zustände von Niedergeschlagenheit erleben fast alle Menschen, die als „normal" eingestuft werden. US-Amerikaner sind durchschnittlich drei Tage im Monat niedergeschlagen, traurig und depressiv, wie aus einer neuen Studie an 166 000 Personen hervorgeht (Kobau et al. 2004). Dabei gaben Frauen eine höhere Zahl (3,5 Tage) als Männer (2,4 Tage) an, die höchste Zahl von Tagen nannten Jugendliche zwischen 18 und 24 Jahren. Auch ein niedriger sozioökonomischer Status erhöht die Zahl der Tage, Arbeitslose und berufsunfähige Menschen gaben 10,2 Tage mit depressiven Symptomen an. Ebenso bekannt sind tages- und jahreszeitliche Veränderungen in der Stimmungslage. Stimmungstiefs sind morgens und im Winter am häufigsten. Letztere können auch Depressionscharakter annehmen („Winterdepression").

Depressionen im klinischen Sinne zeigen vielgestaltige Krankheitsbilder (Diagnose nach den Diagnosemanualen der WHO: *International Classification of Diseases, Vol. 10, ICD 10*; oder nach dem *Diagnostical and Statistical Manual of Psychiatric Diseases, American Psychiatric Association, DSM-IV*; siehe Lehrbücher der Psychiatrie): Auf der psychischen Ebene findet man anhaltende Niedergeschlagenheit, Anhedonie, negatives Selbstbild (Schuld), Hoffnungslosigkeit, Melancholie, Antriebslosigkeit, Angst, innere Unruhe. Auf der physischen Ebene sind Schlafstörungen, Appetitlosigkeit, Mattigkeit, Kloßgefühle in Hals und Brust, Herz- und Atmungsstörungen sowie Libidoverlust (Impotenz,

Frigidität) und Amenorrhoe prominent. Hinzu kommen Suizidgedanken, Selbstverletzungen und Suizidhandlungen. Dabei ist der Verlauf episodisch, d. h. symptomfreie Phasen wechseln mit Rezidiven ab.

Die Klassifikation depressiver Erkrankungen („Depression" als Oberbegriff) erfolgt nach ICD-10 und DSM-IV sowie der *Hamilton-Depressions-Skala*:

1. depressive Verstimmungen als Begleiter von neurologischen Erkrankungen (Alzheimer, vaskuläre Demenz, Parkinson, Epilepsie) und anderen psychiatrischen Erkrankungen (schizoaffektive Störung)
2. Depressionen, die durch den Verlust nahestehender Personen, aber auch durch Alkohol oder Drogen induziert werden
3. Depression im engeren Sinne
   a: depressive Störung (*major depression,* episodisch, rezidivierend)
   b: postpartale Depression
   c: bipolare Depression (manisch-depressive Störung; Depression mit intermittierenden manischen – psychotischen – Phasen, die durch gehobene Stimmung, Ideenflucht und durch das Gefühl von Grandiosität gekennzeichnet sind)

Diese Klassifizierung von verschiedenen Formen der Depression ist insofern unbefriedigend als jeweils unterschiedliche Teilaspekte der Erkrankung, wie aktuelle Stresssituationen oder der Verlauf (unipolar, bipolar) als Kriterien herangezogen werden. Auch andere Aufteilungen (Senf und Broda 2000), wie

- reaktive Depression bei sonst Gesunden,
- neurotische Depression,
- Depression bei Borderlinestörungen,
- psychotische Depression,

- Depression im Rahmen einer posttraumatischen Belastungsstörung,

weisen diese uneinheitlichen Kriterien auf. Das liegt wesentlich an den noch nicht bekannten komplexen und unterschiedlichen Entstehungsmechanismen dieser depressiven Zustände. Wann solche Zustände Krankheitscharakter annehmen, ist darüber hinaus nicht allgemein zu definieren. Psychodynamisch ausgerichtete Psychotherapeuten haben auf diesem Hintergrund einen mehrdimensionalen Ansatz zur Diagnose von psychischen Erkrankungen entwickelt, der auch Depressionen mit einschliesst (Arbeitskreis OPD 2001). Diese Dimensionen erfassen 1. das Krankheitserleben, -verarbeitung und Abwehrmechanismen des Patienten gegen die Störung, 2. Beziehungsaspekte, 3. Konflikte, vor allem unbewusste neurotische Konflikte, 4. Struktur, d. h. das Gefüge von psychischen Dispositionen und 5. psychische und psychosomatische Störungen, also die auch im ICD-10 aufgeführten Symptome und quantitativen Ausprägungen. Diese Dimensionen sollen eine individuelle differenzielle Diagnostik der Störung ermöglichen. Im Falle der Depression wäre unserer Meinung nach eine mehrdimensionale Analyse auch der neuronalen, endokrinen und molekularen Veränderungen sinnvoll, um gezielt pharmakotherapeutisch eingreifen zu können.

Angst- und Depressionszustände gehören zusammen. Soziale und allgemeine Angststörungen gehen oft einer Depression (*major depression*) voraus und sind daher als diagnostische Ansätze wichtig (Belzer und Schneier 2004). Die Epidemiologie depressiver Störungen ergibt: Das Risiko, während des Lebens an einer Depression zu leiden, wurde bei Amerikanern mit 17 % der Bevölkerung geschätzt, wobei 10 % während eines Jahres unter Depressionen leiden. Auch in Deutschland liegt die Zahl der mindestens einmal im Leben an Depressionssymptomen leidenden Personen je nach Kriterien bei 10–20 %. Die ökonomischen Kosten sowie die Minderung der Lebensqualität durch diese Erkrankung sind entsprechend hoch (Bloom 2004). Insgesamt nehmen Depressionen vor allem in den Industrieländern zu, wobei allerdings berücksichtigt werden muss, dass betroffene Menschen sich mehr als früher in Behandlung begeben. Die Lebenszeitprävalenz (in Prozent, d. h. Anteil der Erkrankten an der Gesamtstichprobe) ist bei Frauen höher als bei Männern und hängt sehr stark von den äußeren Lebensumständen ab. So variiert das Morbiditätsrisiko von 4 % (Puerto Rico) über 9 % (München) und 16 % (Neubauvorort von Paris) bis 19 % (Beirut während des Bürgerkrieges im Libanon). Wichtig ist, dass Depressionen von einer hohen Suizidalidät (15 %) begleitet sind (Bevölkerungsdurchschnitt ca. 0,02 %).

Als Ursachen für Depression kann man einige wichtige auslösende oder verstärkende Faktoren benennen; daneben gibt es solche, und die das Erkrankungsrisiko vermindern (Abb. 8.5).

Im Folgenden gehen wir zunächst auf das psychoanalytische Verständnis der Depression ein, das sich vor allem mit dem individuellen lebensgeschichtlich gewachsenen intrapsychischen Kräftespiel einer unbewussten Psychodynamik und deren Aktualisierung unter den Lebensbedingungen der Gegenwart befasst (Rudolf 2004) Diese Zusammenhänge sind wiederum Ansatzpunkte der analytischen Psychotherapie. Die kognitive Verhaltenstherapie versucht die bestehenden negativen Denk- und Verhaltensmuster zu beeinflussen. Auch Schlafentzug erweist sich oft als wirksam, jedoch nur für begrenzte Dauer.

Wesentlich für Zustandekommen und Fortbestand depressiver Gefühlszustände sind ebenso die neuronalen, neuroendokrinen und hormonellen Veränderungen, die auf individuelle genetische Anlagen und frühkindlich erworbene Änderungen sowie auf aktuelle Belastungen (anhaltender psychosozialer Stress, Verlust des Lebenspartners u. a.) zurückgehen. Bei den meisten Untersuchungen über die physiologischen und molekularen Mechanismen der Depression werden bisher hauptsächlich die Symptome dieser Erkrankung, weniger ihre unterschiedliche Genese, zugrunde gelegt. Überaus zahlreiche Signalsubstanzen im Gehirn und im Körper wirken in komplexer Weise positiv oder negativ an der Entwicklung von Angst- und Depressionszuständen mit. Zurzeit ist noch wenig durchschaubar, welche molekularen Prozesse ursächlich für diese Zustände verantwortlich sind und welche Prozesse als Folge von Angst und Depression auftreten. Wir können hier nur einige Signalwege nennen, die nach-

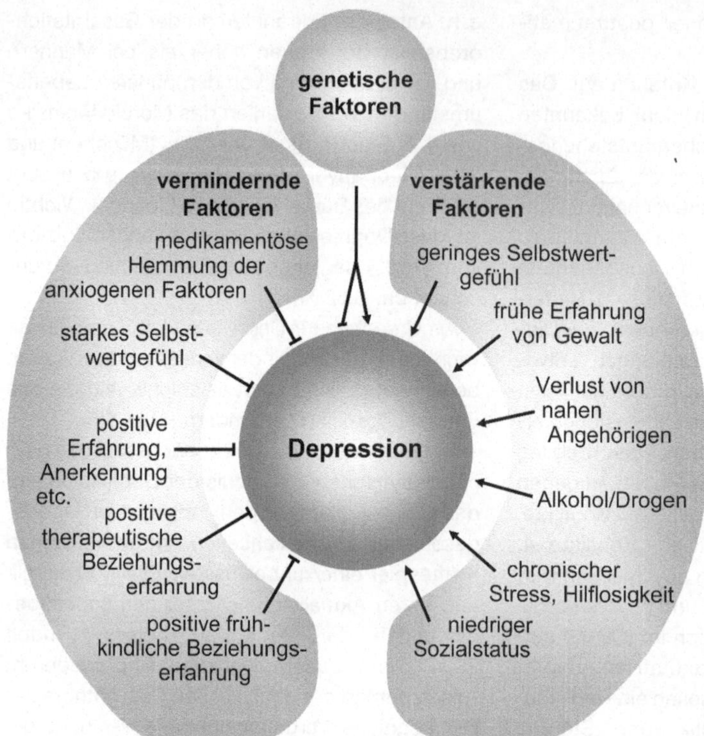

8.5 Verstärkende und vermindernde Einflussgrößen für das Auftreten von Depressionen.

weislich am Angst- bzw. Depressionszustand beteiligt sind; ein kohärentes Konzept des zugrundeliegenden Wirkungsgefüges gibt es gegenwärtig noch nicht, zumal mit „Depression" ein Symptom bezeichnet wird, das viele Ursachen haben kann.

Eine zentrale Rolle in der Verursachung spielen die monoaminergen Systeme, vor allem das Serotoninsystem, ebenso wie das *corticotropin releasing hormone* (CRH), Cortisol und seine Rezeptoren und andere Steroide (Abschnitt 5.2). Etliche Ergebnisse legen zudem eine Beteiligung von entzündungsfördernden Cytokinen nahe. Die wichtigen intrazellulären Proteinkinase-Signaltransduktionswege und das von ihnen gebildete Netzwerk sind ebenfalls von zentraler Bedeutung (Abschnitt 6.8) und wahrscheinlich Voraussetzung für Veränderungen in der Konnekti-

vität, Proliferation und Apoptose von Neuronen, deren Netzwerke und Informationsverarbeitung bei Depressionen gestört zu sein scheinen. Medikamentöse Therapien versuchen, diese Änderungen gezielt auszugleichen, indem man die Menge bestimmter Neurotransmitter verändert, beispielsweise durch Serotoninwiederaufnahmehemmer. Inzwischen stellen die Psychopharmaka – insbesondere Antidepressiva – einen großen Anteil des Pharmakaumsatzes weltweit dar. Allerdings lassen sowohl psychotherapeutische, somatische (Schlafentzug, Elektro-, Krampfbehandlung) wie pharmakotherapeutische Behandlungsmethoden Wünsche hinsichtlich der Effektivität und Nachhaltigkeit offen. Die Ergebnisse von Kombinationstherapien sind oft etwas besser als die der einzelnen Ansätze.

8.1.1 Zum psychoanalytischen Verständnis der Depression

Von einer Depression wird als Zustands- oder Krankheitsbezeichnung häufig gesprochen, ohne dass sofort erkennbar wird, was genau eigentlich damit gemeint ist. Dies gilt für den alltagssprachlichen Umgang, ist aber auch eine besondere Schwierigkeit für die verschiedenen medizinischen oder psychotherapeutischen Ordnungsversuche. Zur Verbesserung des interdisziplinären Fachdialoges werden deshalb verschiedene Klassifizierungen eingesetzt, wie die oben genannten ICD-10 und DSM-IV, die jedoch zentrale psychoanalytische Schwerpunkte nicht berücksichtigen. Daraufhin entstand das **Operationalisierte Psychodynamische Diagnosesystem** (Arbeitskreis OPD 2001). Einige Aspekte aus der metapsychologischen Sicht der Psychoanalyse wurden in Kapitel 3 kurz skizziert, ebenso einige Zusammenhänge zu den depressiogenen Emotionen (Abschnitt 3.5.4). Im folgenden Abschnitt geht es um eine vertiefende Differenzierung aus der aktuellen psychoanalytischen Perspektive. Auf die historische Entwicklung der psychoanalytischen Depressionstheorien kann hier nur verwiesen werden (Henseler 1974, Mentzos 2001).

Zuerst wird unterschieden zwischen den depressiven Stimmungsschwankungen und den schwereren Ausprägungen einer Depression. Diese entwickelt sich auf dem Hintergrund einer prämorbiden Persönlichkeitsstruktur, die eine Leitlinie für verschiedene Psychodynamiken und Verarbeitungsversuche herausbildet. Kommt es zu spezifischen Konflikt- und Belastungssituationen wird aus der latenten depressiven Entwicklung eine manifeste Symptombildung, die von der aktuellen Konfliktlage, den lebensgeschichtlichen Hintergründen und von der Entwicklung der bisherigen Verarbeitungsmuster geprägt ist. Zum Abschluss wird die psychodynamische (psychoanalytische) Depressionsbehandlung kurz dargestellt und auf andere Therapieansätze hingewiesen.

Depressive Verstimmung

In Belastungssituationen reagiert das Selbst zunächst oft mit Angst, um dann Ich-Leistungen zu mobilisieren, die den Stress bewältigen sollen. Gelingt dies nicht, können sich depressive Verstimmungen und schließlich – neben anderen Wegen der Symptombildung – eine Depression entwickeln. Zumindest depressive Verstimmungen sind fast allen von uns gut bekannt. M. F. Basch (1992) beschreibt diese Reaktion an einem eigenen Beispiel beim Schreiben eines Fachbuches:

»Ich für meinen Teil fühlte mich während des Schreibens dieses Buches öfter als ich zählen kann frustriert und blockiert bei dem Versuch, mich auszudrücken. Ich zog mich mehrmals in die Depression zurück und wünschte das ganze Unternehmen zur Hölle. Ich litt an schrecklichen Gedanken, wie mein Leben sein würde, wenn ich den Job nicht beenden oder ordentlich ausführen würde. Ich versuchte mich selbst zu beruhigen, indem ich mir aus dem Kühlschrank einen Snack holte, woraufhin ich mich hasste, da ich wusste, wie sehr ich mich hassen würde, wenn ich am nächsten Morgen auf die Waage stieg. Ich klagte meiner Frau die Unmöglichkeit, so weiterzuleben, nur damit sie mir 1) wie schon unzählige Male vorher versicherte, dass ich das Problem bewältigen könnte und würde, und mir 2) befahl, mich an die Arbeit zu machen. Genau das tat ich dann notgedrungen. Ich wurde wieder ängstlich, setzte mich aber hin und nahm das Problem nochmals in Angriff. Ich stellte fest, dass sich meine düstere Stimmung aufhellte, als ich wieder kreativ mit dem Ordnungsprozess beschäftigt war, und zwar ganz gleich, ob ich bei der Problemlösung erfolgreich war oder nicht.«

Depression und Lebensentwicklung

Im Gegensatz zu dieser depressiven Verstimmung und ihrer erfolgreichen Bewältigung, die Basch noch etwas ausführlicher darstellt, ist eine Depression viel weniger leicht umkehrbar. Die Symptomatik kann sehr vielfältig sein und wird in der Regel auf einer psychischen und einer körperlichen Ebene beschrieben. Auf der psychischen Seite finden sich Gefühle von Hilflosigkeit, Selbstvorwürfen, Minderwertigkeitsgefühlen, Rückzug und Suizidgedanken. Auf der körperlichen Seite stehen Erschöpfung, Schlafstörungen, Schwindel, Kopfdruck oder Kopfschmerz, Appetitlosigkeit u. a. Im ICD-10 wird diese diagnostische Zusammenfassung auf etwa 40 Begriffe aufgeteilt.

Aus der psychoanalytischen Perspektive geht diesen Symptomen eine **depressive Psychodynamik** und eine **Kindheitspersönlichkeit** voraus, die G. Rudolf (2000) mit folgender Beschreibung einleitet:

»Wenn das sehr kleine Kind sein gutes Objekt verliert, wenn es dieses durch Schreien nicht mehr erreichen, nicht mehr zum Antworten bringen kann, wenn es nicht mehr gelingt, das zwar vorhandene, aber selbst verzweifelte Objekt zum Lachen und Leuchten zu bringen, dann drückt sich die Depression des Säuglings körperlich aus: Es ist, als ob er erlischt, er kann keine Nahrung mehr zu sich nehmen oder er vermag sie nicht mehr im Körper zu behalten, seine kommunikativen und exploratorischen Aktivitäten liegen darnieder. Bestand dieses Erleben lange und intensiv genug, dann bleibt davon eine Erinnerung, die Spur des Verlustes und der Verlorenheit sowie des ungestillten Hungers, der Zweifel am sicheren Besitz des Guten, die gierige Sehnsucht nach einem Idealobjekt; zugleich bildet sich der Zweifel am eigenen Selbst, das, wenn es später wieder einmal etwas oder jemanden verloren hat, sich selbst völlig zu verlieren droht, seine Existenzberechtigung einbüßt, sich und alle seine psychischen Aktivitäten aufgibt und sich nur noch nach Erlösung im Tod sehnt.«

Die gestörte frühe Lebensentwicklung, die zu einer Depression führen kann, lässt sich anhand von verschiedenen Modellen darstellen. Die wichtigsten – aus psychoanalytischer Sicht – sind das Beziehungsmodell, das Bindungsmodell, die emotionale Entwicklung, die strukturelle Entwicklung und das Konfliktmodell. Das Verarbeitungsmodell fasst die charakterologischen Reaktionen zusammen, mit denen das Selbst versucht, die depressiven Spannungen zu begrenzen.

Die Inhalte dieser Modelle wurden bereits ausführlich dargestellt (Kapitel 3). Sie werden hier noch einmal stichwortartig zusammengefasst (Rudolf 2003):

- **Beziehungsmodell**: Die emotionalen Bedürfnisse des Säuglings bzw. des kleinen Kindes richten sich auf die nächsten Bezugspersonen. Diese Erfahrungen werden internalisiert. Überwiegen die Frustrationen, kommt es zuerst zu einer Intensivierung der kindlichen Bemühungen, dann zu einer Modifizierung und womöglich zu einem Rückzug.
- **Bindungsmodell**: Das kleine Kind entwickelt einen Bindungsstil, z. B. fühlt es sich sicher gebunden, oder unsicher ambivalent oder ängstlich anklammernd.

- **Emotionsmodell**: Mithilfe der Feinfühligkeit der Bezugspersonen lernt das Kind, seine körperlich-emotionale und psychische Verfassung zu verstehen.
- **Strukturmodell**: Das Kind lernt Affektdifferenzierung und Affekttoleranz und besonders die Fähigkeit, Objekte ganzheitlich wahrzunehmen und sich von ihnen zu lösen.
- **Konfliktmodell**: Das objektbedürftige Selbst möchte die Einigkeit mit dem ersehnten Objekt und muss gleichzeitig die Enttäuschungswut bewältigen.
- **Verarbeitungsmodell**: Das Selbst versucht sich und seine Beziehungen so zu verändern, dass die emotionalen Spannungen erträglich werden.

Frühe Beziehungsstörungen, wie anhand der oben genannten Modelle beschrieben, können auf verschiedene Weise kompensiert werden. Rudolf (2000) unterscheidet bei der Verarbeitung von gestörten Beziehungserfahrungen sechs verschiedene Wege und Möglichkeiten der Kompensation:

- altruistisch-überfürsorgliche Verarbeitung (z. B. Selbstaufopferung)
- narzisstische Verarbeitung (grandios sein)
- schizoide Verarbeitung (emotionaler Rückzug)
- oral-regressive Verarbeitung (Abhängigkeit, Sucht)
- philobatische Verarbeitung (z. B. Verschmelzung mit der Natur)
- Verarbeitung durch Humor oder Kreativität

Die Bewältigungsbemühungen können sich im zeitlichen Verlauf verbrauchen, etwa durch das Älterwerden oder durch eine zunehmende soziale Isolierung. Aber auch Krankheiten, Krisen und aktuelle Konflikte können zu einer lang anhaltenden Destabilisierung führen. Wolfersdorf (2000) fasst die Gesamtentwicklung in einem vereinfachten Modell zusammen (Abb. 8.6).

Therapeutische Ansätze

Ein derartiges Entwicklungsmodell liegt der **Psychodynamischen Psychotherapie (PP) der Depression** zugrunde, die von der Psychoanalyse und ihren Weiterentwicklungen ausgeht. Nach diesem Therapiemodell werden ca. 50-65 % aller Behandlungen durchgeführt, sowohl im stationären als auch im ambulanten Bereich

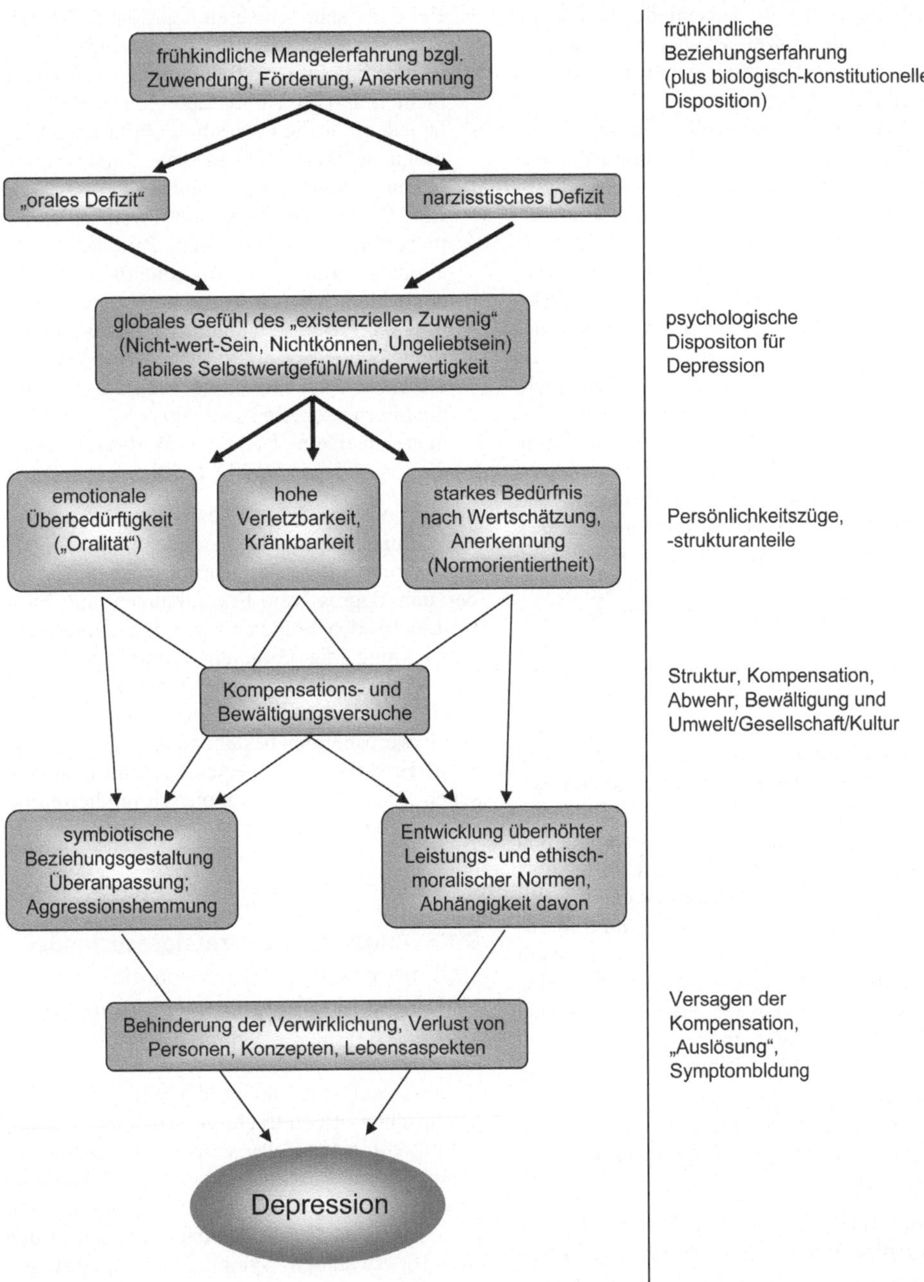

8.6 Vereinfachtes psychodynamisches Modell möglicher Depressionsentwicklung (nach Wolfersdorf 2000).

(Wissenschaftlicher Beirat Psychotherapie 2005). Die einzelnen Verfahren der PP unterscheiden sich durch unterschiedliche Vorgehensweisen. Die therapeutische Grundeinstellung orientiert sich jeweils an der psychischen Struktur des Patienten. Bei einer ausreichenden Stabilität des Selbst steht die Bearbeitung der intrapsychischen Konflikte im Vordergrund, während bei strukturellen Defiziten ein fokussierter Behandlungsansatz erforderlich ist (Rudolf 2004).

Einen Überblick über die verschiedenen Schwerpunkte sowohl der Einzel- als auch der Familien-, Paar- oder Gruppentherapie geben Reimer und Rüger (2000).

Neben den psychoanalytisch orientierten Verfahren haben Ansätze der Verhaltenstherapie eine besondere Bedeutung in der Depressionstherapie. Die kognitive Verhaltenstherapie versucht fokussiert, chronifizierte dysfunktionale Einstellungen und Gedankenketten zu verändern, insbesondere die Selbstzweifel, die Hilflosigkeit, die Schuldgefühle und die Gefühle des Verlassenwerdens. Die Verhaltenstherapie im engeren Sinne hat das Ziel, den sozialen Rückzug zu modifizieren, die Aktivität und die Erfolgserlebnisse zu fördern (Cartwright-Hatton et al. 2004). Diese behavioralen Komponenten haben oft einen großen Einfluss auf ein gutes Behandlungsergebnis (AMWF Leitlinien 2002). Zwischen den einzelnen Therapieverfahren gibt es viele Überschneidungen, so auch zu systemischen und selbstpsychologischen Ansätzen (Basch 1997).

Eine Kombination von pharmakologischer und psychotherapeutischer Behandlung bei schweren depressiven Erkrankungen wird häufig in der stationären aber auch in der ambulanten Therapie durchgeführt. Beide Methoden können sich gegenseitig unterstützen, die Chronifizierung der Automatismen zu unterbrechen und eine neue Integration zu fördern (Wolfersdorf 2000, Mentzos 2001). Die empirische Untersuchung der verschiedenen Verfahren, ihrer Wirkfaktoren und ihrer Behandlungsergebnisse ist ein außerordentlich schwieriges Problem und eine große Herausforderung für eine zunehmende Zahl von Forschungsgruppen (Bohleber und Drews 2001, AWMF Leitlinien 2002, Fonagy und Roth 2004).

Die bisherigen Erkenntnisse – verbunden mit einigen zentralen Fragen – lassen sich kurz zusammenfassen:

- Es gibt eine überzeugende Evidenz für die kurzfristige Wirksamkeit sowohl psychotherapeutischer als auch medikamentöser Behandlungen.
- Liegen bereits eine oder mehrere depressive Episoden vor, führt eine längerfristige Fortsetzung der Therapie wahrscheinlich zu einer Verlängerung der Latenzzeit und zu einer Verbesserung der Gesamtentwicklung. Die Rezidivprophylaxe ist ein Forschungsziel der Zukunft.

- Bei einer sehr schweren depressiven Erkrankung mit einer Neigung zur Chronifizierung ist eine kombinierte Behandlung mit Medikamenten und Psychotherapie von Vorteil – so ist jedenfalls die Position der klinischen Leitlinien, während verschiedene Forschungsarbeiten sich vorsichtiger äußern.
- Eine Differenzialindikation – welches Therapieverfahren hilft welchem Patienten? – ist allein aufgrund der Symptomatik nach dem augenblicklichen Forschungsstand nicht möglich. Alle genannten Therapieverfahren (und noch einige mehr, wie z. B. die klientenzentrierte Psychotherapie nach Rogers oder die Interpersonelle Psychotherapie nach Klerman) haben eine Reihe von Wirksamkeitsstudien vorgelegt (AWMF Leitlinien 2002).

Die schwierige Systematisierung der empirischen Forschung wird sicher auch in den folgenden Jahren weitere Fortschritte machen. Gerade bei den depressiven Erkrankungen mit ihren weitreichenden Folgen für die Persönlichkeitsentwicklung, die Gesundheit, mit dem Risiko von weiteren schwereren Folgeerkrankungen, sowie den Einschränkungen für den Arbeits- und Erwerbsbereich besteht zu Recht eine wachsende Erwartung, die verschiedenen therapeutischen Strategien durch empirisch fundierte Forschungsergebnisse zu ergänzen.

8.1.2 Angst- und Depressionszustände sind mit neuronalen, neuroendokrinen und molekularen Funktionsänderungen verbunden

Depressionen sind außer durch die schweren psychischen Beeinträchtigungen auch durch Fehlfunktionen auf verschiedenen Ebenen der Kontrolle und Regulation der Stressphysiologie charakterisiert. Für diese Untersuchungen sind in den meisten Fällen Personen mit den in den ICD-10 erwähnten Symptomen herangezogen worden, d. h. ohne differenzialdiagnostische Gruppierung. Die komplexe Vernetzung der untersuchten Systeme macht es schwer, eindeutig zu sagen, welches die primäre Ursache und was lediglich eine Folge solcher Netzwerkstörungen ist. Jedenfalls scheinen die HPA-Achse, monoaminerge Transmittersysteme und das limbische System eine entscheidende Rolle zu spielen (Fuchs und Flügge 2003, Carrasco und Van de Kar 2003). Die wichtigsten Veränderungen im Gehirn depressiver Patienten sind folgende: eine Atrophie des Hippocampus verbunden mit einer Hypertrophie der Amygdala, eine Abschwächung des stressverminderten Rückkopplungsmechanismus von Cortisol (Cortisol reduziert normalerweise die CRH- und ACTH-Freisetzung), Unterfunktionen der Monoamintransmitter Noradrenalin und Serotonin sowie von Dopamin („Monoaminhypothese" der Depressionen). Antidepressiv wirkende Psychopharmaka verstärken die Wirkung von Serotonin und Noradrenalin indem sie deren Inaktivierung durch präsynaptische Wiederaufnahme oder durch metabolische Enzyme verzögern. Auch spezifische CRH-Rezeptor-(CRH-R1-)Antagonisten sowie Antagonisten von Substanz P an Neurokinin-1-Rezeptoren kommen als Pharmakotherapeutika in Frage. Wahrscheinlich ist auch die positive therapeutische Wirkung von Johanniskrautextrakten auf die Verstärkung serotonerger Synapsen zurückzuführen. Lithium- und Bromsalze, die zur Behandlung von bipolaren Störungen (manisch-depressive Störungen) eingesetzt werden, wirken wahrscheinlich über eine Stabilisierung der glutamatergen und GABAergen Systeme (Kapitel 4).

Die Entstehung von Depressionen ist nicht völlig geklärt. Man geht aufgrund der familiären Häufung von einer starken genetischen Komponente aus: So findet sich eine 70 %ige Konkordanz bei eineiigen Zwillingen (20 % bei zweieiigen Zwillingen). Aber auch die Umwelt spielt eine wichtige Rolle bei der Entstehung von Depressionen. Hierfür wird vor allem chronischer oder sehr starker Stress verantwortlich gemacht (Sapolsky 2000).

Der Zusammenhang zwischen Depressionen und Stress ist zwar recht eindeutig, aber dennoch vielfältig: So besteht eine deutliche Korrelation von Depressionen mit Angststörungen, die durch starken oder dauerhaften Stress im Erwachsenenalter verursacht sind (Pawlak et al. 2003). Dazu gehören auch die sogenannten reaktiven Depressionen, die nach Dauerstress, Krankheit oder Lebenskrisen, wie dem Tod des Lebenspartners, auftreten können (siehe ICD-10-Klassifizierungen 1, 2 und 3b). Klar ist aber auch, dass prä- oder postnataler Stress bei depressiven Patienten, aber auch bei schizophrenen Patienten, in der Anamnese häufiger auftreten als bei gesunden Kontrollpersonen (Van Os et al. 1997, Gale und Martyn 2004). Interessant ist, dass beide Störungsbilder (Depressionen und

Schizophrenien) offenbar einen entwicklungsneurobiologischen Hintergrund haben. Möglicherweise besteht also ein ursächlicher Zusammenhang zwischen mütterlichem Stress während der Schwangerschaft sowie stressbedingten Entwicklungsstörungen und Depressionen oder Schizophrenie bei den Nachkommen (Weinberger 1995, Carpenter et al. 2004, Husum und Mathe 2002). Stresshormone der Mutter gelangen über die Plazenta in den Fötus und können dort die Hirnentwicklung beeinträchtigen.

Vulnerabilitäts-Stresshypothese

Psychischer Stress (Verlust, Trauma, Trauer, ständige Bedrohung, Unsicherheit) löst bei genetischer Veranlagung oder bei Vorliegen von Hirnveränderungen, die durch vor- oder nachgeburtlichen Stress verursacht wurden mit hoher Wahrscheinlichkeit Depressionen aus. Offenbar können Stressereignisse in verschiedenen Lebens- oder Entwicklungsphasen sowohl *Vulnerabilitätsfaktoren* als auch *Auslöser* für Depressionen darstellen. Um dieser Beobachtung Rechnung zu tragen, wurden Modelle für mehrstufige Ätiopathogeneseprozesse postuliert, unter anderem das ***Two-Hit-Model*** oder auch die **Vulnerabilitäts-Stresshypothese**. Diese Modellvorstellungen oder Hypothesen gelten allerdings für mehrere Psychosen, also nicht nur für die Entstehung von manisch-depressiven Störungen, sondern auch für schizophrene Psychosen und für Angststörungen (McDonald und Murray 2000; Maynard et al. 2001; Cotter und Pariante 2002). Im Prinzip gibt es hier Übereinstimmungen mit dem psychoanalytischen Verständnis der entwicklungsgeschichtlichen Genese von Depressionen (Abschnitt 8.1.1 und Kapitel 3).

Welches sind nun die neurobiologischen Erkenntnisse zur Entstehung von Depressionen oder Schizophrenien, die aus Modellen der Vulnerabilitäts-Stresshypothese gewonnen wurden?

Zunächst muss die Frage geklärt werden, welche **vorgeburtlichen** oder **frühkindlichen Noxen** als Vulnerabilitätsfaktoren in Frage kommen. Nährstoffmangel, Drogen, Strahlung, Infektionen und schwerer psychosozialer Stress bei werdenden Müttern können entscheidende Entwicklungsschritte (z. B. die Migration und Differenzierung von Neuronen) des Embryos und des Fötus stören. Das Ausmaß der Schädigung hängt natürlich zunächst von der Stärke der Noxe ab, aber auch der Zeitpunkt des Auftretens dieses schädigenden Ereignisses ist wichtig für das spätere Störungsbild, da die Hirnreifung bei Säugetieren weitgehend sukzessive entlang der Neuraxis erfolgt (Johnson 2001). Dies bedeutet, dass ontogenetisch frühe Schädigungen eher zu Störungen in Hirnstammbereichen führen und damit letal enden (z. B. wenn sie wichtige vegetative Funktionen beeinträchtigen), während späte Entwicklungsstörungen eher corticale Strukturen betreffen, die nicht unmittelbar lebenswichtige Funktionen betreffen, sondern sich erst nach späteren Hirnreifungsschritten (z. B. nach der Pubertät) manifestieren können.

Von besonderer Bedeutung als Störfaktoren der Hirnentwicklung *in utero* sind Infektionen der werdenden Mutter, insbesondere gegen Ende der Schwangerschaft (Fatemi et al. 2000, Fatemi 2001, Fatemi et al. 2001). Hierzu belegen tierexperimentelle Untersuchungen einen ursächlichen Zusammenhang zwischen Infektionen mit dem Influenzavirus und Störungen der Hirnentwicklung bei Mäusen und Ratten (Fatemi et al. 2002, Shi et al. 2003). Interessanterweise betreffen die viral induzierten Veränderungen des Gehirns vor allem solche Moleküle, die für die synaptische Integrität essenziell sind, wie beispielsweise das Glykoprotein *Reelin*, das bei der Positionierung von Neuronen und bei der Ausbildung von Dendriten wichtig ist. Bei der Interpretation dieser Befunde ist aber zu beachten, dass wahrscheinlich nicht das Virus selbst, diese Veränderungen im Gehirn verursacht, sondern eher die **körpereigenen Abwehrmechanismen, die durch die Virusinfektion aktiviert werden** (Abschnitt 7.3). Zumindest auf der Verhaltensebene führt die Behandlung von Ratten mit dem bakteriellen Endotoxin Lipopolysaccharid nämlich zu den gleichen Veränderungen wie die Störung der Funktion von *Reelin* (Tremolizzo et al. 2002, Borrell et al. 2002). Eine wichtige Rolle in diesen Entwicklungsphasen des Kindes spielen auch psychischer Stress und Traumata (Abschnitt 8.1.1).

In einem auf diese Weise (quasi durch einen *first hit*) vorgeschädigten Gehirn können nun weitere Noxen (*second hit*) im Verlauf der späteren Entwicklung (vor allem während der Pubertät), aber auch im Erwachsenenalter zur Entgleisung von Hirnfunktionen führen, die sich dann als psychische Störung manifestieren. Welche Mechanismen im Rahmen solcher Two-Hit Modelle dazu führen, dass sich entweder eine Depression, eine Schizophrenie oder möglicher-

weise eine autistische Störung entwickelt, ist unklar. Jedenfalls können bei Heranwachsenden oder Erwachsenen wiederum Infektionen, Drogen, aber auch Krampfleiden (Epilepsie) und Schädel-Hirnverletzungen, sowie psychosozialer Stress Depressionen auslösen. Die neurobiologischen Grundlagen der Wechselwirkung zwischen diesen spät wirkenden Stressoren und den Hirnveränderungen, die auf eine prä- oder perinatale Noxe zurückgehen, werden derzeit intensiv erforscht, sind aber noch nicht klar. Die HPA-Achse selbst könnte durch den „*First Hit*" vulnerabler sein, aber auch andere Transmittersysteme sind vermutlich dadurch gestört. So ist beispielsweise das Auftreten von Posttraumatischen Belastungsstörungen nach einem Trauma von der GABAergen Aktivität des Individuums abhängig (Vaiva et al. 2004), was darauf hindeutet, dass bei einer entwicklungsbedingten Unterentwicklung des GABAergen Systems, wie es bei Depressionen vorliegt (Fatemi et al. 2000, Impagnatiello et al. 1998) Stressoren viel stärker wirken als bei unbelasteten Individuen.

Depressionen werden neben den Angst- und Furchtstörungen am häufigsten mit Stress in Zusammenhang gebracht. Tatsächlich gibt es – trotz einiger Unklarheiten in der Ätiopathogenese der Depressionen, und trotz des komplizierten Erscheinungsbildes dieser Erkrankung – recht eindeutige Belege für die wesentliche Beteiligung von Stress und den stressvermittelnden Hirnsystemen an der Entstehung depressiver Erkrankungen.

Psychischer Stress (Verlust, Trauma, Trauer, Bedrohung, Belastung) können bei vulnerablen Personen mit hoher Wahrscheinlichkeit Depressionen auslösen. Depressive Patienten zeigen erhöhte CRH-, ACTH- und Cortisolkonzentrationen im Blut und Liquor, die im Dexamethasontest unbeeinflusst bleiben. Außerdem leiden Patienten mit *Morbus Cushing* (einer Störung der HPA-Achsenfunktion, die auf verschiedenen Regulationsebenen dazu führt, dass die HPA-Achse chronisch überaktiv ist; Ursache ist z. B. ein Hypophysentumor, der zu einer Überproduktion von ACTH führt) oft unter Depressionen. Insgesamt hat man zahlreiche Neurotransmitter/Neuropeptide und Hormone gefunden, die mit Angst und Depressionen in Zusammenhang gebracht werden, die verstärkend oder vermindernd auf Angst und Depression wirken (Abb. 8.7).

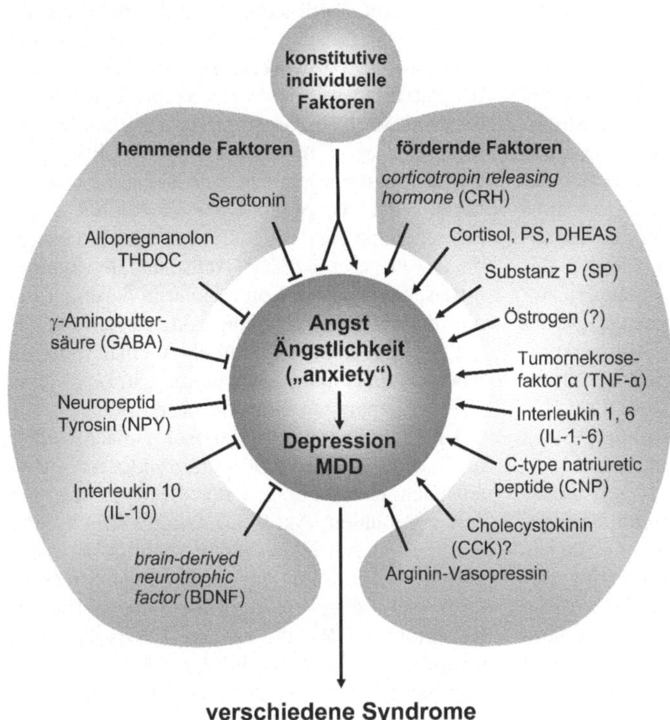

8.7   Fördernde und hemmende Faktoren für Angst (*anxiety*) und Depression (*major depressive disorder*, MDD). PS – Pregnenolonsulfat, DHEAS – Dehydroepiandrosteronsulfat, THDOC – Allotetrahydrodeoxycorticosteron.

Die Monoaminkomponente

Deutlich sind die neurobiochemischen Veränderungen im Gehirn depressiver Patienten: Seit über 40 Jahren geht man im Kontext der **Monoaminhypothese** davon aus, dass Depressionen mit Störungen der Monoaminsysteme, vor allem von **Noradrenalin** und **Serotonin** zusammenhängen. Diese Hypothese findet hauptsächlich Unterstützung durch pharmakologische Befunde, die zeigen, dass solche Pharmaka antidepressiv wirken, die die Wirkung der Monoamine Serotonin und/oder Noradrenalin verstärken, wie beispielsweise die selektiven Serotoninwiederaufnahmehemmer (engl.: *selective serotonine reuptake inhibitors* SSRIs), wie Fluoxetin (Prozac, Eli Lilly), Paroxetin (Paxil, Glaxo Smith Kline), Sertralin (Zoloft, Pfizer) oder Citalopram (Celexa, Forest Pharma) und die MAO-Hemmer wie Selegilin und Pargylin (Gross und Hen 2004). Neuere Ergebnisse zu dieser Hypothese leiten sich auch von bildgebenden Verfahren ab (Hesse et al. 2004).

Interessanterweise wurde kürzlich in einer Aufsehen erregenden Arbeit gezeigt, dass ein Zusammenhang zwischen Stress, Depression und Monoaminen besteht (*Genome x Environment-Interaction*): Eine Längsschnittstudie zeigte, dass Individuen mit einer **Kurzform des Promotors des Serotonin-(5-HT-)Transportergens verstärkte depressive Symptome** und höhere Suizidalität nach Stressereignissen zeigen, als Menschen, die den normalen 5-HT-Promotor haben (Caspi et al. 2004). Ebenso zeigt sich ein Zusammenhang zwischen dem Gen für die Monoamino-Oxidase (MAO) und Depressionen, wobei Personen mit einer Genvariante, die eine Wirkungsverstärkung des Enzyms bedingt, besonders selten an Depressionen erkranken, obwohl sie während der Kindheit misshandelt wurden, während umgekehrt eine reduzierte MAO-Aktivität mit einer hohen Depressionshäufigkeit korreliert (Caspi et al. 2002). Beide Studien sind insofern erstaunlich, da sie zeigen, dass eine **Erhöhung** von Serotonin (und eventuelle anderer Monoamine) in der Kindheit, die duch eine Verminderung des 5-HT-Transporters und/oder MAO-Aktivität bedingt ist, zu Depressionen disponieren, während diese Störung im erwachsenen Organismus von einer **Unterfunktion** von Serotonin und Noradrenalin begleitet ist. Man kann daraus schließen, dass die Monoamine bei der Verarbeitung von Stress in der Kindheit zwar hilfreich sind, dass es jedoch bei einer relativen **Überfunktion** (zu starker Stress oder bei Vorliegen der eben beschriebenen genetischen Defizite) zu Störungen der Stressverarbeitung kommt, sowie zu einer regulatorischen Anpassung, die zu einer Unterfunktion der Monoaminsysteme im erwachsenen Organismus führen, sodass dann MAO-Hemmer oder Hemmstoffe der Monoamin-Transporter für die Behandlung der Störung eingesetzt werden. Die negative Regulation der Serotoninmenge beruht vor allem auf somatodendritischen Autorezeptoren (5-HT1A). Eine Desensitivierung dieser Rezeptoren findet vermutlich nach zwei bis drei Wochen Behandlung mit Antidepressiva statt. Bei depressiven Patienten und Selbstmordopfern wurden Änderungen in der Menge dieses Rezeptors gefunden. Es wird vermutet, dass genetische Veränderungen in der Genkontrolle des 5-HT1A-Rezeptors eine Prädispositon für Depression darstellt (Albert und Lemonde 2004). Sicher ist jedenfalls, dass Serotonin bei stressbedingten Störungen, wie Depressionen und PTSD, eine entscheidende Rolle spielen (Harvey et al. 2005).

In neuerer Zeit wurde diese Transmitterhypothese aber etwas erweitert, da auch die Transmittersysteme GABA, Acetylcholin und Glutamat bei depressiven Patienten in bestimmten Hirnregionen verändert sind. Wahrscheinlich ist die positive therapeutische Wirkung von Lithium- und Bromsalzen auf die Wechselwirkung mit einigen dieser Transmitter zurück zu führen. So wurde gezeigt, dass Lithiumpräparate, die zur Behandlung von bipolaren Störungen (manisch-depressive Störungen) eingesetzt werden, wahrscheinlich das glutamaterge System stabilisieren (Dixon und Hokin 1997). Bromsalze, die füher häufig zur Beruhigung verwendet wurden, wirken über GABA$_A$-Rezeptoren, wo sie einerseits die Kanalöffnung fördern und andererseits zum hyperpolarisierenden Ionenstrom beitragen, da die Br-Ionen noch leichter in die Zelle eindringen als Chlorid-Ionen.

Die CRH-Cortisolkomponente

Untersuchungen an depressiven Patienten zeigen neuropathologische **Veränderungen in der HPA-Achse** und damit in direktem Zusammenhang stehende Änderungen im Mineralhaushalt durch die HPA-Achsen-abhängige Aktivierung von Mineralocorticoidrezeptoren, sowie eine abdominale Fettanhäufung. Darüber hinaus findet man sowohl bei depressiven Patienten als auch bei Patienten mit *Morbus Cushing* einen Volumenverlust im Hippocampus (wahrscheinlich infolge der oben im Tierversuch beschriebenen Dendritenbrüche), sowie eine Zunahme des Volumens der Amygdala. Wie in Kapitel 4 beschrieben, ist die Amygdala der zentrale telencephale Aktivator der HPA-Achse und des Sympathikus, sodass die Volumenvergrößerung (und die damit einhergehende Aktivitätserhöhung) der Amygdala wahrscheinlich zu einer weiteren Überaktivität nachgeschalteter Stresssysteme wie der genannten Hormonachsen führt.

Unter Stress wirkt **Cortisol** zunächst über hochaffine Mineralcorticoidrezeptoren (MR) auf Gennetzwerke, die für die Stabilisierung der neuronalen Aktivität verantwortlich sind und die in einer ersten Phase wichtige Stressreaktionen vermitteln. Die Erholung von Stress erfolgt dann über niedrigaffine Glucocorticoid-Rezeptoren (GR), die erhöhte Cortisolkonzentrationen erfordern, wie sie zeitlich etwas verzögert nach Stresssignalen auftreten (Abschnitt 5.2). Die richtige Balance zwischen den beiden Modi der Stressantwort ist offenbar von entscheidender Bedeutung für die normale Stressreaktion von betroffenen Neuronen, während genetische oder erworbene Veränderungen in der Menge der beiden Rezeptortypen zu stressinduzierten Störungen und Depression führen können (De Kloet 2004).

Versuche an Mäusen haben gezeigt, dass Mutationen in beiden **Corticosteroidrezeptoren (MR und GR)** Änderungen im emotionalen Verhalten verursachen, die man als Modell für Depressionen betrachten kann (Urani und Gass 2003). Auch transgene Mäuse, die Antisense-mRNA bilden, die komplementär zu GR-mRNA ist und die daher die Synthese des Glucocorticoidrezeptors blockiert, entwickeln neuroendokrine Besonderheiten und Verhaltenseigenschaften, die charakteristisch für menschliche Depressionszustände sind. Viele dieser Eigenschaften lassen sich durch Gabe von Antidepressiva (auch durch Serotoninwiederaufnahmehemmer) wieder normalisieren, was für eine Wirkkette zwischen Serotoninspiegel und Glucocorticoidrezeptoren spricht (Barden 2004, siehe auch Pariante et al. 2004).

Inzwischen gibt es eine Reihe von Ergebnissen, die zeigen, dass bei Depression oft **geringere Mengen an Glucocorticoidrezeptoren** vorhanden sind und dass deswegen die negative Rückkopplung von Cortisol auf Neurone, beispielsweise die CRH-Neurone, verringert ist. Das führt zu verstärkten Wirkungen von CRH und zu einer Überaktivierung (*hyperdrive*) der HPA-Achse, d.h. zu einer Überproduktion von ACTH und Cortisol (Hypercortisolismus). Letzeres ist schon länger als neuroendokrines Charakteristikum von Depression bekannt. Der erhöhte Cortisolspiegel ist vermutlich auch einer der wichtigen Faktoren, die den negativen Einfluss von Depression auf das Immunsystem ausmachen (Abschnitt 7.4). Geringere Mengen an Cortisolrezeptoren werden dagegen mit der Entstehung von Arteriosklerose in Zusammenhang gebracht (Abschnitt 8.3).

Die zu niedrige Glucocorticoidrezeptormenge kann genetische Ursachen haben oder auf chronischen Stress, d.h. ständig erhöhten Cortisolspiegel, zurückzuführen sein. Durch den Rezeptormangel wirkt der erhöhte Cortisolspiegel nicht mehr negativ auf die CRH-Produktion zurück, was bei depressiven Patienten zu einem erhöhten CRH-Spiegel und einer erhöhten Anzahl von CRH- und AVP-exprimierenden Neuronen führt (Holsboer 2001). Dass diese erhöhte Menge an CRH anscheinend ursächlich für Angst- und Depressionszustände sind, legen Versuche mit transgenen Mäusen nahe, die CRH überexprimieren. Sie zeigen ein Verhalten, das als Modell für Angstgefühle gelten kann. Andererseits sind transgene Mäuse, die Antisense-mRNA gegen mRNA von CRHA-1-Rezeptor bilden oder CR-R1-Knockout-Mäuse deutlich weniger ängstlich als die normalen Kontrollen (Claes 2004).

Wie ist nun die Wirkung von Antidepressiva auf diese Prozesse zu erklären, die ja meist auf einer Wiederaufnahmehemmung von monoaminergen Transmittern (Noradrenalin, Serotonin) beruhen, d.h. auf einer Erhöhung ihrer Menge im synaptischen Spalt? Eine mögliche Erklärung dafür wäre die, dass durch länger dauernde Einnahme (2–3 Wochen) dieser Antidepressiva der cAMP-Signalweg inaktiviert wird. Dieser Weg – in seiner aktiven Form – führt über die Phosphorylierung von *cAMP response element binding protein* (**CREB**, Abschnitt 5.1) zu einer Aktivierung dieses Transkriptionsfaktors und damit auch zu einer erhöhten Expression des CRH-Gens. Durch die Inaktivierung dieses Weges über eine Desensitivierung der Monoaminrezeptoren würde so auch weniger CRH synthetisiert (Holsboer 2001). In anderen Versuchen mit Antidepressiva wurde allerdings (nach zwei Wochen) eine deutliche Erhöhung der CREB-Phosphorylierung gefunden (Koch et al. 2002).

Eine weitere Möglichkeit des Einflusses von Antidepressiva auf die HPA-Achse wird in der Aktivierung von aufsteigenden serotonergen Fasern zum Hippocampus gesehen, wobei Serotonin dort offenbar die Expression von Glucocorticoidrezeptorgenen modifiziert. Dieser Einfluss soll teilweise auch die Tatsache erklären, dass frühe Stresserfahrungen die Expression von Glucocorticoidrezeptoren und die Reaktion der HPA-Achse auf akuten und chronischen Stress permanent verändern können (Weaver et al. 2004).

Außer ihrer Funktion bei der negativen Rückkopplung sind Glucocorticoidrezeptoren an zahlreichen weiteren Genkontrollen aber auch direkten Protein-Protein-Interaktionen beteiligt, die sich beispielsweise positiv auf die Noradrenalinsignalkette auswirken. Auf Gen-regulatorischem Wege führt der Cortisolrezeptorkomplex unter anderem zur Aktivierung des Enzyms PNMT, das für die Adrenalinsynthese wichtig ist (Wong et al. 2004). Zu geringe Mengen an Glucocorticoidrezeptoren haben somit auch Einfluss auf die Wirkung und Menge dieser Neurotransmitter.

Schließlich scheinen auch **proinflammatorische Cytokine** wie IL-1, TNF-α und IFN-γ an dem Zustandekommen von Depressionszuständen beteiligt zu sein. Das geht aus mehreren Beobachtungen hervor (Pollak und Yirmiya 2002):

- Depressionen sind häufig mit Infektionen und anderen Erkrankungen assoziiert, die mit einer erhöhten Menge an proinflammatorischen Cytokinen assoziiert sind.
- Versuche mit Tieren und Menschen, denen solche Cytokine appliziert wurden, zeigten depressionsähnliche Verhaltensweisen.
- Cytokinimmuntherapie von Krebspatienten führt ebenfalls oft zu Depressionen.
- Einige Antidepressiva zeigen antiinflammatorische Eigenschaften, indem sie die Menge an proinflammatorischen Cytokinen verringern und die Menge an antiinflammatorischen Cytokinen erhöhen (Capuron et al. 2002).
- Bei älteren Personen mit moderaten Depressionssymptomen war die Menge von IL-6 vor und zwei Wochen nach einer Grippeimpfung deutlich erhöht (Glaser et al. 2003).

Wir haben schon früher darauf hingewiesen, dass proinflammatorische Cytokine die HPA-Achse aktivieren (Abschnitt 5.2, Kapitel 7), was zu den oben genannten Wirkungen von CRH und Cortisol führen könnte.

Ganz offensichtlich sind Depressionen durch Fehlfunktionen auf verschiedenen Ebenen der Kontrolle und Regulation der Stressphysiologie charakterisiert. Die komplexe Vernetzung der Systeme macht es schwer, eindeutig zu sagen, welches die primäre Ursache und was lediglich eine Folge solcher Netzwerkstörungen ist. Jedenfalls scheint CRH eine besondere Rolle zu spielen, als wichtiger Teil der HPA-Achse und als stimmungsregulierender Botenstoff im limbischen System, der zudem an der Schnittstelle zwischen Hormonen und Neurotransmittern steht.

Die durch Stress induzierten Verhaltensänderungen beruhen auf Änderungen in den Verknüpfungen von bestimmten Neuronen, was sich insbesondere beim Lernen und bei der Gedächtnisbildung unter Stressbedingungen (Furchtkonditionierung) bemerkbar macht. Daran sind **Mitglieder der MAPK-Familie** – wie JNK – und deren Phosphorylierung/Dephosphorylierung ebenso beteiligt wie der Transkriptionsfaktor CREB (Kapitel 4). Eine Dephosphorylierung von Akt und MAPK durch die Proteinphosphatase PP2 (Calcineurin) beispielsweise scheint das Furchtlernen zu beeinträchtigen (Lin et al. 2003).

Wie diese stressinduzierte neuronale Plastizität zustande kommt, die auch zu Angstzuständen (Anxiety) führt, ist allerdings noch nicht genau bekannt. Bei Mäusen wurde nach Stress (ausgelöst durch Enge und Bewegungslosigkeit) eine Erhöhung einer Serinprotease (**Gewebsplasminogenaktivator, tPA**) in der medialen Amygdala beobachtet, wo sie anscheinend an stressakti-

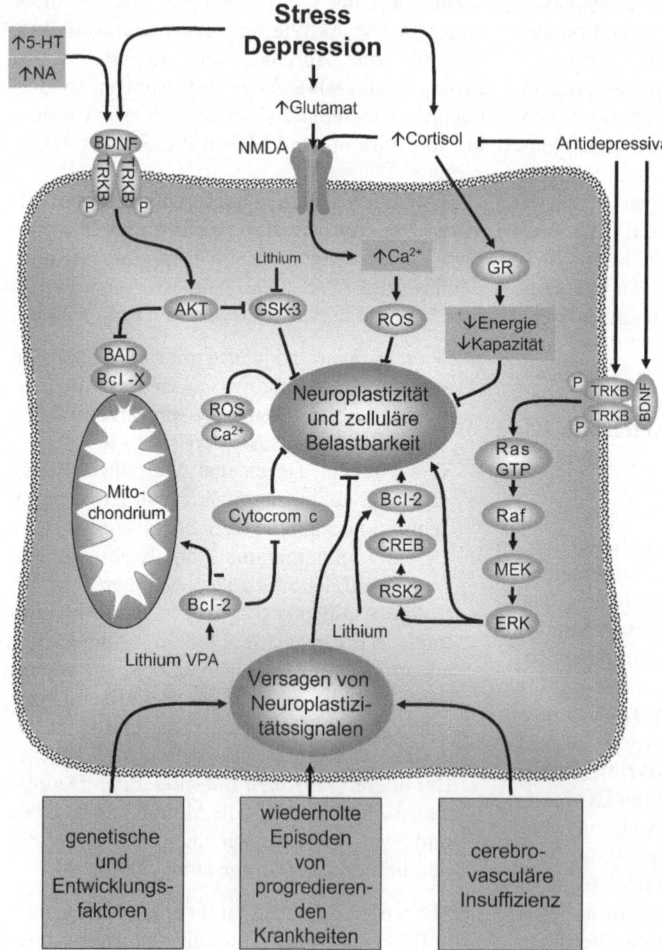

8.8 Die molekularen (chemischen) Komponenten der Depression. Intrazelluläre Signalwege, die bei Depressionen gestört sind. Akt – Proteinkinase-B, Bad, Bcl-2, Bdx – Apoptosefaktoren (Abschnitt 6.1). BDNF – *brain derived neurotrophic factor*, CREB – *cAMP response element binding protein*, ERK – *extracellular factor regulated (protein) kinase*, GR – Glucocorticoidrezeptor, GSK-3 – Glykogensynthasekinase-3, MEK – ERK-Kinase, VPA – Valproat, NA – Noradrenalin, P – Phosphat, RAF – MEK-Kinase, ROS – *reactive oxygen species,* Ras – GTP-aktiviertes Ras, RSK2 – *ribosomal protein S6 kinase 2,* TRKB – *neurotrophic tyrosine kinase receptor type B,* 5-HT5-Hydroxytryptamin (= Serotonin) (nach Manji et al. 2001).

vierten neuronalen Veränderungen beteiligt war. Da diese Prozesse *vor* der stressinduzierten Zunahme von Angstverhalten erfolgten, glaubt man an eine wichtige Funktion dieser Protease für das Zustandekommen von Angst. Mäuse ohne funktionales tPA-Gen zeigten kein Angstverhalten – trotz mehrerer Wochen unter Stress (Pawlak et al. 2003).

Allgemein wird die Plastizität der neuronalen Interaktionen (Bahnung oder Hemmung von Verbindungen, Neuentwicklung von Konnektiven oder die Ausschaltung von einzelnen Neuronen durch Apoptose) über eine große Anzahl an intrazellulären molekularen Prozessen bewerkstelligt. Eine Störung in diesen Prozessen, sei sie genetischer oder durch Stress induzierter Art, würde eine Änderung auch der neuronalen Plastizität zur Folgen haben und damit möglicherweise zu Depressionen führen. Die wesentliche Rolle dieses „molekularen Netzwerks" (Abschnitt 6.8) bei der Kontrolle des neuronalen Netzwerks und bei seinen Störungen ist Inhalt der **molekularen (chemischen) Hypothese der Depression** (Abb. 8.8).

In diesem molekularen Netzwerk spielen Serotonin, Noradrenalin, Glutamat, Cortisol und *brain derived neurotrophic factor* (BDNF) wesentliche Rollen, deren Mechanismen jedoch noch unvollständig aufgeklärt sind (Manji et al. 2001). Die rhetorische Frage, *is mood chemistry?* (ist Stimmung Chemie? Castrén 2005), kann man mit Sicherheit so beantworten: Sie ist *auch* Chemie, d. h. sie wird von überaus komplexen Interaktionen auch innerhalb der Zelle begleitet/hervorgerufen.

Die Netzwerkkomponenten

Ein weiterer Ansatz zur Analyse des Depressionsgeschehens legt den Schwerpunkt auf Veränderungen der neuronalen Netzwerkverknüpfungen und der dadurch bedingten Änderung der Informationsverarbeitung (Castrén 2005). Dieser Ansatz betont vor allem die Bedeutung von Proliferation, Plastizität, Konnektivität, *turnover* und Stabilität von Neuronen, die beispielsweise durch Serotonin und BDNF verändert werden (Sairanen et al. 2005). Diese längerfristige Wirkung von Serotonin würde daher auch die lange Latenz von Wiederaufnahmehemmer erklären. Man hat zeigen können, dass Antidepressiva die Bildung von neuen Neuronen im Hippocampus von Nagern induzieren können, dass diese

Neurone sich einige Wochen nach ihrer Entstehung differenziert haben und dann an der Prozessierung von Informationen teilnehmen. Die Neuentstehung von Neuronen war allerdings mit der Apoptose anderer Neuronen gekoppelt, sodass anscheinend ein erhöhter *turnover* stattindet (Castrén 2005). Was dieser Ansatz wiederum nicht erklärt, sind die rasch wechselnden Stimmungen im Laufe des Tages (Morgentief), die schnelleren Stimmungsverbesserungen durch Schlafentzug oder auch die bipolaren Stimmungsänderungen.

Zusammenfassend kann man die genannten Komponenten als wichtige Teilaspekte der Veränderungen bei Depression ansehen, die aber zurzeit noch keine allgemein gültige Erklärung oder Theorie darstellen. Zu vermuten ist, dass sowohl strukturelle Veränderungen der neuronalen Netzwerke (*hardware*) als auch langfristige funktionelle Veränderungen über Hormone, Neurotransmitter und molekulare Komponenten bei der Genese der Depression – und auch bei ihrer Therapie – eine Rolle spielen.

Therapeutische Ansätze

Bei der Behandlung depressiver Erkrankungen wird meist eine Therapie (d. h. nur ein Präparat oder nur eine Behandlungsstrategie) angewandt; vermehrt werden auch Kombinationen von verschiedenen Psychopharmaka (Antidepressiva und Psychotherapie) eingesetzt.

- **Psychotherapie**. Kognitive Verhaltenstherapie und psychoanalytisch begründete Therapie (Abschnitt 8.1.1)
- **Somatische Therapie**. Sie setzt auf körperliche oder direkte hirnphysiologische Interventionen Wachtherapie (Schlafentzug), Lichttherapie, Elektro-Krampfbehandlung
- **Pharmakotherapie**. Die Pharmakotherapie depressiver Erkrankungen geht zurück auf die 1957 zeitgleich gemachte Entdeckung der trizyklischen Antidepressiva (NA- und 5-HT-Wiederaufnahmehemmer, *Imipramin, Amitryptilin*) und der irreversiblen MAO-Hemmer (*Iproniazid, Pargylin, Selegilin*). Erst im Jahre 1990 erfolgte dann die zeitgleiche Entwicklung der *selektiven* Monoaminwiederaufnahmehemmer und der *reversiblen* MAO-Hemmer. Selektive Serotonin-Reuptake Inhibitoren (*SSRIs*) sind Fluoxetin (Prozac), Paroxetin, Citalopram. Zu den Noradre-

nalinwiederaufnahmehemmern (*NARIs*) zählt beispielsweise *Reboxetin*. Reversible MAO-Hemmer (*Moclobemid*) haben weniger Nebenwirkungen (Bluthochdruck, Herzrhythmusstörungen, Schlaflosigkeit, Angststörungen) als die irreversiblen Blocker. Das Ausmaß der positiven Wirkungen dieser Mittel bei Kindern und Jugendlichen muss jedoch noch weiter geprüft werden (Courtney 2004). Auch spezifische CRH-Rezeptor-(CRH-R1-)Antagonisten (Contoreggi et al. 2004), Inhibitoren der HPA-Achse sowie Substanz P an Neurokinin-1-Rezeptoren kommen als Pharmakotherapeutika in Frage. Nur bei bipolaren Störungen werden auch *Lithium-Salze* zur Therapie eingesetzt, deren Wirkungsweise noch unklar ist. Wahrscheinlich bewirkt Li^+ über relativ unspezifische Wechselwirkungen mit dem Inositoltriphosphatsystem von glutamatergen Neuronen eine allgemeine Antriebssteigerung.

8.2 Schlafstörungen als eines der häufigsten stressinduzierten Symptome

Schlaf ist ein essenzielles Bedürfnis, dessen Befriedigung entscheidend wichtig für unser körperliches und psychisches Wohlbefinden ist. Schlaf wird zentralnervös gesteuert und verläuft in mehreren periodisch auftretenden Schlafphasen (Non-REM- und REM-Schlaf, REM – *rapid eye movement*). Die Non-REM (NREM) Phase weist vier Stadien auf, die man durch unterschiedliche Schlaftiefe und EEG (Elektroenzephalogramm)-Rhythmen im Gehirn unterscheiden kann. Aus heutiger Sicht wird Schlaf einerseits durch die circadiane Uhr, d. h. einen endogenen Tagesrhythmus gesteuert, der meist feste Einschlaf- und Aufwachzeiten bevorzugt und fixiert, andererseits durch eine Art Sanduhrkomponente, die mit der Dauer des Wachseins zunimmt und damit den *Schlafdruck* erhöht (*Zwei-Prozess-Modell*).

Die funktionelle Bedeutung von Schlaf ist noch immer nicht ganz klar. Eine Erholungsfunktion für Gehirn und Körper ist evident – obwohl sich der Organismus während des Schlafs keineswegs in völliger Ruhe befindet, sondern Teile des Gehirns beispielsweise während der REM-Phase aktiviert werden. Eine wichtige Rolle wird dem Schlaf bei der Etablierung von Lern- und Gedächtnisinhalten zugeschrieben, wobei Regionen des Gehirns, die an dem Lernvorgang beteiligt sind, anschließend besonders tief schlafen, wie man aus der Intensität langsamer Wellen (1-4 Hz) im EEG schließen kann. Nach dem Schlaf ist die Lernleistung oftmals erhöht.

Schlafstörungen sind eines der häufigsten Symptome bei Stress. Bei etwa 40 % der Bevölkerung treten diese Störungen gelegentlich – bei vorübergehendem Stress – auf, während etwa 60 % dieser Gruppe chronische Störungen aufweisen, die behandelt werden müssen. Vor allem Schlaflosigkeit (*insomnia*) als Einschlaf-, Durchschlaf- oder Früherwach-Störung tritt bei etwa 10–15 % der Bevölkerung auf und hält in schweren Fällen im Mittel etwa vier Jahre an (Drake et al. 2004).

8.2.1 Schlafstörungen und die sie beeinflussenden Faktoren

Gemäß der internationalen Klassifikation psychischer Störungen, ICD-10 ist von einer Schlafstörung im Sinne einer Insomnie auszugehen, wenn folgende Bedingungen erfüllt sind:

1. Einschlaf- und Durchschlafstörungen bzw. schlechte Schlafqualität,
2. Auftretenshäufigkeit mindestens dreimal in der Woche über einen Monat,
3. Überwiegendes Beschäftigtsein mit der Schlafstörung und übertriebene Sorge am Tag und in der Nacht bzgl. der negativen Auswirkung der Störung,
4. Ausgeprägter Leidensdruck bzw. deutliche störende Auswirkungen auf die soziale und berufliche Leistungsfähigkeit als direkte Folge der Schlafstörung.

Schlafstörungen treten bei Frauen allgemein häufiger auf, außerdem ist eine deutliche Zunahme mit dem Alter festzustellen. Diese Störungen

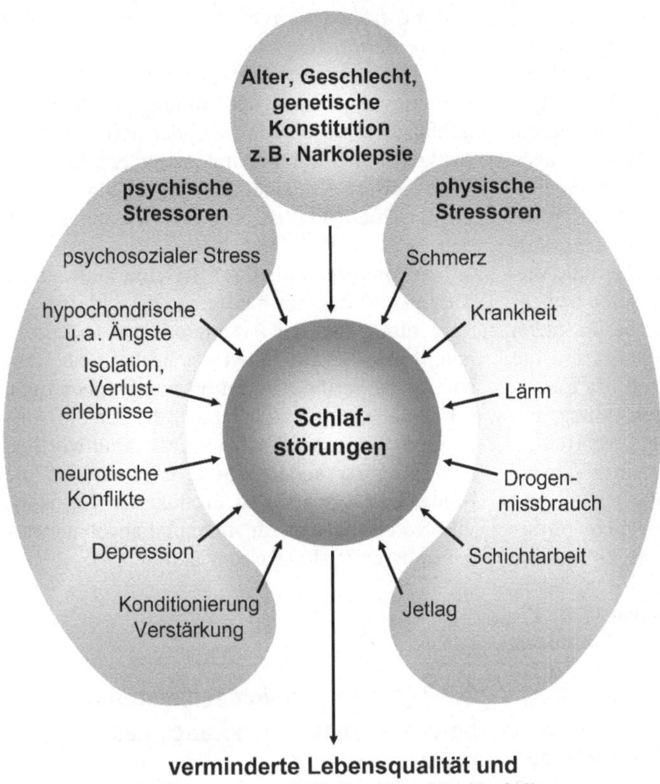

8.9   Faktoren bei Schlafstörungen. Drei Gruppen von Faktoren beeinflussen Schlafstörungen: individuelle Faktoren, psychische und physische Stressoren. Schlafstörungen können sich selbst verstärken, auch gibt es Wechselwirkungen zwischen einigen der Faktoren, die hier der Übersichtlichkeit wegen nicht dargestellt sind.

werden medizinisch häufig nicht adäquat behandelt.

Schlafstörungen sind das Produkt verschiedener Faktoren (Abb. 8.9), deren Entstehungsgeschichte oft nicht bekannt ist. Den psychisch bedingten Störungen liegen oft multidimensionale intrapsychische Konflikte zugrunde, deren Dynamik nur langfristig – wenn überhaupt – erkennbar ist. So sind Schlafstörungen oft mit anderen psychischen Störungen und Stresssituationen gekoppelt, mit Angst-, Einsamkeits-, Depressionszuständen, mit neurotischen Konflikten, Verlusterlebnissen und psychosozialen Stresszuständen. Auch die Angst vor der Schlafstörung verstärkt diese wiederum, sodass die psychische Ursache als ein komplexes Netzwerk von Interaktionen aufgefasst werden muss – was in der Abb. 8.9 nicht dargestellt ist, um Übersichtlichkeit zu gewährleisten.

Die mehr physisch bedingten Schlafstörungen umfassen einerseits physische Stressoren wie Schmerz, Lärm oder Schichtarbeit/Jet-Lag. Hinzu kommen konstitutive Faktoren, wie genetische Einflüsse (Taheri 2004), Geschlecht und Alter, sowie z.B. Schlafapnoe (Atemstillstände) und Narkolepsie, d.h. häufiges Einschlafen auch während des Tages.

Neben den schon genannten Insomnien (Schlaflosigkeit) gibt es auch sogenannte Parasomnien wie etwa Schlafwandeln, Alpträume oder Nachtangst/-panik, das **restless-legs-Syndrom**, die allesamt die Schlafqualität deutlich vermindern (Hoffmann und Berti 2002).

8.2.2 Die Ursachen von Schlafstörungen sind vielfältig

Traumatische Lebensereignisse, wie der Verlust von Angehörigen, Hafterfahrungen beispielsweise in Konzentrationslagern, Kriegs- und Missbrauchserfahrungen oder familiäre Konflikte, stellen eine Gruppe von Faktoren dar. Intrapsychische Konflikte zwischen unterschiedlichen Anteilen des Ich – unbewusste Schuld-/Schamgefühle (Kapitel 2 und 3) – sind Ursachen für Schlafstörungen neurotischer Art, die allerdings auch benutzt werden können, um Mitleid und Aufmerksamkeit zu erregen. Bei Borderline-Patienten ist eine direkte Schlafbedrohung durch Überflutung mit triebhaften Trauminhalten zu beobachten, die zum Aufwachen führen. Vor allem aber sind es aversive Vorstellungen mit Versagensängsten, depressiven Stimmungen, Einsamkeit (Steptoe et al. 2004), Trauer u. a., die Schlafstörungen durch um diese Vorstellungen kreisende Gedanken und Gefühle verursachen. Psychosoziale Probleme spielen ebenfalls eine wichtige Rolle als Ursache: in vielen Industrieländern inzwischen die Sorge um die berufliche Existenz. Dazu kommen oft Erwartungen an sich, dass man schlafen müsse, um fit zu sein oder sich als „normaler" Mensch zu fühlen, was einen Teufelskreis mit einer Verstärkung der Schlafstörungen erzeugt.

Die in der Übersicht erwähnten mehr physischen Ursachen sind ebenfalls oft komplexer Natur. Schmerzen, die den Schlaf stören, haben möglicherweise psychische Ursachen (z. B. Fibromyalgien, Abschnitt 8.4). Bei Störungen durch **Schichtarbeit** wird die Phasenlage der *inneren Uhr* gegenüber den geforderten physischen Leistungen verschoben, was bei längeren Ost/West-Flügen ebenfalls eintritt (**Jet-Lag**). Bei den Flügen wird der Jet-Lag jedoch nach etwa einer Woche durch Anpassung der inneren Uhr an den verschobenen Tag-Nacht-Rhythmus am Aufenthaltsort beseitigt. Bei Schichtarbeit ist die Anpassungszeit meist zu kurz, außerdem ist nur die berufliche Arbeitszeit verschoben, nicht aber der Tag/Nachtrhythmus der Umgebung und der Familie. Aus dieser Diskrepanz zwischen der Zeit der Zentraluhr im *suprachiasmatischen Nucleus* (SCN) des Hypothalamus und den von ihm gesteuerten Tagesrhythmen der Hirntätigkeit, der Hormone (wie Cortisol) und Melatonin, dem „Schlafhormon", und hunderten von weiteren tagesrhythmischen Prozessen auf der einen Seite und der Zeit der Schichtarbeit auf der anderen Seite, resultieren Schlafstörungen und andere Gesundheitsrisiken sowie Fehlleistungen am Arbeitsplatz, die von erheblicher ökonomischer Relevanz sein können (Fischer et al. 2004, ältere Literatur: Menzel 1962, Hildebrandt 1976). Auch einige altersbedingte Schlafstörungen beruhen auf Veränderungen der inneren Uhr, die anscheinend frühere Einschlaf- und Aufwachzeiten vorgibt und ihre Amplitude verringert, sodass sich Schlafzeiten auch über den Tag verteilen und die Müdigkeit am Abend

und am frühen Morgen daher geringer ausfällt (*senile Bettflucht*).

Schlafapnoe ist gekennzeichnet durch wiederholtes Aussetzen der Atmung während des Schlafs, das durch zentrale oder periphere (obstruktive) Faktoren bedingt ist und erhöhte Risiken von Herz-Kreislauf-Erkrankungen nach sich zieht. Schlafapnoe ist oft mit Adipositas gekoppelt.

Narkolepsie schließlich ist eine andauernde Müdigkeit, die zu häufigem Einschlafen am Tage führt – bei der Arbeit, zuhause, in Vorträgen, Konzerten etc. Eine Ursache dafür ist offenbar die zu geringe Sekretion von Hypocretinen (Orexinen) im Hypothalamus, die für die Aufrechterhaltung des Wachzustands verantwortlich sind. Auf der anderen Seite erhöhen sich die Mengen an Adenosin als Produkt der Wachaktivität von Neuronen, die im Schlaf abgebaut werden müssen (Salin-Pascual 2004).

8.2.3 Die Folgen von Schlafstörungen betreffen anscheinend auch das Gedächtnis

Vor allem Hirnzentren, die im Wachzustand besonders aktiv sind, wie das Frontalhirn, zeigen während des Schlafs ausgeprägte Deltawellen, die charakteristisch für Tiefschlaf sind (*slow wave activity*, SWA) (Borbely und Achermann 2000). Das wird als Erholung gedeutet, obwohl nicht genau bekannt ist, was dabei regeneriert wird. Unter anderem wird in den umgebenden Gliazellen die Glykogensynthese bzw. -menge erhöht, die den Energiehaushalt der Neurone mit bestreiten. Diese Erholungsfunktion wird durch Schlafentzug vermindert und resultiert in Müdigkeit und Leistungsminderung. Chronischer Schlafentzug bei Ratten erwies sich als tödlich. Auch bei der Taufliege *Drosophila*, die offenbar einen den Säugern ähnlichen „Zweiprozess"-Schlafmodus aufweist, führten Faktoren, die den Schlaf beeinträchtigen, wie Mutationen in Genen der circadianen Uhr und Schlafentzug, zum Tod der Fliegen. Erhöhte Produktion von Stressproteinen (HSP83) machte die Fliegen resistenter gegen diese Störungen und gaben so erste Hinweise auch auf die molekularen Mechanismen der Erholungsfunktion von Schlaf (Shaw et al. 2002).

Eine weitere Funktion des Schlafs wird neuerdings bei **Lernen und Erinnern** beobachtet: Schlaf scheint sowohl das prozedurale Gedächtnis, d. h. das Gedächtnis für bestimmte Fertigkeiten bei motorischen Abläufen, als auch das deklarative Gedächtnis, d. h. das Gedächtnis für bestimmte kognitive Lerninhalte (Gais et al. 2000), zu fördern. Beobachtungen mithilfe von Positronenemissionstomographie (PET) und Kernresonanzspektroskopie zeigten, dass nachts die gleichen Hirnareale aktiv sind, wie die während des Tages, als bestimmte Aufgaben geübt wurden (Marquet 2001, Marquet et al. 2003). Möglicherweise sind an der Förderung der Gedächtnisfunktionen auch ein Teil der etwa 100 Gene beteiligt, die im Schlaf stimuliert werden und die an der Ausbildung neuer synaptischer Verbindungen mitwirken könnten (Cirelli et al. 2004).

Neue Befunde am Menschen haben gezeigt, dass nach implizitem Lernen einer motorischen Aufgabe (Zeigen auf ein festes Ziel bei Rotation des Körpers) und anschließendem Non-REM-Schlaf ein lokales Cluster von SWA im EEG bestimmter Cortexregionen (rechter parietaler Lobus, Brodmann-Areale 40 und 7) auftritt. Diese lokale SWA zeigte Übereinstimmungen mit dem allgemein nach Schlafentzug gemessenen *slow-wave*-Schlaf, d. h., dass offenbar individuelle Neuronen bzw. Neuronenpopulationen unabhängig „schlafen". Nach dem Schlaf zeigten die Versuchspersonen eine um 11 % verbesserte Ausführung dieser Aufgabe – im Vergleich zu Kontrollpersonen, die nach einer entsprechenden Wachzeit getestet wurden. Das Ausmaß an SWA während des Schlafs und die Verbesserung der Lernleistung danach waren hochsignifkant miteinander korreliert (Huber et al. 2004).

Bei Mäusen konnte man nach Schlafdefiziten eine Abnahme der Gedächtnisleistungen feststellen, die von oxidativem Stress im Hippocampus begleitet waren. Gemessen wurde dabei eine Erhöhung des Quotienten von oxidiertem zu reduziertem Glutathion und eine Zunahme von Lipidperoxiden. Antioxidantien, wie Melatonin oder Vitamin E, verhinderten sowohl den oxidativen Schaden wie die Gedächtnisdefizite (Silva et al. 2004). Auf der anderen Seite führte bei Mäusen intermittierend angewandte Hypoxie, die in etwa den Schlafapnoe-Zuständen beim Menschen entsprechen und die zu Schlafverlängerung führt, zu Schäden durch oxidativen Stress in den Hirnregionen, die den Wachzustand regeln (Veasey et al. 2004). Die Ursachen dieser neuronalen Schäden und ihre Bedeutung sind jedoch noch unklar.

Aus all diesen Befunden lässt sich ableiten, dass Schlafstörungen, wie Insomnie, nicht nur eine allgemeine Leistungsminderung nach sich ziehen, sondern vor allem auch kognitive Leistungen, wie Lernen und Gedächtnis, beeinträchtigen. Das betrifft einerseits die Koordination visuellmotorischer Abläufe (Arbeit, Sport), möglicherweise aber auch andere neuronale Leistungen. Diese Leistungsminderungen verstärken wiederum den psychischen Druck (Stress) bei schlafgestörten Personen und setzen damit eine selbstverstärkende Spirale (Teufelskreis) in Gang. Die häufig zu beobachtende Komorbidität von Schlafstörung und Depression beruht auf einer Anzahl solcher selbstverstärkenden Mechanismen, die therapeutisch unterbrochen werden müssen. Leider werden diese Zusammenhänge bei der medizinischen Betreuung oft nicht ausreichend ernstgenommen und adäquat behandelt (Drake et al. 2004).

Als **therapeutische Maßnahmen** kommen Entspannungstechniken und Verhaltensregeln, kognitive Verhaltenstherapie, analytische Psychotherapie und medikamentöse Behandlung in Frage, bei depressiver Komorbidität beispielsweise auch mit Antidepressiva. Bei akuten Schlafstörungen werden oft Diazepine (aber nicht länger als zwei bis drei Wochen) gegeben. Bei chronischen Schlafstörungen sollten entsprechende Fachärzte oder Schlaflabore/Kliniken aufgesucht werden (Hoffmann und Berti 2002).

8.3 Chronischer Stress und Herz-Kreislauf-Erkrankungen

Eines der stressempfindlichsten Organsysteme ist das Herz-Kreislauf-System. Da es funktionell für den Organismus von zentraler Bedeutung ist, sind die stressabhängigen Störungen und gesundheitlichen Folgen ebenfalls gravierend. Zum Verständnis der stressbedingten Störungen dieses Systems zunächst einige Stichworte zu seiner normalen Funktion. Das Herz pumpt mit seiner linken Kammer das Blut durch die Aorta und arteriellen Blutgefäße in die Blutkapillaren der Körperperipherie, wo es Sauerstoff an das Gewebe abgibt und von wo es über die Venen zum Herzen (rechte Herzkammer) zurückfließt (systemischer Kreislauf). Die rechte Herzkammer pumpt das Blut dann durch den Lungenkreislauf, der das Blut wieder mit Sauerstoff anreichert und es wieder dem Herzen (linke Vorkammer) zurückleitet. Das gesamte Blutvolumen beträgt etwa 4,5–5,5 L und befindet sich zu 80 % in den Venen und im Lungenkreislauf – dem so genannten Niederdrucksystem –, das auch als Blutspeicher dient. Ein Teil dieses Blutvolumens kann durch Konstriktion der peripheren Gefäße in das arterielle Hochdrucksystem eingespeist werden, wenn es dort zu einem Druckabfall kommt. Die Versorgung der Organe mit lebenswichtigem Sauerstoff und Nährstoffen erfolgt nach ihrer Lebenswichtigkeit (Gehirn, Herz, Niere) und nach dem momentanen Bedarf, z. B. Muskeln bei körperlicher Arbeit oder Magen-Darmtrakt nach einer Mahlzeit.

Die rhythmische Herztätigkeit erfolgt durch einen autonomen Schrittmacherrhythmus im Sinusknoten, von dem aus jeweils rhythmisch eine Erregungswelle über den Herzmuskel läuft und die Kontraktion der Herzvorhöfe und der beiden Herzkammern bewirkt. Vor der Kontraktion steigt lokal die cytosolische Calciumkonzentration im Herzmuskel an, die als Trigger dient, um Kanäle im zellulären Calciumspeicher (sarkoplasmatisches Reticulum) zu öffnen. Die dadurch stark erhöhte Calciumkonzentration ermöglicht die Muskelkontraktion durch eine Actinmyosininteraktion (siehe Lehrbücher der Zellbiologie).

Der durch diese Pumpleistung des Herzens entstehende Blutdruck im arteriellen Hochdrucksystem (systolischer Druck bei der Kontraktion, diastolischer Druck bei der Erschlaffung des Herzmuskels, normal im Verhältnis 120/80 mmHg) ist eine komplex geregelte Größe. Drucksensoren in der Aorta, dem Carotissinus und der linken Kammer melden den arteriellen Druck über afferente Neurone an das Kreislaufzentrum im verlängerten Mark (Persson und Kirchheim 1991). Bei zu hohem Druck wird die Herzleistung gedrosselt und die Gefäße im Niederdrucksystem über Aktivierung des Parasympathikus erweitert, bei Druckabfall oder vorsorglicher Druckerhöhung im Falle von Furcht wird die Herzleistung erhöht und die peripheren Gefäße über eine Aktivierung des Sympathikus verengt.

Eine wichtige Messgröße der Herzfunktion ist die Herzfrequenzvariabilität (HFV), d. h. die Veränderung der Pulsfrequenz aufgrund der beschleunigenden und verlangsamenden Wirkungen von Sympathikus und Parasympathikus. Diese Variabilität ist auch abhängig von Emotionen (McCraty 2001). Die Herzfrequenzvariabilität nimmt mit dem Alter ab und ist in kritischen Zuständen sehr gering, so dass man sie auch als Maß für das Mortalitätsrisiko verwendet (LaRovere et al. 1998). Bei Ruhe/Schlaf stellt sich oft ein ganzzahliges Verhältnis zwischen Herz- und Atemfrequenz ein.

Die Steuerung der Organdurchblutung, von Koronargefäßen, Gehirn, Nieren, Skelettmuskel und Magen-Darm-Trakt geschieht hauptsächlich durch eine Änderung der Gefäßweite (Autoregulation). Diese Regulation erfolgt einerseits durch eine blutdruckbedingte Wanddehnung der Gefäße, die zu einer Kontraktion der Gefäßmuskulatur führt, andererseits über die O_2-Spannung, über lokal-metabolische Substanzen, über lokal freigesetzte gefäßaktive Substanzen und im Blut zirkulierende Hormone.

Kontrolliert wird der Blutdruck außerdem durch das Blutvolumen. Höhere Salzaufnahme und Na^+-Retention in der Niere erhöhen auch den Wasserrückfluss aus dem Harn und erhöhen so das Blutvolumen und damit auch den Blutdruck. Diese Kontrolle des Blutvolumens erfolgt wesentlich in der Niere, die somit bei der Blutdruckregulation eine wichtige Rolle spielt.

Psychosoziale Stressoren haben vor allem bei wiederholtem Stress gravierende klinische Folgen für das Herz-Kreislauf-System und die oben genannten Regulationsmechanismen. Im Vordergrund dieser Stressfolgen stehen Bluthochdruck (Hypertonie), Arteriosklerose (= Atherosklerose) und Herzarhythmien, die zu Herzinfarkt, Schlaganfall oder Herzversagen führen können. Der World Health Report 2002 der WHO schätzt, dass etwa 50 % der Herz-Kreislauf-Erkrankungen auf Bluthochdruck zurückzuführen sind, etwa 30 % auf zu hohen Cholesterolgehalt und Lifestyle-Faktoren, wie Rauchen, sowie 20 % auf Diabetes. Die Herz-Kreislauf-Erkrankungen liegen mit AIDS und Hunger an der Spitze der Todesursachen weltweit. In Deutschland liegt die jährliche Zahl von Herzinfarkten bei etwa 300 000 (siehe Tab. 2.4).

Arteriosklerose ist charakterisiert durch Verhärtung, Verdichtung, Verengung oder Erweiterung (Aneurysma der Aorta) und Elastizitätsverlust der Arterien einschließlich der Herzkranzgefäße (Koronargefäße). Dabei sind folgende Veränderungen zu beobachten:

- Läsionen des Endothels, Aufnahme von Makrophagen und Lipoproteinen in die Gefäßwand, Anlagerung von Fibrinogen, erhöhte Produktion von reaktiven Sauerstoffspezies (ROS),
- Proliferation von Binde- und Muskelgewebe, Synthese von Kollagen und Elastin,

- Anlagerung von Thrombocyten mit erhöhter Aktivität,
- Apoptose- und Nekroseprozesse.

Diese Veränderungen in der Arterienwand werden einerseits durch akute und wiederholte psychosoziale Stresssituationen und die nachfolgende Aktivierung der SAM- und HPA-Achse sowie zahlreicher weiterer stressaktivierter Hormonsignale bewirkt, andererseits durch eine Anzahl physischer Stressoren, wie mechanischem Stress bei Bluthochdruck, Diabetes mellitus, Entzündungscytokinen und reaktiven Sauerstoff- und Stickstoffspezies (ROS/RNS) (Abb. 8.10).

Als psychosoziale Stressoren haben sich in umfangreichen Studien vor allem folgende als relevant für Herz-Kreislauf-Probleme erwiesen: chronischer Stress am Arbeitsplatz oder in der Familie, belastende Lebensereignisse, Depression, Angst, persönliche Faktoren und Eigenschaften, wie „Typ A" Charakter (Konkurrenzdenken, Aggressivität), und soziale Isolation.

Diese Situationen und Eigenschaften haben oft weitere Stressoren zur Folge. Depressive Personen rauchen oder trinken häufiger, haben weniger körperliche Bewegung, geringere soziale Beziehungen und positive Bestätigungen oder entwickeln Adipositas, was sich ebenfalls negativ auf das Herz-Kreislauf-System auswirkt. Hinzu kommen Prädispositionen: die genetische Prädisposition, etwa von charakterlichen Eigen-

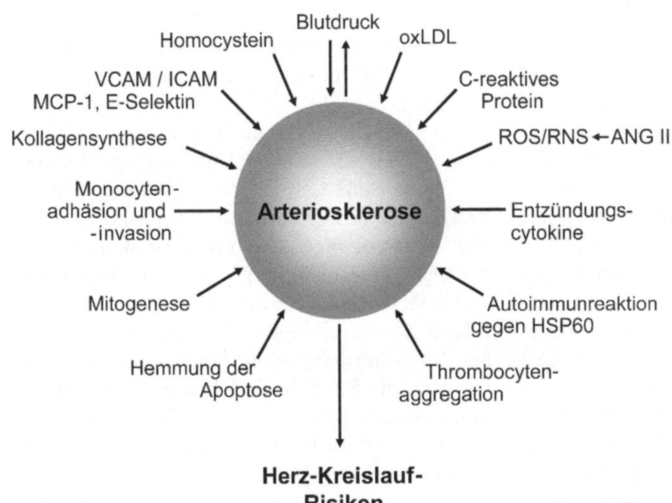

8.10   Wirkung verschiedener Faktoren auf die Entstehung von Arteriosklerose. MCP-1 – *monocyte chemoattractant protein 1*, VCAM – *vascular cell adhesion molecule*, ICAM – *intercellular adhesion molecule*, ROS – *reactive oxygen species*, RNS – *reactive nitrogen species*, ANG II – Angiotensin II, oxLDL – oxidiertes *low density* Lipoprotein, HSP60 – Hitzeschockprotein 60. Die Beziehungen zwischen den einzelnen Faktoren wurden dabei nicht berücksichtigt.

schaften, aber auch von Polymorphismen der Gene für das neuroendokrine Stresssystem und das Endothel, sowie ethnische Zugehörigkeit und Geschlecht, wobei Frauen weniger Herz-Kreislauf-Erkrankungen unter Stress entwickeln als Männer. Auch das Alter spielt eine wichtige Rolle bei der Entstehung von Arteriosklerose. Dabei sind wiederum Schäden durch reaktive Sauerstoff- und Stickstoffspezies wichtig, die sich im Alter häufen (Abschnitt 6.1).

8.3.1 Psychosoziale Stressoren, individuelle Eigenschaften, soziale Isolation und chronischer Lebensstress sind hoch signifikant mit Herz-Keislauf-Erkrankungen korreliert

Depressionen und Angstzustände sind psychische Erkrankungen, deren Ursachen in Fehlentwicklungen der Objektbeziehungen (Eltern, Geschwister, Spielkameraden) im Kindes- und Jugendalter, in Traumatisierungen (Kapitel 3) und/oder chronischem Lebensstress liegen. Genetische oder erworbene Charaktereigenschaften sind ebenfalls ursächlich an der Entwicklung von Depressionen beteiligt. Dasselbe gilt für die soziale Isolation und den chronischen Lebensstress. Diese psychosozialen Faktoren/Stressoren sind signifikant mit einem erhöhten kardiovaskulären Risiko korreliert, wie überaus zahlreiche und umfangreiche Studien ergeben haben (Rozanski et al. 1999, Deuschle et al. 2002, Joynt et al. 2003) (Abb. 8.11).

In den Studien zur Korrelation zwischen Depression und kardialen Erkrankungen, die alle mehr als 700 Probanden umfassten, lagen die relativen kardialen Risiken je nach Festlegung der depressiven Symptome bis zu 4-5-mal höher als die der Kontrollgruppen. Mehrere Studien berichten außerdem, dass depressive Patienten nach überstandenem Herzinfarkt ein erhöhtes Risiko für neuerliche *Angina pectoris* oder kardialen Tod aufweisen. Umgekehrt wirkt ein Herzinfarkt – ebenso wie andere schwere Erkrankungen – seinerseits auslösend für eine Depression, die sich vor allem in einem Erschöpfungszustand und Energieverlust manifestiert.

Depression ist wiederum oft mit erhöhtem Zigaretten- und Alkoholkonsum korreliert, ebenso mit Bewegungsarmut, ungesunder Ernährung und Diabetes mellitus Typ 2, also mit pathogenen Faktoren, die auch als eigenständige Risikofaktoren für das Herz-Keislauf-System auftreten.

Das signifikant erhöhte **kardiale Risiko bei Depressionen** oder bei **chronisch gestressten Menschen** kann sich aus den Veränderungen mehrerer Herz-Kreislauf-, Stoffwechsel- und Hormonparameter ergeben (Rozanski et al. 1999, Deuschle et al. 2002, Joynt et al. 2003).

- Eine Korrelation mit **Bluthochdruck** (Hypertonie) wird nur in Teilen der untersuchten Stichproben gefunden.
- Eine **erhöhte Cortisol- und *corticotropin-releasing hormone*-(CRH-)Konzentration**, oft gekoppelt mit der Menge an viszeralem Fettgewebe. Veränderungen des Fett- und Cholesterol-(Cholesterin-)Stoffwechsels (Abschnitt 5.2) und Insulinresistenz wurde in mehreren Studien beobachtet.
- Eine Veränderung der **Thrombocytenfunktion** und deren erhöhte Aktivierung durch Adrenalin/Noradrenalin wurde bei Patienten festgestellt, die zugleich an einer koronaren Herzerkrankung wie an Depressionen litten. Dies hat Einfluss auf die Arteriosklerose und Herzinfarktrisiko.
- Eine **Verminderung der Parasympathikusaktivität** und **Herzfrequenzvariabilität** (HFV) wurde bei depressiven Patienten gefunden – verbunden mit einem erhöhten Risiko für gefährliche Arhythmien. Auch der Baroreflexbogen zur Regelung des Blutdrucks ist bei depressiven Personen beeinträchtigt.

Diese Befunde stellen Korrelationen dar, die zunächst nichts über den Kausalzusammenhang aussagen.

Bei den aufgeführten chronischen Veränderungen des Herz-Kreislauf-Systems können plötzliche starke Stressoren, wie traumatische Ereignisse, Verkehrsunfälle oder starke körperliche Anstrengungen zu myokardialem Sauerstoffmangel (Ischämien), kardialen Arhythmien und plötzlichem Herzversagen und Infarkten führen. Starke emotionale Stressoren, die mit hohen Stresshormonkonzentrationen einhergehen, wie etwa ein Raubüberfall, können zu Stresskardiomyopathien führen, die ähnliche Symptome wie bei Herzinfarkt zeigen, aber bald wieder abklingen.

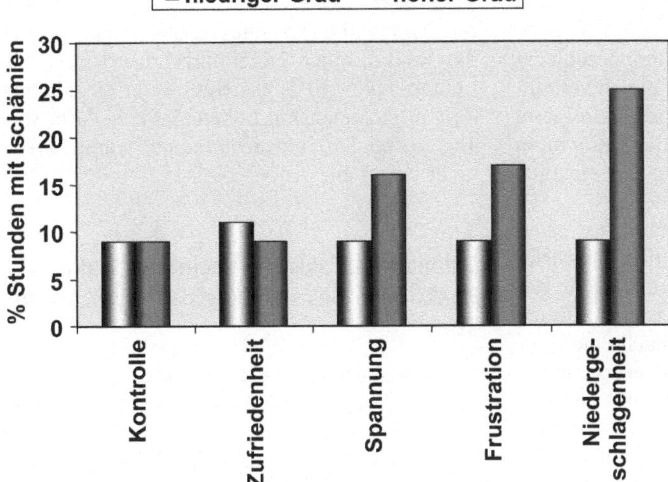

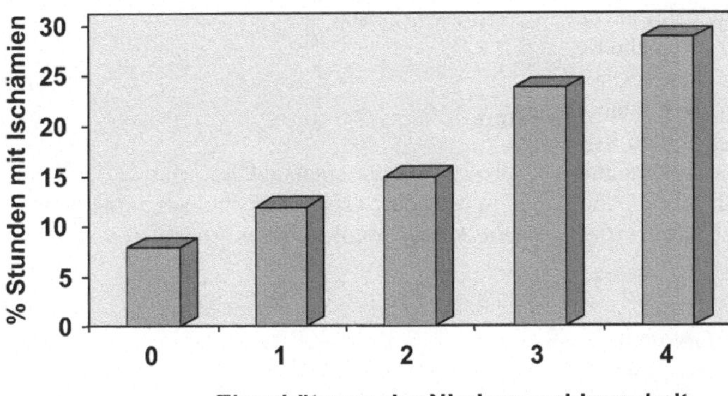

8.11   Emotionen und Ischämie bei Patienten mit Koronarerkrankung. a) Auf der Abszisse sind eine positive Gefühlssituation (Zufriedenheit) und drei negative Gefühlssituationen (Spannung, Frustration und Niedergeschlagenheit) dargestellt – jeweils als starkes Gefühl (rot) oder nicht ausgeprägt (grau) bei 58 Patienten und 2 760 registrierten Stunden. Auf der Ordinate ist Prozent der Stunden mit Ischämien (EKG-Messung) angegeben. b) Grad der Niedergeschlagenheit (Abszisse) und Prozent Stunden mit Ischämien (Ordinate) (nach Gullette et al. 1997).

Chronischer Lebensstress

Arbeitsplatzbezogener Stress ist der am meisten untersuchte chronische Lebensstress. Besonders Arbeiter und Angestellte, die unter hohen Anforderungen, aber niedrigen Entscheidungsmöglichkeiten und geringer Anerkennung arbeiten, haben ein bis zu vierfach höheres Risiko an Herz-Kreislauf-Störungen, wie Arteriosklerose, zu erkranken (Rozanski et al. 1999). Eine neue Studie über den Einfluss von Stress auf das Herzinfarkt-Risiko, die 11 119 Herzinfarktfälle und 13 648 Kontrollen in 52 Ländern ausgewertet hat (INTERHEART-Studie, Rosengren et al. 2004) kommt dabei zu folgenden Ergebnissen:

- Der Risikofaktor **Dauerstress am Arbeitsplatz und in der Familie** erhöht in Westeuropa bei Männern das Herzinfarktrisiko um das 2,3- bis 2,4fache bei Frauen um das 1,1- bzw. 1,9fache.
- Ungünstig auf das Herzinfarktrisiko wirkt sich bei Patienten mit Stress ein **mittleres Alter** (56–64 Jahre), **Rauchen, geringes Einkommen** und **niedrige Bildung** aus.
- **Einschneidende Lebensereignisse** und **finanzielle Belastungen** erhöhen das Herzinfarktrisiko um das 1,5- bzw. 1,3fache, **Depressionen** um das 1,5fache.

Dabei muss man jedoch auch die prozentualen Anteile der Stressoren beachten: permanter Stress am Arbeitsplatz traf beispielsweise für

10 % der Patienten und für 5 % der Kontrollen zu, Depressionen waren bei 24 % der Patienten und 17,6 % der Kontrollen vorhanden. Alle übrigen Risikofaktoren (Rauchen, Alter, Geschlecht u. a.) wurden bei beiden Gruppen gleich verteilt. Aus diesen Studien kann man schlussfolgern, dass die genannten Belastungen Risikofaktoren darstellen, aber bei weitem nicht die einzigen Ursachen für Herzinfarkte sind.

Der Arbeitsplatzstress entsteht fast ausschließlich in den hochtechnisierten Industriestaaten. In den USA leidet etwa die Hälfte der 60 Jahre alten Menschen an Bluthochdruck (> 140/90 mmHg), wobei 25 % nach einer globalen Schätzung durch *job-strain* verursacht ist. Manche der Hochdruckerkrankungen lassen sich erst bei einer Blutdruckmessung über 24 h erfassen, die sich nachts in einem geringeren Druckabfall oder tags durch eine Blutdruckerhöhung am Arbeitsplatz bemerkbar macht (Belkic et al. 2001). Das trifft auch für berufstätige Frauen zu, die zu Hause oft unter der zusätzlichen Belastung erhöhten Blutdruck auch während der Nacht aufweisen (Kario et al. 2002). Manche Berufsgruppen gehen ein besonders hohes Risiko ein, Bluthochdruck zu entwickeln: Berufsfahrer (Belkic et al. 1998), Fluglotsen (Cobb und Rose 1973) oder Fahrer von öffentlichen Verkehrsmitteln in Großstädten (Ragland et al. 1997). Auch Schichtarbeit oder kontinuierlicher Lärm wirken sich auf Bluthochdruck aus (Morikawa et al. 1999, Schwartz et al. 2000). Eine neue Studie des Umweltbundesamtes (2004) zeigte, dass das Risiko, einen Herzinfarkt zu erleiden, bei Männern um 30 % ansteigt, wenn sie längere Zeit in Gebieten mit hohem Verkehrslärm (am Tag > 65 Db) wohnen. Frauen waren davon nicht betroffen.

Individuelle Faktoren beeinflussen die Reaktionen des Herz-Kreislauf-Systems auf Stress

Zu den Faktoren, die den Einfluss von Stress auf das Herz-Kreislauf-System wesentlich mitbestimmen, gehören eine Anzahl von Genen, die individuelle Stressempfindlichkeit, das Geschlecht, ethnische Zugehörigkeit, individuelle Lebensgewohnheiten (Rauchen, Trinken, Essen, Bewegung) und Erkrankungen (Diabetes mellitus, Entzündungen, Bluthochdruck, hohe Cholesterolwerte) (Abb. 8.12).

Gene

Aus Zwillingsstudien und der Analyse der Familiengeschichte ergibt sich eindeutig eine **genetische Komponente** für das Auftreten von Herz-

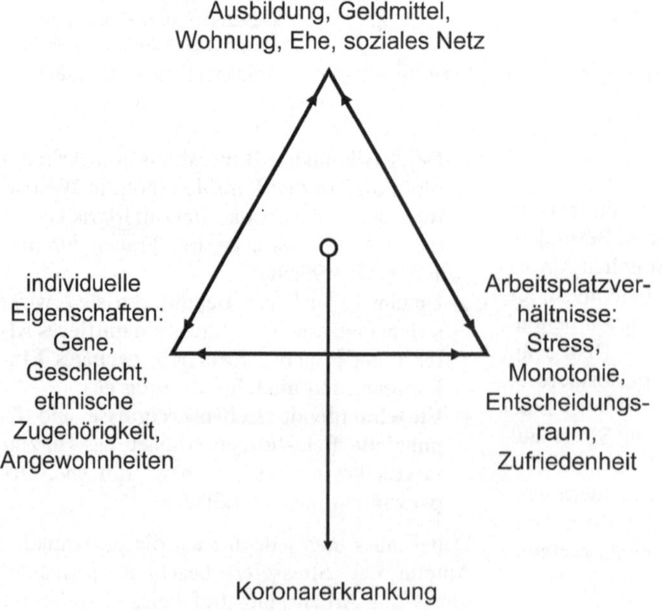

8.12 Individuelle und Umwelt-Faktoren bei Koronarerkrankungen. Individuelle Eigenschaften, sozialer Status und Arbeitsplatzverhältnisse sind drei wichtige Faktorengruppen für Koronarerkrankungen, die sich gegenseitig beeinflussen (nach Werko 1993).

Kreislauf-Erkrankungen (Houlston 1993). Auch die Reaktion des Blutdrucks auf psychischen Stress zeigte in mehreren Studien eine Erblichkeit zwischen 0,40 und 0,60, d. h. eine 40–60 ïge Konkordanz bei eineiigen Zwillingen unter unterschiedlichen Entwicklungsbedingungen (Snieder et al. 2002). In diesem Zusammenhang wird oft die Frage nach der Erblichkeit – und den Risiken – der sog. **„Typ A-Persönlichkeit"** diskutiert. Die Charakteristik von „Typ A" ist ein ständiger Kampf mit realen oder eingebildeten Hindernissen, verursacht durch Ereignisse, Personen oder enge Zeitrahmen („Terminstress"). Typ A-Männer sind häufig ungeduldig, kompetitiv, leicht irritierbar und erregbar, misstrauisch und feindselig. Sie sind oft erfolgreich im Beruf, aber unzufrieden mit sich selbst. Sie versuchen mehrere Dinge gleichzeitig zu tun, sprechen laut und schnell und unterbrechen oft die Sprechansätze von anderen. Man hat solche Eigenschaften schon ab einem Alter von drei Jahren beobachtet, doch ist die Frage, ob sie durch Erziehung erworben oder durch Gene vererbt sind, nach wie vor unklar. Auch die Risiken, an Herz-Kreislauf-Störungen zu erkranken, sind nicht so klar vorhersagbar, wie sie es bei Depressionen und Arbeitsplatzstress sind. Das ist vermutlich auf die große Heterogenität in der Typ A-Klassifizierung und auf zahlreiche weitere Faktoren zurückzuführen, die Herz-Kreislauf-Erkrankungen beeinflussen. Die Häufigkeit des Gefühls **„Ärger"** scheint eine bessere Korrelation mit Bluthochdruck zu ergeben (Rozanski et al. 1999).

Wegen des vermuteten Überwiegens des Sympathikus bei Typ A ist er nach einer anderen Klassifizierung auch als Sympathotoniker zu bezeichnen. Der „B-Typ" entspricht einer „normalen" Balance zwischen Sympathikus und Parasympathikus und steht daher für den weniger stressgefährdeten Menschen, während ein Dritter Typus „C-Typ" als wenig aggressiv, sozial und ängstlich charakterisiert wird, der jedoch nach früheren Anschauungen ein höheres Krebsrisiko aufweisen sollte („Krebspersönlichkeit"). Letzeres hat sich jedoch als nicht signifikant nachweisbar gezeigt (Sampson 2002).

Bei Labortests mit Studenten (kurze freie Rede, arithmetische Aufgaben plus Lärm von 100 dB) unterschieden sich einzelne Individuen deutlich in den Reaktionen der Herzfrequenz. Diese Unterschiede sind offenbar auf eine unterschiedliche Erhöhung des Sympathikuseinflusses, aber auch auf eine Reduktion der Parasym-

pathikusaktivität zurückzuführen (Cacioppo et al. 1998).

Mögliche Genkandidaten für solche persönlichen Unterschiede in der Reaktion auf Stress gibt es viele: etwa Unterschiede in den Genen für β_1- und β_2-adrenerge Rezeptoren, deren Träger unterschiedliche Blutdruckreaktionen auf Stress und bei β_1-Rezeptoren unterschiedliche Pulsfrequenzen in Ruhe aufweisen (Snieder et al. 2002, Ranack et al. 2002). Außerdem werden stressbedingte Herzrisiken durch eine Mutation in einem Gen für einen energieabhängigen K^+-Kanal (HERG) in Herzmuskelzellen begünstigt (Abschnitt 8.3.5).

Neben den Genen, die an der Kontrolle der Herzleistung beteiligt sind, sind es vor allem Gene, die die Leistungen der Niere bei der Na^+-Retention und der damit verbundenen Blutvolumenänderungen kontrollieren. Das sind Gene, die am sog. RAAS-System (Abschnitt 5.4), beteiligt sind, wie etwa an der Aktivität von Renin, der Aldosteron-Synthese und an der Synthese von *angiotensin converting enzyme* (ACE) sowie Gene, deren Proteine im Endothelsystem wirksam sind, wie das Gen für Endothelin-1, seine Rezeptoren und die Gene für die NO-Synthasen (Abschnitt 5.1) (Snieder et al. 2002).

Zum Teil sind diese Vermutungen durch Tierversuche, vor allem an Ratten und Mäusen, bestätigt worden, die spontan, durch Züchtung oder genetische Manipulation, Unterschiede in der Stressreaktion des Herz-Kreislauf-Systems zeigen oder permanent Bluthochdruck aufweisen. Interessant ist, dass bei verschiedenen Rattenstämmen unterschiedliches Verhalten bei Stress beobachtet und als *active coping* und *passive coping* bezeichnet wurde. Eine aktive Verarbeitung unter Umweltstressoren beinhaltet Verteidigungs- und Fluchtbereitschaft, eine gewisse unflexible Stereotypie des Verhaltens verbunden mit einer Erhöhung der Adrenalin/Noradrenalinkonzentration, des Blutdrucks und der Pulsrate. Eine passive Verarbeitung dagegen ist charakterisiert durch Immobilität (*freezing*, Totstellen), geringe Verteidigungs- und Fluchtbereitschaft aber höhere Flexibilität in der Anpassung an den Stressor, verbunden mit erniedrigter Adrenalin/Noradrenalinkonzentration und Pulsrate. Auch hierfür wird, wie bei der Typisierung des Menschen, ein Überwiegen entweder des Sympathikus oder des Parasympathikus angenommen. Bei dem aktiven Verhalten vermutet man eine dominierende Rolle von CRH im ZNS, bei passivem Verhalten dagegen eine dominierende Rolle von AVP. Insgesamt werden unterschiedliche Netzwerke im ZNS für die beiden Verhaltensstrategien aktiviert (Bohus und Kohlhaas 1993).

Geschlecht

Frauen erkranken weniger häufig an Herz-Kreislauf-Störungen als Männer. Je nach Ethnie und Lebensstil sind die Herz-Kreislauf-Erkrankungen bei Männern 2- bis 3,5fach häufiger (Houlston 1993). Die Ursachen dafür sind vielfältig. Frauen sind möglicherweise aufgrund der Hormonverhältnisse (Schutzwirkung von Prolaktin und Östrogen) weniger aggressiv und stärker vor psychosozialem Stress geschützt. Hinzu kommen Lifestyle-Stressoren, wie Rauchen, Alkoholkonsum sowie der Arbeitsplatzstress, die bei Frauen weniger zum Zuge kommen – was sich aber in letzter Zeit in einigen Punkten ändert. Außerdem wurde bei Frauen ein höherer Gehalt an NO – einem gefäßerweiternden Molekül – beschrieben (Hartig und Lemmer 2003), der die Gefahr von Blutdruckerhöhungen vermindert.

Lifestyle-Stressoren

Unter den oben schon genannten Lifestyle-Stressoren – **Rauchen, hoher Alkoholkonsum, Übergewicht, Bewegungsarmut**, ernährungsbedingter **hoher Cholesterolgehalt des Blutes, Diabetes** u. a. –, die teilweise mit psychosozialen Stressoren und Depressionen gekoppelt sind – ist Rauchen einer der zentralen Risikofaktoren für Herz-Kreislauf-Erkrankungen. Die hochsignifikante Korrelation zwischen Rauchen, Bluthochdruck, Arteriosklerose und Herzinfarkt ist lange bekannt. Die Mechanismen die dazu führen, sind es allerdings weniger.

Ein Mechanismus liegt anscheinend in der Erzeugung von reaktiven Sauerstoff- und Stickstoffspezies (ROS/RNS, Abschnitt 6.1), die die Dysfunktionen des Endothels verursachen könnten (Burken und Fitzgerald 2003).

Rauchen verursacht neben der endothelialen Dysfunktion eine Erniedrigung von HDL (*high density lipoprotein cholesterol*) und eine Erhöhung der Thrombocytenaktivität. Es unterstützt also wesentliche Faktoren, die zu Arteriosklerose führen. Rauchen verstärkt darüber hinaus weitere Risikofaktoren wie die erhöhten Mengen an

Fibrinogen, Homocystein, hochempfindlichen (*high sensitivity*) C-reaktivem Protein (hsCRP), erhöht die Insulinresistenz und vermindert die schützenden Wirkungen von Statinen und Antioxidantien (Tsiara et al.2003).

Ein wichtiger Weg zu Herz-Kreislauf-Erkrankungen durch Rauchen scheint über den Arylhydrocarbonrezeptor (AhR) zu verlaufen, der auch als Dioxinrezeptor bekannt ist und der durch aromatische Kohlenwasserstoffe im Zigarettenrauch aktiviert wird (Savouret et al. 2003).

Diabetes mellitus

Ein wesentlicher Risikofaktor für Arteriosklerose und Herzinfarkt ist Diabetes mellitus Typ 2. Diese Erkrankung führt bei Männern zu einem 2-4fachen jährlichen Risiko, bei Frauen zu einem 3-5fachen Risiko von Herz-Kreislauf-Erkrankungen. Dabei spielen eine Gruppe von kürzlich entdeckten Molekülen eine wichtige Rolle, die bei Diabetikern vermehrt gebildet werden. Eines davon ist Carboxymethyllysin (CML), das Entzündungsprozesse induziert und so die Arteriosklerose fördert (Abschnitt 8.4).

8.3.2 Psychosoziale Stressoren wirken über das neuroendokrine System auf Herz und Kreislauf

Wie in Abschnitt 5.1 dargestellt, wirken zahlreiche Stressoren über das sympathische Nervensystem und das Nebennierenmark (die SAM-Achse) auf Herz und Kreislauf ein und erhöhen den Blutdruck. Die Blutdruckerhöhung kommt auf mehrere Weise zustande: a) durch Erhöhung der Pumpleistung des Herzens und b) durch Erhöhung des Blutvolumens im arteriellen Hochdrucksystem über Verengung des Niederdrucksystems (Venen) und Erhöhung der Na^+- und Wasserretention in der Niere. Bei Dauerstress oder wiederholtem Stress resultiert oft eine permanente Blutdruckerhöhung (Hypertonie), die wiederum über Schädigung des Endothels zu Arteriosklerose führen kann. Beide Störungen sind Ursachen für eine Hypertrophie und O_2-Unterversorgung (Ischämie) des Herzens und Herzinfarkt.

Die Signale, die eine vorübergehende oder permanente Erhöhung des Blutdrucks herbeiführen, sind überaus zahlreich. Man kann dabei

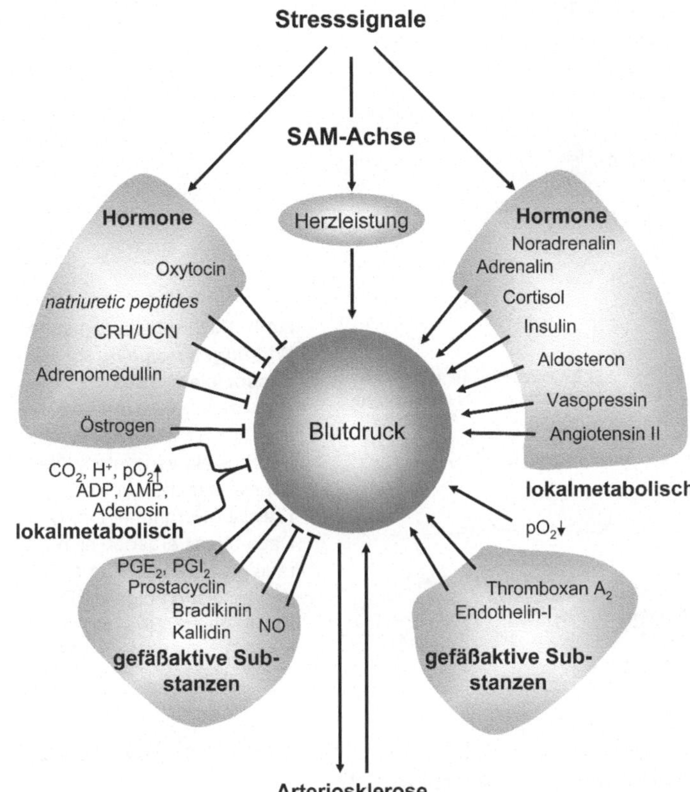

8.13 Faktoren, die den Blutdruck transient oder permanent erhöhen oder erniedrigen. Die Blutdruckfaktoren sind in Hormone, lokalmetabolische und gefäßaktive Substanzen unterteilt. CRH – *corticotropin relasing hormone*, PGE$_2$, PGI$_2$ – Prostaglandin E$_2$, I$_2$, NO – Stickstoffmonoxid, UCN – Urocortin, UP(4)A – Uridinadenosintetraphosphat.

mehrere Klassen von Signalen unterscheiden: Hormone, gefäßaktive Substanzen und lokalmetabolische Faktoren. Dasselbe gilt für die Signale, die den Blutdruck senken (Abb. 8.13). Entscheidend für den jeweiligen Blutdruck ist daher das Verhältnis dieser positiv oder negativ wirkenden Signale sowie die mechanischen Eigenschaften der Blutgefäßwand. Von diesen zahlreichen Signalen sollen hier nur einige genauer vorgestellt werden.

Sympathikus, Noradrenalin/Adrenalin (SAM-Achse, Abschnitt 5.1)

Eine **erhöhte Aktivität der SAM-Achse** bei Dauerstress ist seit langem bekannt und in vielen Studien sowohl an Ratten, Affen und am Menschen beobachtet worden. Dass diese erhöhte Aktivität zu Bluthochdruck und Arteriosklerose und anderen Schäden des Herz-Kreislauf-Systems führt, ist ebenfalls vielfach gezeigt worden. Beispielsweise wurden Makaken-Affen psychosozialem Dauerstress ausgesetzt, indem die

Gruppen oft durchmischt wurden und sich somit die soziale Hierarchie ständig veränderte. Die dauerhaft gestressten Affen zeigten nach zwei Jahren signifikant erhöhte Blutdruck- und Herzfrequenzwerte sowie koronare Arteriosklerose. Eine Vergleichsgruppe, die einen Betablocker (Propranolol) erhielt, aber unter den gleichen instabilen Hierarchieverhältnissen gehalten wurde, entwickelten diese Herz-Kreislauf-Störungen nicht (Kaplan et al. 1991). Auch die bei erhöhtem Stress beobachteten Läsionen des Endothels konnten durch Betablocker verhindert werden – was ebenfalls die Rolle von Adrenalin/Noradrenalin bei diesen Schäden verdeutlicht. Vor allem werden durch diese Hormone/Neurotransmitter offenbar auch die Entspannungsmechanismen des Endothels für die glatte Muskulatur der Koronargefäße gestört (Knox 2001) (Abb. 8.14).

Thrombocyten weisen α- und β-Adrenorezeptoren auf und werden von erhöhten Adrenalinkonzentrationen zu erhöhter Aggregation und Anlagerung an die subendotheliale Schicht angeregt, wenn das Endothel Schäden aufweist. Sie schütten chemotaktische und mitogene Fak-

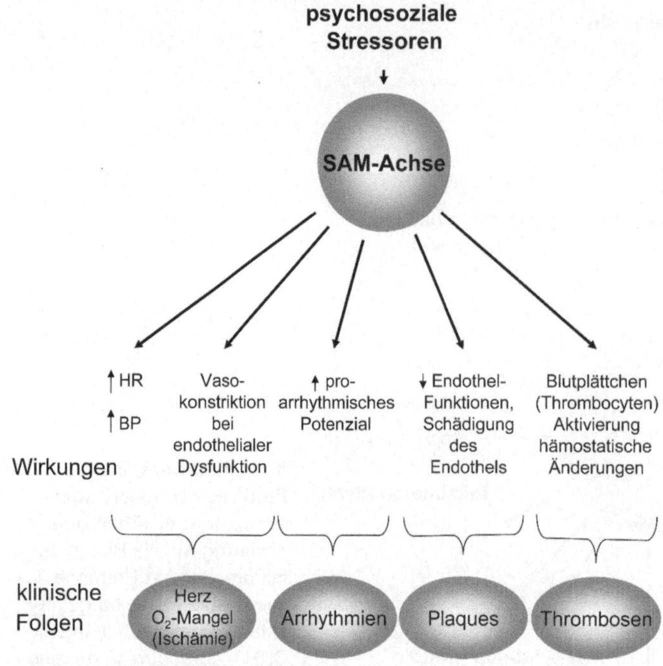

8.14 Pathophysiologische Wirkungen von akutem psychosozialem Stress. Psychosoziale Stressoren wirken über die SAM-Achse (sympathisches Nervensystem, Nebennierenmark) auf Herz-Kreislauf-Parameter ein. Bei Dauerstress ergeben sich daraus gravierende Störungen und klinische Folgen. HR – Pulsfrequenz, BP – Blutdruck (nach Rozanski et al. 1999).

toren aus, die die Proliferation von Gefäßzellen fördern. Sie stimulieren außerdem die Aufnahme von Lipoproteinen durch Makrophagen (Anfossi und Tovati 1996).

Insgesamt verursacht die durch Dauerstress erhöhte Aktivität der SAM-Achse und die dadurch erzeugte höhere Belastung von Herz und Arterien Schäden in den Endothelien und glatten Muskelzellen. Unter diesen Schäden sind auch solche, die durch ROS/RNS induziert worden sind und zur Apoptose von Zellen führen können.

Diese Wirkung von Adrenalin/Noradrenalin auf Herztätigkeit und Blutdruck wird durch Opioide (Enkephaline, Dynorphine, Endorphine) gehemmt, möglicherweise über die Hemmung der CRH-Neurone im Hypothalamus (Frantz und Liang 1991).

Beim Menschen gibt es eine inverse Korrelation zwischen Qualität der sozialen Kontakte und dem Gehalt von Adrenalin im Urin und zwischen dem Grad der sozialen Unterstützung und der Herzfrequenz in Ruhe. Typ A-Persönlichkeiten mit Eigenschaften wie Feindseligkeit, Ärger und Misstrauen weisen häufiger eine Überempfindlichkeit des sympathischen Nervensystems und eine Blutdruckerhöhung auf (Rozanski et al. 1999).

CRH, Urocortine und Cortisol (HPA-Achse, Abschnitt 5.2)

Depression und psychosoziale Dauerbelastungen führen oft zu erhöhten CRH- und Cortisolkonzentrationen beim Menschen (Rozanski et al. 1999), aber auch bei Tieren (Sapolsky et al. 1997). Es gibt jedoch auch Fälle, in denen das Gegenteil eintritt. So zeigen erwachsene Personen mit posttraumatischer Stressstörung (PTSD) eine erhöhte Empfindlichkeit der Glucocorticoidrezeptoren in der negativen Rückkopplungsschleife und eine erniedrigte Cortisolkonzentration im Blut – während Kinder mit diesem Trauma erhöhte Werte von Cortisol aufweisen (Vanitallie 2002).

CRH und Urocortine sowie Cortisol haben deutliche Wirkungen auf Herz und Kreislauf. CRH und die auch im Herzen produzierten verwandten Urocortine wirken nicht nur über die nervöse Kontrolle der Herztätigkeit, sondern haben auch einen direkten Einfluss auf Herz und Kreislauf. Sie binden an CRH/Urocortinrezeptoren des CRH-R2β-Typs und bewirken eine **Verminderung des Blutdrucks** durch Vasodilatation sowie eine erhöhte Produktion von *atrial natriuretic peptide* (ANP), das ebenfalls blutdruckmindernd wirkt. Auf der anderen Seite verstärken sie die Kontraktionskraft des Herzens und die Hypertrophie der Myocyten. Anscheinend machen sie Herzzellen auch resistenter gegen Sauerstoffmangel (Ischämie), schützen also Herz und Kreislauf vor hohen Belastungen. In Tiermodellen fand man nach psychischen Stressoren, nach Endotoxingabe (z. B. LPS, Kapitel 7) oder Injektion von Stresshormonen und Entzündungscytokinen eine Verminderung (*down regulation*) des CRH-R2-Rezeptors (Coste et al. 2002).

Welche Rolle die erhöhte Cortisolkonzentration bei dem unter Dauerstress sich oft entwickelnden Bluthochdruck und bei der Arteriosklerose spielt, ist noch nicht klar. Die Cortisolwirkungen bei akutem Stress sind in Abschnitt 5.2 zusammengefasst, die Wirkungen bei Langzeitstress sind aufgrund der zahlreichen Rückkopplungsschleifen und anderer Anpassungsprozesse, wie Verringerung der Rezeptormenge dagegen schwerer zu analysieren. Einerseits unterstützt Cortisol die Wirkungen von Adrenalin/Noradrenalin über die Aktivierung von Adrenorezeptoren (permissive Wirkung), andererseits wirkt Cortisol als entzündungs- und proliferationshemmendes Hormon und hemmt damit auch die Arteriosklerose, die u. a. durch Proliferation von Makrophagen und anderen Zellen in der Gefäßwand charakterisiert ist. Der hemmende Effekt wird anscheinend dadurch verursacht, dass Cortisol über seinen Rezeptor das Wachstum von Makrophagen hemmt. Dieses wird angeregt über oxidiertes LDL und dessen positive Wirkung auf den Faktor (GM-CSF), der die Produktion von Granulocyten/Makrophagen stimuliert (Sakai et al. 1999). Auch die allgemeine negative Wirkung von Cortisol auf den Transkriptionsfaktor AP-1 kann bei der Hemmung eine Rolle spielen.

Interessanterweise fand man jedoch, dass in Kulturen von Zellen aus menschlichen Gefäßläsionen dieser hemmende Effekt von Cortisol auf die Proliferation von glatten Muskelzellen nicht mehr vorhanden war, offenbar weil der Cortisolrezeptor und HSP90 in dem geschädigten Endothel nicht mehr exprimiert wurden (Bray et al. 1999). Das heißt, dass in dysfunktionalen Endothelzellen andere Bedingungen herrschen, als in den intakten Endothelzellen, und dass daher auch andere Funktionen, wie die hemmende Wirkung von Cortisol auf den LDL-Rezeptor, bei Dauerstress und geschädigten Zellen nicht mehr vorhanden ist. Cortisol kann somit bei Dauerstress seinen hemmenden Einfluss auf die stressinduzierte Entzündungsreaktion und Proliferation in den Gefäßwänden bei vorgeschädigten Endothelzellen verlieren.

8.3.3 Sind Stickstoffmonoxid (NO) und Endothelin-1 (ET-1) das Yin und Yang der Vasomotorik?

NO und Endothelin-1 sind die wichtigsten Protagonisten der endothelabhängigen Dilatations- bzw. Konstriktionsfaktoren, die den Tonus der Arterien und der Koronargefäße regulieren. Eine Störung dieser Balance zwischen NO und ET-1 ist wahrscheinlich ein wichtiger Faktor bei der Entstehung von Bluthochdruck und Arteriosklerose. Beide Signalsubstanzen beeinflussen sich auch gegenseitig. NO hemmt die ET-1-Synthese in mehreren Zelltypen, während ET-1 über seinen ET_B-Rezeptor in den Endothelzellen die NO-Produktion stimuliert, über seinen ET_A-Rezeptor sie in den glatten Muskelzellen jedoch inhibiert (Rossi et al. 2001).

NO-Synthese und Funktion

Von den verschiedenen **NO-Synthasen** ist die endotheliale (eNOS) hier besonders wichtig. Der prinzipielle Prozess der NO-Synthese, die Aktivierung der Guanylylcyclase durch NO und die Entspannung der glatten Muskelzellen sind in Abschnitt 5.1 zusammengefasst. Die NO-Produktion in den Endothelzellen wird dabei auch über Adrenalin/Noradrenalinbindungen an β_2-Adrenorezeptoren stimuliert. Die Guanylylcyclase produziert dabei cGMP, das die G-Kinase (PKG) aktiviert und über Aktivierung von Calciumpumpen die glatten Muskelzellen entspannt. Diese Entspannung ist unabhängig von derjenigen durch cAMP, die nichtendothelial, aber ebenfalls durch β-Adrenorezeptoren vermittelt wird und die offenbar mit dem Alter abnimmt.

eNOS besteht aus zwei identischen Proteinen, die einen Dimer bilden sowie jeweils an ihren C-terminalen Enden eine Reduktase- und an ihren N-terminalen Enden eine Oxidasefunktion aufweisen. An der Oxidasedomäne gibt es jeweils Bindungsregionen für Calcium, Calmodulin, Häm und Tetrahydropterin (BH_4). Auf der einen Seite bewirkt eNOS über NO eine **Gefäßerweiterung**, beispielsweise bei Erhöhung des Blutdrucks durch Stresshormone – unter anderem in Gehirn-, Koronar- und Nierengefäßen. Außerdem hemmt es die Proliferation von glatten Muskelzellen, verhindert die Adhäsion von Monocyten an das Endothel und die Aggregation von Thrombocyten sowie die Permeabilität des Endothels für Makromoleküle und Lipoproteine. Außerdem **hemmt NO** offenbar die **Aktivierung von** *nuclear factor κB* (NFκB), der wiederum Gene stimuliert, die proinflammatorisch und Arteriosklerose-fördernd wirken: die Adhäsionsmoleküle *vascular cell adhesion molecule 1* (VCAM-1), *intercellular adhesion molecule 1* (ICAM-1), *monocyte chemoattractant protein 1* (MCP-1), E-Selectin und die Cytokine IL-6 und IL-8. Schließlich **hemmt NO** die **ET-1-Synthese**. Auf diese Weise wirkt eNOS einer Arteriosklerose entgegen, was sich auch davon ableiten lässt, dass Zufuhr von Arginin, dem Substrat von eNOS bei Tieren die Arteriosklerose verlangsamt. Auch Cortisol unterdrückt proinflammatorische Prozesse, indem es die Expression der Adhäsionsmoleküle hemmt (Cronstein et al. 1992).

Auf der anderen Seite kann eNOS bei niedrigen intrazellulären Konzentrationen von BH_4 und hohem Lipidgehalt im Blut und anderen Risikofaktoren eine große Anzahl von Superoxidanionradikalen ($\cdot O_2^-$) und Peroxinitrit bilden, das die Arteriosklerose fördert (Rossi et al. 2001).

Endothelin-1 – Synthese und Funktion

Endothelin-1 ist ein Protein aus 21 Aminosäuren, das aus einem Vorläufermolekül (*big* ET-1) durch eine spezifische Protease (ET-1 *converting enzyme*, ECE) abgespalten wird. Über den ET_A-Rezeptor wirkt ET-1 **gefäßverengend**. ET-1 **stimuliert** über den ET_A-Rezeptor und die daran gekoppelte Aktivierung der Proteinkinase C und des Tyrosinkinasesignalwegs sowie der *mitogen activated protein kinase* (MAPK) außerdem die **DNA-Synthese** und damit die **Proliferation** von Gefäßzellen. Diese Aktivierung ist offenbar mit der Freisetzung von ROS über die NAD(P)H-Oxidase gekoppelt. Insgesamt verringert Endothelin-1 die Elastizität der Gefäßwände und **fördert die Arteriosklerose** (Wang und Fitch 2004).

Exkurs 8.1: Regulation der Genexpression von eNOS und ET-1

Die Regulation der eNOS- und ppET-1-Gene ist äußerst komplex und umfasst sowohl gleiche wie unterschiedliche Signale (Abb. 8.15).

Die Genexpression von eNOS wird durch zahlreiche Signale stimuliert: durch laminaren und cyclischen Scherstress, durch O_2-Mangel, Östrogene, niedrige Konzentrationen von LDL, durch H_2O_2, *natriuretic peptides* (ANP, BNP), Adrenomedullin (ADM), *basic fibroblast growth factor* (bFGF), Insulin, *vascular endothelial growth factor* (VEGF), *transformig growth factor β* (TGF-β) und Lysophosphatidylcholin (LPC). LPC ist eine Hauptkomponente von oxidiertem LDL, das in niedrigen Konzentrationen fördernd, in hohen Konzentrationen hemmend wirkt. Außerdem wirken Histamin, Bradykinin, Thrombin, ATP und Calciumionophore stimulierend.

In der Promotorsequenz des eNOS-Gens wurden Bindungselemente *sterol regulatory element* (SRE), *cAMP-response element* (CRE), für TGF-β und AP-1- bzw. AP-2-Transkriptionsfaktoren gefunden.

Die Expression des ppET-1-Gens wird ebenfalls vielfältig reguliert. Es wird stimuliert durch laminaren Scherstress, durch TGF-β und O_2-Mangel, aber zum anderen auch durch Angiotensin-II (AT-1-Rezeptor), Katecholamine, Vasopressin, Thrombin, Insulin und LDL. Im Promotor von ppET-1 sind ebenfalls AP-1-Bindungsorte, andererseits GATA- und CAAT-Sequenzen zu finden.

Insgesamt ist die Regulation von beiden Genen komplex, wie die Abbildungen zeigen. Sie ähneln in ihrer Komplexität derjenigen der MAPK-Signalkaskaden (Abschnitt 6.8), die auch in der Aktivierung von beiden Genen involviert sind. Wir haben es daher wiederum mit einem Netzwerk von Interaktionen zu tun, dessen Resultat die jeweils der Situation entsprechende Synthese beider Proteine ist. Eine andauernde Störung dieses Netzwerks zugunsten eines Faktors kann längerfristig zu einer Dysbalance und zur Arteriosklerose führen.

An dieser Stelle sei darauf hingewiesen, dass das Netzwerk der entspannenden Signale weitere Komponenten enthält, wie das vom Endothel produzierte Prostacyclin und andere dort erzeugte Faktoren wie *endothelium-derived hyperpolarizing factor*, EDHF, die K$^+$-Kanäle von glatten Muskel- und Endothelzellen öffnen, beide Zelltypen hyperpolarisieren, dadurch den Calciumeinstrom in die glatten Muskelzellen verhindern und diese so zur Entspannung bringen (Busse et al. 2002). Calciumkanäle, Cl$^-$- und K$^+$-Kanäle (z. B. *G-protein-activated inwardly rectifying K$^+$ channels*, BIRK/Kir2.) und ihre Kontrolle über Hormone spielen daher eine zentrale Rolle als Effektoren bei der Dilatation bzw. Konstriktion von Gefäßen (Nilius und Droogmans 2001).

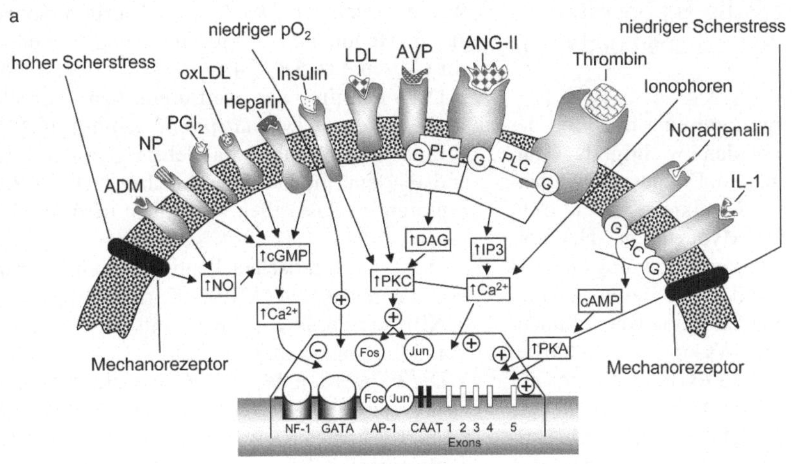

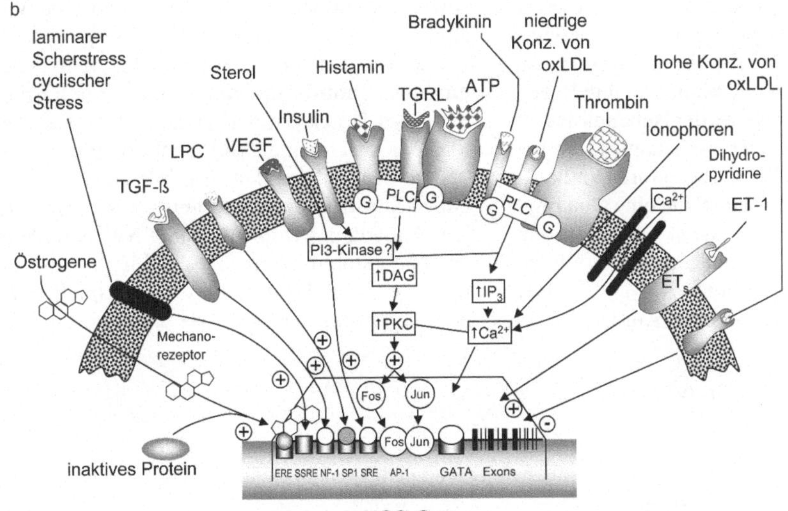

8.15 ET-1 und eNOS-Expression. Faktoren, die die Expression des Gens für Endothelin-1 (ppET-1) (a) und Faktoren, die die Expression der endothelialen Stickstoffmonoxidsynthase (eNOS) (b) beeinflussen. a) Faktoren, die den Phospholipase-C (PLC)- und den Proteinkinase-C (PKC)-Weg benutzen: *low density lipoprotein* (LDL), Arginin-Vasopressin (AVP), Angiotensin-II (ANG-II), Insulin und Thrombin aktivieren die Transkriptionsfaktoren Fos/Jun (*activator protein 1*, AP-1). Adrenomedullin (ADM), natriuretische Peptide (ANP, BNP), Prostacyclin (PGI2), oxidiertes LDL (oxLDL) und Heparin unterdrücken die ppET-1-Genexpression durch Erhöhung der cyclischen Guanosinmonophosphat (cGMP)-Konzentration. Noradrenalin und Interleukin-1 wirken dagegen positiv über die Erhöhung von cyclischem Adenosinmonophosphat (cAMP) und Aktivierung der davon abhängigen Kinase (PKA). Das ppET-Gen mit seinen regulatorischen Sequenzen und Exons ist in a unten dargestellt.
b) Faktoren, die den PLC/PKC-Signalweg benutzen, sind Insulin, Histamin, triglyceridreiche Lipoproteine (TGRL), ATP, Bradykinin, niedrige Konzentrationen von oxLDL sowie Thrombin. Sie erhöhen die eNOS-Genexpression über die Aktivierung von AP-1 (niedrige oxLDL-Konzentrationen stimulieren, hohe hemmen die Expression). Endothelin kann über seinen ETβ-Rezeptor ebenfalls positiv auf die Expression wirken, ebenso wie Ca²⁺-Ionophore, Ca²⁺-Kanal-Öffnung, *transforming growth factor β* (TGF-β), Lysophosphatidylcholin (LPC), ein Bestandteil von oxLDL, und *vascular endothelial growth factor* (VEGF). Das eNOS-Gen mit seinen regulatorischen Sequenzen und Exons ist in b unten dargestellt (nach Rossi et al. 2001).

8.3.4 Das natriuretische Peptidsystem regelt primär das Blutvolumen und damit auch den Blutdruck

Für landlebende Wirbeltiere einschließlich des Menschen ist es entscheidend wichtig, das Blutvolumen konstant zu halten. Das geschieht einerseits über neuronale Regelkreise über Dehnungsrezeptoren in den Myocyten der Herzvorhöfe (Atrien), die bei stärkerer Dehnung über das Gehirn den Parasympathikus aktivieren, der wiederum die Synthese und Sekretion von volumensteigernden Hormonen (Vasopressin, Aldosteron) hemmt. Parallel dazu existiert ein hormoneller Regelkreis, der im Prinzip das gleiche bewirkt. Bei erhöhtem Blutvolumen und Aktivierung der Dehnungsrezeptoren werden von den Herzarterien (und in geringerem Umfang von den Ventrikeln) natriuretische Peptide sezerniert, *atrial natriuretic peptide* (ANP) und *type B natriuretic peptide* (BNP). Diese werden mit dem Blut transportiert und binden an ihre Rezeptoren vor allem in der Niere, der Nebennierenrinde (Zona glomerulosa), Hypothalamus, Cerebellum und im Herzen. Diese Rezeptoren enthalten auf ihrer cytoplasmatischen Seite eine Guanylylcylase, die als *second messenger* cGMP produziert. Die Wirkung zielt auf eine Blutvolumenverringerung, d. h. auf erhöhte Na^+ und Wasserausscheidung und verminderte Aufnahme von Wasser (weniger Durst) und Natrium sowie auf die Hemmung von Aldosteron und Vasopressin (Abschnitte 5.3, 5.4).

Die Familie der natriuretischen Peptide schließt den C-Typ *natriuretic peptide* (CNP) ein, der hauptsächlich im Gehirn gebildet wird und als Neuromodulator wirkt, aber auch auf Rezeptoren in fast allen Geweben trifft (Takei 1999).

Diese natriuretischen Peptide bestehen beim Menschen aus 28 (ANP), 32 (BNP) bzw. 22 (CNP) Aminosäuren, die jeweils aus längeren Vorstufen abgespalten werden.

Die Expression des ANP-Gens wird über eine Reihe von regulatorischen Sequenzen auf dem Promotor kontrolliert: so durch ein Glucocorticoidelement (GRE), ein AP-1-Element, ein auf a_1-adrenerge Stimulation reagierendes Element sowie eine prostaglandinreaktive und eine Vitamin D-reaktive Sequenz (Takai 1999).

Die Wirkung von ANP besteht vor allem in der direkten **Stimulierung der Diurese** durch Erhöhung des Drucks in den glomerulären Kapillaren. Das geschieht durch Erschlaffung der Muskeln in den zuführenden Arteriolen und Anspannung (Konstriktion) in den abführenden Arteriolen. Außerdem **hemmt ANP die Na^+ Kanäle** in den Nierentubuli (Abb. 8.16). Schließlich beeinflusst es die hormonellen Gegenspieler. Es hemmt sowohl die AVP- wie die Aldosteronse-

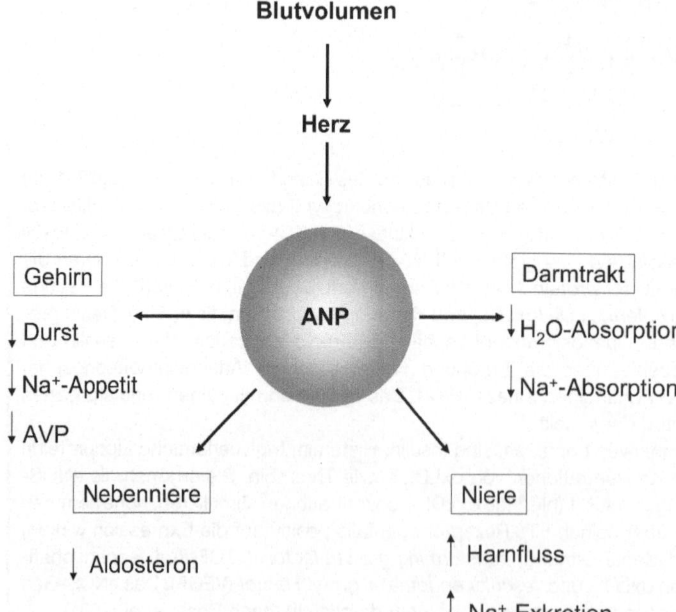

8.16 Wirkungen von ANP (*atrial natiuretic peptide*). ANP wirkt auf verschiedene Organe im Sinne einer Verringerung das Blutvolumens und des Blutdrucks; AVP – Arginin-Vasopressin. (nach Takei 1999).

kretion, anscheinend aber auch die ACTH-Abgabe. Er hemmt darüber hinaus den Durst und die Aufnahme von Wasser und Natrium aus dem Darm.

8.3.5 Zelluläre und molekulare Mechanismen der Arteriosklerose

Arteriosklerose ist durch eine Akkumulation von Lipiden und fibrillären Strukturen in den großen Arterien charakterisiert und ist einer der wichtigsten Verursacher von Herz-Kreislauf-Erkrankungen. Als Bedingung für die Entstehung von Arteriosklerose galt lange Zeit die **Lipid** (**LDL**, *low density lipoprotein*)-Hypothese, die als wesentliche Ursache für Arteriosklerose zu hohe LDL-Werte annahm. Das hat sich in vielen Fällen auch als zutreffend herausgestellt, doch wurden in den letzten 10 Jahren auch **Entzündungsprozesse in der Gefäßwand** als entscheidend wichtig erkannt (Libby 2002). Damit gekoppelt ist eine höhere Produktion von ROS. Die Bedeutung des **Blutdrucks** geht eindeutig aus vielen epidemiologischen Untersuchungen sowie experimentellen und klinischen Studien hervor.

Die Lipidkomponente

LDL-Cholesterol trägt in vielen Fällen zur Arteriosklerose bei und ist ein wichtiger permissiver Faktor. Jedoch treten die meisten Fälle von Arteriosklerose bei Personen mit durchschnittlichem LDL-Gehalt auf. Wie kürzlich berichtet, scheint die Größe der LDL-Partikel eine Rolle zu spielen: Große Proteinpartikel sind anscheinend weniger gefährlich (Vakkilainen et al. 2003) als kleine, die leichter oxidiert werden und in die Gefäßwände eindringen können. Solche kleineren LDL-Partikel wurden bei Adipösen gefunden, die auch geringere Mengen an HDL (*high density lipoprotein*) aufweisen, während Hundertjährige oft große LDL Partikel besitzen. HDL spielen offenbar eine wichtige Rolle im reversen Cholesteroltransport von den Arterien zur Leber und zu peripheren Geweben. Oxidiertes LDL(oxLDL) dringt in die Gefäßwand ein und spielt bei der Entstehung von Arteriosklerose über die Aktivierung von Makrophagen und T-Lymphocyten eine wichtige Rolle (Libby 2002). oxLDL stimuliert auch die Proliferation von glatten Muskelzellen in der Gefäßwand

über eine Aktivierung der Phosphatidylinositol-3-Kinase (PI3K), über Akt und über *extracellular regulated protein kinases* (ERK1/2). Östrogen in einer bestimmten Menge scheint die Oxidation von LDL zu reduzieren (Wakatsuki et al. 2003).

Inhibitoren (sog. **Statine**) von Hydroxymethylglutarylcoenzym A, einem wichtigen Faktor in der Cholesterolsynthese, haben sich in vielen Fällen als wirksam gegen Arteriosklerose erwiesen. Auch Östrogen wirkt auf den Lipoproteinstoffwechsel im Sinne eines antiarteriosklerotischen Effekts (Seed und Knopp 2004) – obschon manche Fragen bezüglich der Hormonersatztherapie bei Frauen nach der Menopause und der Wirksamkeit gegen Arteriosklerose noch offen sind.

Die Entzündungskomponente

Aus inzwischen überwältigender Evidenz ist klar geworden, dass **Entzündungsprozesse** in der Gefäßwand eine entscheidende Rolle bei der Entstehung der Arteriosklerose spielen. Welche Faktoren diese Prozesse initiieren, ist noch nicht genau bekannt, andauernde psychosoziale Stressoren sind daran offenbar beteiligt. Diese bewirken die Ausschüttung von Stresshormonen (Kapitel 5) wie Adrenalin/Noradrenalin, Cortisol, Glucagon, Angiotensin-II und Endothelin-1, die den Blutdruck erhöhen, die Endothelzellen längerfristig schädigen und sie zur Expression von Adhäsionsmolekülen (*vascular cell adhesion molecules*, VCAM, und E- und P-Selectinen) aktivieren. Diese Adhäsionsmoleküle binden inflammatorische Zellen, wie Monocyten und T-Zellen (Black und Garbutt 2002).

Die Monocyten durchqueren das Endothel und wandern in die darunter liegende Schicht (Intima), auch aufgrund der Tatsache, dass dort ein chemotaktischer Gradient aufgebaut wurde, etwa von MCP-1 (*monocyte chemoattractant protein 1*), der an einen Monocytenrezeptor bindet (Abb. 8.17). Die bei entzündlichen Prozessen gebildeten Wachstumsfaktoren *macrophage colony stimulating factor (M-CSF), granulocyte, macrophage colony stimulating factor (GM-CSF)* fördern das Wachstum der Monocyten. Die Synthese dieser Wachstumsfaktoren wird durch Cortisol gehemmt (Sakai et al. 1999).

Die Monocyten entwickeln sich in der Gefäßwandintima zu Makrophagen, die modifizierte (z.B. oxidierte) und internalisierte Lipopro-

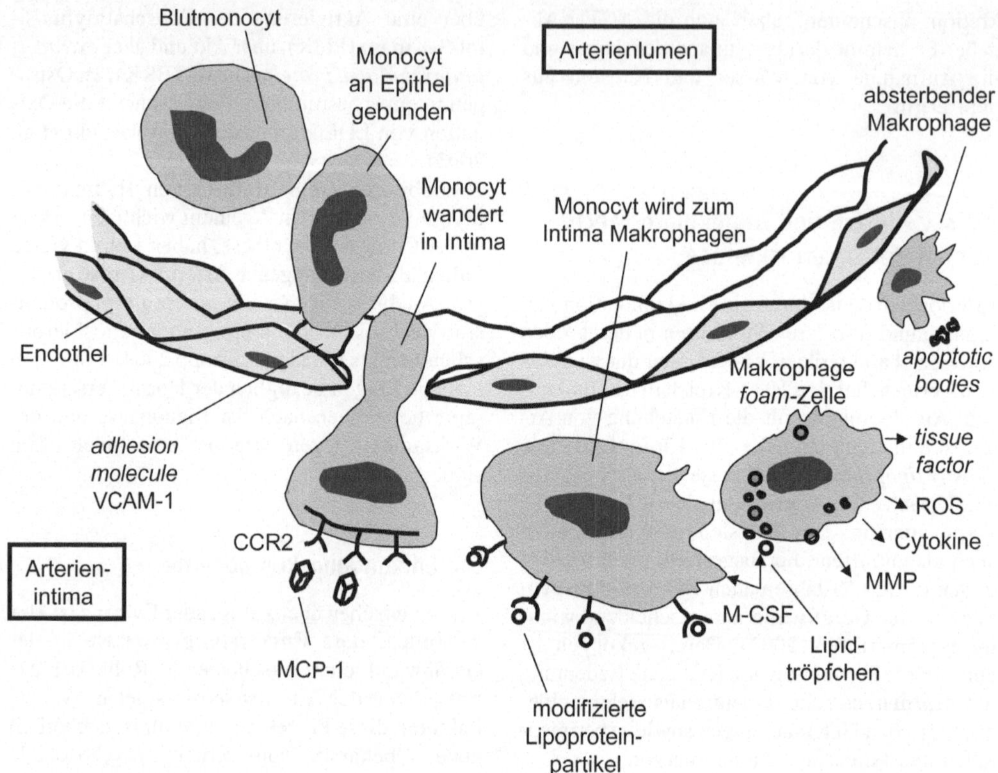

8.17 Monocyten/Makrophagen bei der Entstehung von Arteriosklerose. Schritte in der Entwicklung von Arteriosklerose sind in der Reihenfolge von links nach rechts dargestellt. Bei entzündlichen Veränderungen des Endothels werden Adhäsionsmoleküle (*vascular adhesion molecule 1*, VCAM-1) gebildet, an die Monocyten binden. Monocyten durchqueren anschließend das Endothel und dringen in die Intima der Gefäßwand ein. Daran sind sog. *Chemokine* beteiligt wie *monocyte chemoattractant protein 1* (MCP-1), die von Monocytenrezeptoren (CCR2) gebunden werden. In der Intima wandeln sich die Monocyten in Gewebsmakrophagen um, die sogenannte Scavengerrezeptoren exprimieren, die internalisierte oxidierte Lipoproteine (oxLDL) binden und in die Makrophagen aufnehmen. Dadurch sehen sie im Mikroskop schaumig aus und werden daher *foam cells* (Schaumzellen) genannt. Diese Schaumzellen sind charakteristisch für arteriosklerotische Plaques, in denen sie sich vermehren und mehrere entzündungsfördernde Substanzen freisetzen: Cytokine, reaktive Sauerstoffspezies (ROS), *tissue factor* und Matrix-Metalloproteinasen (MMP). Als Wachstumsfaktor wirkt dabei *macrophage colony stimulating factor* (M-CSF). Bei Aufreißen der Plaques wird der *tissue factor* freigesetzt und bewirkt eine Blutgerinnung. Im Plaque sterben viele Makrophagen durch Apoptose (nach Libby 2002).

teinpartikel durch *Scavenger*-Rezeptoren aufnehmen und dadurch Lipidtröpfchen enthalten, die zu dem Namen „Schaumzellen" geführt haben. Diese Schaumzellen schütten Entzündungscytokine aus, die die Enzündungsreaktionen an dieser Stelle verstärken. Außerdem – und das ist ein wichtiger Faktor bei der Arteriosklerose – produzieren sie reaktive Sauerstoffspezies (ROS) sowie den *tissue factor*, der bei einem Aufplatzen der **Arterioskleroseplaques** die Blutgerinnung fördert. Außerdem produzieren sie Matrix-Metalloproteinasen (MMP), die die

extrazelluläre Matrix degradieren und damit die Ruptur von Plaques begünstigen. Die Bildung eines okklusiven Thrombus nach Plaqueruptur ist der Mechanismus der Auslösung des Herzinfarkts.

Auch T-Lymphocyten wandern in die Intima ein und binden sowohl oxidierte LDL wie auch endogene HSP60. Sie entwickeln sich zu T_H1- oder T_H2-Zellen und schütten (als T_H1) hauptsächlich Cytokine (IL-1, TNF-α und IFN-γ) aus, welche die Entzündungsreaktion weitertreiben (Abschnitt 7.2). Auch die Makrophagen werden von den T-Zellen zur Expression der oben genannten Faktoren stimuliert. Diese Entzündungsreaktionen in der Intima führen dann über eine Proliferation der Monocyten zu *fatty streaks*, d. h. Schichten von lipidhaltigen Schaumzellen in der Gefäßwand. Danach folgt eine Proliferation der glatten Muskelzellen durch die von den Makrophagen ausgeschiedenen Cytokine und Wachstumsfaktoren sowie eine erhöhte Bildung von extrazellulärer Matrix durch die Muskelzellen – was zur Plaquebildung beiträgt.

In diesen Plaques findet sich auch das mit Entzündungen gekoppelte Komplementsystem und das C-reaktive Protein (CRP), ein Akute-Phasen-Protein der Leber, das aber auch in den Plaques – sogar in erhöhtem Maße – von Makrophagen synthetisiert wird (Yasojima et al. 2001).

Einen Beitrag zur Entzündungsreaktion in der *Intima* leisten offenbar auch Bakterien – auch solche, die in Zahnbelägen vorkommen. Bei *Chlamydia pneumoniae* ist gezeigt worden, dass es die Ausschüttung von proinflammatorischen Cytokinen, wie Interleukin 1β, TNF-α und Interferon-γ, stimuliert (Netea et al. 2004). Ebenso wurde eine Aktivierung der Produktion von *basic fibroblast growth factor* (bFGF) durch die Endothelzellen gefunden, was ebenfalls die Bildung von Plaques begünstigt.

Manche der Entzündungsmarker sind sehr gute Anzeichen für zukünftige kardiovasculäre Ereignisse: Erhöhte Mengen an Fibrinogen, *high sensitivity C-reaktiven* Proteinen (hsCRP) und Cytokinen sind mit verschiedenen Herz-Kreislauf-Erkrankungen und Diabetes mellitus Typ 2 gekoppelt. Acetylsalicylsäure (Aspirin) und Statine erniedrigen die Menge an CRP (Rosenson und Koenig 2003) und werden daher oft prophylaktisch verabreicht.

Die ROS-Komponente

Eine ROS-Erhöhung wird aus mehreren Quellen gespeist, einerseits durch Angiotensin-II und seinen AT-1-Rezeptor, wie Versuche mit Hemmstoffen dieses Rezeptors gezeigt haben, wobei die ROS-Produktion vermutlich von den Monocyten ausgeht (Sato et al. 2003), aber auch von den Makrophagen. Angiotensin-II stimuliert eine Familie von *non phagocytotic* NAD(P)H-Oxidasen, die ROS produzieren und darüber Mitogenkinasen (MAPK), Tyrosinkinasen und Transkriptionsfaktoren aktivieren (Cai et al.

2003). Als Gegenmaßnahme synthetisieren Arterien und Aorta bei höherem Druck vermehrt Stressproteine, darunter auch die Hämoxigenase (Ishizaka et al. 1997), die als Antioxidans wirkt. Die Wirkung von Antioxidantien, wie Einnahme von Vitamin A, C und E als präventive Maßnahme gegen Herz-Kreislauf-Erkrankungen, ist noch umstritten. Zu einer positiven Einschätzung der Wirkungen von Antioxidantien kommen u. a. Brown und Goodman (1998). Zu hohe (> 200 IU pro Tag) Mengen an Vitamin E erhöhen allerdings die Herz-Kreislauf-Risiken, wie kürzlich gezeigt wurde.

Die Bluthochdruckkomponente (Abschnitt 6.3)

Bei permanentem Bluthochdruck, der bei Dauerstress durch den Einfluss der SAM-Achse und zahlreicher weiterer Faktoren eintritt, wird vor allem an Gefäßverzweigungen der Scherstress nichtlaminar und führt an dieser Stelle zu Läsionen und Plaques der Gefäße. **Scherstress** moduliert ebenfalls Wachstumsfaktoren, erhöht die Fibrinolyse/Thrombolyse, die Zelladhäsion durch MPC-1, VCAM-1, ICAM-1 und die Synthese des *tissue factor* (Knox 2001). Wie der Druck in der Zelle wahrgenommen wird und wie der Mechanorezeptor funktioniert, ist noch nicht bekannt (Ali und Schumacker 2002). Besonders wichtig scheint der durch Scherstress – aber auch durch oxidativen Stress und Entzündungsreaktionen – induzierte Zelltod von Endothel- und glatten Muskelzellen sowie von Makrophagen zu sein. Mechanischer Stress erhöht die Angiotensin-II-Produktion, was über den AT_2-Rezeptor zu einer Überaktivierung von JNK und zu Apoptose führt (Wernig und Xu 2002). Die durch Scherstress induzierten Mikroschäden des Endothels in hämodynamisch gefährdeten Bereichen zusammen mit der Aktivierung der Koagulation durch Entzündungsprozesse in der Plaque scheinen das Aufreißen der Plaques, die Bildung von Blutgerinnseln und schließlich den Infarkt zu verursachen (von Baeyer et al. 2003).

Insgesamt stellen alle vier Komponenten Faktoren dar, die zur Arteriosklerose beitragen, deren Gewicht aber in jedem einzelnen Fall unterschiedlich sein kann. Die Faktoren stehen untereinander in einem Beziehungsgeflecht. Solche Netzwerke erzeugen Wirkungen, die in ihrer Kausalbeziehung schwer zu verfolgen sind.

Eine Thrombose an Plaques kann zu Gefäßverschlüssen und Infarkten führen

Ein Blutgerinnsel (Thrombus) kann an den Plaques auf verschiedene Weise entstehen (Libby 2002) (Abb. 8.18):

- Erosion des Endothels über den Plaques, Freilegung von Kollagen der darunterliegenden Schicht und dadurch Anlagerung von Thrombocyten und Thrombusbildung,
- Entwicklung von Mikrogefäßen in den Plaques, die fragil sind und Mikroblutergüsse

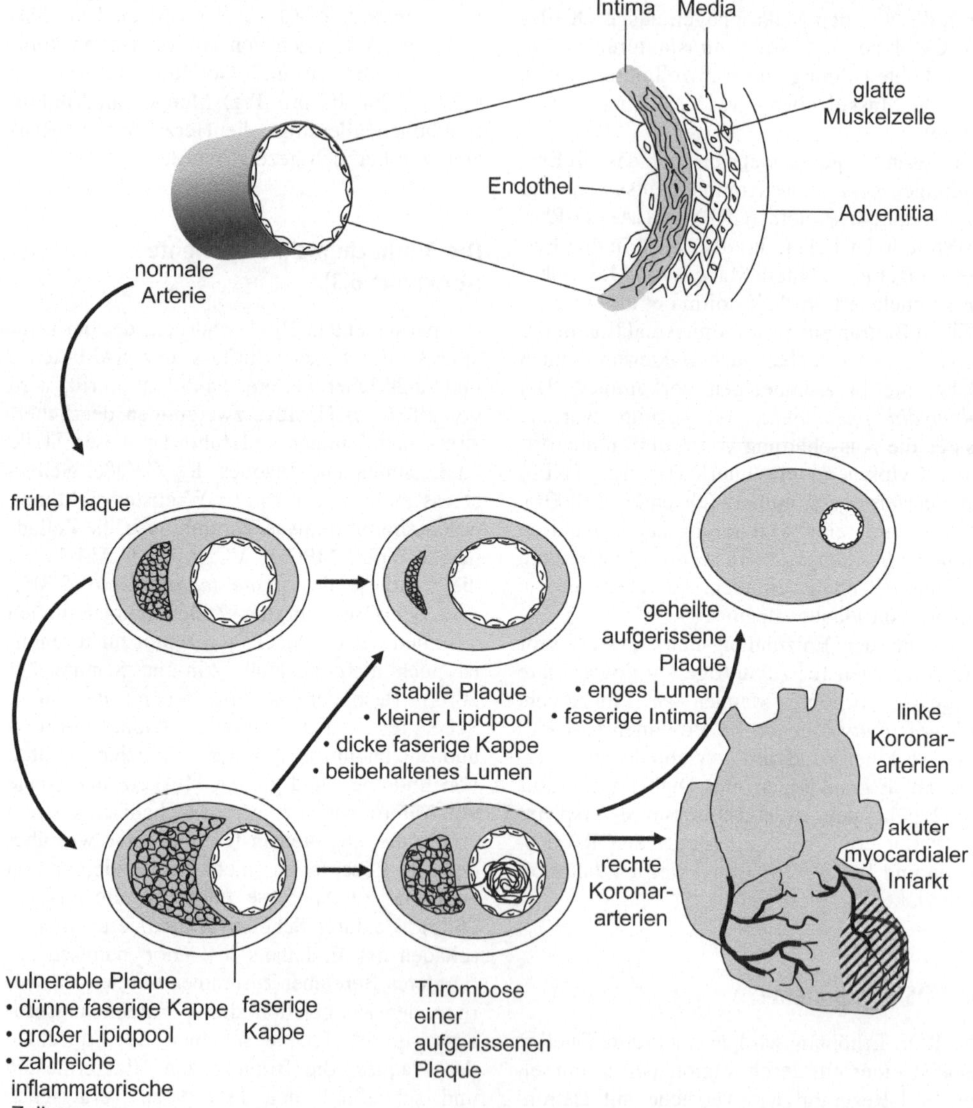

8.18 Entwicklung der Arteriosklerose und von Gefäßverschlüssen. Die Gefäßwand besteht aus dem inneren Endothel, das auf einer Basalschicht liegt. Darunter befindet sich die Intima, die aus einigen glatten Muskelzellen und einer extrazellulären Matrix besteht und die durch eine elastische Schicht (*Lamina*) von der *tunica media* abgetrennt ist, die hauptsächlich aus mehreren Schichten glatter Muskelzellen besteht, die in einer Matrix von Elastin und Kollagen liegen und die nach außen durch eine weitere Schicht abgetrennt sind (*Adventitia*) (oben). Darunter sind frühe und späte Stadien der Arteriosklerose dargestellt, die zu verringertem Gefäßlumen oder Gefäßverschluss führen können (nach Libby 2002).

bilden, die wiederum zu Thrombinbildung und Fibrinogenspaltung führen.

- Am häufigsten ist das Aufreißen der fibrösen Schicht, die die Plaques abdeckt. Dadurch wird der *tissue factor* aus Plaques in den Blutkreislauf freigesetzt und führt dort zu einer Koagulation (Thrombus). Die geheilte Plaque erzeugt dann eine Verdickung der faserigen Intima und führt so zu einer Verengung des Gefäßes.

Ein solcher Thrombus und die damit oft verbundene Gefäßblockierung in Koronargefäßen (Infarkt) wird in manchen Fällen durch einen akuten Stress ausgelöst. Starke körperliche Belastung, Ärger, psychischer Stress, jahres- und tageszeitabhängige Auslöser sowie z. B. auch durch Kokain (Servoss et al. 2002). Viele Infarkte entstehen jedoch ohne erkennbare Veranlassung wie physische oder psychische Belastung – vor allem in der Nacht oder am frühen Morgen.

Exkurs 8.2: Die Stressfolgen für das Herz

Dauerstress und die daraus sich ergebende erhöhte Menge an Adrenalin/Noradrenalin sowie Bluthochdruck und Arteriosklerose haben zahlreiche negative Folgen für das Herz: einerseits eine Hypertrophie der linken Herzkammer, um den erhöhten Gefäßwiderstand zu überwinden, andererseits O_2-Mangel (Ischämie) durch Verengung der Gefäße und Infarkte bei Gefäßverschluss durch Thromben. Ein Infarkt ist zurückzuführen auf einen besonders starken O_2-Mangel in dem betroffenen Muskelteil, der bei einer Ischämiedauer von mehreren Stunden abstirbt. Auf die Stresspathologie des Herzens, die auch Arhythmien und plötzlichen Herztod einschließt, können wir hier nicht näher eingehen (siehe Lehrbücher der Kardiologie).

Hypertrophie des Herzmuskels (Vergrößerung ohne Zellteilung) wird einerseits durch höheren mechanischen Stress erreicht, aber auch durch Adrenalin, Endothelin-1 und Angiotensin-II. Katecholamine können über adrenerge Rezeptoren (β_2-AR) eine antiapoptotische Wirkung entfalten und über a_1-AR eine Hypertrophie der Myocyten bewirken, während über β_1-AR die Apoptose induziert werden kann. Die Hypertrophie des Herzmuskels kann zu Kardiomyopathie und Herzversagen führen. Dabei spielen ROS und der Zelltod durch Nekrose und Apoptose eine wichtige Rolle (Kang 2001). Bei diesen unterschiedlichen Wirkungen von mechanischem Stress und Hormonen spielen Mitglieder der MAPK-Familie und reaktive Sauerstoffspezies (ROS) eine entscheidende Rolle (Singh et al. 2001). Die Aktivierung der MAPKinasefamilie, sowohl der mitogen- wie der stressabhängiger Mitglieder, wird u. a. über ein erhöhtes Calciumniveau in den Zellen und eine Aktivierung der Proteinkinase C erreicht. Außerdem wird die Proteinphosphatase 2-B (Calcineurin) aktiviert (Zou et al. 2002). Das ist wiederum mit der Aktivierung der Proteinsynthese, von AP-1

und der Hochregulierung der davon abhängigen Gene, z. B. der Gene für ANP und BNP, gekoppelt. Außerdem wird HSP70 in den glatten Muskelzellen der Aorta, der Koronararterien und in den Myocyten des Herzens vermehrt synthetisiert (Ueyama et al. 2003).

Länger bekannt ist, dass die Erzeugung von großen Mengen an ROS und der dadurch induzierte Zelltod hauptsächlich eine Folge des Herzinfarkts bzw. O_2-Mangels und andererseits einer Wiederdurchblutung der betreffenden Herzregion ist. ROS werden bei O_2-Mangel von den Mitochondrien und durch verschiedene Oxidasen freigesetzt, dasselbe erfolgt aber auch bei einem nachfolgenden O_2-Angebot. Erst in letzter Zeit wurde entdeckt, dass eine chronische aber mäßige Erzeugung von ROS für die normale Funktion von Herzzellen notwendig ist, eine pathologisch erhöhte Menge von ROS jedoch durch die nicht phagocytotische NAD(P)H-Oxidase bei Hypertrophie der Ventrikel und in Reaktion auf Angiotensin-II, Noradrenalin und TNF-a gebildet wird. Die Hypertrophie wird außer durch Angiotensin-II offenbar auch durch erhöhte Na^+-Aufnahme mit der Nahrung gefördert (Morgan 2003). ROS sind an der Fibrose, der Kollagenablagerung, der Metalloproteinaseaktivierung und der Transformation von Fibroblasten in Myofibroblasten beteiligt, die zur Progression des Herzversagens beitragen (Sorescu und Griendling 2002). Während dieses Herzversagen meist auf chronische Stressbelastungen zurückzuführen ist, gibt es auf der anderen Seite genetisch bedingte Risiken für Herzarhythmien und plötzlichen Herztod – beispielsweise durch mutative Änderungen des Kaliumkanals (codiert durch *human ether a go go related gene*, hERG). Eine zu schnelle oder zu langsame Repolarisation über den Kaliumausstrom durch diesen Kanal kann die genannten fatalen Folgen haben (Thomas et al. 2003, Brugada et al. 2004) – möglicherweise in Verbindung mit äußeren oder inneren Stressoren.

8.3.6 Maßnahmen gegen stressinduzierte Herz-Kreislauf-Erkrankungen setzen an unterschiedlichen Ursachen und Folgen an

An dieser Stelle können wir nur kurz auf präventive Maßnahmen und auf die verschiedenen Wirkebenen verweisen, auf denen Therapien gegen Herz-Kreislauf-Erkrankungen ansetzen:

Prävention

- Verringerung von psychosozialem Stress und depressiven Stimmungslagen durch eigene Entscheidungen, soziale Kontakte, psychotherapeutische Beziehungen, Entspannungstherapien, Antidepressiva u. a.,
- Verringerung des Risikos von Bluthochdruck, Arteriosklerose u. a. Herz-Kreislauf-Erkrankungen durch viel Bewegung, gesunde Ernährung (Antioxidantien, Omega-3-Fettsäuren), Vermeidung von Adipositas und damit oft verbunden Diabetes mellitus Typ 2, Rauchverzicht,
- Erkennen der Risikofaktoren für das Herz-Kreislauf-System wie hoher Blut-Cholesterol (> 5,5 mmol/L)- bzw. (LDL)-Gehalt, hoher Blutdruck (> 140/90), Diabetes, erhöhter Taillenumfang (abdominales Fettgewebe) und Rauchen.
- Zu den Risikofaktoren gehört auch eine Störung der Tag/Nachtrhythmik des Blutdrucks. Sinkt der Blutdruck nachts nicht ab (*non dipper*), ist das Risiko von Erkrankungen höher als bei Personen, bei denen das der Fall ist (*dipper*).
- Anamnese der Familiengeschichte

Tests auf Risikofaktoren

- Das Ruhe-EKG lässt überstandene Herzinfarkte erkennen.
- Das Belastungs-EKG weist auf Einengungen der Koronararterien hin.
- Herzkatheteranalyse zur Darstellung der Herzkranzgefäße
- Nichtinvasive Darstellung der Herzkranzgefäße durch MSCT (*multislice computer tomography*) oder Kernspintomographie,
- Scanverfahren, die den Calciumgehalt der Koronararterien bzw. der dort befindlichen Plaques messen (*electron beam computed tomography*, EBCT) oder MSCT.
- Die Menge an C-reaktivem Protein (CRP) ist ein Entzündungsindikator.

- Die Mengen an Homocystein, Fibrinogen, LP(a) zeigen Risiken an.
- Bestimmung der Myeloperoxidase (MPO)-Aktivität. Sie zeigt nah bevorstehende Risiken an.

Therapeutische Maßnahmen

- Verringerung der Sympathikusaktivität durch Beta-1-AR-Blocker (weniger häufig durch Agonisten von a_2-Rezeptoren) sowie Verringerung der Kontraktionsstärke des Herzens durch Calciumkanalblocker.
- Verringerung des Blutdrucks durch geringere Aufnahme von Kochsalz (Na^+Cl^-), Hemmung der Angiotensin-II-Synthese durch ACE-Hemmer und Einnahme von Angiotensinrezeptor-Blockern. Aldosteronrezeptor-Antagonisten werden nur in besonderen Situationen verwendet, z. B. bei ausgeprägter Herzmuskelschwäche. Vasopressinrezeptor-Antagonisten sind zurzeit noch klinisch ohne Bedeutung (neuerdings wird auch nach Reninhemmern gesucht). Kontrolle der Nierenfunktion, wofür es Marker wie Kreatinin und Eiweißausscheidung im Urin gibt.
- Verringerung der Aufnahme von Cholesterol (Diät), Einnahme von Cholesterolsynthesehemmern (Statine)
- Vermehrte Aufnahme von Antioxidantien gegen ROS-induzierte Schäden (was in seiner klinischen Wirkung noch umstritten ist). Gegenwärtig laufen Versuche, die NAD(P)H-Oxidase zu hemmen, die für einen Teil der ROS verantwortlich ist.
- Einnahme von insulinsensitivierenden Agentien und entzündungshemmenden Substanzen
- Einnahme von Hemmstoffen der Thrombusbildung und Adhäsion von Zellen
- Erweiterung der Koronargefäße durch Nitroverbindungen
- Kontrovers diskutiert wird nach wie vor die Wirkung von Östrogen-/Progesteronersatztherapien bei Frauen nach der Menopause. In zwei randomisierten Hormonersatz/Placebo-Studien mit Östrogenen und Medroxyprogesteronacetat wurde keine Reduktion der Herz-Kreislaufrisiken sondern ein etwas erhöhtes Herzinfarktrisiko gefunden („Women's Health Initiative", WHI und „Heart and Estrogen/Progestin Replacement Study", Blakeley 2000). Die Befunde widersprechen andererseits zahlreichen Beobachtungen zu positiven Wirkungen, insbesondere von

Östrogen (Seed und Knopp 2004, Huang und Kaley 2004), während Progesteron möglicherweise den Thrombinrezeptor in der Gefäßwand hochreguliert und damit das Koagulationsrisiko erhöht (Kuhl 2004). Auch die Phase der Entwicklung von Arteriosklerose spielt offenbar eine Rolle bei der Wirkung von Östrogenen, die in der Entstehungsphase effektiver sind (Williams und Supparto 2004).

Weitere Schritte liegen im Bereich von operativen Eingriffen, wie Gefäßerweiterung, By-pass-Operationen, Transplantationen u. a.

8.4 Erkrankungen im Zusammenhang mit stressinduzierten chronischen Entzündungsprozessen und erhöhter ROS-/RNS-Produktion

Neurodegenerative Erkrankungen wie Alzheimer, Parkinson, *amyotrophic lateral sclerosis* (ALS) und andere sind durch Dysfunktionen und Apoptose von Neuronen in bestimmten Hirn- oder Spinalregionen charakterisiert. Daran ist in fast allen Fällen oxidativer Stress wesentlich beteiligt. Die Erkrankungen verlaufen altersabhängig progressiv und ähneln damit den allgemeinen altersabhängigen Schäden durch reaktive Sauerstoff- und Stickstoffspezies. Nicht genau bekannt sind bisher die genetischen und umweltbedingten Ursachen für diese Erkrankungen und für die Spezifität der auftretenden Schäden in bestimmten Neuronenpopulationen. Manche dieser neurodegenerativen Prozesse weisen Ähnlichkeiten mit Entzündungsprozessen auf, bei denen ebenfalls verstärkt Radikale und dysfunktionale Zellen entstehen, die teilweise durch Apoptose eliminiert werden.

Entzündungen sind primär Abwehrprozesse gegen lokal eingedrungene Mikroorganismen. Sie sind vor allem durch Einwanderung von Makrophagen, polymorphkernigen Zellen und T-Zellen gekennzeichnet. Anschließend produzieren diese Zellen eine große Anzahl von Cytokinen, die die Immunantwort dort koordinieren und regulieren (Abschnitt 7.1). Ein Grund für chronische Entzündungen ist anscheinend eine sich selbst verstärkende Interaktion von Makrophagen und T-Zellen (Teufelskreis), die lokale Entzündungen ohne äußere Stimuli erzeugt. Durch die Abgabe von reaktiven Sauerstoffspezies (ROS) und proteolytischen Enzymen schädigen die Makrophagen das benachbarte Gewebe. Solche dysregulierte Makrophagen spielen anscheinend bei zahlreichen Erkrankungen, wie etwa bei rheumatischer Arthritis, Lungenemphysemen, Neurodermitis sowie bei multipler Sklerose und Arteriosklerose, eine wichtige Rolle. Bei psychosozialem Stress kommen proinflammatorische Neuropeptide hinzu, wie Substanz P, Neurotensin und CRH, die von Neuronen freigesetzt werden und die Entzündungsreaktionen fördern und in Gang halten (Abb. 8.19).

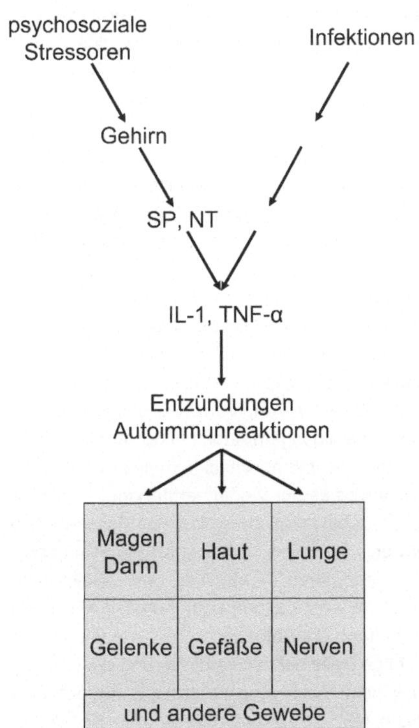

8.19 Entzündungsreaktionen können durch psychosoziale Stressoren und Infektionen in Gang gesetzt werden. Unter bestimmten Bedingungen chronifizieren sie in bestimmten Geweben.

Entzündungsprozesse können außerdem eine Ursache für Krebs darstellen. Bei Mäusen wurden in Entzündungsherden, wie in der entzündeten Magenschleimhaut, Stammzellen aus dem Knochenmark gefunden, die vermutlich in der Schleimhaut die zerstörten Zellen ersetzen sollen. Solche Stammzellen – so wird gegenwärtig diskutiert – könnten dann durch mutative Veränderungen zu Krebszellen werden (Abschnitt 8.5).

8.4.1 Neurodegenerative Erkrankungen sind zum Teil Folge von oxidativem Stress

Alzheimer gehört zu den häufigsten altersabhängigen neurodegenerativen Erkrankungen, die vor allem durch kognitive Störungen und Verlust des „Ich" charakterisiert ist. Neurodegenerative Schäden treten dabei besonders in bestimmten Hirnregionen (Hippocampus und basales Vorderhirn) auf. Dort werden Peroxidation von Membranlipiden, Amyloidplaques, Störungen des Calcium- und Metallionenhaushalts, des Glucosestoffwechsels und Glutamattransports, eine Erniedrigung des intrazellulären pH, mitochondriale Schäden und Zellverluste beobachtet. Diese Veränderungen sind zum Teil auf erhöhten oxidativen Stress zurückzuführen, während die Zunahme der Konzentration von Calcium und anderen Metallionen, wie Eisen und Kupfer, möglicherweise an dem Zustandekommen des erhöhten oxidativen Stresses durch ROS/RNS ursächlich beteiligt sind.

Exkurs 8.3: Das β-Amyloid (Abeta)

Ein besonderes Charakteristikum von Alzheimer ist das Auftreten von β-Amyloid(Abeta)-Peptiden, den Hauptkomponenten der Amyloidplaques auf Neuronen, besonders in den oben genannten Hirnregionen. Diese unlöslichen Plaques sind stark mit Kupfer, Eisen und Zink angereichert. Abetapeptide wurden auch in der vererbbaren frühen Erscheinungsform von Alzheimer gefunden. Sie sind Bestandteile eines in der Plasmamembran fast aller Körperzellen befindlichen Proteins, des *amyloid precursor protein* (APP). β- und γ-Sekretasen schneiden proteolytisch das Abetapeptid aus diesem Komplex heraus, wobei es offenbar danach aus der Membran nach außen abgeschieden wird. Von dort entfalten Abetaproteine über noch unbekannte Rezeptoren Wirkungen auf die Zelle, etwa auf die Aktivierung von JNK- und p38-Modulen. Die Plaquebildung im Alter, bei der Abetapeptide auf der Neuronenmembran akkumulieren, ist noch vom Mechanismus her wenig verstanden. Kupferionen spielen dabei möglicherweise eine Rolle, ebenso wie bei der – positiven, d.h. gegen die Plaqueentwicklung gerichteten – Aktivität der α-Sekretase, die an anderen Aminosäurepositionen das APP spaltet und dadurch die Ablösung von Abeta verhindert. Eine wichtige Rolle bei der Verhinderung der Plaquebildung scheint auch eine neutrale Endopeptidase (**Neprilysin**, NEP) zu spielen, die überall im Körper exprimiert wird und unter anderem auch Abeta abbaut. NEP wurde 1984 aus menschlichen Nieren isoliert (Skidgel und Erdos 2004). Überexpression von Neprilysin in corticalen Neuronen reduziert sowohl den intra- wie extrazellulären Gehalt an Abeta und verzögert die Plaquebildung in transgenen Mäusen, die eine alzheimererzeugende Mutation (SwAPP) aufweisen. Diese Wirkung von NEP ist jedoch nur bei jungen Mäusen, nicht bei älteren, zu beobachten, die diese Plaques schon ausgebildet haben (Mohajeri et al. 2004). Es wird daher daran gearbeitet, NEP-Gene über Lenti-Viren in bestimmte Neuronenpopulationen zu transferieren, um so möglicherweise eine Therapie gegen Alzheimer zu entwickeln.

Abetapeptide zeigen eine Superoxiddismutaseaktivität, d. h. sie erzeugen selbst H_2O_2, was ja einerseits der Abwehr gegen ROS dient, aber auch zur Neurotoxizität beitragen könnte (Veurink et al. 2003). Das geschieht möglicherweise dadurch, dass Cu^{2+} und Fe^{3+} durch Abeta reduziert werden und in der reduzierten Form die Entstehung von $\cdot$OH-Radikalen fördern (siehe Fenton-Reaktion, Abschnitt 6.1). Neue Ergebnisse lassen vermuten, dass Redoxinteraktionen zwischen APP, Abeta und Metallionen zu dem pathologischen positiven Rückkopplungssystem führen, das schließlich in einer Dysfunktion der Neurone resultiert (Huang et al. 2004). Therapeutische Ansätze bestehen daher in einer Erhöhung der Menge an Metallchelatoren, die die Metallionen binden (Milton 2004), in einer Verminderung der Aufnahme dieser Ionen mit der Nahrung (Mattson 2004) oder in der Gabe von Antioxidantien. Weitere therapeutische Ansätze verwenden Inhibitoren der Acetylcholinesterase, der oxidativen Deamination, der NMDA-Rezeptoren sowie antiinflammatorische Substanzen (Schmitt et al. 2004).

Das Abetapeptid hat selbst die Eigenschaft, Cu, Fe und Zn zu binden, d. h. eigentlich an der Prävention von oxidativen Schäden mitzuwirken. Es gibt daher auch die Ansicht, dass das vermehrte Auftreten von Abetapeptiden eine kompensatorische Reaktion auf erhöhte Mengen an Superoxidanionen sein könnte (Atwood et al. 2003).

In jedem Fall sind bei Alzheimer erhöhte oxidative Schäden an Lipiden, Proteinen und DNA in den betroffenen Hirnregionen zu beobachten, wobei die Lipidschäden die Calciumhomöostase stören. Insgesamt verursachen diese Schäden den **Verlust von synaptischen Verbindungen und auch von Neuronen** (durch Apoptose etwa über den mitochondrialen Weg, Abschnitt 6.1). Diese Schäden sind offenbar frühe Ereignisse in der Alzheimererkrankung vor dem Auftreten cytopathologischer Veränderungen – was für ihre ursächliche Bedeutung spricht. Da oxidative Schäden allgemein bei Entzündungsprozessen auftreten, verbunden mit der Aktivierung von Immunzellen, werden auch diese neuronalen Vorgänge als Entzündungsprozesse bezeichnet. Diese oxidativen Schäden werden im Laufe der Krankheit verringert, was vermutlich auf die erhöhte Synthese von antioxidanten Enzymen zurückzuführen ist. Es ist daher auch nicht überraschend, dass stressaktivierte Proteinkinasen (JNK, p38) in den betreffenden Neuronen stark überexprimiert werden (Zhu et al. 2004).

Ein weiteres Charakteristikum von Alzheimer ist die Überphosphorylierung von Tauproteinen an den Neurofibrillen. Diese Überphosphorylierung verläuft über mehrere intrazelluläre Signalkaskaden, ausgehend von NMDA-Rezeptoren und den dadurch vermehrten Calciumeinstrom, durch Membranschädigung sowie durch noch unbekannte Rezeptoren. Über diese Veränderungen werden eine Anzahl von Proteinkinasen aktiviert, die Tauproteine phosphorylieren. Dazu gehören JNK, PKC-δ, GSK-3β, Caseinkinase und PKA.

Als präventiv wirksam gegen Alzheimer wird kognitives Training empfohlen, um über zahlreiche synaptische Verbindungen die neuronalen Verluste ausgleichen zu können. Auch die Vermeidung von Adipositas in mittleren Lebensjahren soll sich positiv auswirken.

Die **Parkinson-Krankheit** ist eine der häufigsten neurodegenerativen Erkrankungen, die bei etwa 0,1 % der Bevölkerung über 40 Jahren auftritt und Bewegungsstörungen zur Folge hat. Dabei spielen genetische Faktoren eine wichtige Rolle, wie Zwillingsstudien und Familienanalysen zeigen. Die motorischen Bewegungsstörungen sind oft mit weiteren Störungen gekoppelt, vor allem mit Depression, Angst- und Schlafstörungen, Regulationsstörungen des Herz-Kreislauf-Systems, der Blasenentleerung und Sexualfunktionen. Olfaktorische Defizite gelten als diagnostisch nutzbares Frühsymptom. Weitere diagnostische Verfahren sind das Elektroenzephalogramm (EEG) und bildgebende Verfahren wie Magnetresonanztomographie (MRT).

Sporadischer Parkinson beruht offenbar auf einer Störung im Komplex I in der inneren Mitochondrienmembran von dopaminergen Neuronen und der dadurch erhöhten Produktion von ROS – vor allem in der *Substantia nigra* und in anderen Hirnstammnuklei, z. B. im *Locus coeruleus* und dorsalen Vaguskern, sowie in der anterioren olfaktorischen Region. Das führt offenbar zur Aggregation eines Proteins (*a-Synuclein*), das wiederum den Abbau von Proteinen durch Proteasomen hemmt und so zur Apoptose dieser Neurone beiträgt. Die Störung im Komplex I wird u. a. durch Neurotoxine, Pestizide oder Herbizide (z. B. Paraquat) hervorgerufen. Durch diese Störung wird außerdem weniger Adenosintriphosphat (ATP) gebildet, was zur Depolarisation der Neurone, zur Aktivierung der NMDA-Rezeptoren und dadurch bedingt zu mehr NO und ONOO$^-$ führt, was die Schädigung durch RNS erhöht (Dawson und Dawson 2003). Zur medikamentösen Therapie werden zu Beginn der Erkrankung Dopaminrezeptoragonisten angewandt, falls das in einem späteren Stadium nicht ausreicht, auch L-Dopa, das Substrat der Dopaminsynthese.

Der oxidative Stress bewirkt eine erhöhte Expression des proapoptotischen Bax und dessen Lokalisation an der äußeren Mitochondrienmembran, wo es in die Membran integriert wird, oligomerisiert und dadurch die Permeabilität für Intermembranproteine wie Cytochrom c erhöht. Das löst den mitochondrialen Weg zur Apoptose aus (Abschnitt 6.1). Durch erhöhte Ca^{2+}-Konzentration in den Neuronen kann darüber hinaus ein weiterer Mechanismus der mitochondrialen Freisetzung von Cytochrom c und damit der Initiation der Apoptose wirksam werden. Ansätze zur Therapie von Parkinson liegen daher in der Anwendung von amphiphilen

Kationen, wie Dibucain und Propranolol, welche die baxvermittelte Abgabe von Cytochrom c hemmen oder eine vorübergehende Hemmung von Ca^{2+}-Kanälen bewirken (Fiskum et al. 2003).

Amyotrophic Lateralsklerose (ALS) ist eine relativ häufige neurodegenerative Erkrankung (1/100 000), die durch progressive Schäden von corticalen und spinalen motorischen Neuronen gekennzeichnet ist. ALS kann sporadisch oder als familiäre, d. h. vererbbare Erkrankung, auftreten. Sie resultiert aus einem Verlust von Neuronen durch eine komplexe Wechselwirkung zwischen oxidativem Stress, exzitotoxischer Stimulation, Dysfunktion wichtiger Proteine und genetischer Faktoren. Ein wesentlicher Faktor ist dabei die Homeostase von Kupfer und Eisen, wobei vor allem eine spontane oder vererbte Mutation der Cu/Zn-abhängigen Superoxiddismutase eine zentrale Rolle spielt (Carri et al. 2003).

8.4.2 Entzündungen im Magen-Darmbereich gelten als typische psychosomatische Erkrankungen

Man unterscheidet somatoforme Funktionsstörungen und organdestruktive Erkrankungen des Gastrointestinaltrakts. Zu den erstgenannten gehören Störungen wie Aerophagie, Oberbauchbeschwerden (Gastritis, Dyspepsie) und funktionelle Unterbauchbeschwerden (*Colon irritabile*, Reizkolon, *irritable bowel syndrome*), die keine organischpathoanatomische Veränderungen erkennen lassen, zur zweiten Gruppe rechnet man organische Erkrankungen wie Magen- und Zwölffingerdarmgeschwüre (*Ulcus gastri*, *U. duodenale*), *Colitis ulcerosa* und *Morbus Crohn* (Küchenhoff 2000).

Für alle diese Erkrankungen gibt es gute Hinweise bis signifikante Evidenz für eine Beteiligung von psychischen Belastungen an ihrer Entstehung. Die Entstehungsgeschichte ist jedoch häufig sehr komplex, sodass die früher gängige Typisierung der Persönlichkeitsstruktur von Patienten im Hinblick auf bestimmte psychische Charakteristika (Ängstlichkeit, Depressivität, geringe Fähigkeit zu streitbarer Auseinandersetzung) meist aufgegeben wurde (Küchenhoff 2000).

Vom Mechanismus der Entstehung dieser Beschwerden sind zum einen die Veränderungen der Motilität und Durchblutung des Magendarmtrakts bei Stress durch die Aktivierung des Sym-

pathikus und die Ausschüttung von Adrenalin und zahlreicher weiterer Peptidhormone, wie CRH, zu nennen (Abschnitte 5.1 und 5.2, Burks 1991). Hinzu kommt eine Verstärkung der Schmerzwahrnehmung durch vermehrte Abgabe von Substanz P (SP). Auch Veränderungen in der Serotoninproduktion von serotoninergen Neuronen des Darmnervensystems sowie deren Rezeptoren und Transportproteinen scheinen eine wichtige Rolle zu spielen (Tebbe und Arnold 2004). Bei den Magen-/Duodenumgeschwüren, dem Reizkolon und *Morbus Crohn* entwickeln sich teilweise starke entzündliche Prozesse, die zu Schädigungen der Mukosa führen. Im Falle des **Magengeschwürs** ist daran auch das Bakterium *Helicobacter pylori* beteiligt, doch ist die Verursachung durch psychogenen Stress an Tiermodellen und beim Menschen nachgewiesen (Murison 2001). Stress, Substanz P (die über den Neurokinin-1-Rezeptor (NK-1R) wirkt) und *H.pylori* stimulieren entzündungsfördernde Cytokine (IL-1β, TNF-α), die wiederum eine Anzahl von Prozessen einleiten, die schädigend auf die Mukosazellen wirken, wie die Infiltration durch mononucleäre und neutrophile Zellen und deren Aktivitäten, wie die Abgabe von reaktiven Sauerstoffspezies. Die Produktion von ROS/RNS kann wiederum über die Schädigung der mitochondrialen und/oder Kern-DNA onkogene Mutationen und damit Krebs erzeugen (Normark et al. 2003). Therapeutisch sollen Prostaglandin-E-2-Induktoren oder synthetische PGE-2-Analoge diese Prozesse hemmen (Arakawa et al. 1998).

Bei **Reizkolon** (*irritable bowel syndrome*) gibt es außer einer Hypersensitivität und -schmerzempfindlichkeit von ZNS-Regionen gegenüber diesen Darmabschnitten auch Hinweise auf entzündliche Veränderungen (Quigley 2003). Dazu tragen offenbar chronischer psychischer Stress und Traumata bei, wie kürzlich in Tiermodellen gezeigt wurde. Der entzündliche Prozess wird hauptsächlich durch CRH initiiert, das Mastzellen zur Ausschüttung von Histamin veranlasst (Tache und Perdue 2004). Diese Entzündungsprozesse sind – verstärkt – Ursache *für* *Colitis ulcerosa* und *Morbus Crohn*, bei denen es meist zu häufigem Stuhlgang, krampfartigen Bauchschmerzen, Durchfall und Schleimabsonderung kommt. Schätzungsweie 300 000 Menschen leiden in Deutschland an chronisch entzündlichen Darmerkrankungen, der Großteil von ihnen an Morbus Crohn. Diese Erkrankung beginnt meist in jungem Alter (zwischen 20 und

30 Jahren) und hat sich besonders in den Industaaten mit hohen Hygienestandards vervielfacht. Die Hygiene schützt vor Fremdorganismen im Verdauungstrakt, sodass sich deshalb anscheinend vermehrt Autoimmunreaktionen ereignen. Ein künstlich herbeigeführter Befall mit Nematoden (*Trichurus suis*) hatte eine deutliche Verminderung der Erkrankung zur Folge (Summers et al. 2005). Im Rektum und Colon von Patienten mit dieser Erkrankung ist zudem eine erhöhte Menge von Substanz P und ihres Rezeptors (NK-1-R) zu beobachten (O'Connor et al. 2004).

Die entzündlichen Veränderungen können auf psychosozialem Stress, Nahrungsmittelallergien und Autoimmunreaktionen beruhen bzw. einem multifaktoriellen Zusammenspiel dieser Faktoren. Ebenso wie bei den entzündlichen Prozessen im Magen wird die Darmmukosa durch die chronische Entzündung und den damit verbundenen oxidativen Stress (ROS) geschädigt. Dadurch entsteht ein erhöhtes Risiko auch von Darmkrebserkrankungen – vermutlich über ROS-induzierte DNA-Schäden. Ein Eisenüberangebot in der Nahrung könnte das Krebsrisiko erhöhen (Förderung der Fenton-Reaktion) während Antioxidantien es möglicherweise verringern (Seril et al. 2003).

Als Behandlungsstrategien für die Erkrankungen des Magen-Darmtrakts bieten sich Psychotherapie verbunden mit medikamentösen Therapien, beispielsweise mit entzündungshemmenden Medikamenten, wie 5-Aminosalicylsäure oder Cortisol, später auch mit Immunsuppressiva, wie Azathioprin (Küchenhoff 2000) sowie eine Anpassung/Umstellung der Ernährung an.

8.4.3 Zahlreiche unterschiedliche Stressoren verursachen Entzündungsreaktionen der Haut (atopisches Ekzem/ Neurodermitis)

Die Haut als Grenzschicht gegenüber der Außenwelt ist ebenfalls ein klassisches Organ der Psychosomatik. Das atopische Ekzem wird eindeutig von psychischen Stresssituationen beeinflusst und beruht auf einer genetischen Disposition, sowie auf allergischen Reaktionen (auch auf bestimmte Nahrungsmittel), die zusammen die Entzündungsreaktionen der Haut auslösen oder verstärken.

Die Prävalenz dieser Erkrankung und von Asthma hat in Deutschland deutlich zugenommen: von 4–6 % der Kinder in den 60iger Jahren bis etwa 14–16 % in den 90iger Jahren (Gieler und Stangier 2002). Als psychische Ursachen gelten Defizite in der Interaktion mit Bezugspersonen, vor allem in der frühkindlichen Phase. Das Auftreten der Rötungen im Gesicht, der Juckreiz und andere Symptome sehen die Betroffenen oft als Beeinträchtigung ihrer Attraktivität an – mit negativen Folgen für die Sozialkontakte (Bosse und Gieler 1987, in Gieler und Stangier 2002). Bei Akne und Psoriasis findet man eine psychiatrische Komorbidität in Form von Depressionen und Suizidgefährdung (Gupta und Gupta 2003).

Der Mechanismus der Entstehung atopischer Ekzeme aufgrund der oben genannten Faktoren besteht einerseits in einer erhöhten Produktion von IgE und den Neuropeptiden *vasoactive intestinal polypeptide* (VIP) und *neuropeptide tyrosin* (NPY). Außerdem wurde eine überwiegende T-Helfer-(T_H2-)Aktivierung beobachtet, während die HPA-Achse anscheinend vermindert aktiv ist (Buske-Kirschbaum und Hellhammer 2003). Wie bei den entzündlichen Magen-Darmerkrankungen spielen auch hier entzündliche Prozesse und oxidativer Stress eine entscheidende Rolle. Einerseits wird die Haut ständig mit prooxidativen Faktoren wie UV-Strahlen (Abschnitt 6.6) konfrontiert, andererseits veranlassen die proinflammatorischen Cytokine in der Haut bei Stress vermehrt die Abgabe von reaktiven Sauerstoffspezies (ROS). ROS wirken wiederum als Signale in der Zelle und aktivieren Transkriptionsfaktoren wie NFκB und AP-1, die die Synthese von proinflammatorischen Cytokinen erhöhen, aber auch den programmierten Zelltod einleiten können. Auch *peroxisome proliferator activated receptor* γ (PPARγ), dessen Liganden aus polyungesättigten Fettsäuren und ihren Oxidationsprodukten bestehen, haben nach neuen Erkenntnissen mit der Entstehung von Hauterkrankungen wie Psoriasis und Akne zu tun (Briganti und Picardo 2003).

Hinzu kommen oft allergische Reaktionen der Haut, die ebenfalls die IgE-Produktion und damit die Ausschüttung von Histamin durch die Mastzellen erhöhen. Psychosozialer Stress kann über die erhöhte Menge an CRH diese Prozesse fördern.

Zur medikamentösen Therapie wird oft Cortisol eingesetzt, das AP-1 und damit die Produktion von Entzündungscytokinen hemmt, das aber bei längerer Anwendung drastische Nebenwirkungen etwa auf die Proliferation der Zellen hat. Neuerdings werden auch sogenannte topische Immunmodulatoren genutzt, die ebenfalls antiinflammatorisch wirken. Wirkungsvoll sind auch neue Antihistaminika. Außerdem wird der Kontakt mit Allergenen in der sauberen Luft von Hochgebirgen und am Meer verringert, zumal dort die verstärkend wirkenden Umweltschadstoffe fehlen (Dieselruß, Kohlenwasserstoffe). Eine psychotherapeutische Behandlung wird empfohlen, die sich einerseits mit den psychischen Konflikten beschäftigt, die zur Hauterkrankung beitragen, andererseits sich aber auch mit dem Umgang des Patienten mit der Krankheit befasst.

8.4.4 Die Erkrankung der Atemwege wird sowohl von psychischen Stressoren als auch von Umweltfaktoren (Allergene, Rauch, Partikel) verursacht

Unter den Erkrankungen der Atemwege sind vor allem **Asthma** und *chronic obstructive pulmonary disease* **(COPD)** (chronische Bronchitis) zu nennen. Beide sind gekennzeichnet durch systemische und lokale Entzündungen sowie Atemwegobstruktionen, die z. T. auf Kontraktion der Bronchialmuskulatur, Verdickung der Schleimhaut und Schleimansammlung beruht. Leitsymptom des Asthmaanfalls ist die ausgeprägte bis lebensbedrohliche Atemnot des Patienten, spontan am häufigsten in der Nachtzeit um etwa 2–4 h. Die Prävalenz von Asthma wird in England und den Niederlanden auf etwa 0,1–1,0 % der Bevölkerung geschätzt (Schüffel et al. 2002). Die Suche nach einer bestimmten Persönlichkeitsstruktur des Asthmatikers stellte sich auch hier als vergeblich heraus. Offenbar tragen unterschiedliche Konflikte und Ängste zu der Erkrankung bei, wie auch umgekehrt die Erkrankung wiederum Ängstlichkeit erzeugt. Auch eine Komorbidität mit Depression tritt auf (Rietveld und Green 2003). In bestimmten Konfliktsituationen steigt der Atemwiderstand (von Asthmatikern stärker als bei Vergleichsgruppen) an, auf der andere Seite können Allergene und Infekte Asthmaanfälle auslösen.

Bei Allergenen sind eine erhöhte Produktion von IgE und Histaminen und eine darauffolgende Kontraktion der glatten Muskeln der großen und kleinen Luftwege zu beobachten. Der zellu-läre/molekulare Mechanismus von Asthma und COPD basiert auf entzündlichen Prozessen, wie sie auch bei eingeatmeten Oxidantien wie Tabakrauch und von Feinstaubpartikeln entstehen. Die entzündlichen Prozesse können offenbar neuronal über Substanz P und ihren Rezeptor (NK-1-R) verstärkt oder initiiert werden (O'Connor et al. 2004). Bei Asthmatikern werden die Oxidantien (ROS) von den Immun- und Strukturzellen produziert, die wiederum Lipidperoxide erzeugen (Acrolein, 4-Hychroxy-2-nonenal, F(2)-Isoprostane). ROS und seine Oxidationsprodukte aktivieren Stresskinasen (JNK, p38 sowie PI3-K und Akt), die dann Transkriptionsfaktoren wie NFκB und AP-1 sowie Histonacetylasen aktivieren (Abschnitt 6.8). Diese Signalkaskaden führen zu einer weiteren Verstärkung der Entzündungsreaktion durch die Produktion von proinflammatorischen Cytokinen, Chemokinen und Wachstumsfaktoren (Rahman 2002). Außerdem entwickelt sich eine Elastolyse durch 'Serinproteasen, Cathepsine und Matrixmetalloproteinasen, die auch bei Zigarettenrauch eintritt und die zu einer bleibenden Verengung der kleinen Atemwege und Zerstörung der Alveolenwände führt. Im Gegensatz zu Asthma ist der rauchinduzierte COPD resistent gegen Cortisol (Barnes et al. 2003).

Zurzeit wird daher neben den wirksamen Asthmamedikamenten, u. a. β_2-Mimetika (Agonisten), Theophyllin und Cortisolsprays, nach Antioxidantien gesucht, die sich zur Therapie eignen (Caramori und Papi 2004). Cortisol wirkt allgemein entzündungshemmend, es hemmt darüber hinaus auch neurogene Entzündungsmechanismen durch Verringerung des Substanz P-Rezeptors (NK-1R) und Stimulierung der Produktion einer neutralen Endopeptidase (NEP), die SP abbaut (O'Connor et al. 2004). Außerdem werden zurzeit NK-1R-Antagonisten erprobt. Verschiedene psychotherapeutische Ansätze werden von Schüffel et al. (2002) diskutiert.

8.4.5 Fibromyalgie (Schmerzen im Muskel-Skelettsystem) ist vom Entstehungsmechanismus her noch unklar

Fibromyalgie ist ein chronisches Schmerzsyndrom, das durch diffuse muskuloskelettale Schmerzhaftigkeit, Morgensteifigkeit, Müdigkeit, Schlafstörungen und affektive Störungen charakterisiert ist (Herrmann et al. 2002). Leitsymptom ist ein schlecht lokalisierbarer Schmerz, wobei besonders häufig neben Lumbal- und Zervikalbereich, Schultern und Kniebereich genannt werden. Schmerzverstärkend wirken Kälte, Stress, körperliche Überlastung und Ruhe, schmerzmindernd sind Wärme und mäßige Aktivität. Muskelverspannungen (Hartspann) werden oft beobachtet. Auch bei diesen Störungen gibt es anhaltende somatoforme Schmerzstörungen (ASS), bei denen keine organischen Ursachen zu erkennen sind und auf der anderen Seite chronische Schmerzen, bei denen das der Fall ist. Die Unterscheidung ist jedoch hier wie in anderen Fällen von funktionellen und organischen Störungen schwierig. Organische Schäden sind oft eine Folge lang anhaltender oder intensiverer funktioneller Belastungen. Die psychogenen Faktoren, die zu Fibromyalgien führen oder sie verstärken, sind nicht klar und vermutlich ebenso wie bei den oben beschriebenen psychosomatischen Erkrankungen unterschiedlicher Art. Neben anderen Belastungen sind beispielsweise körperliche Misshandlung und/oder sexueller Missbrauch in der Vorgeschichte von ASS-Patienten gehäuft zu finden (Henningsen 2000). Bei Fibromyalgie-Patienten hatten 31-37 % psychische Störungen verschiedener Art (Herrmann et al. 2002), unter anderem Depressionen und allgemeinen psychischen Stress (McBeth und Silman 2001). In anderen Studien wird der Zusammenhang zwischen Fibromyalgie und Stress/Missbrauch als unbewiesen angesehen (Nielson und Merskey 2001). Muskel-/Skelettstörungen treten auch bei monotoner und wiederholter Arbeit auf, meist in Form von Nacken-Schulter- und Kreuzschmerzen. Dies wird auch im Zusammenhang mit den psychosozialen Stressoren bei dieser Arbeit gesehen (Lundberg 1999). Die Häufigkeit des Fibromyalgiesyndroms wird insgesamt mit 1 bis 2 % der Bevölkerung angegeben, die Prävalenz bei Frauen mit 3,4 %, bei Männern mit 0,5 %.

Neuere Untersuchungen zum Mechanismus der Entstehung von Fibromyalgien deuten auf eine Unterfunktion der beiden Hauptstresshormonachsen, des autonomen Nervensystems und Nebennierenmarks (SAM-Achse, Abschnitt 5.1) und der Hypothalamus-Hypophysen-Nebennierenrindenachse (HPA-Achse, Abschnitt 5.2) (Okifuji und Turk 2002).

Eine weitere Ursache für Fibromyalgie liegt in der allgemein erhöhten Schmerzempfindlichkeit, durch **Sensitivierung von Schmerzfasern** im Dorsalen Horn aufgrund der Aktivierung von N-Methyl-D-Aspartat-(NMDA-)Rezeptoren und einer verringerten Hemmung der Schmerzfasern (Henriksson 2003) – was möglicherweise mit der geringeren Aktivität der Stresshormonachsen und deren Opioidabgabe (β-Endorphin, Met-Enkephalin) zu tun hat. Diskutiert wird auch ein niedrigerer Serotonin- und erhöhter Substanz-P-Spiegel als Ursachen. Die Schmerzen könnten von kleinen, niedrigschwelligen motorischen Einheiten ausgehen, deren dauernde Aktivierung zu degenerativen Prozessen und Schädigungen führt (Lundberg 1999).

Die Therapien des Fibromyalgiesyndroms umfassen Psychotherapie, physikalische und medikamentöse Therapien (Herrmann et al. 2002), letztere beispielsweise mit nichtsteroidalen Entzündungshemmern und NMDA-Rezeptorantagonisten. Diese Medikamente sowie Opioide, Paracetamol und andere schmerzstillende Mittel sind jedoch meist von geringer oder begrenzter Wirksamkeit. Als sekundäre Folgen des Syndroms treten Schlafstörungen und Ängste auf, an einer lebensbedrohlichen Krankheit, etwa einer malignen Krebserkrankung, zu leiden. Diese Ängste müssen in die Behandlung mit einbezogen werden.

8.4.6 Diabetes mellitus Typ 2 entwickelt sich aufgrund einer Insulinresistenz von Zellen (in Zusammenarbeit mit Marco Jost)

Die zentrale Rolle von Insulin bei der Glucosehomöostase ist in Abschnitt 5.7 dargestellt. Insulinregulationsdefekte führen zu erhöhten Blutzuckerwerten (Hyperglykämie). Die zwei Haupttypen von Diabetes (Typ 1 und 2) unterscheiden sich in ihren Symptomen, ihrer Genese und Mechanismen. Während Typ-1-Diabetes meist auf einer Zerstörung der β-Zellen durch verschiedene Mechanismen wie Autoimmunreaktionen beruht und damit auf einem Ausfall der Insulinproduktion, ist Typ-2-Diabetes meist mit einem Wirkungsdefekt von Insulin und sekundär mit einem Synthesedefekt zu erklären. Ein Hauptmerkmal von Typ 2 ist die **Insulinresistenz**, d.h., dass die Gewebe mehr Insulin brauchen als gesunde Gewebe – was auch bei Adipositas auftritt. Die Insulinresistenz nimmt mit dem Alter allmählich zu – neuerdings schon bei Jugendlichen, vor allem bei Übergewichtigen. In den letzten Jahren ist ein bedrohlicher Anstieg des Typ-2-Diabetes schon im Kindesalter zu beobachten. Erste populationsbasierte Schätzungen im Jahr 2002 ergaben, dass gegenwärtig in Deutschland etwa 210 Kinder und Jugendliche jährlich an Typ-2-Diabetes erkranken (Danne und Beyer 2004). Anscheinend kommt es nach der Insulinresistenz zu einem zweiten Defekt, nämlich zu einer verminderten Insulinsekretion, die zunächst oft eine Überfunktion zeigt (Zierath et al. 2000). Dass genetische Faktoren dabei eine Rolle spielen, lässt sich aus der hohen Übereinstimmung von Typ-2-Diabetes bei eineiigen Zwillingen (70-80 %) im Vergleich zu zweieiigen (10-20 %) ableiten (Jackson et al. 2000, Herrmann et al. 2002).

Bei den Faktoren, die Typ-2-Diabetes begünstigen, ist **Adipositas** hervorzuheben, wobei die zentralen Fettdepots und ihre erhöhte Abgabe von freien Fettsäuren zur Insulinresistenz beitragen. Auch **Bewegungsmangel** unterstützt die Insulinresistenz (Zierath et al. 2000). Die Suche nach den primären und sekundären Ursachen dieser Erkrankung wird durch die Heterogenität der veränderten Funktionen erschwert. Da Ernährungsgewohnheiten und Bewegungsmangel einerseits eine Folge des sozioökonomischen Status (Abschnitt 2.1), andererseits aber auch des psychischen Zustands (z. B. **Depression**) sind, liegen auch hier deutlich Einflüsse von Stress und psychischen Belastungen schon in der Kindheit vor. Eine der Deutungen von Adipositas ist ein frühkindlicher Mangel an Fürsorge oder ein Ersatz der mütterlichen Zuwendung in einer späteren Lebensphase. Auch Angst- und Depressionszustände und Trauer bei einem Verlust einer wichtigen Bezugsperson soll dieses Essverhalten auslösen können (Herrmann et al. 2002).

Die Entwicklung eines Typ-2-Diabetes verläuft in mehreren Phasen: Zu Beginn findet man normale, später leicht erhöhte Nüchternglucosespiegel (Prädiabetes), wie sie auch in adipösen Personen auftreten. Schließlich kommt es zur Entstehung eines manifesten Diabetes mit einer Hyperglykämie im nüchternen Zustand (Abb. 8.20a).

Vom Entstehungsmechanismus her ist dabei die zunehmende **Insulinresistenz** von Muskel, Fettgewebe und Leber von Bedeutung. Diese bewirkt eine reduzierte Glucoseaufnahme in Fettgewebe und Muskel, sowie eine erhöhte Glucoseabgabe der Leber. Die Insulinresistenz allein reicht aber nicht aus, um einen Typ-2-Diabetes zu entwickeln. Es bedarf einer weiteren pathologischen Störung, die zu einer Veränderung der

Insulinsekretionskinetik der β-Inselzellen führt. Diese Dysregulation der Insulinsekretion führt zu erhöhten, normalen oder erniedrigten Insulinspiegeln im Verlauf der Krankheit (Häring 1999, Zierath et al. 2000).

Die primären Ursachen für die beschriebenen Defekte in der Insulinsekretion und Insulinsensitivität sind bis heute noch nicht vollständig geklärt. Es wird vermutet, dass eine Kombination von genetischen und Umweltfaktoren von einer normalen Glucosetoleranz zu einem Diabetes führen. Bei den sekundären oder Umweltfaktoren, die zu einer Insulinresistenz führen können, ist besonders die Adipositas hervorzuheben. Mehrere Studien haben hier die Korrelation von Körpergewicht und individueller Insulinsensitivität beschrieben. Wie in Abb. 8.20b zu erkennen ist, nimmt die Glucoseaufnahme der Muskulatur (gemessen als GDR: *glucose disposal rate*) mit zunehmendem *body mass index* (kg/m^2) im Verlauf einer euglykämisch hyperinsulinämischen Glucoseklemmuntersuchung ab. Hierbei sind insbesondere die zentralen (intraabdominalen) Fettdepots von Bedeutung, da diese aufgrund einer höheren lipolytischen Aktivität, bedingt durch einen höheren Besatz mit adrenergen Rezeptoren, zu einer erhöhten Produktion von freien Fettsäuren führen und dadurch zu einer Insulinresistenz der Skelettmuskulatur beitragen (Kahn und Flier 2000; Shulman 2000). Zusätzlich belegen in vitro Arbeiten, dass freie Fettsäuren die Insulinsignalweiterleitung stören, indem sie Proteine der Insulinsignalkaskade hemmen (Dresner et al. 1999). Insulinresistenz ist korreliert mit höherem Blutdruck, höherer Triglycerid- und LDL-Konzentration und niedrigerer Menge von HDL (Liao et al. 2004). Eine besondere Rolle scheinen dabei intramyozelluläre Fettdepots zu spielen. Das erklärt auch, warum Bewegung und Sport die Insulinresistenz vermindern können: Dadurch werden diese Fettreserven verbraucht.

Fettgewebe produziert außerdem TNF-a (Uysal et al. 1997) und ein Protein (**Resistin**) (Steppan et al. 2001), die beide die Insulinresistenz erhöhen. Wegen der Insulinresistenz steigt die Glucosekonzentration und der Insulinspiegel im Blut. Je geringer die Insulinsignalweiterleitung desto weniger Glucose wird in den Muskel aufgenommen. Durch diese Mechanismen ist zumindest ein Teil der Beziehung zwischen Adipositas und Diabetes zu erklären.

Als mögliche Ursachen für eine darauf folgende Hemmung der Insulinsekretion werden eine

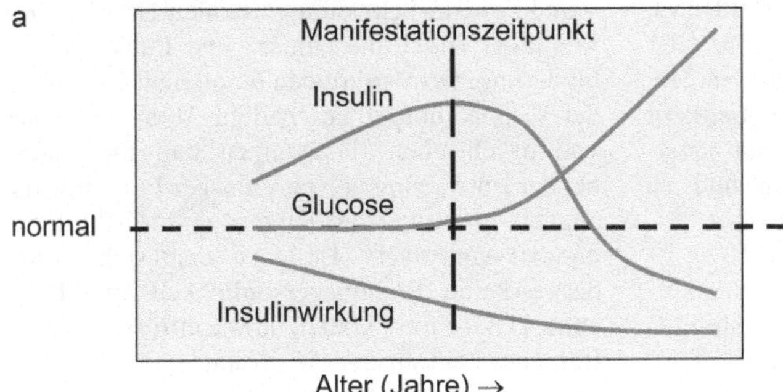

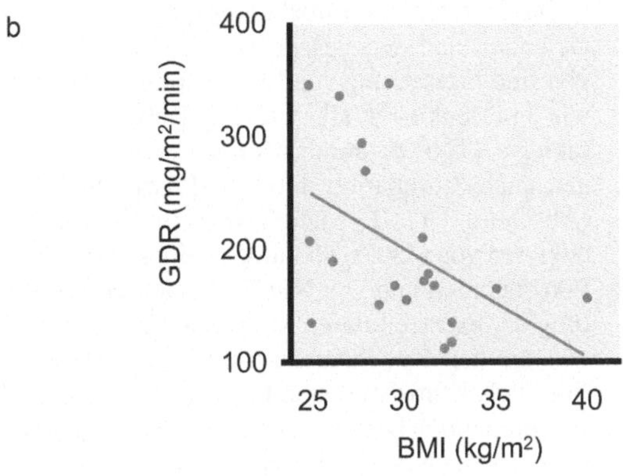

8.20 Insulinresistenz und Glucosehomöostase. a) Typ-2-Diabetes: Modellhafte Darstellung des Verlaufs der Blutkonzentrationen von Insulin und Glucose sowie des Verlaufs der Insulinwirkung mit zunehmendem Alter. Der Manifestationszeitpunkt ist meist an die Zunahme des Blutglucosespiegels gekoppelt (M. Jost). b) Die *glucose disposal rate* (GDR), d. h. die Aufnahme von Glucose in die Zellen, ist deutlich negativ mit dem *body mass index* (BMI) korreliert

verminderte Kompensationsfähigkeit der Insulinresistenz, eine Verminderung der β-Inselzellmasse, sowie die Glucosetoxizität vermutet. Erhöhte Glucosespiegel (Hyperglykämie) führen in den Inselzellen des Pankreas zu oxidativem Stress durch eine gesteigerte ROS-Produktion der Mitochondrien. Pankreatische β-Insulinzellen sind besonders empfindlich gegen diesen Stress und werden so allgemein und in der Insulinproduktion geschädigt (Green et al. 2004).

Interessant könnte in diesem Zusammenhang sein, dass bei einer Insulinresistenz mit einer begleitenden Sekretionsstörung der Inselzellen eine erhöhte Konzentration an intaktem Proinsulin, dem Insulinvorläuferprotein, gemessen werden kann. Intaktes Proinsulin könnte somit als ein indirekter Marker für die Insulinresistenz eine wichtige Rolle bei der Diagnose und Therapieplanung einnehmen (Pfützner und Forst 2004).

Diagnose, Therapie und Langzeitbetreuung von Diabetikern sind beispielsweise bei Berger (2000) zusammengefasst. Als Therapien gegen Diabetes Typ 2 werden mehrere Strategien verfolgt:

- Ernährungs- und Bewegungsstrategien: Der *body mass index* (BMI) sollte auf etwa 21-23 eingestellt werden, wobei die Kalorienaufnahme allgemein erniedrigt und die Bewegung erhöht werden sollte. Die Diät sollte Omega-3-Fettsäuren und wenig gesättigte Fettsäuren und Kohlenhydrate enthalten (Steyn et al. 2004).

- Da oxidativer Stress offenbar bei der Entstehung von Diabetes Typ 2 eine wichtige Rolle spielt, wird zunehmend eine Supplementierung der Nahrung mit Antioxidantien empfohlen, die bisher aber in ihrer Dosierung noch nicht voll etabliert ist (Opara 2004).

- Gabe von Insulinsensitizern wie Thiazolidionen (TZD) sowie von Insulin, a-Glucosidaseinhibitoren und Verstärkern der Insulinsekretion (Bell 2004), die beispielsweise aus zwei Hormonen des Verdauungstrakts bestehen; *glucagon-like peptide 1* (GLP-1) und *glucose dependent insulinotropic peptide* (GIP). Beide werden jedoch schnell abgebaut, sodass zurzeit abbauresistente Analoga ausprobiert werden (Vahl und DÁlessio 2004). Eine andere Strategie basiert auf der Hemmung der Dipeptidylpeptidase-IV (DPP-IV), eines Enzyms, das am Abbau von GIP, GLP-1 beteiligt ist. Erste Ergebnisse zeigen, dass die Behandlung von Typ 2-Diabetikern mit DPP-IV-Inhibitoren zu erhöhten postprandialen GLP-1-Konzentrationen und zu einer Senkung der Glucosespiegel führt.

- Die Glykogensynthasekinase-3 (GSK-3) ist ein negativer Regulator der Insulinsignalkette. Zurzeit werden selektive GSK-3-Inhibitoren entwickelt (CT 99 021 und CT 20 026), die die Glykogensynthase aktivieren und den insulinabhängigen Glucosetransport stimulieren (Wagman et al. 2004).
- Neuerdings gibt es die Möglichkeit über die Aktivierung eines Transkriptionsfaktors *peroxisome proliferator activated receptor γ* (PPARγ) die Insulinresistenz zu erniedrigen (Olefsky 2000). Der dafür verwendete Wirkstoff ist Thiazolidinedion (TZD). Der Wirkungsmechanismus der PPARγ-Aktivierung könnte in einer Veränderung der Adipocyten und deren Abgabe von freien Fettsäuren und TNF-α liegen, ist aber noch nicht in allen Details bekannt (Raji und Plutzky 2002).
- Gabe von Agonisten des *peroxisomal proliferator activated receptor γ* (PPARγ) (Bays et al. 2004), wie Pioglitazon, verringert anscheinend den oxidativen Stress der β-Zellen (Ishida et al. 2004).
- *Last but not least* ist bei Adipositas oft Psychotherapie empfehlenswert, um die psychischen Ursachen des Essverhaltens zu bearbeiten. Oft geschieht das jedoch – besonders bei Jugendlichen – weniger als etwa bei Magersucht/Bulimie.

8.4.7 Chronische Polyarthritis (Rheuma) geht mit Entzündungsprozessen in den Gelenken und der Freisetzung von proinflammatorischen Cytokinen einher

Chronische Polyarthritis bzw. rheumatoide Arthritis ist eine relativ häufige Erkrankung (Prävalenz etwa 0,5–1 % in Europa), die mit dem Alter zunimmt und bei Frauen etwa doppelt so häufig ist wie bei Männern. Die Ätiologie ist wenig geklärt; vermutet wird eine genetische Disposition, Fremd(?)-Antigene und eine auslösende Situation, um die akuten und chronischen entzündlichen Prozesse in Gang zu bringen. Bevorzugt befällt die Entzündung stammferne Gelenke – Hand-, Fingergrund- und Fingermittelgelenke

– und bewirkt Schwellung, lokalen Druck-, Bewegungs- und Ruheschmerz und Funktionsbehinderung. Oft wird in den befallenen Gelenken der Gelenkknorpel geschädigt. Was die Rolle von psychischen Belastungen und Störungen bei der Entstehung von chronischer Polyarthritis angeht, so sind die Fakten und Diskussion darüber kontrovers. Einig ist man sich darin, dass es keine „Rheumapersönlichkeit" gibt. Psychosozialer Stress könnte über Einflüsse auf das Immunsystem an der Auslösung und Chronifizierung von Polyarthritis beteiligt sein (Raspe 2002).

Die Auslöser der Entzündungsprozesse in den Gelenken sind, wie gesagt, noch unklar, die Folgen sind Freisetzung von Entzündungscytokinen wie Interleukin-1β (IL-1β) und Tumornekrosefaktor-α (TNF-α) durch Monocyten/Makrophagen nach Stimulation durch T_H1 Lymphocyten (Abschnitt 7.1). IL-1 und TNF-α sind starke Induktoren von Matrix-Metalloproteinasen (MMP), Eikosanoiden und von NFκB, die an der Zerstörung der extrazellulären Matrix und Knorpel sowie an der Knochenresorption beteiligt sind. Eine Polyarthritistherapie bei Versagen von Basistherapeutika besteht daher in der Blockade der IL-1- (und TNF-α-)Wirkung durch IL-1-Rezeptorantagonisten (IL-1Ra) oder TNF-α-Inhibitoren bzw. Antikörper (Dayer 2002, Feldmann et al. 2004). Weitere physischmedikamentöse Rheumatherapien siehe Lehrbücher der Rheumatologie. Wichtig erscheint auch hier eine psychotherapeutische Behandlung, welche die Folgen (Schmerzen, Funktionsminderungen) betrifft (Raspe 2002).

8.4.8 Migräne ist anscheinend mit Entzündungsprozessen in Hirngefäßen gekoppelt

Als Migräne werden Kopfschmerzen bezeichnet, die mit folgenden Symptomen einhergehen:

- Schmerzen dauern zwischen vier und 72 Stunden.
- Sie haben oft pulsierenden Charakter und treten oft halbseitig – z. B. in der linken Kopfhälfte auf.
- Sie sind oft mit Appetitlosigkeit/Übelkeit verbunden.
- Körperliche Tätigkeit verstärkt die Schmerzen.

- Manchmal tritt eine Licht- und Lärmempfindlichkeit dabei auf.
- Die normale Tagesaktivität ist beeinträchtigt.

Als Ursachen dafür gelten genetische Disposition und Stress (Spannung, Störungen im Tagesrhythmus u. a.). Als Erklärungsmodell für das Zustandekommen dient derzeit die Annahme einer neurogenbedingten Entzündung von Gefäßen im Gehirn, d. h. eine zu hohe Ausschüttung von Neuropeptiden, wie Substanz P und Neurotensin, und dadurch verursacht, eine Ausschüttung von proinflammatorischen Cytokinen. Durch die Entzündungsprozesse werden die Gefäßwände extrem schmerzempfindlich – oft besonders bei den Druckwellen des Pulsschlages.

Als **Therapien** werden ein regelmäßiger Tagesablauf, Bewegung (Joggen), Entspannungsübungen und Medikamente empfohlen (Betablocker, wie Propranolol, sowie Calciumagonisten, siehe auch Schmerzwahrnehmung Kapitel 4).

Bei leichter Migräne sind Acetylsalicylsäure (Aspirin), Paracetamol, Ibuprofen wirksam, bei schweren Attacken werden Triptane angewandt, die allerdings nur begrenzt (zehn Tage im Monat) und möglichst zu Beginn der Migräneattacken eingenommen werden sollen (Lainez 2004). Triptane sind Serotonin-(5-HT1B/1D-)Rezeptoragonisten. Neuerdings werden auch *calcitonin gene related peptide* (CGRP)-Rezeptorblocker als effektive Migränebehandlung eingesetzt und weitere Rezeptormodulatoren (von 5-HT-1-F, Adenosin-A-1-, Nociceptin-, Vanilloid- und Anandamidrezeptoren) auf ihre Wirkung geprüft (Goadsby 2004).

8.5 Stress und Krebs

Tumoren sind Vergrößerungen eines Gewebes, die durch autonome (d. h. nicht kontrollierte) Proliferation körpereigener Zellen entstehen. Gutartige (benigne) Tumoren sind in der Regel nicht lebensbedrohlich. Aus einigen benignen Tumoren können sich allerdings bösartige (maligne) Tumoren entwickeln, die man als Krebs bezeichnet. Der Krebs ist durch sein infiltrierendes und destruktives Wachstum, besonders wenn es zur Metastasenbildung kommt, stark lebensbedrohlich.

Tumoren beruhen auf genetischen Veränderungen (Mutationen). Mutationen, die zu einer Disposition für Tumoren führen, können schon in den Keimzellen präsent sein und so vererbt werden. In der Regel treten die Mutationen in einzelnen Zellen des Organismus in späteren Lebensphasen auf (somatische Mutationen). Die mutierten Gene, sogenannte Onkogene und/ oder Tumorsuppressorgene, können die unterschiedlichen onkogen- und gewebsspezifischen Krebserkrankungen auslösen.

Die Tumorgenese ist in der Regel ein Mehrschrittprozess, bei dem sich mehrere Mutationen ereignen müssen, um eine Zelle in eine Tumorzelle umzuwandeln. Gegebenenfalls können dann weitere Mutationen zur Metastasierung führen (Abb. 8.21a).

Als Beispiel können Schilddrüsentumoren dienen. In der Schilddrüse findet man relativ häufig gutartige Tumoren. Diese kommen oft durch Brüche im Chromosom 2 und durch Veränderungen des THAD-(*thyroid adenoma associated-*) Gens (Rippe et al. 2003) zustande. Durch weitere Mutationen, etwa im *ras*-Proto-Onkogen, kann ein bösartiges Karzinom entstehen. Kommen noch weitere Mutationen hinzu, beispielsweise negative Veränderungen des p53-Gens, das über sein Protein die Apoptose reguliert, entsteht das hoch maligne, schnell wachsende und metastasierende Adenokarzinom. In solchen Tumorzellen können dann Hunderte von Mutationen beobachtet werden.

Auslöser von Mutationen sind in der Regel bestimmte Stressoren (Mutagene), wie reaktive Sauerstoffspezies (ROS), Strahlung, gentoxische Substanzen, aber auch Fehler bei der Replikation der DNA. Derartige somatische Mutationen sind für etwa 98 % der Tumoren verantwortlich. Gegen die somatischen Mutationen sind hauptsächlich Reparatursysteme und Antioxidantien sowie Apoptose oder Seneszenz von Zellen wirksam. Auch das Immunsystem kann mutativ veränderte Zellen erkennen und ausschalten (Abb. 8.21b).

Vererbte Tumorerkrankungen spielen dagegen nur bei etwa 1–2 % aller Krebserkrankungen eine Rolle: zum Beispiel beim hereditären Mam-

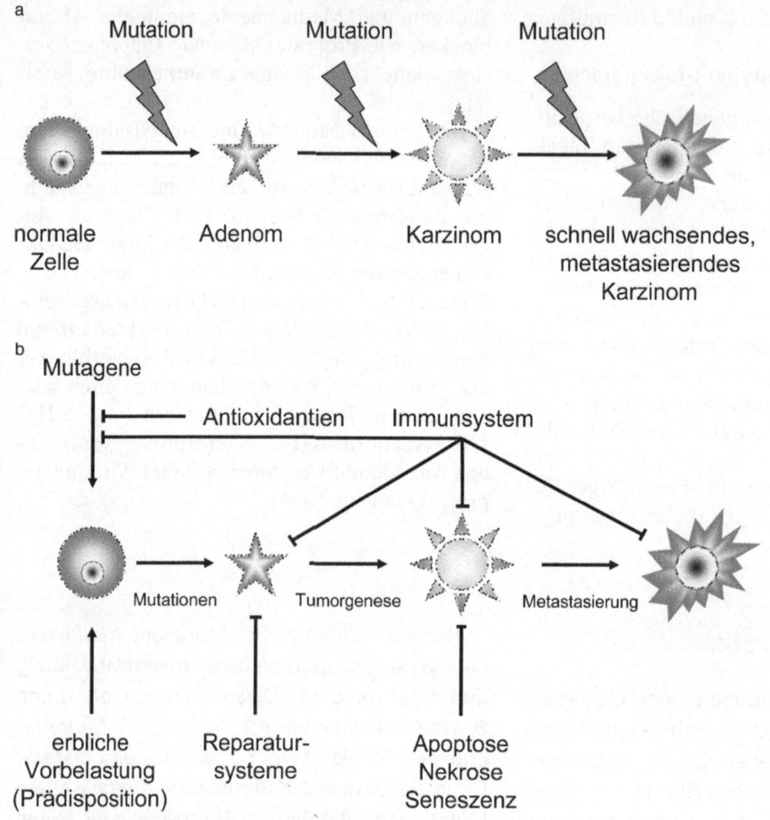

8.21 Mehrschrittprozess der Tumorgenese a) und wichtige Einflussgrößen b). Hemmend auf die Tumorentstehung und -entwicklung wirken Antioxidantien, das Immunsystem, Reparatursysteme sowie Apoptose, Nekrose und Seneszenz von Zellen. Das Immunsystem spielt auch eine Rolle bei der Abwehr von virusinduzierten Tumoren.

ma- und Ovarialkarzinom sowie dem hereditären nichtpolypösen Kolonkarzinom (HMPCC) oder dem Retinoblastom. Daneben spielt die genetische Disposition eine wichtige Rolle in der Tumorgenese, da eine Vielzahl von Genen an der Tumorzellentwicklung und der körpereigenen Abwehr dagegen beteiligt sind. Polymorphismen von regulatorischen Proteinen oder Mutationen von Reparatur, Apoptose oder Signalgenen können die Tumorgenese mittelbar beeinflussen. So ist das relative Risiko für ein kolorektales Karzinom bei Personen unter 45 Jahren, die einen oder mehrere Verwandte ersten Grades mit einem kolorektalen Karzinom haben, um 5,4mal höher als bei Personen einer nicht belasteten Familie.

Zur genaueren Darstellung dieser Themen siehe Wagener (1999), Charles et al. (2003) und Alison (2005).

8.5.1 Stressoren induzieren und beeinflussen die Entstehung und Entwicklung von Krebs

Es gibt eine Vielzahl von Stressoren, die Mutationen und damit Krebs induzieren können. Das auslösende Ereignis für eine bestimmte Mutation, die am Anfang der Tumorgenese steht, kann in der Regel nicht nachgewiesen und damit nicht direkt mit einem bestimmten Stressor verbunden werden. Das liegt daran, dass viele Stressoren indirekt wirken, unterschiedliche Stressoren gleiche Mutationen hervorrufen können und oft lange Latenzzeiten bis zur Auswirkung einer Mutation auftreten. Trotzdem können Stressoren mit Krebserkrankungen in Verbindung gebracht werden, in der Regel durch epidemiologische und arbeitsmedizinische Erkenntnisse oder durch Unfälle mit Chemikalien oder radioaktivem Material, von denen viele Menschen betroffen sind. Darüber hinaus gibt es überaus zahlreiche Versuche an Tieren, vor allem an Ratten und Mäusen, die jeweils bestimmten Stressoren ausgesetzt wurden.

Je nach kulturellem und zivilisatorischem Hintergrund findet man unterschiedliche Häufigkeiten bestimmter Krebsformen: in Japan gehäuft Magentumore, in den USA Darmtumore oder in Großbritannien Lungentumore. Diese Unterschiede hängen u. a. mit Essgewohnheiten, Rauchen und Umweltverschmutzung zusammen. Noch nicht klar ist, warum ein und derselbe Stressor, wie das Epstein-Barr-Virus (EBV), in Afrika oft mit der Entwicklung des Burkitt-Lymphoms und in Asien des Nasopharyngealkarzinoms assoziiert ist. Auf die spezifischen Wirkungen einzelner Stressoren auf die Krebsentstehung und -entwicklung ist in den vorangegangenen Kapitel schon hingewiesen worden (Abschnitte 6.1, 6.5, 6.6). Hier sollen zunächst die Zusammenhänge zwischen psychosozialen Stressoren und Krebsentwicklung genauer betrachtet werden.

Psychosozialer und intrapsychischer Stress

Es ist zweifelsfrei erwiesen, dass psychische Belastungen auch zu physischen Erkrankungen führen können. Ob unter diese Erkrankungen auch die Entstehung von Krebs fällt, ist bis heute jedoch noch nicht eindeutig geklärt. Es gibt auf der einen Seite viele Hinweise, dass psychische

Belastungen Immunfunktionen (Abschnitt 7.4), Hormonproduktion und molekulare Prozesse beeinflussen können, die als Faktoren der Krebsentstehung angesehen werden. Diese Mechanismen werden weiter unten behandelt. Zunächst soll die Frage diskutiert werden, ob es abgesicherte Ergebnisse vor allem durch **epidemiologische Studien** gibt, die eine Beziehung zwischen psychischer Belastung und der Tumorgenese belegen.

Während bei fast allen bekannten mutagenen Stressoren positive epidemiologische Korrelationen zwischen Stressor und Tumorentstehung existieren, wie z. B. für Strahlenbelastung (Abschnitt 6.6) oder Rauchen, ist das bei psychischen Belastungen nicht so deutlich, wie frühere Studien beispielsweise über Brustkrebs belegen. Die Ergebnisse dieser Studien über die psychischen Belastungen differierten zwischen keinem Zusammenhang zum Auftreten von Brustkrebs (Ewertz 1986, Roberts et al. 1996), einer negativen Beziehung (Priestman et al. 1985) und einer positiven Korrelation (Chen et al. 1995). Oft werden einschneidende Lebensereignisse, wie der Tod eines nahen Familienmitglieds (Li et al. 2003), und das Auftreten von Tumoren retrospektiv und/oder prospektiv untersucht. Ein Zusammenhang zwischen psychischen Erkrankungen, wie Depression und Tumorentstehung, wurde in einigen Studien gefunden, in anderen Studien dagegen nicht. Ein signifikanter Zusammenhang scheint zwischen psychischem Stress und einer Erhöhung der kanzerogenen Wirkung anderer Stressfaktoren zu bestehen, wie der Wirkung von Alkoholkonsum und Rauchen (Levav et al. 2000, Linkins und Comstock 1990).

Eines der großen Probleme dieser Studien liegt in **methodischen Schwierigkeiten** bei der Messung von psychischem Stress: Es gibt kein psychisches Stressereignis, das für alle Menschen gleich belastend ist. Die Schwere der Belastung lässt sich nur subjektiv quantifizieren. Daher gibt es stark unterschiedliche Erhebungsmethoden um einen Bezug zwischen psychischer Belastung und Tumorentstehung herzustellen. Die meist verwendete Methode sind Fragebögen zur Selbsteinschätzung der Belastung (Achat et al. 2000, Helgesson et al. 2003, Kruk et al. 2004). Die Schwierigkeiten dieser Methode werden bei Dalton et al. (2002) analysiert und zusammengefasst.

Die oben erwähnten Beispiele für widersprüchliche Ergebnisse von verschiedenen Studien über den Zusammenhang zwischen psychischem Stress (Lebenseinschnitten, Depressionen sowie Persönlichkeitsstruktur) und Krebshäufigkeit machen bereits klar, welche Schwierigkeiten mit der Analyse verbunden sind. Das wird besonders in einer Metastudie über eine größere Anzahl von epidemiologischen Untersuchungen zu diesem Thema deutlich (Dalton et al. 2002). Neben den dafür verantwortlichen Problemen der Quantitierung von psychischem Stress und seiner Dauer, sind es auch die überaus **zahlreichen** *confounding factors* (**Einflussgrößen**), die eine eindeutige Aussage erschweren. Die Entstehung von Krebs im allgemeinen und auch von seinen gewebespezifischen Formen hängt von der genetischen Konstitution ab – darunter Polymorphismen in den Genen für DNA-Reparatur (Abschnitt 6.6), in Zellzykluskontrollgenen, Apoptosegenen, Hormonrezeptorgenen und zahlreichen weiteren Genen. Außerdem spielen der Lebensstil (Ernährung, Alkohol und Zigarettenkonsum), Umweltfaktoren (Rußpartikel, Asbest, Metalle u. a.), Alter (Akkumulation von DNA-Schäden), Geschlecht, sozialer Status, Virusinfektoren und weitere Faktoren wichtige Rollen, sodass es schwer fällt, Kontroll- und Testgruppen so zu bilden, dass nicht ein Ungleichgewicht (*bias*) dieser Einflussgrößen auftritt. Auch die subjektive Einschätzung der Ergebnisse durch die Personen, die diese Zusammenhänge aufzuklären versuchen, kommt als mögliche Fehlerquelle dazu.

Die Metastudie von Dalton et al. (2002) ergibt, dass bei tiefen Lebenseinschnitten (Tod eines Elternteils in der Jugend, Tod des Lebenspartners, Scheidung, Tod eines Kindes, Kriegs- oder Umweltkatastrophen) das Risiko (*odds ratio* OR), an Krebs zu erkranken, bei den zahlreichen ausgewerteten Studien zwischen 0,95 und 1,18 liegt, d. h., dass keine allgemeine Risikoerhöhung registriert wurde. Dagegen liegen die berichteten Risiken bestimmter Krebsarten (Brust: OR zwischen 0,8 und 2,56; Lymphome: OR zwischen 1,47 und 2,56, Melanom: OR zwischen 1,71 und 4,62) höher. Ebenso verhält es sich bei Depression: Das Gesamtrisiko liegt in den 13 ausgewerteten Studien bei OR zwischen 0,99 und 1,38 (mit relativ hohen 95 % Konfidenzintervallen). Bei vier Studien ergab das Brustkrebsrisiko OR-Werte von 1,02; 1,50; 3,8 und 14. Bei den Persönlichkeitsmerkmalen (10 Studien) wurde u. a. „Stabilität" im Sinne von emotionaler Kontrolle getestet, ebenso „Extravertiertheit", die aber keine erhöhten Risiken ergaben.

Besonders gut untersucht sind die weiter oben schon erwähnten Zusammenhänge zwischen Brustkrebs und psychischen Stressfaktoren. Für das Auftreten von Brustkrebs werden außerdem allgemeine Risikofaktoren gefunden, wie das Alter, frühe Menarche, Kinderlosigkeit oder späte Geburt des ersten Kindes, später Eintritt in die Menopause, Alkoholkonsum und geringe physische Aktivität (Hulka und Moorman 2001, Kelsey und Gammon 1991). In neuen Untersuchungen zur Rolle von psychischem Stress und Brustkrebs kommen Kruk und Aboul-Enein (2004) zu einem positiven Zusammenhang. In dieser Studie wird eine signifikante positive Korrelation zwischen einschneidenden Lebensereignissen, wie Tod eines Familienmitglieds, aber auch Tagesstress und Depression auf der einen Seite und Brustkrebs auf der anderen aufgezeigt. Diese Ergebnisse stimmen überein mit Jacobs und Bovasso (2000), bei deren Patienten die Mutter während der Kindheit starb oder eine chronische Depression festgestellt wurde.

Schlussfolgerung aus den bisherigen Studien ist, dass die Wirkungen von psychischen Faktoren auf das allgemeine Krebsrisiko bisher zu wenig präzise darstellbar sind, um klare Aussagen zu treffen, obwohl eine Anzahl von Studien einen signifikanten Zusammenhang mit bestimmten Krebsarten findet. Ein solcher positiver Zusammenhang ist auch von anderen Ergebnissen her als plausibel anzusehen: etwa von den Einflüssen von Lebensereignissen und Depressionen auf das Immunsystem (Abschnitte 7.4 und 8.5.2), den Einflüssen von psychischem Stress auf Entzündungen etwa von Magen und Darm und dem daraus entstehenden Krebsrisiko durch ROS (Abschnitt 8.4) sowie von Ergebnissen über Stresshormone, ihren Einfluss auf die Produktion von ROS und deren mutagene Wirkung (Abschnitt 6.8).

Strahlen

Die Wirkungsmechanismen von Strahlenbelastung wurden bereits in Abschnitt 6.6 beschrieben.

Ionisierende Strahlen haben ein hohes kanzerogenes Potenzial. Sie können von außen auf den Körper wirken, wie etwa bei Röntgenstrahlen, dem Einsatz von Atomwaffen oder bei Unfällen in Nuklearanlagen. Zu starke oder häufige Röntgenstrahlexposition erhöht das Krebsrisiko in den bestrahlten Körperregionen. In der Halsregion kann sich ein Schilddrüsenkarzinom, im Unterbauchbereich von Frauen ein Ovarialkarzinom und in der Brust ein Mammakarzinom entwickeln. Nach der Atombombenexplosion in Hiroshima fand ein drastischer Anstieg von Sarkomen und Lymphomen statt. Lymphome wurden auch bei Personen festgestellt, die von Unfällen in Nuklearanlagen betroffen waren.

Radioaktive Isotope können auch mit der Nahrung oder über die Atmung aufgenommen werden. Durch Aufnahme von radioaktivem Jod nach dem Tschernobylreaktorunfall stieg die Anzahl der Schilddrüsenkarzinome bei Kindern und Jugendlichen in der Umgebung um mehrere hundert Prozent an. Bei den Betroffenen fand man die Besonderheit, dass die Strahlenbelastung häufig spezifische Mutationen induziert hatte. Das waren vor allem Chromosomentranslokationen, die die Gene RET und PTC betreffen. Strahlenbelastungen verursachen auch strukturelle Chromosomenveränderungen in Lymphocyten, aus deren Häufigkeit sich eine nachträgliche Dosimetrie ableiten lässt. Eine anerkannte Berufserkrankung tritt bei Arbeitern in Uranbergwerken auf, die radioaktive Stoffe inhalieren und häufig Tumoren in Lunge und Kehlkopf entwickeln. In Tierversuchen und an Zellkulturen konnte gezeigt werden, dass es einen dosisabhängigen Zusammenhang zwischen radioaktiver Strahlung und Mutationsrate und damit auch der Krebsrate gibt.

UV-Strahlen spielen eine wichtige Rolle bei der Entstehung von Hautkrebs. Ein erhöhtes Krebsrisiko besteht, wenn die Haut über Jahre hinweg UV-Strahlung ausgesetzt wurde, etwa wenn regelmäßig Solarien benutzt wurden, bei Freiluftberuflern, wie Seemann, Land-, Forst- und Bauarbeiter, oder bei einem lichtempfindlichen Hauttyp. Melanome können jedoch auch an UV-geschützten Stellen der Haut auftreten, wobei die Ursachen dafür nicht klar sind.

Eine Tumorinduktion durch Hochspannungsleitungen und Sendemasten, etwa für Mobilfunk oder Handynutzung, konnte bisher nicht nachgewiesen werden.

tenz gegen eine virusinduzierte Transformation von einer normalen Körperzelle zu einer Tumorzelle. SV40-Viren beispielsweise können tierische Zellen in Kultur leicht zu Tumorzellen transformieren und in lebenden Tieren Tumore hervorrufen. In den 60er Jahren waren Polioimpfstoffe in den USA bei mehreren Millionen Menschen mit dem SV40-Virus kontaminiert. Nachträgliche Untersuchungen ergaben jedoch keine erhöhte Tumorrate bei den Betroffenen. Trotzdem können SV40-Viren menschliche Zellen in Kultur zu Tumorzellen transformieren; der Effekt beruht jedoch primär wahrscheinlich nicht auf der Erzeugung spezifischer Mutationen, sondern eher auf der Erhöhung der **Proliferationsrate** der Zellen. Durch die dadurch **erhöhte Fehlerrate bei der Replikation** und Mängel bei der Reparatur entstehen Mutationen, die in der Regel zum Zelltod aber auch zur **Immortalisierung** und **Tumorzellbildung** führen. Eine solche Zellkultur zeigt nach der SV40-Infektion eine starke Proliferation und Mutationen. Zunächst durchlaufen die Zellen eine Krise, in der mehr als 99 % der Zellen absterben. Einige wenige Zellen überstehen die Krise und zeigen ein unbegrenztes Wachstums (Immortalisation). In diesen Zellen häufen sich schnell viele weitere Mutationen an.

Eine Stimulation der Proliferation geht von vielen Viren aus, die den Menschen befallen. Da hierdurch auch die allgemeine Mutationsrate erhöht wird, kann umgekehrt von einer Mutation nachträglich selten auf eine bestimmte Virusinfektion geschlossen werden. Möglicherweise sind Virusinfektionen wesentlich häufiger Ursache für Krebs als bisher angenommen. Typische Vertreter der tumorerzeugenden Viren beim Menschen sind die Papillomviren (HPV). Neben ungefährlichen Zellwucherungen können einige HPV-Typen das Zervixkarzinom bei Frauen verursachen. Dass auch genetische Dispositionen eine wichtige Rolle in der Tumorentstehung spielen können, lässt sich von den verschiedenen Tumorarten ableiten, die von Epstein-Barr-Virus (EBV)-Infektionen verursacht werden (8.5.1 erster Absatz).

Viren

Dass Viren Tumore auslösen können, ist bei Tieren seit langem bekannt und von den Mechanismen her gut untersucht. Menschliche Zellen zeigen im Vergleich aber eine weitaus höhere Resis-

Chemikalien

Wie in den Abschnitten 6.1 und 6.5 beschrieben, können chemische Verbindungen, Radikale oder Metalle als mutagene Stressoren wirken. Chemische Verbindungen können so Tumoren induzieren und werden dann als **Karzinogene** bezeichnet. Sie können Teilschritte der Tumorgenese durch Mutationen auslösen und so an vielen unterschiedlichen Tumoren beteiligt sein. Chemische Verbindungen können außerdem in ganz unterschiedliche Prozesse des Zellstoffwechsels oder der geweblichen Homöostase eingreifen und damit eine Tumorentstehung fördern (Abschnitt 2.2).

In Tierexperimenten konnte eine Vielzahl von Karzinogenen ermittelt werden, die spezifische Tumoren hervorrufen. Teilweise können diese Ergebnisse auf den Menschen übertragen werden, wobei die spezifische mutagene Wirkung der Verbindung erhalten bleibt. Typische Karzinogene beim Menschen sind z. B. im Tabak enthalten, der **polyzyklische aromatische Kohlenwasserstoffe** und **Nitrosamine** freisetzt. Erzeugt werden dadurch Tumoren des Mundes, der Blase, des Pharynx, des Larynx, des Ösophagus und insbesondere der Lunge. Durch Nahrung aufgenommene Schimmelpilze enthalten **Aflatoxine**, die Tumoren der Leber induzieren. Die Mechanismen der Mutagenese durch Karzinogene sind in der Regel gut untersucht. So induzieren alkylierende Substanzen, wie N-Methyl-N-Nitrosoharnstoff, G:C zu A:T Transitionen der DNA.

Gegen die am Arbeitsplatz auftretenden karzinogenen bzw. mutagenen Chemikalien kann man sich oft noch schützen, weil sie meist lokalisierbar sind und in Abzügen oder geschützten Räumen lagern. Dies wird jedoch ungleich schwieriger bei Belastungen in der Luft, wie sie durch den Verkehr oder manchmal auch in Wohnräumen auftritt. Die Lebensgewohnheiten mit Belastungen durch Rauchen oder Alkoholkonsum sind jedoch von der eigenen Entscheidung abhängig.

Alter

Alter ist der wichtigste endogene Risikofaktor für das Auftreten von Tumoren – außer den vererbbaren Tumorgenen. Das Risiko an einem manifesten Tumor zu erkranken, steigt am Ende des 4.-5. Lebensjahrzehnts steil an und erreicht tumorspezifische Maxima im Alter zwischen 50 und 80 Jahren (Tab. 8.1). Die Gründe dafür sind noch nicht in allen Einzelheiten bekannt. Einige altersabhängige Prozesse sind jedoch mit Sicherheit daran beteiligt: ein wichtiger Faktor dabei ist die Verkürzung und Dysfunktion der Chromosomenenden (Telomere) durch die fort-

Tabelle 8.1 Krebs und Alter: Die Manifestation spezifischer Tumoren zeigt Maxima während unterschiedlicher später Lebensphasen.

Bauchspeicheldrüsenkrebs	65 – 80 J.
Blasenkrebs	69 – 74 J.
Brustkrebs	> 50 J.
Darmkrebs	> 60 J.
Eierstockkrebs	> 50 J.
Gebärmutterschleimhautkrebs	50 – 70 J.
Lungenkrebs	60 – 70 J.
Magenkrebs	60 – 70 J.

(aus Deutsche Krebshilfe 2003)

laufende Proliferation der Zellen. Weitere Prozesse, wie die Akkumulation von somatischen Mutationen, die Zunahme der Produktion von reaktiven Sauerstoffspezies (ROS), eine Abnahme der DNA-Reparatureffektivität sowie eine Verringerung der Immunabwehr tragen dazu bei.

Telomere sind die Endstrukturen von linearen Chromosomen, die aus nichtcodierender DNA (zahlreiche TTAGGG-Sequenzen sowie ein Einzelstrang am 3'-Ende der DNA) und Proteinen bestehen, die eine komplexe Struktur mit der DNA in Form einer Schleife bilden (Rodier et al. 2005). Diese Strukturen ermöglichen der DNA-Replikationsmaschinerie, die kodierenden Teile des Chromosoms bis an die Chromosomenenden in der S-Phase komplett zu verdoppeln. Außerdem hindert die Telomerstruktur die Reparatursysteme (vor allem *nonhomologous DNA endjoining,* NHEJ), die Chromosomenenden miteinander zu verbinden sowie Nucleasen, die Chromosomenenden abzubauen. Bei jeder Replikationsrunde werden die Telomere dadurch etwas verkürzt, dass das äußerste Ende nicht verdoppelt wird. Nach einer bestimmten artspezifischen Zahl von Verdopplungsrunden wird das dann kurze Telomer zum Auslöser entweder von Apoptose oder Zellzyklusarrest und Seneszenz der Zelle. Diese Telomerverkürzung ist offenbar – neben der in Abschnitt 6.1 dargestellten Akkumulation von Zellschäden – ein Grund für die Begrenzung der Lebenszeit und Altern des Gewebes durch proliferative Seneszenz. Dafür ist anscheinend nicht nur die ursprüngliche Länge der Telomere, die bei Mäusen der bei Menschen entspricht, sondern auch ihre Struktur maßgebend.

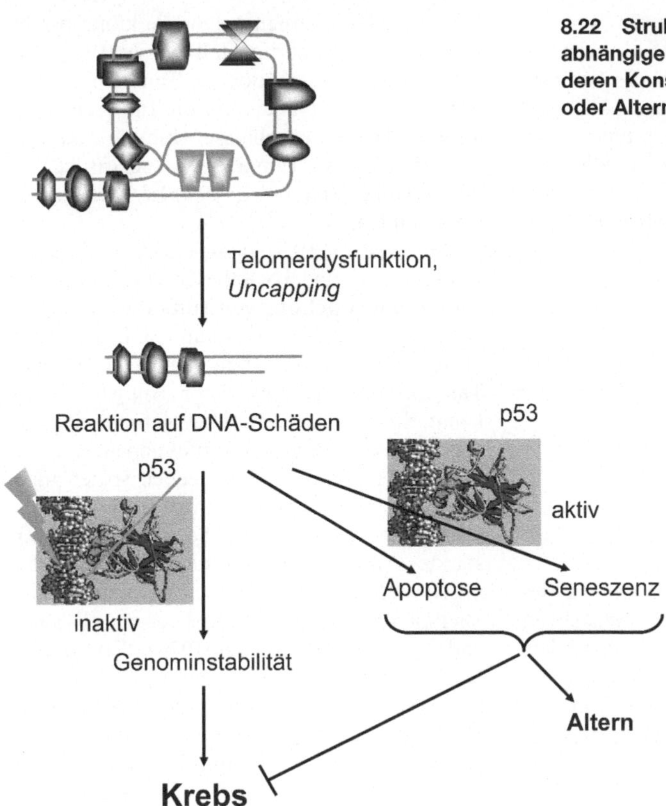

8.22 Struktur eines Telomers, seine altersabhängige Dysfunktion (*uncapping*) und deren Konsequenzen für Krebsentstehung oder Altern (nach Rodier et al. 2005).

Wenn die Apoptoseprozesse in einzelnen Zellen mutativ gestört sind, können die kurzen Telomere auf der anderen Seite eine **Instabilität des Genoms** erzeugen, die wahrscheinlich wesentlich zu einer erhöhten Mutationsrate und zum altersabhängigen Krebsrisiko beiträgt und die charakteristisch für Krebszellen ist (Blasco 2002). In Krebszellen sind die Telomere meist kurz. Entsprechend findet man u. a. mehr Translokationen. Diese Instabilität führt bei einigen Zellen nicht zur Apoptose, weil vorher das p53-System (Abschnitt 6.6) durch Mutation ausgeschaltet wurde (Abb. 8.22).

Dieses altersabhängige Krebsrisiko kann sich vorverlagern, sowohl durch beschleunigte Telomerverkürzung durch oxidativen Stress (ROS) (Abschnitt 6.1) wie durch psychosozialen Stress in Form etwa von tiefen Lebenseinschnitten, wie es ein schwer erkranktes Kind für die Mutter darstellt (Epel et al. 2004).

Die prospektive Krebszelle muss die Telomere allerdings wieder stabilisieren, weil sie sonst nicht unbegrenzt teilungsfähig wäre. Diese sogenannte **Immortalisierung** geschieht durch die Aktivierung eines Enzyms, das die Telomere wieder verlängert, die **Telomerase**. Sie ist vor allem in Keimbahn- und Stammzellen aktiv, in den übrigen Körperzellen ist ihre Aktivität entweder nicht vorhanden oder an die Kapazität des Gewebes zur Proliferation gebunden, wie in hämatopoetischen und basalen Epithelzellen, in denen beide Funktionen erhöht sind (Mathon und Lloyd 2001). Die Telomerase besteht aus einem katalytischen Teil, der die DNA-Verlängerung als reverse Transkriptase bewirkt und einem RNA-Teil, der als Matrize dazu dient. In manchen Tumoren wird das Gen für die katalytische Untereinheit (TERT) überexprimiert, offenbar unter der Einwirkung von Onkogenproteinen, wie Myc, oder eines Tumorvirusproteins, wie E-6. Die dadurch bewirkte Immortalisierung ist ein wichtiger Schritt in der Entwicklung des Tumors. Eine der zurzeit verfolgten Antitumortherapien ist daher, die Telomerase durch Antisensenucleinsäuren oder durch einen Inhibitor (Isothiazolon) zu hemmen.

Weitere altersabhängige Risikofaktoren für die Entstehung von Krebs ist die Abnahme des

Schutzes gegen **oxidativen Stress (ROS)** – beispielsweise durch geringere Glutathionkonzentrationen – und dadurch bedingte erhöhte ROS-Produktion und DNA-Schäden (Abschnitt 6.1, Bieger 2001). Dadurch werden unter anderem auch **Reparaturmechanismen**, wie *mismatch repair*, beeinträchtigt, was eine weitere Erhöhung der Mutationsrate zur Folge hat (Skinner und Turker 2005). Ebenso kann die altersabhängige Verringerung der Immunabwehr (Kapitel 7) das Krebsrisiko erhöhen.

8.5.2 Mechanismen, über die psychische und physische Belastungen auf die Entstehung und Entwicklung von Krebs einwirken

In diesem Abschnitt sollen die wesentlichen Mechanismen der stressbeeinflussten Entstehung und Entwicklung von Krebs betrachtet werden. Da die Krebsentstehung ein Mehrschrittprozess ist, muss zwischen der Entstehung von Tumoren und deren Entwicklung zum malignen (bösartigen) lebensbedrohlichen Krebs unterschieden werden.

Wesentliche Mechanismen, welche die Tumorentstehung und -entwicklung beeinflussen können, wirken über das Immunsystem, Antioxidantien, Reparatursysteme und Apoptose. Diese Mechanismen werden zum Teil durch psychische Stressbelastung verändert.

Das Immunsystem kann die Tumorentwicklung in verschiedenen Stadien beeinflussen.

Das körpereigene Immunsystem spielt eine wichtige aber begrenzte Rolle in der Abwehr von Tumorentstehung und Tumorentwicklung. Der Einfluss von Stressfaktoren auf das Immunsystem wurde bereits in Abschnitt 7.4 behandelt. Hier sollen die Bezüge zur Tumorgenese genauer betrachtet werden.

Bereits Rudolf Virchow (1863) beobachtete eine Leukocyteninfiltration in Tumoren und postulierte einen funktionellen Zusammenhang zwischen entzündlichen Infiltraten und malignem Wachstum. Paul Ehrlich stellte 1909 (Ehrlich 1909) die Hypothese auf, dass Tumoren ständig im Körper entstehen und diese vom Immunsys-

tem vernichtet werden, bevor sie klinisch relevant werden. Experimentell wurde 1943 erstmals eine Immunreaktion auf Tumoren in Mäusen durch Transplantation von Tumoren beobachtet. Diese Ergebnisse führten zu der Hypothese, dass Tumorzellen spezifische Tumorantigene (*tumor associated antigens* – TAA) bilden.

Burnet (1957, 1970) fasste erste experimentelle Ergebnisse und Hypothesen zur Theorie der **Immunüberwachung von Tumorzellen** (*immunosurveillance theory*) zusammen. Er postulierte, dass das Immunsystem ständig entstehende Tumorzellen bekämpft, deren Antigene es erkennt. Solch ein System sei evolutionär notwendig wie der Schutz gegen Infektionen.

Diese Hypothese wurde jedoch später angezweifelt, da anscheinend einige experimentelle Daten dagegen sprachen. So wurde kein verstärktes Vorkommen von spontanen oder chemisch induzierten Tumoren in immunsupprimierten Nacktmäusen beobachtet (Rygaard und Povlsen 1974, Stutman 1974). Wenn Tumoren in immunsupprimierten Nacktmäusen auftraten, dann waren sie häufig virusinduziert (Klein 1973). Neuere Ergebnisse stützen jedoch bestimmte Aspekte der Burnet-Hypothese, die in letzter Zeit erweitert und differenziert wurde. Sie enthält Interaktionen von Tumorzellen mit dem Immunsystem (*tumor immunoediting*), mit den Komponenten eines **Immunselektionsdrucks auf Tumoren** (*immunoescape*) und eine Überwachung von Zellen durch das Immunsystem (*immunosurveillance*) (Dunn et al. 2002). Experimente, die diese Hypothese unterstützen, wurden zum Beispiel an Knockout-Mäusen durchgeführt, denen Komponenten des IFN-γ-Signalwegs, von Perforin oder von *recombination activating gene* 1/2 (RAG1/2) fehlten. IFN-γ ist u.a. stark mit der Aktivität von NK-Zellen verknüpft. Durch diese Defekte erhöhte sich die Sensitivität gegenüber Methylcholanthren (MCA), einem chemischen Induktor von Tumoren. RAG2 defiziente Tiere entwickeln spontan häufiger epitheliale Tumoren (Dunn et al. 2002). Naito et al. (1998) zeigten darüber hinaus, dass bei vermehrter CD8+T-Zellinfiltration in Kolorectaltumoren eine größere Überlebensrate von Patienten zu beobachten war.

Psychosozialer Stress verursacht Änderungen im Immunsystem und kann so die Tumorgenese beeinflussen

Wie im Abschnitt 7.4 bereits kurz beschrieben, könnte psychischer oder psychosozialer Stress indirekt über eine Unterdrückung von Funktionen des Immunsystems die Tumorentstehung begünstigen. Das gilt vor allem für Tumoren, die durch Viren, wie EBV, HPV, HBV und HIV, induziert werden. Ein Zusammenhang zwischen Stress, Immunsystem und Tumorgenese konnte vor allem durch viele Untersuchungen an Tieren aber auch beim Menschen hergestellt werden (Reiche et al. 2004). Schwimmstress oder chirurgischer Stress verursachte bei Ratten eine Hemmung der NK-Aktivität und ein verstärktes Wachstum von NK-sensitiven Tumoren, während keine Wirkung bei NK-insensitiven Tumoren beobachtet wurde (Ben-Eliyahu et al.1999). Ebenso vermindert Isolationsstress die NK-Zellaktivität und verstärkt die Metastasierung von transplantierten Tumoren in Mäusen (Wu et al. 2000). Stress durch Elektroschocks hemmt bei Mäusen und Ratten deren Lymphocytenproliferation und führte zu einer verminderten Tumorabwehr (Laudenslager et al. 1983, Visintainer et al. 1982).

Bei maternalem Stress wurde bei den Nachkommen eine verminderte Makrophagenausbreitung, Phagocytose und ein verstärktes Wachstum sowohl der Ascites- wie der soliden Form des Ehrlichtumors gefunden (Palermo-Neto et al. 2001). Soziale Isolation von Ratten, die als Stressor möglicherweise der von Menschen empfundenen Einsamkeit ähnelt, hatte vor allem eine Verstärkung der Metastasierung von Tumoren und Mortalität der Tiere zur Folge (Wu et al. 2001).

Stefanski (2001) fand bei Ratten nach psychosozialem Stress eine verminderte Immunfunktion mit weniger $CD4^+$- und $CD8^+$- T-Zellen im Blut und eine verminderte Aktivität von T-Zellen und NK-Zellen. Damit verbunden war ebenfalls eine verstärkte Metastasenbildung.

Zusammenfassend kann man sagen, dass das Immunsystem offenbar in bestimmte Phasen der Tumorentwicklung eingreifen kann, aber nicht in erster Linie die Aufgabe und die Möglichkeit hat, Tumorzellen in der Entstehungsphase und als solide Tumore zu bekämpfen. Auch aus evolutionärer Sicht gäbe es keinen Grund, ein Abwehrsystem gegen eine Krankheit zu entwickeln, die überwiegend nach dem Re-

produktionsalter auftritt (Zinkernagel 2001). Letzteres könnte allerdings gerade daran liegen, dass das Immunsystem im Alter weniger effektiv ist (Abschnitt 7.4).

Fördert soziale und/oder psychotherapeutische Unterstützung von Krebspatienten die Überlebenschancen?

Wenn psychosoziale Stressoren das Immunsystem schwächen, sollte eine soziale Einbindung und/oder Einzel- oder Gruppentherapie einen positiven Effekt auf dieses System haben – und damit möglicherweise das Wiederauftreten von Krebs oder die Metastasierung nach einer Behandlung vermindern. Dabei muss in Betracht gezogen werden, dass die Krebsdiagnose einen starken psychischen Stress darstellt. In vielen Studien ist auch eine entsprechende positive Wirkung eines sozialen Netzes oder einer psycho- und/oder pharmakotherapeutischen Nachbehandlung auf die Überlebenszeit und Metastasierungsrate berichtet worden ((Reiche et al. 2004)). Um nur ein Beispiel von zahlreichen Studien herauszugreifen: In einer Untersuchung wurde der Zusammenhang zwischen der Entwicklung des Tumors und der Rolle von Depression und Immunsystem an Patientinnen untersucht, die an Brustkrebs operiert waren. 50 Patientinnen erhielten anschließend eine individuelle Psycho- und Pharmakotherapie in Hinblick auf Depressionen. Sie zeigten eine signifikant langsamere Entwicklung des Tumors, eine Verbesserung des psychischen Zustands und der Funktionen des Immunsystem im Vergleich zu einer Kontrollgruppe von 50 Patientinnen ohne diese Nachbehandlung (La Raja et al. 1997). Auch in diesem Fall gibt es jedoch Befunde, bei der keine Lebenszeitverlängerung durch psychologische Unterstützung bei Frauen mit metastasierendem Brustkrebs gefunden wurde, sondern nur eine Stimmungsverbesserung (Goodwin et al. 2001). Wie bei all diesen widersprüchlichen Befunden ist es wichtig, nicht nur ein Kriterium für die Gruppenaufteilung zugrunde zu legen, sondern – in diesem Fall etwa – den psychischen Stress nach Krebsdiagnose **mehrdimensional** zu analysieren und dabei auch den nicht durch die Krebsdiagnose existierenden Lebensstress zu berücksichtigen (Lehto et al. 2005).

Aufgrund der Ergebnisse der bisherigen Studien halten wir eine soziale / psychische / medikamentöse Unterstützung von Patienten nach einer Krebsdiagnose, vor der Operation, der Chemo-, Strahlen- oder Immuntherapie sowie in der mehrmonatigen Zeit danach für erwägenwert in Bezug auf Lebensqualität und möglicherweise auch auf Überlebenschancen.

Exkurs 8.4: Tumorentwickelte Strategien, um der Überwachung durch das Immunsystem zu entgehen

Ein Grund für die widersprüchlichen Ergebnisse hinsichtlich psychosozialem Stress, Depression und Krebserkankung ist wahrscheinlich der Selbstschutz, den viele Tumoren im Laufe ihrer Entwicklung gegen Angriffe von NK-Zellen und cytotoxischen Lymphocyten (CTL) aufbauen. Dieser Selbstschutz besteht aus zahlreichen Mechanismen, die sowohl in veränderten Aktivitäten im Inneren der Krebszelle wie auch in einer Veränderung von Membranproteinen (wie MHC-I) sowie in Änderungen von sezernierten Molekülen bestehen. Diese Änderungen beruhen einerseits auf der höheren Mutationsrate dieser Zellen durch Schäden in den DNA-Reparatursystemen (Abschnitt 6.6), andererseits auch auf epigenetischen Veränderungen, wie einer erhöhten Produktion von ROS. Diese Anpassungsstrategien und Schutzmaßnahmen sind das Resultat von **Selektionsmechanismen durch das Immunsystem**: Nur die Zellen, die durch Veränderungen ihrer normalen Reaktionen den Selbstschutz gegen das Immunsystem entwickelten, hatten eine Überlebenschance in den über viele Jahre gehenden Auseinandersetzungen mit cytotoxischen Lymphocyten und NK-Zellen. Wichtige Veränderungen durch den Tumor zum Selbstschutz (Immuntoleranz) betreffen vor allem die Aktivität von Immunzellen in der Mikroumgebung des Tumors; dabei sind folgende Beobachtungen wichtig (Abb. 8.23):

- Tumorassoziierte Antigene (TAA) in soliden Tumoren werden vom Stroma daran gehindert, frei zugänglich zu sein und über antigenpräsentierende Zellen (APC) cytotoxische Lymphocyten (CD8$^+$-T-Zellen) und NK-Zellen zu aktivieren. Es gibt anscheinend auch Tumoren, die keine Antigene aufweisen.

- In der Mikroumgebung des Tumors findet oft eine Veränderung der Zusammensetzung von APC-Zellen, vor allem von myeloiden, plasmacytoiden und vaskulären dendritischen Zellen statt, die dann eine regulatorische suppressive Aktivität aufweisen und so eine Immuntoleranz gegenüber dem Tumor herstellen. Dieses Ungleichgewicht von z. T. unreifen APC-Zellen führt zu einer Veränderung des gesamten Signalnetzwerks um den Tumor.

- Die verringerte Immunaktivität um den Tumor ist bedingt auch durch höhere Konzentrationen von supprimierenden Cytokinen, wie IL-6, IL-10, TGF-β, M-CSF, von Enzymen, wie NO-Synthase, Arginase, Indolamin-2,3-Desoxygenase (IDO), Cyclooxygenase-2 (COX-2) sowie von VEGF, Prostaglandin E2 und Gangliosiden. Aktivierende Cytokine wie GM-CSF, IL-12, IL-18, IL-4 und IFN-γ sind dagegen in geringerer Menge vorhanden.

- Eine erhöhte Anzahl von regulatorischen T-Zellen (T$_{reg}$-Zellen, Abschnitt 7.2) in der Umgebung des Tumors schütten IL-10 und TGF-β aus und inhibieren die Abgabe von IL-12 durch dendritische Zellen. Außerdem wird dadurch die Expression von coinhibitorischen Mitgliedern der B-7-Familie herauf- und die der costimulatorischen Mitglieder (wie CD80 und CD86) herunterreguliert. T$_{reg}$-Zellen reduzieren auch die Aktivität von TAA-spezifischen CTL, die die Tumorzellen abtöten können.

- IDO katalysiert den oxidativen Abbau von Tryptophan, einer Aminosäure, die essenziell für T-Zell-proliferation und -differenzierung ist, während die Arginase den Abbau von Arginin katalysiert, das bei der Funktion von T-Zellen eine wichtige Rolle spielt.

- Tumorzellen können Chemokine produzieren (z. B. CXCL-12), die plasmacytoide dendritische Zellen in den Tumor wandern lassen. Diese zeigen eine verminderte Expression des Tollrezeptors (TLR – Abschnitt 7.1), der vor allem die Expression von IFN-γ und damit NK-Zellen und CTL aktiviert. Cytokine und Chemokine werden als wichtige Potentiatoren der Carcinogenese angesehen (Robinson und Coussens, 2005).

- Durch diese Chemokine und durch den von Tumorzellen abgegebenen *vascular endothelial growth factor* (VEGF) wird eine Vaskularisierung des Tumors eingeleitet und damit die Versorgung mit O$_2$ und Nährstoffen verbessert.

Außer den veränderten Verhältnissen in der Umgebung haben Tumorzellen sich oft stark in ihren Membranproteinen und Zellprozessen verändert:

- Es werden häufig Varianten von MHC-I (z. B. HLA-G) gefunden, die negative Wirkungen auf CD8$^+$ T-Zellen haben.

- Die Apoptosemechanismen sind oft außer Funktion: die durch Rezeptorsignale ausgelöste Apoptose etwa über *TNF-related apoptosis inducing ligand* (TRAIL) löst eine Signalkaskade aus, die über FLICE (Caspase-8) die Effektorcaspasen

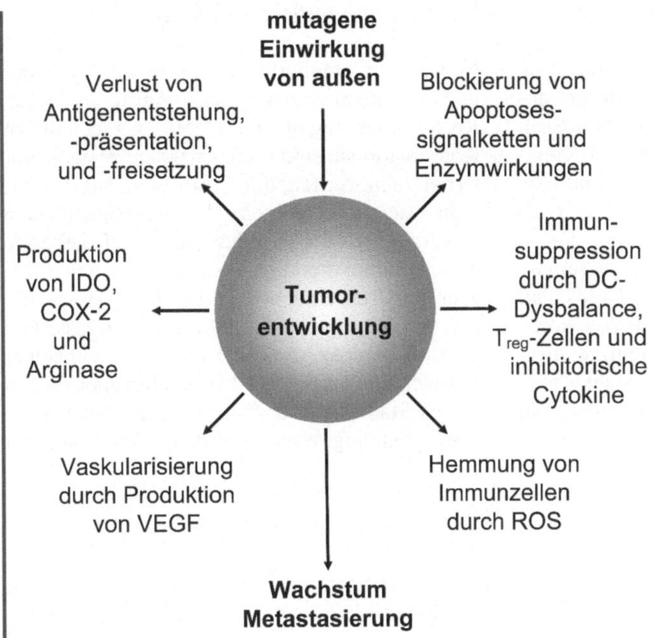

8.23 Immuntoleranzstrategien, die der Tumor durch Mutationen oder epigenetische Mechanismen in einem Selektionsprozess entwickelt. COX-2 – Cyclooxygenase-2, DC – dendritische Zelle, IDO – Indolamin-2,3-Desoxygenase, ROS – reaktive Sauerstoffspezies.

aktiviert (Abb. 7.4). Tumorzellen können einen Inhibitor von FLICE exprimieren (FLIP – *FLICE inhibitory protein*), das diese Kaskade blockiert. Ebenso können Tumorzellen einen Serinprotease-Inhibitor überexprimieren, der dann die Wirkung von Granzym B blockiert, einem wichtigen Faktor des CTL-Tötungsmechanismus. Auch p53 ist in Tumoren oft zu einer inaktiven Form mutiert.

- Tumorzellen produzieren große Mengen an H_2O_2. Neben den unspezifischen negativen Wirkungen von H_2O_2 auf Immunzellen nimmt man an, dass H_2O_2 speziell eine Proteintyrosinphosphatase (PTP) hemmt, die essenziell für die T-Zellaktivierung ist. Da Tumorzellen selber ebenso von ROS betroffen sind, tragen ROS zu der Genominstabiltät der Zellen bei. So wurde beispielsweise ein Zusammenhang zwischen einer defizienten MnSOD und Prostatakrebs gefunden (Li et al. 2005).
- Glucose und O_2-Mangel von Tumoren führen zu veränderten Stoffwechselwegen (Abschnitt 6.2), die u. a. zur Aktivierung des Transkriptionsfaktors HIF-1 führt. Die Hypoxie ist mit ein Grund für die ROS-Produktion (Abschnitt 6.1, 6.2).
- Eine erhöhte Proliferationsrate der Krebszellen wird einerseits durch somatische Mutationen von Protoonkogenen oder Tumorsuppressorgenen erreicht, zunehmend auch durch stressinduzierte fehlerbehaftete Zellteilungen und DNA-Polymerasen. Eine epigenetische Reprogrammierung soll durch Hypomethylierung von Protoonkogenen (*gain of function*) und Hypermethylierung (*loss of function*) von Tumorsuppressorgene erfolgen (Karpinets und Foy 2005).

Tumorzellen ähneln in manchen Eigenschaften chronischen Entzündungen, in denen ebenfalls Dysbalancen von Immunzellpopulationen und Cytokinen sowie eine erhöhte Produktion von ROS zu beobachten ist. Das ist auch insofern bedeutungsvoll, als öfter ein Übergang von chronischer Entzündung zu Krebs zu beobachten ist (Abschnitt 8.4).

Anpassungsstrategien von Tumoren an das Immunsystem

Dass Tumoren sich ihrerseits auf das Immunsystem einstellen, es umgehen oder hemmen können, zeigten Urban et al. (1982) und Uyttenhone et al. (1980), indem sie auf immunkompetente Ratten Tumoren transplantierten und repassagierten. Danach wurden Tiere mit geringerer Immunantwort registriert. Auf der anderen Seite sind beim Menschen genetische Veränderungen in Tumorzellen gefunden worden, welche die Reaktion auf das Immunsystem betreffen (Garrido et al. 1997, Seliger et al. 1997).

In Tumoren können sich durch Mutation und Selektion, aber auch epigenetisch beispielsweise durch die besonderen Stoffwechselbedingungen, verschiedene Mechanismen entwickeln, um das Immunsystem zu unterlaufen. Die diversen Strategien werden in Übersichtsartikeln von Kiessling et al. (1999), Malmberg (2004) und von Zou (2005) gut dargestellt und in Abb. 8.23 zusammengefasst.

Abb. 8.24 stellt die direkten Einflüsse von Stressoren auf die Entstehung von Krebs dar, ebenso die indirekten Einflüsse von psychosozialem Stress. Zudem sind einige wichtige intrazelluläre Veränderungen in der Krebszelle aufgeführt, wie die Hemmung der Apoptose und die erhöhte Produktion von ROS/RNS.

Immuntherapeutische Ansätze

Neben den etablierten chirurgischen, chemo- und strahlentherapeutischen Ansätzen gegen Krebserkrankungen und ihren verschiedenen Kombinationen sind immer wieder Versuche unternommen worden, durch Einflüsse auf das Immunsystem körpereigene Abwehrmechanismen zu verstärken oder zu induzieren. Die Ergebnisse dieser Immuntherapien waren unterschiedlich, aber zum Teil ernüchternd. Die Misserfolge liegen vor allem an der im Exkurs 8.4 dargestellten **Immuntoleranz**, die der Tumor während seiner Entwicklung aufbaut, teilweise aber auch an den späten Stadien dieser Entwicklung, in der diese Therapien angewandt wurden. Heute arbeitet

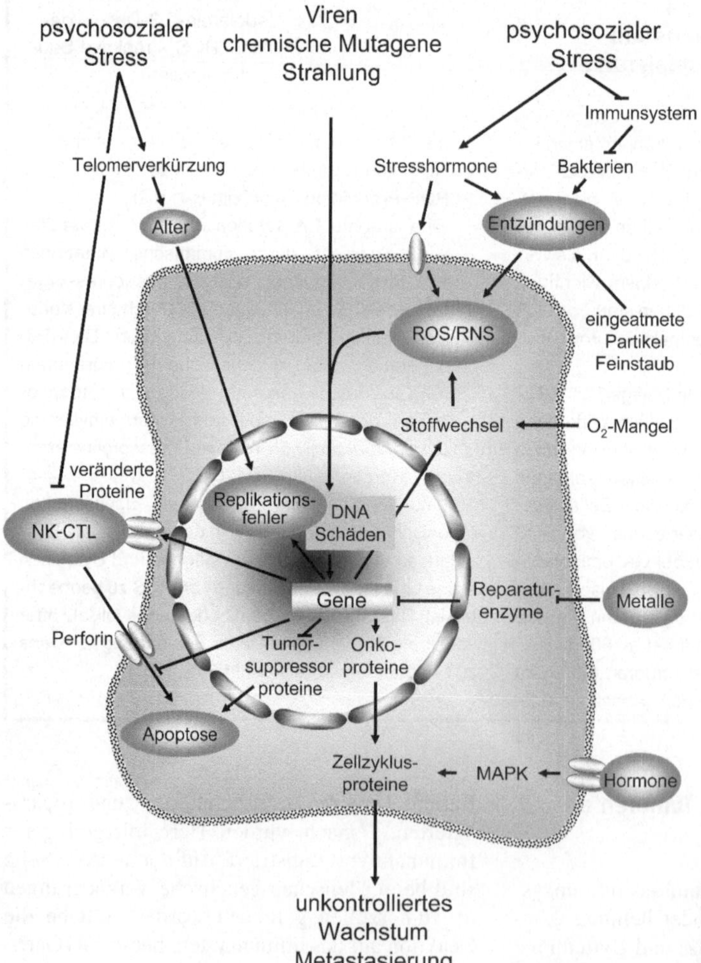

8.24 Stress und Krebs. Direkte und indirekte Einflüsse auf die Entstehung und Entwicklung von Tumoren

man daran, zunächst die Immuntoleranz des Tumors aufzubrechen und versucht, das auf verschiedene Weise zu erreichen (Malmberg 2004, Zou 2005). Dazu gehören:

- Verstärkung der tumorspezifischen Abwehrmechanismen: Injektion von cytotoxischen Lymphocyten (CTL) oder aktivierten natürlichen Killerzellen (NK-Zellen), Impfung mit *tumor associated antigens* (TAA) und aktivierten dendritischen Zellen (DC), Behandlung mit Interleukin-2 (IL-2), IL-12 oder Interferon-α (IFN-α)
- Hemmung der Tumortoleranzmechanismen: Blockierung der T_{reg}-Zellen durch ein spezifisches Toxin, Blockierung von DC, die B-7-H-1-Bindungsproteine (verwandt mit CD80, CD86) exprimieren und zur Immuntoleranz beitragen (durch Oligonucleotide gegen mRNA dieser Proteine), Verbesserung der Zugänglichkeit von TAA im Stroma, Blockierung der hemmenden Cytokinsignalwege etwa von STAT3 und SOCS1, Hemmung der Arginase und der Indolamin-2,3-Desoxygenase (IDO) durch spezifische Inhibitoren
- Verringerung der ROS-Produktion durch Antioxidantien oder durch Katalysatoren, die die Funktion von antioxidanten Enzymen verstärken, um so die negativen Wirkungen von ROS auf Immunzellen zu blockieren

Außer den immuntherapeutischen Ansätzen gibt es zahlreiche weitere Therapieansätze, wie Hyperthermietherapie (Kinuya et al. 2004) und Blockierung der Aromatase bei Brustkrebs, auf die wir hier nicht näher eingehen können. Auch hier gilt – wie in allen anderen Therapien – je besser der molekulare Mechanismus der Erkrankung bekannt ist, desto besser ist die Chance, wirksam einzugreifen. Ebenso gilt es, die Ursachen zu erkennen und präventiv zu handeln – sowohl was die physischen Induktoren von Krebs betrifft als auch die psychischen Einflussgrößen.

Wie schon in Abschnitt 8.4 erwähnt, können **chronische Entzündungen** Tumoren verursachen. Dabei spielen vermutlich besonders die erhöhten ROS-Synthesen im Entzündungsherd eine wichtige Rolle, ebenso wie die Dysfunktion von dendritischen Zellen und anderen Immunzellen. Eine präventive Tumortherapie besteht daher in der Bekämpfung von chronischen Entzündungen.

Auf die Bedeutung der Lebensgewohnheiten – **erhöhter Alkoholkonsum, Rauchen** – für die Prävention von Krebs ist schon oft hingewiesen worden, ebenso auf die wichtige Rolle der Ernährung (**Antioxidantien** sowie Vermeidung von potenziell karzinogenen Substanzen, wie Nitrite, Nitrosamine, Aflatoxin u. a.).

Mensch im Stress – ein Überblick 9

In den vorangehenden Kapiteln haben wir versucht, die zahlreichen Stressoren und die von ihnen ausgelösten Stresszustände und -reaktionen sowie die gesundheitlichen Risiken bei Traumata und chronischem Stress darzustellen. Wir haben dabei psychische, neurobiologische und somatische sowie zelluläre und molekulare Ebenen unterschieden, in denen sich die oben genannten Zustände einstellen und Prozesse abspielen, die hier analysiert werden. Die psychische Welt aus bewussten, unbewussten und emotionalen Prozessen und Zuständen, aus Erinnerungen (Gedächtnis), Entscheidungen und Fantasien beruht auf den Funktionen der übrigen somatischen Ebenen. Aus diesem Grund ist ein intensiver Dialog zwischen den an der Analyse dieser Ebenen beteiligten Wissenschaftlern wünschenswert. Auf der anderen Seite hat unser jeweiliges Ich eine subjektive Erlebniswelt dieser Stresszustände, die in ihrer Ausgestaltung und existenziellen Betroffenheit einzigartig ist und die sich durch Introspektion und Empathie (insbesondere bei Psychotherapie) sowie durch andere Kommunikationsformen näherungsweise erschließen lässt.

Um einige wichtige Fakten und Schlussfolgerungen in diesen komplexen Netzwerken von sozialen Interaktionen, psychischem Erleben, neuronalen, neuroendokrinen, immunologischen und molekularen Systemen der Informationsverarbeitung hervorzuheben, haben wir sie hier in einem Überblick zusammengefasst. Ziel dabei ist, Ansatzpunkte für eine eingehendere Beschäftigung und den Vergleich verschiedener analytischer Ebenen zu bieten (Abb. 9.1).

Welche Formen von Stressoren gibt es?

→ *Kapitel 1, 2*

- Es gibt eine **enorm große Anzahl** von Stressoren. Dazu gehören
  - intrapsychische und psychosoziale Konflikte und Störungen,
  - physische Belastungen und Erkrankungen sowie
  - physikalische, chemische und biologische Störfaktoren.

- Stressoren können sowohl
  - von außen (**exogen**) als auch
  - von innen (**endogen**) auf den Menschen einwirken;
  - kurze kontrollierbare Stressepisoden können stimulierend wirken (**Eustress**), während längere und tiefere Stresszustände (**Distress**) häufig zu Schädigungen führen.
- **Psychische** Belastungen sind auf der einen Seite
  - tiefe Lebenseinschnitte wie Todesfälle und schwere Erkrankungen in der Familie sowie Kriegs- oder Katastrophenerfahrungen,

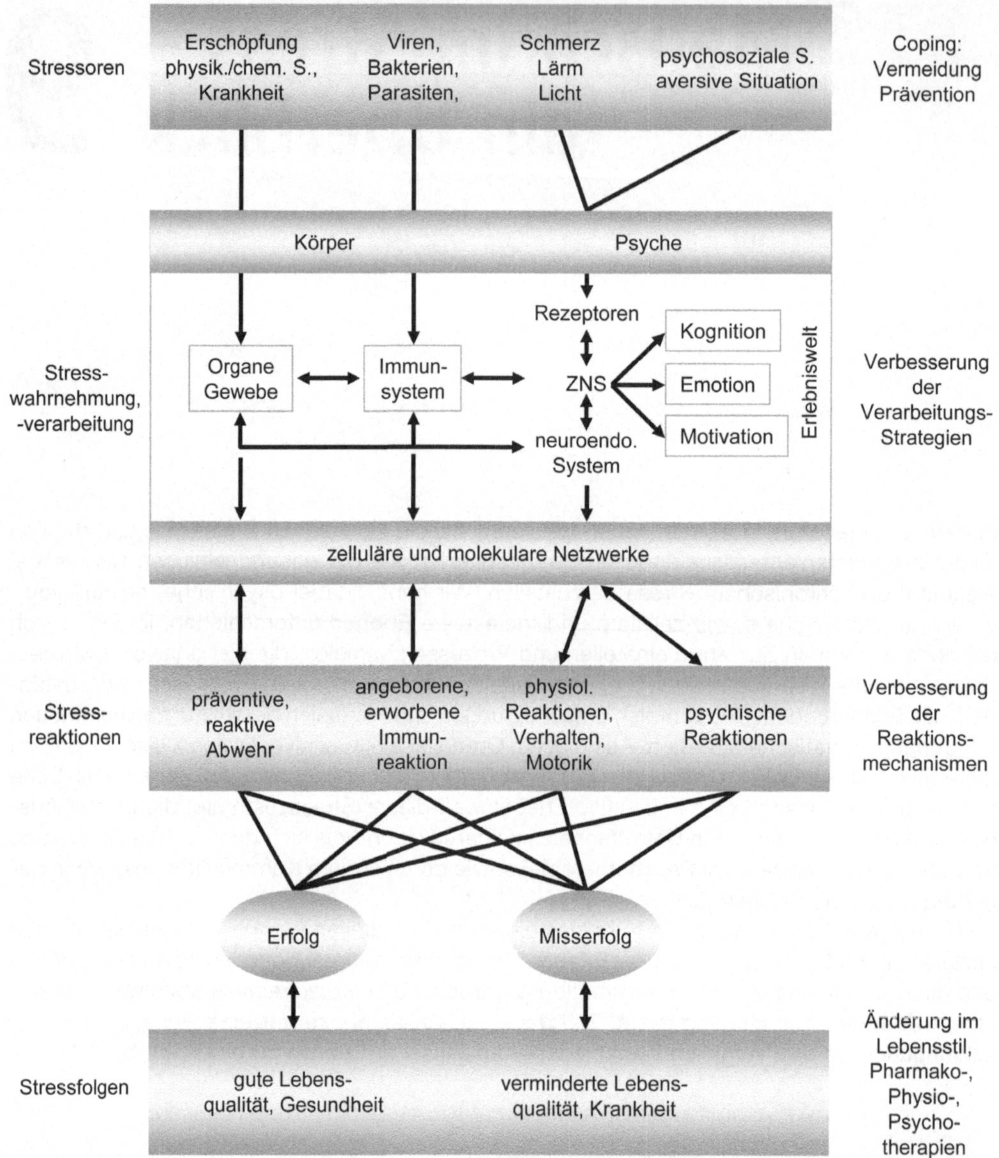

9.1 Übersicht über das vielschichtige Phänomen Stress – von den verschiedenen Stressorengruppen über die stresswahrnehmenden und stressverarbeitenden Systeme des Menschen bis hin zu den allgemeinen Stressreaktionen und den Folgewirkungen von Stress. Wenn die Stressreaktionen nicht ausreichen, um wieder einen ungestörten Zustand zu erlangen (Misserfolg), sind oft Minderung der Lebensqualität und Krankheiten die Folge. Auf der rechten Seite sind einige den verschiedenen Ebenen zugeordnete Abwehrstrategien bzw. allgemeine Therapieansätze bei Stressfolgeschäden angegeben.

- auf der anderen Seite andauernder Streit, Angst und Enttäuschungen.
- Einer der stärksten psychosozialen Stressoren ist **Gewalt** in ihren verschiedenen Formen:
  - etwa physische Gewalt und Aggression (hauptsächlich von männlichen Personen ausgeübt) in Familie, Schule, auf der Straße, bei staatlicher Unterdrückung, Krieg, Terrorismus.
  - Sexuelle Gewalt in Form von sexuellem Missbrauch wird ebenfalls hauptsächlich von Männern – oft im Familienumfeld – ausgeübt.
  - Dagegen neigen weibliche Personen eher zu Gewalt in subtilerer Form, wie Mobbing, Intrige, Schikane, Gemeinheit.
- Hauptstressoren in **Industriegesellschaften** sind
  - Termindruck, Angst vor Arbeitslosigkeit, Belastungen am Arbeitsplatz und in der Familie.
  - Außerdem wird der sozioökonomische Status mehr und mehr zu einem entscheidenden Faktor für Stress und Gesundheit.
- Hauptstressoren in den **Ländern der Dritten Welt** sind
  - Gewalt,
  - Mangel an Nahrung und sauberem Wasser sowie
  - Krankheiten, vor allem AIDS, aber auch Malaria und andere.
- Die wichtigsten **biologischen Stressoren** des Menschen sind
  - Bakterien und
  - Viren.
- Als **physikalische Stressoren** wirken vor allem
  - UV- und ionisierende Strahlung,
  - Hitze,
  - Kälte,
  - mechanische Beanspruchung und
  - Lärm.
  - → *Abschnitte 6.3, 6.6*
- Als wichtigste **chemische Stressoren** sind
  - **reaktive Sauerstoffspezies (ROS)** zu nennen, die in den Zellen als Nebenprodukt des Stoffwechsels oder in Signalkaskaden produziert werden. → *Abschnitt 6.1* Außerdem wirken
  - Sauerstoffmangel, Schwermetalle, Toxine, Zigarettenrauch, Feinstaub und viele andere Stoffe als physikochemische Stressoren. → *Abschnitte 6.2, 6.5*

- Nichtinfektiöse **Erkrankungen**, wie
  - Herz-Kreislauf-Störungen,
  - neurodegenerative Erkrankungen oder
  - Krebs,
  - aber auch Infekte, können sowohl
  - **psychische Störungen**, wie **Depressionen**, als auch
  - physische **Erschöpfungszustände** zur Folge haben.
  - → *Abschnitt 8.1*
- **Physische Belastungen**, wie
  - körperliche Hochleistungen,
  - Nahrungs-, Wasser- und Sauerstoffmangel, können zu
  - vorübergehenden **Erschöpfungszuständen**, aber auch zu
  - **Entwicklungsstörungen** und permanenten Beeinträchtigungen führen.
- Die **Wirkungen** von Stressoren sind abhängig
  - einerseits von der Qualität, d. h. von der Art der Konflikte, Krankheiten und Belastungen sowie insbesondere von ihrer **Intensität** und **Dauer**,
  - andererseits von der **individuellen Empfindlichkeit** gegenüber den verschiedenen Stressoren.

Wie nimmt der Mensch Stressoren wahr und wie verarbeitet er Stress?

→ *Kapitel 4, 6, 7*

- Der Mensch nimmt Stressoren
  - bewusst oder
  - unbewusst über das Gehirn (psychosoziale, psychische und physische Belastungen) und nichtneuronale Zellen wahr (z. B. bei der Einwirkung von Strahlung, toxischen Substanzen oder Mikroorganismen) und
  - er reagiert darauf kognitiv, emotional und physisch sowie mit zellulären Abwehrstrategien.
- Der Stresszustand (vor allem traumatische Ereignisse und Langzeitstress) und die Reaktionen darauf **verändern oft den gesamten Organismus** – von
  - Gedanken, Gefühlen und unbewussten Vorgängen im Gehirn über das
  - neuroendokrine System bis zu

– dem Immunsystem, Organen und Geweben sowie den
– Zellprozessen einschließlich der Expression zahlreicher Gene.
- **Verarbeitung von Stress** und **Stressreaktionen** erfolgen über
  – neuronale,
  – neuroendokrine,
  – immunologische und
  – zelluläre Netzwerke.
  – Diese Netzwerke sind die Basis auch der psychischen Verarbeitung.
- **Individuelle Unterschiede** in der Wahrnehmung von Stress, in den Reaktionen darauf sowie in den Risiken bei Dauerstress sind bedingt durch
  – unterschiedliche Gene und deren Polymorphismen,
  – individuelle biografische Lebenserfahrungen,
  – Lebensgewohnheiten,
  – Alter,
  – Geschlecht und
  – Ethnie.

Welche Bedeutung kommt dem psychischen Erleben von Stress zu?

→ *Kapitel 1, 3, 4*

- **Kinder** sind vor und in den ersten Monaten/ Jahren nach der Geburt sowie während der Pubertät sehr empfindlich gegen Stress, insbesondere gegenüber einer
  – **emotionalen Vernachlässigung** oder Zurückweisung durch die Bezugsperson ebenso wie durch eine
  – **schwere Krankheit** dieser Person. Diese
  – **Bindungserfahrungen** prägen die Beziehungen zu anderen Personen mit Stress- oder Konfliktverarbeitung im Jugend- und Erwachsenenalter.
- Als besonders belastend wird **unkontrollierbarer Stress** empfunden, d. h.
  – Situationen, in denen der Organismus den Stressor nicht durch aktives Verhalten vermeiden oder kontrollieren kann.
- Das **subjektive Erleben von Stress durch das „Ich"** ist
  – eine grundsätzlich andere Form der Wahrnehmung im Vergleich zur objektiven wissenschaftlichen Beschreibung desselben

Vorgangs durch außenstehende Beobachter und
– von zentraler Bedeutung für die Therapie von Stressfolgen.

Was geschieht neurobiologisch bei Stress?

→ *Kapitel 4*

- Das **ZNS** reagiert auf Stress zunächst mit
  – erhöhter Aktivität bestimmter Hirnregionen und des autonomen Nervensystems (Sympathikus).
  – An Stressreaktionen sind fast alle Neurotransmitter und zahlreiche Neuropeptide aktivierend, hemmend und modulierend beteiligt. Besonders prominente Rollen spielen
  – die Transmitter **Noradrenalin** und **Serotonin** sowie
  – das Neuropeptid **Corticotropin-Releasing-Hormon (CRH)**.
- **Direkte Stresssignale** (Schmerz, O_2- und Glucosemangel oder Blutdruckabfall) lösen interne
  – Alarmzustände aus und werden zum Teil durch
  – vorprogrammierte Reaktionen beantwortet.
- Bei **zu hohen Reizstärken** (Licht, chemische, mechanische, akustische Reize) werden
  – sowohl auf der Sinnesorgan-/Rezeptorebene
  – wie auch – z. B. bei Schmerz – auf der Ebene der neuronalen Verarbeitung
  – **Adaptationsprozesse** aktiviert, die die neuronalen Signalstärken vermindern.
- Stresssituationen (Aggression, bedrohliche Szenarien) müssen in ihrer Bewertung erst
  – durch negative Erfahrungen erlernt und gespeichert werden (**Furchtgedächtnis**). Daraus entwickeln sich auch erlernte **antizipatorische Coping-Strategien**.
- Die Integration verschiedener stressverarbeitender Systeme und die Koordination angepasster Stressreaktionen übernehmen
  – Teile des **limbischen Systems**, vor allem die **Amygdala**.
- Das limbische System ist auch an
  – **Lernvorgängen** im Zusammenhang mit Stress beteiligt. Die Hirnrinde (vor allem der frontale Cortex) greifen regulatorisch in die
  – Bildung und Verwaltung des **Stressgedächtnisses** ein.

Welche hormonellen Reaktionen setzt Stress in Gang?

→ *Kapitel 5*

- Bei zahlreichen Stressoren und Stresssituationen werden auf der neuroendokrinen Ebene zunächst
  - Teile des **Hypothalamus**,
  - zwei Stresshormonachsen, mit **Adrenalin/ Noradrenalin** und **Cortisol** als Effektorhormonen, und
  - zahlreiche weitere Hormone – je nach Stressor – in unterschiedlicher Kombination aktiviert, die
  - (fast) alle Organe, Gewebe und Zellen funktionell beeinflussen, um den Körper stressreaktionsbereit zu machen.
  - Eine zentrale Rolle kommt dabei dem Neuropeptid und Hormon **CRH** zu.
  - Diese Reaktionen werden nach dem Stress durch **negative Rückkopplung** über Cortisol, Opioide und andere Neuropeptide gedämpft.
- Das neuroendokrine System bildet ein
  - **Netzwerk** von interagierenden Signalwegen. Daran ist auch
  - das **Immunsystem** angeschlossen.
- Auf der molekularen Ebene werden durch das neuroendokrine System zahlreiche Signalkaskaden in der Zelle aktiviert. Dazu gehören
  - **Proteinkinasen**, wie die Familie der mitogenaktivierten Proteinkinasen (MAPK), sowie mehrere
  - **Transkriptionsfaktoren**, die ihrerseits zahlreiche **Gene** in ihrer Aktivität verändern.
- Zahlreiche **chronische Stresssituationen** und negative frühkindliche Erfahrungen haben eine Überaktivierung der Produktion von CRH und Cortisol zur Folge. Dieses wirkt sich negativ auf
  - die Stimmungslage (Depression),
  - das Immunsystem und
  - viele weitere psychische und physische Funktionen aus.
  - → *Kapitel 2, 4, 7, 8*

Wie reagiert das Immunsystem auf Stress?

→ *Kapitel 7*

- Man kann ein angeborenes Immunsystem von einem erworbenen (adaptiven) Immunsystem unterscheiden, die beide eng miteinander kooperieren.
  - Das **angeborene** Immunsystem bekämpft eingedrungene Krankheitserreger unspezifisch,
  - das **erworbene** Immunsystem setzt dagegen spezifische Antikörper und spezifische cytotoxische Zellen ein.
- Bei Infektionen durch Mikroorganismen (und bei psychosozialen Stressoren) werden zunächst
  - **entzündungsfördernde Signale (Cytokine)** ausgesandt, welche die Immunabwehr aktivieren und so den Körper vor Krankheitserregern schützen.
  - Außerdem bewirken diese Cytokine über das Gehirn ein **Krankheitsverhalten**, wie Schlafbedürfnis, Appetitlosigkeit, Mattigkeit und Fieber.
  - Nach Abklingen der Infektion werden diese Signale durch Rezeptorantagonisten, entzündungshemmende Cytokine und Cortisol wieder herunterreguliert.
  - Bei **Langzeitstress** und **traumatischen Ereignissen** ist die **Cortisolausschüttung** meist permanent erhöht, was wesentlich die zu beobachtende **Schwächung des Immunsystems** und andere Dysfunktionen verursacht.
- Angst hemmt den postoperativen **Wundheilungsprozess** über eine Verringerung der Ausschüttung von Cytokinen. Daher sollten Patienten vor schweren Operationen auch psychologisch betreut werden.

Was bedeutet Stress auf zellulärer Ebene?

→ *Kapitel 6*

- **Oxidativer Stress** wird vor allem durch **reaktive Sauerstoffspezies (ROS)** während der mitochondrialen Atmung erzeugt. Dadurch entstehen
  - Zellschäden, die mit dem Alter akkumulieren und Altersdysfunktionen vor allem in Nervenzellen verursachen.
  - Auch **neurodegenerative Erkrankungen** wie Alzheimer und Parkinson sind zum Teil auf oxidativen Stress zurückzuführen.
- Oxidativer Stress, mikrobielle Stressoren und psychosozialer Stress **konvergieren** z. T. auf dieselben **Stresssignalsysteme der Zelle**:
  - Proteinkinase-Kaskaden,
  - Transkriptionsfaktoren, wie *nuclear factor kappa B* (NFκB) u. a., sowie
  - Faktoren, die den programmierten Zelltod (**Apoptose**) auslösen oder verhindern.
  - Dieses zelluläre Netzwerk reagiert auf die Stresssignale mit verstärkter oder verminderter Vermehrung der Zellen, Alterung oder mit dem programmierten Zelltod (Apoptose).
- Eine wichtige Rolle bei der Abwehr von zellulärem Stress spielen
  - **Stressproteine**, die vor Proteinaggregation, dysfunktionalen Proteinen und Apoptose schützen.
- **Strahlung** (UV, Röntgenstrahlen) und ROS schädigen die DNA. Wenn der Schaden nicht repariert werden kann, wird dadurch das
  - **Krebsrisiko** erhöht. Die Zelle reagiert auf diese DNA-Schäden
  - mit einem Anhalten der Zellvermehrung und bei starken Schäden
  - mit dem **programmierten Zelltod** (Apoptose).
  - → *Abschnitt 6.6*
- Auch Zellen haben – aufgrund ihres Signalnetzwerks – ein „**Stressgedächtnis**", d. h. sie reagieren auf einander folgende Stresssituationen unterschiedlich.
- Detaillierte Kenntnisse dieser zellulären Stressantworten sind
  - entscheidend wichtig für alle **pharmakotherapeutischen Ansätze**.

Welche Folgerungen ergeben sich aus dem Wechselspiel von Körper und Psyche für die therapeutische Stressbewältigung?

- Längere **psychische Störungen** wirken sich auf somatische Funktionen aus, ebenso wie
  - anhaltende **Störungen von somatisch/zellulären Funktionen** sich auch in psychischen Änderungen manifestieren.
- Bei vielen somatischen Erkrankungen ist es wichtig, auch nach den
  - möglichen **Einflüssen von psychischen Konflikterfahrungen** und noch bestehenden Konflikten zu suchen.
- Aufgrund der engen Wechselbeziehungen zwischen
  - **Psyche und Soma** sind oft auch
  - **physiotherapeutische Behandlungen** bei Stressfolgeerkrankungen wirksam.

Wie gehen wir mit Stress um – und wie lassen sich Stressbelastungen reduzieren?

→ *Kapitel 2, 3*

- Im individuellen Lebenslauf entwickeln sich verschiedene **Reaktionen auf Stress (Coping-Strategien)**, beispielsweise
  - Abwehr oder Verdrängen von Konflikten,
  - Regression auf kindliche Schutzsuche,
  - Rückzug oder
  - aktive Auseinandersetzung.
  - → *Kapitel 3*
- Zu den Bewältigungsversuchen zählen auch
  - **intrapsychische Abwehr- und Stabilisierungsmechanismen**, die sich einerseits in bestimmten Verhaltensweisen, andererseits auch in somatischen Beschwerden (Somatisierung) äußern können.
- **Stressvermeidung** ist eine wichtige Strategie bei **physischen Stressoren** wie
  - zu hoher körperlicher Beanspruchung,
  - Lärm,
  - Strahlung,
  - toxischen Umweltsubstanzen,
  - Krankheitserregern (Hygiene, Impfung) und
  - vielen anderen – soweit diese Stressoren bekannt sind und es möglich ist, sie zu vermeiden.

- Zur Verminderung zahlreicher Stressoren gehört auch entsprechendes **staatliches Handeln** (Gesetze, Kontrollen).
- Von zentraler Bedeutung ist Stressvermeidung oder -verminderung in Form von
  - Gewalt- und Missbrauchsprävention sowie durch
  - Beratung, Aufklärung, Selbsthilfegruppen in Fällen von **Familien- und Schulkonflikten**, auch durch Gemeinde-/Länder-Initiativen.
- Verringerung der Belastung **am Arbeitsplatz** kann durch
  - Mitsprache,
  - überschaubare Führungsstrukturen,
  - Anerkennung sowie
  - ein gutes Klima – im wörtlichen und übertragenen Sinn – erreicht werden.
- Zur Linderung der Belastungen **in Ländern der Dritten Welt** sind sowohl
  - ein fairer Handel als auch
  - Hilfe zur Selbsthilfe notwendig.
  - Das sollte nicht nur staatlichen Institutionen überlassen werden, sondern auch durch Unterstützung der dort in diesem Sinne tätigen Organisationen ermöglicht werden.
  - Von Seiten der Pharmaindustrie wären dort einsetzbare preiswerte Medikamente, z. B. gegen AIDS und Malaria, zu wünschen.

Welche Krankheiten können als Stressfolgen auftreten, und wie behandelt man sie?

→ *Kapitel 8*

- Bei **Dauerstress** kann es zu **chronischen Erkrankungen** wie
  - Depressionen,
  - Schlafstörungen,
  - Arteriosklerose,
  - Diabetes mellitus,
  - Magen- und Darmentzündungen,
  - Neurodermitis,
  - Krebs u. a. kommen.
  - Hierbei ist es wichtig, nicht nur die Folgen von Stress medikamentös zu behandeln, sondern auch die **Ursachen** (Konflikte, Belastungen) zu erkennen und zu verändern.

- **Depressionen** sind von zahlreichen Änderungen auch im neuroendokrinen Bereich charakterisiert. Wichtige Komponenten sind Änderungen
  - in den Serotonin/Noradrenalinsystemen,
  - in der HPA-Achse sowie in den
  - intrazellulären Signalsystemen von Neuronen und
  - in den neuronalen Netzwerken und ihrer Informationsverarbeitung.
  - Depressionen entwickeln sich häufig aufgrund von Enttäuschungen und Traumata in der Kindheit. Im Erwachsenenalter kommen weitere krisenhafte Lebensereignisse oder Dauerstress als Ursachen dazu.
- **Stressbewältigung** in Verbindung mit einer **emotionalen Aufarbeitung** der Ursachen ist bei vielen Angst- und Depressionsstörungen mit psychotherapeutischer und medikamentöser Unterstützung möglich.
  → *Kapitel 3, 8*
- Chronischer psychosozialer Stress in Verbindung mit zellulären Stressoren (Infektionen, Feinstaub, Zigarettenrauch) erhöht die
  - Gefahr von **chronischen Entzündungen** (Ulcus, Colitis, Asthma, Arteriosklerose).
  - Chronische Entzündungen können zur Krebsentstehung beitragen.
- Bei chronischen Entzündungen im Magen-Darm-Bereich, in Gelenken, bei neurodegenerativen Erkrankungen, Arteriosklerose und Antioxidantien werden
  - zunehmend entzündungshemmende Signalsubstanzen eingesetzt.
- Um stressbedingte psychosomatische Erkrankungen auch **medikamentös wirksam behandeln** zu können, sind
  - Kenntnisse über die neuronalen, endokrinen und molekularen Mechanismen der Stresswirkungen und -reaktionen von zentraler Bedeutung.
- **Kombinierte Psycho- und Pharmakotherapie** ist bei zahlreichen psychosomatischen (stressbeeinflussten) Erkrankungen zu erwägen.

Welche gesundheitspolitische Herausforderung stellt Stress dar?

- Eine Verringerung der **immensen Stressfolgeschäden** (psychische Störungen, Krankheiten) könnte wesentlich über
  - **präventive Maßnahmen** gegen Stress/Gewalt in der Schule und Familie (vor allem in der frühkindlichen Entwicklung) erreicht werden.
  - Ebenso wichtig sind Maßnahmen am **Arbeitsplatz**, sowohl was die Verbesserungen im Umgang mit Mitarbeitern/Untergebenen, Anerkennung, Information, Mitbestimmung angeht, als auch in Hinblick auf Belastungen durch Chemikalien, Hitze/Kälte u. a..
  - Für zahlreiche Stressfolgeschäden sind ungesunde Ernährung, übermäßiger Alkoholkonsum, Rauchen und Bewegungsmangel verantwortlich. Förderung von **gesunder Lebensweise** ist daher eine essenzielle Präventionsstrategie.

Literatur

Kapitel 1

Alm E, Arkin AP (2003) Biological networks. *Curr Opinion Struct Biol* 13: 193–202.

Bauer J (2002) *Das Gedächtnis des Körpers.* Eichborn Verlag, Frankfurt.

Bhalla US (2003) Temporal computation by synaptic signaling pathways. *J Chem Neuroanatomy* 26: 81–86.

Breitkreutz A, Boucher L, Breitkreutz BJ, Sultan M, Jurisica I, Tyers M (2003) Phenotypic and transcriptional plasticity directed by a yeast mitogen-activated protein kinase network. *Genetics* 165: 997–1015.

Cannon WB (1929) *Bodily Changes in Pain, Hunger, Fear and Rage.* D. Appleton & Co., New York.

Damasio A (1995) *Descartes' Irrtum.* List-Verlag, München.

Darwin C (1859) *On the Origin of Species.* Deutsche Übersetzung (1963), Reclam, Stuttgart.

Deneke FW, Hilgenstock B (1989) *Das Narzißmus-Inventar.* H. Huber, Bern.

Deuschle M, Lederbogen F, Borggrefe M, Ludwig KH (2002) Erhöhtes kardiovaskuläres Risiko bei depressiven Patienten. *Deutsches Ärzteblatt* 99: a 3332–3338.

Egle UT, Hardt J, Nickel R, Kappis B, Hoffmann SO (2002) Früher Stress und Langzeitfolgen für die Gesundheit – wissenschaftlicher Erkenntnisstand und Forschungsdesiderate. *Z Psychosom Med Psychother* 48: 411–434.

Fritzsche KP (1998) *Die Stressgesellschaft. Vom schwierigen Umgang mit den rasanten gesellschaftlichen Veränderungen.* Kösel, München.

Henry JP (1992) Biological basis of the stress response. *Integrative Physiol Behav Science* 27: 66–83.

Hurrelmann K (1994) *Familienstress, Schulstress, Freizeitstress.* Beltz Verlag, Weinheim.

Hüther G (2002) Und nichts wird fortan so sein wie bisher. Die Folgen traumatischer Kindheitserfahrungen für die weitere Hirnentwicklung. *Analyt Kinder und Jugend Psychotherapie* 23: 461–476.

Joffe WG, Sandler J (1967) Über einige begriffliche Probleme im Zusammenhang mit dem Studium narzißtischer Störungen. *Psyche* 21: 1–16.

Keidel WD (1989) *Biokybernetik des Menschen.* Wissenschaftliche Buchgesellschaft, Darmstadt.

LeDoux J (1996) *The Emotional Brain.* Simon & Schuster, New York.

Levine SH, Ursin H (1991) What is stress? In: Brown MR, Rivier C, Koob GF (Hrsg) *Neurobiology and Neuroendocrinology of Stress.* Marcel Dekker, New York.

Loeschke V, Bijlsma R (Hrsg) (1997) *Environmental Stress, Adaptation and Evolution.* Birkhäuser Verlag, Basel.

Magnusson A, Boivin D (2003) Seasonal affective disorder: an overview. *Chronobiol Internat* 20: 189–207.

McEwen BC (2002) Sex, stress and the hippocampus; allostasis; allostatic load and the aging process. *Neurobiol of Aging* 21: 921–939.

Milch W (2001) *Lehrbuch der Selbstpsychologie.* Kohlhammer, Stuttgart, Berlin.

Orange DM, Atwood GE, Storlow RD (2001) *Intersubjektivität in der Psychoanalyse.* Brandes & Apsel, Frankfurt.

Pampallona S, Bollini P, Tibaldi G, Kupelnick B, Munizza C (2004) Combined pharmacotherapy and psychological treatment for depression: a systematic review. *Arch Gen Psychiatry* 61: 714–719.

Pöppel E (1993) Neuropsychologische Rekonstruktion der subjektiven Kontinuität. In: Elepfandt A,

Wolters G (Hrsg) *Denkmaschinen? Interdisziplinäre Perspektiven zum Thema Gehirn und Geist*. Universitätsverlag, Konstanz, 153–160.

Prinz W (2004) Neue Ideen tun Not. *Gehirn&Geist* 6: 34–35.

Rensing L, Gosslau A (2004) Warum altern wir? Zur Rolle freier Radikale bei der Begrenzung der Lebenszeit. *blickpunkt: der mann* 2: 7–12.

Rensing L, Meyer-Grahle U, Ruoff P (2001) Biological timing and the clock metaphor: oscillatory and hourglass mechanisms. *Chronobiol Internat* 18: 329–369.

Rozanski A, Blumenthal J, Kaplan J (1999) Impact of psychological factors on the pathogenesis of cardiovascular disease and implications for therapy. *Circulation* 99: 2 192–2 217.

Rudolf G (2000) *Psychotherapeutische Medizin und Psychosomatik*. Thieme Verlag, Stuttgart.

Rüegg JP (2003) *Psychosomatik, Psychotherapie und Gehirn*. Schattauer, Stuttgart.

Sapolsky R (1996) *Warum Zebras keine Migräne kriegen. Wie Stress den Menschen krank macht*. Piper, München.

Schmidt RF, Thews G, Lang F (Hrsg) (2000) *Physiologie des Menschen*. Springer Verlag, Berlin, Heidelberg.

Schwarzer R (1993) *Stress, Angst und Handlungsregulation*. Kohlhammer Verlag, Stuttgart.

Selye H (1991) *Stress beherrscht unser Leben*. Heyne, München.

Selye H (1936) A syndrome produced by diverse nocuous agents. *Nature* 183: 32.

Stemmler G (1996) Psychophysiologie der Emotionen. *Z Psychosom Med Psychoanalyse* 42: 235–260.

Steptoe A (1991) The links between stress and illness. *J Psychosom Res* 35: 633–644.

Tausch R (2002) Hilfen bei Stress und Belastung. Rowohlt, Hamburg.

Uexküll Th v (2002) *Psychosomatische Medizin*. Adler RH, Hermann JM, Köhle K, Schonecke OW, Uexküll Th von, Wesiack W (Hrsg), Urban & Schwarzenberg, München.

Ursin H, Olff M (1993) The stress response. In: Stanford SC, Salmon P (Hrsg) *Stress from Synapse to Syndrome*. Academic Press, London, New York, 3–22.

Vester F (1976) *Phänomen Stress*. Deutscher Taschenbuchverlag, München.

Wallerstein RS (2001) Entwicklung und moderne Transformation der (amerikanischen) Ich-Psychologie. *Psyche* 7: 649–689.

Weiner H (1992) *Perturbing the Organism. The Biology of Stressful Experience*. University of Chicago Press, Chicago.

Weiner H. (1989) Overview. In: Weiner H, Florin J, Murison R, Hellhammer P (Hrsg)*Frontiers of Stress Research.*. Hans Huber, Stuttgart.

Yalom ID (1989) *Existentielle Psychotherapie*. Edition Humanistische Psychologie, Köln.

Kapitel 2

Azzi A, Gysin R, Kempna P, Ricciarelli R, Villacorta L, Visarius T, Zingg JM (2003) The role of alpha-tocopherol in preventing disease: from epidemiology to molecular events. *Mol Aspects Med* 24: 325–336.

Belojevic G, Jakovljevic B, Slepcevic V (2003) Noise and mental performance: personality attributes and noise sensitivity. *Noise Health* 6(21): 77–89.

BGW-DAK-Stress-Monitoring 2001. Überblick über die Ergebnisse einer BGW-DAK-Studie zum Zusammenhang von Arbeitsbedingungen und Stressbelastung in ausgewählten Berufen. *http://www. workstress.net*

Billat VL, Sirvent P, Py G, Koralsztein JP, Mercier J (2003) The concept of maximal lactate steady state: a bridge between biochemistry, physiology and sport science. *Sports Med* 33: 407–426.

Blum K, Cull JG, Braverman ER, Comings DE (1996) Reward deficiency syndrome: addictive, impulsive and compulsive disorders – including alcoholism, attention-deficit disorders, drug abuse and food bingeing – may have a common genetic basis. *Am Sci* 84: 132–145.

Boksa P, El-Khodor BF (2003) Birth insult interacts with stress at adulthood to alter dopaminergic function in animal models: possible implication for schizophrenia and other disorders. *Neurosci Biobehav Rev* 27: 91–101.

Brisch KH (2002) Hyperaktivität und Aufmerksamkeitsstörung aus der Sicht der Bindungstheorie. In: Bovensiepen G, Hopf H, Molitor G (Hrsg), *Unruhige und unaufmerksame Kinder*. Brandes & Apel, Frankfurt, 43–61.

Brunner EJ, Marmot MG, Nanchahal K, Shipley MJ, Stansfeld SA, Juncja M et al. (1997) Social inequality in coronary risk: central obesity and the metabolic syndrome. Evidence form the Whitehall II study. *Diabetologia* 40: 1 341–1 349.

Buchholz MB (1995) *Die unbewusste Familie. Lehrbuch der psychoanalytischen Familientherapie*. Klett-Cotta, Stuttgart.

Bullinger M, Kirchberger I (1998) *SF-36 Fragebögen zum Gesundheitsstand*. Hogrefe, Göttingen.

Champagne F, Meaney MJ (2001) Like mother, like daughter: evidence for non-genomic transmission of parental behavior and stress responsivity. *Prog Brain Res* 133: 287–302.

Cierpka M (2005) *Faustlos*. Hogrefe, Göttingen.

Clarke ADB, Clarke AM (2000) *Early Experience and the Life Path*. Jessica Kingsley Publishers, London.

Coe CL, Kramer M, Czeh B, Gould E, Reeves AJ, Kirschbaum C (2003) Prenatal stress diminishes neurogenesis in the dentate gyrus of juvenile rhesus monkeys. *Biol Psychiatry* 54:1 025–1 034.

Cohen JA, Berliner L, Mannarino AP (2003) Psychosocial and pharmacological interventions for child crime victims. *J Trauma Stress* 16: 175–186.

Cooper CL (Hrsg) (1998) *Theories of Organizational Stress*. Oxford University Press, Oxford.

Cordova MJ, Andrykowski MA (2003) Responses to cancer diagnosis and treatment: posttraumatic stress and posttraumatic growth. *Semin Cli Neuropschiatry* 8: 286–296.

Costa G (1997) The problem: shiftwork. *Chronobiol Internat* 14: 89–98.

DAK (1998) Bundesbürger sind gestresst. *DAK Gesundheitsbarometer Nov. 1998. http//www.presse.dak.de*.

DAK-Gesundheitsmanagement, DAK Hauptgeschäftsstelle, Nagelsweg 27–35, 20087 Hamburg.

DAK-Presse-Server. Studie Gesundheitsbarometer: Stress und Angst am Arbeitsplatz. Febr. 2003, 1 002 Erwerbstätige. *presse@dak.de*

Dörr W, Hagen UFW, Eckardt-Schupp F (2004) Strahlungen. In: Marquard H, Schäfer S (Hrsg) *Lehrbuch der Toxikologie*. WissenschaftlicheVerlagsgesellschaft, Stuttgart, 1 001–1 023.

Egeland B, Susman-Stillman A (1996) Dissociation as a mediator of child abuse across generations. *Child Abuse Negl* 20: 1 123–1 132.

Egle UT, Hardt J, Nickel R, Kappis B, Hoffmann SO (2002) Früher Stress und Langzeitfolgen für die Gesundheit – wissenschaftlicher Erkenntnisstand und Forschungsdesiderate. *Z Psychosom Med Psychother* 48: 411–434.

Elsayed NM, Gorbunov NV (2003) Interplay between high energy impulse noise (blast) and antioxidants in the lung. *Toxicology* 189: 63–74.

Ermann M (2004) Wir Kriegskinder. *Forum Psychoanal* 20: 226–239.

FAO (2004) The state of food insecurity in the world. *http://www.fao.org/documents*.

Felitti VJ (2002) Belastungen in der Krankheit und Gesundheit im Erwachsenenalter: die Verwandlung von Gold in Blei. *Z Psychosom Med Psychother* 48: 359–369.

Felitti VJ, Anda RF, Nordenberg D, Williamson DF, Spitz AM, Edwards V, Koss MP, Marks JS (1998) The relationship of adult health status to childhood abuse and household dysfunction. *Am J Prev Med* 14: 245–258.

Forth W, Henschler D, Rummel W, Förstermann U, Starke K (Hrsg) (2001) *Allgemeine und spezielle Pharmakologie und Toxikologie*. Urban & Fischer, München, Jena.

Francis DD, Champagne FA, Liu D, Meaney MJ (1999) Maternal care, gene expression and the development of individual differences in stress reactivity. *Ann N Y Acad Sci* 896: 66–84.

Geller PA (2004) Pregnancy as a stressful life event. *CNS Spect* 9: 188–197.

Glaser D (2000) Child abuse and neglect and the brain – a review. *J Child Psychol Psychiatry* 41: 97–116.

Hampel P, Petermann F (2001) Stress und Stressdiagnostik – Einführung in den Themenschwerpunkt. *Kindheit und Entwicklung* 10: 143–147.

Haram K, Mortensen JH, Wollen AL (2003) Preterm delivery: an overview. *Acta Obstet Gynecol Scand* 82: 687–704.

Helfer ME, Kempe RS, Krugman RD (Hrsg) (2002) *Das misshandelte Kind*. Suhrkamp Verlag, Frankfurt.

Hillhouse EW, Grammatopoulos DK (2002) Role of stress peptides during human pregnancy and labour. *Reproduction* 124: 323–329.

Hobel C, Culhane J (2003) Role of psychosocial and nutritional stress on poor pregnancy outcome. *J Nutr* 133: 1 709–1 717.

Hofer MA (1996) On the nature and consequences of early loss. *Psychosom Med* 58: 570–581.

Holthausen-Markou S, Reimer C (2004) Psychische Probleme und das Dilemma des späten Schwangerschaftsabbruchs. *Psychotherapeut* 49: 362–366.

Huizink AC, Mulder EJ, Buitelaar JK (2004) Prenatal stress and risks for psychopathology: specific effect or induction of general susceptibility? *Psychol Bull* 130: 115–142.

Ising H, Braun C (2000) Acute and chronic endocrine effects of noise: review of the research conducted at the Institute for Water, Soil and Air Hygiene. *Noise Health* 2: 7–24.

Kernberg OF (1996) Hass als zentraler Affekt der Aggression. *Z Psychosom Med* 42: 281–305.

Knauth P (1997) Changing schedules. Shiftwork. *Chronobiol Internat* 14: 159–171.

Körber Stiftung Deutscher Studienpreis (2003) Tempo: *Die beschleunigte Welt*. Schöneck N. Umfragen zum Zeitempfinden. *dsp@stiftungkoerber.de*

Kuehner C (2003) Gender differences in unipolar depression: an update of epidemiological findings and possible explanations. *Acta Psychiatr Scand* 108: 163–174.

Kutter PC (1997) Altern in selbstpsychologischer Sicht. In: Radebold H (Hrsg) *Altern und Psychoanalyse*. Vandenhoeck & Ruprecht, Göttingen, 59–67.

Lampe A (2002) Prävalenz von sexuellem Missbrauch, physischer Misshandlung und emotionaler Vernachlässigung in Europa. *Z Psychosom Med Psychother* 48: 370–380.

Levine R (1998) *Eine Landkarte der Zeit. Wie Kulturen mit Zeit umgehen.* Piper, München, Zürich.

Lichtenberg JD (1989) Psychoanalysis and Motivation. *The Analytic Press.* Hillsdale, New York.

Lohaus A (1990) *Gesundheit und Krankheit aus der Sicht von Kindern.* Hogrefe, Göttingen.

Lohaus A, Fleer B, Freytag P, Klein-Heßling J (1996) *Fragebogen zur Erhebung von Stresserleben und Stressbewältigung im Kindesalter (SSK).* Hogrefe, Göttingen.

Marmot M, Brunner E (2001) Epidemiological applications of long-term stress in daily life. In: Theorell T (Hrsg) Everyday Biological Stress Mechanisms. *Adv Psychosomat Med Basel, Karger* 22: 80–90.

Marmot MG, Smith D, Stansfeld SA, Patel C, North F, Head J et al. (1991) Health inequalities among British civil servants: The Whitehall II study. *Lancet* 337: 1387–1393.

Marquard H, Schäfer S (Hrsg) (2004) *Lehrbuch der Toxikologie.* Wissenschaftliche Verlagsgesellschaft, Stuttgart.

Matheny KB, Aycock DW, McCarthy J (1993) Stress in school-aged children and youth. *Educat Psychol Review* 5: 109–134.

Matheson MP, Stansfeld SA, Haines MM (2003) The effects of chronic aircraft noise exposure on children's cognition and health: 3 field studies. *Noise Health* 5: 31–40.

Meaney MJ, Bhatnagar S, Laroque S, McCormick C, Shanks N, Sharma S, Smythe J, Viau V, Plotsky PM (1993) Individual differences in the hypothalamic-pituitary-adrenal stress response and the hypothalamic CRF system. *Ann N Y Acad Sci* 29: 697: 70–85.

Norris FH, Friedman MJ, Watson PJ, Byrne CM, Diaz E, Kaniasty K (2002) 60 000 disaster victims speak: part I an empirical review of the empirical literature. *Psychiatry* 65: 207–239.

Ozyener F, Rossiter HB, Ward SA, Whipp BJ (2003) Negative accumulated oxygen deficit during heavy and very heavy intensity cycle ergometry in humans. *Eur J Appl Physiol* 90: 185–190.

Radebold H (1992) *Psychodynamik und Psychotherapie Älterer.* Springer, Berlin.

Rensing L, Meyer-Grahle U, Ruoff P (2001) Biological timing and the clock metaphor: oscillatory and hourglass mechanisms. *Chronobiol Internat* 18: 328–369.

Rohde A (2004) *Rund um die Geburt eines Kindes: Depressionen, Ängste und andere psychische Probleme.* Kohlhammer, Stuttgart.

Rudolf G (2000) *Psychotherapeutische Medizin und Psychosomatik.* Thieme, Stuttgart.

Sapolsky RM, Mott GE (1987) Social subordinance in wild baboons is associated with suppressed high density lipoprotein cholesterol concentrations: the possible role of chronic stress. *Endocrinology* 121: 1605–1610.

Schlösser AM, Gerlach A (Hrsg) (2002) *Gewalt und Zivilisation.* Psychosozialverlag, Gießen.

Schoon I (2002) Die Langzeitwirkungen sozial-ökonomischer Benachteiligung auf die psychosoziale Anpassung von Frauen. *Z Psychosom Med Psychother* 48: 381–395.

Schore AN (2000) Attachment and the regulation of the right brain. *Attach Hum Dev* 2: 23–47.

Schwarz B (2004) *The paradox of choice: why more is less.* Ecco/Harper Collins Publishers, New York.

Seiffge-Krenke I (2000) Causal links between stressful events, coping style and adolescent symptomatology. *J Adolescence* 23: 675–691.

Shepherd P (1995) *The National Child Development Study. An Introduction to Origins and the Methods of Data Collection.* working paper No. 1, SSRU, City University London.

Siegrist J (2001) Long-term stress in daily life in a socioepidemiologic perspective. In: Theorell T (Hrsg) Everyday Biological Stress Mechanisms. *Adv Psychosom Med Basel, Karger,* 22: 91–103.

Stierlin H (2001) *Psychoanalyse, Familientherapie, systemische Therapie.* Klett-Cotta, Stuttgart.

Streeck-Fischer A (1994) Entwicklungslinien der Adoleszenz. *Psyche* 48: 507–528.

Stress at workplace, March 2001 *safework@ilo.org.*

Strike PC, Steptoe A (2004) Psychosocial factors in the development of coronary artery disease. *Prog Cardiovasc Dis* 46: 337–347.

Suomi SJ (1997) Early determinants of behaviour: evidence from primate studies. *Brit Med Bull* 53: 170–184.

Tyson Ph, Tyson RL (2001) *Lehrbuch der psychoanalytischen Entwicklungspsychologie.* Kohlhammer, Stuttgart.

Vina J, Gomez-Cabrera MC, Lloret A, Marquez R. Minana JB, Pallardo FV, Sastre J (2000) Free radicals in exhaustive physical exercise: mechanism of production and protection by antioxidants. *IUBMB Life* 50: 271–277.

WHO World report on violence and health(2002). *http://www.who.int/violence.*

WHO (2003) Global Health today's challenges. Estimated Dalys by cause, age group and sex for 2002. *http://www.who.int/entity/who.*

WHO : World Health Report (2002) Reducing risks to health, promoting healthy life. WHO, 1211 Genf 27, Schweiz *who@who.int.*

WHO World Health Report, Vanderslice L (2004) Hunger Is The Major World Health Problem. www.worldhunger.org/articles/phn/WHOdiseasestudy.htm.

WHO World Health Report (2005) HIV/AIDS. *http://www.who.int/hiv.*

Wolfersdorf M, Schüler M (2005) *Depressionen im Alter.* Kohlhammer, Stuttgart.

Yalom ID (1989) *Existentielle Psychotherapie.* Edition Humanistische Psychologie, Köln.

Zahner J, Meran J, Karthaus M (2001) Exhaustion and fatigue – a neglected problem in hematology and oncology. *Wien Med Wochenschr* 151: 89–93.

Zerssen D v (1976) *Die Beschwerden-Liste. Manual.* Beltz Test Gesellschaft, Weinheim.

Kapitel 3

Bohleber W (Hrsg) (1999) Therapeutischer Prozess als schöpferische Beziehung . Übertragung. Gegenübertragung . Intersubjektivität. *Psyche* 53: 9–10.

Bollas C (1997) *Der Schatten des Objekts.* Klett-Cotta, Stuttgart.

Brisch KH (1999) *Bindungsstörungen.* Klett-Cotta, Stuttgart.

Deneke FW (1999, 2001) *Psychische Struktur und Gehirn.* Schattauer, Stuttgart.

Deneke FW, Hilgenstock B (1989) *Das Narzißmusinventar.* Huber, Bern.

Dornes M (1997) *Die frühe Kindheit. Entwicklungspsychologie der ersten Lebensjahre.* S. Fischer, Frankfurt.

Dornes M (2000) *Die emotionale Welt des Kindes.* S. Fischer, Frankfurt.

Erikson EH (1956) Das Problem der Identität. *Psyche* 10: 114–176.

Erikson EH (1968) *Kindheit und Gesellschaft.* Klett, Stuttgart.

Erikson EH (1971) *Einsicht und Verantwortung.* Fischer, Frankfurt.

Fonagy P (2003) *Bindungstheorie und Psychoanalyse.* Klett-Cotta, Stuttgart.

Fraiberg S (2003) Pathologische Schutz- und Abwehrreaktionen in der frühen Kindheit. *Prax Kinderpsychol Kinderpsychiat* 52: 560–577.

Freud S Gesammelte Werke (Hrsg) Freud A, Hoffer W, Kris E, Isakower O, Standard-Ausgabe 24 Bde, Hogarth Press und The Institute of Psycho-Analysis.

Freud S Gesammelte Werke I – XVIII (Hrsg) Freud A, Hoffer W, Kris E, Isakower O, 1960 ff. Frankfurt.

Freud S (1900) Die Traumdeutung. In: Gesammelte Werke (1973) Bde. II/III, Frankfurt.

Freud S (1905) Bruchstücke einer Hysterie – Analyse. In: Gesammelte Werke (1969) Bd. V, Frankfurt.

Freud S (1910) Die künftigen Chancen oder psychoanalytische Therapie. In: Gesammelte Werke (1969) Bd. VIII, Frankfurt.

Freud S (1910) Über Psychoanalyse. In: Gesammelte Werke (1969) Bd. VIII, Frankfurt.

Freud S (1912) Ratschläge für den Arzt bei der psychoanalytischen Behandlung. In: Gesammelte Werke (1969) Bd. VIII, Frankfurt.

Greenberg LS, Rice LN, Elliott R (2003) *Emotionale Veränderung fördern.* Junfermann, Paderborn.

Guex G (1950) *Le Syndrom d'abandon.* Paris. Beck MC, Cohen M (Übersetzung) (1982) *Das Verlassenheitssyndrom.* Huber, Bern.

Habermas J (1968) *Erkenntnis und Interesse.* Suhrkamp, Frankfurt.

Heising G, Hensel BF, Rost WD (2002) *Zur Attraktivität des »bösen Objekts«.* Psychosozial Verlag, Gießen.

Heisterkamp, G.(2002) *Basales Verstehen, Handlungsdialoge in Psychotherapie und Psychoanalyse.* Pfeiffer, Stuttgart.

Henseler H (1974) *Narzißtische Krisen, zur Psychodynamik des Selbstmordes.* Rowohlt, Reinbek.

Jacobson E (1973) *Das Selbst und die Welt der Objekte.* Suhrkamp, Frankfurt.

Kernberg OF (1979) *Borderline-Störungen und pathologischer Narzißmus.* Suhrkamp, Frankfurt.

König K (1981) Angst und Persönlichkeit. Vandenhoeck & Ruprecht, Göttingen.

Kohut H (1973) *Narzißmus – eine Theorie der psychoanalytischen Behandlung narzißtischer Persönlichkeitsstörungen.* Suhrkamp, Frankfurt.

Krause R (1997) *Allgemeine Psychoanalytische Krankheitslehre.* Bd.1. Kohlhammer, Stuttgart.

Krause R (1997) *Allgemeine Psychoanalytische Krankheitslehre.* Bd. 2. Kohlhammer, Stuttgart.

Lichtenberg JD (1989) Modellszenen, Affekte und das Unterbewusste. In: Wolf ES, Ornstein A, Ornstein PH, Lichtenberg JD, Kutter P (Hrsg) (1989) *Selbstpsychologie, Weiterentwicklung seit Heinz Kohut.* Verlag Internationale Psychoanalyse, München, 73–106.

Lichtenberg JD (1991) Motivational – funktionale Systeme als psychische Strukturen. *Forum Psychoanalyse* 7: 85–97.

Lorenzer A, Dahmer H, Horn K, Brede K, Schwanenburg E (1971) *Psychoanalyse als Sozialwissenschaft.* Suhrkamp, Frankfurt.

Lorenzer A (1973) *Über den Gegenstand der Psychoanalyse oder: Sprache und Interaktion.* Suhrkamp, Frankfurt.

Lorenzer A (1974) *Die Wahrheit der psychoanalytischen Erkenntnis.* Suhrkamp, Frankfurt.

Ludwig – Körner CHR (1993) *Der Selbstbegriff in Psychologie und Psychotherapie*. DUV-Verlag, Leverkusen.

Martin S, Maurer W, Rensing R, Rippe B, Seidel U, Siegfried B, Warrlich C (2003) *Curriculumentwurf zur psychoanalytischen Aus- und Weiterbildung*. Kommission für Öffentlichkeitsarbeit und Forschung des Psychoanalytischen Instituts Bremen, Heft 1, 1–96.

Mentzos ST (Hrsg) (1983) *Angstneurose*. S. Fischer, Frankfurt.

Mentzos ST (2001) *Depression und Manie, Psychodynamik und Therapie affektiver Störungen*. Vandenhoeck & Ruprecht, Göttingen.

Mertens W (1990 a) *Einführung in die psychoanalytische Therapie*. Bd.1. Kohlhammer, Stuttgart.

Mertens W (1990 b) *Einführung in die psychoanalytische Therapie*. Bd.2. Kohlhammer, Stuttgart.

Mertens W (1991) *Einführung in die psychoanalytische Therapie*. Bd.3. Kohlhammer, Stuttgart.

Milch W (2001) *Lehrbuch der Selbstpsychologie*. Kohlhammer, Stuttgart.

Moeller ML (1977) Zur Theorie der Gegenübertragung. *Psyche* 31: 142–166.

Orange (2004) *Emotionales Verständnis*. Brandes & Apsel, Frankfurt, 127f.

Racker H (1993) *Übertragung und Gegenübertragung*. Reinhardt, München.

Rehberger R (1999) *Verlassenheitspanik und Trennungsangst*. Pfeiffer, Stuttgart.

Ricoeur P (1969) *Die Interpretation, ein Versuch über Freud*. Pfeiffer, Frankfurt.

Rippe B (1995) Eine Auseinandersetzung mit Germaine Guex: Le syndrome d'abandon.

Paris 1950. In: Rippe B (1995a) *Erfahrungen mit der Psychoanalyse*. Studienkommission, Psychoanalytisches Institut Bremen, Bremen, 16–26.

Rippe B (1995) Anmerkungen zum Entwicklungsstand der psychoanalytischen Theoriebildung. In: Rippe B (1995a) *Erfahrungen mit der Psychoanalyse*. Studienkommission, Psychoanalytisches Institut Bremen, Bremen, Heft 1: 10–15.

Rippe B (1995a) *Erfahrungen mit der Psychoanalyse. Über einige Konfliktthemen in der psychoanalytischen Ausbildung und Praxis*. Studienkommission, Psychoanalytisches Institut Bremen, Bremen, Heft 1.

Rippe B (1995b) *Warum erst jetzt? – Zum schwierigen Verhältnis von Krankheit und Psychotherapie*. Studienkommission, Psychoanalytisches Institut Bremen, Bremen, Heft 2.

Rippe B (1996) Über die früheren Verhältnisse von Wissenschaftstheorie und Psychoanalyse. In: Basch MF et al (1996) *Beiträge zur Forschung in der Psychoanalyse*. Studienkommission, Psychoanalytisches Institut Bremen, Bremen, Heft 3, 59–81.

Rippe B (1998) *Eine psychoanalytische Erzählung*. Hörkassette. TFI-Verlag, Bremen, *www.tfi-verlag.de*.

Rippe B (2003) *Psychotherapeutische Wirkfaktoren aus der Sicht der psychoanalytischen Praxis*. CD. TFI –Verlag, Bremen, *www.tfi-verlag.de*.

Rippe B (2005) Psychologische Anmerkungen zu Walter Bertelsmann. In: Felgendreher T (2005, in Vorbereitung) *Walter Bertelsmann – vom Bremer Kaufmann zum Worpsweder Maler*. Bremen.

Rudolf G (1977) *Krankheiten im Grenzbereich von Neurose und Psychose*. Vandenhoeck & Ruprecht, Göttingen.

Rudolf G (2000a) Die Entstehung psychogener Störungen: ein interpretatives Modell. *Praxis der Kinderpsychologie und Kinderpsychiatrie* 5: 351–366.

Rudolf G (2000b) *Psychotherapeutische Medizin und Psychosomatik*. Thieme, Stuttgart.

Sandler J, Dare C, Holder A (1973) *Die Grundbegriffe der psychoanalytischen Therapie*. Klett-Cotta, Stuttgart.

Sandler J, Dreher (1999) *Was wollen die Psychoanalytiker? Das Problem der Ziele in der psychoanalytischen Behandlung*. Klett-Cotta, Stuttgart.

Sonderheft Psyche (siehe auch:) Bohleber W (Hrsg) (1999) Therapeutischer Prozess als schöpferische Beziehung. Übertragung. Gegenübertragung. Intersubjektivität. *Sonderheft Psyche* 53: 9–10.

Stern D (1991) A philosophy for the embedded analyst: Gadamer's hermeneutics and social paradigm of psychoanalysis. *Contempory Psychoanalytic Dialogues* 27: 331–363.

Thomä H, Kächele H (1973) Wissenschaftstheoretische und methodologische Probleme der klinisch-psychoanalytischen Forschung. I und II. *Psyche* 27: 205–236, 309–355.

Willi J (1996) *Ökologische Psychotherapie*. Hogrefe, Göttingen.

Yalom ID (2003) *Was Hemingway von Freud hätte lernen können*. Goldmann, München.

Kapitel 4

Abraham IM, Harkany T, Horvath KM, Luiten PGM (2001) Action of glucocorticoids on survival of nerve cells: promoting neurodegeneration or neuroprotection? *J Neuroendocrinol* 13: 749–760.

Ahmed B, Kastin AJ, Banks WA, Zadine JE (1994) CNS effects of peptides: a cross-listing of peptides and their central actions. *Peptides*, 15, 1105–1155.

Akil H (2005) Stressed and depressed. *Nature Medicine* 11: 116–118.

Amorapanth P, LeDoux JE, Nader K (2000) Different lateral amygdala outputs mediate reactions and actions elicited by a fear-arousing stimulus. *Nature Neurosci* 3: 74–79.

Ansorge MS, Zhou M, Lira A, Hen R, Gingrich JA (2004) Early-life blockade of the 5-HT transporter alters emotional behavior in adult mice. *Science* 306: 879–881.

Arnold SA, Rioux L (2001) Challenges, status and opportunities for studying developmental neuropathology in adult schizophrenia. *Schiz Bull* 27: 395–416.

Birikh KR, Sklan EH, Shoham S, Soreq H (2003) Interaction of „readthrough" acetylcholinesterase with RACK1 and PKCbII correlates with intensified fear-induced conflict behavior. *Proc Natl Acad Sci USA* 100: 283–288.

Birnbaum SG, Yuan PX, Wang M, Vijayraghavan S, Bloom AK, Davis DJ, Gobeske KT, Sweatt JD, Manji HK, Arnsten AFT (2004) Protein kinase C overactivity impairs prefrontal cortical regulation of working memory. *Science* 306: 882–884.

Bohlen und Halbach O von, Dermietzel R (2002) *Neurotransmitters and Neuromodulators.* Wiley VCH, Weinheim

Buuse M van den, Garner B, Koch M (2003) Neurodevelopmental animal models of schizophrenia: effects on prepulse inhibition. *Curr Mol Med* 3: 459–471.

Calder AJ, Lawrence AD, Young AW (2001) Neuropsychology of fear and loathing. *Nature Rev Neurosci* 2: 352–363.

Carlsson A (1998) Arvid Carlsson. The History of Neuroscience in Autobiography. Squire LR (Hrsg), Academic Press, San Diego, 28–66.

Carrasco GA, Kar LD van de (2003) Neuroendocrine pharmacology of stress. *Eur J Pharmacol* 463: 235–272.

Cooper JR, Bloom FE, Roth RH (2003) *The Biochemical Basis of Neuropharmacology.* Oxford University Press, Oxford, New York.

Costa E, Grayson DR, Mitchell CP, Tremolizzo L, Veldic M, Guidotti A (2003) GABAergic cortical neuron chromatin as a putative target to treat schizophrenia vulnerability *Crit Rev Neurobiol* 15: 121–142.

Dalgleish T (2004) The emotional brain. *Nature Rev Neurosci* 5: 582–589.

Davis M (1997) Neurobiology of fear responses: the role of the amygdala. *J Neuropsych Clin Neurosci* 9: 382–402.

Davis M (2002) Role of NMDA receptors and MAP kinase in the amygdala in extinction of fear: clinical implications for exposure therapy. *Eur J Neurosci* 16: 395–398.

Dolcos F, LaBar KS, Cabeza R (2004) Interaction between the amygdala and the medial temporal lobe memory system predicts better memory for emotional events. *Neuron* 42: 855–863.

Dugan AL, Malarkey WB, Schwemberger S, Jauch EC, Ogle CK, Horseman ND (2004) Serum levels of prolactin, growth hormone, and cortisol in burn patients: correlations with severity of burn, serum cytokie and fatality. *J Burn Care Rehabil* 25: 306–313.

Duman RS, Charney DS (1999) New vistas on an old transmitter. *Biol Psychiatry* 46: 1121–1123.

Eisenberger NI, Lieberman MD, Williams KD (2003) Does rejection hurt? An fMRI study of social exclusion. *Science* 302: 290–292.

Ellenbroek BA, Cools AR (1998) The neurodevelopmental hypothesis of schizophrenia: clinical evidence and animal models. *NeurosciRes Comm* 22: 127–136.

Ellenbroek BA, Kroonenberg PTJM van den, Cools AR (1998) The effects of an early stressful life event on sensorimotor gating in adult rats. *Schizophr Res* 30: 251–260.

Everitt BJ, Robbins TW (1997) Central cholinergic systems and cognition. *Annu Rev Psychol* 48: 649–684.

Falls WA, Miserendino MJD, Davis M (1992) Extinction of fear-potentiated startle: blockade by infusion of an NMDA antagonist into the amygdala. *J Neurosci* 12: 854–863.

Fatemi SH, Stary JM, Egan EA (2002) Reduced blood levels of reelin as a vulnerability factor in pathophysiology of autistic disorder. *Cell Mol Neurobiol* 22: 139–152.

Feenstra MGP, Teske G, Botterblom MHA, Bruin JPC de (1999) Dopamine and noradrenaline release in the prefrontal cortex of rats during classical aversive and appetitive conditioning to a contextual stimulus: interference by novelty effects. *Neurosci Lett* 272: 179–182.

Fendt M, Fanselow MS (1999) The neuroanatomical and neurochemical basis of conditioned fear. *Neurosci Biobehav Rev* 23: 743–760.

Fendt M, Koch M, Schnitzler H-U (1997) Corticotropin-releasing factor in the caudal pontine reticular nucleus mediates the expression of fear-potentiated startle in the rat. *Eur J Neurosci* 9: 299–305.

Ferry B, Roozendaal B, McGaugh JL (1999) Basolateral amygdala noradrenergic influences on memory storage are mediated by an interaction between b- and a$_1$-adrenoceptors. *J Neurosci* 19: 5119–5123.

Fields H (2004) State-dependent opioid control of pain. *Nature Rev Neurosci* 5: 565–575.

Flügge G, Koch M (1996) Neurochemical aspects of motivation and behavior. Brain and Evolution. Elsner N, Schnitzler H-U(Hrsg). Georg Thieme Verlag, Stuttgart, New York, 172–182.

Fuchs E, Flügge G (2003) Chronic social stress: effects on limbic brain structures. *Physiol Behav* 79: 417–427.

Fuchs E, Flügge G (2004) Psychosozialer Stress verändert das Gehirn. *Neuroforum* 10: 195–199.

Fuster JM (2001) The prefrontal cortex – an update: time is of the essence. *Neuron* 30: 319–333.

Fuster JM (2003) Frontal lobe and cognitive development. *J Neurocytol* 31: 373–385.

Grace AA, Rosenkranz JA (2002) Regulation of conditioned responses of basolateral amygdala neurons. *Physiol Behav* 77: 489–493.

Graybiel AM, Aosaki T, Flaherty AW, Kimura M (1994) The basal ganglia and adaptive motor control. *Science* 265: 1826–1831.

Greengard P, Allen PB, Nairn AC (1999) Beyond the dopamine receptor: the DARPP-32/protein phosphatase-1 cascade. *Neuron* 23: 435–447.

Guidotti A, Pesold C, Costa E (2000) New neurochemical markers for psychosis: a working hypothesis of their operation. *Neurochem Res* 25: 1207–1218.

Hariri AR, Mattay VS, Tessitore A, Fera F, Weinberger DR (2003) Neocortical modulation of the amygdala response to fearful stimuli. *Biol Psychiatry* 53: 494–501.

Harrison PJ (1995) On the neuropathology of schizophrenia and its dementia: neurodevelopmental, neurodegenerative, or both? *Neurodegeneration* 4: 1–12.

Hartmann B, Ahmadi S, Heppenstall PA, Lewin GR, Schott C, Borchardt T, Seeburg PH, Zeilhofer HU, Sprengel R, Kuner R (2004) The AMPA receptor subunits GluR-A and GluR-B reciprocally modulate spinal synaptic plasticity and inflammatory pain. *Neuron* 44: 637–650.

Hatten ME (1999) Central nervous system neuronal migration. *Annu Rev Neurosci* 22: 511–539.

Hökfelt T, Broberger C, Xu ZQD, Sergeyev V, Ubink R, Dietz M (2000) Neuropeptides – an overview. *Neuropharmacology* 39: 1337–1356.

Horner PJ, Gage FH (2000) Regenerating the damaged central nervous system. *Nature* 407: 963–970.

Hoyer D, Hannon JP, Martin GR (2002) Molecular, pharmacological and functional diversity of 5-HT receptors. *Pharmacol Biochem Behav* 71: 533–554.

Huether G (1996) The central adaptation syndrome: psychosocial stress as a trigger for adaptive modifications of brain structure and brain function. *Prog Neurobiol* 48: 569–612.

Impagnatiello F, Guidotti AR, Pesold C, Dwivedi Y, Caruncho H, Pisu MG, Uzunov DP, Smalheiser NR, Davis JM, Pandey GN, Pappas GD, Tuetting P, Sharma RP, Costa E (1998) A decrease of reelin expression as a putative vulnerability factor in schizophrenia. *Proc Natl Acad Sci USA* 95: 15718–15723.

Johnson MH (2001) Functional brain development in humans. *Nature Rev Neurosci* 2: 475–483.

Kida S, Josselyn SA, Pena de Ortiz S, Kogan JH, Chevere I, Masushige S, Silva AJ (2002) CREB required for the stability of new and reactivated fear memories. *Nature Neurosci* 5: 348–355.

Koch M (1999) The neurobiology of startle. *Prog Neurobiol* 59: 107–128.

Koenig JI, Kirkpatrick B, Lee P (2002) Glucocorticoid hormones and early brain development in schizophrenia. *Neuropsychopharmacology* 27: 309–318.

Ladd CO, Huot RL, Thrivikraman KV, Nemeroff CB, Plotsky PM (2004) Long-term adaptations in glucocorticoid receptor and mineralocorticoid receptor mRNA and negative feedback on the hypothalamo-pituitary-adrenal axis following neonatal maternal separation. *Biol Psychiatry* 55: 367–375.

Lambert de Rouvroit C, Goffinet AM (2001) Neuronal migration. *Mech Dev* 105: 47–56.

Lanuza E, Nader K, LeDoux JE (2004) Unconditioned stimulus pathways to the amygdala: effects of posterior thalamic and cortical lesions on fear conditioning. *Neuroscience* 125: 305–315.

LeDoux J (1996) *The Emotional Brain.* Simon & Schuster, New York.

LeDoux JE (1994) The amygdala: contributions to fear and stress. *Semin Neurosci* 6: 231–237.

LeDoux JE (1995) Emotion: Clues from the brain. *Annu Rev Psychol* 46: 209–235.

Lewis DA, Levitt P (2002) Schizophrenia as a disorder of neurodevelopment. *Annu Rev Neurosci* 25: 409–432

Lin C-H, Yeh S-H, Leu T-H, Chang W-C, Wang S-T, Gean P-W (2003a) Identification of calcineurin as a key signal in the extinction of fear memory. *J Neurosci* 23: 1574–1579.

Lin C-H, Yeh S-H, Lu HY, Gean P-W (2003b) The similarities and diversities of signal pathways leading to consolidation of conditioning and consolidation of fear memory. *J Neurosci* 23: 8310–8317.

Liu WS, Pesold C, Rodriguez MA, Carboni G, Auta J, Lacor P, Larson J, Condie BG, Guidotti A, Costa E (2001) Down-regulation of dendritic spine and glutamic acid decarboxylase 67 expressions in the reelin haploinsufficient heterozygous reeler mouse. *Proc Natl Acad Sci USA* 98: 3477–3482.

MacLean PD (1990) *The Triune Brain in Evolution.* Plenum Press, New York.

Malizia A, Cunningham VJ, Bell CJ, Liddle PF, Jones T, Nutt DJ (2000) Decreased brain $GABA_A$-benzodiazepine receptor binding in panic disorder. *Arch Gen Psychiatry* 55: 715–720.

Maren S (1999) Long-term potentiation in the amygdala: a mechanism for emotional learning and memory. *Trends Neurosci* 22: 561–567.

Margeta-Mitrovic M, Mitrovic I, Riley RC, Jan LY, Basbaum AI (1999) Immunohistochemical localization of GABA$_B$ receptors in the rat central nervous system. *J Comp Neurol* 405: 299–321.

Marsicano G, Wotjak CT, Azad SC, Bisogno T, Rammes G, Cascio MG, Hermann H, Tang J, Hofmann C, Zieglgänsberger W, Di MarzoV, Lutz B (2002) The endogenous cannabinoid system controls extinction of aversive memories. *Nature* 418: 530–534.

Mascagni F, McDonald AJ, Coleman JR (1993) Corticoamygdaloid and corticocortical projections of the rat temporal cortex: a Phaseolus vulgaris leucoagglutinin study. *Neuroscience* 57: 697–715.

Mayer EA, Fanselow MS (2003) Dissecting the components of the central response to stress. *Nature Neurosci* 6: 1011–1012.

Maynard TM, Sikich L, Lieberman JA, LaMantia A-S (2001) Neural development, cell-cell signaling and the „two-hit" hypothesis of schizophrenia. *Schiz Bull* 27: 457–476.

McAlonan GM, Daly E, Kumari V, Critchley HD, Amelsvoort T van, Suckling J, Simmons A, Sigmundsson T, Greenwood K, Russell A, Schmitz N, Happe F, Howlin P, Murphy DGM (2002) Brain anatomy and sensorimotor gating in Asperger's syndrome. *Brain* 127: 1594–1606.

McEwen BS (1999) Stress and hippocampal plasticity. *Annu Rev Neurosci* 22: 105–122.

McGaugh JL (2002) Memory consolidation and the amygdala: a systems perspective. *Trends Neurosci* 25: 456–461.

McGaugh JL (2004) The amygdala modulates the consolidation of memories of emotionally arousing experiences. *Annu Rev Neurosci* 27: 1–28.

McKittrick CR, Magarinos AM, Blanchard DC, Blanchard RJ, McEwen BS, Sakai RR (2000) Chronic social stress reduces dendritic arbors in CA3 of hippocampus and decreases binding to serotonin transporter sites. *Synapse* 36: 85–94.

Milad MR, Quirk GJ (2002) Neurons in medial prefrontal cortex signal memory for fear extinction. *Nature* 420: 70–74.

Milad MR, Vidal-Gonzalez I, Quirk GJ (2004) Electrical stimulation of medial prefrontal cortex reduces conditioned fear in a temporally specific manner. *Behav Neurosci* 118: 389–394.

Millan MJ (2003) The neurobiology and control of anxious states. *Prog Neurobiol* 70: 83–244.

Mirnics K, Middleton FA, Marquez A, Lewis DA, Levitt P (2000) Molecular characterization of schizophrenia viewed by microarray analysis of gene expression in prefrontal cortex. *Neuron* 28: 53–67.

Missale C, Nash SR, Robinson SW, Jaber M, Caron MG (1998) Dopamine receptors: from structure to function. *Pharmacol Rev* 78: 189–223.

Mittleman G, Jones GH, Robbins TW (1988) The relationship between schedule-induced polydipsia and pituitary-adrenal activity: pharmacological and behavioral manipulations. *Behav Brain Res* 28: 315–324.

Mittleman G, Jones GH, Robbins TW (1991) Sensitization of amphetamine-stereotypy reduces plasma corticosterone: implications for stereotypy as a coping response. *Behav Neural Biol* 56: 170–182.

Mittleman G, Whishaw IQ, Jones GH, Koch M, Robbins TW (1990) Cortical, hippocampal and striatal mediation of schedule-induced behaviors. *Behav Neurosci* 104: 399–409.

Moghaddam B, Jackson M (2004) Effect of stress on prefrontal cortex function *Neurotox Res* 6: 73–78.

Morgan MA, Schulkin J, LeDoux JE (2003) Ventral medial prefrontal cortex and emotional perseveration: the memory for prior extinction training. *Behav Brain Res* 146: 121–130.

Newport DJ, Heim C, Bonsall R, Miller AH, Nemeroff CB (2004) Pituitary-adrenal responses to standard and low-dose dexamethasone suppression tests in adult survivors of child abuse. *Biol Psychiatry* 55: 10–20.

Nijholt I, Farchi N, Kye M, Sklan EH, Shoham S, Verbeure B, Owen D, Hochner B, Spiess J, Soreq H, Blank T (2004) Stress-induced alternative splicing of acetylcholinesterase results in enhanced fear memory and long-term potentiation. *Mol Psychiatry* 9: 174–183.

Otsuka M, Yoshioka K (1993) Neurotransmitter functions of mammalian tachykinins. *Physiol Rev* 73: 229–308

Pare D, Quirk GJ, LeDoux JE (2004) New vistas on amygdala networks in conditioned fear. *J Neurophysiol* 92: 1–9.

Pawlak R, Magarinos AM, Melchor J, McEwen BS, Strickland S (2003) Tissue plasminogen activator in the amygdala is critical for stress-induced anxiety-like behavior. *Nature Neurosci* 6: 168–174.

Pearce BD (2001) Schizophrenia and viral infection during neurodevelopment: a focus on mechanisms. *Mol Psychiatry* 6: 634–646.

Pesold C, Impagnatiello F, Pisu MG, Uzunov DP, Costa E, Guidotti A, Caruncho HJ (1998) Reelin is preferentially expressed in neurons synthesizing g-aminobutyric acid in cortex and hippocampus of adult rats. *Proc Natl Acad Sci USA* 95: 3221–3226.

Phelps EA, O'Connor KJ, Gatenby JC, Gore JC, Grillon C, Davis M (2001) Activation of the left amygdala to a cognitive representation of fear. *Nature Neurosci* 4: 437–441.

Piomelli D (2003) The molecular logic of endocannabinoid signaling. *Nature Rev Neurosci* 4: 873–884.

Pirker S, Schwarzer C, Wieselthaler A, Sieghart W, Sperk G (2000) $GABA_A$ receptors: immunocytochemical distribution of 13 subunits in the adult brain. *Neuroscience* 101: 815–850.

Praag H van, Kempermann G, Gage FH (2000) Neural consequences of environmental enrichment. *Nature Rev Neurosci* 1: 191–198.

Quervain DJF de, Henke K, Aerni A, Treyer V, McGaugh JL, Berthold T, Nitsch RM, Buck A, Roozendaal B, Hock C (2003) Glucocorticoid-induced impairment of declarative memory retrieval is associated with reduced blood flow in the medial temporal lobe. *Eur J Neurosci* 17: 1296–1302.

Quervain DJF de, Roozendaal B, Nitsch RM, McGaugh JL, Hock C (2000) Acute cortisone administration impairs retrieval of long-term declarative memory in humans. *Nature Neurosci* 3: 313–314.

Quirk GJ, Russo GK, Barron JL, Lebron K (2000) The role of ventromedial prefrontal cortex in the recovery of extinguished fear. *J Neurosci* 20: 6225–6231.

Rattiner LM, Davis M, French CT, Ressler KJ (2004) Brain-derived neurotrophic factor and tyrosine kinase receptor B involvement in amygdala-dependent fear conditioning. *J Neurosci* 24: 4796–4806.

Repa JC, Muller J, Apergis J, Desrochers TM, Zhou Y, LeDoux JE (2001) Two different lateral amygdala cell populations contribute to the initiation and storage of memory. *Nature Neurosci* 4: 724–731.

Richardson MP, Strange BA, Dolan RJ (2004) Encoding of emotional memories depends on amygdala and hippocampus and their interactions. *Nature Neurosci* 7: 278–285.

Richerson GB (2004) Serotonergic neurons as carbon dioxide sensors that maintain pH homeostasis. *Nature Rev Neurosci* 5: 449–461.

Robbins TW, Everitt BJ, Cole BJ (1985) Functional hypotheses of the coeruleocortical noradrenergic projection: a review of recent experimentation and theory. *Physiol Psychol* 13: 127–150.

Rodrigues SM, Schafe GE, LeDoux JE (2004) Molecular mechanisms underlying emotional learning and memory in the lateral amygdala. *Neuron* 44: 75–91.

Roozendaal B (2002) Stress and memory: opposing effects of glucocorticoids on memory consolidation and memory retrieval. *Neurobiol Learn Mem* 78: 578–595.

Roozendaal B, McReynolds JR, McGaugh JL (2004) The basolateral amygdala interacts with the medial prefrontal cortex in regulating glucocorticoid effects on working memory impairment. *J Neurosci* 24: 1385–1392.

Rosenkranz JA, Grace AA (2002) Cellular mechanisms of infralimbic and prelimbic prefrontal cortical inhibition and dopaminergic modulation of basolateral amygdala neurons in vivo. *J Neurosci* 22: 324–337.

Rosenkranz JA, Moore H, Grace AA (2003) The prefrontal cortex regulates lateral amygdala neuronal plasticity and responses to previously conditioned stimuli. *J Neurosci* 23: 11054–11064.

Rupprecht R, Holsboer F (1999) Neuroactive steroids: mechanisms of action and neuropsychopharmacological perspectives. *Trends Neurosci* 22: 410–416.

Sah P, Faber ESL, Lopez de Armentia M, Power J (2003) The amygdaloid complex: anatomy and physiology. *Physiol Rev* 83: 803–834.

Sandi C (2004) Stress, cognitive impairment and cell adhesion molecules. *Nature Rev Neurosci* 5: 917–930.

Sapolsky RM (2000) Stress hormones: good and bad. *Neurobiol Dis* 7: 540–542.

Schafe GE, Atkins CM, Swank MW, Bauer EP, Sweatt JD, LeDoux JE (2000) Activation of ERK/MAP kinase in the amygdala is required for memory consolidation of pavlovian fear conditioning. *J Neurosci* 20: 8177–8187.

Schafe GE, Nader K, Blair HT, LeDoux JE (2001) Memory consolidation of Pavlovian fear conditioning: a cellular and molecular perspective. *Trends Neurosci* 24: 540–546.

Schmidt RF, Thews G (1995) *Physiologie des Menschen*. Springer-Verlag, Berlin, Heidelberg.

Seidenbecher T, Laxmi TR, Stork O, Pape H-C (2003) Amygdalar and hippocampal theta rhythm synchronization during fear memory retrieval. *Science* 301: 846–850.

Sharp FR, Bernaudin M (2004) HIF-1 and oxygen sensing in the brain. *Nature Rev Neurosci* 5: 437–448.

Shin LM, Orr SP, Carson MA, Rauch SL, Macklin ML, Lasko NB, Peters PM, Metzger LJ, Dougherty DD, Cannistraro PA, Alpert NM, Fischman AJ, Pitman RK (2004a) Regional cerebral blood flow in the amygdala and medial prefrontal cortex during traumatic imagery in male and female vietnam veterans with PTSD. *Arch Gen Psychiatry* 61: 168–176.

Shin LM, Shin PS, Heckers S, Krangel TS, Macklin ML, Orr SP, Lasko NB, Segal E, Makris N, Richert K, Levering J, Schacter DL, Alpert NM, Fischman AJ, Pitman RK, Rauch SL (2004b) Hippocampal function in posttraumatic stress disorder. *Hippocampus* 14: 292–300.

Smythe JW, Colom LV, Bland BH (1992) The extrinsic modulation of hippocampal theta depends on the coactivation of cholinergic and GABA-ergic medial septal inputs. *Neurosci Biobehav Rev* 16: 289–308.

Spencer SJ, Buller KM, Day TA (2005) Medial prefrontal cortex control of the paraventricular hypothalamic nucleus response to psychological stress: possible role of the bed nucleus of the stria terminalis. *J Comp Neurol* 481: 363–376.

Spencer SJ, Ebner K, Day TA (2004) Differential involvement of rat medial prefrontal cortex dopamine receptors in modulation of hypothalamic-pituitary-adrenal axis responses to different stressors. *Eur J Neurosci* 20: 1008–1016.

Swanson LW, Petrovich GD (1998) What is the amygdala? *Trends Neurosci* 21, 323–331.

Thomas GM, Huganir RL (2004) MAPK cascade signaling and synaptic plasticity. *Nature Rev Neurosci* 5: 173–183.

Timpl P, Spanagel R, Sillaber I, Kresse A, Reul JM, Stalla GK, Blanquet V, Steckler T, Holsboer F, Wurst W (1998) Impaired stress response and reduced anxiety in mice lacking a functional corticotropin-releasing hormone receptor 1. *Nat Genet* 19: 162–166.

Tissir F, Goffinet AM (2003) Reelin and brain development. *Nature Rev Neurosci* 4: 496–505.

Tölle R (1996) *Psychiatrie*. Springer Verlag, Berlin, Heidelberg, New York.

Toufexis DJ, Davis C, Hammond A, Davis M (2004) Progesterone attenuates corticotropin-releasing factor-enhanced but not fear potentiated startle via the activity of its neuroactive metabolite, allopregnanolone. *J Neurosci* 24: 10280–10287.

Treit D (1991) A comparison of the effects of septal lesions and anxiolytic drugs on defensive behavior in rats. *Psychol Rec* 41: 217–231.

Tremolizzo L, Carboni G, Ruzicka WB, Mitchell CP, Sugaya I, Tueting P, Sharma R, Grayson DR, Costa E, Guidotti A (2002) An epigenetic mouse model for molecular and behavioral neuropathologies related to schizophrenia vulnerability. *Proc Natl Acad Sci USA* 99: 17095–17100.

Trentani A, Kuipers SD, Ter Horst GJ, Boer JA den (2004) Selective chronic stress-induced in vivo ERK1/2 hyperphisphorylation in medial prefronto-cortical dendrites: implications for stress-related cortical pathology? *Eur J Neurosci* 15: 1681–1691.

Tueting P, Costa E, Dwivedi Y, Guidotti A, Impagnatiello F, Manev R, Pesold C (1999) The phenotypic characteristics of heterozygous reeler mouse. *NeuroReport* 10: 1329–1334.

Vaiva G, Thomas P, Ducrocq F, Fontaine M, Boss V, Devos P, Rascle C, Cottencin O, Brunet A, Laffargue P, Goudemand M (2004) Low posttrauma GABA plasma levels as a predictive factor in the development of acute posttraumatic stress disorder. *Biol Psychiatry* 55: 250–254.

Veldic M, Caruncho HJ, Liu WS, Davis J, Satta R, Grayson DR, Guidotti A, Costa E (2004) DNA-methyltransferase 1 mRNA is selectively overexpressed in telencephalic GABAergic interneurons of schizophrenia brains. *Proc Natl Acad Sci USA* 101: 348–353.

Walker DL, Ressler KJ, Lu K-T, Davis M (2002) Facilitation of conditioned fear extinction by systemic administration or intra-amygdala infusions of D-cycloserine as assessed with fear-potentiated startle in rats. *J Neurosci* 22: 2343–2351.

Walker E, Bollini AM (2002) Pubertal neurodevelopment and the emergence of psychotic symptoms. *Schizophrenia Res* 54: 17–23.

Weeber EJ, Atkins CM, Selcher JC, Varga AW, Mirnikjoo B, Paylor R, Leitges M, Sweatt JD (2000) A role for the b isoform of protein kinase C in fear conditioning. *J Neurosci* 20: 5906–5914.

Weeber EJ, Savage DD, Sutherland RJ, Caldwell KK (2001) Fear conditioning-induced alterations of phospholipase C-*b*1a protein level and enzyme activity in rat hippocampal formation and medial frontal cortex. *Neurobiol Learn Mem* 76: 151–182.

Weinberger DR (1995) Schizophrenia as a neurodevelopmental disorder. Schizophrenia. Hirsch SR, Weinberger DR(Hrsg).Blackwell Science, Oxford, 293–323.

Kapitel 5

Aguilera G, Rabadan-Diehl C et al. (2001) Regulation of pituitary corticotropin releasing hormone receptors. *Peptides* 22: 769–774.

Ahi J, Radulovic J, Spies J (2004) The role of hippocampal signaling cascades in consolidation of fear memory. *Behav Brain Res* 149: 17–31.

Aljada A, Ghanim H, Mohanty P, Hofmeyer D, Tripathy D, Dandona P (2001) Hydrocortisone suppresses intranuclear activator protein-1 (AP-1) binding activity in mononuclear cells and plasma matrix metalloproteinase 2 and 9 (MMP2 and MMP 9). *J Clin Endocrin Metab* 86: 5988–5991.

Anisimov VN (2003) Insulin/IGF-1 signaling pathway driving aging and cancer as a target for pharmacological intervention. *Exp Gerontol* 38: 1041–1049.

Antoni FA (1986) Hypothalamic control of adrenocorticotropin secretion: Advances since the discovery of 41 residue corticotropin-releasing factor. *Endocrin Rev* 7: 351–377.

Barbarich NC, Kaye WH, Jimerson D (2003) Neurotransmitter and imaging studies in anorexia nervosa: new targets for treatment. *Curr Drug Targets CNS Neurol Disord* 2: 61–72.

Beishuizen A, Thijs LG (2003) Endotoxin and the hypothalamo-pituitary-adrenal (HPA) axis. *J Endotox in Res* 9: 3–24.

Bergh G van den (2000) Novel insights into the neuroendocrinology of critical illness. *Eur J Endocrin* 143: 1–13.

Bhargava A, Pearce D (2004) Mechanisms of mineralocorticoid action: determinants of receptor specificity and actions of regulated gene products. *Trends Endocrinol Metab* 15: 147–153.

Bierhaus A, Wolf J et al. (2003) A mechanism converting psychosocial stress into mononuclear cell activation. *Proc Natl Acad Sci USA* 100: 1920–1925

Bissette G. (1991) Neuropeptides involved in stress and their distribution in the mammalian central nervous system. In: Mc Cubbin JA, Kaufmann PG, Nemeroff CB (Hrsg) *Stress, Neuropeptides and Systemic Disease*. Academic Press, San Diego.

Bjorbaek C, Kahn BB (2004) Leptin signaling in the central nervous system and the periphery. *Recent Prog Horm Res* 59: 305–331.

Black PH (2002) Stress and the inflammatory response: A review of neurogenic inflammation. *Brain Behavior and Immunity* 16: 622–653.

Bockaert J, Claeysen S, Bécamel C, Pinloche L, Dumuis A (2002) G-protein-coupled receptors: dominant players in cell-cell communication. *Internat Rev Cytol* 212: 63–132.

Broekhoven F van, Verkes RJ (2003) Neurosteroids in depression: a review. *Psychopharmacology* 165: 97–110.

Broglio F, Giannotti L, Destefanis S et al. (2004) The endocrine response to acute ghrelin administration is blunted in patients with anorexia nervosa, a ghrelin hypersecretory state. *Clin Endocrinol* (Oxf) 60: 592–599

Brook CGD, Marshall NJ (2001) *Endocrinology*. Blackwell, Ames.

Brown MR (1991) Role of corticotropin releasing factor in stress-induced regulation of autonomic and visual functions. In: Genazzani AR, Nappi G, Petraglia F, Martignosi E (Hrsg) *Stress and Related Disorders*. The Parthenon Publ. Group, Park Ridge, USA, 231–237.

Brunson KL, Avishai-Eliner S et al. (2001) Neurobiology of the stress response early in life: evolution of a concept and the role of corticotropin releasing hormone. *Mol Psychiatry* 6: 647–656.

Cai H, Griendling KK, Harrison DG (2003) The vascular NAD(P)H oxidases as therapeutic targets in cardiovascular diseases. *Trends in Pharmacol Sci* 24: 471–478.

Chesnokova V, Melmed S (2002) Minireview: Neuro-immuno-endocrine modulation of the hypothalamic-pituitary-adrenal (HPA) axis by gp130 signaling molecules. *Endocrinology* 143: 1571–1574.

Chikanza IC, Petron P, Chrousos G (2000) Perturbations of arginine vasopressin secretion during inflammatory stress. *Ann NY Acad Sci* 917: 825–834.

Cocchi D, Franco P, Marelli O, Lattuada D, Locatelli V (1991) Somatotropin: a stress hormone which counteracts the immunosuppressive action of glucocorticoids. In: Genazzani AR, Nappi G, Petraglia F, Martignosi E (Hrsg) *Stress and Related Disorders*. The Parthenon Publ. Group, Park Ridge, USA, 421–427.

Coste SC, Quintos RF, Stenzel-Poore MP (2002) Corticotropin-releasing hormone-related peptides and receptors: emergent regulators of cardiovascular adaptations to stress. *Trends in Cardiovascular Med* 12: 176–182.

Das DK, Maulik N, Engelmann RM (2004) Redox regulation of angiotensin II signaling in the heart. *J Cell Mol Med* 8: 144–152.

Dautzenberg FM, Kilpatrick GJ, Hanger RL, Moreau J (2001) Molecular biology of the CRH receptors – in the mood. *Peptides* 22: 753–760.

Davis PJ, Tillmann HC, Davis FB, Wehling M (2002) Comparison of the mechanisms of nongenomic actions of thyroid hormone and steroid hormones. *J Endocrinol Invest* 25: 377–388.

Dorshkind K, Horseman ND (2001) Anterior pituitary hormones, stress and immune system homeostasis. *Bioassays* 23: 288–294.

Drolet G, Rivest S (2001) Corticotropin-releasing hormone and its receptors; an evaluation at the transcriptional level in vivo. *Peptides* 22: 761–767.

Elenkov IJ, Chrousos GP: (2002) Stress hormones, proinflammatory and antiinflammatory cytokines and autoimmunity. *Ann NY Academy Sci* 966: 290–303.

Engel SR, Grant KA (2001) Neurosteroids and behavior. *Int Rev Neurobiol* 46: 321–348.

Feraille E, Mordasini D, Gonin S, Deschenes G, Vinciguerra M, Donut A, Vandwake A, Summa V, Verrey F, Martin PG (2003) Mechanism of control of Na/κ-ATPase in principal cells of the mammalian collective duct. *Ann NY Acad Sci* 986: 570–578.

Ferrarie E, Cravello I, Muzzoni B, Paltro M, Solerte SB, Fioravanti M, Cuzzoni G, Pontigia B, Magri F (2001) Age-related changes in the hypothalamic-pituitary-adrenal axis: pathophysiological correlates. *Eur J Endocrinol* 144: 319–329.

Fiebeler A, Haller H (2003) Participation of the mineralocorticoid receptor in cardiac and vascular remodeling. *Nephron Physiol* 94: 47–50.

Fisher LA (1989) Corticotropin-releasing factor: endocrine and autonomic integration of responses to stress. *Trends Pharmacol Science* 10: 189–193.

Frances-Davies M, Tsui J, Flannery JA, Li X, DeLorey TM, Hoffman BB (2004) Activation of a(2)adrenergic receptors suppresses fear conditioning: expression of c-fos and phosphorylated CREB in mouse amygdala. *Neuropsychopharmacol* 29: 229–239.

Frey FJ, Odermatt A, Frey BM (2004) Glucocorticoid-mediated mineralocorticoid receptor activation and hypertension. *Curr Opin Nephrol Hypertens* 13: 451–458.

Friedrich B, Tepel C, Reinheckel T, Deussing J, Figura K von, Herzog V, Peters C. Saftig P, Brix K (2003) Thyroid functions of mouse cathepsins B, K, and L. *J Clin Invest* 111: 1733–1745.

Fuchs E, Flügge G. (1995) Modulation of binding sites for corticotropin-releasing hormone by chronic psychosocial stress. *Psychoneuroendocrinology* 20: 33–51.

Gauss R, Seifert R (2000) Pacemaker oscillations in heart and brain: a key role for hyperpolarization-activated cation channels. *Chronobiol Internat* 17: 453–469.

Gold PW, Chrousos GP (2002) Organization of the stress system and its dysregulation in melancholic and atypical depression: high versus low CRH/NE states. *Mol Psychiatry* 7: 254–275.

Gonzalez-Sancho JM, Figueroa A, Lopez-Barahona M, Lopez E, Beug H, Munoz A (2002) Inhibition of proliferation and expression of T1 and cyclin D1 genes by thyroid hormone in mammary epithelial cells. *Mol Carcinog* 34: 25–34.

Griebel G (1999) Is there a future for neuropeptide receptor ligands in the treatment of anxiety disorders? *Pharmacol Ther* 82: 1–61.

Groef B de, Goris N, Arckens L, Kuhn ER, Darras VM (2003) Corticotropin-releasing hormone (CRH)-induced thyrotropin release is directly mediated through CRH receptor type 2 of thyrotropes. *Endocrinology* 144(12): 5537–5544.

Guimaraes S, Moura D (2001) Vascular adrenoceptors: an update. *Pharmacol Reviews* 53: 319–356.

Guo F, Bakal K, Minokoshi Y, Hollenberg AN (2004) Leptin signaling targets the thyrotropin-releasing hormone gene promoter in vivo. *Endocrinology* 145: 2221–2227.

Hashimoto K, Makino S et al. (2001) Physiological roles of corticotropin-releasing hormone receptor type 2. *Endocrin J* 48: 1–9.

Hayden-Hixson DM, and Nemeroff, CB (1993) Role(s) of neuropeptides in responding and adaptation to stress: A focus on corticotropin-releasing factor and opioid peptides. In: Stanford CS, Salmon P

(Hrsg) *Stress – From Synapse to Syndrome.* Academic Press, New York, San Diego.

Herrlich P (2001) Cross-talk between glucocorticoid receptor and AP-1. *Oncogene* 20: 2465–2475.

Holsboer F (2001) Stress, hypercortisolism and corticosteroid receptors in depression: implications for therapy. *J Affect Disorders* 62: 77–91.

Holzenberger M, Dupont J, Ducos B, Leneuve P, Geloen A, Even PC, Cervera P, LeBoue Y (2003) IGF-1 receptor regulates lifespan and resistance to oxidative stress in mice. *Nature* 421: 182–187.

Honegger J, Navarra P, Tsagarakis S, Grossman A (1991) Cytokine modulation of hypothalamic neuropeptides: interleukins regulate both growth and stress. In: Genazzani AR, Nappi G, Petraglia F, Martignosi E (Hrsg) *Stress and Related Disorders.* The Parthenon Publ Group, Park Ridge USA, 31–36.

Huppert FA, van Niekerk (2001) Dehydroepiandrosterone (DHEA) supplementation for cognitive function. *Cochrane Database Syst Rev* (2): CD 000 304.

Hüther G (1996) The central adaptation syndrome: psychosocial stress as trigger for adaptive modifications of brain structure and brain function. *Prog Neurobiol* 48: 569–612.

Ismaili N, Garabediana MJ (2004) Modulation of glucocorticoid receptor function via phosphorylation. *Ann N Y Acad Sci* 1024: 86–101.

Kaiser M, Hilgetag CC (2004) Edge vulnerability in neural and metabolic networks. *Biol Cybern* 90: 311–317.

Kaschina E, Unger T (2003) Angiotensin AT1/AT2 receptors: regulating, signaling and function. *Blood Press* 2: 70–88.

Kasckow JW, Aguilera G, Mulchahey JJ, Sheriff S, Herma JP (2003) In vitro regulation of corticotropin-releasing hormone. *Life Sciences* 73: 769–781.

Kato K, Ito H, Inaguma Y (2002) Expression and phosphorylation of mammalian small heat shock proteins. In: Arrigo AP, Müller WEG (Hrsg) *Small Stress Proteins.* Springer Verlag, Berlin, Heidelberg.

Kato Y, Murakami Y et al. (2002) Regulation of human growth hormone secretion and its disorders. *Intern Med* 41: 7–13.

Keinan A, Sandbank B, Hilgetag CC, Meilijson I, Ruppin E (2004) Fair attribution of functional contribution in artificial and biological networks. *Neural Comput* 16: 1887–1915.

Kellendonk C, Gass P et al. (2002) Corticosteroid receptors in the brain: gene targeting studies. *Brain Res Bull* 57: 73–83.

Kelley KM, Schmdit KE et al. (2002) Comparative endocrinology of the insulin-like growth factor-binding protein. *J Endocrinol* 175: 3–18.

Klussmann E, Rosenthal W (2001) Role and identification of protein kinase A anchoring proteins in vasopressin-mediated aquaporin-2 translocation. *Kidney Intern* 60: 446–449.

Koesters R, Knebel Doeberitz M von (2003) The Wnt signaling pathway in solid childhood tumors. *Cancer Letters* 198: 123–138.

Kon V, Jabs K (2004) Angiotensin in atherosclerosis. *Curr Opin Nephrol Hypertens* 13(3): 291–297.

Korbonits M, Goldstone AP, Gueorguiev M, Grossman AB (2004) Ghrelin – a hormone with multiple functions. *Front Neuroendocrinol* 25: 27–68.

Krauss G (2003) *Biochemistry of Signal Transduction and Regulation*. Wiley VHC, Weinheim.

Krook A, Björnholm M et al. (2000) Characterization of signal transduction and glucose transport in skeletal muscle from type 2 diabetic patients. *Diabetes* 49: 284–292.

Kyriakis JM, Avruch J (2001) Mammalian mitogen-activated protein kinase signal transduction pathways activated by stress and inflammation. *Physiol Rev* 81: 807–869.

Lachtman DS (1998) *Eukaryotic Transcription Factors*. Academic Press, San Diego.

Lange P de, Lanni A, Beneduce L, Moreno M, Lombardi A, Silvestri E, Goglia F (2001) Uncoupling protein-3 is a molecular determinant for the regulation of resting metabolic rate by thyroid hormone. *Endocrinology* 142: 3414–3420.

Legros JJ (2001) Inhibitory effect of oxytocin on corticotrope function in humans: are vasopressin and oxytocin ying-yang hormones? *Psychoneuroendocrinology* 26: 649–655.

Levine JE (2002) Editorial: Stressing the importance of sex. *Endocrinology* 143: 4502–4504.

Lodish H, Berk A, Zipursky SL, Matsudaira P, Baltimore D, Darnell J (2000) *Molecular Cellbiology*. Freeman & Co. New York.

Lu NZ, Cidlowski JA (2004) The origin and functions of multiple human glucocorticoid receptor isoforms. *Ann N Y Acad Sci* 1024: 102–123.

Lumpkin MD (1991) Regulation of growth hormone and prolactin secretion by interleukine-1. In: Genazzani AR, Nappi G, Petraglia F, Martignosi E (Hrsg) *Stress and Related Disorders*. The Parthenon Publ Group, Park Ridge USA, S. 17–28.

Martin R, Kaiser M, Andras P, Young MP (2001) Is the brain a scale-free network? *Society of Neuroscience Paper* 816.14.

McKinley MJ, Mathai ML, McAllen RM, McClear RC, Miselis RR, Pennington GL, Vivas L, Wade JD, Oldfield BJ (2004) Vasopressin secretion: osmotic and hormonal regulation by lamina terminalis. *J Neuroendocrinol* 16: 340–347.

Merali Z, Kent P, Anisman H (2002) Role of bombesin-related peptides in the mediation or integration of the stress response. *Cell Mol Life Sci* 59: 272–287.

Meyer MM, Levin K, Grimmsmann T, Beck-Nielsen H, Klein HH (2002) Insulin signaling in skeletal muscle of subjects with or without type II-diabetes and first degree relatives of patients with the disease. *Diabetologia* 45: 813–822.

Michelson D, Gold PW (1998) Pathophysiologic and somatic investigations of hypothalamic-pituitary-adrenal axis activation in patients with depression. *Ann NY Acad Sci* 840: 717–722.

Miller LD, Park KS, Guo QM, Alkarouf NW, Malek RL, Lee NH, Liu ET, Cheng SY (2001) Silencing of Wnt signaling and activation of multiple metabolic pathways in response to thyroid hormone-stimulated cell proliferation. *Mol Cell Biol* 21: 6626–6639.

Miyazaki Y, Yokozeki H, Awad S, Igawa K, Minatohara K, Satoh T, Katyama I, Nishioka K (2000) Glucocorticoids augment the chemically induced production and gene expression of interleukin 1α through NFκB and AP-1 activation in murine epidermal cells. *J Invest Dermatol* 115: 746–752.

Montminy M (1997) Transcriptional regulation by cyclic AMP. *Annu Rev Biochem* 66: 807–822.

Mount DW (2001) *Bioinformatics*. Cold Spring Harbor Laboratory Press, Cold Spring Harbor, 368.

Natsume H, Sasaki S, Kitagawa M et al. (2003) Beta-catenin/Tcf-1 mediated transaction of cyclin D1 promoter is negatively regulated by thyroid hormone. *Biochem Biophys Res Commun* 309: 408–413.

Nedvetsky PI et al. (2002) There's NO binding like NOS binding: protein-protein interactions in NO/cGMP signaling. *Proc Natl Acad Sci USA* 99: 16510.

Neeck G (2000) Neuroendocrine and hormonal perturbations and relations to the serotonergic system in fibromyalgia patients. *Scand J Rheumatol Suppl* 13: 8–12.

Norman AW, Litwack G (1987) *Hormones*. Academic Press, San Diego.

Nygard M, Wahlstrom GM, Gustafsson MV, Tokumoto YM, Bondesson M (2003) Hormone-dependent repression of the E2F-1 gene by thyroid hormone receptors. *Mol Endocrinol* 17: 79–92.

Onaka T (2000) Catecholaminergic mechanisms underlying neurohypophysical hormone responses to unconditioned or conditioned aversive stimuli in rats. *Exp Physiol* 85 Spec No 1018–1125.

Palkovits M. (2000) Stress-induced depression of colocalized neuropeptides in hypothalamic and amygdaloid neurons. *Eur J Pharmacol* 405: 161–166.

Pearce D (2003) SGK1 regulation of epithelial sodium transport. *Cell Physiol Biochem* 13: 13–20.

Potter E, Behan DP, Fischer WH, Linton EA, Lowry PJ, Vale WW (1991) Cloning and characterization of the cDNAs for human and rat corticotropin releasing factor-binding proteins. *Nature* 349: 423–426.

Reul JM, Labeur MS, Wiegers GJ, Linthorst AC (1998) Altered neuroimmunoendocrine communication during a condition of chronically increased brain corticotropin-releasing hormone drive. *Ann New York Acad Sci* 840: 444–455.

Rhee SG (2001) Regulation of phosphoinositide-specific phospholipase C. *Annu Rev Biochem* 70: 281–312.

Riad M, Mogos M, Thangathurai D, Lumb PD (2002) Steroids. *Curr Opin Crit Care* 8: 281–284.

Ross EM, Wilkie TM (2000) GTPase-activating proteins for heterotrimeric G-proteins: regulators of G-protein signaling (RGS) and RGS-like proteins. *Annu Rev Biochem* 69: 795–827.

Roth J, Zeisberger E, Vybiral S, Jansky L (2004) Endogenous antipyretics: neuropeptides and glucocorticoids. *Front Biosci* 9: 816–826.

Rushing PA (2003) Central amylin signaling and regulation of energy homeostasis. *Curr Pharm Des* 10: 819–825.

Sabban EL, Kvetnansky R (2001) Stress-triggered activation of gene expression in catecholaminergic systems: dynamics of transcriptional events. *Trends in Neurosci* 24: 91–98.

Saleri R, Giustina A, Tamanini C, Valle D, Burathin A, Wehrenberg WB, Baratta M (2004) Leptin stimulates growth hormone secretion via direct pituitary effect combined with a decreased somatostatin tone in a median eminence – pituitary perifusion study. *Neuroendocrinology* 79: 221–228.

Sandeep TC, Walker BR (2001) Pathophysiology of modulation of local glucocorticoid levels by 11β-hydroxy steroid dehydrogenases. *Trends in Endocrinology and Metabolism* 12: 446–453.

Sapolsky RM (1992) *Stress, the aging brain, and the mechanism of neuron death.* The MIT Press, Cambridge, Mass.

Sapolsky RM, Mott GE (1987) Social subordinance in wild baboons is associated with suppressed high density lipoprotein-cholesterol concentrations: the possible role of chronic social stress. *Endocrinology* 121: 1605–1610.

Sapolsky RM, Romero M, Munck AU (2000) How do glucocorticoids influence stress responses? Integrating permissive, suppressive, stimulatory and preparative actions. *Endocrine Reviews* 21: 55–89.

Sawchenko PE (1991) A tale of three peptides: corticotropin-releasing factor –, oxytocin- and vasopressin-containing pathways mediating integrated hypothalamic responses to stress. In: McCubbin JA, Kaufmann PG, Nemeroff CB (Hrsg) *Stress, Neuropeptides and Systemic Disease.* Academic Press, San Diego, 3–17.

Schedlowski M (1994) *Stress, Hormone und zelluläre Immunfunktionen.* Spektrum Akademischer Verlag, Heidelberg.

Schmidt RF, Thews G, Lang F (Hsg) (2000) *Physiologie des Menschen.* Springer Verlag, Berlin, Heidelberg, New York.

Schwikowski B, Uetz P, Fields S (2000) A network of protein-protein interactions in yeast. *Nat Biotechnol* 18: 1257–1261.

Scott LV, Dinan TG (2002) Vasopressin as a target for antidepressant development: an assessment of the available evidence. *Affect Disord* 72: 113–124.

Seasholtz AF, Burrows HL et al. (2001) Mouse models of altered CRH-binding protein expression. *Peptides* 22: 743–751.

Seres J, Bornstein SR, Seres P, Willenberg HS, Schulte KM, Scherb WA, Ehrhart-Bornstein M (2004) Corticotropin-releasing hormone system in human adipose tissue. *J Clin Endocrinol Metab* 89(2): 965–970.

Shaywitz AJ, Greenberg ME (1999) CREB: a stimulus-induced transcription factor activated by a diverse array of extracellular signals. *Annu Rev Biochem* 68: 821–862.

Silbernagel S, Despopoulos A (2001) *Taschenatlas der Physiologie.* Thieme Verlag, Stuttgart.

Silva AJ, Kogan JH, Frankland PW, Kida S. (1998) CREB and memory. *Annu Rev Neurosci* 21: 127–148.

Sladek CD (2004) Vasopressin response to osmotic and hemodynamic stress: neurotransmitter involvement. *Stress* 7: 85–90.

Soares SM, Thompson M, Chini EN (2005) Role of the second messenger cyclic-ADP-ribose on ACTH secretion from pituitary cells. *Endocrinology* epub ahead of print.

Spat A, Hunyady L (2004) Control of aldosterone secretion: a model for convergence in cellular signaling pathways. *Physiol Rev* 84: 489–539.

Spinas GA und Fischli S (2001) *Endokrinologie und Stoffwechsel.* Thieme Verlag, Stuttgart

Stefanski V (2001) Social stress in laboratory rats: behavior, immune function and tumor metastasis. *Physiol Behav* 73: 385–391.

Stelling J, Klamt S, Bettenbrock K, Schuster S, Gilles ED (2002) Metabolic network structure determines key aspects of functionality and regulation. *Nature* 420: 190–193.

Steppan CM et al. (2001) The hormone resistin links obesity and diabetes. *Nature* 409: 307–311.

Stewart PM, Toogood AA: (2001) Growth hormone, insulin-like growth factor-1 and the cortisol-cortisone shuttle. *Horm Res* 56 Suppl 1: 1–16.

Sutanto W, Ron de Kloet, E (1993) The role of GABA in the regulation of the stress response. In: Stanford SC, Salmon P (Hrsg) *Stress. From Synapse to Syndrome*. Academic Press, New York/San Diego, 333–354.

Szekely M (2000) The vagus nerve in thermoregulation and energy metabolism. *Auton Neurosci* 85: 26–38.

Tache Y, Martinez V, Million M, Rivier J (1999) Corticotropin-releasing factor and the brain-gut motor response to stress. *Can J Gastroenterol* 13: 18A–25A.

Taha C, Klip A (1999) The insulin signaling pathway. *J Membr Biol* 169: 1–12.

Theoharides TC, Donelan JM, Papadopoulou N, Cao J, Kempuraj D, Conti P (2004) Mast cells as targets of corticotropin-releasing factor and related peptides. *Trends Pharmacol Sci* 25: 563–568.

Toker A, Newton AC (2000) Cellular signaling: pivoting around PDK-1. *Cell* 103: 185–188.

Trifaro JM (2002) Molecular biology of the chromaffin cell. *Ann NY Acad Sci* 971: 11–18.

Tsigos C, Chrousos GP (2002) Hypothalamic-pituitary-adrenal axis, neuroendocrine factors and stress. *Psychsom Res* 53: 865–871.

Verrey F, Summa V, Heitzmann D, Mordasini D, Vadewalle A, Feraille E, Zecevic M (2003) Short-term aldosterone action on Na,K-ATPase surface expression: role of aldosterone-induced SGK1? *Ann N Y Acad Sci* 986: 554–561.

Viguerie N, Millet L, Avizou S, Vidal H, Larrouy D, Langin D (2002) Regulation of human adipocyte gene expression by thyroid hormone. *J Clin Endocrinol Metab* 87: 630–634.

Volpi S, Rabadan-Diehl C, Aguilera G (2004) Vasopressinergic regulation of the hypothalamic pituitary adrenal axis and stress adaptation. *Stress* 7: 75–83.

Wagner A (2000) Robustness against mutations in genetic networks of yeast. *Nat Genet* 24: 355–361.

Wied D de, Gafforio O, Ree JM van, Jong W de (1984) Central target for the behavioural effects of vasopressin neuropeptides. *Nature* 308: 143–149.

Wiedemann K, Jahn H et al. (2000) Effects of natriuretic peptides upon hypothalamo-pituitary-adrenocortical system activity and anxiety behaviour. *Exp Clin Endocrinol Diabetes* 108: 5–13.

Wiegant VM, Sweep CGJ (1991) Evidence for a role of vasopressin in the regulation of the brain proopio melanocortin system. In: Genazzani AR, Napp G, Petraglia F, Martignoni E (Hrsg) *Stress and Related Disorders*. Parthenon Publ Group, Park Ridge USA, 45–52.

Wilson JD, Nicklous DM, Aloyo VJ, Simansky KJ (2003) An orexigenic role for mu-opioid receptors in the lateral parabrachial nucleus. *Am J Physiol Regul Integr Comp Physiol* 285: R 1055–1065.

Wu JT, Kral JG (2004) Ghrelin: integrative neuroendocrine peptide in health and disease. *Ann Surg* 239: 464–474.

Zbytek B, Pfeffer LM, Slominski AT (2004) Corticotropin-releasing hormone stimulates NF-kappaB in human epidermal keratinocytes. *J Endocrinol* 181(3): R 1–7.

Kapitel 6

Agoff SN, Hou J, Linzer DIH, Wu B (1988) Regulation of the human HSP70 promoter by p53. *Science* 259: 84–87.

Alfassi, ZB (Hrsg) (1999) *General Aspects of the Chemistry of Radicals*. John Wiley & Sons, Inc, Chichester

Aliev G, Smith MA et al. (2002) The role of oxidative stress in the pathophysiology of cerebrovascular lesions in Alzheimer's disease. *Brain Pathol* 12: 21–35.

Ames BN, Shigenaga MK, Hagen TM (1993) Oxidants, antioxidants and the degenerative diseases of aging. *Proc Natl Acad Sci USA* 90: 7915–7922.

Anderson ME (1998) Glutathione: an overview of biosynthesis and modulation. *Chem Biol Interact* 24: 1–14

Andrews, GK (2001) Cellular zinc sensors: MTF-1 regulation of gene expression. *Bio Metals* 14: 223–237

Atkinson DE (1977) *Cellular Energy Metabolism and its Regulation*. Academic Press, New York.

Bajenova O, Tang B, Pearse R, Feinman R, Childs BH, Michaeli J (2004) RIP kinase is involved in arsenic-induced apoptosis in multi myeloma cells. *Apoptosis* 9: 561–571.

Bal W, Kasprzak KS (2002) Induction of oxidative DNA damage by carcinogenic metals. *Toxicol Lett* 127: 55–62.

Banan A, Fitzpatrick L, Zhang Y, Keshavarzian A (2001) OPC-compounds prevent oxidant-induced carbonylation and depolymerization of the F-actin cytoskeleton and intestinal barrier hyperpermeability. *Free Radic Biol Med* 30: 287–298.

Barakat A, Lieu D (2003) Differential responsiveness of vascular endothelial cells to different types of fluid mechanical shear stress. *Cell Biochem Biophys* 38: 323–343.

Barja G (1998) Mitochondrial free radical production and aging in mammals and birds. *Ann NY Acad Sci* 20: 224–238.

Barja G (2004) Aging in vertebrates and the effect of caloric restriction: a mitochondrial free radical production-DNA damage mechanism? *Biol Rev Camb Philos Soc* 79: 235–251.

Beckman KB, Ames BN (1998) Mitochondrial aging: open questions. *Ann NY Acad Sci* 20: 118–127.

Beyersmann D, Haase H (2001) Functions of zinc in signaling, proliferation and differentiation of mammalian cells. *Bio Metals* 14: 331–341.

Bitar MS, Farook T, John B, Francis IM (1999) Heat-shock protein 72/73 and impaired wound healing in diabetic and hypercortisolemic states. *Surgery* 125: 594–601.

Blagosklonny MV (2003) Apoptosis, proliferation, differentiation: in search of the order. Seminars in *Cancer Biol* 13: 97–105.

Blake MJ, Udelsman R, Feulner GJ, Norton DD, Holbrook NJ (1991) Stress-induced heat shock protein 70 expression in adrenal cortex: an adrenocorticotropic hormone-sensitive, age-dependent response. *Proc Nat Acad Sci USA* 88: 9873.

Böhm V, Puspitasari-Nienaber NL, Ferruzzi MG, Schwartz S (2002) Trolox equivalent antioxidant capacity of different geometrical isomers of α-carotene, β-carotene, lycopene and zeaxanthin J Agric. *Food Chem* 50: 221–226.

Boo YC, Jo H (2003) Flow-dependent regulation of endothelial nitric oxide synthase: role of protein kinases. *Am J Physiol Cell Physiol* 285: C 499–508.

Borkan SC, Gullans SR (2002) Molecular chaperones in the kidney. *Ann Rev Physiol* 64: 503–527.

Brazil DP, Park J, Hemmings BA (2002) PKB binding proteins: getting in on the Act. *Cell* 111: 293–303

Brigelius-Flohe R, Traber MG (1999) Vitamin E: function and metabolism. *FASEB J* 13: 1145–1155.

Brunk UT, Terman A (2002) The mitochondrial-lysosomal axis theory of aging: accumulation of damaged mitochondria as a result of autophagocytosis. *Eur J Biochem* 269: 1996–2002.

Bulavin DV, Fornace AJ Jr (2004) p38 MAP kinase's emerging role as a tumor suppressor. *Adv Cancer Res* 92: 95–118.

Burg MB (1995) Molecular basis of osmotic regulation. *Am J Physiol Renal Physiol* 268: F 983–F 996.

Caron RW, Yacoub A, Mitchell C, Zhu X, Hong Y, Sasazuki T, Shirasawa S, Hagan MP, Grant S, Dent P (2005) Radiation-stimulated ERK1/2 and JNK1/2 signaling can promote cell cycle progression in human colon cancer cells. *Cell Cycle* 4: epub ahead of print.

Castelli M, Camps M, Gillieron C, Leroy D, Arkinstall S, Rommel C, Nichols A (2004) MAP kinase phosphatase 3 (MKP3) interacts with and is phosphorylated by protein kinase CK2a. *J Biol Chem* 279: 44731–44738.

Chang YC, Huang AM, Kuo YM, Wang ST, Chang YY, Huang CC (2003) Febrile seizures impair memory and cAMP response-element binding protein activation. *Ann Neurol* 54: 701–705.

Chen Z, Gibson TB, Robinson F, Silvestro L, Pearson G, Xu B, Wright A, Vanderbilt C, Cobb MH (2001) MAP kinases. *Chem Rev* 101: 2449–2476.

Cho SH, Toouli CD, Fujii GH, Crain C, Parry D (2005) Chk1 is essential for tumor cell viability following activation of the replication checkpoint. *Cell Cycle* 4: epub ahead of print.

Cornellussen RN, Gupta S, Knowlton AA (2001) Regulation of prostaglandin A1-induced heat shock protein expression in isolated cardiomyocytes. *J Mol Cell Cardiol* 33: 1447–1454.

Cowan KJ, Storey KB (2003) Mitogen-activated protein kinases: new signaling pathways functioning in cellular responses to environmental stress. *J Exp Biol* 206: 1107–1115.

Coyle P, Philcox JC, Rofe AM (2002) Metallothionein: The multipurpose protein. *Cell Mol Life Sci* 59: 627–647.

Curtin JF, Donovan M, Cotter TG (2002) Regulation and measurement of oxidative stress in apoptosis. *J Immunol Methods* 265: 49–72.

Davies KJ (2000) Oxidative stress, antioxidant defenses and damage removal, repair and replacement systems. *IUBMB Life* 50: 279–289.

Dawson DC, Ballatori N (1995) Membrane transporters as sites of action and routes of entry for toxic metals. In: Goyer RA, Cherian MG (Hrsg) *Toxicology of Metals*. Springer Verlag, Berlin, 53–76.

DeMaio A (1999) Heat shock proteins: facts, thoughts and dreams. *Shock* 11: 1–2.

Demirel HA, Hamilton KL, Shanely RA, Tumer N, Koroly MJ, Powers SK (2003) Age and attenuation of exercise-induced myocardial HSP72 accumulation. *Am J Physiol Heart Circ Physiol* 285: H 1609–1615.

Dent P, Yacoub A, Contessa J, Caron R, Amorino G, Valerie K, Hagan MP, Grant S, Schmidt-Ulrich R (2003) Stress and radiation-induced activation of multiple intracellular signaling pathways. *Radiation Res* 159: 283–300.

Depre C, Rider MH, Hue L (1998) Mechanisms of control of heart glycolysis. *Eur J Biochem* 258: 277–290.

Dringen R, Gutterer JM, Hirrlinger J (2000) Glutathione metabolism in brain metabolic interaction between astrocytes and neurons in the defense against reactive oxygen species. *Eur J Biochem* 267: 4912–4916.

Dröge W (2002) Free radicals in the physiological control of cell function. *Physiol Rev* 82: 47–95.

Duvarci S, Nader K, Ledoux JE (2005) Activation of extracellular signal-regulated kinase-mitogen-activated protein kinase cascade in the amygdala is required for memory reconsolidation of auditory fear conditioning. *Eur J Neurosci* 21(1): 283–289.

Eckardt-Schupp F, Klaus C (1999) Radiation-inducible DNA repair processes in eukaryotes. *Biochemie* 81:161–171.

Fang JC, Kinlay S, Beltrame J, Hikiti H, Wainstein M, Behrendt D, Suh J, Frei B, Mudge GH, Selwyn AP, Ganz P (2002) Effect of vitamins C and E on progression of transplant-associated arteriosclerosis: a randomised trial. *Lancet* 359: 1108–1113.

Farooq A, Zhou MM (2004) Structure and regulation of MAPK phosphatases. *Cell Signal* 16: 769–779.

Flanagan SW, Ryan AJ, Gisolfi CV, Mosely PL (1995) Tissue-specific HSP70 response in animals undergoing heat stress. *Am J Physiol Regulatory Integrative Comp Physiol* 268: R 28–R 32.

Fleming I, Busse R (1999) Signaltransduction of eNOS activation. *Cardiovascular Res* 43: 532–541.

Flotho A, Simpson DM, Qu M, Elion EA (2004) Localized feedback phosphorylation of Ste5p scaffold by associated MAPK cascade. *J Biol Chem* 279: 47391–47401.

Floyd RA (1999) Antioxidants, oxidative stress and degenerative neurological disorders. *Proc Soc Exp Biol Med* 222: 236–245.

Force T, Kuida K, Namchuk M, Parang K, Kyriakis JM (2004) Inhibitors of protein kinase signaling pathways: emerging therapies for cardiovascular disease. *Circulation* 109: 1196–1205.

Fracella F, Rensing L (1995) Stressproteine: Ihre wachsende Bedeutung in der Medizin. *Naturwissenschaften* 82: 303–309.

Frances Davies M, Tsui J, Flannery JA, Li X, DeLorey TM, Hoffman BB (2004) Activation of alpha(2) adrenergic receptors suppresses fear conditioning: expression of c-fos and phosphorylated CREB in mouse amygdala. *Neurophsychopharmacology* 29: 229–239.

Frydman J (2001) Folding of newly translated proteins in vivo: the role of molecular chaperones. *Ann Rev Biochem* 70: 603–649.

Gamaley IA, Klyubin JV (1999) Roles of reactive oxygen species: signaling and regulation of cellular functions. *Intern Review Cytol* 188: 203–255.

Garcia-Cardina G, Fan R, Shah V, Sorrentina R., Cirino G, Papapetropoulos A, Sessa W (1998) Dynamic activation of endothelial nitric oxide synthase by HSP90. *Nature* 392: 821–824.

Gause A, Sahin U, Pfreundschuh M (1992) Neue Perspektiven in der Immuntherapie: Adhäsionsmoleküle, Superantigene, Hitzeschockproteine und Cytokin-Antagonisten. *Dtsch Med Wschr* 116: 1664.

Gerullis D, Rensing L, Beyersmann D (2003) Heat shock treatment decreases E2F1-DNA binding and E2F1 levels in human A549 cells. *Biol Chem* 384: 161–167.

Goering PL, Fisher BR (1995) Metals and stress proteins. In: Goyer RA, Cherian MG (Hrsg) „*Toxicology of Metals*". Springer Verlag, Berlin, 229–266.

Gosslau A, Chen KY (2004) Nutraceuticals, apoptosis and disease prevention. *Nutrition* 20: 95–102.

Graven KK, Farber HW (1998) Endothelial cell hypoxic stress proteins. *J Lab Clin Med* 132: 456–463.

Grune T, Jung T, Merker K, Davies KJ (2004) Decreased proteolysis caused by protein aggregates, inclusion bodies, plaques, lipofuscin, ceroid and 'aggresomes' during oxidative stress, aging, and disease. *Int J Biochem Cell Biol* 36: 2519–2530.

Gu W, Luo J, Brooks CL, Nikolaev AY, Li M (2004) Dynamics of the p53 acetylation pathway. *Novartis Found Symp* 259: 197–205.

Gual P, Le Marchand-Burstel Y, Tanti J (2003) Positive and negative regulation of glucose uptake by hyperosmotic stress. *Diabetes Metab* 29: 566–575.

Halliwell B (1996) Oxidative stress, nutrition and health. Experimental strategies for optimisation of nutritional antioxidant intake in humans. *Free Radic Res* 25: 57–74.

Haq F, Mahoney M, Koropatnick J (2003) Signaling events for metallothionein induction. *Mutat Res* 533: 211–226.

Hardie DG, Carling D, Carlson M (1998) The AMP-activated/SNF1 proteinkinase subfamily: Metabolic sensors of the eukaryotic cell? *Ann Rev Biochem* 67: 821–855.

Harman D (1956) Aging: a theory based on free radical and radiation chemistry. *J Gerontol* 11: 298–300.

Harman D (1972) The biological clock: the mitochondria? *J Am Geriatr Soc* 20: 145–147.

Harris AL (2002) Hypoxia – a key regulatory factor in tumour growth. *Nature Rev Cancer* 2: 38–47.

Hartwig A, Schwerdtle T (2002) Interactions of carcinogenic metal compounds with repair processes: toxicological implications. *Toxicol Lett* 127: 47–54.

Hartwig A, Asmuss M, Blessing H, Hoffmann S, Jahnke G, Khandelwal S, Pelzer A, Birkle A (2002) Interference by toxic metal ions with zinc-dependent proteins involved in maintaining genome stability. *Food and Chemical Toxicology* 40: 1179–1184.

Hartwig A, Pelzer A, Asmuss M, Bürkle A(2003) Very low concentrations of arsenite suppress poly (ADP-ribosyl)ation in mammalian cells. *Int J Cancer* 104: 1–6.

Hayashi T, Wojtaszewski JF, Goodyear LJ (1997) Exercise regulation of glucose transport in skeletal muscle. *Am J Physiol* 273: E 1039–1051.

Helmbrecht K, Zeise E, Rensing L (2000) Chaperones in cell cycle regulation and mitogenic signal transduction: a review. *Cell Prolif* 33: 341–365.

Hewitson KS, McNeill LA, Schofield CJ (2004) Modulating the hypoxia-inducible factor signaling pathway: applications from cardiovascular disease to cancer. *Curr Pharm Des* 10: 821–822.

Hochleitner BW, Hochleitner EO, Obrist P, Eberl T, Amberger A, Xu Q, Margreiter R., Wick G. (2000) Fluid shear stress induces heat shock protein 60 expression in endothelial cells in vitro and in vivo. *Arterioscler Thromb Vasc Biol* 20: 617–623.

Holbrook NJ, Ikeyama S (2002) Age-related decline in cellular responses to oxidative stress: links to growth factor signaling pathways with common defects. *Biochem Pharmacol* 64: 999–1005.

Holbrook NJ, Udelsman R (1994) That shock protein gene expression in response to physiologic stress and aging. In: Morimoto RI, Tissières A, Georgopoulos C (Hrsg) *The Biology of Heat Shock Proteins and Molecular Chaperones*. Cold Spring Harbor Laboratory Press, New York, 577.

Holzenberger M, Dupont J, Ducos B, Leneuve P, Geloen A, Even PC, Cervera P, LeBouc Y (2003) IGF-1 receptor regulates lifespan and resistance to oxidative stress in mice. *Nature* 421: 182–187.

Hu Y, Mivechi NF (2003) HSF-1 interacts with Ral-binding protein 1 in a stress-responsive, multiprotein complex with HSP90 in vivo. *J Biol Chem* 278: 17299–17306.

Huang X, Moir RD, Tanzi RE, Bush AI, Rogers JT (2004) Redox-active metals, oxidative stress and Alzheimer's disease pathology. *Ann N Y Acad Sci* 1012: 153–163.

Imamura R, Konaka K, Matsumoto N, Hasegawa M, Fukui M, Mukaida N, Kinoshita T, Suda T (2004) Fas ligand induces cell-autonomous NF-kappa B activation and IL-8 production by a mechanism distinct from that of TNF-alpha. *J Biol Chem* 279: 46415–46423.

Inoue M, Sato EF, Nishikawa M, Park AM, Kira Y, Imada I, Utsum P (2003) Mitochondrial generation of reactive oxygen species and its role in aerobic life. *Curr Med Chem* 10: 2495–2505.

Ischizaka N, Deleon H, Laursen JB, Fukui T, Wilcox JN, Keulenar G de, Griendling KK, Alexander RW (1997) Angiotensin II-induced hypertension increases hemeoxygenase-1 expression in rat aorta. *Circulation* 96: 1923–1929.

Ishige K, Schubert D, Sagara Y (2001) Flavonoids protect neuronal cells from oxidative stress by three distinct mechanisms. *Free Radic Biol Med* 30: 433–446.

Itahana K, Campisi J, Dimri GP (2004) Mechanisms of cellular senescence in human and mouse cell. *Biogerontology* 5: 1–10.

Jakob U, Buchner J. (1994) Assisting spontaneity: the role of HSP90 and small HSPs as molecular chaperones. *TIBS* 19: 205–211.

Jelkmann W, Hellwig-Burgel T (2001) Biology of erythropoetin. *Adv Exp Med Biol* 502: 169–187.

Kaina B, Haas S, Grosch S, Grombacher T, Dosch J, Biswas T, Boldogh J, Vutra S, Fritz G (1999) Inducible responses and protective function of mammalian cells upon exposure to UV light and ionizing radiation. *NATO Science Series 2, Environmental Security*: 289–300.

Kato K, Ito H, Inaguma Y (2002) Expression and phosphorylation of small heat shock proteins. In: Arrigo AP, Müller WEG (Hrsg) *Progress in Molecular and Subcellular Biology*. Springer Verlag, Heidelberg, 129–150.

Kaufmann SHE, Schoel B (1994) Heat shock proteins as antigens in immunity against infection and self. In: Morimoto RI, Tissières A, Georgopoulos C (Hrsg) *The Biology of Heat Shock Proteins and Molecular Chaperones*. Cold Spring Harbor Laboratory Press, New York, 495–531.

Knauf U, Tschopp C, Gram H (2001) Negative regulation of protein translation by mitogen-activated protein kinases-interacting kinases 1 and 2. *Mol Cell Biol* 21: 5500–5511.

Knight JA (1998) Free radicals: their history and current status in aging and disease. *Ann Clin Lab Sci* 28: 331–346.

Knowlton AA, Sun L (2001) Heat-shock factor-1, steroid hormone and regulation of heat shock protein expression in the heart. *Am J Physiol Heart Circ Physiol* 280: H 455–464.

Komberg A, Baker T (1992) DNA Replication. Freeman, San Francisco.

Kondoh M, Araragi S, Sato K, Higashimoto M, Takiguchi M, Satoh M (2002) Cadmium induces apoptosis partly via caspase-9 activation in HL60 cells. *Toxicology* 170: 111–117.

Koropatnick J, Leibbrandt MEI (1995) Effects of metals on gene expression. In: Goyer RA, Cherian, MG (Hrsg) *Toxicology of Metals.* Springer Verlag, Berlin, 93–120.

Kovacic P, Jacintho JD (2001) Mechanisms of carcinogenesis: focus on oxidative stress and electron transfer. *Curr Med Chem* 8: 773–796.

Kovacic P, Sacman A, Wu-Weis M (2002) Nephrotoxins: widespread role of oxidative stress and electron transfer. *Curr Med Chem* 8: 823–847.

Krauss G (2003) *Biochemistry of Signal Transduction and Regulation*. Wiley VCH, Weinheim.

Kregel KC (2002) Heat schock proteins: modifying factors in physiological stress responses and acquired thermotolerance. *J Appl Physiol* 92: 2177–2186.

Krokan HE, Nilsen H, Skorpen F, Otterlei M, Slupphaug G (2000) Base excision repair of DNA in mammalian cells. *FEBS Lett* 476: 73–77.

Kühl NM, Rensing L (2000) Heat shock effects on cell cycle progression. *Cell Mol Life Sci* 57: 450–463.

Kulms D, Schwarz T (2002) Independent contribution of three different pathways to ultraviolet-B-induced apoptosis. *Biochem Pharmacol* 64: 837–841.

Kyriakis JM, Avruch J (2001) Mammalian mitogen-activated protein kinase signal transduction pathways activated by stress and inflammation. *Physiol Reviews* 81: 807–859.

La Rochelle O, Gagne V, Charron J, Soh JW, Seguin C (2001) Phosphorylation is involved in the activation of metal-regulatory transcription factor 1 in response to metal ions. *J Biol Chem* 276: 41879–41888.

Lang KS, Fillon S, Schneider D, Rammensee HG, Lang F (2002) Stimulation of TNF-*a*-expression by hyperosmotic stress. *Pflügers Arch-Eur J Physiol* 443: 798–803.

Le OT, Denko NC, Giaccia AJ (2004) Hypoxic gene expression and metastasis. *Cancer Metastasis Rev* 23(3–4): 293–310.

Lee HC, Pang CY, Hsu HS, Wie YH (1994) Differential accumulation of 4977 bp deletion in human mitochondrial DNA of various tissues in human ageing. *Biochim Biophys Acta* 1226: 37–43.

Lee JW, Bae SH, Jeong JW, Kim SH, Kim KW (2004) Hypoxia-inducible factor (HIF-1)alpha: its protein stability and biological functions. *Ex Mol Med* 36(1): 1–12.

Lee MJ, Nishio H, Ayakitt H, Yamamoto M, Sumino K. (2002) Upregulation of stress response mRNAs in COS-7 cells exposed to cadmium. *Toxicology* 174: 109–117.

Lehmann AR (2002) Replication of damaged DNA in mammalian cells: new solutions to an old problem. *Mutation Res* 509: 23–34.

Leutner S, Eckert A, Muller WE (2001) ROS generation, lipid peroxidation and antioxidant enzyme activities in the aging brain. *J Neural Transm* 108: 955–967.

Li S, Piotrowicz RS, Levin EG, Shyy YJ, Chiens S (1996) Fluid stear stress induces the phosphorylation of small heat shock proteins in vascular endothelial cells. *Am J Physiol* 27: C 994–1000.

Lichtlen P, Schaffner W (2001) The „metal transcription factor" MTF-1: biological facts and medical implications. *Swiss Med Wkly* 131: 647–652.

Liebler DC (1998) Antioxidant chemistry of *a*-tocopherol in biological systems – roles of redox cycles and metabolism. *Subcell Biochem* 30: 301–317.

Lindahl T (2000) Suppression of spontaneous mutagenesis in human cells by DNA base excisions-repair. *Mutat Res* 462: 129–135.

Lukashev D, Ohta A, Sitkovsky M (2004) Targeting hypoxia-A(2A) adenosine receptor-mediated mechanisms of tissue protection. *Drug Discov Today* 9(9): 403–409.

Mandal K, Jahangiri M, Xu Q (2004) Autoimmunity to heat shock proteins in atherosclerosis. *Autoimmun Rev* 3: 31–37.

Marnett LJ (2000) Oxyradicals and DNA damage. *Carcinogenesis* 21: 361–370.

Martin RL, Lloyd HG, Cowan AI (1994) The early events of oxygen and glucose deprivation: setting the scene for neuronal death? *Trends Neurosci* 17: 251–257.

Mattson MP (2000) Emerging neuroprotective strategies for Alzheimer's disease: dietary restriction, telomerase activation and stem cell therapy. *Exp Gerontol* 35: 489–502.

Mattson MP, Pedersen WA, Duan w, Culmsee C, Camandola S (1999) Cellular and molecular mechanisms underlying perturbed energy metabolism and neuronal degeneration in Alzheimer's and Parkinson's diseases. *Ann NY Acad Sci* 893: 154–175.

McEachern MJ, Krauskopf A, Blackburn EH (2000) Telomeres and their control. *Annu Rev Genet* 34: 331–358.

Melov S (2002) Animal models of oxidative stress; aging and therapeutic antioxidant interventions. *Intern J Biochem Cell Biol* 34: 1395–1400.

Metzen E, Ratcliffe PJ (2004) HIF hydroxylation and cellular oxygen sensing. *Biol Chem* 385: 223–330.

Moley KH, Mueckler MM (2000) Glucose transport and apoptosis. *Apoptosis* 5: 99–105.

Morimoto RI, Tissières A, Georgopoulos C (Hrsg) (1990) *Stress Proteins in Biology and Medicine.* Cold Spring Harbor Laboratory Press, Cold Spring Harbor.

Morimoto RI, Tissières A, Georgopoulos C (Hrsg) (1994) *The Biology of Heat Shock Proteins and Molecular Chaperones.* Cold Spring Harbor Laboratory Press, New York.

Motoyama N, Naka K (2004) DNA damage, tumor suppressor genes and genomic instability. *Curr Opin Genet Dev* 14: 11–16.

Nebert DW (2002) Transcription factors and cancer: an overview. *Toxicology* 181/182: 131–141.

Oki Y, Younes A (2004) Heat shock protein-based cancer vaccines. *Expert Rev Vaccines* 3: 403–411.

Ormond J, Hislop J, Zhao Y, Webb N, Vaillaincourt F, Dyer JR, Ferraro G, Barker P, Martin KC, Sossin

WS (2004) ApTrkl a Trk-like receptor, mediates serotonin-dependent ERK activation and long-term facilitation in *Aplysia* sensory neurons. *Neuron* 44: 715–728.

Orr WC, Sohal RS (1994) Extension of life-span by overexpression of superoxide dismutase and catalase in *Drosophila melanogaster*. *Science* 263: 1128–1130.

Ozawa T (1998) Mitochondrial DNA mutations and age. *Ann NY Acad Sci* 854: 128–154.

Park J, Liu AY (2001) JNK phosphorylates the HSF1 transcriptional activation domain: role of JNK in the regulation of the heat shock response. *J Cell Biochem* 82: 326–338.

Pearl R (1928) *The Rate of Living*. University of London Press, London

Penta JS, Johnson FM, Wachsman JT, Copeland WC (2001) Mitochondrial DNA in human malignancy. *Mutation Res* 488: 119–133.

Perwez Hussain S, Hofseth LG, Harries CC (2003) Radical causes of cancer. *Nature Reviews Cancer* 3: 276–285.

Prohaska JR, Gybina AA (2004) Intracellular copper transport in mammals. *J Nutr* 134: 1003–1006.

Pryor WA (2000) Vitamin E and heart disease: basic science to clinical intervention trials. *Free Radic Biol Med* 28: 141–164.

Rao RV et al. (2004) Coupling endoplasmatic reticulum stress to the cell death program. *Cell Death Differ* 11: 372.

Rensing L, Gosslau A (2004) Warum altern wir? Zur Rolle freier Radikale bei der Begrenzung der Lebenszeit. *blickpunkt der mann* 2: 7–12

Rensing C, Gosh M, Rosen BP (1999) Families of soft-metal-ion transporting ATPases. *J Bacteriol* 181: 5891–5897.

Rossi L, Lombardo MF, Ciriolo MR, Rotilio G (2004) Mitochondrial dysfunction in neurodegenerative diseases associated with copper imbalance. *Neurochem Res* 29: 493–504.

Roux PP, Blenis J (2004) ERK and p38 MAPK-activated protein kinases: a family of protein kinases with diverse biological functions. *Microbiol Molecular Biol Rev* 68: 320–344.

Rubner M (1908) *Das Problem der Lebensdauer und seine Beziehungen zu Wachstum und Ernährung*. Oldenbourg Verlag, München.

Rush JW, Turk JR, Laughlin MH (2003) Exercise training regulates SOD-1 and oxidative stress in porcine aortic endothelium. *Am J Physiol Heart Circ Physiol* 284: H1378–1387.

Rutherford SL, Lindquist S (1998) HSP90 as a capacitor for morphological evolution. *Nature* 396: 336–342.

Saika S (2004) TGF-beta signal transduction in corneal wound healing as a therapeutic target. *Cornea* 23: 25–30.

Salvemini D, Cuzzocrea S (2002) Oxidative stress in septic shock and disseminated intravascular coagulation. *Free Radical Biol Med* 33: 1173–1185.

Sancar A, Lindsey-Boltz LA, Unsal-Kaccmaz K, Linn S (2004) Molecular mechanisms of mammalian DNA repair and the DNA damage checkpoints. *Annu Rev Biochem* 73: 39–85.

Santos BC, Chevaile A, Kojima R, Gullans SR (1998) Characterization of the HSP110/SSE gene family response to hyperosmolarity and other stresses. *Physiol Renal Physiol* 274: F1054–F1061.

Saretzki G, Zglinicki T von (2002) Replicative aging, telomeres and oxidative stress. *Ann NY Acad Sci* 949: 24–29.

Scandalios JG (2002) Oxidative stress responses – what have genome-scale studies taught us? *Genome Biology* 3: 1019.1–1019.6.

Schett G, Tohidast-Akrad M, Steiner G, Smolen, J (2001) The stressed synovium. *Arthritis Res* 3: 80–86.

Schneider M, Kaufman RJ (2005) ER stress and the unfolded protein response. *Mutat Res* 569: 29–63.

Schurr A (2002) Energy metabolism, stress hormones and neural recovery from cerebral ischemia/hypoxia. *Neurochem Internat* 41: 1–8.

Schwartz MA, Madhani HD (2004) Principles of MAP kinase signaling specificity in *Saccharomyces cerevisiae*. *Annu Rev Genet* 38: 725–748

Semenza GL (1999) Regulation of mammalian O_2 homeostasis by hypoxia inducible factor 1. *Annu Rev Cell Dev Biol* 15: 551–578.

Sharma SK, Carew TJ (2004) The roles of MAPK cascades in synaptic plasticity and memory in *Aplysia*: facilitatory effects and inhibitory constraints. *Learn Mem* 11: 373–378.

Shaulian E, Karin M (2002) AP-1 as a regulator of cell life and death. *Nature Cell Biol* 4: E131–E136.

Shaw A, Xu Q (2003) Biomechanical stress-induced signaling in smooth muscle cells: an update. *Curr Vasc Pharmacol* 1: 41–58.

Sheikh-Hamad D, DiMari J, Suki WN, Safirstein R, Watts BA 3rd, Rouse D (1998) p38 kinase activity is essential for osmotic induction of mRNAs for HSP70 and transporter for organic solute betaine in Madin-Darby canine kidney cells. *J Biol Chem* 273: 1832–1837.

Sies H (1993) Strategies of antioxidant defense. *Eur J Biochem* 215: 213–219.

Singh IS, He JR, Calderwood S, Hasday JD (2002) A high affinity HSF-1 binding site in the 5'-untranslated region of the murine tumor necrosis factor-*a* gene is a transcriptional repressor. *J Biol Chem* 277: 4981–4988.

Sionov RV, Haupt Y (1999) The cellular response to p53: the decision between life and death. *Oncogene* 18: 6145–6157.

Sionov RV, Hayon IL, Haupt Y (2001) The regulation of p53 growth suppression. In: Blagosklonny M (Hrsg) *Cell Cycle Checkpoints*. Landes Bioscience Georgetown (Texas).

Sitia R, Molteni SN (2004) Stress, protein (mis)folding and signaling: the redox connection. *Sci STKE* 239: 27.

Skrandies S, Neuhaus-Steinmetz U, Bremer B, Pilatus U, Meyer-Heinricy A, Rensing L (1997) Heat shock and ethanol induced ionic and metabolic changes in C6 rat glioma cells determined by NMR and fluorescence spectroscopy. *Brain Res* 746: 220–230.

Slee EA, O'Connor DJ, Lu X (2004) To die or not do die: how does p53 decide? *Oncogene* 23: 2809–2818.

Smith AR, Shenvi SV, Widlansky M, Suh JH, Hagen TM (2004) Lipoic acid as a potential therapy for chronic diseases associated with oxidative stress. *Curr Med Chem* 11: 1135–1146.

Sohal RS, Weindruch R (1996) Oxidative stress, caloric restriction and aging. *Science* 273: 59–63.

Soncin F, Zhang X, Chu B, Wang X, Asea A, Ann Stevenson M, Sacks DB, Calderwood SK (2003) Transcriptional activity and DNA binding of heat shock factor-1 involve phosphorylation of threonine 42 by CK2. *Biochem Biophys Res Commun* 303: 700–706.

Song J, Takeda M, Morimoto RI (2001) Bag1-HSP70 mediates a physiological stress signaling pathway that regulates Raf-1/ERK and cell growth. *Nature Cell Biol* 3: 276–281

Spitz DR, Sim JE, Ridmour LA, Galoforo SS, Lee YJ (2000) Glucose deprivation – induced oxidative stress in human tumor cells. A fundamental defect in metabolism? *Ann NY Acad Sci* 899: 349–362.

Steffen M, Petta A, Aach J, D'Haeseler P, Church G (2002) Automated modelling of signal transduction networks. *BMC Informatics* 3: 34–44.

Sweatt JD (2004) Mitogen-activated protein kinases in synaptic plasticity and memory. *Curr Opinion Neurobiol* 14: 311–317.

Szweda PA, Camouse M, Lundberg KC, Oberely TD, Szweda LI (2003) Aging, lipofuscin formation and free radical-mediated inhibition of cellular proteolytic systems. *Ageing Res Rev* 2: 383–405.

Tai LJ, McFall SM, Huang K, Demeler B, Fox SG, Brubacker K, Radhakrishnan I, Morimoto RI (2002) Structure-function analysis of the heat shock factor-binding protein reveals a protein composed solely of a highly conserved and dynamic coiled-coil trimerization domain. *J Biol Chem* 277: 735–745.

Takahashi A, Masuda A, Sun M, Centonze VE, Herman B (2004) Oxidative stress-induced apoptosis is associated with alterations in mitochondrial caspase activity and Bcl-2-dependent alterations in mitochondrial pH (pHm). *Brain Res Bull* 62: 497–504.

Takahashi T, Morita K, Akagi R, Sassa S (2004) Heme oxygenase-1: a novel therapeutic target in oxidative tissue injuries. *Curr Med Chem* 11: 1545–1561.

Valerie K, Povirk LF (2003) Regulation and mechanisms of mammalian double-strand break repair. *Oncogene* 22: 5792–5812.

Van Why SK, Mann AS, Thulin G, Zhu XH, Kashgarian M, Siegel NJ (1994) Activation of heat shock transcription factor by graded reduction in renal ATP, in vivo, in the rat. *J Clin Invest* 94: 1518–1523.

Viarengo A, Burlando B, Ceratto N, Panfoli I (2000) Antioxidant role of metallothioneins: a comparative overview. *Cell Mol Biol* 46: 407–417.

Vousden KH, Lu X (2002) Live or let die: the cell's response to p53. *Nature Reviews Cancer* 2: 594–604.

Waisberg M, Joseph P, Hale B, Beyersmann D (2003) Molecular and cellular mechanisms of cadmium carcinogenesis. *Toxicology* 192: 95–117.

Wallace DC (1999) Mitochondrial diseases in man and mouse. *Science* 283: 1482–1488.

Wang E, Wong A, Cortopassi G (1997) The rate of mitochondrial mutagenesis is faster in mice than in humans. *Mutat Res* 377: 157–166.

Wang L, Xu D, Dai W, Lu L (1999) An ultraviolet activated K$^+$ channel mediates apoptosis of myeloblastic leukemia cells. *J Biol Chem* 274: 3678–3685.

Wang T, Zhang X, Li JJ (2002) The role of NFκB in the regulation of cell stress responses. *Internat Immunopharmacol* 2: 1509–1520.

Wätjen W, Cox M, Biagioli M, Beyersmann D (2002) Cadmium-induced apoptosis in C6 glioma cells: mediation by caspase-9 activation. *Bio Metals* 15: 15–25.

Weiss JN, Korge P, Honda HM, Ping P (2003) Role of the mitochondrial permeability transition in myocardial disease. *Circ Res* 93: 292–301.

Wenger RH (2002) Cellular adaptation to hypoxia: O$_2$-sensing protein hydroxylase, hypoxia-inducible transcription factors and O$_2$-regulated gene expression. *FASEB J* 16: 1151–1162.

Wilson JX (1997) Antioxidant defense of the brain: a role for astrocytes. *Can J Physiol Pharmacol* 75: 1149–1163.

Wu G, Fang YZ, Yang S, Lupton JR, Turner ND (2004) Glutathione metabolism and its implications for health. *J Nutr* 134: 489–492.

Xanthoudakis S, Nicholson DW (2000) Heat shock proteins as death determinants. *Nature Cell Biol* 2: E 163–E 165.

Yang J, Yu Y, Hamrick HE, Duerksen-Hughes PJ (2003) ATM, ATR and DNA-PK; initiators of the cellular genotoxic responses. *Carcinogenesis* 24: 1571–1580.

Yang Y et al. (2003) Lipid peroxidation and cell cycle signaling: 4-hydroxynonenal, a key molecule in stress-mediated signaling. *Acta Biochim Pol* 50: 203.

Yu BP (1996) Aging and oxidative stress: modulation by dietary restriction. *Free Radic Biol Med* 21: 651–668.

Yu BP, Kang CM, Han JS, Kim DS (1998) Can antioxidant supplementation slow the aging process? *Biofactors* 7: 93–101.

Zhang X, Kon T, Wang H, Li F, Huang Q, Rabbani ZN, Kirkpatrick JP, Vujaskovic Z, Dewhirst MW, Li CY (2004) Enhancement of hypoxia-induced tumor cell death in vitro and radiation therapy in vivo by use of small interfering RNA targeted to hypoxia-inducible faktor-1*a*. *Cancer Res* 64(22): 8139–8142.

Zhon J, Brüne B (2004) Hypoxie auch unter Normoxie? *Bioforum* 27: 28–30.

Zou Y, Hu Y, Metzler B, Xu Q (1998) Signal transduction in arteriosclerosis: mechanical stress-activated MAP kinases in vascular smooth muscle cells (review). *Int J Mol Med* 1: 827–834.

Kapitel 7

Adams DO (1994) Molecular biology of macrophage activation: a pathway whereby psychological factors can potentially affect health. *Psychosom Med* 56: 16–27.

Ahmed ST, Mayer A, Ji JD, Ivashkiv LB (2002) Inhibition of IL-6 signaling by a p38-dependent pathway occurs in the absence of new protein synthesis. *J Leukoc Biol* 72: 154–162.

Akira S, Takeda K, Kaisho T (2001) Toll-like receptors. Critical proteins linking innate and acquired immunity. *Nature Immunology* 2: 675–680.

Alli RS, Khar A (2004) Interleukin-12 secreted by mature dendritic cells mediates activation of NK cell function. *FEBS Lett* 559: 71–76.

Arnetz BB, Waserman J, Petrini B, Brenner SO, Levi L, Enroth P et al. (1987) Immune function in unemployed women. *Psychosom Med* 49: 3–12.

Barry M, McFadden G (1998) Apoptosis regulators from DNA viruses. *Curr Opinion Immunol* 10: 422–430.

Berczi I (1998) Neurohormonal host defense in endotoxin shock. *Ann NY Acad Sci* 840: 787–802.

Beutler B, Rietschel ET (2003) Innate immune sensing and its roots: the story of endotoxin. *Nature Reviews* 3: 169–176.

Bierhaus A, Wolf J, Andrassy M et al. (2003) A mechanism converting psychosocial stress into mononuclear cell activation. *Proc Natl Acad Sci USA* 100: 1920–1925.

Black PH (2002) Stress and the inflammatory response: A review of neurogenic inflammation. *Brain, Behavior and Inflammation* 16: 622–654.

Boisvert WA (2004) Modulation of atherogenesis by chemokines. *Trends Cardiovasc Med* 14(5): 161–165.

Bosch JA, Berntson GG, Cacioppo JT, Dhabhar FS, Marucha PT (2003) Acute stress evokes selective mobilization of T cells that differ in chemokine receptor expression: a potential pathway linking immunologic reactivity to cardiovascular disease. *Brain Behav Immun* 17(4): 251–259.

Cacioppo JT, Berntson GG, Malarkey WB, Kiecolt-Glaser JG, Sheridan JF, Poehlmann KM, Burleson MH, Ernst JM, Hawly LC, Glaser R (1998) Autonomic, neuroendocrine and immune respones to psychological stress.: the reactivity hypothesis. *Ann NY Acad Sci* 840: 664–673.

Chesnokova V, Melmed S (2002) Minireview: Neuro-immuno-endocrine modulation of the hypothalamic-pituitary-adrenal (HPA) axis by gp130 signaling molecules. *Endocrinology* 143: 1571–1574.

Denys D, Fluitman S, Kavelaars A, Heijnen C, Westenberg H (2004) Decreased TNF-alpha and NK activity in obsessive-compulsive disorder. *Psychoneuroendocrinology* 29(7): 945–952.

Dhabhar FS (2002) Stress-induced augmentation of immune function – the role of stress hormones, leukocyte trafficking and cytokines. *Brain Behav Immun* 16(6): 785–798.

Dorshkind K, Horseman ND (2001) Anterior pituitary hormones, stress, and immune system homeostasis. *Bioassays* 23: 288–294.

Durana JH (2004) *Introduction to Psychoneuroimmunology.* Elsevier, Oxford.

Elenkov JJ, Chrousos GP (2002) Stress hormones, proinflammatory and antiinflammatory cytokines and autoimmunity. *Ann NY Acad Sci* 966: 290–303.

Epel ES, Blackburn EH, Lin J, Firdaus S, Dhabhar FS, Adler NE, Morrow JD, Cawthon RM (2004) Accelerated telomere shortening in response to life stress. *PNAS* 101: 17312–17315.

Flint SJ, Enquist LW, Krug RM, Racaniello VR, Skalka AM (2000) *Principles of Virology.* ASM Press, Washington, D C.

Glaser R, Kiecolt-Glaser JK (2005) Stress-induced immune dysfunction: implications for health. *Nature Rev Immunol* 5: 243–251.

Goodburn S, Didcock L, Randall RE (2000) Interferons: cell signaling, immune modulation, antiviral responses and virus countermeasures. *J Gen Virol* 81: 2341–2364.

Hartung T, Aulock S von, Schneider C, Faist E (2003) How to leverage an endogenous immune defense mechanism: the example of granulocyte colony-stimulating factor. *Crit Care Med* 31, 1. Suppl: 65–75.

Heijnen CH, Kavelaars A (1996) Hormon- und Neuropeptid-Produktion von immunkompetenten Zellen. In: Schedlowski M, Tewes U (Hrsg) *Psychoneuroimmunologie*. Spektrum Akademischer Verlag, Heidelberg, 268–287.

Hink-Schauer C, Estébanez-Perpina E, Kurschus EC, Bode W, Jenne DE (2003) Crystal structure of the apoptosis-inducing human granzyme A dimer. *Nature Structural Biol* 10: 535–540.

Hunzeker J, Padgett DA, Sheridan PA, Dhabhar FS, Sheridan IF (2004) Modulation of natural killer cell activity by restraint stress during an influenza A/PR8 infection in mice. *Brain Behav Immun* 18(6): 526–535.

Janeway CA, Travers P, Walport M, Shlomchik M (2002) *Immunologie*.Spektrum Akademischer Verlag/G. Fischer, Heidelberg.

Jonuleit H, Schmitt E (2003) The regulatory T-cell family: distinct subsets and their interrelations. *J Immunol* 171: 6323–6327.

Kaku S, Ohkura K, Yunoki S, Nonaka M, Tachibana H, Sugano M, Yamada K (2001) Dietary gammo-linolenic acid dose-dependently modifies fatty acid composition and immune parameters in rats. *Prostaglandins Leuko Essent Fatty Acids* 65: 205–210.

Kaschka W, Aschauer HN (Hrsg) (1990) *Psychoimmunologie*. G. Thieme Verlag, Stuttgart, New York.

Kiecolt-Glaser JK, Glaser R, Cacioppo JT, Malarkey WB (1998) Marital stress: immunology, neuroendocrine and autonomic correlates. *Ann NY Acad Sci* 840: 656–663.

Kiecolt-Glaser JK, Marucha PT, Malarkey WB, Mercado AM, Glaser R (1995) Slowing of wound healing by psychosocial stress. *Lancet* 346: 1194–1196.

Kiecolt-Glaser JK, Preacher KJ, MacCallum RC, Atkinson C, Malarkey WB, Glaser R (2003) Chronic stress and age-related increases in the proinflammatory cytokine IL-6. *Proc Natl Acad Sci USA* 100(15): 9090–9095.

Kotlyarow A, Neininger A, Schubert C, Eckert R, Birchmeier C, Volk HD, Gaestel M (1999) MAP-KAP kinase 2 is essential for LPS-induced TNF-α-biosynthesis. *Nat Cell Biol* 1: 94–97.

Laing KJ, Secombes CJ (2004) Chemokines. *Dev Comp Immunol* 28(5): 443–460.

Landry DW, Oliver JA (2004) Neue Therapie bei Kreislaufschock. *Spektrum der Wissenschaft* 8: 42–47.

Lötzerich H, Peters C, Uhlenbruch G (1996) In: Schedlowski M, Tewes U (Hrsg) *Psychoneuroimmunologie*, Spektrum Akademischer Verlag, Heidelberg, 439–458.

McCann SM, Sternberg EM, Lipton JM, Chrousos GP, Gold PW, Smith CC (Hrsg) (1998) Neuroimmunomodulation. *Ann NY Acad Sci* 840.

Medzhitov R (2001) Toll-like receptors and innate immunity. *Nature Reviews* 1: 136–145.

Monaco C, Andreakos E, Kiriakidis S, Feldmann M, Paleolog E (2004) T-cell-mediated signaling in immune, inflammatory and angiogenic processes: the cascade of events leading to inflammatory diseases. *Curr Drug Targets Inflamm Allergy* 3(1) 35–42.

Neeck G, Renkawitz R, Eggert M (2002) Molecular aspects of glucocorticoid hormone action in rheumatoid arthritis. *Cytokines Cell Mol Ther* 7: 61–69.

O'Neill LA, Fitzgerald KA, Bowie AG (2003) The Toll-IL-1 receptor adaptor family grows to five members. *Trends Immunol* 24: 286–290.

Ono K, Han J (2000) The p38 signal transduction pathway activation and function. *Cell Signal* 12: 1–13.

Pruett SB (2001) Quantitative aspects of stress-induced immunomodulation. *Intern Immunopharmacol* 1: 507–520.

Rosenkanz MA, Jackson DC, Dalton KM, Dolski I, Ryff CD, Singer BH, Muller D, Kalin NH, Davidson RJ (2003) Affective style and in vivo immune response: neurobehavioral mechanisms. *PNAS* 100(19): 11148–11152.

Roulston A, Marcellus RC, Branton PE (1999) Viruses and apoptosis. *Ann Rev Microbiol* 53: 577–628.

Salyers AA, Witt DD (2002) *Bacterial Pathogenesis – A Molecular Approach*. ASM Press, Washington.

Sapolsky RM, Romero M, Munck AU (2000) How do glucocorticoids influence stress responses? Integrating permissive, suppressive, stimulatory and preparative actions. *Endocrine Reviews* 21: 55–89.

Schedlowski M, Benshop RJ (1996) Neuroendokrines System und Immunfunktionen. In: Scheldowski M, Tewes U (Hrsg) *Psychoneuroimmunologie*. Spektrum Akademischer Verlag, Heidelberg, 241–268.

Schedlowski M, Falk A, Rohne A, Wagner TOF, Jacobs R, Tewes U, Schmidt E (1993) Catecholamines induce alterations of distribution and activity of human natural killer (NK) cells. *J Clin Immunol* 13: 344–351.

Schedlowski M, Tewes U (Hrsg) (1996) *Psychoneuroimmunologie*. Spektrum Akademischer Verlag, Heidelberg, Berlin, Oxford.

Schneider C, Aulock S von, Zedler S, Schinkel C, Hartung T, Faist E (2004) Preoperative recombinant human granulocyte colony-stimulating factor (Filgrastim) prevents immunoinflammatory dysfunctions associated with major surgery. *Ann Surg* 239: 75–81.

Schüßler G, Schubert C (2001) Der Einfluss psychosozialer Faktoren auf das Immunsystem (Psychoneuroimmunologie) und ihre Bedeutung für die Entstehung und Progression von Krebserkrankungen. *Z Psychosom Med Psychotherapie* 47: 6–41.

Segerstrom SC, Miller GE (2004) Psychological stress and the human immune system: a meta-analytic study of 30 years of inquiry. *Psychol Bull* 130(4): 601–630.

Sen GC (2001) Viruses and interferons. *Ann Rev Microbiol* 55: 255–281.

Stark GR, Kerr JM, Williams BRG, Silverman RH, Schreiber RD (1998) How cells respond to interferons. *Ann Rev Biochem* 67: 227–264.

Teodoro JG, Branton PE (1997) Regulation of apoptosis by viral gene products. *J Virol* 71: 1739–1746.

Tsitoura DC, Rothman PB (2004) Enhancement of MEK/ERK signaling promotes glucocorticoid resistance in CD4($^+$) T cells. *J Clin Invest* 113: 619–627.

Webster EL, Torpy DJ, Elenkov IJ, Chrousos GP (1998) Corticotropin-releasing hormone and inflammation. *Ann NY Acad Sci* 840: 21–32.

Weihe E, Bette H, Fink T, Schäfer MKH (1996) Molekular-anatomische Grundlagen von Wechselbeziehungen zwischen Nervensystem und Immunsystem in Gesundheit und Krankheit. In Schedlowski M, Tewes U (Hrsg) (1996) *Psychoneuroimmunologie*. Spektrum Akademischer Verlag, Heidelberg, Berlin, Oxford, 221–240.

Weiner HL (2001) Oral tolerance: immune mechanisms and the generation of Th3-type TGF-beta-secreting regulatory cells. *Microbes Infect* 3(11): 947–954.

Wilder RL (1998) Hormones, pregnancy and autoimmune disease. *Ann NY Acad Sci* 840: 45–50.

Yaqoob P (2003) Fatty acids as gate keepers of immune cell regulation. *Trends Immunol* 24: 639–645.

Kapitel 8

Achat H, Kawachi I, Byrne C, Hankinson S, Colditz G (2000) A prospective study of job strain and risk of breast cancer. *Int J Epidemiol* 29: 622–688.

Albert PR, Lemonde S (2004) 5-HT1A Receptors, Gene, Repression and Depression: Guilty by Association. *Neuroscientist* 10: 575–593.

Ali MH, Schumacker PT (2002) Endothelial responses to mechanical stress: where is the mechanosensor? *Crit Care Med* 30: 198–206.

Alison MRE (2005) *The Cancer Handbook*. John Wiley & Sons, Inc, Chichester.

Anfossi G, Tovati M (1996) Role of catecholamines in platelet function: pathophysiological and clinical significance. *Eur J Clinic Invest* 26: 353–370.

Arakawa T, Watanate T, Fukuda T, Higuchi K, Fujiwara Y, Kobayashi K, Tarnawski A (1998) Ulcer recurrence: cytokines and inflammatory response-dependent process. *Dig Dis Sci* 43: 61–66.

Arbeitskreis OPD (Hrsg) (2001) *Operationalisierte Psychodynamische Diagnostik. Grundlagen und Manual*. Verlag Hans Huber, Bern.

Atwood CS, Obrenovich ME, Liu T, Chan H, Perry G, Smith MA, Martins RN (2003) Amyloid-beta: a chameleon walking in two worlds: a review of the trophic and toxic properties of amyloid-beta. *Brain Res Rev* 43: 1–16.

AWMF Leitlinien (2002)Psychotherapie der Depression. AWMF online, *www.uni-duesseldorf.de*.

Baeyer H von, Hopfenmuller W, Riedel E, Affeld K (2003) Atherosclerosis: current concepts of pathophysiology and pharmacological intervention based on trial outcomes. *Clin Nephrol.* 60: 31–48.

Barden N (2004) Implication of the hypothalamic-pituitary-adrenal axis in the physiopathology of depression. *J Psychiatry Neurosci* 29: 185–193.

Barnes PJ, Shapiro SD, Pauwels RA (2003) Chronic obstructive pulmonary disease: molecular and cellular mechanisms. *Eur Respir J* 22: 672–688.

Baeyer H von, Hopfenmuller W, Riedel E, Affeld K (2003) Atherosclerosis: current concepts of pathophysiology and pharmacological intervention based on trial outcomes. *Clin Nephrol* 60: 31–48.

Barth S, Huhn M, Thepen T (2004) Auflösung chronischer Entzündungen durch Bändigung abtrünniger Makrophagen. *BIOforum* 21: 42–44.

Basch MF (1992) *Die Kunst der Psychotherapie*. Pfeiffer, München

Bays H, Mandarino L, DeFronzo RA (2004) Role of the adipocyte, free fatty acids and ectopic fat in pathogenesis of type 2 diabetes mellitus: peroxisomal proliferator-activated receptor agonists prove a rational therapeutic approach. *J Clin Endocrinol Metab* 89: 463–478.

Belkic K, Emdad R, Theorell T (1998) Occupational profile and cardiac risk: possible mechanisms and implications for professional drivers. *Int J Occup Med Environment Health* 111: 37–57.

Belkic KJ, Schnall PL, Landsbergis PA, Schartz JE, Gerber LM, Baker D, Pickering TG (2001) Hypertension at the workplace – an occult disease? The need for work site surveillance. In: Theorell T

(Hrsg) *Every Day Biological Stress Mechanisms.* Karger, Basel, 116–138.

Bell DS (2004) Type 2 diabetes mellitus: what is the optimal treatment regimen? *Am J Med* 116: 23–29.

Belzer K, Schneier FR (2004) Comorbidity of anxiety and depressive disorders: issues in conceptualization, assessment and treatment. *J Psychiatr Pract* 10: 296–306.

Ben-Eliyahu S, Page GG, Yirmiya R, Shakhar G (1999) Evidence that stress and surgical interventions promote tumor development by suppressing natural killer cell activity. *Int J Cancer* 80: 880–888.

Berger M (2000) (Hrsg) *Diabetes mellitus.* Urban & Fischer, München.

Bieger WP (2001) Oxidativer Stress und Alter. *Urologe* 41: 344–350.

Black PH, Garbutt LD (2002) Stress, inflammation and cardiovascular disease. *J Psychosom Res* 52: 1–23.

Blakely JA (2000) Heart and estrogen/progestin repalcement study revisited. *Intern Med* 160: 2897–2900.

Blasco MA (2002) Telomerase beyond telomeres. *Nature Reviews* 2: 1–6.

Bloom BS (2004) Prevalence and economic effects of depression. *Manag Care* 13: 9–16.

Bohleber W, Drews S (Hrsg) (2001) *Die Gegenwart der Psychoanalyse – die Psychoanalyse der Gegenwart.* Klett-Cotta, Stuttgart.

Bohus B, Kohlhaas JM (1993) Stress and the cardiovascular system: central and peripheral physiologic mechanisms. In: Stanford CS, Salmon P (Hrsg) *Stress – From Synapse to Syndrome.* Academic Press, London, 75–117.

Borbely AA, Achermann P (2000) Sleep homeostasis and models of sleep regulation. In: Kryger MH, Roth T, Dement WC (Hrsg) *Principles and Practice of Sleep Medicine.* Saunders, Philadelphia, 377–390.

Borrell J, Vela JM, Arevalo-Martin A, Molina-Holgado E, Guaza C (2002) Prenatal immune challenge disrupts sensorimotor gating in adult rats: implications for the etiopathogenesis of schizophrenia. *Neuropsychopharmacology* 26: 204–215.

Bray PJ, Du B, Mejia VM, Hao SC, Deutsch E, Fu C, Wilson RC, Hanauske-Abel H, McCaffrey TA (1999) Glucocorticoid resistance caused by reduced expression of the glucocorticoid receptor in cells from human vascular lesions. *Arterioscler Throm Vasc Biol* 19: 1180–1189.

Briganti S, Picardo M (2003) Antioxidant activity, lipid peroxidation and skin diseases. What is new? *J Eur Acad Dermatol Venerol* 17: 663–669.

Brown DJ, Goodman J (1998) A review of vitamins A, C and E and their relationship to vascular diseases. *Clin Excell Nurse Pract* 2: 10–22.

Brugada R, Hong K, Dumaine R et al. (2004) Sudden death associated with short-QT syndrome linked to mutations in HERG. *Circulation* 109: 30–35.

Burken A, Fitzgerald GA (2003) Oxidative stress and smoking-induced vascular injury. *Prog Cardiovasc Dis* 46: 79–90.

Burks TF (1991) Brain peptides and gastrointestinal transit. In Mc Cubbin JA, Kaufmann PG, Nemeroff CB (Hrsg) *Stress, Neuropeptides and Systemic Disease.* Academic Press, New York, 303–326.

Burnet FM (1970) The concept of immunological surveillance. *Prog Exp Tumor Res* 13: 1–27.

Burnet M (1957) Cancer: a biological approach. III. Viruses associated with neoplastic conditions. IV. Practical applications. *Br Med J* 5 023: 841–847.

Buske-Kirschbaum A, Hellhammer DH (2003) Endocrine and immune responses to stress in chronic inflammatory skin disorders. *Ann NY Acad Sci* 992: 231–240.

Busse R, Edwards G et al. (2002) EDHF: bringing the concepts together. *Trends Pharmacol Sci* 23: 374–380.

Cacioppo JT, Berntson GG, Malarkey WB et al. (1998) Autonomic, neuroendocrine and immune responses to psychologic stress. *Ann NY Acad Sci* 840: 664–673.

Cai H, Griendling KK, Harrison DG (2003) The vascular NAD(P)H oxidases as therapeutic targets in cardiovascular diseases. *Trends in Pharmacol Sci* 24: 471–478.

Capuron L, Hauser P, Hinze-Selch D, Miller AH, Neveu PJ (2002) Treatment of cytokine-induced depression. *Brain Behav Immun* 16: 575–580.

Caramori G, Papi A (2004) Oxidants and asthma. *Thorax* 59: 170–173.

Carpenter LL, Tyrka AR, McDougle CJ, Malison RT, Owens MJ, Nemeroff CB, Price LH (2004) Cerebrospinal fluid corticotropin-releasing factor and perceived early-life stress in depressed patients and healthy control subjects. *Neuropsychopharmacology* 29: 777–784.

Carrasco GA, Kar LD van de (2003) Neuroendocrine pharmacology of stress. *Eur J Pharmacol* 463: 235–272.

Carri MT, Ferri A, Cozzolino M, Calabrese L, Rotilio G (2003) Neurodegeneration in amyotrophic lateral sclerosis: the role of oxidative stress and altered homeostasis of metals. *Brain Res Bull* 61: 365–374.

Cartwright-Hatton S, Roberts C, Chitsabesan P, Fothergill C, Harrington R (2004) Systematic review of the efficacy of cognitive behaviour therapies for childhood and adolescent anxiety disorders. *Br J Clin Psychol* 43: 421–436.

Caspi A, McCla J, Mofitt TE, Mill J, Martin J, Craig IW, Taylor A, Poulton R (2002) Role of genotype in the cycle of violence in maltreated children. *Science* 297: 851–854.

Caspi A, Sugden K, Moffit TE, Taylor A, Craig IW, Harrington H, McClay J, Mill J, Martin J, Braithwaite A, Poulton R (2004) Influence of life stress on depression:moderation by a polymorphism in the 5-HT gene. *Science* 301: 386–389.

Castrén E (2005) Is mood chemistry? *Nature Reviews Neuroscience* 6: 241–246.

Charles B, Brian R, Philip C, Mitchell P (2003) *Cancer Medicine, 6.* BC Decker Inc Hamilton, London.

Chen CC, David AS, Nunnerley H, Michell M, Dawson JL, Berry H, Dobbs J, Fahy T (1995) Adverse life events and breast cancer: case-control study. *Br Med J* 7 019: 1 527–1 530.

Cirelli C, Gutierrez CM, Tononi G (2004) Extensive and divergent effects of sleep and wakefulness on brain gene expression. *Neuron* 41: 35–43.

Claes SJ (2004) CRH, stress and major depression: a psychobiologcal interplay. *Vitam Horm* 69: 117–150.

Cobb S, Rose RM (1973) Hypertension, peptic ulcer disease and diabetes in air traffic controllers. *JAMA* 224: 481–492.

Contoreggi C, Rice KC, Chrousos G (2004) Nonpeptide corticotropin-releasing hormone receptor type antagonists and their applications in psychosomatic disorder. *Neuroendocrinology* 80: 111–123.

Coste SC, Quintos RF, Stenzel-Poore MP (2002) Corticotropin-releasing hormone-related peptides and receptors: Emergent regulators of cardiovascular adaptations to stress. *Trend in Cardivasc Med* 12: 176–182.

Cotter D, Pariante CM (2002) Stress and the progression of the developmental hypothesis of schizophrenia. *Br J Psychiatry* 181: 363–365.

Courtney DB (2004) Selective serotonin reuptake inhibitor and venlafaxine use in children and adolescents with major depressive disorder: a systematic review of published randomized controlled trials. *Can J Psychiatry* 49: 557–563.

Cronstein BN, Kimmel SC, Levin RI, Martiniuk F, Wiessmann G (1992) A mechanism for the antiinflammatory effects of corticosteroids: the glucocorticoid receptor regulates leukocyte adhesion to endothelial cells and expression of endothelial-leukocyte adhesion molecule 1 and intercellular adhesion molecule 1. *Proc Natl Acad Sci USA* 89: 9 991–9 995.

Dalton SO, Boesen EH, Ross L, Schapiro IR, Johansen C (2002) Mind and cancer. Do psychological factors cause cancer? *Eur J Cancer* 38: 1 313–1 323.

Danne T, Beyer P et al. (2004) Diagnostik, Therapie und Verlaufskontrolle des Diabetes mellitus im Kindes- und Jugendalter. *Diabetes und Stoffwechsel* 13: 57–69.

Dawson TM, Dawson VL (2003) Molecular pathways of neurodegeneration in Parkinson's disease. *Science* 302: 819–822.

Dayer JM (2002) Evidence for the biological modulation of IL-1 activity: the role of IL-1Ra. *Clin Exp Rheumatol* 20: 14–20.

Deuschle M, Lederbogen F, Borggrefe M, Ludwig KH (2002) Erhöhtes kardiovaskuläres Risiko bei depressiven Patienten. *Deutsches Ärzteblatt* 99: a 3 332–3 338.

Deutsche Krebshilfe (2003) *Krebs-Wer ist gefährdet?* Deutsche Krebshilfe, Bonn

Diagnostical and Statistical Manual of Psychiatric Diseases. Amer. Psychiatric Association (DSM-4), *http.://www.hochschulstellen.de/info/d/ds/dsm_4.html.*

Dixon JF, Hokin LE (1997) The antibipolar drug valproate mimics lithium in stimulating glutamate release and inositol 1,4,5-trisphosphate accumulation in brain cortex slices but not accumulation of inositol monophosphates and bisphosphates. *Proc Natl Acad Sci USA* 94: 4 757–4 760.

Drake CL, Roehrs T, Roth T (2003) Insomnia causes, consequences and therapeutics: an overview. *Depress Anxiety* 18: 163–176.

Dresner A, Laurent D, Marcucci M, Griffin ME, Dufour S, Cline GW, Slezak LA, Andersen DK, Hundal RS, Rothman DL, Petersen KF, Shulman GI (1999) Effects of free fatty acids on glucose transport and IRS-1 associated phosphatidylinositol 3-kinase activity. *J Clin Invest* 103: 253–259.

Dunn GP, Bruce AT, Ikeda H, Old LJ, Schreiber RD (2002) Cancer immunoediting: from immunosurveillance to tumor escape. *Nat Immunol* 3: 991–998.

Ehrlich P (1909) Über den jetzigen Stand der Karzinomforschung. *Ned Tijdschr Geneeskd* 5: 273–290.

Epel ES, Blackburn EH, Lin J, Dhabhar FS, Adler NE, Morrow JD (2004) Accelerated telomere shortening in response to life stress. *PNAS* 101: 17 312–17 315.

Ewertz M (1986) Bereavement and breast cancer. *Br J Cancer* 53: 701–703.

Fatemi SH (2001) Reelin mutations in mouse and man: from reeler mouse to schizophrenia, mood disorders, autism and lissencephaly. *Mol Psychiatry* 6: 129–133.

Fatemi SH, Earle JA, McMenomy T (2000) Reduction in reelin immunoreactivity in hippocampus of subjects with schizophrenia, bipolar disorder and major depression. *Mol Psychiatry* 5: 654–663.

Fatemi SH, Earle JA, Stary JM, Lee S, Sedgewick J (2001) Altered levels of the synaptosomal associated protein SNAP-25 in hippocampus of subjects with mood disorders and schizophrenia. *Neuro Report* 12: 3 257–3 262.

Fatemi SH, Emamian ES, Sidwell RW, Kist DA, Stary JM, Earle JA, Thuras P (2002) Human influenza viral infection in utero alters glial fibrillary acidic protein immunoreactivity in the developing brains of neonatal mice. *Mol Psychiatry* 7: 633–640.

Feld M, Rüegg JC (2004) Eine Sache des Herzens. *Gehirn&Geist* 2/2004: 43–47.

Feldmann M, Brennan FM, Paleolog E, Cope A, Taylor P, Williams RO, Woody J, Maini RN (2004) Anti-TNF-alpha therapy of rheumatoid arthritis. What can we learn about chronic disease? *Novartis Found Symp* 256: 53–69.

Fischer FM, Roberta C, Castro M de, Rotenberg L (Hrsg) (2004) Equity and working time: a challenge to achieve. *Chronobiol Intern* 21: 813–1 077.

Fiskum G, Starkov A, Polster BM, Chinopoulos C (2003) Mitochondrial mechanisms of neural cell death and neuroprotective interventions in Parkinson's disease. *Ann N Y Acad Sci* 991: 111–119.

Fonagy P, Roth A (2004) Ein Überblick über die Ergebnisuntersuchung anhand nosologischer Indikationen. *Psychotherapeutenjournal* 3: 204 – 218.

Frantz RP, Liang C (1991) The role of endogenous opiods in chronic congestive heart failure. In: Mc Cubbin JA, Kaufmann PG, Nemeroff CB (Hrsg) *Stress, Neuropeptides and Systemic Disease*. Academic Press, London, 429–444.

Fuchs E, Flügge G (2003) Chronic social stress: effects on limbic brain structures. *Physiol Behav* 79: 417–427.

Gais S, Plihal W, Wagner U, Born J (2000) Early sleep triggers memory for early visual discrimination skills. *Nature Neurosci* 3: 1 335–1 339.

Gale CR, Martyn CN (2004) Birth weight and later risk of depression in a national birth cohort. *Br J Psychiatry* 184: 28–33.

Garrido F, Ruiz-Cabello F, Cabrera T, Perez-Villar JJ, Lopez-Botet M, Duggan-Keen M, Stern PL (1997) Implications for immunosurveillance of altered HLA class I phenotypes in human tumours. *Immunol Today* 18: 89–95.

Gieler U, Stangier U (2002) Dermatologie. In: Uexküll Th v(2002) *Psychosomatische Medizin.* Adler RH, Hermann JM, Köhle K, Schonecke OW, Uexküll Th von, Wesiack W (Hrsg), Urban & Schwarzenberg, München.

Glaser R, Robles TF, Sheridan J, Malarkey WB, Kiecolt-Glaser JK (2003) Mild depressive symptoms are associated with amplified and prolonged inflammatory responses after influenza virus vaccination in older adults. *Arch Gen Psychiatry* 60: 1 009–1 014.

Goadsby PJ (2004) Post-triptan era for the treatment of acute migraine. *Curr Pain Headache Rep* 8(5): 393–398.

Goodwin PJ, Lesczcz M, Ennis M, Koopmans J, Vincent L, Guther H, Drysdale E, Hundleby M, Chochinov HM, Navarro M, Speca M, Hunter J (2001) The effect of group psychosocial support on survival in metastatic breast cancer. *N Engl J Med* 345: 1 719–1 726.

Green K, Brand MD, Murphy MP (2004) Prevention of mitochondrial oxidative damage as a therapeutic strategy in diabetes. *Diabetes* 53: 110–118.

Gross C, Hen R (2004) The developmental origins of anxiety. *Nature Rev Neurosci* 5: 545–552.

Gullette ECD, Blumenthal JA, Babyak M, Jiang W, Wangh RA, Frid DL, O'Connor CM, Morris JJ, Krantz DS (1997) Effects of mental stress on myocardial ischemia during daily life. *JAMA* 277: 1 521–1 527.

Gupta MA, Gupta AK (2003) Psychiatric and psychological co-morbidity in patients with dermatological disorders: epidemiology and management. *Am J Clin Dermatol* 4: 833–842.

Häring HU (1999) Pathogenesis of type II diabetes: are there common causes for insulin resistance and secretion failure? *Exp Clin Endocrinol Diabetes* 107: 17–23.

Hartig V, Lemmer B (2003) Geschlechtsspezifische Unterschiede in circadianen Rhythmen in Blutdruck, Plasma-Katecholaminen und Urinausscheidung von NO-Metaboliten und cGMP. *Naunyn-Schmiedeberg's Arch Pharmacol* 367: R 113–138.

Harvey BH, Naciti C, Brand L, Stein DJ (2005) Serotonin and stress: protective or malevolent actions in the biobehavioral response to repeated trauma. *Ann NY Acad Sci* 1 032: 267–272.

Helgesson O, Cabrera C, Lapidus L, Bengtsson C, Lissner L (2003) Self-reported stress levels predict subsequent breast cancer in a cohort of Swedish women. *Eur J Cancer Prev* 12: 377–381.

Henningsen P (2000) Somatoforme Störungen: Patienten mit anhaltenden, organisch nicht ausreichend erklärbaren Körperbeschwerden. In: G. Rudolf (Hrsg) (2000) *Psychotherapeutische Medizin und Psychosomatik*. Thieme, Stuttgart, 273–314.

Henriksson KG (2003) Fibromyalgia – from syndrome to disease. Overview of pathogenetic mechanisms. *J Rehabil Med* Suppl 41: 89–94.

Henseler H (1974) *Narzißtische Krisen. Zur Psychodynamik des Selbstmords*. Rowohlt, Reinbeck.

Herrmann JH, Geigges W, Schonecke OW (2002) Fibromyalgie. In: Uexküll Th v (2002) *Psychosomatische Medizin*. Adler RH, Hermann JM, Köhle K, Schonecke OW, Uexküll Th von, Wesiack W (Hrsg), Urban & Schwarzenberg, München.

Hesse S, Barthel H, Schwarz J, Sabri O, Muller U (2004) Advances in in vivo imaging of serotonergic neurons in neuropsychiatric disorders. *Neurosci Biobehav Rev* 28: 547–564.

Hildebrandt G (Hrsg) (1976) *Biologische Rhythmen und Arbeit.* Springer Verlag, Wien, New York

Hoffmann SO, Berti LA (2002) Schlaf und Schlafstörungen. In: Uexküll Th v (2002) *Psychosomatische Medizin.* Adler RH, Hermann JM, Köhle K, Schonecke OW, Uexküll Th von, Wesiack W (Hrsg), Urban & Schwarzenberg, München.

Holsboer F (2001) Stress, hypercortisolism and corticosteroid receptors in depression: implications for therapy. *J Affective Disorders* 62: 77–91.

Houlston RS (1993) Cardiovascular risk factors: Heredity and gender. In: Weetman DF, Wood D (Hrsg) *Risk Factors for Cardiovascular Disease in Non-Smokers.* Karger, Basel, 43–49.

Huang A, Kaley G (2004) Gender-specific regulation of cardiovascular function: estrogen as key player. *Microcirculation* 11 9–38.

Huang X, Moir RD, Tanzi RE, Bush AI, Rogers JT (2004) Redox-active metals, oxidative stress and Alzheimer's disease pathology. *Ann N Y Acad Sci* 112: 153–163.

Huber R, Ghilardi MF, Massimini M, Tomoni G (2004) Local sleep and learning. *Nature* 430: 78–81.

Hulka BS, Moorman PG (2001) Breast cancer: hormones and other risk factors. *Maturitas* 38: 103–116.

Husum H, Mathe AA (2002) Early life stress changes concentrations of neuropeptide Y and corticotropin-releasing hormone in adult rat brain. Lithium treatment modifies these changes. *Neuropsychopharmacology* 27: 756–764.

Impagnatiello F, Guidotti AR, Pesold C, Dwivedi Y, Caruncho H, Pisu MG, Uzunov DP, Smalheiser NR, Davis JM, Pandey GN, Pappas GD, Tuetting P, Sharma RP, Costa E (1998) A decrease of reelin expression as a putative vulnerability factor in schizophrenia. *Proc Natl Acad Sci USA* 95: 15718–15723.

Ischizaka N, Leon H de, Laurssen JB, Fukui T, Wilcox JN, Keulenaer G de, Griendling KK, Alexander RW (1997) Angiotensin II-induced hypertension increases heme oxygenase-1 expression in rat aorta. *Circulation* 96: 1923–1929.

Ishida H, Takizawa M, Ozawa S, Nakamichi Y, Yamaguchi S, Katsuta H, Tanaka T, Maruyama M, Katahira H, Yoshimoto K, Itagaki E, Nagamatsu S (2004) Pioglitazone improves insulin secretory capacity and prevents the loss of beta-cell mass in obese diabetic db/db mice: Possible protection of beta cells from oxidative stress. *Metabolism* 53: 488–494.

Jackson S, Bagstaff SM, Lynn S, Yeaman SJ, Turnbull DM, Walker M (2000) Decreased insulin responsiveness of glucose uptake in cultured human skeletal muscle cells from insulin-resistant nondiabetic relatives of type 2 diabetic families. *Diabetes* 49: 1169–1177.

Jacobs JR, Bovasso GB (2000) Early and chronic stress and their relation to breast cancer. *Psychol Med* 30: 669–678.

Johnson MH (2001) Functional brain development in humans. *Nature Rev Neurosci* 2: 475–483.

Joynt KE, Whellan DJ, O'Connor CM (2003) Depression and cardiovascular disease: mechanisms of interaction. *Biol Psychiatry* 54: 248–261.

Kahn BB, Flier JS (2000) Obesity and insulin resistance. *Clin Invest* 106: 473–481.

Kang YJ (2001) Molecular and cellular mechanisms of cardiotoxicity. *Environ Health Perspect* 109: 27–34.

Kaplan JR, Pettersson K, Manuck SB, Orsson G (1991) Role of sympathoadrenal medullary activation in the initiation and progression of atherosclerosis. *Circulation* 84: 23–32.

Kario K et al. (2002) The influence of work- and home-related stress on the levels and diurnal variation of ambulatory blood pressure and neurohumoral factors in employed women. *Hypertens Res* 25: 499–506.

Karpinets TV, Foy BD (2005) Tumorigenesis: the adaptation of mammalian cells to sustained stress environment by epigenetic alterations and succeeding matched mutations. *Carcionogenesis* ahead of print.

Kelsey JL, Gammon MD (1991) The epidemiology of breast cancer. *CA Cancer J Clin* 41: 146–165.

Kiessling R, Wasserman K, Horiguchi S, Kono K, Sjoberg J, Pisa P, Petersson M (1999) Tumor-induced immune dysfunction. *Cancer Immunol Immunother* 48: 353–362.

Kinuya S, Yokoyama K, Michigishi T, Tonami N (2004) Optimization of radioimmunotherapy interactions with hyperthermia. *Int J Hyperthermia* 20: 190–200.

Klein G (1973) Immunological surveillance against neoplasia. *Harvey Lect* 69: 71–102.

Kloet ER de (2004) Hormones and the stressed brain. *Ann N Y Acad Sci* 1018: 1–15.

Knox SS (2001) Psychosocial stress and the physiology of atherosclerosis. In: Theorell T (Hrsg) *Everyday Biological Stress Mechanisms.* Karger, Basel, 139–151.

Kobau R, Safran MA, Zack MM, Moriarty DG, Chapman D (2004) Sad, blue or depressed days, health behaviours and health-related quality of life. *Health and Quality of Life Outcome* 2: 40.

Koch JM, Kell S, Hinze-Selch D, Aldenoff JB (2002) Changes in CREB-phosphorylation during recovery from major depression. *J Psychiatr Res* 36: 369–375.

Kruk J, Aboul-Enein HY (2004) Psychological stress and the risk of breast cancer: a case-control study. *Cancer Detect Prev* 28: 399–408.

Küchenhoff J (2000) Der Ansatz der psychoanalytischen Psychosomatik am Beispiel gastroenterologischer Krankheitsbilder. In: G. Rudolf (Hrsg) *Psychotherapeutische Medizin und Psychosomatik.* Thieme, Stuttgart, 315–329.

Kuhl H (2004) Mechanisms of sex steroids. Future developments. *Maturitas* 47: 285–291.

La Raja MC, Virno F, Mechella M, D'Andrea M, D'Alessio A, Ranieri E, Pagni P (1997) Depression secondary to tumors in patients who underwent surgery for mammary carcinoma: psycho-pharmaceutical and psychotherapeutic care. *J Exp Clin Cancer Res* 16: 209–216.

Lainez M (2004) Clinical benefits of early triptan therapy for migraine. *Cephalalgia* 24: 24–30.

LaRovere M, Bigger JT et al. (1998) Baroreflex sensitivity and heart-rate variability in prediction of total cardiac mortality after myocardial infarction. *The Lancet* 351: 478–484.

Laudenslager ML, Ryan SM, Drugan RC, Hyson RL, Maier SF (1983) Coping and immunosuppression: inescapable but not escapable shock suppresses lymphocyte proliferation. *Science* 221: 568–570.

Lehto US, Ojanen M, Kellokumpu-Lehtinen P (2005) Predictors of quality of life in newly diagnosed melanoma and breast cancer patients. *Ann Oncol* ahead of print.

Levav I, Kohn R, Iscovich J, Abramson JH, Tsai WY, Vigdorovich D (2000) Cancer incidence and survival following bereavement. *Am J Public Health* 90: 1 601–1 607.

Li H, Kantoff PW, Giovannucci E, Leitzmann MF, Gaziano JM, Stampfer MJ, Ma J (2005) Manganese superoxide dismutase polymorphism, prediagnostic antioxidant status and risk of clinical significant prostate cancer. *Cancer Res* 65: 2 498–2 504.

Li J, Johansen C, Olsen J (2003) Cancer survival in parents who lost a child: a nationwide study in Denmark. *Br J Cancer* 88: 1 698–1 701.

Liao Y, Kwon S, Shaughnessy S, Wallace P, Hutto A, Jenkins AJ, Klein RL, Garvey WT (2004) Critical evaluation of adult treatment panel III criteria in identifying insulin resistance with dyslipidemia. *Diabetes Care* 27: 978–983.

Libby P (2002) Inflammation in atherosclerosis. *Nature* 420: 868–874.

Lin CH, Lee CC, Gean PW (2003) Involvement of a calcineurin cascade in amygdala depotentiation and quenching of fear memory. *Mol Pharmacol* 63: 44–52.

Linkins RW, Comstock GW (1990) Depressed mood and development of cancer. *Am J Epidemiol* 132: 962–972.

Lundberg U (1999) Stress responses in low-status jobs and their relationship to health risks: musculoskeletal disorders. *Ann NY Acad Sci* 896: 162–172.

Malmberg KJ (2004) Effective immunotherapy against cancer: a question of overcoming immune suppression and immune escape? *Cancer Immunol Immunother* 53: 879–892.

Manji HK, Drevets WC, Chaney DS (2001) The cellular neurobiology of depression. *Nature Med* 7: 641–647.

Marquet P (2001) The role of sleep in learning and memory. *Science* 294: 1 048–1 052.

Marquet P, Schwartz S, Passinghaus R, Frith C (2003) Sleep-related consolidation of visiomotoric skill: brain mechanism as assessed by functional magnetic resonance imaging. *J Neurosci* 23: 1 432–1 440.

Mathon NF, Lloyd AC (2001) Cell senescence and cancer. *Nature Reviews Cancer* 1: 203–213.

Mattson MP (2004) Metal-catalyzed disruption of membrane protein and lipid signaling in the pathogenesis of neurodegenerative disorder. *Ann N y Acad Sci* 1012: 37–50 .

Maynard TM, Sikich L, Lieberman JA, LaMantia A-S (2001) Neural development, cell-cell signaling and the „two-hit" hypothesis of schizophrenia. *Schiz Bull* 27: 457–476.

McBeth J, Silman AJ (2001) The role of psychiatric disorders in fibromyalgia. *Curr Rheumatol Rep* 3: 157–164.

McCraty R (2001) (Hrsg) *Science of the heart: Exploring the role of the heart in human performance.* Bolder Creek, Veröffentlichung des Institute of Heart/Math.

McDonald C, Murray RM (2000) Early and late environmental factors for schizophrenia. *Brain Res Rev* 31: 130–137.

Mentzos ST (2001) *Depression und Manie, Psychodynamik und Therapie affektiver Störungen.* Vandenhoeck & Ruprecht, Göttingen.

Menzel W (1962) *Menschliche Tag-Nacht-Rhythmik und Schichtarbeit.* Benno Schwabe Verlag, Basel/Stuttgart.

Milton NG (2004) Role of hydrogen peroxide in the aetiology of Alzheimer's disease: implications for treatment. *Drugs Aging* 21: 81–100.

Mohajeri MH, Kuehnle K, Li H, Poiriert R, Tracy J, Nitsch RM (2004) Anti-amyloid activity of neprilysin in plaque-bearing mouse models of Alzheimer's disease. *FEBS Lett* 562: 16–21.

Morgan T (2003) Renin, angiotensin, sodium and organ damage. *Hypertens Res* 26: 349–354.

Morikawa Y, Nakagawa H, Miurak et al. (1999) Relationship between shift work and onset of hypertension in a cohort of manual workers. *Scand J Work Environ Health* 25: 100–104.

Murison R (2001) Is there a role for psychology in ulcer disease? *Integr Physiol Behav Sci* 36: 75–83.

Naito Y, Saito K, Shiiba K, Ohuchi A, Saigenji K, Nagura H, Ohtani H (1998) CD8+ T cells infiltrated within cancer cell nests as a prognostic factor in human colorectal cancer. *Cancer Res* 58: 3 491–3 494.

Netea MG, Kullberg BJ, Jacobs LE, Verver-Jansen TJ, Ven-Jongekrijg J van der, Galama JM, Stalenhoef AF, Dinarello CA, Meer JW van der (2004) Chlamydia pneumoniae stimulates IFN-gamma synthesis through MyD88-dependent, TLR2- and TLR4-independent induction of IL-18 release. *J Immunol* 173: 1 477–1 482.

Nielson WR, Merskey H (2001) Psychosocial aspects of fibromyalgia. *Curr Pain Headache Rep* 5: 330–337.

Nilius B, Droogmans G (2001) Ion channels and their functional role in vascular endothelium. *Physiol Rev* 81: 1 415–1 459.

Normark S, Nilsson C, Normark BH, Homef MW (2003) Persistent infection with Helibacter pylori and the development of gastric cancer. *Adv Cancer Res* 90: 63–89.

O'Connor TM, O'Connell J, O'Brien DI, Goode T, Bredin CP, Shanahan F (2004) The role of stubstance P in inflammatory disease. *J Cell Physiol* 201: 167–180.

Okifuji A, Turk DC (2002) Stress and psychophysiological dysregulation in patients with fibromyalgia syndrome. *Appl Psychophysiol Biofeedback* 27: 129–141.

Olefsky JM (2000) Treatment of insulin resistance with peroxisome proliferator-activated receptor γ agonists. *J Clin Invest* 106: 467–472.

Opara EC (2004) Role of oxidative stress in the etiology of type 2 diabetes and the effect of antioxidant supplementation on glycemic control. *J Investig Med* 52: 19–23.

Os J van, Jones P, Lewis G, Wadsworth M, Murray R (1997) Developmental precursors of affective illness in a general population birth cohort. *Arch Gen Psychiatry* 54: 625–631.

Palermo Neto J, Massoco CO, Favare RC (2001) Effects of maternal stress on anxiety levels, macrophage activity and Ehrlich tumor growth. *Neurotoxicol Teratol* 23: 497–507.

Pariante CM, Thomas SA, Lovestone S, Makoff A, Kerwin RW (2004) Do antidepressants regulate how cortisol affects the brain? *Psychoneuroendocrinology* 29: 423–247.

Pawlak R, Magarinos AM, Melchor J, McEwen BS, Strickland S (2003) Tissue plasminogen activator in the amygdala is critical for stress-induced anxiety-like behavior. *Nature Neurosci* 6: 168–174.

Persson PB, Kirchheim HR (Hrsg) (1991) *Baroreceptor Reflexes*. Springer Verlag Berlin, Heidelberg.

Pfützner A, Forst T (2004) Intaktes Proinsulin als kardiovaskulärer Risikofaktor und prädikativer diagnostischer Marker für die Insulinresistenz bei Patienten mit Diabetes melltius Typ 2. *Diabetes und Stoffwechsel* 13: 193–200.

Pollak Y, Yirmiya R (2002) Cytokine-induced changes in mood and behaviour: implication for 'depression due to a general medical condition', immunotherapy and antidepressive treatment. *Int J Neuropsychopharmacol* 5: 389–399.

Priestman TJ, Priestman SG, Bradshaw C (1985) Stress and breast cancer. *Br J Cancer* 51: 493–498.

Quigley EM (2003) Current concepts of irritable bowel syndrome. *Scand J Gastroenterol* 237: 1–8.

Ragland DR, Greiner BA, Holman BL, Fisher JM (1997) Hypertension and years of driving in transit vehicle operators. *Scand J Soc Med* 25: 271–279.

Rahman I (2002) Oxidative stress and gene transcription in asthma and chronic obstructive pulmonary disease: antioxidant therapeutic targets. *Curr Drug Targets Inflamm Allergy* 1: 291f.

Raji A, Plutzky J (2002) Insulin resistance, diabetes and atherosclerosis: Thiazolidinediones as therapeutic interventions. *Current Cardiology Reports* 4: 514–521.

Ranack K, Jorgenson E, Shen WHH et al. (2002) A polymorphism in the $\beta 1$ adrenergic receptor is associated with resting heart rate. *Am J Hum Genet* 70: 935–942.

Raspe HH (2002) Chronische Polyarthritis. In: Uexküll Th v (2002) *Psychosomatische Medizin*. Adler RH, Hermann JM, Köhle K, Schonecke OW, Uexküll Th von, Wesiack W (Hrsg), Urban & Schwarzenberg, München.

Reiche EM, Nunes SO, Morimoto HK (2004) Stress, depression, the immune system and cancer. *Lancet Oncol* 5: 617–625.

Reimer C, Rüger K (2000) *Psychodynamische Psychotherapie. Lehrbuch der tiefenpsychologisch orientierten Psychotherapie.* Springer, Berlin

Rietveld S, Green TL (2003) Psychiatric factors in asthma: implications for diagnosis and therapy. *Ann J Respir Med* 2: 1–10.

Rippe V, Drieschner N, Meiboom M, Murua Escobar H, Bonk U, Belge G, Bullerdiek J (2003) Identification of a gene rearranged by 2p21 aberrations in thyroid adenomas. *Oncogene* 22: 6 111–6 114.

Roberts FD, Newcomb PA, Trentham-Dietz A, Storer BE (1996) Self-reported stress and risk of breast cancer. *Cancer* 77: 1 089–1 093.

Robinson SC, Coussens LM (2005) Soluble mediators of inflammation during tumor development. *Adv Cancer Res* 93: 159–187.

Rodier F, Kim SH, Nijjar T, Yaswen P, Campisi J (2005) Cancer and aging: the importance of telomeres in genome maintenance. *Int J Biochem & Cell Biol* 37: 977–990.

Rosengren A, Hawkens S, Ounpuu S, Sliwa K et al. (2004) Association of psychosocial risk factors with risk of acute myocardial infarction in 11 119 cases and 13 648 controls from 52 countries (INTERHEART study): case-control study. *Lancet* 364: 953–962.

Rosenson RS, Koenig W (2003) Utility of inflammatory markers in the management of coronary artery disease. *Am J Cardiol* 92: 10i–18i.

Rossi GP, Seccia TM, Nussdorfer GG (2001) Reciprocal regulation of endothelin-1 and nitric oxide: Relevance in the physiology and pathology of the cardio-vascular system. *Intern Review Cytol* 209: 241–272.

Rozanski A, Blumenthal J, Kaplan J (1999) Impact of psychological factors on the pathogenesis of cardiovascular disease and implications for therapy. *Circulation* 99: 2 192–2 217.

Rudolf G (2000) *Psychotherapeutische Medizin und Psychosomatik.* Thieme, Stuttgart.

Rudolf G (2003) Störungsmodelle und Interventionsstrategien in der psychodynamischen Depressionsbehandlung. *Z Psychosom Med Psychother* 49: 363–376.

Rudolf G (2004) *Strukturbezogene Psychotherapie.* Schattauer, Stuttgart.

Rygaard J, Povlsen CO (1974) The mouse mutant nude does not develop spontaneous tumours. An argument against immunological surveillance. *Acta Pathol Microbiol Scand [B] Microbiol Immunol* 82: 99–106.

Sairanen M, Lucas G, Ernfors P, Castrén M and Castrén E (2005) BDNF and antidepressant drugs have different but coordinate effects on neuronal turnover, proliferation and survival in the adult dentate gyrus. *J Neurosci* 25: 1 089–1 099.

Sakai M, Biwa T, Matsumura T, Takemura T, Matsuda H, Anami Y, Sasahar T, Kobori S, Shiciri M (1999) Glucocorticoid inhibits oxidized LDL-induced macrophage growth by suppressing the expression of granulocyte/macrophage colony-stimulating factor. *Arterioscler Thromb Vasc Biol* 19: 1 726–1 733.

Salin-Pascual RJ (2004) Hypocretins and adenosine in the regulation of sleep. *Rev Neurol* 39: 354–358.

Sampson W (2002) Controversies in cancer and the mind: effects of psychosocial support. *Semin Oncol* 29: 596–600.

Sapolsky RM (2000) Stress hormones: good and bad. *Neurobiol Dis* 7: 540–542.

Sapolsky RM, Alberts SC, Altmann J (1997) Hypercorticolism associated with social subordinance or social isolation among wild baboons. *Arch Gen Psychiatry* 54: 1 137–1 143.

Sato N, Kase H, Kato T, Kasai K (2003) Effect of angiotensin II type I receptor antagonist on oxidative stress markers in type II diabetic patients with hypertension. *Nippon Rinsho* 6: 1 245–1 249.

Savouret JF, Berdeaux A, Casper RF (2003) The aryl hydrocarbon receptor and its xenobiotic ligands. A fundamental trigger for cardiovascular diseases. *Nutr Metab Cardiovasc Dis* 13: 104–113.

Schmitt B, Bernhardt T, Moeller HJ, Heuser I, Frolich L (2004) Combination therapy in Alzheimer's disease: a review of current evidence. *CNS Drugs* 18: 827–844.

Schüffel W, Herrmann JM, Dahme B, Richter R (2002) Asthma bronchiale. In: Uexküll Th v (2002) *Psychosomatische Medizin.* Adler RH, Hermann JM, Köhle K, Schonecke OW, Uexküll Th von, Wesiack W (Hrsg), Urban & Schwarzenberg, München.

Schwartz J, Belkic K, Schnall P, Pickering T (2000) Mechanisms leading to hypertension and cardiovascular morbidity. In: Schnell PL, Belkic K, Landsbergis PA, Baker D (Hrsg) The Workplace and Cardiovascular Disease. *Occup Med* 15: 121–132.

Seed M, Knopp RH (2004) Estrogens, lipoproteins and cardiovascular risk factors: an update following the randomized placebo-controlled trials of hormone-replacement therapy. *Curr Opin Lipidol* 15: 459–467.

Seliger B, Maeurer MJ, Ferrone S (1997) TAP off–tumors on. *Immunol Today* 18: 292–299.

Senf W, Broda M (Hrsg) (2000) *Praxis der Psychotherapie.* Thieme Verlag, Stuttgart.

Seril DN, Liao J, Yang GY, Yang CS (2003) Oxidative stress and ulcerative colitis-associated carcinogenesis: studies in humans and animal models. *Carcinogenesis* 24: 353–362.

Servoss SJ, Januzzi JL et al. (2002) Triggers of acute coronary syndromes. *Prog Cardiovase Dis* 44: 369–380.

Shaw PJ, Tononi G, Greenspan RJ, Robinson DF (2002) Stress response genes protect against lethal effects of sleep deprivation in Drosophila. *Nature* 417: 287–291.

Shi L, Fatemi SH, Sidwell RW, Patterson PH (2003) Maternal influenza infection causes marked behavioral and pharmacological changes in offspring. *J Neurosci* 23: 297–302.

Shulman GI (2000) Cellular mechanisms of insulin resistance. *J Clin Invest* 106: 171–176.

Silva RH, Abilio VC, Takatsu AL, Kameda SR, Grassl C, Chehin AB, Medrano WA, Calzavara MB, Registro S, Andersen ML, Machado RB, Carvalho RC, Ribeiro R de A, Tufik S, Frussa-Filho R

(2004) Role of hippocampal oxidative stress in memory deficits induced by sleep deprivation in mice. *Neuropharmacology* 46: 895–903.

Singh K, Xiao L et al. (2001) Adrenergic regulation of cardiac myocyte apoptosis. *J Cell Physiol* 189: 257–265.

Skidgel RA, Erdos EG (2004) Angiotensin converting enzyme (ACE) and neprilysin hydrolyze neuropeptides: a brief history, the beginning and follow-ups to early studies. *Peptides* 25: 521–525.

Skinner AM, Turker MS (2005) Oxydative mutagenesis, mismatch repair, and aging. *Sci Aging Knowledge Environ:* in Vorbereitung.

Snieder H, Harshfield GA, Barbeau P, Pollock DM, Pollock JS, Treiber FA (2002) Dissecting the genetic architecture of the cardiovascular and renal stress response. *Biol Psychol* 61: 73–95.

Sorescu D, Griendling KK (2002) Reactive oxygen species, mitochondria and NAD(P)H oxidases in the development and progression of heart failure. *Congest Heart Fail* 8: 132–140.

Stefanski V (2001) Social stress in laboratory rats: behavior, immune function and tumor metastasis. *Physiol Behav* 73: 385–391.

Steppan CM, Bailey ST, Bhat S, Brown EJ, Banerjee RR, Wright CM, Patel HR, Ahima RS, Lazar MA (2001) The hormone resistin links obesity to diabetes. *Nature* 409: 307–312.

Steptoe A, Owen N, Kunz-Ebrecht SR, Brydon L (2004) Loneliness and neuroendocrine, cardiovascular and inflammatory stress responses in middle-aged men and women. *Psychoneuroendocrinology* 29: 593–611.

Steyn NP, Mann J, Bennett PH, Temple N, Zimmet P, Tuomilehto J, Lindstrom J, Louheranta A (2004) Diet, nutrition and the prevention of type 2 diabetes. *Public Health Nutr* 7: 147–165.

Stutman O (1974) Tumor development after 3-methylcholanthrene in immunologically deficient athymic-nude mice. *Science* 183: 534–536.

Summers RW, Elliott DE, Urban JF Jr, Thompson R, Weinstock JV (2005) *Trichuris suis* therapy in Crohn's disease. *Gut* 54: 87–90.

Tache Y, Perdue MH (2004) Role of peripheral CRF signaling pathways in stress-related alterations of gut motility and mucosal function. *Neurograstroenterol Motil* 16: 137–142.

Taheri S (2004) The genetics of sleep disorders. *Minerva Med* 95(3) 203–212.

Takai Y (1999) Structural and functional evolution of the natriuretic peptide system in vertebrates. *Intern Review Cytol* 194: 1–66.

Tebbe JJ, Arnold R (2004) Serotonin und Serotoninrezeptoren. Ziel neuer Therapieoption in der Gastroenterologie. *Dtsch Ärzteblatt* 101: A 936–A 942.

Thomas D, Kiehn J, Katus HA, Karle CA (2003) Defective protein trafficking in hERG-associated hereditary long QT syndrome (LQT2): molecular mechanisms and restoration of intracellular protein processing. *Cardiovasc Res* 60(2): 235–241.

Tremolizzo L, Carboni G, Ruzicka WB, Mitchell CP, Sugaya I, Tueting P, Sharma R, Grayson DR, Costa E, Guidotti A (2002) An epigenetic mouse model for molecular and behavioral neuropathologies related to schizophrenia vulnerability. *Proc Natl Acad Sci USA* 99: 17095–17100.

Tsiara S, Elisaf M, Mikhailidis DP (2003) Influence of smoking on predictors of vascular disease. *Angiology* 54: 507–530.

Uexküll Th v (2002) *Psychosomatische Medizin.* Adler RH, Hermann JM, Köhle K, Schonecke OW, Uexküll Th von, Wesiack W (Hrsg), Urban & Schwarzenberg, München.

Ueyama T, Senba E, Kasamatsu K, Hano T, Yamamoto K, Nishio I, Tsurno Y, Yoshidak (2003) Molecular mechanism of emotional stress-induced and catecholamine-induced heart attack. *J Cardiovasc Pharmacol* 41: 115–118.

Urani A, Gass P (2003) Corticosteroid receptor transgenic mice: models for depression. *Ann NY Acad Sci* 1007: 379–393.

Urban JL, Holland JM, Kripke ML, Schreiber H (1982) Immunoselection of tumor cell variants by mice suppressed with ultraviolet radiation. *J Exp Med* 156: 1025–1041.

Uysal K, Wiesbrock SM, Marino MW, Hotamisligil GS (1997) Protection from obesity-induced insulin resistance in mice lacking TNF-α function. *Nature* 389: 610–614.

Uyttenhove C, Snick J van, Boon T (1980) Immunogenic variants obtained by mutagenesis of mouse mastocytoma P815. I. Rejection by syngeneic mice. *J Exp Med* 152: 1175–1183.

Vahl TP, D'Alessio DA (2004) Gut peptides in the treatment of diabetes mellitus. *Expert Opin Investig Drugs* 13: 177–188.

Vaiva G, Thomas P, Ducrocq F, Fontaine M, Boss V, Devos P, Rascle C, Cottencin O, Brunet A, Laffargue P, Goudemand M (2004) Low posttrauma GABA plasma levels as a predictive factor in the development of acute posttraumatic stress disorder. *Biol Psychiatry* 55: 250–254.

Vakkilainen J, Steiner G, et al. (2003) Relationships between low-density lipoprotein particle size, plasma lipoproteins, and progression of coronary artery disease: the Diabetes Atherosclerosis Intervention Study (DAIS). *Circulation* 107: 1733–1737.

Vanitaillie TB (2002) Stress: a risk factor for serious illness. *Metabolism* 51: 40–45.

Veasey SC, Davis CW, Fenik P, Zhan G, Hsu YJ, Pratico D, Gow A (2004) Long-term intermittent hypoxia in mice: protracted hypersomnolence with oxidative injury to sleep-wake brain regions. *Sleep* 27: 194–201.

Veurink G, Fuller SJ, Atwood CS, Martins RN (2003) Genetics, lifestyle and the roles of amyloid beta and oxidative stress in Alzheimer's disease. *Ann Hum Biol* 30: 639–667.

Visintainer MA, Volpicelli JR, Seligman ME (1982) Tumor rejection in rats after inescapable or escapable shock. *Science* 216: 437–439.

Wagener C (1999) *Molekulare Onkologie.* Thieme, Stuttgart.

Wagman AS, Johnson KW, Bussiere DE (2004) Discovery and development of GSK-3 inhibitors for the treatment of type 2 diabetes. *Curr Pharm Des* 10: 1105–1137.

Wakatsuki A, Okatani Y, Ikenone N Shinohara K, Watanabe K, Fukaya T (2003) Effect of lower dose of oral conjugated equine estrogen on size and oxidative susceptibility of low density lipoprotein particles in postmenopausal women. *Circulation* 108: 808–813.

Wang YX, Fitch RM (2004) Vascular stiffness: measurements, mechanisms and implications. *Curr Vasc Pharmacol* 2: 379–384.

Weaver IC, Diorio J, Seckl JR, Szyf M, Meaney MJ (2004) Early environmental regulation of hippocampal glucocorticoid receptor gene expression: characterization of intracellular mediators and potential genomic target sites. *Ann N Y Acad Sci* 1 024: 182–212.

Weinberger DR (1995) Schizophrenia as a neurodevelopmental disorder. In: Hirsch SR, Weinberger DR (Hrsg) *Schizophrenia.* Blackwell Science, Oxford, 293–323.

Werko L (1993) Stress at work and cardiocascular disease. In: Weetman DF, Wood D (Hrsg) *Risk Factors for Cardiovascular Disease in Non-Smokers.* Karger, Basel, 100–107.

Wernig F, Xu Q (2002) Mechanical stress-induced apoptosis in the cardiovascular system. *Progress Biophys Molec Biol* 78: 105–137.

WHO: International Classification of Diseases 10 (ICD10), *http://www.dimdi.de/klassi/diagnosen/icd10.*

WHO: World Health Report 2002, *http://www.who.int/whr/2002/en.*

Williams JK, Suparto I (2004) Hormone replacement therapy and cardiovascular disease: lessons from a monkey model of postmenopausal women. *ILAR J* 45: 139–146.

Wissenschaftlicher Beirat Psychotherapie (2005) Stellungnahme zur psychodynamischen Psychotherapie bei Erwachsenen, *Deutsches Ärzteblatt* 1.

Wolfersdorf M (2000) *Krankheit Depression.* Psychiatrie Verlag, Bonn.

Women's Health Initiative (WHI), *http://www.whi.org*

Wong DL, Tai TC, Wong-Faull DC, Claycomb R, Kvetnansky R (2004) Genetic mechanisms for adrenergic control during stress. *Ann N Y Acad Sci* 1 018: 387–397.

Wu W, Murata J, Hayashi K, Yamaura T, Mitani N, Saiki I (2001) Social isolation stress impairs the resistance of mice to experimental liver metastasis of murine colon 26-L5 carcinoma cells. *Biol Pharm Bull* 24: 772–776.

Wu W, Yamaura T, Murakami K, Murata J, Matsumoto K, Watanabe H, Saiki I (2000) Social isolation stress enhanced liver metastasis of murine colon 26-L5 carcinoma cells by suppressing immune responses in mice. *Life Sci* 66: 1 827–1 838.

Yasojima K, Schwab C, McGeer EG, McGeer PL (2001) Generation of C-reactive protein and complement components in atherosclerotic plaques. *Am J Pathol* 158: 1 039–1 051.

Zhu X, Raina AK, Lee HG, Casadesus G, Smith MA, Perry G (2004) Oxidative stress signaling in Alzheimer's disease. *Brain Res* 1 000: 32–39.

Zierath JR, Krook A, Wallberg-Henriksson H (2000) Insulin action and insulin resistance in human skeletal muscle. *Diabetologia* 43: 821–835.

Zinkernagel RM (2001) Immunity against solid tumors? *Int J Cancer* 93: 1–5.

Zou W (2005) Immunosuppressive networks in the tumor environment and their therapeutic relevance. *Nat Rev Cancer* 5: 263–274.

Zou Y, Takano et al. (2002) Molecular and cellular mechanisms of mechanical stress-induced cardiac hypertrophy. *Endocrin J* 49: 1–9.

Glossar

Adenosintriphosphat (ATP) energiereiches Molekül, das hauptsächlich in den Mitochondrien hergestellt wird und bei zellulärer Arbeit verbraucht wird.

Adipocyt Fettzelle.

Amplifikation Verstärkung eines Signals/Prozesses durch positive Rückkopplung – umgangssprachlich bei negativen Prozessen auch „Teufelskreis" genannt.

Anabolismus Aufbaustoffwechsel, z. B. Synthese von Glykogen, Fetten, Proteinen.

Aneurysma Ausweitung eines arteriellen Blutgefäßes.

Angina pectoris akute Koronarinsuffizienz mit Schmerzen in der Brust, Atemnot und starken Angstgefühlen.

Angiogenese Blutgefäßbildung.

anxiolytisch angstlösend (vor allem bezogen auf die Wirkung von Psychopharmaka, wie z. B. Valium); Gegensatz anxiogen, d. h. angsterzeugend.

Apoptose programmierter Zelltod, der über eine Schädigung von Mitochondrien oder der DNA oder über Signale von außen ausgelöst wird und u. a. eine Fragmentierung der DNA beinhaltet, die bei der Nekrose, einem anders verlaufenden Zelltod, nicht in dieser Form eintritt.

Arousal Weckreaktion (engl. Erregung, Wachheit); der Begriff wurde aus der Elektroencephalographie übernommen, wo nach sensorischer Stimulation eine weitverbreitete Anregung corticaler Erregung gemessen wird. Inzwischen oft gleichgesetzt mit einem Zustand ungerichteter Aufmerksamkeit.

Ätiologie Lehre von den Ursachen einer Krankheit.

aversiv ablehnend, abweisend (englisch: *averse*).

Aδ-Fasern markscheidenhaltige Axone der ins Dorsalhorn projizierenden Schmerzfasern mit Leitungsgeschwindigkeiten von 2–20 m/s.

bildgebende Verfahren verschiedene nichtinvasive Methoden (z. B. die Positronenemissionstomographie oder die Magnetresonanztomographie), bei denen die lokale Hirndurchblutung bzw. die lokale Stoffwechselrate im Gehirn beim wachen Menschen gemessen wird.

Borderline-Störungen psychische Persönlichkeitsstörungen, bei denen Symptome sowohl von Neurosen wie Psychosen auftreten.

Caspase proteinabbauendes Enzym, das an Aspartat-Aminosäuren spaltet.

CD = *cluster of differentiation* Bezeichnung für Zellmembranproteine, die jeweils von einer Gruppe von monoklonalen Antikörpern gebunden werden; inzwischen gibt es mehr als 250 solcher Proteine, die mit einer Zahl gekennzeichnet werden, z. B. CD95.

cerebrospinale Flüssigkeit Flüssigkeit in inneren Hohlräumen des ZNS und Rückenmarks.

C-Fasern marklose Axone der ins Dorsalhorn projizierenden Schmerzfasern mit Leitungsgeschwindigkeiten von ca. 1 m/s.

Chaperone Schutzproteine, homolog zu den Stressproteinen (Hitzeschockproteine, HSP).

Chelatierung Bindung z. B. von Metallionen.

***cis*-regulatorische Elemente** DNA-Sequenzen meist auf der regulatorischen DNA-Region vor dem Gen (siehe Promotor).

Coping Stressverarbeitung, Umgang mit Stress.

Deletion   Verlust eines Teilstücks der DNA.

Desynchronisation   Störung der Synchronisation, d. h. der Übereinstimmung von – u. a. periodischen – Abläufen, wie etwa zwischen innerer Tagesrhythmik (innere circadiane Uhr) und dem äußeren Tag-Nacht-Wechsel bei Schichtarbeit.

Diabetes mellitus   Zuckerkrankheit, Glucosestoffwechselstörung.

Dimer   zwei aneinander gebundene Moleküle.

Dissoziation   Zerfall von Denkvorstellungs- und Verhaltensstrukturen, Abspaltung von Erinnerungen.

Divergenz   unterschiedliche von einem Faktor ausgehende Signale oder Wirkungen.

elevated-plus-maze   kreuzförmiges Labyrinth, das meist in einer Höhe von 70–100 cm angebracht wird und zwei offene und zwei geschlossene Arme besitzt; Versuchsaufbau zur Messung der Ängstlichkeit von Tieren; Versuchstiere (Ratten und Mäuse) halten sich bevorzugt in den geschlossenen Armen auf, vor allem, wenn sie ängstlich sind, besuchen die offenen Arme aber gelegentlich aus Neugier.

Emotionen, adaptive und maladaptive   adaptive Emotionen (z. B. Freude, Angst) können zwar strukturell reduziert oder konflikthaft unterdrückt sein; sie verfügen jedoch grundsätzlich über ein Entwicklungs- und Veränderungspotenzial. Maladaptive Emotionen (Verzweiflung, Resignation) chronifizieren die Unabänderlichkeit und Untröstlichkeit. Sie können nur durch ein Containment (als ganzes Gefühl) aufgenommen und verarbeitet werden (Abschnitt 3.5.1).

Empathie   Empathie ist eine intrapsychische Erfahrung der Einfühlung in den inneren Zustand einer anderen Person. Sie geht aus von der eigenen affektiven Reaktion und wechselt zu einer Einstimmung in die fremde Stimmungslage. Die sich entwickelnden Vermutungen und Hypothesen können gemeinsam erforscht werden.

Endosom   membranumschlossenes Zellorganell, das bei der Endocytose (Aufnahme von Partikeln/Bakterien in die Zelle) zunächst das Teilchen aufnimmt.

Endothel   Zellschicht, die die Blutgefäße innen auskleidet.

Endotoxine   Bestandteile von Bakterien wie beispielsweise Lipopolysaccharid (LPS).

Epidemiologie   Lehre von der Verteilung, der Entstehung und des Verlaufs von Krankheiten in der Bevölkerung.

Es   eine Instanz im traditionellen psychoanalytischen Persönlichkeitsmodell (Es, Ich, Überich, Ichideal); sie erfasst die unorganisierten libidinösen und aggressiven Triebpotenziale, deren Inhalte unbewusst sind.

extrazelluläre Matrix   Schicht außerhalb der Zellmembran aus Glykolipiden und Glykoproteinen.

Fenton-Reaktion Fe^{2+}-katalysierte Umwandlung von Wasserstoffperoxid in das $\cdot OH$-Radikal.

Fitness-Maximierung   evolutionsbiologisches Konzept, nach dem sich Organismen so verhalten (d. h. von der Selektion begünstigt werden), dass der Fortpflanzungserfolg ihrer Art maximiert wird.

Gluconeogenese   Synthese von Glucose aus kleineren molekularen Bausteinen (Umkehr der Glykolyse, dem Abbau von Glucose zu Pyruvat).

Glutathion (GSH)   cysteinhaltiges Tripeptid mit reduzierenden und metallbindenden Eigenschaften.

Glykogen   Glucosespeicher in Leber/Skelettmuskel.

G-Protein   GTP- bzw. GDP-bindende Proteine, die oft an Rezeptoren binden und aus drei Untereinheiten bestehen; sie vermitteln beispielsweise Hormonsignale an Effektoren (meist ein Enzym). G-Proteine mit einer Untereinheit spielen ebenfalls eine wichtige Rolle bei der Signalweiterleitung in der Zelle.

Hermeneutik   Deutung von Ereignissen, Strukturen, Prozessen; Sinnsuche.

Homöostase   ein ausbalanciertes System (Gleichgewicht zwischen interagierenden Elementen), das in biologischen Systemen den Charakter eines dynamischen Gleichgewichts hat, etwa in einer Balance zwischen Synthese und Abbau einer Substanz.

Hyperglykämie   (zu) hoher Glucosegehalt im Blut.

Hypophyse   unter dem Hypothalamus befindliche Hormondrüse, in die zahlreiche Neuronen aus dem Hypothalamus münden und ihre Neurohormone dort in stark verzweigte Blutgefäßsysteme abgeben; die Neurohormone stimulieren in der Hypophyse wiederum zahlreiche hormonproduzierende Zellgruppen.

Hypothalamus   Hirnstruktur mit zahlreichen Kernen (Nuclei), die u. a. zahlreiche Körperfunktionen kontrollieren.

Hypoxie   Sauerstoffunterversorgung (siehe Ischämie).

Ich   eine Instanz im traditionellen psychoanalytischen Persönlichkeitsmodell, die zwischen dessen Instanzen (Es, Ich, Überich, Ichideal) und den Umweltbeziehungen integrierend und synthetisierend vermittelt.

Ichideal   Das Ichideal als narzisstische Instanz ist eine Ersatzbildung für die verlorene Illusion und Allmacht des Kindes und gleichzeitig eine Ausrichtung des Selbstentwurfs auf die Zukunft.

Ichpsychologie   ein Modell der differenzierten Anpassung zwischen den inneren Prozessen und einer sich verändernden Umwelt. Progressive und regressive Lösungen werden unterschieden und auf frühe Beziehungsprozesse zurückgeführt.

Insomnie Schlafstörungen, Schlaflosigkeit.

interstitiell zwischen den Zellen.

Introspektion Die Introspektion stellt den Versuch und das Bemühen dar, sich in die eigene innere Befindlichkeit einzufühlen. Sie erfasst sowohl die Gefühle, Motivationen und Fantasien als auch die wahrnehmbaren körperlichen Prozesse.

ionotrope Rezeptoren membrangebundene Rezeptoren für Botenstoffe, die selbst einen Ionenkanal bilden (z. B. $GABA_A$-Rezeptoren, die eine Bindungsstelle für den Transmitter GABA besitzen und gleichzeitig einen ligandengesteuerten Chloridkanal bilden).

Ischämie Sauerstoffunterversorgung von Gewebe.

Katabolismus Abbaustoffwechsel, z. B. Abbau von Kohlenhydraten, Fettsäuren, Aminosäuren.

Knock-out-Tiere Versuchstiere (meist Mäuse), denen durch homologe Rekombination eine unbrauchbare Kopie eines Gens ins Genom eingefügt wurde; diesen Tieren fehlt deshalb das Genprodukt dieses Gens (z. B. ein bestimmter Transmitterrezeptor).

Komorbidität gemeinsames Vorkommen von Krankheiten.

Konflikttests verschiedene Versuchskonstellationen, bei denen Versuchstiere in einen Motivationskonflikt gebracht werden (z. B. erhalten durstige Tiere beim Aufsuchen des Wasserspenders einen aversiven Elektroschock); Konflikttests werden zur Bestimmung der anxiolytischen Wirkung von Substanzen oder zur Auslösung von Stressreaktionen verwendet.

Konvergenz Einwirkung unterschiedlicher Signale oder Prozesse auf einen Faktor.

Lysosom membranumschlossenes Zellorganell, in dem u. a. Proteine abgebaut werden.

Lysozym Enzym, das Bakterienwände auflösen kann.

Mannose C_5-Zucker, häufiges Endmolekül von Glykoproteinen.

maternal separation wiederholte kurzzeitige Trennung von Jungtieren und Mutter (z. B. bei Rhesusaffen oder Ratten ein experimentelles Verfahren, um frühkindlichen Stress zu erzeugen).

metabotrope Rezeptoren membrangebundene Rezeptoren für Botenstoffe, die über verschiedene *second messenger*-Systeme mit einem Ionenkanal oder anderen Proteinen der Zelle verbunden sind (z. B. G-Protein-gekoppelte β-adrenerge Rezeptoren).

Metallothionein metallbindendes Protein.

Mikroglia Zellen im Gehirn, die auch Immunzellfunktion haben.

Monomer einzelnes Molekül.

Motivationssysteme Die Theorie der Motivationssysteme geht davon aus, dass bereits Säuglinge und Kleinkinder über verschiedene Motivationsmuster verfügen. Diese Systeme entwickeln sich fortlaufend weiter und sind lebenslang wirksam. Die wichtigsten und am häufigsten genannten Motivationen sind die Bedürfnisse nach physiologischer Regulation, nach Bindung, nach Exploration und Selbstbehauptung, nach Sensualität und Sexualität.

Mutation permanente Schädigung der DNA – entweder durch Veränderung von einzelnen Basen oder Nucleotiden oder durch das Fehlen von längeren DNA-Sequenzen sowie durch Einzel- oder Doppelstrangbrüche.

Myocyt Muskelzelle.

Narkolepsie häufiges Einschlafen auch während des Tages.

Nekrose Zelltod, der bei starkem Stress eintritt und nicht die regelmäßige DNA-Fragmentierung zeigt wie die Apoptose; er tritt aber auch teilweise über programmierte Wege ein.

Netzwerk Verknüpfung zahlreicher – meist informationsübermittelnder Elemente: in der Biologie z. B. neuronale, neuroendokrine und intrazelluläre Netzwerke.

Neuroneogenese Neubildung von Neuronen im Gehirn erwachsener Säugetiere einschließlich des Menschen; das jahrzehntelang vorherrschende Dogma, dass im Gehirn erwachsener Säugetiere keine neuen Nervenzellen entstehen können, wurde seit etwa 1990 verworfen. Einige Teile des Gehirns (Hippocampus und Basalganglien) besitzen teilungsfähiges Gewebe, wo aus Stammzellen im erwachsenen Organismus Neuronen und Gliazellen entstehen können.

NMDA-Rezeptor N-Methyl-D-Aspartat-Rezeptor; bindet Glutamat als Neurotransmitter und aktiviert dann den Einstrom von Calcium und Natrium.

Noxe „Schaden" (lat. nocere = schaden); Schädigungs- oder Krankheitsursache.

Objektbeziehungstheorie Die Objektbeziehungstheorie erklärt die Entwicklung der psychischen Struktur, der Gefühle und Motivationen über die Gestaltung der Bindung zwischen Selbst und Objekt. Hierbei steht der Triebaspekt nicht im Vordergrund.

Offenfeld   abgeschlossene runde oder quadratische Arena (engl. *open-field*) von meist etwa $1\,m^2$ Grundfläche, in der die Bewegungsaktivität von Labortieren (Ratten und Mäusen) beobachtet und quantifiziert wird; neben der allgemeinen lokomotorischen Aktivität werden auch die bevorzugten Aufenthaltsorte sowie das Aufrichten der Tiere als Maße für Ängstlichkeit und Exploration registriert.

Ontogenese   Embryonalentwicklung des Organismus.

Operationalisierung   Konzept der Verhaltensforschung, nach dem zur Messung von bestimmten Parametern (z. B. Motivation, Emotionen) Experimente konzipiert werden, die nachweislich direkt von diesen Parametern abhängen und daher die exakte Quantifizierung erlauben.

Opsonisierung   Markierung von Pathogenen z. B. durch gebundene Antikörper.

Orphan-Rezeptor   englisch *orphan* = Waise; ein Rezeptormolekül mit physiologischer Wirkung, für den bislang noch kein spezifischer physiologischer endogener Ligand gefunden wurde.

Osmolalität   Menge an gelösten Teilchen pro Liter (osmol/l), wobei nur ein Teil des Volumens durch das Lösungsmittel eingenommen wird (ist in biologischen Systemen meist höher als die Osmolarität).

Osmolarität   Menge an gelösten Teilchen pro Kilogramm Lösungsmittel ($osmol/kgH_2O$).

Plaque (die)   französisch: Fleck; meist flach erhabene Veränderungen der Grenzstrukturen auf Neuronen, Blutgefäßen oder der Haut.

Polymorphismus, genetischer   mehrere unterschiedliche DNA-Sequenzen (Allele) eines Gens mit entsprechend etwas unterschiedlichen, davon abgeleiteten Proteinen; dieser Polymorphismus ist für die individuelle genetische Disposition, z. B. gegenüber Stressrisiken, verantwortlich.

pränatal   vorgeburtlich.

Proliferation   Vermehrung – hier von Zellen – über das Durchlaufen des Zellzyklus.

Promotor   ein DNA-Abschnitt auf einem Gen, welcher der Regulation des Gens dient; der Promoter liegt meist vor dem DNA-Abschnitt des Gens, der beispielsweise die mRNA für ein Protein liefert.

Proöstrus   Phase des Ovarialzyklus bei Ratten.

prospektive Studie   Studie, in der die Probanden von einem Zeitpunkt an über längere Zeit auf bestimmte Ereignisse oder Prozesse hin befragt oder untersucht werden.

Proteasom   Organell zum Abbau von Proteinen.

Proteinkinase   ein Enzym, das ein Phosphorsäuremolekül mit einer Aminosäure eines Proteins verbindet, entweder an Serin-/Threonin- oder an Tyrosin-Reste.

Proto-Onkogene   Gene, die die Proliferation fördern und die durch Mutation die Vermehrung von Krebszellen dauerhaft stimulieren (*gain of function*) und so zu Onkogenen werden.

pulsatil   Abgabe von Hormonen, die nicht gleichmäßig, sondern in regelmäßigen Schüben (Pulsen) erfolgt.

reaktive Sauerstoffspezies (ROS)   oft Sauerstoffradikale mit einem ungepaarten Elektron, die andere Moleküle, wie Nucleinsäuren, Proteine, Lipide, oxidieren und so schädigen; auch nichtradikalische Verbindungen wie H_2O_2 gehören dazu.

reaktive Stickstoffspezies (RNS)   Stickstoffverbindungen, die andere Moleküle oxidieren (siehe ROS).

Regelkreis   ein System, in dem eine Störung eine entsprechende Gegenreaktion auslöst und so das System in einem Zustand stabilisiert (negative Rückkopplung); existiert in zahlreichen technischen (Thermostat) und biologischen (Blutglucose) Systemen.

Replikation   DNA-Verdopplung mit Hilfe der Replikase.

Resident-Intruder-Test   eindringen eines fremden Tieres (*intruder*) in das Revier eines eingesessenen Tieres (*resident*); experimentelles Verfahren, um die Aggression und Kampfbereitschaft von territorialen Tieren zu messen und Stress durch Revierkämpfe zu erzeugen.

retrospektive Studie   Studie, in der die Probanden zu einem bestimmten Zeitpunkt nach vergangenen Erfahrungen und Ereignissen befragt oder untersucht werden.

Rezidiv   Wiederauftreten einer Krankheit.

Scherstress   mechanische Beanspruchung, die in anderer Richtung als Druck und Zug wirkt.

Schlafapnoe   Atemstillstand während des Schlafs.

Selbstpsychologie   Ein Kernthema der vielen verschiedenen Aspekte der Selbstpsychologie ist die individuelle Konstellation der Ambitionen, Ideale und Fähigkeiten, die durch die angeborenen, umwelt- und beziehungsbedingten Faktoren geprägt ist. Die Ambitionen erfassen die Differenzierungen der frühkindlichen Größenphantasien, die Ideale stellen die Fortsetzung der frühen idealisierten Elternbilder dar. Im Zusammenwirken mit den Fähigkeiten ist das Selbst darauf ausgerichtet, eine kohäsive Struktur zu bilden und zu erhalten.

Selbst   Für die Theorie des Selbst liegen verschiedene Definitionsversuche und Zuordnungen vor (über die Zusammenhänge von Ich und Selbst siehe Abschnitt 3.4.6). Wir verstehen das Selbst als Sicht der eigenen

Persönlichkeit, die mit dem Bewusstsein der Identität, der Veränderung und der Störbarkeit seiner Stabilität verbunden ist.

Sialinsäure   N-Acetylneuraminat; häufiges Endmolekül von Glykoproteinen.

Skinner-Box   eine von B. F. Skinner (1904–1990) entwickelte Versuchsapparatur zur operanten Konditionierung von Versuchstieren (meist Mäusen, Ratten und Tauben). Die Tiere haben die Möglichkeit spontan oder nach Auftreten eines Hinweisreizes durch Bedienen eines Hebels (oder Bepicken einer Scheibe) Futter oder Wasser zu bekommen. Durch die belohnende Wirkung des Futters oder des Wassers (positiver Verstärker) wird das Verhalten der Tiere konditioniert. Man spricht dabei auch von instrumentellem Lernen.

social isolation   Aufzucht von Jungtieren ohne direkten Sozialkontakt mit Artgenossen (z. B. bei Ratten oder anderen soziallebenden Arten ein experimentelles Verfahren, um Stress durch den Verlust von sozialen Aktivitäten zu erzeugen).

Soma   griechisch: Körper (im Unterschied zum Geist).

Stressproteine   = Hitzeschockproteine (HSP); durch Stress induzierte Proteine, die zusammen mit konstitutiv vorhandenen verwandten Proteinen (Chaperonen) die Proteine der Zelle in ihrer Form stabilisieren oder transportfähig machen.

Sympathikus   = sympathisches Nervensystem; Teil des autonomen Nervensystems und Gegenspieler des Parasympathikus; der Sympathikus innerviert innere Organe und wird bei Stress aktiviert.

Telomer   Chromosomenende, das aus nichtcodierenden DNA-Sequenzen und Proteinen besteht; es wird bei der Replikation der DNA während des Zellzyklus der meisten Zellen nur verkürzt repliziert. Bei manchen Zellen (z. B. Keimzellen, Stammzellen, Krebszellen) sorgt ein Enzym (Telomerase) für die Wiederherstellung der Telomerlänge.

Thrombocyten   Blutplättchen; von Megakaryocyten abgespaltene kernlose Blutbestandteile, die durch Einwirkung von Kollagen, Thrombin, Immunkomplexen u. a. Plättchenfaktoren freisetzen, welche die Blutgerinnung einleiten.

tissue factor   (Gewebethromboplastin) ein Transmembranprotein – auch in Endothelzellen und Monocyten –, das den Gerinnungsfaktor VIIa aktiviert und durch diese Protease die Blutgerinnung in Gang setzt. Außerdem werden intrazelluläre Signale über *G-protein-coupled protease activated receptors* (PAR) aktiviert, die u. a. auch Transkriptionsfaktoren wie NFκB stimulieren.

Transkriptionsfaktor   Protein, das an einen Promotor bindet und dadurch die Aktivität eines Gens positiv oder negativ beeinflusst.

Transmeridianflüge   Flüge in West-Ost- oder Ost-West-Richtung.

Triebpsychologie   In der aktuellen Triebtheorie sind die libidinösen und aggressiven Triebe eine übergeordnete Organisationsstruktur. Sie erfasst die zielorientierten, nach einer Lösung drängenden Spannungen mit ihren positiven und negativen Affekten.

Trimenon   griechisch: Zeitraum von drei Monaten während der Schwangerschaft.

Trimer   drei aneinander gebundene Moleküle.

Tumorsuppressorgene   Gene, die die Proliferation unterdrücken und die durch Mutation ausfallen (*loss of function*) und so die Krebszellvermehrung fördern.

Überich   eine Instanz im traditionellen psychoanalytischen Persönlichkeitsmodell (Es, Ich, Überich, Ichideal). Es stellt den Teil der Psyche dar, der uns begrenzen, lenken und beruhigen will. Seine Funktion liegt in der kritisch-kontrollierenden Selbstbeobachtung.

Ubiquitinierung   Bindung von kleinen Proteinen (Ubiquitin) an bestimmte Stellen eines Proteins; dadurch wird dieses Protein zum Abbau markiert.

Unbewusstes   der „seelische Ort", der 1. die emotionalen Überzeugungen enthält, die automatisch und unreflektiert wirksam sind (das emotionale Gedächtnis), und der 2. aus den emotionalen Phantasien besteht, die aus konflikthaften Gründen verdrängt werden mussten.

unipolare Depression   im Unterschied zu bipolaren Depressionen nicht durch einen Wechsel der Stimmungslage gekennzeichnet.

Vasodilatation   Entspannung der glatten Muskelzellen um ein Blutgefäß, die zu einer Erweiterung des Gefäßes führt.

Vasokonstriktion   Kontraktion der glatten Muskelzellen um ein Blutgefäß, die zur Verengung des Gefäßes führt.

Vigilanz   Wachsamkeit, teilweise auch Daueraufmerksamkeit.

Zellzyklus   Proliferations-(Vermehrungs-)Zyklus der Zellen; besteht aus G1-Phase (Vorbereitung zur Replikation), S-Phase (Synthese/Replikation), G2-Phase (Vorbereitung zur Mitose) und M-Phase (Mitose).

Abkürzungen

A	–	Adrenalin
AAD	–	aromatische Aminosäure-Decarboxylase
Abeta	–	Amyloid β
AC	–	Adenylylcyclase
ACC	–	anteriorer cingulärer Cortex
ACE	–	*adverse childhood experience study*
ACE	–	*angiotensin-converting enzyme*
ACTH	–	adrenocorticotropes Hormon
ADCC	–	*antibody-dependent cell mediated cytotoxicity*
ADH	–	antidiuretisches Hormon = Arginin-Vasopressin (AVP)
ADHS	–	Aufmerksamkeitsdefizit- und Hyperaktivitätssyndrom
ADM	–	Adrenomedullin
AIDS	–	*acquired immunodeficiency syndrome*
AIF	–	*apoptosis inducing factor*
AK	–	Antikörper
AKAP	–	*PKA anchoring protein*
Akt	–	Proteinkinase B (PKB)
ALS	–	amyotrophe Lateralsklerose
AMP	–	Adenosinmonophosphat
AMPA	–	Alpha-amino-3-hydroxy-5-methylisoxazol-4-propionsäure
AMPK	–	*AMP-activated protein kinase*
AMPKK	–	AMPK-kinase
ANGII, ATII	–	Angiotensin II
ANP	–	*atrial natriuretic peptide*
ANT	–	Adenin-Nucleotid-Translokator
AP-1	–	*activator protein 1* (Transkriptionsfaktor)
Apaf-1	–	*apoptosis protease activating factor 1*
APC	–	*adenomatous polyposis coli*
APC	–	antigenpräsentierende Zelle
APP	–	Akute-Phase-Proteine
APP	–	*amyloid precursor protein*
ARDS	–	*adult respiratory distress syndrome*
ARE-BP	–	*antioxidant response element binding protein*
ARF	–	MDM2-Inhibitor (= p19)
ARNT	–	*aryl hydrocarbon receptor nuclear translocator*
ASK	–	*apoptosis signal-regulating kinase*
ASS	–	anhaltende somatoforme Schmerzstörungen

ATF	–	*activating transcription factor* (Bestandteil von AP-1)
ATM	–	*ataxia-telangiectasia mutated*
ATP	–	Adenosintriphosphat
ATR	–	*ATM and Rad3-related*
AVP, VP	–	(Arginin)-Vasopressin
Bad	–	proapoptotischer Faktor
Bad-P	–	antiapoptotischer Faktor
Bag	–	Ko-Chaperon für HSP70
BARK	–	Beta-Adrenorezeptor-Kinase
Bax	–	proapoptotischer Faktor
BBE	–	*bicoid-type binding element*
Bcl-2	–	antiapoptotischer Faktor
Bcl-x	–	antiapoptotischer Faktor
BCS70	–	British cohort study 1970
BDNF	–	*brain-derived neurotrophic factor*
BER	–	Basenexzisionsreparatur
bFGF	–	*basic fibroblast growth factor*
Bfl-1	–	antiapoptotischer Faktor
BGW	–	Berufsgenossenschaft für Gesundheitsdienst und Wohlfahrtspflege
BH$_4$	–	Tetrahydropterin
Bid	–	proapoptotischer Faktor
Bik	–	proapoptotischer Faktor
Bim	–	proapoptotischer Faktor
BIRK	–	*G-protein-activated inwardly rectifying K$^+$ chanel*
BN-LP	–	*Bombesin-like peptides*
BP	–	*blood pressure* (Blutdruck)
bZIP	–	*basic leucine zipper*
C	–	Cortisol
CA	–	*Cornu ammonis* (Ammonshorn)
CAD	–	*caspase-activated DNase*
cADPR	–	cyclische ADP-Ribose
CaMK	–	Calcium-Calmodulin-abhängige Kinase
cAMP	–	cyclisches Adenosin-3', 5'-Monophosphat
CART	–	*cocain and amphetamine-regulated transcript*
Caspase	–	*cystein-aspartate-specific protease*
CBP	–	*CREB-binding protein*
CCK	–	Cholecystokinin
CCT	–	*chaperonin containing TCP-1*
CD	–	*cluster of differentiation* = Zellmembranprotein
CD	–	Cyclophilin D
CD4	–	Bindungsprotein auf T-Helferzellen
CD8	–	Bindungsprotein auf cytotoxischen Zellen
CD80/86	–	Bindungsproteine auf dendritischen Zellen
CD95	–	Fas-Rezeptor/Apo1
Cdc24	–	Phosphatase
Cdk	–	*cyclin dependent kinase*
C/EBP	–	*CAAT-enhancer binding protein*
c-fos	–	Transkriptionsfaktor (Bestandteil von AP-1)
cGMP	–	cyclisches Guanosin-3',5'-Monophosphat
CGRP	–	*calcitonin-gene-related peptide*
Chk1	–	*checkpoint kinase 1*
CHOP	–	CREB-homologes Protein
CIITA	–	*Class II transactivator*
c-Jun	–	Transkriptionsfaktor (Bestandteil von AP-1)
CK	–	*casein kinase*

CML	–	Carboxymethyllysin
cMos	–	Proteinkinase
c-myc	–	Transkriptionsfaktor
CNP	–	*C-type natriuretic peptide*
CNTF	–	*ciliary neurotrophic factor*
COMT	–	Catechol-ortho-Methyltransferase
ConA	–	Concanavalin A
CPT-1	–	Carnitin-Palmitoyl-Transferase
CR	–	*caloric restriction*
CRE	–	*cyclic AMP response element*
CREB	–	*cyclic AMP response element binding protein*
CREM	–	*cyclic AMP response element modulator*
CRH, CRF	–	*corticotropin releasing hormone (factor)*
CRH-BP	–	*CRH-binding protein*
CRH-R1	–	CRH-Rezeptor Typ 1
CRH-R2	–	CRH-Rezeptor Typ 2
CRM-1	–	Transportprotein
CRP	–	C-reaktives Protein
CS	–	konditionierter Stimulus
CSF	–	*colony stimulating factor*
CTL	–	cytotoxischer Lymphocyt
Ctr-1	–	*copper transporter*
CXCL8	–	Chemokin = IL-8
Cyt c	–	Cytochrom *c*
DA	–	Dopamin
DAG	–	Diacylglycerol
DAK	–	Deutsche Angestellten Krankenkasse
DARPP-32	–	*dopamine and cAMP-regulated phosphoprotein of 32 kDa*
Db	–	Dezibel
DBH	–	Dopamin-β-Hydroxylase
dG	–	Desoxyguanin
DHP	–	Deutsche Herz-Kreislauf-Präventionsstudie
DHEA(s)	–	Dehydroepiandrosteron (Sulfat)
DLK	–	*delta-like protein kinase*
DMSO	–	Dimethylsulfoxid
DNA	–	*desoxyribonucleic acid*
DNA-PK	–	*DNA-dependent protein kinase*
2, 3 DPG	–	2,3-Diphosphoglycerat
DPP IV	–	Dipeptidylpeptidase IV
DR	–	Diazepinrezeptor
DSB	–	Doppelstrangbruch
DS-MKP	–	*dual specificity MAPK phosphatase*
dsRNA	–	doppelsträngige RNA
DTH	–	*delayed-type hypersensitivity reaction*
DYN	–	Dynorphin
E	–	Östrogen
E2F-1	–	Transkriptionsfaktor für S-Phase-spezifische Gene
E47	–	Transkriptionsfaktor
EBV	–	Epstein-Barr-Virus
EBCT	–	*electron beam computed tomography*
ECE	–	*ET-1 converting enzyme*
EDHF	–	*endothelium-derived hyperpolarizing factor*
EEG	–	Elektroencephalogramm
EG	–	Tumorvirusprotein
EGF	–	*epidermal growth factor*

EGR1	–	*early growth response gene*
eIF	–	*eukaryotic initiation factor*
Elk-1	–	Transkriptionsfaktor
EM-1, -2	–	Endomorphin 1, 2
EMS	–	Ethylmethansulfonat
β-EN, β-EP	–	β-Endorphin
EnaC	–	epithelialer Na^+-Kanal
ENK	–	Enkephalin
eNOS	–	endotheliale NO-Synthase
EPO	–	Erythropoetin
ER	–	endoplasmatisches Reticulum
ER81	–	Transkriptionsfaktor
ERAD	–	*ER-associated degradation*
ERG-1	–	*ether-a-go-go-related gene*
ERK	–	*extracellular signal regulated protein kinase*
ET	–	Endothelin
Ets-1	–	Transkriptionsfaktor
FADD	–	*fas-associated death domain*
FasL	–	Fas.Ligand
Fas-R	–	Fas-Rezeptor = CD95/Apo-1
FGF	–	*fibroblast growth factor*
FLICE	–	*FADd-like ICE* = Caspase 8
Fos	–	Transkriptionsfaktor (Bestandteil von AP-1)
FRA-2	–	*fos-related antigen 2*
FS	–	Fettsäure
FSH	–	follikelstimulierendes Hormon
Fus3	–	ERK-Homolog der Hefe
GABA	–	Gamma-Aminobuttersäure
GAD	–	Glutamat-Decarboxylase
GADD	–	*growth arrest and DNA damage*
GAP	–	GTP-ase
GAPDH	–	Glycerolaldehyd-3-phosphat-Dehydrogenase
GC	–	Guanylylcyclase
G-CSF	–	*granulocyte colony-stimulating factor*
γGCS$_{hc}$	–	*γ-glutamyl cysteine synthase heavy chain*
GDP	–	Guanosindiphoshat
GDR	–	*glucose disposal rate*
GH	–	*growth hormone* = Wachstumshormon
GHBP	–	GH-Bindungsprotein
GH-RH	–	*growth hormone releasing hormone*
GHS(R)	–	*GH secretagogue* (Rezeptor)
GIP	–	*glucose-dependent insulinotropic peptide*
GIRK	–	*G-protein-activated inwardly rectifying K^+ channel*
GLP-1	–	*glucagon-like peptide amide-1*
GLUT	–	*glucose transporter*
GM-CSF	–	*granulocyte, monocyte-colony-stimulating factor*
GnRH	–	*gonadotropin releasing hormone*
GP	–	Glykogenphosphorylase
GPCR	–	G-Protein-gekoppelter Rezeptor
G-Phase	–	Gap-Phase des Zellzyklus
GPK	–	Glykogenphosphorylase-Kinase
GPP1	–	glykogengebundene Proteinphosphatase 1
GPX (GPO)	–	Glutathionperoxidase
GR	–	Glucocorticoidrezeptor
GRB2	–	*growth factor receptor binding protein 2*

GRE	–	*glucocorticoid hormone responsive element*
GRP	–	*gastrin-releasing peptide*
GRP	–	*glucose-regulated protein*
GSH	–	reduziertes Glutathion
GSK-3	–	Glykogensynthasekinase 3
GTP	–	Guanosintriphosphat
Gy	–	Gray
H	–	Hypothalamus
HBV	–	Hepatitis-B-Virus
HDL	–	*high density lipoprotein*
HHL	–	Hypophysenhinterlappen
HIF-1	–	*hypoxia inducible factor 1*
Hip	–	*HSP70 interacting protein*
HIPK2	–	*homeodomain-interacting protein kinase 2*
His	–	Histamin
HIV	–	*human immunodeficiency virus*
HLA	–	*human leukocyte antigen = MHC*
HMG	–	*high mobility group (protein)*
HMG-CoA	–	3-Hydroxy-3-Methylglutaryl-Coenzym A
HMPCC	–	*hereditary nonpolyposis colorectal cancer* (Gen)
HNE	–	4-Hydroxynonenal
HO-1,2,3	–	Hämoxigenase 1, 2, 3
Hog1	–	p38-Homolog der Hefe
Hop	–	*HSP70/HSP90 organizing protein*
HPA-Achse	–	*hypothalamus-pituitary adrenocortical axis*
HPT-Achse	–	*hypothalamus-pituitary-thyroid axis*
HPV	–	*human papilloma virus*
HR	–	*heart rate* (Pulsfrequenz)
HRE	–	*hypoxia response element*
HSBP1	–	*heat shock factor-binding protein 1*
HSE	–	*heat shock element*
11β-HSD	–	11β-Hydroxysteroid-Dehydrogenase
HSF-1	–	*heat shock transcription factor-1*
HSP	–	Hitzeschockprotein
HSV	–	Herpes-simplex-Virus
5-HT	–	5-Hydroxytryptamin (Serotonin)
IAP	–	*inhibitor of apoptosis protein*
ICAD	–	*inhibitor of CAD*
ICAM	–	*intercellular adhesion molecule*
ICD-10	–	*International Classification of Diseases*
ICE	–	*interleukin 1β-converting enzyme = caspase 1*
ICER	–	*inducible cyclic AMP early repressor*
IFN	–	Interferon
IFNAR	–	IFN-α/β-Rezeptor
IFNGR	–	IFN-γ-Rezeptor
Ig	–	Immunglobulin
IgA	–	Immunglobulin A
IgE	–	Immunglobulin E
IGF-1	–	*insulin-like growth factor 1*
IGF-BP	–	*IGF-binding protein*
IgG	–	Immunglobulin G
IgM	–	Immunglobulin M
IKK	–	*inhibitor of kappa B kinase*
IL	–	Interleukin
IL-1R	–	IL-1-Rezeptor

INF-γ	–	Interferon γ
IP$_3$	–	Inositol-1,4,5-trisphosphat
IR	–	*ionizing radiation*
IRAK	–	*IL-1R-associated kinase*
IRE-1	–	ER-lokalisierte Proteinkinase/Endonuclease
IRF-1	–	*interferon regulatory factor 1*
IRP	–	eisenregulatorisches Protein
IRS-1	–	Insulinrezeptor-Substrat 1
ISRE	–	*IFN-stimulated response element*
JAK	–	*Janus-associated kinase*/Januskinase
JNK	–	*c-Jun N-terminal kinase = SAPK*
Jun	–	Transkriptionsfaktor (Bestandteil von AP-1)
KIR	–	*killer inhibitory receptor*
KIX	–	*KID-interacting domain*
Kss1	–	ERK-Homolog der Hefe
LA	–	*a-lipoic acid*
LBP	–	LPS-bindendes Protein
LC	–	*Locus coeruleus*
LDH	–	Lactatdehydrogenase
LDL	–	*low density lipoprotein*
L-Dopa	–	L-Dihydroxy-phenylalanin
LET	–	linearer Energietransfer
LH	–	luteinisierendes Hormon
LIF	–	*leukemia inhibitory factor*
LPC	–	Lysophosphatidylcholin
LPS	–	Lipopolysaccharid
LRF	–	Transkriptionsfaktor
LSD	–	Lysergsäure-Diethylamid
LTF	–	Langzeitfazilisierung
MAC	–	*membrane attack complex*
MADD	–	*MAPK activating protein containing death domain*
Maf	–	Transkriptionsfaktor (Bestandteil von AP-1)
MAK	–	maximale Arbeitsplatzkonzentration
MALT	–	*mucosa-associated lymphoid tissue*
MAO	–	Monoamino-Oxidase
MAPK	–	mitogenaktivierte Proteinkinase
MAPKAP-K2/3	–	*mitogen-activated protein kinase activated protein kinase 2/3 = MK 2/3*
MB	–	*mannan-binding*
MCH	–	*melanin-concentrating hormone*
MCP-1	–	*monocyte chemoattractant protein 1*
M-CSF	–	*monocyte colony-stimulating factor*
MDM2	–	negativer Regulator von p53
MDMA	–	3,4-Methylendioxymethylamphetamin („Ecstasy")
MEF-2	–	*Transkriptionsfaktor*
MEK	–	*mitogen-activated ERK-activating kinase* = MAPKK
MEKK	–	*mitogen-activated ERK-activating kinase kinase*
mGlu-R	–	metabotroper Glutamatrezeptor
MHC	–	*major histocompatibility complex*
MIC	–	Membranproteinkomplex
MIP1	–	*macrophage inflammatory protein 1*
MK	–	*mitogen-activated protein kinase activated kinase (= MAPKAP)*
MKP	–	MAPK-Phosphatase
MLCK	–	*myosin-light-chain-kinase*
MLK	–	*mixed lineage kinase*
MMP	–	Matrix-Metalloproteinase

MNK	–	*MAPK-interacting kinase*
MnSOD	–	manganabhängige Superoxiddismutase
M-Phase	–	Mitosephase des Zellzyklus
MR	–	Mineralcorticoidrezeptor
MRE	–	*metal response element*
MRT	–	Magnetresonanztomographie
MS	–	Multiple Sklerose
α-MSH	–	α-Melanocyten-stimulierendes Hormon
MSK	–	*mitogen and stress-activated kinase*
MT	–	Metallothionein
mtDNA	–	mitochondriale DNA
MTF-1	–	Metalltranskriptionsfactor 1
mtPTP	–	*mitochondrial permeability transition pore*
Myb	–	Transkriptionsfaktor
Myc	–	Transkriptionsfaktor
MyD88	–	*myeloid differentiation factor 88*
MyoD	–	Transkriptionsfaktor
NA	–	Noradrenalin
NADH, NADPH	–	Nicotinsäureamid-Adenin-Dinucleotid(-Phosphat)
NCAM-140	–	*neural cell adhesion molecule*
NCDS	–	*national child development study*
ND	–	NADH-Dehydrogenase
Nedd4-2	–	Ubiquitin-Ligase
NEP	–	neutrale Endopeptidase (Neprilysin)
NER	–	Nucleotidexzisionsreparatur
NFAT	–	*nuclear factor of activated T-cells*
NFκB	–	*nuclear factor kappa B*
NGF	–	*nerve growth factor*
NHEJ	–	*nonhomologous DNA endjoining*
NIK	–	*NFκB-inducing kinase*
NK	–	Neurokinin
NK-1R	–	Neurokinin 1 Rezeptor
NK-Zellen	–	natürliche Killerzellen
NLS	–	Kernlokalisationssequenz
NMDA	–	N-Methyl-D-Aspartat
NNM	–	Nebennierenmark
NNR	–	Nebennierenrinde
NO	–	Stickstoffmonoxid
NOD	–	*nucleotide oligomerization domain*
NOS	–	NO-Synthase
NPY	–	Neuropeptid Tyrosin (Y)
NRF2	–	*NF-E2 related factor*
NRI	–	*noradrenaline reuptake inhibitor*
NrL	–	Transkriptionsfaktor
NT	–	Neurotensin
NTS	–	*Nucleus tractus solitarius*
2', 5' OAS	–	2',5'-Oligoadenylat-Synthase
Ob-Rb	–	Leptinrezeptor
OCR2	–	Monocytenrezeptor
Oct-1	–	Octamer
OPC	–	*oligomeric procyanidin*
OPD	–	Operationalisiertes Psychodynamisches Diagnosesystem
ORL-1	–	*orphan opioid like receptor*
OS	–	oxidativer Stress
OSM	–	Oncostatin M

OSP	–	*osmotic stress protein*
OT	–	Oxytocin
oxLDL	–	oxidiertes *low density*-Lipoprotein
p16/INK	–	Zellzyklusinhibitor
p21/CIP	–	*Cdk inhibitory protein*
p27	–	Zellzyklusinhibitor
p38	–	stressaktivierte Kinase
p53	–	Transkriptionsfaktor (Tumorsuppressorprotein)
PACAP	–	*pituitary adenylyl cyclase activating polypeptide*
PACT	–	*PKR activator*
PAG	–	zentrales Höhlengrau
PAH	–	*polycyclic aromatic hydrocarbon*
PAI-1	–	Plasminogenaktivator-Inhibitor 1
PAMP	–	*pathogen-associated molecular pattern*
PARP	–	*Poly(ADP-ribose)-polymerase*
PAS-Domäne	–	Per-Arnt-Sim-Helix-Loop-Helix-Domäne
PBMC	–	*peripheral blood mononuclear cell*
PDGF	–	*platelet-derived growth factor*
PDK-1	–	*2-phosphoinositol-dependent protein kinase 1*
PEPCK	–	Phosphoenolpyruvat-Carboxykinase
PERK	–	*PKR-like Erkinase*
PET	–	Positronenemissionstomographie
PGA	–	Prostaglandin A
PGE	–	Prostaglandin E
PHA	–	Phytohämagglutinin
PIBF	–	progesteroninduzierter Blockierfaktor
PI3-K	–	Phosphoinositol-3-Kinase
PK	–	Proteinkinase
PKA	–	cAMP-abhängige Proteinkinase A
PKB	–	Proteinkinase B = Akt
PKC	–	Proteinkinase C
PKG	–	cGMP-abhängige Proteinkinase G
PKR	–	*dsRNA-dependent kinase*
PLA2	–	Phospholipase A2
PLC	–	Phospholipase C
PLC1-β	–	Phospholipase 1β
PMN	–	polymorphonucleäre (polymorphkeringe) Leukocyten
PNMT	–	Phenylethanolamin-N-Methyltransferase
POMC	–	Proopiomelanocortin
PP2	–	Proteinphosphatase 2 (Calcineurin)
PPARγ	–	*peroxisome proliferator-activated receptor* γ
ppET-1	–	Gen für Endothelin-1
PRD-1	–	positive regulatorische Domäne
PRL	–	Prolaktin
PRR	–	*pattern recognition receptor*
PTBS	–	posttraumatische Belastungsstörung = PTSD
PTBS 1β	–	Phosphotyrosinphosphatase 1β
PTC	–	*papillary thyroid cancer*
PTC	–	onkogene Tyrosinkinase
PTH	–	Parathormon
PTP1B	–	Phosphotyrosinphosphatase 1B
PTSD	–	*posttraumatic stress disorder* (posttraumatisches Belastungssyndrom)
pVHL	–	von-Hippel-Lindau-Protein
PVN	–	paraventrikulärer (hypothalamischer) Nucleus
PWA	–	*pokeweed mitogen*

PYY	–	Peptid YY
RAAS	–	Renin-Angiotensin-II-Aldosteron-System
RAC	–	*small molecular weight GTPase*
RACK	–	*receptors for activated protein kinase C*
Raf	–	Proteinkinase (= MAPKKK = MEKK)
RAIDD	–	*Rip-associated ICH-1/CED-3 homologous protein with a death domain (ICH caspase)*
RalBP1	–	*ral-binding protein 1*
RARE	–	*retinoic acid response element*
Ras	–	*rat sarcoma protein*, monomeres G-Protein
Rb	–	Retinoblastoma-Protein (Tumorsuppressor)
REM	–	*rapid eye movement*
RET	–	*rearranged during transfection*
RET	–	onkogene Tyrosinkinase
RHA	–	RNA-Helicase
RGS	–	*regulator of G-protein signaling*
Rho	–	monomeres G-Protein
RIP	–	*TNF-α-related receptor interacting protein*
RNA	–	*ribonucleic acid*
RNS	–	*reactive nitrogen species*
ROS	–	*reactive oxygen species*
rRNA	–	ribosomale RNA
RSK	–	*90kDa ribosomal S6-kinase*
RTK	–	Rezeptor-Tyrosinkinase
RVM	–	rostroventrolaterale Medulla
SAA	–	Serum-Amyloid A
SALT	–	*skin-associated lymphoid tissue*
SAM-Achse	–	*sympathetic nervous system adrenomedullary axis*
Sap-1	–	Transkriptionsfaktor
SAPK	–	*stress-activated protein kinase* = JNK
SCN	–	suprachiasmatischer Nucleus
SEK	–	SAPK/ERK-Kinase
Ser	–	Serotonin
SGK-1	–	*serum and glucocorticoid-regulated kinase*
SHC	–	src-Homolog und Kollagen
SIDS	–	*sudden infant death syndrome*
sIgA	–	sekretorisches Immunglobulin A
Smac	–	*second generation mitochondrial activator of caspases*
SMQ	–	standardisierter Morbiditätsquotient
SNS	–	sympathisches Nervensystem
SOCS-3	–	*suppressor of cytokine signalling 3*
SOD	–	Superoxiddismutase
SOM	–	Somatostatin = SS
SOS	–	*son of sevenless* – *Drosophila*-Protein = *guanine nucleotide exchange factor*
SP	–	Substanz P
S-Phase	–	Synthesephase des Zellzyklus
Src	–	Tyrosinkinase (*sarcoma*)
SRE	–	*sterol regulatory element*
SRF	–	*serum response factor*
SS	–	Somatostatin = SOM
SSRI	–	*selective serotonine reuptake inhibitor* (Serotoninwiederaufnahmehemmer)
Sst-2R	–	Somatostatin 2 Rezeptor
STAT	–	*signal transducer and activator of transcription*
Ste5	–	Gerüstprotein der MAPK-Kaskade (Hefe)
STH	–	somatotropes Hormon

SV	–	Sievers
SV40	–	*simian virus 40*
SWA	–	*slow wave activity*
T	–	Thalamus
T_3	–	Trijodthyronin
T_4	–	Tetrajodthyronin = Thyroxin
TAB	–	Adaptorproteine, die an Polyubiquitin binden; aktivieren TAK1 und IKK
TAK	–	*TGF-β-activated kinase*
TANK	–	*TNF receptor activating factor (= 1 TRAF)*
TAO	–	*thousand and one amino acid* (Proteinkinase)
TASK	–	*TWIK – related acid-sensitive potassium channel*
TBK	–	*TANK-binding protein*
TBP	–	*TATA-binding protein*
TCF	–	*ternary complex factor*
TCP	–	*tailless complex polypeptide-1*
TCR	–	T-Zell-Rezeptor
TEAK	–	*Trolox equivalent antioxidant capacity*
TERT	–	katalytische Untereinheit der Telomerase
TF	–	Transkriptionsfaktor
TFIIB	–	allgemeiner Transkriptionsfaktor
Tg	–	Thyreoglobulin
TGF-β	–	*transforming growth factor β*
TGRL	–	triglyceridreiche Lipoproteine
TH	–	Tyrosin-Hydroxylase
T_H1	–	T-Helfer-Zelle Typ 1
T_H2	–	T-Helfer-Zelle Typ 2
THADA	–	*thyroid adenoma associated*
THP	–	menschlicher Promonocyt
T_H-Zellen	–	T-Helfer-Zellen
TK	–	Tyrosinkinase
TLR	–	*toll-like receptor* = Toll-Rezeptor
TNα	–	Tumornekrosefaktor α
TNF-α	–	*tumor necrosis factor α*
TOLLIP	–	*toll-interacting protein*
tPA	–	*tissue plasminogen activator*
TP53	–	Gen für p53
Tpl2	–	*tumor progression locus 2* (Proteinkinase)
TPO	–	Thyreoidea-Peroxidase
TR	–	T_3-Rezeptor
Treg	–	regulatorische T-Zelle
TRADD	–	*TNF-receptor associated death domain protein*
TRAF	–	*TNF-receptor-associated factor*
TRAP	–	*TNF-related activation protein*
TRAP2	–	*tumor necrosis factor-related activation protein 2* (= CD40)
TRE	–	*phorbolester (TPA) response element*
TRH	–	*thyr(e)otropin releasing hormone*
TriC	–	*tailless complex polypeptide-1 (TCP) ring complex*
TRKB	–	*neurotrophic tyrosine kinase receptor type B*
tRNA	–	Transfer RNA
Trp	–	Tryptophan
TrpV	–	*temperature-activated-transient receptor potential*
TSH	–	Thyreoida-stimulierendes Hormon (Thyreotropin)
Tyk2	–	Tyrosinkinase 2
UβHSD	–	Uβ-Hydroxysteroid-Dehydrogenase
Ucn	–	Urocortin

UDP	–	Uridindiphosphat
UP(4)A	–	Uridin-Adenosintetraphosphat
UPR	–	*unfolded protein response*
US	–	unkonditionierter Stimulus
USF	–	*upstream stimulatory factor*
UV	–	ultraviolettes Licht
VCAM-1	–	*vascular cell adhesion molecule-1*
VDAC	–	*voltage-dependent anion channel*
VEGF	–	*vascular endothelial growth factor*
VGCC	–	*voltage-gated calcium channel*
vierzehn-drei-drei (14-3-3σ)	–	Inhibitorprotein
VIP	–	vasoaktives intestinales Polypeptid
VPA	–	Valproat
WHO	–	World Health Organization
WIP1	–	Phosphatase
Wnt	–	*wingless type MMTV integration site*
XBP1	–	Transkriptionsfaktor
XPA	–	*Xeroderma pigmentosum protein A*
ZNS	–	Zentralnervensystem
ZnT	–	Zinktransporter

Index